遗传学原理

（第二版）

毛盛贤 编

科 学 出 版 社

北 京

内 容 简 介

本书涵盖经典遗传学原理、分子遗传学原理与群体和进化遗传学原理三大部分的基础内容。经典遗传学原理包括：遗传的细胞学基础，孟德尔遗传定律及其扩展，性别决定和与性别有关的遗传，连锁基因遗传和真核生物遗传作图，染色体结构和数目变异，非孟德尔式遗传。分子遗传学原理包括：遗传物质和遗传信息的传递，细菌和病毒的遗传分析，转座子遗传分析，基因表达的调控，基因突变、修复、重组和基因概念的发展，重组 DNA 技术，基因组学，以及遗传的 4 个热门话题——发育遗传、免疫遗传、癌遗传和表观遗传。群体和进化遗传学原理包括：群体遗传、数量性状遗传和进化遗传。

本书可作为高等院校生命科学等相关专业本科生的遗传学教材，也可作为有关教师和科技人员的参考书。

图书在版编目（CIP）数据

遗传学原理 / 毛盛贤编．—2 版．—北京：科学出版社，2022.3
ISBN 978-7-03-071648-4

Ⅰ．①遗…　Ⅱ．①毛…　Ⅲ．①遗传学－高等学校－教材　Ⅳ．① Q3

中国版本图书馆 CIP 数据核字（2022）第031512号

责任编辑：王玉时　韩书云 / 责任校对：宁辉彩
责任印制：张　伟 / 封面设计：蓝正设计

科学出版社 出版
北京东黄城根北街 16 号
邮政编码：100717
http://www.sciencep.com
天津市新科印刷有限公司 印刷
科学出版社发行　各地新华书店经销
*
2017年 4 月第　一　版　开本：787×1092　1/16
2022年 3 月第　二　版　印张：29　1/2
2023年10月第六次印刷　字数：793 000
定价：98.00 元
（如有印装质量问题，我社负责调换）

第二版前言

本书第一版由科学出版社于2017年发行以来，已被部分高校选用为生命科学类的本科生教材或参考书。一些教师和学生，如中国科学院遗传与发育生物学研究所的中国科学院院士马润林教授在中国科学院大学生命科学学院的遗传学教学中，在肯定本书优点的同时，几乎是逐句、逐图、逐表地对本书进行了审阅修改，并让学生汇总成表，通过科学出版社转交给编者，并谦虚地说："愿我们的工作为提高此书的质量尽一点力量。"

由于这些关爱，修订后的第二版，无论是在科学性还是在可读性方面都有不少改进，编者也从这些修改中获得了一些终生难忘的教益！借这次再版机会，我对使用本书和对本书进行修改的读者所付出的辛劳与提出的宝贵意见，表示衷心感谢。

第二版做了如下修订：改正了在第一版中发现的包括文字和概念在内的错误；根据遗传学的发展，删除和更新了一些章节的部分内容；由于重组DNA技术和基因组学的迅速发展与逐渐成熟，将"第十六章 重组DNA技术和基因组学"扩展成两章——"第十三章 重组DNA技术"和"第十四章 基因组学"；也由于表观遗传学发展迅速和较成熟，将"第七章 非孟德尔式遗传"中的表观遗传部分抽出来自成一章——"第十八章 表观遗传"。

修订后，承蒙如下审者对全书或部分章节进行的审阅。感谢他们修正了其中的一些错误和提供了一些简明图解。他们是（以年龄大小为序）：北京联合大学师范学院刘国瑞教授，中国科学院微生物研究所、中国科学院大学生命科学学院向华教授，澳门大学健康科学学院张晓华教授，中国科学院大学华大教育中心张秀清教授，首都医科大学附属北京朝阳医院法医物证司法鉴定所梁燕研究员，北京大学口腔医学研究所王衣祥研究员。

第二版的问世，是编者、审者、编辑和读者共同劳动的结晶。当然，若还发现书中有不妥之处，无疑编者应负全责。

希望这一修订后的教材，能让广大学子在学习遗传学的基本理论和科学方法方面有所收获。最后，若读者发现本书有疏漏之处，敬请指正。

毛盛贤
2021年8月

第一版前言

本书的写作目的：写作前，编者为本书设定了两条基本线索，一是在内容上注重阐明遗传学的三个组成部分，即经典遗传学、分子遗传学、群体（和）进化遗传学的基本原理，因为这是遗传学理论继续发展和应用的理论基础；二是在介绍遗传学基本原理的同时，注重介绍遗传学研究的基本方法，尤其是假说检验法，因为这是遗传学理论继续发展和应用的方法基础。因此，编写本书的目的是：为本科生提供阐明遗传学的基本原理、基本方法和基本应用的遗传学教材或遗传学教学参考书。

本书的结构：除第一章（绪论）简要地说明遗传学的研究内容、研究方法、发展简史和重要意义，以及书末附有主要参考文献和书中出现过的专业术语（书中已用黑体字标出）的中英文索引之外，主体部分各章的承接关系是：

第二章～第七章 ⟶ 第八章～第十六章 ⟶ 第十七章～第十九章

经典遗传学原理　分子遗传学原理　群体（和）进化遗传学原理

遗传学原理

章内的承接关系是：首先阐明有关章节所述内容的原理和应用，其中的重要概念用黑体字标示，是必须掌握的；章末有一提要，提炼出本章的主要内容，也是必须掌握的；提要后的范例分析是课后作业，有的只是涉及必须掌握的原理和方法，有的还涉及用所学原理和方法来分析和解决有关问题——请读者在做作业前不要看分析或解答过程，以便检验自己对原理和方法掌握的程度。全部“范例分析”的答案可扫描封底二维码获得。

本书的特点：一是有利于教和学。为此，我们做了如下四个方面的努力：①内容总体安排方面，从宏观（经典遗传）到微观（分子遗传），再用经典遗传和分子遗传的观点阐明群体（和）进化遗传。我认为，这似乎更符合人们由粗到细、由表及里的循序渐进认识规律，也更易使读者明白在遗传学发展的道路上是如何一步步地发现和解决问题的，从而更有利于能力的培养。②在各章间和各章内的内容安排方面，注意承上启下的联系以形成一个完整的知识链。在章间，如第七章非孟德尔式遗传的阐明，既需要前述的孟德尔式遗传的基础，其中的内容如母性影响、母性遗传和表观遗传等概念，又是以后有关章节的基础；再如第十八章的数量遗传，其理论的阐明需要群体遗传的基础，而其理论又有助于进化遗传的解释，所以把它放在这两章之间。在章内，如第三章，χ^2 显著性检验的原理一般难以正确理解，但在其前只要讲清了较易理解的二项式概率分布的显著性检验后，正确理解 χ^2 显著性检验的原理就由难变易了；又如第十二章，安排“DNA损伤的修复机制”在先，“DNA 同源重组的机制——Holliday 连接体模型”在后，也是基于同一原因。③在难点的讲解方面，注意适当分散。对于内容较多且较难理解的问题，如第八章中的“DNA 复制”部分，就把 DNA 的 θ 复制和滚环复制分散到第九章的细菌遗传中讲授，这样既分散了学习中的难点，又可随即用 θ 复制和滚环复制的特点阐明细菌的遗传特点。④在遗传学原理和应用的文字表达方面，除努力注意科学性、逻辑性和通俗性外，还适当配以简图说明，使抽象的概念具体化。书中部分彩图可通过手机扫描对应的二维码直接查看，更为直观。因此，在教材内容的安排上，通过这四个方面的努力，笔者认为应有利于教师的“教”和学生的“学”。

二是有利于科学方法训练。俗语说“授人以鱼，不如授人以渔”；达尔文说“最有价值的知识是关于方法的知识”。这些都说明，我们在教学中不仅要教授科学原理，更要教授科学方法。为此，本书在绪论中就有一节专门论述遗传学的研究方法，强调了假说检验的应用和试验材料的选择在遗传学研究及学习中的重要性。在以后各章，尤其是涉及遗传学的重大发现，如在讲述孟德尔和摩尔根发现的三个遗传规律，以及沃森和克里克提出的DNA双螺旋结构模型、DNA的半保留复制模型时，不仅注意阐明其基本原理，更注意讲述这些科学巨匠是如何利用诸如假说检验等方法去发现问题和解决问题的科学方法，以及对待科学研究的态度。这对于我们，尤其是青年学生，如何培养自己发现问题、分析问题和解决问题的能力，如何培养想象和逻辑推理的思维能力，如何培养实事求是的科学品德和为科学献身的大无畏精神，都是很有启发和使人受益终身的。

三是注意理论联系实际。在阐述遗传学基本原理和科学方法时，尽量与实际结合，而这种结合，大到社会、工农业、国防和医药卫生，小到家庭和个人。通过这种结合，培养学生理论联系实际的观念，使学与用、知与行有机地结合起来。

本书的产生过程：在长达30余年的职业生涯期间，我在北京师范大学、北京联合大学和首都师范大学教授过遗传学，构成了我事业的重要部分。在大学学习“生物物理”专业的我，工作后，在与以上三个单位的遗传教研室及北京师范大学数学系刘来福教授等同仁们的教学和科研活动中，才较快、较系统地掌握了遗传学的基本理论和基本研究方法。我在遗传学教学中，是根据不断更新的讲稿与一届届的学生交流，一届届学生的提问使我逐渐明白该如何改进教学，一届届学生显露的聪明才智也使我从中吸收了不少营养。1999年退休后，我感到事业正在爬坡和身体依然健康，对于如何改进遗传学教学也有一些想法，于是拾起最后一份遗传学讲稿录入计算机，重操旧业，带着这些想法和求教的心情阅读了国内外众多的遗传学教材，力图取人之长、补己之短，不断“反刍”和修改，才编出这本拙作《遗传学原理》。

在遗传学的教学和本书编写过程中，我享受着与同仁共事的快乐，享受着与学生共学的快乐，也享受着遗传学大师们的科学思想和科学方法的快乐。借此机会，一要感谢我尊敬的、学识丰厚的同仁们（其中的郭学聪教授、彭奕欣教授和李国珍教授是我的大学老师），二要感谢我年轻好学、聪明可爱的历届学生们，三要感谢在本书参考书目中列举的、编著了各具特色的遗传学教材和有关文献的同行们。如果没有这三方面的贵人相助，这本拙作是不可能完成的。

感谢刘国瑞教授仔细审阅了全书，从内容到文字都提出了许多宝贵意见，增加了内容的科学性和可读性。感谢科学出版社接受本书的出版；感谢出版社在本书编辑出版期间提供了“图书编写指南”，使本书的结构和图表的标注更为规范；感谢责任编辑席慧及其同仁在编辑、校对、印刷和封面设计方面付出的辛勤劳动，使本书以尽可能少的错误和科学、漂亮的封面与读者见面。

为编写这本拙作，笔者主观上虽尽心尽力，但限于水平，恐仍有不足之处，敬请读者指正。

毛盛贤

2016年8月

目　录

第二版前言
第一版前言
第一章　绪论……1
　第一节　遗传学的研究简史……2
　第二节　遗传学的研究方法……6
　第三节　遗传学的重要意义……7

第一部分　经典遗传学原理

第二章　遗传的细胞学基础……12
　第一节　染色体的结构和有关概念……13
　第二节　细胞分裂和细胞周期……14
　第三节　配子发生、受精和生活周期……17
第三章　孟德尔遗传定律及其扩展……22
　第一节　等位基因分离规律及其扩展……22
　第二节　非连锁基因自由组合规律及其扩展……34
　第三节　遗传学中的概率统计……43
第四章　性别决定和与性别有关的遗传……53
　第一节　性别决定的机制……53
　第二节　性染色体遗传……57
　第三节　限性遗传和性影响遗传……64
第五章　连锁基因遗传和真核生物遗传作图……68
　第一节　连锁基因遗传规律……68
　第二节　高等真核生物的遗传作图……71
　第三节　低等真核生物的遗传作图……80
　第四节　人类的遗传作图……92
第六章　染色体结构和数目变异……98
　第一节　染色体结构变异……98
　第二节　染色体数目变异……104
第七章　非孟德尔式遗传……114
　第一节　母性影响……114
　第二节　核外遗传……116
　第三节　植物质-核互作雄性不育遗传……123

第二部分　分子遗传学原理

第八章　遗传物质和遗传信息的传递……128
　第一节　核酸是遗传物质……128
　第二节　核酸的分子结构……130
　第三节　遗传信息的传递（Ⅰ）——核酸复制和对性状控制简述……134
　第四节　遗传信息的传递（Ⅱ）——DNA 转录……142
　第五节　遗传信息的传递（Ⅲ）——mRNA 翻译……148
第九章　细菌和病毒的遗传分析……160
　第一节　细菌的遗传分析……160
　第二节　病毒的遗传分析……178
第十章　转座子遗传分析……188
　第一节　转座子的一般特征和基本类型……188
　第二节　原核生物的细菌转座子……190
　第三节　真核生物的转座子……193
　第四节　转座子在遗传上的意义……198
第十一章　基因表达的调控……201
　第一节　细菌基因表达的调控……201
　第二节　细菌病毒——λ 噬菌体基因表达的调控……210
　第三节　真核生物基因表达的调控……212
第十二章　基因突变、修复、重组和基因概念的发展……222
　第一节　基因突变的特征……222
　第二节　基因突变的分子基础……225
　第三节　基因突变的检测……230
　第四节　DNA 损伤的修复机制……234
　第五节　DNA 水平的同源重组机制——Holliday 连接体模型……237

第六节 基因概念的发展 …… 240
第十三章 重组 DNA 技术 …… 250
第一节 重组 DNA 技术的原理 …… 250
第二节 重组 DNA 技术的应用 …… 262
第十四章 基因组学 …… 281
第一节 结构基因组学 …… 281
第二节 功能基因组学 …… 290
第三节 比较基因组学 …… 294
第十五章 发育遗传 …… 301
第一节 发育的遗传基础 …… 301
第二节 线虫的发育遗传 …… 303
第三节 果蝇的发育遗传 …… 307
第四节 性别的发育遗传 …… 312
第五节 拟南芥的发育遗传 …… 315
第十六章 免疫遗传 …… 321
第一节 细胞抗原遗传 …… 322
第二节 抗体和受体遗传 …… 328
第三节 免疫应答 …… 330
第十七章 癌遗传 …… 335
第一节 癌基因、端粒酶活性与癌的关系 …… 335
第二节 癌变的遗传学说 …… 342
第十八章 表观遗传 …… 345
第一节 分子基础 …… 345
第二节 基因组印记 …… 352
第三节 剂量补偿 …… 355
第四节 副突变 …… 359
第五节 代谢的表观遗传 …… 362
第六节 蛋白感染子 …… 364

第三部分 群体和进化遗传学原理

第十九章 群体遗传 …… 370
第一节 群体遗传结构 …… 370
第二节 随机交配群体遗传 …… 371
第三节 近亲交配群体遗传 …… 378
第二十章 数量性状遗传 …… 388
第一节 数量性状的遗传基础和基本研究方法 …… 388
第二节 加性-显性效应遗传模型 …… 393
第三节 数量性状的世代平均数和世代方差 …… 395
第四节 加性-显性效应遗传模型的应用 …… 398
第二十一章 进化遗传 …… 413
第一节 进化因素 …… 413
第二节 进化历程 …… 420
第三节 进化机制 …… 436

主要参考文献 …… 442
范例分析答案 …… 444
中英文索引 …… 451

第一章 绪 论

遗传学的一个常用科学术语是**性状**（trait）。其是生物个体所具有各种特征的总称，如形态（如植物的花色）、生化（如生物合成某种物质的能力）和行为（如人手的惯用性）等特征。描述一个性状的不同表现或相对差异的性状称为**相对性状**（contrasting trait）。例如，豌豆花色中的红花和白花、细菌中能合成色氨酸和不能合成色氨酸的能力以及人的惯用右手和惯用左手，都分别是一对相对性状。

人们发现，生物在世代传接中的性状表现有两个基本现象：遗传和变异。

遗传（heredity，inheritance）是指物种内亲子代相应性状表现相似的现象。之所以有这一现象，是因为亲代控制性状表现的世袭因子（现在称为基因）能下传（heredity）给子代，子代能上接（inheritance，源于古法语 inheriter）亲代控制性状表现的世袭因子并控制子代的性状表现。由于这两个科学术语是从不同方向（下传和上接）定义同一个概念（基因的世代传接），因此我们就把这两个科学术语译成“遗传”。由于控制有关物种性状的基因具有相对稳定性，其亲代基因能够传递到子代并控制子代的性状表现，因此各物种的性状表现就可得以世代延续和具有相对稳定性，就可产生“类生类”或“种豆得豆，种瓜得瓜”的遗传现象。在我国秦朝的《吕氏春秋·用民篇》就有记载：“夫种麦而得麦，种稷而得稷，人不怪也。”这说明在我国古代，就把物种性状遗传的稳定性看成是一个正常的自然现象。

变异（variation）是指物种内个体间的性状存在差异的现象，谚语中的“一母生九子，连母十个样”就是变异的通俗说法。之所以有这一现象，主要是因为个体间从亲代接受的基因难以完全相同，就是从亲代接受的基因完全相同的一卵双生（第二十章），由于所处的环境不可能完全相同也会有差异。例如，接受阳光的机会不同在肤色上会有差异，接受教育的机会不同在智力上会有差异。物种内个体间由基因不同引起的变异称为**遗传变异**（genetic variation），由环境不同引起的变异称为**环境变异**（environmental variation）。早在我国古代，就能区分这两种变异。贾思勰在北魏末年所著的《齐民要术》（总结了自秦汉以来我国农业的科学技术成就）中写道：凡（不同品种的）谷成熟有早晚，苗秆有高下，收实有多少——这说明在我国古代，人们已经认识到不同品种的谷物种在相同环境下也会产生变异（遗传变异）。在春秋时期（公元前 770～前 476 年）的《晏子春秋》记载：橘生淮南则为橘（果大而味甜），橘生淮北则为枳（果小而味苦）。这说明在我国古代，人们已经认识到同一品种在不同环境下也会有变异（环境变异）。

正因为生物有遗传变异，一是通过自然选择才能进化成当今种类繁多的物种，我们今天的人类作为一个物种——智人才能走出我们祖先栖息的原始森林；二是通过品种间的杂交和选择才能选育出符合我们需要的动物、植物和微生物的优良品种。正因为生物有环境变异，一是我们选育的动物、植物和微生物优良品种，还得相应地配有一套饲养、栽培和培养的良法；二是我们应竭尽全力利用环境而优化自身，首先做到自食其力，在这一基础上才能争取为国家乃至国际有所贡献。

简单来说，遗传学是研究生物世袭因子的遗传和变异规律的科学；后面学了经典遗传学原理（第三章）后，可具体到遗传学是研究生物基因的基因型和表现型（表型）变异规律的科学；学了分子遗传学原理（第八章）后，可更具体到遗传学是研究生物的核酸遗传信息和其表达规律的科学。

那么，从历史上看，人们是如何由浅入深地研究生物遗传和变异规律的呢？

第一节　遗传学的研究简史

地球上的原始生命是如何从非生命物质起源的，属于“生命起源”这一学科的研究范畴。地球上有了生物的共同祖先——原始生命后，生命是如何遗传和进化的，则属于“遗传学”这一学科的研究范畴，也是本书要涉及的内容。

对于地球上出现原始生命后，生命是如何遗传和进化的问题，回顾近4个世纪以来的研究，主要依次提出了如下一些假说或学说。

一、无生源说和有生源说

在科学不发达的时代，人们根据一些简单和不精确的观察，认为地球上有了原始生命后，现存的生物还可随时由无生命物质自然而然地发生，即所谓的**无生源说**（abiogenesis）或**自然发生说**（spontaneous generation）。17世纪，欧洲人说的“腐肉生蛆”和我国古代说的“腐草生萤”，都被用来作为无生源说的“证据”。现在来看，之所以有“腐肉生蛆”“腐草生萤”的现象，乃是苍蝇和萤火虫产卵，而腐肉和腐草只是卵发育的场所。因此，地球上自有生命以来，后来的生命来自事先存在的生命，不可能从无生命物质中自然发生。

但在1745年，苏格兰自然科学家尼达姆（J. Needham）认为，所有的无机分子，如空气中的氧，都具有生命力，可使生命自然发生，至少微生物是这样。为了证明其观点，他把汤煮沸以杀死汤中微生物后，注入自认为干净的长颈瓶内，并用软木塞封口。过段时日，以检查汤中出现了微生物为据，说是证明了像诸如氧这样的无机分子可使生命自然发生。

最终驳倒无生源说的是法国伟大的微生物学家巴斯德。其简明的试验过程和结果见图1-1：把肉汤放进两个同样大小的S形曲颈瓶内并加热煮沸，但其后不密封瓶颈，放置在试验台上，这样空气可自由进入瓶内（即瓶内不缺氧气或其他“活力”条件），而外界尘埃等微粒只能进入曲颈的弯部，而不能进入瓶中的肉汤内；经数月后，两个瓶内都没有微生物；随后，把其中一个瓶的曲颈管打破使外界尘埃等微粒可进入瓶内，结果该瓶的肉汤内滋生了微生物，而另一瓶仍未滋生微生物。这一试验证明，肉汤中的微生物，确是随尘埃进入的微生物或其孢子繁殖起来的。

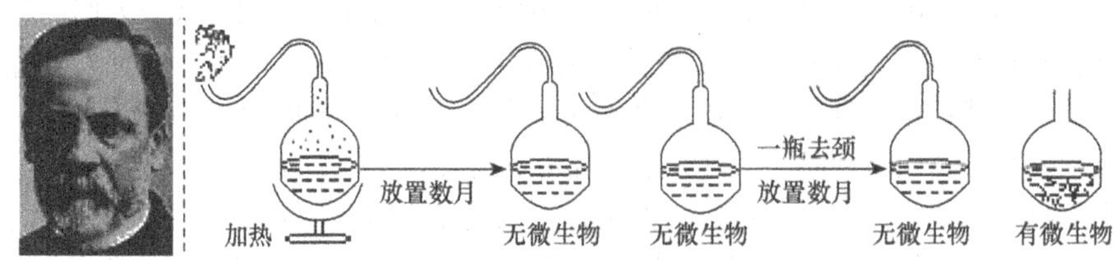

图1-1　巴斯德及其曲颈瓶试验

因此，地球上自有原始生命后，生命来自生命，即子代生命来自亲代生命，不可能自然发生——这就是**有生源说**（biogenesis）或**非自然发生说**（non-spontaneous generation）。

二、有生源说的诸学说

既然地球上自有原始生命后“生命来自生命”，那么亲代生命又是如何产生子代生命的呢？

恩格斯说，在古希腊（公元前 800～前 146 年）的哲学中，基本上可找到现今各种观点的胚胎或胚芽。

关于亲代生命如何产生子代生命或生命是如何遗传的问题，的确也要追溯到古希腊学者对这一问题的看法，因为下述的近 4 个世纪以来提出的有关学说，都与他们的看法有关。公元前 5 世纪，古希腊医生希波克拉底（Hippocrates）在遗传上提出了**泛生子说**（pangensis）：亲代传给子代的是各个部分的**泛生子**（pangene），即亲代各个部位（如各组织）的样本或种子首先汇聚在精液中，然后进入子宫内形成子代个体（他认为子代个体由精子形成，子宫只是子代个体的发育场所）——由于亲代的泛生子传给了子代，因此子代性状与亲代相似。如果泛生子说正确，那么亲代个体有关部位获得的新性状（相应地产生了该部位新性状的样本或种子，即泛生子）——获得性状通过其泛生子就可遗传给子代，如一个肌肉发达的男子，其子代的肌肉也应发达。一个世纪后，即公元前 4 世纪，古希腊哲学家、自然科学家亚里士多德（Aristotle）对上述遗传观提出了质疑：如果上述观点正确，一个缺左臂的男人，其精液中应没有形成左臂的泛生子，精液进入子宫就不可能生出具有左臂的子代；但事实上，没有左臂的男人的精液产生的子代仍具有左臂。因此，在遗传问题上，亚里士多德认为，生物每个个体都有“性状的形成因子”（eidos）和由“性状的形成因子”塑造出来的“性状”，应把这二者区分开。亚里士多德的这一遗传观是正确的，用现代遗传语言来说就是应把控制性状发育的“遗传因子（基因）”和在遗传因子控制下表达的“性状”区分开，即遗传传递的不是有关性状的泛生子，而是有关性状的蓝图或信息（第八章）。不过，亚里士多德的遗传观与现代遗传观相一致的看法，直到 20 世纪 70 年代初才得到统一。亚里士多德与希波克拉底一样，也认为子代个体是由精子形成的，子宫只是子代个体的发育场所。

关于个体生命如何发育的问题，也要追溯到古希腊学者对这一问题的看法。亚里士多德认为前人对这一问题大致有两种看法：一是认为微型个体存在于卵子或精子中，经一定刺激后长大成为成体，可称为先成说；二是认为个体的各个部分是由卵子或精子逐渐形成的，可称为后成说。亚里士多德信奉后成说。

下面阐述近 4 个世纪以来，针对个体生命是如何遗传和如何发育的两个问题所提出的学说，是如何受到古希腊上述两位学者影响的。

（一）精源说、卵源说和合子说

早在 1671 年，荷兰科学家列文虎克（F. Leeuwenhoek）在显微镜下检查不同动物（其中包括人）的精液时，第一次发现精液并非匀质液体，而是充满了许多具有尾状结构的、能够游动的细胞——精细胞，这使他相信子宫中子代的胚胎发育与精细胞有关。在 1672 年，另一位荷兰科学家迪格拉夫（B. DeGraff），在显微镜下检查兔子和其他动物的卵巢时发现了卵细胞，这使他相信子宫中子代的胚胎发育与卵细胞有关。

发现精、卵细胞后，就亲代对子代的遗传贡献提出了两种不同的看法。一种看法是，子代是由父本精子提供的泛生子（希波克拉底遗传观）或遗传信息（亚里士多德遗传观）决定的，而母体对子代的贡献只是为子代提供了发育的场所，特称**精源说**（spermalist）。另一种看法是，子代是由母本卵子提供的泛生子或遗传信息决定的，而父本精子对子代的贡献只是在子宫内刺激子代的发育，特称**卵源说**（ovarist）。

1856 年，普林斯海姆（N. Pringsheim）通过对植物的研究，首次证明植物子代的个体发育不可能单独由精、卵细胞发生，而是由它们结合的产物——合子决定的，称为**合子说**（zygote theory）。大抵在同一时代，其他人对动物的研究，也肯定动物子代的个体发育是由精、卵细胞结合的产物——合子决定的。

合子说的提出，平息了精源说和卵源说的争论。

在信奉精源学、卵源学和合子说的年代里，关于个体的新结构和新功能是如何形成或发育的，提出了两种相反的观点：首先被提出的是后成说，后来被提出的是先成说。

（二）后成说和先成说

后成说（epigenesis，epi 和 gen 源于希腊文，分别有“在……后”和“生成”之意）认为，个体的新结构和新功能是精子（精源说）、卵子（卵源说）或合子（合子说）在发育过程中逐渐形成的。后成说也称**渐成说**（epigenesis）。

先成说（preformation）则认为，精子、卵子或合子中存在着发育完全的“小成体”，个体发育的过程只是“小成体”增大的过程。先成说也称**预成说**（preformation）。

到 18 世纪，显微镜被发明并逐渐完善，可以被用来检验某些遗传理论是否正确。沃尔夫利用显微镜观察后发现，并非成体的所有结构在合子或胚胎发育早期都存在，而是在合子发育的过程中逐渐形成的。这一发现和其他类似的发现才使人们否定了先成说，重新信奉后成说。

在后成说的基础上，是否双亲所有细胞中的泛生子或遗传信息都能传递给子代，主要又有泛生子说和种质说。

（三）泛生子说和种质说

希波克拉底的泛生子说，对 18 世纪许多著名生物学家的遗传观都有影响。他们为了解释现实或理论中存在的问题，所提出的如下的各种遗传说实质上都是希波克拉底的泛生子说的翻版。

法国进化论者拉马克（J. B. Lamarck）明确地提出了**获得性遗传**（acquired characteristic-inheritance），他认为环境变化使身体某部分的用与不用所获得的性状能够遗传。他还预言，如果把男女两小孩的左眼摘除，其子代男女两小孩的左眼仍被摘除，如此连续多代，最终这对男女的小孩只有一只右眼——右眼小孩。

在达尔文时代，流行用试验方法检验科学上的问题，遗传学也不例外。动植物育种学家用两不同品系的亲本杂交，由于注意力主要集中在如何培养出一些重要经济性状优良的新品种，而经济性状多为数量性状，杂交一代的表现往往介于双亲表现之间的某个中间值（第二十章）。为了解释这些类似的结果，法国的植物遗传学者科尔鲁特（J. Kolreuter）提出了**融合遗传**（blending inheritance）的概念：子代的遗传物质或多或少是均等地由双亲提供，并且像两种不同颜色的染液那样，在子代要“融合”在一起呈中间色而不能独立存在。通过以后的学习我们会知道，在子代虽然表现双亲性状的“融合”，但双亲的有关遗传物质（基因）在子代并未融合，而是独立存在的。

达尔文时代的主流遗传观——融合遗传观并不支持达尔文的进化论。根据融合遗传观，一个稀有的微小变异个体与未变异的个体杂交（因为变异个体数比未变异个体数少得多），其子代的遗传物质应是双亲遗传物质的混融物，即子代个体只含变异个体遗传物质的 1/2 [$=(1/2)^1$]；子代再与未变异的个体杂交（因为子代个体数仍比未变异个体数少得多）所产生的子代，其遗传物质中只含有原稀有微小变异个体的 1/4 [$=(1/2)^2$]；如此一代一代地传下去，各子代中含有原变异个体的遗传物质就依次减为 $(1/2)^3$、$(1/2)^4$…$(1/2)^n$。这样，经过有限的世代 n，稀有的微小变异实际上会从群体中消失而不可能有生物进化。

达尔文为了给其进化论提供遗传学基础，于 1868 年实际上重提了希波克拉底的泛生子说，但称为**泛生子说的临时假说**（provisional hypothesis on pangenesis）：细胞中控制生物各性状（如眼色）的遗传物质都以微小的泛生子或胚芽形式存在，性成熟时从双亲个体各组成部分通过体液集中到性器官，经繁殖传给子代而发育成具有双亲性状的个体。由于获得性状也会产生相应的泛生子并可传给子代，因此泛生子说的临时假说也承认获得性遗传。

实际上，获得性遗传说、融合遗传说和泛生子说的临时假说与希波克拉底的泛生子说并无本质区别，都认为个体所有部分（不管是生殖器官还是其他器官）细胞中的所谓泛生子都能传给子代而控制子代的发育，所以可统称为泛生子说。

分散在个体中的泛生子，都会集中到性器官而传给子代个体并控制子代的性状表现吗？德国生物学家魏斯曼（A. Weismann）用试验进行了检验。魏斯曼的试验很简明，就是切除幼年雌、雄小鼠尾巴以获得无尾小鼠（相当于拉马克摘除小孩左眼以获得无左眼小孩的构想），成熟后让这些无尾小鼠繁殖；其子代雌、雄幼年小鼠尾巴仍被切除，这样连续繁殖 23 代，生出的小鼠仍具有正常尾巴。

这一简明试验的结果宣告了泛生子说的不正确性。因为根据泛生子说，后天获得的性状——小鼠无尾，在发育过程中就不会产生有尾泛生子，即无尾小鼠的子代仍然是无尾小鼠。

魏斯曼的这一结果和其他类似试验的结果使他于 1892 年提出了**种质说**（germplasm theory）：①多细胞个体的细胞分为能产生配子的**种质**（germplasm）和不能产生配子的**体质**（somatoplasm）两部分，亲代雌、雄个体的种质产生的雌、雄配子结合后就产生了子代个体；②种质中的遗传信息是独立的，在世代间是连续的，能产生种质和体质，而体质中的遗传信息在世代间是非连续的，所以其内的遗传信息和由环境引起的获得性状也不能传给子代。以这里产生的无尾小鼠（或无左眼小孩）为例，由于是体质变异（断尾或摘除左眼）的获得性状，但产生有尾（或左眼）的种质中的遗传信息并没有消除或变异，因此这里的无尾鼠（或无左眼人）产生的后代仍会有尾（或有左眼）。

因此，泛生子说与种质说存在本质上的区别（图 1-2）。前者认为：分散在个体所有部位细胞中的泛生子，首先集中到性器官的配子后再传递给子代个体［图 1-2（a）］。后者认为：只有性器官的种质细胞中的全套遗传信息，在形成配子时转移到配子，雌、雄配子（卵子、精子）结合形成的受精卵才把亲代的遗传信息传给子代个体，而亲代其他器官的体质细胞中的遗传信息不能传给子代个体；受精卵分裂成的早期胚胎细胞分裂可产生**种质细胞**（germplasm cell）和**体质细胞**（somaplasm cell），在一定发育阶段种质细胞可继续产生种质细胞和体质细胞，而体质细胞只能产生体质细胞［图 1-2（b）］。

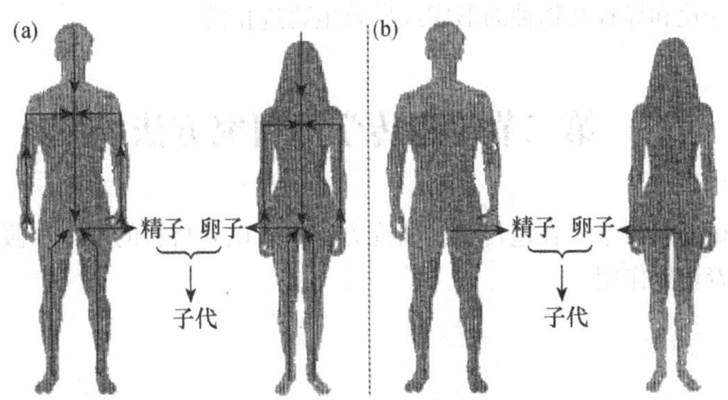

图 1-2 泛生子说［（a）］和种质说［（b）］

依现代定义，受精卵经有丝分裂产生的胚胎细胞，经分化后，少数细胞产生**种系细胞**（germ-line cell，也称生殖系细胞），多数细胞产生**体细胞**（somatic cell）。种系细胞进一步分化可产生配子，雌、雄配子融合产生子代；体细胞不能产生配子，但进一步分化能产生其他功能的细胞，如动物的肌肉细胞、神经细胞，植物的表皮细胞、栅栏细胞（第十五章）。种系细胞和体细胞分别相当于魏斯曼定义的种质（细胞）和体质（细胞）。所以，种质说的观点是正确的。

1866 年，与达尔文同时代的孟德尔，根据豌豆杂交试验结果提出的**颗粒遗传说**（particulate inheritance theory）指出，遗传物质并非液体状而是颗粒状，才真正把遗传学研究引入正确轨道。

（四）颗粒遗传说的发展

在孟德尔提出的颗粒遗传说的基础上，后来的遗传学研究和发展主要集中在既有区别又有联系的三个领域或阶段（图 1-3）：经典遗传学、分子遗传学与群体和进化遗传学。颗粒遗传学这三个领域的基础内容，正是我们以后要依次重点学习的。

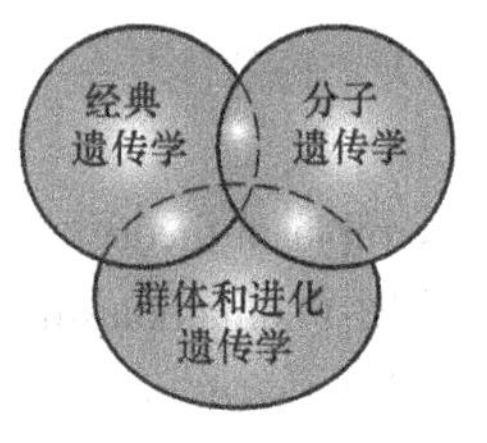

图 1-3　遗传学三领域

1. 经典遗传学　孟德尔在 1866 年发表的《植物杂交试验》的论文中提出了颗粒遗传的两个规律——遗传因子（等位基因）分离规律和（非连锁）基因自由组合规律，并在 1900 年得到了公认。这两个规律，标志着遗传学已步入正轨的经典遗传学阶段，被誉为遗传学的第一个伟大的里程碑。

2. 分子遗传学和基因组学　1928～1944 年，格里菲思（F. Griffith）和埃弗里（O. Avery）等根据细菌的转化试验，以及对烟草花叶病毒的感染试验，证明遗传物质是核酸。1953 年，沃森（J. D. Watson）和克里克（F. H. C. Crick）建立 DNA 双螺旋结构模型，并以此阐明 DNA 的自我复制、转录和翻译等问题，从而使遗传学进入分子遗传学阶段，被誉为遗传学的第二个伟大的里程碑。20 世纪 70 年代后，由于分析方法的改进，人们可对各物种基因组的结构、功能和不同基因组间的进化关系进行研究，标志着遗传学由分子遗传学阶段（零敲碎打式地研究生物部分基因）发展到当今的基因组学阶段（研究生物整个基因组的结构、功能和进化关系），被誉为遗传学的第三个伟大的里程碑。当然，如果不细分，也可把后一阶段并入分子遗传学阶段，因为它们都是在分子水平上进行的遗传学研究。

3. 群体和进化遗传学　**群体和进化遗传学**（population and evolutionary genetics）是以群体为单位进行遗传分析，即在群体水平上阐明决定群体遗传组成的因素，群体遗传组成的变化又如何导致群体性状的变化和导致新物种的形成或导致生物进化的。

第二节　遗传学的研究方法

遗传学是一门试验性科学。在遗传学的研究方法中，试验材料的选择和假说检验的引入，对于遗传学的发展起着重要作用。

一、材料选择

进行科学研究，如遗传学研究，提出研究问题后，就要选择最适合解决问题的生物进行试验。适合做遗传试验研究的生物一般应有如下特点。

一是个体小。以动物为例，如果个体大，就需要消耗大量的饲料和需要大的饲养场地等。

二是能产生大量子代个体。由于遗传规律实际上是随机事件的统计规律，为了保证统计分析的可信度，每对亲本产生的子代个体数要足够多。遗传研究中常用细菌和果蝇等为试验材料，除试验成本低外，还因它们的每对亲本都能产生大量的子代个体。

三是生活周期短。研究遗传规律，往往要连续跟踪若干个世代，所以试验个体的生活周期短是一个重要条件。细菌、古菌、真菌、果蝇和一些植物，也都因为具有生活周期短这一条件而被选作遗传研究的试验生物。

二、假说检验

自 19 世纪中叶以来，遗传学之所以“后来居上”，取得了有目共睹的巨大成就，在很大程度上得益于假说检验这一科学方法的应用。

所谓假说检验，就是对试验结果建立或提出假定性解释（建立或提出假说）并对假说的真伪进行检验（检验假说）的过程。现用试验说明这一过程。

假定我们用的试验材料是草莓，目的是研究种在山顶和山底的草莓产量是否有显著差异和分析产生差异的原因，就要经过**假说检验**（hypothesis test）过程的三个阶段（图 1-4）。

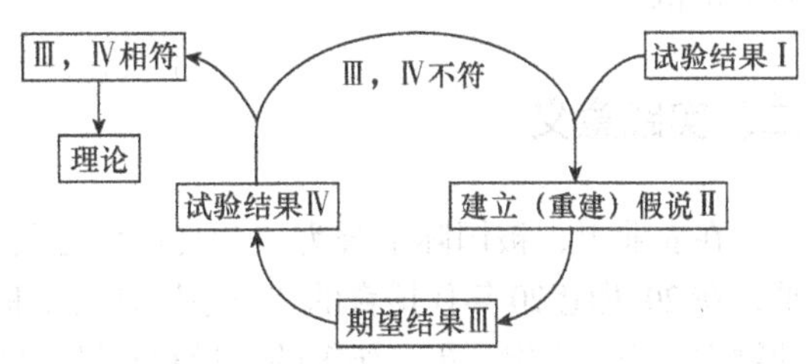

图 1-4　假说检验过程（Atherly et al.，1999）

阶段一，进行试验。将草莓在相似的栽培管理条件下种植发现，每单位面积的平均产量，生长在山顶的草莓要显著高于生长在山底的草莓（图 1-4 的试验结果Ⅰ）。

阶段二，建立假说。为解释这一平均产量的差异，可建立各种可能的假说（图 1-4 的建立假说Ⅱ）：假说①，山顶草莓产量高是因为山顶草莓接受了更多的阳光；或假说②，山顶草莓产量高是因为山顶的品种优于山底的，即由遗传差异引起的；当然，还可以建立其他一些假说。

阶段三，检验假说。有了假说，就可根据假说设计一定的试验以预测期望结果，并实施这一试验以检验期望结果（图 1-4，Ⅲ）是否与试验结果（图 1-4，Ⅳ）相符。若上述假说①正确，则把山顶的幼苗移栽到山底后，其单位面积产量应期望比山顶的显著减少。若移栽后实际结果仍与移栽前的相似，即与期望结果不符，则可证明假说①为伪——生活环境的改变（阳光减少）并未显著影响它的产量。

要注意的是，在假设检验中，证明上述假说①为伪，并未证明上述假说②一定为真，只能说假说②可能为真，也可能为伪，因为可能还有其他一些假说未能提出，而正确的假说就在未提出的假说之中。只有当其他一切可能的假说逐一被排除，并且所得的试验结果“图 1-4，Ⅳ”总与“某一假说”的期望结果“图 1-4，Ⅲ”一致时，这“某一假说”才能上升为科学理论或科学定律，简称为理论或定律。

第三节　遗传学的重要意义

自 20 世纪以来，遗传学得到了飞速的发展，其成果不但渗透到生物学的各分支学科，还渗透到哲学、社会学、医学和工业、农业、国防等领域。

一、理论意义

通过本书学习的颗粒遗传理论——基因论，不仅可解释生物遗传，还可解释个体发育和系统发育（进化）。也就是说：亲、子代间性状的相似性，是亲代控制性状的基因传递给子代的结果；个体从发生、生长、成熟、衰老到死亡的过程，是其基因按照一定的时间-空间程序精确表达的过程，是其基因选择性表达的结果；生物进化或物种形成的过程，是群体内的基因在自然选择作用下的变化和继代传递的过程。因此，生物的遗传、发育和进化都可用遗传学揭示的基因理论或基因观作出统一解释。

遗传学理论也为哲学、社会学提供了自然科学基础。例如，生物的遗传、发育和进化统一于“基因”的统一观——基因观，为哲学上的世界统一于“物质”的统一观——物质观提供了依据，也为社会学如法学中的婚姻法和刑法等的制定、实施和宣传教育，提供了可靠的遗传学的理论依据。

二、实践意义

在农业上，被国际上誉为“杂交水稻之父”的我国工程院院士、美国科学院外籍院士袁隆平，在20世纪70年代培育的“三系”杂交水稻（第七章）等的增产效果更是举世瞩目！在经济动物中，为提高肉、蛋、奶等的产量和质量，目前也是广泛采用品种间杂交以利用杂种优势。

在医学上，对于一些遗传性疾病，利用基因疗法可用正常基因替换非正常基因而治疗遗传疾病，并不乏成功的事例；若知道自己家系的成员中患有某种遗传病，同时又清楚这种病的遗传规律，那么我们就可选择是否生孩子，或选择是生男还是生女；抗生素是微生物的代谢产物，发现和利用其代谢产物，如用青霉素和链霉素医治病原菌疾病可使人类平均寿命显著延长，通过微生物的诱变育种或分子育种培育出的新菌株，可使有关抗生素或其他医药的产量成数百倍地增加，从而可大大节约医疗费用。

在工业上，以遗传理论为指导的基因工程的兴起使工业，尤其是使制药业发生了深刻变化。原来依赖于生物组织中只有微量但具有很大医疗价值的药物，如人胰岛素，利用基因工程技术和细菌就可进行大量生产了。

在国防上，应防备敌人利用基因工程技术制造杀人武器——基因武器。例如，利用基因工程方法把繁殖力弱但致病力强的微生物或病毒的基因——强致病基因，移植到繁殖力强但致病力弱的微生物或病毒中，或者是进行反向移植，以产生繁殖力和致病力均强的新型微生物或新型病毒——战剂微生物或战剂病毒。对此，我们应有所准备，以应付敌人的突然袭击。

本章小结

遗传学是研究遗传和变异或进化规律的科学。

地球上出现生命后，对于生命是如何遗传的，先后提出了各种学说。最终是有生源说战胜了无生源说，合子说战胜了精源说和卵源说，后成说战胜了先成说，种质说和颗粒遗传说战胜了各种形式的泛生子说。颗粒遗传说有三个研究领域，即经典遗传学、分子遗传学与群体和进化遗传学。

适合做遗传试验研究的生物，一般应个体小、生活周期短和能产生大量子代个体。

科学方法的假设检验依次包括：根据一定目的，设计一定的试验和对试验进行观测；为说明观测结果，提出各种可能假说；设计试验以检验这些假说的真伪。

范例分析

1. 试述遗传学发展的主要历程。

2. 概述泛生子说的论点，它与种质说有何不同?

3. 根据对你熟悉的亲、子代性状的观察，能举例说明融合遗传说是错误的吗?

4. 在本章中第二节，对山顶单位面积草莓产量显著高于山底的事实提出了两个假说，请另设计两个试验以检验这一差异产生的原因。

5. 根据对你熟悉的亲、子代性状的观察，能举例说明获得性遗传是错误的吗?

第一部分

经典遗传学原理

经典遗传学主要涉及遗传学的三个遗传规律以及母性影响和母性遗传。这些遗传都有其细胞学基础。所以在这部分首先介绍遗传的细胞学基础，然后述及上述的遗传规律。

第二章 遗传的细胞学基础

生命个体由细胞构成，世代延续也通过细胞（精、卵细胞的结合）得以实现。最简单的生命形式——病毒，虽然不是由细胞组成，但必须进入细胞方能世代延续。所以，通过遗传使生命得以延续都具有细胞学基础。

在由细胞组成的生物中，**古菌**（archaea）和**细菌**（bacteria）是由一个细胞组成的生物，集中在细胞质特定区的遗传物质无核膜包围而形成原始的核——原核（prokaryon），称为**原核生物**（prokaryote）；其余的单细胞和多细胞生物，细胞内的遗传物质多集中在细胞质中的核区，被核膜包围而形成真正的核——**真核**（eukaryon），称为**真核生物**（eukaryote）。所以，细胞是生物结构的基本单位。

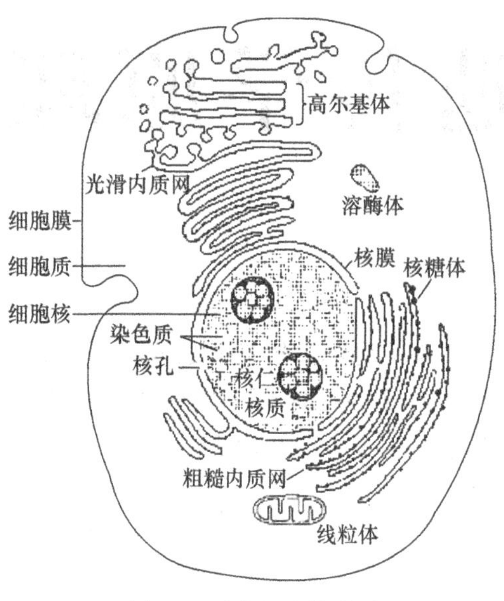

图 2-1　动物细胞模式图

细胞也是生物功能的基本单位，所有生物只有借助细胞方能延续生命。

与原核生物的细胞比较，真核生物细胞的结构和功能更为复杂，表现在其细胞由细胞膜（质膜）、细胞质和细胞核三部分组成。在细胞内由膜包围的、具有一定功能的亚细胞结构，如细胞核、线粒体和叶绿体等，相当于多细胞生物体内的“器官”，统称**细胞器**（organelle）。真核细胞的细胞器和其他结构的物理特性及功能见图 2-1 和表 2-1。

表 2-1　真核细胞的结构、物理特性和功能

细胞结构	物理特性	功能
细胞膜	由蛋白质、类脂和糖类组成的双层膜	调节胞外物质进入细胞和胞内物质排出细胞
细胞质	含有许多结构和酶系统（如糖酵解和蛋白质合成的酶系统）	提供细胞能量；执行细胞核的遗传指令；通过细胞质 DNA 进行细胞质遗传
核糖体	由 3～4 种核糖体 RNA（rRNA）和超过 50 种蛋白质组成	蛋白质合成场所
内质网	质内膜系统。附有核糖体的为粗糙型内质网，没附有核糖体的为光滑型内质网	把多肽链变化为成熟蛋白（如通过糖基化），脂类合成场所
线粒体	由双膜磷脂包围组成。含有产生 ATP 需要的酶。其环状染色体含有一套与核分离的、与线粒体功能有关的基因（线粒体基因）	产生 ATP 的场所，进行长链脂肪酸的 β 氧化
质体	由双膜包围的植物细胞结构。植物叶绿体含有的环状染色体含有一套与核分离的、与叶绿体功能有关的基因（叶绿体基因）	储存和合成食物（如淀粉）；光合作用在叶绿体中进行

续表

细胞结构	物理特性	功能
中心粒	由微管组成。每次细胞分裂后能复制。植物细胞中罕见	细胞分裂时形成纺锤体的两极
细胞核	由核膜包围，借核膜孔使核与细胞质联系。核内染色体包括核蛋白和 DNA 两部分	通过核 DNA 进行核遗传
核仁	位于合成核糖体 RNA 的染色体上	合成核糖体 RNA
核质	核的非染色体成分，含有建造 DNA 和 RNA 的物质	涉及 DNA 复制和基因表达

以上列举的各细胞器，尤其是核内、线粒体内和叶绿体内染色体的功能都与遗传紧密相关。

第一节　染色体的结构和有关概念

染色体是遗传物质的载体，是细胞的一个重要成分，现以核内染色体为例说明。

一、染色体的结构和形态

一完整的、具有功能的真核生物的核内染色体有三个基本组成部分（图 2-2）：一个着丝粒、一个或两个染色体臂和一对端粒。

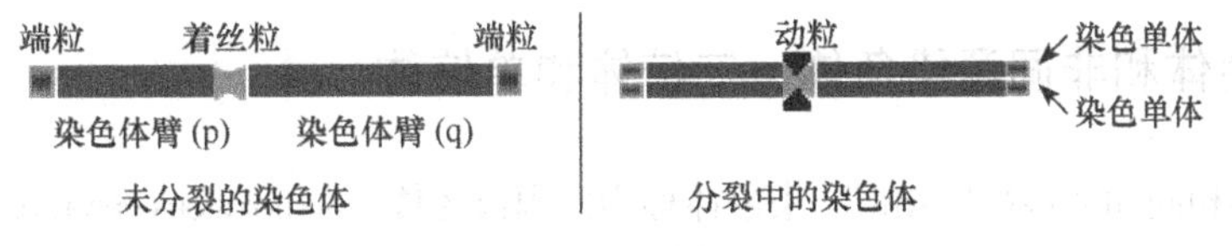

图 2-2　细胞分裂期间的染色体形态结构

着丝粒（centromere）是染色体上相对不易着色和直径较小的一小段狭隘区——主隘痕。着丝粒与细胞分裂时的染色体分裂（复制）有关：细胞分裂前，一种称为**动粒**（kinetochore）的复合蛋白聚集在着丝粒上；细胞分裂时，一种称为**纺锤体微管**（spindle microtubule）的纤丝——纺锤丝与动粒相连，把分裂（复制）的染色体拉向细胞两极。由一个着丝粒连接的两条子染色体称为**姐妹染色单体**（sister chromatid），即这时的染色体除着丝粒未分裂（未复制）外，其他部分都已分裂（已复制）。

着丝粒一般把染色体分成大致相等的两部分，称为**染色体臂**（chromosome arm），其中较短的臂称为 p 臂（法文 petite，有短、小之意），而较长的臂称为 q 臂。**端粒**（telomere）是线状染色体的两个自然末端或顶端部分，相当于两个“堵头”，起着稳定染色体的作用。

二、常染色体和性染色体

在高等生物，每个体细胞和种系细胞，都具有一套来自**母本**（maternal parent）和一套来自**父本**（paternal parent）的染色体。一个物种的体细胞和种系细胞中的染色体数与类型都是一定的。我们人类这一**智人**（*Homo sapiens*）的体细胞和种系细胞的染色体数为 46 条，记作 $2n=46$。同样，水稻 $2n=24$，豌豆 $2n=14$，果蝇 $2n=8$。

有些物种体细胞和种系细胞中的染色体，如我们智人细胞（$2n=46$）的染色体（图 2-3），无论是男人或女人的，根据染色体形态大小（如两臂长的比例等）的不同，从大到小可配成每两两相同的 22 对。这 22 对，依它们相似的程度，分成 7 组（A～G 组），因为它们是在男、女细胞中共同常有的染色体，故统称为**常染色体**（autosome）。另外，人类体细胞和种系细胞中还有两条决定性别的染色体，称为**性染色体**（sex chromosome），女性是形状、大小相同的两条 X 染色体，男性是形状、大小不同的一条 X 染色体和一条 Y 染色体。

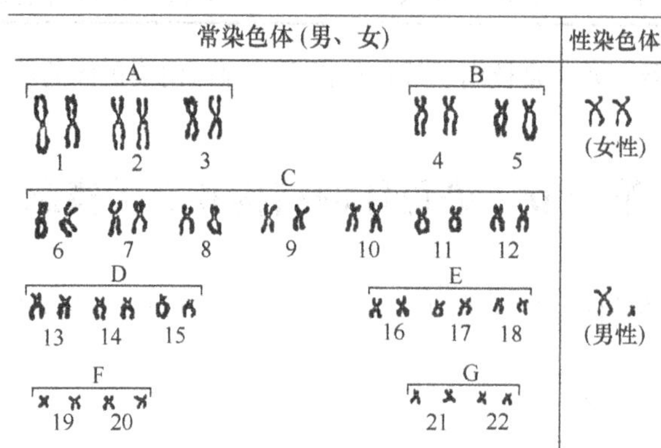

图 2-3　人类体细胞和种系细胞染色体

有些物种，如玉米的体细胞和种系细胞中的染色体，就没有所谓的性染色体了。

三、同源染色体和非同源染色体、二倍体和单倍体

形态、大小相同和遗传性质相似的染色体称为**同源染色体**（homologous chromosome），否则称为**非同源染色体**（nonhomologous chromosome）。例如，人的每对常染色体都是同源染色体；每对同源染色体的成员与其他的同源染色体的成员，都互为非同源染色体。以人的体细胞或种系细胞为例，细胞中常染色体的每对同源染色体的两个成员分别来自父亲和母亲的配子，而细胞中的两条性染色体也是由父、母本各提供一条构成的。由雌、雄配子结合形成的细胞或个体称为**二倍体**（diploid，$2n$），由雌配子或雄配子发育成的个体就称为**单倍体**（haploid，$1n$）。例如，玉米的种系细胞和体细胞（$2n=20$）是二倍体，而由种系细胞产生的配子和由配子发育的植株（$1n=23$）是单倍体。

第二节　细胞分裂和细胞周期

真核生物一般有两种形式的细胞分裂：有丝分裂和减数分裂，分别与无性繁殖和有性繁殖有关。

一、有丝分裂

进行有性繁殖的多细胞生物，其体细胞和种系细胞都是从一个受精卵或**合子**（zygote）开始，依靠连续的细胞有丝分裂和细胞分化产生的。

有丝分裂（mitosis）是使**子细胞**（daughter cell）的核内染色体数目和性质与母细胞相同的细胞分裂（图 2-4），是通过有丝分裂间期和有丝分裂期实现的。

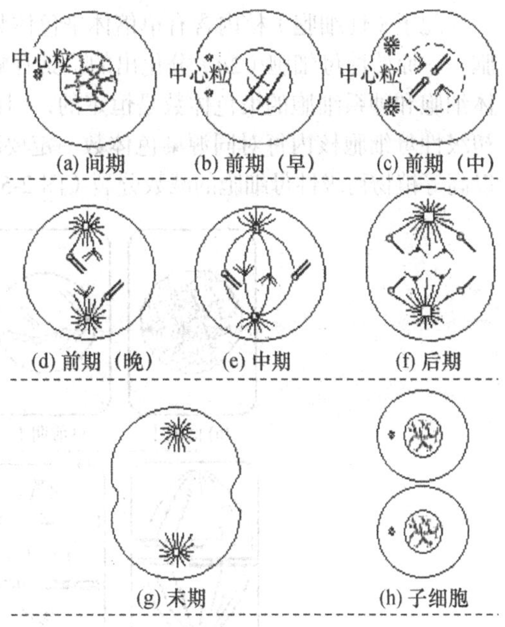

图 2-4 动物细胞有丝分裂

（一）有丝分裂间期

有丝分裂间期［mitotic interphase，图 2-4（a）］，简称间期，是染色体中的 DNA 进行复制但着丝粒内的 DNA 尚未复制。

有丝分裂间期依次可细分为：DNA 合成前的**间隙期 1**（gap 1），即 G_1 期；DNA **合成期**（synthesis），即 S 期；DNA 合成后的**间隙期 2**（gap 2），即 G_2 期。这样，一条染色体经复制后共有一个着丝粒（着丝粒内的 DNA 未复制）的两子染色体叫**姐妹染色单体**（sister chromatid）。在间期，**中心粒**（centriole）也分裂（复制）为二。

（二）有丝分裂期

在**有丝分裂期**（mitotic phase），依次进行细胞核分裂和细胞质分裂。

1. 细胞核分裂

前期［prophase，图 2-4（b）～（d）］。在光学显微镜下观察前期稍后的细胞，可见到**姐妹染色单体**（sister chromatid）；然后，两中心粒分别移至细胞两极，并发出纺锤丝与附在着丝粒上的动粒相连形成**纺锤体**（spindle）；最后，核膜消失。

中期［metaphase，图 2-4（e）］。染色体向纺锤体的赤道板移动而有规律地排在赤道板上。

后期［anaphase，图 2-4（f）］。首先，着丝粒分裂（其内的 DNA 复制），使原来共有着丝粒的姐妹染色单体成了具有独立着丝粒的**姐妹染色体**（sister chromosome）；然后，纺锤丝收缩使姐妹染色体分别向细胞两极移动，每极各有一套与母细胞相同的染色体或 DNA。

末期［telephase，图 2-4（g）］。首先，移至两极的染色体，由于解螺旋作用逐渐伸长变细，分辨不出单个染色体；然后，纺锤体消失，核膜出现，形成两个子核。

两个子核的形成，标志着细胞核分裂的结束和**细胞质分裂**（cytokinesis）的开始。

2. 细胞质分裂 动物细胞的细胞质分裂，通过形成分裂沟而分裂成两个子细胞［图 2-4（h）］。

（三）有丝分裂与遗传

细胞有丝分裂中的核分裂方式，保证了子细胞核内的染色体数目和性质与母细胞的相同；但其质分裂方式，却不能保证子细胞内细胞质含量和性质与母细胞的相同。这种细胞核和细胞质分裂的特点，为以后的细胞核遗传和细胞质遗传的解释提供了细胞学证据。

二、减数分裂

有性繁殖涉及配子的产生和雌、雄配子（性细胞）的结合——**受精**（fertilization）。

配子（性细胞）核内含有单倍体染色体数（n），却来源于核内含有二倍体染色体数的种系细胞——原始性母细胞（$2n$）分化出的、具有减数分裂能力的初级性母细胞。由于一个物种每代的体细胞和种系细胞的染色体数是恒定的，因此在从初级性母细胞到性细胞或配子发生的过程中，初级性母细胞核内每对同源染色体数一定要减半，这一减半过程就称为**减数分裂**（meiosis）。现以高等植物初级性母细胞的减数分裂（图 2-5）说明。

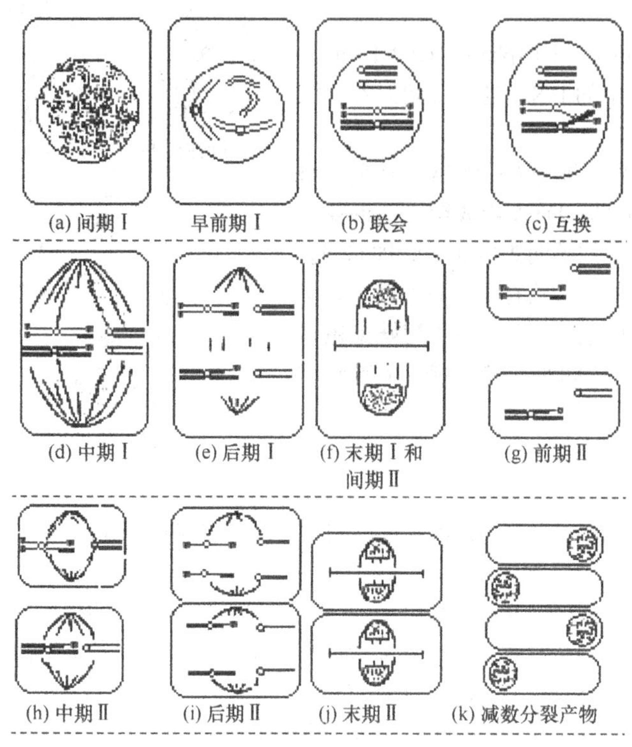

图 2-5　高等植物初级性母细胞的减数分裂（$2n=4$）

（一）减数分裂过程

初级性母细胞的减数分裂，经历两次连续的细胞分裂：减数分裂 I 和减数分裂 II。在减数分裂 I 之前，有一个称为**间期 I**（interphase I）的间期。在间期 I，进行染色体复制（但着丝粒未复制），即这时的一条染色体是由共有一个着丝粒的两条姐妹染色单体组成的。在一对同源染色体中，因在一条染色体上的两条染色单体称姐妹染色单体，故在一对同源染色体中不在一条同源染色体上的染色单体就称**非姐妹染色单体**（nonsister chromatid）。间期 I 的染色体极度伸长变细，在光学显微镜下不可见［图 2-5（a）］。

1. 减数分裂 I——染色体减半分裂（同源染色体分离）　间期 I 后，减数分裂就进入了第一次分裂——**减数分裂 I**（meiosis I），是由二倍体的初级性母细胞产生两个单倍体细胞的分裂。减数分裂 I 可分为如下各期。

前期 I（prophase I）。减数分裂前期 I 的早期（早前期 I）除有染色体复制使每条染色体具有共着丝粒的姐妹染色单体外，还有同源染色体配对［图 2-5（b）］——**联会**（synapsis）。每对联会的染色体称**二价体**（bivalent）；因二价体是由 4 条染色单体联合在一起组成的，故又称**四联体**（tetrad）。联会时，一对同源染色体的非姐妹染色单体片段相互交换的过程称为**互换**［crossing over，图 2-5（c）］。

中期Ⅰ［metaphase Ⅰ，图 2-5（d）］。每个二价体在赤道板上的取向是随机的，不同二价体间在赤道板上的取向也是随机的。这两个随机性，对以后理解遗传规律至关重要！

后期Ⅰ［anaphase Ⅰ，图 2-5（e）］。着丝粒仍未分裂，继续使两条姐妹染色单体维持在一起。这时成对的同源染色体分离，分别移至细胞两极——这是以后的细胞由二倍体染色体数减至单倍体染色体数的过程。

末期Ⅰ（telophase Ⅰ）**和间期Ⅱ**（interphase Ⅱ）［图 2-5（f）］。在末期Ⅰ，分离的染色体到达纺锤体两极和细胞质分裂，染色体去螺旋化伸长变细，出现核膜，形成两个单倍体子细胞。随后，这两个单倍体子细胞进入减数分裂Ⅰ和减数分裂Ⅱ之间的间隙期——（减数分裂）**间期Ⅱ**。在有丝分裂间期和减数分裂间期Ⅰ都有染色体复制，但在减数分裂间期Ⅱ没有染色体复制。

2. 减数分裂Ⅱ——染色体均等分裂（姐妹染色单体分离）　在间期Ⅱ后，减数分裂就进入了第二次分裂——**减数分裂Ⅱ**（meiosisⅡ），是单倍体细胞核内染色体的均等分裂（有丝分裂），即单倍体细胞姐妹染色单体的分裂。减数分裂Ⅱ可分为如下各期。

前期Ⅱ［prophaseⅡ，图 2-5（g）］。染色体螺旋化缩短变粗，核膜消失。

中期Ⅱ［metaphaseⅡ，图 2-5（h）］。染色体排在赤道板上。

后期Ⅱ［anaphaseⅡ，图 2-5（i）］。着丝粒分裂，这样就由共着丝粒的两姐妹染色单体成了各具有一独立着丝粒的两姐妹染色体，随后两姐妹染色体分别移至细胞两极。

末期Ⅱ［telophaseⅡ，图 2-5（j）］。两个子细胞的细胞质分裂，形成染色体数减半的 4 个减数分裂产物［图 2-5（k）］。

减数分裂Ⅱ（相当于一次有丝分裂）为染色体均等分裂。至此，整个减数分裂过程结束。

（二）减数分裂和遗传

减数分裂时细胞中的染色体行为，是以后理解遗传规律的细胞学基础！以后会明白：（等位）基因分离规律的细胞学基础，是减数分裂时同源染色体的分离。（非连锁）基因自由组合规律，是由于二价体内（为同源染色体）和二价体间（为非同源染色体）在赤道板上的取向都是随机的、进行自由组合的结果。当不同对的基因位于一对同源染色体上时，这些基因有随着染色体共同遗传下去的趋势，将这些基因称为连锁基因。如果两连锁基因间的染色体在减数分裂时发生了互换，就会使两连锁基因发生重组，这就是基因连锁互换规律的细胞学基础。

第三节　配子发生、受精和生活周期

通常，上述减数分裂的直接产物，要经过一个成熟过程才能成为配子。从减数分裂开始到配子产生的整个过程称**配子发生**（gametogenesis）。

一、哺乳动物的配子发生和受精

雄性动物的配子发生称**精子发生**［spermatogenesis，图 2-6（a）］。哺乳动物精子发生的过程是：来源于雄性生殖腺（睾丸）生精上皮的种系细胞——**精原细胞**（spermatogonium），经生长分化，发育成具有减数分裂能力的**初级精母细胞**（primary spermatocyte）；一个初级精母细胞经减数分裂Ⅰ，产生两个单倍体的**次级精母细胞**（secondary spermatocyte）；这两个次级精母细胞，经减数分裂Ⅱ，产生 4 个单倍体减数分裂产物——**精细胞**（spermatid）；精细胞在成熟过程中，其细胞质几乎全被挤到如同鞭毛的尾部，这时的精细胞就发育为成熟的雄配子，即**精子**（sperm）。

雌性动物的配子发生称**卵子发生**［oogenesis，图 2-6（b）］。与精子发生相似，卵子发生的过程是：来源于雌性生殖腺（卵巢）生殖上皮的种系细胞——**卵原细胞**（oogonium），经生长储存大量的细胞质或卵黄后，分化成具有减数分裂能力的二倍体**初级卵母细胞**（primary oocyte）；初级卵母细胞经减数分裂Ⅰ，产生染色体数减半的两个子细胞，由于母细胞的细胞质分裂很不均等，较大的和较小的子细胞分别称**次级卵母细胞**（secondary oocyte）和**初级极体**（primary polar body）；次级卵母细胞经减数分裂Ⅱ，产生的两个子细胞由于细胞质分裂仍很不均匀，产生一个大的、占有 95% 以上细胞质或卵黄（为早期胚胎的营养物质）的**卵细胞**（ootid）和一个小的**次级极体**（secondary polar body）；卵细胞经生长、分化成为成熟的雌配子，即**卵子**（ovum）。在某些情况下，初级极体进行减数分裂Ⅱ，产生两个次级极体，最终所有的极体都退化。

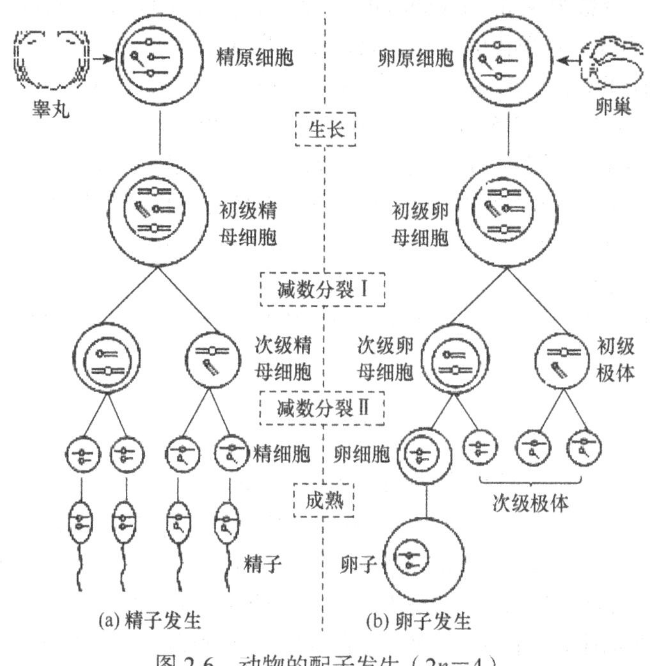

图 2-6　动物的配子发生（$2n=4$）

单倍体的雄配子（精子）和单倍体的雌配子（卵子）结合成为二倍体**合子**（zygote）的过程称**受精**（fertilization）。受精时，精子头部（含有核）进入卵子，但尾部（含有大量的细胞质）留在外面而最后退化。

合子进行有丝分裂产生许多细胞，分化出新个体的不同组织和器官。

二、被子植物的配子发生和受精

植物的配子发生方式，在植物主要类型间有相当大的变异。下面讲的是许多有花植物（被子植物）的配子发生方式，即首先产生雄配子体和雌配子体，然后由它们分别产生雄配子和雌配子。

先讲雄配子体的产生。这是花的雄性繁殖器官——花药（anther）中的二倍体种系细胞分化后产生的细胞——**小孢子母细胞**（microsporocyte）经减数分裂产生小孢子和成熟雄配子体的过程

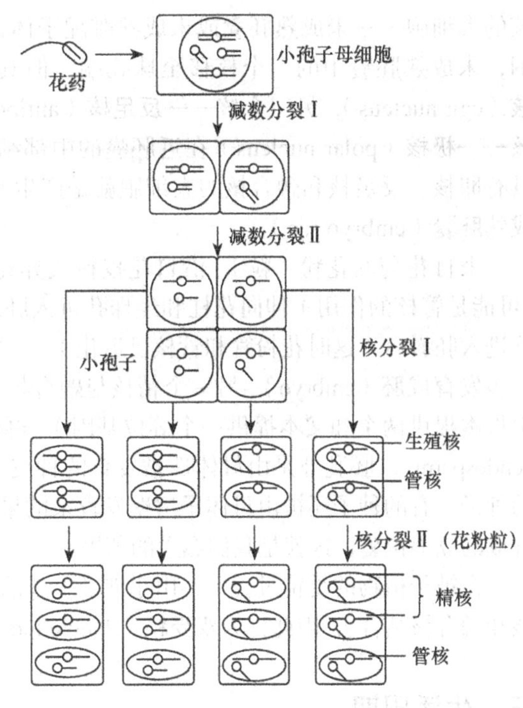

图 2-7 小孢子母细胞（$2n=4$）产生小孢子和雄配子体

（图 2-7）：花药（相当于哺乳动物的精巢）中的小孢子母细胞（相当于哺乳动物的初级精母细胞），在减数分裂Ⅰ产生两个聚在一起的单倍体细胞，在减数分裂Ⅱ产生 4 个聚在一起的单倍体**小孢子**（microspore）；减数分裂后，每个小孢子进行有丝分裂的**核分裂**（karyokinesis），但不进行质分裂，产生具有两个单倍体核的细胞——未成熟的**雄配子体**（male gametophyte）或未成熟的**花粉粒**（pollen grain）；未成熟的花粉粒落在雌蕊柱头上萌发花粉管，其中一个核成为**生殖核**（generative nucleus）并继续进行无胞质分裂的有丝分裂而形成两个**精核**（sperm nucleus），另一个核不分裂而形成**管核**（tube nucleus）。这个具有三个单倍体核的细胞就是具有繁殖能力的成熟雄配子体或成熟花粉粒。

再讲雌配子体的产生。这是花的雌性器官——**子房**（ovary）中的二倍体种系细胞分化后产生的细胞——**大孢子母细胞**（megasporocyte）经减数分裂产生大孢子和成熟雌配子体的过程（图 2-8）：子房（相当于哺乳动物的卵巢）中的大孢子母细胞（相当于哺乳动物的初级卵母细胞），在减数分裂Ⅰ产生一对单倍体细胞，在减数分裂Ⅱ产生呈线性排列的 4 个单倍体**大孢子**（megaspore）；减数分裂后，其中三个大孢子退化，未退化的大孢子连续进行三次有丝分裂的核分裂（没有胞质分裂）而形成一个具有 8 个

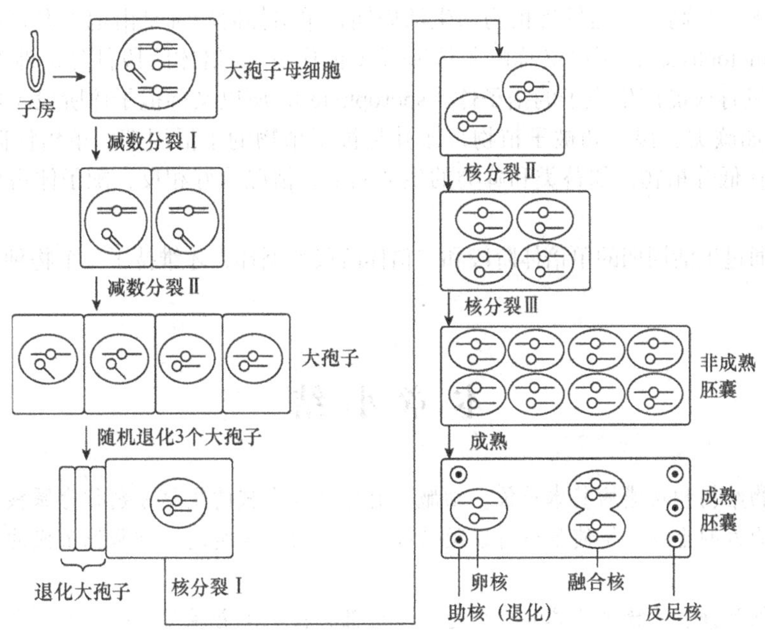

图 2-8 大孢子母细胞（$2n=4$）产生大孢子和雌配子体

核的大细胞——未成熟胚囊或未成熟雌配子体，由子房的母体组织珠被和大孢子囊（珠心）包围；未成熟胚囊中的三个核移至珠孔端，但其中两个核（助核）退化，剩下的一个发育成**卵核**（egg nucleus），另三个核——**反足核**（antipodal nucleus）移至卵核的相对端，最后剩下的两核——**极核**（polar nucleus）在近胚囊的中部结合，成为二倍体**融合核**（fusion nucleus）。这个具有卵核、反足核和融合核的大细胞就是产生雌配子的成熟**雌配子体**（female gametophyte）或成熟**胚囊**（embryo sac）。

来自花药的花粉（粒），借自花授粉或异花授粉落在雌蕊的柱头上，经萌发长出的花粉管（可能是管核的作用）伸向花柱和经珠孔进入胚珠内的胚囊。花粉（粒）中的两个精核通过花粉管进入胚囊后（这时花粉管和管核已退化），一个精核和卵核结合形成二倍体合子（$2n$），合子进一步发育成**胚**（embryo）；另一个精核与融合核结合形成三倍体核（$3n$，即子代的三倍体核分别由母本提供两个和父本提供一个等位基因），再通过有丝分裂形成富有淀粉的营养组织——**胚乳**（endosperm）；胚乳外是由母体珠被发育的种皮。这种具有胚、胚乳和种皮的结构就是我们熟悉的种子。有的种子还被由母体子房壁发育来的果皮包裹而称果实。例如，豌豆种子被由子房壁发育成的豆荚包裹，这就是我们熟悉的荚果。

在被子植物的受精过程中，由于涉及上述的两次受精（一次是精核和卵核结合，另一次是精核和融合核结合），因此称为**双受精**（double fertilization）。

三、生活周期

生活周期（life cycle）是指个体从生命开始到繁殖和死亡所经历的生长发育阶段。进行有性繁殖的真核生物，其生活周期有两个主要阶段：从受精卵（合子）开始的二倍体阶段和初级性母细胞减数分裂后的单倍体阶段。

在动物，其中包括我们人类的生活周期，单倍体阶段相当短，减数分裂后的产物不经有丝分裂直接产生配子；雌、雄配子结合成的二倍体受精卵（合子）进一步发育成多细胞体。

在植物，无论是高等还是低等植物的生活周期，单倍体阶段都是由孢子发育成能产生配子的**配子体**（gametophyte），所以又称配子体阶段（世代）；二倍体阶段都是由雌、雄配子结合成二倍体合子发育成能产生孢子的**孢子体**（sporophyte），所以又称孢子体阶段（世代）。但是，在高等植物，如蕨类、裸子和被子植物，尤其是被子植物的生活周期，单倍体阶段和动物一样，相当短；在低等植物，如苔类和藓类的生活周期，情况恰好相反，配子体占优势，孢子体依附于配子体。

生物正是通过生活周期的单倍体阶段和二倍体阶段的循环，才维持了一个物种染色体数目的恒定。

本章小结

细胞是生物结构和功能的基本单位。细胞具有原核或真核的生物分别称为原核生物或真核生物。具有繁殖能力的生物才能使生命得以延续和进化，而繁殖是通过细胞把亲代的遗传物质传给子代的过程。

真核生物细胞分裂的核染色体有三个基本组成部分：一个着丝粒、一个或两个染色体臂和一对端粒。细胞中决定性别的染色体称性染色体，其他的染色体称常染色体。

有丝分裂是使子细胞的染色体数目和性质与母细胞相同的细胞分裂。减数分裂是有性生物性成熟时的初级性母细胞分裂使染色体数目减半的细胞分裂，包括两次细胞分裂——减数分裂Ⅰ，使染色体数目减半；减数分裂Ⅱ，使染色体均等分裂。有关细胞从减数分裂开始至配子形成的过程称配子发生。细胞周期是指细胞通过分裂形成子细胞的过程。

有性繁殖生物的生活周期经历两个阶段——卵受精后的二倍体阶段和减数分裂后的单倍体阶段。在高等植物，二倍体（孢子体）占优势，单倍体（配子体）阶段很短。

范例分析

1. 通过细胞有丝分裂产生的两个子细胞为什么与母细胞的遗传组成相同？

2. 概述哺乳动物精子发生和卵子发生的过程。

3. 概述被子植物雄配子发生和雌配子发生的过程。

4. 在有花植物，来自花粉粒的两个精核参与受精，雌配子体的哪些核与这两个精核结合？

5. 用 A/a、B/b 和 C/c 分别表示三对同源染色体，其中斜线两边的字母代表一对同源染色体两个可识别的成员，试问：①含 A/a 和 B/b 的个体可产生几种配子类型？②含 A/a、B/b 和 C/c 的个体可产生几种配子类型？

6. 具有 k（k=1，2…n）对染色体的二倍体个体，假如每对染色体的两个成员都可识别，可形成几种配子类型或染色体组合？

7. 染色体类型为 aa 的二倍体父本植株，给染色体类型为 AA 的二倍体母本植株授粉。在它们的杂交种子中，胚和胚乳的染色体类型分别是什么？

8. 两对同源染色体 A/a 和 B/b 在减数分裂中期Ⅰ的取向如下所示。

B b
A a

并且，减数分裂产物类型的排列顺序也与上图的相同。试用图解依次表示：减数分裂Ⅰ两个产物的染色体类型；减数分裂Ⅱ四个产物的染色体类型；成熟胚囊内各个核的染色体类型（如果是最左边的那一个产物形成胚囊）。

9. 如下图：玉米花粉粒的三个核用 A～C 表示；其胚囊的 8 个核用 D～K 表示。

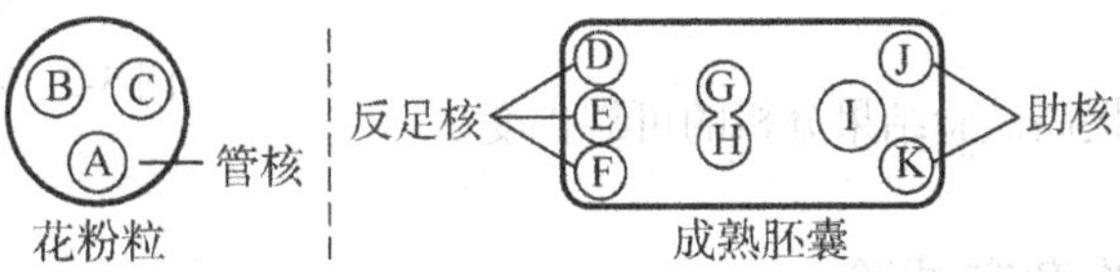

这些核有 5 个组合：（a）ABC；（b）BCI；（c）GHC；（d）AI；（e）CI。在这些组合中：①什么组合可在胚中出现？②什么组合可在种子的糊粉层中出现？③花粉粒中哪些核具有遗传上相同的一套染色体？④胚囊中哪些核在染色体和遗传上都相同？⑤这两个配子体结合，哪些核不会传给后代？

第三章 孟德尔遗传定律及其扩展

图 3-1 遗传学奠基者——孟德尔

任何一门学科的形成，总与当时热衷于这门学科研究的杰出人物密切相关。遗传学的形成也不例外，这个杰出人物就是遗传学的奠基者——孟德尔（G. Mendel，图 3-1）。

从 1856 年起，孟德尔连续做了 8 年的豌豆杂交试验。根据试验结果，1865 年，他在当地自然科学协会上宣读了以《植物杂交试验》为题的论文，并于次年发表在该会会刊上。在论文中阐述了他在试验中发现的遗传学的两个基本规律——遗传因子（等位基因）分离规律和（非连锁）基因自由组合规律。这两个规律，在理论和方法上为遗传学的形成和发展奠定了坚实的基础。

第一节 等位基因分离规律及其扩展

孟德尔根据他在维也纳大学所学的物理和数学知识认识到，客观世界的自然规律，其中包括遗传规律，可通过诸如假设检验进行检测和用一些简单的数学关系加以表达。在这一思想的指导下，他对试验材料的选择、设计以及结果记录、分析和验证方面，都做了周密细致的思考。

他最终采用**豌豆**（*Pisum sativum*）作为试验材料。因为以豌豆作为遗传试验材料，有三个突出的优点：一是许多性状具有容易鉴别的相对性状；二是豌豆为严格自花授粉（图 3-2 示其花构造），容易实现人工杂交而不易混交；三是一次杂交可产生大量子代。

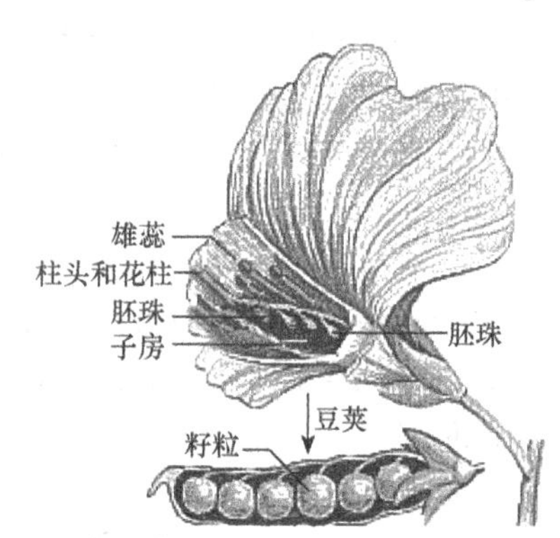

图 3-2 豌豆两性花的主要构造

这三个优点可大大提高试验结果分析的可靠程度。

一、一对相对性状的杂交试验

（一）性状选择和杂交

在孟德尔做以下试验之前，前人已做的有关遗传试验结果是：两纯系亲本杂交的子一代性状不分离；子一代交配产生的子二代出现了性状分离，且有一定的分离比。孟德尔下面的试验就是要检验前人的遗传试验结果是否属实；若属实，揭示这些遗传试验结果中所隐含的遗传规律。

孟德尔从许多品种的豌豆中选出了若干纯系。**纯系**（pure line）是指对特定性状（如花色）而言，经连续自交（如豌豆）或连续近交（如小鼠）数个世代后，都具有与亲本相同的一个相对性状的一群个体。但为简便，在不会发生误解的条件下，常把相对性状说成性状。

在纯系中，孟德尔选了 7 个性状的相对性状（表 3-1）做试验研究。

表 3-1　豌豆 7 个性状的相对性状

性状	相对性状		性状	相对性状	
1. 种子形状	圆	皱	6. 花和豆荚位置	腋生	顶生
2. 子叶颜色	黄	绿			
3. 花色	红	白	7. 株高	高	矮
4. 成熟豆荚形状	无缢痕	有缢痕			
5. 未成熟豆荚颜色	绿	黄			

（二）试验过程和结果

1. 子一代　如图 3-3 所示，首先，孟德尔把**亲代**（parental generation，P）具有一对相对性状的两个纯系，如红花纯系和白花纯系进行杂交：分别以白花纯系和红花纯系为母本和父本进行杂交，将在杂交母本株上结的种子及这些种子长成的豌豆植株称为**子一代**（first filial generation，F_1）。

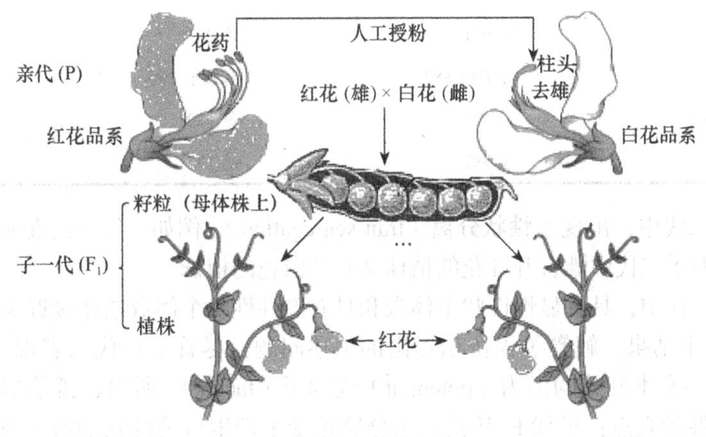

图 3-3　白花 × 红花及其子一代

孟德尔做了 7 个具有一对相对性状（表 3-1）的两纯系杂交。现以白花纯系为母本和红花纯系为父本的杂交为例说明试验过程（图 3-3）：这一杂交，两纯系称亲代，其中雌和雄分别表示母本和父本；× 表示杂交；F_1 表示子一代（其中的 F 来自拉丁文 *filus*=儿子和 *filia*=女儿，即代表子代）。当不用雌和雄表示亲本性别时，规定写在“×”号左边和右边的分别为母本和父本。从结果知，子一代植株只表现一个亲本的性状，都开红花。

孟德尔在做这一杂交（假定为正交）的同时，又以红花纯系为母本和白花纯系为父本做了另一杂交——**反交**（reciprocal cross）：

亲代（P）　红花 × 白花

↓

子一代（F_1）　红花

结果表明，反交与正交一样，子一代（F_1）也只表现其中一个亲本的性状——红花，而另一个亲本的性状——白花则全然没有表现。对其他 6 对具有相对性状的纯系进行杂交，其子一代（F_1）也得到了与上述类似的结果。

两纯系杂交时，孟德尔把在 F_1 表现和未表现的亲本性状分别叫作**显性性状**（dominant trait）和**隐性性状**（recessive trait），如红花和白花分别为显性性状和隐性性状。

既然子一代只表现其中一个亲本的性状，就引出了一个必须回答的问题：这个 F_1 不表现的性状是永远消失了呢，还是暂时地隐藏了起来而在以后的世代还可重现呢?

为了回答这个问题，孟德尔决定让每个子一代（F_1）进行自花授粉以产生子二代（F_2，即两纯系亲本的孙代）：若在子二代这个不表现的性状仍未出现，则说明它在子一代消失了；若在子二代它又重新出现了，则说明它在子一代并未消失，只是暂时地隐藏起来了。

2. 子二代　孟德尔把上述 7 个杂交试验子一代（F_1）植株自花授粉后所结的子二代种子（F_2）播种，长成的子二代植株的表型有两个重要结果（表 3-2）。

表 3-2　孟德尔豌豆杂交试验子二代结果

性状	相对性状		显：隐
	显性数目	隐性数目	
花颜色	红 705	白 224	3.15 ∶ 1
种子形状	圆 5474	皱 1850	2.96 ∶ 1
子叶颜色	黄 6022	绿 2001	3.01 ∶ 1
花着生位置	腋 651	顶 207	3.14 ∶ 1
成熟豆荚形状	无缢痕 882	有缢痕 299	2.95 ∶ 1
未成熟豆荚颜色	绿 428	黄 152	2.82 ∶ 1
株高	高 787	矮 277	2.84 ∶ 1

第一，在子二代中，出现了**性状分离**（trait segregation）。例如，纯系红花和白花的子一代植株虽只开红花，但子二代中既有开红花的植株又有开白花的植株。

第二，在子二代中，具有显性性状个体数和具有隐性性状个体数之比接近 3∶1。

由 F_2 的第一个结果，解答了孟德尔提出的上述问题：尽管子一代只表现一个亲本的性状，却仍含有产生另一亲本性状的潜力（potential）或因子（factor）。所以，孟德尔由此提出了一个划时代的、创新性的观点：子代 F_1 从其双亲分别接受了产生有关性状的潜力或因子，且这些潜力或因子在子一代中不会如融合遗传说所论述的那样彼此融合而不能独立，而是可独立地传给后代。这一结果为孟德尔提出遗传因子（遗传颗粒，即现在称的基因）假说和反对当时盛行的融合遗传说提供了试验证据。

如何解释 F_2 的第二个结果呢? 由此他推测：各性状的分离比（3∶1）很可能不是巧合，而是在一定的遗传规律支配下的必然结果。因为当观测数足够大时，根据概率统计原理，这个观测分离比很可能反映了根据一定的遗传规律（或理论）所推得的期望（或理论）分离比。

为了揭示子二代出现的这个 3∶1 的遗传规律，他决定接着做子三代（F_3）和以后各世代的试验。

3. 子三代和以后各世代 孟德尔让全部具有7对相对性状的子二代自交，相应地得到7个子三代（F_3）。

现仍以红花和白花这一对相对性状的杂交为例说明试验过程：从该杂交的F_2群体随机抽样，如随机抽200株作为一个样本，让每株自交得子三代，即F_3豆粒（种子）；样本按株收获（如1株的F_3豆粒装入1个纸袋内）；按株播种（如1株的F_3豆粒点播成1行，使长成的F_3植株构成1个家系，即有200个家系）。

以家系为单位，F_3的试验结果如图3-4所示，而由这些结果可推出如下两个结论。

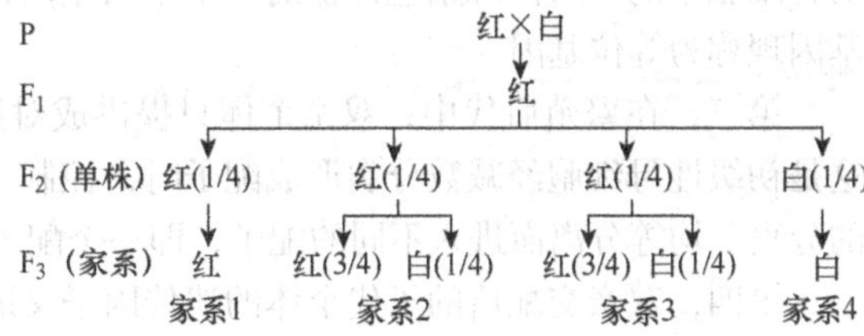

图3-4 纯系红花和白花豌豆杂交后代的分离

第一，凡子二代表现隐性性状（开白花）的植株，其子三代家系的植株仍表现隐性性状（开白花）而不再分离，如图3-4的家系4。由此可倒推到子二代表现隐性性状的（开白花）植株已成为纯系。

第二，凡子二代表现显性性状（开红花）的植株，其子三代的表现有两种情况：一是有1/3植株的后代，即子三代家系的植株不再分离而仍全为显性性状（开红花，如图3-4的家系1），这可倒推到有关子二代显性植株已成纯种（与红花纯系亲本相同）；二是有2/3植株的后代，即子三代家系的植株又出现了分离现象，且每一家系的显性个体和隐性个体的分离比也为3∶1（如图3-4的家系2和家系3），这可倒推到有关子二代显性植株仍是杂种（与F_1个体相同）。

此后，孟德尔又跟踪了子三代分离家系的显性性状到子四代的分离情况，其方法是：在子三代一个分离家系随机抽样n株（如40株）显性株作为一个样本，按株收获编号（如1株籽粒放入1个口袋，可记作如1-1，1-2…1-39，1-40）；按株种植，如一株的籽粒种成一行，如此种成的40行就构成了子三代一个分离家系的显性家系群。如此可构成，比方说30个这样的显性家系群。如他在由子二代个体产生子三代家系的分析那样，子三代家系所有表现分离的显性性状的家系，其子四代的表现也有两种情况：一是有2/3表现分离的显性性状的家系，其子四代家系群又有分离现象（自花授粉时，总呈现3∶1的子四代分离比），这可倒推到有关子三代显性家系仍为杂种；二是有1/3表现分离的显性性状的家系，其子四代家系群没有分离现象（自花授粉时，都开红花而不再分离），这可倒推到有关子三代显性家系已成为纯种。孟德尔一直跟踪到子六代，都得到了类似结果。

下面是孟德尔对这一系列试验结果的分析。

二、分离比的遗传分析

孟德尔必须回答的问题是，在具有一对相对性状差异的两纯系亲本杂交时，什么样的遗传规律在控制上述的试验结果：①子一代性状不分离，只表现一个亲本的性状；②子二代出现性状分离，且显性个体数与隐性个体数的分离比为3∶1。在这个分离比中，隐性个体不会再分离而成为纯种，显性个体有2/3个体仍为杂种（其自交子代仍重复3∶1分离比），有1/3个体不再分离而为纯种。也就是说，凡上述杂种，自交时都有如下分离比：

$$\text{杂种} \xrightarrow{\text{分离}} \text{显性纯种}:\text{显性杂种}:\text{隐性纯种}=1:2:1$$

孟德尔依据上述试验结果进行了推理，提出了如下的遗传因子分离假说。

（一）遗传因子分离假说要点

第一，性状是由（控制性状发育的）遗传因子决定的。如上所述，这是一个划时代的、创新性的观点，遗传学有当今众所周知的成就，都根植于这一观点。现把遗传因子称为基因。

第二，控制特定性状的基因，在个体中成对存在。后来知道，这是受精卵和经有丝分裂产生的各细胞中的一对同源染色体上的一个基因座内，存在一对控制一个特定性状的基因。这成对的基因现称为等位基因。

第三，在繁殖后代中，双亲个体只提供成对遗传因子中的一个传递给子代个体。后来知道，这是初级性母细胞经减数分裂形成配子时，控制这一特定性状的这对等位基因（随着同源染色体的分离）均等分离而进入不同的配子，即一个配子中只有这对等位基因中的一个。

第四，双亲交配后的子代个体的遗传因子又成对存在。后来知道，这是雌、雄配子随机结合成受精卵（新个体的开始），经有丝分裂和细胞分化成的体细胞与种系细胞中控制特定性状的基因又成对存在。

现根据遗传因子分离假说和后来生物学的发展水平解释上述的试验结果①和②。

试验结果①。红花和白花分别是显性和隐性性状，假定分别受红花（显性）基因 W 和白花（隐性）基因 w 控制。纯系亲本红花植株和白花植株的初级性母细胞内分别有一对基因 WW 和 ww，它们产生的配子分别为 W 和 w。亲代雌、雄配子结合成受精卵（子一代开始），种系细胞和体细胞又恢复成一对基因 Ww。子一代经生长发育，由于红花基因 W 对白花基因 w 呈显性，因此 F_1 植物开红花。

试验结果②。子一代（Ww）初级性母细胞产生配子时，W 和 w 要均等分离，产生数目相等的两种配子 W 和 w。F_1 的雌、雄配子随机结合产生的子二代（F_2）就有如下 4 种可能的结合方式：

一是雄配子 W 和雌配子 W 结合形成 WW
二是雄配子 W 和雌配子 w 结合形成 Ww
三是雄配子 w 和雌配子 W 结合形成 wW
四是雄配子 w 和雌配子 w 结合形成 ww

也就是说，在子二代中，前三种结合方式长成的植株都开红花，最后一种结合方式长成的植株开白花，所以 F_2 的红花株与白花株之比为 3∶1，即

$$\text{杂种} \xrightarrow{\text{分离}} \text{显性纯种} : \text{显性杂种} : \text{隐性纯种} = 1:2:1$$

上述 F_2 的这一分离比，在数学上的含义实际上是（$W+w$）或 [（1/2）W+（1/2）w] 自乘的展开式。这个自乘的展开式，在生物学上的含义是代表 F_1 雌、雄配子随机结合产生的 F_2，即下式（$W+w$）自乘展开得到的二项式概率分布系列：

$$(W+w)^2=WW+2Ww+ww$$

或

$$[(1/2)W+(1/2)w]^2=(1/4)WW+(1/2)Ww+(1/4)ww$$

由此二项式概率分布系列可知：第一，就子二代整体而论，由于 W 对 w 呈显性，所以 WW 和 Ww 都开红花而使显、隐性分离比为 3∶1，或在子二代中红花株占 3/4（=1/4+1/2）和白花株占 1/4；第二，就子二代显性性状而论，由于二项展开式中 WW 自交产生的子代仍为 WW（占显性个体的 1/3）而为纯种，只有 Ww（占显性个体的 2/3）为杂种，因此在子二代表现显性性状的个

体中有 1/3 不会分离，另 2/3 仍会像子一代自交那样进行分离。

同理，子三代和子 *n* 代分离家系的显性性状分别到子四代和子 *n*+1 代的分离情况，都可作类似分析。

为了检验上述遗传分离假说是否正确和便于以后的遗传分析，先解释一些遗传术语。

（二）遗传术语解释

1. 基因、基因座和等位基因

基因（gene）：位于染色体上的一定位置并执行一定功能（如控制一定性状）的遗传单位（遗传因子）。

基因座（locus）：基因在染色体上坐落的物理位置（physical location）或座位。

等位基因（allele，源自拉丁文"*alius*"，意思是另外的）：位于（同源）染色体上同一基因座上的各基因。例如，上例的纯系红花和纯系白花豌豆杂交子一代（F_1）种系细胞和体细胞的一对基因 *Ww*，其中的 *W* 和 *w* 为等位基因；纯系红花种系细胞和体细胞中的一对基因 *WW*，其中的 *W* 和 *W* 也为等位基因。

2. 表现型和基因型

表现型（phenotype）：生物个体表现的全部或部分性状，但往往是指被研究的一个或少数几个性状。例如，研究豌豆花色遗传时，开红花或开白花植株的表现型就是红花或白花。

基因型（genotype）：由生物个体的全部或部分基因组成（genic constitution），但往往是指被研究的一个或少数几个基因座的基因。例如，开红花的两豌豆植株的基因组成分别为 *WW* 和 *Ww*，则称这两植株的基因型分别为 *WW* 和 *Ww*。

由相同基因组成的基因型个体称为**同型合子**（homozygote，其中"homo"和"zygo"分别有"相同"和"配对"之意）或**纯合体**，即纯种。例如，基因型为 *WW* 和 *ww* 的豌豆植株均为同型合子。又由于 *W* 对 *w* 呈显性，因此可把 *WW* 和 *ww* 分别称为显性同型合子和隐性同型合子。显然，同型合子只产生一种配子。

基因座内具有不同等位基因的个体称为**杂型合子**（heterozygote）。例如，基因型为 *Ww* 的豌豆植株是杂型合子。显然，杂型合子可产生不同类型的配子。

具有相同基因型的一群同型合子个体是一个**纯系**（pure line）。

图 3-5 说明了控制豌豆花色（表现型）的同源染色体（1，2）、等位基因、基因型和表现型四者间的关系。

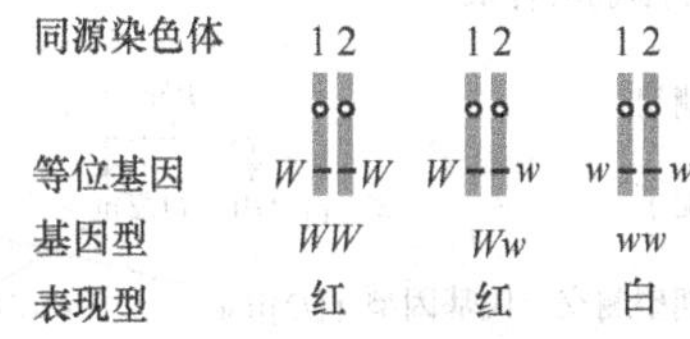

图 3-5　同源染色体、等位基因、基因型和表现型的关系

3. 测交和回交　完全显性时，显性同型合子与杂型合子的表现型相同。为了鉴别某显性个体的基因型，用相应的隐性个体与之杂交，这种杂交方式在遗传上特称**测交**（test cross）。

测交的目的是确定被研究的显性个体能产生多少种配子，进而推知被研究个体的基因型。例如，用白花豌豆隐性个体（测交个体）*ww* 与一未知基因型 *W*_（其中"_"可能是 *W* 或 *w*）的红花豌豆显性个体进行测交：如果测交一代（当个体数足够多时）只出现开红花（显性）豌豆植株，就可推测未知基因型个体应只产生一种配子 *W*，其基因型是显性同型合子 *WW*；如果测交一代结果出现了数量大致相等的红花株和白花株，则未知基因型是显性杂型合子 *Ww*。

回交（backcross）是杂种一代和其一个亲本的杂交。当然，如果杂种一代与其隐性亲本的杂交，就是属于上述的测交。

4. 遗传符号系统　在一个群体中，若一种常见表现型的个体数远比其他表现型的个体数多，则常见的表现型称为**野生型**（wild type），罕见的表现型称为**突变型**（mutant type）。例如，人群中的个体一个手掌有5指（常见）或6指（罕见），则前者和后者分别称野生型和突变型。

一般来说，是取英文突变型性状名称的第一个（或数个）字母表示有关基因，小写表示隐性等位基因，大写表示显性等位基因。例如，人体色素缺乏是一种称为白化病（albinism）的突变型隐性性状，可分别用 *A* 和 *a* 表示显性和隐性等位基因；其三种基因型就是 *AA*、*Aa* 和 *aa*，前两种表现正常（有色素），是野生型，后一种不正常（无色素），是突变型。又如，豌豆花色的红花（常见，显性）和白花（white flower）分别是野生型和突变型性状，前文分别用 *W* 和 *w* 表示显性和隐性等位基因，采用的就是这一符号系统。

在果蝇，是取突变性状的英文词的前一个（或前数个）字母代表有关基因。如果突变基因为隐性，用小写字母表示；其正常（野生型）显性等位基因使用同一小写字母，但添上标“+”。例如，果蝇隐性突变型黑檀体（ebony）用隐性突变等位基因 *e* 表示，而野生型灰身显性等位基因就用 e^+表示。因此，显性同型合子、杂型合子和隐性同型合子就分别是 e^+e^+、e^+e 和 *ee*。若果蝇突变基因为显性，则用大写字母表示；其正常（野生型）隐性等位基因使用同一大写字母，但添上标“+”。例如，果蝇的耳垂形眼（lobe shaped eye）由显性突变引起，其基因用 *L* 表示，相应的野生型隐性等位基因用 L^+表示。

其他生物，如细菌和真菌又各有一套遗传符号系统，在以后有关章节给出。

基因和基因型符号，按规定都用斜体。

三、等位基因分离假说的检验

任何一个假说的可靠性，不仅对有关的试验结果能给出满意的解释，而且根据假说所设计试验的预期结果和实际结果还能相符，这样的假说才能上升为理论、定律或规律。

为了检验遗传因子分离假说或（更正确地说）等位基因分离假说是否正确，用现代科学语言来说，孟德尔是这样设计遗传试验的：如果等位基因分离假说正确，那么上述杂型合子的红花豌豆 F_1（*Ww*）形成配子时，应期望产生数目相等的两种配子（*W* 和 *w*）；如果是这样的话，用此 F_1 与其隐性亲本白花豌豆 *ww* 进行测交，则测交一代应期望出现两种数目相等的基因型（*Ww* 和 *ww*），两种数目相等的表现型（红花和白花）。图3-6是他根据遗传因子分离假说所预期的和实际的试验结果。

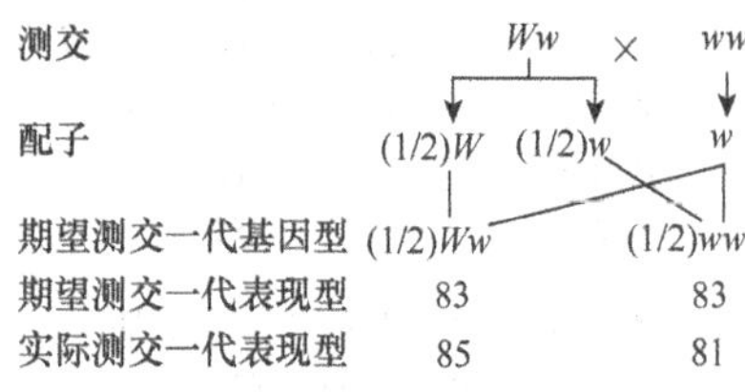

图3-6　等位基因分离假说的检验

从结果可知，在实际测交一代中，红花株∶白花株＝85∶81≈1∶1，与期望分离比83∶83＝1∶1极为符合（其差异是由随机抽样误差引起的）。检测实际结果与期望结果是否相符的具体方法，详见稍后讲的 χ^2 显著性检验。

通过他和后人的类似试验，都无可争辩地证实了等位基因分离假说的正确性，因此后人就把这一假说上升为孟德尔第一定律。该定律的核心是：形成配子时，初级性母细胞中一对等位基因的两个成员分离而均等地进入不同配子，所以其应更准确地称为等位基因分离规律。

四、等位基因分离规律的扩展

下面从4个方面，即显性并非总为完全、复等位基因、一因多效以及基因表达与环境的关系，说明后人对等位基因分离规律的扩展。

（一）显性并非总为完全

在孟德尔研究的一个基因座差异（一对相对性状差异）的杂交试验中，F_1 都只完全表现其中一个亲本的性状叫**完全显性性状**（complete dominant trait），全然不表现的另一亲本的性状叫**完全隐性性状**（complete recessive trait）。相应地，控制完全显性性状和完全隐性性状的基因，分别叫**完全显性基因**（complete dominant gene）和**完全隐性基因**（complete recessive gene）。

1. 不完全显性　有两个纯系结的茄子（果实）分别为深紫色和白色。把这两个亲本杂交（图 3-7），F_1 结的茄子全为浅紫色，即表现型介于双亲之间（先不看图中的基因型）。

F_1 的表现型为什么会介于双亲之间？难道这是肯定融合遗传说和否定颗粒遗传说的证据？

追究上述表现型的原因，可用子一代 F_1 自交所产生的子二代 F_2 的结果探明。实际结果是，在 F_2 中不仅原来双亲的性状又重新分离出来了，而且其表现型之比，即深紫茄果∶浅紫茄果∶白色茄果＝1∶2∶1。这一结果不仅说明了控制这些相对性状的基因在 F_1 未融合，还说明了这些相对性状是由一对等位基因控制的，只不过显性等位基因的表达在 F_1 不完全罢了。所以，**不完全显性**（incomplete dominance）是指：某等位基因在同型合子和杂型合子中都能表达；但在杂型合子 F_1 中，由于有关等位基因的数量或剂量只有有关亲本的一半，就导致了显性不完全的现象。

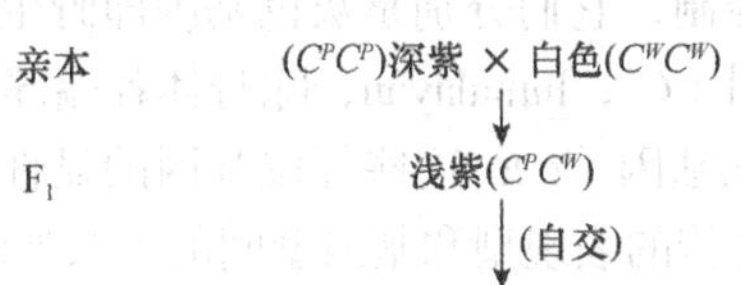

图 3-7　茄果颜色的不完全显性

在这里，由于控制相对性状的两等位基因的关系为不完全显性，因此一般可用一英文字母表示控制有关性状的基因座，而用不同的上标（或下标）表示不同类型的等位基因。例如，用字母 C 表示控制茄果颜色（color）的基因座，而用 C^P 和 C^W 分别表示茄果基因座 C 内的紫色（purple）等位基因和白色（white）等位基因，则在图 3-7 有关世代的各个体表现型旁就可写出相应的基因型。

显然，对于不完全显性的性状，可由个体的表现型推知个体的基因型。

2. 共显性　不同类型的等位基因在杂型合子中都能完全表达的现象称为**共显性**（codominance）。人的红细胞膜上存在许多血型系统，其中 MN 血型系统的遗传是共显性的一个典型例子。研究表明，MN 血型系统是由第 4 常染色体上的一基因座 L 的两种等位基因 L^M 和 L^N 控制的（取基因座 L，是为了纪念 MN 血型系统发现者 K. Landsteiner 和 P. Levine）。所以在人群中，对于 MN 血型系统而言，可能的基因型有 3 种：L^ML^M、L^ML^N 和 L^NL^N。同型合子 L^ML^M 和 L^NL^N 中的等位基因分别使红细胞膜上有 M 抗原（表现型 M）和 N 抗原（表现型 N），即表现型 M 和表现型 N 是在抗原分子——糖蛋白水平上的一对相对性状；杂型合子 L^ML^N，由于 L^M 和 L^N 为共显性等位基因，所以在红细胞膜上有 M 抗原和 N 抗原（表现型为 MN）。

照例，对于共显性性状，也可由个体的表现型推知个体的基因型。

总之，在显性关系上要强调的是，显性是同一基因座不同等位基因相互作用的结果，即**等位基因互作**（alleles interaction）的结果。

（二）复等位基因

孟德尔在研究豌豆性状遗传时，在一个群体（如 F_2 群体）内决定一个性状差异的一个基因座内至多只有两种等位基因。但后来的研究表明，在一个群体内，决定一个性状差异的一个基因座内可多于两种等位基因。在群体中，一基因座存在三种或三种以上的等位基因时称为**复等位基因（multiple allele）。

复等位基因的表示方法与不完全显性基因的类似，一般用一个英文字母表示有关基因座，用不同的上标（或下标）表示不同类型的复等位基因。

为了以后讨论问题方便，这里说明基因座的几种表示方法：一个基因座可用其中一等位基因或两等位基因表示，如这里说的决定豌豆花色差异的基因座可用其等位基因之一的 *W* 或 *w* 表示，也可用 *W-w*（表明该基因座可有两种等位基因 *W* 和 *w*）表示。为与表示等位基因的 *W* 或 *w* 相区别，应明确指明基因座 *W*、基因座 *w* 或基因座 *W-w*。依情况，基因座的这三种表示方法以后都会用到。

下面以兔子毛色遗传为例说明复等位基因控制性状表现的情况。

研究表明：兔子毛色（color）这一性状的差异（相对性状）受一个基因座（令为 *C*）的 4 种等位基因控制，它们分别是灰色基因即野生型基因（*C*）、银灰色基因（C^{ch}，chinchilla）、喜马拉雅白化基因（C^{h}，himalayan，除身体各端部，即鼻尖、耳尖、尾尖和脚尖黑色外，其余部分为白色）和白化基因（*c*）；这些等位基因的显性关系为 $C>C^{ch}>C^{h}>c$。于是，在一个兔群中，关于兔子毛色遗传的表现型和基因型间的关系如图 3-8 所示。

表现型（毛色）	灰色（野生型）	银灰色	喜马拉雅色	白化色
基因型	CC	$C^{ch}C^{ch}$	$C^{h}C^{h}$	cc
	CC^{ch}	$C^{ch}c^{h}$	$C^{h}c$	
	CC^{h}	$C^{ch}c$		
	Cc			
表现型				

图 3-8　兔毛色遗传和表现型

由此引出基因等位性如何鉴定的问题。如何知道兔子毛色表现型的差异是由一个基因座的等位基因差异控制的呢？换句话说，如何鉴定**基因等位性**（allelism）呢？其方法是，只要把所有 4 种纯系做所有可能的正交或反交，若各 F_1 只各表现一种性状，而各 F_2 出现 3∶1 或 1∶2∶1 的表现型分离比，则可鉴定有关基因是等位基因（即具有等位性）。

例如，若以纯系灰兔和纯系银灰兔做杂交和其 F_1 做全同胞交配的一个试验，其 F_2 结果如图 3-9 所示。

P　CC（灰）×$C^{ch}C^{ch}$（银灰）

F_1　CC^{ch}（灰）

F_2 基因型　CC　$2CC^{ch}$　$C^{ch}C^{ch}$

表现型　$3C\_$（灰）∶$C^{ch}C^{ch}$（银灰）

图 3-9　纯系灰兔和银灰兔杂交

这样就证明了基因 *C* 和 C^{ch} 是等位基因，且前者为显性。

通过类似的其他 3 个试验，还可分别证明 C^{ch} 和 C^{h}、C^{h} 和 *c*，以及 *C* 和 *c* 是等位基因。因此，通过这 4 个试验分析，不仅可确定它们互为等位基因（即它们为复等位基因），还可确定它们间的显性关系是 $C>C^{ch}>C^{h}>c$。

（三）一因多效

法国一位遗传学家以黑色小鼠和黄色小鼠为材料研究毛色遗传。

首先，做了如下交配：

黑鼠 × 黑鼠→黑鼠（全部）

这说明黑鼠是纯系。

然后，用这一纯系与黄鼠杂交：

黑鼠×黄鼠→黑鼠：黄鼠=1：1

这说明黄鼠是杂型合子，且小鼠毛色的差异受一个基因座的差异控制和黄色对黑色呈显性。

最后，又做了如下交配：

黄鼠×黄鼠→黄鼠：黑鼠=2：1

该交配后代有两个特点：一是黄鼠间交配的结果总相同，不因黄鼠亲本的个体而异；二是每窝小鼠数，平均来说，要比前两类交配的少1/4。

为了解释上述所有结果，这位遗传学家提出假说：就毛色这一性状，黄色等位基因（A^Y）对黑色等位基因（A）呈显性；但就成活率这一性状，A^Y是隐性致死等位基因，即黄鼠只能为杂合体。在这些假定条件下，不仅圆满地解释了以上3个交配的结果，即

AA（黑）×AA→AA

AA×A^YA（黄）→AA：A^YA=1：1

A^YA×A^YA→1A^YA^Y（死亡）：2A^YA：1AA→2A^YA：1AA

而且后来在黄鼠×黄鼠的交配中，通过解剖受孕雌鼠，还果真发现在母鼠子宫上的胚胎有1/4死亡，从而验证了该假说的正确性。

从该例知，基因座A的等位基因A^Y和A同时控制小鼠毛色和成活率两个性状：控制毛色性状时，A^Y为显性；控制小鼠成活率性状时，A^Y为隐性，且为隐性致死。一基因座（如A-A^Y）内的等位基因可同时控制多于一个性状表现（如毛色和成活率）的现象称为**一因多效**（pleiotropy）。

人类常染色体显性遗传病（第15染色体上编码原纤维蛋白基因的突变）的**蜘蛛样指（趾）**（arachnodactyly），是一因多效的又一个例子。该综合征的一般表现是（图3-10）：弓形腭、漏斗胸、胸部肌肉不发达、皮下脂肪少、身材细长、眼眶上嵴明显、手指和脚趾细长如蜘蛛肢［故名蜘蛛样指（趾）］和伴有心血管疾病。

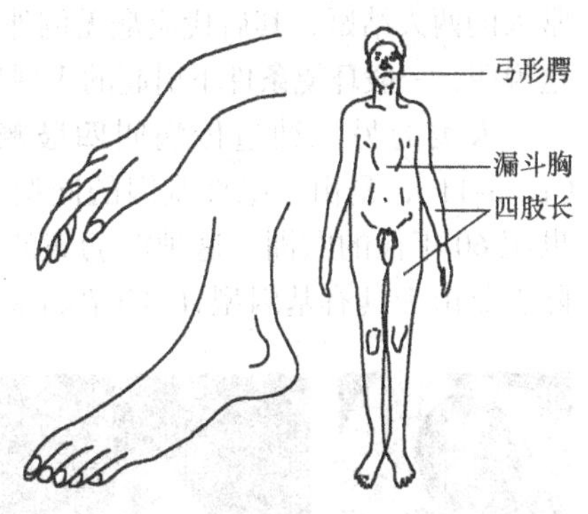

图3-10 蜘蛛样指（趾）

与正常人比较，蜘蛛样指（趾）患者由于身高手长，容易被选为运动员。美国女排名将海曼，因患该病于1986年猝死在日本的比赛场上。19世纪意大利杰出的小提琴演奏家和作曲家帕格尼尼也是该病患者，他高超的演奏技艺得益于他有一双修长灵巧的手。

蜘蛛样指（趾）的预期后果与职业密切相关，患者不宜参加强体力劳动或强对抗体育运动。

（四）基因表达与环境的关系

基因表达或性状的表现取决于其基因型，但基因表达或性状表现也离不开一定的环境，所以基因表达或性状的表现也应与环境有关。现简要说明如下。

已知玉米的A基因座控制叶绿素的形成，其中显性等位基因A具有形成叶绿素的功能，隐性等位基因a没有这一功能。

先看基因型对表现型的影响。在有光照的环境下，基因型为AA（或Aa）的籽粒长出绿苗，基因型为aa的籽粒长出白苗。也就是说，在同样有光照的环境下，个体的表现型由个体的基因型决定。

再看环境对表现型的影响。基因型为 *AA*（或 *Aa*）的籽粒，在有光和无光的环境下分别长出绿苗和白苗。也就是说，当环境不同时，具有同一基因型的个体的表现型由其所处的环境决定。

因此，个体一定的表现型，是其基因型和其所处的环境相互作用的结果，用公式表示为

表现型＝基因型＋环境

遗传上的这一表现型公式，体现了哲学上的唯物辩证观：任一现象（表现型）的出现，是内因（基因型）和外因（环境）相互作用的结果。下面的两个例子，也都说明了个体的表现型是其基因型和其所处环境相互作用的结果。

1. 表型模仿 苯丙酮尿症是由一个基因座的差异控制的，具有基因型 *aa* 的人患**苯丙酮尿症**（phenylketonuria）。在患者出生后3～6个月时初现症状，1岁时症状明显，主要表现为智力障碍、毛发变黄、皮肤色白和四肢短小，同时身上有一种霉臭气，尿有一种鼠臭味和呈黑色。但是，如果具有这种基因型的人，从婴孩起就改变食物成分（改变环境条件），使食物中含苯丙氨酸的量只恰好满足患者所需（苯丙氨酸为人类必需氨基酸），则其体质和智力的发育可接近基因型为 *A_* 的正常人。这种由于环境的变化（如改变食物成分），具有某种基因型（如 *aa*）的个体使其表现型与另一些基因型（如 *A_*）个体的表现型相同或相似的现象，称为**表型模仿**（phenocopy）。

表型模仿一般发生在个体发育的一定阶段。在该例，具有基因型 *aa* 的人，从婴孩到1周岁前，使用低苯丙氨酸的奶粉（使苯丙氨酸含量恰好满足发育需要），之后饮食要以淀粉、蔬菜、水果为主，少吃蛋白类（否则苯丙氨酸过量而引起脑损伤）。这种饮食结构要持续到青春期后，其体质和智力的发育才可接近基因型为 *A_* 的正常人。

由环境引起的变异，如表型模仿是否能遗传呢？如果基因型为 *aa* 的但经食物治疗表现为正常人的两人结婚，其后代应毫无例外地为基因型 *aa*，若不及早进行食物治疗，会患苯丙酮尿症。这说明，一般环境条件下引起的表现型变化不会引起个体的基因型变化。

人类的另一种遗传病叫**四肢畸形**（phocomedia）：四肢很短，仿如海豹，俗名海豹病（图3-11），是由一隐性基因的同型合子（*aa*）控制的、发病频率很低的遗传病。可是，在20世纪60年代的欧洲，这种海豹病的发病率突然显著升高数千倍。经调研发现，这种升高，实际上是由于具有基因型 *A_* 的孕妇服用停止妊娠反应的一种新药——酞胺哌啶酮，俗称“反应停”引起的，称为**酞胺哌啶酮综合征**（thalidomide syndrome）或反应停综合征，其症状与上述的遗传性四肢畸形或遗传性海豹病相同，即反应停综合征是遗传性海豹病的表型模仿。研究还表明，是基因型 *A_* 的孕妇在受孕早期（受孕后30天内）服用该药发生的表型模仿（受孕30天后服用就不会发生了）。

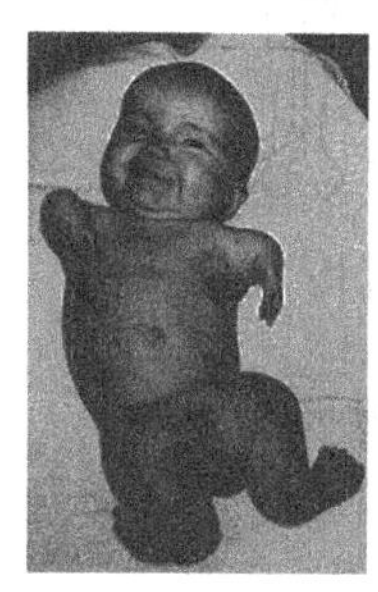
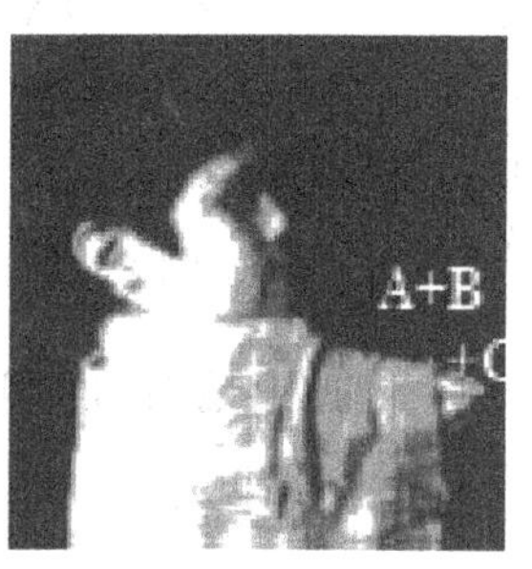

图 3-11 海豹病患者

具有 *A_* 基因型的孕妇，在受孕早期服用反应停药物发生表型模仿的四肢畸形，是因为该药通过脐带后抑制了 *A_* 基因型个体的 *A* 基因在早期胚胎发育的正常表达，而模仿了隐性基因型 *aa* 的非正常表达所致。所以，根据这一表型模仿也可以推知，基因型为 *aa* 的遗传性四肢畸形的基因表达也很可能是在受孕早期发生的。

2. 外显率与表现度 **外显率**（penetrance）是指，在一群体中具有一特定基因型的各个体，表现其控制性状的个体数与携带这一特定基因型总个体数的比率（常用百分数表示）。人类手指和脚趾的数目是由一个基因座（*P-p*）的差异决定的：多数人每手掌有5指，每脚掌有

5趾，是由隐性基因型*pp*控制的；少数人的**多指**（趾）（polydactyly）是由显性突变基因（*P*）控制的，即多指（趾）人的基因型为*P*_。但是，并非具显性基因型*P*_的人都表现多指（趾）。如果调查具有显性基因型*P*_的1000人中，有900人为多指（趾），则显性基因型*P*_的外显率为90%。若特定的基因型控制的表现型全能实现，则称这一特定基因型的外显率是完全的，如前述的孟德尔研究过的性状；若特定的基因型控制的表现型并非全能实现，则称外显率是不完全的，如这里所述的人类多指（趾）。

表现度（expressivity）是指，具有特定基因型的个体，在群体中对其控制性状表现的变化程度或范围。例如，在人类多指（趾）外显率的调查中，设两个群体的外显率都为90%，但其中一个群体的多指都只在右拇指多一指，而另一群体的不同个体可出现多指的各种情况，如不仅右拇指可多指，其余指也都可多指，那么可称前一群体的表现度低，后一群体的表现度高。

外显率和表现度的区别在于：前者只关注特定的基因型所控制的性状是否表现，而不关注表现的变化程度或范围；后者不仅关注特定的基因型所控制的性状是否表现，还关注表现的变化程度或范围。

特定基因型的不同个体之所以不具有特定的期望表现型，推论其原因还是与这些个体所处的环境——遗传背景、非遗传背景或者与这两背景不同都有关（虽然至今还不能具体说明这些个体所处的背景有什么不同）。如下例子可印证这一推论：在试验的动植物群体，很难看到特定的基因型不具有特定的期望表现型，这是因为这里有关的基因型和环境都受到了很好的控制（即遗传背景和环境背景在个体间都相当一致）；在自然界的动植物群体或人类群体，之所以特定的基因型不难看到具有不同的表现型，乃是因为这些群体的遗传背景和环境背景都难以控制到一致。

五、人类遗传分析——系谱分析

研究人类特定性状（如特定疾病）的遗传时，与研究其他生物特定性状的遗传相比，有诸多不利因素。在生物特性上，我们的世代周期长，结婚若在25岁左右，就意味着观测子二代（孙代）的性状表现，要等候约50年；一对夫妇生的子代个体少，难以达到统计学上的数量要求，从而难以发现有关性状的遗传规律。在文化特性上，不能按研究目的进行婚配。然而，我们还是找到了研究自身性状遗传规律的一些方法，系谱法就是其中之一。

所谓**系谱法**（pedigree method），就是按已有家系（家族）各世代成员间的血缘关系绘制出的一张世代传接的、有时为遗传研究还示出有关遗传性状（如某种遗传病或其他被研性状）分布的一张系谱图，而系谱中各数字和符号的含义如图3-12所示。

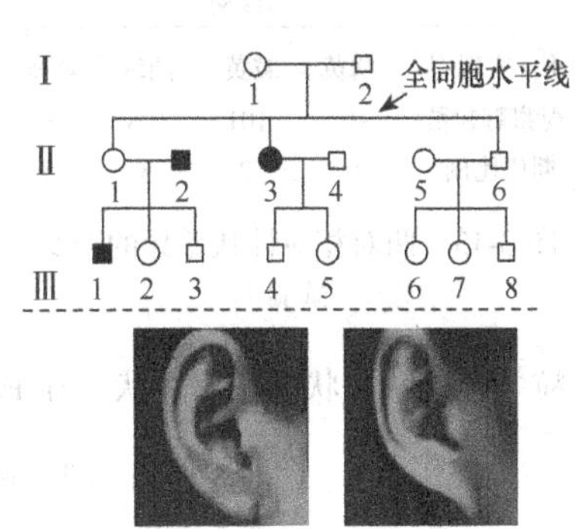

图3-12　人类耳垂遗传系谱分析
左，有耳垂；右，无耳垂

图中罗马数字Ⅰ、Ⅱ等代表特定系谱的世代。

世代内两个体间的水平连线表示婚配。

婚配后代，如Ⅰ1和Ⅰ2的婚配后代是Ⅱ1、Ⅱ3和Ⅱ6，称为全同胞（同父同母的兄弟姐妹），各用一垂直线与全同胞水平线连接。

世代内的阿拉伯数字1、2等代表有关世代内各成员按出生先后顺序的编号，空心圆圈（○）和空心方块（□）分别代表正常女性和正常男性，实心圆圈和实心方块分别代表“非正常”女性和“非正常”男性。这里的“非正常”女性和

“非正常”男性实际上是指被研遗传性状的个体，如世代Ⅱ的女性个体3（Ⅱ3，●）表示耳垂附着在脸颊上——**附着耳垂**（adherent ear lobe）或俗称**无耳垂**（图 3-12，下右）。如果耳垂游离于脸颊，则称**游离耳垂**（free ear lobe）或俗称**有耳垂**（图 3-12，下左）。

通过图 3-12 的系谱以及其他许多关于无耳垂和有耳垂这一相对性状的系谱研究表明，它们是由常染色体上一个基因座的差异引起的，且无耳垂对有耳垂呈隐性，分别受等位基因 *a* 和 *A* 控制，即人群中有耳垂者多于无耳垂者——因为这一相对性状出现的实际结果总与这一遗传机制的期望结果相符。Ⅱ3 无耳垂（女性）称为**先证者**（propositus），即家系中首先出现的被研性状（这里为无耳垂）者，基因型为 *aa*。由此推知其双亲Ⅰ1 和Ⅰ2 均为杂型合子 *Aa*，其姐姐Ⅱ1 和其弟弟Ⅱ6 的基因型必为 *AA* 或 *Aa*（但到此不能具体确定）。

在第Ⅲ代，由于Ⅲ1 为无耳垂，倒推知Ⅱ1 为 *Aa*。显然Ⅲ2 和Ⅲ3 必为杂型合子 *Aa*，Ⅲ4 和Ⅲ5 也必为杂型合子 *Aa*（因为这些个体都有一个亲本为 *aa*）；其他个体的基因型尚不能确定。

第二节　非连锁基因自由组合规律及其扩展

孟德尔在分析一对相对性状的遗传试验时，发现了等位基因分离规律。在这一基础上，他同时考虑两对和更多对相对性状的遗传时，又发现了什么遗传规律呢？

一、两对相对性状的杂交试验

孟德尔选用杂交的是豌豆两个纯系亲本：一是双显性——籽粒圆形、黄色；二是双隐性——籽粒皱形、绿色。

试验前，他预期子一代（F_1）籽粒应全为圆形、黄色，因为根据一对相对性状杂交试验，籽粒形状是圆对皱呈显性，籽粒颜色是黄对绿呈显性。F_1 籽粒（长在母本株上）的观察结果与预期的完全一致。

种下子一代（F_1）籽粒长成的 F_1 植株自交，得到的子二代（F_2）籽粒（长在 F_1 植株果穗上）的 4 种表现型和数目如图 3-13 所示。

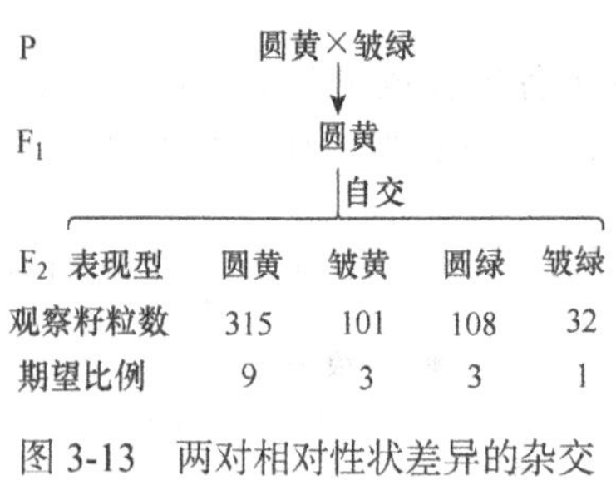

图 3-13　两对相对性状差异的杂交试验

由结果可知，具有两对相对性状差异的两纯系杂交，其 F_2 的分离，要比具有一对相对性状差异的两纯系杂交的 F_2 分离更为复杂：一是表现型类型增多了，由两类增至 4 类，除两亲本类型（圆黄和皱绿）外，还有两非亲本类型或重组类型（皱黄和圆绿）；二是出现了更为复杂的 9∶3∶3∶1 的表现型分离比，而不是像具有一对相对性状差异那样简单的 3∶1 的表现型分离比。如何分析这一结果呢？

首先，孟德尔想确定：对于一对相对性状差异的遗传，等位基因分离规律是否仍然适用？于是，他对籽粒形状和籽粒颜色这两性状的相对性状，在 F_2 的分离比分别进行了统计：

籽粒形状　圆∶皱＝（315＋108）∶（101＋32）＝423∶133≈3∶1

籽粒颜色　黄∶绿＝（315＋101）∶（108＋32）＝416∶140≈3∶1

因此，同时研究两对相对性状差异的遗传时，等位基因分离规律仍然适用。

既然等位基因分离规律仍然适用，而最初的两个亲本又都是同型合子，如果令控制籽粒形状的显性（圆形）和隐性（皱形）等位基因分别为 *R* 和 *r*，控制籽粒颜色的显性（黄色）和隐性（绿色）等位基因分别为 *Y* 和 *y*，那么按逻辑推理，亲代和子一代（F_1）的基因型必然为

P　　（圆黄）*RRYY*×*rryy*（皱绿）
　　　　　　↓　　↓
配子　　　*RY*　*ry*
　　　　　　　↓
F_1　　　　*RrYy*

于是，根据这一结果，就把问题集中到：基因型为 *RrYy* 的 F_1，自交时产生的子二代（F_2）为什么会出现上述 4 种表现型，且比例为 9∶3∶3∶1 呢？

由于一定的表现型是由一定的基因型决定的，于是又把问题集中到：基因型为 *RrYy* 的 F_1 自交时产生的 F_2 能产生多少种一定比例的基因型，而这些一定比例的基因型又恰好决定了这 4 种表现型的比例呢？为了找到这些一定比例的基因型，他做了如下试验。

首先，从 F_2 籽粒中随机抽出一个样本作为 F_2 群体的代表。例如，随机抽出 550 个籽粒构成一个样本，并对样本的每个籽粒进行编号（1，2…449，550）和记录其表现型。

然后，试验确定样本中每个籽粒的基因型。具体方法是：按编号顺序种下样本中 F_2 籽粒以长成 F_2 植株，且让它们自交得 F_3 籽粒（长在 F_2 株果穗上）；按株观察 F_3 籽粒的性状分离情况，目的是根据 F_2 株上所结 F_3 籽粒的性状分离情况，反推出样本中 F_2 每一籽粒表现型的基因型——只要 F_2 株自交所结 F_3 籽粒发生了显、隐性性状的 3∶1 分离，就可推知控制该性状的 F_2 籽粒的基因型必为杂型合子，只要 F_2 株自交所结 F_3 籽粒未发生性状分离，就可推知控制该性状的 F_2 籽粒的基因型必为同型合子。以 F_2 表现型为圆（形）黄（色）的一籽粒为例，如果它长成的植株 F_2 自交时产生的 F_3 籽粒，对形状而言出现了圆∶皱的 3∶1 分离，对颜色而言未发生分离，那么就可反推出这一 F_2 籽粒的基因型必为 *RrYY*。在这一思想指导下，孟德尔又辛勤工作了一年，根据样本中每一 F_2 籽粒长成的自交株（实得 521 株）上的 F_3 籽粒的表现型，反推完成了对样本中 F_2 代每一籽粒的基因型鉴定工作，结果见表 3-3。

表 3-3　豌豆同型合子籽粒（圆黄 × 皱绿）的 F_2 籽粒基因型的鉴定

子二代籽粒表现型、粒数和比例	子三代籽粒表现型	从子三代表现型推子二代基因型和比例	子二代籽粒数
圆黄，301，9/16	圆黄（全部）	*RRYY*，1/16	38
	圆黄、皱黄	*RrYY*，2/16	60
	圆黄、圆绿	*RRYy*，2/16	65
	圆黄、圆绿、皱黄、皱绿	*RrYy*，4/16	138
皱黄，88，3/16	皱黄（全部）	*rrYY*，1/16	28
	皱黄、皱绿	*rrYy*，2/16	60
圆绿，102，3/16	圆绿（全部）	*RRyy*，1/16	35
	圆绿、皱绿	*Rryy*，2/16	67
皱绿，30，1/16	皱绿（全部）	*rryy*，1/16	30

从表 3-3 可知，在 F_2 籽粒的具有一定比例的 4 种表现型，是由 9 种基因型决定的：除皱绿这一表现型由 1 种基因型 *rryy* 决定外，其余 3 种表现型都是由 2 种或 4 种基因型决定的；这 9 种基因型具有一定比例（如 *RRYY* 和 *RrYY* 分别为 1/16 和 2/16）。

于是，现在的问题又转移到：对于两对相对性状来说，如何解释 F_2 籽粒出现的一定比例的 9 种基因型和一定比例的 4 种表现型。

二、分离比的遗传分析

孟德尔利用其在维尔纳大学所学的数学理论对试验结果进行分析。他把表 3-3 的子二代 4 种表现型所涉及的基因型合并排列起来，并以有关基因型比例之和作为有关表现型系数，就得如下排列：

9 圆黄（$RRYY+2RrYY+2RRYy+4RrYy$）+
3 皱黄（$rrYY+2rrYy$）+
3 圆绿（$RRyy+2Rryy$）+
1 皱绿 $rryy$

孟德尔凭借他的数学功底领悟到，这一排列的各种基因型及其比例，在数理统计上，恰好是阵列（$RY+Ry+rY+ry$）自乘的结果，即（$RY+Ry+rY+ry$）（$RY+Ry+rY+ry$）相乘的结果；又凭借他的生物学功底，在遗传上，这一阵列的各种基因型及其比例应是子一代 $RrYy$ 形成的雌配子（$RY+Ry+rY+ry$）和雄配子（$RY+Ry+rY+ry$）随机结合的结果，即（$RY+Ry+rY+ry$）（$RY+Ry+rY+ry$）产生子二代的结果。

于是，问题又转移到：子一代（F_1）$RrYy$ 形成配子时，是如何形成雌配子"（$RY+Ry+rY+ry$）"和雄配子"（$RY+Ry+rY+ry$）"的呢？

在回答这一问题前，应明了什么是非等位基因。如前面的分析，豌豆一个性状的不同表现叫相对性状，而相应的基因叫等位基因。例如，豌豆种子形状这一性状的圆和皱是一对相对性状，相应的基因 R 和 r 为一对等位基因；豌豆子叶颜色这一性状的黄和绿是另一对相对性状，相应的基因 Y 和 y 为另一对等位基因。类似地，豌豆不同性状间的表现叫非相对性状，如这里的圆形和黄色为非相对性状；控制这些非相对性状的基因叫非等位基因，如 R 与 Y 或 R 与 y，以及 r 与 Y 或 r 与 y，都互为非等位基因。

现回答上述问题。由于子二代是子一代产生雌、雄配子后随机结合的产物，为了揭示上述两对相对性状杂交结果的遗传规律，孟德尔假定：子一代形成配子时，在等位基因分离的基础上（遵循等位基因分离规律），非等位基因自由组合。在这一假定下，子一代 $RrYy$ 可形成如表 3-4 的 4 种等量组合或 4 种等量配子。

表 3-4　基因型 *RrYy* 形成配子的过程

等位基因分离		非等位基因自由组合	
第一对	第二对		
（1/2）R	（1/2）Y →	（1/4）RY	配子
	（1/2）y →	（1/4）Ry	
（1/2）r	（1/2）Y →	（1/4）rY	
	（1/2）y →	（1/4）ry	

子一代形成配子时，由于等位基因分离规律，等位基因进入一个配子是随机或自由的，即每种等位基因进入一个配子的机会相等；对于非等位基因，如果进入一个配子也是随机或自由的，那么子一代的 4 种配子（RY、Ry、rY、ry）形成的机会也会相等，即 4 种雌配子——（$RY+Ry+rY+ry$）$_♀$ 的数目相等，4 种雄配子——（$RY+Ry+rY+ry$）$_♂$ 的数目也相等。

子一代自交，即子一代的雌配子和雄配子随机结合，用数学式表达这一结合为

$$(RY+Ry+rY+ry)_♀(RY+Ry+rY+ry)_♂$$

展开这一表达式，所产生子二代的基因型类型和比例以及表现型的类型和比例，完全与表3-3的相同。

孟德尔在上述试验结果分析的基础上，提出了遗传学的第二假说：形成配子时，（在等位基因分离的基础上）非等位基因自由组合。

后来的研究表明，这一假说只适用于位于非同源染色体（第二章）上的基因（非连锁基因），而不适用于位于同源染色体上的非等位基因（连锁基因），所以遗传学第二假说的正确表达应为：形成配子时，位于非同源染色体上的基因（非连锁基因）自由组合。因此，严格来说，该假说应叫非连锁基因自由组合假说。

三、非连锁基因自由组合假说的检验

孟德尔是一个严谨的科学工作者。与检验等位基因分离假说一样，他也设计了一些试验以检验非连锁基因自由组合假说是否正确（假说检验）。其中最直接的方法仍是测交法，即（F_1）*RrYy*×*rryy*。在这一测交中：F_1形成配子时，如果在遵循等位基因分离规律的基础上还遵循非连锁基因自由组合假说，那么就有如表3-4的4种相等的配子；双隐性亲本*rryy*只形成一种配子*ry*。

利用双隐性个体（测验者）*rryy*与F_1杂交（测交）的好处是其测交一代的表现型类型和比例直接反映了F_1产生配子的类型和比例，从而可验证非连锁基因自由组合假说的有效性。孟德尔的其中一个测交试验见表3-5。

表3-5　*rryy*×*RrYy*测交以检验非连锁基因自由组合假说

	测交	*rryy*×*RrYy*			
	配子	*ry*	1/4（*RY*	*Ry*	*rY*	*ry*）
测交一代：	基因型及比例		*RrYy*	*Rryy*	*rrYy*	*rryy*
	表现型		圆黄	圆绿	皱黄	皱绿
	表现型观测数		24	25	22	26
	表现型期望数		24.25	24.25	24.25	24.25

由结果知，观察结果与根据基因自由组合假说推出的预期结果非常吻合（详见本章的χ^2显著性检验）。同样，他和后人的类似试验，都证实了非连锁基因自由组合假说的正确性，后人就把这一假说称为孟德尔第二定律。

孟德尔第二定律的核心是：形成配子时，在符合等位基因分离规律基础上，（位于非同源染色体上的）非连锁基因间的非等位基因自由组合。所以，严格来说，孟德尔第二定律应称非连锁基因自由组合规律。后来知道，之所以有上述结果，是因为控制豌豆籽粒颜色和形状的基因分别位于第1对和第7对染色体上，即位于非同源染色体上。

具有3对以上相对性状的F_2分离更为复杂。但是，只要控制不同相对性状的成对基因分别位于不同对的同源染色体上，其遗传仍是简单的：遵循等位基因分离和非等位基因自由组合规律，就可求得有关世代的基因型和表现型的类型与比例。

四、非连锁基因自由组合规律的扩展

孟德尔发现的非连锁基因自由组合规律的内容，涉及两个（或两个以上）基因座的差异分别控制两个（或两个以上）性状差异的表现。在这里，有关基因显示两种类型的自由组合或独立分配：一类是在基因传递上，减数分裂时每一基因座的各等位基因进入一个配子的机会均等，不同基因座的基因进入一个配子的机会也均等、独立分配或自由组合；另一类是在基因对性状控制的表现上，不同基因座的基因对性状控制的表现是独立分配或自由组合，如前述的关于玉米籽粒形状和颜色的遗传，等位基因 *R* 和 *r* 只影响籽粒形状而不影响籽粒颜色，等位基因 *Y* 和 *y* 只影响籽粒颜色而不影响籽粒形状。

后来的研究表明：两个非连锁基因座差异的基因（非等位基因），在基因传递上虽仍遵守独立分配或自由组合规律，但在对性状控制的表现上却不能独立分配或自由组合（即不能独立地各控制一个性状的不同相对性状的表现），而是共同控制一个性状的不同相对性状的表现。由两非连锁基因座差异的非等位基因，共同控制一个性状的不同相对性状的表现就称为**非等位基因互作**（non-alleles interaction）。

与（一个基因座内的）等位基因互作一样，两非连锁基因座间的非等位基因互作共同控制一个性状不同相对性状的表现的例子，在生活和生产中也经常碰到。涉及两个非连锁基因座的（非等位）基因互作共同控制一个性状时，在双因子杂种的 F_2 分离世代，根据一个性状的相对性状的类型和比例的不同，可对非等位基因互作进行分类。下面举例说明。

（一）协作互作（9∶3∶3∶1）

鸡的冠形这一性状有 4 个相对性状（图 3-14）：玫瑰冠（rose comb，鸡冠有许多乳头突起，后端呈锥形）；豌豆冠（pea comb，鸡冠有 3 排豌豆粒状突起）；单片冠（single comb，鸡冠呈锯齿形，常见）；胡桃冠（walnut comb，鸡冠似胡桃仁状，相对少见）。

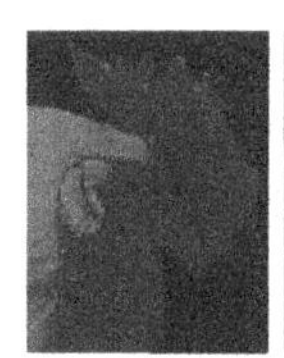
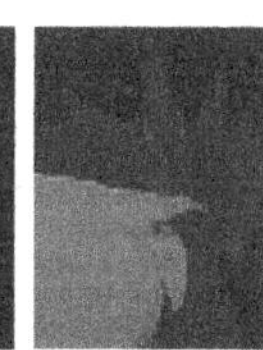

玫瑰冠　豌豆冠　单片冠　胡桃冠

图 3-14　鸡的 4 种冠形

冠形这一性状的各相对性状，如何判断是由一个基因座差异的不同等位基因控制的，还是由两个基因座差异的不同非等位基因共同控制的呢？

1. 判断原理　由前述的基因的等位性鉴定可知，如果把具有这些相对性状的所有可能纯系进行杂交，并且各 F_2 又都表现单因子杂种的分离比（如 3∶1），那么这些相对性状就由一个基因座的差异控制；同理，如果把具有这些相对性状的所有可能纯系进行杂交，并且 F_2 都表现双因子杂种的分离比（如 9∶3∶3∶1），那么这些相对性状就由两基因座的差异控制。

2. 试验过程和结果　针对鸡的冠形这一性状的上述 4 个相对性状，可选育出 4 个相应纯系——玫瑰冠鸡、豌豆冠鸡、单片冠鸡和胡桃冠鸡纯系；这 4 个纯系间的 6 个可能杂交（1，2…6，可不包括反交）列入表 3-6，相应的 F_1 和 F_2 结果列入表 3-7。

表 3-6　鸡冠形 4 个纯系的可能杂交（不含反交）

♀	♂			
	玫瑰冠	豌豆冠	单片冠	胡桃冠
玫瑰冠	—	1	2	3
豌豆冠		—	4	5
单片冠			—	6
胡桃冠				—

3. 结果分析　首先分析杂交 1（玫瑰冠 × 豌豆冠）结果。由于其 F_2 表现型出现了 9∶3∶3∶1 的分离比，说明鸡冠形这一性状是由两个非连锁基因座的差异控制的；由于其 F_2 单片冠只占 1/16，说明这一冠形的基因型应由两纯系亲本的隐性基因型构成，若这两亲本的隐性基因型分别为 *pp* 和 *rr*，则 F_2 单片冠的基因型就为 *pprr*；由

表 3-7　鸡冠形 4 个纯系可能杂交的结果

杂交（纯系 × 纯系）	F_1 表现型	F_2 表现型及比例
1. 玫瑰冠 × 豌豆冠	胡桃冠	胡：豌：玫：单=9：3：3：1
2. 玫瑰冠 × 单片冠	玫瑰冠	玫瑰冠：单片冠=3：1
3. 玫瑰冠 × 胡桃冠	豌豆冠	豌豆冠：单片冠=3：1
4. 豌豆冠 × 单片冠	豌豆冠	豌豆冠：单片冠=3：1
5. 豌豆冠 × 胡桃冠	玫瑰冠	玫瑰冠：单片冠=3：1
6. 单片冠 × 胡桃冠	胡桃冠	胡：豌：玫：单=9：3：3：1

于其 F_2 胡桃冠占 9/16，说明这一冠形的基因型应由两纯系亲本的显性基因型（包括纯合和杂合）构成，若这两亲本的显性基因型分别为 *PP* 和 *RR*，则 F_2 玫瑰冠的基因型就为 *P_R_*；由于两亲本均为纯系，因此亲本玫瑰冠和豌豆冠的基因型分别为 *ppRR* 和 *PPrr*。根据上述分析，杂交 1 的两纯系亲本杂交、F_1 和 F_2，以基因型表示的表现型如图 3-15 所示。

P　　*ppRR*（玫瑰冠）× *PPrr*（豌豆冠）
↓
F_1　　*PpRr*（胡桃冠）
↓ 全同胞交配
F_2　*P_R_*（胡）：*P_rr*（豌）：*ppR_*（玫）：*pprr*（单）=9：3：3：1

图 3-15　杂交 1 试验结果

显然，在这一杂交的 F_2 中，胡桃冠（*P_R_*）是两基因座的两显性基因互作的结果，豌豆冠（*P_rr*）和玫瑰冠（*ppR_*）分别是各自的显性基因表达的结果，单片冠（*pprr*）是两基因座的隐性基因表达的结果，而各表现型的分离比为 9：3：3：1。这种由于两基因座的显性基因不同而导致相对性状不同的非等位基因互作，称为**协作互作**（cooperative interaction）或**加性互作**（additive interaction）。

然后分析杂交 6（单片冠 × 胡桃冠）结果。根据以上同一分析思路，两纯系亲本单片冠和胡桃冠的基因型分别为 *pprr* 和 *PPRR*，就可圆满解释其 F_1 和 F_2 的结果。

在以上两杂交结果分析的基础上，对其他杂交结果的分析就简明了。例如，杂交 2 两纯系亲本单片冠和玫瑰冠的基因型分别为 *pprr* 和 *ppRR*，可简化为 *rr* 和 *RR*，所以其杂种一代为玫瑰冠，杂种二代为玫瑰冠：单片冠=3：1。也就是说，就这两纯系单片冠和玫瑰冠而论，就只涉及 1 个基因座的差异了。

后来知道，控制冠形的两基因座 *P* 和 *R* 分别位于第 1 号和第 2 号染色体上，所以在基因传递上仍遵守非连锁基因自由组合规律。

（二）重复互作（9：6：1）

重复互作（duplicate interaction）是指两个非连锁基因座差异的显性基因共同存在、单独存在或不存在（即两基因座为隐性同型合子）于一个个体时具有不同表现型的现象。因此，涉及两个非连锁基因座差异时，具有重复互作的 F_2 的表现型有三种，且分离比为 9：6：1。南瓜果形（图 3-16）的遗传属于具有重复互作的非等位基因互作的例子。

（三）上位

有两个非连锁基因座差异时，一基因座的基因掩盖另一基因座基因表达的现象称为**上位**（epistasis），且上位基因本身的效应可为显性或隐性。

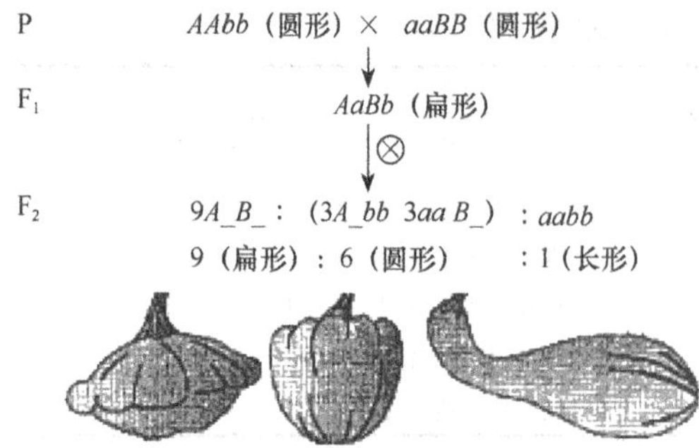

图 3-16 南瓜果形遗传的重复互作

1. 单显性上位（12∶3∶1） 有两个非连锁基因座差异时，若一基因座的显性基因掩盖或阻止另一基因座基因的表达，则称为单显性上位（single dominant epistasis）或简称显性上位（dominant epistasis），起掩盖作用的显性基因（如*A*）称为**上位基因**（epistatic gene），被掩盖而不能表达的基因称为**下位基因**（hypostatic gene）。

在这种情况下，只有当上位基因是纯合隐性（*aa*）时，下位基因（如基因座*B*的基因）才能表达。因此，*A_B_*和*A_bb*产生一种表现型，*aaB_*和*aabb*各产生1种表现型。于是，经典的9∶3∶3∶1的比例，存在显性上位基因*A*时就成为12∶3∶1。

在农村或农贸市场常可看到三种颜色——白色、紫红色和黄色的洋葱（鳞茎），其遗传属两个基因座差异控制的显性上位。一个基因座*R*的显性等位基因*R*，控制红色素的产生而使洋葱呈紫红色；*r*等位基因为隐性，当纯合（*rr*）时产生少量黄色素使洋葱呈黄色。另一个基因座*I*的等位基因*I*是一显性上位基因，不管*R*基因座的基因型如何，只要存在显性上位基因*I*，就能抑制任何色素的产生而使洋葱呈白色；只有基因座*I*的等位基因*i*处于纯合态*ii*时，基因座*R*的基因型才能独立表达。图3-17是一个杂交及其子代表现的结果。

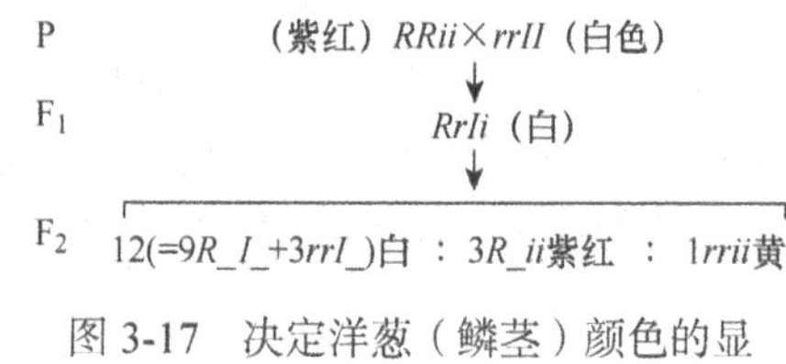

图 3-17 决定洋葱（鳞茎）颜色的显性上位（Pierce，2014）

又如，在农村或农贸市场常可看到西葫芦的三种颜色，即白色、黄色和绿色，其遗传规律与洋葱的完全相同。

2. 双显性上位（15∶1） 在两个非连锁基因座差异时，两个基因座的显性基因，无论是单独存在或共同存在于一个体时，都表达同一表现型的现象称为**双显性上位**（double dominant epistasis）、**重复显性上位**（duplicate dominant epistasis）或**相互显性上位**（reciprocal dominant epistasis）。具有双显性上位时，*A_B_*、*A_bb*和*aaB_*都产生同一表现型，*aabb*产生另一表现型，F_2的表现型比为15∶1。荠菜蒴果形状的遗传属于这一类型（图3-18）。这是因为，只要有一显性基因存在，就足以使果实成为三角形（心脏形），只有不存在显性基因时才成为卵形。

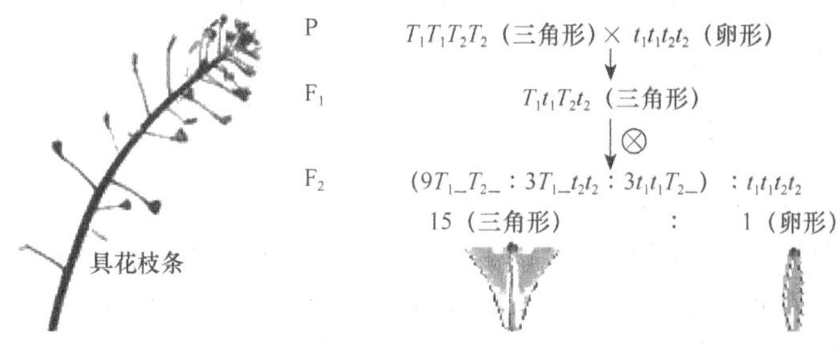

图 3-18 荠菜蒴果形状遗传的双显性上位

3. 单隐性上位（9∶4∶3） 有两个非连锁基因座差异时，一基因座*E*的隐性基因型*ee*掩盖了另一基因座*B*的基因表达，则称基因座*E*对基因座*B*呈**单隐性上位**（single recessive epistasis）或简称**隐性上位**（recessive epistasis）。在该情况下，只有当上位基因座存在显性基因时，下位基因方能表达。所以 *B_ee* 和 *bbee* 产生一种表现型，*B_E_* 和 *bbE_* 各产生一种表现型，F_2 的表现型比为 9∶4∶3。

例如，狗的毛色遗传，一基因座 *B* 的等位基因 *B* 和 *b* 可利用一种色素前驱物分别产生黑色素和棕色素，且 *B* 对 *b* 呈显性；另一基因座 *E* 的等位基因 *E* 和 *e* 分别可使色素沉积在毛皮上和不能使色素沉积在毛皮上，后一情况使狗的毛皮呈金色。已知基因座 *E* 对基因座 *B* 呈隐性上位，所以杂交结果如图 3-19 所示。

4. 双隐性上位（9∶7）　有两个非连锁基因座差异时，不管是一个基因座为隐性同型合子还是两个基因座同时为隐性同型合子时都表达为同一表现型，只有这两基因座同时存在显性基因时才表达另一表现型的现象称为**双隐性上位**（double recessive epistasis）、**重复隐性上位**（duplicate recessive epistasis）或**相互隐性上位**（reciprocal recessive epistasis）。香豌豆花色的遗传属于这一类型（图 3-20）。

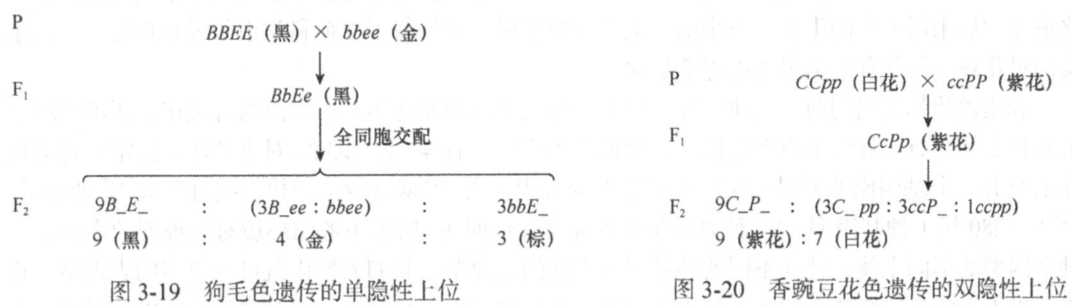

图 3-19　狗毛色遗传的单隐性上位

图 3-20　香豌豆花色遗传的双隐性上位

以上的非连锁基因自由组合规律的机制，都是在当时遗传理论的指导下对试验结果进行逻辑推理的解释。这些解释虽然有些抽象，但是为以后的深入研究提供了思路。如在这一思路指导下，在第十六章对双隐性上位的分子机制就用基因决定酶、酶决定代谢通路和代谢通路决定性状表现得到了具体解释（第十六章）；对于其他形式的非等位基因互作，都可用类似的分子机制得到具体解释。

以上我们讨论的是涉及两个非连锁基因座差异的互作而共同控制一个性状的表达。实际上发生三个或三个以上非连锁基因座差异的互作而共同控制一个性状的表达也是可能的，这样就可使一个性状表现出更多不同类型的分离比。这种由多个基因座差异决定一个性状表现的现象称为**多因一效**（multigenic effect）。

五、孟德尔遗传定律的贡献

孟德尔发现的两个基本的遗传规律或定律，无论是对遗传学乃至生物学的理论发展，还是对遗传学的实际应用都起了奠基性的作用，因此孟德尔成了遗传学的奠基人。

（一）在理论上的贡献

这两个遗传规律，对遗传学乃至对整个生物学科的基础地位，可从如下的故事略见一斑。

达尔文是一个伟大的进化论者。他通过大量的调查研究，在其巨著《物种起源》中提出了生物进化观：生物可不断地发生许多微小的有利变异和有害变异，生物进化是通过自然选择保存有利变异和淘汰有害变异的结果。

由于受到当时科学水平的限制，达尔文并不清楚生物遗传变异的原因，如我们前面指出的，他为给其生物进化观提供遗传基础所提出的泛生子临时假说，也被种质说有力地否定了。

最终，还是孟德尔解决了这一矛盾。我们知道，孟德尔遗传观的实质是，认为特定性状的表现是由特定的遗传因子（遗传颗粒、基因）表达的结果，而有关遗传因子在世代传递过程中不会发生融合。这种遗传观，与融合遗传观相对立，特称**颗粒遗传理论**（particular inheritance theory）。

一个稀有的微小变异的遗传颗粒，为什么可以不消失呢？比方说，前述的红花豌豆（*WW*）和白花豌豆（*ww*）杂交，子一代是红花豌豆，但遗传物质组成是 *Ww*。在子一代中，白花基因颗粒 *w* 和红花基因颗粒 *W* 在一起，*w* 虽然不表达，但也不因为跟 *W* 在一起被融合而最终消失［因为在子二代，又会重新出现白花豌豆（*ww*）］；如果这样的变异对个体的生存有利，通过自然选择就会得到累积和使生物朝一定方向进化。由于孟德尔的颗粒遗传理论，是基于大量的豌豆杂交试验的结果和经过严格的分析提出来的，以后又被更多的试验证明是正确的，具有普遍性和可预测性，因此这种观点是正确的。在科学界接受了颗粒遗传理论或颗粒遗传观后，一般也就摒弃了融合遗传观。

所以，孟德尔的颗粒遗传理论，在理论上，不仅为遗传学本身的发展指明了正确的方向，使之成了“后来居上”的生命科学中的一重要基础学科，还拯救了生命科学中的最高理论——达尔文的进化观，使其有了坚实的遗传学基础。

利用孟德尔提出的两个定律，即等位基因分离规律和非连锁基因自由组合规律，还可从理论上解释生物具有多样性的重要原因。以我们人类为例，有 46 条，即 23 对染色体，假定一对染色体上只有一个基因座的差异（实际比这个差异大得多），根据这两个规律，则可形成 2^{23} 种配子、3^{23}（≈280 亿）种基因型、3^{23} 种表现型（不完全显性时）；如果还考虑环境对表现型的影响，一种基因型的不同个体，处在不同的环境可有不同的表现型，我们人群中就可有更多的表现型。难怪，世界上的人，纵使全同胞的兄弟或姐妹乃至同卵双生，总是可以区分开的。所以，只是由于等位基因分离和非连锁基因自由组合，生物界就可产生几乎是无数的新类型而适应不同的新环境，这从遗传上为解释生物的多样性提供了理论基础。

同时，他的假说检验法（根据试验结果提出假说和应用测交法检验假说是否正确），仍是当今遗传学分析的基本方法。

在 19 世纪末，科学家证实了孟德尔的颗粒遗传理论的正确性。正如美国哈佛大学终身名誉教授、美国科学院院士迈尔（E. Mayr）所说，孟德尔的《植物杂交试验》的演讲和论文，是伟大的经典科学报告和伟大的经典科学论文之一：“明确地陈述目的，简要地介绍有关数据或资料，谨慎地作出简洁、系统、真正首创的结论。”

于是，在遗传学界，在 20 世纪的起始年——1900 年就定为“孟德尔论文的再发现年”，而孟德尔被誉为遗传学的奠基人。

直到 1906 年，在英国伦敦召开的“第三届国际植物杂交和育种大会”上，英国遗传学家贝特森（W. Bateson）根据希腊词 to **gener**ate（世代繁衍）的含义，才把研究生物遗传和变异的学科正式定名为 **genetics**（遗传学），并把这次会议改为第三届国际遗传学大会。其正式定名虽晚，但当今已成为生物学科的一个中心学科了。

（二）在实践上的贡献

孟德尔的遗传理论在实践中的应用，更是比比皆是。本书以后讲的各种应用，无论是生活中的、生产中的，还是法学中的，等等，都以它作为理论依据。这里仅以筛选作物新品种为例说明。

在有性杂交育种中，是有目的地将分散在两个或两个以上品种中控制优良性状的优良基因，通过杂交集中在杂种个体里，然后对杂种个体不断进行相互交配或自交和选择，最终可获得符合要求的新品种。

在番茄，假定已知感病和抗病分别由一基因座的显性基因 *S* 和隐性基因 *s* 控制，红果肉和黄果肉分别由另一基因座的显性基因 *R* 和隐性基因 *r* 控制，且这两基因座分别位于两对同源染色体上。今有两个品种，一个黄果肉、抗病（*rrss*），一个红果肉、感病（*RRSS*），如何利用这两个品种培育出红果肉、抗病的且在遗传上是稳定的新品种（*RRss*）呢？

首先，把这两个品种进行杂交（图 3-21）。F_1 虽不能同时出现两个优良性状，但能把两优良基因集中在 F_1 个体中。

其次，F_1 自交得 F_2。根据等位基因分离规律和非连锁基因自由组合规律，F_2 可出现 4 种表现型，但只有其中一种表现型，即红果肉、抗病（*R_ss*）的植株符合育种目标要求。

再次，以单株为单位，从 F_2 中选出符合育种目标植株的种子。从理论上推知，F_2 中 *R_ss* 可能的基因型有 *RRss* 和 *Rrss*，且比例为 1∶2。

最后，以一株的种子为单位种成株系，让其生长发育自交得 F_3。凡是 F_3 不再分离的株系即符合育种目标的新品种 *RRss*（同时证明了这些株系的 F_2 亲本的基因型为 *RRss*）。

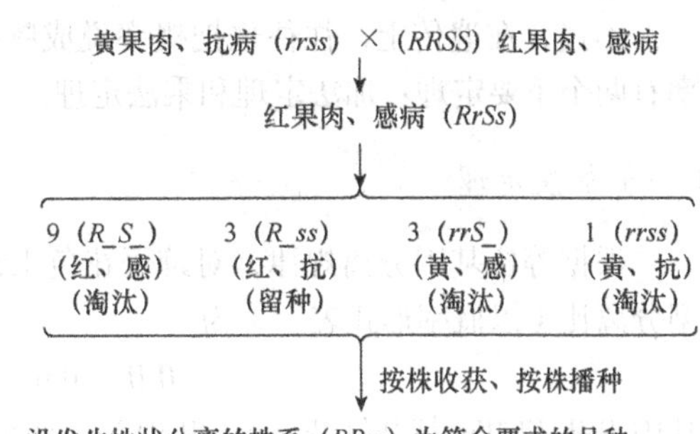

图 3-21　有性杂交育种的基本程序

第三节　遗传学中的概率统计

遗传学的规律，如等位基因分离规律和非连锁基因自由组合规律，实际上是概率统计规律，因此理解有关概率统计原理就成为学好遗传学的一个重要基础。为了加深对这两个规律的理解和便于今后遗传学的学习，现以这两个规律为例介绍概率统计中的概率、二项式概率分布和 χ^2 显著性检验的基本思想以及其在遗传学中的应用。

一、随机事件和概率

在一定试验条件下所得到的一个结果称一个事件，其中必然发生的和不可能发生的事件，分别称必然事件和不可能事件，统称确定事件。例如，在自交条件下，同型合子产生的后代为同型合子的事件（结果）是一必然事件，为杂型合子的事件是一不可能事件。显然，同型合子自交产生的后代为一确定事件。

与确定事件相反，在一定试验条件下可能发生、也可能不发生的事件称**随机事件**（random event）。在豌豆杂型合子 *Ww*（开红花）的自交一代即子二代（F_2）中随机抽一株，可能是红花株，也可能是白花株，这两个可能结果都是随机事件。

对随机事件作小量观测时，看不出事件发生的规律性。例如，从豌豆子一代（F_1）——杂型合子 *Ww*（开红花）自交得到的子二代（F_2）中，每次随机抽 5 株作为一个样本，就看不出红花株和白花株的产生有什么规律性；但是作大量观测时，如每次随机抽 100 株作为一个样本，就会发现它们的发生是有规律的，即每个样本的红花株∶白花株≈3∶1，且样本含量越多就越接近这一比例。前面我们正是以这个表现型分离比为线索，推出了实现这一分离比的内在的遗传规律——等位基因分离规律。以下讲的事件，均指随机事件。

先讲随机事件的概率。在一定试验条件下，若某事件 x（如从豌豆杂型合子 Ww 的自交一代或子二代 F_2 中抽到红花株的事件）在试验总次数 n 中出现 n_x 次，则 n_x 与 n 的比值称为事件 x（出现）的频率，记作 $f(x)=n_x/n$。显然，总次数 n 不同，事件 x 的频率会有所变动；但随着 n 的逐渐增加，这个变动会逐渐减小；最终，当 $n\to\infty$ 时，事件 x 的频率会等于或稳定在一极限值（3/4）。所谓事件 x 的**概率** [probability，$p(x)$]，是当 $n\to\infty$ 时该事件频率的极限值（或稳定值），即

$$p(x)=\lim_{n\to\infty}(n_x/n)$$

不过，在遗传上，往往也把概率说成频率，如等位基因频率和基因型频率（第十九章）。概率有两个重要定理：加法定理和乘法定理。

（一）加法定理

根据等位基因分离规律，对豌豆花色来说，杂型合子 Ww 自交一代，即子二代（F_2）的基因型分离比（以概率形式表示）为

$$WW:Ww:ww=1/4:1/2:1/4$$

其中 WW 和 Ww 都开红花，ww 开白花。如果出现基因型 WW 和 Ww 分别记作事件 A 和 B，而出现"开红花"记作事件 C，那么事件 C 表示"事件 A 或 B"发生的（复合）事件，即无论其中哪一事件的发生都是 C 事件的发生，记作 C＝A＋B 以表示事件 C 是事件 A 与事件 B 之和。

在一次试验中不可能同时出现的事件称为**互斥事件**（mutually exclusive event），因此 A 和 B 是两个互斥事件（因在 Ww 自交一代，即 F_2 的群体中随机抽一株，不可能抽得一株同时既开红花又开白花，只能是开其中的一种花）。

互斥事件也可多于两个。例如，抛一个骰子，设出现 1 点、2 点…6 点的事件分别称 E_1、$E_2\cdots E_6$；在抛一个骰子的一次试验中，只能出现其中的任何一点而不可能同时出现其中的任何两点，即它们是彼此互斥的，这些互斥事件之和 $E=E_1+E_2+\cdots+E_6$。

各互斥事件之和的概率，等于各互斥事件概率之和，这就是**概率加法定理**（additive rule of probability），如下是证明。

设在足够多的 n 次试验中，两互斥事件 A 和 B 分别出现了 n_A 和 n_B 次。由于 A 和 B 互斥，所以它们之和的事件 C 出现的次数 $n_{(A+B)}=n_A+n_B$。根据概率定义，

$$p(C)=n_{(A+B)}/n=(n_A+n_B)/n=n_A/n+n_B/n=p(A)+p(B)$$

同理，该公式可推广到多于两个互斥事件（如抛骰子）之和的概率：

$$p(E)=p(E_1+E_2+\cdots+E_6)=p(E_1)+p(E_2)+\cdots+p(E_6)$$

例子分析：在上述豌豆花色杂型合子（Ww）的 F_2 中，由于 $p(WW)=1/4$ 和 $p(Ww)=1/2$，因此 F_2 开红花的概率

$$p(W\_)=p(WW+Ww)=p(WW)+p(Ww)=1/4+1/2=3/4$$

其中 $W\_$ 中的"_"，可以是 W，也可以是 w。

（二）乘法定理

除考虑豌豆花色的一对基因（W、w）外，还考虑豌豆株高的一对基因（T、t；T 对 t 呈显性），则杂型合子（$WwTt$）子二代（F_2）的 4 种表现型的概率，依非连锁基因自由组合规律为

9/16（$W\_T\_$）红高　3/16（W_tt）红矮　3/16（$wwT\_$）白高　1/16（$wwtt$）白矮

设在该 F_2 中随机抽一株是开红花的事件为 A，随机抽一株是高株的事件为 B，则随机抽一株同时是开红花和高株的事件 C 称为事件 A 和 B 的积，记作 $p(C)=p(A)\cdot p(B)=p(AB)$，

以表示事件 C 是“事件 A 和事件 B 同时发生”的事件。

根据等位基因分离规律，从上述 F_2 随机抽一株是开红花的概率 $p(A)=3/4$，开白花的概率 $p(\overline{A})=1/4$，随机抽一株是高株的概率 $p(B)=3/4$。

现在要问：在从 F_2 抽得一株是开红花的条件下，这株是高株的概率为多少？这个概率记作 $p(B|A)$，以表示“在事件 A 发生的条件下事件 B 发生的概率”。显然，$p(B|A)=3/4=p(B)$。也就是说，如果从 F_2 中抽到高株的概率大小不受是否已抽到红花株的影响，即事件 B 发生概率的大小不受 A 发生与否的影响（反之亦然），那么这两事件 A 和 B 为**独立事件**（independent event）。相反，如果一个事件发生概率的大小，要受另一个事件发生与否的影响，那么称这两事件不独立；由于 $p(\overline{A}|A)=(0)\neq p(\overline{A})=(1/4)$，因此事件 A（开红花）和事件 $\overline{A}$（开白花）不独立。

所谓**概率乘法定理**（multiplicative rule of probability），是指任两事件 A 和 B（不管独立与否）同时发生的概率 $p(AB)$ 等于 A 发生的概率 $p(A)$ 乘在 A 发生的条件下 B 发生的概率 $p(B|A)$，即

$$p(AB)=p(A)p(B|A)$$

或

$$p(AB)=p(B)p(A|B)$$

现证明如下。

设在足够多的 n 次试验中，事件 A 和 B 分别出现了 n_A 和 n_B 次，事件 A 和 B 同时出现（发生）n_{AB} 次，则它们的概率分别为

$$p(A)=n_A/n \quad p(B)=n_B/n \quad p(AB)=n_{AB}/n$$

现考虑事件 A 的情况。因为在 n_A 次的事件 A 中，同时发生事件 B 为 n_{AB} 次，所以在事件 A 发生的条件下事件 B 发生的概率为

因 $p(B|A)=n_{AB}/n_A$

故 $n_{AB}=n_A p(B|A)$

又因 $p(AB)=n_{AB}/n$

故 $p(AB)=n_A p(B|A)/n=(n_A/n)p(B|A)=p(A)p(B|A)$

同理可证

$$p(AB)=p(B)\cdot p(A|B)$$

如果 A 和 B 两事件独立，则有 $p(B|A)=p(B)$ 和 $p(A|B)=p(A)$，所以上两式成为

$$p(AB)=p(A)p(B)$$

例子分析：在刚才分析的关于豌豆花色和株高（$WwTt$）的 F_2 中，随机抽一株同时是红花和高株的概率为多少？

根据加法定理，F_2 出现红花株的概率

$$p(W\_)=p(WW+Ww)=p(WW)+p(Ww)=1/4+1/2=3/4$$

同理，出现高株的概率（$T\_$）$=3/4$。所以，注意到事件 $C\_$ 和 $T\_$ 相互独立的事实，F_2 同时出现红花高株的概率为

$$p(W\_T\_)=p(W\_)p(T\_|W\_)=p(W\_)p(T\_)=(3/4)(3/4)=9/16$$

二、二项式概率分布

（一）概念

我们以一个遗传学问题引出二项式概率分布的概念。在以下豌豆花色测交试验中，

$$(红)Ww \times ww(白)$$
$$\downarrow$$
$$测交一代 \quad 1/2(Ww)+1/2(ww)$$

显然，测交一代红花株的概率 p（红）$=p=1/2$，白花株的概率 p（白）$=q=1/2$。

现在要问：如果测交一代只产生 2 个个体（或在测交一代随机抽 2 个个体），那么就花色来说可能有几种类型的组合？每类组合的概率为多少？

这一问题和与此类似的问题可用由如下公式来表示的二项式概率分布推出，即用

$$(p+q)^n$$

的二项式概率分布推出，其中 p 和 q 是两个事件分别出现的概率，n 是试验涉及的个体数（随机抽样的个体数）。在该例，每类组合的概率

$$\begin{aligned}(p+q)^2 &= [1/2(红)+1/2(白)]^2=(1/2)^2+2(1/2)(1/2)+(1/2)^2 \\ &=1/4(红红)+1/2(红白)+1/4(白白) \\ &\quad\ (2红) \quad\ (1红1白) \quad\ (2白)\end{aligned}$$

即有 3 种类型的组合，分别为 2 红、1 红 1 白（不论顺序）和 2 白，概率分别为 1/4、1/2 和 1/4。

二项式概率分布为如下公式的通项：

$$\begin{aligned}(p+q)^n &= C_n^0p^nq^0+C_n^1p^{n-1}q^1+\cdots+C_n^xp^{n-x}q^x(通项)+\cdots+C_n^np^0q^n \\ &=\sum_{x=0}^{n}C_n^xp^{n-x}q^x\end{aligned}$$

其中，“通项”是指具有特定类型组合［如具有（$n-x$）红花株和 x 白花株组合］的概率，而

$$C_n^x=\frac{n!}{x!(n-x)!}$$

是指 n 个元素（如从测交一代抽 n 株）中有 x 个元素（如有 x 株开白花）的组合数，n 的阶乘 $n!=n(n-1)(n-2)\cdots(n-n+1)$，如 $3!=3(2)(1)=6$。

应用二项展开式应注意的条件是：二项式中的两个事件为对立事件——在一次试验中，必有一个发生但不能同时发生的两个互斥事件（即对立事件是只有两个事件的互斥事件）。如上例的测交一代中，红花株和白花株的两互斥事件为两对立事件，显然，两对立事件概率之和 $p+q=1$。

在由 n 个个体构成的两对立（随机）事件中，各可能事件出现的概率分布称为**二项式概率分布**（binomial probability distribution）。

（二）应用——进行显著性检验

由于遗传是一随机事件，因此遗传试验中某一类型的观测值与根据一定的遗传理论计算出的期望值会有一定的差异。判断这个差异主要是由随机抽样误差产生的，还主要是由特定的遗传理论错误产生的，就要进行**显著性检验**（significance test）。为正确理解显著性检验的原理，现用如下例子说明。

一对夫妻生了 5 个孩子，4 男 1 女（相当于一次试验结果）。试问这样的试验结果，是这对夫妻生的孩子在本质上偏离了期望性比男∶女=1∶1 呢，还是并没有显著偏离这一期望性比，而是由随机抽样误差产生的呢？这种判别试验结果与期望结果的差异是否显著的检验，就称为显著性检验。显著性检验的步骤如下。

1. 建立虚无假说　在这里，**虚无假说**（null hypothesis）是指：这对夫妻的 5 个孩子，4 男 1 女，只是具有 5 个孩子家庭中的一个随机样本；这一样本的性比 4∶1 是在期望性比 1∶1 假说为

真的条件下，纯由随机抽样误差引起，即这一偏离对期望性比 1∶1 假说的影响为虚无或为零，仍符合期望性比 1∶1。

2. 估算实得差值或超过实得差值的随机抽样误差的概率　为便于理解这一标题的含义，我们先想象这对夫妻生有 100 个孩子。如果其中有 52 个男孩和 48 个女孩或 52 个女孩和 48 个男孩，我们就可能接受（期望）性比 1∶1 假说——因为生的孩子是男性还是女性为一随机事件，该试验结果偏离这一假说的差异竟是如此之小，完全可以用受精时雌、雄配子结合时的随机抽样误差解释这一差异。但事实上，纵使在符合性比 1∶1 假说的条件下，一次试验（如这对夫妻生的 5 个孩子）获得恰好符合性比 1∶1 的概率也很小，而且随着样本含量的增加，这一概率就越小：

样本含量	2	4	6	8	10	40	80	100
符合性比 1∶1 的概率	0.50	0.38	0.31	0.27	0.25	0.13	0.09	0.08

因此，在符合性比 1∶1 的条件下，在 100 个孩子的样本中，我们一般不能期望获得恰好性比为 1∶1 的样本（男孩和女孩各 50）具有很高的概率，只能期望获得偏离性比 1∶1 两个方向比较小的那些样本（如 52 男 48 女、53 男 47 女方向和 48 男 52 女、47 男 53 女方向）具有很高的概率时，就可认为性比 1∶1 的虚无假说成立。

相反，比方说，这对夫妇生的 100 个孩子是 95 个男孩和 5 个女孩或 95 个女孩和 5 个男孩，我们也许会否定性比 1∶1 的假说；不过，在符合性比 1∶1 的条件下，这样的样本也可能发生，只不过发生的概率很低罢了。所以，偏离性比 1∶1 两个方向大的那些样本（如 95 男 5 女、96 男 4 女方向和 5 男 95 女、4 男 96 女方向）具有很低的（随机抽样误差）概率时，就可认为性比 1∶1 的虚无假说不成立。

那么，在性比 1∶1 成立的假定下，如何估算由随机抽样误差引起的实得差值或超过实得差值（两个方向）的概率？为此，回到这对夫妻的 5 个孩子，4 男 1 女。在虚无假说（性比 1∶1）的条件下，由 5 个孩子构成样本的二项式概率分布为

$(1/2+1/2)^5$ 概率＝	1/32	5/32	10/32	10/32	5/32	1/32
男孩数	0	1	2	3	4	5
（女孩数	5	4	3	2	1	0）

因此，由随机抽样误差引起的实得差值或超过实得差值（两个方向，即 4 男、5 男方向和 4 女、5 女方向）的概率为：5/32＋1/32＋5/32＋1/32＝12/32＝3/8＝0.38。

3. 根据随机抽样误差，判断观测数偏离期望数的原因　显然，如果随机抽样误差大，仅由这一误差就足以引起实得差值或超过实得差值，那么观测数偏离期望数就可归因于随机抽样误差，接受性比 1∶1 的虚无假说；如果随机抽样误差小，仅由这一误差就难以引起实得差值或超过实得差值，那么观测数偏离期望数，除随机抽样误差之外，应还有其他原因，拒绝性比 1∶1 的虚无假说。

多大的随机抽样误差才是拒绝或接受虚无假说的界线或水平呢？这是一个两难的问题：拒绝或接受虚无假说的随机抽样误差的概率定大了，好处是不容易否定正确的假说，但坏处是也不容易否定不正确的假说；拒绝或接受虚无假说的随机抽样误差的概率定小了，好处是容易否定不正确的假说，但坏处是也容易否定正确的假说。在鱼和熊掌不可兼得的情况下，统计学上做了如下权衡：若随机抽样误差概率大于 0.05（有时定为大于 0.01），可以认为偏离的原因是

由随机抽样误差引起的，接受虚无假说，即观测数与期望数相符；若随机抽样误差概率小于0.05（有时定为小于0.01），可以认为偏离的主要原因在随机抽样误差之外，拒绝虚无假说，即观测数与期望数不符。这个0.05或0.01的概率水平就称为接受或拒绝虚无假说的**显著性水平**（significance level）。但要注意的是：这里的观测数与期望数是否相符的结论，不应理解是绝对正确的，而应理解这一结论犯错误的概率小于0.05（或小于0.01），即这一结论是正确的概率大于0.95（或大于0.99）。

到此，就容易讨论上对夫妻生的4男1女是否偏离了性比1∶1的虚无假说了。从上推知，在性比1∶1成立的假定下，这对夫妻生的4男1女，由随机抽样误差引起的实得差值或超过实得差值的概率为0.38>0.05，因此这对夫妻所生孩子的性比，实质上并未偏离1∶1，而是在受精过程中，两种精子（X、Y）和一种卵子（X）随机结合时的抽样误差引起的。

三、χ^2 显著性检验

孟德尔用籽粒为黄色和绿色的两豌豆纯系杂交，在 F_2 的8023株中，6022株和2001株分别结黄色和绿色籽粒。这一结果是否符合3∶1的期望分离比？

从原理上，这一问题仍可用如下公式各展开式表达的二项式概率分布解答：

$$(p+q)^n=(3/4+1/4)^{8023}$$

式中，$p=3/4$ 和 $q=1/4$ 分别是结黄色和绿色籽粒植株的概率；$n=8023$ 是样本含量。如果符合3∶1的期望分离比，这个期望比应是6017黄粒株∶2006绿粒株。如果假定该样本符合3∶1的期望分离比，求得引起实得差值或超过实得差值的概率就极为烦琐，需要数以千计的趋于0的概率值相加求得。

好在，解答这类问题，除应用上述的二项式概率分布进行显著性检验外，还有更为简便的方法——**χ^2 显著性检验**（chi-square significance test）。与二项式概率分布的显著性检验一样，χ^2 显著性检验也有如下步骤。

第一，建立虚无假说。假定观测值或观测比与（根据一定的遗传理论推得的）期望值或期望比（如3∶1和9∶3∶3∶1）无实质性差异，是纯由随机抽样误差引起的；或者说，这一差异是虚无的，观测值与期望值或观测比与期望比相符。

第二，计算观测值与期望值的差值，即 χ^2 值。计算公式是

$$\chi^2=\sum_{i=1}^{n}\frac{(O_i-E_i)^2}{E_i}$$

式中，n=观测类型数，如豌豆试验中涉及呈完全显、隐性关系的一对相对性状时，F_2 的表现型类型数 $n=2$，涉及同样关系的两对相对性状时，F_2 表现型类型数 $n=4$；O_i（observed，观测）和 E_i（expected，期望）分别是第 i 类表现型的（实际）观测个体数和（理论）期望个体数。由公式知：χ^2 的最小值为0，说明各类的观测个体数与期望个体数完全相同或完全符合；随着 χ^2 值的增大，实际观测个体数与期望个体数的差异程度越来越大，或符合程度越来越小。

第三，把 χ^2 值转换成纯由随机抽样误差引起的具有实得差值或更大差值的概率。在统计学，这一转换很复杂，应用时，这个概率可直接查表3-8求得。显然，χ^2 愈小（即观测数与期望数愈符合），纯由随机抽样误差引起有关差值的概率就愈大；χ^2 愈大，纯由随机抽样误差引起有关差值的概率就愈小。

不过在把 χ^2 值转换成纯由随机抽样误差发生的概率时要涉及自由度问题。所谓**自由度**

（degree of freedom，df），是试验个体总数确定后可以自由变动的类型数。例如，在豌豆花色遗传试验中，F_2的总个体数确定为 100 后，其中任一类型（如红花）的个体数可以随机变动；但是一旦确定了一类型，如红花类型中的个体数后，白花类型中的个体数也就随之确定而不能自由变动了，因为这两类个体数之和必然等于总个体数。一般来说，在 n 个类型中的总个体数确定的条件下，只有（$n-1$）类的结果可自由变动，即有（$n-1$）个自由度（df）。在该例，df=$n-1=2-1=1$。

由试验结果得到χ^2值和自由度后，查表 3-8 就可求得纯由随机抽样误差引起的具有实得差值或更大差值的概率。

表 3-8　χ^2值的（随机抽样误差）概率

df	概率								
	0.95	0.90	0.70	0.50	0.30	0.20	0.10	0.05	0.01
1	0.01	0.02	0.15	0.46	1.07	1.64	2.71	3.84	6.64
2	0.10	0.21	0.71	1.39	2.41	3.22	4.60	5.99	9.21
3	0.35	0.58	1.42	2.37	3.66	4.64	6.25	9.49	11.14
4	0.71	1.08	2.20	3.36	4.88	5.99	7.78	11.07	15.09
5	1.14	1.61	3.00	4.35	6.06	7.29	9.24	12.59	16.81
6	1.63	2.20	3.83	5.35	7.23	8.56	10.64	14.07	18.48
7	2.17	2.83	4.67	6.35	8.38	9.80	12.02	15.51	20.09
8	2.73	2.49	5.53	7.34	9.52	11.03	12.36	16.92	21.67
9	3.32	4.17	6.39	8.34	10.68	12.24	14.68	18.31	23.21
10	3.94	4.88	7.27	9.34	11.78	13.44	15.99		
符合否	观测数与期望数符合							不符合	

第四，根据求得的有关差异的随机抽样误差的概率，判断观测数偏离期望数的原因。

应用χ^2检验时，应注意以下几个问题：①χ^2值的计算要用实际个体数，而不能用百分数或比例数。②在 df=1 时，χ^2值最好用下式计算：

$$\chi^2_{(校正)}=\sum_{i=1}^{2}\frac{(|O_i-E_i|-0.5)^2}{E_i}$$

例 3-1：现用χ^2显著性检验，判断上对夫妻的 5 个孩子的样本，4 个男孩和 1 个女孩，是否偏离了性比 1∶1 的虚无假说：

$$\chi^2_{(校正)}=\sum_{i=1}^{2}\frac{(|O_i-E_i|-0.5)^2}{E_i}=[(|4-2.5|-0.5)^2+(|1-2.5|-0.5)^2]/2.5=0.8$$

查表 3-9，当 df=1 和χ^2=0.8 时，概率值在 0.30 和 0.50 之内，更靠近 0.38，与用二项式概率分布的显著性检验的结论一致。

例 3-2：在前述的（图 3-13）孟德尔用豌豆两相对性状—籽粒形状（圆和皱）和籽粒颜色（黄和绿）的杂交中，F_2的 4 种表现型结果是否符合（非连锁的）非等位基因自由组合规律？

把有关结果和χ^2值计算过程列入表 3-9。

表 3-9 豌豆 F_2 分离和 χ^2 检验

指标	表现型				总数
	圆黄	皱黄	圆绿	皱绿	
观测数（O_i）	315	101	108	32	556
期望概率（P_i）	9/16	3/16	3/16	1/16	
期望数（E_i）	312.75	104.25	104.25	34.75	556
O_i-E_i	2.25	-3.25	3.75	-2.75	
$(O_i-E_i)^2/E_i$	0.016	0.101	0.135	0.218	

1）计算 χ^2 值：

$$\chi^2=\sum_{i=1}^{4}\frac{(O_i-E_i)^2}{E_i}=0.016+0.101+0.135+0.218=0.470$$

2）由 χ^2 值转换成纯由随机抽样误差引起的具有实得差值或更大差值的概率。查表 3-8，当自由度 $df=n-1=4-1=3$ 和 $\chi^2=0.470$ 时，随机抽样误差概率 p 为 $0.90<p<0.95$。

3）由随机抽样误差概率推出结论：由于 $P>0.05$，因此实际数与期望数的差异是由随机抽样误差引起的，试验结果与根据（非连锁基因）自由组合规律推出的期望结果符合，即控制豌豆籽粒形状和颜色的两对基因分别位于两对同源染色体上，形成配子时，非等位基因自由组合。

本 章 小 结

孟德尔通过豌豆杂交试验提出了两条基本的遗传规律：等位基因分离规律，其实质是个体形成配子时，由于同源染色体的分离，其上的等位基因分离；非连锁基因自由组合规律，其实质是个体形成配子时，由于非同源染色体的自由组合，其上的非等位基因自由组合。孟德尔创立的测交法验证了这两个规律的正确性。

要正确理解基因、基因座、等位基因、基因型、表现型等概念和遗传符号系统表示法。

孟德尔提出的两个遗传规律和创立的研究方法——测交法，为科学遗传学的建立和发展奠定了理论与方法基础，孟德尔是遗传学的奠基人。总结孟德尔成功的原因，对如何学习和研究遗传学都具有重要的现实意义。

孟德尔的两条遗传规律还在继续完善。在等位基因互作中，基因表达不只存在完全显性或完全隐性，还存在诸如不完全显性、共显性和一因多效等情况；一个基因座内不只仅存在两种等位基因，还可有复等位基因的情况。在两个非连锁基因座中，不一定每个基因座各控制一个性状的表达，也可以同时控制一个性状的表达，且在非等位基因互作中，还可出现协作互作、重复互作、上位等情况。此外，基因表达还与个体的遗传背景或其他环境有关，从而在一个群体中可出现同一基因型的不同个体具有不同的外显率和表现度。个体的表现型是个体的基因型和其所处环境相互作用的产物。

遗传是随机过程，在研究遗传规律时必然涉及概率统计。在特定杂交组合中，依据一定的假说或规律，推算双亲形成的期望配子类型和比例，推算其子代形成的期望基因型（或表现型）的类型和比例，都要用到概率的乘法定理和加法定理；而遗传研究或试验的实际结果是否与这些期望结果相符，又要用到二项式概率分布和 χ^2 显著性检验等统计学方法。

范 例 分 析

1. 鼠的毛皮颜色由一对等位基因控制：显性基因 B 和隐性基因 b 分别决定毛皮为黑色和白色。就该基因座而言：

（1）豚鼠这个群体有几种可能的交配方式（假定正交和反交结果相同，为一种交配方式）？

（2）每种交配方式 F_1 的基因型和表现型比例如何？

2. 人类眼睛的颜色，褐色由显性基因 B 控制，蓝色由其隐性基因 b 控制。一个蓝眼的男人与一个褐眼的女人（该女人的母亲为蓝眼）结婚。就眼色而言，该婚配孩子中不同类型的期望比如何？

3. 番茄的株高，高和矮分别由显性和隐性等位基因 B 与 b 控制；茎的毛性，有毛和无毛分别由显性与隐性等位基因 H 和 h 控制。把双因子杂种进行测交，测交一代结果为

118（高，有毛） 121（矮，无毛） 112（高，无毛） 109（矮，有毛）

（1）用基因符号表示这一杂交及结果。

（2）就一个基因座而言，测交一代高株和矮株个体数之比以及茎有毛和无毛个体数之比分别为多少？

（3）这两个基因座是否分别在两对同源染色体上？

4. 在以下人类系谱中，个体●和■患有一特定隐性遗传病（基因型为 aa）：

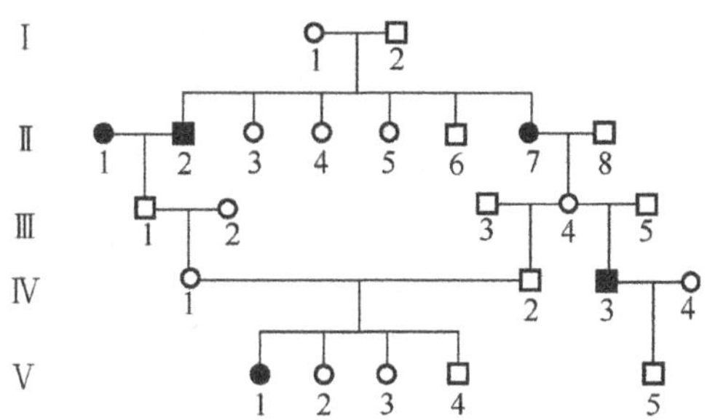

（1）就该特定隐性遗传病而言，该系谱中哪些个体的基因型可以被确定？

（2）个体Ⅴ 1 的弟弟（Ⅴ 4）为杂合体的概率为多少？

（3）个体Ⅴ 1 的两个妹妹（Ⅴ 2 和Ⅴ 3）都为杂合体的概率为多少？

（4）若Ⅴ 1 和Ⅴ 5 结婚，其第一个孩子患病的概率为多少？若第一个孩子出生后为患儿，其第二个孩子患病的概率为多少？

5. 遗传性舞蹈病是人类由显性等位基因（H）决定的神经退化性疾病，一般发生在 30 岁以后。一个青年男子知道其父患过该病。

（1）该青年男子以后患该病的概率是多少？

（2）该青年男子的孩子携带该病显性等位基因的概率是多少？

6. 在 $Aa \times Aa$ 的杂交子代中，有 95% 可能至少得到 1 个 aa 子代的个体数 n 为多少？

7. 马和驴都为二倍体，体细胞染色体数分别为 $2n=64$ 和 $2n=62$。它们的杂种一代——骡为什么通常不育？

8. 今有一喜马拉雅雌兔和一白化雄兔，你如何鉴定这两只兔的基因型？

9. 在玉米，与籽粒糊粉层着色的基因座有若干个，其中 3 个是 A、I 和 Pr。在一定遗传背景下，要使糊粉层着色，必须要有（基因座 A 的）显性基因 A 存在和不能有（基因座 I 的）显性基因 I 存在。在这些条件下，基因型 $Pr\_$ 和 $prpr$ 分别使糊粉层呈紫色和红色。假定在一隔离的玉米试验区，基因型为 $AaprprII$ 和

aaPrprii 的玉米籽粒分别种在偶数行和奇数行，试问各行植株上果穗籽粒着色情况。

10. 在一个人群中调查有 4 个孩子的 160 个家庭，有关孩子的性别组合类型的家庭数如下：

性别组合	4 女 0 男	3 女 1 男	2 女 2 男	1 女 3 男	0 女 4 男
家庭数	7	50	55	32	16

试问该人群是否符合期望性比 1：1？

第四章　性别决定和与性别有关的遗传

性别是生物的一个普遍性状。动物性别主要有两类：一类是雌雄同体，即一个体既具有雄性生殖器又具有雌性生殖器，如椎实螺和蚯蚓；另一类是雌雄异体，即一个体只具有一种生殖器——只具有雄性生殖器和只具有雌性生殖器的个体分别为雄性和雌性，如哺乳类。植物性别也主要有两类：一类是雌雄同株，其中又可分为雌雄同花（水稻）和雌雄异花（如玉米）；另一类是雌雄异株，雌花和雄花分别长在不同植株上，如银杏。

性别是生物的一个重要性状。一个物种具有不同性别的个体可相互交配和进行遗传重组，能增加个体间的遗传变异。

与其他性状一样，性别这一性状的产生也要受到遗传控制。本章主要讨论：性别决定的机制；与性别有关的遗传——性染色体遗传、限性遗传和性影响遗传。

第一节　性别决定的机制

不同生物性别决定的机制大致有 5 种：性染色体、性指数、单倍二倍性、基因、环境。

一、性染色体的性别决定

性染色体是指细胞中与决定个体性别有关的染色体。

在一些雌雄异体的真核生物的种系细胞和体细胞中，一性别有一对形态、大小不同的性染色体，称为异形性染色体；另一性别有一对形态、大小相同的性染色体，称为同形性染色体。因此，就性染色体来说，具有同形性染色体的性别，由于只产生同一种配子而称**同配性别**（homogametic sex）；具有异形性染色体的性别，由于可产生两种相异配子而称**异配性别**（heterogametic sex）。

决定性别的性染色体，有两种基本类型：XY 型和 ZW 型。

（一）XY 型（包括 XO 型）

研究者在观察大蝗虫（*Brachystola magna*）睾丸初级性母细胞（共 24 条染色体）产生精子的过程中发现：其中 22 条每 2 条的大小相同，称为常染色体；剩下的 2 条大小不同，大的和小的就分别称为 X 染色体和 Y 染色体。

凡雄性为异配性别（XY）而雌性为同配性别（XX）的生物都属于 XY 型。例如，我们人类属于这一性别决定，即子代个体的性别由父亲决定。

如前所述，人类种系细胞和体细胞有 46 条，即 23 对染色体。在这 23 对染色体中，22 对是常染色体，记作 AA，其中一个 A 代表一个常染色体组（由每对常染色体各提供一条组成，共 22 条，即 $A=A_1, A_2\cdots A_{22}$）；剩下的一对是性染色体，在男性是 XY（X 和 Y 形态、大小不同），在女性是 XX。所以，人的种系细胞和体细胞的染色体组成，在男性和女性分别为 AAXY 和 AAXX。

由于人类的性别决定与常染色体无关，因此就性别这一性状来说，人的种系细胞和体细胞的染色体组成，在男性和女性分别为XY和XX；同样就性别这一性状来说，由男性（XY）的种系细胞分化出的初级精母细胞可形成数目相等的两种配子（X和Y），由女性（XX）的种系细胞分化出的初级卵母细胞只形成一种配子（X）。如此比例的雌、雄配子的随机结合，即

$$(X)_{♀}[(1/2)X+(1/2)Y]_{♂}\rightarrow(1/2)XX+(1/2)XY$$

就产生了数目相等或各1/2的女性和男性。

所有哺乳动物、某些鱼类、两栖类、双翅目昆虫和雌雄异株的植物（如白杨），都属于XY型。这些生物的性比基本为1∶1，都可用XY型决定性别解释。

与XY型类似的是XO型的性别决定。XO型雄性种系细胞和体细胞中的性染色体只有1条X，染色体组成记作XO。由种系细胞分化出的初级性母细胞可形成数目相等的两种配子X和O；雌性种系细胞和体细胞的性染色体组成为XX，由种系细胞分化出的初级性母细胞只形成一种配子X（就性染色体而言）。如此比例的雌、雄配子随机结合，即

$$(X)_{♀}[(1/2)X+(1/2)O]_{♂}\rightarrow(1/2)XX+(1/2)XO$$

也产生了数目相等的雌性个体和雄性个体。以XO型决定性别的动物有蟑螂、虱等，植物有薯蓣、山椒等。

性别决定之所以有XY型和XO型，从进化的观点认为：性染色体是由常染色体分化而来，一对同源常染色体中的一条染色体逐渐分化，使两条染色体的同源部分越来越少，且其中一条逐渐缩短就成了XY型；如果Y染色体继续缩短直到消失，就成了XO型。

（二）ZW型（包括ZO型）

与XY型相反，凡雌性为异配性别（ZW）而雄性为同配性别（ZZ）的生物均为ZW型的性别决定。就性别而论，由于异配性别的雌性ZW形成数目相等的两种配子（Z和W），而同配性别的雄性ZZ只形成一种配子（Z），因此其子代的性比为1∶1，即

$$[(1/2)Z+(1/2)W]_{♀}(Z)_{♂}\rightarrow(1/2)ZZ+(1/2)ZW$$

某些爬行类（如蛇）、家禽（如鸡）、鳞翅目昆虫、植物如草莓属的洋莓（*Fragaria elatior*）等，为ZW型的性别决定。

与ZW型类似的还有ZO型的性别决定。ZO型雌性种系细胞和体细胞中的性染色体只有1条Z，显然由种系细胞分化出的初级性母细胞可形成数目相等的两种雌配子Z和O；雄性种系细胞和体细胞中的性染色体组成为ZZ，由种系细胞分化出的初级性母细胞可形成一种配子Z。如此的雌雄配子的随机结合，即

$$[(1/2)Z+(1/2)O]_{♀}(Z)_{♂}\rightarrow(1/2)ZZ+(1/2)ZO$$

照例形成数目相等的两种性别。某些家禽，如鸭属于这种类型。

在禽类，性别决定之所以有ZW型和ZO型，其原因与XY型和XO型的发生过程相同：一对同源染色体ZZ中的一条Z染色体缩短分化成W而成为ZW型；在部分ZW型中，W继续缩短分化直至消失就成了ZO型。

二、性指数的性别决定

在果蝇试验里，研究者得到一果蝇类型XXY，即其种系细胞和体细胞比二倍体果蝇多了一条X染色体，根据XY型决定性别，XXY个体应为雄性，但实为雌性！研究者也得到XO类型，即果蝇种系细胞和体细胞比二倍体果蝇少了一条X染色体，根据XY型的性别决定，XO个体应

为雌性，但实为雄性！

为了探讨果蝇性别决定的机制，研究者把二倍体雌果蝇（$2n=8$，AAXX，其中 A 照例代表一个常染色体组）诱发成三倍体（含有三个染色体组的细胞或个体，第六章）雌果蝇（$3n=12$，AAAXXX）。三倍体雌果蝇的初级性母细胞经减数分裂，可形成 4 种可育（功能正常）的雌配子（图 4-1）。

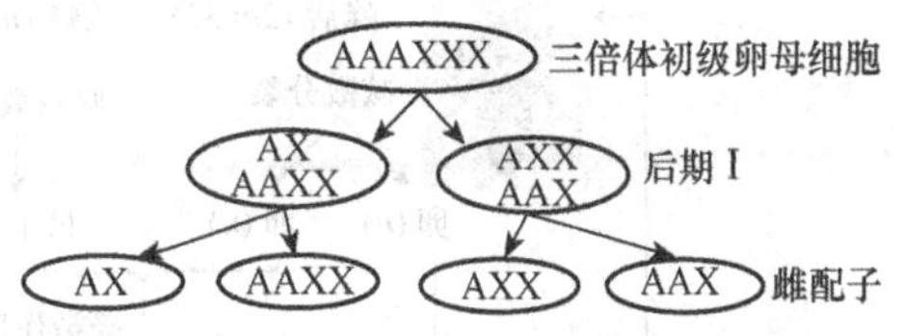

图 4-1　三倍体雌果蝇减数分裂示意图

这种三倍体雌果蝇与正常二倍体雄果蝇（AAXY，形成配子 AX 和 AY）杂交，其子代以分枝式给出，如图 4-2 所示。其中，子代表现型（性别）的基因型，是根据细胞学检查确定的。

雌配子	雄配子	子代基因型和表型	
AX	AX	AAXX	雌性
	AY	AAXY	雄性
AAX	AX	AAAXX	中性（间性）
	AY	AAAXY	超雄
AXX	AX	AAXXX	超雌
	AY	AAXXY	雌性
AAXX	AX	AAAXXX	雌性
	AY	AAAXXY	中性

图 4-2　三倍体雌蝇和二倍体雄蝇杂交

为了解释果蝇性别决定的机制，研究者根据上述试验结果进行推理提出了**性指数学说**（sex index theory）：①与哺乳动物不同，果蝇 Y 染色体不存在决定性别的基因［因果蝇个体存在 Y 时，既可为雄性（AAXY），也可为雌性（AAXXY）］；②X 染色体存在许多决定雌性的基因，常染色体组存在许多决定雄性的基因，但一条 X 染色体决定雌性的程度要大于一个常染色体组（A）决定雄性的程度，所以果蝇的性别决定依赖于**性指数**（sex index），即依赖于种系细胞和体细胞中 X 染色体数与常染色体组数之比。也就是说，如果：

$$\text{性指数}=\frac{\text{X 染色体数目}}{\text{常染色体组数}}=1.0\text{，则为正常雌性（如 AAXX，AAXXY）}$$

$=0.5$，则为正常雄性（如 AAXY）

>1.0，则为非正常雌性（如 AAXXX），生活力低和不育

<0.5，则为非正常雄性（如 AAAXY），生活力低

>0.5 和 <1.0，则为中性（如 AAAXX 和 AAAXXY）

由于果蝇的性别决定，依赖于 X 染色体和常染色体组决定性别基因的平衡情况，因此性别决定的性指数学说又称为性别决定的**基因平衡学说**（genic balance theory）；相应地，果蝇性别决定的这一系统可称为 **X 染色体-常染色体平衡系统**（X chromosome-autosome balance system）。

三、单倍二倍性的性别决定

蜜蜂的性别是由单倍体和二倍体决定的：单倍体的未受精卵（$n=16$）决定雄性，二倍体的受精卵（$2n=32$）决定雌性（图 4-3）。

二倍体蜂后（$2n=32$）的种系细胞经分化产生的初级性母细胞，经减数分裂产生单倍体（$n=16$）的卵：少数通过**孤雌生殖**（parthenogenesis，即不受精）发育成雄蜂（$n=16$）；大多数与精子结合产生二倍体的受精卵发育成雌蜂（$2n=32$）。

这些二倍体雌蜂，若在整个幼虫发育期间都饲喂营养丰富的蜂王浆（工蜂咽头腺的分泌物），则发育成可育的蜂后（第十八章）；若只在幼虫发育期间的前两三天饲喂蜂王浆，但随后饲喂营养欠丰富的乳糜（工蜂以花粉等和唾液混合的粗食），则发育成不育的工蜂（个体比蜂后小，生殖系统萎缩，不能与雄蜂交尾）。

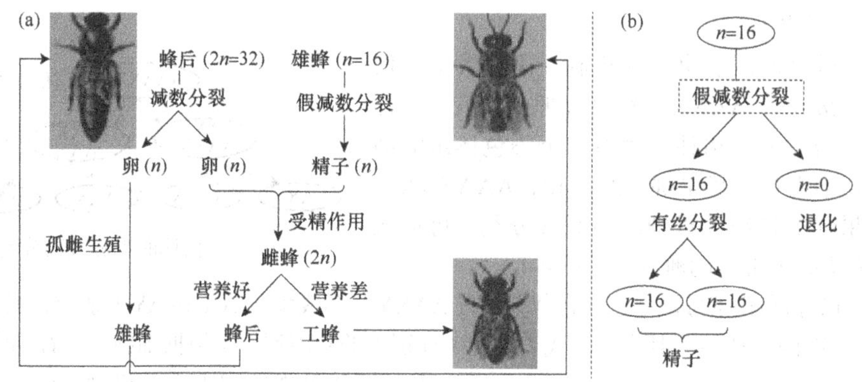

图 4-3 蜜蜂单倍二倍性的性别决定［(a)］和雄蜂产生精子过程［(b)］

单倍体雄蜂的种系细胞经分化产生的初级性母细胞进行减数分裂时，与常见的减数分裂（第二章）不同：减数分裂Ⅰ时，只在细胞的一极出现纺锤体——**单极纺锤体**（monopolar spindle body），使其全部染色体移至出现纺锤体的一极，结果在形成的两个子细胞中，分别含有 16 个和 0 个二价体，所以这里的减数分裂Ⅰ实为“非常规”减数分裂；含 0 个二价体的子细胞消失，只有含 16 个二价体的子细胞进入减数分裂Ⅱ（实为有丝分裂），产生单倍体（$n=16$）的精子。由于雄性蜜蜂的初级性母细胞在形成精子的过程中，其染色体数目并未减半，因此这种形成配子的细胞分裂方式称为**假减数分裂**（pseudomeiosis）。

这种由单倍体和二倍体决定性别的机制，称为**单倍二倍性的性别决定**（sex determination of haplodiploidy）。

在一个蜜蜂巢中，只有 1 只蜂后、2000～3000 只雄蜂和约 10 倍于雄蜂的工蜂。一个蜂巢内的蜜蜂群称为一个**集群**（colony）。一个集群如同一个分工协作的社会，蜂后和雄蜂只负责传宗接代，而工蜂负责劳作。

以单倍二倍性决定性别的生物，除蜜蜂外，还有黄蜂和蚂蚁。

这些昆虫之所以有高度的分工协作而成为社会昆虫，与这一独特的性别决定方式有着重要关系，在进化上具有重要意义。

四、基因的性别决定

基因的性别决定（genic sex determination）是指，不同的性别是由一个或多个基因座的基因决定的，但不同性别的染色体却没有什么不同。

一些低等真核生物的性别是由一个称为**交配型**（mating type）的基因座的两种等位基因（＋和－）决定的，但雌、雄性及其产生的配子在形态上不能识别，只有通过接触后两配子能否相互融合而加以识别：能融合者和不能融合者分别为不同交配型和相同交配型。以后要讨论的莱茵衣藻、粗糙脉孢菌和面包酵母菌的性别，都是以这一方式决定的。

玉米的性别是由两个基因座（B 和 T）的差异控制的。基因座 B 的等位基因 B（形成雌花序）对等位基因 b（不形成雌花序）呈显性，基因座 T 的等位基因 T（形成雄花序）对等位基因 t（不形成雄花序）呈显性。这两个基因座按图 4-4 的方式决定玉米性别：①当两基因座的两显性基因存在于一个个体（$B\_T\_$）时，为常见的雌雄同株植物——雄花序长在植株顶部，雌花序长在植物中部；②当其中任一个基因座为隐性同型合子化时，可使性别由雌雄同株转化为雌雄异株——基因座 B 为隐性同型合子（$bbT\_$）的植株仅顶部长雄花序（②-1），基因座 T 为隐性同型合子

（B_tt）的植株除在原部位长雌花序外，在顶部也长雌花序（②-2）；③若这两基因座均为隐性同型合子，则只在原来长雄花序的部位长雌花序。

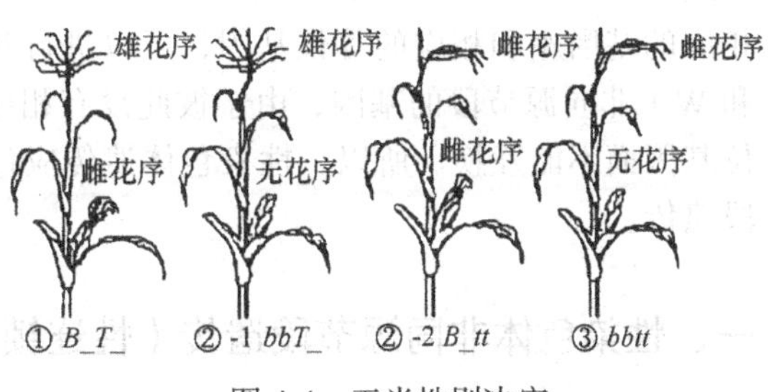

图 4-4　玉米性别决定

这里要指出的是，纵使是在性染色体的性别决定，实际上性别还是由基因决定的。例如，在哺乳动物，其中包括人类，实际上是位于 Y 染色体上的睾丸决定基因（*SRY*）决定了雄性。性染色体的性别决定和基因的性别决定不同之处在于：前者携带这些基因的染色体在雌、雄性中呈现的形式（如形态、大小）不同；后者携带这些基因的染色体在雌、雄性中呈现的形式（如形态、大小）相同。

五、环境的性别决定

在某些生物，不同个体的性别差异不是由遗传差异，而是由个体所处环境引起的，这就是**环境的性别决定**（sex determination of environment）。

爬行类鳄鱼、龟、蛇、蜥蜴等的性别是由孵化温度决定的。我国扬子鳄的性别是在孵化中的第 7～21 天的温度决定的：处于 30℃或以下的卵发育成雌性，处在 34℃或以上的卵发育成雄性，介于这两温度之间的卵既可发育成雌性也可发育成雄性。

温度决定性别对一个物种的生存既有利又有害：有利的是，在正常自然条件下可使一个物种的性比不是 1∶1，而是雌性多于雄性，如鳄鱼的雌雄比例在自然界一般为 10∶1，从而可达到种族兴旺的目的；不利的是，使物种的分布范围变窄和不能适应温度较大范围的变化——有人推测，恐龙的性别可能是由温度决定的，由于当时地球温度的变化范围只允许它产生一种性别而绝灭。

当然，环境的性别决定也具有遗传基础——个体在特定遗传基础的条件下，对于性别这一性状来说，到底是发育成雌性还是雄性，完全由个体所处的环境决定。

第二节　性染色体遗传

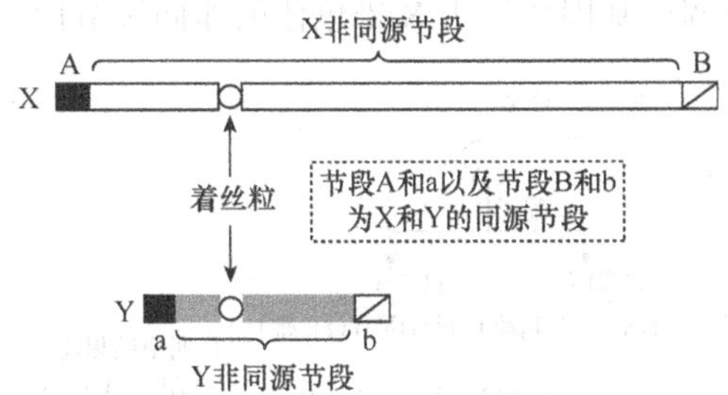

图 4-5　人类 X 和 Y 染色体（示同源节段和非同源节段）
（Hartwell et al.，2018）

性染色体 X 和 Y 的长度，随物种而异，如人类的 X 长于 Y，但植物白花蝇子草（*Melandrium album*）的 Y 长于 X。为便于以后的讨论，须清楚性染色体 X 和 Y 的同源节段和非同源节段。初级性母细胞在减数分裂过程中，X 和 Y 能配对，说明它们至少有部分节段同源，即有同源节段（图 4-5）：节段 A 和 a 以及节段 B 和 b 为 X 和 Y 的同源节段；X 和 Y 剩余的节段分别叫 X 非同源节段和 Y 非同源节段。对于性染色体 Z 和 W，也有类似情况。

性染色体 X 和 Y（或 Z 和 W）同源节段的基因遗传应与常染色体的相同，因为它们的同源部分有相应的基因座和相应的等位基因，可以进行互换和实现基因重组；而性染色体 X 和 Y（或 Z 和 W）非同源节段的基因，由于彼此没有相应的同源部分，即没有相应的基因座和相应的等位基因而不能互换。所以，性染色体遗传应包括两部分：性染色体非同源节段遗传和同源节段遗传。

一、性染色体非同源节段遗传（性连锁遗传）

性染色体非同源节段遗传，通常称为**性连锁遗传**（sex-linkage inheritance），是指位于性染色体非同源节段上的基因控制性状（其中多数与性别无关）表现的遗传模式。位于性染色体 X、Z、Y 和 W 非同源节段的基因所控制性状的遗传模式，分别称为 **X 连锁遗传**（X linkage inheritance）、**Z 连锁遗传**（Z linkage inheritance）、**Y 连锁遗传**（Y linkage inheritance）和 **W 连锁遗传**（W linkage inheritance）。

（一）X 连锁遗传

X 连锁遗传分为 X 连锁隐性遗传和 X 连锁显性遗传。

1. X 连锁隐性遗传 果蝇白眼的 X 连锁遗传是 X 连锁隐性遗传的一个经典例子。自然界的果蝇一般为红眼（野生型）。1910 年，在摩尔根果蝇实验室内偶然发现了一只白眼雄果蝇（突变型）。摩尔根把这只白眼雄果蝇与纯合体红眼雌果蝇杂交，F_1（不论雌雄）都为红眼，表明红眼对白眼呈显性（图 4-6）。

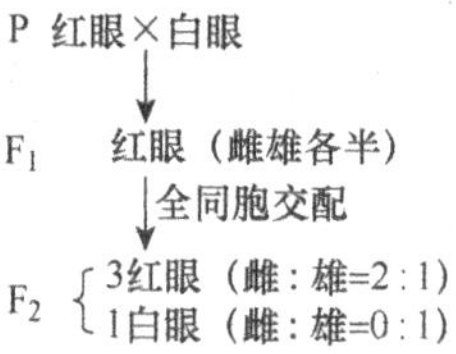

P 红眼×白眼
↓
F_1 红眼（雌雄各半）
↓全同胞交配
F_2 { 3红眼（雌：雄=2：1）
1白眼（雌：雄=0：1）

图 4-6 果蝇 X 连锁遗传（示表型）

F_1 进行全同胞交配，F_2 的结果是：①若按眼色分类，则有 3 红：1 白的表型比，说明果蝇眼色这一性状受（一个基因座的）一对等位基因控制；②若在眼色基础上再按性别分类，则红眼个体的雌：雄=2：1 和白眼个体的雌：雄=0：1。

在 F_2 结果中，②是例外——常染色体遗传例外和性染色体同源节段遗传例外。因为根据常染色体遗传和性染色体同源节段遗传，F_2 红眼果蝇的雌、雄性比应期望为 1：1，白眼果蝇的雌、雄性比也应期望为 1：1。也就是说，在这里，控制眼色的基因不在常染色体上，也不在性染色体同源节段上。

既然有关基因不在常染色体和性染色体同源节段上，由于基因只能在常染色体、性染色体同源节段或性染色体非同源节段上，因此利用因果推理的剩余法，摩尔根就想到了应在性染色体的非同源节段上。由于果蝇 X 染色体远长于 Y 染色体，他又推想有关基因很可能在 X 染色体的非同源节段上。如果是这样的话，把控制隐性性状（白眼）和显性性状（红眼）的等位基因分别记作 *w* 和+，并用 X^w 和 X^+表示以强调该基因座位于 X 染色体的非同源节段，则上述杂交试验以基因型表示的期望结果如图 4-7 所示：无论是①按眼色分类还是②在眼色基础上再按性别分类，都与上述实际结果吻合。

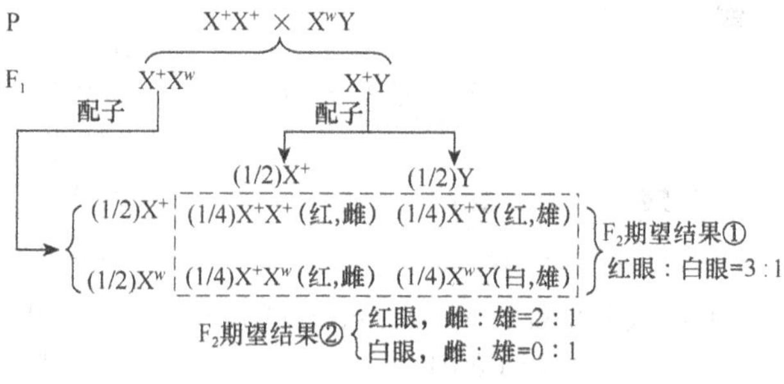

图 4-7 果蝇 X 连锁遗传（示基因型）

为了证明上述 F_1 雌蝇的基因型为 X^+X^w，摩尔根做了一个测交试验。如果 F_1 雌蝇的基因型为 X^+X^w，其产生配子的类型应为 X^+ 和 X^w，概率各为 1/2；测交亲本基因型为 X^wY，其产生配子的类型应为X^w和Y，概率也各为1/2。因此，这个测交（$X^+X^w \times X^wY$）的雌、雄配子结合过程及测交一代的期望基因型和表现型应为

$$[(1/2)X^+ + (1/2)X^w][(1/2)X^w + (1/2)Y]$$
$$= (1/4)(X^+X^w + X^+Y + X^wX^w + X^wY)$$

（红，雌）（红，雄）（白，雌）（白，雄）

这一期望结果也与实际的测交结果吻合。

测交试验证明：控制果蝇眼色的基因座位于X染色体的非同源部分（Y染色体没有相应的基因座），属X连锁遗传。由于突变基因*w*（控制的性状白眼）为隐性，因此果蝇白眼的遗传属X连锁隐性遗传。

在人类，属X连锁隐性遗传的经典例子有**红绿色盲**（red-green color blindness），即患者不能分辨红色和绿色（图4-8）。

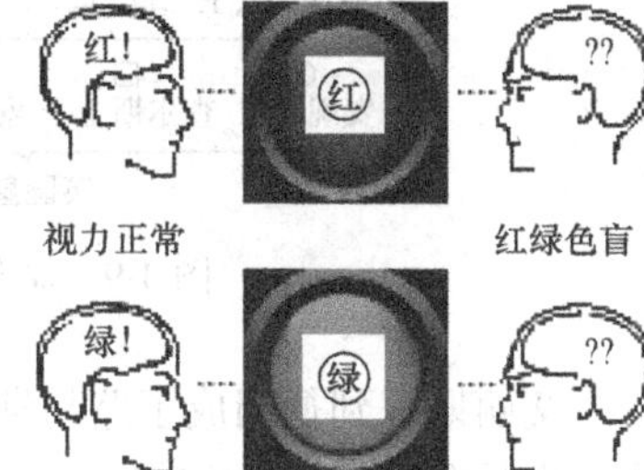

图4-8　人的红绿色盲

红绿色盲等位基因（*b*）对正常视力等位基因（＋）呈隐性。当正常女子（一般为纯合体X^+X^+，因红绿色盲为稀有性状）与红绿色盲男子（X^bY）结婚时，其子代的基因型和表现型为

$$X^+X^+ \times X^bY$$
$$\downarrow$$
$$X^+X^b + X^+Y$$

（女，正常）（男，正常）

X连锁隐性遗传有如下共同特点。

第一，在群体中，雄性出现这类（隐性）性状的频率要比雌性的高得多。以人为例，女性有两条X染色体，必须同时具有隐性致病基因（如*b*）方能患病；而男性只有一条X染色体，其X染色体非同源节段只要有隐性致病基因就能患病。由于群体中（如人群中）的等位基因频率（第十九章）小于1，根据概率乘法原理，两个隐性基因同时集中在一个"个体"内的概率要比一个隐性基因存在于一个"个体"内的概率小。

第二，一般来说，男性患者的子女表现都正常（因这类遗传病为罕见，其配偶一般为纯合体X^+X^+），但其基因可以通过女儿传给外孙而使外孙患病。这种性连锁基因（如这里的X^b）在不同性别中交叉传递的现象称为**交叉遗传**（criss-cross inheritance）；由性连锁基因的交叉遗传引起的使其控制的性状（这里为红绿色盲）隔代表现的现象又称为**隔代遗传**（skipped generation inheritance）。

除红绿色盲外，人类X连锁隐性遗传病还有血友病等。

血友病（hemophilia）是以凝血功能发生障碍为主要特征的出血性遗传疾病。由于患者的血浆中缺少一种凝血蛋白——抗血友病球蛋白，因此纵使轻微碰伤，也可能引起大量流血而死亡。

血友病还有一个颇为尊贵的名称——皇家病（图4-9）。在19世纪，英国维多利亚女王和她的表哥艾伯特结婚，生了9个孩子——5个女孩，4个男孩。

以后相继证明：男孩中，只有名叫爱德华七世（图4-9）的有幸属于正常（现在英国的王室就是由他传下来的），其余3个都是血友病患者。

女孩中，名叫艾丽斯和阿特丽斯的都接受了其母亲的血友病致病基因，是血友病基因携带者。这说明维多利亚女王是血友病致病基因的携带者（致病基因是由其母传下来的或由本人的基因突变引起）。

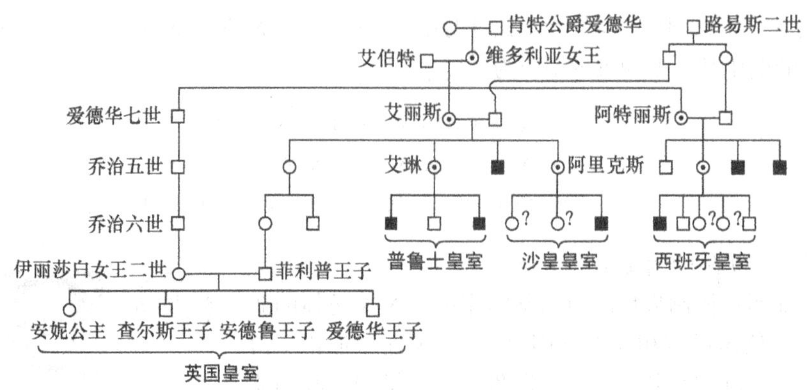

图 4-9 血友病致病基因在欧洲皇室间的传递——皇家病

艾丽斯嫁到德国成了路易斯二世的孙媳妇（图 4-9）。艾丽斯生的两个女儿——艾琳和阿里克斯也是血友病基因的携带者：艾琳长大后成了德国皇帝的媳妇，把血友病致病基因带给了普鲁士皇室（图 4-9）；阿里克斯嫁给俄国沙皇尼古拉二世，致沙皇皇室的独子阿里西斯为血友病患者（图 4-9）。

阿特丽斯嫁给德国路易斯二世的外孙（图 4-9），生下三个男孩，其中两个患血友病，生下一个女孩叫尤金妮亚，是携带者；尤金妮亚嫁给西班牙国王阿方索十三世，使西班牙皇室的王子阿方索为血友病患者。

这样，血友病这一病魔的幽灵，就从英国皇室传到了德国、俄国和西班牙各皇室，使整个欧洲皇室陷于一片恐慌之中。

2. X 连锁显性遗传 除 X 连锁隐性遗传外，还有 X 连锁显性遗传。维生素 D 可促进人体对钙的吸收；若一个人的 X 染色体非同源节段上存在一抵抗维生素 D 吸收的显性基因，就会阻碍钙的吸收而患一种软骨病——**抗维生素 D 佝偻病**（vitamin D-resistant rickets）或**低血钙佝偻病**（hypocalcemia rickets）。患该病的人，由于缺钙表现身材矮小，胸廓向前突出（俗称“鸡胸”），脊背向后弯曲（曲背或驼背），腿呈“X”或“O”形（图 4-10）。

示驼背　示 O 形腿　示 X 形腿

图 4-10 抗维生素 D 佝偻病

令 R 和 r 分别表示 X 染色体非同源节段上的抗维生素 D 的显性和隐性等位基因。如果一正常纯合体女子（X^rX^r）和一患病男子（X^RY）结婚，其子代的基因型和表型为

$$X^r[(1/2)X^R+(1/2)Y]\rightarrow(1/2)X^RX^r+(1/2)X^rY$$

（女，患病）（男，正常）

即该病的遗传方式与前述的白眼果蝇的相同，所不同的只是有关基因的显、隐性关系颠倒罢了。

X 连锁显性遗传具有以下共同特点。

第一，X 连锁显性基因，如男性患抗维生素 D 佝偻病，其显性基因只能传递给其女儿并在女儿中表达，而不能传给其儿子。

第二，女性患者为杂合体（X^RX^r）而男性正常（X^rY）时，其儿子和女儿中都各有 1/2 的可

能出现显性性状，即

$$[(1/2)X^R+(1/2)X^r][(1/2)X^r+(1/2)Y]\rightarrow(1/4)(X^RX^r + X^rX^r + X^RY + X^rY)$$

女，患病　女，正常　男，患病　男，正常

女性为纯合体显性而男性正常时，其儿、女都出现等可能的显性性状，即

$$X^R[(1/2)X^r+(1/2)Y]\rightarrow(1/2)X^RX^r+(1/2)X^RY$$

女，患病　　男，患病

在这种情况下，通过女性患者的X连锁显性遗传，就不能与常染色体遗传相区别。这时，只有通过男性患者和正常女性的婚配后代加以区分——若为X连锁，则所有女儿患病；若为常染色体遗传，女儿中患病和正常的各占1/2。

（二）Y连锁遗传

所谓**Y连锁遗传**（Y linkage inheritance），是指Y染色体非同源节段的基因控制性状的遗传，又称**限雄遗传**（holandric inheritance）或**父性遗传**（paternal inheritance），即遗传特点是传雄不传雌，在人类是传男不传女：

祖父（Y）→父亲（Y）→儿子（Y）→孙子（Y）

人的毛耳基因、生精基因和男性决定基因都表现Y连锁遗传，现分述如下。

人类中，有的人外耳道长有密集的长毛，称为毛耳（图4-11）。根据人类系谱的调查，毛耳这一性状只能从父亲传给儿子，而不能传给女儿。这表明控制毛耳的基因（假定为h）位于Y染色体的非同源节段（即X染色体上没有其相应的基因），所以遗传模式表现为父性或限雄遗传：

$$XX\times XY^h$$
$$\downarrow$$
$$(1/2)XX（女，正常）+(1/2)XY^h（男，毛耳）$$

在中东和印度，毛耳性状比较普遍，有些地区具有毛耳的男性竟占男性的70%。

人类Y染色体非同源节段还存在男性决定基因*SRY*，决定男性第一性征——睾丸的产生。

在鱼类中，如虹鱼（*Lebistes reticulatus*）等的Y染色体非同源节段有一个斑点基因，仅使雄鱼的背鳍呈现色素斑（图4-11）。

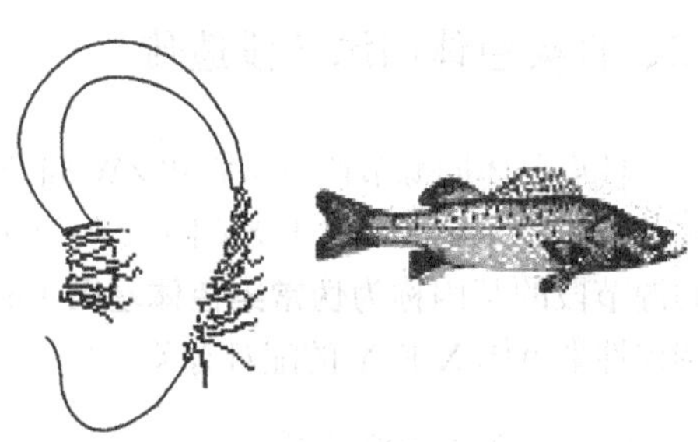

图4-11　人类毛耳和鱼类背鳍斑点的限雄遗传

（三）Z连锁遗传

在XY型和ZW型的性别决定系统中，XY型的同配性别和异配性别分别为雌性和雄性，而ZW型则恰好相反——同配性别和异配性别分别为雄性和雌性。所以，Z连锁遗传与X连锁遗传相同，W连锁遗传与Y连锁遗传相同。

家鸡中的芦花鸡（羽毛黑白相间呈带状排列）是Z连锁遗传的经典例子。用芦花母鸡和纯合体非芦花公鸡交配（设为正交），F_1是非芦花母鸡和芦花公鸡。由于F_1呈现交叉遗传，可令控制羽毛颜色这一性状的基因座位于Z染色体的非同源节段，且等位基因B（芦花）对b（非芦花）呈显性，则该杂交的基因型及其F_1的基因型和表现型的期望结果如图4-12（非芦花母鸡和芦花公鸡各占1/2）。F_1的实际结果与期望结果吻合。

如果进行反交，即用非芦花母鸡（Z^bW）和纯合体芦花公鸡（Z^BZ^B）交配，则这一交配的F_1期望结果为

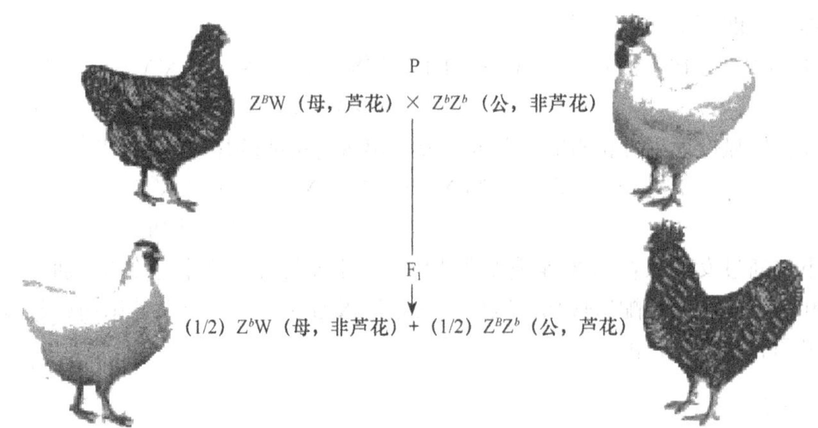

图 4-12 $Z^BW \times Z^bZ^b$ 的 F_1 期望结果

$$[(1/2)Z^b + (1/2)W]Z^B \rightarrow (1/2)Z^BZ^b\text{（公，芦花）} + (1/2)Z^BW\text{（母，芦花）}$$

这也与实际结果吻合。

这些结果都充分证明了控制羽毛颜色这一性状的基因座为 Z 连锁遗传。由于芦花基因是显性基因，所以芦花羽为 Z 连锁显性遗传。

Z 连锁遗传在家禽生产中具有重要意义。若不是以产肉而是以产蛋为目的，则 F_1 就可在雏鸡时尽可能多地选出非芦花鸡（母鸡）饲养，而淘汰芦花鸡（公鸡）。

（四）W 连锁遗传

W 连锁遗传，目前发现的只有决定雌性性别的基因。

二、性染色体同源节段遗传

性染色体同源节段分 XY 和 ZW 同源节段。由于这两同源节段遗传类似，下面只讨论 XY 同源节段遗传。显然，位于 XY 同源节段的基因，应与常染色体基因的遗传类似，所以可把 X 和 Y 同源节段的基因称为**伪常染色体基因**（pseudoautosomal gene）。在雄性，这些基因与减数分裂时调控性染色体 X 和 Y 的配对有关。

（一）与常染色体遗传的区分

假定有一基因座 *A-a*，分别位于常染色体和性染色体同源节段（原因），用显性和隐性纯合亲本杂交得 F_1，F_1 进行自交或全同胞交配得 F_2。现在我们利用“以因推果”的方法，看这两种遗传方式有什么期望结果（图 4-13）。

(a)

P　$AA \times aa$

F_1　$Aa \times Aa$

F_2　$1/4\left(AA\begin{cases}♀/2\\♂/2\end{cases} + 2Aa\begin{cases}♀/2\\♂/2\end{cases} + aa\begin{cases}♀/2\\♂/2\end{cases}\right)$

(b)

$X^AX^A \times X^aY^a$

$X^AX^a \times X^AY^a$

$1/4(\underset{♀}{X^AX^A} + \underset{♀}{X^AX^a} + \underset{♂}{X^AY^a} + \underset{♂}{X^aY^a})$

图 4-13 常染色体［(a)］和性染色体同源节段［(b)］遗传的比较

F_1 期望结果：无论是常染色体遗传还是性染色体同源节段遗传，F_1 的雌、雄个体均表现显性性状，据此不能区分这两类遗传。

F_2 期望结果：若基因位于常染色体上，则 F_2 不管是雌性还是雄性，应既有显性个体又有隐性个体；若基因位于性染色体同源节段上，则 F_2 雌性应只有显性个体，而雄性应既有显性个体又有隐性个体（以因推果）。

因此，现可用“以果推因”的方法，判断基因是属常染色体遗传还是性染色体同源节段遗传：在 F_2，若雌性中既有显性个体又有隐性个体，雄性中也既有显性个体又有隐性个体，则为常染色体遗传；在 F_2，若雌性中全为显性个体，而雄性中既有显性个体又有隐性个体，则为性染色体同源节段遗传。

（二）与性染色体非同源节段遗传的区分

若有一基因座 *A-a*，分别位于 X 染色体的非同源节段［X 连锁遗传，图 4-14（a）］和 XY 同源节段［图 4-14（b）］，则用隐性纯合体雌性和显性纯合体雄性杂交，这两种遗传方式所得 F_1 的表现型如图 4-14 所示。

(a) P　$X^aX^a \times X^AY$　　(b) $X^aX^a \times X^AY^A$

F_1　X^AX^a　X^aY　　X^AX^a　X^aY^A

图 4-14　X 连锁遗传［(a)］和 XY 同源节段遗传［(b)］的比较

从图 4-14 可知，用隐性纯合体雌性和显性纯合体雄性杂交时，依 F_1 的表现型就可区分性染色体同源节段和非同源节段遗传：若雌性和雄性分别具有显性和隐性性状，则为 X 染色体非同源节段遗传（X 连锁遗传）；若雌性和雄性都只具有显性性状，则为 XY 同源节段遗传。

三、X 连锁遗传的例外

在果蝇中，控制体色的基因座位于 X 染色体非同源节段上，为 X 连锁，其控制正常体色的等位基因（＋）对控制黄体的等位基因（*y*）呈显性。摩尔根夫人用黄体雌蝇与野生型雄蝇杂交，F_1 应期望得到野生型雌蝇与黄体雄蝇，即

$$X^yX^y \times X^+Y \rightarrow X^+X^y + X^yY$$

但实际恰好相反，得到的却是黄体雌蝇与野生型雄蝇！

如何解释这一例外？她通过显微镜观察发现，原来亲本突变型黄体雌蝇是一个例外品系。这一个例外品系有两条 X 染色体，且通过着丝粒并连在一起，使原来具近端部着丝粒的两条 X 染色体就变成了一条具近中部着丝粒的一条**并连 X 染色体**（attached X chromosome），用符号 X^X 表示。通过观察还发现，具有并连 X 染色体的这一例外品系还含有染色体 Y，即其染色体组成是 AAX^XY 或 X^XY。

这一例外品系的雌蝇（X^y^X^yY）与野生型雄蝇（X^+Y）杂交，其 F_1 就得到上述例外结果：

$$[(1/2)X^y\text{^}X^yY + (1/2)Y]\ [(1/2)X^+ + (1/2)Y]$$
$$\downarrow$$
$$(1/4)(X^y\text{^}X^yX^+ \ + \ X^y\text{^}X^yY \ + \ X^+Y \ + \ YY)$$

（一般不成活）（雌，黄体）（雄，野生型）（不成活）

所以，上述摩尔根夫人所做的杂交试验中出现的 X 连锁遗传的例外，其原因是亲代的雌蝇（X^y^X^yY）含有并连 X 染色体。

这个试验清楚地表明，由于例外的染色体（如并连 X 染色体）与例外的性状遗传（如黄体雌蝇）间具有直接联系，而黄体是由基因 *y* 控制的，因此可把特定的基因 *y* 定位在特定染色体 X 的

非同源节段上。

四、遗传的染色体学说

在1903年，德国和美国的细胞学家博韦里（T. Boveri）和萨顿（W. S. Sutton），通过对初级性母细胞减数分裂的深入研究，并与遗传学的研究成果相联系，认为细胞减数分裂中的染色体行为与孟德尔的两条遗传规律的基因行为间具有对应关系（图4-15），提出了**遗传的染色体学说**（chromosome theory of inheritance）：①遗传学中两纯合体正、反交的一致性，说明基因位于细胞核内而不是位于细胞质内；②遗传学中成对的等位基因分离规律与细胞学中形成配子时初级性母细胞减数分裂时成对的同源染色体分离的一致性，以及（位于非同源染色体上的）非等位基因自由组合与形成配子时初级性母细胞减数分裂时非同源染色体自由组合的一致性，都说明基因位于染色体上；③子代个体的形成是亲代雌、雄配子随机结合的结果。

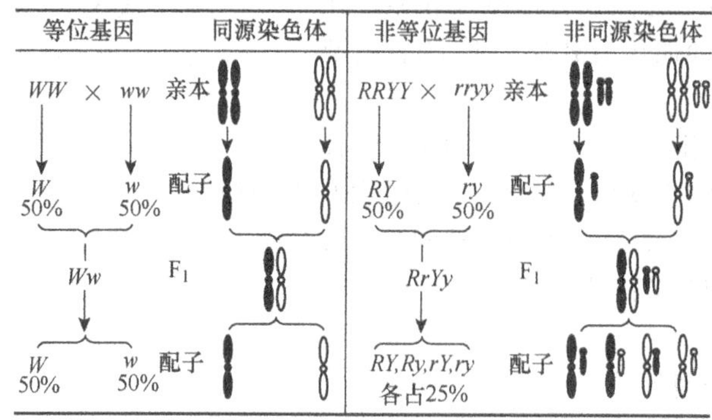

图4-15　基因和染色体的对应关系

摩尔根夫人上述的“X连锁遗传的例外”试验，不仅可把一特定基因（如上述的黄体基因*y*）定位在一特定染色体X上，还可精确地定位在X染色体的非同源节段上。后来，摩尔根用果蝇做遗传试验时发现的遗传学第三个规律——连锁基因遗传规律的基因行为也与初级性母细胞减数分裂时的染色体行为间具有对应关系（第五章）：形成配子时，位于同源染色体上的非等位基因的重组，是这些基因间非姐妹染色单体间互换的结果；位于同源染色体上的非等位基因的完全连锁，是这些基因间的非姐妹染色单体间未互换的结果。摩尔根及其夫人等的试验，都进一步地证明了遗传的染色体学说的正确性。

第三节　限性遗传和性影响遗传

在雌雄异体生物中，位于常染色体上的一些基因，其上下代的传递虽符合遗传的三个规律，但这些基因的表达或其控制性状的表现依个体的性别而定。这类性状的遗传主要有两种类型：限性遗传和性影响遗传。

一、限性遗传

常染色体的一些基因，虽然在两性中都存在，但只限定在一定性别表达的现象称为**限性遗传**

(sex-limited inheritance)。例如，奶牛中的常染色体上有许多控制产奶量的基因，家鸡中的常染色体上有许多控制产蛋量的基因，但它们只能在母奶牛和母鸡中表达。只限定在一性别中表达的基因称为**限性基因**（sex-limited gene）。

限性基因，如公奶牛中的产奶基因，虽然不能在公奶牛中表达，但比母奶牛的产奶基因对女儿的产奶量影响更大。这是因为，一头公奶牛可与多头母奶牛交配，要比一头母奶牛有更多的后代。若一头公奶牛含高产奶的基因多，则其女儿含高产奶的基因也多，产奶量也多。

人类限性遗传的一个例子是只限于男性的性早熟——**限男性早熟**（male-limited precocious puberty），是受常染色体显性基因 *P* 控制的和仅限于男性表达的一个罕见性状；携带该显性基因的女子在表现型上正常，即性发育正常。携带该显性基因的男子表现性早熟，通常在 4 岁前表现阴茎增大、出现阴毛和声音变粗。因性早熟后“长骨”停止了生长，故患者成年时的四肢短而显身材矮，但性功能正常可育。

由于这一显性突变实为罕见，因此性早熟男性一般为杂型合子 *Pp*。性早熟男性如果与正常女性（即性发育期正常，一般为同型合子 *pp*）婚配，结果如图 4-16 所示（如其中“性早熟”男孩 *Pp* 在少年就长有胡须）。

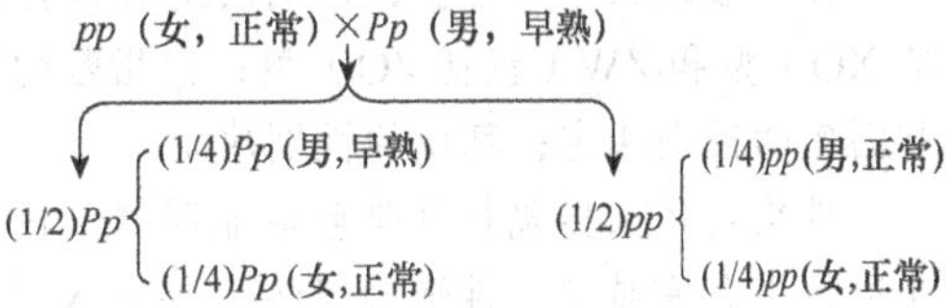

pp（女，正常）×Pp（男，早熟）
(1/2)Pp
(1/4)Pp (男,早熟)
(1/4)Pp (女,正常)
(1/2)pp
(1/4)pp(男,正常)
(1/4)pp(女,正常)

图 4-16　限男性早熟性状的遗传

由于常染色体显性基因 *P* 的表达——“性早熟”仅限于男性，因此对于同一基因型 *Pp* 的男性和女性分别表现为性早熟和正常。

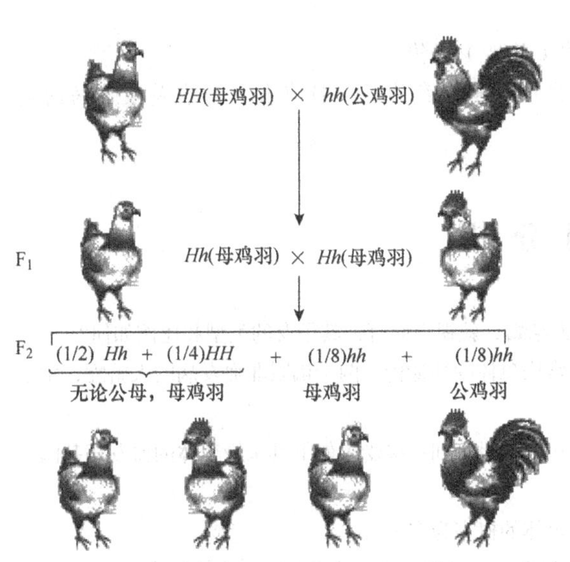

在鸡中，公鸡的颈、背、翅部往往具有细长形羽毛，而尾部具有细长的镰刀形羽毛，即所谓的公鸡羽；相反，母鸡全身往往只具有宽短形羽毛，即所谓的母鸡羽。公鸡羽属常染色体遗传的一个基因座差异（*H-h*）的隐性限性性状，图 4-17 子二代 *hh* 基因型个体的表现型依性别而定：公鸡表现为公鸡羽，母鸡表现为母鸡羽。

限性基因只在一种性别表达，是由雌、雄个体的内环境（激素）不同引起的。

HH(母鸡羽) × hh(公鸡羽)
F1
Hh(母鸡羽) × Hh(母鸡羽)
F2
(1/2) Hh + (1/4)HH
+
(1/8)hh
+
(1/8)hh
无论公母，母鸡羽
母鸡羽
公鸡羽

图 4-17　限性性状——公鸡羽的遗传

二、性影响遗传

常染色体上的一些基因，在雌、雄个体中都可表达，但在杂合体中的显、隐性关系要受个体性别影响的现象称**性影响遗传**（sex-influenced inheritance），也称**性控制遗传**（sex-controlled inheritance）。

如图 4-18 所示，人类常染色体上一基因座的一对性影响等位基因 *b* 和 *b′*，分别控制一对相对性状的**非秃顶**（no-baldness）和**秃顶**（baldness）：基因型为纯合体 *bb* 和 *b′b′* 时，无论男、女都分别表现非秃顶和秃顶；但是基因型为杂合体 *b′b* 时，男性为秃顶（*b′* 为显性），女性为非秃顶（*b* 为显性）。

由于秃顶和非秃顶属常染色体遗传，所以在人群中，常染色体遗传的每一种基因型为男性和女性的个体数相等。也就是说，数量相等的基因型为 *bb* 的男性和女性都为非秃顶，数量相等的

基因型	bb	$b'b'$	$b'b$
男性	非秃顶	秃顶	秃顶 
女性	非秃顶	秃顶	非秃顶 

图 4-18 性影响性状——人类秃顶的遗传

基因型为 $b'b'$ 的男人和女人都为秃顶，而数量相等的基因型为 $b'b$ 的男和女分别为秃顶和非秃顶；所以人群中的秃顶，男性多于女性。

限性基因可看作性影响基因的极端情况，即在限性基因，不管是处于纯合或杂合状态，都只限制在一种性别表达。

本 章 小 结

在一般或正常条件下，性别决定有数种方式。例如，性染色体的性别决定，其中又分 XY(包括 XO) 型和 ZW (包括 ZO) 型；性指数的性别决定；单倍二倍性的性别决定；单个或少数几个基因座的性别决定；环境的性别决定。

性染色体遗传包括性染色体非同源节段遗传 (性连锁遗传) 和性染色体同源节段遗传，它们在遗传上各有特点。性连锁遗传主要有 X 连锁遗传和 Z 连锁遗传，也有少数 Y 连锁遗传和 W 连锁遗传。

遗传的染色体学说认为染色体是基因 (遗传信息) 的载体。三个基本遗传规律中的基因行为与细胞减数分裂中的染色体行为的一致性，例外的 X 染色体遗传与例外的性状表现的直接联系为该学说的建立和巩固提供了证据。

与性别有关的遗传，还有限性遗传和性影响 (从性) 遗传。

性连锁遗传和与性别有关的遗传，有助于我们了解自身的遗传特点和预防有关遗传病的发生，也有助于培育动植物新品种。

范 例 分 析

1. 一个其父为红绿色盲的正常女人与一正常男人结婚，就视力而言，其子女的类型和比例如何？

2. 在人类，血友病是 X 连锁隐性遗传，蓝眼是常染色体隐性遗传。两个褐眼非血友病的人婚配，生了一个蓝眼血友病儿子。试确定这对夫妇的基因型。

3. 一男孩患有 X 连锁隐性遗传病——血友病。该男孩是否间接接受了如下其亲缘个体的血友病基因：①外祖母？②外祖父？③祖母？④祖父？

4. 在下列两个体中，平均来说，具有同一 X 染色体的概率为多少？

①子和母；②女和母；③子和父；④女和父；⑤兄和弟；⑥姐和妹；⑦哥和妹；⑧姐和弟。

5. 人类 X 连锁基因的一个隐性突变可导致血友病。表现型正常的一对夫妻生有两个正常女孩和一个患血友病的儿子。

(1) 两个所生女孩都是杂型合子——携带者的概率是多少？

(2) 如果其中一个女孩与一正常男子结婚，其儿子患血友病的概率是多少？

6. 在人类，红绿色盲是 X 连锁隐性性状，多指 (趾) 是常染色体显性性状。有一对夫妻，妻有正常指 (趾) 和正常视力，妻母这两性状都正常，但妻父为红绿色盲和多指 (趾)；夫为红绿色盲和多指 (趾)，夫母这两性状都正常，夫父多指 (趾)。这对夫妇生孩子，对这两性状来说，孩子的类型和比例如何？

7. 已知人类血友病是 X 连锁隐性遗传，试根据以下家系给的信息求出：

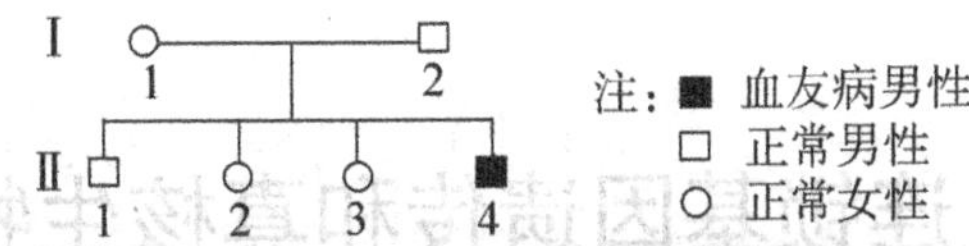

（1）Ⅱ2 与正常男性结婚，她的第一个孩子为患血友病男孩的概率是多少？

（2）她的第一个男孩若患血友病，她的第二个孩子是患血友病的男孩的概率是多少？

（3）Ⅱ3 与一血友病男性结婚，她的第一个孩子为正常的概率是多少？

（4）若Ⅰ1 的母亲正常，则Ⅰ1 的父亲表型如何？

（5）若Ⅰ1 的母亲患血友病，则Ⅰ1 的父亲表型如何？

8. 限男性早熟这一性状为稀有的、常染色体显性的限性遗传，其中显性基因 P 使男人性早熟，但不影响女人的正常性发育。张三为限男性早熟，但他的弟弟——张弟和妹妹——张妹的性发育都正常。虽然张三父母和其祖父母的性发育都正常，但他的一个舅舅为限男性早熟。试给出这些亲缘个体最可能的基因型和张三患限男性早熟的根源。

第五章 连锁基因遗传和真核生物遗传作图

前已阐述，若两基因座的基因分别位于两对同源染色体上，则它们的遗传遵循自由组合规律。任何一个物种的基因座数目，要远远超过该物种的同源染色体对的数目，因此每对同源染色体上的基因座数目，一定远不止一个。例如，人类的基因座，有2万多个，而染色体数目却只有23对；在21世纪初完成的“人类基因组计划”的第一个草图，就已把698个基因座定位在X染色体上。

位于同源染色体一基因座上的等位基因遗传规律，以及位于非同源染色体不同基因座上的非等位基因遗传规律，在第三章都讨论过了。位于同源染色体上不同基因座的非等位基因称为**连锁基因**（linkage gene），那么连锁基因有什么遗传规律呢？

第一节 连锁基因遗传规律

摩尔根及其同事，在果蝇试验中发现了连锁基因遗传规律。

一、完全连锁

摩尔根等研究了果蝇常染色体如下两个基因座的遗传：一个是控制眼的颜色，其中的等位基因 pr^+（红眼，野生型）对等位基因 pr（紫眼，purple eye，突变型）呈显性；另一个是控制翅的长度，其中的等位基因 vg^+（长翅，野生型，即正常翅）对等位基因 vg（vestigial wing，残翅）呈显性。先看试验过程和结果。

首先，用纯合体红眼残翅果蝇和紫眼长翅果蝇杂交，F_1 如所预期的为红眼长翅，即

P　　pr^+pr^+vgvg（红眼残翅）×$prprvg^+vg^+$（紫眼长翅）

↓

F_1　　pr^+prvg^+vg（红眼长翅）

接着，他们用双隐性（紫眼残翅）雌果蝇与 F_1 雄果蝇进行测交：

测交　　$prprvgvg$（紫眼残翅）×pr^+prvg^+vg（红眼长翅）

↓

测交一代　　红眼残翅（$pr^+prvgvg$）：紫眼长翅（$prprvg^+vg$）≈1：1

如前所述，如果控制眼色和翅长这两个基因座分别位于两对同源染色体上，根据孟德尔遗传原理，测交一代应出现4种表型，即红眼残翅（$pr^+prvgvg$）、紫眼长翅（$prprvg^+vg$）、红眼长翅（pr^+prvg^+vg）和紫眼残翅（$prprvgvg$），且比例为1：1：1：1。但实际上，测交一代只出现了原来两纯合体亲本的表型（亲本型或非重组型），即红眼残翅和紫眼长翅，全然没有出现如孟德尔遗传原理所预期的两重组（或非亲本）类型的表型，即测交一代出现了违反孟德尔遗传原理的“反常”结果。

如何解释这一“反常”结果呢？摩尔根认为：由于测交一代的表型类型反映的是 F_1 产生的配子类型 pr^+vg 和 $prvg^+$，而这两种配子又恰好与两纯合亲本传给 F_1 的相同；所以，如果这两基

因座不是位于两对而只是位于一对同源染色体上，那么这两纯合体亲本的基因型就可分别按如下逐步简化表示这一情况：

$$\frac{pr^+vg}{pr^+vg} \text{和} \frac{pr\ vg^+}{pr\ vg^+} \text{或} \frac{pr^+vg}{pr^+vg} \text{和} \frac{pr\ vg^+}{pr\ vg^+} \text{或} pr^+vg/pr^+vg \text{和} prvg^+/prvg^+$$

这就是说，如果非等位基因 pr^+和 vg 连锁在一条染色体上，非等位基因 pr 和 vg^+连锁在另一条同源染色体上，且 F_1 雄果蝇减数分裂时，在这两基因座间的非姐妹染色单体又不发生互换，那么应形成数量相等的两种配子 $\underline{pr^+vg}$ 和 $\underline{prvg^+}$（图 5-1）。相应地，测交一代应期望产生数目相等的两纯合亲本的表型类型，恰与实际结果相符。这种连锁在同一条染色体上的两个或更多个非等位基因，形成配子时总是随一条染色体进入一个配子的现象，称为**完全连锁**（complete linkage）。

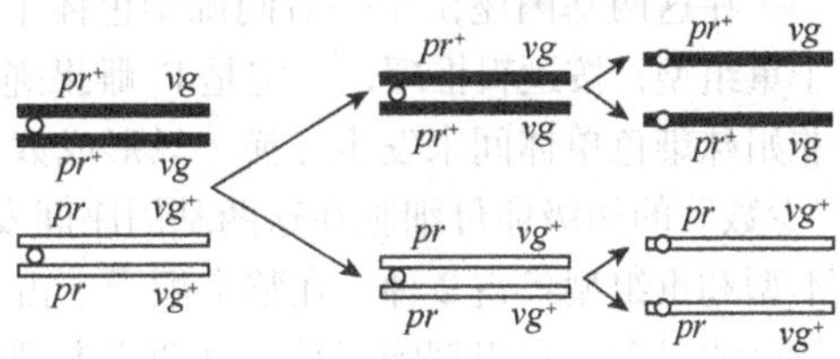

图 5-1　基因的完全连锁

在生物界，完全连锁实为罕见，已经发现的，除雄果蝇外，还有雌蚕。雄果蝇（XY）与雌果蝇（XX）的区别，在于前者有 Y 染色体；雌蚕（ZW）与雄蚕（ZZ）的区别，在于前者有 W 染色体。因此，雄果蝇和雌蚕同源染色体上非等位基因的完全连锁，也许是在这两物种的 Y 和 W 染色体上存在抑制连锁基因发生互换的因子。

二、不完全连锁

摩尔根等也用上述 F_1 雌果蝇和双隐性雄果蝇进行了测交试验，结果如下：

测交　$\dfrac{pr^+vg}{pr\ vg^+}$（红眼长翅）× $\dfrac{prvg}{prvg}$（紫眼残翅）

测交一代表型	红残 $\left(\dfrac{pr^+vg}{prvg}\right)$	紫长 $\left(\dfrac{prvg^+}{prvg}\right)$	红长 $\left(\dfrac{pr^+vg^+}{prvg}\right)$	紫残 $\left(\dfrac{prvg}{prvg}\right)$
个体数	965	1067	157	146

这一结果表明：测交一代的类型数，像孟德尔原理期望的那样，有 4 种，既有两原纯合体亲本表型，又有两重组型或非原纯合体亲本表型；但这 4 种表型的比例，又不像孟德尔遗传原理所期望那样的 1∶1∶1∶1，而是出现了违反孟德尔遗传原理的“反常”结果——亲本型的个体数显著高于重组型的个体数，且两亲本型的个体数期望相等，两重组型的个体数也期望相等。

如何解释这一测交一代出现的违反孟德尔遗传原理的“反常”结果呢？

先解释测交一代为什么出现了重组型个体。上已证明：控制眼色和翅长这两性状的基因座是连锁的，且 pr^+和 vg 在一条染色体上（$\underline{pr^+vg}$），pr 和 vg^+在相应的另一条同源染色体上（$\underline{prvg^+}$）。因此，按逻辑推理，这里的测交一代重组型的出现，应是 F_1 雌果蝇在形成配子过程中，在这两基因座间的非姐妹染色单体发生互换产生重组配子的结果（图 5-2）。

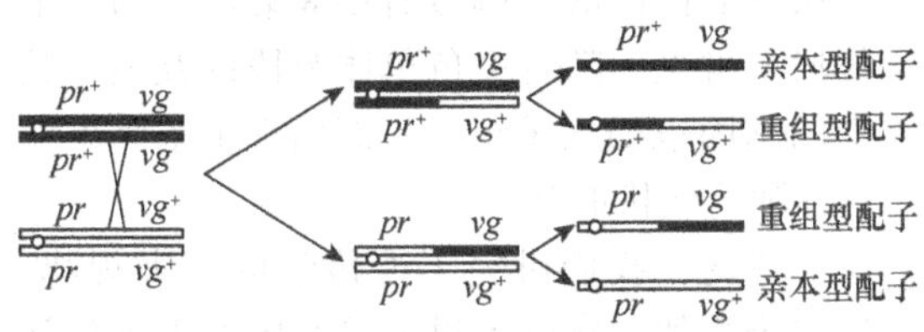

图 5-2　连锁基因间的互换产生重组型配子

再解释测交一代为什么亲本型个体数高于重组型个体数。见图 5-2，如果每个初级卵母细胞在这两基因座间的非姐妹染色单体都发生了一个互换，则 F_1 产生的配子为

$$\underbrace{pr^{+}vg : prvg^{+}}_{\text{亲本型配子}} : \underbrace{pr^{+}vg^{+} : prvg}_{\text{重组型配子}} = 1:1:1:1$$

这就是说，如果每个初级卵母细胞在这两基因座间的非姐妹染色单体都发生了一个互换，测交一代相应的 4 种表型之比也为 1∶1∶1∶1（亲本型和重组型各占 50%），这就与孟德尔遗传原理中涉及这两基因座分别位于两对同源染色体上的独立遗传没有区别了。

在这两基因座位于一对同源染色体上（连锁）的条件下，测交一代的亲本型之所以明显多于重组型，按逻辑推理，一定是 F_1 雌果蝇形成配子时，“多数”的初级卵母细胞在这两基因座的非姐妹染色单体间未发生互换（只形成数目相等的两亲本型配子，在整个配子中占多数），只有“少数”的初级卵母细胞在这两基因座间发生了一个单互换（形成数目相等的上述 4 种配子，亲本型和重组型各占 2 种，在整个配子中占少数）。因此，在总体上，F_1 雌果蝇产生的亲本型配子数就明显多于重组型配子数，且两亲本型的配子数相等，两重组型的配子数也相等。也就是说，雌果蝇只有一部分初级性母细胞的两连锁基因发生了互换，是测交一代出现重组型以及亲本型个体数多于重组型个体数的原因。连锁基因可部分发生互换（简称连锁互换）的现象称为**不完全连锁**（incomplete linkage）。

试验证明，除雄果蝇和雌蚕的连锁基因为完全连锁外，雌果蝇和雄蚕以及其余所有生物的连锁基因都为不完全连锁，因此不完全连锁或连锁互换是普遍存在的，完全连锁是罕见的。鉴于此，就把遗传学的第三个规律称为**连锁基因互换规律**（linked genes-crossing over rule）。

三、连锁基因互换的细胞学证据

连锁基因发生互换，在细胞学上还有直接证据，现以玉米为例说明。

已知玉米籽粒颜色和籽粒淀粉性质各由一基因座控制，都位于第 9 染色体上；等位基因 *C*（有色）对 *c*（无色，即白色）呈显性，等位基因 *Wx*（非糯质）对 *wx*（糯质）呈显性。有玉米两纯系或品系（图 5-3）：无色非糯品系；有色糯性品系，在该品系的第 9 染色体上具有在染色体水平上的标记—— 一端具有着色深的异染色质结（以“•”表示），另一端接有第 8 染色体的一个片段（以“…”表示），可与无色非糯品系的第 9 染色体区分开。把这两个品系杂交得 F_1，F_1 进行测交，结果见图 5-3。

根据鉴定测交一代籽粒（在 F_1 株上）的表现型，与由该籽粒长成植株的体细胞有丝分裂中期的染色体鉴定表明，籽粒性状的表现型与有关染色体的结构特点完全相符：凡由有色糯性籽粒长成的植株，其一条第 9 染色体的一端具有异染色质结，另一端接有第 8 染色体的一个片段；凡由无色糯性籽粒长成的植株，其一条第 9 染色体的一端接有第 8 染色体的一个片段。可见，随着染色单体节段的互换，其上的基因也随之重组，从而出现了基因重组和伴随的性状重组。

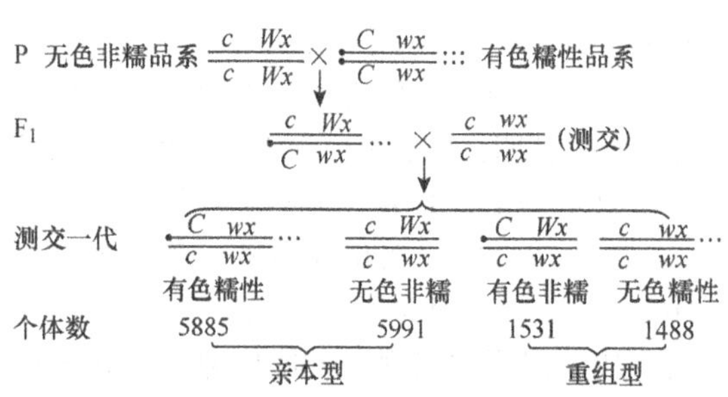

图 5-3 连锁互换的细胞学证据

到此，我们讲完了遗传学的三大规律。这三个规律，实际上讲的是基因在上下代间

的传递规律：对于同源染色体上的等位基因服从（等位）基因分离规律；对于非同源染色体上的非等位基因，服从（非等位）基因自由组合规律；对于同源染色体上的非等位基因，服从（非等位）基因完全连锁（雄果蝇和雌蚕）规律或（非等位）基因连锁互换规律。

四、连锁基因的有丝分裂重组

以上讲的是性母细胞的连锁基因在减数分裂时所发生的基因重组。

实际上体细胞的连锁基因，在有丝分裂时也可发生基因重组，但很少见。1936 年，斯特恩（C. Stern）用果蝇 X 连锁的两纯系——灰体（受显性等位基因 y^+控制）、短刚毛（受隐性等位基因 s 控制）纯系和黄体（受隐性等位基因 y 控制）、长刚毛（受显性等位基因 s^+控制）纯系杂交，显然其杂种一代受精卵雌性的基因型为 $y^+s//ys^+$。这样的雌果蝇期望具有灰体和长刚毛，实际一般也正是这样。但是，当他在低倍显微镜下观察这些杂种一代时，会偶见在果蝇的两相邻区出现表现型不同的所谓**双生斑**（twin spot）或**孪生斑**（twin spot），它们也都不同于其他部位的表现型。

他认为：双生斑的出现要比两突变（独立事件）同时出现的概率高得多，不能用体细胞内两基因同时发生突变进行解释；而是在胚胎发育期间的一个细胞内，在有丝分裂期间发生了非姐妹染色单体间的互换——**有丝分裂互换**（mitotic crossing over）或**体细胞互换**（somatic crossing over）而导致了基因重组，特称为**有丝分裂重组**（mitotic recombination）。

图 5-4 显示了这一有丝分裂重组的过程。杂种一代受精卵雌果蝇 X 染色体的基因型为 $y^+s//ys^+$。在胚胎发育的有丝分裂期间，一个体细胞在着丝粒（分别用空心圆和实心圆表示）和 s 基因座间发生了互换。该细胞互换后染色单体分离而使相邻的两个胚胎细胞的基因型分别为 $y^+s//y^+s$ 和 $ys^+//ys^+$。然后，这两相邻的胚胎细胞通过正常的有丝分裂继续分裂而产生成体果蝇。由基因型为 $y^+s//y^+s$ 的胚胎细胞产生的一块细胞在成体就出现灰体、短刚毛斑块，由相邻基因型为 $ys^+//ys^+$的胚胎细胞产生的一块细胞在成体就出现黄体、长刚毛斑块——成体果蝇相邻部位出现的双生斑或孪生斑就是这样产生的，是有丝分裂也可发生基因重组的证据。这种由于体细胞互换，一个个体的体细胞内含有不同基因型的现象称为**遗传镶嵌**（genetic mosaics）。

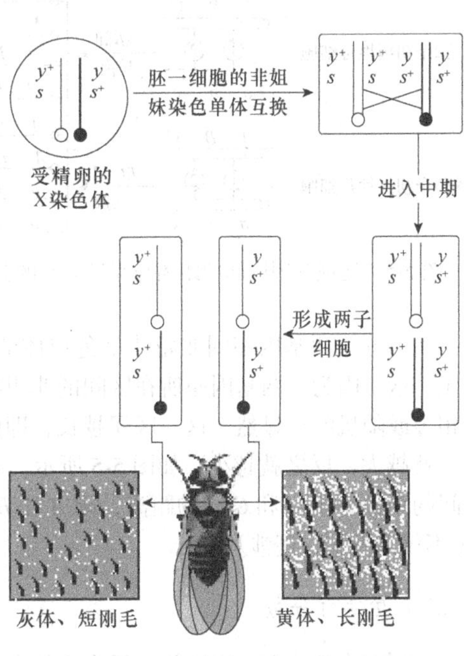

图 5-4 果蝇产生双生斑的有丝分裂重组

连锁基因有丝分裂重组还与免疫系统中产生种类繁多的免疫细胞有关（第十六章）；也还与某些癌症，如视网膜母细胞瘤的发生有关（第十七章）。

第二节 高等真核生物的遗传作图

所谓**遗传作图**（genetic mapping），就是通过一定方法确定各连锁基因座在染色体上的排列顺序和相对距离，也叫**基因作图**（gene mapping）或**染色体遗传作图**（genetic mapping of chromosome）。

以下介绍的高等真核生物遗传作图的原理和方法甚为重要，因为其原理和方法也是其他生物遗传作图的基础！

一、遗传作图的原理

为此，一要清楚同源染色体间的互换机制，二要清楚同源染色体的互换百分数和相应的基因重组百分数间的关系。现分述之。

（一）同源染色体互换机制

前已述及，连锁基因的重组，是由于减数分裂有关同源染色体相应节段互换的结果，而同源染色体相应节段互换机制的要点如图 5-5 所示。

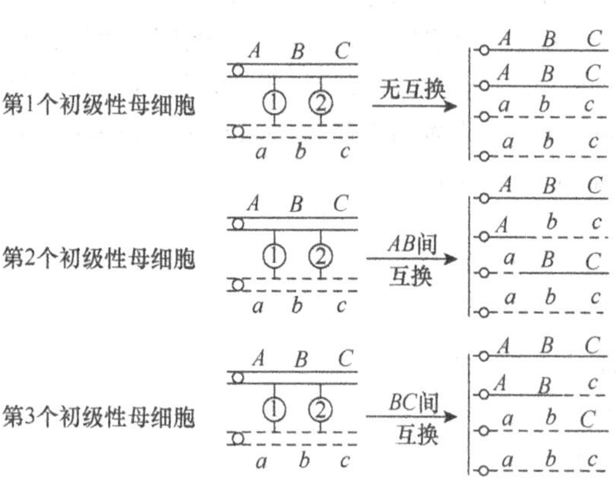

图 5-5 连锁基因座间的距离与互换大小的关系

第一，基因座（如 *A*、*B*、*C*）在染色体上呈线性排列。

第二，一基因座（如 *A*）的两等位基因（如 *A* 和 *a*）在同源染色体上占有相互对应的同一座位。

第三，互换涉及两条同源染色体有关非姐妹染色单体的断裂和交换（互换）相应的片段，从而导致其上连锁基因的重新组合（重组）。

第四，互换发生于减数分裂前期 Ⅰ 的同源染色体联会后的粗线期，每对同源染色体有 4 条染色单体。姐妹染色单体间也会发生互换，但一般在遗传上不能识别，因为通常它们在遗传上相同。

第五，两基因座间非姐妹染色单体的互换频率，与这两基因座在同源染色体上的距离成正比。这是因为，两基因座所在区间的非姐妹染色单体，在任何一“点”发生一个单互换的概率是相等或随机的。显然，这一区间越长，即两基因座距离越远，在这一区间内发生一个单互换的概率就越大，反之就越小。如图 5-5 所示，若在“点”①和“点”②都可发生单互换，由于 *A* 和 *B* 间的距离小于 *A* 和 *C* 间的距离，则 *A* 和 *B* 间的互换机会（仅涉及①）小于 *A* 和 *C* 间的互换机会（不仅涉及①，还涉及②）。

（二）互换百分数

同源染色体在一定区间内互换率的大小，可用互换百分数——在被检测配子中发生互换的配子数与被检测配子总数之比的百分数表示。

如图 5-5 所示，假定一个初级性母细胞在减数分裂的联会期间，在 *A* 和 *B* 区间的非姐妹染色单体发生一次互换，则在这个“四联体”（第二章）中，非互换和互换的染色单体各有 2 条，即各占 50%；以后形成的 4 个配子，非互换和互换配子也应各占 50%。假定我们检测了 10 个初级性母细胞，其中 8 个无互换，1 个在 *A*、*B* 间发生了 1 次互换，1 个在 *B*、*C* 间发生了 1 次互换，那么在 *A* 和 *B* 间以及 *A* 和 *C* 间的互换（crossing over，C.O）百分数分别为

$$(\text{C.O})_{AB}=\frac{(\text{互换配子数})_{AB}}{\text{总配子数}}\times100\%=\frac{(\text{互换配子数})_{AB}}{(\text{非互换配子数})+(\text{互换配子数})_{AB}}$$

$$=\frac{2}{40}\times100\%=\frac{1\times2}{(9\times4+1\times2)+(1\times2)}\times100\%=5\%$$

……………………………………………………………………………………………

$$(\text{C.O})_{AC}=\frac{(\text{互换配子数})_{AC}}{\text{总配子数}}\times100\%=\frac{(\text{互换配子数})_{AC}}{(\text{非互换配子数})+(\text{互换配子数})_{AC}}$$

$$=\frac{4}{40}\times100\%=\frac{2\times2}{(8\times4+2\times2)+(2\times2)}\times100\%=10\%$$

因连锁基因间（非姐妹）染色单体互换百分数的大小与这两基因间的距离成正比，故可用这一互换百分数的大小来测定这两基因间距离的长短，且规定，1% 互换百分数的两基因座间距离为 1 个图距单位。为了纪念连锁基因遗传规律的发现者摩尔根（T. H. Morgan），1 图距单位又称为 1 厘摩（centimorgan，cM），即 1 图距单位＝1cM。

（三）重组百分数

一般来说，在染色体水平上的互换不能直接观测，因为一对同源染色体的两条染色体一般难以区别（前述的像玉米有色糯性品系的第 9 染色体上具有在染色体水平上可以识别的两个标记，实属特例）。

但这一困难可用基因标记加以解决。如在动植物，F_1 形成的不易观测的非互换型（亲本型）配子和互换型（非亲本型）配子的类型与数目，可用其易观测的测交一代有关基因的非重组型（亲本型）和重组型（非亲本型）个体的类型与数目估得，而有关基因非重组型和重组型个体数之和等于总个体数。因此，在一定距离内，可用两基因座间的（基因）重组百分数“估算”有关两同源染色体在这一区间的（非姐妹）染色单体间的互换百分数。

现以刚才计算（非姐妹）染色单体间“互换百分数”的条件，改用计算其相应基因座间的基因“重组百分数”作为互换百分数的估值。基因座 A 和 B 以及 A 和 C 间的重组（recombination，RE）百分数，即有关基因座间的重组个体数与总个体数之比的百分数分别为

$$(\text{RE})_{AB}=\frac{(\text{重组个体数})_{AB}}{\text{总个体数}}\times100\%=\frac{(\text{重组个体数})_{AB}}{(\text{非重组个体数})+(\text{重组个体数})_{AB}}$$

$$=\frac{2}{40}\times100\%=\frac{1\times2}{(9\times4+1\times2)+(1\times2)}\times100\%=5\%$$

……………………………………………………………………………………………

$$(\text{RE})_{AC}=\frac{(\text{重组个体数})_{AC}}{\text{总个体数}}\times100\%=\frac{4}{40}\times100\%=10\%$$

在这里，有关基因座间的基因重组百分数是相应基因座间非姐妹染色单体的互换百分数的无偏估值。由于连锁基因座间的重组百分数容易用试验求得（如通过 F_1 的测交一代试验），因此可用两连锁基因座间的（基因）重组百分数“估算”相应（非姐妹）染色单体间的互换百分数或这两基因座间的距离。

以后会谈到，如果这两基因座超过一定距离，有染色（单）体互换未必有基因重组。在这一情况下，对（基因）重组百分数进行校正后，就可使（基因）重组百分数成为（非姐妹染色单

体）互换百分数的无偏估值！

利用两连锁基因间的重组百分数，估算两基因座间相对距离所构建的染色体图称为**遗传图**（genetic map）。

二、遗传作图的方法

这里介绍高等真核生物两个基本的遗传作图方法：两点测交和三点测交。

（一）两点测交

所谓**两点测交**（two-point testcross），是利用连锁基因的二因子杂种一代与二隐性个体进行测交，以确定基因（座）排列顺序和相对距离的方法。现用一个例子说明该方法。

在玉米第 9 染色体上，除前述的控制籽粒颜色的基因座（*C-c*）和控制籽粒淀粉性质的基因座（*Wx-wx*）外，还有一个控制籽粒形状的基因座（*Sh-sh*）——其中的等位基因 *Sh*（使籽粒饱满）对 *sh*（使籽粒凹陷）呈显性。欲确定这三个基因座在第 9 染色体上的顺序和距离，就要针对每两个基因座的特定玉米纯系的二因子杂种一代各做一个两点测交，即共做三个两点测交，而每个两点测交有一套杂交（每套杂交包括：涉及两个基因座差异的两纯系亲本杂交的杂交一代；相应杂交一代与其隐性亲本进行测交的测交一代）。

第一个两点测交涉及基因座 *C-c* 和 *Sh-sh* 的结果，如图 5-6 所示。

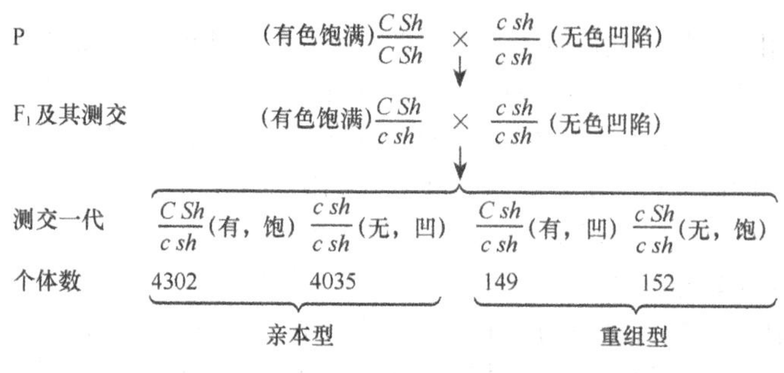

图 5-6 第一个两点测交

于是，基因座 *c* 和 *sh* 间的基因重组百分数

$$(\mathrm{RE})_{c\text{-}sh}=\frac{149+152}{4032+4035+149+152}\times100\%=3.6\%$$

第二个两点测交涉及基因座 *Wx-wx* 和 *Sh-sh* 的结果，如图 5-7 所示。

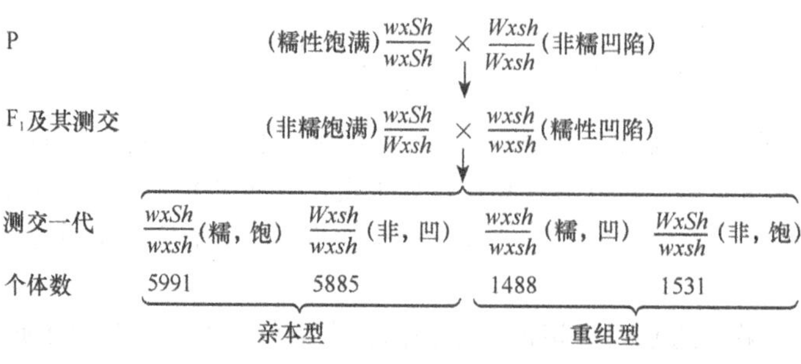

图 5-7 第二个两点测交

于是，基因座 *wx* 和 *sh* 间的基因重组百分数

$$(\mathrm{RE})_{wx\text{-}sh}=\frac{1531+1488}{5991+5885+1531+1488}\times 100\%=20\%$$

根据以上两个两点测交结果进行这 3 个连锁基因座定位，有如下两种可能顺序：

顺序Ⅰ　*wx*　20cM　*sh*　3.6cM　*c*

顺序Ⅱ　*wx*　20cM　*c*　3.6cM　*sh*

由于基因座在染色体上为线性排列，所以如果是顺序Ⅰ，基因座 *c* 和 *wx* 间的距离应为 3.6+20=23.6cM；如果是顺序Ⅱ，基因座 *c* 和 *wx* 间的距离应为 20−3.6=16.4cM。究竟哪一顺序正确，就要看第三个两点测交的结果。

第三个两点测交涉及基因座 *Wx-wx* 和 *C-c* 的结果，如图 5-8 所示。

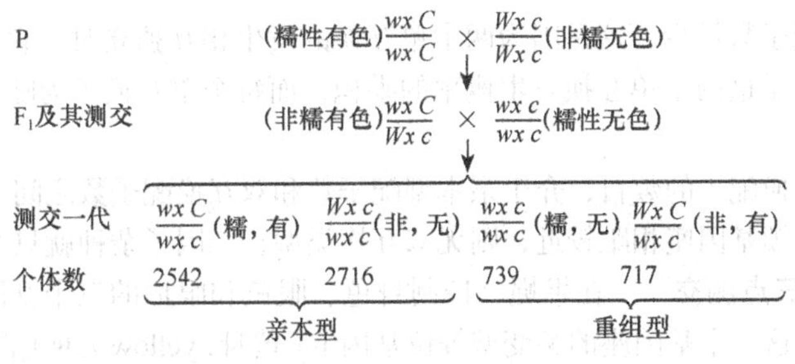

图 5-8　第三个两点测交

于是，基因座 *wx* 和 *c* 间的基因重组百分数

$$(\mathrm{RE})_{wx\text{-}c}=\frac{739+717}{2542+2716+739+717}\times 100\%=22\%$$

由于基因座 *wx* 和 *c* 间的距离为 22cM，更接近顺序 Ⅰ的这两基因座间的图距（23.6cM），因此顺序 Ⅰ的基因（座）定位是正确的。

至于实测的基因座 *wx* 和 *c* 间的距离（22cM）稍小于基因座 *c* 和 *sh* 间距离再加上基因座 *sh* 和 *wx* 间距离之和（23.6cM）的一个可能原因，是在这三个基因座的两个区域内的两非姐妹染色单体同时各发生了一个互换，即发生一个双互换，但基因却未发生重组造成的（下面的“三点测交”会详细讨论这一问题）。

（二）三点测交

所谓**三点测交**（three-point testcross），是利用连锁基因特定的三因子杂种与特定的三隐性个体进行测交，以确定基因（座）排列顺序和相对距离的方法。

1. 三因子杂种的配子类型和特点　为讨论方便，特定的三因子杂种（*AaBbCc*）作如下图解，并讨论该三因子杂种的初级性母细胞形成配子时的 4 种可能情况。

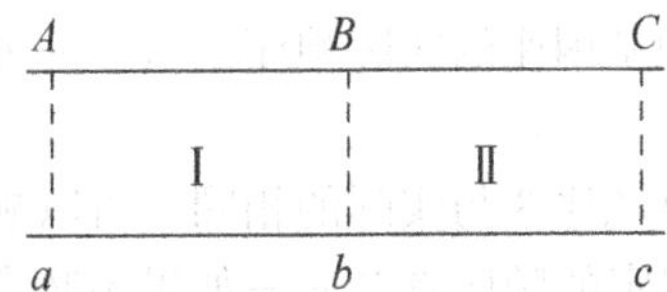

情况 1——在 A 和 B 区间以及 B 和 C 区间，即区间Ⅰ和区间Ⅱ都无互换，产生两种亲本型配子 ABC 和 abc；

情况 2——在区间Ⅰ有单互换（称为单互换Ⅰ），产生两种（重组型）配子 Abc 和 aBC；

情况 3——在区间Ⅱ有单互换（称为单互换Ⅱ），产生两种（重组型）配子 ABc 和 abC；

情况 4——在区间Ⅰ和区间Ⅱ同时（或相继）各有一单互换（即双互换），产生双互换（重组型）配子 AbC 和 aBc。

当然，在后三种情况都还会各产生 50% 的亲本型配子，即在后三种情况产生的亲本型配子和重组型配子各占 50%。也就是说，一般来说，连锁基因的三基因杂种或三因子杂种可形成上述 8 种配子类型。

这 8 种配子类型，在数目上有如下 4 个特点。

第一，亲本型配子数最多。这是因为：①多数初级性母细胞减数分裂时无互换，都形成亲本型配子；②少数初级性母细胞减数分裂时有互换，其产物也是重组型配子和亲本型配子各占 50%。

第二，双互换配子数最少。这是因为两个单互换的发生相互独立时，它们同时发生互换（即发生双互换）的概率是这两个单互换发生概率的乘积，而每个单互换（为随机事件）发生的概率都小于 1。

第三，两个单互换配子的数目，介于亲本型配子数和双互换配子数之间。

第四，若这三连锁基因座相距较近，则无双互换类型，三因子杂种就只产生 6 种配子类型。

2. 有双互换的三点测交 在果蝇，控制身色、眼色和眼形的三个基因座连锁在性染色体 X 的非同源节段上；这三个基因座的突变型等位基因 y（黄身，yellow）、w（白眼，white）和 e（棘眼，echinus）分别对野生型等位基因 y^+（灰身）、w^+（红眼）和 e^+（圆眼）呈隐性。

把具有三隐性突变基因的突变型（黄身、白眼和棘眼）雌蝇与野生型（灰身、红眼和圆眼）雄蝇杂交（图 5-9），F_1 表现为野生型。图中亲代的三个基因座在 X 染色体非同源节段上的排列顺序（即 y-w-e）是任意给定的（因依亲代表现型不能正确给出基因座的排列顺序）。这个顺序是否与实际顺序相符，要分析 F_1 雌蝇与突变型雄蝇的测交一代结果方能确定。如图 5-9 中所示的测交一代：类型①和②是亲本型（非互换型），因为它们的个体数最多；⑦和⑧是双互换型，因为它们的个体数最少；类型③和④是在基因座 y 和 w 区间的单互换产物，类型⑤和⑥是在基因座 w 和 e 区间的单互换产物，因为它们的个体数介于亲本型个体数和双互换型个体数之间。

根据测交一代结果，可按下述两个步骤对这三个基因座进行定位。

步骤 1——确定基因座的排列顺序。

三个连锁基因座 y、w 和 e 的所有可能排列顺序只有如下 3 种：

顺序　w-y-e（y 在中间）
顺序　y-e-w（e 在中间）
顺序　y-w-e（w 在中间）

确定试验中基因座的实际排列顺序属于其中的哪一种，有如下两种方法。

方法 1：在 F_1 雌蝇中，如果其中一种顺序经双互换产生的双互换类型与实际的测交一代的双互换类型相同，则该顺序为三连锁基因座的实际顺序。这三种可能排列顺序在测交一代产生的双互换类型如图 5-10 所示。

在这三种可能的顺序中，只有顺序 3 与实际的相同，所以顺序 3 为这三个连锁基因座的实际顺序。这个顺序恰好与图 5-9 中假定的顺序吻合——如果不吻合，则图 5-9 的基因座顺序应按实

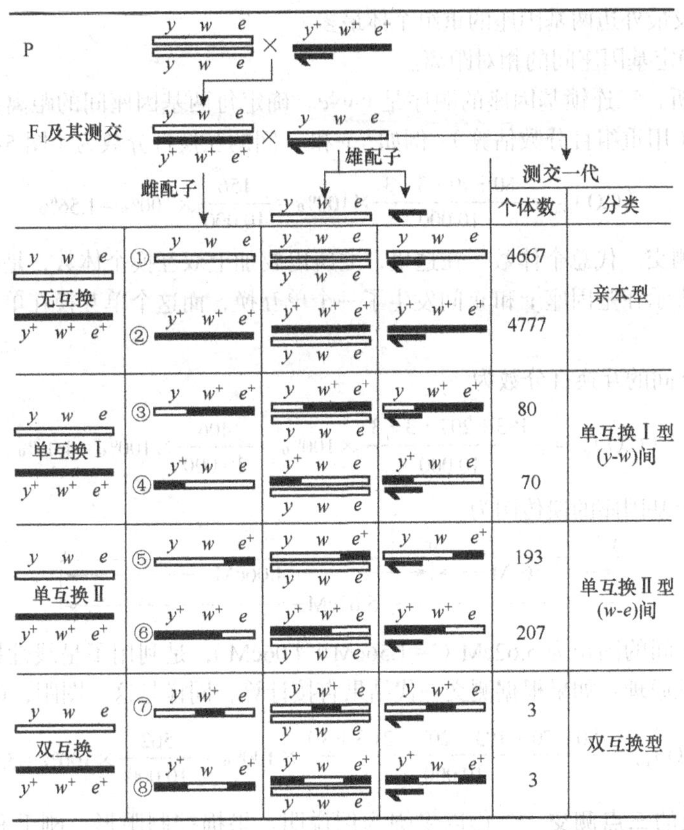

图 5-9　果蝇有双互换的三点测交（为简便，F_1 雌性减数分裂只示非姐妹染色单体）（Atherly et al.，1999）

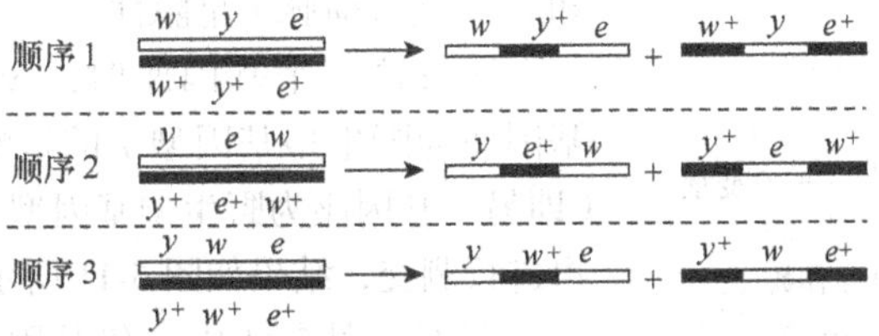

图 5-10　三种可能的三因子杂种及相应测交一代的双互换类型

际的改过来，以便于随后的基因座间距离的估算。

方法 2：在测交一代中，把涉及任两基因座的互换型（重组型）进行比较，则重组型个体最多的那两个基因座位于另一基因座的两边（即另一基因座在中间）。在该例（图 5-9），

基因座 y 和 w 间重组个体数＝80＋70＋3＋3＝156

基因座 w 和 e 间重组个体数＝193＋207＋3＋3＝406

基因座 y 和 e 间重组个体数＝80＋70＋193＋207＝550

由于基因座 y 和 e 间的重组个体最多，因此基因座 w 在中间，y 和 e 在其两边（在三点测交中，至于这两基因座哪个在左边，哪个在右边，无关紧要），与方法 1 判定的顺序相同。这是因为，处于最外边的两基因座（如 y 和 e）的基因，在 y 和 w 间的单互换或在 e 和 w 间的单互换都可进

行重组，所以涉及最外边两基因座的重组个体最多。

步骤 2——确定基因座间的相对距离。

根据上面分析，三连锁基因座的顺序是 *y-w-e*。确定每两基因座间的距离，即求每两基因座间的互换百分数（用重组百分数估算）。例如，*y* 和 *w* 间的互换百分数为（图 5-9）

$$(\text{C.O})_{y\text{-}w}=\frac{80+70+3+3}{10\,000}\times 100\%=\frac{156}{10\,000}\times 100\%=1.56\%$$

式中，10 000 为测交一代总个体数。在这里，之所以要加上双互换个体数，是因为在发生双互换的每个个体中，表示在基因座 *y* 和 *w* 间发生了一个单互换，而这个单互换在单互换 I 的重组个体中不能反映出来。

同理，*w* 和 *e* 间的互换百分数为

$$(\text{C.O})_{w\text{-}e}=\frac{193+207+3+3}{10\,000}\times 100\%=\frac{406}{10\,000}\times 100\%=4.06\%$$

所以，这三个基因座的遗传图为

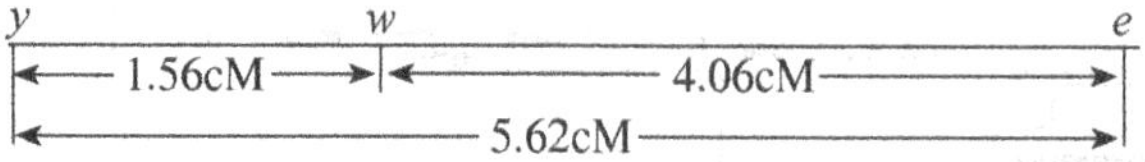

y　　　　w　　　　e
←1.56cM→←4.06cM→
←　　5.62cM　　→

基因座 *y* 和 *e* 间的图距为 5.62cM（＝1.56cM＋4.06cM），是利用了呈线性排列的连锁基因间的图距具有可加性原理。如果根据测交一代结果直接计算，同样是这一图距，即

$$(\text{C.O})_{y\text{-}e}=\frac{80+70+193+207+2(3+3)}{10\,000}\times 100\%=\frac{562}{10\,000}\times 100\%=5.62\%$$

3. 无双互换的三点测交　仍以果蝇为例说明。果蝇控制眼形、刚毛和翅横脉的三个基因座在性染色体 X 非同源节段上；这三个基因座的突变型等位基因 *e*（棘眼）、*s*（胸部无刚毛，scute）和 *c*（翅无横脉，crossveinless）分别对野生型等位基因 e^+（椭圆眼）、s^+（胸部有刚毛）和 c^+（翅有横脉）呈隐性。

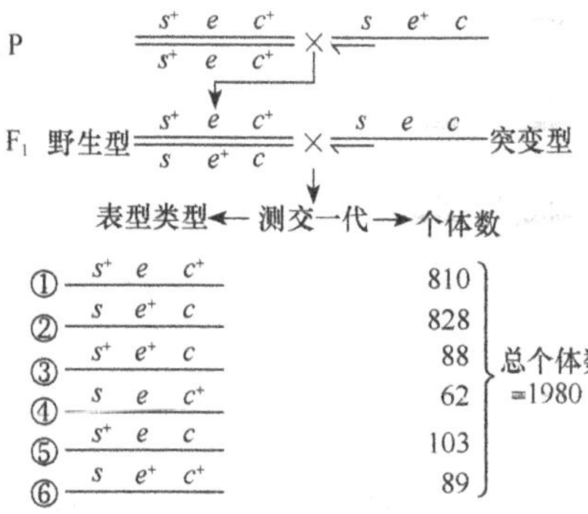

P　$\dfrac{s^+\ e\ c^+}{s^+\ e\ c^+}$ × $\dfrac{s\ e^+\ c}{\quad}$

F_1　野生型 $\dfrac{s^+\ e\ c^+}{s\ e^+\ c}$ × $\dfrac{s\ e\ c}{\quad}$ 突变型

表型类型 ← 测交一代 → 个体数

	表型类型	个体数
①	$s^+\ e\ c^+$	810
②	$s\ e^+\ c$	828
③	$s^+\ e^+\ c$	88
④	$s\ e\ c^+$	62
⑤	$s^+\ e\ c$	103
⑥	$s\ e^+\ c^+$	89

总个体数＝1980

图 5-11　果蝇无双互换的三点测交

涉及这三个基因座时，今有棘眼品系（即另两个基因座为野生型基因型）的雌蝇和胸无刚毛、翅无横脉（即另一基因座为野生型基因型）的雄果蝇杂交，F_1 雌蝇再进行测交，结果如图 5-11 所示。

照例，图 5-11 中亲代基因型的顺序是任意给定的，因仅凭其表现型不能确定其基因的顺序。

由于测交一代只有 6 种，而不是 8 种类型，说明 F_1 雌蝇形成配子时这三个基因座间没有发生双互换。

利用无双互换的三点测交进行基因定位，与前述两点测交的相同。

（1）求基因座 *s* 和 *e* 间的距离　忽略基因座 *c*，则上述三点测交就是一个涉及基因座 *s* 和 *e* 的两点测交，测交一代结果就为

$$\left.\begin{aligned}\underline{s^+e}&=810+103\\ \underline{s\ e^+}&=828+89\end{aligned}\right\}\text{亲本型}\quad \left.\begin{aligned}\underline{s^+e^+}&=88\\ \underline{s\ e}&=62\end{aligned}\right\}\text{互换型}$$

所以，这两基因座间的互换百分数（用重组百分数估算）为

$$(\text{C.O})_{s\text{-}e}=\frac{88+62}{1980}\times 100\%=7.6\%$$

（2）求基因座 e 和 c 间的图距　忽略基因座 s，则上述三点测交就是一个涉及基因座 e 和 c 的两点测交，测交一代结果就为

$$\left.\begin{array}{l}\underline{e\ c^{+}}=810+62\\ \underline{e^{+}\ c}=823+88\end{array}\right\}亲本型\quad \left.\begin{array}{l}\underline{e\ c}=103\\ \underline{e^{+}\ c^{+}}=89\end{array}\right\}互换型$$

所以，这两基因座间的互换百分数为

$$(\mathrm{C.O})_{e\text{-}c}=\frac{103+89}{1980}\times100\%=9.7\%$$

（3）求基因座 s 和 c 间的图距　忽略基因座 e，则上述三点测交就是涉及基因座 s 和 c 的两点测交，测交一代结果为

$$\left.\begin{array}{l}\underline{s^{+}\ c^{+}}=810\\ \underline{s\ \ c}=828\end{array}\right\}亲本型\quad \left.\begin{array}{l}\underline{s^{+}\ c}=88+103\\ \underline{s\ c^{+}}=62+89\end{array}\right\}互换型$$

所以，这两基因座间的互换百分数为

$$(\mathrm{C.O})_{s\text{-}c}=\frac{88+103+62+89}{1980}\times100\%=17.3\%$$

（4）根据连锁基因座的线性排列原理作遗传图　由于 $(\mathrm{C.O})_{s\text{-}c}=(\mathrm{C.O})_{s\text{-}e}+(\mathrm{C.O})_{e\text{-}c}$，所以这三个基因座的排列顺序和相对距离，即遗传图为

s ←— 7.6cM —→ e ←— 9.7cM —→ c

当然，对三连锁基因座无双互换的遗传作图，也可先确定哪个基因座在中间，然后计算中间基因座分别与两边基因座间的距离即可。在该例（图 5-11）：

基因座 s 和 e 间重组个体数=88+62=150

基因座 e 和 c 间重组个体数=103+89=192

基因座 s 和 c 间重组个体数=88+62+103+89=342

所以，基因座顺序应为 $\underline{s\ \ e\ \ c}$。然后再计算 $(\mathrm{C.O})_{s\text{-}e}$ 和 $(\mathrm{C.O})_{e\text{-}c}$，即可得与上述相同的遗传图。

三、连锁图和连锁群

一个三点测交只能确定三个连锁基因座的位置，即只能确定三个连锁基因座在染色体上的排列顺序和相对距离。

由此引发一个问题：一条染色体上的基因座远不止三个，如何把这些基因座的排列顺序和相对距离确定在一条染色体上呢？这就需要根据下面所讲的多个三点测交来确定。

假定根据第一个三点测交，得连锁基因座 a、b、c 的图距如下：

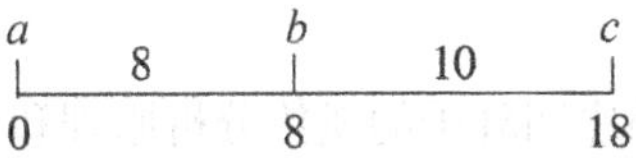

a —— 8 —— b —— 10 —— c
0　　　　8　　　　18

下方的数字表示：以基因座 a 为原点（0），从 a 至 b 的距离为 8cM，从 b 至 c 的距离为 10cM，从 a 至 c 的距离为 18cM。

第二个三点测交要包括第一个三点测验的两个基因座，且必须包括中间那个基因座（这里为 b）。这个三点测交，假定涉及连锁基因座 b、c、d，根据三点测交，这三个基因座的位置关系如下：

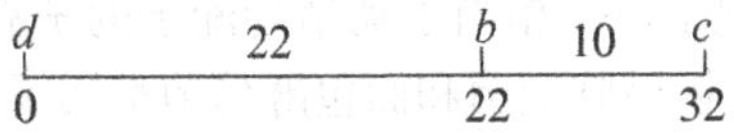

d —— 22 —— b —— 10 —— c
0　　　　22　　　　32

如何把这 4 个连锁基因座的位置关系画在一个图上呢？只要把以上两个三点测交图的两相同的基因座（这里为 *b*、*c*）重叠在一起，即

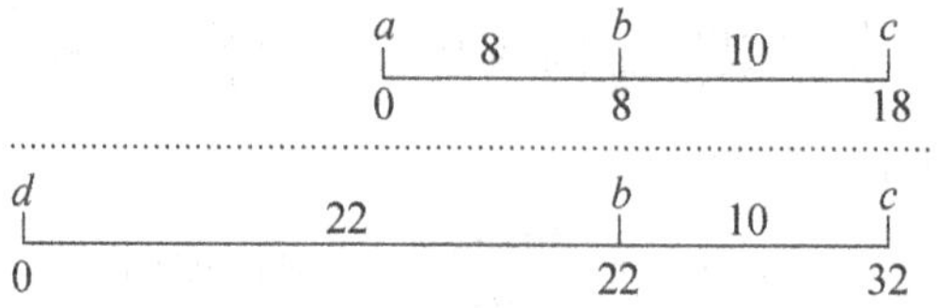

a —8— b —10— c
0 8 18

d —22— b —10— c
0 22 32

就可在一个图上确定这 4 个基因座的顺序和相对距离，如

$$(a，d\text{间距离})=(b，d\text{距离})-(a，b\text{距离})=22-8=14(\text{cM})$$

所以，若以基因座 *d* 为原点（0），则有

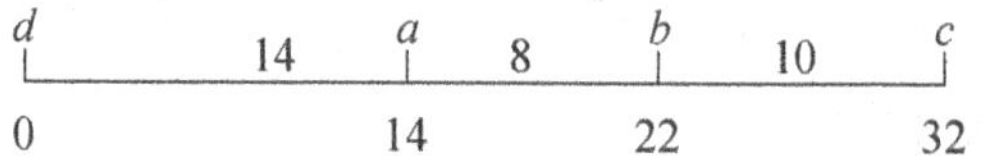

d —14— a —8— b —10— c
0 14 22 32

如此重复，以后每进行一个三点测交，就可把一个连锁基因座定位在染色体上。

位于同源染色体上的一群（连锁）基因座称为**连锁群**（linkage group）。一个物种有几类同源染色体，就有几个连锁群。例如，玉米有 10 类（对）同源染色体，就有 10 个连锁群。女人有 23 对同源染色体，就有 23 个连锁群；男人除 22 对同源常染色体和性染色体 X 外，还有 1 条 Y 染色体，所以应有 24 个连锁群。也就是说，人类有 24 个连锁群。

第三节 低等真核生物的遗传作图

下面以**粗糙脉孢菌**（*Neurospora crassa*）和**面包酵母菌**（*Saccharomyces cerevisiae*）为例，讲低等真核生物的遗传作图。

在遗传分析中，与高等真核生物相比，低等真核生物的真菌类具有许多优点，是遗传研究的理想试验材料。这些优点是：一次杂交在较短时间内可得到大量子代个体，便于统计分析；是单倍体占优势的生物，由个体的表现型可直接推出个体的基因型。

此外，一些真菌的二倍体细胞的减数分裂产物——多个子囊孢子封闭在一个**子囊**（ascus）内。下面会谈到，在这些真菌中，如粗糙脉孢菌子囊内 4 个子囊孢子——**四分子**（tetrad）的排列顺序，反映了有关二倍体细胞减数分裂的实际过程，称为**顺序四分子**（ordered tetrad）；有的真菌，如面包酵母菌子囊内 4 个子囊孢子的排列顺序，不能反映有关二倍体细胞减数分裂的实际过程，称为**非顺序四分子**（unordered tetrad）。这些四分子都十分有利于遗传分析。

一、顺序四分子遗传作图

现以粗糙脉孢菌为例，说明顺序四分子的遗传分析原理和作图方法。为此，须先知该菌的生活周期。

（一）粗糙脉孢菌的生活周期

有的真菌由两种不同交配型（如 A 和 a）的单倍体菌丝交配，产生一个二倍体的细胞后经减数分裂产生的（单倍体）有性孢子——相当于动植物配子的**子囊孢子**（ascospore），位于一个**子囊**（ascus）内而称为子囊菌，如粗糙脉孢菌和面包酵母菌都属子囊菌。粗糙脉孢菌的生活周期包

括配子体世代和孢子体世代。

配子体世代——如图 5-12 所示，一个成熟子囊内含有 8 个单倍体的有性子囊孢子（n=7）或大型分生孢子（macroconidium），而许多成熟子囊聚在一个成熟子囊壳内。在适宜环境中，这些单倍体大型分生孢子，经无性繁殖（主要的繁殖方式）萌发后发育成具有多细胞菌丝（mycelium）的配子体。这些配子体成熟时，通过有丝分裂，在其顶端产生众多的、构成分枝链状的小型分生孢子（microconidium），每一小型分生孢子经无性繁殖又可萌发成新的称为菌丝的新配子体。显然，如此的配子体世代是由若干个无性周期（asexual cycle）构成的。

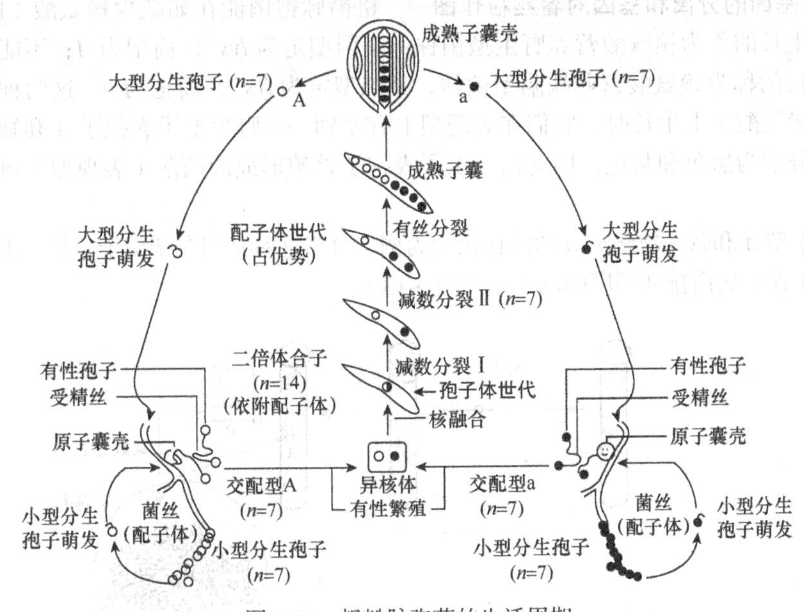

图 5-12 粗糙脉孢菌的生活周期

孢子体世代——在非适宜的环境中，称为菌丝的配子体的某些特定部位长出非成熟的、没有子囊的多细胞子囊壳——原子囊壳（protoperithecium）。原子囊壳长出受精丝，其末端产生有性孢子（相当于高等真核生物的配子），专门接受相反交配型的有性孢子。如图 5-12 所示，当一菌丝的原子囊壳交配型 a（或 A）的有性孢子落至另一菌丝原子囊壳的相反交配型 A（或 a）的受精丝上时，顺着受精丝进入原子囊壳的一个细胞，即有性孢子 A（或 a）而成为一个含有两个核的异核体；异核体融合而成为二倍体合子（$2n$=14）而进入短暂的孢子体世代。随后，二倍体合子或未成熟子囊进行减数分裂，形成 4 个单倍体核（n=7）的配子体而进入配子体世代；每个单倍体核再进行一次有丝分裂共形成 8 个核，每个核进一步形成一个细胞的子囊孢子，共处在含有 8 个子囊孢子（大型分生孢子）的一个成熟子囊内。由于一个原子囊壳可容纳 100 个以上的异核体，因此由一个原子囊壳发育成的一个成熟子囊壳就可容纳 100 个以上的成熟子囊（每个成熟子囊内有 8 个子囊孢子）。子囊孢子（大型分生孢子）在适宜环境中又可萌发成称为菌丝的配子体。

粗糙脉孢菌的孢子体世代仅涵盖处于原子囊壳内的、依附于配子体内的二倍体合子；配子体世代涵盖从二倍体合子经减数分裂产生的单倍体，如大型分生孢子、菌丝和小型分生孢子。显然，粗糙脉孢菌的配子体世代占优势。

由于该真菌的子囊孢子表面有如叶脉的粗糙纵向花纹，因此称为粗糙脉孢菌。

由于该真菌的子囊是狭长的，其横切面的直径很小，二倍体合子减数分裂时，从中心体发出的与着丝粒相连的纺锤丝和子囊的纵轴平行，也使得由一个合子经减数分裂形成的 4 个子囊孢子——四分子，在子囊内也是按减数分裂的实际顺序排列的，这就是前述的顺序四分子。这一顺序四分子，在随后的有丝分裂中也不能改变这一顺序，即从子囊的任一端开始，每相邻的一对子囊孢子在遗传上是相同的。

下面要讲的是，根据子囊内 4 对子囊孢子的排列顺序，如何推出合子内每对同源染色体的 4 条染色单体，在减数分裂Ⅰ和减数分裂Ⅱ的实际排列顺序。

（二）粗糙脉孢菌的顺序四分子分析

1. 一对基因的分离和基因对着丝粒作图 粗糙脉孢菌能在如缺少赖氨酸（lysine）的基本培养基上生长的称为赖氨酸营养野生型菌株，基因型定为 lys^+，简记为 A；不能在这种基本培养基上生长的称为赖氨酸营养缺陷型菌株，基因型定为 lys^-，简记为 a。这两种菌株在完全培养基（含赖氨酸）上生长时，它们在表现型上有差别——野生型子囊孢子 A 和缺陷型子囊孢子 a 的菌落分别为黑色和灰色，因此由一个子囊孢子繁殖形成的菌落（表现型）可推知这个孢子的基因型。

现以野生型 A 和营养缺陷型 a 的菌株杂交为例，分析这对基因在杂交子一代（Aa）的分离规律和子囊孢子在子囊内排列顺序间的关系（图 5-13）。

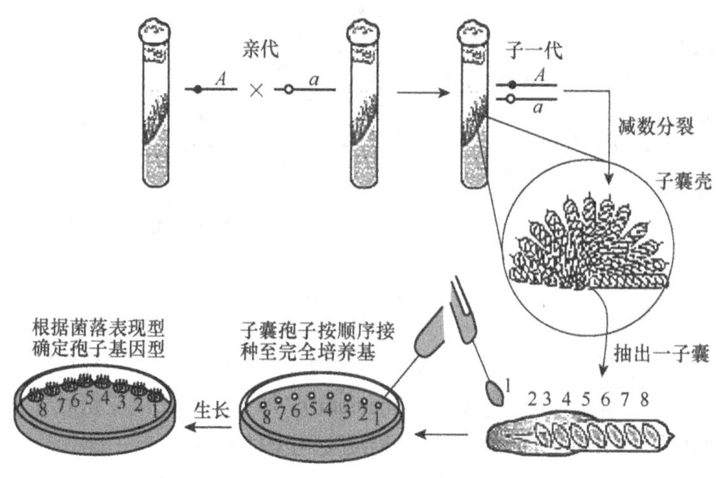

图 5-13 粗糙脉孢菌杂交和子一代子囊孢子基因型的鉴定

在图 5-13 中，实心黑圆点和空心白圆点分别表示等位基因 A 和 a 所在的同源染色体上的着丝粒。利用显微镜，可把子一代一个子囊内的子囊孢子依次取出并依次放入固态完全培养基上培养，根据子囊孢子生长菌落的性状表现（如黑色或灰色），就可按顺序推知该子囊内各子囊孢子的基因型，从而就可确定该子囊子一代的子囊类型。类似可推出其他子囊子一代的子囊类型。

（1）减数分裂行为和子囊中的孢子排列顺序 子囊中子一代 Aa（孢子体）紧接着进行减数分裂，分两种情况讨论。

情况 1——在减数分裂Ⅰ（meiosis Ⅰ）（减Ⅰ），若基因座 A-a（如前所述，表示该基因座有两种等位基因 A 和 a）和其着丝粒间没有互换，则来自亲本的该基因座的两种等位基因在减数分裂Ⅰ就必然分离而分别进入两个子囊孢子内，这种分离称为**第一次分裂分离**（first division segregation），简称 M_1［图 5-14（a）］；在减数分裂Ⅱ（meiosis Ⅱ）（减Ⅱ），每个子囊孢子进行均等分裂（有丝分裂），得 4 个子囊孢子 $AAaa$；减数分裂后进行一次有丝分裂，子囊孢子在子囊内从头到尾的排列顺序为 $AAAAaaaa$，如［图 5-14（a），（1）］所示。当然，在基因与着丝粒间没有发生互换的情况下，由于在减数分裂中期Ⅰ的两同源染色体的取向不同（第二章），子囊孢子在子囊内从头到尾还有一种排列顺序为 *aaaaAAAA*［图 5-14（a），（2）］。由于这两种子囊内每一子囊孢子的基因型（包括有关基因和着丝粒）都分别与其中的一个亲本相同，因此统称**亲本型**（parental type）或**非互换型**（non-crossover type）。从理论上讲，由于两同源染色体在减数分裂中期Ⅰ排列的随机性（第二章），有两种等可能的取向，因此这两种非互换型排列的子囊数应期望相等。

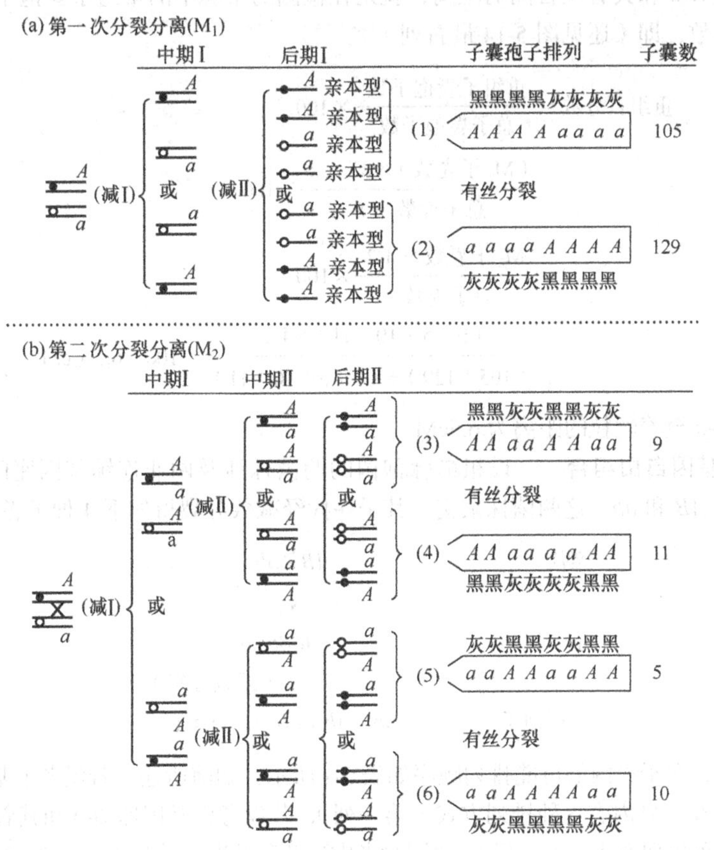

图 5-14　粗糙脉孢菌的第一次分裂分离和第二次分裂分离（刘祖洞，1991）

情况 2——在减数分裂Ⅰ，若基因座和着丝粒间的非姐妹染色单体发生一个互换［图 5-14（b）］，则来自亲本的两等位基因在减数分裂Ⅰ的两子囊孢子内仍未分离，要到减数分裂Ⅱ才分离，这种分离称为**第二次分裂分离**（second division segregation），简称 M_2；减数分裂后经一次有丝分裂，子囊孢子在子囊内从头到尾的排列顺序为 *AAaaAAaa*，如［图 5-14（b），（3）］所示。同样，第二次分裂分离时，由于同源染色体在中期Ⅰ有两种相等的随机取向和染色单体在中期Ⅱ也有两种相等的随机取向，因此子囊孢子在子囊内从头到尾的排列顺序应期望有数量相等的 4 种方式，如图 5-14（b）的（3）～（6）所示。这 4 种排列顺序是由于在着丝粒和基因间发生了互换，因此统称**互换型**（crossover type）。

（2）基因对着丝粒作图　所谓**基因对着丝粒作图**（gene-to-centromere mapping），是把着丝粒也作为一个基因座（想象上述用实心黑圆点和空心白圆点表示的两着丝粒为一个基因座内的两种等位基因），以计算某基因座（如上例 *A*-*a*）与着丝粒之间的距离。

根据高等真核生物的基因作图思路，若染色体两基因座间距离越远，则这两基因座间发生互换的频率越大；反之越小。而发生互换频率的大小，可根据子囊内重组子囊孢子的频率估算出来。

如何估算重组子囊孢子的频率？参看图 5-14（b），若把着丝粒也当作一个基因座，在着丝粒和有关基因座（*A-a*）间发生互换时，其减数分裂的 4 个产物，只有 2 个是重组型孢子，另 2 个是非重组型（即亲本型）孢子；因此，其子囊内的 8 个孢子，这两种类型应各占 4 个。根据图距定义，在基因座 *A-a* 和其着丝粒间的距离，就是在检测的子囊中的重组子囊孢子数占检测的总子囊孢子数的百分数，即（还见图 5-14 最右列）

$$
\begin{aligned}
\text{重组百分数} &= \frac{\text{重组子囊孢子数}}{\text{总子囊孢子数}}\times 100 \\
&= \frac{(\text{M}_2\ \text{子囊数})\times 8\times 1/2}{\text{总子囊数}\times 8}\times 100 \\
&= \frac{\text{M}_2\ \text{子囊数}\times 1/2}{\text{总子囊数}}\times 100 \\
&= \frac{(9+5+10+11)\times 1/2}{(105+129)+(9+5+10+11)}\times 100=6.5\ (\text{cM})
\end{aligned}
$$

所以，基因座 *A-a* 至着丝粒的距离为 6.5cM。

2. 非连锁基因自由组合 设粗糙脉孢菌的两菌株涉及两非连锁基因座的两对基因差异，其基因型分别为 *AB* 和 *ab*，这两菌株杂交，其子一代经减数分裂得如下 4 种子囊孢子：

亲代 *AB*×*ab*

↓

子一代 *AaBb*

↓（减数分裂）

子囊孢子 *AB*∶*ab*∶*Ab*∶*aB*=1∶1∶1∶1

这 4 种子囊孢子，在子囊内的可能排列顺序如表 5-1 所示：如前所述，若仅考虑基因座 *A-a* 和其着丝粒，子囊孢子在子囊内有 6 种排列方式（第一列）；若仅考虑基因座 *B-b* 和其着丝粒，子囊孢子在子囊内也有 6 种排列方式（第一行）；故同时考虑这两种情况，就是 6×6=36 种排列方式。

表 5-1 两非连锁基因座的两对基因差异的杂交子囊孢子的 36 种排列方式（侯占铭，1997）

	B-b					
A-a	*B* *B* *b* *b*	*b* *b* *B* *B*	*B* *b* *B* *b*	*b* *B* *b* *B*	*B* *b* *b* *B*	*b* *B* *B* *b*
A *A* *a* *a*	*AB* *AB* *ab* *ab* PD	*Ab* *Ab* *aB* *aB* NPD	*AB* *Ab* *aB* *ab* T	*Ab* *AB* *ab* *aB* T	*AB* *Ab* *ab* *aB* T	*Ab* *AB* *aB* *ab* T
	① M_1M_1	② M_1M_1	③ M_1M_2	③ M_1M_2	③ M_1M_2	③ M_1M_2

续表

	B-b											
A-a	*B* *B* *b* *b*		*b* *b* *B* *B*		*B* *b* *B* *b*		*b* *B* *b* *B*		*B* *b* *b* *B*		*b* *B* *B* *b*	
a *a* *A* *A*	*aB* *aB* *Ab* *Ab*	NPD	*ab* *ab* *AB* *AB*	PD	*aB* *ab* *AB* *Ab*	T	*ab* *aB* *Ab* *AB*	T	*aB* *ab* *Ab* *AB*	T	*ab* *aB* *AB* *Ab*	T
	② M_1M_1		① M_1M_1		③ M_1M_2		③ M_1M_2		③ M_1M_2		③ M_1M_2	
A *a* *A* *a*	*AB* *aB* *Ab* *ab*	T	*Ab* *ab* *AB* *aB*	T	*AB* *ab* *AB* *ab*	PD	*Ab* *aB* *Ab* *aB*	NPD	*AB* *ab* *Ab* *aB*	T	*Ab* *aB* *AB* *ab*	T
	④ M_2M_1		④ M_2M_1		⑤ M_2M_2		⑥ M_2M_2		⑦ M_2M_2		⑦ M_2M_2	
a *A* *a* *A*	*aB* *AB* *ab* *Ab*	T	*ab* *Ab* *aB* *AB*	T	*aB* *Ab* *aB* *Ab*	NPD	*ab* *AB* *ab* *AB*	PD	*aB* *Ab* *ab* *AB*	T	*ab* *AB* *aB* *Ab*	T
	④ M_2M_1		④ M_2M_1		⑥ M_2M_2		⑤ M_2M_2		⑦ M_2M_2		⑦ M_2M_2	
A *a* *a* *A*	*AB* *aB* *ab* *Ab*	T	*Ab* *ab* *aB* *AB*	T	*AB* *ab* *aB* *Ab*	T	*Ab* *aB* *ab* *AB*	T	*AB* *ab* *ab* *AB*	PD	*Ab* *aB* *aB* *Ab*	NPD
	④ M_2M_1		④ M_2M_1		⑦ M_2M_2		⑦ M_2M_2		⑤ M_2M_2		⑥ M_2M_2	
a *A* *A* *a*	*aB* *AB* *Ab* *ab*	T	*ab* *Ab* *AB* *aB*	T	*aB* *Ab* *AB* *ab*	T	*ab* *AB* *Ab* *aB*	T	*aB* *Ab* *Ab* *aB*	NPD	*ab* *AB* *AB* *ab*	PD
	④ M_2M_1		④ M_2M_1		⑦ M_2M_2		⑦ M_2M_2		⑥ M_2M_2		⑤ M_2M_2	

若只考虑子一代减数分裂时是否发生了互换，即有关基因及其着丝粒间是发生第一分裂分离（M_1，无互换）还是发生第二分裂分离（M_2，有互换），而不考虑染色体在中期 I 和非姐妹染色单体在后期 I 的随机取向，则表 5-1 的子囊孢子在子囊内的 36 种可能排列方式可归纳减至 7 种（①～⑦）子囊基本类型（表 5-2）：①和②是子一代在减数分裂时，有关基因座和其着丝粒间都未发生互换的结果，记作 M_1M_1；⑤和⑥是子一代在减数分裂时，有关基因座和其着丝粒间都发生了互换的结果，记作 M_2M_2；③是子一代在减数分裂时，*A-a* 基因座和 *B-b* 基因座与相应着丝粒间分别未发生互换和发生了互换的结果，记作 M_1M_2；同理，④和⑦可分别记作 M_2M_1 和 M_2M_2。

表 5-2 两对基因差异（非连锁）杂交的子囊基本类型

子囊基本类型	①	②	③	④	⑤	⑥	⑦
子囊孢子基因型顺序	*AB*	*aB*	*ab*	*ab*	*ab*	*aB*	*ab*
	AB	*aB*	*aB*	*Ab*	*AB*	*Ab*	*AB*
	ab	*Ab*	*Ab*	*aB*	*ab*	*aB*	*aB*
	ab	*Ab*	*AB*	*AB*	*AB*	*Ab*	*Ab*
分离发生时期	M_1M_1	M_1M_1	M_1M_2	M_2M_1	M_2M_2	M_2M_2	M_2M_2
基因型类型	PD	NPD	T	T	PD	NPD	T

这 7 种子囊基本类型，若不考虑子囊内子囊孢子的基因型顺序，只按子囊内子囊孢子的基因型类型划分，又可归纳减至 3 种类型（表 5-2 最后一行）：基本子囊①和⑤中子囊孢子的基因型只有 2 种 *AB* 和 *ab*，与两亲本的相同，统称**亲二型**（parental ditype，PD）；子囊基本类型②和⑥中的子囊孢子基因型也只有两种 *aB* 和 *Ab*，但与亲本的不同，统称**非亲二型**（non-parental ditype，NPD）；子囊基本类型③、④和⑦中的子囊孢子基因型有 4 种，统称**四型**（tetratype，T）。

所以，粗糙脉孢菌的两菌株涉及两非连锁基因座的两对基因差异时，经上述分析可得如下结论。

第一，根据表 5-1，杂交子一代 7 种基本子囊类型期望比（E_1）、亲二型和非亲二型期望比（E_2）以及三种四型期望比（E_3）分别是

$$E_1=①:②:③:④:⑤:⑥:⑦=2:2:8:8:4:4:8$$
$$=1:1:4:4:2:2:4$$
$$E_2=\text{亲二型}（①+⑤）:\text{非亲二型}（②+⑥）=1:1$$
$$E_3=\text{四型}③:④:⑦=1:1:1$$

第二，基因座 *A-a* 和 *B-b* 分别与相应着丝粒间的距离，可用上述的基因对着丝粒作图法求得。但若各基因座与其着丝粒间不发生互换，其基本子囊类型只有亲二型①和非亲二型②，且比例为 1∶1，则说明有关基因座与其着丝粒相距都很近。

3. 连锁基因互换和重组作图

（1）7 种基本子囊形成的方式　在高等真核生物如玉米中，双因子杂种 *AaBb* 的测交一代，两基因座不管连锁否，都产生相同的 4 种表型，只是比例不同而已。与高等真核生物类似，在低等真核生物如粗糙脉孢菌中，如果两基因座 *A-a* 和 *B-b* 连锁，在其着丝粒与 *A-a* 和 *B-b* 间以及 *A-a* 与 *B-b* 间都存在互换的条件下，会同（非连锁基因）自由组合一样产生上述 7 种基本子囊类型，只是比例不同而已。

但是，在连锁时，这 7 种基本子囊产生的方式，还会因这两基因座是位于着丝粒的一侧（即这两基因座位于染色体的同一臂上）还是位于着丝粒的两侧（即这两基因座分别位于染色体的两臂上）而有所不同（图 5-15）。

由图 5-15 可得出两个重要推论。

第一，两基因座连锁时，无论它们是位于着丝粒的两侧（即分别位于两臂）还是同侧（即位于同臂），在子囊内形成子囊孢子时，无论是有互换或无互换，都可知是亲二型数大于非亲二型数。前已证明，两基因座不连锁时，亲二型数和非亲二型数应相等。所以，根据这两类型数是否相等，可判断两基因座是否连锁。

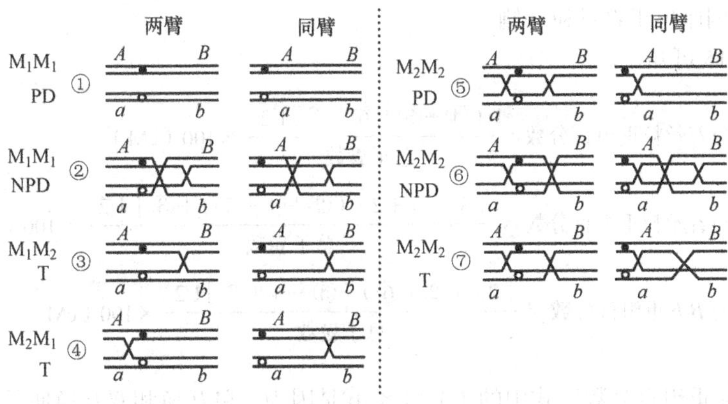

图 5-15 两基因座位于染色体两臂和同臂时 7 种子囊形成方式

第二，连锁基因座位于着丝粒两侧时，产生的子囊类型⑤和⑥都要同时发生两个单互换，因此它们产生的频率大小应接近；位于着丝粒一侧时，产生⑤应只需发生一个单互换，产生⑥应同时发生一个单互换和一个双互换，因此产生⑤的频率应大于产生⑥的频率。所以，根据子囊类型⑤和⑥的子囊数是否有显著差异，可判断两连锁基因座是位于着丝粒同侧还是两侧——有显著差异时，两连锁基因座位于着丝粒同侧；无显著差异时，两连锁基因座位于着丝粒两侧。

（2）重组作图　这里的重组作图，实际上是利用两连锁基因座及其着丝粒（作为一个基因座）的作图，相当于高等真核生物的“三点测交”，主要步骤如下。

第一步，判断两基因座是否连锁：若亲二型（①+⑤）与非亲二型（②+⑥）的数目大致相等（差异不显著），则两基因座为非连锁；否则，为连锁。

第二步，为连锁时，判断两基因座是位于着丝粒同侧还是两侧：若子囊类型⑤与⑥的数目无显著差异，则连锁基因座位于着丝粒两侧；否则，位于着丝粒一侧。

第三步，计算图距。

情况Ⅰ：基因座位于着丝粒两侧。

从图 5-15 可知，

$$A\text{-}a\text{ 与着丝粒重组百分数}=\frac{(\mathrm{M_2}\text{ 子囊数})1/2}{\text{总子囊数}}\times 100\ (\mathrm{cM})$$
$$=\frac{(④+⑤+⑥+⑦)1/2}{\text{总子囊数}}\times 100\ (\mathrm{cM})$$

式中，$\mathrm{M_2}$ 是对基因座 $A\text{-}a$ 而言。

$$B\text{-}b\text{ 与着丝粒重组百分数}=\frac{(\mathrm{M_2}\text{ 子囊数})1/2}{\text{总子囊数}}\times 100$$
$$=\frac{(2\times ②+③+⑤+⑥+⑦)1/2}{\text{总子囊数}}\times 100\ (\mathrm{cM})$$

式中，$\mathrm{M_2}$ 是对基因座 $B\text{-}b$ 而言，2× ②是因②中的子囊孢子全为重组孢子。

$$A\text{-}a\text{ 和 }B\text{-}b\text{ 重组百分数}=\frac{[2\times(②+⑤+⑥+⑦)+③+④]1/2}{\text{总子囊数}}\times 100\ (\mathrm{cM})$$

情况Ⅱ：基因座位于着丝粒一侧。

同样由图 5-15 可知，

$$A\text{-}a\text{与着丝粒重组百分数}=\frac{(④+⑤+⑥+⑦)1/2}{\text{总子囊数}}\times 100\ (\text{cM})$$

$$B\text{-}b\text{与着丝粒重组百分数}=\frac{[3\times ⑥+2\times(②+④+⑦)+③]\ 1/2}{\text{总子囊数}}\times 100\ (\text{cM})$$

$$A\text{-}a\text{与}B\text{-}b\text{重组百分数}=\frac{[2\times(②+⑥)+③+④+⑦]1/2}{\text{总子囊数}}\times 100\ (\text{cM})$$

在“*B-b* 与着丝粒重组百分数”式中的（3/2）× ⑥是因为，单互换和双互换使子囊内的孢子相当于分别有 1/2 和 2/2 的重组体，而发生三互换相当于子囊内有 3/2 的重组体产生（归根结底，两基因座间的距离是由其间的非姐妹染色单体的互换率定义的）。

第四步，根据结果作出连锁图。

（3）例子分析　粗糙脉孢菌一菌株是丝氨酸和脯氨酸依赖型，其基因型记作 *ab*，而相应野生型菌株的基因型记作 *AB*。同时基因座 *A-a* 还控制子囊孢子的颜色，*A* 和 *a* 分别使孢子呈黄色和灰色；*B-b* 还控制孢子的形状，*B* 和 *b* 分别使孢子呈平滑和粗糙。

把这两亲本杂交，其子代产生许多子囊。抽取一定数量的子囊，对每一子囊内的子囊孢子按原来顺序在固态完全培养基上培养，依子囊孢子菌株的表型推出其基因型。图 5-16 是从中抽出的一个子囊的子囊孢子，按原来顺序排列在完全培养基（含丝氨酸和脯氨酸）上，根据子囊孢子长出菌株的表型推出其基因型，结果推得该子囊属子囊基本类型③；其他子囊内子囊孢子的基因型和子囊基本类型可类似推知，结果见表 5-3。

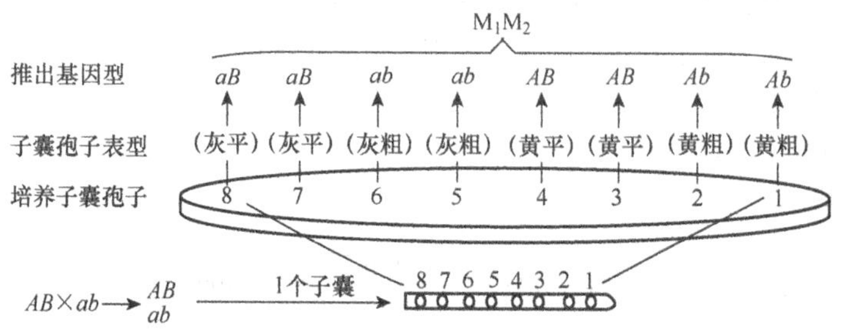

图 5-16　粗糙脉孢菌 *AB*×*ab* 的子代子囊内子囊孢子基因型的识别

表 5-3　*AB*×*ab* 子代子囊基本类型观测数及有关信息

指标	基本类型						
	①	②	③	④	⑤	⑥	⑦
观测数	740	5	180	10	40	5	20
分离发生时期	M_1M_1	M_1M_1	M_1M_2	M_2M_1	M_2M_2	M_2M_2	M_2M_2
基因型类型	PD	NPD	T	T	PD	NPD	T

由于亲二型子囊数（740+40）明显大于非亲二型子囊数（5+5），因此 *A-a* 和 *B-b* 两基因座连锁。

由于亲二型子囊类型⑤的子囊数（40）明显大于非亲二型子囊类型⑥的子囊数（5），因此

A-a 和 B-b 两连锁基因座位于着丝粒一侧，从而有

$$A\text{-}a\text{与着丝粒重组百分数}=\frac{(10+40+5+20)1/2}{1000}\times 100=3.75\ (\text{cM})$$

$$B\text{-}b\text{与着丝粒重组百分数}=\frac{[3\times 5+2(5+10+20)+180]1/2}{1000}\times 100=15.25\ (\text{cM})$$

$$A\text{-}a\text{和}B\text{-}b\text{重组百分数}=\frac{[2(5+5)+180+10+20]1/2}{1000}\times 100=11.5\ (\text{cM})$$

所以，这两基因座相对于着丝粒的染色图为

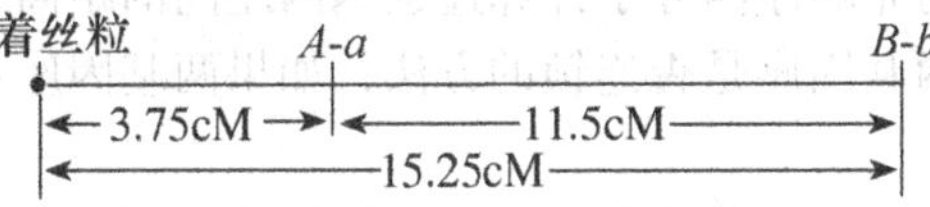

二、非顺序四分子分析

以真菌中的子囊菌——**面包酵母菌**（*Saccharomyces cerevisiae*）为例，说明非顺序四分子遗传分析的原理和作图方法。

（一）面包酵母菌的生活周期

面包酵母菌的生活周期经历单倍体-二倍体世代。如图 5-17 所示，当环境适宜（如富有营养）时，具有两相反交配型（分别用+和−表示）的子囊孢子——单倍体（n）进入生活周期中的有性繁殖阶段而相互结合成为二倍体（$2n$）合子，并通过有丝分裂进行无性繁殖的出芽生殖（芽殖），以增加二倍体的细胞数目；当环境不适宜（如缺乏营养）时，一个二倍体细胞进行减数分裂，在子囊内形成 4 个单倍体子囊孢子（n），即形成具有两种交配型的单倍体配子，以抵御不良环境。

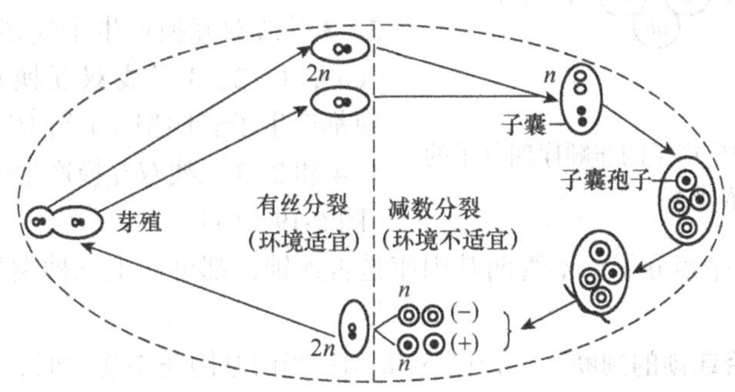

图 5-17　面包酵母菌的生活周期

面包酵母菌与粗糙脉孢菌的子囊孢子在子囊内的排列，既有相同点又有不同点：相同点，它们减数分裂的 4 个子囊孢子都限制在一个子囊内；不同点，面包酵母菌不像粗糙脉孢菌那样按减数分裂实际顺序进行直线排列，而是无顺序地随机排列（由于其子囊不像粗糙脉孢菌子囊那样狭长，子囊孢子在子囊内的排列就具有随机性），这种在子囊内无顺序排列的四分子就是前述的非顺序四分子。

（二）面包酵母菌连锁基因重组作图

在非顺序四分子中，由于子囊孢子在子囊内的排列是随机的，其位置不能反映产生它们的减数分裂的实际过程，从而不能判断基因分离是发生在第一分裂分离（M_1）还是在第二分裂分离（M_2），也就不能像粗糙脉孢菌那样，利用有关基因座的第二分裂分离子囊数进行基因对着丝粒的作图。

但是，在非顺序四分子中，与顺序四分子一样，涉及两个基因座时也可分辨三种基本子囊类型，即亲二型（PD）、非亲二型（NPD）和四型（T），从而也可根据这三种类型的子囊数计算连锁基因座间的距离。

为了利用面包酵母菌的非顺序四分子计算连锁基因座间的距离，下面依次讨论：这三种子囊类型产生的方式；判断两基因座是否连锁的方法；如果两基因座连锁，说明重组作图的原理和方法。

1. 子囊类型产生的方式 假定面包酵母菌有两菌株 *AB* 和 *ab*，其杂交子代 *AaBb* 进行减数分裂产生的子囊类型，可分两种情况讨论。

第一种情况：两基因座不连锁。

若每基因座与其相应的着丝粒无互换［图 5-18（a）］，由于中期 I 染色体的两种取向方式的机会相等，则杂交子代 *AaBb* 可产生数目相等的亲二型（PD）子囊和非亲二型（NPD）子囊；若基因座与其相应的着丝粒有互换［图 5-18（b）］，则可产生四型（T）子囊，即子囊内有亲二型和非亲二型子囊孢子。

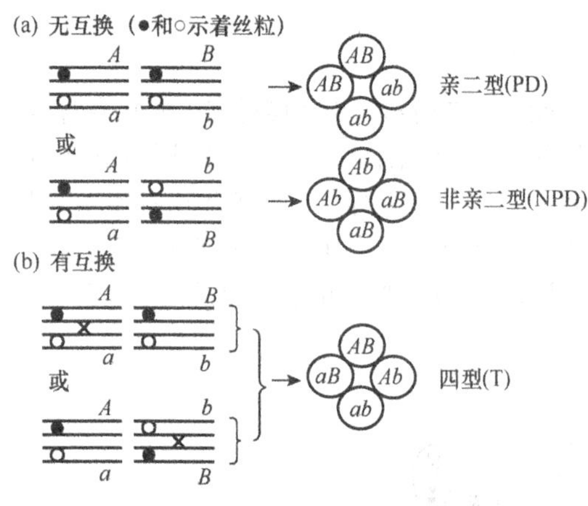

图 5-18 两非连锁基因座产生的非顺序四分子的子囊类型

第二种情况：两基因座连锁。

杂交子代 *AaBb* 经减数分裂产生子囊的方式及相应的类型：①无互换，产生子囊亲二型（PD）［图 5-19（a）］；②两基因座间的单互换，产生子囊四型（T）［图 5-19（b）］；③两基因座间的 4 种可能双互换，产生三种子囊类型——2、3 二线双互换产生子囊亲二型（PD）［图 5-19（c）］，1、2、3 三线双互换和 2、3、4 三线双互换都产生子囊四型（T）［图 5-19（d）和（e）］；1、4 和 2、3 二线双互换产生子囊非亲二型（NPD）［图 5-19（f）］。

所以，对于非顺序四分子，不管两基因座是否连锁，都可产生三种类型的子囊：PD、NPD 和 T。

2. 两基因座是否连锁的判断 由图 5-18 知：当两基因座不连锁时，PD 和 NPD 的子囊数相等。

由图 5-19 知：当两基因座连锁时，产生 PD 有两种方式，即非互换［图 5-19（a）］和 2、3 二线双互换［图 5-19（c）］；产生 NPD 只有一种方式，即 1、4 和 2、3 二线双互换方式［图 5-19（f）］。显然，当两基因座连锁时，PD 子囊数要显著超过 NPD 子囊数——因为这时在理论上，双互换的 PD［图 5-19（c）］和双互换的 NPD 子囊数［图 5-19（f）］应相等，而非互换的 PD［图 5-19（a）］要明显大于 NPD 子囊数。

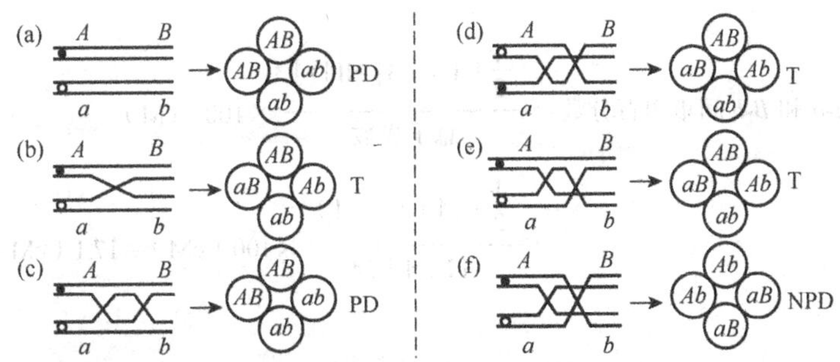

图 5-19　两连锁基因座产生的非顺序四分子的子囊类型

所以，如果 PD 和 NPD 的子囊数相等（无显著差异），则有关两基因座不连锁；如果显著不相等，则有关两基因座连锁。

3. 两连锁基因座的重组作图　其原理与顺序四分子重组作图的一样，两连锁基因座间的距离可用它们间的重组百分数进行估算。

估算这一重组百分数，关键是如何利用图 5-19（f）的双互换 NPD 子囊数算出其他各双互换子囊数，其中包括双互换 PD 和 T[图 5-19(c)～(e)] 子囊数和单互换 T[图 5-19(b)] 子囊数。由图 5-19 知，其中全部 4 种双互换类型 [(c)～(f)] 的期望子囊数应相等，因为它们都是一个双互换的产物。

由于这 4 种双互换类型的子囊数相等，又可有如下一些相等关系：由三线双互换产生的 T 型子囊数 [图 5-19 (d) 和 (e)] 应为 NPD 子囊数 [图 5-19 (f)] 的 2 倍，即 2 [NPD]，其中 [NPD] 代表全部 NPD 子囊数；由单互换产生的 T 子囊数 [图 5-19(b)] 应为 [T]−2[NPD]，其中 [T] 代表全部 T 子囊数；由双互换产生的子囊数 [图 5-19 (c)～(f)] 应为 NPD 子囊数的 4 倍，即应为 4 [NPD]。注意到两连锁基因座间的单互换子囊内只有 1/2 的重组孢子，而双互换的子囊内相当于有 2/2 的重组孢子，于是，

$$A\text{-}a\text{和}B\text{-}b\text{间重组百分数}=\frac{\frac{1}{2}\{[\mathrm{T}]-2[\mathrm{NPD}]\}+\left(\frac{2}{2}\right)4[\mathrm{NPD}]}{\text{总子囊数}}\times 100(\mathrm{cM})$$

$$=\frac{\frac{1}{2}[\mathrm{T}]+3[\mathrm{NPD}]}{\text{总子囊数}}\times 100(\mathrm{cM})$$

若两基因座紧密连锁，以至于它们间不能发生双互换，即图 5-19（c）～（f）中涉及双互换的子囊都不能产生，则

$$A\text{-}a\text{ 和 }B\text{-}b\text{ 间重组百分数}=\frac{\frac{1}{2}[\mathrm{T}]}{\text{总子囊数}}\times 100\ (\mathrm{cM})$$

其中的 [T] 为图 5-19（b）中的 2、3 二线单互换产生的子囊数。

4. 例子分析　假定上述杂交 $AB\times ab\rightarrow AaBb$ 产生的三种子囊数为

112 PD　　4 NPD　　24 T

试作连锁分析。

分析如下：由于 NPD（=4）<PD（=112），因此这两基因座连锁，并且

$$A\text{-}a\text{和}B\text{-}b\text{间重组百分数}=\frac{\frac{1}{2}[\mathrm{T}]+3[\mathrm{NPD}]}{\text{总子囊数}}\times 100\ (\mathrm{cM})$$

$$=\frac{\frac{1}{2}(24)+3(4)}{112+4+24}\times 100\ (\mathrm{cM})=17.1\ (\mathrm{cM})$$

第四节　人类的遗传作图

如前所述，由于人类婚配不能由研究者控制，且一对夫妻的子代个体数少，对我们人类自身进行连锁基因分析和遗传作图，与其他生物相比，要困难得多。这里介绍两个经典的人类遗传作图方法：系谱法和体细胞杂交法。

一、系谱法——性染色体 X 遗传作图的外祖父法

为便于以后的分析，首先明确两个概念。在两条同源染色体（如 X 染色体）的两个基因座上具有两突变基因，如红绿色盲基因 *c* 和血友病基因 *h* 及相应的两野生型（正常）等位基因 *C* 和 *H*，它们构成的双杂型合子有两种可能的排列方式（图 5-20）：两突变基因在同一条染色体上的称为**相引双杂型合子**（coupling double heterozygote）或**顺式双杂型合子**（*cis* double heterozygote）；两突变基因不在同一条染色体上的称为**相斥双杂型合子**（repulsion double heterozygote）或**反式双杂型合子**（*trans* double heterozygote）。

人类两基因（座）连锁的第一个证据来自对红绿色盲和血友病的研究。如前所述，这两性状是由 X 染色体非同源节段的两隐性突变基因引起的，所以有关的两基因（座）必然连锁。如果这两连锁基因在 X 染色体上相距足够远，以致其间的互换百分数可接近 50%，则它们控制的两性状表现就会呈现如同非连锁形式；反之，如果这两基因在 X 染色体上相距足够近，以致其间的互换百分数可接近 0%，则它们控制的两性状表现就会呈现近乎完全连锁形式。因此，在有关系谱中，通过对这两连锁基因的重组率大小的分析，可以确定这两基因连锁的紧密程度。

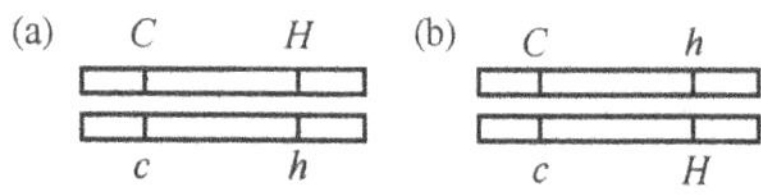

图 5-20　顺式［(a)］和反式［(b)］双杂型合子

现用图 5-21 的系谱说明。由于男性个体Ⅰ1 为红绿色盲、血友病患者，所以其基因型必为 *ch*/Y；其女（Ⅱ1）表现型正常，基因型必为顺式双杂型合子 *CH*/*ch*（因为红绿色盲和血友病均为罕见遗传病，所以表现型正常的Ⅰ2 的母亲基因型应为 *CH*/*CH*）。现在的任务就是跟踪Ⅰ1 这条 X 染色体（*ch*/），通过其女Ⅱ1 传递给各外孙辈（如外孙和外孙女、曾外孙和曾外孙女等世代）的重组率大小以确定这两基因连锁的紧密程度。现跟踪外祖父Ⅰ1 这条 X 染色体在各外孙诸辈中的重组情况。

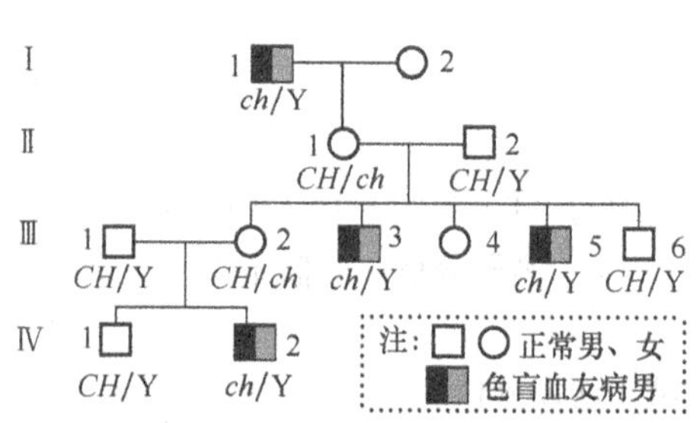

图 5-21　X 连锁两性状（红绿色盲和血友病）遗传的系谱

在 3 个外孙辈中，其中两个（Ⅲ3 和Ⅲ5）属双突变体（*ch*/Y），因此其中每个男孩必定从其母接受了其外祖父 1 条非重组的 X 染色体 *ch*/；另一个（Ⅲ6）

正常是从其外祖母获得的 1 条非重组的 X 染色体 *CH/*。2 个外孙女，其中Ⅲ 2 为顺式双杂型合子 *CH/ch*（因Ⅲ 2 之子Ⅳ 2 为红绿色盲和血友病患者，而其夫Ⅲ 1 的表现型正常）；而Ⅲ 4 的基因型不能确定。

在曾外孙辈中，只有 2 个曾外孙，分别为正常（*CH*/Y）和双突变体（*ch*/Y），即他们都从其母（Ⅲ 2）各接受了曾外婆和曾外公 1 条非重组的 X 染色体。

根据上述分析可得出如下结论：由于Ⅰ1 在经Ⅱ1 和Ⅲ 2 传递给各子代的 7 条 X 染色体中，可确定 6 条的基因型（只有Ⅲ 4 的不能确定），并且这 6 条都是非重组基因型，因此红绿色盲和血友病这两基因座在 X 染色体上的连锁相当紧密。

如果分析这样的系谱足够多，且得到了这两基因座的重组类型，还可估算其间的图距。

由于这是根据外祖父的性染色体 X 的连锁基因，通过其女传递到外孙诸辈的重组率进行的重组作图，因此这种作图方法称为**外祖父法**（grandfather method）。

二、体细胞杂交法

在 20 世纪 60 年代，研究者发明了用同一物种或不同物种间的**体细胞融合**（somatic-cell fusion）或**体细胞杂交**（somatic-cell hybridization）方法。这一方法对人类基因作图具有重要作用。

如何获得体细胞杂种？如图 5-22 所示，为了获得人类和其他物种的种间体细胞杂种，把人类（human）体细胞（H）和其他物种——通常是小鼠（mouse）体细胞（M）放入有融合剂（如失活的仙台病毒或聚乙二醇）的培养液中混合。融合剂首先使两细胞膜融合形成原生质桥，然后形成具有双核的杂种细胞。当杂种细胞有丝分裂时，人类染色体随机丧失，但小鼠染色体全部保留；经多轮分裂后，杂种细胞稳定，最终会保留小鼠的全部染色体和人类的 1 条到数条染色体（其中的机制还不清楚）。这样的种间体细胞杂种正是用来基因定位的好材料。

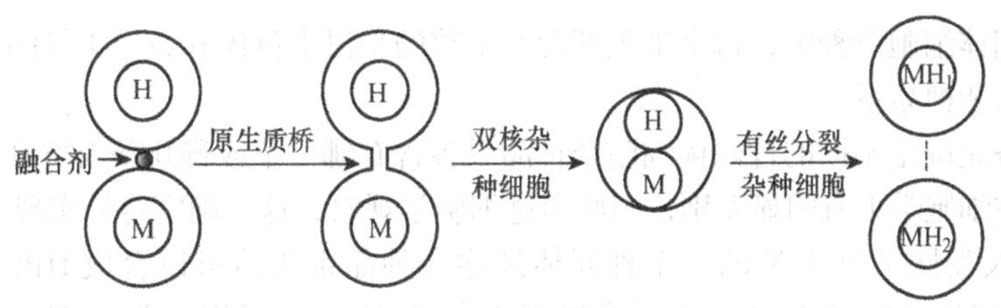

图 5-22　人类和小鼠体细胞融合

但实际上，除产生上述的种间体细胞杂种外，还会产生同种（人类-人类、小鼠-小鼠）的融合体细胞和非融合体细胞。为了从中筛选出种间体细胞杂种，必须把混合细胞放入只让种间体细胞杂种成活（其他类型的细胞都不能成活）的选择培养基上培养。

最常用的选择培养基是 HAT 培养基，这一名称是因为培养基中含有的 3 种化学添加物——次黄嘌呤（hypoxanthine）、氨基蝶呤（aminopterin）和胸（腺嘧啶脱氧核）苷（thymidine）分别以 h、a 和 t 开头。这一培养基不能让具有某些生化缺陷型的非杂种细胞成活，如不能让具有胸苷激酶（TK）缺陷（但次黄嘌呤磷酸核糖转移酶活性正常）的人类细胞成活，也不能让具有次黄嘌呤磷酸核糖转移酶（HPTR）缺陷（但胸苷激酶活性正常）的小鼠细胞成活，但能让这种人类-小鼠的种间体细胞杂种成活。

HAT 培养基之所以有这样的选择作用，其原理在于核酸合成有两条途径：一是全合成途径，即从一些小分子开始依次合成嘌呤类核苷酸、嘧啶类核苷酸，进而合成核酸；二是应急途径，即通过次黄嘌呤磷酸核糖转移酶（HPTR）把次黄嘌呤（H）转化成嘌呤类核苷酸，通过胸腺嘧啶核苷激酶（TK）的催化把胸腺嘧啶核苷（T）转化成嘧啶类核苷酸，进而合成核酸。

HAT 培养基中的氨基蝶呤（A）能阻断全合成途径，所以无论是种内细胞、种内融合细胞还是种间体细胞杂种，都不能通过这一途径合成核酸。

现在来看这些细胞能否通过应急途径合成核酸。由于小鼠细胞及其融合细胞缺少次黄嘌呤磷酸核糖转移酶（HPRT）而不能合成嘌呤类核苷酸，人类细胞及其融合细胞缺少胸腺嘧啶核苷激酶（TK）而不能合成嘧啶类核苷酸，因此在这两种情况下的种内细胞和种内融合细胞也不能通过应急途径合成核酸［图 5-23（a）（b）］。但是，经体细胞融合后得到的种间体细胞杂种，由于同时具有了 HPRT 活性和 TK 活性，因此可利用培养液中的次黄嘌呤（H）和胸腺嘧啶脱氧核苷（T）通过应急途径合成核酸而可成活［图 5-23（c）］。

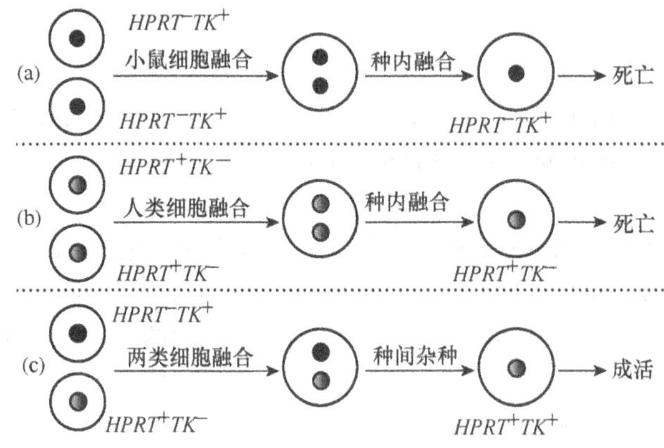

图 5-23　在 HAT 培养基上筛选出种间体细胞杂种

在上述种间体细胞杂种中，每个细胞都含有全数的小鼠染色体和数量不等的人类染色体，即可筛选出不同的杂种品系。

下面的任务是确定不同的种间体细胞杂种品系各含有哪一条或哪几条人类染色体。由于小鼠和人类染色体在细胞学上有明显差别，因此通过细胞学观察，这一确定容易实现。

其中含有人类性染色体 X 的一个种间体细胞杂种品系仍然可以合成 HPRT，而不含人类性染色体 X 的其他种间体细胞杂种品系都不能合成 HPRT，所以人类的 *HPRT* 基因（座）一定位于性染色体 X 上。相反，在上述体细胞杂交中，如果小鼠和人类用的分别是（$HPRT^+$，TK^-）和（$HPRT^-$，TK^+），其中只含有人类 17 号染色体的种间体细胞杂种品系能合成 TK，而不含人类 17 号染色体的其他种间体细胞杂种品系都不能合成 TK，所以人类的 *TK* 基因一定位于 17 号常染色体上。也就是说，利用体细胞杂交法，可将特定基因定位在特定染色体上。

利用体细胞杂交所确定的位于同一染色体上的两基因（座）称为**同线基因**（syntenic gene）。之所以有这一称谓，是因为它们利用传统作图（如三点测交）可能揭示连锁（距离较近时），也可能揭示不连锁（距离较远时）。也就是说，同线基因肯定在物理上连锁；但在遗传上可能连锁（距离近时，其互换率小于 0.5 而表现连锁互换），也可能不连锁（距离远时，其互换率为 0.5 而表现自由组合）。

本章小结

摩尔根等以果蝇为材料，发现了连锁基因遗传规律。连锁基因遗传分完全连锁和不完全连锁遗传：前者是指连锁基因形成配子时，总是随一条染色体同时进入一个配子的现象；后者是指连锁基因形成配子时，既可随一条染色体同时进入一个配子，也可随同源染色体的不同染色体分别进入不同配子（由于非姐妹染色单体的互换）的现象。

根据不完全连锁基因遗传规律或连锁互换规律，可确定连锁基因在染色体上的排列顺序和相对距离，即可进行染色体的遗传作图或基因作图。基因作图的基本原理是两连锁基因间的距离与其间的非姐妹染色单体的互换百分数成正比，而后者可用其间的基因重组百分数估算。基因定位的基本方法有两点测验法和三点测验法。三点测验法较两点测验法简便精确。

通过多个三点测验法，可把多于三个的连锁基因座定位在染色体上，这就是所谓的遗传图或连锁图。

位于同源染色体上的一群基因座称为连锁群。在性染色体决定性别的生物中，同配性别的连锁群数等于同源染色体类型数，异配性别的连锁群数要比其同配性别的多1个。

发生一个互换后，是否影响其邻近区域互换发生的频率可用符合系数（并发系数）或干涉系数（干涉强度）度量。二者的关系是：符合系数＋干涉系数＝1.0。

在真菌类某些物种中，一个二倍体合子（$2n$）减数分裂的4个单倍体产物（n）——子囊孢子限制在一个子囊内，统称为一个四分子。利用四分子分析基因连锁和重组的方法称为四分子分析法。

在粗糙脉孢菌及其有关真菌中，四分子中的子囊孢子在子囊中呈直线排列，反映了减数分裂的染色体行为，这样的四分子称为顺序四分子。利用顺序四分子中各孢子的排列顺序可判断来自亲本的一对等位基因的分离到底是属于第一分裂分离（M_1）还是属于第二分裂分离（M_2）；进而进行基因对着丝粒作图，以确定同一染色体上的不同基因座与着丝粒之间的距离。也可仿高等真核生物的三点测交，用着丝粒和两连锁基因进行基因定位。

在面包酵母菌及其有关真菌中，四分孢子在子囊中的排列是随机的。在非顺序四分子中，可以区分亲二型（PD）、非亲二型（NPD）和四型（T）共三类子囊。利用非顺序四分子也可进行连锁分析；如果两基因座连锁，也可确定它们间的距离。

人类基因定位有其特殊性，传统方法常用系谱法和种间体细胞杂交法确定基因间的连锁关系。

范例分析

1. 在家蚕，假定三个基因座 *a*、*b*、*c* 连锁。基因型 *AABBCC* 和 *aabbcc* 的两品系杂交，试求：

（1）F_1 基因型；

（2）F_1 形成的雄配子类型；

（3）F_1 形成的雌配子类型。

2. 已知基因座 a、b 和 c 连锁，对以下三个双因子杂种进行测交，测交一代个体数结果如下：

$$\frac{Ab}{aB}\times\frac{ab}{ab}\rightarrow\frac{Ab}{ab}:\frac{aB}{ab}:\frac{AB}{ab}:\frac{ab}{ab}=45:50:3:2$$

$$\frac{Ac}{aC}\times\frac{ac}{ac}\rightarrow\frac{Ac}{ac}:\frac{aC}{ac}:\frac{AC}{ac}:\frac{ac}{ac}=54:40:2:4$$

$$\frac{Bc}{bC}\times\frac{bc}{bc}\rightarrow\frac{Bc}{bc}:\frac{bC}{bc}:\frac{BC}{bc}:\frac{bc}{bc}=42:47:7:4$$

试对这三个基因座作遗传图。

3. 三因子杂种雌性果蝇 $AaBbCc$ 的测交结果如下：

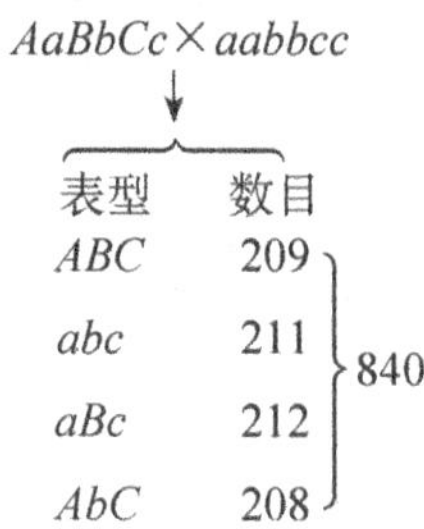

试确定这三个基因座间的连锁关系。

4. 粗糙脉孢菌的两菌株分别具有黄色和红色子囊孢子，分别由等位基因 Y 和 y 控制。这两菌株杂交，检查其子一代子囊共 125 个，其中 76 个子囊呈现第一分裂分离，即

黄黄黄黄红红红红　　红红红红黄黄黄黄

$Y\ Y\ Y\ Y\ y\ y\ y\ y$ 40　　$y\ y\ y\ y\ Y\ Y\ Y\ Y$ 36

其余 49 个呈现第二分裂分离。试求基因座 Y-y 和其着丝粒之间的距离。

5. 以下是根据两点测交或三点测交得到的有关基因座的遗传图：

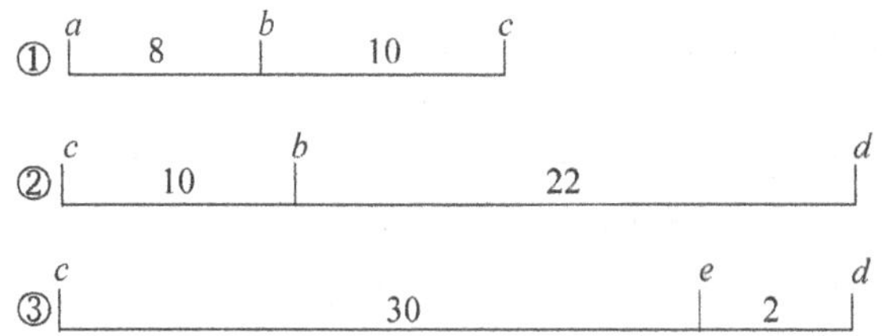

试作这 5 个基因座的遗传图。

6. 粗糙脉孢菌有两菌株：一是致密生长型和不能合成缬氨酸，基因型为 cv（突变型）；二是野生型＋＋。这两菌株杂交，即 cv×＋＋→cv//＋＋，子一代子囊内的子囊孢子排列顺序如下：

孢子对	子囊组成				
1-2	cv	c+	cv	+v	cv
3-4	cv	c+	c+	c+	+c
5-6	++	+v	+v	cv	c+
7-8	++	+v	++	++	++
子囊数：	34	36	20	1	9

试判断这两基因是否连锁和这两基因对其着丝粒作图。

7. 面包酵母菌的 *met14* 基因编码一种酶以合成甲硫氨酸，且与染色体 11 的着丝粒靠得很近。假定有一称为 *new* 的新突变，在基因组的位置为未知。作杂交：

met14NEW×*MET14new*→*MET14met14NEWnew*

在该杂交子代中：

（1）哪类子囊是亲二型（PD）、非亲二型（NPD）和四型（T）？

（2）在下列诸条件下，PD、NPD 和 T 子囊的期望频率各为多少？

① *NEW-new* 和 *MET14-met14* 基因座紧密连锁；

② 这两基因座不连锁，但 *NEW-new* 基因座与其着丝粒相距很近；

③ 这两基因座不连锁，但 *NEW-new* 基因座与其着丝粒相距很远。

8.（1）在面包酵母菌的非连锁基因，为什么亲二型（PD）和非亲二型（NPD）四分子的数目相等？

（2）在连锁基因座，为什么非亲二型四分子的数目明显少于亲二型的？

9. 体外培养的人细胞可产生异构酶-6，小鼠细胞没有这一能力。当用人细胞与小鼠细胞融合建立人-鼠杂种细胞系（A～E）时，各细胞系含有的人染色体和是否具有异构酶-6 活性如下所示：

杂种细胞系	存在的人染色体	异构酶活性
A	1，4，7，19，22，X	无
B	3，6，7，21，22，X	有
C	3，12，21，X	无
D	6，14，15，18，X	有
E	7，14，15，19，X	无

由上述试验结果推测，人哪条染色体携带异构酶-6 基因？

第六章 染色体结构和数目变异

染色体结构和数目变异可引起性状的变异。

第一节 染色体结构变异

根据染色体的断裂点位置和断裂后重接方式的不同，可把染色体结构变异分成4类：缺失、重复、倒位和易位。

一、缺失

缺失（deletion）是丢失了部分染色体片段的变异（图6-1）：若丢失的分别是染色体的末端片段（如*a*片段）和中间片段（如*bc*片段），则分别称**末端缺失**（terminal deletion）和**中间缺失**（internal deletion）。

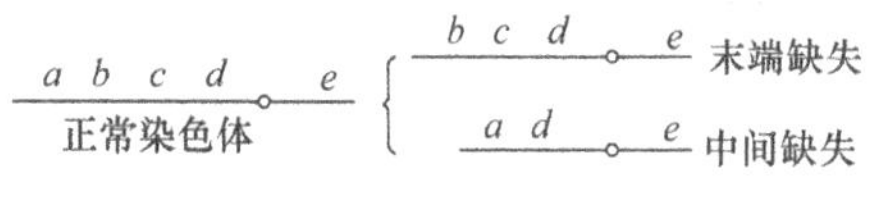

图6-1 缺失类型

（一）缺失的效应

1. 减数分裂效应 缺失的减数分裂效应是形成缺失环。这是指具有中间缺失染色体的个体，在与正常同源染色体配对的过程中，正常染色体为使与缺失染色体相应的等位基因配对而形成的环状结构（图6-2）。显然，具有末端缺失染色体的个体，在减数分裂与正常同源染色体配对过程中不会形成缺失环。

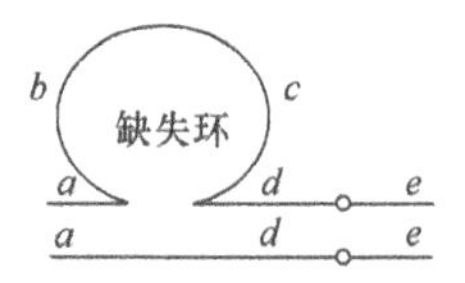

图6-2 减数分裂联会期间形成缺失环

2. 遗传效应 一是引起遗传不平衡。在动物，尤其是哺乳动物，缺失多的（相应缺失的基因也多）往往会致命；缺失少的，如人类第5号染色体一条染色体的短臂上有一小缺失的个体，会患**猫叫综合征**（**cri du chat syndrome**）的遗传病，其中“cri du chat”是法文，意为“cry of cat”——猫叫。患者由于喉部发育不全，其哭声轻但音调高，犹如猫叫，还表现出智力低下、两眼距离较远、耳位低（图6-3）。

二是引起**假显性**（pseudodominance）。这是由于同源染色体含有显性等位基因片段的缺失，隐性等位基因表达的现象。用X射线照射显性同型合子非甜玉米（*Su*/*Su*）的花粉后，给二倍体隐性甜玉米（*su*/*su*）授粉，即进行杂交*su*/*su*×*Su*/*Su*，在杂交一代中会出现少数甜玉米植株。这些甜玉米的出现，是由于*Su*/*Su*产生的花粉经射线照射后，其后产生的少数配子中所含显性基因*Su*的染色体片段的缺失，与隐性甜玉米（*su*/*su*）产生的雌配子*su*结合后产生的杂种一代，就会使其同源染色体上相应的隐性基因得到表达而出现假显性（图6-4）。

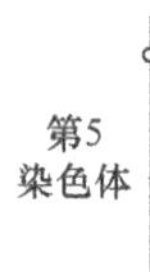

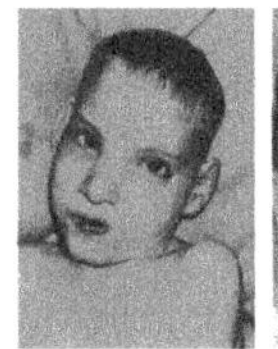
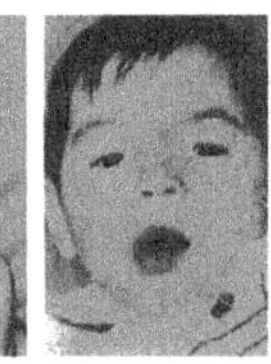

图6-3 猫叫综合征

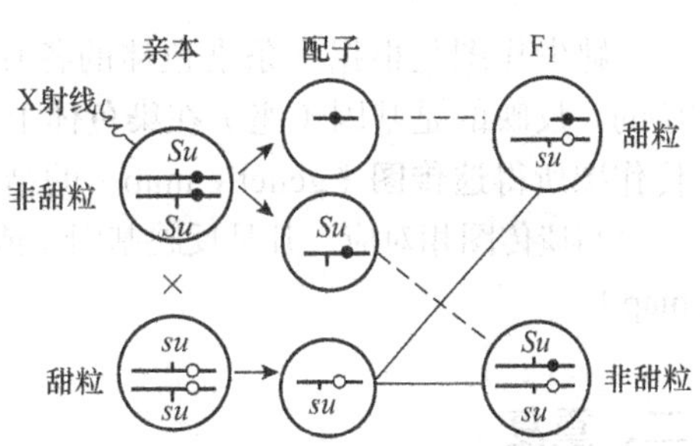

图 6-4 缺失的假显性现象

（二）缺失的应用——缺失作图

缺失作图（deletion mapping），是利用某染色体具有一特定缺失的显性个体与隐性突变个体杂交，根据子代的假显性而把特定基因定位在特定染色体片段上的方法。例如，把具有隐性突变的同型合子（*aa*）与具有一缺失的显性单倍体（*A*）杂交，要是突变发生在缺失的相应片段或相应的基因座，则子代突变型个体（由于缺失成为单倍体得到表现——假显性）和野生型个体各占 1/2 [图 6-5（a）]，从而可把有关基因定位在缺失的相应染色体片段上；要是突变不是发生在缺失的相应片段，则子代全为野生型个体 [图 6-5（b）]，从而确定有关基因不在缺失的相应染色体片段上。

如果已知若干隐性突变品系的突变基因都发生在一条染色体的各特定片段，但不知这些突变基因在片段上的排列顺序和距离，则可用这些隐性突变品系与相应的具有缺失的显性个体杂交，就可确定突变基因在各片段上的排列顺序和距离。

已知果蝇的 5 个隐性突变基因发生在一条染色体的不同片段，其 5 个隐性突变同型合子（*aa*、*bb*、*cc*、*dd*、*ee*）的每 1 个品系都分别与这条染色体产生的 6 个显性缺失品系（1，2…6）个体杂交，结果见表 6-1（表中 m 为突变表型，＋为野生型）。

由表 6-1 可推出各突变基因位于哪一显性缺失品系片段：突变基因 *a* 和 *c* 位于显性缺失品系 1 的片段，因为它们与显性缺失品系 1 杂交都为突变表型；同理，突变基因 *a* 位于显性缺失品系 2 的片段（即缺失 2 是缺失 1 的一部分）；其他突变基因位于显性缺失品系的片段都可类似推出。

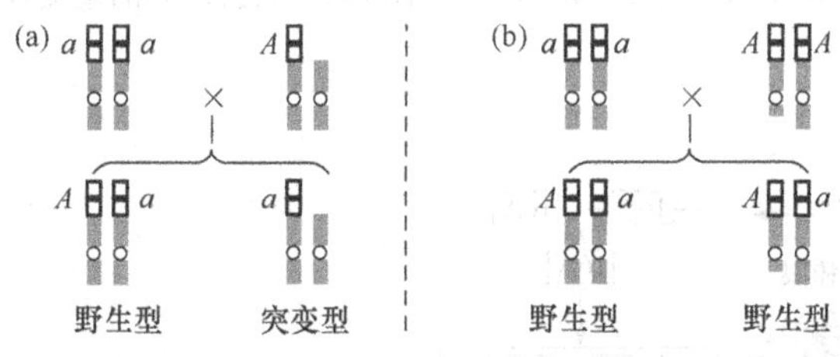

图 6-5 特定基因定位在特定染色体片段的缺失作图原理

表 6-1 缺失杂交结果

显性缺失品系	突变基因（顺序为任意给定）				
	a	*b*	*c*	*d*	*e*
1	m	＋	m	＋	＋
2	m	＋	＋	＋	＋
3	＋	m	m	m	m
4	＋	＋	m	m	＋
5	＋	＋	＋	m	m
6	＋	m	＋	m	＋

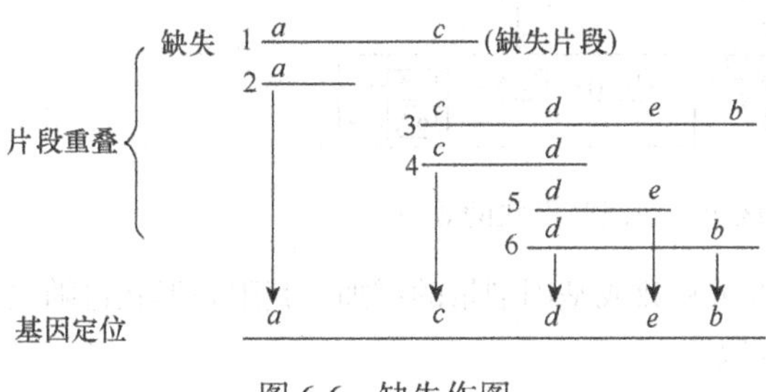

图 6-6 缺失作图

推出各突变基因位于有关显性缺失品系的片段后，把各显性缺失品系中片段相同的突变基因排成一列，并把各列的基因（座）垂直投射到一水平直线上，就可把有关基因（座）定位在染色体上（图 6-6）。

我们以前讲的遗传图是根据染色体互换率的大小给基因定位的，而互换率的大小并非总能实际反映基因间的距离（如有干涉），所以有的不够精确。

缺失作图是根据一条染色体的各片段有关基因（座）间的实际位置关系给基因（座）定位的，反映的是基因（座）在染色体上的实际距离或**物理距离**（physical distance），所以比遗传作图所得**遗传图**（genetic map）的结果更可靠。

与遗传图相对应，凡是反映基因（或其他遗传标记）座间物理距离的图统称**物理图**（physical map）。

二、重复

如图 6-7 所示，**重复**（duplication）是某一染色体片段在其同源染色体上不止出现一次的现象。重复片段（如 *bc*）串联在一起时，如果它们的基因顺序相同，则称为**顺向串联重复**（forward tandem duplication）或简称**串联重复**（tandem duplication）；如果它们的基因顺序相反，则称为**反向串联重复**（reverse tandem duplication）。

a b c d e 正常染色体

a b c b c d e （顺向）串联重复

a b c c b d e 反向串联重复

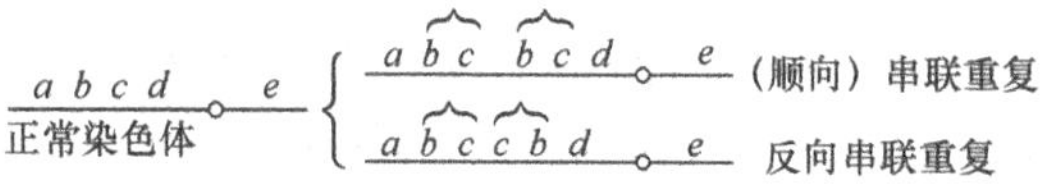

图 6-7　重复类型

关于重复的减数分裂效应是，具有重复染色体的个体，在与非重复同源染色体的配对过程中，为使相应的等位基因配对而形成重复环，图 6-8 是其中的一种形式。缺失环与重复环的区分，在于前者是由非缺失染色体形成的，后者是由重复染色体形成的。

关于重复的遗传效应，果蝇棒眼的遗传是一个好例子。若果蝇 X 染色体只有一个 16A 区，则其复眼为大的椭圆形，即野生型眼［由约 780 个红色小眼组成，图 6-9（a）］；若野生型雌果蝇的减数分裂发生了一个不等互换，形成的配子有 2 个 16A 区，与野生型果蝇交配，则子代的复眼为狭长的棒眼［由约 360 个红色小眼组成，图 6-9（b）］；若棒眼雌果蝇又发生一个不等互换，形成的配子有 3 个 16A 区，与野生型果蝇交配，则子代的复眼为更狭长的棒眼，即重棒眼［由约 45 个红色小眼组成，图 6-9（c）］。

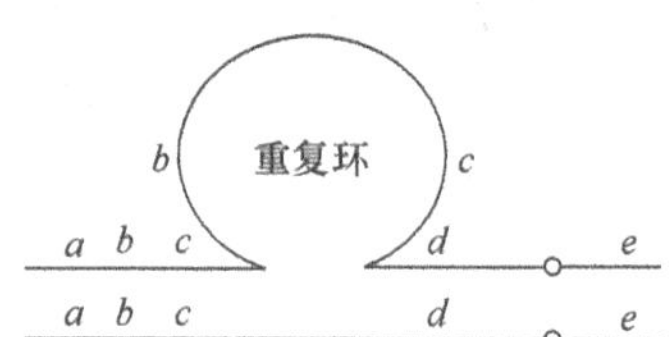

图 6-8　联会期间的重复环

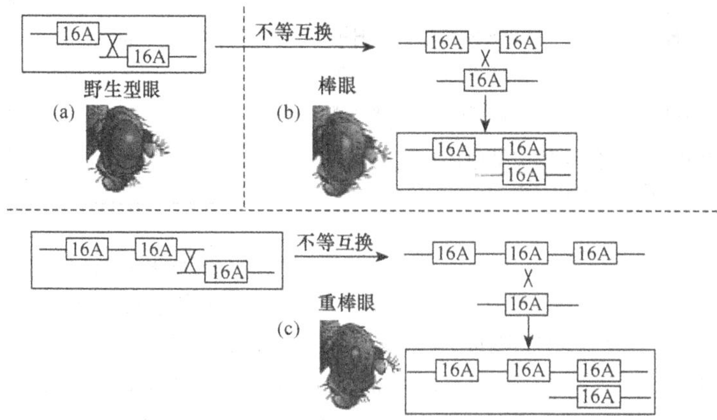

图 6-9　果蝇 X 染色体 16A 区重复对眼睛形状的效应

如果把 16A 区当作 1 个基因，则果蝇随着基因重复数或基因剂量的增加，其眼睛形状也随之越来越狭长，即重复对表型具有明显的基因剂量效应。

三、倒位

倒位（inversion）是染色体断裂出一片段后，倒转 180° 重新与原染色体连接的现象（图 6-10）：如果倒位片段不含着丝粒，即只涉及一个染色体臂，则称为**臂内倒位**（paracentric inversion）；如果倒位片段含有着丝粒，即涉及两个染色体臂，则称为**臂间倒位**（pericentric inversion）。

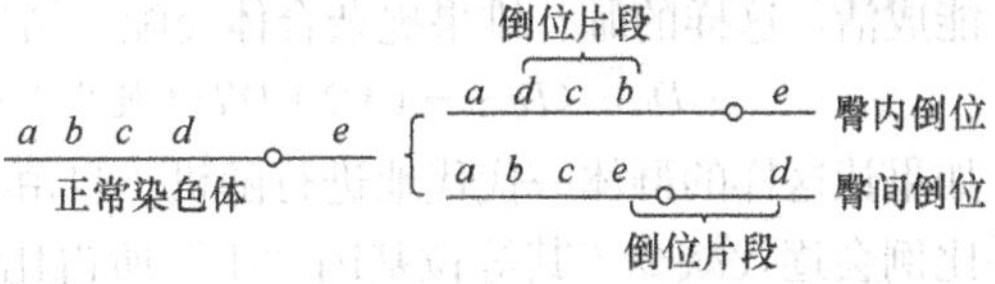

图 6-10　倒位类型

（一）倒位的效应

为了说明倒位个体的减数分裂效应和遗传效应，先要明确什么是倒位纯合体和倒位杂合体。假定一正常个体一对同源染色体上的基因顺序为 *ABC*/*abc*：若倒位后，两同源染色体上的有关基因座顺序不同，如为 *ABC*/*acb*，则倒位后的个体称为**倒位杂合体**（inversion heterozygote）；若倒位后，两同源染色体上的有关基因座顺序相同，如为 *ACB*/*acb*，则倒位后的个体称为**倒位纯合体**（inversion homozygote）。

1. 减数分裂效应　倒位的减数分裂效应，要看其个体是倒位纯合体还是倒位杂合体：如果是倒位纯合体，由于各等位基因都能正常配对，应为正常分裂；如果是倒位杂合体，为实现各等位基因配对，联会期间会形成倒位环（图 6-11）。这里的倒位环涉及一对同源染色体，即两对姐妹染色单体（图中 1 和 2 为一对姐妹染色单体，3 和 4 为另一对姐妹染色单体，1 和 3 只部分示出），而重复环和缺失环只涉及一条染色体，所以倒位染色体形成的倒位环容易与缺失环和重复环区分开。

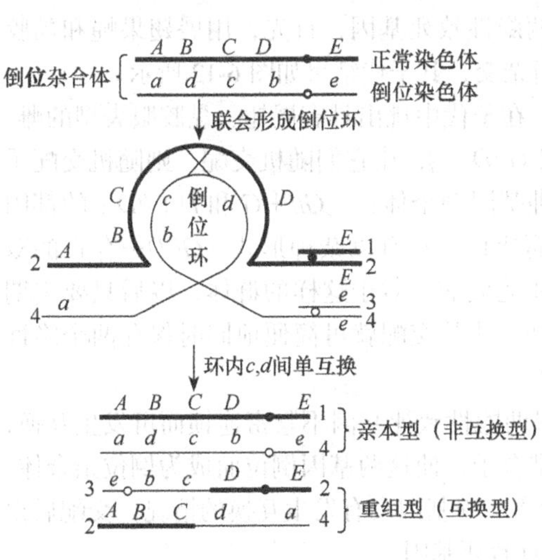

图 6-11　倒位杂合体减数分裂产物

2. 遗传效应　倒位纯合体的遗传效应，一般与倒位前的相同。倒位杂合体的遗传效应，减数分裂时，若在倒位环内（如在基因 *c* 和 *d* 间）发生单互换，则可形成两类配子（图 6-11）：一类是亲本型或非互换型配子，由于这类配子中的基因是平衡的，因此都为可育配子；另一类是重组型或单互换型配子，由于这类配子中的基因是不平衡的（一些配子有过多的基因和着丝粒，一些配子有过少的基因和着丝粒），因此都为不可育配子。

由于雄果蝇和雌蚕减数分裂时不会发生互换，其倒位杂合体的配子也都是可育的。

（二）倒位的应用——平衡致死系统保存隐性致死基因

为了说明如何利用倒位保存隐性致死基因，先看我们一般是如何保存非致死隐性基因的。对于非致死隐性基因利用有关纯系保存。以果蝇为例，位于 X 染色体非同源节段上的白眼非致死隐性基因（*w*），可利用如下纯系的群体进行随机交配：

$$X^wX^w \times X^wY \rightarrow (1/2)X^wX^w + (1/2)X^wY$$

只要把子代果蝇定期从旧培养基转移到新培养基就可保存白眼基因了。

对于隐性致死基因，显然只能以杂种形式保存。还以果蝇为例，对于翅形来说，果蝇的展翅基因（D）——使翅呈展开状对正常翅（野生型）基因（＋）呈显性；但对于生活力来说，展翅基因却呈隐性，因为基因型为 D/D 的个体死亡，只有基因型为 $D/+$ 和 $+/+$（野生型）的个体方能成活。这样的雌、雄果蝇杂合体交配，结果得如下群体：

$$D/+ \times D/+ \rightarrow (1/2)\ D/D\ (\text{死亡}) + (1/2)\ D/+\ (\text{展翅}) + (1/4)\ +/+\ (\text{正常翅})$$

如果让这样的群体一代代地进行随机（自由）交配而保存隐性基因 D，那么该基因在群体中所占比例会逐代减少（其等位基因"＋"所占比例会逐代增多），最终会从群体中消失。所以，为了保存这一群体中的致死基因 D，必须在杂合体交配产生的子代中，逐个观察翅形，只挑出展翅个体（有雄性个体和雌性个体）继代培养繁殖，方能保存隐性致死基因。显然，这种方法很烦琐。

是否有像保存非致死隐性基因那样的简便方法保存隐性致死基因呢？答案是"有"，但要有前提条件：两个隐性致死基因紧密连锁且为反式双杂型合子（第五章）；或是两个隐性致死基因虽不紧密连锁，但为倒位杂合体。

现举例说明果蝇紧密连锁的两个隐性致死基因，为反式双杂型合子时可方便保存的原因和方法。

对眼形这一性状来说，果蝇的黏胶眼（其复眼表面无光泽而似附有一层黏胶）基因（G）对野生型即正常眼基因（＋）呈显性；但对生活力这一性状来说，基因（G）却是隐性，即纯合致死。已知展翅基因和黏胶眼基因都在第三染色体上，且紧密连锁（其间不会发生互换）。为方便地保存这两隐性致死基因，首先，用展翅果蝇和黏胶眼果蝇进行杂交，其子代结果如图 6-12 所示。

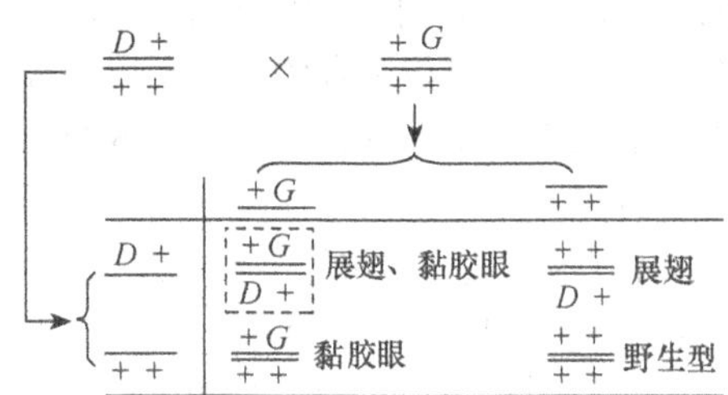

图 6-12 展翅果蝇和黏胶眼果蝇杂交获得展翅、黏胶眼个体（$+G//D+$）

然后，在子代中挑出具有展翅、黏胶眼表型的雌、雄个体（$+G//D+$），让它们随机交配，则随机交配子代应有 3 种基因型个体：$+G//+G$ 和 $D+//D+$ 的都因纯合致死而死亡；只有以杂种形式 $+G//D+$ 存在的双杂型合子才能成活。对于这样的群体，以后只要定期更换培养基，让其交配就可简便地同时保存两个隐性致死基因了。

两隐性致死基因紧密连锁的情况实属少见。如果两隐性致死基因不紧密连锁而可发生互换，则可用物理因素（如 X 射线照射）等诱发反式双杂型合子，使这两基因倒位而成为倒位杂合体。得到倒位杂合体后，由于互换配子不育，就相当于紧密连锁基因没有发生互换的情况，交配后得到的总是倒位杂合体，从而也可简便地同时保存两隐性致死基因。

为方便说明问题，假定以上两隐性致死基因不紧密连锁而可发生互换，但其中一条染色体的相应片段发生了倒位（图 6-13）。于是，群体是由倒位杂合体组成的，其减数分裂形成的配子只有亲本型的可育。亲本型的雌、雄配子结合，其后代只有倒位杂合体成活。以后让这些成活倒位杂合体（$D+^{G}//G+^{D}$）交配，就可方便地保存两隐性致死基因了。

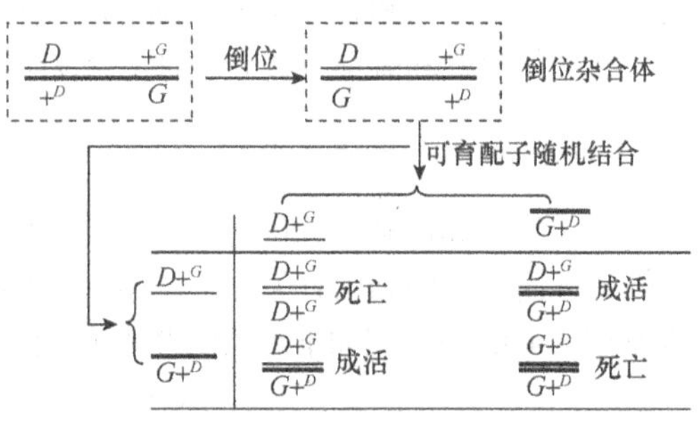

图 6-13 利用倒位杂合体保存隐性致死基因

在一个群体中，只能以杂种形式才能成活的个体（如 $D+^{G}//G+^{D}$）叫**永久杂种**（permanent hybrid）。利用永久杂种同时保持两隐性致死基因的系统叫**平衡致死系统**（balanced lethal system）。

显然，利用紧密连锁不发生互换，或是虽不紧密连锁但可形成倒位杂合体时，都可构成平衡致死系统，从而可方便地保存有关隐性致死基因。

四、易位

易位（translocation）是指染色体片段移到非同源染色体的现象。

如果染色体一片段移到一非同源染色体上，而没有非同源染色体间反方向移动的现象则称为**非相互易位**（non-reciprocal translocation）。例如，人类非相互易位的一个例子是第 15 号染色体上接有第 21 号染色体的一个长臂，称为 15-21 非相互易位，记作 T（15-21），而第 21 号染色体的短臂自动消失，即易位后的染色体数为 45（图 6-14）。

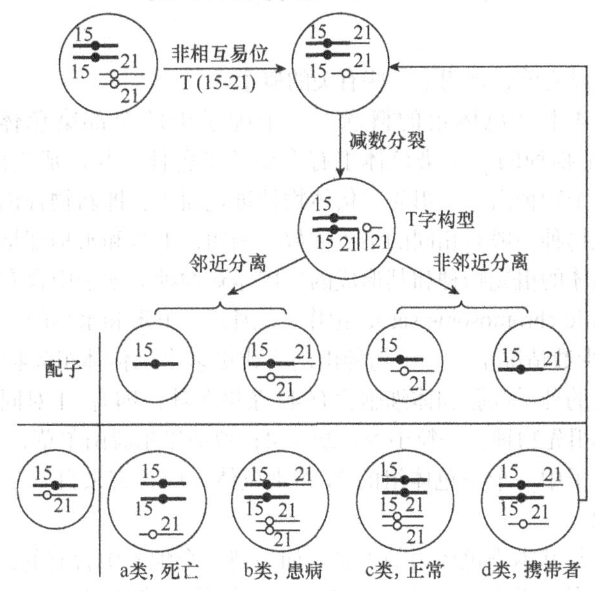

图 6-14 非相互易位——家族性唐氏综合征

具有 15-21 非相互易位染色体的初级性母细胞减数分裂时，其减数分裂效应是为使等位基因配对，联会期形成 T 字构型（图 6-14）。

其遗传效应是初级性母细胞形成配子时，非同源染色体进入一个细胞有两种方式（图 6-14）：**邻近分离**（adjacent segregation），即邻近的两非同源染色体进入一个细胞，可形成两种配子；**非邻近分离**（alternative segregation），即非邻近的两非同源染色体进入一个细胞，可形成另两种配子。这 4 种配子与正常人的异性配子结合形成 4 类子代个体（图 6-14 最后一行）。

a 类，因缺失整个一条 21 号染色体而死亡。

b 类，为遗传性疾病——**家族性唐氏综合征**（family Down syndrome）（患者多了一个与 15 号染色体相接的第 21 号染色体长臂）或**易位唐氏综合征**（translocation Down syndrome），俗称先天愚型（图 6-15）。这类患者，无论属于哪个种族，都呈现一特殊的呆滞面容，后脑低平，眼内侧有赘皮，对眼（两眼向内斜视的斜视眼），鼻根扁平，口常

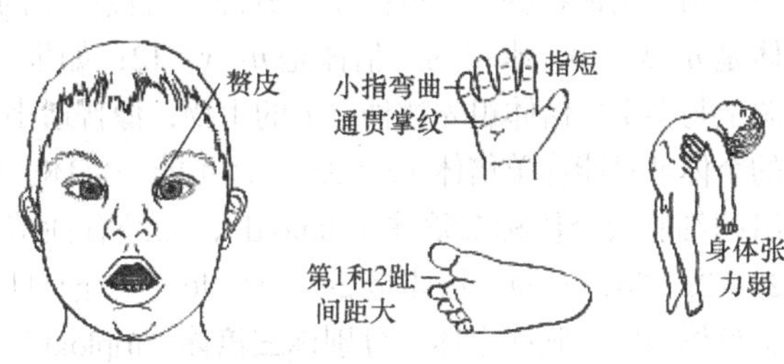

图 6-15 家族性唐氏综合征（先天愚型）患者

半开，大舌头还常外伸，牙齿稀疏；手指短，小指弯曲，多为通贯手，第1和2趾间距大；身体张力弱，发育迟缓，智力迟钝，生活难以自理。

c类，为完全正常者。

d类，为表型正常（与c类的表型类似）的携带者，因为其遗传物质基本与完全正常的一样，只是发生了T（15-21）非相互易位。显然，d类与完全正常的人结婚，又可能产生家族性唐氏综合征患者；因此家族性唐氏综合征是一种遗传性疾病，是通过15-21非相互易位携带者遗传的，是一种非相互易位的遗传性疾病。

第二节　染色体数目变异

在讲染色体数目变异之前，须明了一些有关的概念。

一是染色体组和基本染色体组的概念。一个配子中的全部染色体称为一个**染色体组**（chromosome set）。一个物种的一个染色体组有多少条染色体，与形成它的祖先物种的个数有关：在多数情况下，一个物种由一个祖先二倍体物种进化而来，即新物种仍为二倍体，因此这样形成的新物种与其祖先物种一般有相同的染色体数。例如，玉米和水稻都是以这种方式形成的二倍体。在进化上，二倍体的祖先物种和其形成的二倍体新物种的配子中含有的一个染色体组特称一个**基本染色体组**（basic chromosome set），记作x。因此，玉米和水稻的一个基本染色体组分别是$x=10$和$x=12$。在少数情况下，一个物种由两个或更多个二倍体祖先物种通过种间杂交进化而来。例如，普通小麦的种系细胞和体细胞含有42条染色体，即有21对同源染色体，这些染色体分别来自三个二倍体祖先物种：一粒小麦，$2x=14$；拟斯卑尔脱山羊草，$2x=14$；粗穗三羊草，$2x=14$。所以，小麦配子中一个染色体组的21条染色体，应含有来自三个祖先物种的三个基本染色体组，记作$3x=21$。

二是配子染色体数与基本染色体组的关系。如果把一个配子中含有的染色体数记作n，那么在进化或起源上为二倍体的生物，一个配子中的染色体数，就是其一个基本染色体组的染色体数，如玉米$n=x=10$，水稻$n=x=12$，人$n=x=23$；在进化或起源上与多个二倍体祖先物种有关的生物，一个配子中的染色体数，是有关二倍体祖先物种基本染色体组的染色体数之和，如普通小麦的$n=3x=21$。

三是配子染色体数与种系细胞和体细胞染色体数的关系。由于有性繁殖个体是由一个雌配子（n）和一个雄配子（n）结合的产物，因此可把其种系细胞和体细胞中的染色体数记作$2n$。例如，玉米种系细胞和体细胞染色体数$2n=2x=20$，人类$2n=2x=46$，普通小麦$2n=6x=42$。

四是细胞或个体以基本染色体组为单位表示的**倍性**（ploidy）关系。凡一个物种的配子和由其配子产生的个体统称**单倍体**（haploid）：如果细胞染色体数恰为一个基本染色体组的单倍体，即起源上为二倍体物种产生的配子及其配子直接产生的个体还可称**一倍体**（monoploid），如玉米的一倍体是$n=x=10$，水稻的一倍体是$n=x=12$；如果一细胞的染色体数不止一个基本染色体组，即起源上与多个二倍体祖先物种有关的生物，像普通小麦配子含3个基本染色体组，由这样的配子产生的个体就只能称单倍体（$n=3x$），而不能一倍体。凡经有性结合产生的细胞中含有两个基本染色体组的细胞或个体称**二倍体**（diploid），如经有性结合，玉米和水稻的二倍体分别是$2n=2x=20$和$2n=2x=24$，人的二倍体是$2n=2x=46$。凡经有性结合产生的细胞中含有3个、4个直至n个基本染色体组的细胞或个体，分别称**三倍体**（triploid）、**四倍体**（tetraploid）直至n倍体。例如，经有性结合，像普通小麦$2n=6x=42$的细胞中含有6个基本染色体组，是**六倍体**（hexaploid）；又由于这

6个基本染色体组来源于相异的三个物种，因此又称**异源六倍体**（allohexaploid）。

五是整倍体和多倍体的概念。凡细胞中的染色体数为基本染色体组整数倍的个体，称**整倍体**（euploid）。例如，由正常配子和由这些配子直接发育成的单倍体是整倍体，由正常配子经有性结合发育成的二倍体和三倍体等，也是整倍体。二倍体以上的整倍体，如三倍体、四倍体等，统称**多倍体**（polyploid）。

现讲染色体数量变异。染色体数目变异有两种类型：整倍体变异——细胞中的染色体数是以染色体组为单位进行增减的变异；非整倍体变异——细胞中的染色体数是以个别染色体为单位进行增减的变异。

一、整倍体变异

从起源上说，多数物种为二倍体（尤其是动物），如以前我们讨论过的遗传，多属整倍体中的二倍体。整倍体中除二倍体外，还有单倍体和多倍体。对于后二者的多数动物都是致死的；但在植物中较常见，许多低等植物是单倍体世代占优势，被子植物有一半以上（其中禾本科植物约占2/3）的物种是多倍体。下面讨论单倍体和多倍体的遗传特点。

（一）单倍体

单倍体在育性上（是否可育）的遗传特点，因物种而异。

如前所述，大多数低等植物，如粗糙脉孢菌的菌丝是由单倍体的大型分生孢子和小型分生孢子直接发育成的；由于这些菌丝都是有丝分裂的产物，确保了其内染色体数目的恒定性和性质的相似性，因而是可育的，可发育成新的菌丝体（第五章）。“单倍体-二倍体”物种（如蜜蜂、蚂蚁和黄蜂）的雄性也是单倍体，因为它们都是由未受精的卵发育的；这些单倍体是通过特殊的减数分裂形成精子的（第四章），也确保了精子内染色体数目的恒定性和性质的相似性，因而也是可育的（与卵结合形成二倍体的雌性）。

高等植物的单倍体，与二倍体相比，却表现高度不育。这是因为高等植物的单倍体，形成配子时是通过通常的减数分裂实现的；只有一个（基本）染色体组的单倍体，减数分裂时由于无配对的染色体，各染色体随机分配到配子的过程中，就造成了配子在遗传上的不平衡而呈现高度不育。

现以高等植物的玉米单倍体（$n=x=10$）为例说明（图6-16）。该单倍体减数分裂时，如果每条染色体进入细胞两极A和B的概率分别用a和b表示，由于各染色体进入细胞两极的可能性是随机的，因此每条染色体进入A极或B极的概率相等，即$a=b=1/2$。这样，玉米单倍体形成配子时，配子内染色体数目的分布和概率就为如下的二项式分布（第三章）：

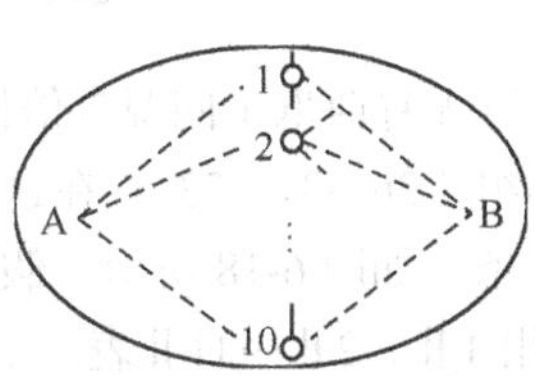

图6-16　玉米单倍体减数分裂的染色体随机分离

$$(a+b)^{10}=C_{10}^{10}\left(\frac{1}{2}\right)^{10}\left(\frac{1}{2}\right)^{0}+C_{10}^{9}\left(\frac{1}{2}\right)^{9}\left(\frac{1}{2}\right)^{1}+\cdots+C_{10}^{r}\left(\frac{1}{2}\right)^{r}\left(\frac{1}{2}\right)^{10-r}+\cdots+C_{10}^{0}\left(\frac{1}{2}\right)^{0}\left(\frac{1}{2}\right)^{10}$$

10条入A 0条入B	9条入A 1条入B	r条入A （$10-r$）条入B	0条入A 10条入B
可育	不育	不育	可育

在该分布中，只有首、尾两项形成的配子，即首项进入 A 极的配子和末项进入 B 极的配子是可育的，其概率 p（可育）$=(1/2)^{10}+(1/2)^{10}=(1/2)^9$；其他各项形成的配子，由于比基本染色体组少 1～9 条染色体，都是不可育的，其概率 p（不育）$=1-(1/2)^9\approx 1$，所以高等植物的单倍体为高度不育。

（二）多倍体

从来源上分，多倍体有两类：**同源多倍体**（autopolyploid）——由同一物种的（基本）染色体组加倍后得到的多倍体；**异源多倍体**（allopolyploid）——由不同物种的杂交后代经染色体加倍后得到的多倍体。

1. 同源多倍体 在同源多倍体中，最有应用价值的是同源三倍体。

以西瓜为例说明同源三倍体的产生。如图 6-17 所示，我们吃的普通（有籽）西瓜是二倍体（$2n=2x=22$），把二倍体西瓜幼苗的根或芽用药物（如秋水仙素）处理长成的植株粗壮、叶肥厚，在显微镜下检查时叶片的气孔大（相对于二倍体），体细胞的染色体有 44 条，即有 4 个基本染色体组，所以是同源四倍体（$2n=4x=44$）。把同源四倍体西瓜作母本，二倍体西瓜作父本进行杂交，在母本上结的西瓜中的种子应具有三个基本染色体组，即同源三倍体（$2n=3x=33$），其叶片的气孔大小介于二倍体和同源四倍体之间。同源三倍体种子种下去后，若间种少量的二倍体西瓜（目的是刺激三倍体果实的正常发育，因三倍体花粉本身发育不良，不能刺激果实发育），则在同源三倍体植株上结的就是同源三倍体西瓜，即俗称的无籽西瓜。

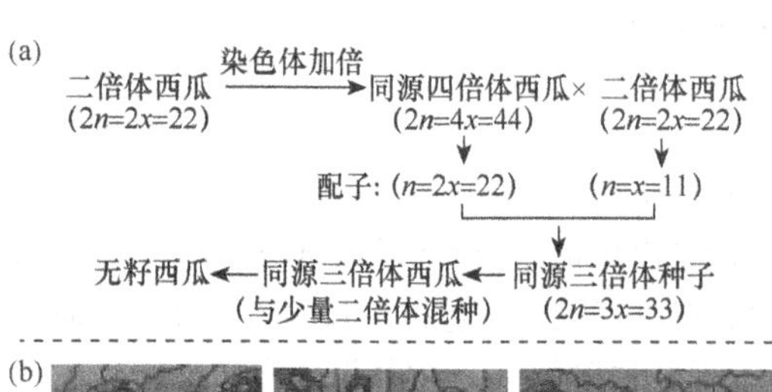

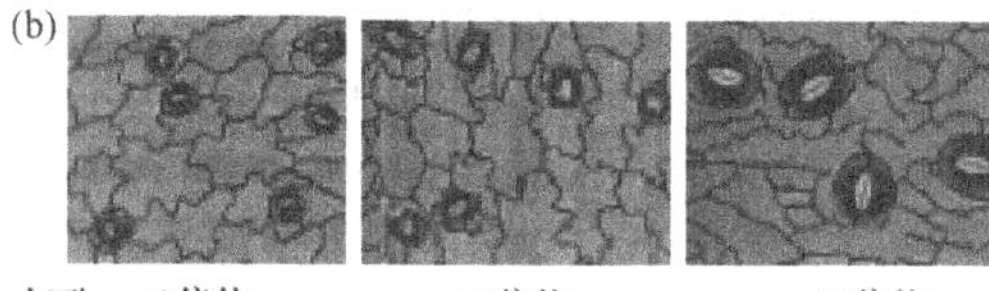

图 6-17 同源三倍体西瓜的产生［(a)］和气孔大小比较［(b)］

无籽西瓜的优点：无籽西瓜不仅无籽，如果产生它的四倍体和二倍体，不是来源于同一品种，只要组配合适，还可产生杂种优势（如丰产、优质、抗病、耐储存等）。

无籽西瓜（同源三倍体）为什么无籽？原因在于其种系细胞（和体细胞）含有三个基本染色体组（$2n=3x=33$）。在这三个基本染色体组中，即在 11 类同源染色体中，每类同源染色体都有三条。如图 6-18 所示，假定初级性母细胞每类同源染色体中的两条，减数分裂时都形成二价体（用 1Ⅱ，2Ⅱ…11Ⅱ表示），而剩下的一条成为一价体（用 1Ⅰ，2Ⅰ…11Ⅰ表示）。二价体仿二倍体正常分离（不管一价体），则每一配子应有一个基本染色体组的染色体（$n=x=11$），应为可育配子；但减数分裂时，一价体仿单倍体那样随机分离到两极，由于是随机的，每条染色体进入 A 极或 B 极的概率 a 和 b 相等，即 $a=b=1/2$。

所以，综合这两方面情况，同源三倍体产生配子的染色体数，是二价体分离使每个配子有一个基本染色体组的染色体数［以下二项式分布中用（11）代表］，加上一价体随机分离进入配子的染色体数。这个一价体（单倍体）分离使配子得到的染色体数目和概率为如下二项式分布：

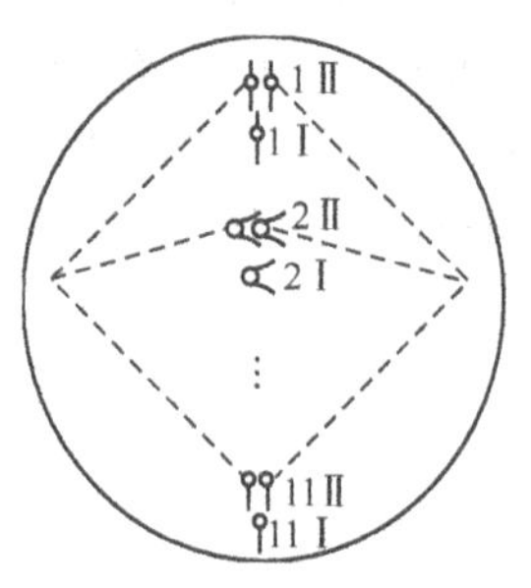

图 6-18 同源三倍体减数分裂——价体的随机分离

$$(a+b)^{11}$$
$$=C_{11}^{11}\left(\frac{1}{2}\right)^{11}\left(\frac{1}{2}\right)^{0}+C_{11}^{10}\left(\frac{1}{2}\right)^{10}\left(\frac{1}{2}\right)^{1}+\cdots+C_{11}^{r}\left(\frac{1}{2}\right)^{r}\left(\frac{1}{2}\right)^{11-r}+\cdots+C_{11}^{0}\left(\frac{1}{2}\right)^{0}\left(\frac{1}{2}\right)^{11}$$

11+(11)条入 A	10+(11)条入 A	r+(11)条入 A	0+(11)条入 A
0+(11)条入 B	1+(11)条入 B	(11−r)+(11)条入 B	11+(11)条入 B
可育	不育	不育	可育

在这个二项式分布中，只有首、尾两项形成的配子，即首项进入 A 或 B 的配子和末项进入 A 或 B 的配子是可育的，其概率 p（可育）=（1/2）^{11}+（1/2）^{11}=（1/2）^{10}；其他各项形成的配子，由于比一个基本染色体组多 1～10 条染色体，是不可育的。所以，同源三倍体，与高等植物的单倍体一样，是高度不育的。显然，在少数可育的配子中，应有（一元）单倍体（$n=x=11$）、二元单倍体（$n=2x=22$）。这样的雌、雄配子随机结合后，其子代应有二倍体（$2n=2x=22$）、同源三倍体（$2n=3x=33$）和同源四倍体（$2n=4x=44$）。这就是我们在吃无籽西瓜时，偶尔发现极少数西瓜籽的原因。

对人类来说，凡不是以生产种子为目的的植物，同源三倍体育种是一种很有成效的育种方法。

有些观赏植物也是同源三倍体。例如，家庭中水培的中国水仙（$2n=3x=30$），只能开花而不能结籽，可用其鳞茎进行繁殖。

2. 异源多倍体　有自然形成的和人工创造的异源多倍体。

先讲自然形成的异源多倍体。自然形成的异源多倍体是生物，尤其是植物进化的重要途径。在被子植物纲，异源多倍体占 30%～35%。例如，苹果、梨、樱桃和草莓等果类，菊花、水仙、郁金香等花卉都是异源多倍体。禾本科中的异源多倍体约占 70%。例如，栽培的普通小麦、燕麦、棉花、烟草和甘蔗等作物都是异源多倍体。

研究表明，异源六倍体的普通小麦，很可能是如图 6-19 所示的物种通过天然杂交逐渐进化形成的。

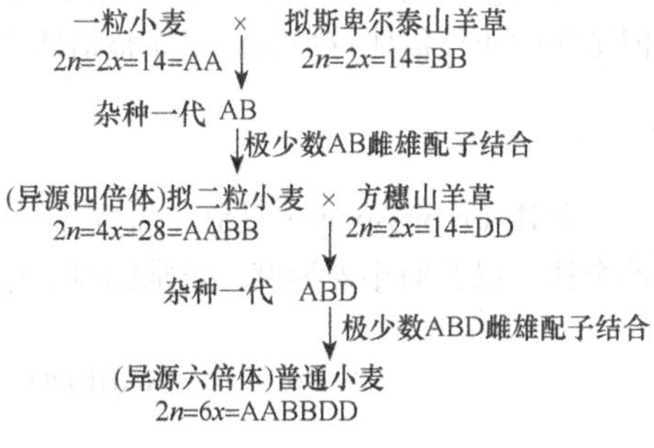

利用这些物种通过做上述种间杂交和染色体加倍方法得到的异源六倍体，与现在栽培的普通小麦的性状很相似，且杂交可育，说明通过种间杂交和染色体加倍方法得到的这一异源六倍体，与现在栽培的普通小麦为同一个物种。

由此可知，一个物种添加染色体，甚至添加另一物种成套的染色体，并非总是有害，还可能有益，甚至对生物进化起着重要作用，普通小麦的进化就是一例。

一粒小麦 $2n=2x=14$=AA × 拟斯卑尔泰山羊草 $2n=2x=14$=BB
↓
杂种一代 AB
↓ 极少数AB雌雄配子结合
(异源四倍体)拟二粒小麦 $2n=4x=28$=AABB × 方穗山羊草 $2n=2x=14$=DD
↓
杂种一代 ABD
↓ 极少数ABD雌雄配子结合
(异源六倍体)普通小麦 $2n=6x$=AABBDD

图 6-19　普通小麦——异源六倍体的进化
A=（A_1，$A_2\cdots A_7$）、B=（B_1，$B_2\cdots B_7$）和 D=（D_1，$D_2\cdots D_7$）分别代表一粒小麦、拟斯卑尔泰山羊草和方穗山羊草的一个基本染色体组

再讲人工创造的异源多倍体。俄国科学家卡帕钦科（R. Karpechenko），把二倍体萝卜（*Raphanus sativus*）和二倍体甘蓝（*Brassica oleracea*）进行人工杂交（图 6-20），目的是希望通过种间杂交获得的新物种集中双亲优点：根像萝卜，叶像甘蓝。

杂种一代种子及其长出的植株，由于细胞染色体（RB）来源于两个不同的物种，减数分裂时没有配对的同源染色体，即实质上是异源二元单倍体，所以几乎表现不育。

但是，这种异源二元单倍体，由于减数分裂时的随机组合，偶尔也会形成 RB 雌配子和 RB

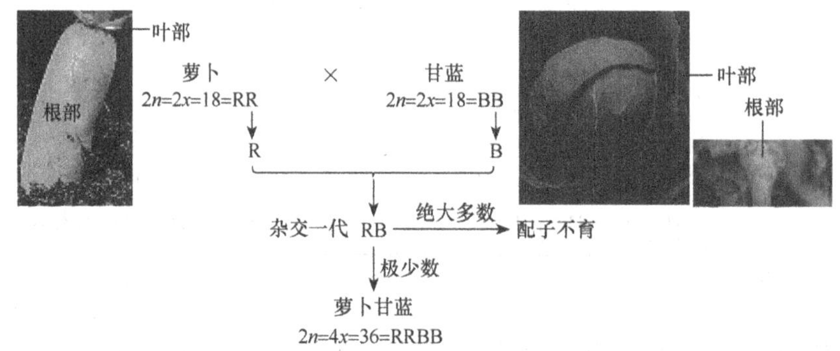

图 6-20　人工创造新物种——萝卜甘蓝

R=（R_1，$R_2 \cdots R_9$）和 B =（B_1，$B_2 \cdots B_9$）分别代表萝卜和甘蓝的一个基本染色体组

雄配子，这种雌、雄配子的随机结合就可获得 RRBB 种子。这样的种子长出的植株，由于细胞内的同源染色体都可两两配对，减数分裂形成的雌、雄配子都是可育的，因此其有性繁殖后代是一个可继代繁殖的、自然界未曾有过的、由人工创造的新物种，定名为“萝卜甘蓝”。这一新物种的种系细胞和体细胞的 4 个基本染色体组来自两个物种，所以叫异源四倍体；由于它具有二倍体萝卜和二倍体甘蓝的染色体数，所以又叫**双二倍体**（double diploid）。

萝卜甘蓝的植株高大。可惜的是，它在生产上没有应用价值，因它没有继承双亲的优点，而是继承了双亲的缺点——根像甘蓝，叶像萝卜。但是，它在科学上首次证明了，在短期内人工可以创造新物种！

二、非整倍体变异

在大多数情况下，动物的非整倍体是致死的，所以哺乳动物的非整倍体多见于流产的胚胎；但植物的非整倍体较易成活。非整倍体主要有如下三种形式。

（一）单体

单体（monosomy）是雌、雄配子结合后，比 $2n$ 染色体数少一条染色体的个体，即（$2n-1$）的个体。以普通小麦为例，正常的雌、雄配子结合后，其子代个体如下：

$$2n=6x=42=\boxed{AABBDD}=\boxed{\begin{matrix}A_1,\ A_2\cdots A_7,\ B_1,\ B_2\cdots B_7,\ D_1,\ D_2\cdots D_7\\A_1,\ A_2\cdots A_7,\ B_1,\ B_2\cdots B_7,\ D_1,\ D_2\cdots D_7\end{matrix}}$$

如果其中的一对同源染色体，如 A_1A_1 缺少一条时称为 1A 单体，A_2A_2 缺少一条时称为 2A 单体，一直到 D_7D_7 缺少一条时称为 7D 单体。所以，普通小麦有 21 种单体，构成一个“小麦单体系统”。这些单体都能成活。

人类女性的性染色体单体 XO（$2n-1=45$），称为**卵巢发育不全**（ovarian dysgenesis）。患者表现为女性，但不能进入青春期（成年后仍显幼稚），次级性征发育不良（如通常无月经、乳房小、阴毛少）；身材通常矮小、胸部较宽、肘外翻、蹼颈（颈有皮肤褶）和后颈发际低（图 6-21）。在女婴中，该病发生率约为 1/3000。该病是在 1938 年首先由特纳（H. H. Turner）全面描述的，所以又称**特纳综合征**（Turner syndrome）。

人的性染色体单体 XO 产生的机制有两种。

机制之一是性染色体在减数分裂期间的不分离。这里又分两种情况：一是初级卵母细胞的性

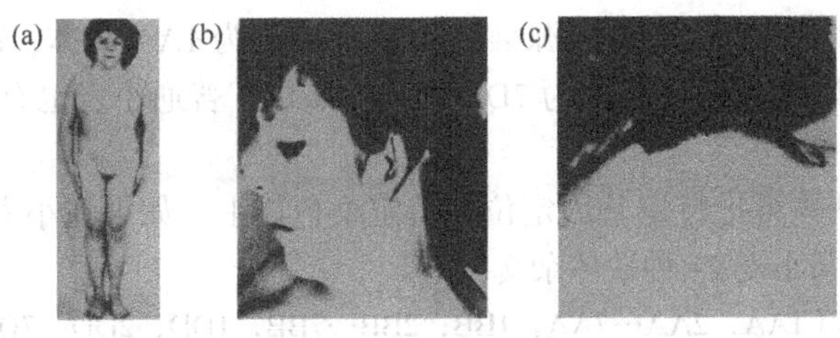

图 6-21　卵巢发育不全
（a）患者；（b）示蹼颈；（c）示后颈发际

染色体 XX 在减数分裂期间的不分离——减数分裂Ⅰ不分离（图 6-22 上、左）或减数分裂Ⅱ不分离（图 6-22 上、右）都可产生没有性染色体 X（只有 22 条常染色体）的非正常卵子，没有性染色体 X 的卵子与具性染色体 X 的正常精子结合形成的受精卵（45，XO）发育成特纳综合征患者（图 6-22 下）；二是初级精母细胞的性染色体 XY 在减数分裂期间的不分离，可产生无性染色体 X 和 Y 的非正常精子（22+0），这种非正常精子与正常卵子（22+X）结合也可发育成特纳综合征患者（45，XO）。

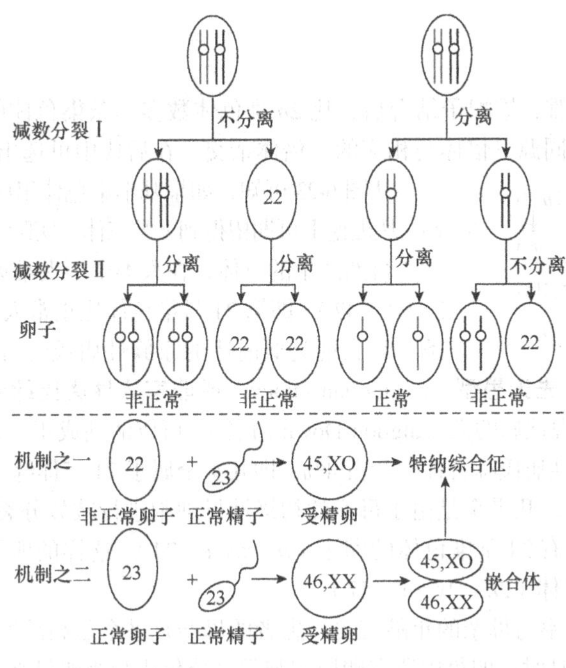

图 6-22　特纳综合征发生机制（Lewis，2003）

机制之二是正常卵子 X 和正常精子 X 结合的受精卵（46，XX），在有丝分裂过程中的部分体细胞失去一条性染色体 X（图 6-22 下）。这是因为，经检查，近 50% 的特纳综合征患者的体细胞有两类细胞：（45，XO）单体细胞和（46，XX）正常二倍体细胞，即患者为**体细胞嵌合体**（somatic mosaic）。在个体发育过程中，如果体细胞失去一条 X 染色体的时间越早，则单体细胞（45，XO）占整体细胞的比例就越大，患者的特纳综合征的病症就越明显；反之亦然。

（二）缺体

缺体（nullisomy）是雌、雄配子结合后，比 $2n$ 染色体数少一对同源染色体的个体（$2n-2$）。

还以普通小麦为例，缺少 A_1A_1 这对同源染色体的个体称为 1AA 缺体，缺少 A_2A_2 的个体称为 2AA 缺体，一直到缺少 D_7D_7 的个体称为 7DD 缺体。所以，普通小麦也有 21 种缺体，构成一个“小麦缺体系统”。

如前所述，利用缺体可把特定基因定位在特定染色体上。如果在小麦中发现一隐性突变体 *rr*，可把该突变体分别与小麦 21 种缺体杂交：

$$rr\times(1AA, 2AA\cdots7AA, 1BB, 2BB\cdots7BB, 1DD, 2DD\cdots7DD)$$

在这 21 个杂交一代中，如果 *rr*×1BB 这一组合表现隐性性状，那么就可把隐性突变基因 *r* 定位在 B_1 染色体上。这是因为：

$$B_1^rB_1^r\times 缺体\ 1BB \longrightarrow B_1^r$$

也就是说，突变体的配子携有带突变隐性基因 *r* 的 B_1 染色体，而缺体 1BB 的配子没有 B_1 染色体，所以其杂交一代对该染色体来说为单倍体，其上的隐性基因也能表现，呈现假显性，据此就可把隐性基因定位于 B_1 染色体。

小麦的 21 种缺体，可通过相应的 21 种单体自交获得。例如，小麦 1A 单体性成熟时，无论雌、雄配子，都可形成两种配子 *n* 和 *n*−1；雌、雄配子结合，不仅可获得正常个体 2*n* 和单体 1A，还可获得 1AA 缺体。

（三）三体

三体（trisomy）是雌、雄配子结合后，比 2*n* 染色体数多一条染色体的个体（2*n*+1）。人工创造的三体，主要是用同源三倍体与相应的二倍体杂交，在后代中可选出有关三体（图 6-23）。

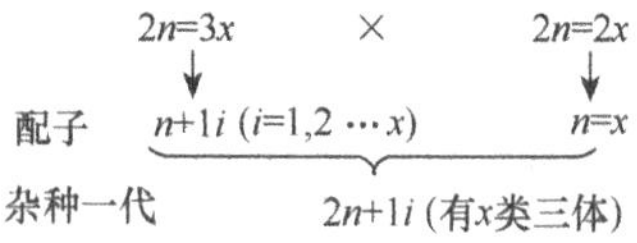

$$\begin{array}{lccc} & 2n=3x & \times & 2n=2x \\ & \downarrow & & \downarrow \\ 配子 & n+1i\ (i=1,2\cdots x) & & n=x \\ 杂种一代 & & 2n+1i\ (有x类三体) & \end{array}$$

图 6-23　人工创造三体

从图 6-23 可知，如果基本染色体组中有 *x* 条染色体（即 *n*=*x*），从理论上可期望得到 *x* 类三体，实际上也可得到 *x* 类三体。

自然产生的三体，在人类中不太难见到的有 **21 三体**（2*n*=2*x*+1=47），即第 21 号染色体比正常人（2*n*=2*x*=46）多了一条。其表现类似前述的家族性唐氏综合征，称 **21 三体综合征**（trisomy 21 syndrome）、**先天愚型**（mongolian idiocy）或**非家族性唐氏综合征**（non-family Down syndrome，以第一个发现该病的人 Langdon Down 命名），可以活到成年。在病症表现相似的这两种综合征中，属于家族性唐氏综合征的约占 4%，即几乎全属于 21 三体综合征。

21 三体产生的原因，几乎全是由于母亲的初级性母细胞进行减数分裂时，第 21 号染色体没有分离，因而产生了具有 24 条染色体的卵子（*n*=*x*+1=24）。这样的卵子和正常精子（*n*=*x*=23）受精就产生了 21 三体（2*n*=2*x*+1=47）。

21 三体婴儿出生频率与母亲的年龄有关，患者的母亲几乎全是高龄产妇（图 6-24）。这是因为，女孩从出生到 7 个月时，卵巢中所有卵原细胞都已分化成初级卵母细胞，并进入减数分裂前期 Ⅰ 的双线期（第二章）后就静息或休眠了。这一静息直到性成熟开始（第 1 次月经，约 12 岁）才结束。以后每经 1 次月经，就有 1 个处于减数分裂前期 Ⅰ 双线期的初级卵母细胞，完成减数分裂 Ⅰ 分裂后所形成的次级卵母细胞，就从卵巢排到输卵管并向子宫方向移动（第二章）；次级卵母细胞在输卵管若与精子接触，则精子刺激这一次级卵母细胞完成减数分裂 Ⅱ 而发育成一个卵子（当然还有一个次级极体）；卵子与精子结合成受精卵后继续沿输卵管进入子宫着床进行胚胎发育。因此，女子生育年龄（约从 12 岁的初次月经到约 50 岁的绝经）越晚，初级卵母细胞持续到减数分裂 Ⅰ 双线期的时间就越长，其减数分裂就越易不正常，如一些同源染色体不易分离，从而较易产生一些由染色体异常引起的疾病。

与卵子发生不同，男孩直到青春期（13 岁左右），在精巢内只有少数精原细胞开始增殖和不断地分化成初级精母细胞，而每个初级精母细胞减数分裂后分化成4个精细胞（整个过程需48～60天，其中减数分裂Ⅰ、减数分裂Ⅱ和分化成精细胞分别各需要16～20天）。所以，从初级精母细胞的减数分裂到精子形成经历的时间，要比从初级卵母细胞的减数分裂到卵子形成经历的时间短得多，几乎不会出现染色体不分离的现象。

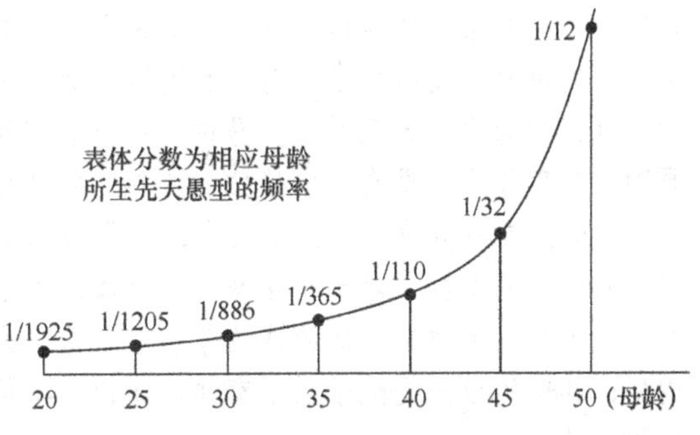

图6-24　母亲年龄与21三体综合征婴儿出生频率的关系（Brooker，2015）

这二者的不同，即从初级卵母细胞和从初级精母细胞形成配子所经历时间长短的不同，就使得源于前者的染色体不分离几乎成了子代三体的唯一来源（源于父亲性母细胞减数分裂的染色体不分离的情况约占其中的5%）。21三体综合征患者一般难以活到成年，纵使少数可活到成年也一般不能结婚而不能遗传（与上述的易位型家族性唐氏综合征的可遗传不同）。

还有一些与“先天愚型”类似的三体综合征。**18三体综合征**（trisomy 18 syndrome，第18号染色体为三条）的平均出生率为2.5/10 000，**13三体综合征**（trisomy 13 syndrome，第13号染色体为三条）的平均出生率为2/10 000，都有类似的随母亲生育年龄增高而上升的趋势。

人类上述常染色体三体，除21三体综合征患者可成活到成年之外，其余的出生后一般只能活数月；这里未涉及的人类常染色体三体，都只能在自然流产的胎儿中发现。这种成活率的差异，与常染色体的大小，从而与基因的多少有关。因在常染色体中，第21号染色体较小，含的基因较少，增加一条对个体遗传平衡的影响程度，没有增加一条较大染色体的大，所以在人类常染色体的三体中，成活的往往是21三体综合征患者。

人类还有一种性染色体的三体——XXY三体。其表现型基本属男性，幼年生长发育也大体正常，像男孩。但是，到了青春发育期，却呈现女人的一些特征，如乳房隆起，身材苗条和个子普遍较高，四肢修长，肌肤细嫩，体力较差，没有腋毛，喉结不明显，说话音调高；睾丸小，不产生精子，没有生育能力。这些非正常男性的症状称为**XXY三体综合征**（XXY trisomy syndrome），又称**克兰费尔特综合征**（Klinefelter syndrome，以发现该病的人命名）。

在人类，失一条或多一条常染色体，尤其是大的常染色体都是致命的。性染色体X属于大染色体，如比常染色体21（在常染色体中，第21号染色体属于小染色体）大得多，为什么性染色体疾病单体XO和三体综合征XXY竟还比常染色体疾病（如21三体综合征）的病症轻得多呢？这一问题与表观遗传有关，将在第十八章讨论。

本章小结

染色体变异分染色体结构变异和染色体数量变异。

染色体结构变异有如下4种。缺失——是丢失了部分染色体片段的变异，其中分末端缺失和中间缺失。中间缺失对减数分裂的效应是形成缺失环。缺失的遗传效应，一是易引起疾病，二是引起假显性。缺失的一个应用是作物理图——缺失作图。重复——是某一染色体片段在其同源染色体上出现多次的变异。重复对减数分裂的效应是形成重复环，遗传效应是具有明显的基因剂量效应。重复对生物进化，尤其是多基因家系的进化具有重要作用。倒位——是染色体经180°倒转后重新与原染色体连接的变异。倒位杂合体对减数分裂的效应是形成倒位环，其遗传效应是倒位环内的单互换重组配子不育。利用这一效应形成的、可同时方便保存两隐性致死基因的永久杂种系统，称为平衡致死系统。易位——分非相互易位和相互易位。前者是染色体一片段移位到一非同源染色体上而没有反向移位的变异。其减数分裂效应是，为使等位基因配对，在偶线期形成T字构型；其遗传效应是，在人类，子代易患家族性唐氏综合征。相互易位是非同源染色体片段间相互移位的变异。对于相互易位纯合体，由于染色体配对正常，减数分裂效应与原未易位的类似。对于相互易位杂合体的减数分裂效应是，为使原染色体各同源部分配对，在联会期形成十字构型；其遗传效应是配子半不育和假连锁。易位和体细胞杂交结合可进行物理作图，也可用于动植物育种。

染色体数目变异有如下两种。整倍体变异——配子和由这些配子直接发育成的单倍体、由有性结合发育成的二倍体和三倍体等，都是整倍体，二倍体以上的整倍体称多倍体。单倍体的特点是高度不育，但作为常规育种的一个环节可提高育种效率。凡由同一物种染色体组加倍形成的多倍体称同源多倍体，较重要的有同源四倍体和同源三倍体。凡由不同物种杂交后经染色体加倍形成的多倍体称异源多倍体。非整倍体变异——是细胞中的染色体数以个别染色体为单位进行增减的变异，主要有单体、缺体和三体。

范 例 分 析

1. 一染色体有紧密连锁的、但不知顺序的6个基因座，相应的隐性等位基因分别为 *a*、*b*、*c*、*d*、*e*、*f*。用本章缺失作图方法发现：缺失1涉及 *a*、*b*、*d*；缺失2涉及 *a*、*d*、*c*、*e*；缺失3涉及 *e*、*f*。试确定这些基因座的顺序。

2. 在不同地区的果蝇各群体的一特定染色体的基因序列如下：

（1）*ABCDEFGHI*　　（4）*ABFCGHEDI*

（2）*HEFBAGCDI*　　（5）*ABFEHGCDI*

（3）*ABFEDCGHI*

假定（1）为原始序列，通过倒位形成其他序列的最可能顺序是什么？

3. 有两非同源染色体 *AB.CDEFG* 和 *RS.TUVWS*，下列的染色体属于哪类染色体变异（或突变）？

（1）*AB.CD* 和 *RS.TUVWX**EFG***；

（2）*A**UV**B.CDEFG* 和 *RS.TWX*；

（3）*AB.**TUV**FG* 和 *RS.**CDE**WX*；

（4）*AB.CWG* 和 *RS.TUV**DEF**X*。

4. 一个患红绿色盲的男人与一个正常的同型合子女人结婚，4年后生有两个女孩。不幸的是，她们都患有卵巢发育不全，但一个有正常视力，另一个为红绿色盲（红绿色盲为隐性性连锁遗传）。

（1）对于红绿色盲的卵巢发育不全患者而言，是父方还是母方发生了X染色体不分离？试作出解释。

（2）对于视力正常的卵巢发育不全患者而言，是父方还是母方发生了X染色体不分离？试作出解释。

5. 一对夫妻生有两个患唐氏综合征的孩子，夫的弟弟生有一个患唐氏综合征的孩子，其妹生有两个患唐氏综合征的孩子。在上述情况下，请说明下面哪一说法最可能正确？

（1）夫有47条染色体。

（2）妻有47条染色体。

（3）夫妻的两个孩子都有47条染色体。

（4）夫的妹妹有 45 条染色体。

（5）夫有 46 条染色体。

（6）妻有 45 条染色体。

（7）夫的弟弟有 45 条染色体。

6. 红绿色盲是人类 X 连锁隐性遗传病。夫和妻的视力正常，但妻父是红绿色盲；这对夫妻生有一患卵巢发育不全兼红绿色盲的女孩。

（1）这个女孩是从父方还是母方接受了红绿色盲隐性基因?

（2）没有性染色体的配子是如何形成的?

第七章　非孟德尔式遗传

前面我们讨论的真核生物的遗传模式，是指位于核内染色体上的子代基因型直接控制子代个体的表现型：只要知道了等位基因间的显隐性关系、非等位基因间的互作关系和基因座间是否连锁，就可根据前述的三个遗传规律，依亲代个体的基因型预测子代个体的表现型。这样的核遗传模式，有时统称为**孟德尔式遗传**（Mendelian inheritance）。

但是，也有一些基因对子代表现型的影响并非遵循孟德尔式遗传的模式，而是遵循所谓的**非孟德尔式遗传**（non-Mendelian inheritance）的模式，如本章要讨论的母性影响、核外遗传和质-核互作遗传。

第一节　母 性 影 响

一、什么是母性影响

先看一个关于**椎实螺**（*Limnaea peregra*）壳旋方向的遗传试验。椎实螺为雌雄同体，群养为异体受精，单养为自体受精。椎实螺的外形如图 7-1（a）所示。它的一个性状是壳旋方向，而该性状的一对相对性状是如图 7-1（b）所示的左旋和右旋——观察时，使螺壳顶端朝向观察者：若螺壳线向左旋转（逆时针方向），则为左旋；若螺壳线向右旋转（顺时针方向），则为右旋。

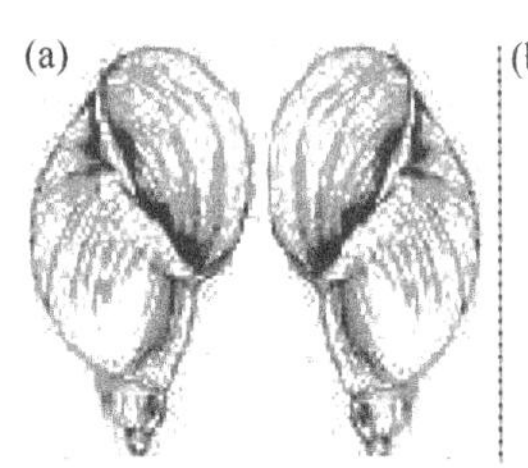

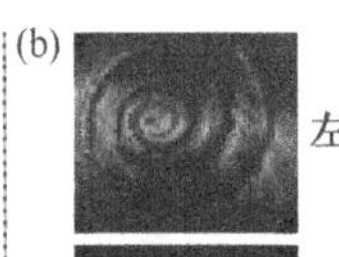

图 7-1　椎实螺外形［(a)］和壳旋方向［(b)］

（一）试验和结果

研究者用自交法选育出的左旋、右旋两纯系，对壳旋方向这一性状的遗传进行了如下试验且得到了相应结果（图 7-2）。

第一，两纯系正、反交（先不看个体的基因型）的结果是：两个子一代不是像孟德尔式遗传所期望的那样具有相同的表现型，而是具有不同的表现型——以右旋为母本的子一代为右旋，以左旋为母本的子一代为左旋，即非孟德尔式遗传。

第二，两个子一代自交产生的子二代，也不是像孟德尔式遗传所期望的那样出现分离现象，而是没有分离，且不管是正交还是反交，子二代都表现右旋，也为非孟德尔式遗传。

第三，从正、反交的子二代中各随机抽取 *n* 个个体分别构成两个样本，并让每个个体自交使每个样本产生 *n* 个子三代家系。结果是不管正、反交，以家系为单位的子三代的表现型分离比都为右旋∶左旋=3∶1。

（二）结果分析

这里采用的是以果推因分析法。子三代以家系为单位的表型分离比，无论是正交还是反

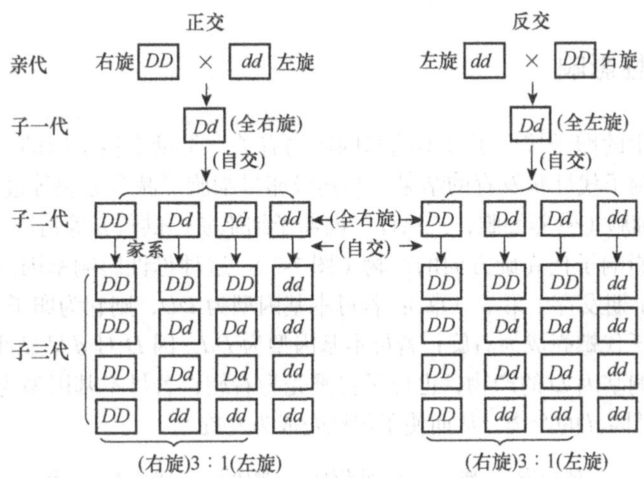

图 7-2　椎实螺壳旋方向（右旋和左旋）的遗传

交，均为右旋∶左旋=3∶1，由此可推出：这是由一个核基因座（*D-d*）差异控制的、延迟了一代（由子二代延迟到子三代）表达的孟德尔式遗传分离比。如果令等位基因 *D* 和 *d* 分别控制右旋（dextral rotation）和左旋（sinistral rotation），则以“家系”为单位的子三代的表现型分离比，无论是正交还是反交，均为右旋（*D*_）∶左旋（*dd*）=3∶1。

由图 7-2 可知，无论是正交还是反交，由于子三代的每个家系都是由子二代的一个个体通过自交得到的，因此无论是正交还是反交，要使子二代的孟德尔式表型分离比延迟到子三代家系表达，倒推到子二代个体的基因型比均应为 *DD*∶*Dd*∶*dd*=1∶2∶1。

由于子二代个体的基因型比是通过子一代的自交得到的，所以无论是正交还是反交，由子二代个体的基因型比可倒推到子一代个体的基因型均为 *Dd*，但子一代孟德尔式的表现型延迟到子二代表现。

既然子一代个体基因型均为 *Dd*，可推知其两纯系亲本——右旋亲本和左旋亲本的基因型分别为 *DD* 和 *dd*。

（三）提出假说

在以上分析的基础上，为完满说明个体基因型为何要延迟一代表达其表现型，可提出假说：对于椎实螺壳旋方向的任一世代的个体表现型，不是由自身的基因型而是由其亲本中的母本基因型决定的。根据这一假说，为什么正、反交的子一代分别为右旋和左旋，是因为其母本的基因型分别为 *DD* 和 *dd*；为什么正、反交的子二代又全为右旋，是因为其母本的基因型均为 *Dd*；为什么子三代家系的表现型为右旋（*D*_）∶左旋（*dd*）=3∶1，也是由相应母本的基因型决定的。

（四）检验假说

这一假说是否正确，可设计试验进行检验。一个简单的试验，是用（正交或反交的）子一代（*Dd*）分别与纯系隐性亲本（*dd*）进行正测交（*Dd*×*dd*）和反测交（*dd*×*Dd*）。如果这一假说正确，则正测交一代应期望全为右旋，而反测交一代应期望全为左旋。试验结果与期望结果完全符合，因此这一假说是正确的。

这种由母本的核基因型决定子代表现型的现象，称为**母性影响**（maternal influence）或**母性效应**（maternal effect）。由于母性影响的分离现象恰好与孟德尔式遗传的分离现象延迟了一代，因此又称**延迟遗传**（delayed inheritance）。

二、为何有母性影响

这与母本产生的卵子接受了母本的基因产物有关，是母本核基因的产物通过其卵子的细胞质传给子代而控制子代性状发育的结果。当初级卵母细胞经减数分裂等过程产生卵子（单倍体）后，周围的滋养细胞（营养细胞，二倍体）向卵子细胞质提供营养等物质，其中也包括母性影响基因的产物，如影响子代壳旋方向的产物（图 7-3）。这种母性影响基因的产物，影响到卵子受精后子代胚胎的早期发育（第十五章）：若母本基因型为 *DD*，则它为卵子（*D*）提供母性影响基因 *D* 的产物而使子代螺壳成为右旋；若母本基因型为 *Dd*，因 *D* 对 *d* 呈显性，它为卵子（*D* 或 *d*）也只提供母性影响基因 *D* 的产物，也使子代螺壳为右旋；若母本基因型为 *dd*，则它为卵子（*d*）只提供母性影响基因 *d* 的产物，从而使子代螺壳成为左旋。

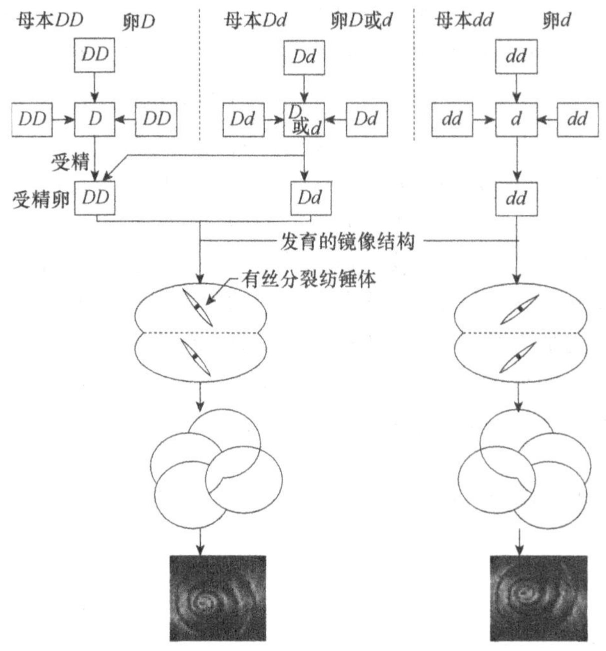

图 7-3　母性影响基因的产物提供给卵子而决定子代壳旋方向

在这里，子代表现型不受父本基因型的影响，是因为精子中基本不含细胞质，也就基本不含父本的基因产物。在母本基因型为 *dd* 的条件下，纵使父本提供的精子为 *D*，即子代基因型为 *Dd*，但由于子代螺旋方向——左旋，在第一次卵裂就已被母本 *dd* 的基因产物决定了，这时子代 *D* 基因表达的产物，如果有的话，也已不起作用了。由于母性影响决定子代的表现型是由母本卵子受精前决定的，所以又称**前定遗传**（predetermination inheritance）。

母性影响基因往往在决定子代卵裂模式（如本节的椎实螺）和体轴取向模式（如果蝇）方面都具有重要作用。

第二节　核外遗传

到目前为止，我们已经讨论了非孟德尔式遗传模式——母性影响。该模式涉及位于母本细胞核内染色体上的基因——母本核基因。

下面要讨论的非孟德尔式遗传模式，涉及的不是位于细胞核内而是细胞核外的基因，所以称**核外遗传**（extranuclear inheritance）；由于这些核外基因位于细胞质内，因此又称**细胞质遗传**（cytoplasmic inheritance）。之所以有核外遗传或细胞质遗传，是因为在真核生物，除有核内的染色体基因外，在核外的细胞质内的细胞器（线粒体和叶绿体）中也有自己的染色体基因或遗传物质。

一、核外遗传的发现

通过下面的母性遗传和非孟德尔式双亲遗传的试验发现了核外遗传。

（一）母性遗传

紫茉莉（*Mirabilis jalapa*）植株一般为绿枝绿叶，但有一品种为花斑植株，长有三类枝条：绿枝绿叶、白枝白叶、斑枝斑叶（枝和枝上长的叶都呈现绿、白相间的斑纹），相应枝条上都能开花（图 7-4）。

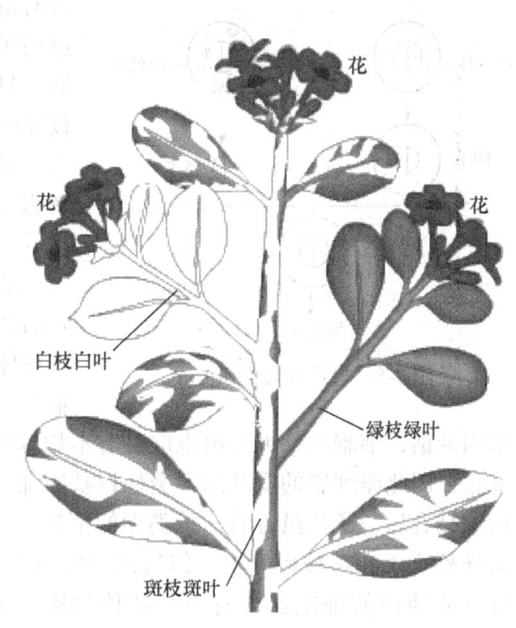

图 7-4　紫茉莉的三种枝条（Griffiths et al.，2015）

为研究植物色素这一性状的遗传规律，柯伦斯以具有上述三种枝条的紫茉莉植株为材料做了两组正、反交试验，见表 7-1：一组是用白枝白叶上的花和绿枝绿叶上的花分别做正交（1-1）和反交（1-2）及子一代相应结果；另一组是用斑枝斑叶上的花和绿枝绿叶上的花分别做正交（2-1）和反交（2-2）及子一代相应结果。

表 7-1　紫茉莉不同组合的正、反交试验

正交	反交
（1-1）白枝白叶 × 绿枝绿叶 ↓ 子一代全为白枝白叶株	（1-2）绿枝绿叶 × 白枝白叶 ↓ 子一代全为绿枝绿叶株
（2-1）斑枝斑叶 × 绿枝绿叶 ↓ 子一代有斑枝斑叶株、白枝白叶株和绿枝绿叶株	（2-2）绿枝绿叶 × 斑枝斑叶 ↓ 子一代全为绿枝绿叶株

从结果看，不管是哪一组的正交和反交，关于植物色素的遗传有一共同特点：子一代性状都与母本的相同，而与父本的全然没有关系。

从这一结果推测，植物色素的遗传似应为母性影响。如果植物色素的遗传属于母性影响，那么用表 7-1 中（1-2）的反交子一代自交，所得子二代应全为绿枝绿叶株，但实际上出现了分离现象——既有绿枝绿叶株，又有白枝白叶株，因此不应属于母性影响。又由于子二代的这种分离现象，没有出现如同孟德尔式遗传那样有规律的分离比，因此也不属于孟德尔式遗传，而是属于有别于母性影响的一种非孟德尔式遗传。

研究表明，这种有别于母性影响的非孟德尔式遗传的性状，不是由前述的母本细胞核内的基因——核基因，而是由母本细胞质内的基因——质基因决定的。多数真核生物，其中包括紫茉莉的卵细胞内含有大量的细胞质，即含有细胞质基因，而精细胞中几乎不含细胞质，也就几乎不含细胞质基因。因此，核外基因或细胞质基因遗传的特点是，一般只能通过母本的卵细胞传递给子代并控制子代有关性状的表现，而这里的枝条色素的性状正是由形成色素的母本细胞质基因控制的。现就根据细胞质基因遗传的特点对结果解释如下。

先解释杂交（1-2）的结果（图 7-5）。以绿枝绿叶为母本，即其卵子含有叶绿体（一种质体）和其内含有叶绿体基因，而父本白枝白叶的细胞质内虽含有白色体（一种质体）和其内含有的白色体基因（不能使枝叶变成绿色），但不能通过精子传递给子代；所以这样的精、卵细胞结合成合子后，只有叶绿体基因传给了子代，子代经发育就成了绿枝绿叶植株。

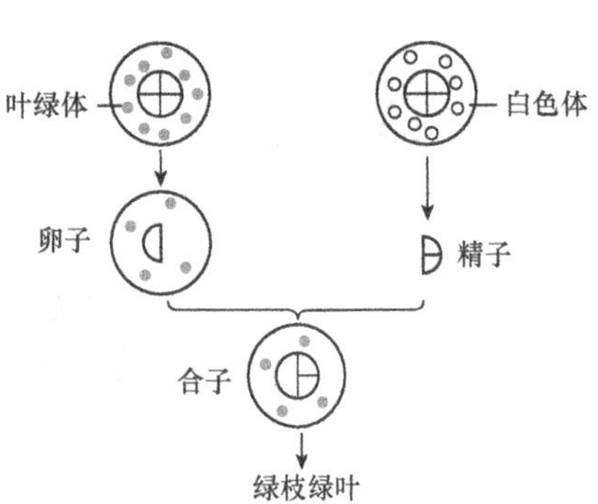

图 7-5　母性遗传的解释

对杂交（1-1）和（2-2）的结果可作同样解释。这种细胞质内的细胞器只含有一种遗传物质（尽管可有多个拷贝）的个体称为同型质体（homoplasmy）。

最后，解释杂交（2-1）的结果（图 7-6）。斑枝斑叶的初级卵母细胞的细胞质中既有叶绿体和其内含有的叶绿体基因，也有白色体和其内含有的白色体基因。细胞分裂时，细胞质分离具有不均等性，如果细胞质内有基因的话，细胞质基因分离也应具有不均等性，质基因也就不能像核基因那样均等地分配到卵细胞，因此卵细胞的质基因不会像核基因那样呈现一定的分离比。这些卵子与绿枝绿叶产生的精子结合后，子代虽可有三种类型的植株——绿枝绿叶株、白枝白叶株（因不能进行光合作用幼株死亡）和斑枝斑叶株，但每次试验可有不同的分离比。这种细胞质内的细胞器含有多种遗传物质的个体称为杂型质体（heteroplasmy）。

核外基因或细胞质基因通过母本传递并控制子代性状表达的现象，称为**母性遗传**（maternal inheritance）。

叶绿体　白色体　卵子

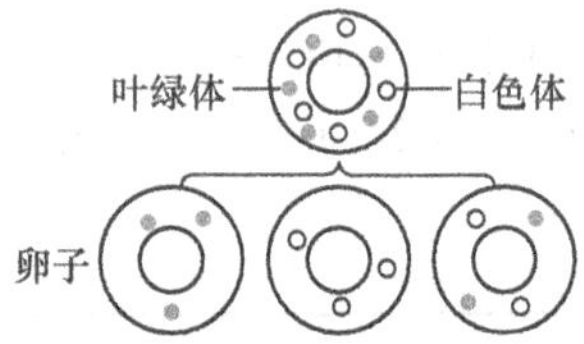

图 7-6　斑枝斑叶卵母细胞形成三种类型卵子

（二）非孟德尔式双亲遗传

鲍尔（Baur）研究了天竺葵（*Pelargonium hortorum*）的斑叶遗传。天竺葵有两个品系：绿叶品系和斑叶品系。这两个品系杂交，无论是正交还是反交，其子一代都出现 3 种类型——绿叶株、斑叶株和白叶株，但这些表现型没有呈现如核遗传子二代那样的孟德尔式分离比和如母性影响那样延迟一代的孟德尔式分离比。天竺葵的这种斑叶遗传，可用双亲细胞质中的基因共同决定加以解释，可称为**非孟德尔式双亲遗传**（non-Mendelian biparental inheritance）。基于此，前面所讲的由核基因控制的、通过父母本都可传代的，从而使正、反交子一代表现相同而子二代出现特定分离比的核遗传，就可称为**孟德尔式双亲遗传**（Mendelian biparental inheritance）。

从上面讨论可知，与（孟德尔式）核基因遗传相比，母性遗传和非孟德尔式双亲遗传均属于细胞质遗传或核外遗传，但母性遗传由母本的质基因决定，非孟德尔式双亲遗传由双亲的质基因决定。

二、质细胞器遗传

研究者根据福尔根（Feulgen）染料对DNA的固有染色特性首先发现，用福尔根染色叶绿体也有这一固有特性时，就推论叶绿体中也含有DNA；后来的类似试验结果也表明线粒体中含有DNA（mtDNA）。在20世纪60~80年代，科学家发明了质细胞器DNA和核（细胞器）DNA的分离与分析技术，对质细胞器——叶绿体和线粒体DNA（染色体）的特点进行了研究。

这两种质细胞器基因组虽只有一种环状染色体，但可有多个拷贝。图7-7示一个线粒体内的环状染色体的多个拷贝。

以下讲的真核微生物——面包酵母菌的线粒体遗传和莱茵衣藻的叶绿体遗传，为核外质细胞器基因遗传提供了直接证据。

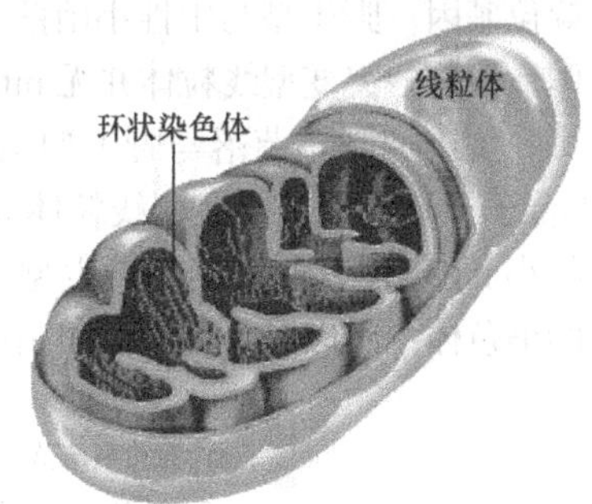

图7-7 线粒体内的环状染色体

（一）面包酵母菌的线粒体遗传

面包酵母菌（*Saccharomyces cerevisiae*）或啤酒酵母菌是研究**线粒体遗传**（mitochondrial inheritance）的模式生物。

法国科学家把面包酵母菌接种在富有葡萄糖的固态培养基上，在形成的菌落中，多数是大菌落，属野生型菌株；少数是小菌落，属突变型菌株。分析结果表明，大菌落野生型菌株和小菌落突变型菌株生长需要的能量，分别通过高效的有氧呼吸和低效的无氧呼吸的通路获得。而这两通路中各步骤所需的酶都是由基因控制的，所以大、小菌落的表现型是遗传性状。

遗传分析结果表明，这些小菌落可分为两类（图7-8）：一类是如图7-8（a）所示的具有核基因遗传模式的**分离型小菌落**（segregational petite）。这是因为，把野生型大菌落（单倍体n，A）与突变型小菌落（单倍体n，a）杂交，其子代（二倍体$2n$，Aa）经减数分裂，在子囊内的4个单倍体子囊孢子就会出现A（野生型大菌落）∶a（突变型小菌落）=2∶2的分离比，即表现（由双亲核基因控制的）核基因遗传的孟德尔式分离比。由于分离型小菌落涉及的是编码蛋白质的核基因突变，而其野生型核基因编码的蛋白质对维持线粒体正常功能（如有氧呼吸）是必需的，因此野生型核基因一旦突变，就不能维持线粒体的正常功能，就会影响菌落表现型而成为分离型小菌落。另一类是如图7-8（b）所示的具有质基因遗传模式的**营养型小菌落**（vegetative petite）。这些小菌落分别与野生型杂交，其子代经减数分裂，子囊内的4个单倍体子囊孢子都未出现核基因

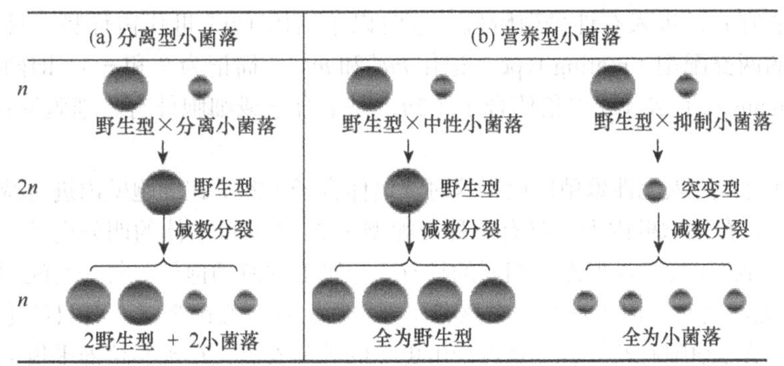

图7-8 面包酵母菌野生型和不同突变型的杂交

2∶2 的孟德尔式遗传模式，而是分别出现了全为野生型大菌落或全为突变型小菌落的非孟德尔式的质基因遗传模式：与野生型大菌落杂交，其子代经减数分裂，子囊内的 4 个单倍体子囊孢子全为野生型时，则该营养型小菌落称为**中性小菌落**（neutral petite）；与野生型大菌落杂交，其子代经减数分裂，子囊内的 4 个单倍体子囊孢子全为小菌落时，则该营养型小菌落称为**抑制小菌落**（suppressive petite）。

表现为非孟德尔式双亲遗传的营养型小菌落的两类型与野生型大菌落杂交，为什么具有不同的表现型？当面包酵母菌的两不同交配型杂交时，其子代都可从不同交配型的细胞质中获得线粒体，因此面包酵母菌杂交子一代中的线粒体染色体可具有不同的等位基因，如野生型和突变型等位基因。野生型与中性小菌落杂交，其子一代虽然既接受了野生型线粒体也接受了突变型线粒体，但这一突变型线粒体并无 mtDNA，故全表现为野生型就在预料之中了［图 7-9（a）］。

关于抑制小菌落与野生型杂交的子一代表现为小菌落的解释是［图 7-9（b）］：虽然子一代（合子）都接受了突变型线粒体和野生型线粒体，但是合子在形成孢子时，经检测是抑制小菌落的小 mtDNA 复制抑制了野生型菌落的大 mtDNA 复制，即子一代复制的全为抑制小菌落线粒体的染色体，所以子一代全为抑制小菌落（但其中的机制尚待研究）。

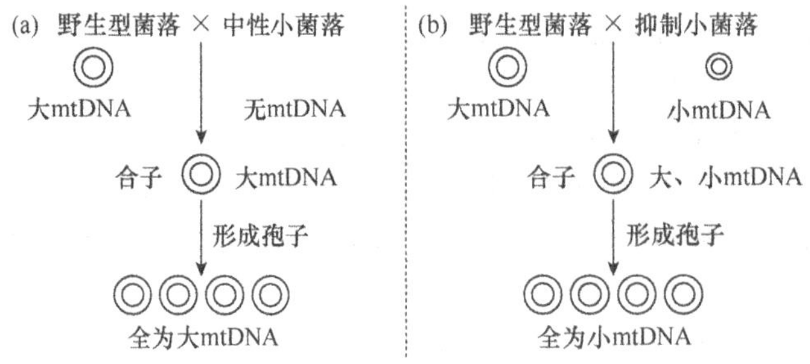

图 7-9 面包酵母菌营养型小菌落的遗传

（二）莱茵衣藻的叶绿体遗传

莱茵衣藻（*Chlamydomonas reinhardi*）是研究**叶绿体遗传**（chloroplast inheritance）的模式生物。其优点是：为单细胞真核生物，生活周期中以单倍体为主，依表现型可直接推知基因型；易生长，试验中可进行微生物式培养，甚为方便；细胞质中有一大型叶绿体，约占细胞的 40%。

1. 生活周期 莱茵衣藻的生活周期，经历有性繁殖和无性繁殖两个阶段（图 7-10）。

当环境不适宜时，进入有性繁殖阶段。这时以单倍体（n）世代占优势、具有两根鞭毛和在形态上相同的两**交配型**（mating type，记作 mt^+和 mt^-，简记为＋和－），即两**单倍体同形配子**（haploid isogamete）结合成二倍体合子（$2n$，每个合子或细胞外有一细胞壁保护），以抵御不良环境。

当环境适宜时，进入无性繁殖阶段。这时二倍体合子（$2n$）在细胞壁内进行减数分裂后再进行一次有丝分裂，在细胞壁内形成具有两种交配型为 2∶2 的单倍体的四分孢子（n）；而后细胞壁破裂，每个四分孢子发育成形态上相同的具有 2 根鞭毛的游动孢子。每一交配型的两游动孢子（莱茵衣藻）经无性繁殖，即各进行一次核有丝分裂后，每一交配型进入各自的孢子囊内。这些衣藻通过无性繁殖（细胞有丝分裂）就可产生更多的莱茵衣藻，在琼脂培养平板上可看到一个个的集群。

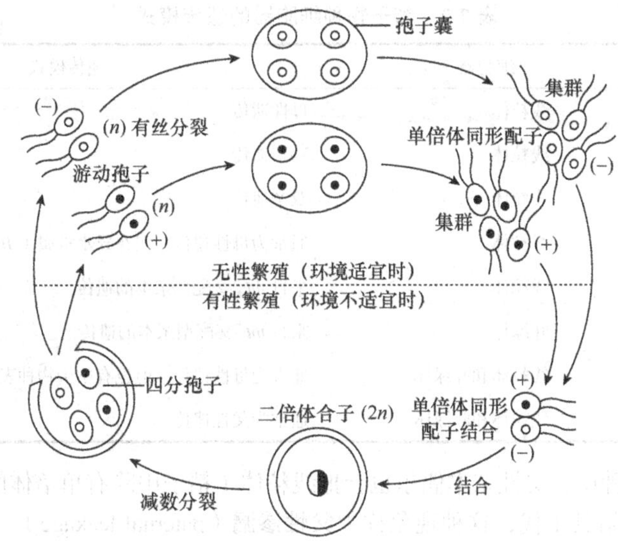

图 7-10　莱茵衣藻的生活周期（Elrod and Stansfield，2010）

当环境不适宜时，又可进入上述的有性繁殖阶段。

2. 遗传试验　莱茵衣藻多数品系对链霉素（streptomycin）敏感，其基因记作 sm^s；但有少数突变品系对链霉素抵抗，其基因记作 sm^r。在对链霉素敏感的品系中选出交配型 mt^+和 mt^-，分别记作 mt^+/sm^s 和 mt^-/sm^s；在对链霉素抵抗的品系中选出交配型 mt^+和 mt^-，分别记作 mt^+/sm^r 和 mt^-/sm^r。把对链霉素抵抗和敏感的不同交配型进行正、反交，则结果如图 7-11 所示。

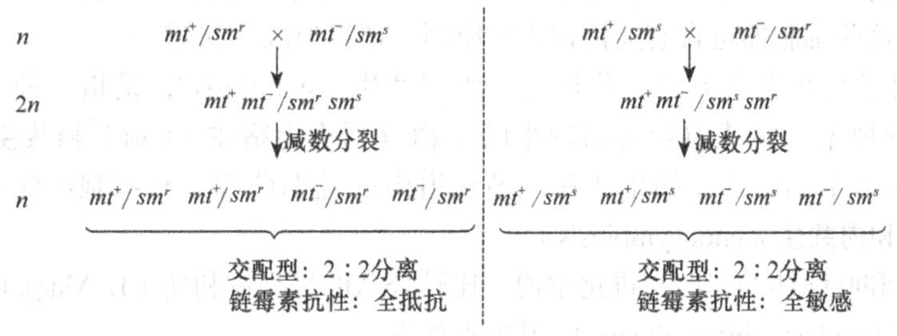

图 7-11　莱茵衣藻的叶绿体遗传

从正、反交结果可知：对交配型来说，无论是正交还是反交，子一代经减数分裂，其子二代 4 个单倍体衣藻的 $mt^+ : mt^- = 2 : 2$，为孟德尔式分离，因此这是具有一对核基因差异的遗传；对链霉素抗性来说，其子二代 4 个单倍体衣藻的表现总与交配型 mt^+的亲本相同，因此表现为非核基因的非孟德尔式遗传。后来发现，这是因为在子一代中，位于（细胞质中）叶绿体环状染色体上的 mt^-对链霉素抵抗或敏感的基因被降解了。

（三）影响质细胞器遗传模式的因素

质细胞器的遗传模式随物种而异，还与亲本的性别有关。

在异配性别物种，尤其在高等真核生物，雌配子比雄配子大，子代细胞质几乎全来自雌亲，所以子代的线粒体和质体（如叶绿体）也几乎来自雌亲；但是，情况也并非总是如此，表 7-2 列出了若干物种的线粒体和叶绿体的遗传模式。

表 7-2 若干物种细胞器的遗传模式

物种	细胞器	遗传模式
哺乳动物	线粒体	母性遗传
贻贝	线粒体	双亲遗传
面包酵母菌	线粒体	双亲遗传
霉菌	线粒体	通常为母性遗传，但在异水霉属（*Allomyces*）为父性遗传
莱茵衣藻	线粒体	来自 mt^- 交配型亲本的遗传
莱茵衣藻	叶绿体	来自 mt^+ 交配型亲本的遗传
被子植物	线粒体和叶绿体	通常为母性遗传，但也有不少物种表现为双亲遗传
裸子植物	线粒体和叶绿体	通常为父性遗传

在母性遗传的物种中，父性亲本偶尔也会把线粒体（精子中除有单倍体的核外，还有少量含细胞质的线粒体）传给其子代，这种现象称为**父性渗漏**（paternal leakage）。例如，在 100 000 个小鼠子代个体中，有 1～4 个个体的线粒体来自父本，其余的都来自母本。

由上讨论可知，在核外或细胞质遗传中，基因有的是通过母本——**母性遗传**（maternal inheritance）传给子代，有的是通过父本——**父性遗传**（paternal inheritance）传给子代。这种在细胞质遗传中，基因只由一个亲本传给子代的现象称为**单亲遗传**（uniparental inheritance）。

三、质细胞器遗传与内共生——线粒体和叶绿体起源

细胞内的遗传物质主要集中在细胞核内，但细胞质内的细胞器——线粒体和叶绿体也含有遗传物质。要寻找这两细胞器也含有遗传物质的原因，还得追溯其起源。

为此，要明了与共生有关的一些概念。所谓**共生**（symbiosis），是指一种生物生活在另一生物体中的互利现象，而其中较大和较小的生物分别称为**宿主**（host）和**共生体**（symbiont）。若共生体生活在宿主细胞外（如生活在人消化道内的乳糖菌等）和细胞内的分别称为**外共生**（exosymbiosis）和**内共生**（endosymbiosis）。

关于线粒体和叶绿体的起源与进化学说，比较公认的是马古利斯（L. Margulis）在 1970 年提出的**内共生学说**（endosymbiosis theory），其要点如下。

第一，现代真核细胞的祖先是原始真核细胞。这种原始真核细胞是具有吞噬能力但无线粒体和叶绿体的大型细胞，靠吞噬和分解糖类所获得的能量维持生存。

第二，现代线粒体的祖先是原始紫细菌。原始紫细菌比原始真核细胞能更好地利用糖类，从而能把糖类分解得更彻底以产生更多的能量。在生物进化过程中，原始真核生物吞噬原始紫细菌后建立起内共生关系：前者为细菌提供食物（如未完全分解的糖类）和较稳定的环境；后者在宿主（原始真核细胞）内作为**内共生体**（endosymbiont），利用宿主提供的食物可产生更多的能量，除满足自己需要外，还可供宿主利用。与原始真核细胞共生的原始紫细菌，由于所处的环境与其独立生存时的不同，原来的结构有的变得“多余”而退化甚至消失，有的转移到细胞别的部分（如转移到细胞核），最终原始紫细菌就进化成真核生物细胞内一种专门进行能量代谢的细胞器——线粒体（图 7-12 中左和右）。

第三，现代叶绿体的祖先是能进行光合作用的原始**蓝细菌**（cyanobacteria）。在生物进化过程中，原始真核细胞除吞噬了原始紫细菌进化成线粒体外，还吞噬了原始蓝细菌。原始蓝细菌被吞

噬作为内共生体后，与宿主细胞也建立起内共生关系，即原始蓝细菌利用宿主细胞提供的物质进行光合作用而合成有机物，不仅满足了自身的需要，还可提供给宿主利用，与宿主建立内共生关系后，最终原始蓝细菌也进化成真核生物细胞内一种专门进行光合作用的细胞器——叶绿体（图 7-12 中左）。植物和藻类细胞中的线粒体与叶绿体就是这样进化来的。

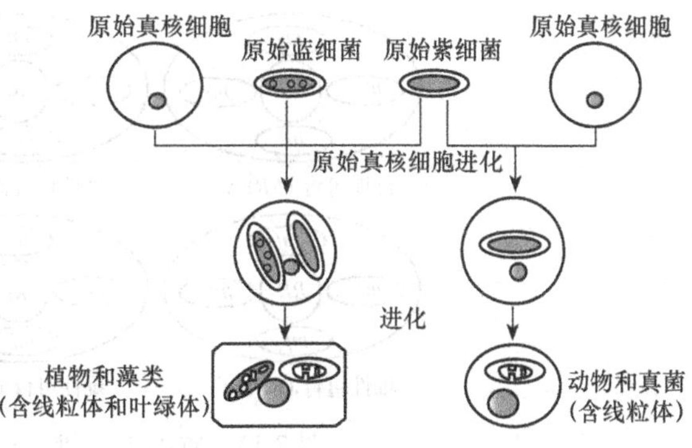

图 7-12　细胞器起源的内共生学说

分子遗传学技术的问世使研究者可以比较分析来自线粒体、叶绿体和细胞核的基因。结果发现，真核生物线粒体和叶绿体中的基因与其核中的基因不相似，却与细菌基因非常相似。这一结果为线粒体和叶绿体的内共生起源提供了强有力的证据。

由于线粒体和叶绿体的内共生起源，现代真核生物细胞中具有两套（如动物）或三套（如植物）分离的基因组就顺理成章了。但是，在真核生物进化过程中，原始紫细菌和原始蓝细菌基因组中的多数基因已转移到核基因组的染色体上。细胞器（细胞核也是一种细胞器——核细胞器）之间基因转移的机制，现虽然还不十分明白，但是基因转移的方向是很明确的，主要是从线粒体或叶绿体转移到细胞核（到目前为止，从核基因转移到线粒体基因组的，只在植物中发现一例）。这种几乎是单方向的基因转移，既说明了这两种质细胞器现在只有较少的基因，又说明了现在生活着的蓝细菌和紫细菌基因组的多数基因，在当今的线粒体和叶绿体中找不到了的原因。此外，在线粒体和叶绿体基因组间也可进行基因转移。

第三节　植物质-核互作雄性不育遗传

质-核互作遗传是指由核基因和质基因共同控制某一性状表现的遗传。由于植物**质-核互作雄性不育**（male sterility of cytoplasmic-nuclear interaction）在生产实践中具有重要作用，现详述如下。

一、遗传机制

植物质-核互作雄性不育这一性状，是由细胞核基因和核外线粒体基因相互作用的结果。具体来说，如果细胞核中引起雄性不育的隐性基因或雄性不育基因是 *r* 和引起雄性不育恢复成雄性可育的显性等位基因——**恢复基因**（restorer gene）是 *R*（也称雄性可育基因），线粒体的雄性不育（male sterility）基因和雄性可育（male fertility）基因分别是 *ms* 和 *mf*，且一个细胞各线粒体内只有不育或可育基因，那么对于核基因型和质基因型的可能类型分别为 3（即 *RR*、*Rr*、*rr*）和 2（即 *mf*、*ms*），相应地对于质-核互作基因型的可能类型就为 3×2=6（图 7-13），且只有核基因型为 *rr* 和质基因型为 *ms* 时，记作（*rr*）*ms*，才是雄性不育的，其他 5 类基因型都为雄性可育。

二、杂种优势利用

作为人类主要粮食作物的水稻和小麦，如何利用它们各自的杂种优势，很早就引起世界各国

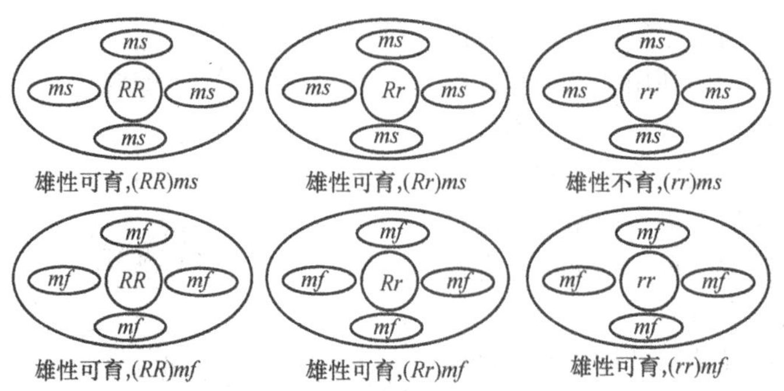

图 7-13　质-核互作雄性不育的可能基因型和育性

有关科学家的重视，然而一直缺乏获得大量杂种一代种子的有效方法。这是因为水稻、小麦的花朵极小，开花的时间又短（小麦数小时，水稻仅十几分钟），每朵花杂交后只产生一粒种子，而播种的用种量又很大（一般每亩小麦基本苗数约为 10 万株，即每亩播种粒数至少 10 万粒），因而要想通过人工去雄的杂交方法获得大量杂交种子供生产用，实际上不可能。

质-核互作雄性不育的发现，使像水稻这样一类作物，免去人工去雄而获得大量杂交种子成为可能。这种可能，是通过雄性不育系、雄性不育保持系和雄性不育恢复系的配套（简称“三系”配套）实现的。现逐一解释如下。

（一）不育系、保持系和恢复系

根据图 7-13，若以雄性不育株作母本，与可育株（*rr*）*mf* 杂交，即

$$(rr)\ ms \times (rr)\ mf \rightarrow (rr)\ ms$$

则 F_1 的所有植株都表现为雄性不育，而这些雄性不育株就构成了**雄性不育系**（male sterility line），简称**不育系**（sterility line）。在这一杂交，由于（*rr*）*mf* 具有保持雄性不育系的雄性不育能力，因此称为**雄性不育保持系**（male sterility-maintainer line），简称**保持系**（maintainer line）。

还根据图 7-13，若以雄性不育株个体作母本，与可育株（*RR*）*mf* 或（*RR*）*ms* 杂交，即

$$(rr)\ ms \times (RR)\ mf \rightarrow (Rr)\ ms \text{ 或 } (rr)\ ms \times (RR)\ ms \rightarrow (Rr)\ ms$$

则 F_1 的所有植株都表现为雄性可育。由于（*RR*）*mf* 或（*RR*）*ms* 具有把不育系的雄性不育恢复成雄性可育的能力，因此称为**雄性不育恢复系**（male sterility-restorer line），简称**恢复系**（restorer line）。

在杂种优势利用中，这“三系”各有用途，缺一不可：有了雄性不育系，免去了杂交时烦琐的人工去雄工作；有了雄性不育保持系，可使雄性不育系世代延续；有了雄性不育恢复系，不但可使杂种一代恢复正常结实，还可能表现出强大的杂种优势（如果杂交组合配置适当的话）。

（二）“三系”配套利用杂种优势

有了雄性不育系、雄性不育保持系和雄性不育恢复系，并选育出强优势的杂种一代后，就可生产杂交种子作大田生产用种了。在繁殖制种的过程中，这“三系”关系见图 7-14。

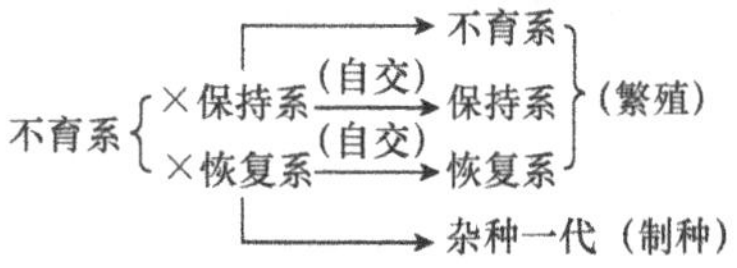

不育系 { ×保持系 —(自交)→ 保持系；×恢复系 —(自交)→ 恢复系 }
→ 不育系、保持系、恢复系（繁殖）
→ 杂种一代（制种）

图 7-14　“三系”的繁殖与制种

由图 7-14 的关系可知，为使每年不断地向大田提供杂种一代种子，就要把不育系种子分成两部分：一部分不育系与恢复系杂交以配制杂种一代，这一过程称为“制

种”，因为在不育株上收的就是供大田播种的杂种一代种子，以利用其**杂种优势**（hybrid vigor, heterosis）；另一部分不育系和保持系杂交以进行“三系”繁殖——在不育系植株上收的种子仍为不育系种子，在保持系和恢复系收的种子仍分别是保持系和恢复系的种子。

这样，每年通通“三系”的繁殖与制种，就可源源不断地向大田提供杂交一代种子。

本章小结

孟德尔式遗传是指位于核内染色体上的子代基因型直接控制子代个体表现型的遗传模式，不遵循这一模式的称为非孟德尔式遗传。本章涉及的非孟德尔式遗传主要有以下几种。

母性影响是由母本核基因直接决定子代表现型的现象。其原因是母本产生卵子（单倍体）后，周围的滋养细胞（二倍体）向卵子提供营养，其中包括母性影响基因的产物，这些产物影响卵子受精后子代胚胎的早期发育。母性影响性状分持久的和短暂的母性影响性状。

母性遗传是核外基因一般通过母本的传递而控制子代性状表现的现象。这是由于细胞器，如线粒体和叶绿体中都有一套与核分离的基因组——线粒体基因组和叶绿体基因组，通过母本卵细胞质传给子代的结果（精子几乎不带细胞质）。但也有例外，酵母通过线粒体基因组的为非孟德尔式双亲遗传而有别于孟德尔式双亲遗传，裸子植物的线粒体和叶绿体基因组为父性遗传。在母性遗传中，父性亲本偶尔也会把线粒体基因传给子代的现象称为父性渗漏。核外基因组的形成，乃是原始蓝细菌和原始紫细菌与原始真核细胞的内共生进化的结果（内共生学说）。

质-核互作遗传是核基因和质基因共同控制性状表现的遗传，在作物杂种优势利用中具有重要意义。

范例分析

1. 具有左旋的两个亲本椎实螺进行正交和反交，结果这两杂交一代都表现为右旋。

（1）写出这两左旋亲本的基因型。

（2）画出产生这两亲本以及这两亲本杂交产生子代的系谱。

2. 一个左旋椎实螺若只能作为母本，试指出下列说法的真或伪：

（1）这个左旋螺的基因型必为 *dd*；

（2）这个左旋螺的基因型不可能为 *DD*；

（3）这个左旋螺产生的所有子代必为左旋；

（4）这个左旋螺产生的子代既有左旋，又有右旋；

（5）这个左旋螺的各兄弟姐妹都为左旋。

3. 如果你是一位园艺工作者，发现了一株长斑叶的植株。你如何鉴定该性状是属于核遗传还是质遗传？

4. 在面包酵母菌，单倍体小菌落突变体除有小菌落基因（$petite^-$）外，还携带组氨酸突变基因（his^-），使得其必须在培养基中添加组氨酸才能生长。这一突变菌株（$petite^-/his^-$）与野生型菌株（$petite^+/his^+$）杂交产生如下四分子：

2 子囊孢子：$petite^-/his^+$

2 子囊孢子：*petite*$^{-}$/*his*$^{-}$

试解释 *petite*$^{-}$和 *his*$^{-}$突变的遗传。

5. 假定一母性影响基因座具有正常的显性基因和非正常的隐性基因。表现型非正常的母亲生育的子代全为表现型正常，试说明该母亲的基因型。

6. 比较下列各情况 F_2 表现型比有何不同：

（1）细胞质遗传和（核基因）显性突变；

（2）细胞质遗传和（核基因）显性上位。

第二部分

分子遗传学原理

分子遗传学主要涉及遗传物质的鉴定、表达和调控；各物种基因组的结构、功能和相互关系；有关生物发育、免疫、癌和表现遗传的分子基础。

第八章 遗传物质和遗传信息的传递

在鉴定什么是遗传物质的道路上，孟德尔的工作迈出了正确的第一步。他根据经过精心设计的试验所得到的试验结果，提出了令人信服的颗粒（基因）遗传理论。由于构成生物结构的基本单位是细胞，这无疑就促使以后的科学工作者在细胞中寻找可能的基因颗粒，并最终落实到核酸中。以下是寻找的大致过程。

在 19 世纪末叶，研究者发现了两个事实：一是双亲提供子代等量的（细胞）核物质和不等量的（细胞）质物质，二是正、反交 F_1 代的性状相同。于是，根据求同法，研究者认为双亲控制子代性状表现的基因颗粒应位于细胞核内。

20 世纪初，研究者根据基因和染色体在世代传递中的对应关系提出了遗传的染色体学说，把基因又定位在染色体上。

在 1924 年，确定染色体是由蛋白质和核酸组成的。那么，基因颗粒究竟是核酸还是蛋白质？

从 20 世纪初叶接受遗传的染色体理论之后的近 40 年间，都错误地认为基因颗粒或遗传物质是蛋白质而不是核酸。主要理由是构成蛋白质的常见单位——氨基酸有 20 种，而一个蛋白质分子一般可由数十到数百个氨基酸组成，平均为 300 个，且组成蛋白质分子的氨基酸顺序是随机重复；所以仅由氨基酸的随机重复所产生的蛋白质类型数就是一个天文数字（常见氨基酸有 20 种，由 300 个氨基酸随机重复组成的蛋白质类型数就是 20^{300}），足以解释生物的多样性。在此期间对核酸，如 DNA 的化学组成研究业已确定，是由 4 种核苷酸构成的长链组成，但误认为这 4 种核苷酸在 DNA 中都具有相等的分子数，且 DNA 只是以这 4 种核苷酸构成的四核苷酸单位进行有序而非随机重复而成的所谓**四核苷酸说**（tetranucleotide theory）。根据四核苷酸说，构成 DNA 的基本单位是四核苷酸，构成 DNA 长链时，是以这一“四核苷酸为基本单位”进行的有序重复，而不是我们当今已知的以单核苷酸为基本单位进行的随机重复。因此，根据四核苷酸说，自然就误认为 4 种核苷酸产生的 DNA 类型数，要比由 20 种氨基酸进行随机重复产生的蛋白质类型数少得多，难以解释生物的多样性而不可能成为遗传物质。

第一节 核酸是遗传物质

遗传物质是蛋白质而不是核酸的错误想法，通过下面的两个经典试验和其他有关试验，前后历时 16 年才得到纠正。

一、细菌转化试验

肺炎链球菌（*Streptococcus pneumoniae*）（也称肺炎双球菌，因在电子显微镜下呈双球状）有两种**菌株**（strain，第九章）。

一是有毒型菌株，可使哺乳动物患病，如可使人患肺炎或使鼠患败血病。因这种菌株在固态培养基上培养时，每个细菌会繁殖成一个外观光滑的菌落，故又称光滑型（smooth）菌株或 S 型菌株。

二是无毒型菌株，不会使人患肺炎或使鼠患败血病。因这种菌株在固态培养基上培养时，每个细菌会繁殖成一个外观粗糙（rough）的菌落，故又称粗糙型菌株或R型菌株。现在知道，无毒型菌株（不能产生荚膜）是有毒型菌株（野生型）的突变体：野生型一个基因座内的基因突变就由能产生荚膜（致病抗原）的菌株突变成不能产生荚膜，即不能产生致病抗原的突变型菌株。

1928年，英国细菌学家格里菲斯（F. Griffith），用以上两菌株做了称为细菌转化的4个（Ⅰ、Ⅱ、Ⅲ、Ⅳ）试验，结果如图8-1所示。

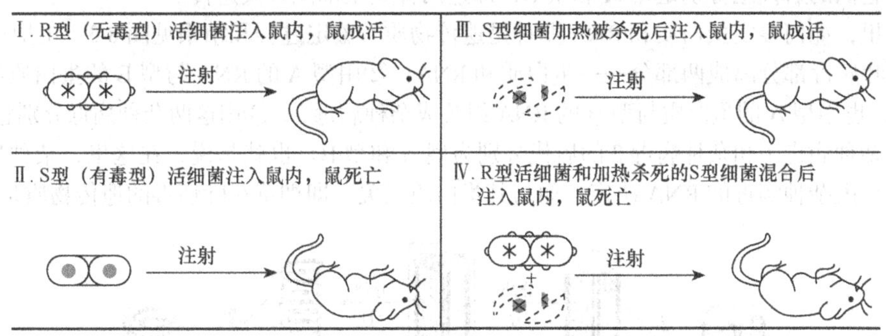

图8-1 细菌转化因子的试验

前三个试验结果在预料之中：第Ⅰ个，R型细菌无致病能力，所以鼠成活；第Ⅱ个，活的S型细菌具有致病能力，所以鼠死亡；第Ⅲ个，S型细菌加热被杀死后，整个细胞的活性或功能丧失殆尽，有关致病基因也就不能表达了，所以鼠成活；第Ⅳ个试验结果却在预料之外——R型活细菌无致病能力，S型细菌被加热杀死也丧失了致病能力，鼠却患败血病而死，且居然还在死鼠血液中发现了大量的S型活细菌！

如何解释这一预料之外的试验结果？格里菲斯推测，可能是在S型细菌内有一种"转化因子"进入了R型细菌而使R型细菌的遗传本性发生了改变，如此就由无毒型变成有毒型而引起鼠死亡。后来证明，这一推测是正确的，但可惜的是，这种"转化因子"到底是什么物质，他未进行寻找试验。

时隔16年，直到1944年，美国细菌学家艾弗里（O. T. Avery）等发表了论文——《诱导肺炎链球菌菌株转化物的化学本质》，才证明了上述推测的正确性，且确定这种"转化因子"是**脱氧核糖核酸**（deoxyribonucleic acid），即DNA。他们的试验是把S型细菌细胞弄碎，分离出糖类、脂类、各种蛋白质、RNA（核糖核酸）和DNA等物质。然后，把分离的物质分别与R型（无毒）细菌混合并进行液体培养。结果，只有在DNA和R型细菌混合的培养液中发现了S型细菌，其他各培养基中仍是R型细菌（图8-2）。

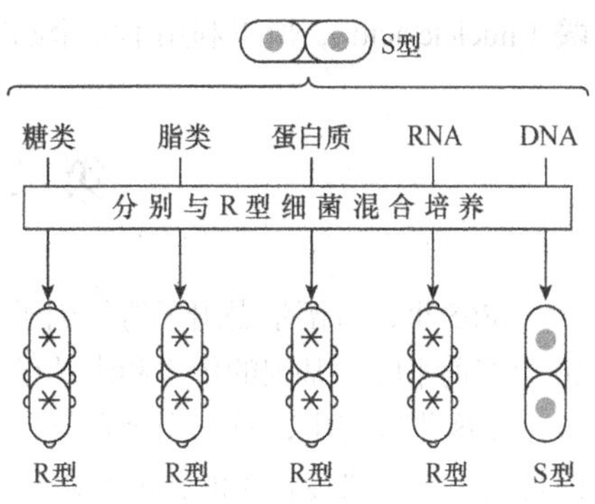

图8-2 寻找转化因子的试验

这两个紧密联系但相距16年的试验结果，无可争辩地证实了使R型细菌转化成S型细菌的**转化因子**（transforming factor）是DNA。因此，决定性状（这里是指菌株是否致病和是否具有荚膜）的遗传物质是DNA。

二、RNA 病毒感染试验

烟草的一种病毒，专门寄生在烟叶细胞中会使叶发病而出现花斑，故称烟草花叶病毒。该病毒呈杆状，中心部分是一条核糖核酸（RNA）链，外围部分是由许多蛋白质颗粒呈螺旋形排列的蛋白质壳。

烟草花叶病毒有不同类型，如（类）型 A 和（类）型 B。用型 A 和型 B 分别感染不同的烟叶，检查它们的后代也分别是型 A 和型 B，即这两种类型都能真实遗传。

在这里，如何鉴定蛋白质和 RNA 哪种是遗传物质？鉴定过程和结果见图 8-3：①把型 A 和型 B 烟草花叶病毒都分离成两部分——蛋白质和 RNA；②用型 A 的 RNA 与型 B 的蛋白质组装成杂种病毒 1，也用型 A 的蛋白质与型 B 的 RNA 组装成杂种病毒 2；③用这两杂种病毒分别感染烟草，其结果是杂种病毒 1 和杂种病毒 2 的后代分别为型 A 和型 B。也就是说，在这里，杂种病毒后代的类型完全由杂种病毒的 RNA 决定，而与其蛋白质无关，即烟草花叶病毒的遗传物质是 RNA。

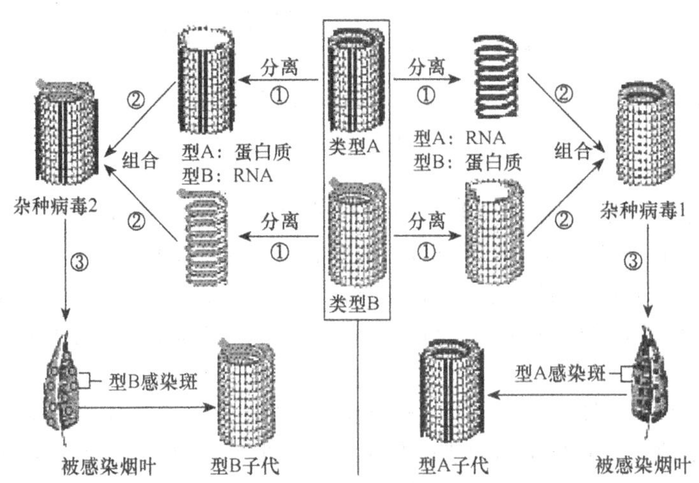

图 8-3 烟草花叶病毒重新组装试验（Atherly et al.，1999）

后来在多种生物的试验相继证明：在含有蛋白质和脱氧核糖核酸（DNA）的其他一些生物，与肺炎链球菌一样，遗传物质是 DNA 而没有遇到反例；在含有蛋白质和 RNA 的其他一些生物，与烟草花叶病毒一样，遗传物质是 RNA 而没有遇到反例。由于 DNA 和 RNA 都呈酸性而统称核酸（nuclcic acid），所以利用不完全归纳推理法可得出结论：生物的遗传物质是核酸。

第二节 核酸的分子结构

1865 年，孟德尔提出了遗传因子（基因）在世代间传递和表达（控制性状表现）的概念。在 20 世纪前半叶，基因的传递和表达模式，在不同的生物进行了广泛的研究。

在这些研究中，对于当今业已鉴定的遗传物质——核酸的化学本质虽未提供什么直接信息，但提供了作为遗传物质的核酸必须具有如下 4 个基本功能：一是信息功能——核酸必须含有决定个体遗传性状的蓝图；二是复制、传递功能——由于在个体内细胞分裂时要把核酸从母细胞传到子细胞，在个体间也要把核酸从亲代传到子代，因此核酸必须可进行复制和传递；三是表达功能——核酸中的遗传信息，在个体中必须在正确的时间和空间得到表达或抑制，否则个体不能得到正常的生长和分化；四是突变或变异功能——遗传物质必须具有多样性，否则就难以解释生物多样性和生物进化。

遗传物质必须具备的这些功能，为核酸具备什么样的分子结构提供了思路。

一、核酸的一级结构和功能

核酸是由一些叫作“**单核苷酸**”（nucleotide）的基本单位——“磷酸-糖-碱基”构成的。如图 8-4 所示，基本单位中的糖是 5 碳糖（戊糖），在 RNA 和 DNA 分别是**核糖**（ribose）和**脱氧核糖**（deoxyribose）。核糖和脱氧核糖间的差别在于 2′ 碳原子（2′C）上附着的化学基团不同：前、后者分别是羟基 OH 和氢原子 H。戊糖中的碳原子 C 用 1′～5′ 标记，是为了区别于图 8-5 碱基环中碳原子（1～6）和氮原子（1～9）的标记。

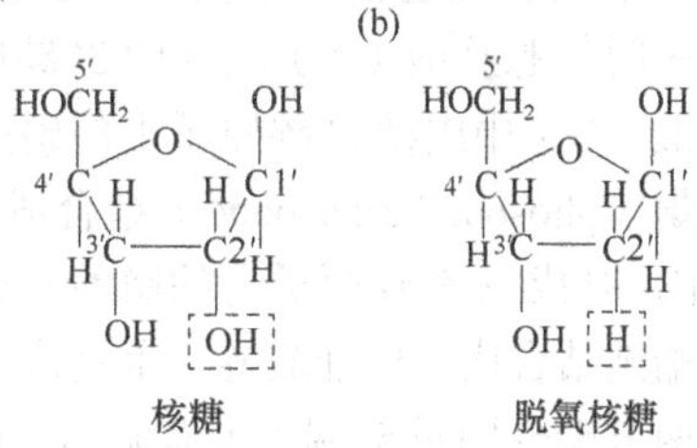

图 8-4　核糖［（a）］和脱氧核糖［（b）］的化学结构

如图 8-5 所示，**碱基**（base）有两类基本单位：由 9 个氮、碳原子构成双环结构的**嘌呤**（purine）；由 6 个氮、碳原子构成单环结构的**嘧啶**（pyrimidine）。根据在嘌呤和嘧啶基本单位的碳原子上键合的基团不同，嘌呤有两种类型——**腺嘌呤**（adenine, A）和**鸟嘌呤**（guanine, G），嘧啶有三种类型——**胸腺嘧啶**（thymine, T）、**胞嘧啶**（cytosine，C）和**尿嘧啶**（uracil，U）。DNA 和 RNA 都含有腺嘌呤、鸟嘌呤和胞嘧啶；但胸腺嘧啶只存在于 DNA 中，尿嘧啶只存在于 RNA 中。

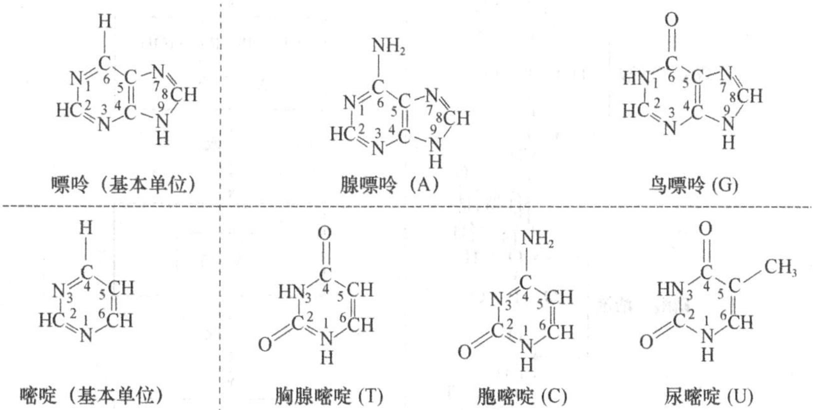

图 8-5　DNA 和 RNA 各基本单位中碱基的化学结构

在 DNA 和 RNA 的一个“单核苷酸”的基本单位中，如图 8-6 所示，碱基总是通过共价键与戊糖的 1′ 碳原子结合（嘌呤和嘧啶分别在标号为 9 和 1 的氮原子位置结合）。碱基与戊糖的结合物称**核苷**（nucleoside），如脱氧核糖与腺嘌呤结合的核苷称脱氧腺苷（dA）。核苷中戊糖的 5′ 碳原子与磷酸基（H_2PO_4）结合构成的核苷酸称核苷磷酸（nucleoside phosphate），如脱氧腺苷与一个磷酸基结合构成的核苷酸称脱氧腺苷酸或脱氧腺苷一磷酸（dAMP）。DNA 的核苷酸（脱氧核糖核苷酸）和 RNA 的核苷酸（核糖核苷酸）化学结构的例子见图 8-6。

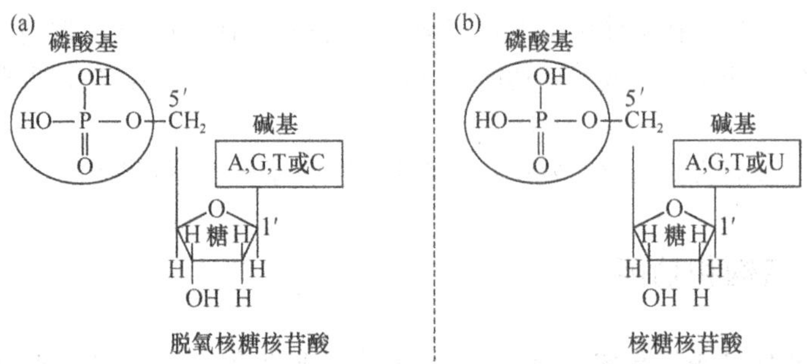

图 8-6 脱氧核糖核苷酸［(a)］和核糖核苷酸［(b)］的化学结构

由各单核苷酸连接起来构成的**多核苷酸链**（polynucleotide chain）见图 8-7（a）：一个单核苷酸——脱氧腺苷酸（A）戊糖中 3′ 碳原子的羟基（用 3′-OH 表示），与另一个单核苷酸——脱氧鸟苷酸（G）中戊糖 5′ 碳原子上的磷酸基团（用 5′P 表示）的 H，通过脱水形成化学键——**磷酸二酯键**（phosphodiester bond）结合成二核苷酸链；在游离的脱氧核苷酸［图中为脱氧胸苷酸（T）］中，其戊糖 5′ 碳原子上的磷酸基团中的 H 与二核苷酸中 3′ 碳原子的羟基，通过脱水形成磷酸二酯键结合成三核苷酸链。重复这一结合方式，可产生由数百万个单核苷酸构成的多核苷酸链，其两末端分别叫 5′ 端（带有游离的磷酸基）和 3′ 端（带有游离的羟基）。多核苷酸链的各种简单表示法如图 8-7（b）所示。

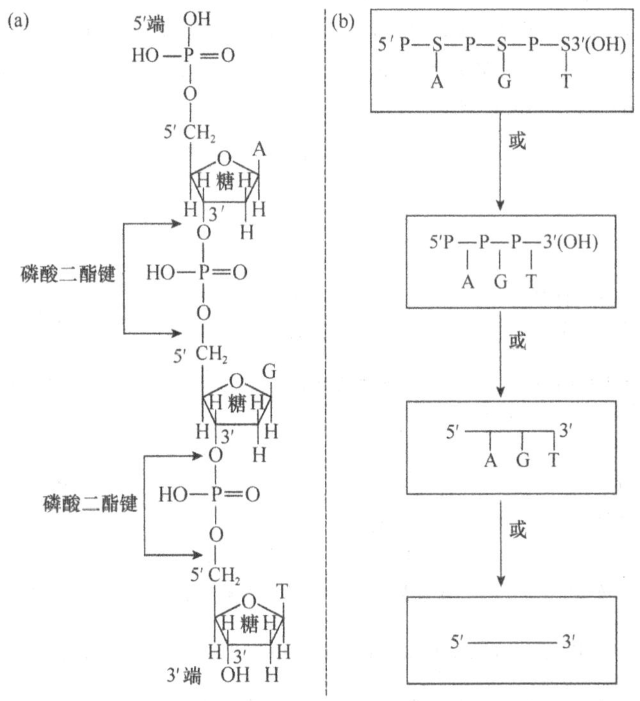

图 8-7 多核苷酸链的连接方式［(a)］和简单表示法［(b)］
S 表示五碳糖，后同

无论是 DNA 还是 RNA，它们的**一级结构**（primary structure），即核酸分子中各单核苷酸的排列顺序，都是一核苷酸中附在 5′ 碳原子上的磷酸基团与另一核苷酸中附在 3′ 碳原子上的羟基，通过共价结合的“磷酸二酯键”形成的多核苷酸链。由于磷酸二酯键的结合能力强，因此 DNA

和 RNA 中重复的“糖-磷酸-糖-磷酸”主干是一稳定结构。

研究表明，在一条多核苷酸链中，各单核苷酸的排列顺序，不是像“四核苷酸说”假定的那样有规律地简单重复，而是随机地重复，即在一条多核苷酸链中的任一位置上各类单核苷酸占有的机会均等。

各单核苷酸或各碱基在多核苷酸中进行随机重复或随机排列时，为什么就可使所产生的多核苷酸具有多样性呢？为简便说明，假定 DNA 的一条多核苷酸链仅由两个碱基组成。在第一位置容纳 A 的情况下，第二位置可容纳 A、G、T 或 C，这样就可组成 4 种多核苷酸 AA、AG、AT 和 AC。请注意，第一位置除 A 外，同样还可有 G、T 或 C。所以，仅含有两个碱基的“DNA 多核苷酸链”的全排列可有如下 16 种（$4\times4=4^2$）：

第一位置	第二位置	DNA多核苷酸链
A	(A,G,T,C)	(AA,AG,AT,AC)
G	(A,G,T,C)	(GA,GG,GT,GC)
T	(A,G,T,C)	(TA,TG,TT,TC)
C	(A,G,T,C)	(CA,CG,CT,CC)

推而广之，若一条多核苷酸链由 1000 个碱基构成，那么可形成 4^{1000} 种多核苷酸，这已是一个天文数字了！事实上，一条多核苷酸链的碱基一般有 4000～4 亿个之多。所以，多核苷酸链中仅碱基的排列顺序不同，即多核苷酸链的一级结构不同，就可使多核苷酸链的类型数几乎是无穷的，从而其内储存的遗传信息也几乎是无穷的，足以解释生物的多样性。

二、核酸的二级结构和功能

在知道核酸（DNA 和 RNA）的一级结构（由许多单核苷酸构成的多核苷酸链）后，它们的二级结构（如由几条多核苷酸链组成和空间构型）又是怎样的呢？这就得依靠核酸的化学和物理学两方面的试验结果了。根据生物化学家查尔加夫（E. Chargaff）等的化学试验分析结果，DNA 的组成有如下特点：①脱氧腺（核）苷酸（A）的分子数等于脱氧胸（核）苷酸（T）的分子数（记作 A=T），脱氧鸟苷酸（G）的分子数等于脱氧胞苷酸（C）的分子数（记作 G=C）；②各嘌呤核苷酸的分子数之和等于各嘧啶核苷酸的分子数之和，即 A+G=T+C；③（C+G）的百分组成不一定和（A+T）的百分组成相等。根据富兰克林（R. Franklin）对 DNA 的 X 射线衍射图的物理分析结果，DNA 应是由两条长链组成的双螺旋。

为了满足上述化学和物理两方面的试验结果，沃森（J. D. Waston）和克里克（F. Crick）于 1953 年在英国《自然》杂志上提出了 DNA 的**二级结构**（secondary structure）模型，即 DNA 分子双螺旋结构模型（图 8-8）。

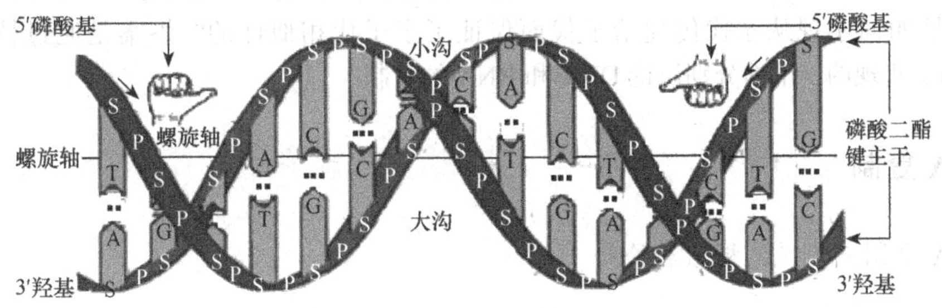

图 8-8　DNA 分子的双螺旋结构模型

模型的要点如下。

第一，DNA 分子由两条 DNA 多核苷酸链组成。每条多核苷酸链的主干由（有关核苷酸的）

磷酸二酯键组成，侧支由两链互补的碱基对（即不同链间的 A 和 T 配对，G 和 C 配对）通过氢键形成；故只要知道其中一条多核苷酸链的组成，根据链间碱基互补原则就可知道另一条多核苷酸链的组成，而这样的两条多核苷酸链称为**互补链**（complementary strand）。两条互补链的磷酸二酯键主干为反向平行（具有相反极性），即一条链的磷酸二酯键的走向是 5′→3′，而另一条是 3′→5′。例如，如果 DNA 一条链的序列从左到右为 5′-TATTCCGA-3′，则另一条链的序列从左到右必为 3′-ATAAGGCT-5′，即

5′-TATTCCGA-3′

3′-ATAAGGCT-5′

这种反平行走向，在以后讲的 DNA 复制、转录和重组中起着重要作用。

第二，DNA 分子的两条反平行链构成双螺旋结构。这两条链围绕一共同螺旋轴，各自从 5′→3′ 方向按右手螺旋法旋转而形成双螺旋梯结构，其两边（相当于双螺旋梯的两个把手）是多核苷酸链的磷酸二酯键主干，而中间（相当于双螺旋梯的各阶梯）是由两链互补的碱基通过氢键形成的侧支。由于氢键是弱结合键，DNA 的两条链在一定条件下（如加热）容易分离。与 C-G 间的氢键相比，A-T 间的氢键更易断裂，因为前者和后者分别有三个和两个氢键。

第三，DNA 分子双螺旋表面构成大沟和小沟。由于 DNA 分子两条 DNA 多核苷酸链围绕螺旋轴旋转时并非完全对称，因此在双螺旋表面凹下去的部分会形成大沟槽和小沟槽，分别称**大沟**（major groove）和**小沟**（minor groove）。

罗塞达石碑（Rosetta stone）是 1799 年在埃及尼罗河口的罗塞达发现的一块古石碑，上面的同一内容（于公元前 196 年刻有古埃及国王托勒密五世登基的诏书）用埃及象形文、俗体文和希腊文三种文字雕刻。这块石碑的发现，对于破译古埃及的象形文起了关键作用。沃森和克里克提出的 DNA 分子的双螺旋结构模型，在本章有关部分会说明对破译生命奥秘也起了关键作用，因此该模型被后人誉为破译生命奥秘的"罗塞达石碑"。

DNA 双螺旋（二级结构）进一步螺旋化所形成的特定的空间构型是 DNA 的高级结构。这些结构都可决定其一级结构中储存的遗传信息是否表达和表达程度。

RNA 一般由一条多核苷酸链组成。

第三节　遗传信息的传递（Ⅰ）
——核酸复制和对性状控制简述

既然核酸（DNA 和 RNA）是生物储存遗传信息的遗传物质，那么这些携有遗传信息的遗传物质是如何实现从亲代传递给子代而保证了亲子代相似性的？答案是通过核酸的**复制**（replication）实现的。下面分别讨论 DNA 和 RNA 的复制。

一、DNA 复制

（一）DNA 复制三假说的提出和检验

沃森和克里克在英国《自然》杂志发表 DNA 双螺旋结构模型的论文后，历时几个星期又在该杂志发表了论文：DNA 结构的遗传意义。其在该论文中提出了 DNA 复制的思路或假说：首先，"碱基对"间的氢键断裂而使一个母 DNA 分子双链解旋；然后，以被解旋的两条母链为模板，在 **DNA 聚合酶**（DNA polymerase）作用下，根据碱基互补原则，从周围吸收碱基以合成其互补链，这

样就由一个母 DNA 分子复制成两个子 DNA 分子。在合成的每个子 DNA 分子中，由于都保留了一条母链和创建了一条子链（图 8-9A），所以这种合成 DNA 的方式称为**半保留复制**（semiconservative replication）。其他学者还提出另两种复制方式。一种是**保留复制**（conservative replication），即以两母链为模板合成两子链，但复制完成后与半保留复制不同的是两母链重新螺旋化构成一双链 DNA，两子链也螺旋化构成一双链 DNA，即一个子 DNA 由母链组成，另一个子 DNA 由子链组成——这一复制方式总是使两母链“保留”在一起，故名保留复制（图 8-9B）。另一种是**分散复制**（dispersive replication），即每一母链合成子链后，母链和子链都在相应部位断裂成若干节段；相应的母链和子链节段互换后合成的双链 DNA 中，每条链都分散有母链和子链节段（图 8-9C）。

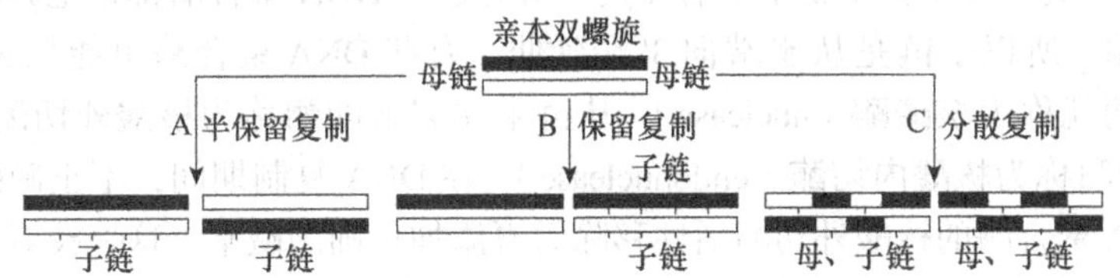

图 8-9　DNA 三种复制方式的区别

在 1958 年，梅塞尔逊（M. Meselson）和斯塔海尔（F. Stahl）对 DNA 复制的上述三个假说的真伪，用试验进行了检验。试验过程如图 8-10 所示。

首先，把大肠杆菌（其染色体含有一个双链 DNA 分子）放在含重氮（^{15}N）的培养液［以重氮氯化铵（$^{15}NH_4Cl$）为氮源］继代繁殖。经若干代后，所有大肠杆菌 DNA 中的碱基都含重氮，这样的世代称为世代 0。

然后，把世代 0 的部分大肠杆菌转移到含轻氮（^{14}N）的培养液［以轻氮氯化铵（$^{14}NH_4Cl$）为氮源］中培养 1 代和 2 代，分别称为世代 1 和世代 2。在世代 0、1、2 分别提取大肠杆菌 DNA，放入氯化铯（CsCl）溶液中进行高速离心。离心时，氯化铯溶液形成密度梯度，其密度从管顶至管底逐渐增加而最终达到平衡，即形成一个平衡密度梯度；因此在氯化铯溶液中分子质量（或密度）不同的 DNA，就会停留在与氯化铯平衡密度梯度相匹配的密度位置——密度较小的和密度较大的 DNA 分别靠近离心管的上部和下部。离心时，这种用平衡密度梯度分离大分子的方法，称为**平衡密度梯度离心法**（equilibrium density gradient centrifugation）。

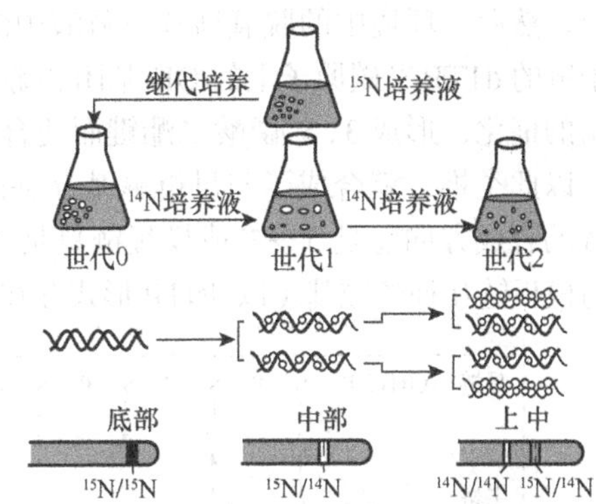

图 8-10　DNA 半保留复制的证明（Pierce，2008）

最后，用紫外线照射离心后的 DNA（DNA 对紫外线有一定的吸收峰）以确定 DNA 在离心管中所处的位置。

如下是试验的结果和解释。

世代 0 的 DNA 处在离心管的底部。这是因为其 DNA 全都含重氮（^{15}N）。

世代 1 的 DNA 处在离心管的中部。这是 DNA 半保留复制和分散复制的期望结果——因为该世代所有半保留复制的 DNA 分子，一条链（母链）含重氮，一条链（子链）含轻氮（^{14}N），即所有子 DNA 的分子质量相同。同理，该世代所有分散复制的 DNA 分子质量也都相同。该结果排除了保留复制假说的正确性，因根据该假说，该世代 DNA 分子中的期望结果应是含重氮和含轻氮的各占一半，离心后应分别处在离心管的底部和上部。

半保留复制和分散复制正确与否，就要看世代 2 的试验结果了。结果是世代 2 的 DNA 处在离心管的上部和中部——这是半保留复制所期望的，因为世代 1 的 DNA，按半保留方式复制成世代 2 的 DNA 时，平均来说，有半数的 DNA 分子，一条链含重氮（^{15}N），而另条链含轻氮（^{14}N），应处在离心管中部；另外半数的 DNA 分子两条链都只含轻氮（^{14}N），应处在离心管上部。但这不是分散复制所期望的，因为世代 1 的 DNA，按分散复制方式复制成世代 2 的 DNA 时，所有 DNA 分子中都含有相应的重氮和轻氮，所以其 DNA 应处在靠近离心管的中部。通过世代 2 的试验，就排除了分散复制的正确性，而肯定了半保留复制的正确性。

DNA 半保留复制时，子链是如何延伸的呢？研究表明，参与 DNA 复制的 DNA 聚合酶，在原核生物至少有三类，在真核生物至少有 4 类。所有这些 DNA 聚合酶都是把游离的单核苷酸添加到子链的 3′ 端，所以子链是从 5′ 端向 3′ 端延伸。有些 DNA 聚合酶也能从 3′ 到 5′ 方向降解 DNA 链，这些酶就称为**核酸酶**（nuclease）。从链末端裂解的酶称为**核酸外切酶**（exonuclease），从链内部裂解的酶称为**核酸内切酶**（endonuclease）。在 DNA 复制期间，不正确配对的碱基，一般都会依靠 DNA 聚合酶的核酸外切酶活性移除后再添加正确的碱基。这一校对系统可尽可能地避免 DNA 的复制错误。

现以图 8-11 一条母链的模板为例简要说明子链是如何延伸的：首先，在环境中存在 4 种脱氧核苷三磷酸，即脱氧腺苷三磷酸（dATP）、脱氧鸟苷三磷酸（dGTP）、脱氧胞苷三磷酸（dCTP）和脱氧胸苷三磷酸（dTTP）[统称脱氧核苷三磷酸（deoxygen nucleoside triphosphate，dNTP）] 等条件下，环境中的脱氧腺苷三磷酸中的碱基 T，根据碱基互补原则，与母链 3′ 端的碱基 A 配对结合；然后，环境中的脱氧鸟苷三磷酸中的碱基 G 与母链的碱基 C 配对结合，与此同时，在合成子链的 dTTP 3′ 碳原子上的 OH 基团和游离的 dGTP 5′ 碳原子上的磷酸基团之间，通过 DNA 聚合酶的催化，形成 3′, 5′-磷酸二酯键而使合成链得以延长，同时从脱氧鸟苷三磷酸中释放出焦磷酸；以此类推，就合成了与母链碱基互补的子链。这里要注意的是，由于 DNA 聚合酶的特性，新链的合成方向总是 5′→3′ 或模板链总是 3′→5′。也就是说，每次都是在新链的 3′-OH 端加入一个与模板链互补的碱基（以 dNTP 形式存在）而使新链从 5′→3′ 方向伸长。

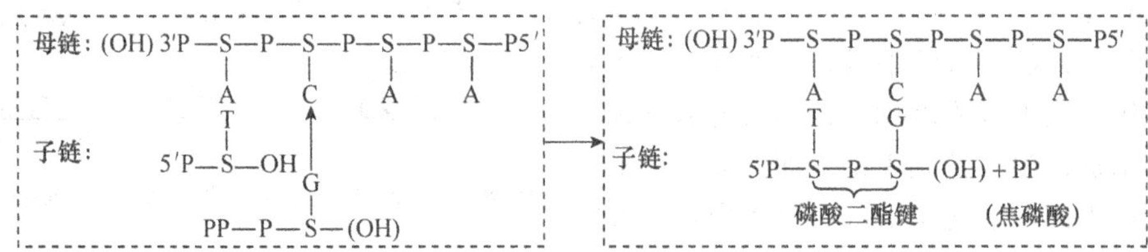

图 8-11 DNA 半保留复制的具体方式

以上是双链 DNA 半保留复制的基本过程，但在细节上，无论是病毒、原核生物还是真核生物均更为复杂。

（二）病毒和原核生物 DNA 的复制过程

1. DNA 复制的起始 病毒和原核生物 DNA 复制的起始，需要一个称为**复制原点**（origin of replication）的一特定短序列。这一特定短序列的两条螺旋链，在 **DNA 解旋酶**（DNA helicase）等的作用下，局部解旋（局部变性）分离形成**复制叉**（replication fork，图 8-12），使碱基得以暴露而有利于新链的合成。

由于 DNA 聚合酶只能从 DNA 的 3′ 端添加碱基，而不能从其 5′ 端起始新链的合成，因此 DNA 复制起始时，就需要一类特殊的 RNA 聚合酶——引物酶（primase）合成一小段与模板链互补的、具有3′羟基（3′-OH）的RNA——**引物RNA**（primer RNA）作为DNA合成的引物（对于真核生物DNA复制亦然），DNA聚合酶（DNA polymerase）才可根据DNA模板链的碱基序列，往引物RNA的3′-OH端添加与模板链互补的核苷酸而起始DNA的复制。

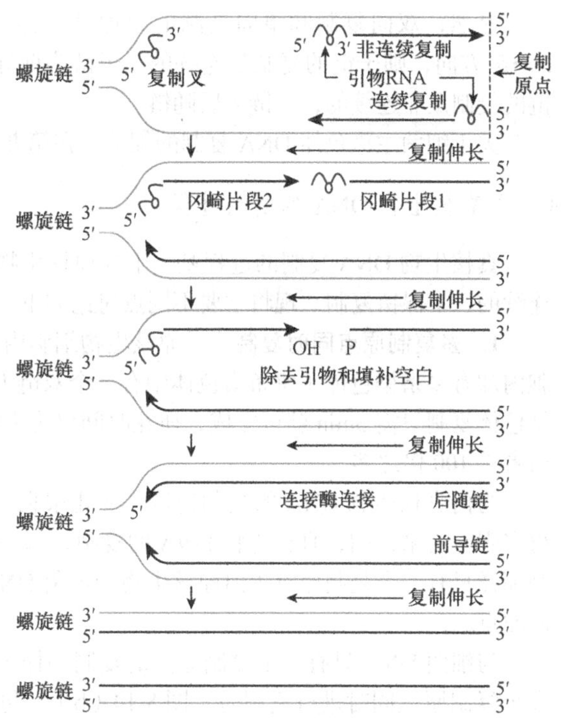

图8-12　DNA的半连续复制（Griffiths et al.，2015）

2. DNA的半连续复制　如图8-12所示，起始DNA复制后，随着复制的进行，复制叉往一个方向（由右向左）移动，即解旋。因为DNA的两条链是反平行或极性相反的，而DNA聚合酶合成子（新）链只能从5′→3′（即模板链是3′→5′）方向，因此由这两条链为模板合成子（新）链的方式应有所不同。

以母链3′→5′为模板的是采取连续复制子链方式。这是因为模板链的方向是3′→5′，所以子链的复制方向是5′→3′，即指向复制叉的方向，在DNA聚合酶的催化下可进行连续复制，这样复制的子链称**前导链**（leading strand）。显然，复制前导链只需一个RNA引物。

以母链5′→3′为模板的是采取非连续复制子链方式。由于模板链的方向是5′→3′，即子链复制的大方向是3′→5′，即顺着复制叉方向，这一复制由于DNA聚合酶失去活性而不能进行。所以，在这一情况下，当DNA部分解旋后，是逆着复制叉以5′→3′方向复制子链片段——**冈崎片段**（Okazaki fragment，以其发现者的名字命名，如图8-12的冈崎片段1）；冈崎片段1复制后，DNA再部分解旋和逆着复制叉以5′→3′方向复制一新的冈崎片段（如图8-12的冈崎片段2，当然每一冈崎片段的复制都要以有关单链DNA片段为模板合成引物RNA）；DNA聚合酶除去冈崎片段1的5′端的RNA引物后，由其相邻的、新复制的冈崎片段2继续复制，以填补除去引物后的空白，使片段2的3′端和片段1的5′端分别带有羟基（OH）和磷酸基（P）；连接酶通过DNA单链相邻的3′-羟基（3′-OH）和5′-磷酸（5′-P）的缩合反应，形成磷酸二酯键，把相邻两片段1和2连接起来，形成一条较长的子链；如此循环，直至DNA复制完成而成为一完整子链。这种由非连续复制得到的子链称为**后随链**（lagging strand）。

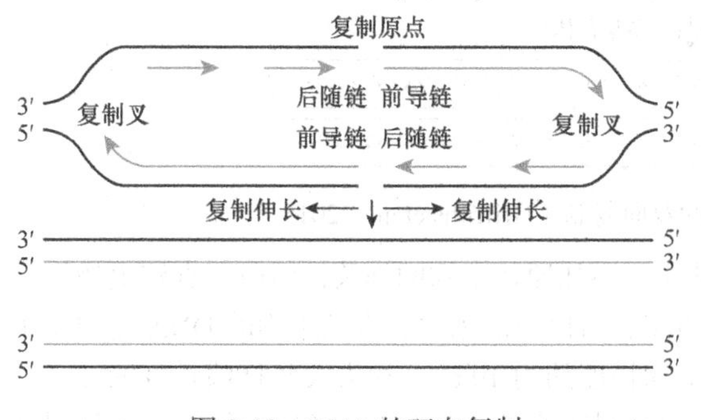

图8-13　DNA的双向复制

在DNA复制中，由于一条链为连续复制而另一条链为非连续复制，因此称为**半连续复制**（semicontinuous replication）。

这种由复制原点形成一个复制叉、沿着这一复制叉的移动方向进行单向复制DNA的过程，只见于少数病毒，如T2噬菌体。

在原核生物，如大肠杆菌的主染色体DNA，由复制原点形成两个反向移动的复制叉，它们沿着这两复制叉的移动方向进行双向复制DNA（图8-13）。

显然，双向复制和单向复制的原理是一样的：从复制原点开始，如果复制方向是母链的3′→5′方向，则子链的复制是连续的，子链为前导链；如果复制方向是母链的5′→3′方向，则子链的复制是非连续的，子链为后随链。

关于细菌主染色体DNA复制的细节，在第九章要详细讨论。

（三）真核生物DNA的复制过程

真核生物DNA复制的过程基本上与原核生物的细菌相同，如利用复制叉进行双向的、半非连续的、半保留复制。现将主要不同点讨论如下。

1. 多复制原点同时复制 原核生物细胞内只有一（主）染色体（第九章），而真核生物细胞内却有多条染色体（每条染色体中有一个双链DNA分子）。以果蝇为例，其胚胎细胞（$2n=8$）染色体复制只需3min就可完成，所花时间仅为大肠杆菌的1/6，尽管前者的染色体平均长度要比后者长100倍之多。

为何真核生物DNA的复制速度，要比根据一个DNA分子只有一个复制原点算出的速度快得多呢？后来证明，真核生物DNA的复制，每一个DNA分子，不是像原核生物的细菌DNA复制那样只有一个复制原点（但原核生物的古菌DNA复制通常有多个复制原点），而是有许多个复制原点。

与细菌DNA只有一个复制原点的复制一样［图8-14（a）］，真核生物每一个DNA分子中有多个复制原点同时进行复制时［图8-14（b）］，每一复制原点的两个复制叉也作双向移动，每一复制叉复制的子链也有前导链和后随链之分。当两原点间的复制子链片段相遇时，各相邻子链通过磷酸二酯键连接起来成为一条完整的子链。具有一个复制原点和两个末端序列的DNA片段称为**复制子**（replicon）。

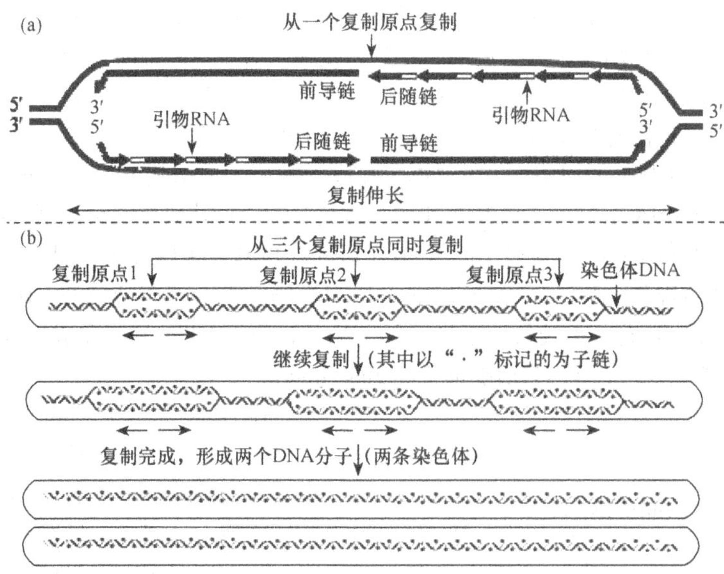

图8-14 DNA分子多复制原点的双向复制（Griffiths et al.，2015）

对于真核生物的单个复制点来说，其复制速率虽不如原核生物的细菌，但由于真核生物每一DNA分子的复制原点数要比原核生物的细菌多得多，所以总的来说，真核生物的DNA复制要比原核生物的细菌快得多。比方说，人染色体的平均长度约为10^8bp，约为大肠杆菌长度的25倍，且每一复制叉中的DNA复制速度要比大肠杆菌的复制速度慢；但由于一条染色体有许多复制原点且其数目与染色体长度成正比，因此人细胞中的DNA完成一次复制，反比大肠杆菌要快。

2. 着丝粒复制　如第二章所述，细胞有丝分裂每条中期染色体的着丝粒未分裂，减数分裂中期Ⅰ和中期Ⅱ每条染色体的着丝粒也未分裂，实际上指的是着丝粒内的DNA未复制（图8-15左）。

于是，着丝粒内DNA的复制，就成了细胞有丝分裂由中期进入后期的标志，也成了细胞减数分裂由中期Ⅰ和中期Ⅱ分别进入后期Ⅰ和后期Ⅱ的标志。着丝粒内的DNA复制后，附着在着丝粒上的纺锤丝向细胞两极收缩，其结果是使有丝分裂的姐妹染色单体分离，也使减数分裂后期Ⅰ的同源染色体分离和减数分裂后期Ⅱ的姐妹染色单体分离（图8-15右）。无着丝粒的染色体片段，在有丝分裂和减数分裂期间通常会丧失。

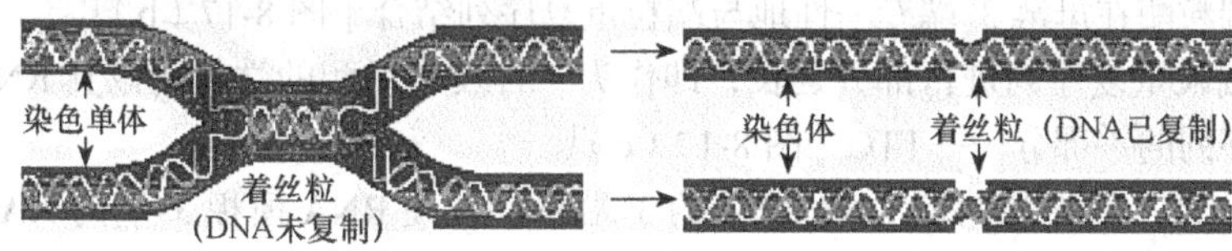

图8-15　中期染色体的着丝粒结构及其复制

真核生物和原核生物染色体的一个区别是前者有端粒，后者无端粒。端粒处的DNA复制有何特点呢？

3. 端粒复制　真核生物的核染色体是两端具有端粒的线状染色体。如前所述：由于DNA聚合酶只有存在引物RNA时才能使DNA复制子链，因此具有多个复制原点的母DNA［图8-16（a）］，复制时的各子链片段都有一引物RNA相连［图8-16（b）］；接着是消除各引物RNA和填补相应的缺口［图8-16（c）］——除子链端粒处的5′端缺口未补外（因为这里的引物RNA被消除后，3′端没有自由羟基，DNA聚合酶就不能合成在端粒处的DNA序列），其余的通过DNA聚合酶均能把消除的碱基补上（因有关引物消除后，其紧邻的子链3′端有自由羟基，可根据模板链补上，再由连接酶与相邻的子链连接）。

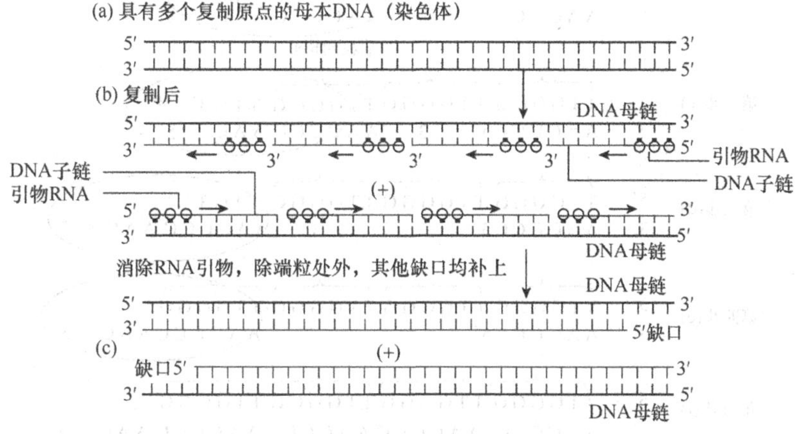

图8-16　真核生物多原点复制在5′端出现的缺口（改自Russell，2012）

如果在端粒处的缺口不能补上，随着细胞分裂一代代的复制，染色体或DNA就会随细胞分裂世代的增多而逐渐缩短：对于多细胞的正常体细胞是这样（理由稍后说明）；但多细胞生物的种系细胞、干细胞、癌细胞和单细胞生物中子链端粒处5′端的缺口会按如下过程补上。

人们发现，线状染色体端粒处的DNA是由一些串联重复（第十四章）的非编码序列组成的，而这些序列具有物种专一性。例如，原生生物**四膜虫**（*Tetrahymena thermophila*）、植物**拟南芥**（*Arabidopsis thaliana*）和我们人类——**智人**（*Home sapiens*）端粒中的DNA重复序列分别是

5′TTGGGG3′　5′TTTAGGG3′　5′TTAGGG3′
3′AACCCC5′　3′AAATCCC5′　3′AATCCC5′

填补端粒处的缺口与这些重复序列有关，是由端粒酶完成的，现以四膜虫为例说明。如图8-17（a）所示，假定端粒重复序列留下的缺口就是图8-16（c）中原引物留下的缺口。**端粒酶**（telomerase）是一种反转录酶，是由蛋白质和RNA组成的**核糖核蛋白**（ribonucleoprotein），其中的RNA含有一些与端粒重复序列（5′TTGGGG3′）互补的重复序列（3′AACCCC5′），能以RNA中的这一序列为模板复制（反转录）成其互补DNA序列。因此，填补这一缺口有如下诸步骤。

第一步，端粒酶在母链3′端专一性地与端粒重复序列结合［图8-17（b）］。

第二步，端粒重复序列进行部分延长，即作为一种反转录酶的端粒酶以其RNA为模板催化合成端粒重复序列的一部分——TTG［图8-17（c）］。

第三步，位移，即端粒酶向DNA母链的3′端移动，使RNA模板3′端的**AAC**恰好与其互补的、刚合成的端粒部分重复序列TTG配对［图8-17（d）］。

第四步，端粒重复序列继续延长，即端粒酶以其RNA为模板，继续合成端粒重复序列尚未完成的部分——GGG，这时在完整的DNA链的3′端合成了一完整的端粒重复序列TTGGGG［图8-17（e）］。这时，与端粒新合成的这一重复序列结合的RNA（3′端有自由羟基）就成为引物RNA，以DNA母链为模板，在DNA聚合酶的催化下填补端粒部分的缺口［图8-17（f）］。

第五步，消除和连接，即消除端粒酶及其RNA引物和最先合成的那一端粒重复序列，然后

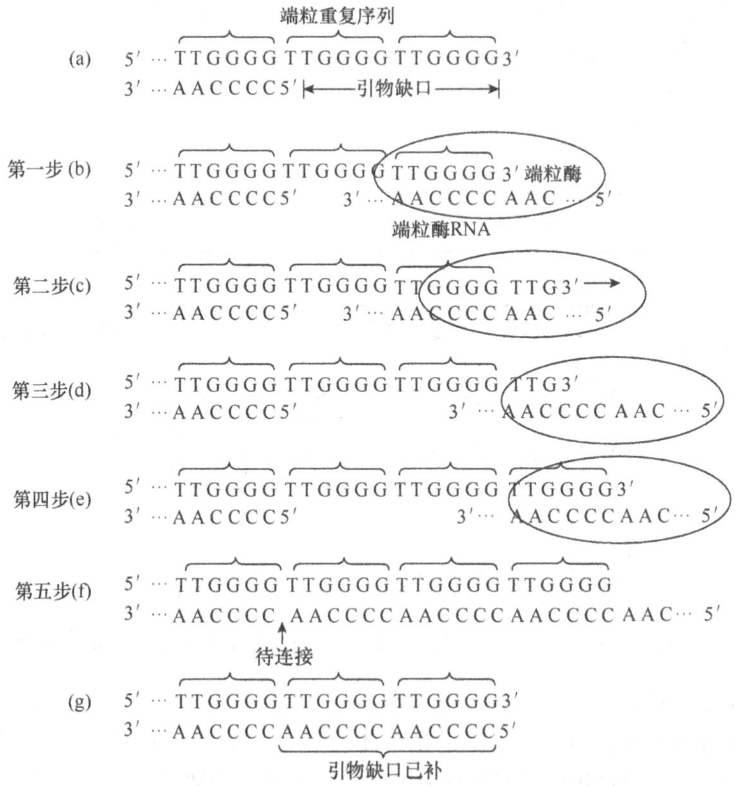

图8-17　端粒酶催化合成端粒DNA的缺口链（Russell，2012）

连接酶把原来不完整的子链与刚合成的子链连接起来，就成了一完整的子链［图 8-17（g）］。

因此，真核生物染色体的端粒 DNA，不是与其相接的 DNA 连续地复制，而是以端粒酶中的 RNA 作为引物合成端粒部分的缺口，然后才添加到染色体末端的。

研究表明，在真核生物绝大多数正常体细胞中，由于端粒酶活性的丧失，细胞每分裂一次，剩下的缺口不能补上，随着 DNA 复制次数的增多，染色体会越来越短；当短到损失编码序列时，就会导致细胞死亡。由于多细胞生物的种系细胞、干细胞、癌细胞和单细胞生物的端粒酶仍具有活性，因此其染色体不会逐渐缩短。

由于 DNA 的这种复制是在 DNA 本身的指导下完成的，因此称为 DNA 指导下的 DNA 复制。

二、RNA 复制

不少的动物病毒、植物病毒和细菌病毒——噬菌体，都以单链 RNA 为遗传物质，称为 RNA 病毒。这些病毒感染宿主时，首先，将 RNA 注入宿主细胞内，用 RNA 基因组有关基因编码 RNA 复制酶（具有很强的专一性，只能识别病毒自身的 RNA，不能识别宿主的 RNA）；然后，在 RNA 复制酶的指导下，以 RNA 为模板合成新的病毒 RNA。这种以 RNA 为模板合成 RNA 的过程称为 **RNA 复制**（RNA replication）。现分两种情况讨论 RNA 复制：在正链 RNA 病毒中的复制和在负链 RNA 病毒中的复制。

正链 RNA 病毒（positive-strand RNA virus），是用其 RNA（即自身为 mRNA）直接编码病毒蛋白的病毒，如灰质炎病毒和 SARS 病毒（severe acute respiratory syndrome virus，第九章）。其 RNA［用（＋）RNA 表示］的复制过程是［图 8-18（a）］：首先，（＋）RNA 在宿主细胞内，在病毒 RNA 复制酶的指导下，根据碱基互补原则，以病毒 RNA 为模板，从模板 3′ 端开始复制成另一 RNA 链——（－）RNA，直到复制完成，负链从模板上脱落下来；然后，同样的酶可进入负链或正链的 3′ 端，以相应链为模板合成（＋）RNA 或（－）RNA，如此可不断进行下去；最后，（－）RNA 降解，剩下的是许多（＋）RNA。

负链 RNA 病毒（negative-strand RNA virus），是其 RNA（自身为非 mRNA）不能直接编码病毒蛋白，必须用与其互补的（＋）RNA，即 mRNA 才能编码病毒蛋白的病毒，如狂犬病病毒和禽流感病毒。其 RNA［用（－）RNA 表示］的复制与（＋）RNA 的相似，只不过留下的是（－）RNA 罢了［图 8-18（b）］。

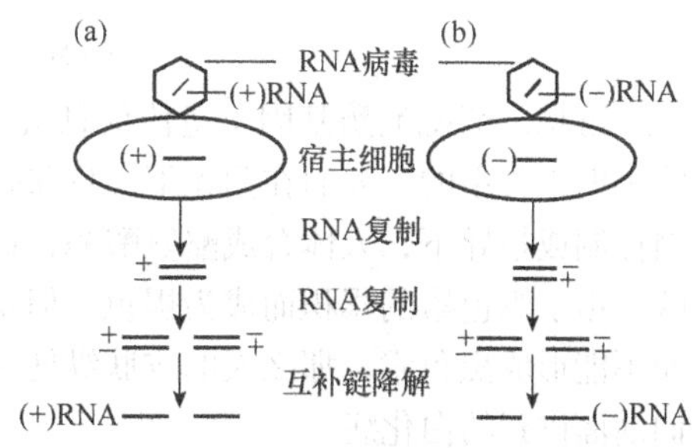

图 8-18　正链 RNA 病毒和负链 RNA 病毒的 RNA 复制过程

三、核酸对性状控制简述

子代接受的是基因型（信息），表现的却是性状。那么，信息如何决定性状？

（一）薛定谔的预言

最先企图回答这一问题的是著名的物理学家薛定谔。在他看来，生物是在一代一代地“复制”出与自己雷同的个体，而这种“复制”，就像工人按照机器蓝图的规格在制造机器一样，十分准确。

那么，“复制”生命个体的蓝图是什么，生命个体又是如何“看懂”这张蓝图的呢？薛定谔想到了电报。电报的发报机和收报机，只能分别发出和接收“点”（．）和“线”（-）的信号，而发出和接收到的声音“嘀”和“嗒”就代表“点”和“线”。电报就是用“点”和“线”这两种符号的不同排列来编码一定文字的。如在我国，是用“点”和“线”的不同排列分别代表 0，1，2…9 这 10 个数字，以 4 个数为一排构成一特定的四联体密码而编码一特定的汉字——从 0000，0001…9999，可编码 10^4，即 10 000 个不同的汉字。发报方发出 4 个为一排的一排排嘀嗒声，收报方收到一排排的嘀嗒声和记录到一排排的数字（电码），然后将一排排电码逐一翻译成汉字。如果你给朋友发出“生日快乐”的贺电，则收报方听到发报方发出的声音并记录下来的是如下 4 排电码：

3932 2480 1816 2867

查电码表，这 4 排电码依次编码 4 个汉字：生日快乐。

那么，在生物，是否也是以类似电码的一种密码在绘制生命的蓝图呢？薛定谔在其《生命是什么》一书中是这样预言的：遗传物质有如莫尔斯电报中电码的线和点那样，可用一些符号构成不同组合的“微型密码”（遗传密码）；也像用莫尔斯电报中的电码翻译成所有的语言那样，遗传密码“本身必定是引起（生物）发育的操纵因子”，它“丝毫不错地对应一个高度复杂的特定发育计划”，即遗传密码是控制生物性状发育或表现的蓝图。

薛定谔的这一遗传密码思想，启发了一批不同学科的优秀科学家对遗传物质的深入研究。后来的研究表明，他的预言是正确的。

（二）基因和白化病的关系

如下的基因和白化病的关系，可使人们对薛定谔的生物遗传密码（遗传信息）和生物性状发育（性状表现）的关系，有个具体的初步认识。

我们正常人的皮肤在阳光下之所以会呈现褐色，是由以下反应决定的：

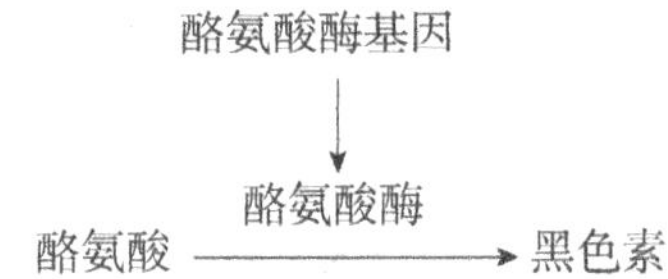

可见，酪氨酸酶基因（遗传信息），是以酪氨酸酶（一种蛋白质）为媒介，才与黑色素（性状）发生关系的。人们在阳光下，皮肤是否变成褐色，酪氨酸酶基因起着决定性的作用：在该基因控制或指导下，人体合成酪氨酸酶，该酶再使酪氨酸转化成黑色素。这样使原来红润透黄的皮肤，由于黑色素的累积而成为褐色。但是，如果该基因发生变化，不能控制酪氨酸酶的形成，从而不能形成黑色素，那么人的皮肤纵使经常晒太阳，也不会变成褐色，而是呈粉白色，这就是我们前面讲到的白化病。

因此，要了解基因如何控制性状的表现或表达，就必须研究核酸（基因）如何控制蛋白质（酶是蛋白质）的合成。

现已证明，DNA 或基因控制蛋白质的合成分两大过程：首先，通过一个转录过程，把 DNA 中储存的遗传信息传递给 RNA；然后，通过一个翻译过程，把 RNA 中的遗传信息传递给蛋白质，由蛋白质再控制性状的表现。下面详述这两个过程。

第四节　遗传信息的传递（Ⅱ）
——DNA 转录

所谓**转录**（transcription），是以一段 DNA 或以一基因的一条链为模板，依靠 **RNA 聚合酶**

（RNA polymerase）复制或合成 RNA，从而把 DNA 中的遗传信息转到 RNA 的过程。

一、转录的一般特点

由 DNA 转录成 RNA 的一般特点，与上述的 DNA 复制类似。其一，由 DNA 转录 RNA 的底物是腺苷三磷酸（ATP）、鸟苷三磷酸（GTP）、胞苷三磷酸（CTP）和尿苷三磷酸（UTP），统称核苷三磷酸（nucleoside triphosphate，NTP）。这些由 DNA 转录 RNA 的底物与由 DNA 复制 DNA 的底物（4 种脱氧核苷三磷酸）的差别，只是核糖取代了脱氧核糖，尿嘧啶取代了胸腺嘧啶。其二，也需要聚合酶参与，只不过参与复制和转录的分别是 DNA 聚合酶和 RNA 聚合酶。其三，与 DNA 复制一样，由 DNA 转录成 RNA 的核苷酸顺序，也是由 DNA 模板链从 3′→5′ 的核苷酸顺序决定的，RNA 的合成方向也是 5′→3′。如图 8-19 所示：首先，由 DNA 合成或转录 RNA，从 5′ 端开始将游离的胞苷三磷酸的胞嘧啶（C）与 DNA 模板链 3′ 端的鸟嘌呤（G）配对；然后，游离的尿苷三磷酸的尿嘧啶（U）与 DNA 模板链的腺嘌呤（A）配对，同时胞苷三磷酸 3′ 端的羟基和紧接着要参与合成的尿苷三磷酸 5′ 端的磷酸基之间，通过磷酸二酯键结合，即合成中的 RNA 链总是从其 3′ 端添加碱基的；如此循环，直至 DNA 模板链片段转录完成。

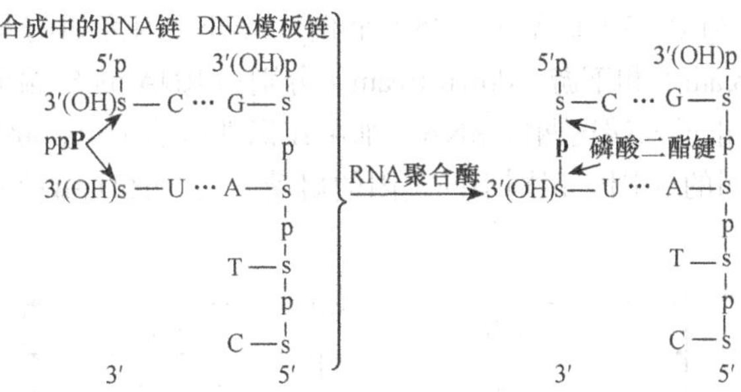

图 8-19　RNA 的转录合成

但二者也有明显不同。一是 DNA 转录成 RNA 的 RNA 聚合酶可以起始 RNA 的合成，而 DNA 复制的 DNA 聚合酶要借助 RNA 引物酶合成的引物 RNA 方能起始 DNA 复制。二是 DNA 复制涉及两条链，且都是整条链的完全复制，而 DNA 转录只涉及 DNA 的一条链，且只涉及其中部分片段的一个或多个基因——DNA 复制是为了传代，必须把一个物种的全部遗传信息传给子代细胞或个体；而 DNA 转录成 RNA，是为了个体特定基因的表达，如控制特定性状的表现，并不涉及全部遗传信息。

在涉及 DNA 转录的两条链中，只有其中的一条 DNA 链转录成 RNA，这条负责转录成 RNA 的 DNA 链就称为**模板链**（template strand）、**非编码链**（non-coding strand）或**反义链**（antisense strand）；相应地没有被转录的那条 DNA 链就称为**非模板链**（nontemplate strand）、**编码链**（coding strand，因它储存直接编码多肽的遗传信息）或**有义链**（sense strand）。由于模板链也是根据碱基互补原则指导 RNA 的转录，因此转录的 RNA 的碱基顺序完全与 DNA 的非模板链相同（只是非模板链中的 T 在转录的 RNA 中为 U 而非 A）。即通过转录，DNA 中的特定信息就传递给 RNA 了。经 DNA 转录得到的 RNA 称为**转录本**（transcript）。

二、转录的过程和转录产物的类型

原核生物（仅以细菌为例，下同）和真核生物中 DNA 的转录过程类似。

在细菌中，只发现一类 RNA 聚合酶催化合成不同类型的 RNA。大肠杆菌中的这类 RNA 聚合酶统称为**全酶**（holoenzyme），由 4 个亚基（2 个 α 亚基、1 个 β 亚基和 1 个 β′ 亚基）构成的酶蛋白和对热稳定的小分子辅酶——σ 亚基或 σ 因子组成，不同的辅酶 σ 因子识别不同基因的启动子。σ 因子可与全酶分离，全酶失去了 σ 因子就称为**核心酶**（core enzyme）：

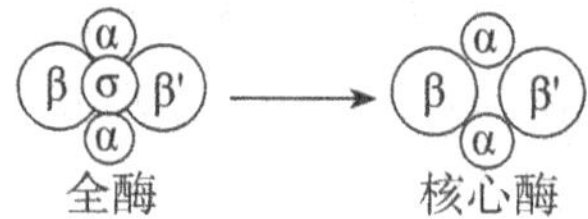

真核生物除 RNA 聚合酶外，还必须有一些其他的由基本转录因子构成的复合体才能进行转录。

细菌 DNA 的转录过程分如下 4 个阶段（真核生物也有类似的 4 个阶段）。

阶段 1，转录识别。首先是具有特定的 σ 因子的 **RNA 聚合酶**（RNA polymerase）识别要转录的特定基因上游的**启动子**（promoter）。全酶先以低亲和力与双链 DNA 结合并在其上滑动，一旦滑到 DNA 中符合要求的某基因的启动子处，全酶就以高亲和力与双链 DNA 结合而形成转录起始复合物。基因的启动子中有两个 DNA **共同序列**（consensus sequence）——TATAAT 和 TTGACA，分别位于转录起始点（标记为+1，是转录成的 RNA 的第一个碱基位置，图 8-20）上游第 10（标记为−10）和第 35（标记为−35）个核苷酸处。因为如前所述，RNA 的转录总是 5′→3′，所以**上游**（upstream）和**下游**（downstream）分别指 RNA 的 5′ 端至转录起始点（+1）和由转录起始点至 3′ 端终止子末端这两段 RNA。细菌在识别启动子中，起作用的是全酶中的小分子辅酶——σ 因子（不同的 σ 因子识别不同基因的启动子），而**核心酶**（core enzyme）没有这一识别能力。

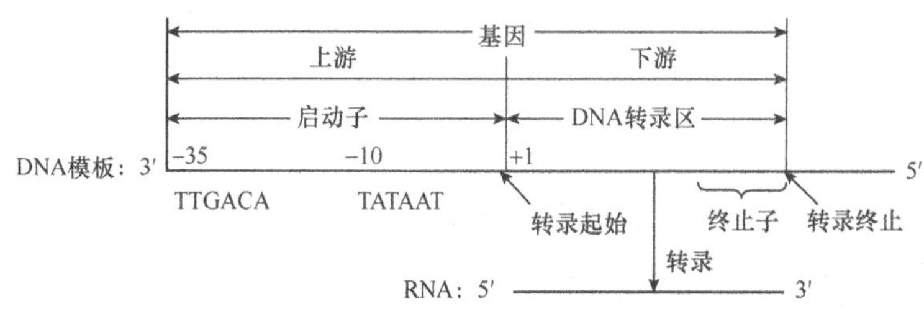

图 8-20　DNA 转录成 RNA 的识别

阶段 2，转录起始（图 8-21）。RNA 聚合酶（在细菌为全酶）一旦识别出有关基因的启动子，就使有关 DNA 变性解旋而分离出模板链，并移至模板链的转录起始点（**TAC**）开始转录 RNA（**AUG**）。

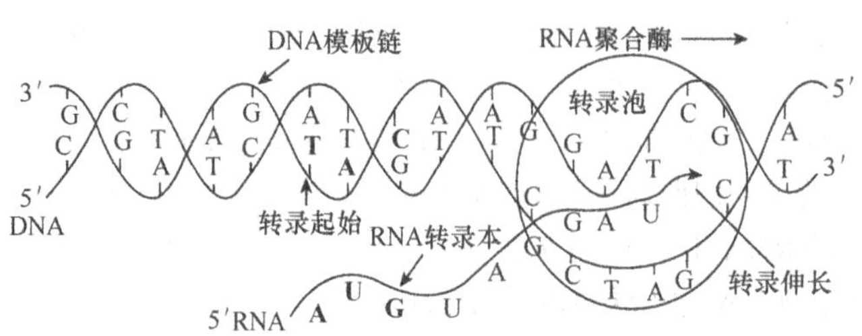

图 8-21　DNA 转录成 RNA 的起始和伸长

阶段 3，转录伸长（图 8-21）。在全酶作用下，DNA 解旋成的两单链构成**转录泡**（transcription bubble）而使模板链得以暴露，且从转录起始点合成前 8～9 个碱基后，全酶释放出 σ 因子，由核心酶继续催化，在模板链 3′→5′ 方向的指导下，RNA 链沿 5′→3′ 方向伸长。伸长时，核心酶前移不断分离出模板链以合成 RNA；同时在其后面解旋的 DNA 双链又重新聚合，促使合成的 RNA 链从 5′ 端逐渐游离出来。

阶段 4，转录终止。在细菌，转录终止是由被转录基因末端的称为**终止子**（terminator）（参与转录但不参与翻译的序列）决定的（图 8-22），其作用是为核心酶提供合成 RNA 的终止信号。终止子有两种类型：不依赖 ρ 因子的强终止子和依赖 ρ 因子（一种六聚体蛋白，由 *ρ* 基因产生，广泛存在于细菌和真核细胞中）的弱终止子。这两类终止子都具有回文结构（第十三章），但前者和后者分别富含 GC 和 AT 序列。具有这两种终止子之一的原核生物约各占 1/2。

不依赖 ρ 因子的终止子（图 8-22）的两侧翼序列有两反向重复序列，当核心酶到达转录终止子时，由于终止子具有反向重复序列而使转录的 RNA 叠成茎-环（发夹）结构，这时的 RNA 仅以其末端寡聚 UUUUUUU 与模板链的碱基 AAAAAAA（即多-A 区）弱亲和配对（碱基对 AU 间的两氢键结合），被转录的 RNA 链就自动从模板链上自动掉落，核心酶也从模板链解离出来而终止转录。解离下来的核心酶与 σ 亚基结合而成为全酶，又可识别要转录的特定基因的启动子而对基因进行转录。

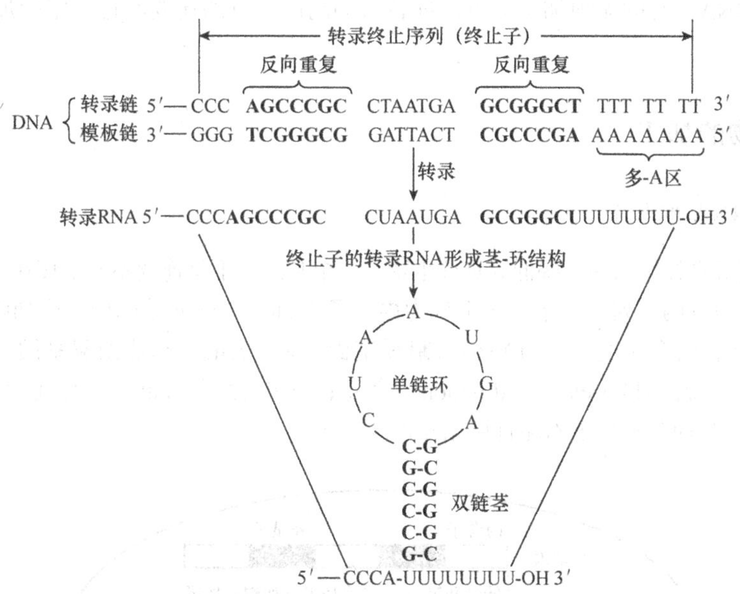

图 8-22　大肠杆菌不依赖 ρ 因子的终止子的茎-环发夹结构

依赖 ρ 因子的终止子是 ρ 因子与转录 RNA 链的 ρ 因子识别位点结合后（图 8-23），借助水解 ATP 获得的能量沿着新生的转录 RNA 链移动，但移动的速度要比新生转录 RNA 的速度慢，直到核心酶遇到终止子不再转录时，ρ 因子才赶上核心酶并与之结合。由于 ρ 因子具有 DNA-RNA 解旋酶活性，可把 RNA 从 DNA-RNA 的杂合双链中释放出来（这里终止子的茎-环发夹结构从略），特点是转录 RNA 发夹结构的多-U 区与模板链的多-A 区的配对数少，即相应地二者间 G 和 C 的配对（碱基对 GC 间的 3 氢键结合）数多，即模板链与 RNA 的结合能力要比不依赖 ρ 因子的终止子强，就要借助 ρ 因子的 DNA-RNA 解旋酶活性方能把转录的 RNA 从 DNA 的模板链释放出来。

在 DNA 指导下，即以 DNA 一条链为模板转录出的 RNA，无论是原核生物还是真核生物，与蛋白质合成有关的有 3 类 RNA：**核糖体 RNA**（ribosomal RNA，rRNA），与一些蛋白质结合形

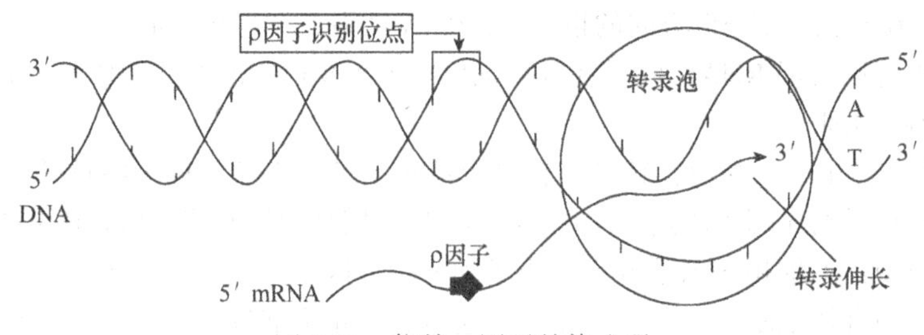

图 8-23　依赖 ρ 因子的终止子

成核蛋白体——核糖体，作为蛋白质生物合成的场所；**信使 RNA**（messenger RNA，mRNA），在蛋白质生物合成中作为合成蛋白质的模板；**转移 RNA**（transfer RNA，tRNA），在蛋白质生物合成中负责氨基酸的转移。

在原核生物，这 3 种类型 RNA 的转录只需前述的 RNA 聚合酶——全酶识别催化；但在真核生物，核糖体 RNA、信使 RNA 和转移 RNA 的转录分别需要存在于细胞核内的 RNA 聚合酶Ⅰ、RNA 聚合酶Ⅱ和 RNA 聚合酶Ⅲ识别催化。

这些转录 RNA，有的无须加工就可发挥各自的功能，有的还要经过一定的加工才能发挥其功能。

三、转录产物的加工

（一）前-信使 RNA 的加工

对于多数高等真核生物和某些低等真核生物，一个基因并不是连续不断地接在一起，其中称为**外显子**（exon）的编码序列被一个或多个称为**内含子**（intron）的非编码插入序列隔开（图 8-24）。这种具有和不具有内含子的基因分别称为**割裂基因**（split gene）和**非割裂基因**（no split gene）。外显子（exon）有表达区（expressed region）之意；而内含子（intron）有间隔区（intervening region）之意，即是使各外显子不能直接相互连续的区域。

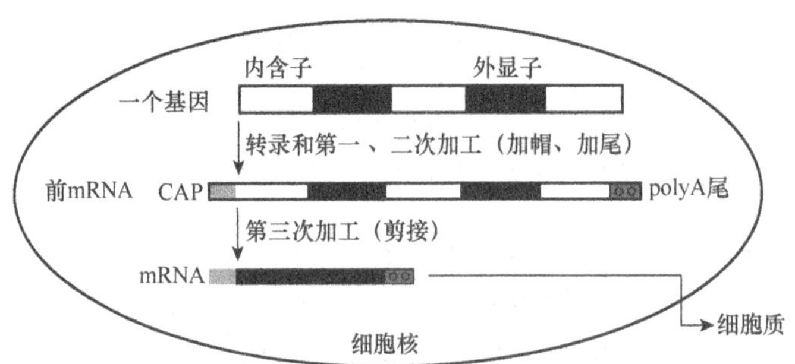

图 8-24　真核生物 DNA 的转录和转录产物的加工

真核生物 DNA 的转录和蛋白质的合成分别在细胞核和细胞质中进行。基因在核内由 DNA 模板链转录成的 mRNA——**前-信使 RNA**（pre-messenger RNA）或**前-mRNA**（pre-mRNA）都要在核内经过一系列加工后方能进入细胞质执行其功能。

第一次加工是当转录进入伸长阶段时，在酶的作用下，在新生链的 5′（头）端添加 **7-甲基鸟苷帽**（7-methylguanosine cap，记作 CAP）。这一添加对 mRNA 具有保护作用。

第二次加工是转录完成时，在 mRNA 的 3′（尾）端添加“**多聚腺苷酸尾**”（poly-adenine nucleotide tail）或“**多聚（A）尾**”［poly（A）tail］。这一添加提高了 mRNA 的稳定性，也有利于 mRNA 由核内进入细胞质内并促进 mRNA 与多肽合成场所——核糖体的结合。

在核内经过这两次加工，由非割裂基因转录的 mRNA 进入细胞质就可执行其功能了。

割裂基因在细胞核内转录成 mRNA 时，是整个基因（连同内含子）的转录。因此，由割裂基因转录出的 mRNA——前-信使 RNA 或前-mRNA，除上述两次加工外，还有第三次加工——在核内的**剪接体**（spliceosome）上进行剪接，剪去内含子的转录部分和依次连接外显子的转录部分而成为具有功能的 mRNA，而在剪接体上对前-mRNA 的这一加工过程称为 **RNA 剪接**（RNA splice）。拼接的 mRNA 转移到细胞质后就可执行其功能了。剪接体是由分子质量小的所谓**小核 RNA**（small nuclear RNA，**snRNA**）和蛋白质构成，而 snRNA 也是由核内 DNA 转录的。

原核生物的细菌 mRNA，转录后一般无须加工就具有正常功能，且其 mRNA 甚至可边转录边翻译；但原核生物中的古菌，与多数真核生物一样，也具有内含子，转录后经加工后方有正常功能。

（二）前-核糖体 RNA 的加工

真核生物的核糖体 RNA（rRNA）基因——5.8S rRNA 基因、18S rRNA 基因和 28S rRNA 基因串联在一起构成一个转录单位，转录出 45S 的**前-核糖体 RNA**（pre-ribosomal RNA）或**前-rRNA**（pre-rRNA）。前-rRNA 经加工产生 5.8S rRNA、18S rRNA 和 28S rRNA。

原核生物大肠杆菌的前 30S rRNA，经加工产生 16S rRNA、23S rRNA 和 5S rRNA。

原生动物四膜虫的前-26S rRNA（相当于哺乳动物的 28S rRNA）中的两外显子 1 和 2 间有一个内含子（图 8-25）。研究表明，在剪除这一内含子时不需要任何蛋白酶，只需要鸟苷或鸟苷酸（需有 3′-OH）就能剪除，并能使与其相邻的两外显子连接起来。这种不需要蛋白酶而只需要 RNA（鸟苷）就可剪接前-RNA 内含子的方式称为**自我剪接**（self-splicing），具有催化活性的鸟苷称为 **RNA 酶**（RNA enzyme）或**核酶**（ribozyme）。

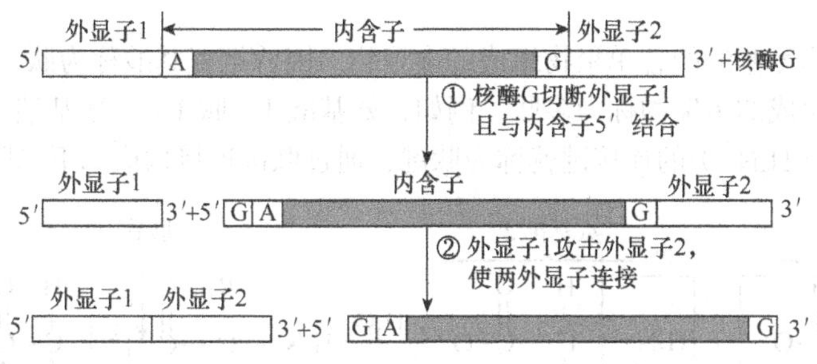

图 8-25　四膜虫前-rRNA 的自我剪接

RNA 酶剪接四膜虫前-rRNA 的过程如图 8-25 所示：①在有 Mg^{2+}的条件下，游离鸟苷 G（核酶 G）的 3′-OH，进攻 5′ 内含子和外显子间的磷酸二酯键而切除外显子 1，且核酶 G 与内含子 5′ 端共价结合；②外显子 1（作为核酶）的 3′-OH，切割内含子与外显子 2 间的磷酸基团的磷酸二酯键后，两外显子连接起来。

四膜虫对前-rRNA 中的内含子进行自我剪接的核酶催化反应，显然不同于蛋白酶的催化反应：蛋白酶参与化学反应后，仍然能恢复到原来的状态；但核酶 G 却不能，它既是催化剂又是底物，催化后自己消失了（如成为内含子产物的构成部分 G|A）。后来发现，也有其他一些生物的

内含子是通过自我剪接的方式从 RNA 中删除的。

核酶的发现在生物学上具有里程碑的意义：一是改变了酶是蛋白质的传统观念，即至少核糖核酸也可具有酶的催化活性；二是动摇了生命起源中蛋白质先于核酸的观念。在研究地球上的生命起源时，核酶发现前的旧观念认为，第一批核酸的复制需要蛋白酶参与，因此蛋白质先于核酸出现。自核酶被发现后，人们就认识到 RNA 不仅可作为遗传物质进行传代，还可作为酶——核酶促进生命的新陈代谢过程。也就是说，RNA 既是遗传信息的携带者，又是生命新陈代谢的催化者，再加上前述的起始 DNA 复制需要引物 RNA 和染色体端粒的合成需要 RNA 等证据都表明，地球在生命起源过程中，RNA 的出现应先于蛋白质（酶是蛋白质）和 DNA——生命开始于一个 RNA 世界，而不是开始于一个 DNA-蛋白质世界。只是后来在生物进化过程中，具有催化功能的 RNA 合成了具有更为高效的催化酶——蛋白酶后，这一功能才让位于蛋白酶；其后，在生物进化过程中其产生的 DNA，由于更具有化学的稳定性和复制的忠实性，RNA 携带遗传信息的这一功能才主要让位于 DNA。尽管如此，在当今许多生命活动过程中，RNA 仍发挥着重要作用，其中包括复制、转录以及后面讨论的翻译、RNA 干涉和 RNA 编辑等。

（三）前-转移 RNA 的加工

无论是原核生物还是真核生物的 DNA，它们转录出的**前-转移 RNA**（pre-transfer RNA）或**前-tRNA**（pre-tRNA），都要经加工以产生各种**转移 RNA**（transfer RNA，tRNA）后，方能使其结构与正确携带一定的氨基酸相适应。

第五节 遗传信息的传递（Ⅲ）
——mRNA 翻译

如前所述，核酸是由 4 种核苷酸通过磷酸二酯键连成的多核苷酸链，而构成核酸的基本单位是核苷酸。

蛋白质是由称为氨基酸的各单聚物组成的多聚物。因曾把氨基酸称为肽，故现把由氨基酸的各单聚物（单肽）组成的多聚物称为多肽。例如，氨基酸 1（肽 1）的羧基端（COO^-）和氨基酸 2（肽 2）的氨基端（H_3N^+）的连接键就称为肽键，通过肽键连接构成如下二肽：

氨基酸1　　氨基酸2　　肽键

$$H_3N^+-CHR_1-COO^- + H_3N^+-CHR_2-COO^- \xrightarrow{-H_2O} H_3N^+-CHR_1-CO-NH-CHR_2-COO^-$$

羧基　　氨基　　氨基氮（N）端　　肽基　　羧基碳（C）端

因此，核酸中的遗传信息如何控制性状表现或遗传信息如何表达的问题，说到底，是寻找核酸中的 4 种核苷酸（简称碱基）和蛋白质中的 20 种氨基酸有什么对应关系。这个关系清楚了，多核苷酸（核酸）中有什么样的碱基顺序就可知道多肽链（蛋白质或酶）中有什么样的氨基酸顺序，或者说，有什么样的核酸就可合成什么样的蛋白质或酶；而有什么样的酶（如前面讲的酪氨酸酶）就可产生什么样的性状（如前面讲的黑色素）。这样，就可揭开从遗传信息到性状表现之间的秘密。

人们如何揭开这个秘密呢？加莫夫（G. Gamov）看到沃森和克里克发表的关于DNA双螺旋结构模型后，就在思索如何破译（“读懂”）DNA中的遗传信息问题。联系到薛定谔在《生命是什么》一书中的预言，他想：DNA分子长链的4种碱基（可理解成4种符号），应像电报中两种符号——点（·）、线（–）那样，在生命活动中起着遗传密码的作用；生物从父母传到子女的遗传信息用的是4种符号（碱基A、G、C、T），这4种碱基在核酸中以若干个为一组（遗传密码）的顺序，可决定蛋白质中氨基酸的顺序；这些氨基酸依次通过肽键连接起来，就决定了一种多肽（蛋白质）。

如果是一种碱基编码（决定）一种氨基酸，就只能编码4种氨基酸。显然，在核酸的遗传密码中，不是一种碱基为一组决定一种氨基酸，因为氨基酸有20种。用两个碱基为一排编码氨基酸也不行。因在4种碱基中，每次取两个的排列方式，只有$4^2=16$种。根据信息论，一个氨基酸的信息量为4.32比特，一个核苷酸的信息量为2比特。因此，他认为，应是以三个核苷酸为一排才能决定一种氨基酸。

可是，一些生物学家没有接受这一解释。这是因为：①如果以三个碱基编码一种氨基酸，那么4种碱基就可有$4^3=64$种排列方式，对于编码20种氨基酸似乎太多了；②当时只发现存在于细胞核内的一种核酸——DNA，而蛋白质是在细胞质内合成的，且已证明DNA没有能力穿过核膜到达细胞质，从而就谈不上DNA能决定蛋白质的合成了。

但后来，研究者观察细菌病毒——噬菌体在大肠杆菌内的繁殖过程时，发现了一种新物质，时而出现在蛋白质合成场所——核糖体，时而又全然消失。科学家对这一陌生物质进行了跟踪，终于知道它原是由噬菌体DNA转录成的一种RNA。这种RNA中所含的遗传信息，与转录它的DNA模板链的互补链的遗传信息完全相同（只需把互补链中的碱基T换成RNA中的U）而充当DNA的信使，这就是我们前面讲的信使RNA（mRNA）；并且在真核细胞中，由核内DNA转录且经过加工的RNA还能从细胞核穿过核膜进入细胞质。也就是说，DNA控制蛋白质的合成，是通过把其遗传信息传给mRNA实现的。

1961年，克里克等的试验也证明，在合成蛋白质的mRNA中，添加或删除3个相邻碱基合成的蛋白质往往具有完全活性，添加或删除1或2个相邻碱基往往不具有正常活性。因此，他们推测，遗传密码也应由3个碱基组成。

根据上面的加莫夫的推理和克里克等的试验推测，如果在mRNA中是3个碱基为一组，即**三联体密码**（triplet code）或**密码子**（codon）编码或决定一种氨基酸，则可有如表8-1所示的64种密码子。

一、遗传密码的破译：三联体密码编码氨基酸

为了检验加莫夫和克里克等的三联体密码编码氨基酸的推测是否正确，在1961年，尼伦博格（M. Nirenberg）等为三联体密码的破译做了如下试验：一是按表8-1的三联体组成，合成特定序列的mRNA分子；二是制备大肠杆菌提取液——将大肠杆菌细胞破碎和离心除去细胞碎片以获得上清液，再往上清液加入DNA酶和保温一定时间以分解其中的DNA和耗尽其中的mRNA（原核生物mRNA的半寿期短）。显然，这样的提取液中含有大肠杆菌为合成多肽所需的核糖体、tRNA、ATP、各氨基酸、酶和无机离子（如Mg^{2+}）等。

第一个合成的mRNA叫多尿嘧啶核苷酸，即都是由尿嘧啶核苷酸（U）组成的。用这种合成的多核苷酸在大肠杆菌提取液中合成多肽，测定的结果是一条只含苯丙氨酸的多肽，它们的关系如下（苯丙即苯丙氨酸）：

表 8-1 mRNA 中的遗传密码

第1位碱基 5′	第2位碱基 U	C	A	G	第3位碱基 3′
U	UUU 苯丙氨酸	UCU 丝氨酸	UAU 酪氨酸	UGU 半胱氨酸	U
	UUC	UCC	UAC	UGC	C
	UUA 亮氨酸	UCA	UAA 终止	UGA 终止	A
	UUG	UCG	UAG	UGG 色氨酸	G
C	CUU 亮氨酸	CCU 脯氨酸	CAU 组氨酸	CGU 精氨酸	U
	CUC	CCC	CAC	CGC	C
	CUA	CCA	CAA 谷氨酰胺	CGA	A
	CUG	CCG	CAG	CGG	G
A	AUU 异亮氨酸	ACU 苏氨酸	AAU 天冬酰胺	AGU 丝氨酸	U
	AUC	ACC	AAC	AGC	C
	AUA	ACA	AAA 赖氨酸	AGA 精氨酸	A
	AUG 甲酰硫氨酸*	ACG	AAG	AGG	G
G	GUU 缬氨酸	GCU 丙氨酸	GAU 天冬酰胺	GGU 甘氨酸	U
	GUC	GCC	GAC	GGC	C
	GUA	GCA	GAA 谷氨酸	GGA	A
	GUG	GCG	GAG	GGG	G

注：*不在起始位置，AUG编码的是甲硫氨酸

多尿嘧啶核苷酸：UUU　UUU　UUU　UUU　UUU

多肽：苯丙 — 苯丙 — 苯丙 — 苯丙 — 苯丙

并且，多肽中的苯丙氨酸数目总是 mRNA 中碱基数目的 1/3。由此推出，多核苷酸中的碱基排列顺序 UUU 编码（或决定）苯丙氨酸，或者说，在多核苷酸中，三个尿嘧啶 UUU 是编码苯丙氨酸的密码子。

后来，又根据表 8-1 合成具有不同碱基的 mRNA 序列。例如，下面图解中的 mRNA 碱基顺序与合成蛋白质的关系为

RNA：CUC　UCU　CUC　UCU

多肽：亮氨酸 — 丝氨酸 — 亮氨酸 — 丝氨酸

由此可推出核酸中的 CUC 和 UCU 分别是亮氨酸和丝氨酸的密码子。其他氨基酸的遗传密码，都可类似得到。

至 1967 年，用 mRNA 的碱基编码氨基酸的一部遗传密码词典，终于完成了（表 8-1）。所谓的**遗传密码**（genetic code），指的是在“mRNA 内以三个碱基为一排的序列”携有决定“多肽内各氨基酸序列”的信息。从表 8-1 可知，遗传密码有如下一般特点。

第一，遗传密码由 mRNA 中的核苷酸序列组成，有 4 种密码符号——A、C、G、U。

第二，遗传密码或**密码子**（codon）由三个核苷酸——**三联体**（triplet）组成，称为**三联体密码**（triplet code）。

第三，遗传密码一般为非重叠，即 mRNA 中相邻的两个密码子一般不能共用碱基。

第四，遗传密码间无逗号或其他标点符号，即 mRNA 中的密码子翻译时进行不间断地阅读。

第五，遗传密码是简并的，即遗传密码中的不同密码子可分别编码同一氨基酸。除色氨酸和甲（酰）硫氨酸各只有一种密码子（分别为 UGG 和 AUG）外，其余的氨基酸都不止一种。在遗传密码中，可由多种密码子独立编码同一氨基酸的密码子称为**简并密码子**（degenerate codon）或**同义密码子**（synonymous codon）。遗传密码虽有**简并性**（degeneracy）或**同义性**（synonymity），但其编码的氨基酸却是确定的或唯一的，因为一种密码子只能编码一种氨基酸。

第六，由简并密码子知，当密码子的前两个碱基固定后，不管第三个碱基是什么，都是编码同一氨基酸。这说明密码子的前两个碱基比第三个重要，即遗传密码有等级顺序。

第七，遗传密码有**起始密码子**（initiation codon）和**终止密码子**（termination codon）。AUG 是起始密码子，是合成多肽的起始信号，其编码的甲硫氨酸是起始氨基酸，在遗传语言中表示一句话的开始。UAA、UAG 和 UGA 不编码氨基酸，是多肽终止合成的信号，在遗传语言中表示一句话的结束，起着句号的作用。终止密码子也称**无义密码子**（nonsense codon）或**链末端密码子**（chain-terminating codon）。在编码一多肽的密码链中，从起始密码子起到终止密码子止的序列称为**可读框**（open reading frame，ORF）。

第八，遗传密码几乎是普适的（universal）。已有的研究表明，整个生物界，从低等的原核生物（如细菌）到高等的哺乳动物（如人类），遗传密码的含义都是一样的，共用一部遗传密码词典。也就是说，细菌中核酸的密码子 UUU 编码的是苯丙氨酸，我们人类细胞内核酸的密码子 UUU 也同样是编码这种氨基酸。即整个生物界的语言——生命语言（核酸语言和蛋白质语言）是相同的：核酸语言的字母是普遍适用的碱基 A、T（U）、G、C；核酸语言的词是普遍适用的、由三个字母组成的三联体密码；核酸语言的词——三联体密码又决定了构成蛋白质语言的词——20 种氨基酸。所以，生命的现象虽然极其复杂，但是生命的本质却极其简单——复杂的生命之歌，无非是用简单的生命之语写成的。生命这种内在的简单性，验证了意大利的著名数学家、天文学家、物理学家兼哲学家伽利略所说的一句富有哲理的话：大自然做任何事情，都采取最简单的形式。由于生命语言是相通的，因此当将合成人类胰岛素的基因这张蓝图交给细菌时，细菌不仅能读懂它，还能实现它——合成人类胰岛素。

第九，密码子链（mRNA 链）的极性 5′→3′ 方向对应于多肽链的极性氨基→羧基方向。

二、遗传密码的翻译：mRNA 合成多肽

这里谈两个问题：在合成多肽中，DNA 的作用和参与多肽合成的主要成员；mRNA 多肽合成的主要过程。

（一）合成多肽时 DNA 的作用和主要成员

1. DNA 的作用　前面我们只结论性地提到 DNA 的信息决定了 mRNA 的信息，但重点讲了 mRNA 的信息（密码子）是如何决定氨基酸的。现在我们要用如图 8-26 所示的一简例，说明 DNA、mRNA 和多肽（或蛋白质）内氨基酸序列间的依次决定关系：DNA 模板链中的碱基顺序 CGA 决定了 mRNA 中的碱基顺序 GCU，而 GCU 又决定了蛋白质中的氨基酸——丙氨酸，即归根结底是 DNA 中的密码子 CGA 决定或编码了丙氨酸；其他情况都可作类似解释。因此，从根本上说，是 DNA 决定了蛋白质，而由它转录出来的 RNA 只是它的信息的传递者，只是它的信使，这也是把这种 RNA 称为信使 RNA（mRNA）的原因。由于 DNA 模板链既和 DNA 非模板链互补又和 mRNA 互补，因此 DNA 非模板链和 mRNA 的极性与碱基序列都相同，只要把非模板链中的 T 换成 U，非模板链就成了 mRNA。

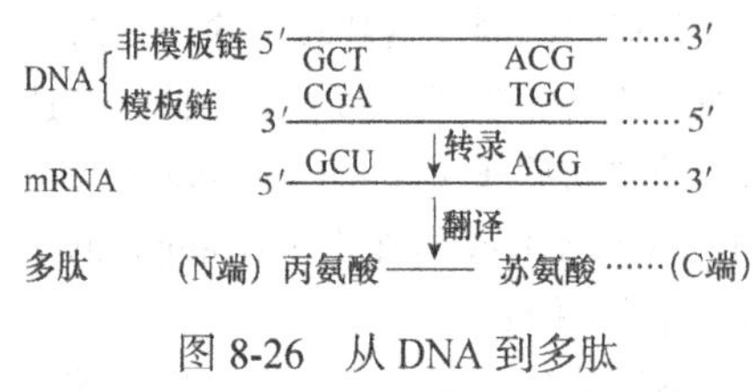

图 8-26 从 DNA 到多肽

由于 DNA 和 RNA 使用的是同一种语言——核酸语言，即具有同样的字母［A、G、C、T（U）］和同样的词汇（三联体密码），因此凡是以 DNA 的模板链为模板复制（转录）成 RNA 的过程，就相当于把一盘磁带的内容转录到另一盘磁带的过程。这样，如前所述，凡是以 DNA 为模板复制成 RNA，从而把 DNA 的信息转移到 RNA 的过程就称为**转录**（transcription）。

可是，核酸（DNA、RNA）和蛋白质却相当于两种语言——核酸语言和蛋白质语言，它们的基本词汇分别是密码子和氨基酸。所以，凡是在 RNA 指导下合成蛋白质的过程就称为**翻译**（translation）。

2. 主要成员 显然，合成多肽的一个主要成员是多肽（或蛋白质）信息的携带者——mRNA。

合成多肽的另一个主要成员是前面提到的转移 RNA（tRNA）。有关基因经转录和加工后获得的 tRNA 具有两个特异结构（图 8-27）：一个是在 tRNA 的一端含有与 mRNA 密码子互补的结构——**反密码子**（anticodon），另一个是在 tRNA 的另一端含有（DNA 双螺旋结构发现者之一的克里克称为的）**适配子**（adaptor），而适配子携带的氨基酸恰好是由其反密码子的互补结构——密码子编码的氨基酸。例如，如果 mRNA 上的密码子是 5′UUU3′（编码苯丙氨酸），那么根据碱基互补原则，就有一种 tRNA 一端的反密码子必然是 3′AAA5′，密码子 5′UUU3′ 和反密码子 3′AAA5′ 碱基正好互补而可以结合，而这一 tRNA 另一端的适配子携带的正是苯丙氨酸。总之，特定的 tRNA 具有的两种能力或功能是：能识别 mRNA 中一特定的三联体密码，而其所携带的氨基酸也正好是这一密码子所编码的氨基酸。

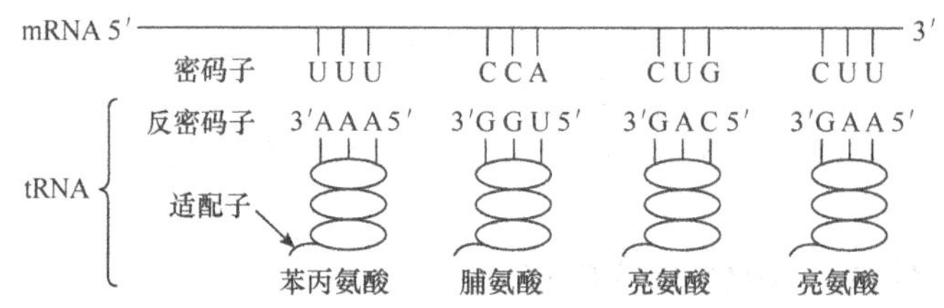

图 8-27 转移 RNA（tRNA）（一种 tRNA 可与多种密码子结合）

由于普通蛋白质中有 20 种氨基酸，在细胞内应有 20 种普通 tRNA，而事实也正是这样。但由于遗传密码的简并性，这 20 种 tRNA，如携带亮氨酸的这种 tRNA，若其反密码子分别为 3′GAC5′ 和 3′GAA5′，就都可携带这一氨基酸分别与 mRNA 中的密码子 5′CUG3′ 和 5′CUU3′ 结合而实现 mRNA 的翻译。

合成多肽的第三个主要成员是在细胞质中把 mRNA 翻译成多肽的场所——**核糖体**（ribosome）。核糖体是由**核糖体 RNA**（ribosomal RNA，rRNA）和几种蛋白质组成的一种微小颗粒，而这种微小颗粒由大小不同的两个亚单位组成，里面有一定的自由空间（图 8-28 和图 8-29）。如前所述，rRNA 也是以 DNA 的模板链为模板转录成的。

除合成多肽的主要成员 mRNA、tRNA 和核糖体外，还需要一些**蛋白质因子**（protein factor）或反式应答因子（第十一章）：①**起始因子**（initiation factor，IF），其功能是起始多肽合成；②**延伸因子**（elongation factor，EF），其功能是协助携有氨基酸的 tRNA（氨酰-tRNA）进入核糖体与 mRNA 结合和使携有肽链的 tRNA 从核糖体的 A 位移或延伸至 P 位（下详）；③**终止因子（termination factor，TF），也称**释放因子**（release factor，RF），其功能是核糖体到达终止密码子时，把核糖体从 mRNA 中释放出来而终止多肽的合成。

（二）mRNA 合成多肽的主要过程

其主要过程分起始、延伸和终止三个阶段。

1. 起始　在原核生物如细菌，核糖体和 DNA 没有核膜隔开，所以当 5′ 端的 mRNA 转录后，纵使没有转录出一个完整的基因，核糖体就可开始翻译，即原核生物的细菌转录和翻译可同步进行。

合成多肽的起始阶段与 mRNA 起始密码子（AUG）上游的序列有关。夏因（J. Shine）和达尔加诺（L. Dalgarno）研究大肠杆菌时发现，在靠近 mRNA 起始密码子的上游有一段起始序列（5′-AGGAGGU-3′），而大肠杆菌核糖体各小亚单位中的 rRNA 含有全部或部分与该起始序列互补的序列，如全部互补为

mRNA 起始序列（SD）：　5′-AGGAGGU-3′

rRNA：3′-AUUUCCUCCA-5′

正是这一起始序列和核糖体小亚单位 rRNA 的相互作用起始了多肽的合成。为了纪念这一起始序列的发现者，这一序列就称为 **Shine-Dalgarno 序列**（Shine-Dalgarno sequence）或 **SD 序列**（SD sequence）；有时也称为**核糖体结合位点**（ribosome-binding site），因在原核生物的细菌中，该位点是与核糖体结合并起始翻译的位点（序列）。

多肽合成的起始分如下 5 步（图 8-28）。

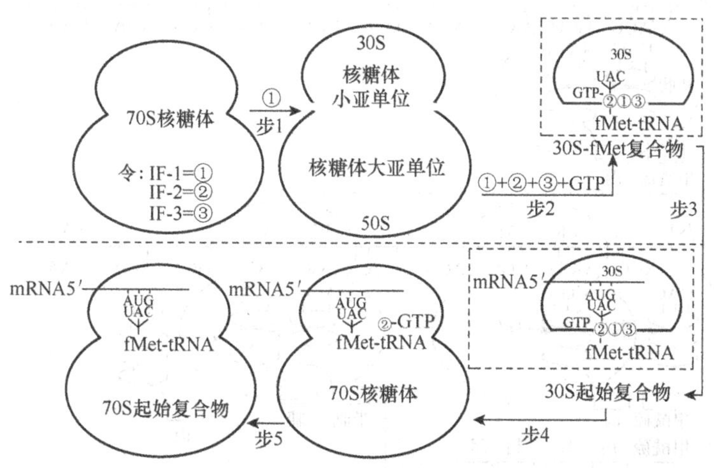

图 8-28　mRNA 合成多肽的起始

步 1——70S 核糖体在蛋白质起始因子 IF-1［图 8-28 中用①代表］作用下解离，产生 30S 和 50S 两个亚单位，分别称为**核糖体小亚单位**（ribosomal small subunit）和**核糖体大亚单位**（ribosomal large subunit）。

步 2——蛋白质起始因子 IF-1、IF-2（图 8-28 中 IF-2 用②代表，且已与 GTP 结合）和 IF-3（图 8-28 中用③代表）与 30S 小亚单位复合后，其中 IF-2（即②）的一端从环境中复合一甲酰硫氨酸（formylmethionine，记为 fMet），而另一端携有反密码子 UAC 的 tRNA（记为 fMet-tRNA），可总称为 30S-fMet 复合物。

步 3——借助于 rRNA 和 mRNA 起始序列——SD 序列碱基的互补性，30S-fMet 复合物从 mRNA 5′ 端进入 mRNA 并在其上移动，直至 30S-fMet 复合物中的反密码子 UAC 与 mRNA 的起

始密码子 AUG 结合，其产物称为 30S 起始复合物。

步 4——起始因子 IF-1 和 IF-3（即①和③）从 30S 起始复合物分离后，50S 大亚单位和 30S 小亚单位重新结合构建成一完整的 70S 核糖体。

步 5——GTP 水解成 GDP 和磷酸而使起始因子 IF-2（即②）从 70S 核糖体内分离出来，剩余部分就构成了具有起始多肽合成的 70S 起始复合物。

2. 延伸 参考图 8-29（a），具有起始多肽合成的上述 70S 起始复合物恰好占 mRNA 两个密码子的位置，位于左侧和右侧的位置分别叫核糖体的**肽基位**（peptidyl site，因以后是多肽键合的位置，或叫 P 位）和**氨酰基位**（amino-acyl site，因容纳的是参与合成多肽的酰化氨基酸，或叫 A 位）。此时，携带甲硫氨酸的 tRNA 已占 P 位；mRNA 的 A 位密码子 GCU 是编码丙氨酸的（表 8-1），于是环境中的携有丙氨酸的 tRNA 进入 A 位，这一过程称进位。

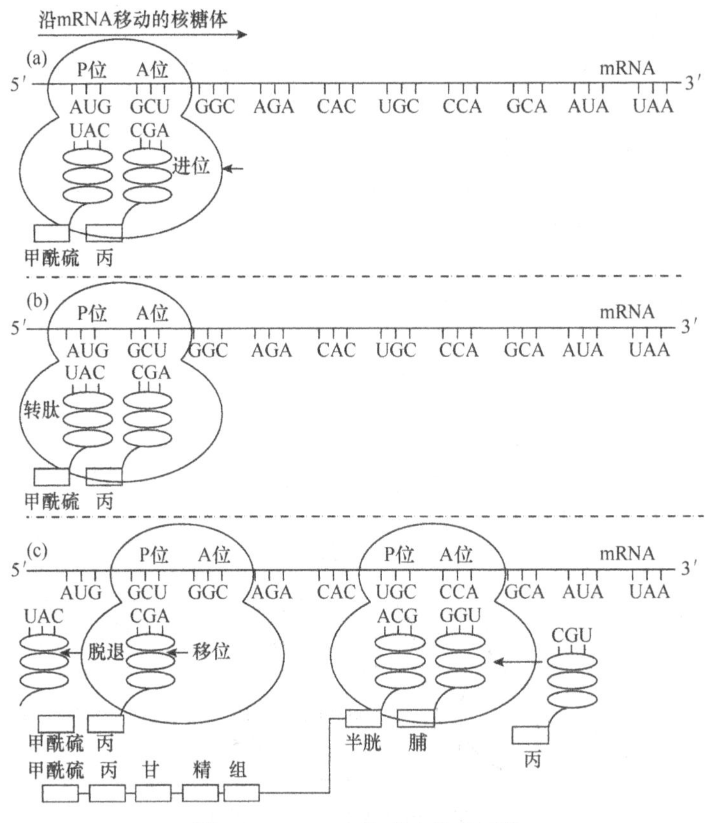

图 8-29 mRNA 合成多肽的延伸

进位后［图 8-29（b）］，这两个 tRNA 另一端分别携带的甲酰硫氨酸和丙氨酸，在核糖体中的**肽基转移酶**（peptidyl transferase）作用下，通过肽键结合成二肽（图 8-29 中以“甲酰硫-丙”表示），而形成肽链的这一过程称转肽。

这个二肽由与密码子 GCU 配合的 tRNA 携带后，原来占住 P 位的、与密码子 AUG 配合的 tRNA 已不携带氨基酸，随即脱落退出核糖体，这一过程称脱退［图 8-29（c）］。

脱退后，核糖体在 mRNA 上向 3′ 端移动一密码子位置，即进行移位，其结果是这时核糖体除占据 GCU 外，还占据 GGC 位置，也就是仍占据两个密码子位置。注意，这时 GCU 的位置（P 位）仍为携带二肽（甲酰硫-丙）的 tRNA 占领，只有 A 位 GGC 是空位。

同样，查表 8-1，密码子 GGC 编码甘氨酸，所以与该密码子互补的反密码子是 CCG 的 tRNA，携带着甘氨酸进入核糖体 A 位（进位），与 mRNA 的 GGC 配合（图 8-29 中未显示这一过程）。配合后，形成的二肽和甘氨酸又通过转肽形成三肽——“甲酰硫-丙-甘”。这个三肽，当然，此时是由与密码子 GGC 配合的 tRNA 携带；与密码子 GCU 配合的、不携带三肽的 tRNA 又脱落退出核糖体（脱退）。形成三肽后，核糖体在 mRNA 上向 3′ 端又移动一密码子位置（移位）。

如此“进位-转肽-脱退-移位”不断重复，使肽链不断延伸。

3. 终止　当 mRNA 的终止子 UAA 等出现在核糖体 A 位时，由于没有氨酰-tRNA 与终止子相配，这时一种蛋白质因子——终止因子就会结合上去，使核糖体的肽酰转移酶成为水解酶，不再催化肽酰基转移到氨酰-tRNA 上，而是把已合成的一条完整的多肽链从 tRNA 上释放出来。无负荷的 tRNA 从核糖体脱退，核糖体大、小两亚单位分开脱离 mRNA。

这种能翻译成一给定多肽的（DNA 或 RNA）碱基序列就称为**可读框**（open reading frame，ORF）。

要说明的是，一旦一个核糖体稍远离 mRNA 的起始位置，另一个核糖体又会进入这一起始位置，如此可有多个核糖体同时在同一 mRNA 上分别合成同一多肽，从而大大提高了合成多肽的效率（图 8-30）。

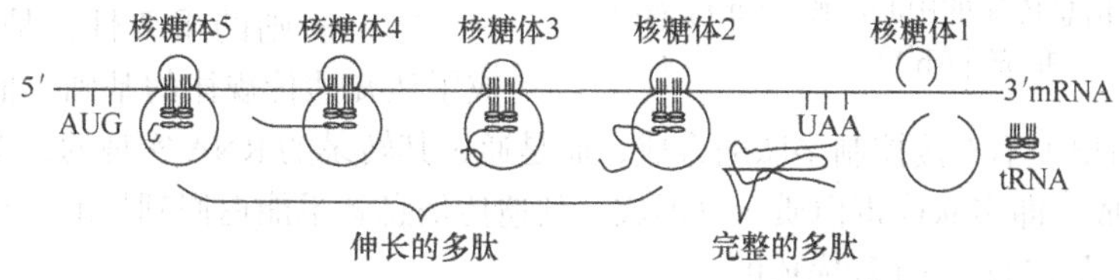

图 8-30　多核糖体

mRNA 和这些正在翻译的多个核糖体构成的复合物称为**多核糖体**（polyribosome 或 polysome），在电子显微镜下可见。

在细胞内合成任何多肽的第一个氨基酸——甲酰硫氨酸，只是作为起始多肽合成的起始氨基酸（由具有反密码子 UAC 的 tRNA 携带），一旦多肽合成至 10 余个氨基酸残基的长度时就会被清除。如果 mRNA 的密码子 AUG 不是在起始位置，合成多肽时，具有反密码子 UAC 的 tRNA，携带的就是甲硫氨酸（而不是甲酰硫氨酸）（或有时称蛋氨酸）与 mRNA 的密码子 AUG 配合。因此，实际合成多肽的第一个氨基酸是由 mRNA 的第二个密码子决定的。

真核生物 mRNA 合成多肽的过程（起始、延伸和终止）与原核生物的基本相同。原核生物 mRNA 合成多肽时包括核糖体的解离、30S 起始复合物和 70S 起始复合物的形成；相应地，真核生物 mRNA 合成多肽时也包括核糖体的解离、40S 起始复合物和 80S 起始复合物的形成。主要不同在于：在起始方面，原核生物核糖体小亚单位形成起始复合物时，其 rRNA 先与氨酰化的起始 tRNA 结合，再与 mRNA 结合；真核生物核糖体小亚单位在形成起始复合物时，先与 mRNA 结合，再与起始 tRNA 结合。在产物方面，原核生物的一个 mRNA 分子可翻译出多种基因编码的多肽（第十一章），而真核生物的一个 mRNA 分子一般只能翻译出一种基因编码的多肽。

总之，多肽的合成是在核糖体上进行的，在这里 mRNA 中编码的遗传信息翻译成多肽：合成多肽的氨基酸是由 tRNA 运送到核糖体；mRNA 的翻译方向是从 5′ 到 3′，而多肽的合成方向是从 N（氮）端到 C（碳）端。

从上面的讨论还引出一个问题：在以前讨论的细胞外破译遗传密码的试验中，为什么合成多肽的 mRNA 的起始密码子可以是任意的，而这里讨论的细胞内合成多肽的 mRNA 起始密码子则必须是 AUG？经比较分析，其原因是二者的 Mg^{2+}浓度不同，细胞外的 Mg^{2+}浓度高于细胞内的 Mg^{2+}浓度。

三、遗传信息流动的中心法则及发展

作为双螺旋结构的遗传物质 DNA，遗传信息在细胞内的传递或流动有三条途径［图 8-31（a）］：一是复制，遗传信息从一个 DNA 传递到另一个 DNA；二是转录，遗传信息从 DNA 传递到 RNA；三是翻译，遗传信息从 RNA 传到多肽。这种 DNA 的遗传信息通过复制的传代，以及通过转录单方向地从 DNA 传递到 RNA 和随后通过翻译从 RNA 传递到多肽的基因表达，即从 DNA→RNA→多肽的传递而实现的基因表达，是克里克于 1957 年提出的，并称为**基因表达的中心法则**（central dogma of gene expression），有时称为**遗传学中心法则**（central dogma of genetics）或**分子生物学中心法则**（central dogma of molecular biology）。

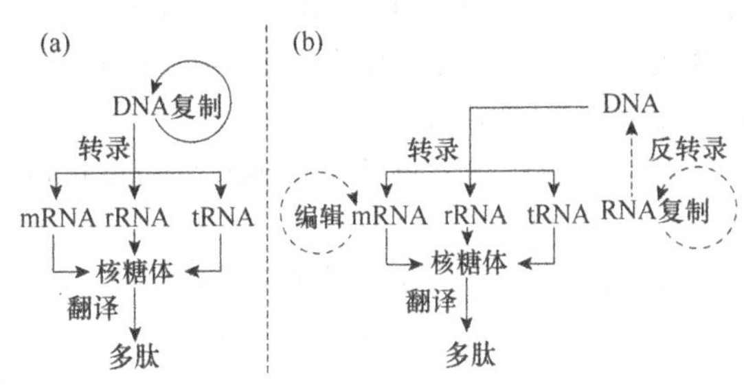

图 8-31 遗传信息传递的中心法则［（a）］及其扩充［（b）］

这一法则的重要性，是在分子水平上成了认知遗传规律的基础。根据这一基础可知：DNA（基因型）不直接控制多肽的合成，而是通过其转录的 RNA 实现的；多肽不能反过来指导 DNA 的合成，即多肽或蛋白质一旦形成，其遗传信息就不能返回到核酸。在生物界，遗传信息的流动主要是通过这一途径完成的。

但后来发现，具有遗传物质 RNA 的 RNA 病毒（为非细胞生物），遗传信息在传代和表达过程中有如下途径［图 8-31（b）］。

一是复制。如前面讨论过的，遗传信息从一个 RNA 分子传递到另一个 RNA 分子。

二是反转录。在反转录酶作用下，以 RNA 为模板，遗传信息从 RNA 传递到 DNA，恰与上述 DNA 的转录过程相反，特称**反转录**（reverse transcription）（图 8-32）。已知致癌的 RNA 病毒都含有反转录酶，所以称为**反转录病毒**（retrovirus）。当反转录病毒进入宿主细胞后，在反转录酶的作用下，首先以 RNA 为模板，合成一条与 RNA 互补的 DNA，称为**互补 DNA**（complementary DNA，**cDNA**），形成 **RNA-cDNA 杂化双链**（RNA-cDNA duplex）；然后，水解杂化双链中的 RNA 链，剩下单链 cDNA 链；再后，在 DNA 聚合酶作用下，又以单链 cDNA 链为模板，合成双链 DNA 分子。这一双链 DNA，整合到宿主细胞染色体后称为**原病毒**（provirus）。原病毒可随宿主细胞分裂分配到子代细胞中而对宿主细胞无危害。

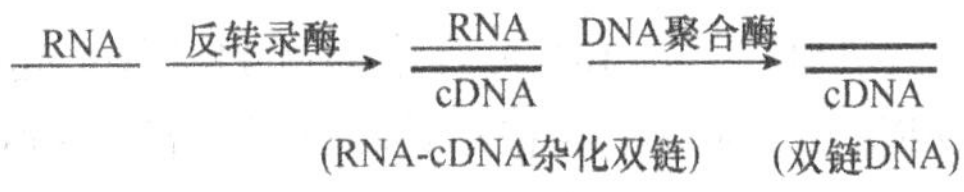

RNA 反转录酶→ RNA/cDNA DNA聚合酶→ cDNA
(RNA-cDNA杂化双链) (双链DNA)

图 8-32 RNA 反转录成 DNA

三是转录。如果原病毒要形成反转录病毒，则以原病毒的 cDNA 链为模板，在宿主细胞 RNA 聚合酶作用下，经转录形成 RNA——由于 cDNA 是反转录病毒 RNA 的互补链，从而 cDNA 转录出的互补链 RNA 就是反转录病毒 RNA。

四是翻译。在反转录病毒 RNA 的指导下，经翻译合成反转录病毒蛋白质，就可组装成反转录病毒。

在 RNA 病毒中，反转录的发现，曾一度被一些科学家作为推翻基因表达的中心法则的“证据”。克里克反驳道，中心法则只是说 DNA 的信息依次流到 RNA 和多肽后就不可能返回到

DNA，但从未否认过 RNA 的信息流到 DNA 的可能性。因此，RNA 的信息流入 DNA 的发现，是对遗传信息流动的中心法则的扩充或发展。

反转录的发现具有重要的生物学意义。在一定条件下，反转录病毒可致癌（第十七章）；反转录的发现，有助于对 RNA 病毒致癌机制的了解，为防治癌症提供重要线索。对人类威胁极大的传染病——艾滋病，也是由一种反转录病毒引起的（第九章）；为了弄清艾滋病的起因和防治途径，需要研究这一病毒的反转录过程。反转录酶还是分子生物学和基因工程中常用的工具酶，利用它可从 mRNA 合成相应的 cDNA（第十三章），在基因结构、氨基酸序列的确定和基因工程中都具有重要价值。

再后来还发现，通过对 **mRNA 编辑**（mRNA editing），使编辑后的 **mRNA** 的碱基序列不再是由原来的 DNA 碱基序列决定，即其编码的多肽有别于 DNA 碱基序列编码的多肽（第十章）。因此，mRNA 编辑的发现是对遗传信息流动中心法则的又一扩充或发展。

本章小结

通过细菌转化和病毒感染等试验，证明遗传物质是核酸（DNA 和 RNA）。

核酸的多核苷酸链中碱基排列顺序的多样性，可说明生物的多样性。

由 DNA 指导的 DNA 半保留复制，可说明亲子代细胞或亲子代个体间的相似性。部分原核生物的 DNA 复制是由一个复制原点形成一个复制叉的、单向移动的半连续复制；多数原核生物的 DNA 复制是由一个复制原点形成两个复制叉的、双向移动的半连续复制。真核生物的 DNA 复制是由多个复制点同时进行复制，而每个复制点是有两个复制叉的、双向移动的半连续复制，直至每两相邻复制叉相遇时有关子链片段连接成一完整子链。由 RNA 指导的 RNA 复制，可说明 RNA 病毒亲子代间的相似性。线性染色体端粒中的 DNA 复制是通过反转录酶——端粒酶完成的。细胞有丝分裂着丝粒中的 DNA 复制是由细胞分裂中期Ⅰ进入后期Ⅰ的标志，细胞减数分裂着丝粒中的 DNA 复制是由中期Ⅰ和中期Ⅱ分别进入后期Ⅰ和后期Ⅱ的标志。RNA 病毒中的 RNA 复制分正链 RNA 复制和负链 RNA 复制。

由双链 DNA 一条链的片段指导合成（复制）RNA 的过程称为转录。它与由 DNA（整个分子）指导的 DNA 复制的主要不同在于：DNA 转录成 RNA 只涉及一条链中的一个或多个基因，DNA 复制涉及两条链的完全复制。这种不同是由于 DNA 复制是为了传代，需把一个物种的全部遗传信息传给子代；而 DNA 转录是为了个体特定基因的表达。真核与原核生物的转录过程相似，是在 RNA 聚合酶的参与下，经转录识别、起始、伸长和终止 4 个阶段转录出 mRNA、tRNA 和 rRNA。这些 RNA 的功能是分别作为蛋白质生物合成的模板、运输蛋白质合成的原料——氨基酸和与蛋白质结合形成核糖体而作为蛋白质合成场所。原核生物转录的 mRNA 无须加工就具有其功能。真核生物的基因，在核内转录时，对转录产物要经过一定的加工才具有其功能。真核生物的 tRNA 和 rRNA 也要经一定的加工才具有功能。

mRNA 的信息传到多肽的过程称为翻译，这是 mRNA 中的三联体密码决定（编码）多肽中的氨基酸顺序的过程。三联体密码具有非重叠的、简并的、等级顺序的、起始和终止密码子的以及普适的特点。DNA 是通过转录把遗传信息传给 mRNA，又通过翻译传给多肽而控制性状表达或表现的。由 mRNA 合成多肽的过程包括起始、延伸和终止。在原核生物，一个 mRNA 分子可有多个核糖体同时进行翻译。

遗传信息只能单方向地从 DNA→RNA→多肽的传递观念称为信息传递的中心法则。但是，后来发现的遗传信息通过反转录还可从 RNA 流向 DNA 和 mRNA 编辑的事实，对中心法则进行了扩充。

范 例 分 析

1. 下表列出了从各物种分离出的核酸的碱基相对百分含量。各物种所含核酸的类型是什么？是单链还是双链？请解释。

物种	腺嘌呤	鸟嘌呤	胸腺嘧啶	胞嘧啶	尿嘧啶
(i)	21	29	21	29	0
(ii)	29	21	29	21	0
(iii)	21	21	29	29	0
(iv)	21	29	0	29	21

2. 用 ^{15}N 标记的双链 DNA 细菌（世代 0）转移到含 ^{14}N 的培养基中培养。进行半保留复制时，在世代 1、2、3、4…n 的双链 DNA 中的 ^{15}N-^{15}N、^{15}N-^{14}N 和 ^{14}N-^{14}N 的期望比各为多少？

3. 画出真核生物 DNA 一个复制原点的复制图，标出：复制原点，模板链和复制链的极性（5′ 和 3′ 端），先导链、冈崎片段和后随链，引物 RNA 的位置。

4. 请你以大肠杆菌为材料设计一试验，确定 DNA 复制时，一条链是连续的，而另一条链是非连续的或两条链都是非连续的。

5. 在双链 DNA 中的一条链有如下序列：

3′-TCTGATA**T**CAGTACG-5′

且已形成一个复制叉和以上述链为模板从黑体 **T** 开始合成一 RNA 引物。

（1）如果 RNA 引物由 8 个碱基组成，试写出其碱基序列。

（2）在完整的 RNA 引物中，哪一碱基具有游离羟基（—OH）端？在引物的另一端是什么碱基？

（3）如果以双链 DNA 的另一条链为模板的复制为连续复制，那么复制叉是由左到右还是由右到左移动？

6. 有一突变型小鼠一基因的 DNA，具有一条正常链和一条具有许多与正常链配对的冈崎片段。这一突变型小鼠最可能是缺少哪种酶？

7. DNA 转录 RNA 时，请对下列事件的先后顺序进行正确排序：

（1）起始和伸长 RNA 链；

（2）RNA 聚合酶与 DNA 结合；

（3）DNA 两条链分离；

（4）从 DNA 中释放出 RNA 链。

8. 双螺旋 DNA 一条链的碱基序列为

5′-GCCTAGCAACAG-3′

以其为模板合成 mRNA 的序列是什么？这一序列与 DNA 模板链的互补链的序列有何关系？

9. 假定一基因有连续的 10 个密码子：

（1）该基因有多少个核苷酸？

（2）该基因编码的多肽中可有多少个氨基酸？

（3）在由特定 10 个密码子组成的所有可能的基因中，可产生多少不同的多肽？

10. 有三种 RNA，第一种是参与合成多肽的场所，第二种是决定合成多肽中的氨基酸顺序，第三种是把特定的氨基酸运送到合成多肽场所的特定位置。它们依次是：

（1）mRNA，rRNA，tRNA

（2）rRNA，tRNA，mRNA

（3）mRNA，tRNA，rRNA

（4）rRNA，mRNA，tRNA

哪一次序正确？

11. 如下是一条DNA链的碱基序列：

TACGTCTCCAGCGGAGATCTTTTCCGGTCGCAACTGAGGTTGATC

该链从左到右进行转录，转录后翻译成肽链。

（1）确定该链的3′端和5′端。

（2）确定其互补DNA链的碱基序列。

（3）确定其mRNA链的碱基序列。

（4）确定其mRNA链翻译后多肽链的氨基酸序列。

（5）确定沿着mRNA翻译多肽的方向。

（6）确定多肽的氨基（—NH_2）端和羧基（—COOH）端。

12. 反转录病毒中的RNA基因组如何整合到宿主的DNA基因组中？

第九章　细菌和病毒的遗传分析

细菌、古菌和病毒，对于遗传学研究，与真核生物相比具有如下突出优点。

一是生活周期短。例如，细菌一般每 20min 分裂一次，也就是说，从一个细菌开始，在 10h 内可繁殖 30 个世代，产生约 10 亿个后代。遗传是一随机事件，试验中有足够的个体数是正确进行遗传分析的一个必要条件，而细菌、古菌和病毒比其他生物更易满足这一条件。

二是个体小，有利于节约试验用地和发生频率极低的突变基因。由于它们比前述的低等真核生物的个体更小，一个很大的群体，如 10^{10} 的个体，在一个培养皿或一个试管内就可培养。在以百万计的细菌、古菌或病毒中，利用选择培养基（如含链霉素）就可把稀有的突变个体（如抗链霉素个体）分离出来。

三是单倍体。个体的表现型反映了个体的基因型，为遗传分析提供了很大方便。

原核生物和病毒，在我们人类生活中也很重要。每个成年人携带 300 万亿～500 万亿个原核生物和相当数量级的病毒，即成年人总细胞数的 10 倍以上。它们绝大多数生活在我们的肠道中，但有的也生活在皮肤、口腔和呼吸道内。它们绝大多数对人类健康有益，如可合成一些营养物质（维生素等）和消化一些食物供我们利用，但有的也是人类疾病的病原体。

下面以细菌和病毒为例进行遗传分析。

第一节　细菌的遗传分析

为便于细菌的遗传分析，先介绍一些遗传上常用的细菌突变体和细菌生活周期。

一、细菌突变体

属于单细胞原核生物的细菌，既可在液态培养基中，也可在固态培养基（如琼脂）表面生长。在固态培养基上，由一个细菌经多次均等分裂形成的、肉眼可见的一团子细菌称为一个**菌落**（bacterial colony），因此这样的一个菌落内的各个体在遗传上是相同的（同于产生该菌落的第一个亲本细菌）。**菌株**（strain）是具有特定遗传性状的一群个体，相当于动植物的纯系。

（一）突变体类型

1. 抗抗生素突变体　野生型细菌一般对某些抗生素敏感，在添加这些抗生素的培养基上不能生长，称这些野生型细菌对这些抗生素是敏感型。相反，有些突变型细菌对某些抗生素具有抵抗能力，在添加了这些抗生素的培养基上仍能生长，就称这些突变型细菌是抵抗这些抗生素的突变体——**抗抗生素突变体**（antibiotic-resistant mutant）。对链霉素敏感和抵抗的菌株，就分别称为链霉素敏感型菌株和链霉素抵抗型菌株。

2. 营养突变体　一些野生型细菌，能在只含有一些简单物质的培养基中合成其所需要的物质而进行生长繁殖；但一些突变型细菌，不能利用这样一些简单物质合成其所需要的复杂物质，从而不能在只含有这样一些简单物质的培养基上进行生长繁殖。只让野生型个体而不让突变型个体生长繁殖的培养基称为**基本培养基**（minimal medium）。

在基本培养基上能生长繁殖的细菌称为野生型，但通常称为**原养型**（prototroph）；在基本培养基上需要添加某一特定的营养物质方能生长繁殖的细菌，称为这一特定物质的**营养缺陷型**（auxotroph）或**营养突变体**（nutritional mutant）。

3. 碳源突变体 **碳源突变体**（carbon-source mutant），是指不能利用某些特定碳源作为能源的细菌突变体。例如，乳糖突变型在生长繁殖过程中不能利用乳糖作为碳源，从而不能在以乳糖作为唯一碳源的培养基上生长繁殖。

有关细菌培养基，除基本培养基外，还要明确两个概念：一是**非选择培养基**（nonselective medium）或**完全培养基**（complete medium）——能使野生型和突变型细菌都能生长繁殖的培养基（由于含有各菌株生长繁殖所需的全部营养物质）；二是**选择培养基**（selective medium）——只让野生型或突变型菌株生长繁殖的培养基。例如，含有链霉素的培养基是选择培养基，因为它只让对链霉素抵抗的突变型细菌而不让对链霉素敏感的野生型细菌进行生长繁殖。

（二）突变体鉴别

鉴别细菌营养缺陷型的一种简便、高效的方法是**平板复制法**（replica plating method）或**影印平板复制法**（photocopying plate plating）。

为说明什么是影印平板复制法，先看一个例子。要鉴别细菌是否有A、B和C三种营养物质的营养缺陷型突变，可按如下步骤进行（图9-1）：①用浓度很稀的、有待鉴别的菌液涂布在主培养皿的固态非选择（完全）培养基上，目的是让原养型和营养缺陷型都能生长；②待细菌分裂生长形成菌落后，用消过毒的、外面包有丝绒的三个影印器将主培养皿中的菌落分别影印抽样（即蘸上一部分），把菌落分别转移到缺少A、B和C营养物的三个选择培养基上（转移时要使主培养基和选择培养基上菌落的“位置标记”相对应）；③根据非选择（完全）培养基和选择培养基上菌落生长的差异，鉴别突变型类型——结果是菌落1、2和3分别为A、B和C营养缺陷型，即这里的菌落1、2、3实为菌株1、2、3；④从非选择培养基（完全培养基）上取出菌株1、2和3分别在有关完全培养基上培养，就可得到这三个营养缺陷型菌株以做进一步遗传研究。

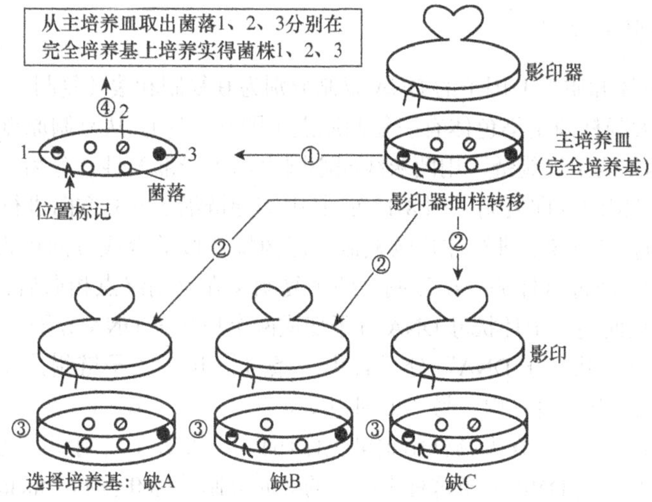

图9-1 影印平板复制法鉴别细菌突变型

因此，平板复制法是在一系列培养皿的相同位置上出现相同基因型菌落的方法。这是因用若干影印器从主培养皿抽样后，分别接种到不同选择培养基上的菌落位置都与主培养皿的相同，待长出菌落后与主培养皿菌落相应菌落对比，就可选出有关突变型菌株。

要鉴别和分离出抗噬菌体或抗抗生素的细菌突变体相对容易。在添加某噬菌体或某抗生素的固态培养基上能生长的细菌，就是抗某噬菌体或抗某抗生素的细菌突变体。

（三）表现型和基因型表示法

在原核生物遗传学中，表现型和基因型的表示方法是：用有关名称的前 3 个英文正体字母（第 1 个字母大写和后两字母小写）表示某一表现型，然后在其后用上标“+”或“−”或其他符号表示细菌具有或不具有某一表现型。例如，Lac^{+}和 Lac^{-}分别表示细菌能利用和不能利用乳糖（lactose），Str^{r} 和 Str^{s} 分别表示细菌对链霉素（streptomycin）抵抗（resistant）和敏感（sensitive）。

相应的基因型用相应表现型的小写斜体表示，如能利用和不能利用乳糖的菌株的基因型分别为 lac^{+}和 lac^{-}，对链霉素抵抗和敏感的菌株的基因型分别为 str^{r} 和 str^{s}。

二、细菌生活周期

遗传学中应用最广的细菌是大肠杆菌，其染色体组成如图 9-2 所示。在原核内，所有的大肠杆菌都有一个**主染色体**（main chromosome），即都有由一个大双螺旋链环状 DNA 分子组成的染色体；有的大肠杆菌，除主染色体外，还可有一到多个称为**质粒**（plasmid）的小双螺旋链环状 DNA 分子组成的染色体（大小约为主染色体的 1/100），它们可以独立于主染色体进行复制。与真核生物的线状染色体不同，它们都没有着丝粒和端粒。为方便，这些双螺旋链环状 DNA 分子都用两同心圆表示。

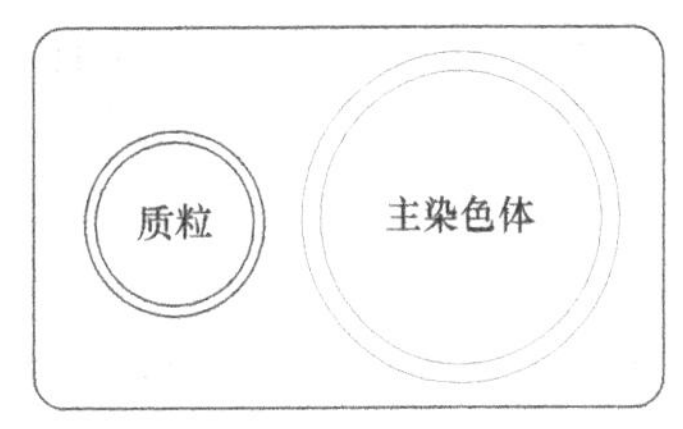

图 9-2　大肠杆菌（示环状染色体）

为便于理解细菌生活周期，下面依次讨论大肠杆菌环状 DNA 的复制模式、无性繁殖和有性繁殖。

（一）环状 DNA 的复制模式

大肠杆菌主染色体和质粒 F 因子的 DNA 复制分别为 θ 复制和滚环复制。

1. θ 复制　大肠杆菌主染色体有一复制原点（图 9-3 左），从复制原点开始，在解旋酶等的作用下，使母 DNA 两条螺旋链（用两灰线同心圆表示）局部变性、分离、形成两个复制叉作反向移动而进行半保留的双向复制（图 8-13）：其中前导链沿 5′→3′ 方向进行连续复制，而对应的后随链沿相反方向（3′→5′）进行非连续复制（但冈崎片段的合成方向仍为 5′→3′ 方向，复制链均以非灰线表示）。经过这样的一次复制，两个复制叉在复制终点相遇后，各复制链的首（5′ 端）、尾（3′ 端）相接而使一个环状母 DNA 分子变成两个环状子 DNA 分子——显然，根据 DNA 的半保留复制，每个环状“子 DNA”分子各由一条母链和一条子链组成（由图 9-3 知：两子 DNA，一个是母链在外和子链在内；另一个则相反）。

通过放射性自显影技术，在大肠杆菌主染色体环状 DNA 分子复制期间观察到了如希腊字母的“θ”构型，所以其环状 DNA 分子这种半保留的双向复制特称 **θ 复制**（theta replication）。

2. 滚环复制　大肠杆菌 F 因子的 DNA，虽与其主染色体 DNA 都为环状，但其复制方式

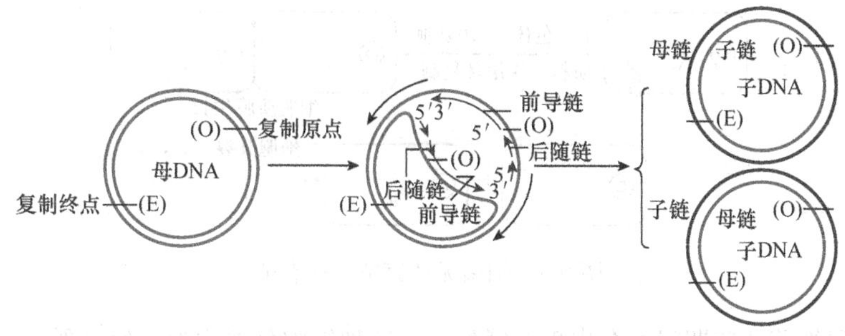

图 9-3 大肠杆菌主染色体的 θ 复制

却不是 θ 复制，而是所谓的**滚环复制**（rolling-circle replication）。

F 因子滚环复制的要点是（图 9-4）：①环状 DNA（其两链用两黑线同心圆表示）的外链，通过特定的内切酶在复制原点断裂，以露出 3′-OH 和 5′-P 而起始 DNA 复制；②复制以内链为模板，通过 DNA 聚合酶从亲本链 3′ 端（即从复制链 5′ 端）沿着环状内链滚动式地起始合成 DNA，以替换其外链（合成的外链用具点的黑灰线表示）和游离出母 DNA 线状外链；③复制完成后，复制蛋白对滚环出的完整的母 DNA 线状外链进行切割而获得一个子双链环状 DNA（外链和内链分别为子链和母链）和一游离的完整母 DNA 线状外链；④ DNA 聚合酶以这一完整母 DNA 线状外链为模板，从模板链 3′ 端滚动式地起始合成其内链（用具点的黑灰线表示），又获得一双链环状 DNA。如此，母 DNA 的外链和内链各进行一次滚环复制，就由一个母环状 DNA 分子复制成两个子环状 DNA 分子。

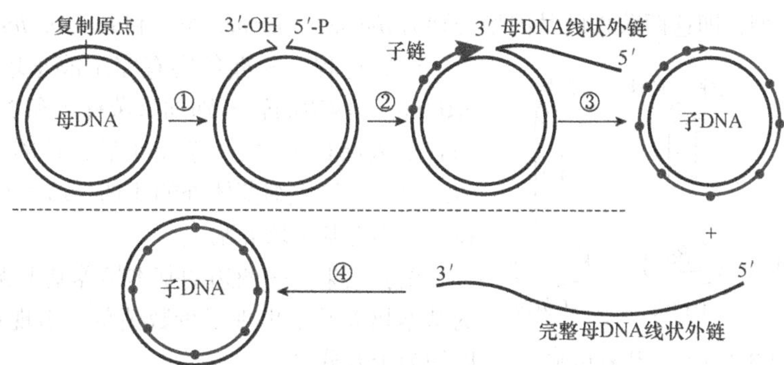

图 9-4 细菌质粒 F 因子的滚环复制

显然，大肠杆菌主染色体 DNA 的 θ 复制为双向复制，而其 F 因子 DNA 的滚环复制为单向复制。

（二）无性繁殖——裂殖

细菌的无性繁殖——**裂殖**（fission）或**二裂殖**（binary fission），首先是细菌主染色体 DNA 和质粒 DNA（F 因子）分别进行一次 θ 复制和二次滚环复制，就分别由一个环状 DNA 分子复制成两个环状 DNA 分子；然后细胞质膜生长，把细菌分成两部分且每部分各有一主染色体 DNA 和一质粒 DNA；最后进行细胞分裂，由一个细菌变成两个细菌而使每个细菌各有一主染色体和一质粒（图 9-5）。

细菌的裂殖效果与细胞的有丝分裂相同，一母细胞裂殖产生的两子细胞，具有与母细胞相同

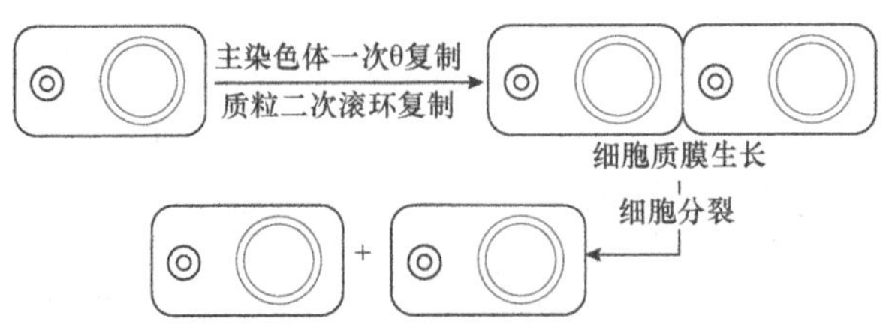

图 9-5 细菌无性繁殖——裂殖

的遗传物质。因细菌裂殖期间不会出现纺锤丝，故这种细胞分裂称为**无丝分裂**（amitosis）。第二章讲的细胞分裂（有丝分裂和减数分裂）的共同点是在细胞分裂期间都出现纺锤丝，故实际上可统称有丝分裂，只不过减数分裂是使染色体数减半的有丝分裂。

三、细菌基因转移的三种方式和基因作图

原核生物的细菌通过与真核生物类似的有性繁殖方式——接合、转化和转导，也可进行基因作图。

（一）接合和接合作图

20 世纪 50 年代，研究者做了如下细菌接合试验后，认为细菌也可进行有性繁殖。

1. 细菌接合试验 试验材料——两种具有不同营养缺陷型的菌株，菌株 1 为甲硫氨酸（met^-）和生物素（bio^-）营养缺陷型，菌株 2 为苏氨酸（thr^-）、亮氨酸（leu^-）和硫胺素（thi^-）营养缺陷型，即这两菌株的基因型分别为 $thr^+thi^+leu^+met^-bio^-$ 和 $thr^-thi^-leu^-met^+bio^+$。

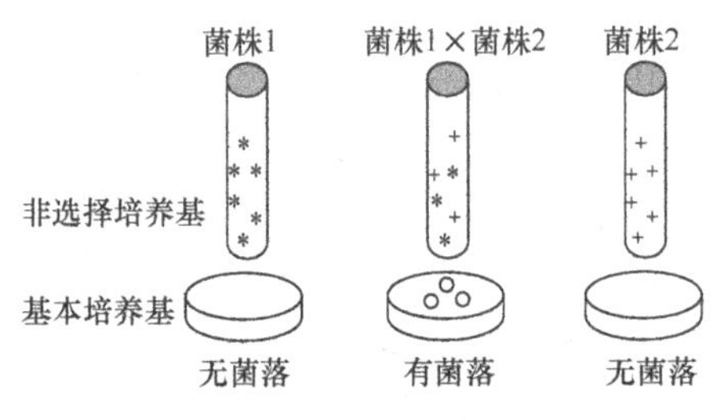

图 9-6 细菌有性繁殖——接合试验

试验过程——准备盛有完全液态培养基的三个管（图 9-6），两边的管分别加入菌株 1 和 2（对照），中间的管加入菌株 1 和 2（杂交）后，培养过夜；第二天，清洗掉三个管中细菌体外的非选择培养基后，分别培养在三个固态基本培养基上。

试验结果——两边的基本培养基上无菌落，而中间的基本培养基上出现了少数菌落，出现频率约为 10^{-7}，即约为千万分之一。

结果解释——研究者认为：两边的基本培养基上无菌落在预料之中，因为培养基中未提供这些菌株生长繁殖所必需的、它们又不能合成的营养物质；中间的基本培养基上出现菌落，是由于菌株 1 和 2，通过有性繁殖（杂交）实现了有关基因重组的缘故，即

$$\underline{thr^+thi^+leu^+met^-bio^-}\times\underline{thr^-thi^-leu^-met^+bio^+}$$

$$\downarrow \text{杂交、重组}$$

$$\frac{thr^+thi^+leu^+met^-bio^-}{\times}\over{thr^-thi^-leu^-met^+bio^+}$$

$$\downarrow$$

$$\underline{thr^+thi^+leu^+met^+bio^+}\ \text{（原养型）}$$

但是，有人对上述结果提出了不同的解释。

一种解释是突变说，即原养型菌落是由基因突变引起的。这一解释容易排除，因基因突变率一般小于 10^{-5}，而通过突变由营养缺陷型（如 $thr^+thi^+leu^+met^-bio^-$）成为原养型（如 $thr^+thi^+leu^+met^+bio^+$）的频率应小于（$10^{-5}$）（$10^{-5}$）$=10^{-10}$（假定发生的突变 met^- 和 bio^- 相互独立）。由于实际观察到的原养型频率（10^{-7}）比突变出现原养型的频率至少大 1000 倍，因此可以排除原养型菌落是由基因突变产生的可能性。

另一种解释是代谢产物互补说，即认为这两菌株混合培养时，菌株 1 的代谢产物满足了菌株 2 的生长需要，反之亦然，故在基本培养基上也有菌落出现。

为了检验这一解释是否正确，研究者设计了一个试验（图 9-7）：在 U 形管底部中央用滤板隔开，以让营养物和代谢产物通过但不能让细菌通过；往 U 形管注入液态完全（非选择）培养基后，把菌株 1 和 2 分别培养在 U 形管两侧（在 U 形管一端接一抽吸装置，交替对液面增压和减压以形成气流，是为了让两端的营养物和代谢产物得以充分混合）；培养过夜后，照例分别清洗 U 形管两端的细菌，并分别接种到两个固态基本培养基上。

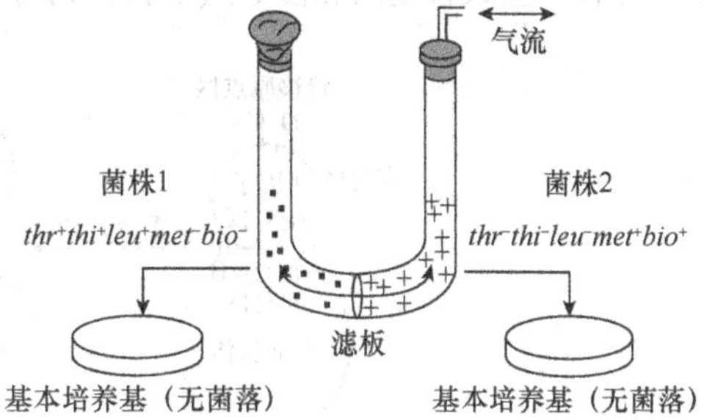

图 9-7　代谢产物互补的 U 形管试验

试验结果是在这两基本培养基上都无菌落。这不仅说明，在原来的接合试验中，两不同营养缺陷型菌株混合一段时间后，在基本培养基上出现的菌落，不可能是由于这两菌株代谢产物的互补；而且说明，要使两不同菌株间的基因重组成为原养型，这两菌株必须接触。这种细菌间通过接触而实现基因转移和重组的过程称为**接合**（conjugation），即细菌的基因转移和重组，是通过类似高等生物的雌、雄交配实现的。

通过与高等生物雌、雄交配实现基因转移和重组的类比，细菌接合实现上述的基因转移和重组有两种可能：一是菌株 1（作为雄性）的遗传物质转移到菌株 2（作为雌性）经基因重组成为原养型；二是菌株 2（作为雄性）的遗传物质转移到菌株 1（作为雌性）经基因重组成为原养型。

为了确定是哪种可能，研究者用一定高剂量的链霉素（只阻止细菌分裂，但不杀死细菌和不阻止基因转移）分别处理大肠杆菌 K12 的部分菌株 A（营养缺陷型 A）和部分菌株 B（营养缺陷型 B），然后同细菌接合试验那样做两个杂交（杂交 1 和杂交 2），其过程和结果如图 9-8 所示。

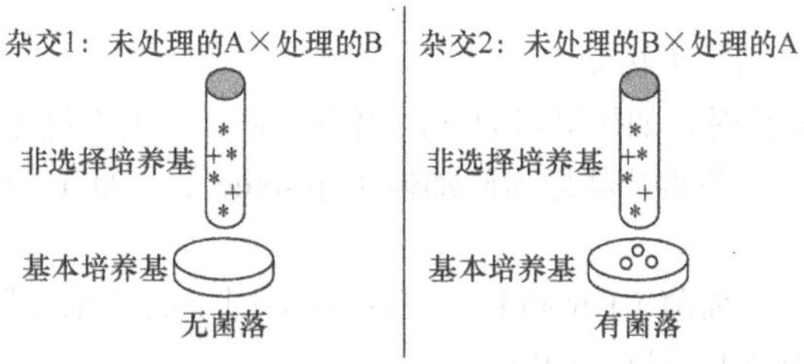

图 9-8　细菌接合的基因单向或双向转移试验

如何解释图 9-8 的结果？只要假定这两菌株在杂交中的基因转移不是双向而是单向的，且只是菌株 A（雄性）的基因向菌株 B（雌性）转移就可得到圆满解释：在杂交 1，菌株 A 的基因虽可向菌株 B 转移，但菌株 B 已无分裂能力而不可能进行基因重组，所以在基本培养基上无菌落；在杂交 2，处理过的菌株 A 的基因仍可向菌株 B 转移，且菌株 B 具有正常的细胞分裂能力，可进行正常的基因重组和细胞繁殖，所以在基本培养基上有菌落。也就是说，这里的菌株 A 和 B 分别相当于高等生物中的雄性和雌性，当菌株 A 基因转移到菌株 B 后，只要菌株 B 具有分裂能力，经基因重组就可成为原养型，从而可在基本培养基上生长。因此，细菌也有类似高等生物的性别差异。

细菌的性别差异是如何产生的呢？

2. F 因子和细菌性别　如前所述，细菌如大肠杆菌除有一个大的环状染色体外，有的还有一到多个小的环状质粒。性别差异就是由一种小的环状质粒——**致育因子**（fertility factor）或简称 **F 因子**（F factor）决定的。

F 因子的基本组成可分为三个区（图 9-9，为简便，主染色体和 F 因子的双链 DNA 都用一单链表示）：F 因子的**转移原点区**（origin region of transfer）决定基因转移的起点和方向（图中用"←"表示转移方向），从 C 最先转移、经**配对区**（pairing region）、**致育区**（fertility region）至 D 最后转移。F 因子与主染色体配对的配对区用具圆圈的粗线表示，其两端点为 a 和 b；而与其配对的主染色体配对区用矩形连线表示，其两端点为 A 和 B。F 因子致育区（在配对区左侧由 a 至 D）存在一些致育基因和使 F 因子转移到另一细菌的基因。

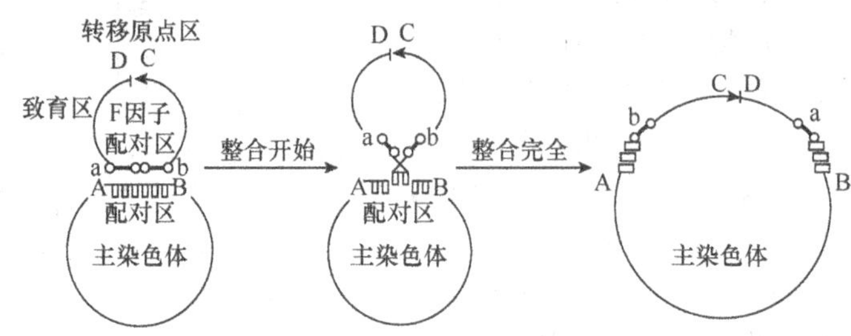

图 9-9 F 因子的基本组成和与主染色体的整合

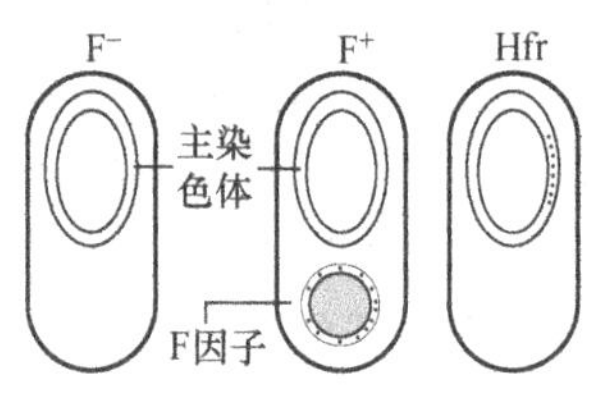

图 9-10 细菌的类型

根据细菌内是否存在 F 因子和 F 因子的存在状态，可把细菌分为三类（图 9-10）：无 F 因子的细菌称为 **F^-菌**（F^- bacterium）或简称 F^-。有 F 因子的细菌存在两种状态——若 F 因子游离在主染色体外而成为**游离态或自主态**（autonomous state）的细菌称为 **F^+菌**（F^+ bacterium）或简称 F^+；若 F 因子整合到主染色体上（图 9-10，其具体机制见本章下述的位点专一重组）而成为**整合态**（integrated state）的细菌称为**高频重组菌株**（high frequency of recombination strain）或简称 Hfr。

细菌 F^+和 Hfr 相当于高等生物雄性，F^-相当于高等生物雌性。

如前所述，质粒在细菌中可有可无。细菌有质粒时，如果既可以"游离态"独立于主染色体存在，又可以"整合态"整合到主染色体上，那么这种质粒就称为**附加体**（episome），因此 F 因子是附加体。

3. 细菌接合类型 只有具 F 因子的"雄性"细菌（Hfr 和 F^+）和不具 F 因子的"雌性"细菌（F^-）间才能接合，因此接合类型有两类：Hfr×F^-和 F^+×F^-。

（1）Hfr×F^- 细菌的 F 因子至少有 15 个基因，其中有的基因控制 Hfr 或 F^+细菌的"F 纤毛"（由细胞膜向细长方向的延伸物）的形成。

设 Hfr 细菌与 F^-细菌的主染色体基因型分别为 *A* 和 *a*，把它们混合，即 Hfr×F^-接合（图 9-11）时可依次发生如下一些事件。

首先，Hfr 细菌产生一种称为**纤毛**（pilus）的管状蛋白与 F^-细菌接触，并形成**接合管**[conjugation tube，图 9-11（a）]而使两细菌接合。

其次，Hfr 主染色体在 F 因子转移原点的位置（通过核酸内切酶）切割 F 因子双链 DNA 中的外链，且断裂外链的 5′ 端转移到 F^-后，未转移、未断裂的环状内链和已转移、已断裂的线状外链都以自己为模板，分别进行复制[图 9-11（b）A、B]。在这里，首先转移到 F^-的是整合到 Hfr 主染色体上的、具转移原点的那部分 F 因子，接着才是供体主染色体的一个片段（一般不是

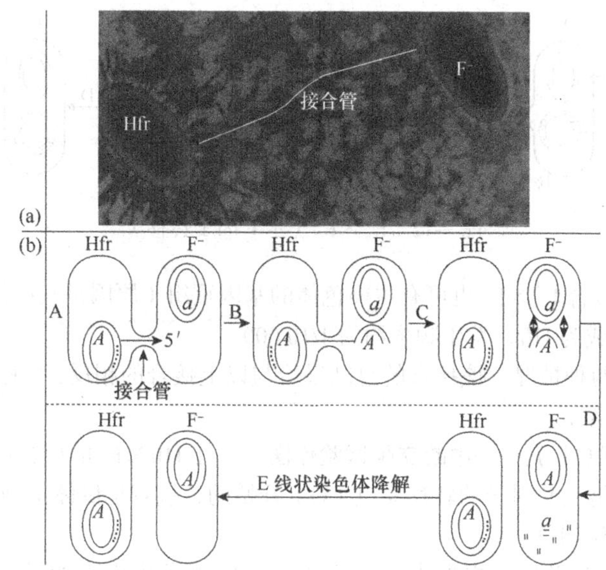

图 9-11　Hfr 通过接合管与 F⁻接合［(a)］和接合的基因重组［(b)］（仿自 Pierce，2008）

Hfr 主染色体的全部转移，因转移部分主染色体后接合管就断了）。

再次，转移到 F⁻的 Hfr 主染色体片段（带有等位基因 *A*），与 F⁻主染色体相应的同源片段互换与相应的等位基因 *a* 进行重组［图 9-11（b）C，关于细菌基因重组的具体过程和特点，本章后述］。其重组产物［图 9-11（b）D］，一是主染色体基因型仍为 *A* 的 Hfr 菌，二是主染色体具有重组基因型为 *A* 和一些线状染色体的 F⁻菌。F⁻之所以经常不能成为 F^+或 Hfr，乃是因为（由图 9-9 和图 9-10 知）：一是整合的 F 因子从原点转移时，转移顺序依次是具转移原点的 F 因子片段、主染色体和具致育区的 F 因子片段，即主染色体夹在 F 因子两个片段的中间；二是在通常情况下，F 因子的致育区在进入 F⁻之前接合管就随机断裂了。

最后，线状染色体降解，形成主染色体基因型仍为 *A* 的 Hfr 菌和主染色体具有重组基因型为 *A* 的 F⁻菌［图 9-11（b）E］。这是该接合的常见情况——F⁻具有（主染色体的）重组基因型，但 F⁻不能成为 Hfr 或 F^+。

但在罕见情况下，Hfr×F⁻也可把供体的全部遗传物质（整个主染色体和整个 F 因子）转移到 F⁻，而使 F⁻成为 F^+（F 因子未整合到 F⁻主染色体上）或成为 Hfr（F 因子已整合到 F⁻主染色体上）。

所以，考虑到这两种情况，该接合的总结果是：细菌（主染色体）的基因重组频率高，F⁻成为 F^+或 Hfr 的频率低。

从上讨论可知，细菌接合时，基因转移的特点是单方向的，是从 Hfr（或 F^+）向 F⁻转移，所以具有 F 因子的细菌又称雄性菌或供体菌，F⁻菌又称雌性菌或受体菌。

（2）$F^+ \times F^-$　F^+和 F⁻接合时，与 Hfr×F⁻一样，第一，借助 F^+的 F 纤毛，使 F^+细菌靠近、接触 F⁻细菌，F^+纤毛发育成连接 F^+和 F⁻细菌的接合管（图 9-12A）。第二，核酸内切酶切开 F 因子双链 DNA 中的外链（在原点处），仿前述的 F 质粒（F 因子）进行滚环复制使其 F^+有一完整 F 因子，而 F⁻有一完整母 DNA 的线状外链（图 9-12B）。第三，以这一线状外链为模板进行一次滚环复制而使 F⁻成为 F^+，即这时是用接合管相接的两个 F^+（图 9-12C）。第四，接合管断裂而成为两个独立的 F^+细菌（图 9-12D）。所以，细菌这类接合的一般情况是：$F^+ \times F^- \rightarrow 2F^+$，即 F⁻成为 F^+，但原 F⁻（的主染色体）没有基因重组。

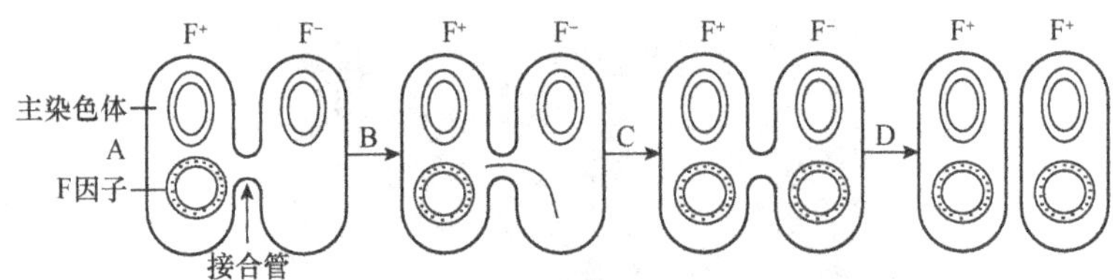

图 9-12 $F^+ \times F^-$（示 F 因子转移）

在罕见情况下，接合 $F^+ \times F^-$ 也可有主染色体的基因重组（原因是其中极少数 F^+ 的 F 因子整合到主染色体而使 F^+ 成为 Hfr，发生频率约为 1/10 000）。

所以，考虑到这两种情况，该接合的总结果恰与以上接合的相反：（主染色体）基因重组频率低，F^- 成为 F^+ 的频率高。

4. 细菌接合作图（Ⅰ）——中断交配试验作图 在 Hfr×F^- 的接合试验中，Hfr 的基因向 F^- 转移，如前所述，是从 F 因子的转移原点（O）开始的，接着是供体主染色体的基因，最后才是 F 因子的致育区基因（F）。

在 Hfr×F^- 的接合试验中，根据供体有关基因在 F^- 细菌中出现的早晚和重组频率的高低，就可确定有关基因的排列顺序（以转移原点 O 为起点）和相对距离［以 Hfr 基因进入 F^- 的时间（分钟）为单位］。这是因为：①在该接合试验中基因转移过程可随时被中断（如从 Hfr×F^- 母液抽样的样本中用搅拌器打断接合管）而称为中断交配的试验中，中断交配后供体的基因，越靠近转移原点的进入 F^- 的时间就越早，所得的重组体频率就越高；②供体主染色体进入受体的速率是恒定的。所以，以转移原点为起点，Hfr 供体染色体基因进入受体在顺序上的有序性和在速率上的恒定性，就构成了细菌接合作图——**中断交配试验作图**（interrupted mating experiment mapping）的基本原理。

有人进行了大肠杆菌的如下中断交配试验：

$$F^-（azi^s ton^s lac^- gal^- str^r）\times Hfr（azi^r ton^r lac^+ gal^+ str^s）$$

其中 azi^r 和 azi^s 分别代表对叠氮化钠抵抗和敏感，ton^r 和 ton^s 分别代表对噬菌体 T1 抵抗和敏感，其他基因符号的含义同前。该杂交是首先把这两菌株放入液态完全培养基中进行通气培养，而 Hfr 的浓度是过量的，目的是保证每个 F^- 细菌都有机会与 Hfr 接合，且几乎是在同一时间与 Hfr 接合（相当于高等生物的两个品系杂交）。

经数分钟后，从液体培养基中定量取样，用搅拌器搅拌样本以中断交配（即中断接合管），并将中断交配的菌液稀释以避免再度接合。显然，在稀释的菌液中应有两亲本（Hfr 和 F^-）菌株和各种重组体；但对于中断交配试验作图，只有各重组体和 F^- 才是需要的（后者相当于高等生物杂交子代的亲本型——浓度过量的 Hfr 确保了其能与液态完全培养基中的每个 F^- 接合，接合后的 F^- 是未与被研基因进行重组的子代亲本型）。为此，将稀释菌液接种在含链霉素的固态完全培养基的培养板——主培养板上，Hfr 不能生长（因为它对链霉素敏感），只让 F^- 和重组体生长。这个主培养板上的菌落数，相当于高等生物中杂交子代群体（如 F_2 或测交一代）的总个体数。

建立主培养板后，用影印平板复制法将主培养板上的菌落接种在几种不同的固态培养基上，以鉴定形成了什么重组体。例如，鉴定 azi^r 基因是否转移到 F^- 并发生了重组，就把主培养板的菌落影印到含有叠氮化钠的固态完全培养基的培养板——影印培养板上，在这里，只有基因型为 $azi^r str^r$ 的重组体才能生长，来自主培养板的 F^- 由于对叠氮化钠敏感不能生长。在影印培养板上有这样的菌落出现，就表明供体的基因 azi^r 已进入受体并与受体相应基因发生了重组。因此，在一特定时间，受体主染色体具有供体基因（这里为 azi^r）的重组率（R）为

$$R=\frac{\text{影印培养板的菌落数}}{\text{主培养板的菌落数}}=\frac{azi^r\ \text{重组个体数}}{azi^r\ \text{重组个体数}+F^-\text{个体数}}$$

类似地，把主培养板的菌落影印到含噬菌体 T1 的固态完全培养基的培养板——影印培养板上，可鉴定 ton^r 基因是否转移至受体并是否发生了重组；把主培养板的菌落影印到含乳糖和伊红指示剂的培养基上，可鉴定 lac^+基因是否转移至受体并是否发生了重组（乳糖被利用后使伊红指示剂变成紫红色）；把主培养板的菌落影印到含半乳糖和亚甲蓝指示剂的培养基上，可鉴定 gal^+ 基因是否转移至受体并是否发生了重组（半乳糖被利用后使亚甲蓝呈蓝色）。如果发生了重组，都可按上述公式计算有关供体基因的重组率。

这样，每隔一定时间，在上述杂交的液态培养基中依次进行抽样、中断交配和重组体鉴定，所得结果如图 9-13 所示：经 9min 后，开始出现少数 azi^r 重组体；经 11min 后，开始出现 azi^r ton^r 重组体；经 18min 后，开始出现 azi^r ton^r lac^+重组体；经 24min 后，开始出现 azi^r ton^r lac^+ gal^+重组体。这些说明，供体的 4 个基因，在 24min 内，以一定的顺序和时间间隔，先后已转移到受体并与受体相应基因发生了重组。

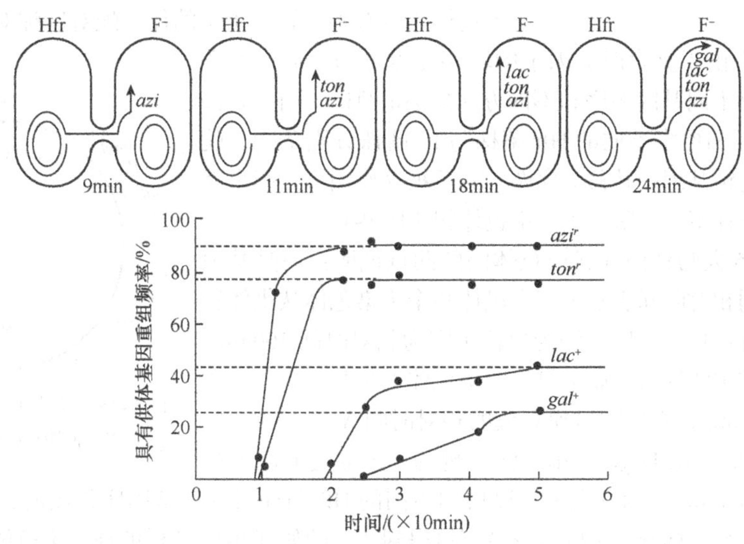

图 9-13　中断交配试验结果

根据这个试验，如果以转移的时间单位（分钟）作为基因相对距离和以转移原点 O 为起点，则大肠杆菌的染色体图为

```
O      azi   ton      lac       gal
←──────┼─────┼────────┼─────────┼──── Hfr
原点    9     11       18        24
```

这是根据一个高频重组菌株 Hfr 与 F⁻杂交得到的基因连锁图。

但如果用其他的高频重组菌株（由于 F 因子整合到 F⁻主染色体的位置或方向不同，可得到不同的高频重组菌株，第十章），如还用高频重组菌株 Hfr（a）和 Hfr（b）分别与 F⁻杂交，得到的基因连锁图可能分别是（只论基因顺序，而未表示基因间相对距离）：

```
O       ton    azi       gal        lac
←───────┼──────┼─────────┼──────────┼──── Hfr(a)

O       ton    lac       gal        azi
←───────┼──────┼─────────┼──────────┼──── Hfr(b)
```

如何解释这三个结果？这三个结果有其共同点：一是涉及的基因座相同（共4个基因座）；二是在不同菌株的任两相同基因座间的相对距离（以时间为单位）相等；三是各菌株基因座的相对顺序相同。如果把一菌株的基因座与另一菌株同一基因座处于同一垂线上，排列成如下形式就更为直观了：

Hfr　(O)azi_ton_lac_gal
Hfr(a)　　　　lac_gal_azi_ton(O)
Hfr(b)　(O)ton_lac_gal_azi

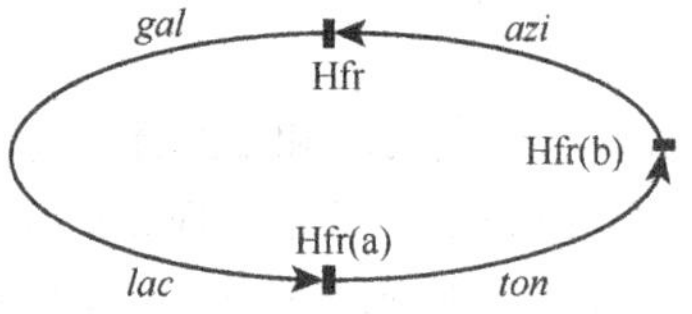

图 9-14　大肠杆菌环状染色体图
图中两相邻的◄和▮分别表示
特定 Hfr 菌株基因转移的起点方向和终点

因此，如果细菌染色体不是像真核生物核基因 DNA 染色体那样呈线状，而是呈环状，且不同的 Hfr 菌株的基因转移时，又只是原点的位置和（或）方向不同，那么上述3个结果就可得到圆满解释（图 9-14）。

之所以有上述结果，是因为在细菌主染色体上可有多个配对区（如插入序列或其他转座子，第十章）与F因子相应配对区（如插入序列或其他转座子）配对，而F因子又可随机地与主染色体（可有多个转座子）的任一配对区配对而整合到主染色体上，再加上由于整合时F因子的转移原点方向不同，就产生了转移时具有不同基因顺序和不同方向的 Hfr 菌株。用大肠杆菌更多标记基因和更多不同的 Hfr 菌株与 F^- 菌株分别杂交，就可得到各有关连锁基因的转移顺序图，然后把这些图拼接起来就可逐步完善大肠杆菌的环状（主）染色体图（图 9-15）。

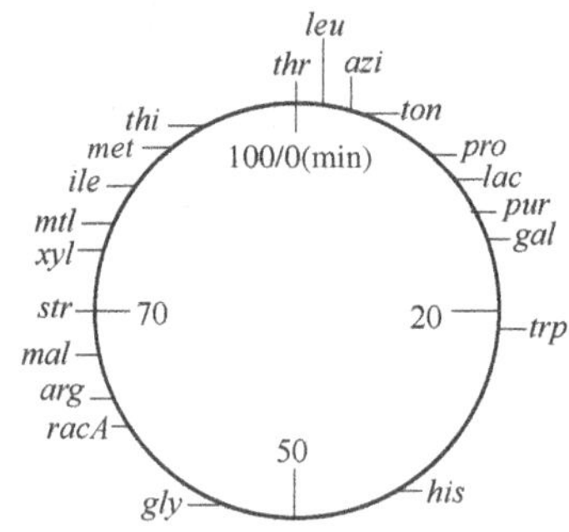

图 9-15　大肠杆菌环状染色体图
基因间距离以时间分钟表示

关于图 9-15 大肠杆菌环状染色体图的两点说明：一是基因间的相对距离用相对时间表示——设供体整个主染色体从供体转移到受体的实际时间 A（以分钟为单位）定为相对时间 100min，即把环状图分成 100 等份。如果供体主染色体上某基因进入受体的实际时间为 Bmin，则作图时换算成的相对时间 $X=(B/A)\times 100$。二是把海斯（W. Hayes）第一次发现的、最靠近F因子插入点的 Hfr 基因座 *thr* 定为0点——以后用不同的 Hfr 菌株对其他基因座作图时，都以它作为参照。通过这两个统一标准，不同研究者就可得到统一的如图 9-15 那样的环状染色体图。

利用中断交配试验作图的基因定位，如果两基因座间的距离大于 2min，还相当精确可靠；如果小于 2min，欲得精确可靠结果，还得借助于如下传统的基因重组作图，如细菌接合、转化和转导的基因重组作图。

5. 细菌接合作图（Ⅱ）——基因重组作图　先讲细菌基因重组作图的特点。

受体（雌性）细菌 F^- 往往只接受供体（雄性）细菌 Hfr 部分主染色体（由于接合管易断裂），而不是像真核生物那样雌性接受雄性的全部染色体。接受供体“部分主染色体”的 F^- 细菌称为**部分二倍体**（partial diploid）。在部分二倍体中，F^- 的整个基因组和供体的部分基因组分别称为**内基因子**（endogenote）和**外基因子**（exogenote），细菌接合后的主染色体基因重组就是在内基因子和外基因子之间进行的［图 9-16（a）］。因此，与真核生物的（完全）二倍体相比，细菌的部分二倍体基因重组有两个特点：①单互换的基因重组细菌不能成活，这是因为单互换形成一条具有不平衡基因的线性染色体后，细菌不能正常繁殖而死亡［图 9-16（b）］；②只有双互换［图 9-16（c）］或偶数多互换的基因重组细菌才能成活，且只能得到一种重组体，这是因为双互换或偶数多互换的基因重组产生两类细菌——一类具有重组基因（如 $a^+\ b^+$）的一完整环状染色体而成活，另一类具有一段只带有部分基因的DNA片段而死亡。

现讲细菌接合时的基因重组作图。

根据中断交配试验，已知大肠杆菌一特定Hfr菌株的三个基因座，即亮氨酸基因座（*leu*）、精氨酸基因座（*arg*）和甲硫氨酸基因座（*met*），几乎总是同时转移至F^-受体，故这三个基因座为紧密连锁；还由于首先转入受体的是*met*，然后依次是*arg*和*leu*，因此*arg*位于中间和*leu*位于最后。为利用基因重组作图确定这三个基因座的距离，利用如下两菌株做杂交（在液态完全培养基中混合培养）：

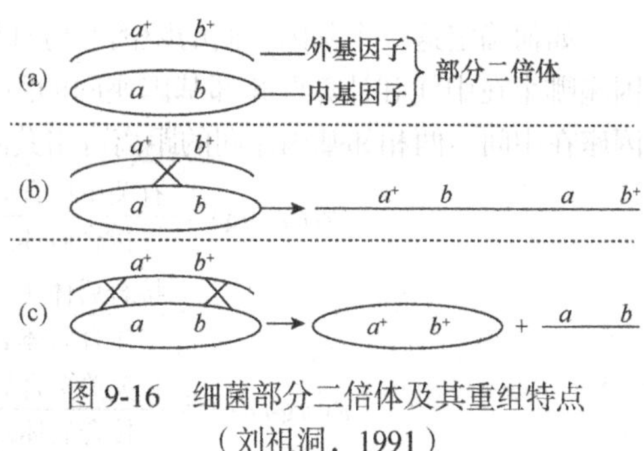

图9-16　细菌部分二倍体及其重组特点（刘祖洞，1991）

$$\mathrm{Hfr}\ (leu^+arg^+met^+str^s)\times F^-\ (leu^-arg^-met^-str^r)$$

其中leu^+和leu^-分别是亮氨酸野生型基因和亮氨酸营养缺陷型基因，arg^+和arg^-分别是精氨酸野生型基因和精氨酸营养缺陷型基因，met^+和met^-分别是甲硫氨酸野生型基因和甲硫氨酸营养缺陷型基因，其他基因含义同前。

就这三个基因座而言，接合之后形成的是类似真核生物“三因子杂种”的部分二倍体：

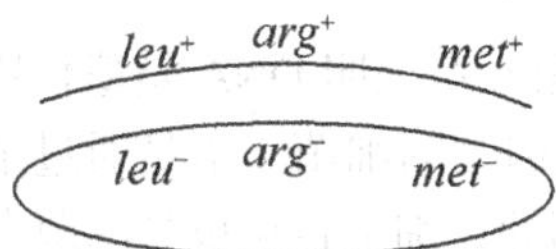

为了得到这样的部分二倍体，必须选出具有leu^+的接合后体。这是因为，如果最后的标记基因leu^+进入了F^-，那么其前的标记基因arg^+和met^+也必然进入了F^-，即具有“三因子杂种”的部分二倍体。

在无亮氨酸和有链霉素的固态培养基上可选出具有leu^+的接合后体，且假定这样的接合后体的个体数为1000个。这1000个具有leu^+的接合后体，就是这一“三因子杂种”的部分二倍体经过特定的偶数互换后所形成的4种重组体构成的（图9-17）：接合后体$leu^+arg^-met^-$称单接合后体（图9-17A），$leu^+arg^+met^-$（图9-17B）和$leu^+arg^-met^+$（图9-17D）称双接合后体，而$leu^+arg^+met^+$（图9-17C）称三接合后体。

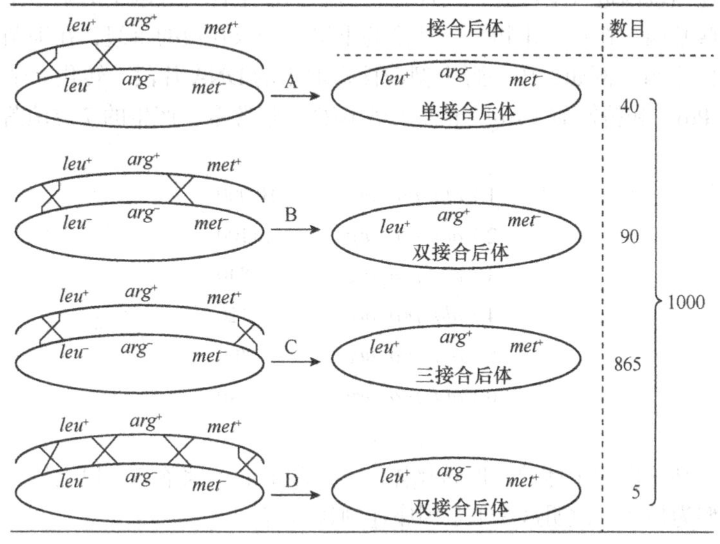

图9-17　利用大肠杆菌接合试验的重组作图

如何确定这三个基因座间的距离？仿真核生物遗传作图的三点测交试验，依次确定这三个基因座哪个在中间和计算两相邻基因座间的距离。显然，根据中断交配的接合试验结果，是 *arg* 基因座在中间。两相邻基因座间的距离可用其间的互换百分数（以重组百分数估算）求得：

$$R(leu\text{-}arg)=\frac{\text{有关单接合后体数}}{\text{接合后体总数}}\times 100\%$$

$$=\frac{\text{接合后体（A+D）}}{\text{接合后体总数}}\times 100\%=\frac{40+5}{1000}\times 100\%=4.5$$

$$R(arg\text{-}met)=\frac{\text{有关单接合后体数}}{\text{接合后体总数}}\times 100\%$$

$$=\frac{\text{接合后体（B+D）}}{\text{接合后体总数}}\times 100\%=\frac{90+5}{1000}\times 100\%=9.5$$

关于测定基因间相对距离的时间单位（min）和重组百分数单位（图距或 cM）间的关系，一般来说，1 个时间单位等于 20 个图距——因为在中断交配试验中，两相邻基因从 Hfr 都进入 F^- 需要 1min 时，在重组作图时这两基因的距离为 20cM。

（二）转化和转化作图

所谓**转化**（transformation），如第八章证明 DNA 是遗传物质的细菌转化试验那样，是指一特定基因型的细菌 DNA 片段被另一基因型的细菌（不是通过细菌的接合方式）吸收，并使后一细菌的基因型和表现型改变的现象。因此，细菌转化也是细菌有性繁殖的一种方式。

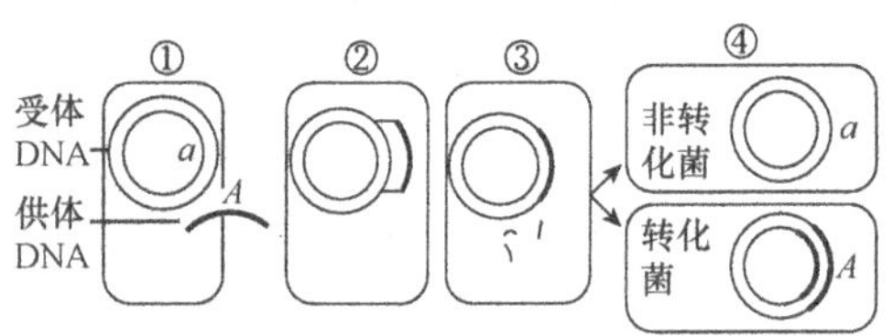

图 9-18　细菌通过转化的基因转移

转化步骤（图 9-18）：①分离出供体双链 DNA 的片段（含等位基因 *A*）水解成两单链，其中一单链被解离，另一单链进入受体细菌（含等位基因 *a*）内；②单链 DNA 进入受体细菌后，与受体 DNA 外链配对进行双互换而发生重组；③重组后受体的与供体非互补的那段单链 DNA 降解；④当重组菌进行滚环复制和分裂后，形成的转化菌和非转化菌各占 1/2——当然，其中的转化菌可携带供体 1 个、2 个或 3 个紧密连锁基因进入受体。

在 3 个紧密连锁基因进入受体时，同样地，仿照真核生物三点测交的基因重组作图法，稍做变通就可定位这些基因。在真核生物，单互换的重组多于双互换的重组，在细菌变通为双互换的重组多于四互换的重组。例如，用一野生型菌株提取出的 DNA 片段，转化一个不能合成丙氨酸（Ala）、脯氨酸（Pro）和精氨酸（Arg）的突变型菌株，经鉴定，产生的 7 类菌落和每类的菌落数如下：

1）$ala^+pro^+arg^+$	10 900
2）$ala^+pro^-arg^+$	1100
3）$ala^+pro^-arg^-$	840
4）$ala^+pro^+arg^-$	120
5）$ala^-pro^+arg^+$	400
6）$ala^-pro^-arg^+$	340
7）$ala^-pro^+arg^-$	840

在该转化试验中，转化后的个体数，即**转化体**（transformant）菌落数，以上述被研的 3 个基因座同时被转化的类型为最多，说明这 3 个基因座连锁较紧密。

如何对这 3 个基因座进行定位？

首先，确定这 3 个基因座哪个在中间。为此，仿真核生物三点测交的基因座顺序判断法求每两基因座间的重组个体数：

$$\text{重组个体数}(ala\text{-}pro)=1100+840+400+840=3180$$

$$\text{重组个体数}(ala\text{-}arg)=840+120+400+340=1700$$

$$\text{重组个体数}(pro\text{-}arg)=1100+120+340+840=2400$$

所以，这 3 个基因座的顺序为 *ala-arg-pro*。这是因为，只有这一顺序，通过四互换方能得到菌落数最少的第 4）类菌落，即

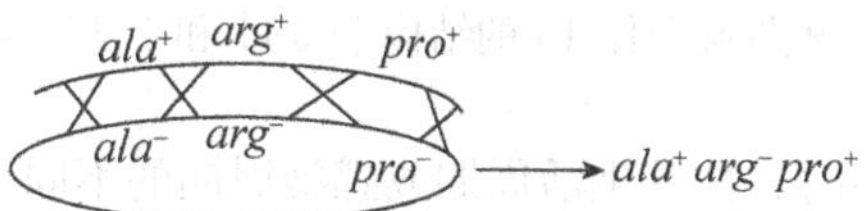

其次，为便于下面的重组百分数的计算，将上述 7 类菌落的基因座顺序按实际的排列：

1）$ala^+ \ arg^+ \ pro^+$	10 900
2）$ala^+ \ arg^+ \ pro^-$	1100
3）$ala^+ \ arg^- \ pro^-$	840
4）$ala^+ \ arg^- \ pro^+$	120
5）$ala^- \ arg^+ \ pro^+$	400
6）$ala^- \ arg^+ \ pro^-$	340
7）$ala^- \ arg^- \ pro^+$	840

最后，求出基因座 *ala* 和 *arg* 间以及 *arg* 和 *pro* 间的重组百分数分别为

$$R(ala\text{-}arg)=\frac{840+120+400+340}{(840+120+400+340)+(10\,900+1100)}\times 100\%=12.4\ (\text{cM})$$

$$R(arg\text{-}pro)=\frac{1100+120+340+840}{(1100+120+340+840)+(10\,900+400)}\times 100\%=17.5\ (\text{cM})$$

在这两个计算中，分别排除了类型 7）和 3），是因为对相应的两基因座而言，它们都不是转化体，而是受体。于是，这 3 个基因座的染色体图为

pro　17.5　*arg*　12.4　*ala*

29.9cM

（三）转导和转导作图

细菌转导作图，与侵蚀细菌的病毒——**噬菌体**（bacteria phage，phage）的结构和噬菌体对细菌的感染周期有关，即与噬菌体的生活周期有关。所以，在讲细菌转导作图前，先讲有关噬菌体的生活周期。此外，噬菌体的命名方法与一般物种的命名方法（属名+种名）不同，是用一些符号命名，如 T 系噬菌体［包括 T1，$T_2 \cdots T_7$，其中 T 为 type（类型）之意］等。这里讨论两类噬菌体：T 偶数噬菌体（如 T4 噬菌体）和 λ 噬菌体。

1. T4 和 λ 噬菌体的结构及生活周期　噬菌体的结构简单，如 T4 噬菌体外壳是由蛋白质成分构成的头、鞘和尾（具有尾丝）组成［图 9-19（a）］。头容纳双链线状 DNA，鞘是噬菌体 DNA 注入宿主细胞的通道，尾部的尾丝使噬菌体附着到宿主细胞上。具有蛋白质外壳和核酸（DNA 或 RNA，相当于真核生物的“染色体”）的完整噬菌体称为**噬菌体颗粒**（phage particle）。

在细菌外，噬菌体颗粒处于休眠状态。只有接触细菌并把其遗传物质注入细菌后，就接管细菌调控机制以阻止合成细菌有关成分，并指令细菌调控机制合成噬菌体的有关成分以进行生长繁殖。

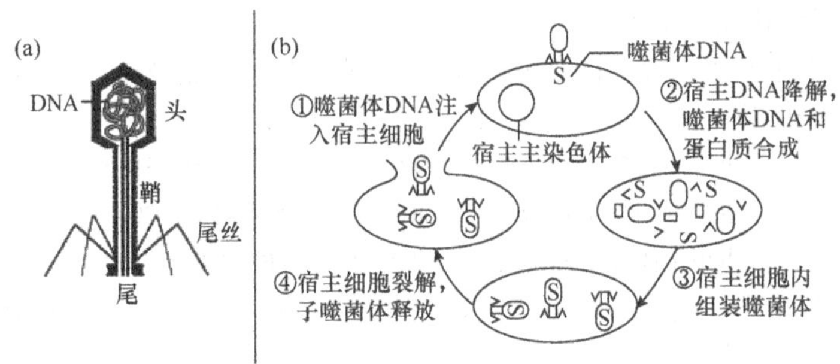

图 9-19 烈性噬菌体 T4 的结构［(a)］和生活周期［(b)］

噬菌体感染细菌进行繁殖时，按其生活周期或感染周期的不同可分为两类：烈性噬菌体和温和噬菌体。

（1）烈性噬菌体 T4 的生活周期　所谓**烈性噬菌体**（virulent phage），是只能通过其生活周期——**裂解周期**繁殖自身并使被感染的细菌裂解死亡的噬菌体，如 T4 噬菌体。

T4 噬菌体的生活周期，分以下 4 步完成对细菌的感染［图 9-19（b）］：①尾部通过尾丝吸附到细菌细胞膜上，将双链线状 DNA 注入细菌内；②噬菌体三套基因依次表达其产物——第一套产物主要是抑制大肠杆菌的 DNA 转录，第二套产物主要是核酸酶（消化大肠杆菌 DNA 并把分解的核苷酸供合成 T4 噬菌体的 DNA）和 DNA 合成酶（合成 T4 噬菌体的染色体，即 T4 噬菌体的 DNA），第三套产物主要是决定病毒外壳和尾部的装配蛋白；③噬菌体三套基因表达产物在宿主细胞内装配成 T4 子噬菌体；④子噬菌体的裂解酶基因表达形成的裂解酶（lysozyme）使宿主细菌裂解，每个宿主细菌可释放出约 250 个子噬菌体。

通过以上 4 步就完成了烈性噬菌体感染细菌的生活周期——裂解周期。

（2）温和噬菌体 λ 的生活周期　“温和噬菌体 λ”感染细菌的生活周期有两条途径可供选择（图 9-20）：裂解途径和溶源途径，分别称为裂解周期（Ⅰ）和溶源周期（Ⅱ）。

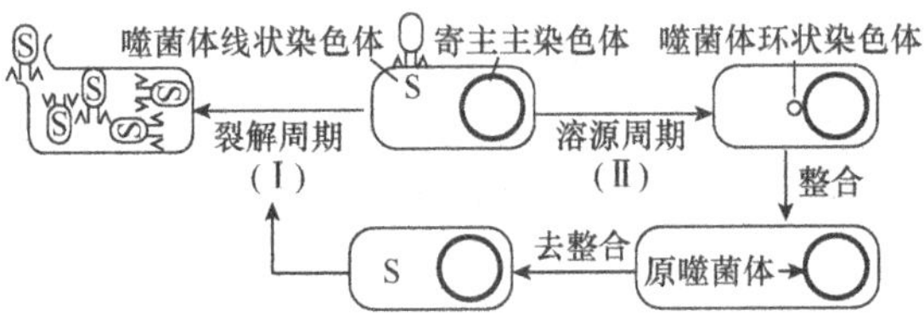

图 9-20 温和噬菌体 λ 的生活周期：裂解周期（Ⅰ）和溶源周期（Ⅱ）

λ 噬菌体感染大肠杆菌时，有与烈性噬菌体 T4 感染细菌相同的一面，可直接进入**裂解周期**（lytic cycle）而使被感染细菌裂解致死［图 9-20（Ⅰ）］；但也有不相同的一面，还可进入**溶源周期**（lysogenic cycle），即噬菌体双链 DNA 进入宿主细胞并整合到宿主 DNA 后，就进入随宿主 DNA 的复制而复制和随宿主的繁殖而繁殖但不引起宿主裂解的生活周期［图 9-20（Ⅱ）］。整合在宿主染色体上的（温和）噬菌体 DNA 称为**原噬菌体**（prophage），而带有原噬菌体的细菌称为**溶源细菌**（lysogenic bacterium）。通过溶源细菌的繁殖而增加原噬菌体的数量是 λ 噬菌体繁殖的有效方式。

λ 噬菌体的双链 DNA，在溶源周期是如何整合到宿主染色体上的呢？

原来，λ 噬菌体在细菌外的线状双链 DNA 的两末端，有一段碱基互补的单链序列——“黏性末端位点”（cohesive end site，cos）序列，记作 cos 序列。其 DNA 进入细菌后，在有关酶的作用下，两 cos 末端互补结合就由线状 DNA 变为环状 DNA（图 9-21）。

λ噬菌体在细菌内的环状DNA（染色体）整合到宿主（大肠杆菌）染色体，是通过噬菌体专一的**噬菌体连接位点**（phage attachment site）***attP***和细菌专一的**细菌连接位点**（bacterial attachment site）***attB***的重组实现的（图9-22）。*attB*位点位于前述的半乳糖基因*gal*和生物素基因*bio*之间。λ噬菌体和大肠杆菌这两连接位点都含有一段短的、含有15对相同碱基的同源序列5′GCTTTTTTATACTAA3′（在λ噬菌体和大肠杆菌分别用粗、细实线连接）。由λ噬菌体DNA的基因编码的整合酶可识别这两连接位点，并使这两位点靠近，然后对这两位点进行交错切割（如图9-22的*attP*和*attB*位点内的两箭头所示）而露出黏性末端（第十三章）。切割后，两分子的黏性末端结合，使这两DNA分子整合重组成一个DNA分子。因为这一重组过程是通过两个专一连接位点（*attP*和*AttB*）实现的，所以特称**位点专一重组**（site-specific recombination）；又因为通过这一重组是把一个DNA分子整合到另一DNA分子内，所以又称**整合重组**（integrative recombination）。

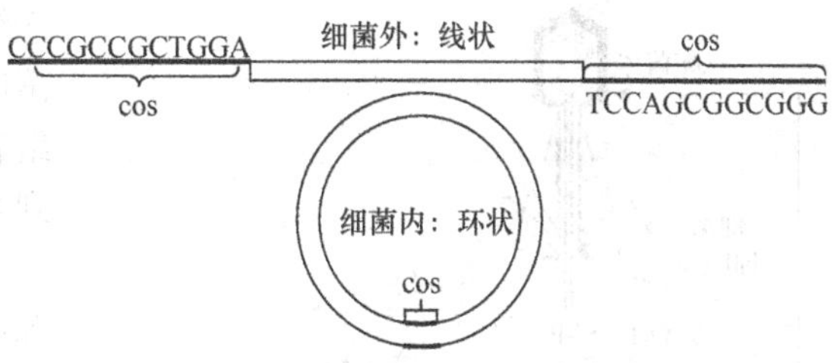

图9-21 λ噬菌体DNA存在的两种形式

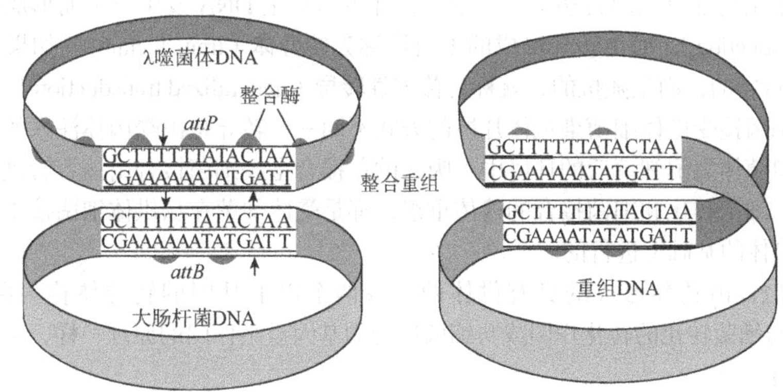

图9-22 λ噬菌体DNA整合到大肠杆菌DNA

位点专一重组的特点：参与重组的分子都有一相同的短同源序列（一般不超过十余对碱基，如*attP*和*attB*），这些分子的绝大部分为非同源序列，故位点专一重组又称**非同源重组**（non-homologous recombination）；重组后的核苷酸序列与重组前的相同；对于不同的位点专一重组，有不同的专一连接位点。以后要讲的转座子的转座（第十章）和免疫系统中抗体的多样性（第十六章），也是通过位点专一重组实现的。

溶源细菌中的原噬菌体，利用另一套有关的酶，可以去整合（频率约为10^{-6}）而重新分离成λ噬菌体染色体和大肠杆菌染色体两个分子。

λ噬菌体的线状双链DNA，在细菌内直接进入裂解周期成为环状双链DNA和去整合的λ噬菌体在细菌内游离出的环状双链DNA，在裂解周期又是如何成为线性染色体而组装到噬菌体头部的呢？是通过多轮滚环复制和在相邻两cos序列间进行切割完成的。其主要步骤（图9-23）：①滚环复制起始，在复制原点（cos序列）切割外链以露出3′-OH和5′-P；②滚环复制延伸，以内链为模板，通过DNA聚合酶从亲本链3′端（即复制链5′端）沿着环状内链滚环式地起始合成DNA，以替换其外链；③滚环复制一次完成后，与前述的细菌F因子的一次滚环复制的区别在于"复制蛋白不会对滚出的单链进行切割"；④进行多轮（*n*轮）滚环复制而成为线状多联体；

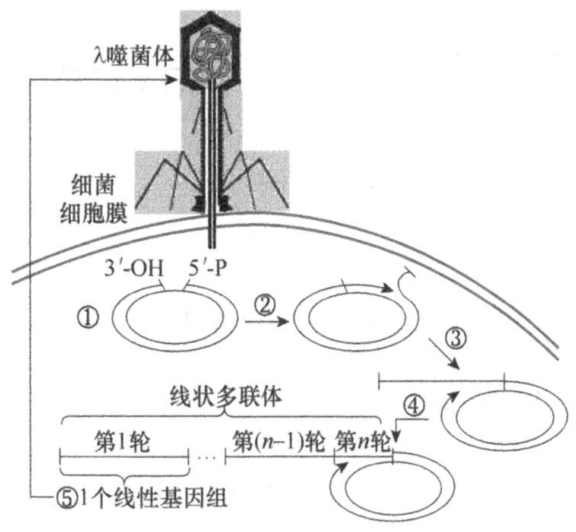

图 9-23 λ噬菌体裂解周期中的DNA复制、裂解和组装

⑤线状多联体逐一地在相邻 cos 位点间裂解得 λ 噬菌体一个线性基因组（图 9-21）进入其头部后，再组装其鞘和尾成一完整噬菌体，又可感染细菌而得到繁殖。

噬菌体感染细菌时，其生活周期既可有溶源周期又可有裂解周期的噬菌体称为**温和噬菌体**（temperate phage）。

明了噬菌体的生活周期后，就容易理解细菌的转导作图了。

2. 普遍性转导作图 在噬菌体裂解周期组装子噬菌体时，偶尔会把细菌的 DNA 片段（而不是细菌整个 DNA 分子）包入病毒的蛋白质外壳中。这种包有细菌 DNA 片段的噬菌体——**转导噬菌体**（transducing phage），照例可以感染细菌而把细菌 DNA 片段注入宿主体内，使宿主成为部分二倍体并进行遗传重组而形成重组体。这种以噬菌体为媒介把一细菌的部分基因转递给另一细菌，并可与宿主 DNA 发生重组而形成重组体的过程称为**转导**（transduction），而由转导形成的重组体称为**转导体**（transductant）。如果被转导的细菌 DNA 片段不是特定的，而是随机的，就称为**普遍性转导**（generalized transduction）。

尽管受体细菌接受供体细菌染色体片段的方式不同——转导是由噬菌体注入的，转化是细菌从环境（如从噬菌体裂解细菌后的环境中）吸入的，接合是经细菌接合由接合管进入的，但细菌的普遍性转导、细菌转化和细菌接合的遗传重组，都是受体细菌在从供体细菌接受一染色体片段后形成部分二倍体的基础上进行的。

与转化类似，由转导形成的具有供体两个或两个以上基因的转导体称为**共转导体**（co-transductant）。与细菌转化的转化作图或与细菌接合的基因重组作图的原理一样，根据细菌转导也可进行转导作图。

3. 特定性转导作图 前面说过，温和噬菌体的 DNA，如 λ 噬菌体的 DNA 可有两种存在状态——独立存在于细菌染色体外的游离态和与细菌染色体结合的整合态，因此是附加体。多数温和噬菌体的 DNA 整合到细菌染色体上时，都占有特定位置。例如，λ 噬菌体的 DNA 在大肠杆菌的附着点（记作 *attB*）的两边分别是半乳糖基因座（*gal*）和生物素基因座（*bio*）。

当 λ 噬菌体（基因型为 *JAR*）感染大肠杆菌时，通过前述的位点专一重组，其 DNA 整合在大肠杆菌染色体上成为原噬菌体［图 9-24（a）］。在多数情况下，去整合出来的是 λ 噬菌体的完整基因组；但是也有约 10^{-5} 频率的噬菌体，通过所谓的**非法重组**（illegitimate recombination）或非正常重组的去整合，可丢失自己部分基因（如 *J*）和增加细菌部分基因（如 gal^+）而成为**缺陷型噬菌体**（defective phage），相应地丢失自己部分基因和增加噬菌体部分基因的细菌称为**缺陷型细菌**（defective bacterium）［图 9-24（b）］，缺陷型 λ 噬菌体与受体主染色体重组（整合）后［图 9-24（c）］获得转导体［图 9-24（d）］。非法重组通常是在比位点专一重组的连接位点更短的同源序列（可少到 3～4bp）间进行的。

当缺陷型 λ 噬菌体进入裂解周期后，就可把其所带的细菌特定基因（gal^+）转导给另一细菌（gal^-）；这种温和噬菌体把一细菌一特定基因转导给另一细菌的过程称为**特定性转导**（specialized transduction）或**限制性转导**（restricted transduction）。显然，烈性噬菌体不能进行特定性转导。

当缺陷型 λ 噬菌体转导到受体细菌 gal^- 中时，整合位置不再是专一连接位点 *att*，而是在基

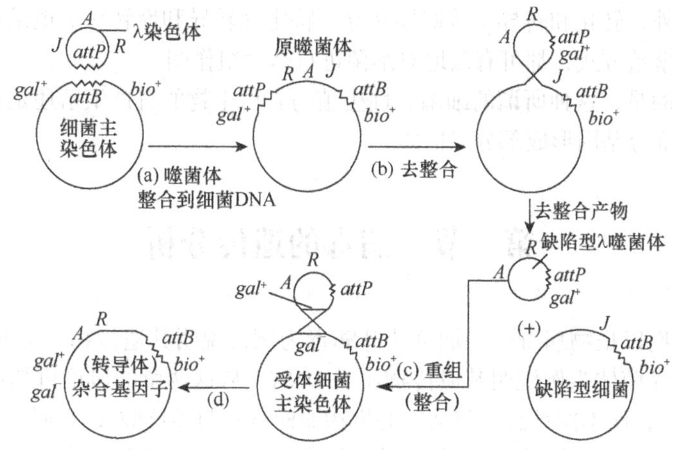

图 9-24　以λ噬菌体为媒介的特定性转导

因座 *gal* 的同源区（如转座子，第十章）经整合进入细菌主染色体的。这种通过转导获得新基因的细菌就称为**转导体**（transductant）[图 9-24（c）]；转导体的基因型为 gal^+gal^-，称为**杂合基因（转导）体**（heterogenote）或**杂合（转导）基因子**；若两等位基因相同，称为**纯合基因（转导）体**（homogenote）或**纯合（转导）基因子**。

通过普遍性转导和特定性转导形成转导体的方式不同，前者是通过部分二倍体的双互换形成的，后者是通过两环状染色体的整合形成的。

特定性转导可实现特定基因的分离。例如，从大肠杆菌中分离出来的第一个基因——半乳糖基因，就是通过上述转导实现的。

4. 性转导作图　Hfr 细菌去整合时，与原噬菌体去整合类似，可发生两种情况：多数去整合出来的是一完整 F 因子基因组；少数去整合出来的是，除 F 因子外，还带有细菌主染色体的基因。这种带有细菌主染色体基因的 F 因子称为 **F′ 因子**（F-prime factor）或 **F′ 质粒**（F-prime plasmid）。例如，在某 Hfr 菌株中，F 因子整合在乳糖基因座（*lac*）旁边；去整合时，就可能把乳糖基因座带出来而形成 F′*lac*，即 F′ 因子（图 9-25）。

F′ 细菌（带有 F′ 因子的细菌）与 F^- 接合（F′×F^-）时，F′ 因子（F′lac^+）会通过接合管进入 F^-（如 F^-lac^-），而成为部分二倍体（F′lac^+//lac^-）；这一部分二倍体也可像缺陷型λ噬菌体那样，整合在受体主染色体上，而使接合后体成为无 F 因子的杂合基因子（lac^+lac^-），显然可称杂合（性导）基因子。

这种以 F′ 因子为媒介把一细菌的基因转导到另一细菌的过程称为**性转导**（sex transduction）或**性导**（sexduction）。这是因为，其结果与真核生物的有性繁殖类似——产生二倍体，只不过是部分二倍体罢了。

性转导对细菌作图也很有价值。因为 F′ 因子可带有细菌的 2 个或 3 个基因一起转移，即有共性导现象，所以可仿转化、转导作图方法，对 F′ 因子整合位置附近的基因进行性导作图。

第十一章还会讨论，利用性转导的部分二倍体可研究基因调控的机制。

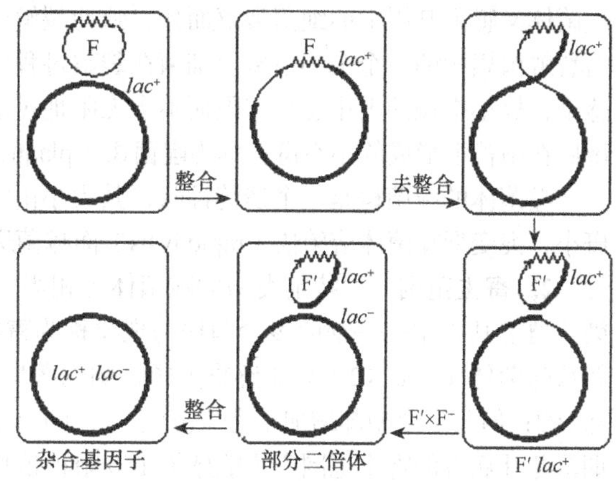

图 9-25　涉及 *lac* 基因座的性（转）导

总之，除接合外，转化和转导（普遍性转导、特定性转导和性转导）也是细菌有性繁殖的方式。通过这些有性繁殖方式，都可有效地对细菌进行基因组作图。

不过需要指出的是，这种所谓的细菌有性生殖与真核生物的有性生殖还是有本质区别的，如通常只能转移极少部分基因形成部分二倍体。

第二节　病毒的遗传分析

在第八章，我们以植物病毒——烟草花叶病毒为例，说明其遗传物质是RNA；在本章，我们以细菌病毒——噬菌体为例说明其遗传物质是DNA。从这两章的讨论可知：它们只含有一类核酸（DNA或RNA，而不像具有细胞结构的生物那样具有两类核酸）；它们没有自己的多肽合成系统，如无多肽合成场所（核糖体），其遗传物质必须进入生活细胞内依赖宿主的有关系统合成自身的物质。下面就感染细菌的病毒——噬菌体和感染真核生物的病毒——人类免疫缺陷病毒和流感病毒进行遗传分析。

一、细菌病毒的遗传分析

感染细菌的病毒——噬菌体主要用于三类不同的遗传分析：一是，如前述的对细菌的遗传分析——转导作图；二是，如第十三章要讲的作为基因工程的载体，携带外源DNA插入其他生物的基因组中；三是，现在要讲的对噬菌体自身的遗传分析，如重组作图和其基因组的特点等。

构建某生物的遗传图，需要该生物不同的个体携带不同的等位基因，而这些不同的等位基因会表达不同的遗传性状，如玉米籽粒形状的圆和皱、果蝇眼色的红和白。那么，噬菌体的基因会表达什么样不同的遗传性状呢？

（一）噬菌体遗传性状

用来研究噬菌体的遗传性状，通常是噬菌体和其宿主细胞相互作用时所产生的具有不同表型的性状，如噬菌斑大小和寄主范围。

1. 噬菌斑大小　在固态培养基上具有高密度的细菌层称为**菌苔**（bacterial lawn）。在菌苔上，一个噬菌体感染菌苔中的细菌进入裂解周期而把细菌裂解致死，从裂解细菌中释放出的各子噬菌体又感染其周围的细菌裂解而死，致使裂解的细菌数呈指数增加，在15min内肉眼就可见到由裂解菌累积的一个个小空斑。细菌在裂解过程中，其代谢产物累积到一定量时会使噬菌体停止感染，故小空斑的大小总是有限而不会无限地扩散。在菌苔上，一个噬菌体及其子噬菌体感染细菌后在菌苔上形成的小空斑就称为**噬菌斑**（plaque）。

噬菌体的噬菌斑是一个遗传性状，其大小由噬菌体基因型决定：野生型噬菌体溶菌慢而噬菌斑小，突变型噬菌体溶菌快（rapid lysis）而噬菌斑大，基因型分别用r^+和r表示。

2. 寄主范围　特定类型的噬菌体（相当于细菌的特定菌株或动植物的特定品系）能够感染、裂解其寄主——细菌多少菌株的现象称为**寄主（宿主）范围**（host range）。例如，野生型的偶数噬菌体T（如T2）只能感染大肠杆菌的菌株B（噬菌斑半透明），而不能感染大肠杆菌的菌株B/2；但其突变型却增加了寄主范围——不仅能感染菌株B，也能感染菌株B/2（噬菌斑透明）。烟草花叶病毒的寄主范围广（能感染150余种植物），下面要讲到的人类免疫缺陷病毒（HIV）只感染人类免疫系统的T细胞（第十六章）。

噬菌体的寄主范围也是一个遗传性状，野生型（寄主范围窄）和突变型（寄主范围宽）的基因型分别用 h^+和 h 表示。

（二）噬菌体遗传作图

为了学习噬菌体遗传作图方法，先介绍噬菌体是如何进行杂交和重组的。

1. 噬菌体的杂交和重组　假定噬菌体有两个 T2 品系，如寄主范围宽（噬菌斑小）和（寄主范围窄）噬菌斑大的两品系，基因型分别为 hr^+和 h^+r。把它们同时感染大肠杆菌 B，即在液态培养基中进行**混合感染**（mixed infection）、**双重感染**（double infection）或杂交（图 9-26）。经杂交，两噬菌体基因组进入大肠杆菌后，其同源部分配对（两 T2 噬菌体品系的染色体在大肠杆菌内呈线性排列），两基因间发生互换可形成重组子噬菌体，当然也可形成亲本型的子噬菌体。

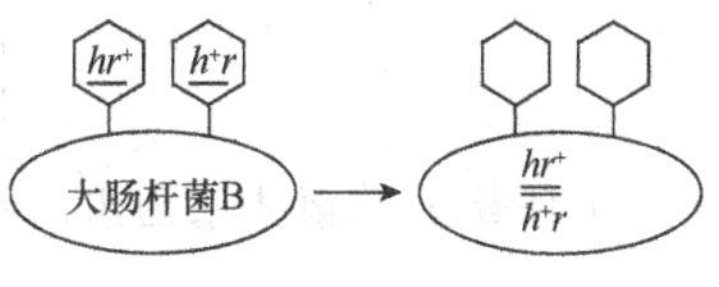

图 9-26　噬菌体杂交和重组

如何鉴定这些子噬菌体的基因型呢？把被感染过的细菌经裂解释放出的子噬菌体，接种在同时长有大肠杆菌 B 和 B/2 菌株的固态培养基上，可看到 4 种噬菌斑（图 9-27）：两种亲本组合——小而透明的噬菌斑是亲本组合 hr^+（之所以透明，是因为它不仅裂解菌株 B，还能裂解菌株 B/2），大而半透明的是另一亲本组合 h^+r（之所以半透明，是因为它只能裂解菌株 B，使噬菌斑内存在未裂解的菌株 B/2 而有些模糊）；两种重组组合——大而透明的是 hr，小而半透明的是 h^+r^+。

○ $=hr^+$ ⊙ $=h^+r$ 亲本组合
○ $=hr$ ⊙ $=h^+r^+$ 重组组合

图 9-27　$h^+r\times hr^+$的 4 种噬菌斑

于是，这两基因座间的互换或重组百分数为

$$R_{(h\text{-}r)}=\frac{\text{重组噬菌斑数}}{\text{重组噬菌斑数}+\text{亲本噬菌斑数}}\times 100\%$$

$$=\frac{hr+h^+r^+}{(hr+h^+r^+)+(h^+r+hr^+)}\times 100\%$$

从而可求出这两基因座间的距离。

2. 噬菌体的重组作图　由于 T4 噬菌体感染细菌时，其基因组在宿主细胞内呈线状，因此其遗传重组作图的原理和方法，与高等真核生物的相同（第五章），现用一个三因子杂交试验加以说明。有人用紫外线照射野生型 T4 噬菌体获得了一个三因子突变型 abc。用这一突变型和野生型 T4 噬菌体杂交，即 $abc\times+++$，其杂交子代的结果见表 9-1。

表 9-1　T4 噬菌体 $abc\times+++$的结果

亲本型或互换型	基因型（表现型）			噬菌斑数		
亲本型	+	+	+	3 729	7 196	10 333
	a	b	c	3 467		
单互换型（Ⅰ）	a	+	+	520	994	
	+	b	c	474		
单互换型（Ⅱ）	a	b	+	853	1 819	
	+	+	c	956		
双互换型	a	+	c	162	334	
	+	b	+	172		

分析步骤如下。

第一步，确定基因座顺序。由表 9-1 可知，基因座 b 在中间，a 和 c 在两边。

第二步，确定两边的基因座分别与中间基因座间的距离。由表 9-1 可得，

$$OC_{(a\text{-}b)}=\frac{994+334}{10\ 333}\times 100=12.9\ (\mathrm{cM})$$

$$OC_{(b\text{-}c)}=\frac{1809+334}{10\ 333}\times 100=20.7\ (\mathrm{cM})$$

因此，这三个基因座的遗传图为

a —— 12.9cM —— b —— 20.7cM —— c

|←———— 33.6cM ————→|

(三) 偶数 T 噬菌体基因组的特点

前面在讲细菌转导时，介绍了偶数 T 噬菌体的结构和生活周期，刚又讲了 T4 噬菌体的三点测交作图。现讲偶数 T（以 T4 为例）噬菌体基因组的特点。

1. 线性染色体和环状遗传图 放射性自显影研究表明，T4 噬菌体的基因组由 1 条线性双链 DNA 分子组成，即 T4 噬菌体的所有基因位于同一线性 DNA 分子内。

但是，用 T4 噬菌体的突变型和野生型做三点测交绘制遗传图时，会得到一些相互“矛盾”的结果。例如，在刚讲的三点测交作图时，三个基因座的线性顺序是 a-b-c，即基因座 b 在中间；在涉及同样基因座的另一些三点测交作图中，就成了基因座 c 或 a 在中间。通过重复试验证明，这一“矛盾”真实存在，不是由试验误差引起的。

如何解释这一看似“矛盾”的现象呢？其实只要把噬菌体 T4 的 1 条线性双链 DNA 分子的遗传图绘制成如图 9-28 的环状，而不是像真核生物那样绘制成线状，这一“矛盾”就不复存在了。在这一环状遗传图中，对于基因座 a、b、c 来说，哪个基因座在中间，依赖于基因座的起点和旋转方向：从 a 起，若顺时针或反时针方向旋转，则顺序为 a-b-c 或 a-c-b；从 b 起，若反时针方向旋转，则顺序为 b-a-c。涉及其余基因座三点测验的“矛盾”结果，都可用这一环状遗传图得到圆满解释。

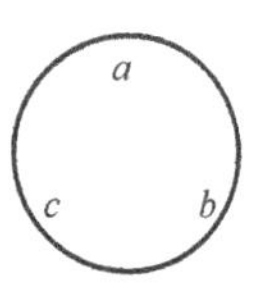

图 9-28 噬菌体 T4 的环状遗传图

那么，接着的问题是，噬菌体 T4 的一条线性染色体，为什么不像真核生物的线性染色体那样产生线状遗传图（第五章），而是产生环状遗传图呢？在 20 世纪 60 年代，斯特雷辛格（G. Streisinger）提出假说认为，之所以有这一现象，是因为 T4 噬菌体基因组具有末端冗余和进行循环排列的结果。

2. 末端冗余和循环排列 所谓**末端冗余**（terminal redundancy），是指一线性 DNA 分子的两端（始端和末端）含有相同基因或碱基的重复序列。T4 噬菌体基因组通常用 *abcdefg*···*wxyz* 表示的线性分子序列，而实际上为“*abcdefg*···*wxyzabc*”，即其末端的“*abc*”对于一个基因组来说是冗余的。但是，对于不同个体 T4 噬菌体的基因组，其末端冗余可以不同。例如，基因组线性分子“*defghi*···*xyzabcdef*”和“*ghijk*···*xyzabcdefghi*”的末端冗余分别是“*def*”和“*ghi*”。

从上述 T4 噬菌体不同个体的线性 DNA 分子来看，除一个末端冗余不同之外，其余的基因座（恰好涉及一个完整的基因组，即 *abcdefg*···*wxy*）都是相同的，所不同的只是这些基因座具有不同的循环排列方式。例如，上述三个 T4 噬菌体基因组的线性排列，除去一个末端冗余后，依次是“*abcdefg*···*wxyz*”“*defghi*···*xyzabc*”和“*ghijk*···*xyzabcdef*”，即 T4 噬菌体的线性基因组呈现以不同基因座为起始的**循环排列**（circular permutation）。对于一个或若干个特定的基因座来说，可位于线性基因组的两末端冗余内，也可以位于线性基因组的中间区段，理论上可位于线性 DNA

的任何区段。

后来证明这一假说是正确的。因此，由于T4噬菌体的线性DNA具有末端冗余和循环排列的特点，利用一群具有不同末端冗余和循环排列的线性DNA的T4噬菌体杂交（如多个三点测验），就可绘出环状遗传图。

那么，用T4噬菌体感染细菌时，又是如何产生一群具有末端冗余和循环排列的子代线性染色体或个体的呢？

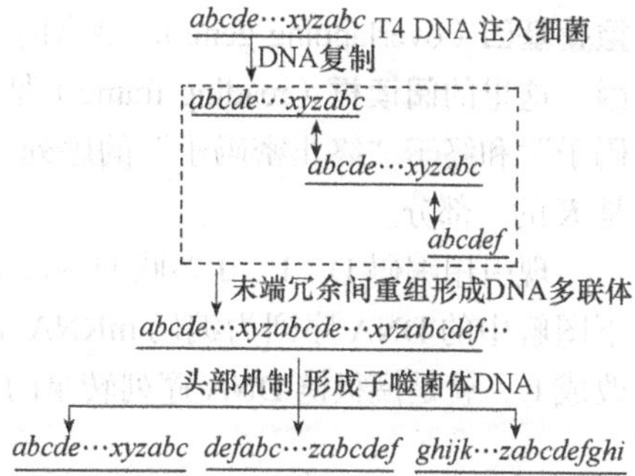

图9-29　T4噬菌体DNA的多联体和子噬菌体DNA的形成

3. 末端冗余和循环排列产生的原因　这与T4噬菌体DNA的复制、重组和包装有关（图9-29）。T4噬菌体感染细菌和其DNA复制成许多拷贝后，在末端冗余间发生重组可形成一个长的具有多个基因组的**DNA多联体**（DNA concatermer）。

DNA多联体形成后，在形成T4子噬菌体期间，其头部内的蛋白收聚DNA多联体。头部的大小，除容纳一完整的T4基因组（*abc…xyz*）外，还有可容纳3个基因的空间：若剩余空间容纳的为基因序列*abc*，则噬菌体头部含有基因序列*abcdefg…wxyzabc*，且这一序列从多联体切割下来装入子噬菌体头部，末端冗余为*abc*；剩下的多联体可被第二个噬菌体头部收聚、切割，得基因序列*defg…zabcdef*，末端冗余为*def*；以此类推，就可构成一群T4子噬菌体——每一子噬菌体都具有不同的末端冗余，去掉末端冗余后就恰为一个基因组的线性DNA。

噬菌体头部在包装DNA时，切割“多联体DNA”不是在一特定位点，而是在比噬菌体基因组多若干个（如3个）基因的位点切割，从而使子噬菌体头部包装的DNA具有末端冗余和循环排列的机制称为**头部机制**（headful mechanism）。显然，各子代噬菌体的基因组所冗余的基因不同。

因此，偶数T噬菌体的DNA为一线性分子但遗传图却为环状的矛盾，可用头部机制解释。

显然，偶数T噬菌体DNA的末端冗余和循环排列使其序列具有多样性，在自然选择过程中不易被淘汰。

（四）Φ174噬菌体基因组的特点——重叠基因

重要的噬菌体，除烈性噬菌体T4和温和噬菌体λ外，还有烈性噬菌体Φ174。研究者发现：Φ174是由蛋白质亚单位包围核酸所构成的20面体（相当于T4噬菌体的头部，但没有T4那样的鞘和尾）；其基因组DNA中的A≠T和G≠C，所以为单链DNA；其基因组DNA不能被核酸外切酶（切除线性核酸两末端的核苷酸）消化，所以为单链环状；序列分析表明有5386个核苷酸。

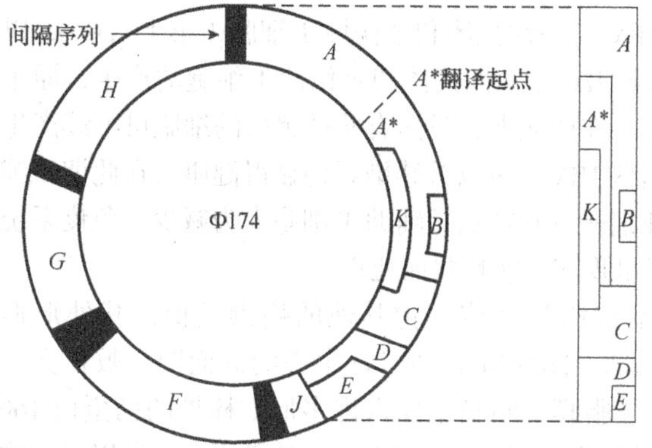

图9-30　Φ174噬菌体基因组的物理图（示重叠基因）

若Φ174噬菌体单链DNA基因组的5386个核苷酸都编码氨基酸，则期望它可编码的氨基酸最多为5386/3＝1795个（第八章）。但是，在其基因组编码的全部11种蛋白质中，出乎意料的是实际氨基酸数为2300个，比期望氨基酸数多505个。

原因何在？后来发现，原因在于Φ174噬菌体基因组中含有重叠基因（图9-30）。所谓

重叠基因（overlapping gene），是指同一 DNA 序列具有不同的阅读框，从而可编码不同多肽的基因。这里的**阅读框**（reading frame）是指编码一完整多肽的三联体密码子序列，即起于“起始密码子”和终于“终止密码子”的序列。如图 9-30 中的基因 *B* 和 *K* 都是基因 *A* 的一部分，而 *B* 又是 *K* 的一部分。

现引用编码 D、E、J 多肽的一段 DNA 序列，只因利用不同的阅读框而编码不同的多肽（以下图解中的 DNA 序列为编码 mRNA 的非模板链；显然，只要把非模板链 DNA 序列中的碱基 T 改成 U，就是模板链 DNA 序列转录的 mRNA 序列）。

J多肽起始

E 多肽 ——→ 缬 — 精 — 赖 — 谷　终止　　↳甲酰硫—丝…

G-T-G-C-G-G-A-A-G-G-A-G-T-G-A-T-G-T-A-A-T-G-T-C-T-A

D多肽 ——→ 丙 — 谷 — 甘 — 赖 — 蛋　终止

对比编码 D 多肽和 J 多肽的 DNA 序列可知，这两序列只有一个碱基 A 重叠。

重叠基因的利和弊：利是可用较小的基因组尽可能多地编码不同类型的蛋白质；弊是一个基因的有害突变可能危及多个基因的正常功能。

重叠基因的发现，修正了各基因的核苷酸彼此分立、互不重叠的传统概念（第八章）。除 Φ174 外，在其他一些病毒、细菌和真核生物中也发现有重叠基因。

Φ174 噬菌体在宿主细胞内的复制机制为滚环复制。

二、真核生物病毒的遗传分析

下面讨论感染真核生物的两类病毒——人类免疫缺陷病毒和禽流感病毒的遗传分析。

（一）人类免疫缺陷病毒

在 20 世纪 80 年代初，发现了一种对人类危害极大的传染性疾病——**获得性免疫缺陷综合征**（acquired immune deficiency syndrome，AIDS），简称为**艾滋病**。这一简称是“AIDS”的音译名，是由**人类免疫缺陷病毒**（human immunodeficiency virus，HIV）感染引起的，在分类学上属于反转录病毒科。在这 30 多年间，该病已染及全球，几乎没有一个国家幸免。

1. 感染病症　人类免疫缺陷病毒（HIV）在感染人的感染期，病症依次经历三个亚期：①急症亚期——发生在感染后的两个月内，患者出现类似流感的症状：疲乏、发热、头痛和肌肉酸痛。这时在患者血液中可检测出大量游离的 HIV 颗粒；但在急症亚期末，血液中的 HIV 随着进入淋巴系统而减少，同时导致免疫系统产生 HIV-专一性抗体和杀伤性 T 细胞（第十六章），以抵御 HIV 的入侵。②潜伏亚期——由于免疫系统 HIV-专一性抗体和杀伤性 T 细胞的产生，原来类似流感的症状消失，持续时间平均为 8～10 年。在此亚期，虽然有些被感染的细胞可继续产生游离的 HIV，但被感染者的免疫系统还能消灭这些 HIV，所以被感染者仍显得健康。在此期，辅助 T 细胞（第十六章）是逐渐减少的。③重症亚期——其特点是辅助 T 细胞大为减少，免疫系统极度衰退，极易受到传染性病原体的感染，重新呈现艾滋病症状而死亡。

2. HIV 及其基因组的结构　HIV 的基本结构与真核生物其他的病毒类似，其外形似具 20 面体（由构成其外层的壳蛋白决定）的足球，图 9-31 是通过球中心的截面图。敷在壳蛋白上面的，是受 HIV 感染的宿主细胞衍生的双层脂膜。脂膜中插入许多形如棒糖的糖蛋白 160（glycoprotein 160），即 gp160——其棒部是分子质量为 41 000Da（41kDa）的糖蛋白，所以通常称

gp41；而棒糖膨大的顶部是分子质量为 120kDa 的糖蛋白，所以通常称 gp120。由不同蛋白分子构成的核心蛋白位于壳蛋白内。

HIV 的基因组是单正链 RNA（第八章）。两条相同的单正链 RNA，其上附的反转录酶（其作用是把 RNA 反转录成 DNA）包装在核心蛋白内。由于 HIV 储存在 RNA 中的遗传信息，要通过反转录转移到 DNA 才能整合到宿主基因组，因此 HIV 属于反转录病毒（第八章）。

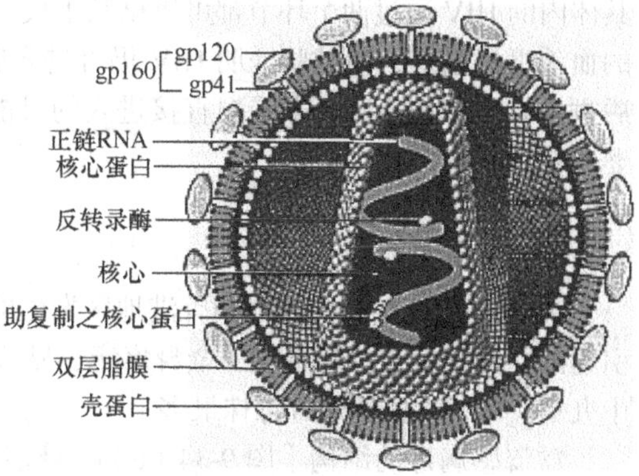

图 9-31 人类免疫缺陷病毒（HIV）结构

关于 HIV 基因组的结构（图 9-32）。其基因组与其他反转录病毒的相似，如都具有一些共同的必需基因：编码核心蛋白的 *gag* 基因，编码反转录酶和整合酶的 *pol* 基因，编码糖蛋白的 *env* 基因。但它比其他反转录病毒更复杂：还有编码其他蛋白的基因，如增强病毒感染力的 *vif* 基因等；在基因组的两末端有长末端重复（LTR）（第十章），其内有调控基因表达的调节因子；基因组内也有重叠基因，如 *pol* 和 *vif* 共有相同的序列。

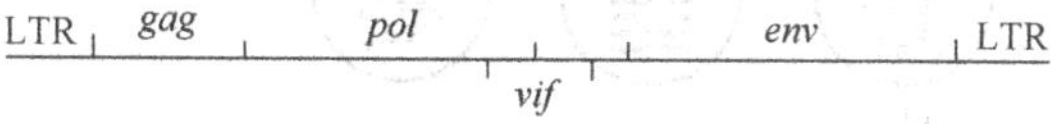

图 9-32 HIV 基因组

3. HIV 的生活周期 HIV 的生活周期（图 9-33），以“成熟 HIV”感染宿主细胞开始，即其糖蛋白 gp120 与宿主免疫细胞的感受器——辅助 T 细胞（少数是巨噬细胞）细胞膜上的感受器，即图 9-33 中的“辅助 T 细胞感受器”结合（第十六章）。二者一旦结合，宿主细胞膜和 HIV 核心蛋白以外的部分均降解，使 HIV 核心内的基因组 RNA 和其他产物（如反转录酶等）进入宿主细胞内。

进入宿主细胞内后，病毒基因组 RNA 在病毒反转录酶作用下，反转录成 HIV 的 cDNA，然后以 cDNA 为模板合成双链 DNA，即图 9-33 所示的“未整合 DNA”部分（cDNA 的互补链含的是病毒基因组 RNA 的信息，第八章）。HIV 的双链 DNA 整合到宿主（细胞核内的）DNA 上，成为宿主 DNA 的一部分。被整合的 HIV 双链 DNA 可以处于失活状态，也可以经转录处于活化状态。转录时，以 cDNA 为模板可转录形成 HIV 的 RNA，即 HIV 的基因组 RNA 或 cDNA 的 mRNA。mRNA 用来合成 HIV 的各种蛋白质，其中包括核心蛋白，用来包装基因组 RNA 和有关蛋白质而形成 HIV 核心。HIV 核心（病毒粒子）通过细胞膜时，添加了其外的各组分，就成了“成熟子 HIV”。

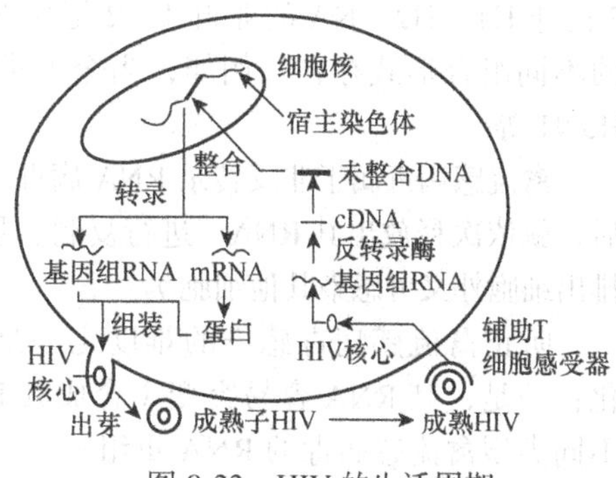

图 9-33 HIV 的生活周期

成熟子 HIV 以出芽方式脱离宿主细胞膜后，又可感染其他人的辅助 T 细胞（少数是巨噬细胞）而使感染者患病。

4. 感染途径 感染 HIV 的人是艾滋病的唯一传染途径，其传染途径有三条。①性途径——HIV 可存在于艾滋病患者和携带者的精液里或阴道分泌液里。性伴侣愈多，性活动愈频，感染 HIV 的可能性就愈大。②血液途径——如因病输血时通过混有 HIV 的血或血制品可感染，体检普查抽血时通过受 HIV 污染的注射器也可感染。③母婴途径——女性艾滋病患者和携带者，其体内的 HIV 通过两个环节都可感染其子代：一是胎盘环节，胎盘虽作为天然屏障隔开了母子间的血液循环系统，但试验证明 HIV 仍可进入胎儿的血液循环（可能是 HIV 感染胎盘使胎盘受损后进入，也不排除胎盘未受损直接进入的可能）；二是分娩环节，接触母体血液和产道分泌液使婴儿受到感染。

（二）禽流感病毒

21 世纪初，在我国内地和香港地区发生的所谓禽流感是由**禽流感病毒**（avian influenza virus）引起的。其病症是急起高热、全身疼痛、显著乏力和死亡率高。在人流感病毒毒株的基因库（第十九章）中，禽流感病毒毒株最多。

禽流感病毒的结构［图 9-34（a）］，外层由两种蛋白质——血凝素（hemagglutinin，HA）和神经氨酶（neuraminidase，NA）组成，内层基因组由 7～8 条 RNA 片段组成。

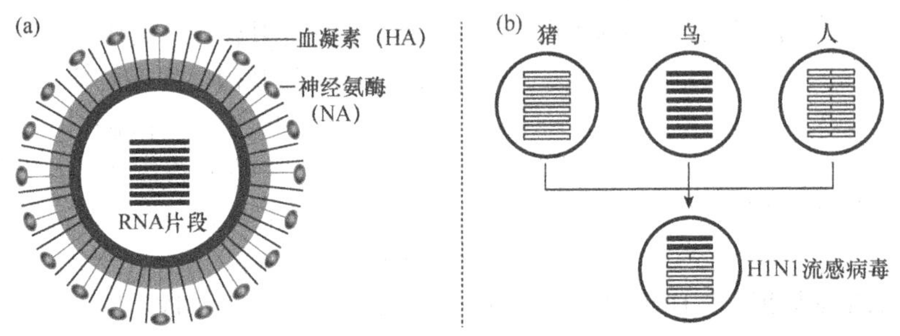

图 9-34 禽流感病毒的结构［（a）］和 H1N1 流感病毒的形成［（b）］

禽流感病毒是感染鸟类和哺乳类（如人和猪）的 RNA 病毒，主要有三型：A（甲）型、B（乙）型和 C（丙）型。根据病毒表面两种蛋白质——血凝素和神经氨酶的不同，禽流感病毒 A 分为 HA 和 NA 两亚型，这两亚型的蛋白质都会影响禽流感病毒进入宿主细胞和宿主对感染的免疫反应能力。HA 和 NA 两亚型又可分别有 16 种和 9 种亚亚群，如 HA 的亚群 1、2 记作 H1、H2，NA 的亚群 1、2 记作 N1、N2。在禽流感病毒中，HA 和 NA 都以其亚亚群的不同组合形式存在。例如，当今人类患流行性感冒的禽流感病毒主要有 H1N1、H3N2 和 H5N1 等。

禽流感病毒属于非反转录 RNA 病毒（第八章），通过攻击宿主细胞膜的特定受体进入细胞内后，就依次释放出其 RNA、进行复制、翻译成病毒蛋白和组装成新禽流感病毒颗粒（这些颗粒排出细胞外又可感染其他细胞）。

防止禽流感病毒感染的难度之一是其进化速度快，容易形成新类型。其以两种方式进化：一是，其 RNA 容易突变（合成其 RNA 的酶无校对修复能力，第十二章）；二是，通过不同类型禽流感病毒的 RNA 重组——当不同类型的禽流感病毒 RNA 同时进入宿主一细胞内时，就可能重组产生致病力更强的病毒，如 H1N1 禽流感病毒就是通过人、鸟和猪的流感病毒的 RNA 同时感染猪细胞后产生的［图 9-34（b）］，人感染后容易产生高热、喉咙疼痛和咳嗽等症状。

世界卫生组织把于 2019 年发现的感染肺炎的、我国定名的新型冠状病毒病命名为冠状病毒病-19（corona virus disease 2019），简称为 COVID-19；国际病毒分类委员会将其病毒定名为严重型急性呼吸道综合征冠状病毒 2（severe acute respiratory syndrome coronavirus 2，简称 SARS-CoV-2），是 SARS 冠状病毒的姐妹病毒。

本章小结

与真核生物相比，由于原核生物（细菌和病毒）的突出优点，其对分子遗传学的发展和应用具有重要意义。

细菌的遗传物质有主染色体和质粒，均为环状DNA；其复制方式分别为θ复制和滚环复制。细菌主要繁殖方式是无性繁殖——裂殖。

细菌存在4种有性繁殖方式。

一是接合，这是F^+×F^-或Hfr×F^-通过F^+或Hfr的纤毛与F^-接触而形成接合管的接合。尤其是Hfr菌株与F^-接合时，供体染色体可向受体转移，可与受体有关基因重组。

二是转化，即供体菌的DNA片段被受体菌吸收并与受体菌有关基因发生重组的现象。

三是转导，即供体菌的DNA片段，以噬菌体为媒介转移到受体菌并与受体菌有关基因发生重组的现象。

四是性导，即F'×F^-时，F'因子中的供体基因通过接合管进入F^-并整合到F^-染色体上，而使接合后体成为杂合（性导）基因子的现象。

与真核生物相比，利用细菌有性繁殖进行基因重组作图的特点是，细菌的接合作图、转化作图和普遍性转导作图，都是供体提供部分染色体组和受体提供完整染色体组的基因重组作图，即部分二倍体的基因重组作图。部分二倍体重组与真核生物重组及病毒重组不同——前者只有偶数互换才有效，奇数互换无效；在偶数互换中，只存在一种重组类型，其相反重组类型不存在或解体。

特定性转导可对噬菌体整合到选定部位附近的基因进行定位。

F'性转导可对F因子整合部位附近的基因进行定位。

两种不同基因型的噬菌体混合感染一个细菌（杂交）时，可进行基因重组而形成不同类型的子噬菌体，仿真核生物作图法可对噬菌体进行遗传作图。

偶数T噬菌体基因组的线状染色体和环状遗传图的矛盾，可用其染色体具有末端冗余和基因循环排列予以解释。

Φ174基因组的重叠基因，可使遗传信息的利用达到最大化。

人类免疫缺陷病毒（HIV）是引起获得性免疫缺陷综合征（AIDS）的反转录病毒。被感染的宿主细胞，通常是免疫系统的辅助T细胞。HIV的RNA基因组反转录成双链DNA后，整合到宿主细胞的染色体上。整合的HIV的基因组转录成病毒RNA，可行使基因组RNA和mRNA的功能。最终，HIV破坏了被感染个体的免疫系统，从而容易患感染性疾病。HIV主要沿性交、血液和母婴三条途径得以传播。

流感是由RNA流感病毒引起的。

范例分析

1. 有下列试验：

首先，大肠杆菌的两个三重营养缺陷型菌株在液体培养基中混合：

$$t^-l^-b_1^-b^+p^+c^+ \times t^+l^+b_1^+b^-p^-c^-$$

其中 t=苏氨酸、l=亮氨酸、b_1=维生素 B_1、b=生物素、p=苯丙氨酸和 C=半胱氨酸的基因座（下面的正体表示相应的物质）。

然后，把菌液涂布在完全培养基（主培养皿）上，其菌落如下：

最后，由主培养皿印影培养在固态基本培养基添加有关营养物的选择培养基上，菌落如下：

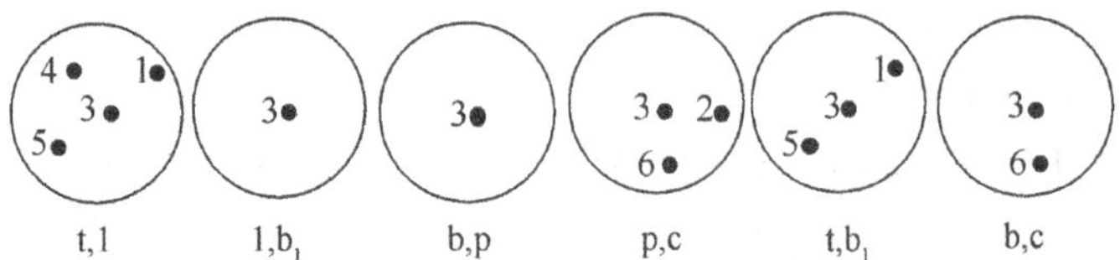

试确定这 6 个菌株的基因型。

2. 基因型为 $a^+b^+c^+d^+e^+str^s$ 的大肠杆菌 Hfr 菌株与基因型为 $a^-b^-c^-d^-e^-str^r$ 的 F^- 营养缺陷型菌株接合。30min 后，利用含链霉素但缺物质 a 的固态培养基选出 e^+ 接合后体。随后，在 e^+ 基础上，利用有关选择培养基发现了其他野生型接合后体的频率如下：a^+，70%；b^+，0%；c^+，85%；d^+，10%。

（1）a、b、c、d、e 这 5 个基因座相对于 Hfr 菌株染色体原点 O 的先后顺序如何？

（2）str 基因座是靠近还是远离 Hfr 染色体原点 O 为好？

3. 带有原养型标记基因 a^+、b^+、c^+ 和对链霉素敏感基因 str^s 的 Hfr 菌株，同带有营养缺陷型标记基因 a^-、b^-、c^- 和对链霉素抗性基因 str^r 的 F^- 菌株杂交，以每 5min 的间隔中断交配，然后涂布在使不同重组体生长的选择培养基上，结果如下：

时间 /min	重组体
5	$a\ b^+\ c$
10	$a\ b^+\ c^+$
15	$a^+\ b^+\ c^+$

试求 Hfr 菌株染色体上的基因顺序和相对距离（相对于原点）。

4. 细菌基因型为 a^+b^- 的 4 个菌株分别用 1、2、3、4 代表，基因型 a^-b^+ 的 4 个菌株分别用 5、6、7、8 代表。这两种基因型彼此间作所有可能的杂交（混合），后涂布培养，以观察重组体 a^+b^+ 形成的情况，结果如下（其中 0=没有重组体，L=少量重组体，M=许多重组体）：

	1	2	3	4
5	O	M	M	O
6	O	M	M	O
7	L	O	O	M
8	O	L	L	O

试根据结果推出各菌株的性别（Hfr、F^+ 或 F^-）。

5. 在细菌接合试验中，两菌株杂交：

$$(\text{Hfr})\ a^+b^+str^s \times (F^-)\ a^-b^-str^r$$

其中 str^s 和 str^r 分别是对链霉素敏感和抵抗的等位基因；为了菌株生长，基因座 a 和 b 决定是否往培养基中添加营养物 a 和 b。首先将接合后体涂布在含有链霉素的完全培养基上（主培养皿），其菌落数为 260。然后影印到如下选择培养基中：

（A）培养基中有 a 无 b 时，菌落数=235

（B）培养基中有 b 无 a 时，菌落数=225

（C）培养基中无 a 无 b 时，菌落数=200

（1）给出完全培养基和选择培养基中的可能基因型；

（2）求出 a 和 b 两基因座间的距离。

6. 在转化研究中，基因型为 $b^-d^-t^-$ 的大肠杆菌和带有连锁基因 $b^+d^+t^+$ 的 DNA 片段一起培养，发现：单转化体 b^+、d^+ 和 t^+；双转化体 b^+t^+ 和 b^+d^+，但没发现 d^+t^+；三转化体 $b^+d^+t^+$。试确定这三个基因座的顺序。

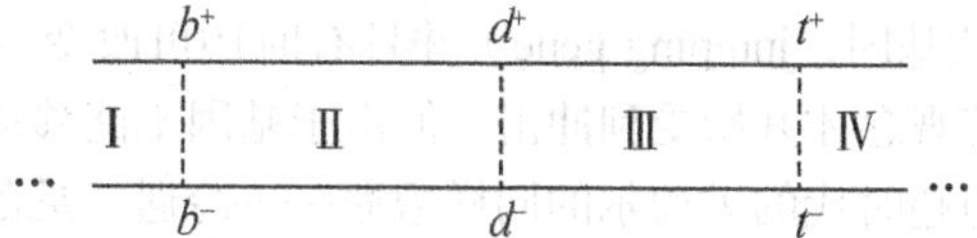

7. 分离出细菌一菌株 DNA 片段 $a^+b^+c^+d^+e^+$，用来转化细菌菌株 $a^-b^-c^-d^-e^-$。经检测，转化菌中有如下共转化体：a^+d^+；b^+e^+；c^+d^+；c^+e^+。试确定这些基因座在细菌染色体上的顺序。

8. 用供体菌的 DNA 片段 $a^+b^+c^+$ 转化受体菌 $a^-b^-c^-$ 所得转化体类型和数目如下（假定 $a^+b^+c^+$ 总是连锁在一起进入受体）：

	1	2	3	4	5	6	7
a	−	−	+	−	+	+	+
b	−	+	−	+	−	+	+
c	+	−	−	+	+	−	+
	700	400	2 600	3 600	100	1 200	12 000

试对这三个基因座作遗传图。

9. 在涉及 λ 噬菌体的三个基因座中，做了如下三个两点测交试验，其子噬菌体类型和数目如下：

$a^+b^+\times ab$	$b^+c^+\times bc$	$a^+c^+\times ac$
↓	↓	↓
$a^+b^+=450$	$b^+c^+=1170$	$a^+c^+=800$
$ab=470$	$bc=1182$	$ac=800$
$a^+b=42$	$b^+c=19$	$a^+c=90$
$ab^+=36$	$bc^+=19$	$ac^+=90$

试对噬菌体这三个基因座作遗传图。

10. 噬菌体 T4 有末端冗余 *abc* 的线性染色体 *abcdef...xyzabc*。这一噬菌体后有一缺失，丢掉片段 *ef*。这一突变体感染大肠杆菌，在产生的子噬菌体中，下列三类别中的哪类可期望产生？

（1）*abcdg…xyzabc*、*gcdgh…xyzabcd*、*ghijk…abcdghi*；

（2）*abcdg…zabcdg*、*bcdghi…zabcdgh*、*ghijk…bcdghijk*；

（3）*abcdgh…wxyza*、*bcdghi…wxyzab*、*ghijk…yzabcde*。

第十章 转座子遗传分析

根据遗传的染色体学说，其内的一定基因总是位于一定染色体的一定座位上，不能移动。在20世纪40年代，当麦克林托克（B. McClintock）发现玉米某些基因可从基因组的一位置“跳到”或转到另一位置（称为跳跃基因，jumping gene）并且有时还可改变一些结构基因的表达时，基因组中基因固定不动的传统观念才开始受到冲击。但由于基因不能移动的传统观念根深蒂固，超时代的麦克林托克遭到了与超时代的孟德尔的同样遭遇——冷遇、奚落、被列为另类。她自幼生性独立、聪慧，25岁在美国康奈尔大学获得植物学博士以后，终生未婚而迷恋玉米遗传学的研究，被誉为“玉米夫人”。直到20世纪80年代，麦克林托克的科学发现才得到公认，并因此于1983年获得诺贝尔生理学或医学奖，是第一位独揽诺贝尔生理学或医学奖的女科学家。

转座（transposition）是核酸序列从一位点转到同一染色体或不同染色体另一位点的过程。能转座的核酸序列称为**转座遗传因子**（transposable genetic element）、**转座因子**（transposable element）、**移动因子**（mobile element）或**转座子**（transposon）等，我们以后统称为转座子。转座子存在于所有生物，且是基因组的重要组成部分，如在人类基因组中转座子占40%以上。转座子与染色体构型有关，也与基因转移、表达和调控有关。

下面依次讨论转座子的一般特征和基本类型、一些代表生物的转座子结构以及转座子在遗传上的意义。

第一节 转座子的一般特征和基本类型

生物中存在不同类型的转座子：一些类型具有简单结构，只含有转座时所需要的基因和有关序列；另一些类型具有复杂结构，除含有转座时所需要的基因和有关序列外，还含有与转座无关的基因（如抗性基因）。转座子转座时具有的一般特征如下。

一、一般特征

一是许多转座子的两末端具有**末端反向重复**（terminal inverted repeat，图10-1A），即转座子一末端上方单链从左到右的序列与另一末端下方单链从右到左的序列相同的重复。转座酶（由转座子内的基因编码）就是通过识别、平截切割（第十三章）这两末端反向重复才使整个转座子从DNA中游离出来。

二是存在接受转座子的靶位点（图10-1B）。转座酶也对靶位点进行交错切割（第十三章）得两黏性末端，游离的转座子便可由转座酶携带插入靶位点两黏性末端之间。

三是靶位点的黏性末端复制后，转座子和复制后的靶位点黏性末端通过连接酶进行链内连接（图10-1C）。其结果是使转座子转座后的两侧翼各有一个**侧翼同向重复**（flanking direct repeat）。显然这两个侧翼同向重复不是转座子本身的成分，不随转座子转座，只是转座子在转座过程中由靶位点两“黏性末端”经复制形成的，它们的方向和序列相同。

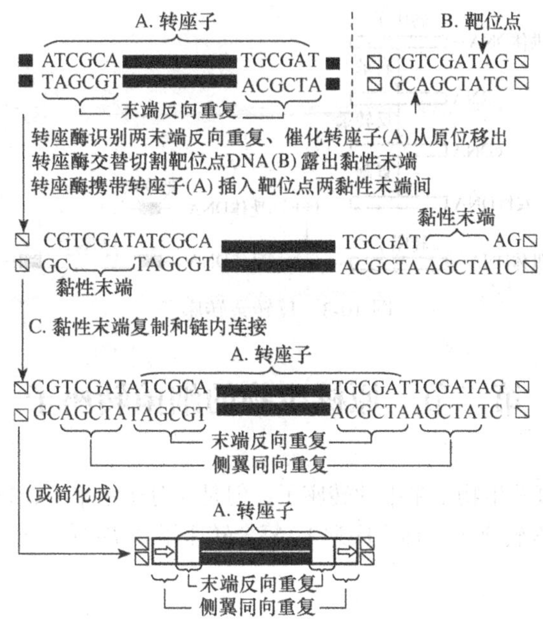

图 10-1 转座子的一般特征（Snustat and Simmons，2012）

二、基本类型

根据转座方式的不同，可把转座子分成两大基本类型。

（一）非复制型转座子

转座子未经复制就从一位点——**供体 DNA 位点**（donor DNA site）被“平截切割”下来转座到（粘贴到）另一位点——**受体 DNA 位点**（recipient DNA site）或**靶位点**（target site）（图 10-2），这样的转座子称为**非复制型转座子**（nonreplicative transposon）或**切割-粘贴型转座子**（cut-and-paste transposon）。

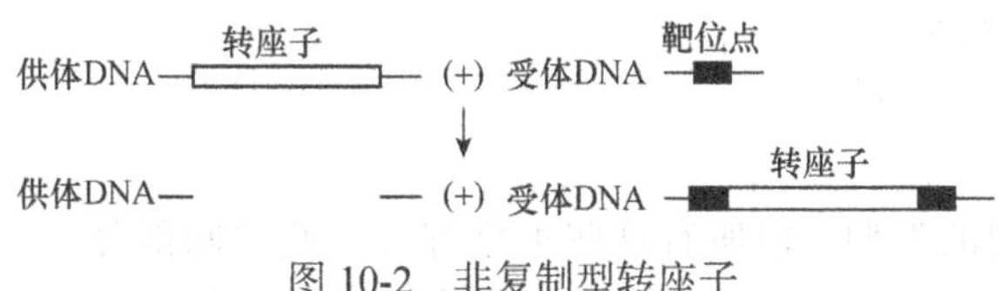

图 10-2 非复制型转座子

稍后讨论的细菌的 *IS* 转座子和 *Tn5* 复合转座子、果蝇的 *P* 转座子、玉米的 *Ac/Ds* 转座子都属这类。其特点是，转座中的中间步骤只涉及 DNA，可统称为 **DNA 转座子**（DNA transponson）。

（二）复制型转座子

在复制型转座子中，转座子 DNA 先转录成 RNA，后反转录成 cDNA，进而复制成双链 DNA，最后插入 DNA 另一位点——靶位点。由于这样的转座子，在转座的中间步骤要反转录成 DNA，可统称为**反转录转座子**（retrotransposon）或**反转录子**（retroposon，图 10-3）。

这种转座子只见于真核生物，如下面讨论的人类长散布核转座子。

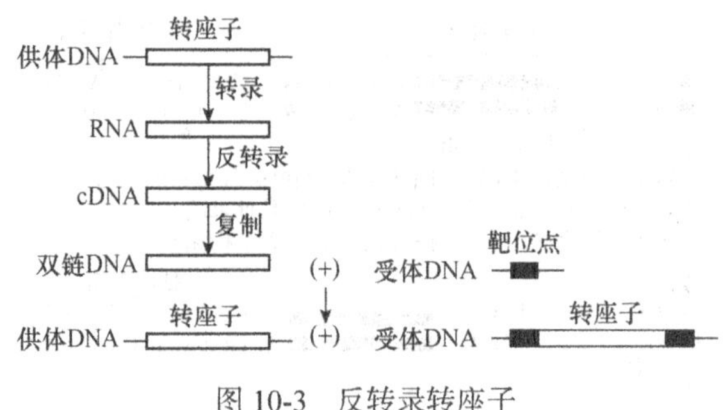

图 10-3 反转录转座子

第二节 原核生物的细菌转座子

虽然最早发现的是真核生物玉米中的转座子，但是在分子水平上，首先研究的却是细菌转座子。细菌中的转座子有 *IS* 转座子（插入序列）、复合转座子和 *Tn* 转座子。

一、*IS* 转座子

***IS* 转座子**（*IS* transposon）或**插入序列**（insertion sequence）在结构上最为简单，只含有与转座有关的基因——转座酶基因，再没有其他功能的基因（如抗药基因），所以又称为**简单转座子**（simple transposon）。之所以称为插入序列，是因为它转座时可插入细菌主染色体或质粒的许多位点而成为主染色体或质粒的正常成分。

（一）发现过程

IS 转座子首先是在大肠杆菌的某些乳糖突变体（lac^-）中被发现的。这些突变体的一个共同点是不稳定和能以高速率回复到野生型。序列分析表明：这些不稳定的突变体在 *lac* 基因内或附近都插入了一额外的 DNA 序列——插入序列；但回复到野生型后，这一插入序列就没有了。因此，这些遗传上不稳定的突变体，乃是由于在大肠杆菌有关基因内或附近插入了序列——“插入序列”；而这些突变体回复到野生型，乃是由于切除了“插入序列”。其他类似的插入序列，在细菌不同的物种中都有所发现。

（二）共同部分

IS 转座子虽有不同的类型，但所有这些类型都有一些共同部分：一是都有编码转座酶的 DNA 序列——转座酶基因；二是序列两端都有相同或近乎相同的末端反向重复——转座酶的识别序列，其长度为 9～40bp。图 10-4 所示的 *IS50* 转座子，其两个末端反向重复不完全相同（从 5′ 端起的第 4 对碱基不同），其间是编码转座酶的基因——转座酶基因。

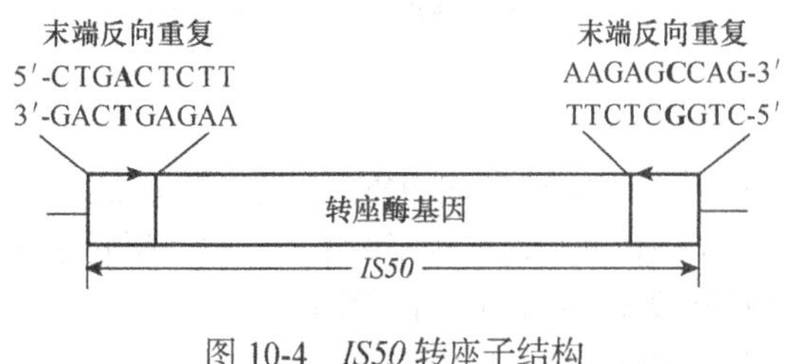

图 10-4 *IS50* 转座子结构

（三）转座过程

一是切割供体位点的 *IS* 转座子。*IS* 转座子的转座酶基因编码的**转座酶**（transposase）与 *IS* 转座子的反向末端序列结合，通过“平截切割”，把整个转座子从主染色体或质粒中切割或游离出来（图 10-5）。

二是切割受体靶位点 DNA（图 10-5）。游离转座子在插入靶位点（由 2～13bp 组成）之前，靶位点的 DNA 双链，在转座酶作用下进行“交替切割”而露出两黏性末端。

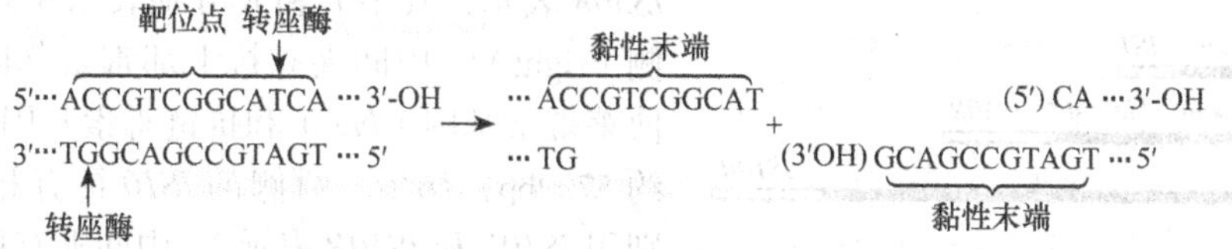

图 10-5 转座酶交替切割靶位点

三是游离的 *IS* 转座子插入靶位点（二者的 DNA 序列不具同源性）。游离的 *IS* 转座子插入靶位点的两黏性末端之间后，在 DNA 聚合酶作用下，靶位点复制得到了两个重复——**靶位点重复**（target site duplication，图 10-6）后，在连接酶的作用下，通过转座子和靶位点 3′ 端（羟基）和 5′ 端（磷酸基）的共价结合而完成了转座。

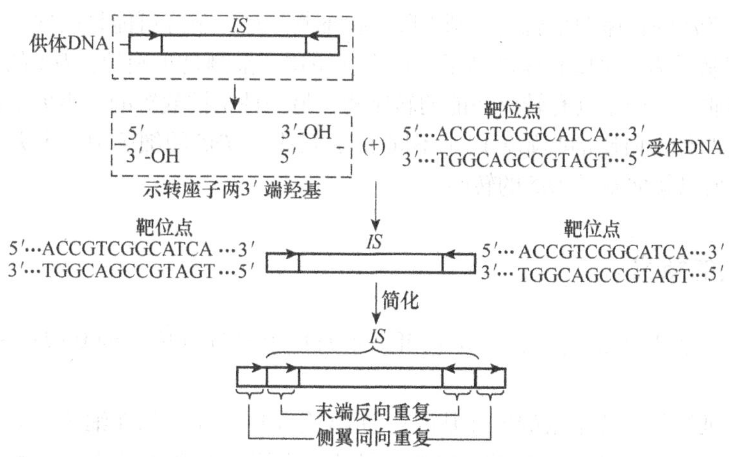

图 10-6 *IS* 转座子的转座和靶位点的重复

显然，*IS* 转座子属于非复制型（切割-粘贴型）转座子。根据 *IS* 转座子中的末端反向重复和侧翼同向重复碱基对数目的不同，可有不同类型的 *IS* 转座子，如 *IS1* 和 *IS2* 等转座子。

细菌主染色体可含特定 *IS* 转座子的多个拷贝，如 *IS1* 在大肠杆菌主染色体中有 6～8 个拷贝；细菌质粒，如 F 质粒，也可含 *IS* 转座子。当一特定的 *IS* 转座子同时位于主染色体和质粒上时，就提供了在不同 DNA 分子间的“位点专一重组”机会。如第九章讨论的，大肠杆菌的主染色体和质粒（如 F 因子）都为环状 DNA 分子，当它们在有限的同源区（如它们共有的特定 *IS* 转座子），即前面讨论的配对区间进行重组时，较小的质粒就会整合到较大的主染色体中而形成 Hfr 菌株；在细菌 Hfr×F^-的接合过程中，就可发生基因转移和重组。这样的重组，加上突变就构成了细菌遗传进化的基础。

二、复合转座子

复合转座子（composite transposon，*Tn*）是在其两端各有一个 *IS* 转座子，且在两 *IS* 转座子间还“捕获”或“复合”了一个或多个原本不能转座但现可以转座的（因 *IS* 转座子中含有转座酶基因）对抗生素具有抗性的基因或其他基因的转座子。

图 10-7 给出了三个复合转座子的结构：*Tn9*，两侧的 *IS1* 转座子具有相同方向，中间夹有一个抗氯霉素基因（cam^r），全长约 2500bp；*Tn5*，两侧的 *IS50* 具有相反方向［分别用 *IS50L* 和 *IS50R* 表示，其中 *L* 和 *R* 分别表示左侧（left）和右侧（right）］，中间夹有抗卡那霉素基因（kan^r）、抗博莱霉素基因（ble^r）和抗链霉素基因（str^r），全长约 5700bp；*Tn10*，两侧的 *IS10* 具有相反方向（分别用 *IS10L* 和 *IS10R* 表示），中间夹有抗四环素基因（tet^r），全长约 9300bp。

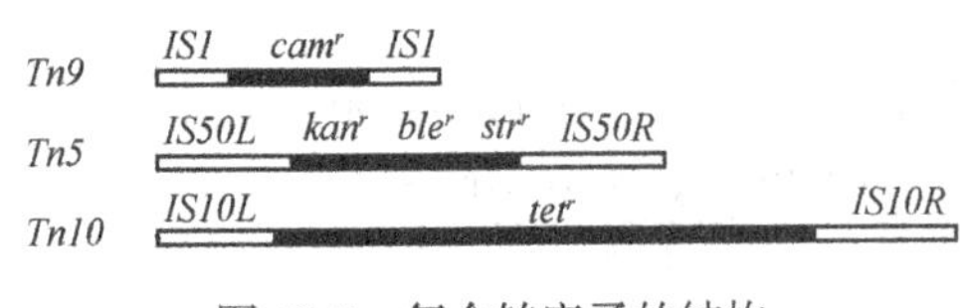

图 10-7 复合转座子的结构

复合转座子具有以下两个特点。

一是构成复合转座子的两个 *IS* 转座子有时不完全相同。例如，*Tn5* 右侧的 *IS50R* 可编码转座酶以刺激转座，但左侧的 *IS50L* 却不能。究其原因，是二者有一对碱基的差异，从而使后者不能编码具有活性的转座酶。

二是转座受到调控。例如，主染色体已携带 *Tn5* 的细菌，如果再度受到携带 *Tn5* 的温和噬菌体的感染，那么 *Tn5* 的转座频率就会急剧下降。据推测，这一下降可能是已携带 *Tn5* 的细菌合成的一种阻遏物抑制了 *Tn5* 再度转座的结果。后来证明这一推测是正确的：*Tn5* 的 *IS50R* 转座子实际编码两种蛋白质，一种是具有转座功能的转座酶，另一种是被截短的、丧失了转座功能的转座酶（由于编码这两种蛋白质的起始密码子不同）；在已携带 *Tn5* 的细菌中，丧失了转座功能的转座酶更为丰富，所以就抑制了 *Tn5* 的转座。

三、在医学上的意义

细菌转座子在医学上的意义，在于它可携带对抗生素具有抗性的基因而导致抗生素失去药效。

如果转座子抵抗某一抗生素的抗性基因在 DNA 分子间转座，如在细菌主染色体和质粒间转座，就可在细菌个体（世代）间扩散。最终，可使几乎所有的细菌对这一抗生素都具有抗性而使这一抗生素对这类病原菌引起的疾病失去疗效。在这一抗生素使用较多的环境（医院或农业）中，定向选择引起的定向变异，更易使这一抗性基因得以传代而引起该疾病易于流行。

还不止于此，细菌一个转座子还可携带多种抗性基因以对抗多种抗生素。细菌中只携带一种抗性基因以对抗一种抗生素的质粒称为非接合型抗性（resistance）质粒或非接合型 R 质粒。非接合型 R 质粒和（含有细菌间相互接合转移抗性基因所需基因的）**抗性转移因子**（resistance transfer factor，RTF），通过如图 10-8 的两步骤可形成携带多种抗性基因以对抗多种抗生素的质粒——复合接合型 R 质粒。

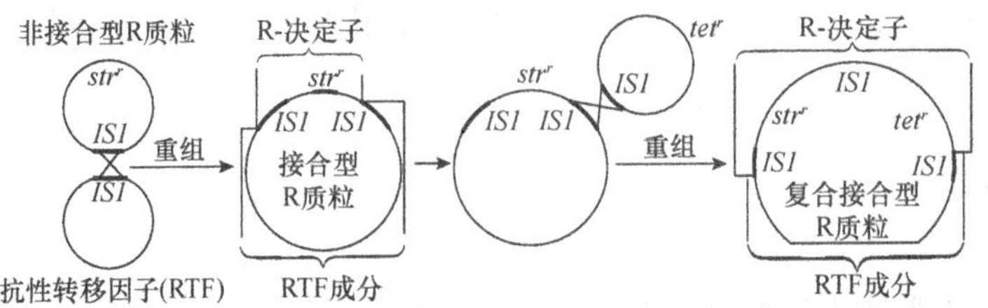

图 10-8 复合接合型 R 质粒的形成过程

第一步，非接合型R质粒（这里携有抗链霉素基因str^r）的*IS1*转座子和抗性转移因子（RTF）的*IS1*转座子间进行位点专一重组（第九章），产生**接合型R质粒**（conjugative R plasmid）。显然，接合型R质粒有两个成分：一是含有*RTF*成分；二是含有非接合型R质粒，不过与RTF接合后称为**R-决定子**（R-determinant）。

第二步，接合型R质粒内RTF成分中的*IS1*转座子又可与非接合型R质粒（如携有抗四环素基因tet^r）内的*IS1*转座子进行位点专一重组，产生复合接合型R质粒，其中R-决定子携带抗链霉素基因和抗四环素基因。如此重复，就可形成具有更多抗性基因的复合接合型R质粒，也就加速了细菌同时对多种药物具有抗性的传播能力。

第三节　真核生物的转座子

遗传学家不但从原核生物，也从真核生物中发现了许多不同类型的转座子。

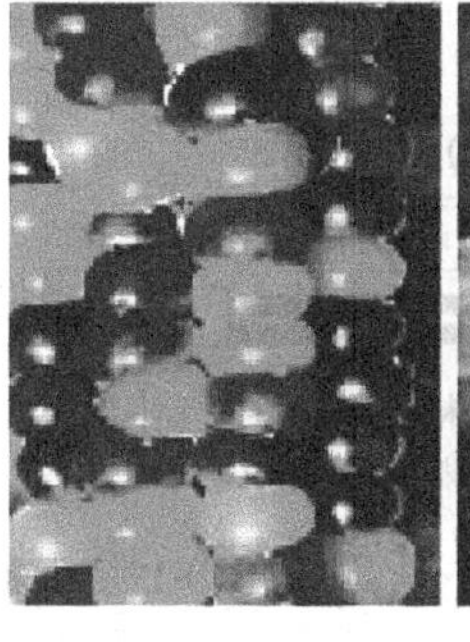

图 10-9　麦克林托克及其研究的印度色斑玉米

一、非复制型转座子

如前所述，这类转座子的共同特点是：在其两末端都有反向重复；当转座子插入DNA分子时，受体DNA的靶位点要复制或重复。

（一）玉米的激活-解离（*Ac-Ds*）转座系统

在玉米品系中往往出现色斑籽粒（在黄色或白色，即在统称为无色背景下，籽粒的一些区域有色斑）。麦克林托克正是在研究这些玉米籽粒的色斑遗传时，首次发现了转座子（图 10-9）。

玉米籽粒之所以有色，是因为在籽粒发育过程中合成了紫色素，而紫色素的合成是由生化途径上若干基因座上的显性基因编码的活性酶决定的——其中任一基因座隐性突变的同型合子化，都会使紫色素的合成受阻而使籽粒无色。基因座*C*是其中的一个基因座，隐性突变的同型合子*cc*阻止了紫色素合成。经研究发现：这是由于在基因座*C*中，原来的野生型“显性基因*C*”插入了一个转座子而突变成“隐性基因*c*”引起的［图 10-10（1）］；如果从中切除插入的转座子，隐性基因又可恢复成显性基因*C*［图 10-10（2）］。

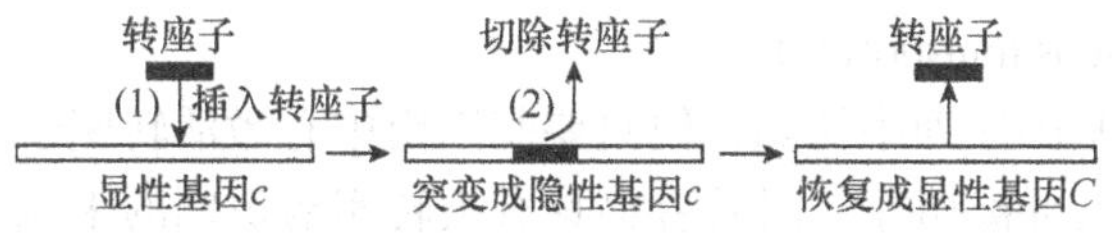

图 10-10　通过插入和切除转座子使基因突变成隐性基因和恢复成显性基因

玉米籽粒颜色是由胚乳细胞的基因型决定的，而胚乳是三倍体（第二章），即这一隐性突变同型合子*cc*的胚乳基因型是*ccc*（使籽粒无色）。

玉米的胚乳基因型*ccc*如何发育成色斑籽粒呢？见图 10-11，在有丝分裂时，如果一个胚乳细胞中的一个等位基因*c*中的转座子被切除，即胚乳基因型由*ccc*→*Ccc*，由于*C*对*c*呈显性，则该细胞可合成紫色素。在籽粒发育过程中，该细胞不断进行有丝分裂产生彼此相邻的、能产生紫色素的一群细胞，籽粒成熟时就会在无色背景下的相应区域出现色斑。显然，在籽粒发育过程中，胚乳细胞中的转座子被切除的时间越早，则由该细胞最终产生的色斑面积就越大。由于一个无色籽粒在发育的不同时期内，都有不同胚乳细胞的转座子被切除，因此一个籽粒在无色的背景上可出现多个大小不同的紫色斑纹而成为色斑籽粒。

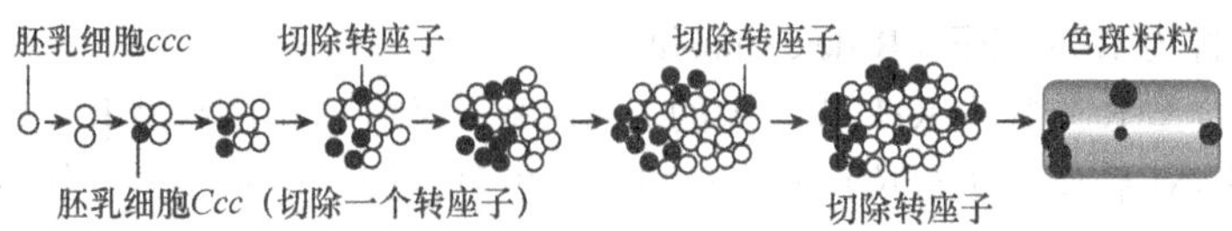

图 10-11　玉米色斑籽粒的形成

进一步的研究表明，在玉米籽粒色斑遗传中，转座子的插入和切除是通过**激活转座子**（activator，*Ac*）和**解离转座子**（dissociation，*Ds*）构成的 *Ac-Ds* 转座子系统实现的，并且其结构和功能与细菌中的转座子相似：都具有末端反向重复；插入靶位点时，产生侧翼同向重复（图 10-12）。

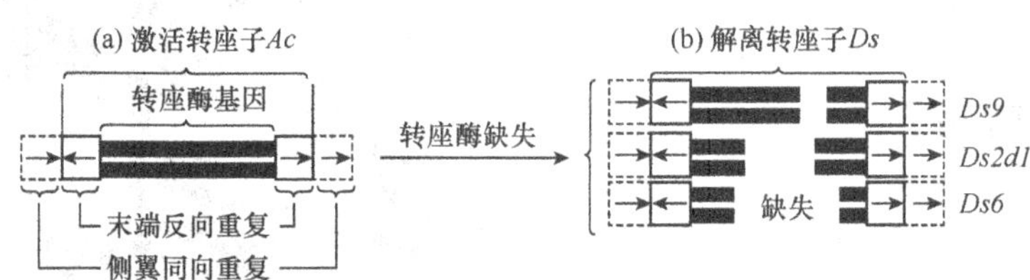

图 10-12　玉米 *Ac-Ds* 转座子系统的结构

激活转座子 *Ac* 长 4563bp，末端反向重复之间的序列是编码转座酶的基因——转座酶基因[图 10-12（a）]，因此激活转座子 *Ac* 可从插入的基因中自主切除，属于**自主转座子**（autonomous transposon），即可自主地使隐性突变基因恢复到原来的显性基因。被切除的激活转座子 *Ac* 又可转座到其他基因的序列中，通常又可引起其他基因的隐性突变。

解离转座子 *Ds* 是激活转座子 *Ac* 的转座酶基因序列发生了缺失而使转座酶失活所产生的转座子[图 10-12（b）]；由于激活转座子 *Ac* 的转座酶基因序列发生缺失的类型（长、短）不一，相应地有多种类型的解离转座子。由于解离转座子 *Ds* 无完整的转座酶基因，因此不能从插入的基因中自主切除，属于**非自主转座子**（nonautonomous transposon）。

解离转座子 *Ds* 虽不能像 *Ac* 那样自主地从基因序列中切除，但只要基因组中有激活转座子 *Ac*（即有能编码具有活性转座酶的基因），*Ds* 也可被切除，因后者仍具有被转座酶识别的末端反向重复；换言之，是"激活转座子 *Ac*"激活了"解离转座子 *Ds*"的切除。若个体基因组中无 *Ac*，则 *Ds* 仍留在有关等位基因序列中，且这一等位基因的遗传行为与其他任何稳定的隐性等位基因的完全相同。

但是，如果含有 *Ds* 的玉米植株和含有 *Ac* 的玉米植株杂交，并且 *Ac* 已转移到子代 *cc* 中，那么子代 *cc* 的解离转座子 *Ds* 就可从所在基因中被切除而使隐性基因恢复成显性基因。

现举例说明。令激活转座子 *Ac* 为 A^+，解离转座子 *Ds* 为 A^-。用籽粒无色、无激活转座子 *Ac* 的玉米纯系植株（ccA^-A^-）与籽粒有色、有激活转座子 *Ac* 的纯系植株（CCA^+A^+）杂交，则 F_2 的基因型与表现型比如图 10-13 所示。

由图 10-13 可知，杂交的 F_1 籽粒，种植长成 F_1 植株后，经自交在雌穗上结的 F_2 基因型的籽

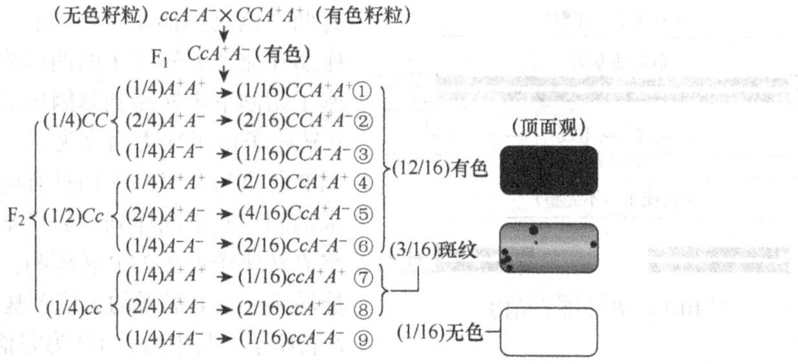

图 10-13 ccA^-A^- × CCA^+A^+的 F_2 基因型与表现型比

粒中：①～⑥，由于胚乳基因型中至少有一显性基因 C，因此籽粒为有色；⑦⑧，尽管胚乳基因型都为 ccc，但由于至少还有一个激活转座子 A^+，可自主切除部分细胞 c 中的转座子而使 c 成为 C，因此籽粒有带色斑的斑纹；⑨，由于胚乳基因型都为 ccc，又无激活转座子 A^+，因此籽粒为无色。平均来说，F_2 籽粒的有色：斑纹：无色＝12：3：1，其中的基因座 C 表现为单显性上位。

（二）果蝇的 *P* 转座子和杂种败育

在 20 世纪 70 年代，不少研究者利用果蝇某些品系间的特定杂交，其杂种出现了高突变、染色体断裂和不育的现象，统称为**杂种败育**（hybrid dysgenesis），即特定杂种一代全同胞交配无子代的现象。

引起杂种败育的两个亲本品系，作为母本的称为**母本品系**（maternal strain）或 **M 品系**（M strain），作为父本的称为**父本品系**（paternal strain）或 **P 品系**（P strain）。用这两个品系做所有可能的交配，各交配子代的表现如表 10-1 所示：只有母本品系（M）为雌亲和父本品系（P）为雄亲的交配子代才表现杂种败育，而其他三类可能的交配子代都表现正常。

表 10-1 M 和 P 品系各交配子代表现

♀	♂	
	M 品系	P 品系
M 品系	子代正常	杂种败育
P 品系	子代正常	子代正常

研究表明，引起杂种败育的原因有二。

其一，与核基因有关。首先，在对杂种败育果蝇进行诱发突变的研究中发现，有一核基因的突变很不稳定，从突变型回复到野生型的频率很高。研究者把这一核基因的特性，与前述的大肠杆菌 *IS* 转座子引起的基因突变同样具有这些特性进行了类比推理：既然大肠杆菌的基因突变不稳定性和从突变型回复到野生型的频率很高与转座子有关，那么果蝇中这一核基因突变的不稳定性和从突变型回复到野生型的频率很高也可能与转座子有关。其次，在由非杂种败育的野生型红眼核基因诱发突变成杂种败育的突变型白眼核基因时，经检测发现突变型白眼核基因与野生型红眼核基因的不同，前者比后者多了一小段 DNA 序列，即多了一个转座子。最后，试验证明，这样的转座子在 P 品系的核基因组中有多个拷贝（处于不同位置），但在 M 品系的基因组中全然没有这样的转座子。所以，从这时起，就把果蝇 P 品系中的这一转座子称为 ***P* 转座子**（*P* transposon）。

P 转座子的大小可变。如图 10-14 所示：完整的 *P* 转座子有 2907bp，其中包括两个末端反向重复（每个重复为 31bp），两重复间具有编码转座酶的基因，转座酶基因在 *P* 转座子的插入位点

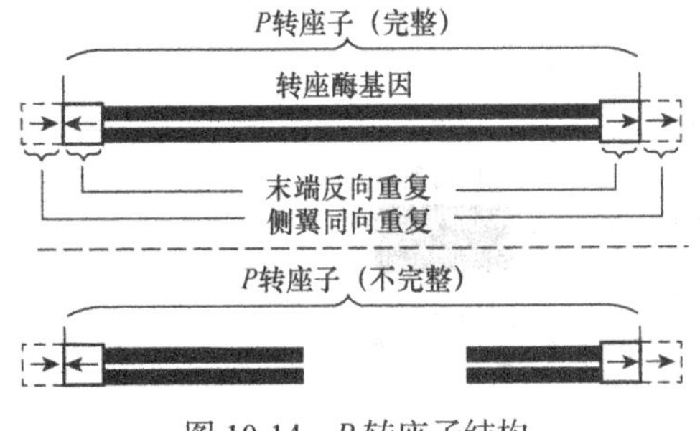

图 10-14　*P* 转座子结构

有两“侧翼同向重复”（每一重复为 8bp）。当 *P* 转座酶在完整 *P* 转座子的两端附近结合时，就能把转座子切割下来转座到基因组的其他位置。不完整的 *P* 转座子由于缺失而丧失了一些中间序列，不能编码 P 转座酶；但由于仍具有能与 P 转座酶结合的两末端和一些中间序列，如果基因组中其他部位有完整 *P* 转座子产生的 P 转座酶，不完整的 *P* 转座子仍能转座。在 P 品系的（核）基因组中，有 30～50 个 *P* 转座子，其中约有 1/3 为完整的 *P* 转座子。

其二，与质基因有关。由表 10-1，M×P 和 P×M 的正、反交杂种一代结果的不同，说明杂种是否败育这一性状还与母性遗传（第七章）有关，即还与细胞质基因有关。

因此，果蝇的杂种败育与细胞核基因和细胞质基因有关，是质-核互作的结果（图 10-15）：与核基因的 *P* 转座子（以 *PPP* 表示）有关——P 品系核染色体上的 *P* 转座子有编码转座酶的转座酶基因，质染色体上有编码抑制转座产物的抑制基因（P^+）；M 品系核染色体上没有 *P* 转座子，质染色体上也没有编码抑制转座产物的抑制基因 P^+。

现就根据上述质-核互作的观念，解释表 10-1 中 M 品系和 P 品系各种交配的结果。

先解释正、反交结果：①正交［图 10-15（a）］，P 品系（雌）×M 品系（雄）；②反交［图 10-15（b）］，P 品系（雄）×M 品系（雌）。这两个杂交子代的相同点是，都从 P 品系不同亲本的核染色体接受了 *P* 转座子（*PPP*），即实际上这两杂交子代的核基因型相同（细胞核遗传正、反交结果相同）；所不同的是，正交子代从 P 品系雌亲中还接受了质染色体抑制基因（P^+）编码的抑制蛋白，从而抑制了 *P* 转座子的转座而使杂种正常；反交子代中无转座抑制蛋白（因精子中几乎不含细胞质，第二章），使得 *P* 转座子转座而使杂种败育。

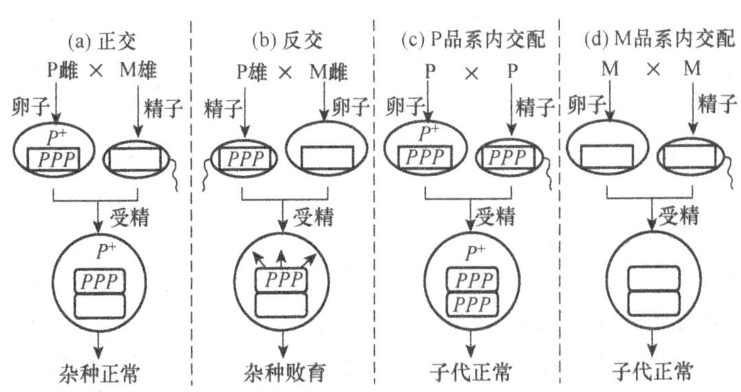

图 10-15　*P* 转座子的转座引起果蝇的杂种败育

对于 P 品系内交配，P×P 的子代属正常而未引起子代败育，可做同样解释［图 10-15（c）］：子代从双亲中虽各接受一套 *P* 转座子，但从母本细胞质中也都接受了质染色体抑制基因（P^+）编码的抑制蛋白，所以子代正常。

对于 M 品系内交配，M×M 的子代属正常而未引起败育［图 10-15（d）］，乃是因为双亲的核中既无 *P* 转座子，质中又无染色体抑制基因 P^+。

利用转座子作为标签而筛选（克隆）出有关野生型基因的方法称为**转座子标签法**（transposon tagging）。其步骤是：插入特定转座子进行基因诱变而改变有关基因的表现型后，以这一特定转座子 DNA 为探针或标签，从突变个体的基因组中筛选（克隆）出含该转座子的突变基因；再以该突变基因为探针，从野生型个体的基因组中筛选（克隆）出其野生型基因。

二、长散布核转座子

长散布核转座子（long interspersed nuclear element，*LINE*），是具有长的DNA末端重复序列和以分散分布存在于核基因组的一类反转录子。人类中最占优势的长散布核转座子是***L1*** **反转录子**（*L1* retroposon）。

图10-16所示为一完整的、长约6kb的*L1*反转录子，有一可被RNA聚合酶Ⅱ识别的启动子P，有两个称为ORF1和ORF2的可读框——前者编码一种与核酸结合的蛋白（核酸结合蛋白），后者编码一种具有核酸内切酶和反转录酶活性的蛋白质。*L1*反转录子的3′端串联AAAA（或5′端串联TTTT），是染色体DNA供*L1*反转录子转座的插入位点。人类基因组中完整的*L1*反转录子数量为3000～5000；此外，还有在5′端截短过的不完整的*L1*反转录子，其数量超过500 000，已没有转座活性或转座能力。

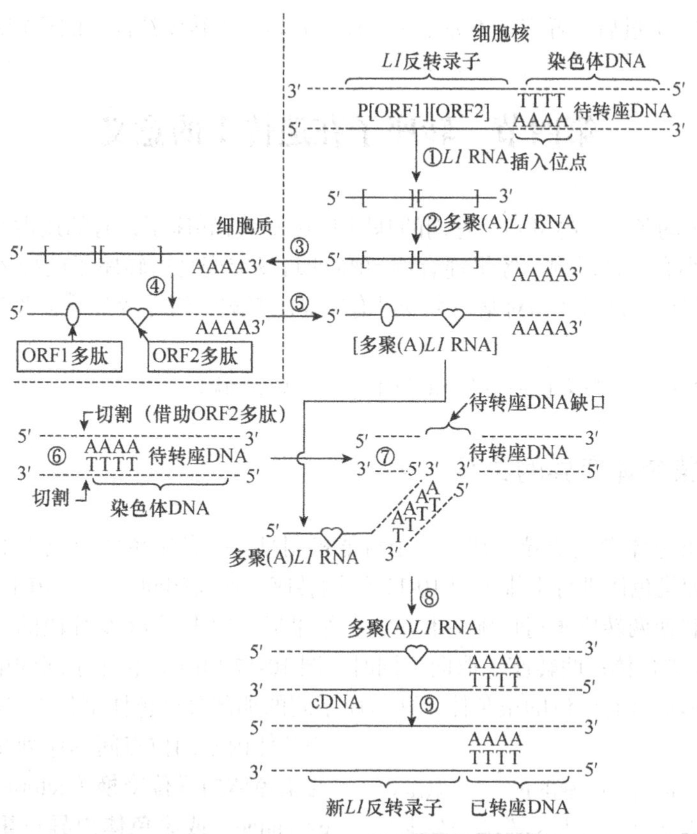

图10-16 人类*L1*反转录子的结构和转座（解释见正文）

*L1*反转录子（*L1* DNA）转座（到同一或另一染色体DNA插入位点）的具体过程是（图10-16）：①插入染色体DNA的一完整*L1*反转录子，在其启动子P的启动下（以3′→5′方向DNA为模板）在细胞核内转录成RNA——*L1* RNA；②给*L1* RNA添加poly（A）尾成“多聚（A）*L1* RNA”；③加尾后的“多聚（A）*L1* RNA”移到细胞质；④多聚（A）*L1* RNA中有

关可读框进行翻译，分别翻译成ORF1多肽和ORF2多肽，这两种多肽仍附在多聚（A）*L1* RNA上；⑤借助ORF1多肽，“多聚（A）*L1* RNA”及其产物重新移到细胞核内；⑥借助ORF2多肽（具有核酸内切酶功能），对“待转座DNA”（如该例所示，不一定是与原*L1*反转录子的同一染色体）双链插入位点的TTTT链和AAAA链的3′端，即图中的“切割”处进行切割（产生3′-OH）；⑦“多聚（A）*L1* RNA”进入待转座DNA缺口，其AAAA与（待转座DNA）插入位点的TTTT配对；⑧借助ORF2多肽（还具有反转录酶功能），以“多聚（A）*L1* RNA”为模板合成cDNA；⑨以cDNA为模板合成双链DNA，*L1*反转录子（*L1* DNA）就完成了转座。

转座的*L1*反转录子的大小，依赖于反转录酶沿着多聚（A）*L1* RNA模板所走距离的长短：如果反转录酶未能到达多聚（A）*L1* RNA的5′端，则*L1*反转录子不完整且不能继续转座；如果能到达5′端，像这里讨论的，则*L1*反转录子完整且能继续转座。

*L1*反转录子的转座可诱发被插入基因的突变。例如，*L1*反转录子插入“因子Ⅷ基因”诱发血友病，插入“抗肌萎缩蛋白基因”诱发肌营养不良。由于这些都是罕见的遗传病，因此*L1*的转座应是一罕见事件。

人类中的长散布核转座子，除*L1*反转录子外，还有反转录子*L2*（315 000拷贝）和反转录子*L3*（37 000拷贝），不过后二者都是不完整（从而也就丧失了转座活性）的反转录子。

第四节　转座子在遗传上的意义

根据上面讨论的各类生物可知：它们的基因组中都存在转座子，有的还占有相当比例；转座子对突变率的大小有明显影响，像果蝇有约50%的自发突变是由转座子的插入引起的。由于转座子在生物中分布具有普遍性和对基因突变具有明显的影响，研究者开始思考转座子在生物遗传上的地位问题。

下面依次讨论转座子与染色体变异和基因突变的关系问题。

一、转座子和染色体变异的关系

转座子可使染色体发生变异。其中一个可能机制是，一条染色体上位于不同位点的同源转座子间的互换可使染色体进行重排（图10-17）：两转座子取向相同时［图10-17（a）］，转座子间的染色体形成环状使两转座子得以配对和重组，结果形成缺失了*BCD*片段的线状染色体和缺失了*AE*片段的环状染色体；两转座子取向不同时［图10-17（b）］，转座子间的染色体弯曲进行配对和重组，结果形成具有倒位的染色体（两转座子间的那部分染色体倒位）。这两种重排都是在染色体内不同位点间的序列交换所致，所以称为**染色体内异位交换**（ectopic intrachromosomal exchange）或**染色体内异位重组**（ectopic intrachromosomal recombination）。

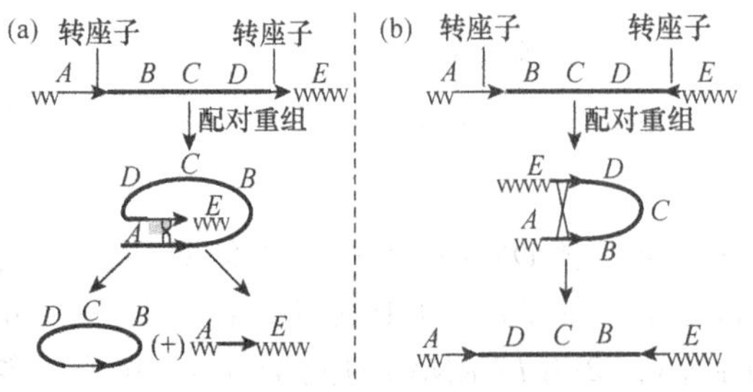

图10-17　由转座子介导的染色体内异位交换或重组

转座子可使染色体发生变异的另一个可能机制是**染色体间异位交换**（ectopic interchromosomal exchange），即不同染色体（同源或非同源）的同源转座子间的配对和重组，结果形成全新的重组产物。图10-18表示的是两姐妹染色单体的两转座子之间的染色体间异位交换或重组。

染色体间异位交换的另一个例子，是前述（第九章）的F因子插入细菌主染色体互换构成的Hfr，是通过这两环状染色体上的两*IS*转座子介导实现的。

转座子常见于基因组染色体的某些特定区域。例如，玉米转座子多集中在基因之间的DNA区，所占比例超过基因组的一半；果蝇转座子多集中在异染色质区，如着丝粒异染色质区和与染色体臂常染色质毗邻的异染色质区。但是，在这些区的许多转座子已发生突变而不再有转座功能，也未发现其他功能，即这些转座子在遗传上等价于“死亡”，而这些区相当于转座子的坟墓。

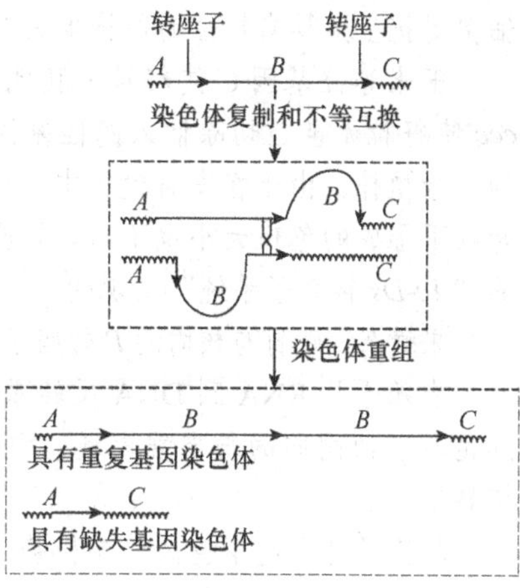

图 10-18 由转座子介导的染色体间异位交换或重组

二、转座子和基因突变的关系

许多生物的基因突变与转座子的插入有关。图 10-19 表示的是，果蝇性染色体 X 上的白眼基因座的 DNA 分子图谱（单位为千对碱基，kb）。

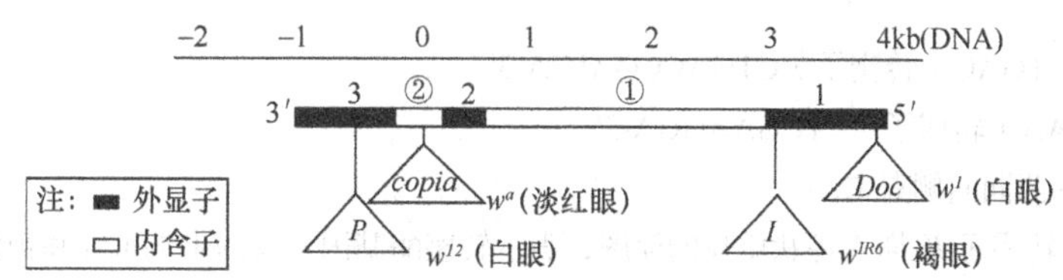

图 10-19 果蝇白眼基因座插入转座子的突变

图 10-19 中坐标位置 0 是随意给定的，其下示该基因座的外显子和内含子的位置。该基因座的一些突变基因是由于在不同位点插入了不同转座子：摩尔根发现的第一个白眼突变基因（w^1）就是转座子*Doc*（用三角形表示）插入该基因座第 1 个外显子的结果；转座子*copia*插入第②个内含子使基因突变成w^a而表现为淡红眼；转座子*P*插入第 3 个外显子使基因突变成w^{12}而表现为白眼；余类推。

本章小结

转座是遗传物质从染色体一座位转到另一座位的过程，被转座的遗传物质称为转座子。转座子可分成三大类：非复制（切割-粘贴）型转座子、复制型转座子和反转录转座子。

细菌转座子有：①插入序列（*IS*转座子），它转座时可插入细菌主染色体或质粒的许多位点而得名。其特点一般具有末端反向重复，转座时其编码的转座酶与两末端序列结合分别切割DNA双链，使转座子（*IS*）从主染色体或质粒中游离出来；靶位点的DNA双链在转座酶作用下露出两黏性末端，游离出的*IS*插入两黏性末端之间后两末端复制（靶位点复制），并与*IS*连接就实现了转座。因此*IS*属非复制（切割-粘贴）型转座子。②复合转座子（*Tn*）是两侧各有一个*IS*转座子和中间夹有对抗生素具有抗性基因的一种非复制（切割-粘贴）型转座子。由于细菌许多转座子为复合转座子，携有对抗生素具有抗性的基因，可在个体（世代）间扩散，最终几乎所有细菌对抗生素具有抗性而使抗生素对这类病原菌引起的疾病丧失疗效。

玉米等位基因 *C* 使籽粒（胚乳）有色，转座子插入其内成为隐性突变基因的同型合子胚乳 *ccc* 使籽粒无色。切除插入隐性基因中的转座子又可恢复成显性基因。因此，胚乳基因型为 *ccc* 的玉米植株，由于在发育过程中一些细胞的转座子被切除的时间不同，由它们及其子细胞在无色背景下形成的色斑大小也不同。转座子的插入和切除是通过激活转座子 *Ac* 和解离转座子 *Ds* 构成的"*Ac-Ds* 转座子系统"实现的。

果蝇杂种败育与核内的 *P* 转座子和 P 品系母本细胞质内的质基因 P^+ 有关，是质-核互作的结果。

有赖于从 RNA 到 DNA 反转录的转座子称反转录转座子。一类是类反转录病毒转座子，特点是具有两同向的长末端重复，中间为有关基因编码区。人类中的反转录转座子主要有长散布核转座子。

转座子可引起染色体变异和基因突变。

范 例 分 析

1. 一个转座子经转座后，其两端应有两同向侧翼末端，有两转座子经转座有如下序列（仅显示一条链）:

（1）5′-ATTCGCTGAC（转座子）CTGACCGATCA-3′

（2）5′-ATTCGAA（转座子）TTCGAAGGA-3′

试指出这两转座子的两同向侧翼末端。

2. 试画一细菌转座子 *IS* 插入环状质粒的简图，表示转座酶基因、反向末端重复和靶位点重复的位置。

3. 大肠杆菌两个菌株分别对链霉素和氨苄青霉素具有抗性。把它们放到一起培养，然后放到具有这两种抗生素的固态培养基中培养。培养基上出现若干菌落表明，这些细菌对链霉素和氨苄青霉素已获得双抗性。试说明产生双抗性的原因。

4. 大肠杆菌染色体的基因顺序是 **ABCDEFGH**，其中的 * 表示这两端是闭合的。该染色体有两个转座子 *IS*，分别位于基因 *C* 和 *D* 间以及 *D* 和 *E* 间；也有一个转座子 *IS* 位于该细菌的 F 质粒中。通过 F 质粒整合到染色体上选出两个 Hfr 菌株。在细菌接合期间，第一个菌株的基因转移顺序是 *DEFGHABC*，第二个菌株的基因转移顺序是 *DCBAHGFE*。为什么这两菌株的基因转移顺序不同?

5. 大肠杆菌两菌株分别对链霉素和青霉素具有抗性。这两菌株在液态培养基中培养，然后转移到含有链霉素和青霉素的固态培养基中培养。在固态培养基中出现了若干菌落，表明这些菌落对这两种抗生素具有抗性。试解释其原因。

6. 玉米基因座 *c* 的缺失突变 c^n，处于同型合子状态时产生无色籽粒；其野生型显性等位基因 *C* 使籽粒呈紫色。该基因座新鉴定的隐性突变 c^m，和缺失突变一样，产生无色籽粒。但是，当 c^mc^m 和 c^nc^n 杂交时产生的白色籽粒还带有紫色斑纹。如果已知 c^nc^n 中具有激活转座子 *Ac*，那么导致 c^m 突变最可能的原因是什么?

7. 有果蝇两品系：没有 *P* 转座子的白眼品系（M 品系），具有 *P* 转座子的野生型即红眼品系（P 品系）。如下杂交哪些可期望产生杂种败育子代?

（1）白 × 红;

（2）红 × 白;

（3）红 × 红;

（4）白 × 白。

第十一章 基因表达的调控

基因表达（gene expression）是指非编码多肽的基因转录成 tRNA、rRNA 和编码多肽的基因转录成 mRNA，并在这三者配合下翻译成多肽和最终影响到个体表现型的过程。通过这一过程，就在分子水平上建立了基因型和表现型之间的关系，这是我们在第八章已讲过的主要内容。

然而，基因表达具有选择性，要受到环境和组织类型等因素的调控。关于基因表达的选择性是如何受到调控的，下面分别对原核生物中的细菌、细菌病毒——噬菌体和真核生物进行讨论。

第一节 细菌基因表达的调控

基因表达的程度或基因活性的高低，受环境调控或影响的程度各不相同：有些基因的活性受环境的影响大，如大肠杆菌的乳糖基因，在有乳糖和无乳糖的环境中分别表现高活性和基本无活性；有些基因的活性受环境的影响小，如生物的糖酵解（个体所需能量的重要来源）基因，纵使环境变化较大也始终保持较高的活性，以便能满足个体生长发育的能量需要。

若基因的活性可受到环境的调控，则这样的基因称为**可调控基因**（regulated gene），显然这对生物节约能量有利。若基因的活性基本不受环境的影响，则这样的基因称为**组成型基因**（constitutive gene），显然这对生物维持生命有利。

为保证个体的正常生长发育，这两类基因的表达都要受到不同形式的调控。下面依次讨论细菌分解代谢和合成代谢的转录调控、翻译调控和翻译后调控。

一、细菌分解代谢基因表达的转录调控：乳糖操纵子

大肠杆菌一般能在含有一些无机盐（如氮源）和碳源（如只有葡萄糖）的简单培养基中生活。这是因为通过酶促反应，细菌利用简单培养基中的物质，能合成满足其生长繁殖需要的各种化合物。这些酶促反应需要的能量是由葡萄糖代谢提供的，而葡萄糖代谢涉及的酶是由组成型基因编码的。

（一）大肠杆菌利用乳糖的表现

如果上述培养基中的碳源不是葡萄糖而是乳糖（由两种单糖，即由葡萄糖和半乳糖构成的二糖），则细菌会合成一些分解乳糖的酶——这是因为存在乳糖时，编码这些酶的基因被活化。也就是说，只有在有关酶的底物（如乳糖）存在的条件下，有关底物的**分解代谢通路**（catabolic pathway）上编码这些酶的基因才能表达。这种由原培养基中的一种物质（如葡萄糖）被另一种物质（如乳糖）替换后而得到表达的基因称为**可诱导基因**（inducible gene），而替入的物质（底物，这里为乳糖）称为**诱导物**（inducer）。如果培养基中缺少诱导物，可诱导基因就会失活或活性很低。

当培养基中只有乳糖作为唯一碳源时，大肠杆菌有关基因经转录后可合成如下三种酶。

一是 β-乳糖通透酶。其功能是把乳糖从细胞外输送到细胞内。

二是 β-半乳糖苷酶，具有两个功能：①催化乳糖分解成同分异构体（具有相同的分子式但结构不同的物质）的半乳糖和葡萄糖；②是催化乳糖同分异构化而形成乳糖的同分异构体的异乳糖，而异乳糖在该酶催化下也形成半乳糖和葡萄糖。

在这些催化产物中，葡萄糖进入糖酵解途径（由组成型基因表达产生的酶催化）而实现分解代谢；半乳糖经一系列转化成为 1-磷酸葡萄糖后，也进入糖酵解途径而实现分解代谢；异乳糖（其含量的多少由乳糖含量的多少决定）诱导有关基因合成足够的 β-半乳糖苷酶以继续催化乳糖分解（无乳糖存在时，细菌中也有微量的 β-半乳糖苷酶，即有关基因不是完全失活）。

三是硫代半乳糖苷转乙酰酶，其功能是将乙酰辅酶 A 上的乙酰基转移到半乳糖苷上。

β-半乳糖苷酶、β-乳糖通透酶和硫代半乳糖苷转乙酰酶分别由基因 *lacZ*、*lacY* 和 *lacA* 编码。显然，这三种基因属**结构基因**（structural gene）——编码多肽中氨基酸序列的基因。生活在富有葡萄糖作为碳源的培养基的大肠杆菌，仅合成微量的上述三种酶，即编码这三种酶的三种基因的表达水平很低。

生活在只有乳糖作为碳源的培养基的大肠杆菌，合成上述三种酶的能力要比生活在只有葡萄糖作为碳源的培养基的强 1000 余倍。这是原来基本处于失活状态的这三种基因，以乳糖作为唯一碳源同时被诱导活化的结果，即同时被转录和翻译的结果。在诱导物的作用下，若干基因同时被诱导活化的现象称为**协同诱导**（coordinate induction）。在这里，直接诱导合成这三种酶的诱导物是异乳糖，并非乳糖本身，但异乳糖含量的多少是由乳糖含量的多少决定的（也是由 β-半乳糖苷酶催化的），故这三种酶的活化程度最终还是取决于乳糖的多少。

在异乳糖的诱导下，这三种结构基因表达的特点是具有极性效应和受到调控基因的调控。现分述如下。

（二）结构基因转录的极性效应

大肠杆菌利用乳糖时，其基因的表达特点基本上来自法国科学家雅各布（F. Jacob）和莫诺（J. Monod）的遗传试验。

令编码大肠杆菌 β-半乳糖苷酶、β-乳糖通透酶和硫代半乳糖苷转乙酰酶的野生型基因分别为 $lacZ^+$、$lacY^+$ 和 $lacA^+$，用突变剂处理得到相应的突变型基因分别为 $lacZ^-$、$lacY^-$ 和 $lacA^-$。用第九章所述的大肠杆菌遗传作图方法，确定这三个结构基因的顺序为 *lacZ-lacY-lacA*，且为紧密连锁。

原来认为，这些基因无义突变（产生终止密码子的突变）的转录应只影响突变基因本身的功能。但是，实际并非如此：*lacZ* 基因无义突变的转录不仅使 β-半乳糖苷酶失活，而且使 β-乳糖通透酶和硫代半乳糖苷转乙酰酶失活；*lacY* 基因无义突变的转录不仅使 β-乳糖通透酶失活，而且使硫代半乳糖苷转乙酰酶失活，但 β-半乳糖苷酶有活性；*lacA* 基因无义突变使硫代半乳糖苷转乙酰酶失活，但 β-半乳糖苷酶和 β-乳糖通透酶的活性却依然正常。也就是说，由于这三个紧密连锁基因所处的位置或极性不同，它们的无义突变具有不同的效应——处于上游的结构基因的突变失活会使其下游的结构基因失活，但处于下游的结构基因的突变失活不会使其上游的结构基因失活，就称这些结构基因具有**极性效应**（polar effect）；而上游结构基因的突变不仅引起自身失活，也引起其下游基因失活的突变称为**极性突变**（polarity mutation）。

这三个乳糖结构基因的无义突变之所以具有极性效应，是因为它们不仅紧密连锁，还只转录成一个 mRNA 分子，即只转录成一个“**多基因 mRNA**”（polygenic mRNA）分子，而不是（像真核生物那样）各结构基因各转录成一个 mRNA 分子。如图 11-1（a）所示：这三个乳糖结构基因编码的mRNA序列5′→3′方向是“5′-$lacZ^+$-$lacY^+$-$lacA^+$-3′”，且是共用一个启动子“起始”RNA聚合酶转录成含有多个基因的一个mRNA分子；翻译时，核糖体只能从含多个基因的mRNA分子的5′端插入，然后移动依次合成β-半乳糖苷酶、β-乳糖通透酶和硫代半乳糖苷转乙酰酶。

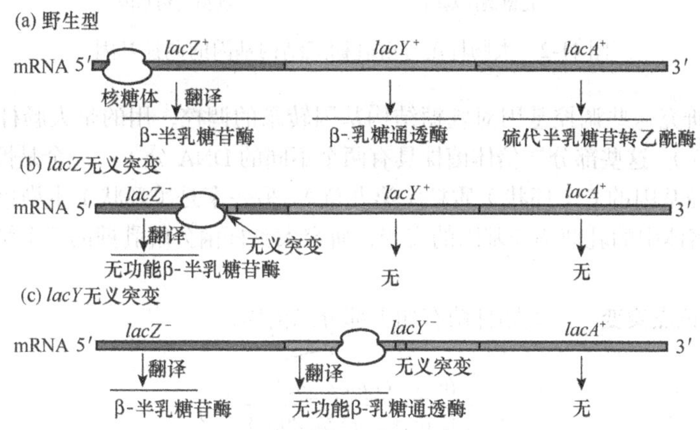

图11-1 大肠杆菌三个乳糖结构基因的多基因mRNA的翻译

乳糖Z基因的无义突变（$lacZ^-$），对含多个基因的一个mRNA分子翻译的影响如图11-1（b）所示：核糖体开始翻译并在无义突变点终止翻译（由于突变产生了提前终止子），释放出不完整的无功能β-半乳糖苷酶；然后核糖体从mRNA上脱落下来，其下游的mRNA序列不能翻译，因此不能产生β-乳糖通透酶和硫代半乳糖苷转乙酰酶。

同理可解释，为什么乳糖Y基因的无义突变（$lacY^-$），除影响β-乳糖通透酶的合成外，还影响其下游硫代半乳糖苷转乙酰酶的合成，但不影响其上游β-半乳糖苷酶的合成。这是因为核糖体从mRNA分子的5′端插入，首先合成β-半乳糖苷酶，当核糖体进入$lacY^-$翻译至其无义突变点时终止翻译，释放出不完整的无功能β-乳糖通透酶，核糖体从mRNA上脱落下来，其下游的mRNA序列也就不能翻译，即不能合成硫代半乳糖苷转乙酰酶［图11-1（c）］。

同理还可解释，为什么硫代半乳糖苷转乙酰酶基因的无义突变（$lacA^-$），只影响硫代半乳糖苷转乙酰酶的合成，但不影响其上游的β-乳糖通透酶和β-半乳糖苷酶的合成。

（三）结构基因转录受调控基因的调控

在雅各布和莫诺的一些试验里，不管是否存在乳糖，大肠杆菌都可合成这三个（野生型）结构基因的产物——三个（野生型）酶，因此可把这样的突变体称为**组成型突变体**（constitutive mutant）。

由此他们推论：之所以有组成型突变体，可能是大肠杆菌利用乳糖的三个结构基因的转录不仅具有极性效应，还受调控基因的调控——环境中没有乳糖仍能产生这三个（野生型）结构基因的产物，正是这些调控基因发生了组成型突变而丧失了调控的结果。

根据这一推想，他们果然鉴别出两个调控基因的组成型突变：一是紧靠*lacZ*基因上游的**乳糖操纵位点**（lactose operator，*lacO*）的突变，二是靠近乳糖操纵位点上游的**乳糖阻遏基因**（lactose impression gene，*lacI*）的突变［乳糖阻遏基因有时又称**乳糖调节基因**（lactose regulatory gene）］。后来，别人又发现了在乳糖操纵位点和乳糖阻遏基因间的**乳糖启动子**（lactose promotor，*lacP*）

的突变。也就是说，对乳糖结构基因进行转录调控的基因有三个：在 *lacZ* 基因上游，由近到远依次是乳糖操纵位点、乳糖启动子和乳糖阻遏基因，但 *lacI* 与 *lacP* 为非紧密连锁（图 11-2）。

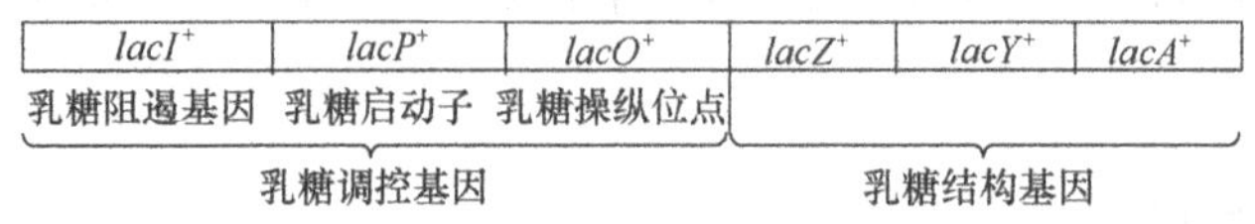

图 11-2 大肠杆菌分解乳糖三结构基因的调控基因

这些研究者研究这些调控基因对乳糖结构基因转录的调控，用的是大肠杆菌的"部分二倍体"菌株（第九章）。这些部分二倍体菌株具有两个不同的 DNA 分子：一个是恰好携有乳糖结构基因及其有关调控基因的 F′（环状）质粒（第九章），另一个是（环状）主染色体。他们是如何利用这些部分二倍体中的乳糖调控基因的突变，研究大肠杆菌分解乳糖的三个结构基因的转录被调控的呢？

1．乳糖操纵位点突变 大肠杆菌有如下部分二倍体，

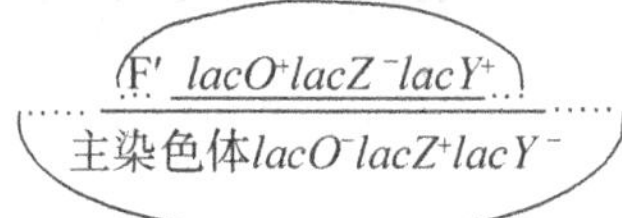

这个部分二倍体有两个环状 DNA 分子：一个为 F′——有正常的乳糖操纵位点（$lacO^+$）、突变的 β-半乳糖苷酶基因（$lacZ^-$）和正常的 β-乳糖通透酶基因（$lacY^+$）；另一个为主染色体——有突变的组成型操纵位点（$lacO^-$）、正常的 β-半乳糖苷酶基因（$lacZ^+$）和突变的 β-乳糖通透酶基因（$lacY^-$）。当然，这个部分二倍体的两（环状）DNA 分子都具有野生型启动子 $lacP^+$和硫代半乳糖苷转乙酰酶基因 $lacA^+$，未标出它们是因为其与这里讨论的问题（乳糖操纵位点突变）无关。

在存在和缺乏（异）乳糖的条件下，都对该部分二倍体是否能合成 β-半乳糖苷酶（来自主染色体的 $lacZ^+$）和 β-乳糖通透酶（来自 F′ 因子的 $lacY^+$）做了检测，其结果是：不管诱导物乳糖存在与否，该部分二倍体的大肠杆菌都能合成 β-半乳糖苷酶，但只有把乳糖（产生异乳糖）加入培养基时，才能合成 β-乳糖通诱酶。这一结果说明：与 $lacO^-$位于同一染色体的 $lacZ^+$基因是组成型表达（即不管诱导物存在与否，该基因都表达），而与 $lacO^-$位于不同染色体的 $lacY^+$基因是在进行正常的可诱导表达（即该基因在无诱导物时不表达，在有诱导物时表达）。也就是说，$lacO^-$的突变效应只影响位于同一染色体（同一 DNA 分子）上的结构基因，而对其他染色体上的基因没有控制作用；与 $lacO^-$一样，$lacO^+$也只控制同一染色体上的结构基因，而对位于其他染色体上的基因没有控制作用。一个基因或位点（这里为乳糖操纵位点 *lacO*），只控制同一个 DNA 分子上的其他基因（即与这些基因处于顺式构型或同一染色体上的位点或基因），而未跨越去控制另一染色体或另一 DNA 分子上其他基因进行转录表达的现象称为**顺式显性**（*cis*-dominance）。这里的"*cis*"有"同一、未跨越"之意。

既然上述部分二倍体中的乳糖操纵位点呈现顺式显性，就说明这一乳糖操纵位点未编码任何可扩散的产物，因为如果编码了可扩散的产物（如某种蛋白或酶），则处于二倍体状态的个体 $lacO^+/lacO^-$，必然可以控制同一个体的不同染色体上结构基因的转录。

2．乳糖启动子突变 大肠杆菌有如下部分二倍体，

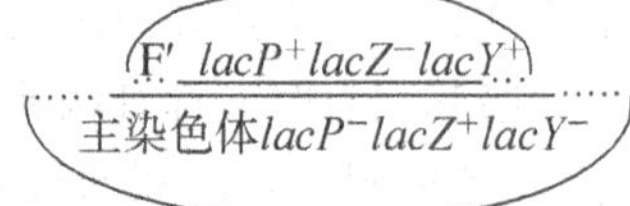

在存在和缺乏（异）乳糖的条件下，也对该部分二倍体能否合成β-半乳糖苷酶和β-乳糖通透酶做了检测。其结果是：不管诱导物乳糖存在与否，该部分二倍体都能合成β-半乳糖苷酶，只有把乳糖（产生异乳糖）加入培养基时才能合成β-乳酸通透酶。这一结果也同样说明：与 $lacP^-$ 位于同一染色体的 $lacZ^+$ 基因是组成型地进行转录表达，而与 $lacP^-$ 位于不同染色体的 $lacY^+$ 基因是在进行正常的可诱导表达。也就是说，$lacP^-$ 的突变效应，也和 $lacO^-$ 的突变效应一样，只影响位于同一染色体上结构基因的转录，而对其他染色体上基因的转录没有控制作用，即乳糖启动子控制基因的转录也为顺式显性。

3. 乳糖阻遏（或调节）基因突变 大肠杆菌有如下部分二倍体，

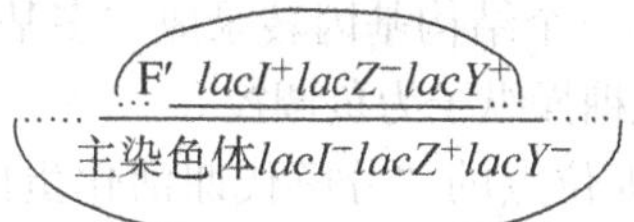

这一部分二倍体的两（环状）染色体上都有正常的启动子 $lacP^+$ 和正常操纵位点 $lacO^+$（未标出它们，其与这里讨论的问题无关）。与刚才一样，在存在和缺乏乳糖的条件下，对该部分二倍体的各结构基因的转录表达情况做了检测。其结果是：缺少乳糖时，既没有产生β-半乳糖苷酶，也没有产生β-乳糖通透酶；存在乳糖时，这两种酶都产生了。换句话说，这两结构基因的转录表达都是可（被乳糖）诱导。这意味着，大肠杆菌中一DNA分子的阻遏基因 $lacI^+$ 通过其产生的扩散物（如某种蛋白），可以克服另一DNA分子的 $lacI^-$ 突变的缺陷，即一个DNA分子上的基因（如 $lacI^+$）通过其产物可影响另一DNA分子基因（如 $lacZ^+$）转录的现象称为**反式显性**（*trans*-dominant）。这里的“*trans*”有“非同一、跨越”之意。

总体来说，与利用乳糖有关的基因有乳糖阻遏或调节基因 *lacI*、乳糖启动子 *lacP*、乳糖操纵位点 *lacO*、β-半乳糖苷酶基因 *lacZ*、β-乳糖通透酶基因 *lacY* 和硫代半乳糖苷转乙酰酶基因 *lacA*。其中启动子、操纵位点和三个结构基因紧密连锁，统称为**乳糖操纵子**（lactose operon）；乳糖阻遏基因或调节基因（*lacI*）在启动子上游，二者为非紧密连锁。

（四）乳糖操纵子模型

在以上研究的基础上，雅各布和莫诺以及其他研究者，为说明乳糖调控因子（调节基因、启动子和操纵位点）是如何调控三个结构基因的转录而影响乳糖代谢的，提出了如图11-3的**乳糖操纵子模型**（lactose operon model），其要点是：乳糖操纵子中的控制因子（启动子和操纵位点）与三个结构基因是紧密连锁且顺序是“*lacP-lacO-lacZ-lacY-lacA*”，其上游还有与其非紧密连锁的调节基因或阻遏基因（*lacI*）。

下面就野生型大肠杆菌分别以无乳糖、乳糖为唯一碳源或葡萄糖和乳糖共存时，调节基因（*lacI*）、启动子（*lacP*）和操纵位点（*lacO*）是如何对乳糖分解代谢三个结构基因的转录进行调控的进行概述。

1. 无乳糖 在野生型大肠杆菌，调节基因 $lacI^+$ 组成型地表达，即不管环境中是否存在乳糖，该基因都产生阻遏蛋白。

无乳糖时［图11-3（a）］，阻遏蛋白与操纵位点

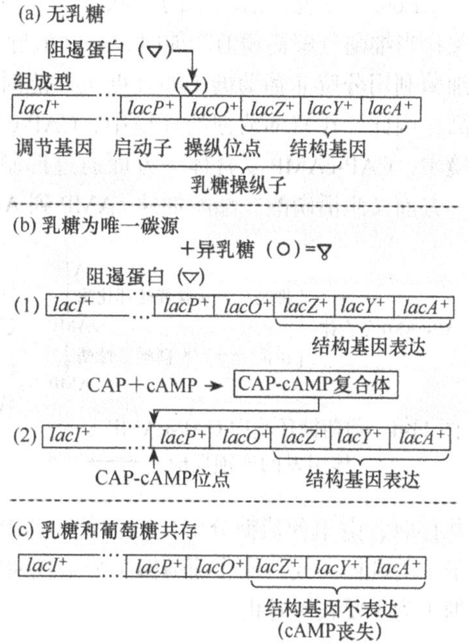

图11-3 乳糖操纵子的负调控和正调控

lacO 结合，其结果是使 RNA 聚合酶与启动子 *lacP* 不能结合，从而不能启动结构基因的转录，也就不能合成三个结构基因的“多基因 mRNA”和相应的三种酶，即乳糖分解代谢的三个结构基因不表达。显然，无乳糖时，阻遏蛋白对乳糖操纵子的调控为负调控。

2. 乳糖为唯一碳源 当乳糖作为大肠杆菌的唯一碳源时［图 11-3（b）］，有两条途径促进结构基因的转录。

一条途径是，受调节基因 *lacI*$^{+}$组成型地产生阻遏蛋白的调控［图 11-3（b）（1）］。由于阻遏蛋白与异乳糖（由乳糖产生）的结合能力要比阻遏蛋白与操纵位点的结合能力强，因此游离的阻遏蛋白不仅与异乳糖结合，就是与操纵位点结合的阻遏蛋白也会脱落下来与异乳糖结合。这时启动子 *lacP* 就可启动 RNA 聚合酶将三个结构基因转录成“多基因 mRNA”，进而合成相应的酶而得到表达。显然，阻遏蛋白对于乳糖操纵子为负调控。

另一条途径是，受非乳糖操纵位点的“分解代谢活化蛋白基因”（catabolite activator protein gene，*cap*）的调控［图 11-3（b）（2）］。在环境中无葡萄糖时，大肠杆菌 *cap* 基因（图中未显示）编码的分解代谢活化蛋白 CAP（是细菌中一个典型的转录调控蛋白）与 cAMP（环状一磷酸腺苷酸）结合形成的 CAP-cAMP 复合体，与启动子内的“CAP-cAMP 位点”结合可大大加速乳糖操纵子中结构基因的解旋，从而可大大增加 RNA 聚合酶对三个结构基因的转录活性。显然，CAP-cAMP 复合体对于乳糖操纵子为正调控。

总体来说，以乳糖为唯一碳源时，大肠杆菌通过阻遏蛋白对乳糖操纵子的负调控和 CAP-cAMP 复合体对乳糖操纵子的正调控，共同促进了乳糖操纵子中结构基因的转录。但是，正调控的效率要远远超过负调控的效率，约为负调控的 50 倍。

3. 葡萄糖和乳糖共存 环境中葡萄糖（单糖）和乳糖（二糖）共存时，大肠杆菌首先利用葡萄糖，只有当乳糖作为主要能源时才利用乳糖［图 11-3（c）］。能源的这一利用方式显然具有进化意义，因为作为能源，葡萄糖比乳糖更有效：作为二糖的乳糖，大肠杆菌利用前必须耗能把它分解成单糖——葡萄糖和半乳糖；分解成的半乳糖，还得耗能转化成葡萄糖。

这两种糖共存时，大肠杆菌首先利用葡萄糖是如何发现的呢？1965 年，马盖索尼（B. Magasoni）发现，细菌中的环状一磷酸腺苷酸（cAMP）含量与葡萄糖分解代谢的阻遏作用有关：当细菌分解葡萄糖产能时，一磷酸腺苷酸（AMP）的合成少于分解而使 AMP 含量降低；当细菌利用分解非葡萄糖（如乳糖）产能时，腺苷酸环化酶就使 ATP 转换成 cAMP 而使后者含量高。因此，在有葡萄糖的环境中，CAP-cAMP 复合体有如图 11-4 的连锁反应：在有葡萄糖的环境中，CAP-cAMP 复合体一方面通过抑制腺苷酸环化酶抑制 ATP 到 cAMP 转化的酶促反应，另一方面又激活磷酸二酯酶加速 cAMP 到 AMP 转化的酶促反应，在这两方面的综合作用下就导致了 cAMP 含量急剧下降。其结果是，虽然存在乳糖，由于缺少 cAMP 就依次产生如下连锁反应：CAP 不能形成 CAP-cAMP 复合体；没有这一复合体与启动子的“CAP-cAMP 位点”接合，乳糖操纵子 DNA 就难以解旋；乳糖操纵子 DNA 难以解旋，就几乎不能使乳糖分解代谢的三个结构基因进行转录和表达。

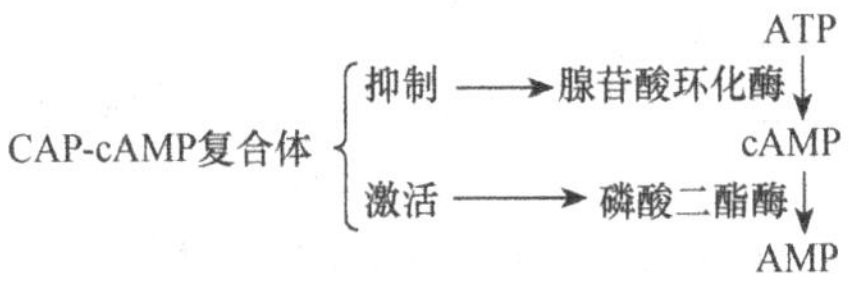

图 11-4 葡萄糖环境中 CAP-cAMP 复合体引发的连锁反应

因此，在葡萄糖和乳糖（或其他非葡萄糖的糖类）共存时，由于葡萄糖分解代谢促使 cAMP 缺少，就转向阻遏乳糖操纵子（或其他非葡萄糖操纵子）的乳糖（或其他非葡萄糖）分解代谢的结构基因的转录，直至环境中以乳糖（或其他非葡萄糖）为主要碳源时止。

二、细菌合成代谢基因表达的转录调控：色氨酸操纵子

与细菌分解代谢一样，细菌合成代谢在合成某一氨基酸途径上的每一步骤都是由一特定的酶催化的，而特定的酶又是由特定的基因编码的。

当环境中存在某一氨基酸时，在生物合成这一氨基酸途径上的所有酶会失活。这是由于在环境中存在某一氨基酸时，编码这些酶的基因不表达。

但是，在细菌生长环境中，就像葡萄糖作为细菌碳源总会有缺少的时候，为合成细菌蛋白质所需要的氨基酸也会有缺少的时候。当环境中缺少了某一氨基酸时，细菌就会利用合成这一氨基酸的操纵子和其他基因系统合成这一氨基酸，进而合成一定的蛋白质，以保障细菌生长和繁殖的需要。

对乳糖操纵子，是把一化学物质——乳糖加到细菌生长环境中时，就诱导了有关基因的活性以分解乳糖；但生物合成氨基酸的情况恰好相反，是把一化学物质——某一氨基酸加到细菌生长环境时，就阻遏了合成这一氨基酸的**合成代谢通路**（anabolic pathway）上有关基因的活性。由于加入乳糖可诱导乳糖分解代谢的乳糖操纵子称为**可诱导操纵子**（inducible operon），因此加入某一氨基酸可阻遏相应氨基酸生物合成的操纵子就称为**可阻遏操纵子**（repressible operon）。

大肠杆菌中广泛研究的一个可阻遏操纵子，就是生物合成色氨酸的**色氨酸操纵子**（tryptophan operon，*trp* operon）。

（一）色氨酸操纵子的基因组成

在大肠杆菌合成色氨酸的途径中，图 11-5 指出了色氨酸操纵子的结构基因和控制位点间的关系。色氨酸操纵子包括 5 个结构基因（*trpA*～*trpE*）、一个操纵位点 *trpO* 和一个启动子 *trpP*，后二者位于 *trpE* 基因上游并紧密靠在一起；在 *trpE* 基因和操纵位点 *trpO* 之间是一个**先导区**（leader region，*trpL*），共有 162bp；在靠近 *trpE* 基因的先导区内有一转录终止位点——**衰减子**（attenuator，*att*），对色氨酸操纵子的调控起着重要作用；在远离启动子的上游还有一调节基因 *trpR*。

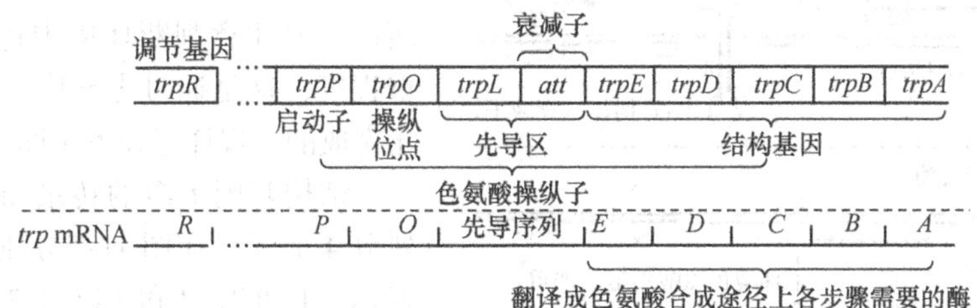

图 11-5　大肠杆菌的色氨酸操纵子

色氨酸操纵子全长约 7000bp，转录出含多个基因（共 5 个结构基因）的一条 mRNA 链（*trp* mRNA），由这条链可翻译出合成色氨酸途径中各步骤所需要的多种酶。

（二）色氨酸操纵子的转录调控机制

调控色氨酸操纵子的转录有两种机制：阻遏机制和衰减机制。

1. 阻遏机制　色氨酸操纵子的调节基因与乳糖操纵子的调节基因类似，也是组成型基因，即不管环境中色氨酸充足与否，都可表达产生阻遏蛋白。

如果环境中色氨酸充足，依次延续如下过程（图 11-6）：阻遏蛋白与色氨酸结合成“阻遏蛋白-色氨酸复合物”（使阻遏蛋白异构化）→该复合物与操纵位点（*trpO*）结合→RNA 聚合酶不能越过操纵位点→各结构基因不能转录→阻遏色氨酸的合成。这就是调控色氨酸操纵子结构基因表达的**阻遏机制**（repression mechanism）。

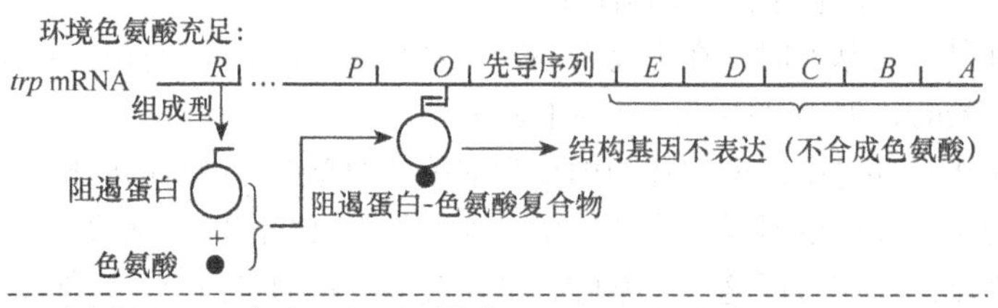

图 11-6 色氨酸操纵子调控的阻遏机制（色氨酸充足）

2. 衰减机制 如果环境中色氨酸不足，依次延续如下过程：阻遏蛋白不仅不能结合成“阻遏蛋白-色氨酸复合物”，还解除原来已有的“阻遏蛋白-色氨酸复合物”→没有“阻遏蛋白-色氨酸复合物”与操纵子的操纵位点（*trpO*）结合（解除阻遏蛋白对色氨酸操纵子的阻遏）→RNA 聚合酶越过操纵位点→启动色氨酸操纵子的转录进入衰减机制。

衰减机制的任务是：判断环境中色氨酸的不足严重到了什么程度——是严重到个体从环境中不能获得色氨酸，所需色氨酸必须自身合成呢？还是并非严重，所需色氨酸仍可从环境中获得而不必自身合成呢？

要理解衰减机制对完成这一任务的过程，一要注意原核生物细菌的转录和翻译是同时或耦联进行的，即进行翻译的核糖体总是紧跟在进行转录的 RNA 聚合酶的后面；二要注意判断环境中色氨酸不足的严重程度，这是通过先导序列 mRNA 的异构化完成的。现详述如下（图 11-7）。

图 11-7 色氨酸操纵子先导序列的结构和衰减机制（Pierce，2014）

结构基因上游的转录 mRNA 的先导序列分 4 个区，在图 11-7 分别用 1、2、3、4 表示。1 和 2、2 和 3 以及 3 和 4 的碱基分别互补，可分别配对形成发夹或茎-环结构的异构体；其中 3 和 4 的发夹异构体（3/4 异构体）实际是不依赖 ρ 因子的转录终止子（第八章），而 2/3 异构体是反终止子（使转录得以延续）。但是，转录时实际能形成哪个异构体，依赖于先导序列区 1 能否合成完整的称为先导肽的多肽（共有 14 个氨基酸残基），而完整的先导肽的合成又依赖于环境中色氨酸不足的严重程度。所以，最终是环境中色氨酸不足的严重程度决定了色氨酸操纵子的结构基因是否表达：非严重不足，不表达，不合成色氨酸；严重不足，表达，合成色氨酸。

只要阻遏机制显示环境色氨酸不足时，RNA 聚合酶就以色氨酸操纵子的 DNA 模板链为模板，沿着 DNA 开始转录产生 1 区 mRNA［图 11-7（a）］。随该酶后面的一个核糖体进入 mRNA 开始翻译先导肽；与此同时，RNA 聚合酶转录出区 2［图 11-7（b）］。虽然区 1 和区 2 的 mRNA 互补，但因核糖体正在翻译区 1 而使区 1 受到部分覆盖，所以这两区的碱基不能配对。当 RNA 聚合酶开始转录区 3 时，核糖体还在翻译区 1［图 11-7（c）］。处于区 1 的核糖体到达两个色氨酸密码子 UGG 和 UGG 时，可发生如下两种情况。

情况 1——如果由阻遏机制显示环境色氨酸的不足还不严重，个体从环境中还能获得色氨酸，即 mRNA 上两个色氨酸密码子在编码先导肽链时还能从环境中获得"色氨酸-tRNA"，使转录和翻译可同步进行。当核糖体通过区 1 进入区 2 时，它覆盖部分区 2［图 11-7（d）］；在此期间，RNA 聚合酶完成了区 3 的转录——虽然区 2 和区 3 互补，但因区 2 部分受到核糖体的覆盖，所以不能与区 3 配对。RNA 聚合酶沿 DNA 继续前进，最终转录出区 4；由于区 4 和区 3 互补，又由于区 3 不能和区 2 配对，因此区 3 和区 4 配对形成 3/4 异构体——提前终止转录的"终止子"或**衰减子**（attenuator）使 RNA 聚合酶与 DNA 分离而不能进入结构基因转录区，使转录不能得以延续，从而不能合成色氨酸，所需色氨酸仍可继续从环境中获得和使环境中的色氨酸浓度不断衰减。随后，mRNA 降解。

情况 2——当环境色氨酸浓度衰减到不足以满足个体需要时，RNA 聚合酶还以色氨酸操纵子的 DNA 模板链为模板，沿着 DNA 开始转录产生 1 区 mRNA［图 11-7（e）］。随该酶后面的一个核糖体依然进入 mRNA 开始翻译先导肽；与此同时，RNA 聚合酶转录出区 2［图 11-7（f）］。由于环境中色氨酸严重不足，核糖体停留在区 1 的色氨酸密码子处不能获得"色氨酸-tRNA"，也就不能继续翻译；所以，当转录出区 3 时，区 2 没有被核糖体覆盖［图 11-7（g）］。由此，导致产生这两区的互补碱基配对而形成 2/3 异构体——**反终止子**（antiterminator）；这一称谓，是因为它未终止 RNA 聚合酶进入结构基因的继续转录［图 11-7（h）］，即可合成色氨酸以满足个体之所需。

可见，细菌通过色氨酸操纵子对色氨酸合成调控的两机制中，阻遏机制是一种"预警调控"，预警环境中色氨酸已处于不足状态（尽管还可从环境中获得）；衰减机制是一种"检测-启动调控"——检测环境中色氨酸不足的严重程度，只要严重到从环境中不能获得色氨酸，就启动色氨酸合成，以满足个体生长和繁殖所需。

如果合成的色氨酸浓度足够高，阻遏蛋白又与色氨酸结合成"阻遏蛋白-色氨酸复合物"，色氨酸操纵子又会启动阻遏机制，对色氨酸的合成进入新一轮调控。

大肠杆菌其他的氨基酸操纵子，如苏氨酸操纵子和苯丙氨酸操纵子等，在相应的氨基酸合成过程中，都有与色氨酸操纵子类似的调控系统。但组氨酸操纵子和亮氨酸操纵子调控相应的氨基酸合成时，没有阻遏机制，完全由衰减机制调控。

三、细菌基因表达的翻译调控

细菌控制分解代谢和合成代谢的基因表达调控，在转录和翻译时是耦联的，似乎有转录就必有翻译；实际上，这类调控虽主要在转录水平进行，但也可在翻译水平进行。如前所述，细菌的一个 mRNA 分子往往是多基因的，即含有多个基因的编码序列——大肠杆菌乳糖操纵位点转录后的一个 mRNA 分子，含有编码 β-半乳糖苷酶、β-乳糖通透酶和硫代半乳糖苷转乙酰酶的核苷酸序列，即转录时这些基因为共转录。在理论上，经翻译后，这三种产物的分子数似应相等；但实际并不相等，在以乳糖作唯一碳源时，β-半乳糖苷酶、β-乳糖通透酶和硫代半乳糖苷转乙酰酶的分子数比例约为 3000∶1500∶600＝1∶0.5∶0.2。显然，这一差异是通过翻译调控实现的。

在翻译水平上，细菌基因表达调控的可能机制：一是已知不同基因起始翻译时的效率不同。例如，一个 mRNA 分子合成β-半乳糖苷酶、β-乳糖通透酶、硫代半乳糖苷转乙酰酶的效率依次约为 1∶0.5∶0.2，这说明在翻译过程中核糖体脱离 mRNA 的概率是依次增加的。二是 mRNA 分子一些特定区具有不同的降解速率。例如，业已发现，乳糖通透酶基因的 mRNA 要比β-半乳糖苷酶基因的 mRNA，更易受到内切酶的切割而不能翻译。

四、细菌基因表达的翻译后调控

当生物合成通路的末端产物足够多时，末端产物往往会通过**反馈抑制**（feedback inhibition）或**末端产物抑制**（end-product inhibition）使其通路的第一个酶受到抑制而终止合成。

大肠杆菌的色氨酸生物合成通路是反馈抑制的例子。末端产物——色氨酸足够多时，该产物就会与其通路的由 *E* 基因（图 11-6）编码的第一个酶——邻氨基苯甲酸酯合成酶结合而丧失活性，就阻止了色氨酸的合成。这是因为邻氨基苯甲酸酯合成酶除有其底物（邻氨基苯甲酸酯）结合位点外，还有与其末端产物——色氨酸的结合位点（图 11-8）。

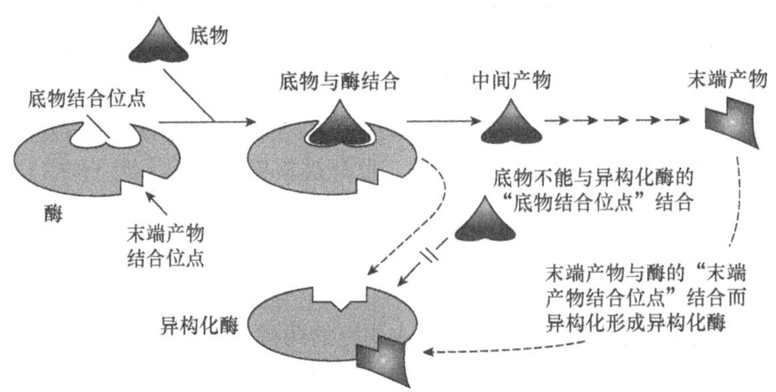

图 11-8 细菌基因表达的翻译后调控——末端产物抑制（Snustat and Simmons，2012）

当末端产物足够多时，就会与其合成通路的第一个酶结合，使该酶异构化形成异构化酶而不能再与底物结合，从而实现了基因表达的翻译后调控。

第二节 细菌病毒——λ噬菌体基因表达的调控

到目前为止，我们只涉及细菌对一些特定物质的分解或合成时的基因调控。下面简要讨论细菌病毒——λ噬菌体整个基因组的基因，在其生活周期中的表达是如何受到调控的。

λ噬菌体属温和噬菌体，即可以通过溶源途径和裂解途径感染其宿主（大肠杆菌）分别进入溶源周期和裂解周期。λ噬菌体的 DNA 为线性双链，但由于其 5′端和 3′端含有单链的 12 个互补碱基的黏性末端位点（cohesive end site，cos）或柯斯末端位点（cos），因此注入细菌时就由线状双链形成环状双链（第九章）。

λ 噬菌体进入细菌后是进入溶源周期还是裂解周期，由其所处的环境条件决定。下面讲 λ 噬菌体基因组的基因表达是如何受到调控的。

一、溶源周期中基因表达的调控

λ 噬菌体在感染大肠杆菌后和进入溶源周期或裂解周期前，首先表达的基因虽有多个，但最为重要的只有两个——*cI* 基因和 *cro*（control of repressor & other things）基因，*PcI* 是 *cI* 基因的启动子，*Pcro* 和 *Ocro* 分别是 *cro* 基因的启动子和操纵位点；它们在噬菌体 DNA 中的排列顺序如图 11-9 和图 11-10 所示。

被 λ 噬菌体感染的大肠杆菌处于不利的生存环境（如营养缺乏）时，λ 噬菌体进入溶源周期的非繁殖状态。进入溶源周期时，在菌内首先表达的基因是 *cI*，表达产物是 cI 蛋白（图 11-9 和图 11-10）。cI 蛋白的作用有三：一是与基因 *cI* 的启动子 *PcI* 作用而促进基因 *cI* 转录以产生更多的 cI 蛋白；二是使各溶源基因（如重组整合基因）表达进入溶源周期；三是与 *cro* 基因的启动子 *Pcro* 作用来阻止 *cro* 基因的表达，以阻止噬菌体进入裂解周期。

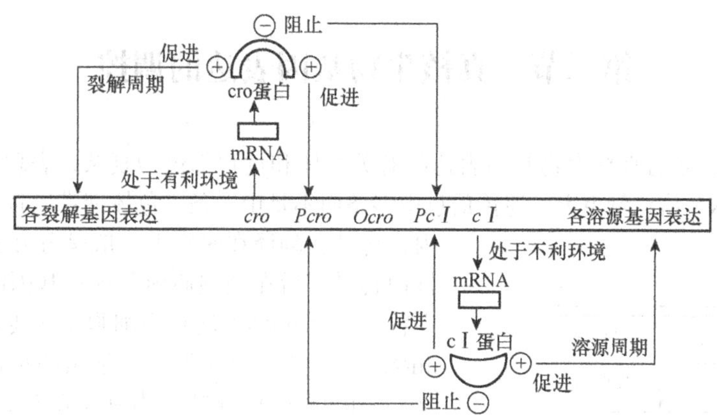

图 11-9　λ噬菌体基因表达的调控

进入溶源周期后，是各溶源基因（即各重组、整合基因）表达，使 λ 噬菌体的基因组以原噬菌体的形式整合到大肠杆菌基因组内，其基因组随着大肠杆菌的繁殖而得到复制（图 11-9 和图 11-10）。

二、裂解周期中基因表达的调控

被 λ 噬菌体感染的大肠杆菌处于有利的生存环境（如营养丰富）时，λ 噬菌体进入裂解周期以进行繁殖。为进入裂解周期，在菌内首先表达的基因是 *cro*，表达产物是 cro 蛋白（图 11-9 和图 11-10）。该蛋白的作用也有三：一是与 *cro* 基因的启动子 *Pcro* 作用，促进基因 *cro* 转录以产生更多的 cro 蛋白；二是与 *cI* 基因的启动子 *PcI* 发生作用，阻止 *cI* 基因的表达，从而阻止噬菌体进入溶源周期；三是使细菌裂解、合成噬菌体头尾部的基因表达进入裂解周期而繁殖 λ 噬菌体（图 11-9 和图 11-10）。图 11-10 为 λ 噬菌体环状和线状基因组及基因表达顺序。

由上述讨论可知，λ 噬菌体进入大肠杆菌后，在一定的环境条件下进入溶源周期或裂解周期，是其基因组选择性地有序表达的结果。

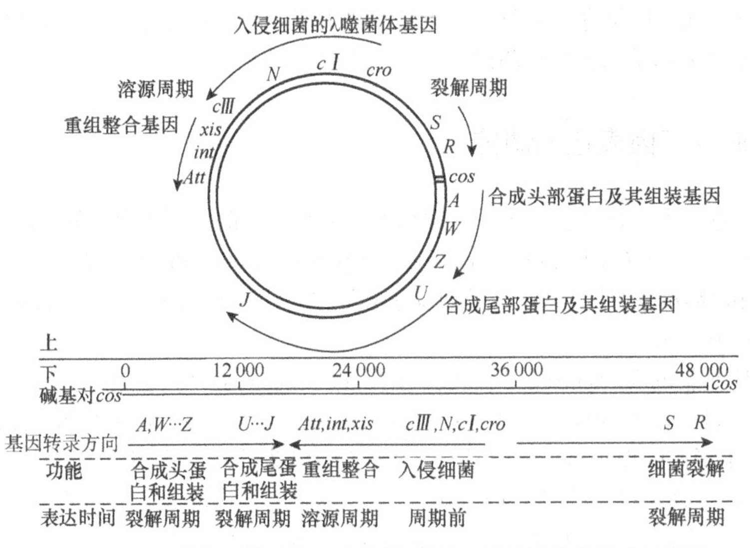

图 11-10 λ噬菌体环状（上）和线状（下）基因组及基因表达顺序

第三节 真核生物基因表达的调控

与细菌相比，参与真核生物基因表达的有关实体和过程都更为复杂，表现在（图 11-11）：真核生物中的 DNA 信息量更大；遗传信息由多条而不是由一条染色体携带，且多集中在细胞核内；转录和翻译在时空上一般是分开的，即先在细胞核内转录，后在细胞质内翻译；基因的（初级）转录产物，如前-mRNA 转移到细胞质前要进行加工剪接；mRNA 的半寿（衰）期要比细菌的长得多（细菌已转录的 mRNA 在数分钟之内就会降解，而真核生物的 mRNA 可以从亲代传到子代）。

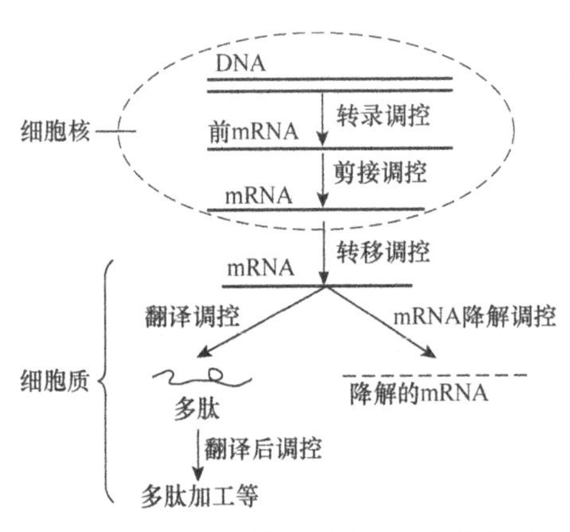

图 11-11 真核生物基因表达的调控水平

由于这些复杂性，在真核生物基因表达的转录调控、转录后调控、翻译调控的过程中，就可在更多水平上进行。现依次讨论这些调控水平。

一、转录调控

转录调控（transcriptional regulation）有两层意思：一是调控转录基因是否起始转录；二是在起始转录的情况下，调控转录基因的转录速度。

真核生物的转录调控主要是通过顺式应答元件和反式应答因子的共同作用实现的。为此，先解释有关概念。

顺式应答元件（*cis*-response element）也称**顺式作用元件**（*cis*-acting element），是指紧靠结构基因转录起始位点（用+1 表示）上游的、对同一 DNA 分子结构基因进行转录的“起始”或“启动”起着重要作用的非编码 DNA 序列。由于这些非编码 DNA 序列常与具有特定功能的基因呈顺式连锁在一起，因此称顺式应答元件或顺式作用元件。这一元件主要包括启动子和增强子[图 11-12（a）]。

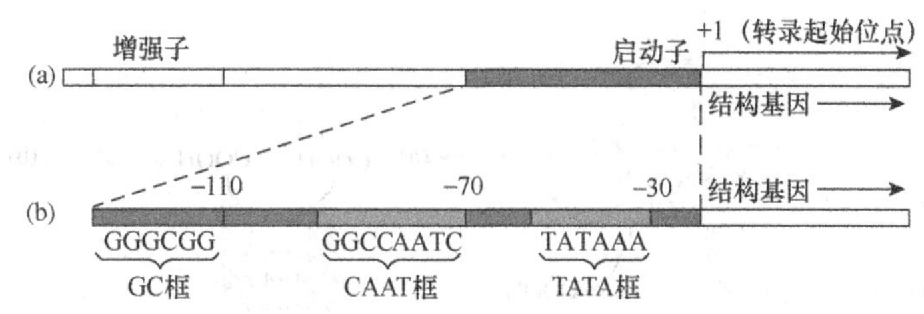

图 11-12 真核生物典型的转录调控区

启动子（promoter）是决定 RNA 聚合酶启动“转录起始”和“转录速度”的重要元件或“开关”，其内有一些共同序列，如 TATA 框、CAAT 框和 GC 框［图 11-12（b）］；TATA 框在结构基因上游距转录起始位点约 30bp，用“−30”表示，余类推。如果这些框的碱基发生变化，就可能终止转录或产生不正常转录产物。例如，人类地中海贫血病就是由于 β-珠蛋白基因启动子中的 TATA 框发生了突变。

增强子（enhancer）是增强启动子对结构基因的转录。它可远离结构基因的转录起始位点，多具有回文结构（第十三章）。

反式应答因子（*trans*-response factor）也称**反式作用因子**（*trans*-acting factor），是指距结构基因较远的一些基因（不一定与结构基因是同一 DNA 分子）编码的转录调控蛋白与 DNA 各顺式应答元件结合后可对结构基因的转录进行调控。

目前分离、纯化的反式应答因子或转录调控蛋白已达数百种，它们在结构上至少有两个**蛋白质结构域**（protein domain）或两个蛋白质位点与之功能相适应：一个是与 DNA 顺式应答元件结合而影响有关基因表达的 **DNA 结合结构域**（DNA-binding domain）；另一个是与其他转录因子或 RNA 聚合酶相结合后，能使后者具有转录活化功能的**转录活化结构域**（transcription-activating domain）。

下面列举反式应答因子中的几种 DNA 结合结构域的结构。

一是**螺旋-转角-螺旋**（helix-turn-helix）结构。这是最早发现的一类反式应答因子或转录调控蛋白，由三个 α 螺旋和相邻螺旋间通过转角多肽连接而成［图 11-13（a）］。研究表明，这类转录调控蛋白，是借其带有羧基端的 α 螺旋与特定的 DNA 大沟（第八章）相结合，从而可识别和稳定特定的 DNA 序列［图 11-13（b）］。

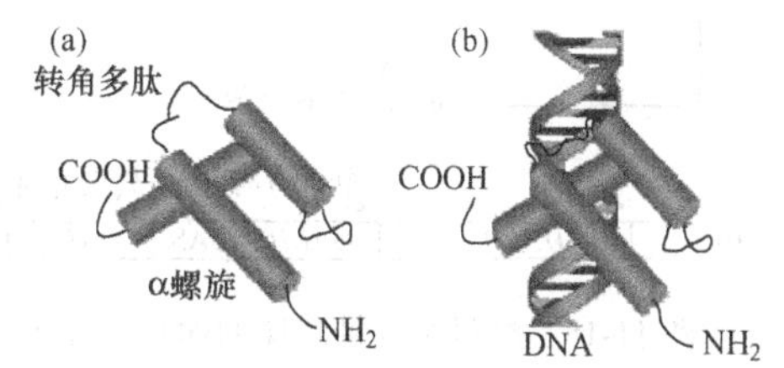

图 11-13 螺旋-转角-螺旋结构及其与 DNA 的结合

二是**锌指**（zine finger，图 11-14）结构。这类反式应答因子（多肽）的氨基酸残基与锌离子结合后使肽链折叠成指状，故名。例如，调控蛋白 TFⅢA 由 9 个相同的半胱氨-组氨锌指连接而成，每个锌指都可插入 DNA 大沟而与一定的 DNA 序列结合。

三是亮氨酸拉链（leucine zipper）结构，由两条对应的肽链构成 DNA 结合结构域的二聚体（图 11-15）：其中每一肽链的结构域由 30 多个氨基酸残基组成，图上部的圆柱形为多肽的 α 螺旋，由于多肽中亮氨酸（L）的疏水作用，两条多肽的相应部分平行地结合在一起而形成拉链状；在肽链的 N 端各有一碱性区，是与一定 DNA 序列相结合的部位。

真核生物的转录调控，基本上是通过 DNA 的顺式应答元件和一些基因（不一定与结构基因是同一 DNA 分子）编码的转录调控蛋白——反式应答因子的相互作用实现的。

下面要说明，上述的顺式作用元件和反式应答因子，是如何对单细胞真核生物的酵母（2*n*=

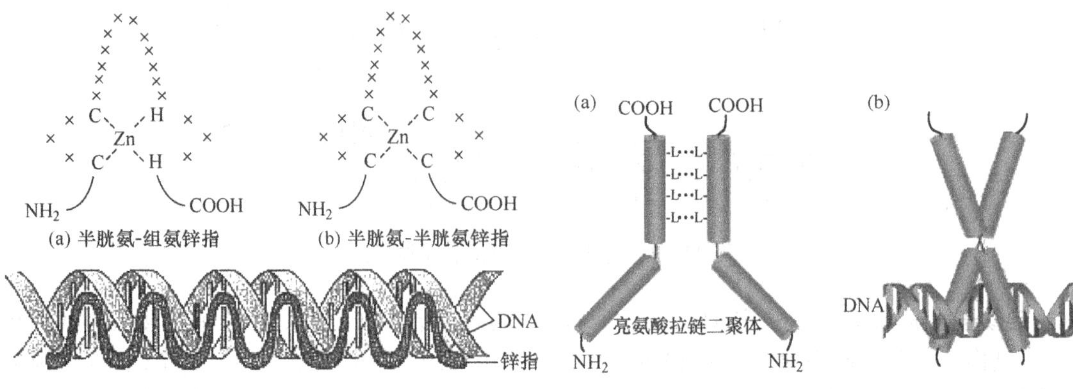

图 11-14　锌指结构（C，半胱氨酸；H，组氨酸；×，其他氨基酸）及其与 DNA 结合

图 11-15　亮氨酸拉链二聚体［(a)］及其与 DNA 的结合［(b)］

32）半乳糖代谢的转录进行调控的。

与原核生物细菌的乳糖操纵子一样，真核生物酵母细胞中半乳糖的多少决定了半乳糖代谢通路上各基因的表达水平：无半乳糖时，有关基因基本不表达；有半乳糖和无葡萄糖时，有关基因被诱导表达。

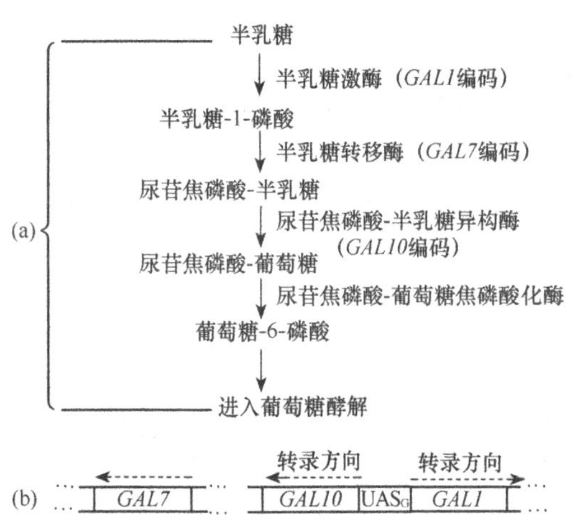

图 11-16　酵母半乳糖代谢的途径［(a)］和基因组织［(b)］

在酵母的半乳糖（galactose）代谢的转录调控中涉及结构基因 *GAL1*、*GAL7* 和 *GAL10*，分别编码半乳糖激酶、半乳糖转移酶和尿苷焦磷酸-半乳糖异构酶。一旦形成葡萄糖-6-磷酸，就进入由组成型酶催化的葡萄糖代谢通路［图 11-16（a）］。

遗传分析表明：①如图 11-16（a）所示，涉及酵母半乳糖代谢转录调控中的上述三个结构基因在一条染色体上，它们靠得较近但不是构成一个操纵子，且前一个基因 *GAL1* 与后两个基因的转录方向相反；②还有图 11-16 中未显示的、非连锁的两调节基因 *GAL4* 和 *GAL80*，它们都为组成型基因，分别编码反式应答因子 GAL4 蛋白和 GAL80 阻遏蛋白；③如图 11-17 所示，GAL4 蛋白是二聚体，有两个结构域——能与 DNA 结合的 DNA 结合结构域（为锌指）和能与 GAL80 阻遏蛋白（图中用“*”表示）结合的转录活化结构域。

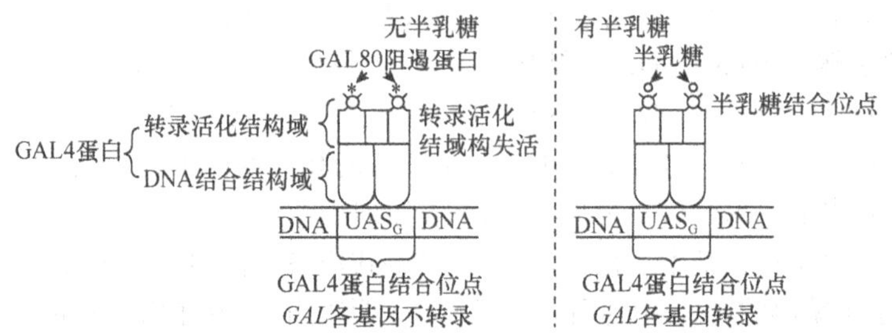

图 11-17　酵母各 *GAL* 基因的转录调控

不管环境中是否存在半乳糖，反式应答因子GAL4蛋白的两个结构域（DNA结合结构域和转录活化结构域，后者含有半乳糖结合位点）总是与DNA中处于半乳糖基因*GAL1*和*GAL10*（图11-16）之间的顺式应答元件——**半乳糖上游激活序列**（upstream activator sequence-galactose，UAS_G）的GAL4蛋白结合位点（图11-17）结合在一起。

反式应答因子GAL4蛋白对酵母半乳糖代谢各结构基因*GAL*的转录调控是（图11-17）：无半乳糖时，GAL80阻遏蛋白与GAL4蛋白转录活化结构域中的半乳糖结合位点结合而使GAL4的转录活化结构域处于失活状态，从而使酵母半乳糖代谢途径上的各*GAL*基因不能转录；有半乳糖（图中以"○"表示）时，GAL80阻遏蛋白与GAL3蛋白（图11-17中未显示）结合后，GAL80阻遏蛋白不再与GAL4蛋白中的半乳糖结合位点结合，GAL4的转录活化结构域就从失活状态转化成活化状态，从而可促使各*GAL*基因转录。试验表明，酵母细胞内存在半乳糖时，基因*GAL1*、*GAL7*和*GAL10*的活性，要比无半乳糖时高出1000余倍。

显然，无半乳糖和有半乳糖时，反式应答因子对酵母各*GAL*基因的调控分别为负调控（阻遏各*GAL*基因转录）和正调控（促进各*GAL*基因转录）。

二、转录后调控

这是指在细胞核内对各种转录本（信使RNA、转移RNA和核糖体RNA）的加工和加工产物转移到细胞质的调控，现仅以对前-mRNA的转录后调控为例加以说明。

（一）RNA剪接

前已述及，真核生物基因多数含有内含子，其初级转录产物如**前-mRNA**（pre-mRNA），不但基因的编码序列和非编码序列转录了，其前后两端还分别有加"帽"和添"多聚（A）尾"（第八章）。由初级mRNA，即前-mRNA变成**成熟mRNA**（mature mRNA）还要在细胞核内的**剪接体**（spliceosome）上进行不同方式的**剪接**（splicing）。在剪接方式中，常见的有以下两种。

一是常规剪接。我们前述的依次剪除前-mRNA的内含子后，按原来顺序依次连接外显子，属于这一剪接（第八章）。因真核生物多数的前-mRNA都是以这种方式进行剪接而得到成熟mRNA的，故称为常规剪接。

二是选择剪接。对于前-mRNA，在细胞核内除剪除内含子外，还选择性地剪除和连接一定的外显子可得到不同类型的成熟mRNA。因此，一条前-mRNA，通过删除不同的外显子，可以得到一个基因的一系列成熟mRNA的编码序列，即一个结构基因可翻译一系列不同的多肽。这显然可更有效地利用遗传信息，且生物愈高等选择剪接愈普遍。尽管我们人类只有20 000多种基因，但能编码100 000多种蛋白质，这不得不归功于对前-mRNA的选择剪接。

编码肌原蛋白T（脊椎动物骨骼肌中的一种蛋白）的一个基因转录成的前-mRNA，是通过选择剪接得到不同类型成熟mRNA的一个例子。这种蛋白质含150～250个氨基酸。在大鼠，肌原蛋白T的一个基因长16kb，有18个外显子（图11-18）。其前-mRNA［未示两端的加帽和多聚（A）尾］经选择剪接后可得到一系列成熟mRNA，从而在翻译时可得到一系

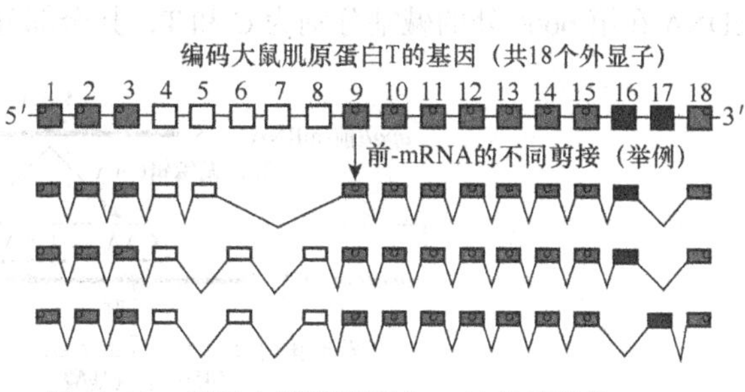

图11-18　编码大鼠肌原蛋白T的基因的前-mRNA各剪接方式（Snustat and Simmons，2010）

列多肽。

在这一系列多肽中，都共有来自外显子 1～3、9～15 和 18 编码的氨基酸。但是，对一特定多肽来说，外显子 4～8（共涉及 5 个）编码的氨基酸可有可无，明显地表现为随机剪接组合，从而由这 5 个外显子构成的可能组合数为

$$32 = C_5^0 + C_5^1 + \cdots + C_5^5$$

同样，对一特定多肽来说，外显子 16 和 17，只能有其中一个外显子编码的氨基酸，可能组合数为 2。因此，在这些条件下，大鼠肌原蛋白 T 基因的前-mRNA，经剪接后应有 32×2＝64 种不同的成熟 mRNA，图 11-18 列出了其中的 3 种。

（二）RNA 编辑

RNA 编辑（RNA editing）是指在对各种 RNA，如前-mRNA 的加工过程中，对其编码区进行碱基插入、删除或替换后改变了原来基因编码区遗传信息的过程。在寄生锥虫（使人患昏睡病）的某些线粒体基因，在其 mRNA 的碱基序列中，由 RNA 编辑决定的序列竟高达 60% 以上。

现详述用寄生锥虫中的一种 RNA——**指导 RNA**（guide RNA，gRNA）对前-mRNA 进行编辑后，如何改变了由线粒体 DNA 编码区决定的遗传信息。因前-mRNA，即图 11-19 的“编辑前-mRNA”与“指导 RNA”中的部分碱基互补，故首先是前-mRNA 的碱基依次与 gRNA 的互补碱基配对。配对完成后，“编辑前-mRNA”就被完全裂解，并根据 gRNA 提供的模板合成“编辑后-mRNA”，从而改变了由 DNA 编码区决定的“编辑前-mRNA”的遗传信息，其编码的多肽与编辑前的多肽有很大变化而使人患昏睡病。

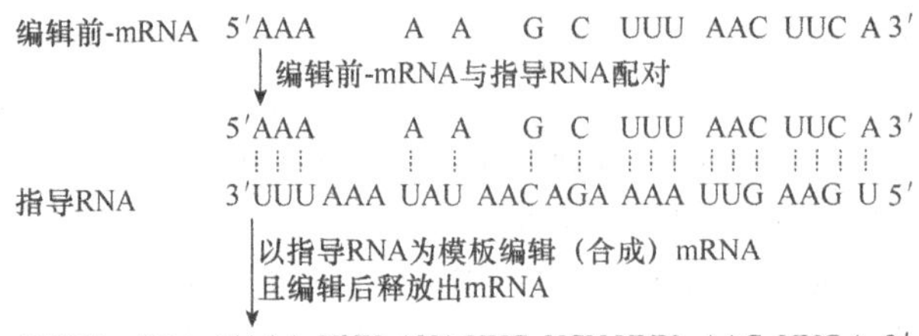

图 11-19　由寄生锥虫的指导 RNA 编辑前-mRNA 得到的编辑后-mRNA

还有一个典型例子是对哺乳动物载脂蛋白基因 *apoB* 的前-mRNA，即“*apoB* 前-mRNA”的编辑（图 11-20）。该基因有 29 个外显子和 28 个内含子，其中一个外显子的密码子 CAA 是 RNA 编辑的靶子。由载脂蛋白基因 *apoB* 编码的载脂蛋白，按分子质量大小可分为肝型和肠型两类。由同一基因编码的证据是：从人肝和小肠 cDNA 基因库中检测 *apoB* 的 cDNA，前者和后者的 cDNA 在第 6666 处的碱基分别为 C 和 T，其余部分都相同；这一编辑（替换）就由密码子 CAA

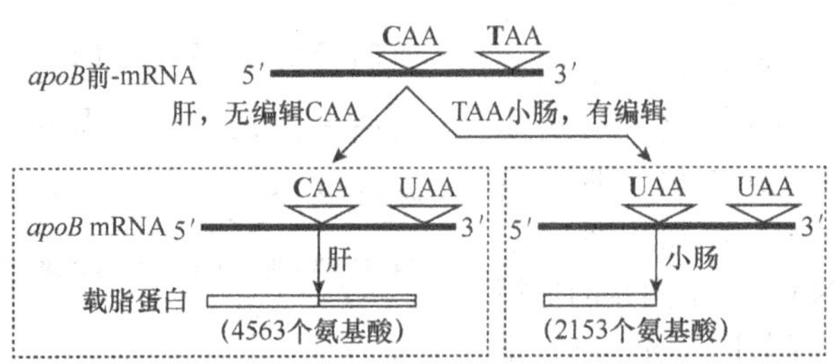

图 11-20　对 *apoB* 基因的前-mRNA 的编辑

（编码谷氨酰胺）成为TAA（终止密码子）而使翻译终止。后来证明，这一推测是正确的，因为它们的有义链与人类基因组相应部分的有义链（第八章）完全相同（肝型和小肠型载脂蛋白分别具有4563个和2153个氨基酸）。

因此，RNA编辑，与RNA剪接一样，对同一前-mRNA的加工（这里由C编辑为T）可改变原来基因编码的遗传信息，从而可合成不同的多肽或蛋白质。

（三）RNA干扰

为此，应明白什么是反义RNA。所谓**反义RNA**（antisense RNA），是指与mRNA或DNA有义链互补的RNA分子。双链DNA中的有义链（编码链）和反义链（模板链）以及RNA中的有义链（mRNA）和反义链（反义RNA）这四者间的关系如图11-21所示：DNA的有义链转录成反义RNA，DNA的反义链转录成mRNA。

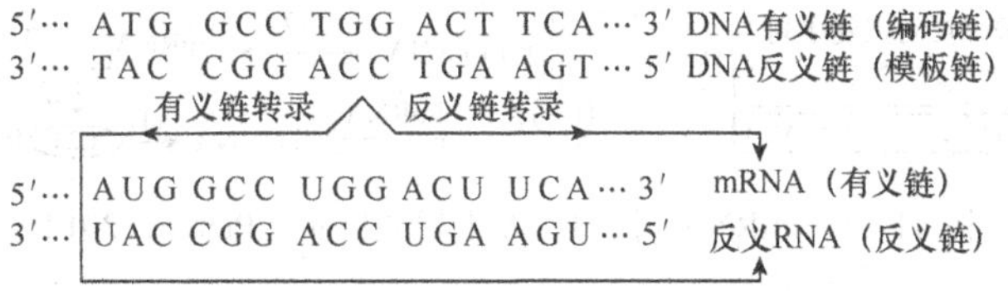

5′… ATG GCC TGG ACT TCA … 3′ DNA有义链（编码链）
3′… TAC CGG ACC TGA AGT … 5′ DNA反义链（模板链）
有义链转录　反义链转录
5′… AUG GCC UGG ACU UCA … 3′ mRNA（有义链）
3′… UAC CGG ACC UGA AGU … 5′ 反义RNA（反义链）

图11-21　DNA有义链、反义链与RNA有义链、反义链四者间的关系

现在讲什么是RNA干扰。事实证明，将从某类细胞制备的反义RNA引入同类细胞，和与其互补的有义链RNA（mRNA）形成双链RNA后，可抑制编码相应有义链RNA（mRNA）的基因表达，即一个基因的反义RNA抑制与其互补的mRNA表达的现象称为**RNA干扰**（RNA interference，RNAi）；由于有关基因表达的抑制或沉默是在转录后实现的，因此也称**转录后基因沉默**（post-transcriptional gene silencing，PTGS）。在这里，RNA干扰是使转录出它的基因经转录后保持沉默而不能进行翻译的现象，即RNA干扰的靶基因就是转录它的基因。

关于RNA干扰其转录基因的机制。在一般细胞中发现的RNA，如mRNA应只有单链，若发现有双链RNA，则属于异常情况。在这一异常情况下，RNA干扰过程可分三个阶段（图11-22）：①起始阶段——细胞中出现反义RNA与其mRNA完全互补的双链RNA时，细胞中的一种称为Dicer酶的核糖核酸内切酶，就能识别并切割双链RNA成若干双链RNA片段，而每一双链RNA片段称为**小干扰RNA**（small interfering RNA，siRNA）；②效应阶段——siRNA与蛋白质分子组合形成**RNA诱导沉默复合体**（**RNA-induced silencing complex，RISC**），复合体中的siRNA和蛋白质分别对RNA具有靶向和分解作用；③扩增阶段——该复合体内含有多种酶，其中的酶首先把双链的小干扰RNA（siRNA）解成单链，然后多个蛋白质分子与各小反义RNA片段结合，形成小反义RNA复合体（RISC），这些复合体又可与其他的相应完整

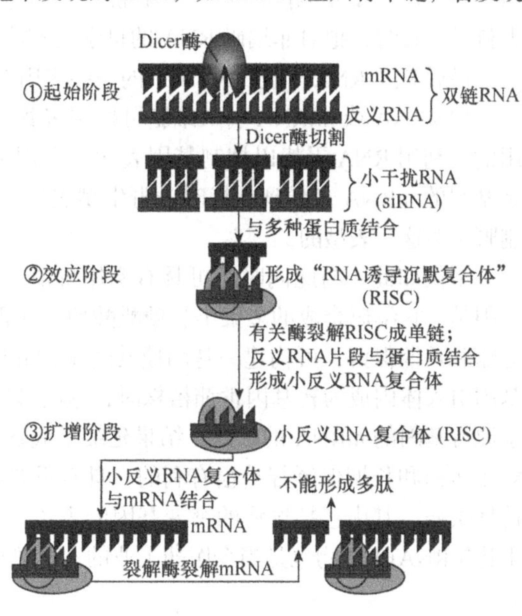

图11-22　siRNA引起RNA干扰的机制

的 mRNA 结合并加以裂解，完整的 mRNA 一经裂解，就不能翻译成具有功能的多肽或蛋白质，即有关基因不表达。

在 RNA 干扰中，由于起源和干扰对象等的不同，除小干扰 RNA（siRNA）外，主要的还有**微 RNA**（microRNA，miRNA）。miRNA 产生过程如图 11-23 所示：①在细胞核内，miRNA 基因在两反向重复序列（第十章）的 DNA 间进行转录而形成具有发夹结构的**原初微 RNA**（primary miRNA，pri-miRNA），其长度为数百至数千个碱基；② pri-miRNA 进入细胞质内，在 Dicer 酶作用下裂解产生不具发夹结构的双直链 miRNA；③双直链 miRNA 的一条链与蛋白质形成 RNA 诱导沉默复合体（RISC），而释放出另一条链随后降解；④ RISC 中的这一 miRNA 很短，通常只有 7 个碱基而称为种子序列，并且一些 mRNA 分子可有多个 miRNA-键合位点，所以每一 miRNA 都可潜在地与数以百计的基因产生的各 mRNA 配对结合而使有关基因沉默。

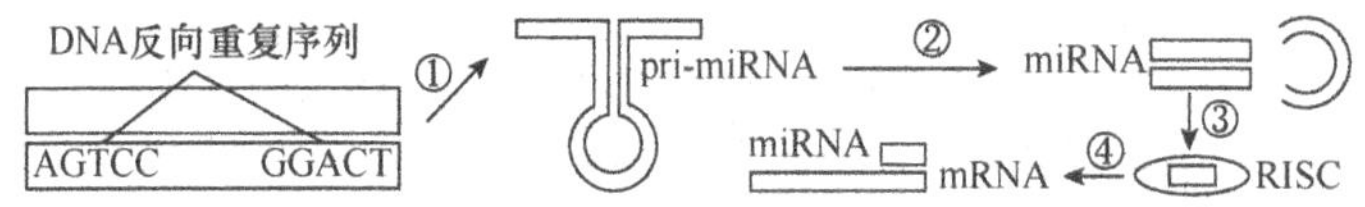

图 11-23 miRNA 引起 RNA 干扰的机制（Pierce，2014）

siRNA 和 miRNA 是真核生物中两类主要的干扰 RNA，尽管来源不同（前、后者分别来源于被其干扰基因的 siRNA 和非被干扰基因的 miRNA）和沉默的靶基因不同（前、后者分别沉默转录它的基因和非转录它的基因），但有许多共同点（如其大小都为数个至 20 余个碱基，都可降解 mRNA 以抑制翻译）。

至此，我们总结 RNA 可分为两大类：一是能编码（指导合成）多肽的 RNA，称为**编码 RNA**（coding RNA），即 mRNA；二是不能编码多肽的 RNA，称为**非编码 RNA**（non-coding RNA）——其中包括参与合成多肽中的 tRNA 和 rRNA（第八章），调节基因表达的 siRNA 和 miRNA 等。对于非编码 RNA，起初认为其是垃圾 RNA；但随后越来越多的研究表明，它们在生命活动中占有重要地位，是当今研究的一个热点。美国《科学》杂志在评选 21 世纪前 10 年的十大科学突破时，把对非编码 RNA 的科学突破放在第一位。

最后简述 RNA 干扰（RNAi）的一些应用。

把 siRNA 或 miRNA 引入细胞可抑制多肽合成的事实，在理论上对研究有关基因功能是很有用的。利用 RNA 干扰以抑制基因表达，在理论上是研究正常基因功能的一个简便方法。例如，某基因的 mRNA 未受到干扰时为野生型表型，受到干扰时为突变型表型，则某基因的功能是控制野生型这一表型的。

不仅如此，与此同时还可具有实用价值。例如，已知一基因是促进番茄成熟和软化的，其原因是，它编码合成的多聚半乳糖醛酸酶，在番茄成熟时可降解细胞壁和促进软化与变质。为了运输和长期保鲜，可构建一基因使其转录的 mRNA 恰为这一已知基因的反义 RNA。把这一构建基因引入体内成为转基因番茄植株时，这两基因转录的 mRNA 恰好互补，构成的双链 RNA 抑制了原有基因的 mRNA 的翻译，结果延缓了成熟、软化和变质的时间。显然，这样的转基因番茄，对于运输和长期保鲜都是很有利的，具有重要的商业价值。RNA 干扰作用的特异性也可抑制遗传性疾病，其中包括癌症的突变基因的表达；为了治疗这类疾病，根据这一原理设计生产 RNA 干扰（RNAi）药物也是当今医药工业的一个热点。

三、翻译调控

(一)非受精和受精

在许多脊椎动物和无脊椎动物的未受精卵中，虽储存有大量的 mRNA，但蛋白质合成速度很慢；卵受精后，mRNA 虽没增加，但蛋白质合成速度却很快。所以，可得出结论：基因表达也在翻译水平受到调控。其中的调控机制还不十分清楚，但一般与下面的两个因素有关。

一是与蛋白质对储存 mRNA 翻译的阻遏有关。在未受精卵中，阻遏蛋白与 mRNA 启动子区的**铁应答元件**（iron response element，IRE）结合，阻遏 mRNA 翻译；在受精卵中，阻遏蛋白不再与铁应答元件结合，使 mRNA 翻译得以进行。

二是与 mRNA 多聚腺苷酸尾，即 poly（A）尾的长度有关。在青蛙和小鼠的成熟卵细胞内，mRNA 具有短的 poly（A）尾，处于非活化状态；但受精后，细胞质的聚腺苷酸化酶被活化，往短 poly（A）尾添加 150 个左右的腺苷酸而使 mRNA 处于活化状态从而进行翻译。

(二)mRNA 与翻译起始因子的亲和力

成年人的血红蛋白是由两条 α 珠蛋白和两条 β 珠蛋白组成的四聚体。人有两个 α 珠蛋白基因连锁于 16 号染色体短臂上，一个 β 珠蛋白基因位于 11 号染色体短臂上。试验表明，这两种基因的转录水平相同，因为这两种 mRNA 之比，即 α-mRNA：β-mRNA 接近于 2∶1。但在组成血红蛋白时，没有过剩的 α 珠蛋白。这是由于 α-mRNA 与翻译起始因子的亲和力远小于 β-mRNA 与翻译起始因子的亲和力，从而使 2 个分子的 α-mRNA 产生的 α 珠蛋白相当于一个分子的 β-mRNA 产生的 β 珠蛋白。

本章小结

基因表达是基因编码的遗传信息转录成 RNA 或转录后进而翻译成多肽的过程。

大肠杆菌乳糖分解代谢是通过对利用乳糖有关的紧密连锁的启动子、操纵位点、结构基因构成的乳糖操纵子和在启动子上游的乳糖调节基因调控的。

无乳糖时，调节基因组成型地产生阻遏蛋白与操纵位点结合，此时 RNA 聚合酶不能越过操纵位点，因此各结构基因不能表达。

乳糖作为唯一碳源时，一条途径是，部分乳糖在 β-半乳糖苷酶作用下生成异乳糖，后者与阻遏蛋白结合使该蛋白失去与操纵位点结合的能力，原来结合的也从操纵位点上脱落下来，于是 RNA 聚合酶可越过操纵位点而使各结构基因表达；另一条途径是，分解代谢活化蛋白 CAP 与环状 AMP（cAMP）结合生成的 CAP-cAMP 复合物，与靠近操纵位点启动区的“CAP-cAMP 位点”结合而使附近的双链 DNA 解旋，这样位于靠近调节基因的启动子区的“RNA 聚合酶位点”结合的 RNA 聚合酶，就可通过结构基因并使之表达。

乳糖和葡萄糖共存时，首先利用葡萄糖，只有当乳糖成为主要碳源时才利用乳糖。因为当环境中存在葡萄糖时，CAP-cAMP 复合物，一方面抑制 ATP 到 cAMP 转化的酶促反应，另一方面又激活 cAMP 到 AMP 的酶促反应，使 cAMP 含量急剧下降。结局是，虽然有乳糖，由于缺少 cAMP，CAP 就不能形成 CAP-cAMP 复合物，就无这种复合物与“CAP-cAMP 位点”结合，就不能使位于启动子区的RNA聚合酶通过，也就不能使乳糖操纵位点下游的结构基因高效表达。

所以，大肠杆菌乳糖分解代谢是通过促进（当乳糖作为碳源时）和阻遏（当乳糖作为非主要碳源时）乳糖结构基因表达的正、负调控实现的。

大肠杆菌色氨酸合成代谢是由色氨酸操纵子的阻遏机制和衰减机制实现的。

关于阻遏机制。如果环境中色氨酸充足，阻遏蛋白与操纵位点结合使RNA聚合酶不能越过操纵位点使各结构基因不能转录，即不能合成色氨酸；如果环境中色氨酸不足，由调节基因产生的组成型阻遏蛋白不能与操纵位点结合而进入衰减机制。

关于衰减机制。通过色氨酸操纵子先导序列（分4个区）中转录的mRNA的异构化完成，其中1区的两个色氨酸密码子（UGG，UGG）通过决定先导序列mRNA二级结构异构化的特点，对其下游的结构基因是否转录、翻译起着关键作用：

如果通过阻遏机制判断环境中色氨酸的不足还不严重，个体从环境中还能获得色氨酸，即mRNA上两个色氨酸密码子在编码先导肽链时还能获得“色氨酸-tRNA”，使翻译和转录可同步进行，核糖体能顺利通过1区（因其内两色氨酸密码子编码肽链时易获得“色氨酸-tRNA”），先导链转录的mRNA的3/4异构化，成为提前终止转录的“终止子”，RNA聚合酶与DNA分离，结构基因就不能转录，即不能合成色氨酸而衰减环境中的色氨酸浓度。如果环境中色氨酸的不足到了严重程度，由于不能形成“色氨酸-tRNA”，核糖体在1区的两个色氨酸密码子处停止。这时先导链转录的mRNA的2/3异构化成为反终止子，从而可使结构基因转录或色氨酸合成得以进行。显然，通过这两机制可把环境色氨酸浓度维持在一个相对稳定的水平。

λ噬菌体基因表达的调控。λ噬菌体感染大肠杆菌后，在不利环境下，*cI*基因首先表达而促进有关溶源基因表达进入溶源周期；在有利环境下，*cro*基因首先表达而促进有关裂解基因表达进入裂解周期。

真核生物基因表达的调控主要有转录调控。转录调控基本上是通过顺式应答元件和反式应答因子的相互作用实现的。

转录后调控，即对转录本的调控是真核生物对基因表达的重要调控。其重要方式有对RNA剪接、RNA编辑和RNA干扰。

翻译调控。一是表现在非受精卵和受精卵中，阻遏蛋白分别与mRNA启动子区的铁应答元件结合和不结合，分别不能使和能使mRNA进行翻译。二是非受精卵和受精卵的mRNA分别具长的和短的poly（A）尾，而使mRNA分别处于非活化和活化状态。

范 例 分 析

1. 在下列诸条件中，哪些条件使乳糖操纵子产生的β-半乳糖苷酶活性最高？哪些条件使乳糖操纵位点产生的β-半乳糖苷酶活性最低？

条件1：有乳糖、无葡萄糖。

条件2：无乳糖、有葡萄糖。

条件3：有乳糖、有葡萄糖。

条件4：无乳糖、无葡萄糖。

2. 有人给你10个大肠杆菌菌株，分别具有如下的乳糖操纵子基因型：

（1）$I^+P^+O^+Z^+$　　（2）$I^-P^+O^+Z^+$

（3）$I^+P^+O^cZ^+$　　（4）$I^-P^+O^cZ^+$

（5）$I^{+}P^{+}O^{c}Z^{-}$　　（6）F'$I^{+}P^{+}O^{c}Z^{-}/I^{+}P^{+}O^{+}Z^{+}$

（7）F'$I^{+}P^{+}O^{+}Z^{-}/I^{+}P^{+}O^{c}Z^{-}$　　（8）F'$I^{+}P^{+}O^{+}Z^{+}/I^{-}P^{+}O^{+}Z^{-}$

（9）F'$I^{+}P^{+}O^{c}Z^{-}/I^{-}P^{+}O^{+}Z^{+}$　　（10）F'$I^{-}P^{+}O^{+}Z^{-}/I^{-}P^{+}O^{c}Z^{+}$

其中 I=*lacI*，P=*lacP*，O=*lacO*，Z=*lacZ*。请你预测：各菌株分别在有、无乳糖的培养基中是否能合成β-半乳糖苷酶?

3. 酵母一段染色体决定了组氨酸合成途径中 3 种酶的活性；而这 3 种酶的活性是相互协调的。你如何区别以下两个模型：

（1）这 3 个基因不在一个操纵子内（模型 1）；

（2）这 3 个基因在一个操纵子内（模型 2）。

4. 在哺乳动物，骨髓中的网状红细胞在分化成红细胞的过程中丧失了核，为什么血液中的红细胞依然还能合成血红蛋白?

5. 下面的哪一图解正确地表达了选择剪接的含义?

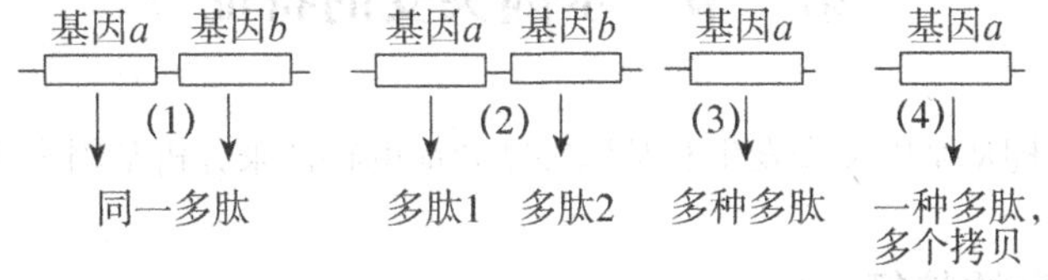

6. 一蛋白质有如下氨基酸序列：

甲酰硫（氨酸）-酪-天冬-缬-精-缬-酪-赖-丙-赖-色-亮-异亮-组-苏-脯

请你设计一组探针，以筛选出编码这一蛋白质的 mRNA（探针至少含 18 个碱基）。

（1）在设计探针时，上述蛋白质中该利用哪些氨基酸才能发生最少的简并性（参考表 8-1）。

（2）必须合成多少种探针才能确保发现合成上述蛋白质的实际 mRNA？

7. 为了使特定基因沉默，siRNA 和 miRNA 如何靶定特定的 mRNA？

第十二章　基因突变、修复、重组和基因概念的发展

基因在从亲代传到子代的过程中，其给定位点的核酸，通过**基因突变**（gene mutation）会发生变化，而由突变导致表型变化的个体称为**突变体**（mutant）。

本章主要讲基因突变的特征、分子基础和检测，DNA 损伤的修复机制，DNA 水平的同源重组机制和基因概念的发展。现依次分述如下。

第一节　基因突变的特征

下面从两方面，即从基因突变发生和基因突变效应的特征来分析基因突变的特征。

一、基因突变发生的特征

（一）可发生在任何细胞和发育的任何阶段

突变可发生在多细胞生物的任何细胞和发育的任何阶段。在（多细胞生物的）体细胞和（有性繁殖生物的）种系细胞内产生的突变，分别称为**体细胞突变**（somatic mutation）和**种系细胞突变**（germinal-line cell mutation）。

1. 体细胞突变　如果突变发生在体细胞，如在胚胎期的一个体细胞发生显性突变［由 *a* 突变成 *A*，图 12-1（a）］，则由此产生的突变表现型只限于该突变细胞的无性繁殖的子细胞，而不能通过配子传给有性繁殖的子代。

有的人，在一头黑发中有一撮白发（图 12-2），可用体细胞突变解释：在个体发育的某一阶段，一个“体细胞”发生了导致白发的突变，由该细胞产生的一片组织就生出一撮白发。这撮白发的多少，要看突变发生在个体发育的哪一阶段——发生的阶段越早，由突变细胞产生的这片组织就越大，这撮白发就越多；反之，这撮白发就越少。有的人有胎记，也是在胚胎发育期的一个体细胞发生突变，结果由该细胞及其子细胞构成的一块肤色有异于其他部位的肤色。我们的皮肤细胞，每个月要更新一次；进入老年期，皮肤细胞中色素基因突变的概率增加，皮肤就容易出现老年斑。

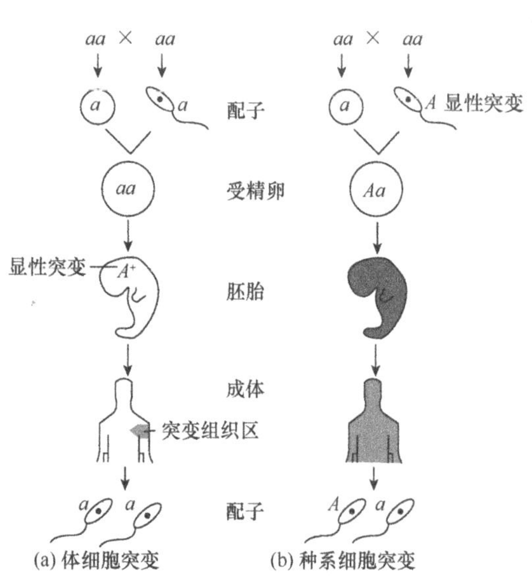

图 12-1　体细胞和种系细胞突变比较

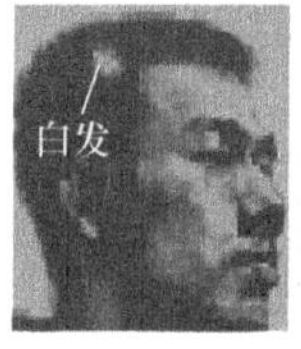

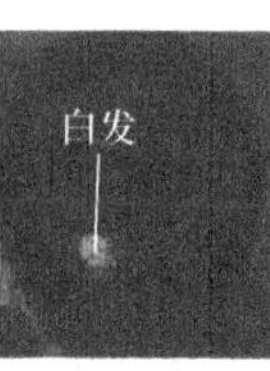

图 12-2　体细胞突变产生的一撮白发

一些水果（如苹果和橙子）的优良品种，就是由于原品种的体细胞突变出现了一些优良变异枝（这些枝上结的果子比原品种的优良），人们就是利用这些变异枝，通过插枝、嫁接或芽繁的无性繁殖方式培育成的。

由不同遗传组成的体细胞构成的个体称为**遗传嵌合体**（genetic mosaic）。

2. 种系细胞突变　如果突变发生在种系细胞，可分两种情况讨论：一是显性突变，其效应可通过配子在直接子代中得以表现［图 12-1（b）］。关于种系细胞显性突变的例子，最早（1791 年）要算美国一个农场主发现的短腿安康羊了。一天，农场主在其羊群中发现一只短腿雄绵羊（图 12-3），比同龄的野生型羊——长腿绵羊的腿明显得短。主人想，短腿绵羊不易逃出羊圈，容易饲养管理。于是，这只雄绵羊性成熟时，主人用它与 15 只（非短腿）母绵羊交配，产出的 15 只小羊中有 2 只短腿雌绵羊。然后，在短腿雌、雄绵羊间进行交配、选择，最终选育出纯系短腿安康绵羊。二是隐性突变。其效应显然要经过多代的基因重组才可能得到表现。

（a）

（b）

图 12-3　短腿绵羊［（a）］和长腿绵羊［（b）］

与体细胞突变一样，种系细胞突变得以保留和表现的机会，与突变发生在个体生长发育的阶段有关：如果在配子阶段有一配子发生了突变，则只有一个子代个体可能含有这一突变基因；如果一个种系细胞（如精原细胞）发生突变，则可能有若干配子含有这一突变基因，从而增加了突变基因得以保留和表现的机会。

（二）通常为随机的非适应过程

凭经验知道：农业上使用杀虫剂，开始使用的数年内很有效，但后来就越来越无效了；医药上利用抗生素治疗由病原微生物引起的疾病，也有类似的情形。

这就引发了突变是如何产生的问题：突变是生物在新环境（如杀虫剂）出现后为适应新环境产生的呢，还是这种突变在新环境出现前就业已存在了呢？这是一个看似简单，但至今仍在争论的一个基本问题。

为了回答这一问题，提出了两种相反的学说：适应突变说，突变是在新环境出现后为适应新环境产生的；随机突变说，突变是在新环境出现前随机产生的。

下面仅以细菌为材料，根据统计学原理设计的**波动试验**（fluctuation test）结果，说明随机突变说的正确性。

先讲试验原理（图 12-4）。在世代 1，从对青霉素敏感的一野生型菌株的液态培养基中抽取少量的等量悬浮液，分别注入 10 个小试管中进行保温培养；培养到一定世代，如到世代 4，把这些保温悬浮液分别接种到 10 个含青霉素的固态培养基上（为简便，图 12-4 中每管只给出了 1 个细菌经 4 代繁殖成 16 个细菌，实际上要比 16 个多得多）。如果适应突变说正确，则世代 4 各固

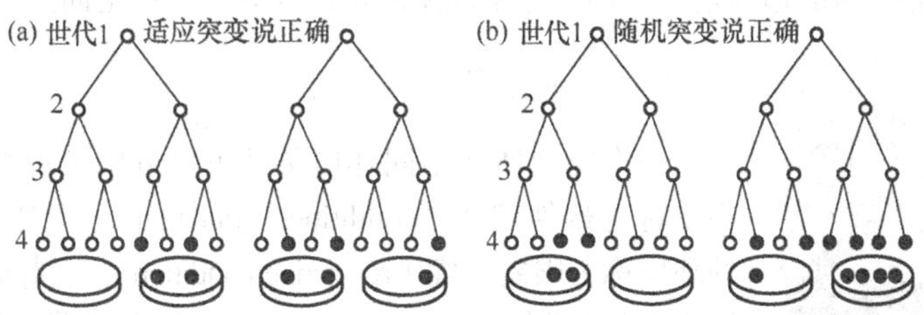

图 12-4　突变为随机的非适应过程

态培养基上的成活菌落数的波动范围小，因为只有在该世代才有引起细菌突变的青霉素［图 12-4（a）］；如果随机突变说正确，则世代 4 各固态培养基上的成活菌落数的波动范围大，因为在世代 2、3 或 4 都可能有突变［图 12-4（b）］。在一定世代，根据突变发生波动的大小以辨别突变发生原因的试验就称为波动试验。

再讲试验过程。第一步，在世代 1，从对青霉素敏感的一野生型菌株的液态培养基中每次抽取少量的等量悬浮液（如 0.5ml），分别注入一定数量（如 10 个）的小试管中（共 5ml 悬浮液）；作为对照，也从对青霉素敏感的这一野生型菌株的液态培养基中每次取 0.5ml，共 10 次，即共 5ml 悬浮液都注入 1 个大试管中（显然，所有小试管菌液中细菌数的总和与大试管菌液中细菌数的总和应相等，因为二者都是野生型菌液的 1 个随机样本）。第二步，将这些试管（10 个小试管和 1 个大试管）的对青霉素敏感的野生型菌株进行保温培养一定小时数，如 24h（即繁殖到一定世代，如世代 4）。第三步，保温繁殖到一定世代（这里为繁殖到世代 4）后，将准备好的含有青霉素的 20 个固态培养基的培养皿，往前 10 个培养皿（1，2…10）分别加入来自一个大试管中的 0.5ml 悬浮液和往后 10 个培养皿（11，12…20）分别加入来自 10 个小试管中的 0.5ml 悬浮液。经一定时间，对各培养皿中的对青霉素的抗性菌落计数和有关计算的结果列入表 12-1。

表 12-1　细菌基因突变的波动试验结果

对照		试验	
培养皿编号	来自大试管抗性菌落数（对照）	培养皿编号	来自小试管抗性菌落数（试验）
1	14	11	1
2	15	12	3
3	13	13	0
4	21	14	0
5	15	15	0
6	14	16	107
7	26	17	0
8	16	18	64
9	20	19	0
10	3	20	35
平均数	15.7	平均数	21.0
方差	11.3	方差	1374.3

由表 12-1 可知，根据统计学中的 t 检验，由大、小试管构成样本的抗性菌落平均数并无显著差异，但由小试管构成的样本方差是大试管的约 121.6 倍。这一波动试验证明，突变是一个随机过程。

现代遗传学认为：基因突变是不定向的或随机的非适应过程；只有选择（如用杀虫剂或抗生素）才是定向的或非随机的适应过程，即群体基因型的定向变异，是由定向选择引起的。

图 12-5　暹罗猫

（三）具有条件突变

一个突变体在不同环境条件下可分别表现野生型和突变型的突变称为**条件突变**（conditional mutation），其中引起向突变型转变的环境称为**限制环境**（restrictive condition），引起向野生型转变的环境称为**允许环境**（permissive condition）。暹罗猫的温度敏感型是条件突变的一个好例子（图 12-5）。

在该品种，产生黑色素通路中的酶是温度敏感型，即在较高的正常体温条件下该通路受阻不能产生黑色素，其结果是体温较高的大部分身体的毛色为非黑色（如白色），而温度较低的足尖、尾部、耳部、口部和鼻部能产生黑色素而呈黑色。

二、基因突变效应的特征

关于基因突变的效应，通常是隐性和有害的。

从已识别的数以万计的突变基因来看，大多属于隐性的有害突变。现我们用一代谢过程的遗传控制来说明这一情况。对于一特定的野生型等位基因（如 *A*，编码一特定活性酶 A）和相应的突变型等位基因（如 *a*，一般编码非活性酶 a）来说，当为杂合体（如 *Aa*）时，通常是野生型等位基因产生的活性酶，仍能正常催化代谢过程而呈现野生型表型；而这里的突变型等位基因产生的非活性酶通常是无功能的，所以突变的效应通常是隐性的，只有在纯合状态才能表现突变型表型（图 12-6）。

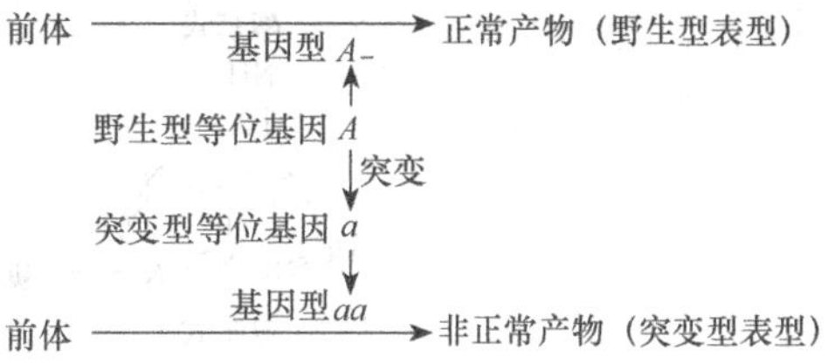

前体 → 正常产物（野生型表型）
基因型 *A*_
野生型等位基因 *A*
突变
突变型等位基因 *a*
基因型 *aa*
前体 → 非正常产物（突变型表型）

图 12-6　隐性有害突变

突变为什么往往有害？因为生物是进化的产物，现存生物是经过长期自然选择进化来的，其基因和这些基因控制的代谢过程，都已达到相对完善和协调的状态。如果基因发生了突变，生物的正常代谢过程通常要受到一定的抑制甚至破坏，所以（随机的）突变往往有害。这好比一台经过精心设计制造的精密仪器，随意改动某一或某些关键元件后，其性能几乎总不如改动前的好。

隐性突变的有害程度变化很大，轻则对突变体基本无害，重则可使突变体致死。

第二节　基因突变的分子基础

沃森和克里克在提出 DNA 双螺旋结构的同时，为了说明物种内个体间遗传的稳定性和变异性，还提出了 DNA 的半保留复制机制和自发突变机制。

他们指出，我们在第八章讨论的核苷酸结构是常见的稳定形式。在这些形式中，腺嘌呤 A 总是与胸腺嘧啶 T 配对，鸟嘌呤 G 总是与胞嘧啶 C 配对。以这些常见的稳定形式构成的 DNA，通过半保留复制机制就可保证遗传信息的稳定性或精确传递。

他们也指出，DNA 中的碱基结构也有非稳定形式。碱基中的氢原子可从嘌呤或嘧啶的一个位置移到另一位置，如从氨基位置移到氮环位置，这种化学上的移动称为**互变异构移位**（tautomeric shift）。互变异构移位现象虽然罕见，但是对于 DNA 却很重要，因为其中一些移位可改变碱基的正常配对方式，从而可改变 DNA 中的遗传信息。例如，胸腺嘧啶和鸟嘌呤较稳定的常见酮基式以及腺嘌呤和胞嘧啶较稳定的常见氨基式，偶尔会发生互变异构移位分别形成较不稳定的、罕见的烯醇式和亚氨基式（图 12-7）。有关碱基互变异构移位所形成的两分子，由于分子质量相同，只是结构不同，因此称**同分异构体**（isomer）。例如，酮基式胸腺嘧啶和烯醇式胸腺嘧啶为同分异构体。

当这些碱基以罕见的烯醇式和亚氨基式存在时，罕见的鸟嘌呤会与常见的胸腺嘧啶（而不是胞嘧啶）配对，罕见的胞嘧啶会与常见的腺嘌呤（而不是鸟嘌呤）配对，这样就可引起基因突变。下面是一个例子。

常见的酮基式鸟嘌呤 G 通过互变异构移位形成罕见的烯醇式鸟嘌呤 **G′** 时，DNA 连续复制 2

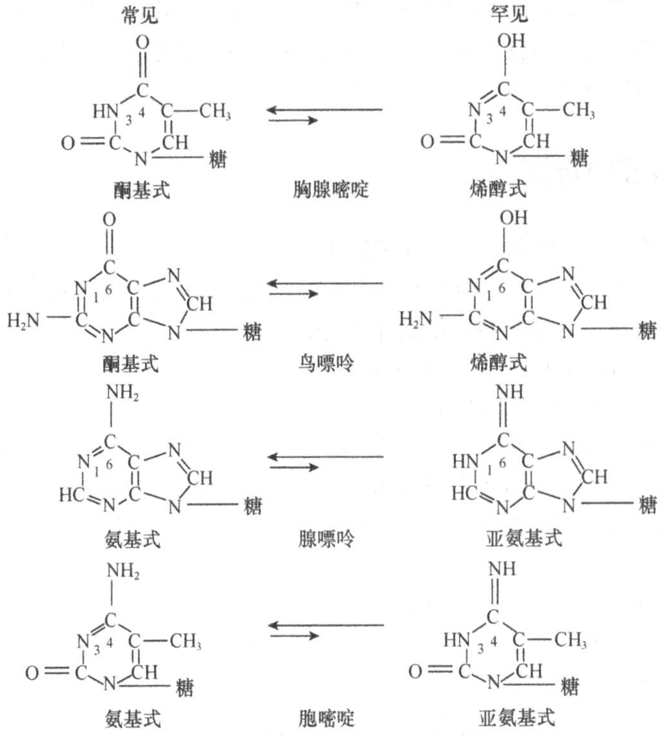

图 12-7　DNA 中 4 种常见碱基的互变异构移位

嘧啶的氢原子在标号 3 和 4 间移位；嘌呤的氢原子在标号 1 和 6 间移位

次，就可由野生型 **G**∶**C** 突变成突变型 **A** ∶ **T**（图 12-8）：第一次复制（复制Ⅰ）时，亲代 DNA 以 **G′** 链为模板合成的子一代 DNA 与常见的酮基式胸腺嘧啶 **T** 配对；第二次复制（复制Ⅱ）时，子一代罕见的烯醇式鸟嘌呤 **G′** 虽然又可互变异构成常见的酮式鸟嘌呤 **G**，以它为模板可合成野生型子二代 DNA（**G** ∶ **C**），但以这一子一代 DNA 的 **T** 链为模板合成的子二代 DNA，就由亲代的野生型 **G** ∶ **C** 变成了突变型 **A** ∶ **T**。也就是说，DNA 碱基互变异构移位发生的碱基错配，可导致 DNA 编码的遗传信息的改变。

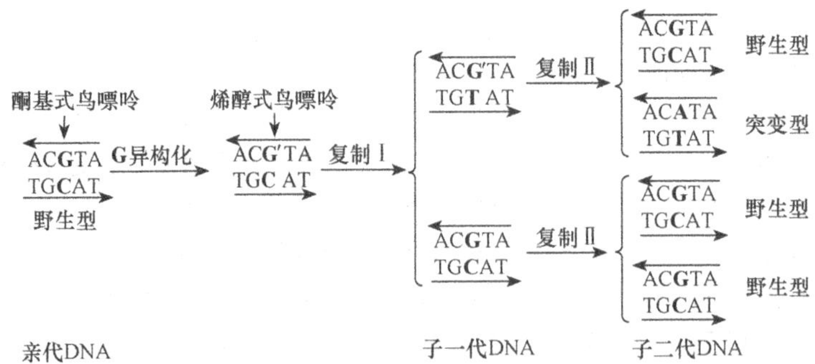

图 12-8　DNA 碱基的互变异构移位引起的突变

一、基因突变的类型

基因突变可分成两大类：编码区突变和非编码区突变。

（一）编码区突变

1. 转换　**转换**（transition）是同类碱基间的替换。这是DNA一条链中的一种嘌呤被另一种嘌呤替换，而另一条链的一种嘧啶被另一种嘧啶替换。DNA中有4种可能的转换，即G→A或相反和T→C或相反（图12-9）。

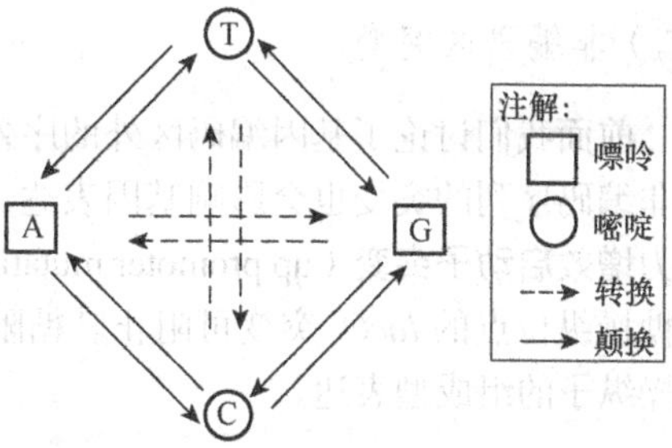

图12-9　DNA中碱基对的4种转换和8种颠换

2. 颠换　**颠换**（transversion）是非同类碱基间的替换。这是DNA一条链中的一种嘌呤被一种嘧啶替换，而另一条链的一种嘧啶被一种嘌呤替换。DNA中有8种可能的颠换，即G→T或相反、T→A或相反、A→C或相反和C→G或相反（图12-9）。与转换相比，颠换发生的频率更为罕见。

由碱基转换或颠换所发生的碱基替换而引起的基因突变统称为**碱基替换突变**（base substitution mutation）。碱基替换突变可分为三类（表12-2）。

表12-2　碱基替换引起的基因突变

指标	野生型	错义突变	同义突变	无义突变
DNA编码链	TGT	TGG	TGC	TGA
mRNA	UGU	UGG	UGC	UGA
氨基酸	半胱氨酸	色氨酸	半胱氨酸	终止子

一是**错义突变**（missense mutation）：由于碱基替换使肽链中的一种氨基酸被另一种氨基酸替换的突变。这一替换对个体的表型效应如何，要看对蛋白质功能的影响程度——若发生在非重要功能区或非功能区，则表型基本上或完全为野生型；若发生在重要功能区，就会发生明显的表型效应，如人类镰状细胞贫血就是由编码谷氨酸的GAG突变成编码缬氨酸的GUG所致。

二是**同义突变**（samesense mutation）或**沉默突变**（silent mutation）：由于碱基替换使肽链中的一氨基酸仍为原氨基酸的突变。之所以有同义突变，是因为遗传密码是简并的。

三是**无义突变**（nonsense mutation）：碱基替换使原来可编码氨基酸的密码子成为终止子（不能编码氨基酸）的突变。基因内发生无义突变时，其合成的蛋白质链要比野生型蛋白质链短，常是无功能蛋白质。

3. 移码突变　**移码突变**（frameshift mutation）是DNA中插入或缺失了“碱基对”引起密码子的变化（图12-10）。

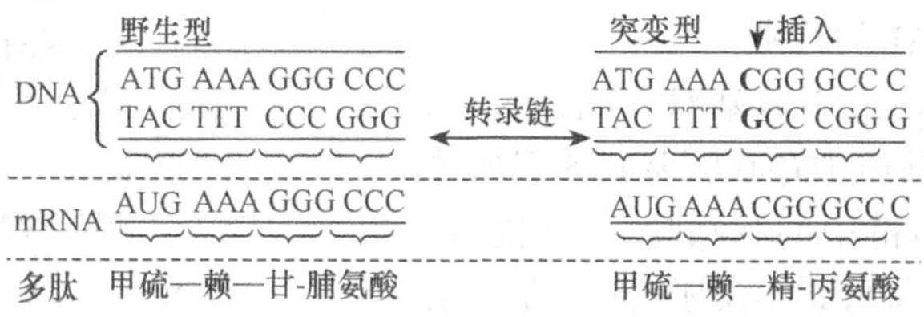

图12-10　移码突变

通过移码突变，DNA从插入或缺失（一个或多个）碱基对的位置开始，就可改变基因中的密码子，即可改变DNA中的遗传信息，从而可改变基因的产物。

（二）非编码区突变

前面我们讨论了基因编码区外的序列（非基因编码序列）对基因表达起着重要作用，所以基因非编码序列的突变也会影响基因表达。对启动子而言，增加或减少基因转录速度的突变，分别称为**增效启动子突变**（up promoter mutation）或**减效启动子突变**（down promoter mutation）。例如，乳糖操纵位点的 *lacO*⁻突变可阻止乳糖阻遏蛋白与它结合，纵使在环境中缺少乳糖，也会引起乳糖操纵子的组成型表达。

二、化学诱变的分子基础

化学突变剂可分成两类：一类是仅能诱发复制中的DNA突变，如碱基类似物；另一类是既能诱发复制中又能诱发非复制中的DNA突变，如烷化剂和亚硝酸。

（一）仅能诱发复制中的DNA突变

化学突变剂中的**碱基类似物**（base analog），可诱发复制中的DNA突变，一方面与正常碱基具有相似的结构，可参加DNA复制；另一方面又与正常碱基具有非相似的结构，参加DNA复制时增加了碱基的错配机会。

最重要的碱基类似物是**5-溴尿嘧啶**（5-bromouracil，BU），其结构与胸腺嘧啶类似（只是胸腺嘧啶第5位置的甲基被Br替换就成了5-溴尿嘧啶）。5-溴尿嘧啶有两种互变异构体：较稳定的酮基式5-溴尿嘧啶（用黑体“**BU**”表示），可与腺嘌呤配对；较不稳定的烯醇式5-溴尿嘧啶（用非黑体“BU”表示），可与鸟嘌呤配对（图12-11）。

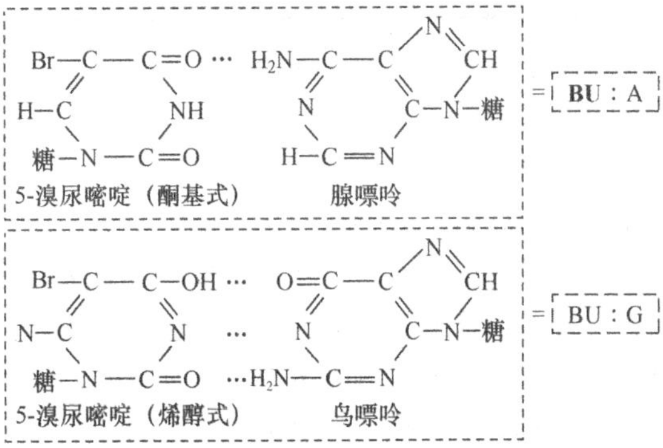

5-溴尿嘧啶（酮基式） 腺嘌呤 = **BU**：A

5-溴尿嘧啶（烯醇式） 鸟嘌呤 = BU：G

图12-11 酮基式和烯醇式5-溴尿嘧啶与碱基的配对

5-溴尿嘧啶诱发复制中DNA的突变过程如图12-12所示：如果在DNA［用碱基对GC表示，图12-12（a）］复制中，基质中存在烯醇式5-溴尿嘧啶（BU），则第一次复制（复制Ⅰ）时它会与模板链中的鸟嘌呤（G）配对，结果形成GBU；接着GBU复制（复制Ⅱ），烯醇式5-溴尿嘧啶BU先变成酮基式5-溴尿嘧啶**BU**，与腺嘌呤A配对，结果形成A**BU**；接着A**BU**复制（复制Ⅲ）而成为AT。所以，经三次复制，就可实现由GC→AT的转换。

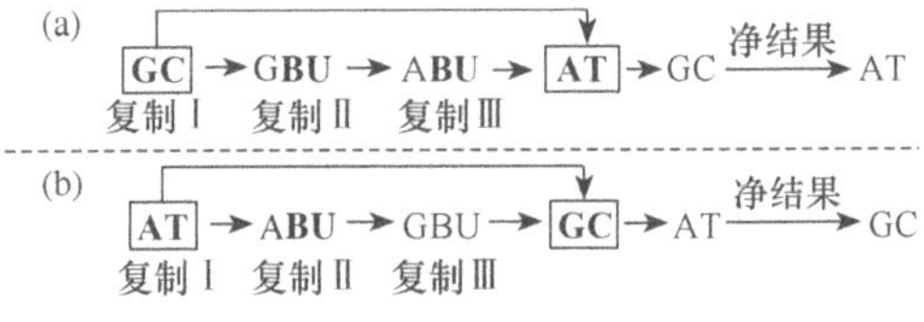

相反，如果在DNA［用碱基对AT表示，图12-12（b）］复制中，基质中存在酮基式5-溴尿嘧啶（**BU**），它会与模板链中的腺嘌呤（A）配对，并在随后的复制中成为烯醇式5-溴尿嘧啶，最终引起由AT→GC的转换。

(a) GC → GBU → A**BU** → AT → GC —净结果→ AT（复制Ⅰ 复制Ⅱ 复制Ⅲ）

(b) AT → A**BU** → GBU → GC → AT —净结果→ GC（复制Ⅰ 复制Ⅱ 复制Ⅲ）

图12-12 5-溴尿嘧啶的突变效应

（二）能诱发复制中和非复制中的DNA突变

这是一类**碱基饰变剂**（base-modifying agent），其突变作用是直接改变碱基的结构，从而使改变结构的碱基不能与原来的碱基而是与其他的碱基配对。现以脱氨剂为例说明。

脱氨剂（deaminase agent）中的亚硝酸（nitrous acid，HNO_2），是既能使复制中的DNA也能使非复制中的DNA发生强烈突变的化学突变剂。亚硝酸能使腺嘌呤、鸟嘌呤和胞嘧啶中的氨基进行氧化脱氨，使氨基转化成酮基，从而使它们改变了与碱基配对的能力（图12-13）：腺嘌呤脱氨成次黄嘌呤，与胞嘧啶而不是与胸腺嘧啶配对；胞嘧啶脱氨成尿嘧啶，与腺嘌呤而不是与鸟嘌呤配对；鸟嘌呤脱氨成黄嘌呤，仍与胞嘧啶配对，即这种脱氨并未诱发突变。腺嘌呤的脱氨可导致AT→GC的转换，胞嘧啶的脱氨可导致GC→AT的转换，其过程与5-溴尿嘧啶的完全相同。

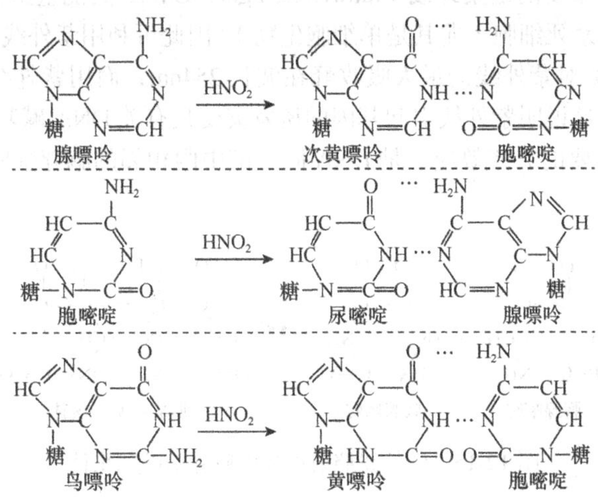

图12-13　亚硝酸对DNA碱基氧化脱氨的诱发突变

三、物理诱变的分子基础

比可见光的波长更短，因而能量比可见光更高的电磁辐射可分成两类（图12-14）：**离子辐射**（ionizing radiation），如X射线、α射线、β射线和γ射线（可由放射性同位素如^{32}P和^{35}S产生）；**非离子辐射**（nonionizing radiation），如紫外线。

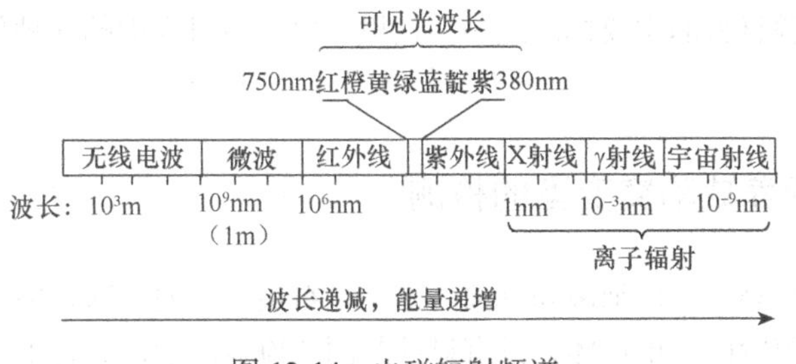

图12-14　电磁辐射频谱

（一）离子辐射

离子辐射的能量高，能穿入生物组织的深部。在穿入过程中，这些离子同细胞内分子中的原子相撞，被撞原子释放电子后使分子成为带正电荷的自由基或离子。这些带正电荷的分子，其中包括DNA分子，比非离子状态更不稳定，容易诱发突变。

试验表明，在电离辐射中，点突变率和辐射剂量间存在线性关系，即在一定的剂量范围内，剂量增加，点突变率也随之增加，而与辐射强度无关。这就是说，如果生物个体接受一定的辐射剂量，不管这一剂量是短期（大剂量）接受的还是长期（小剂量）接受的，它们可诱发点突变的可能性是相同的。这就提醒我们，即使是用高能射线（如 X 射线）检查身体或治疗疾病，都要权衡其中的利弊关系。

（二）非离子辐射

非离子辐射中最为重要的是**紫外线**（ultraviolet light，UV）。其能量虽不足以使被照射生物的组织发生电离，但足以杀死细胞（尤其是单细胞生物），因此可利用紫外线进行灭菌消毒。

DNA 的嘌呤和嘧啶对紫外线的最大吸收峰在波长 254nm，而用紫外线照射生物的最大突变率也发生在这一波长，这说明紫外线引起基因的诱发突变是有关 DNA 碱基吸收了紫外线的结果。试验表明，紫外线最主要的突变效应，是 DNA 同一链中两相邻的胸腺嘧啶形成胸腺嘧啶二聚体（图 12-15）。

胸腺嘧啶 + 胸腺嘧啶 —UV→ 胸腺嘧啶二聚体

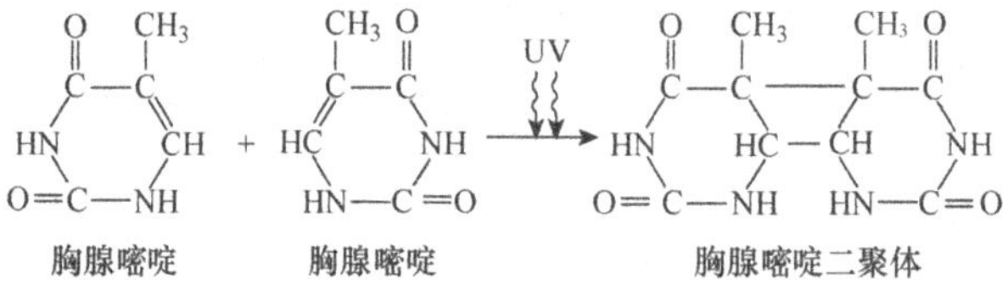

图 12-15　紫外线照射形成的胸腺嘧啶二聚体

这个二聚体继续诱发 DNA 突变：一是影响 DNA 的双螺旋结构，使 DNA 不能进行精确复制；二是在 DNA 修复过程中发生修复错误（见本章的 DNA 修复机制）。人们长期在阳光下曝晒，由于紫外线的影响而易患皮肤癌。

第三节　基因突变的检测

为了研究突变过程，必须检测个体是否发生了突变。在遗传研究中，能够容易和有效地检测突变，是选作遗传试验材料的主要标准之一。这里，以遗传研究中的几种代表生物为例，说明突变的检测方法。

一、细菌和真菌营养缺陷突变型的检测

在对生物突变的检测中，以细菌和真菌为试验材料最为方便。这是因为：①如前所述，它们在生活周期的无性繁殖阶段是单倍体，没有显性基因的掩盖问题，简化了突变检测的过程；②它们的生物合成能力强——野生型的细菌和真菌，在基本培养基上可以成活，因为它们利用这些基本物质能合成大量的有机物，如氨基酸、嘌呤、嘧啶和其他类似的物质，即在这些生物中存在着合成这些物质的基因；③容易检测到细菌和真菌的营养缺陷突变型——如果生物合成中的某个基因发生了突变，就不能合成相应的物质，有关突变体就不能在基本培养基上生长，必须在基本培养基上补充相应的物质［称为**补充培养基**（supplemental medium）］后方能正常生长，从而也就检测到了相应的基因功能。

细菌和真菌营养缺陷突变型的检测原理相同，现以真菌的粗糙脉孢菌为例说明（图 12-16）。

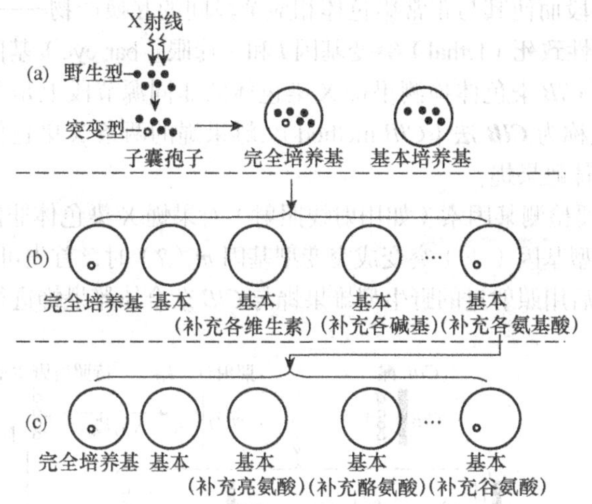

图 12-16　粗糙脉孢菌营养缺陷突变型的诱发和检测

第一步，用 X 射线照射野生型子囊孢子后，检测是否有营养缺陷突变型。假定有一个孢子发生了营养缺陷突变，显然它只能在完全培养基上，而不能在基本培养基（无各维生素、碱基和氨基酸）上生长繁殖；而野生型或原养型孢子，不仅能在完全培养基上，也能在基本培养基上生长繁殖［图 12-16（a）］。因此，在完全培养基上能生长繁殖而在基本培养基上不能生长繁殖的孢子为营养缺陷突变型。

第二步，检测发生了哪类营养缺陷突变型。把营养缺陷突变型孢子分别接种到含有不同营养类型的培养基（基本培养基＋特定营养类型＝特定营养类型补充培养基）上，如果是在基本培养基添加一特定的营养类型，如添加氨基酸类型（含各种氨基酸）的培养基上得以生长，则为氨基酸类营养缺陷突变型［图 12-16（b）］。

第三步，在氨基酸类型营养缺陷突变型中，检测发生了哪种氨基酸营养缺陷型突变。把检测到的氨基酸类营养缺陷突变型孢子，分别接种到含有不同氨基酸的补充培养基（基本培养基＋特定氨基酸）上，如果是在添加某种氨基酸的培养基上得以生长，则为某氨基酸营养缺陷突变型，该例为谷氨酸营养缺陷突变型［图 12-16（c）］。

这实际上是利用上述的条件突变，只不过这里是利用**条件致死突变**（conditional lethal mutation）的特点对突变进行检测的。这里的限制环境（某一营养缺陷突变型在某一基本培养基上培养）是致死环境；而允许环境（某一营养缺陷突变型在某一补充培养基上培养）是成活环境。对于其他的条件致死突变类型，如**温度敏感型突变**（temperature-sensitive mutation），也可利用类似的方法进行检测。

二、果蝇突变型的检测

马勒（H. J. Muller）在证明 X 射线是否能诱发基因突变时，以果蝇为材料，创立了检测 X 染色体和常染色体上基因是否发生了突变的方法。

（一）性染色体 X 连锁基因突变的检测

检测性染色体 X 连锁基因突变，介绍两种方法：*ClB* 法和并连 X 染色体法。

1. *ClB* 法　果蝇性染色体 X 的非同源节段包含互换（crossing over）抑制因子 *C*（即这条染色体有一长的倒位节段而使其与正常染色体相应节段间的互换产物——配子不能成活），且在这一倒位节段内有一隐性致死（lethal）突变基因 *l* 和一棒眼（bar eye）基因 *B*，则这样的 X 染色体称为 *ClB* 染色体。用 *ClB* 染色体检测果蝇 X 染色体的非同源节段上是否有突变（尤其是否有隐性致死突变）的方法称为 ***ClB* 法**（*ClB* method）。雌果蝇的两条 X 染色体，一条为 *ClB* 而另一条为非 *ClB* 时称为杂合体雌果蝇。

如图 12-17 所示，要检测某因素（如用射线照射）对果蝇 X 染色体非同源节段基因是否有突变效应，即是否由野生型基因（＋）突变成突变型基因 *m*（？）时，首先可用该因素（如 X 射线）照射野生型雄果蝇，然后用照射过的野生型雄果蝇与 *ClB* 杂合体雌果蝇进行杂交。

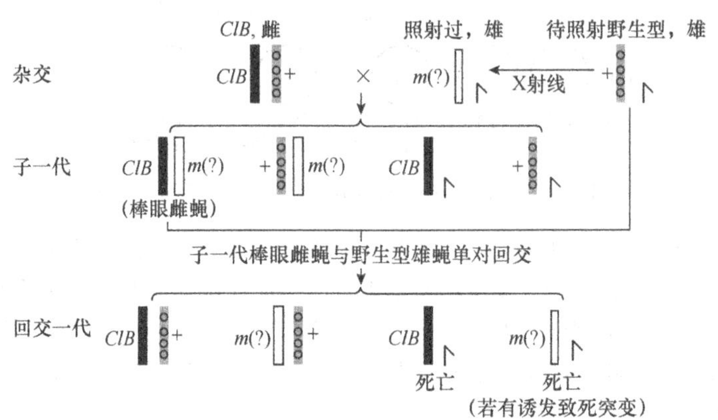

图 12-17　利用 *ClB* 法检测果蝇 X 连锁隐性致死突变

在子一代中，选出棒眼雌蝇，它们一定从母本和父本分别接受了一条含 *ClB* 和一条不含 *ClB* 的 X 染色体，其中有的父本 X 染色体可能具有经诱发产生的隐性致死基因。

如果子一代某一棒眼雌蝇中那条来自父本的 X 染色体有隐性致死突变（一般不会与 *ClB* 染色体的致死基因处于同一基因座），用它与一野生型雄蝇进行单对回交（如把这两果蝇放入一个培养瓶内），那么其回交一代就不会出现雄蝇——其中一半雄蝇是由于携带 *ClB* 染色体（具有致死基因 *l*）的半合子死亡，另一半雄蝇是由于携带来自被照射的父本具有隐性致死基因的半合子死亡。做许多对如 500 对这样的单对回交，假定有 25 对的回交一代只有雌性个体，则诱发突变率为 25/500＝0.05。

这一方法也适用于 X 连锁基因形态突变的检测。如果诱发了某类形态突变，则所有的回交一代的雄性都会表现这类形态突变。

2. 并连 X 染色体法　果蝇的棒眼是 X 连锁显性性状（第四章），因此正常眼雌蝇与棒眼雄蝇杂交，子一代的期望结果应是棒眼雌蝇和正常眼雄蝇：

X^bX^b（正常眼，雌）×X^BY（棒眼，雄）→X^BX^b（棒眼，雌）＋X^bY（正常眼，雄）

可是，在这样的杂交组合中，有少数组合的子一代与期望结果恰好相反，而是棒眼雄蝇和正常眼雌蝇！这说明：棒眼雄蝇的 X 染色体来自父本，因为只有父本的 X 染色体才有棒眼基因（*B*）；正常眼雌蝇的 X 染色体来自母本（第四章），因为只有母本的 X 染色体才有正常眼基因。

后来在显微镜下观察证明：这种少数组合的母本有两条 X 染色体共用一个着丝粒而并连在一起（纵使减数分裂也不分离），因此称为**并连 X 染色体**（attached X chromosome），记作 X^X，其染色体组成为 X^XY（第四章）。也就是说，上一杂交的少数组合实际上是：

X^{b}^X^{b}Y×X^{B}Y→X^{B}Y（棒眼，雄）+X^{b}^X^{b}Y（正常眼，雌）+（X^{b}^$X^{b}X^{B}$+YY）
超雌，死亡 死亡

现讲如何利用并连X染色体检测X连锁突变。如图12-18所示，用突变剂（如用射线照射）处理正常的（野生型）雄果蝇后，与并连X染色体雌果蝇杂交。在子一代成活个体中，雄性个体的X染色体来自突变剂处理的亲本雄果蝇——如果亲本野生型雄果蝇X染色体有任何的非致死诱发突变，就应在其子代雄蝇中得到表达而被检测出来；若发生了致死突变，其子代就不会有雄蝇。

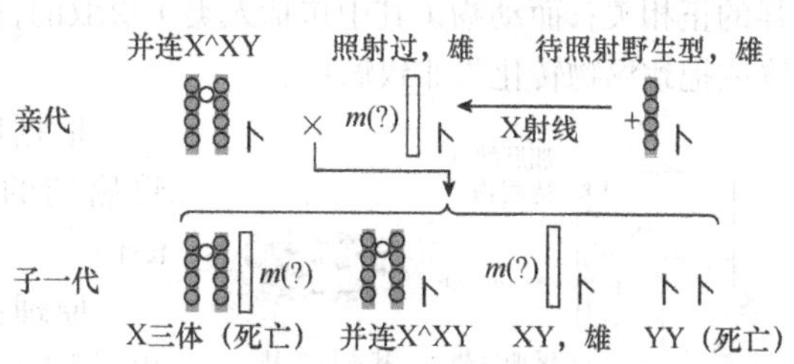

图12-18　并连X染色体法检测果蝇性染色体的诱发突变

检测X连锁突变时，并连X染色体法比*ClB*法更为简便，因为它只需杂交一代就可检测到是否发生了突变。

（二）常染色体基因突变的检测

根据类似的思路，也可设计一些试验以检测果蝇常染色体上的基因是否发生了突变。例如，如果要检测果蝇第二染色体的突变，可利用涉及该染色体的平衡致死系统（第六章）：

$$\frac{Cy+}{+\ S}=\frac{Cy}{S}$$

其中一条第2号染色体有一段大倒位，显性卷翅（curly）基因*Cy*在倒位段内，且为纯合致死（即对于成活与否该基因为隐性）；另一条第2号染色体上有另一显性星状眼（star）基因*S*，也为纯合致死。

检测的具体方法见图12-19。在亲代，把这一平衡致死系统的一个倒位杂合体雌果蝇与要检测的一个雄果蝇（如用突变剂处理过）杂交，得子一代*Cy*+//（卷翅）和+*S*//（星状眼），每一基因型的期望雌、雄个体数相等。

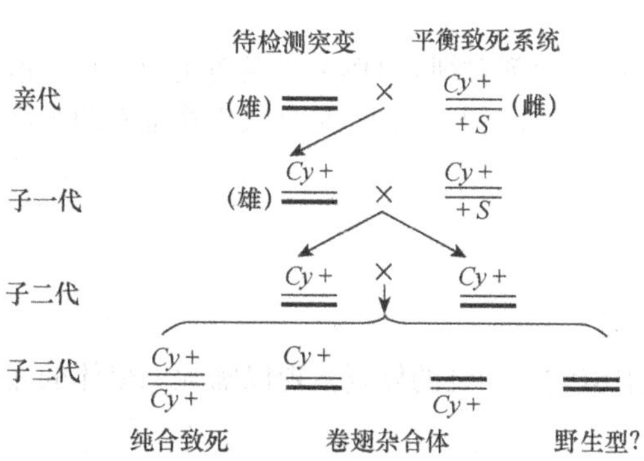

图12-19　果蝇常染色体隐性突变的检测

在子一代，选出卷翅雄蝇与倒位杂合体雌蝇进行多个单对杂交，得子二代：*Cy*+//*Cy*+（纯合致死）、*Cy*+//+*S*（卷翅星状眼）、*Cy*+//（卷翅）和+*S*//（星状眼）。显然，每个单对子二代的卷翅个体和星状眼个体的一条第2号染色体都来自子一代那个雄亲要检测的第2号染色体。

在子二代，选出卷翅雌、雄个体交配，得子三代：如果要检测的第2号染色体没有突变，则除卷翅个体外，还有约1/3的野生型果蝇；如果有隐性致死突变，则只有卷翅果蝇；如果有隐性非致死突变，则除卷翅个体外，还有约1/3的新突变类型个体。

三、潜在诱变剂的检测——Ames检测法

在现代社会，各行各业都在生产和消费大量的化学物质，如食物防腐剂和化妆品。这些化学物质安全吗，是否是**致癌剂**（carcinogen），应用前必须进行检测。

如果用动物（通常是小鼠）直接检测这些化学物质的致癌能力，既费时又昂贵。在20世纪70年代，埃姆斯（B. Ames）认识到：一种化学物质的致癌能力与其引起基因突变的能力存在极强的正相关；而动物（其中包括人类）摄取的食物，有的在肝脏内有关酶的作用下会转化成致癌物或把致癌物转化为非致癌物。

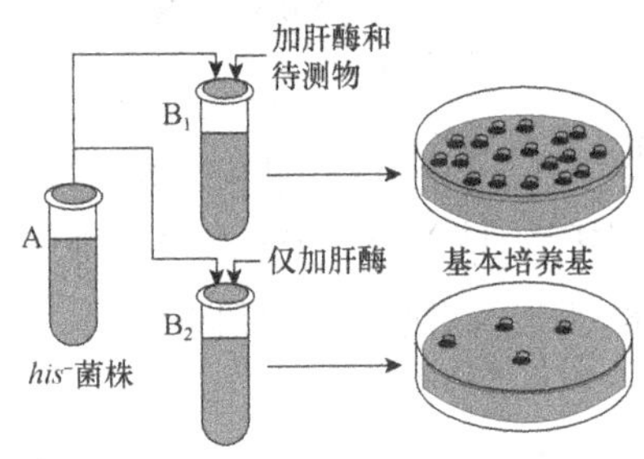

图12-20 Ames检测法

根据以上两点认识，他设计了一个简易廉价的检测致癌剂的间接方法（图12-20）——**Ames检测法**（Ames test）。

原理：在添加动物（如小鼠）肝酶的情况下，检测某化学物质对沙门氏菌（*Salmonella typhimurium*）的组氨酸营养缺陷型菌株（his^-）逆突变成野生型菌株（his^+）的能力——如果逆突变率高，可推知有关化学物质的突变率也高，是一强致癌剂。

方法：准备一试管（A）盛有组氨酸液态培养基以培养沙门氏菌 his^-菌株；另两试管（B_1和B_2）分别盛有等量组氨酸的液态培养基和等量的沙门氏菌 his^-菌株，但B_1试验管加入小鼠肝脏的提取酶和要检测的化学物质，B_2对照管只加小鼠肝脏的提取酶而不加要检测的化学物质；这两试管培养一定时间后，取等量的菌液分别涂布在固态的基本培养基（无组氨酸）上，经一定时间培养，观察两培养基上经逆突变产生菌落相差的多少以推断被测化学物质的诱变能力——逆突变愈多可推知诱变和致癌能力愈强；逆突变愈少可推知诱变和致癌能力愈弱。

当今，Ames检测法仍是检测潜在诱变剂和致癌剂的重要方法。

第四节 DNA损伤的修复机制

自发和诱发突变会导致细胞DNA的损伤，高剂量突变剂对细胞DNA的损伤尤为严重。但是生物中存在修复系统，可对DNA的损伤进行修复。不管是原核生物还是真核生物都有两类修复：直接修复和间接修复。

一、直接修复

这是指不切除DNA受损碱基或不切断DNA链中磷酸二酯键的修复。现以嘧啶二聚体的光修复为例说明。

将由紫外线照射细菌而诱发具有胸腺嘧啶（或胞嘧啶）二聚体的突变体（图12-21），放在可见光下培养，通过**光修复**（light repair）或**光复活修复**（photoreactivation repair）过程，可把这些二聚体直接解聚而恢复到原来的状态。

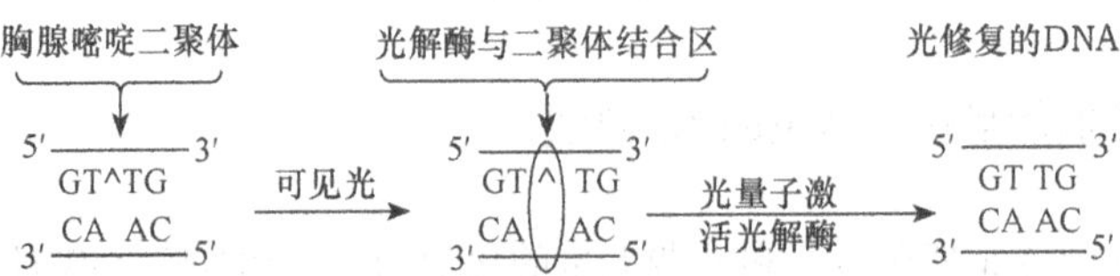

图12-21 胸腺嘧啶二聚体的光修复

这一过程是由**光解酶**（photolyase）催化的，而这种酶是由光复活基因 *phr*（存在于原核和低等真核生物，但人类中没有发现）编码的。突变体的光解酶，在可见光下被光量子激活后的活性很高，几乎可把所有的嘧啶二聚体裂解分开。

如果把这些细菌突变体放入暗处，光复活基因不表达，即不能产生光解酶而保持嘧啶二聚体。这就是用紫外线诱发细菌或低等真核生物突变时，要在暗处或红光下进行的原因。

二、间接修复

间接修复（切除受损碱基的修复）涉及 DNA 链中的磷酸二酯键的切除和连接。

（一）DNA 聚合酶 I 的校对修复

细菌 DNA（基因），在 DNA 聚合酶作用下的复制中，插入碱基的错误率可达 10^{-5}，但复制后插入碱基的错误率可降到 $10^{-11}\sim10^{-7}$。

这两个错误率之间的差异，主要是由于 DNA 聚合酶 I 本身不仅具有复制 DNA 的能力或活性，在复制过程中还具有校对的能力或活性。如图 12-22 所示，DNA 聚合酶 I 首先以 DNA 复制酶的身份复制 DNA；然后以 DNA 外切酶（从链的末端切割碱基的酶）的身份，沿着新复制链的 3′→5′ 方向进行校对并移除不正确的碱基；再后又以 DNA 复制酶的身份，沿着其 5′→3′ 方向进行校对后的修复——**校对修复**（correction repair）和继续复制 DNA。

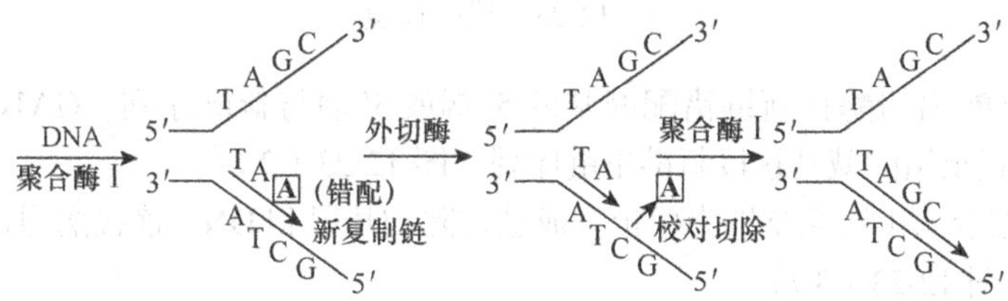

图 12-22　DNA 聚合酶 I 的校对修复

大肠杆菌的**增变突变**（mutator mutation），可充分说明 DNA 聚合酶 I 具有 3′→5′ 的 DNA 外切酶活性，对维持细胞低突变率具有重要作用。具有增变突变的大肠杆菌菌株，对于所有基因的突变率都要比正常时的突变率高得多。已经证明，增变突变影响到一些蛋白质的合成，而这些蛋白质对于 DNA 的精确复制又是必需的。例如，大肠杆菌的**增变基因**（mutator gene）*mutD* 使 DNA 聚合酶 I（大肠杆菌的主要复制酶）的 ε 亚单位发生改变，使该酶丧失了 3′→5′ 的校对切除活性，这样 DNA 复制时插入的许多非配对核苷酸，由于不能校对切除而增加了突变机会。

（二）错配修复

在 DNA 复制期间，上述 DNA 聚合酶 I 由于具有 3′→5′ 的校对功能和外切酶活性，可校对出错配碱基并切除之，再用正确的碱基替换。在细菌，通过这样的校对替换，DNA 复制的"保真度"可提高 2 个数量级。比方说，若原来碱基的错配率为 10^{-5}，则经过校对替换后的错配率可降到 10^{-7}。

对于这些"漏网"的错配碱基的修复，生物还有另外的修复机制——**错配修复**（mismatch repair）。错配碱基与受损碱基一样，修复前必须首先确定是哪个错配了。比方说，如果复制后的一个 DNA 分子有一个错配 GT，那么错配修复系统中修复酶首先要确定的是：哪个碱基（正确碱基）是在模板链，哪个碱基（错配碱基）是在合成新链。如果错配修复系统的修复酶只能确定该DNA分子有一个错配，但不能确定错配在哪条链上，进行随机修复时就要发生50%的修复错误。确定错配碱基在哪条链上的机制研究，花了遗传学家数十年的时间。

如何确定错配碱基发生在哪条链上呢？这与**DNA甲基化**（DNA methylation）的过程有关。大肠杆菌中的腺嘌呤甲基化酶（adenine methylase）可使如DNA序列“GATC//CTAG”中的腺嘌呤“A”甲基化，然而复制后新合成链有关序列中的腺嘌呤“A”暂时还不会甲基化［图12-23（1）］；正是利用这一特点，没有甲基化的腺嘌呤“A”所在的链一定是合成的新链，即在错配的碱基对（这里为GT）中，位于新链的那一碱基（T）定为错配碱基。

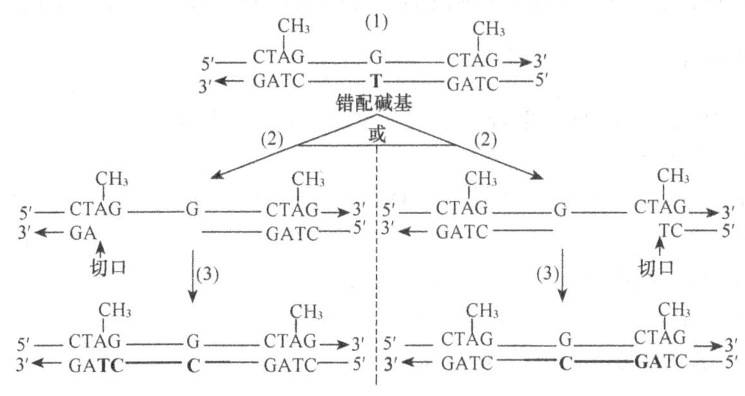

图12-23 错配修复

然后，有关核酸内切酶在新链错配碱基的5′端或3′端与新链序列“GATC”结合，切除从“AT”间的键开始直至错配碱基这段新链单链序列［图12-23（2）］。

最后，DNA聚合酶Ⅰ以完整链为模板合成被切除的片段和DNA连接酶通过磷酸二酯键把切断的链连接起来［图12-23（3）］。

在酵母和人类中也发现了大肠杆菌中存在的错配修复酶的同源酶，从而表明真核生物也有类似的错配修复机制。事实上，利用人类细胞提取液体外培养，业已证明可进行错配修复。因此，为了维持双链DNA遗传信息的稳定性，错配修复在生物界可能具有普遍性。

（三）重组修复

重组修复（recombination repair）是利用重组酶通过类似重组的过程对受损DNA的修复。具体过程是：当一个受损DNA分子［如含胸腺嘧啶二聚体T^T，图12-24（1）］复制时，DNA聚合酶Ⅰ到达受损处，由于一母链碱基受损，其子链的相应处就没有碱基与该母链配对而出现“子链缺口”，而另一母链碱基未受损，其“子链完好”［图12-24（2）］；在重组酶和连接酶作用下，切取非亲本母链（即其母链的互补链）的相应片段（AA）填补子链出现的缺口，而在非亲本母链上又留下一新缺口［图12-24（3）］；这一新缺口，在DNA聚合酶Ⅰ和连接酶作用下，以新合成的子链为模板补上［图12-24（4）］。也就是说，重组修复的过程是先复制后重组，所以又称**复制后修复**（post-replication repair）。

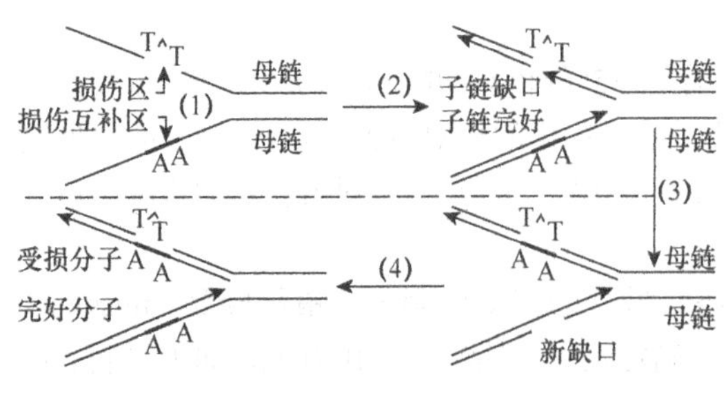

图12-24 重组修复

重组修复后虽然原来的受损处依然存在，但1个受损分子复制一次后产生的2个DNA分子中，1个为受损DNA，1个为完好DNA；这些分子再次复制后就产生1个受损分子和3个完好分子，经过n次复制后就产生1个受损分子和（2^n-1）个完好分子。所以，随着复制次数n的增多，受损分子的比例会迅速减少。

三、与DNA修复缺陷有关的遗传病

人的DNA修复机制出现缺陷时会引发遗传病，**着色性干皮病**（xeroderma pigmentosum）是其中较常见的一种（图12-25）。这是第9号常染色体上一隐性突变引起的，隐性纯合体（*aa*）对阳光敏感，暴露在阳光下的皮肤（如脸和手）呈现出色素沉积的雀斑、角化和毛细血管扩张。

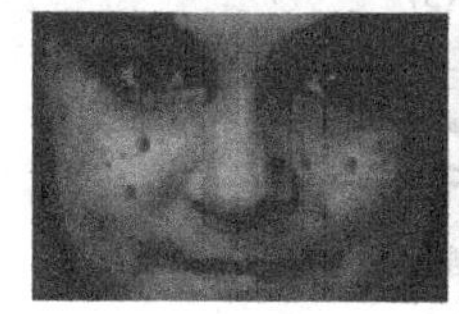
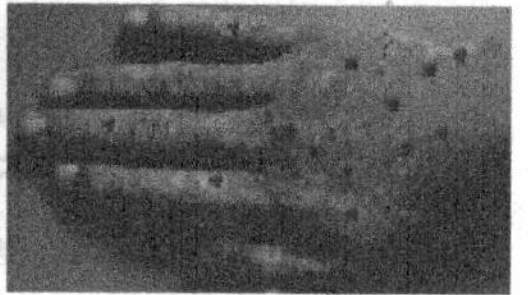

图12-25 人类着色性干皮病

这是由于隐性纯合体*aa*个体受到诱变剂（如紫外线）作用时，DNA受损的碱基（如形成嘧啶二聚体）不能切除，也就不能修复受损DNA而发生病变，最终还可能演变成皮肤癌而死亡。*aa*个体患皮肤癌的可能性，要比显性个体（*A_*）高出2000余倍，且一般不到20岁即死亡。

第五节 DNA水平的同源重组机制——Holliday连接体模型

前面我们涉及的基因重组，除少见的“位点专一重组”（两染色体具有很短的同源节段，第九章）外，都是在常见的两同源染色体（具有很长的同源节段）的两非姐妹染色单体间经互换产生的基因重组，特称为**同源重组**（homologous recombination）。

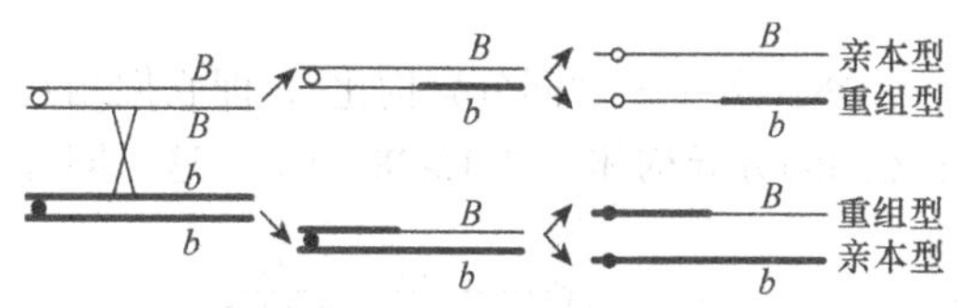

图12-26 同源染色体互换导致的基因重组

例如，粗糙脉孢菌的暂时二倍体*Bb*相对于着丝粒（即两着丝粒相当于一基因座内两不同的等位基因）重组时，子囊内亲本型和重组型子囊孢子的比例一般是1 ∶ 1，且在子囊内的排列顺序是*BbBb*或*bBbB*等（第五章），就可用这一常见的同源重组得到圆满解释（图12-26）。

齐克勒（H. Zickler）在研究粗糙脉孢菌子囊内子囊孢子的比例和排列方式时，虽然绝大多数的试验结果可用上述的同源重组得到圆满解释，但还有一些罕见的比例和排列方式（占总子囊数的0.1%～1%）。例如，子囊孢子的比例是3*B* ∶ 1*b*，且排列顺序是*BBBb*或*bbbB*。这似乎是：在基因重组中并未通过同源重组的基因互换，而是通过基因突变的所谓“**基因转换**”（gene conversion）使*b*转换成*B*或使*B*转换成*b*而实现基因重组的。在酵母等生物的研究中，也发现了类似的罕见分离比的“基因转换”现象。

后来通过对所谓的“基因转换”的研究确定了两个事实：一是其转换频率虽然罕见，但是远高于基因突变频率，所以“基因转换”应不是由基因突变所致；二是其“转换”部位总发生在同源染色体互换区。所以，在DNA分子水平上，霍利戴（R. Holliday）为解释上述同源重组中常见的基因互换和罕见的“基因转换”是如何实现的，提出了在互换区内同源染色体的两非姐妹染色单体DNA分子间进行同源重组的**Holliday连接体模型**（Holliday junction model）或**杂种DNA模型**（hybrid DNA model）。

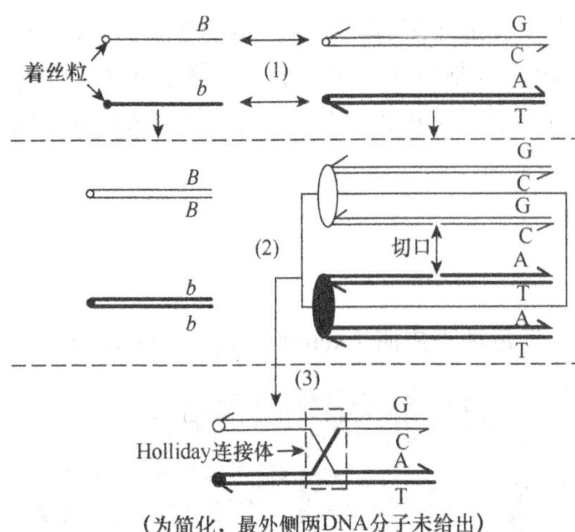

图 12-27　DNA 同源重组的 Holliday 连接体模型

为使该模型具体化，见图 12-27（1）：令上述两同源染色体（这两同源染色体相应的两 DNA 分子具有相同或相似的碱基序列，称为同源 DNA）上的等位基因 *B* 和 *b*，在相应的两同源 DNA 水平分别用碱基对 GC 和 AT 表示（代表相应基因的那段双链 DNA 分子中的碱基是互补的，不要理解只有一对互补碱基）；相应的两同源染色体上的着丝粒分别用空心圆点和实心圆点（相当于两不同的等位基因）表示。

在 DNA 水平上，在染色体互换区构成同源重组的 **Holliday** 连接体模型，实质上主要分两步。第一步，在染色体互换区一定位点切断非姐妹 DNA 分子中“极性相同”（第八章）的两条单链［图 12-27（2）］。在减数分裂前期 I，两同源染色体，即两双链的同源 DNA 联会配对时，由于 DNA 分子都已复制，共有 4 个双链 DNA 分子（分别在 4 条染色单体上）。基因重组时，（位于非姐妹染色单体内的）非姐妹 DNA 分子极性相同的两条单链（不是两非姐妹 DNA 分子的 4 条链），在特定的内切酶作用下，切断在着丝粒和基因间的某一位点的磷酸二酯键。第二步，两断裂单链相互交换，在 DNA 聚合酶和连接酶作用下，对切口进行连接而形成一个具有 4 线（链）结构的中间体——**Holliday 连接体**［Holliday junction，图 12-27（3）］，又称 **Holliday 中间体**（Holliday intermediate）。

Holliday 连接体是在 DNA 分子水平上理解同源重组的基因互换和“基因转换”的基础。

一、同源重组的基因互换——常见的基因重组

进行这一常见的基因重组时，Holliday 连接体这两 DNA 分子要“同分异构化”，即它们相互排斥且下方 DNA 分子旋转 180° 而形成 Holliday 连接体的同分异构体［图 12-28（1）］。这一同分异构体垂直解离和水平离解时分别形成两重组型和两亲本型［图 12-28（2）（3）］。由于这两种离解方式是随机或机会均等的，因此就可得到如图 12-28 所示的亲本型：重组型＝1 ∶ 1 的同源重组的基因互换——常见的基因重组。

这就是我们前面讨论过的同源染色体互换的分子机制。或者说，我们以前讨论过的在两同源染色体间的基因重组（如细胞减数分裂形成配子的基因重组）都属这一情况。

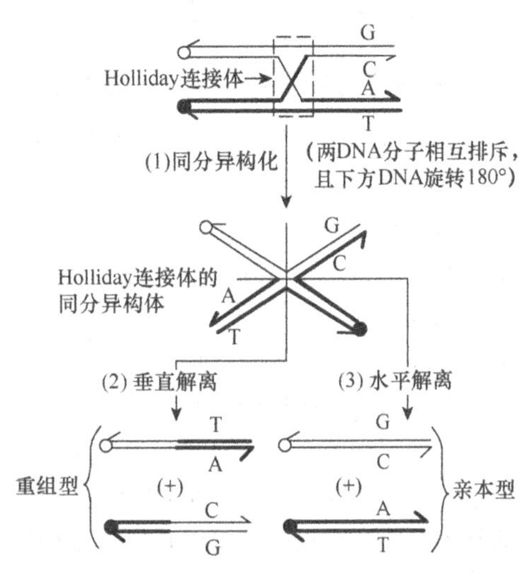

图 12-28　DNA 同源重组的 Holliday 连接体模型——基因重组（Lewis，2003）

二、同源重组的“基因转换”——罕见的基因重组

对于罕见的同源重组的“基因转换”，Holliday 连接体要依次进行分支迁移、单链互换和互换

后通过磷酸二酯键连接起来，就形成了具有不配对碱基的异源双链DNA［图12-29（1）］，即Holliday连接体的同分异构体Ⅰ；同分异构体Ⅰ进一步同分异构化（即两DNA相互排斥后具黑着丝粒的DNA旋转180°）形成Holliday连接体的同分异构体Ⅱ［图12-29（2）］；同分异构体Ⅱ进行水平或垂直解离时都可形成错配碱基G/A和C/T的DNA，即可形成杂种DNA［图12-29（3）］。

Holliday连接体
G
C
A
T
(1) 分支迁移、单链互换和连接（形成异源双链DNA）
Holliday连接体的同分异构体Ⅰ
G
C
A
T
(2) 同分异构化
G
A
C
T
Holliday连接体的同分异构体Ⅱ
(3) 水平解离
(4) 垂直解离
G
(+)
A
C
T
杂种DNA
T
(+)
C
A
G

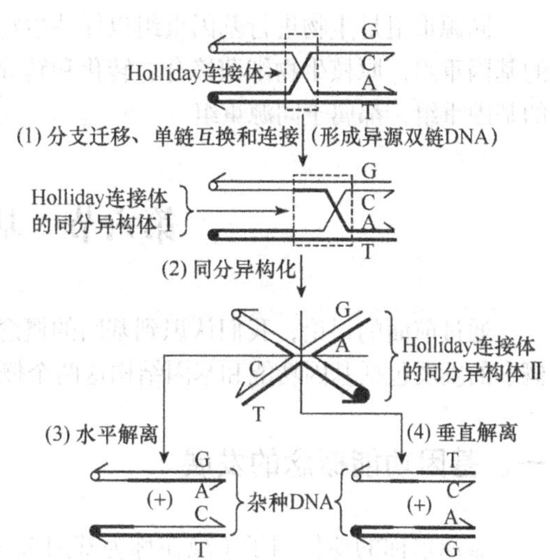

图12-29　DNA同源重组的Holliday连接体模型——基因转换（改自Lewis，2003）

在细胞内，杂种DNA中存在的错配碱基是不正常的，必须修复成互补的碱基对。错配碱基修复成互补的碱基对有以下两种可能的方式。

第一种可能的修复方式，是在细胞减数分裂期间对杂种DNA的切除修复。每个杂种DNA分子的两条单链，在原来断裂点位置由核酸内切酶随机切除，即DNA中这两条链被切除的机会相等；这样，每个杂种DNA都留下一个单链缺口。以G/A这一杂种DNA为例，如果在断裂点切除的是“A”片段，以完整链“G”为模板补接修复的DNA分子是亲本型（照例，把着丝粒看作基因），称为**补接双链DNA**（patched duplex DNA）；如果在断裂点切除的是“G”片段，以“A”片段为模板修复的DNA是重组型，其中每条链都是由两链的一部分拼接在一起，称为**拼接双链DNA**（spliced duplex DNA）。剩下的C/T杂种DNA，可进行类似的切除修复，也可得到相应的亲本型和重组型。因此，如果这是粗糙脉孢菌，且基因型*Bb*的重组修复又是在减数分裂过程中完成的，则根据图12-27的等位基因与碱基对的关系，子囊内子囊孢子的排列顺序有如图12-30所示的4种可能。

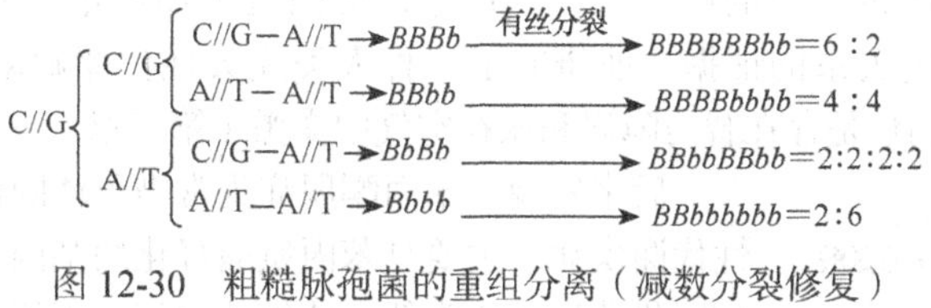

C//G
C//G
C//G－A//T→BBBb
有丝分裂
BBBBBBbb=6：2
A//T－A//T→BBbb
BBBBbbbb=4：4
A//T
C//G－A//T→BbBb
BBbbBBbb=2:2:2:2
A//T－A//T→Bbbb
BBbbbbbb=2:6

图12-30　粗糙脉孢菌的重组分离（减数分裂修复）

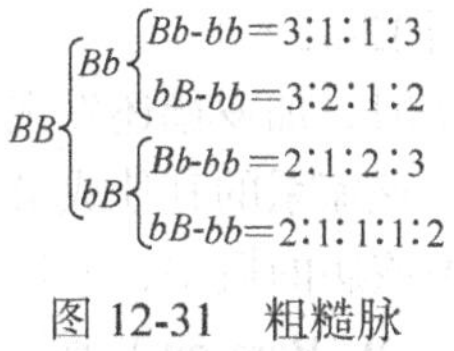

BB
Bb
Bb-bb=3:1:1:3
bB-bb=3:2:1:2
bB
Bb-bb=2:1:2:3
bB-bb=2:1:1:1:2

图12-31　粗糙脉孢菌的重组分离（有丝分裂修复）

第二种可能的修复方式，是在减数分裂后的第一次有丝分裂的非切除修复。还以上述粗糙脉孢菌为例，如果在减数分裂期间重组后，杂种DNA要等到有丝分裂才修复，子囊内子囊孢子的排列顺序就有如图12-31所示的4种可能。这是因为，从图12-27可以看出：子囊内第1、2个子囊孢子的基因型均为*B*；第3、4个子囊孢子的基因型是机会均等的*Bb*或*bB*；第5、6子囊孢子的基因型也是机会均等的*Bb*或*bB*；第7、8个子囊孢子的基因型均为*b*。

总之，像粗糙脉孢菌这样一类生物，通过所谓的“基因转换”而出现少数非寻常排列的分离比，乃是由于错配碱基形成的杂种DNA（即含有非互补碱基对的DNA），在减数分裂期间进行随机切除修复或在随后的有丝分裂期间进行非切除修复的结果。简言之，同源重组中的基因转换是通过对杂种DNA的修复实现的。

同源重组是生物进行基因重组以保持生物多样性的重要来源。真核生物减数分裂和有丝分裂的基因重组，原核生物细菌接合、转化和转导的基因重组以及细菌病毒——噬菌体基因在细菌内的基因重组，都属于同源重组。

第六节 基因概念的发展

通过前面的讨论，我们认识到基因的概念是一个从抽象到逐渐具体的过程。归纳起来，基因概念的发展包括基因功能和基因结构这两个概念的发展，现依次讨论如下。

一、基因功能概念的发展

孟德尔称的遗传因子（现在称为基因），是控制性状表现的基本功能单位。把基因作为基本功能单位的概念，自 1900 年孟德尔遗传规律再发现以来，一直得到遗传学界的普遍认可。但基因如何控制性状的表现，在认识上有一个从抽象到逐渐具体的发展过程。现在我们来追溯这一过程。

（一）一种基因一种性状假说

从孟德尔开始的经典遗传学认为，一种遗传因子或一种基因控制一种性状的表现。例如，豌豆控制花色的这种基因是控制或表达花色的，等位基因 *W* 和 *w* 分别使豌豆花表达成红花和白花。我们可把这一观点称为**"一种基因一种性状假说"**（one gene-one trait hypothesis）。这一假说的有关概念是由一系列的遗传试验推出来的，虽然有些抽象，如基因是什么，基因如何控制性状的表现当时都还不清楚；但它如同一个路标，为后来的有关研究指明了正确的方向。

（二）一种突变基因一种代谢缺陷假说

在孟德尔遗传规律再发现的第二年，1902 年，英国医生加罗德（A. Garrod）首先提供了基因和酶之间存在特定关系的证据。他研究了一种人类先天性代谢缺陷疾病——**苯丙酮尿症**（phenylketonuria），其病症是存在智力障碍和尿在空气中变黑（第三章）。

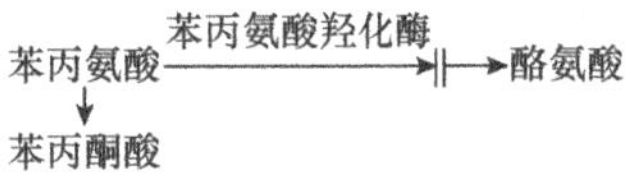

苯丙氨酸 —苯丙氨酸羟化酶→|| → 酪氨酸
↓
苯丙酮酸

图 12-32 苯丙酮尿症的成因

后来发现，苯丙酮尿症为常染色体隐性遗传病，是一种先天性代谢疾病，主要是苯丙氨酸羟化酶基因突变导致肝脏内苯丙氨酸羟化酶失活或降低，使得苯丙氨酸不能正常地转化成酪氨酸而产生大量的损伤神经系统的苯丙酮酸所致（图 12-32）。

在研究苯丙酮尿症患者家系各成员的系谱时，加罗德还发现两个与遗传（基因）有关的事实：一是一家系的一个成员是苯丙酮尿症患者，该家系的其他成员也往往有苯丙酮尿症患者；二是"第一表兄妹"（第十九章）婚配所生小孩患该病的概率，要比无血缘关系婚配所生小孩患该病的概率大得多。后来，英国遗传学家贝特森（W. Bateson）通过系谱调查分析，认为苯丙酮尿症属于常染色体隐性遗传病；再后来的研究，又将该基因定位在常染色体的第 3 号染色体上。

加罗德的上述发现使他得出结论：由于代谢过程是由酶催化进行的，正常人能把苯丙氨酸转化成酪氨酸，而苯丙酮尿症患者却不能，因此苯丙酮尿症是由于缺少了黑尿酸代谢所需要的酶而引起的一种单基因隐性遗传病。这种认为遗传病与酶缺陷有关的观点，可称为**"一种突变基因一种代谢缺陷假说"**（one mutant gene-one metabolic block hypothesis）或**先天性代谢错误假说**（inborn metabolism error hypothesis)。

显然，先天性代谢错误假说的提出说明人们已意识到遗传（基因）和酶之间的关系，为后人明确提出的“一种基因一种酶假说”指明了方向。

（三）一种基因一种酶假说

继加罗德的发现40年后，在1942年，当时还是摩尔根学生的比德尔（G. Beadle）研究果蝇眼色遗传时发现，果蝇眼色的变化可能是由基因控制的化学过程所致。由于果蝇结构对研究这类问题还过于复杂而难以验证这一想法，因此他与曾是他的生物化学老师的塔特姆（E. Tatum）合作，选用粗糙脉孢菌为研究材料，才揭示了在代谢过程中基因和酶之间的直接关系，提出了“**一种基因一种酶假说**”（one gene-one enzyme hypothesis）。这一假说的提出，是遗传学史上的一个重要发现，为此他们在1958年获得了诺贝尔生理学或医学奖。

他们用粗糙脉孢菌（n=7）为研究材料，其思路是：野生型菌之所以能在（如缺少精氨酸的）基本培养基上生存，是因为它们能通过酶利用基本培养基中的物质合成其所需要的物质（如精氨酸）；如果基因控制酶的产生，那么其合成途径（如精氨酸合成途径）中的任一步骤若有基因突变，就不能合成其所需要的物质（如精氨酸）。在这一思路下，他们所设计的试验主要分三步。

第一步，分离粗糙脉孢菌的各营养缺陷突变体。按照本章前述的粗糙脉孢菌营养缺陷突变体的检测方法，可分离出各种氨基酸的营养缺陷突变体和各种维生素的营养缺陷突变体等。

第二步，鉴定、筛选出涉及单基因突变的各营养缺陷突变体。以精氨酸营养缺陷突变体为例，把它与野生型（原养型）杂交，对子一代一个子囊内的8个子囊孢子分离培养进行四分子分析（第五章）：如果在完全培养基上都能生长，而转入缺少精氨酸的基本培养基上出现能生长和不能生长的子囊孢子比例为4 ∶ 4，那么该精氨酸营养缺陷突变体为单基因突变。

第三步，对某营养物（如精氨酸）的代谢途径进行遗传分析，以检验“一种基因一种酶假说”是否正确。

现以粗糙脉孢菌的精氨酸合成代谢试验为例详细说明这一假说的正确性。

首先，在精氨酸合成代谢途径中，对该途径一系列精氨酸营养缺陷突变体进行的遗传分析表明，这些突变体涉及4种突变基因，分别用 *argE*、*argF*、*argG* 和 *argH* 表示，且分别位于互不连锁的4条染色体上。这些突变基因相应的野生型基因分别用 $argE^+$、$argF^+$、$argG^+$和 $argH^+$表示。

然后，往基本培养基上分别添加在“精氨酸合成代谢途径”上的不同产物——鸟氨酸、瓜氨酸、精氨琥珀酸和精氨酸，并检查这4种“精氨酸突变株”的生长情况。其结果见表12-3。

表12-3 4种精氨酸突变株的生长情况

菌株	基培（M）	M+鸟氨酸	M+瓜氨酸	M+精氨琥珀酸	M+精氨酸
野生型	+	+	+	+	+
argE	−	+	+	+	+
argF	−	−	+	+	+
argG	−	−	−	+	+
argH	−	−	−	−	+

注：+，生长；−，不生长

如其所料，野生型在所有培养基上均能生长，所有4种精氨酸突变株在基本培养基（缺鸟氨酸、瓜氨酸、精氨琥珀酸和精氨酸）上均不能生长。但是在这4种精氨酸营养缺陷突变型菌株中，*argH* 只有在基本培养基上添加精氨酸才能生长；*argG* 在基本培养基上添加精氨酸或精氨琥珀酸均可生长；*argF* 在基本培养基上添加精氨酸、精氨琥珀酸或瓜氨酸均可生长；*argE* 在基本培养基上添加精氨酸、精氨琥珀酸、瓜氨酸或鸟氨酸均可生长。

如何分析表 12-3 的这些结果？为简明起见，先用一个简化的合成代谢途径说明分析的原理（图 12-33）。在这一代谢途径中，前驱物 X 要转化成末端产物 C，须依次通过中间产物 A 和 B。而途径中的每一步都是由不同的酶催化的，而不同的酶是由相应的基因决定的（一种基因一种酶假说）。

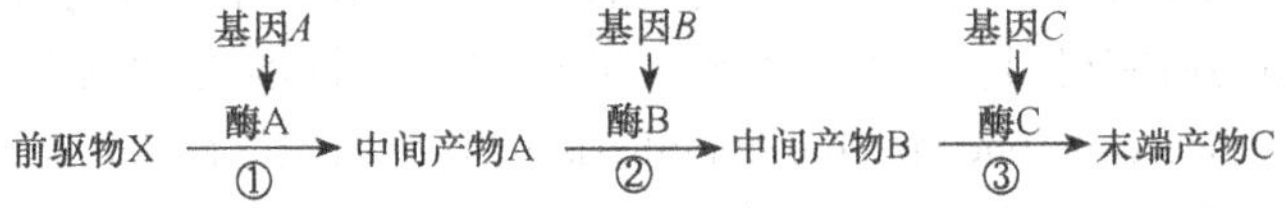

基因*A*　　基因*B*　　基因*C*
↓　　↓　　↓
前驱物X —酶A ①→ 中间产物A —酶B ②→ 中间产物B —酶C ③→ 末端产物C

图 12-33　简化的合成代谢途径

现在我们分析在这一合成代谢途径的各步骤中，各基因（这里为 *A*、*B*、*C*）的突变与所产生的“末端产物 C”的各营养缺陷型菌株有什么关系。

先看在代谢途径中最靠近末端产物 C 的步骤③。基因 *C* 突变产生的“末端产物 C 营养缺陷型菌株”导致的结果依次是：无酶 C 产生或酶 C 活性丧失，其前驱物——中间产物 B 累积，末端产物 C 不能形成，基因 *C* 突变菌株或“末端产物 C 营养缺陷型菌株 *C*”在基本培养基（无末端产物 C）上不能生长，只有在基本培养基上添加末端产物 C 才能生长。

再看代谢途径中的步骤②。基因 *B* 突变产生的“末端产物 C 营养缺陷型菌株 *B*”导致的结果是：酶 B 失活，其前驱物——中间产物 A 不能转化成中间产物 B；尽管基因 *B* 突变菌株中的基因 *C* 未突变可产生酶 C，但由于无中间产物 B（酶 C 的前驱物），因此基因 *B* 突变菌株也不能合成产物 C 而成为末端产物 C 的营养缺陷型。基因 *B* 和基因 *C* 的突变菌株虽都是末端产物 C 的营养缺陷型，但二者不同的是，基因 *B* 突变菌株除在基本培养基上添加末端产物 C 可生长外，在基本培养基上添加中间产物 B 也可以生长，因为基因 *B* 突变菌株的基因 *C* 未发生突变，可把中间产物 B 转化成末端产物 C。

按同一分析思路，在合成代谢途径中最远离末端产物 C 的步骤①，基因 *A* 突变产生的“末端产物 C 营养缺陷型菌株 *A*”导致的结果是，在基本培养基上添加末端产物 C、中间产物 B 或中间产物 A 都能生长。

因此，在前驱物 X 代谢途径的各步骤中，不同基因突变产生的各“末端产物 C 营养缺陷型菌株”间的关系是：在“末端产物 C”的合成代谢途径上，越靠近末端产物 C 的基因突变，使其菌株生长的中间产物类型数就越少；越远离末端产物 C 的基因突变，使其菌株生长的中间产物类型数就越多。

有了这一认识，就不难分析粗糙脉孢菌的精氨酸合成代谢途径上各基因突变的结果（表 12-2）了。*argH* 营养缺陷突变型菌株只有添加精氨酸时才能生长，这说明其野生型基因编码的酶是控制精氨酸合成代谢的最后一步——形成精氨酸。由于 *argG* 营养缺陷突变型菌株添加精氨酸或精氨琥珀酸均能生长，*argF* 营养缺陷突变型菌株添加精氨酸、精氨琥珀酸或瓜氨酸均能生长，*argE* 营养缺陷突变型菌株添加精氨酸、精氨琥珀酸、瓜氨酸或鸟氨酸均能生长，因此粗糙脉孢菌精氨酸合成代谢途径各步骤的遗传控制如图 12-34 所示。由图 12-34 可知，$argE^+$ 基因编码乙酰鸟氨酸酶把 *N*-乙酰鸟氨酸转化成鸟氨酸。根据一种基因一种酶假说，*argE* 营养缺陷突变型菌株在基本培养基上添加精氨酸、精氨琥珀酸、瓜氨酸或鸟氨酸后均能生长，因为该菌株在精氨酸合成代谢途径中的其他步骤所涉及的都是野生型基因。对其他 3 个营养缺陷突变型菌株可作类似解释。

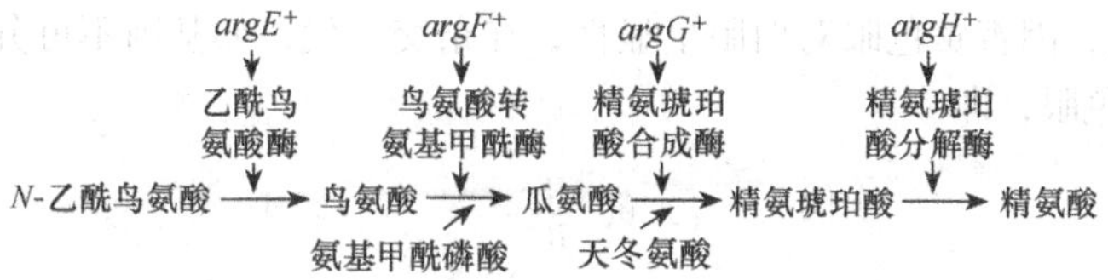

argE⁺ → 乙酰鸟氨酸酶　*argF*⁺ → 鸟氨酸转氨基甲酰酶　*argG*⁺ → 精氨琥珀酸合成酶　*argH*⁺ → 精氨琥珀酸分解酶

N-乙酰鸟氨酸 → 鸟氨酸 → 瓜氨酸 → 精氨琥珀酸 → 精氨酸

氨基甲酰磷酸　天冬氨酸

图 12-34　粗糙脉孢菌的精氨酸合成代谢途径

粗糙脉孢菌的精氨酸合成代谢试验，说明了一种基因一种酶假说的正确性。

（四）一种基因一种蛋白质假说

基因编码或决定蛋白质，而催化生化反应的酶只是蛋白质中的一部分，此外还有构建组织的结构蛋白和具有运输功能的转运蛋白等。显然，用一种基因一种酶的假说概括基因的功能，至少是不全面的。为了纠正这一片面性，有人提出了**一种基因一种蛋白质假说**（one gene-one protien hypothesis）。

（五）一种基因一种多肽假说

蛋白质中除同源多聚体外还有异源多聚体，即后者是由两种或更多种多肽组成的蛋白质，如哺乳动物的乳酸脱氢酶是由两种多肽组成的异源四聚体。但是，一种基因只能编码或决定一种多肽，于是有人又提出了**一种基因一种多肽假说**（one gene-one polypeptide hypothesis）。

后一个假说仍具有局限性。有的基因，如核糖体 DNA（rDNA）基因和转移 DNA（tDNA）基因，只转录成 rRNA 和 tRNA，而不翻译成多肽；有的基因，经选择性加工又可编码多种多肽（第十一章、第十四章）；有的基因是重叠的，由于具有不同的阅读框又可编码不同的多肽（第九章）；更有甚者，不是由多肽而是由核酸组成的所谓核酶也具有酶活性（第八章），改变了由多肽组成的酶才具有酶活性的概念。因此，基因作为基本功能单位的概念仍在发展中。

二、基因结构概念的发展

基因的结构是什么？在认识上也有一个逐步深化的发展过程。

（一）基因的念珠概念——基因不可分

在 1940 年以前，视基因为念珠，一条染色体上的那些基因就好比用一根线穿起来的一串念珠。这种念珠式的基因在结构上是不可分的，体现在：①基因座内的基因，只有一个而不能有多个突变位点使基因发生突变，是突变的基本单位；②基因重组只能发生在基因（念珠）间，而不能发生在基因内，是重组的基本单位。也就是说，基因在结构上的不可分性，体现在它既是突变的基本单位又是重组的基本单位。

（二）基因内突变和重组的发现——基因可分

依基因不可分的概念，一个**基因座**（locus）内的各（复）等位基因是严格等位的。例如，果蝇控制眼色这一功能的基因座位于 X 染色体的非同源节段（第四章），红眼为野生型，由显性基因控制，此外还有一些隐性突变基因分别控制杏黄色眼和白眼等，都是该基因座内同一**位点**（site）突变的结果。

但 1940 年以后的研究结果改变了这一看法。有人用纯系杏黄色眼（W^a/W^a）雌果蝇和白眼

（W/Y）雄果蝇杂交，因杏黄色眼对白眼呈显性，在杂交一代，如基因不可分的观点所料，无论雌、雄，均为杏黄色眼，即

$$\text{亲代}\quad(\text{杏黄})\frac{W^a}{W^a}\times\frac{W}{\text{Y}}(\text{白})$$
$$\downarrow$$
$$\text{杂交一代}\quad(\text{杏黄})\frac{W^a}{W}\,(+)\,\frac{W^a}{\text{Y}}(\text{杏黄})$$

如果杂交一代即子一代进行全同胞交配（第十九章），依基因座内各（复）等位基因严格等位的观点，在全同胞交配一代（子二代）中的基因型应期望为 $W^a//W^a$、$W^a//W$、$W^a//\text{Y}$ 和 $W//\text{Y}$，即应期望只有原来亲代的两种表现型（杏黄色眼和白眼）。但实际上，在子二代中，如果数量足够多，还会出现“反常”表型——野生型红眼果蝇（自然界存在最多的类型），出现频率约为 1/1000。这一野生型红眼果蝇不可能由可逆突变产生，因为可逆突变发生的频率要比 1/1000 低得多。

进一步的研究表明，之所以出现上述“反常”表型，是因为在一个基因座内的各（复）等位基因并非严格等位，而是占有不同位点，如杏黄色眼和白色眼等位基因位于一个基因座内两个不同的位点：W^a 位点和 W 位点（对一个基因座内不同位点的命名与对不同基因座的命名类似）。根据这一观点，以上杂交的有关基因型改成：

$$\text{亲代}\quad(\text{杏黄})\frac{W^a+}{W^a+}\times\frac{+W}{\text{Y}}(\text{白})$$
$$\downarrow$$
$$\text{杂交一代}\quad(\text{杏黄})\frac{W^a+}{+W}\,(+)\,\frac{W^a+}{\text{Y}}(\text{杏黄})$$

这样，杂交一代雌果蝇减数分裂时可形成两种亲本型配子（$\underline{W^a+}$，$\underline{+W}$）和两种重组型配子（$\underline{++}$，$\underline{W^aW}$），杂交一代雄果蝇减数分裂时可形成两种配子 $\underline{W^a+}$ 和 $\overline{\text{Y}}$。因此，杂交一代的全同胞交配产生的子二代就可能出现基因型 $++//W^a+$ 和 $++//\text{Y}$，即可出现野生型——红眼。

这一研究和类似的研究表明：一个基因座内的各（复）等位基因并非严格等位，而是处在不同的位点，如红眼基因座（$++//++$）不同位点的突变可成为 $W^a+//W^a+$（杏黄眼）或 $+W//+W$（白眼），这些位点间也可进行重组，即基因是可分的。

（三）基因内的突变单位和重组单位——突变子和重组子

后来，许多研究者陆续发现，在不同生物（原核生物和真核生物）的基因内都可进行突变和重组。因此，根据 DNA 遗传信息的转录和翻译（第八章），人们推想：基因突变的最小单位应只涉及一对核苷酸；基因重组的最小单位也应只涉及一对核苷酸，尽管其过程最少要涉及两对相互对应的核苷酸。以下的试验证明了这一推想。

大肠杆菌的色氨酸合成酶是由两条 α 多肽链和两条 β 多肽链组成的四聚体，该酶催化色氨酸合成中的一个步骤。研究者对大肠杆菌野生型色氨酸基因 *trpA*（第十一章）编码的 α 多肽链的 268 个氨基酸序列进行了分析，也分离出一些色氨酸营养缺陷突变体（基因座内一野生型基因，如 *trpA* 不同位点突变产生的各突变基因，用其野生型基因后添加阿拉伯数字表示，如 *trpA23*、*trpA33* 等是基因 *trpA* 的突变型），并用两点和三点测验法（第五章）对这些突变体进行了遗传作图，结果如图 12-35 所示。

1. 基因突变的最小单位 在图 12-35，野生型 α 多肽链的 211 位置是甘氨酸（可称野生型 211），而在该位置有两个突变型 *trpA23* 和 *trpA46*，分别编码精氨酸和谷氨酸，即在 211 位置野生型和突变型密码子的关系应为（第八章，表 8-1 遗传密码）：

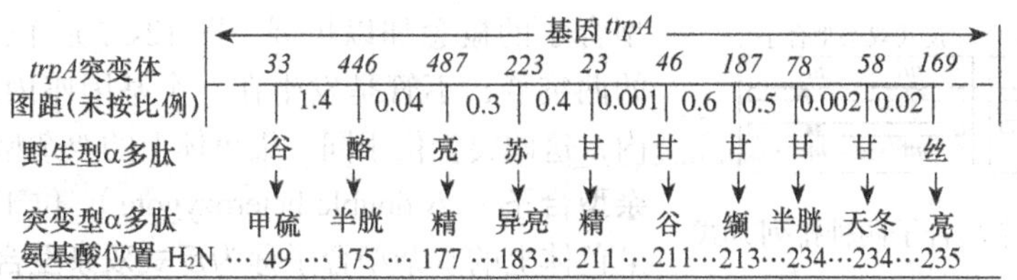

图 12-35　大肠杆菌 *trpA* 基因与其编码的 α 多肽的对应关系（Snustat and Simmons，2010）

野生型211　　甘氨酸（GGA）

突变型　精氨酸（AGA）　谷氨酸（GAA）

根据这一关系，在野生型和突变型相应 DNA 序列的关系应为

野生型211　CCT/GGA 甘氨酸

突变型　TCT/AGA 精氨酸　CTT/GAA 谷氨酸

其试验结果也正是这样。由此可得出结论：基因内的一对核苷酸发生变化可使个体从野生型转化成突变型。这种使基因发生突变只涉及一对核苷酸的最小遗传单位就称为**突变子**（muton）。

2. 基因重组的最小单位　由上述分析和试验结果知，大肠杆菌 *trpA* 基因野生型 211 的两突变型 *trpA23*（精氨酸）和 *trpA46*（谷氨酸）属于两对邻近核苷酸的突变。如果这两突变体的两对相应核苷酸可发生重组的话，它们间的杂交应出现野生型 211。有人用这两个突变型进行转导杂交（第九章），结果在转导体中果然发现了野生型 211，尽管频率只有 0.001%，重组过程如图 12-36 所示。由此可得出结论：一个基因座内两基因的核苷酸可发生重组，且重组的最小遗传单位可只涉及一对核苷酸的变化。这种使基因发生重组的最小遗传单位就称为**重组子**（recon）。

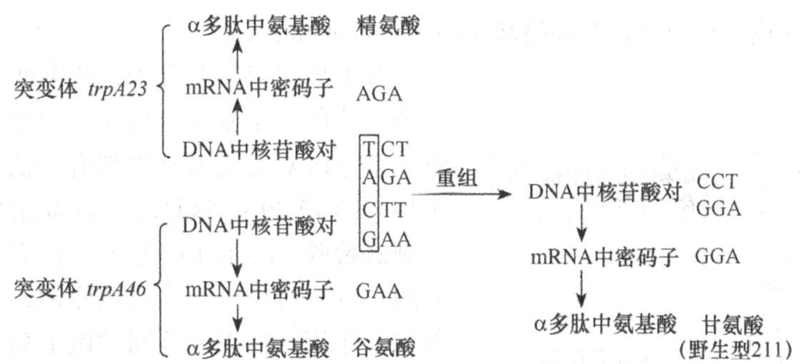

图 12-36　大肠杆菌色氨酸合成酶两突变体两对相应核苷酸间的重组（Snustat and Simmons，2010）

总体来说，在功能上，基因是基本的功能单位；但在结构上，基因是可分的，相对于野生型基因来说，可分到只有一对核苷酸差异的突变型基因和重组型基因。

（四）两突变是发生在基因内或基因间的检验——互补检验

在上述的果蝇实验中，认为 X 染色体非同源节段上使眼呈杏黄色和白色的两连锁隐性基因 W^a 和 W［相对于使眼呈红色的野生型显性基因（＋和＋）而言］，是一个基因座内的两个突变，而不是分属两个基因座内的突变，但未加证明。现证明之。

在证明之前，须把第五章中的、当时还认为基因是不可分的条件下所定义的顺式和反式双杂

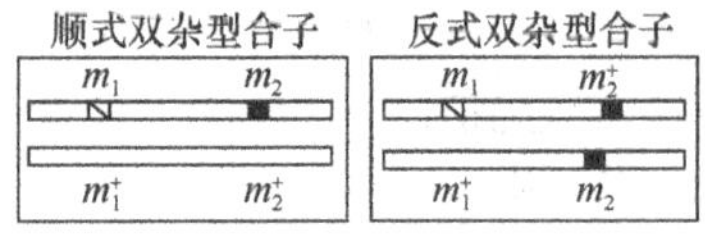

图 12-37 连锁双杂型合子两种排列方式

型合子的概念加以扩展（图 12-37）：位于同源染色体上的两突变，不管是发生在一个基因座内还是两个基因座内，这两突变位于同一染色体上的双杂型合子称为**顺式双杂型合子**（*cis* double heterozygote），位于同源染色体不同染色体上的双杂型合子称为**反式双杂型合子**（*trans* double heterozygote）。

证明同源染色体的两突变是发生在一个基因座内还是两基因座内，要依反式双杂型合子的表现而定：如果反式双杂型合子同处一个基因座内［图 12-38（a）］，且原来的野生型基因编码一种酶控制一野生型性状，那么由于发生了突变，两同源染色体上的两突变基因 m_1 和 m_2 都不能编码具有正常功能的产物，所以表现为突变型性状；如果反式双杂型合子分属两个基因座内［图 12-38（b）］，虽然基因座 1 和 2 的两突变基因 m_1 和 m_2 不能编码具有正常功能的产物，但它们的两野生型等位基因能编码具有正常功能的产物，所以表现为野生型性状。

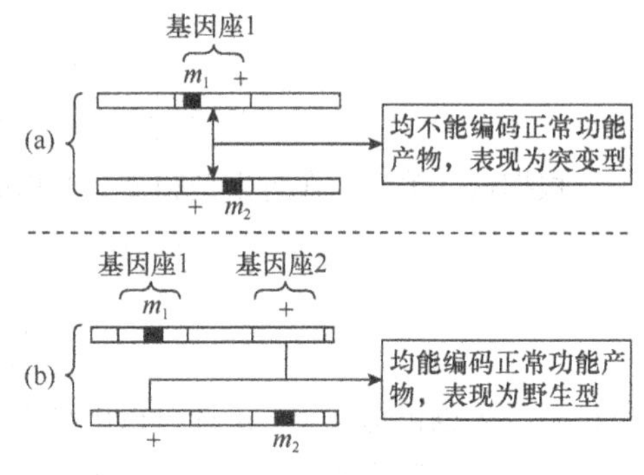

图 12-38 反式检验

根据上述思路，可以反过来说：发生在同源染色体的两突变，如果反式双杂型合子具有突变型性状，则这两突变基因位于同一基因座内，属于基因座内不同位点的突变；如果反式双杂型合子具有野生型性状，则这两突变基因位于两基因座内，属于基因座间不同位点的突变。这种根据反式双杂型合子的表现来判断两突变是否发生在一个基因座内的检验，称为**反式检验**（*trans* test）。又由于这是根据有关野生型基因（＋）对其突变基因（如 m_1）是否有补偿作用来判断两突变是否发生在一个基因座的检验——无补偿者，两突变发生在一个基因座内；有补偿者，两突变发生在两个基因座内，所以又称**互补检验**（complementation test）。

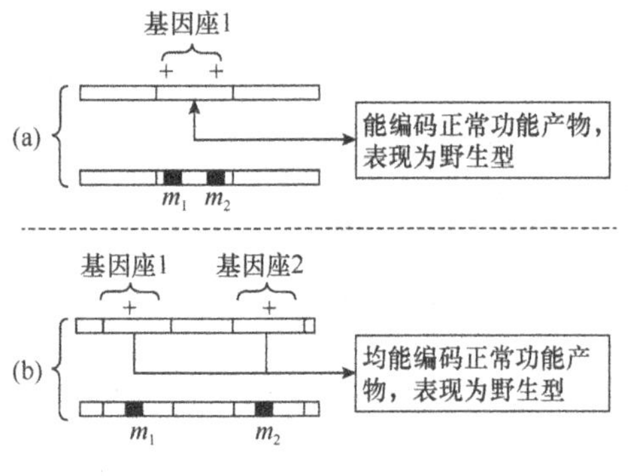

图 12-39 顺式检验

对于顺式双杂型合子，两突变不管是发生在同源染色体的一个基因座内还是两个基因座内，有关野生型基因对突变型基因都有补偿作用，表现为野生型（图 12-39）。这种用顺式双杂型合子的检验称为**顺式检验**（*cis* test）。显然，仅有顺式检验不能判断两突变是否位于一个基因座内，只是为反式检验起辅证作用。如果试验同时做了顺式检验和反式检验，就称为**顺式-反式检验**（*cis-trans* test），但一般只做反式检验就足够了。

如何得到反式双杂型合子？在二倍体生物，只要把同源染色体上有关的两突变体，如上述果蝇的杏黄色眼和白眼杂交，其杂交一代雌蝇和雄蝇就分别是反式双杂型合子和反式单倍体合子。

有人把根据顺式-反式检验确定的基因称为**顺反子**（cistron），但多数遗传学者只是把它作为基因的同义语，本书也统称基因。

例子分析如下。

遗传学者陆续发现了果蝇野生型眼色（正常红眼）的许多 X 连锁隐性突变，前面讲的果蝇白眼就是由摩尔根研究小组发现的第一个 X 连锁隐性突变（其基因和基因座用 *w* 代表）。其他的关于眼色的 X 连锁隐性突变还有：暗红的，如石榴红（garnet）和宝石红（ruby）；鲜红的，如朱砂红（vermilion）、樱桃红（cherry）和珊瑚红（coral）；浅色的，如杏黄色（apricot）、淡黄色（buff）和淡红色（carnation）。

现在的问题是：这些 X 连锁隐性突变，哪些是属于一个基因座内的突变（即这些突变的关系互为复等位基因），哪些是属于不同基因座的非等位基因突变？

这些突变的反式检验结果见表 12-4。结果表明：白眼基因、石榴红基因、宝石红基因、朱砂红基因和淡红基因位于不同的基因座（因有关反式试验有互补），即它们互为非等位基因；白眼基因、樱桃红基因、珊瑚红基因、杏黄基因和淡黄基因位于一个基因座内（因有关反式试验无互补），即它们互为等位基因，为复等位基因。

表 12-4　果蝇 X 连锁眼色隐性突变的反式检验

突变	*w*	*g*	*r*	*v*	*ch*	*co*	*a*	*b*	*ca*
白（white=*w*）	−	+	+	+	−	−	−	−	+
石榴红（garnet=*g*）		−	+	+	+	+	+	+	+
宝石红（ruby=*r*）			−	+	+	+	+	+	+
朱砂红（vermilion=*v*）				−	+	+	+	+	+
樱桃红（cherry=*ch*）					−	−	−	−	+
珊瑚红（coral=*co*）						−	−	−	+
杏黄（apricot=*a*）							−	−	+
淡黄（buff=*b*）								−	+
淡红（carnation=*ca*）									−

注：+，有互补；−，无互补

根据两点测交或三点测交试验（第五章），还可对这些基因座和基因座内的突变位点进行定位（图 12-40）。

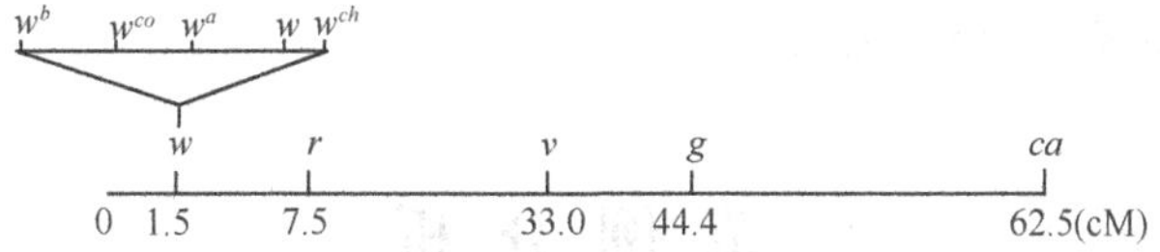

图 12-40　果蝇 X 连锁眼色突变遗传图

现在就证明了：前面提到的果蝇 X 染色体上使眼呈杏黄色和白色的两个突变（w^a，w）是发生在一个基因座（w）内，因为反式双杂型合子表现为突变型（杏黄色眼），而不是野生型（红眼）。

本章小结

（基因）突变是遗传变异的最终来源，是进化的原始材料，也是遗传研究的重要工具。

关于突变的一般特征。具有罕见性，可发生在体细胞和种系细胞，可自发和诱发，通常为随机非适应和可逆过程，通常为隐性有害。

关于突变的分子基础，在于碱基的互变移位而改变原来碱基的正常配对。这种突变的类型有转换、颠换和移码突变。在化学诱变中，仅诱发复制中DNA突变的突变剂有碱基类似物和碱基插入物；既诱发复制中又诱发非复制中DNA突变的突变剂有碱基饰变剂。在物理诱变中的离子辐射是高能辐射，使DNA分子呈离子状态而诱发突变。由于基因突变与离子辐射剂量成正比，且具有累加就应，因此即使放射治疗疾病或放射体检都应权衡利弊。在非离子辐射中的紫外线能量最易被DNA中的碱基吸收，主要效应是形成胸腺嘧啶二聚体诱发的突变在修复中的修复错误。

关于突变的检测。对于细菌和真菌类是否发生了营养缺陷型或温度敏感型突变，实际是利用条件致死的特点进行检测的：在某一环境条件下是致死的，而在另一环境下是成活的，就可检测出对某物质的营养缺陷型或对某温度范围的温度敏感型。对于果蝇突变型的检测，在性染色体基因突变有*ClB*法和并连X染色体法；在常染色体基因突变有平衡致死系统法。

关于DNA损伤的修复机制。可分直接修复和间接修复。对于前者，有如嘧啶二聚体的光（复活）修复和烷基化损伤的去烷基修复；对于后者，有如DNA聚合酶的校对修复、错配修复和重组修复。

DNA同源重组的基因互换（常见的基因重组）和“基因转换”（罕见的基因重组）是建立在Holliday连接体模型基础上的。基因互换时，连接体同分异构化形成相应的同分异构体，异构体进行随机垂直解离和水平解离就可形成数量相等的两重组型和两亲本型。基因转换时，连接体要分支迁移和进行单链互换，形成具有不配对碱基的异源双链DNA，进而同分异构化形成异源双链DNA的同分异构体；这一异构体在水平或垂直解离时形成含有错配碱基的杂种DNA。对杂种DNA中错配碱基的错配修复而实现不同分离比的基因重组。

关于基因概念的发展，可从基因功能和基因结构两方面说明。在功能方面，从孟德尔起，一直把基因作为基本功能单位。但基因如何控制性状的表现或基因如何表达，有一个逐步认识的过程，先后提出了一种基因一种性状假说、一种突变基因一种代谢缺陷假说、一种基因一种酶假说、一种基因一种蛋白质假说、一种基因一种多肽假说。基因作为基本功能单位的概念现还在发展中。在结构方面，1940年以前把基因看作念珠，它不仅是功能基本单位，也是结构基本单位，集功能、重组和突变基本单位于一身，即基因是不可分的。后发现基因是可分的，可分到野生型基因、突变型基因和重组型基因间只有一对核苷酸的差异。根据互补检验或反式检验可知两突变是发生在同源染色体的基因内还是基因间。

范 例 分 析

1. 在人群中调查一罕见显性突变。在调查的40 000个新生儿中有6例出现该性状，但其中2例的双亲中有一亲本已有该性状。试估算该突变的自发突变率。

2. 指出在DNA和RNA中下列的点突变哪些是转换、颠换或移码突变：① A→G，② C→T，③ C→G，④ T→A，⑤ UAU ACC UAU→UAU AAC CUA，⑥ UUG CUA AUA→UUG CUG AUA。

3. 对一给定细菌菌株，当在含有一定浓度链霉素的培养基中时，几乎所有的个体不能成活，但极少数突变对链霉素具有抗性。这种突变有两种类型：第一种是在培养基中不管有无链霉素都能生长；第二种是在培养基中必须有链霉素才能生长。对于这样的菌株，如何试验确定这两种突变型？

4. 在果蝇的*ClB*实验中，一个学生用射线照射野生型雄果蝇。随后记录500个回交一代组合，结果每个组合都有雌性和雄性，且雄性都为野生型。就这一结果，你对该实验的诱发突变率有何结论？

5. 大肠杆菌在经5-溴尿嘧啶（BU）处理的培养基中生活后，其突变率明显高于自发突变率。这些突变体经分离、培养和用亚硝酸处理后，某些突变体重新成为野生型。

（1）根据 DNA 双螺旋模型，图解说明用 BU 诱发成突变体的各步骤；

（2）假定逆向突变不是由抑制突变引起，试指出由亚硝酸诱发的回复突变的步骤。

6.（1）一个菌株 mRNA 中的核苷酸序列为

5′-AUGACCCAUUGGUCUCGUUAG-3′

假定核糖体可翻译这一 mRNA，你期望合成的多肽有多少氨基酸？

（2）羟胺是诱发 DNA 由 G ∶ C→A ∶ T 的突变剂，即诱发转换突变。当用羟胺诱发这一菌株时，在编码这一 mRNA 的 DNA 第 11 位置发生了突变。由突变体编码的相应多肽有多少个氨基酸？

7. 粗糙脉孢菌的 4 个单一基因突变菌株，只有在基本培养基上加入物质 A~F 的 1 至多种才能生长。在如下表中，用＋和－分别表示有关菌株在有关培养基上能生长和不能生长。除此之外，如果基本培养基中加入 E 和 F 或 C 和 D，菌株 2 和 4 都能生长。试画出涉及产生这 6 种代谢物（A~F）的代谢途径，并指出这 4 个单一基因突变菌株在该代谢途径中的哪一步发生了突变而导致了这一途径的中断。

菌株	A	B	C	D	E	F
1	+	−	−	−	−	−
2	+	−	−	+	−	−
3	+	−	+	−	−	−
4	+	−	−	−	−	−

8. 从大肠杆菌分离出 8 个突变体（*his*⁻），在缺少组氨酸的培养基中都不能生长。对这些突变体所有可能的顺式和反式双杂型合子（部分二倍体）进行了观察：缺少组氨酸时，所有的顺式双杂型合子都能生长；而反式双杂型合子有两种反应——其中一些缺少组氨酸时不能生长，另一些能生长，下表列出了这些结果（＋，能生长；－，不能生长）。在这 8 个突变中，涉及多少基因座？哪些突变体的突变发生在同一基因座？

突变体	1	2	3	4	5	6	7	8
8	−	−	−	−	−	−	+	−
7	+	+	+	+	+	+	−	
6	−	−	−	−	−	−		
5	−	−	−	−	−			
4	−	−	−	−				
3	−	−	−					
2	−	−						
1	−							

第十三章　重组 DNA 技术

20 世纪 70 年代出现的重组 DNA 技术，不仅使得从基因组中分离出单个基因或 DNA 片段成了一项常规操作，还使遗传学的理论研究和实际应用发生了革命性变化。这是因为：①有了分离的基因就可测定其核苷酸序列，也就知道了基因的内部结构，如内含子和外显子的数目与位置；②根据遗传密码可把基因的 DNA 序列转换成氨基酸序列，从而推出基因的功能；③不同生物有关基因 DNA 序列间的比较，可在分子水平上研究生物的进化；④转基因个体（含有外源基因的个体）不仅可用于理论的基础研究，还可具有实际的应用价值。

为对重组 DNA 技术有个总体认识，先简要介绍分离、重组、扩增某特定基因或特定 DNA 片段的基本过程。

一是供体和载体基因组的提取与切割。提取供体基因组 DNA，并用特定的酶切割成一些 DNA 片段（一个片段可以是一个基因）；提取运载供体 DNA 片段的载体（如细菌质粒），并用上述同一特定的酶切割载体 DNA。

二是重组 DNA 的构建。在体外把供体 DNA 片段整合到已被切割的载体内，以构建由供体 DNA 片段和载体组成的重组 DNA。

三是把在体外构建的重组 DNA 导入受体细胞。这就是把体外的各重组 DNA 分别**导**入受体或宿主细胞（如细菌），使受体或宿主细胞**转**化形成重组体（即获得重组 DNA 的宿主或受体细胞）。重组分子（其中含有供体 DNA 片段或基因）随着受体细胞的无性繁殖或克隆得到扩增。这种由一个含有重组分子的细菌或细胞经无性繁殖或克隆得到的、含有相同重组分子的一群细菌或细胞，就称为一个**无性繁殖系**或一个**克隆**（clone）。

四是筛选含有供体特定 DNA 片段或基因的克隆。

凡实现上述过程的技术，即实现供体 DNA 片段与载体结合（构建重组 DNA）后，再引入宿主（细胞或个体）而改变宿主基因型和表现型所涉及的技术，统称为**重组 DNA 技术**（recombinant DNA technology）。由于不同研究者在这一过程中的强调点不同，重组 DNA 技术又被称为**基因克隆**（gene cloning）、**分子克隆**（molecular cloning）、**基因操作**（genetic manipulation）、**DNA 克隆**（DNA cloning）或**基因工程**（gene engineering）等。

当然，随着重组 DNA 技术的发展，除上述的将外源目的基因引入受体生物得到表达外，现也可将生物自身的基因——内源基因进行**基因编辑**（gene editing）或基因修饰（gene modification）而得到不同的表达。

下面详细讨论重组 DNA 技术的原理和应用。

第一节　重组 DNA 技术的原理

通过重组 DNA 技术获得的具有供体特定 DNA 片段的克隆细胞或个体，是根据如下 4 步操作的原理实现的。

一、供体和载体 DNA 的分离与切割

供体（donor）和**载体**（vector）DNA 的分离与切割，是重组 DNA 技术的第一步。

（一）供体和载体 DNA 的分离

供体 DNA 的分离，在真核生物主要是指核细胞器大分子 DNA 与质细胞器（线粒体、叶绿体）小分子 DNA 的分离。由于这两细胞器 DNA 分子大小不同，就可加入诸如一定量的异丙醇或乙醇，核基因组的大分子 DNA 即沉淀形成纤维状的絮状悬浮体，而小分子 DNA 则只形成颗粒状沉淀附于壁上及底部，从而达到分离的目的。

载体 DNA 的分离依赖于载体的性质。细菌质粒是普遍应用的载体，应用前须把细菌质粒与其主染色体 DNA 分离，而用超速离心法分离这两种 DNA 的方法如图 13-1 所示。

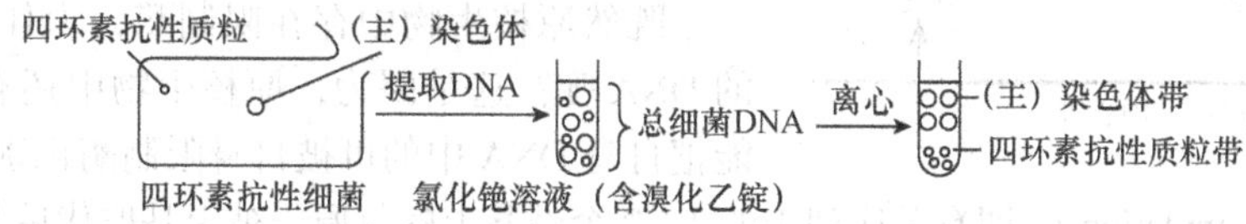

图 13-1　细菌 DNA 的分离

在图 13-1 中，把具有“四环素抗性质粒”的大肠杆菌进行裂解并加入含溴化乙锭的氯化铯溶液后，由于主染色体 DNA 和质粒 DNA 结合溴化乙锭的分子数不同而具有不同的密度，因此经超速离心后会形成两条明显的带——密度小的顶层主染色体（DNA）带和密度大的底层质粒（DNA 内具有四环素抗性基因）带，从而实现细菌主染色体 DNA 和具四环素抗性质粒 DNA 的分离。

（二）供体和载体 DNA 的切割

分离出的供体 DNA 分子质量很大，即使只具有简单生命形态的 λ 噬菌体的一个 DNA 分子，也有 50kb；具有更高级生命形态的动植物的一个 DNA 分子，却要比噬菌体的大数个数量级。人类单倍体细胞（配子）内有约 30 亿 bp，即种系细胞和体细胞内约有 60 亿 bp。在重组 DNA 技术中，即便具有较大克隆容量的载体——黏性质粒（后详），能运载的供体 DNA 也不过 45kb。因此，要克隆供体基因，就要将供体 DNA 分子切割成一些小的 DNA 片段才能与载体进行重组而构成一些重组 DNA。

从基因组中分离出一特定的 DNA 序列或基因，就要依赖于一特定的**限制性内切酶**（restriction endonuclease），简称为**限制酶**（restriction enzyme）。

1. 限制酶及其命名规则　原来，人们发现：λ 噬菌体感染大肠杆菌菌株 B 时，不能裂解菌株 B；而感染大肠杆菌菌株 K 时，可裂解菌株 K。后来知道：这是因为菌株 B 中存在一种酶——限制酶，能识别噬菌体 DNA 一特定的短序列——**识别序列**（recognition sequence）（一般由 4bp 或 6bp 组成），并在这一序列两链的两特定位点（切割位点）切断磷酸二酯键，以限制（阻止）λ 噬菌体的侵袭；而大肠杆菌菌株 K 不存在这样的限制酶，就不能识别噬菌体 DNA 中这一特定的识别序列而不能限制（阻止）λ 噬菌体的侵袭。后来在不同的原核生物发现了多种限制酶，可分别在多种切割位点处切割多种识别序列（表 13-1），但在真核生物中罕见。

表 13-1 限制性内切酶举例

酶	酶的微生物来源	识别序列和切割位点
*Eco*R Ⅰ	*Escherichia coli*（大肠杆菌）	↓ 5′GAA|TTC3′ 3′CTT|AAG5′ ↑
Hind Ⅱ	*Hemophilus influenzas*（流感嗜血菌）	↓ 5′GTPy|PuAC3′ 3′CAPu|PyTG5′ ↑
Tag Ⅰ	*Thermus aquaticus*（栖热水生菌）	↓ 5′TC|GA3′ 3′AG|CT5′ ↑

注：↓↑，切割位点；|，中心轴

限制酶的命名有一定的规则：每种酶的命名，用产生它的拉丁文“菌属名”的第一个字母起头，其后用产生它的拉丁文“菌种名”的前两个字母构成了有关限制酶的基本名称；如果限制酶是由特定菌株产生的，酶的第四个字母用产生它的拉丁文“菌株名”的第一个字母；酶名称最后的罗马数字是在这一菌种或菌株中发现该酶的顺序（可能还发现了其他限制酶）。例如，从大肠杆菌埃希氏菌（*Escherichia coli*）的Ry13菌株中和从栖热水生菌（*Thermus aquaticus*）中发现的第一种限制性内切酶分别命名为

EcoR Ⅰ：属名 种名 菌株名 酶名编号　　*Taq* Ⅰ：属名 种名 酶名编号

既然原核生物中存在限制酶，为什么不切断自身的DNA呢？这是因为，原核生物中还有一种修饰酶，能把自身DNA中的可被自身限制酶识别的核苷酸序列进行**甲基化**（methylation），即有关序列中的1～2个碱基上的氢原子被甲基取代后起了保护作用。

2. 限制酶的特点 限制酶的识别序列（切割位点或靶子序列）有两个特点。

一是具有**回文结构**（palindrome）。所谓回文结构，在人类语言中是指正读和逆读意义相同的词语或数字，如英语“level”、汉语“龙生龙”和数字“12321”。在限制酶识别序列，是指其识别序列的两条DNA链片段从5′或3′方向阅读时，碱基顺序都相同的序列（表13-1）。

二是在回文结构内具有两个切割位点。限制酶与识别序列结合，在序列的两切割位点分别切割其两条链，使每一位点都产生游离的3′羟基（3′-OH）和5′磷酸基（5′-P）。

切割识别序列时，分两种情况。

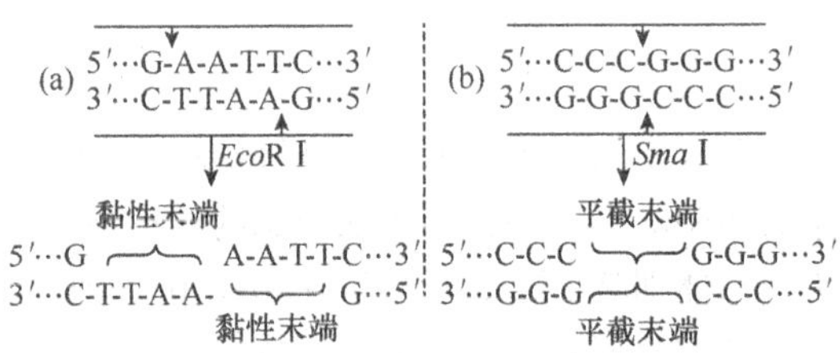

图 13-2 限制性内切酶切割识别序列

情况Ⅰ，识别序列两条链内的两特定碱基间的两切割位点交错，即两条链在不同的位点断裂，结果形成具有黏性末端的DNA片段。所谓**黏性末端**（cohesive end，sticky end），是指DNA分子在限制酶作用下，形成的两片段具有互补碱基的、能相互配对或相黏的单链末端。例如，*Eco*R Ⅰ限制酶能识别DNA分子中如下6对核苷酸序列［图13-2（a）］，并在碱基A和G间切割磷酸二酯键，使每一DNA片段都有一黏性末端，且两黏性末端的碱基互补。

情况Ⅱ，识别序列两条链内两特定碱基间的切割位点相同（在对称轴处），结果形成具有平截末端的DNA片段［图13-2（b）］。所谓**平截末端**（blunt end），是指DNA分子在限制酶作用下形成的两片段都没有单链末端，而是具有互补碱基的双链末端。

3. DNA中限制酶识别序列发生的概率 若DNA的4种碱基比例相等（一般而言，除端粒和着丝粒外，染色体中双链DNA的任一位点被GC、CG、TA或AT占领的机会相等）且为随机分布，则含有6对核苷酸识别序列的可能类型数为4^6（第八章），即一特定序列在DNA分子中出现的概率为$1/4^6=1/4096$。所以，识别这一特定序列的限制酶切割DNA后产生的DNA片段——限制性片段的平均长度应为$4^6=4096$对核苷酸，即每隔4096对核苷酸就有这一特定序列。

同理，在上述条件下，DNA 分子中含有 n 对核苷酸序列的可能类型数为 4^n，识别其中一特定核苷酸序列的限制酶切割 DNA 后，产生的限制性片段的平均长度应为 4^n 对核苷酸，即每隔 4^n 对核苷酸就有这一特定核苷酸序列。因此，用识别序列不同的限制酶分别切割同一基因组应产生数目不同的片段，且识别序列越长，切割的 DNA 片段数越少——因为识别序列越长，对于一定长度的 DNA 来说，其识别位点数就越少。以人类 30 亿 bp 的基因组为例，用限制酶 *Taq* Ⅰ和 *Eco*R Ⅰ（表 13-1）分别切割之，则所得 DNA 片段数分别为

3 000 000 000bp/256bp＝11 718 750 片段

3 000 000 000bp/4096bp＝732 422 片段

通过上述讨论，我们对限制酶有如下认识：不同的限制酶切割 DNA 不同的特定序列；特定的限制酶只切割 DNA 中的一特定序列，即用同一限制酶切割同一个体的 DNA 分子时，在不同的试验都可得到相同类型的 DNA 片段；而这些类型的片段，由于所带电荷不同，又可用电泳法分离出来。

限制酶能识别、切割这样的回文序列或靶序列，为重组 DNA 技术提供了极大方便：①用同一限制酶切割不同个体（来自同一物种或不同物种）DNA 所得到的片段，都具有相同的（黏性或平截）末端，这极有利于重组 DNA 的构建；②能把供体 DNA 切割成适于 DNA 进行重组的不同片段，也能把环形封闭的载体切割成线形开放的载体，这就可把供体 DNA 片段组装到载体（如 F 质粒）并通过载体运入受体而使受体（如细菌）成为重组 DNA 个体。下面详述这一过程。

二、重组 DNA 在体外的构建和引入宿主细胞

（一）在体外的构建

不管 DNA 来源于病毒、细菌、人类或任何其他物种，只要含有某一限制酶的识别序列，该酶在体外就可切割这些 DNA 中的这一识别序列。如图 13-3（1）所示，来源于两个物种（物种 1 和物种 2）的 DNA，限制酶 *Eco*R Ⅰ都可在其识别序列处把 DNA 切割成具有相同黏性末端的 DNA 片段，尽管片段的长短可有不同。

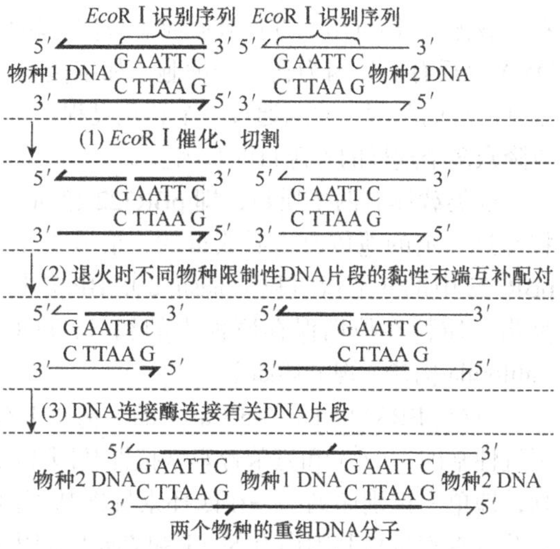

将切割后的两种来源不同的 DNA 片段放入混合液时，在退火条件下就会通过它们互补的黏性末端配对结合［图 13-3（2）］。

配对结合的黏性末端的相邻两链的糖-磷酸骨干，可通过添加 DNA 连接酶连接起来而成为重组 DNA 分子［图 13-3（3）］。常用的连接酶是 T4 DNA 连接酶，是 T4 噬菌体感染大肠杆菌时发现和分离出的，可在两 DNA 片段的 3′-OH 和 5′-PO_4^{3-}之间催化形成磷酸二酯键而把两片段连接起来。

图 13-3　体外重组 DNA 分子的构建

也就是说，通过限制酶和连接酶，不同物种的 DNA 片段，如人类的 DNA 片段和大肠杆菌质粒的 DNA 片段，在体外可共价结合在一起而构成（不同物种的）重组 DNA 分子。

在重组 DNA 技术中，上述物种 1 和物种 2 的 DNA，实际上是供体的 DNA 片段（如人类胰岛素基因）插入另一物种的 DNA（如作为载体的细菌质粒 DNA）内的重组，且是在体外实现的。

载体的三个基本成分和常用载体如下。

（1）三个基本成分　一是克隆位点。载体的克隆位点有单克隆位点和多克隆位点：**单克隆位点**［single cloning site，图 13-4（a）］是指载体有一种限制酶（或多种限制酶的非连续）的识别位点（如 *Eco*R Ⅰ识别位点）与供体的相同，这样可使特定的限制酶（如 *Eco*R Ⅰ限制酶）切割供体和载体的同一位点而使供体基因插入载体；**多克隆位点**［polycloning site，图 13-4（b）］是指载体有连续多种限制酶的识别位点可分别与供体的某一识别位点相同，这样就有更多机会可使特定的限制酶切割供体和载体的特定位点而使供体基因插入载体。多克隆位点也称**多接头位点**（polylinker site）。

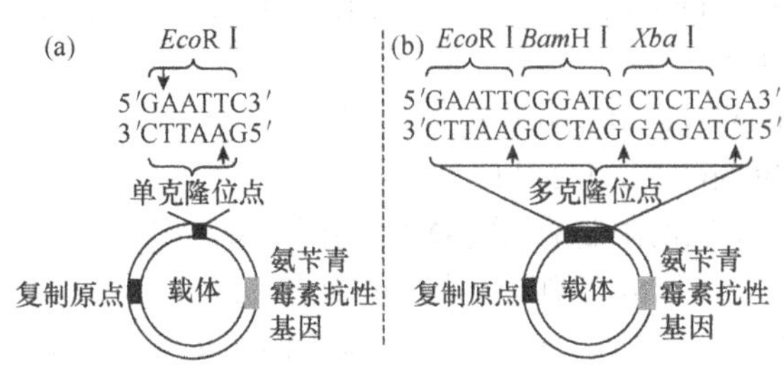

图 13-4　载体的基本成分

二是复制原点。通过复制原点，载体不仅在宿主细胞内能独立复制自身，还能复制与它连接的被研（供体）DNA 片段。

三是显性标记基因。载体中的显性标记基因（如含有使宿主细胞对氨苄青霉素具有抗性的基因），在供体基因插入克隆载体后，显性标记基因的表现型可作为重组 DNA 的选择标记。

显然，有了载体的这三个基本成分，就可检测供体基因在受体内是否表达而确定供体基因是否随载体进入了受体。

一定大小的载体只能携带一定大小的（供体）DNA 片段。所以，为了构建具有一定大小的供体 DNA 的重组 DNA，就要选择相应大小的载体。下面介绍导入宿主细胞的一些常用载体。

（2）常用载体　第一类常用载体是质粒。

具有抗药性基因的**质粒**（plasmid），其抗药性的表型，既可用来选择含有重组 DNA 的质粒（载体），还可用来选择被质粒（载体）转化的细胞（如细菌）。质粒作为载体，对扩增克隆的 DNA 也很有效，因为在一个细胞（如细菌）内可有多个到数百个质粒。如果一个质粒内含有一个外源目的基因，并且通过一个转化过程已进入细菌内，则借助于细菌的繁殖机制，就可繁殖或克隆众多个这样的外源目的基因。

这类载体有两个质粒，即 pBR322 和 pUC，在遗传上被广泛应用（图 13-5）。它们是天然质粒经过一定的遗传改造后获得的，很适于作为重组 DNA 的载体。关于这两质粒名称的含义：pBR322 中的 p 是指质粒（plasmid），BR 是指该质粒由 P. Bolivar 和 R. Rodrigues 二人构建，322 是指该质粒在他们保存原种中的编号；pUC 中的 p 仍指质粒，UC 是指该质粒由 University of California 构建。现分述如下。

质粒 pBR322［图 13-5（a）］的结构：①有一个复制原点（ori）；②有两个抗药基因——四环素抗性基因（tet^R）和氨苄青霉素抗性基因（amp^R）；③含有一些非连续的限制性内切酶的识别序列，即单一识别序列——在四环素抗性基因内有 *Bam*H Ⅰ 和 *Sph* Ⅰ 等限制酶的单一识别序列，在氨苄青霉素抗性基因内有 *Sca* Ⅰ 和 *Pvu* Ⅰ 等限制酶的单一识别序列。这一质粒在一个细胞（如大肠杆菌）内可有 10 余个。

这两个抗性基因可用来直接选择重组体的标记基因。首先，假定用限制酶 *Bam*H Ⅰ 切割该质粒和供体基因组，则它可切割质粒内的四环素抗性基因和供体内有关识别序列。其次，把质粒和供体基因组混合，如果供体 DNA 片段插入四环素抗性基因（tet^R）内，就会使质粒成为重组 DNA 质粒而把 tet^R 基因分隔、失活。再次，用混合液去转化对氨苄青霉素敏感的细菌，并在含氨苄青霉素的培养基上进行平板复制法接种（第九章）——凡带有质粒 pBR322 的细菌都可长出菌

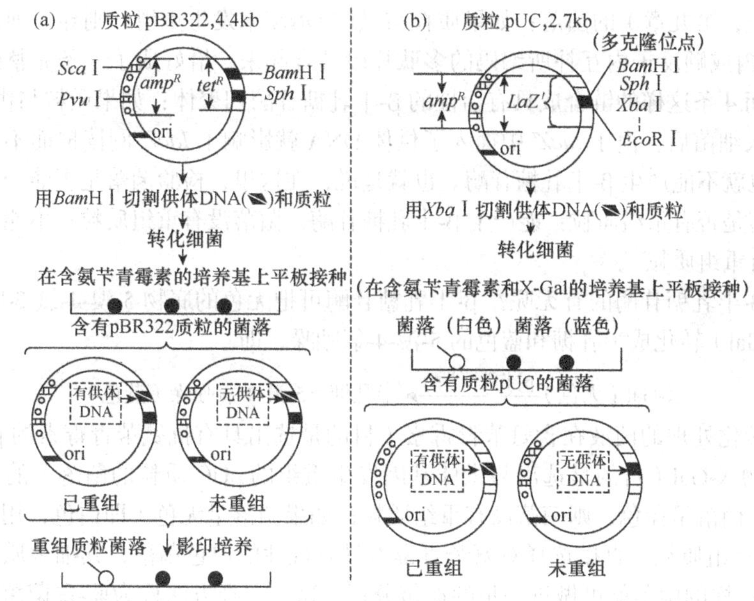

图 13-5 作为 DNA 克隆载体的两个常用质粒

落（用黑色球状体表示）。最后，用影印培养法把这些菌落接种在含四环素的影印平板上，原来在主平板上生长而在影印平板上不生长的菌落，即 Amp^RTet^S 的菌落（用白色球状体表示），其中的质粒必定与供体基因发生了重组而为重组质粒（至于重组的是供体的哪一个特定基因，后述）。

质粒 pUC［图 13-5（b）］，是在质粒 pBR322 的基础上，在其 5′ 端有一段多克隆位点的 *LacZ'* 基因。该质粒由 4 部分组成：① pBR322 质粒的复制原点（ori）；②氨苄青霉素抗性基因（amp^R），但该核苷酸序列经过改造，没有原限制性核酸内切酶的各单识别位点；③含有大肠杆菌 β-半乳糖苷酶基因（*lacZ*）的启动子及其编码 α 多肽链的 DNA 序列（即 *LacZ'* 基因）；④在 *LacZ'* 基因中的靠近 5′ 端引入了一段多克隆位点，但它不会引起编码肽链功能的改变。这种结构有利于筛选和分离转化细胞。筛选的原理是：细菌质粒没有外源 DNA 插入时，在含有无色底物 5-溴-4-氯-3-吲哚-β-D-半乳糖苷（记作 X-Gal）的培养基上产生蓝色菌落；当限制酶切割 *LacZ* 基因且插入克隆片段后，*LacZ* 基因失活而不能代谢 X-Gal，从而产生白色菌落。与质粒 pBR322 相比较，质粒 pUC 是一种更好利用的质粒：一是它在细胞（如细菌）中的拷贝数高达 500～600，而不像 pBR322 那样只有 10 余个拷贝；二是它经一次培养就可选出含有重组 DNA 载体所转化的菌落，而不像 pBR322 质粒那样要经两次培养。

利用质粒 pUC 作载体，之所以经一次培养就可选出含有重组 DNA 载体所转化的菌落，与该质粒的结构有关。该质粒在质粒 pBR322 的基础上，在其 5′ 端插入了一段具有多克隆位点的序列，可供多种限制酶识别切割。该质粒除有复制原点和氨苄青霉素抗性基因 amp^R 外，还从大肠杆菌中引入了编码 β-半乳糖苷酶 α 多肽链的部分 DNA 片段，称为 *lacZ'*（编码 β-半乳糖苷酶 α 多肽链被丢失的那部分 DNA 可称为 *lacZ''*，即 *lacZ*=*lacZ'*+*lacZ''*，这两部分可在大肠杆菌内分别翻译相应的多肽片段）。*lacZ'* 插入多克隆位点的 DNA 片段内，但不影响 *lacZ'* 翻译成相应的多肽片段，因为这一插入并未影响 *lacZ'* 的阅读框。

amp^R 基因和 *lacZ'* 的 DNA 片段可用作直接选择重组体的标记。首先，用识别多克隆位点中一种序列的限制酶，如 *Xba* Ⅰ 切割供体 DNA 和质粒 pUC，则它可切割供体和质粒内多克隆位点中的 *Xba* Ⅰ 识别序列。然后，把二者混合，用该混合液去转化含有 *lacZ''*（存在于细菌中 F′ 因子或主染色体上，第九章）的菌落：如果质粒与供体 DNA 未发生重组，则导入细菌后，*lacZ′* 和 *lacZ″* 通过基因内或顺反子内互补所编码的多肽片段结合起来，恰好成了一条完整的 β-半乳糖苷酶 α 多肽链，而 4 条这样的链合成具有活性的 β-半乳糖苷酶四聚体；如果质粒与供体 DNA 发生了重组，则导入细菌后，由于 *lacZ′* 中插入了供体 DNA 就影响了 *lacZ′* 阅读框而不能翻译成相应的多肽，最终也就不能产生 β-半乳糖苷酶。也就是说，在这里，检验菌落是否能产生 β-半乳糖苷酶就可检验菌落是否有重组质粒：能产生 β-半乳糖苷酶，菌落没有重组质粒；不能产生 β-半乳糖苷酶，菌落含有重组质粒。

如何检验 β-半乳糖苷酶的有无呢？β-半乳糖苷酶可把无色的底物 5-溴-4-氯-3-吲哚-β-D-半乳糖苷（记作 X-Gal）转化成半乳糖和蓝色的 5-溴-4-氯吲哚，即

$$\text{X-Gal（无色）}\xrightarrow{\beta\text{-半乳糖苷酶}}\text{半乳糖}+\text{5-溴-4-氯吲哚（蓝色）}$$

所以，把经过转化处理的菌液在含氨苄青霉素（目的是选出具有抗氨苄青霉素的 pUC 质粒的菌株）和无色底物 X-Gal（目的是选出与供体基因发生重组的 pUC 质粒的菌落）的培养基上进行平板接种，如果菌落呈蓝色，则菌落没有重组质粒；如果菌落呈无色（即白色，用白色球状体表示），则菌落有重组质粒。直接选择对氨苄青霉素具有抗性的白色菌落，其细菌质粒必然含有重组 DNA。保存这样的菌落就可做进一步的遗传分析。这一选择方法称为**蓝-白菌落筛选法**（blue-white colony screening）。

第二类常用的载体是噬菌体。

质粒作为载体，只能携带 10kb 以下的供体 DNA 片段。一些较大的 DNA 片段，如 15kb 左右的，可用噬菌体作为载体携带。常用的噬菌体载体有 λ 噬菌体和单链噬菌体。

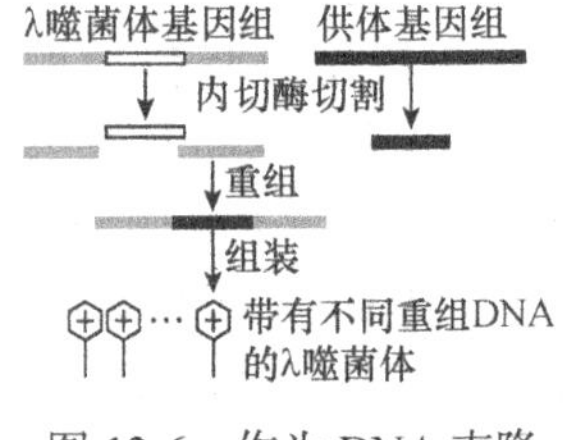

图 13-6　作为 DNA 克隆载体的 λ 噬菌体

λ 噬菌体中的 DNA 是线状双链 DNA，处在基因组中部的“重组整合”的 DNA 部分对于噬菌体是非必需的。因此，把这部分非必需的 DNA（图 13-6 中的白长方块）切除后留下的两端，就可与供体 DNA 片段（图 13-6 中的粗黑长方块）组成重组 DNA 分子。这些重组 DNA 分子，利用大肠杆菌系统（第十一章）合成噬菌体的必需成分而组装成具有不同重组 DNA 的 λ 噬菌体（图 13-6）。

带有重组 DNA 的 λ 噬菌体感染大肠杆菌，在宿主细胞内增殖：进入溶菌途径，可使细菌裂解而释放子噬菌体；进入溶源途径，重组 DNA 可整合到宿主基因组上而保存起来，作以后的研究用。

第三类常用的载体是黏性（柯斯）质粒。

真核生物许多基因分子大于 15kb，即使 λ 噬菌体也不能作为它们的载体。因此，为了运载、克隆 15kb 以上的基因，需要比 λ 噬菌体具有更大容量的载体，而人工构建的黏性（柯斯）质粒就是这样一类载体。

黏性质粒（cohesive plasmid）或**柯斯质粒**（cosmid）是 λ 噬菌体经改造后得到的载体。λ 噬菌体为一线状双链 DNA 分子，但两 5′ 端是由 12 个碱基组成的“单链互补黏性末端”（第九章）。λ 噬菌体线状双链 DNA 分子进入宿主细菌后，含 12 个碱基的两**黏性末端位点**（cohesive-end site，简称 cos 位点）配对进行环化结合而使 λ 噬菌体 DNA 成环状［图 13-7（a）］。这样的环状 λ 噬菌体 DNA（λDNA）经一定改造，如去掉其重组整合区的基因以增加整合外源 DNA 片段的长度和增添标记基因（如 tet^R）等就成了如图 13-7（b）的黏性（柯斯）质粒，也可像噬菌体那样进行组装，但插入的供体 DNA 要比 λ 噬菌体插入的大 2 倍左右（约为 45kb）。

用黏性质粒进行 DNA 重组的步骤［图 13-7（b）］：①用特定的限制性内切酶分别切割真核生物基因组 DNA 和黏性质粒；②二者混合在体外重组成重组的环状双链 DNA，并进行连续多次

的滚环复制（第九章，复制方式由λ噬菌体部分决定）而成为多联体，即有若干重组 DNA 分子组成的重组体；③如果多联体中两相邻 cos 位点间相距在 45kb 左右，这段重组 DNA 就会被切割下来，并组装到噬菌体头部；④用噬菌体感染对四环素敏感的大肠杆菌，进入细菌后的供体 DNA-cos 杂种分子便通过 cos 位点环化起来，并在细菌内按质粒的方式进行复制和表达其对四环素的抗性，从而可选出与供体 DNA 进行了重组的柯斯质粒。

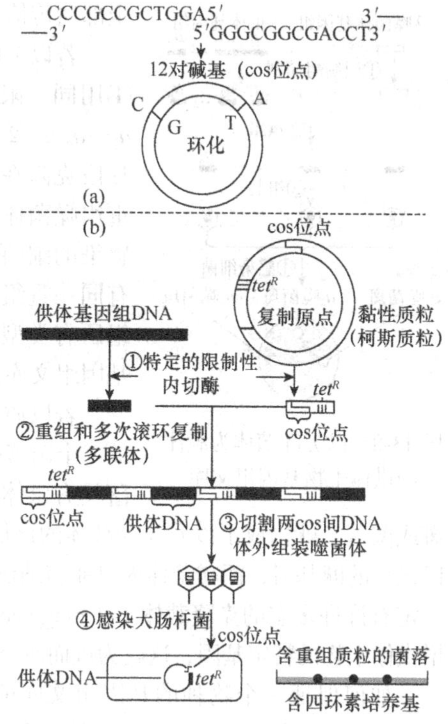

图 13-7　作为 DNA 克隆载体的黏性质粒

每一个重组载体，如果导入的是宿主细菌，由于细胞无丝分裂（第九章）在固态培养基上长出一个菌落，即长出一个克隆或一个无性繁殖系。这样的培养基上会有许多不同类型的克隆。

第四类常用的载体是细菌人工染色体。

要克隆更大的 DNA 片段的载体是**细菌人工染色体**（bacterial artificial chromosome，BAC）。这是由细菌 F 质粒（第九章）衍生的载体，可插入 100～200kb 的供体 DNA 碱基；尽管 F 质粒本身只有约 7kb，但载荷量大，所以人们戏称 F 质粒为“老黄牛”载体。研究者常用它来克隆一些大基因组的载体，如作为克隆人类基因组的载体。细菌 F 质粒改造后衍生的细菌人工染色体包括：一个 F 因子的复制原点、一个多克隆位点、两个抗性基因——氨苄青霉素抗性基因（amp^R）和卡那霉素抗性基因（cam^R）。

在本章后面还会介绍应用于植物重组 DNA 的载体——**T_i 质粒**（T_i plasmid）。

（二）引入宿主细胞

重组后的载体——重组载体（携带供体 DNA 的载体）进入宿主细胞（如大肠杆菌）后，供体 DNA 才能随载体的复制而复制。

显然，在混合液（含有许多不同类型的供体 DNA 片段和许多被切割的载体）中，最终应有许多不同类型的重组 DNA 分子。通过重组 DNA 技术能构建多种重组 DNA 分子，是分子遗传学的一大突破！

每一个重组载体，如果导入的是宿主细菌，由于细胞无丝分裂（第九章）在固态培养基上长出一个菌落，即长出一个克隆或一个无性繁殖系。这样的培养基上会有许许多多不同类型的克隆。

三、建立基因组文库和 cDNA 文库

不同供体生物的基因组 DNA 经切割后分别以菌落或噬菌斑形式保存下来，就构成了不同供体生物的基因组文库或 cDNA 文库。

（一）基因组文库

一个生物体基因组产生的所有 DNA 片段，分别克隆在载体（如噬菌体或质粒）DNA 分子中形成的集合，就称该生物的**基因组文库**（genomic library）。显然，基因组文库包含了一个生物的

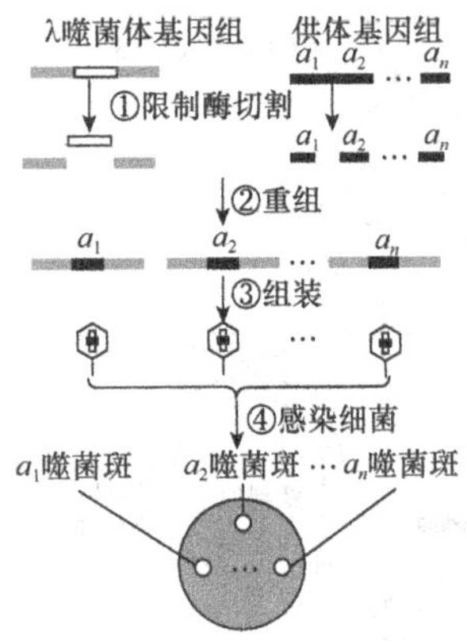

图 13-8 以λ噬菌体为载体的供体生物基因组文库

全部遗传信息。

若以λ噬菌体为载体，基因组文库的构建过程如图 13-8 所示：①用同一限制酶分别切割载体和特定供体生物的基因组 DNA（a_1，$a_2 \cdots a_n$）；②让二者混合，产生具有重组 DNA 的载体（即供体 DNA 片段克隆在载体——λ噬菌体的 DNA 分子中）；③在体外组装成各重组噬菌体颗粒；④各重组噬菌体颗粒分别感染各细菌后，每个被感染的细菌相应地产生一个噬菌斑，即在固态培养基上产生一个具有同一重组 DNA 的噬菌体克隆（以噬菌斑形式存在）。某供体基因组所有类型的噬菌体克隆，就构成了以λ噬菌体为载体的该供体的基因组文库。

若以质粒为载体，用重组 DNA 质粒感染细菌，在固态培养基上的一个菌落或克隆细菌具有同一重组 DNA 分子（如 a_1 噬菌斑或 a_1 菌落具有供体 DNA 的 a_1 片段，余类推），某供体生物所有类型的噬菌斑或菌落，就构成了以质粒为载体的该供体生物的基因组文库。由于多数生物含有数以百万或数以亿计的碱基对，而噬菌体内只能容纳供体很小的一个 DNA 片段，因此一种生物的基因组文库中一定有许许多多的**克隆载体**（cloning vector）。而这些克隆载体就可分别引入宿主（如细菌）以扩增供体生物的特定基因，这就为进而研究这些特定基因（如序列、功能和进化分析）提供了材料。

如何保证一个物种的基因组文库能含有该物种的全部碱基呢？如果一个物种的基因组有 10 000kb（相当于秀丽隐杆线虫的一个基因组），而载体可插入 10kb，则要从固态培养基上随机抽取的重组载体含有的总碱基对至少要达到 5 倍于基因组的碱基对（即 50 000kb）时，才能保证在抽取的样本中基因组的各片段在文库中至少可出现一次（当然有的可出现多次）。

（二）cDNA 文库

如果我们的目的只是研究某器官或某组织中能够表达的基因，就可从该器官或组织中分离出基因经转录后在细胞质中获得的质 mRNA（第八章）进行研究。为此，首先要把有关器官或组织中的成熟质 mRNA 与其他 RNA（如 tRNA 和 rRNA 等）进行分离。由于大多数真核生物的成熟 mRNA 具有 poly（A）尾，这就为把它从其他的 RNA 中分离出来提供了条件。分离方法是（图 13-9）：①将某器官或组织的细胞质总 RNA（带有寡聚 dA 的 mRNA 和其他 RNA）的混合物（A），注入具有寡聚 dT 念珠滴的圆柱管（B）内，使带有寡聚 dA 的 mRNA 与具寡聚 dT 的念珠结合；②用缓冲液冲洗圆柱管（B），由于成熟 mRNA 的 poly（A）尾与寡聚 dT 配对而停留在圆柱管（B）内，而非 mRNA 就会流出圆柱管至 C，从而使成熟 mRNA 和其他 RNA 得到了分离；③用破坏 poly（A）尾和寡聚 dT 间氢键结合的洗脱液冲洗圆柱管（B）而使寡聚 dT 与 poly（A）尾分离而获得纯的具寡聚 dA 的质 mRNA（D）。

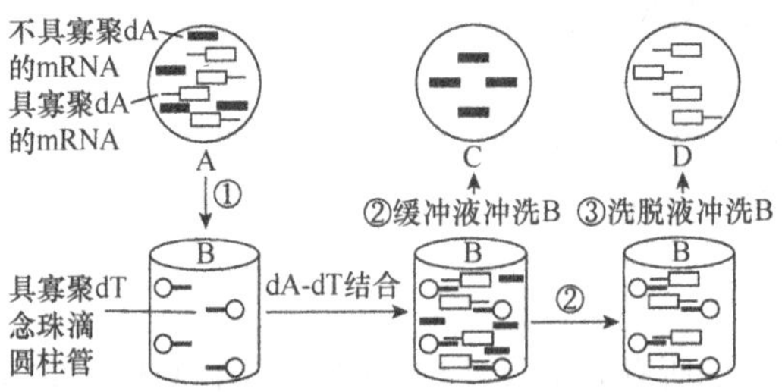

图 13-9 mRNA 的纯化（仿自 Dale et al.，2012）

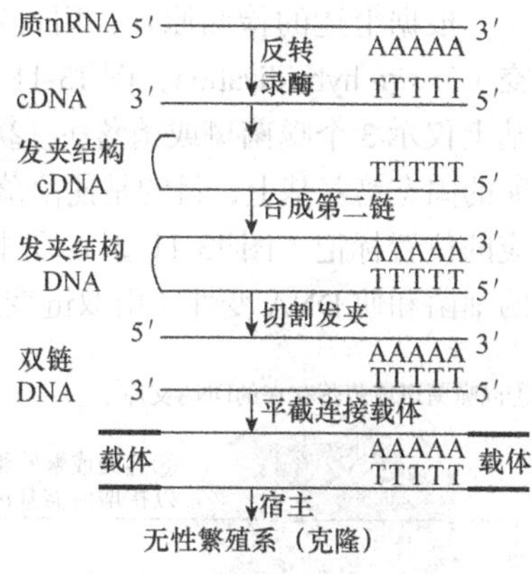

图 13-10 质 mRNA 以其拷贝 cDNA 的克隆

如图 13-10 所示，（纯的成熟）质 mRNA，经病毒反转录酶作用产生与其互补的单链 DNA（complementary DNA，cDNA），即单链 cDNA（显然其转录产物就是 mRNA）。与其他单链 DNA 一样，由 mRNA 为模板合成的 cDNA 在 3′端也能回折形成具有发夹结构的 cDNA，即形成具有含数对碱基的双链区。这个 3′端的发夹就可作为合成第二条 DNA 链的引物，在 DNA 聚合酶或反转录酶作用下而形成具发夹的双链 DNA 分子。用限制酶切割发夹结构而成为常见的双链 DNA 分子（显然，这一分子或基因的转录产物 mRNA，就是原来细胞质的成熟 mRNA）。这一双链 DNA 分子，在连接酶（如 T4 连接酶）作用下与载体（先用与上同一限制酶进行切割，即切割后也具有两平截末端）进行重组后，引入宿主进行克隆，就得到一个无性繁殖系或一个克隆。

以一个生物体特定组织或器官所有基因的质 mRNA 为模板，经反转录酶催化，在体外反转录成双链 cDNA，与适当的载体（如噬菌体或质粒载体）连接后转化受体菌，则每个受体菌含有一段双链 cDNA，并能繁殖扩增。这种包含着一个生物体特定组织或器官全部 mRNA 信息的双链 cDNA 的诸克隆菌，就称为特定组织或器官的 **cDNA 文库**（cDNA library）。显然，对于同一生物来说，不同组织或器官的 cDNA 文库，可很不相同；不同发育阶段上的同一组织或器官的 cDNA 文库，也可不相同。

显然，与建立基因组文库一样，建立 cDNA 文库也要根据载体容纳碱基对的多少而确定抽取受体菌的克隆数。

在真核生物，基因组文库中的基因与 cDNA 文库中的基因有所不同：前者具有内含子和外显子，后者是经过剪接除去了内含子。

基因组文库和 cDNA 文库统称 **DNA 文库**（DNA library）。

四、筛选特定的重组 DNA 或特定的克隆

哺乳动物的单倍体基因组含有约 3×10^9 对核苷酸。如果基因平均长度为 3000 对核苷酸，则每个基因只占基因组长的百万分之一。那么，如何从 DNA 文库众多的基因中筛选出我们需要的特定基因呢？常用的有探针法和功能互补法。

（一）探针法

探针法（probe method）是用已知的且通常是已标记（如用放射性物质或荧光染料）的单链 DNA 序列为工具或探针，通过分子杂交以检测出与之互补序列的方法。广义来说，有两类探针：识别 DNA 的探针和识别蛋白质的探针。

1. 识别 DNA 的探针 本身是含有已知基因的（单链）DNA 的探针 p，与 DNA 文库中的变性 DNA（由双链变成单链）混合时，若文库中的克隆 q 含有与探针 p 互补的基因，则克隆 q 就会与探针 p 结合而检测出文库中的克隆 q 含有探针 p 的基因，即

```
探针p         3′-CCTATTTA-5′
                 ||||||||
克隆q   5′…TTCGGATAAATACCGT…3′
```

根据上述的检测原理，用特定探针检测或识别 DNA 文库中特定克隆的方法可采用**原位杂交**（*in situ* hybridization，图 13-11）：①示以噬菌斑或菌落存在的 DNA 文库（为简化，固态培养基上仅示 3 个噬菌斑或菌落）；②用一张吸附膜（往往是硝酸纤维素膜）平展地轻压在 DNA 文库的固态培养基上，目的是使菌落或噬菌斑的样本吸附在膜上，并记好固态培养基与吸附膜相对应的位置标记（图 13-11 ②）；③把含有噬菌斑或菌落样本的吸附膜置于碱液中以溶解附在膜上的细菌和使 DNA 变性（由双链变成单链），后洗掉细胞碎片，但这些变性 DNA 仍附在膜的原位（图 13-11 ③）；④用带有放射性 ^{32}P 或荧光染料的探针（其序列为已知）与变性 DNA 杂交和洗去未参与杂交的探针后，同 X 线底片一起曝光（自显影）（图 13-11 ④）；⑤将自显影的 X 线照片④与原来固态培养基上的相应噬菌斑或菌落①比较，就可筛选出所需要的特定基因的克隆；⑥在固态培养基上找到相应噬菌斑或菌落的克隆，用相应的噬菌斑感染细菌或用相应的菌落进行液体培养，就可得到大量的含有所需基因的重组 DNA 分子（图 13-11 ⑥）。由于探针较短（一般只有 15～20 个碱基），而捕获的与其互补的序列（如特定的基因）要比探针长得多，因此常把探针和其探测到的互补序列分别戏称为“诱饵”和“猎物”。

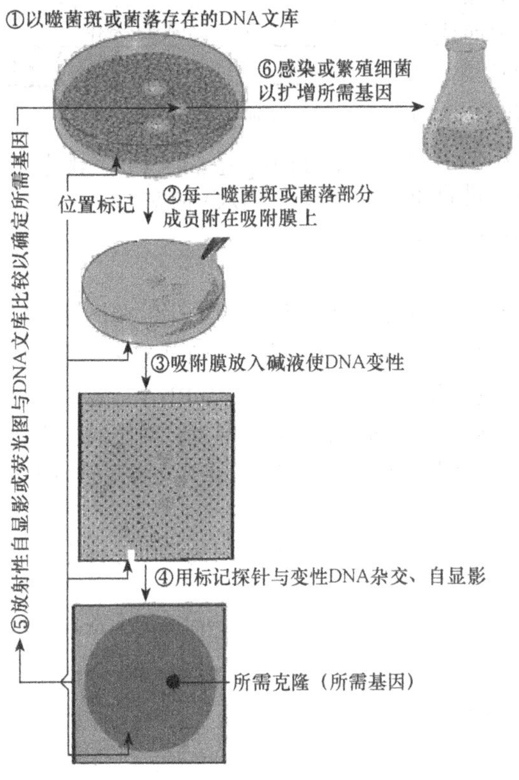

图 13-11　原位杂交筛选出所需要的克隆

之所以叫原位杂交，是因为生长在固态培养基上的噬菌斑或菌落，是按原来位置转移到吸收膜上，并在原位进行溶菌、DNA 变性和杂交而识别特定克隆的。

DNA 探针来自哪里？

一是来自在所需基因表达组织中的 cDNA。例如，在哺乳动物的网织红细胞，90% 的 mRNA 是由 β 球蛋白基因转录的，所以可方便地用其 mRNA 制作 cDNA 探针，并用来筛选基因组的 β 球蛋白基因。

二是来自有关生物的同源基因。例如，如果在子囊菌的脉孢菌中克隆某一基因，则这一基因的探针很可能也可作为子囊菌的足孢霉同源基因的探针。有时探针的 DNA 与要探测的不完全相同，往往也有足够的相似性而能彼此杂交、识别。两 DNA 序列在进化上愈保守，就愈能实现杂交和识别。

三是根据已知基因的表达产物——多肽的氨基酸序列合成 DNA 探针，即根据遗传密码表把多肽氨基酸序列逆向翻译成编码它的 DNA 序列。由于遗传的简并现象，应有多种 DNA 序列都可编码同一多肽的氨基酸序列。从多种 DNA 序列中如何识别或确定哪一序列是 DNA 文库中的特定序列呢？现用图 13-12 说明：选择一小段多肽氨基酸序列（一般长度为 5～7 个氨基酸），使编码它的相应 DNA 序列（一般长度为 15～21 个氨基酸）具有最少简并现象（该例为 3，4…8）；根据这一小段氨基酸序列，可算出编码它的所有可能 DNA 序列类型数=2（3）2（1）2（2）= 48；按比例加入合成这些 DNA 序列类型的单核苷酸，可同时合成这 48 种寡核苷酸链——这些混合的寡核苷酸链就是筛选 DNA 文库中的特定基因序列的简并探针；经探测发现，其中探针

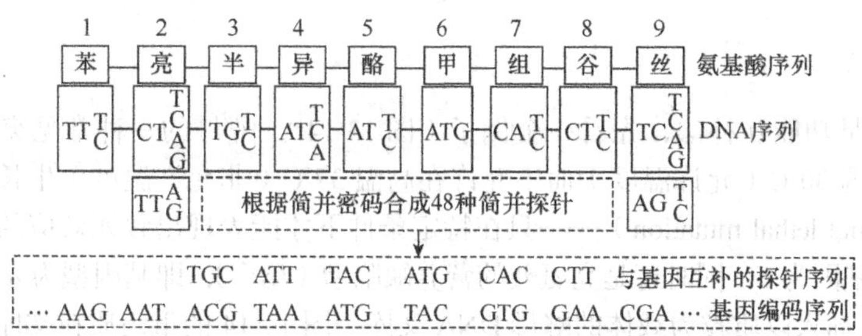

图 13-12　根据氨基酸序列合成探针

（TGC ATT TAC ATG CAC CTT）与 DNA 文库中的一个基因编码序列完全互补，则这个基因编码序列就是编码这一多肽氨基酸序列的那一特定 DNA 序列。

2. 识别蛋白质的探针　如果一基因编码的蛋白质抗原可分离纯化，注射到动物体内就可产生大量抗体（第十六章）。抗原和抗体可相互结合——若抗体用放射性同位素标记，就可用它作探针识别其抗原的菌落或基因（免疫放射检测法）；若结合后产生沉淀，就可凭沉淀识别其抗原的菌落或基因（免疫沉淀检测法）。

现以免疫放射检测法为例，说明利用蛋白质探针如何筛选出所需要的基因（图 13-13）：①为了检测小鸡产生原肌球蛋白 β 链的基因，从其平滑肌细胞提取总 mRNA，经反转录等过程构建双链 cDNA 文库；②这些双链 cDNA 和质粒 pUC 经一定的限制酶切割，混合后在连接酶作用下构成了具有不同重组 DNA 分子的 pUC 质粒载体；③用这些载体对大肠杆菌进行转化，在有位置标记（▽←）的固态培养基上的各转化菌落中，有些菌落应有合成原肌球蛋白 β 链的基因；④用吸收膜（硝酸纤维素膜）在主培养皿的固态培养基上进行影印吸附（第九章），用氯仿蒸汽裂解膜上的菌落，使细菌（细胞）内蛋白得以暴露；⑤抗原（原肌球蛋白 β 链）的抗体用放射性碘（^{125}I）标记（记作 ^{125}I 抗体）以进行免疫识别筛选——含有抗原（原肌球蛋白 β 链）的菌落就会与放射性碘（^{125}I）标记的抗体（^{125}I 抗体）结合；⑥（用放射）自显影技术确定主培养皿上产生抗原（原肌球蛋白 β 链）的菌落位置；⑦根据主培养皿上产生抗原（原肌球蛋白 β 链）的菌落位置，就找到了产生原肌球蛋白 β 链的菌落或基因；⑧繁殖有关菌落，以扩增原肌球蛋白 β 链的基因供研究用。

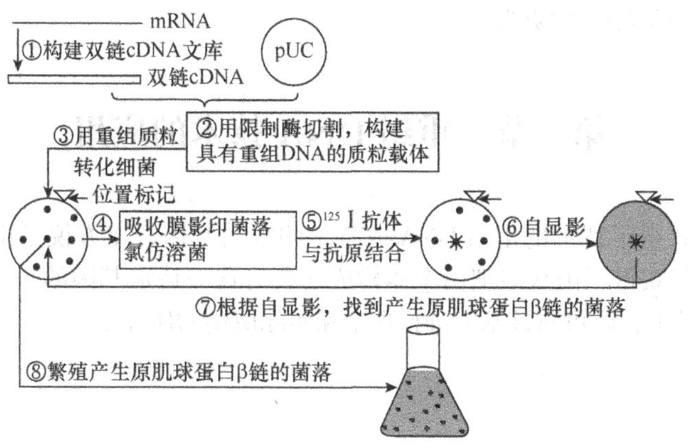

图 13-13　以蛋白质作探针筛选出需要的基因

同样，用免疫沉淀检测法也可筛选出所需要的基因，只不过是抗原（原肌球蛋白 β 链）和相应的抗体结合产生沉淀罢了，即产生沉淀的菌落含有产生原肌球蛋白 β 链的基因。

(二)功能互补法

为说明什么是功能互补法，先看一个例子(图 13-14)。酵母的一种常见突变型是温度敏感型，只允许在低温 30℃(允许温度)而不允许在高温 37℃(非允许温度)生长，即表现**条件致死突变**(conditional lethal mutation)——只在特定条件下才能表现出致死效应的突变。酵母温度敏感型中的突变基因为 *a*，同时还是亮氨酸的营养缺陷型(leu^-)，即基因型为 leu^-a(图 13-14 的待转化酵母)；而插入以质粒为载体的酵母 DNA 文库(图 13-14 的重组质粒文库)中的所有重组质粒对亮氨酸都为原养型，但有的含对温度非敏感的野生型基因 *A*(即基因型为 leu^+A)，有的含对温度敏感的突变型基因 *a*(即基因型为 leu^+a)。

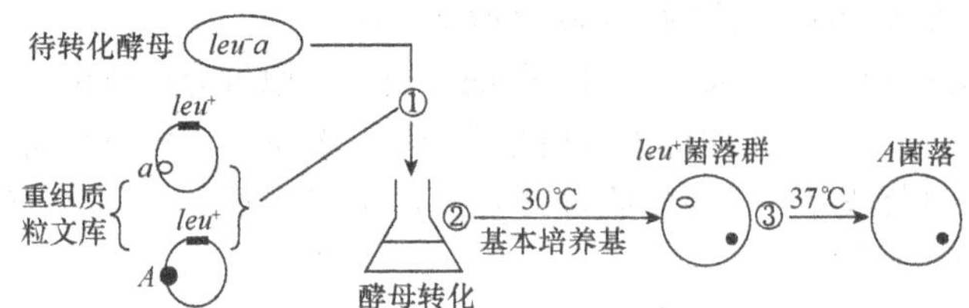

图 13-14　用功能互补法筛选出需要的基因克隆

现依图 13-14，说明从重组质粒文库中，如何筛选出对温度非敏感的酵母野生型基因 *A* 的方法：①用这样的两重组质粒去转化温度敏感突变型兼亮氨酸营养缺陷型酵母 leu^-a(即把酵母 DNA 文库中两重组质粒 leu^+A、leu^+a 和待转化酵母 leu^-a 三者放入液态完全培养基中进行酵母转化)；②经一定时间后，把转化液在允许温度 30℃和缺乏亮氨酸的基本培养基上进行主平板培养，以筛选出原养型(leu^+)菌落——有的含野生型基因 *A*，有的含突变型基因 *a*(为简化，图中只显示了两个菌落)；③通过影印平板复制法(第九章)，把原养型菌落移至非允许温度 37℃进行平板培养，只有重组质粒含有野生型基因 *A* 的菌落方能生长，从而筛选出了具有特定野生型基因的克隆或特定的 DNA 克隆(这里为 *A* 菌落)。

因此，所谓**功能互补法**(functional complementation method)，是利用野生型 DNA 的克隆片段(如重组质粒 *A*)把(待转化酵母)突变型(*a*)转化成野生型(*A*)，从而从重组质粒文库中可筛选出具有特定基因(*A*)的克隆。

第二节　重组 DNA 技术的应用

通过上述方法获得了特定的重组 DNA 或特定的重组基因，比方说是由一个细菌的质粒携带，经细菌的繁殖就获得了由众多细菌个体构成的含有这一特定基因的一个无性繁殖系或克隆(clone)。在这一基础上，就可对该基因进行理论和实际应用的研究了。

一、作为探针

在对基因或基因组的研究中，往往要从其混合物中检测和分离特定的 DNA 片段。下面说明，如何利用 DNA 探针以及与其有关的 RNA 探针和蛋白质探针，对 DNA 混合物中的特定 DNA 片段进行分离、检测。

分离DNA片段最常用的方法是**凝胶电泳法**（gel electrophoresis method）。DNA（或RNA）分子的糖-磷酸骨架的磷酸基团为阴离子，把DNA混合片段放入电泳槽靠近阴极琼脂糖凝胶的样孔内时，在直流电场作用下，其就会向阳极方向泳动。由于糖-磷酸骨架结构的重复性质，具有相同大小的DNA片段几乎具有相同的净电荷，因此在一定强度的直流电场下，可把不同大小的DNA片段分离而停留在凝胶的不同位置上。这样的凝胶，用溴化乙锭对DNA片段染色和用紫外线照射后，大小不同的DNA片段在凝胶上的位置就以不同的"带"显现出来——因为溴化乙锭插入DNA后，用紫外线照射会发出荧光。如果凝胶上各单一的带分离明显，就可从胶上切下分离有关片段，以供进一步分析用。但是，用限制酶切割基因组DNA时，由于不同DNA片段的类型数很多，电泳后对凝胶染色的、每两相邻的"带"间界限用肉眼很难区分。这就要利用探针，通过Southern DNA印迹杂交来识别和分离特定的DNA片段。

（一）Southern DNA 印迹杂交

DNA片段经电泳后，将一吸收膜放在凝胶上，凝胶上的各DNA"带"（由于毛细管作用）就会以印迹的形式吸印到膜上——显然，这些印迹间的相对位置与凝胶上的各DNA"带"间的相对位置相同。用（放射性标记的、已知序列的单链）DNA探针与吸附在膜上的、经碱变性的各DNA单链"带"的印迹一起温育（目的是使探针与有关的互补单链DNA杂交），根据放射性自显影图就可检测出与探针互补的DNA片段。在这一检测中，检测出特定的DNA片段，由于是通过吸印膜上的DNA印迹与探针杂交实现的，所以称为**DNA印迹杂交**（DNA blotting hybridization）；这一检测方法是由E. M. Southern发明的，所以又称为**Southern DNA印迹杂交**（Southern DNA blotting hybridization）。

具体检测方法如下（图13-15）：①点样——将用^{32}P标记的、已知大小不同的单链DNA混合物（记作m）注入含有溴化乙锭染料凝胶的最左侧样孔内，用来自各不同生物或不同个体的、由特定限制酶切割的DNA片段的混合物样本分别注入凝胶其他各样孔内；②电泳分离；③吸印、变性和杂交——电泳后，凝胶放入缓冲液中，其上放硝酸纤维素膜使分离的DNA片段经碱作用变性成单链，以印迹形式部分地吸印到硝酸纤维素膜上而与探针杂交；④移出和洗脱——从凝胶移出硝酸纤维素膜和洗去硝酸纤维素膜上未结合的探针；⑤放射性自显影——将X线胶片放在膜上感光得放射自显影图，在自显影图上，与左侧已知大小的（用放射性标记已知序列的）DNA探针处于同一水平线上的DNA样本片段，必定是与这一探针的碱基完全或部分互补的片段——把X线胶片⑤与电泳凝胶②对比，找到在凝胶中与a、b、c相应的电泳"带"，移出来即已知的特定序列。

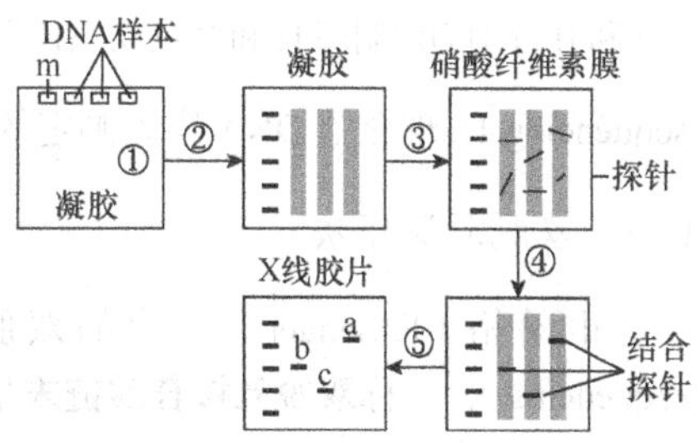

图13-15 Southern DNA印迹杂交

（二）Northern RNA 印迹杂交

由于RNA分子不能吸印在硝酸纤维素膜上，因此Southern DNA印迹杂交不能用作RNA的印迹杂交，从而也就不能检测电泳凝胶中特定的RNA。后来，阿尔温（J. C. Alwin）等发现，用"叠氮化的活性滤纸"可吸印电泳凝胶中的RNA而实现RNA的印迹杂交。因此，采用与Southern DNA印迹杂交的类似过程，只是把吸印DNA的硝酸纤维素膜改用吸印RNA的"叠氮化的活性滤纸"，就可实现电泳凝胶中特定RNA的检测和分离。由于这里是RNA印迹与探针的杂交，所以称**RNA印迹杂交**（RNA blotting hybridization）；又由于RNA印迹杂交与DNA印迹杂交相对应，且后者又称 Southern（有“南方”之意）DNA 印迹杂交，因此 RNA 印迹杂交又被形象地戏称为 **Northern RNA 印迹杂交**（Northern RNA blotting hybridization）——Northern 有“北方”之意。相应地，下述鉴定蛋白质的印迹杂交就被戏称为 Western 蛋白质印迹杂交。

Northern RNA 印迹杂交的一个应用是，可检测某一组织或某一环境中的特定基因是否已转录。其过程是从某组织细胞中提取 RNA、电泳、吸印、用特定的克隆基因作探针与吸印滤纸中的 RNA 印迹杂交，以检测特定基因的转录产物。

（三）Western 蛋白质印迹杂交

Western 蛋白质印迹杂交（Western protein blotting hybridization），是在蛋白质水平上检测基因表达的一种方法。其基本过程是：将从某组织细胞中提取的蛋白质进行凝胶电泳分离；将从凝胶中的分离蛋白部分吸印到硝酸纤维素膜上；特定蛋白（即特定抗原）的特定抗体，用放射性标记作探针与膜上的印迹蛋白杂交（特定抗原与特定抗体结合）；若印迹中有与标记的特定抗体结合的特定抗原（蛋白），则可通过放射自显影检测出来。

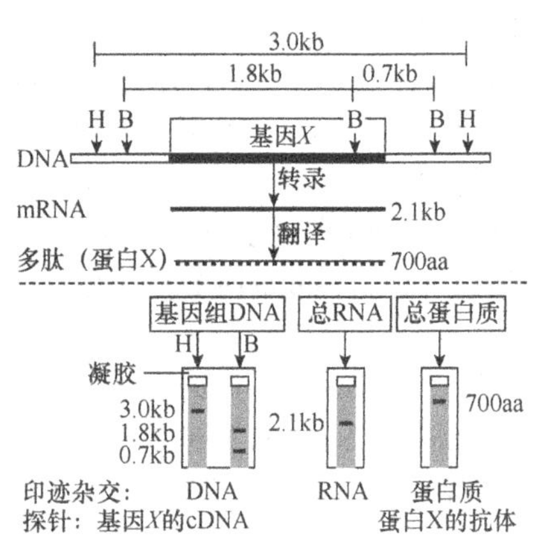

图 13-16 三种印迹杂交的关系
（H 和 B 分别为限制酶 H 和 B 的切割位点）

DNA、RNA 和蛋白质这三种印迹杂交的关系如图 13-16 所示。

上述三种印迹杂交技术，在分子遗传研究中是检测和分离特定生物大分子不可缺少的试验工具。

二、DNA 序列测定

所需基因（目的基因）或所需 DNA 片段克隆的成功，只是为表征其结构和功能提供了材料。如果有了基因或 DNA 片段，就应知道其一级结构，即基因或 DNA 片段的核苷酸（碱基）排列顺序，因为 DNA 储存的遗传信息是由其碱基的顺序决定的。确定 DNA 片段中碱基顺序的过程称 **DNA 序列测定**（DNA sequencing）。现介绍 DNA 序列测定的两种方法：双脱氧测序法和焦磷酸测序法。

（一）双脱氧测序法

由桑格（F. Sanger）发明的**双脱氧测序法**（dideoxy sequencing）或**桑格测序法**（Sanger sequencing），又称**双脱氧核苷酸链末端终止法**（dideoxynucleotide chain-terminator method）。

该方法的基本原理，关键是在 DNA 的复制原料中加入了双脱氧核苷三磷酸——与正常的（单）脱氧核苷三磷酸相比，在脱氧核糖 3′ 端不是羟基（**OH**）而是氢原子（**H**）（图 13-17）。如果加入的都是（2′-）单脱氧核苷三磷酸（dNTP）（包括 dATP、dGTP、dCTP 和 dTTP），则在 DNA 复制中可连续不断地在引物 3′ 端掺入单脱氧核苷三磷酸，直至 DNA 复制完成；但如果加入的除（2′-）单脱氧核苷三磷酸之外，还有 2′，3′-**双脱氧核苷三磷酸**（**dideoxynucleotide**，ddNTP）（包括 ddATP、ddGTP、ddCTP 和 ddTTP），则在引物 3′ 端掺入第一个 ddNTP 后，由于 ddNTP 没有 3′-OH 基团，在紧随其后掺入的脱氧核苷三磷酸的 5′-磷酸基团（第八章）就不能与原来的复制链形成磷酸二酯键而使复制终止。

根据上述原理，双脱氧链末端终止法测定 DNA 序列的具体方法是（图 13-18）：准备 4 个容器①～④，往每个容器都加入含 14 个碱基的 DNA 模板链、含 2 个碱基的 RNA 引物链（其

单脱氧核苷三磷酸　　双脱氧核苷三磷酸

图 13-17　单脱氧核苷三磷酸（dNTP）和双脱氧核苷三磷酸（ddNTP）的分子结构

5′ 端用放射性磷“*”标记，第八章）、dNTP 和复制 DNA 所需酶后，再往每容器分别依次加入 ddATP、ddCTP、ddGTP 和 ddTTP，以使每个容器复制成的各 DNA 片段都能终止于一特定碱基。以加入 ddATP 的①容器为例，合成的复制链（其中开始的引物链 TT 未列出）应有如图 13-18 左侧所示的 3 种 DNA 片段（因为在碱基 G 后掺入的是 dATP 还是 ddATP，是随机决定的）；其他 3 个容器内产生的复制链片段类推。

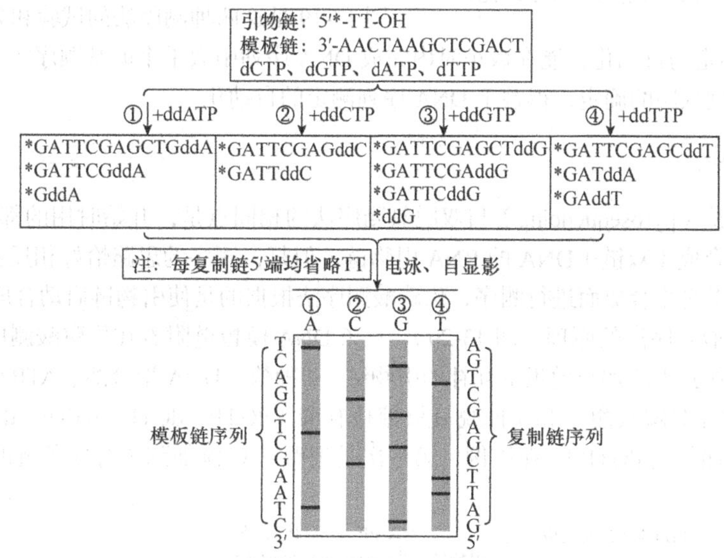

图 13-18　DNA 的序列测定（桑格的双脱氧链末端终止法）

这 4 个容器产生的 DNA 片段在同一凝胶上并行电泳（泳动速度与片段长度的对数成反比）和自显影后，根据碱基互补原则就可读出模板链 DNA 的碱基顺序——在各泳道中，③泳道的复制片段 *ddG 泳动最快，所以其对应的复制链 5′ 端为 G 或模板链 3′ 端为 C；泳动次快的是①泳道的 *GddA，所以复制链第二个碱基为 A 或模板链第二个碱基为 T；依次可推出复制链或模板链其他碱基。推得的结果见图 13-18 下部分的右列（复制链序列）和左列（模板链序列）。

上述方法有其缺点：需要 4 个反应容器；每一容器须加不同的 ddNTP；为分离反应产物，电泳凝胶上须有 4 条泳道；通过人工阅读自显影电泳带以确定 DNA 序列，不仅费时还易出错。

下述的由加州理工学院的胡德（L. Hood）和史密斯（L. Smith）改进的 DNA 序列测定的自动化改掉了这些缺点。这也是根据桑格的双脱氧链末端终止法设计的，只是在 ddNTP 上标记的不是放射性同位素，而是不同颜色的荧光物质——用红、绿、黄、紫荧光物分别标记 ddATP、ddCTP、ddGTP、ddTTP，则在含荧光物标记的反应系统中，所有以 A、C、G、T 结尾的 DNA 带都分别携有红、绿、黄、紫荧光物标记。

经过这一改进的DNA测序的自动化，与上述桑格的DNA测序法比较，尽管原理相同，但方法上就相当简便精准了：所有反应底物只需放在一个反应容器内，从而底物反应产物的分离在电泳凝胶上也只需一条泳道而不是4条通道，且从样本的上样、电泳、电泳带的检测到最终DNA的碱基排序，都可实现自动化。这是因为：不同长度的DNA聚合物经电泳分离，是按分子从小到大的顺序逐一通过检测区；检测区有一个激光器，可发出不同波长的激发光；当不同的DNA聚合物通过检测区被激发光照射后，其上相应碱基的荧光物质被激发产生相应的荧光；由于相邻的DNA聚合物只相差一个碱基，而特定的荧光又代表特定的碱基末端，因此根据逐一通过检测区的DNA发出的荧光颜色就可实现DNA的碱基排序，且通过电脑软件可自动输出DNA序列。图13-19是这两种测序法的试验和分析过程。

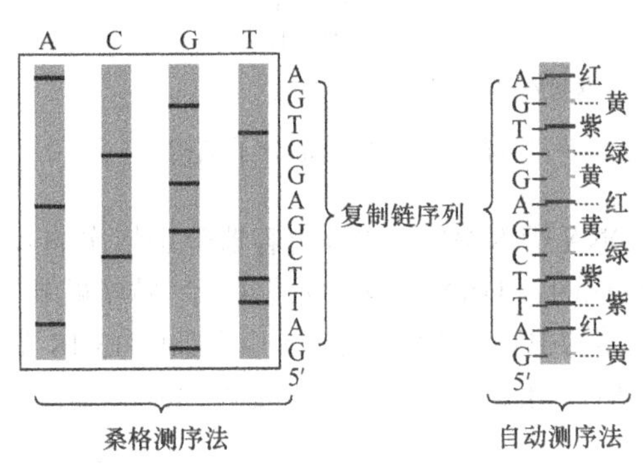

图13-19 DNA序列测定两种方法的比较

DNA序列测定的自动化，能在数小时内完成DNA序列中数千个碱基顺序的测定。人类基因组约30亿bp排列顺序的确定，得益于DNA序列测定的自动化。

（二）焦磷酸测序法

焦磷酸测序法（pyrosequencing）与双脱氧测序法的相同点是，开始时用的都是模板DNA单链和以模板单链合成（双链）DNA的RNA引物链。但是，测序的思路恰好相反：双脱氧测序法根据的是使引物链终止合成而进行测序，焦磷酸测序法根据的是使引物链启动合成而进行测序。

现详述焦磷酸测序法的原理（图13-20）。一条DNA模板链附着在焦磷酸测序仪的一个固态显微槽上，同时往其内添加与模板链互补的引物链、4种酶（DNA聚合酶、ATP硫酸化酶、荧光素酶、三磷酸腺苷双磷酸酶）和4种脱氧核糖核苷酸（dGTP、dCTP、dTTP、dATP，即dNTP）中的1种（该例加的是dGTP）。在该例，第一次是把碱基G添加到（合成子链的）引物链3′端

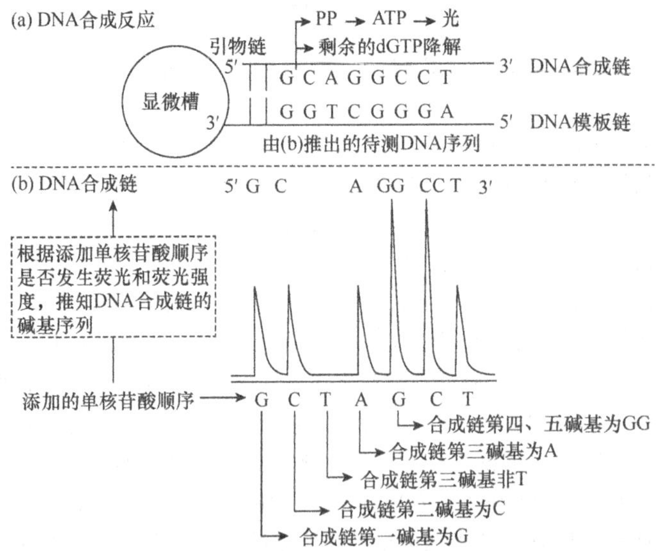

图13-20 焦磷酸测序法的原理（仿自Russell，2012）

而释放出焦磷酸（PP），后者通过ATP硫酸化酶转化成ATP，在荧光素酶的催化下，ATP和荧光素结合形成氧化荧光素而产生可见光，其光的强度可通过测光仪获得［图13-20（a）（b）］，由此可知DNA序列中与引物链相接的（DNA合成链或引物合成子链的）第一个碱基为G，剩余的dGTP在三磷酸腺苷双磷酸酶的作用下降解消除。同理，第二次往显微槽添加dCTP时，可确定引物链第二个合成的碱基为C，剩余的dCTP在三磷酸腺苷双磷酸酶的作用下降解消除。第三次往显微槽添加dTTP时，由于未产生可见光，可知引物链第三个合成的碱基为非T，dTTP在三磷酸腺苷双磷酸酶的作用下降解消除。第四次添加dATP后可产生可见光，可确定引物链第三个合成的碱基为A，dATP在三磷酸腺苷双磷酸酶的作用下降解消除。第五次添加dGTP后可产生可见光，且光强为前次光强的2倍，可推知引物链第四、五个合成的碱基均为G(记为GG)。同理，引物链中随后合成的碱基顺序依次都可推出［图13-20（b）］。

以上是焦磷酸测序仪中一个显微槽的测序反应情况。一个焦磷酸测序仪有约20万个显微槽，可在6h内同时进行约同样数目的DNA序列分析。

与双脱氧测序改进法比较，焦磷酸测序法不需要凝胶电泳，更为简便和快速。

三、体外扩增DNA片段——聚合酶链式反应

以上我们讲的待研DNA片段，如供体胰岛素基因，要把载有这一基因的载体引入细菌或体内方能随着细菌的繁殖而得到扩增（复制），可称为**体内法**（*in vivo*）。

这里讲的**聚合酶链式反应**（polymerase chain reaction，PCR），是指在聚合酶的作用下，在体外（如不必通过载体引入细菌或其他物种细胞内）将待研DNA迅速扩增（复制）的方法，又称PCR法或**体外法**（*in vitro*）。

在DNA扩增仪（体外）中，聚合酶链式反应的原理和过程大致如下（图13-21）。①**变性**（denaturation）——待研DNA（如尚未克隆或复制的某物种的DNA片段）在高温（90℃左右）下解离成单链而成为合成新DNA分子的模板链。②**复性**（renaturation）或复制——在低温（60℃左右）条件下，加入具有相反极性的两种引物（一段化学合成的DNA引物链是与其互补的模板链具有相反极性的一段单链DNA，长度一般是17～25个碱基，方向总是5′→3′，由于3′端具有OH，这样就能以模板链为模板往引物链添加新碱基而合成DNA；显然这两种引物的数量应足够多（因为第一和第二次扩增就分别要用2个和4个引物）和合成DNA的有关原料也应足够多，方能使两DNA引物分别与之互补的两单链DNA结合而复性。③**延伸**（extension or elongation）——在较高温（一般在72℃）条件下，耐高温DNA聚合酶，如栖热水生菌（*Thermus aquaticus*）的*Taq* DNA聚合酶，以两条单链为模板使两引物链沿5′→3′方向延伸而合成两个双链DNA片段。

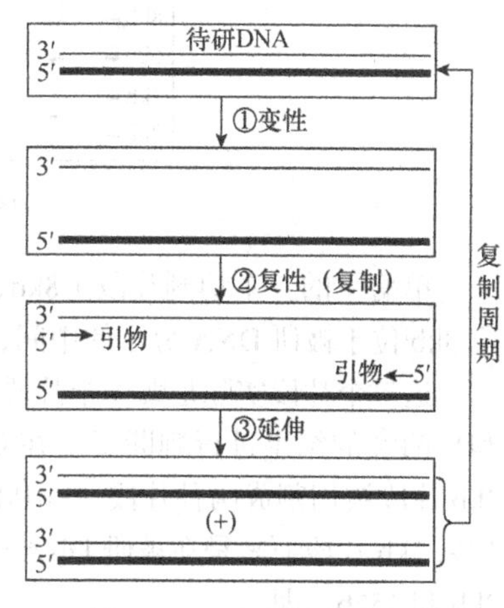

图13-21 聚合酶链式反应（PCR）扩增DNA

显然，通过定期调控扩增仪的温度，在两引物和其他原料足够量的条件下，每经过一次“高温变性-低温复性-较高温延伸”的循环，即每复制一次，待研双链DNA片段就在原来基础上增加一倍，或者说，一个双链DNA复制n次，就成为2^n个双链DNA，呈现指数增长。所以，PCR又称**PCR扩增**（PCR amplification）。

四、确定基因位置——限制图和限制性片段长度多态性

分子遗传学对遗传学的一个巨大贡献，就是为遗传作图提供了许多遗传标记，从而能更精确地确定基因在染色体上的位置。

（一）限制图

我们已经知道，限制酶的一个重要功能是切割 DNA，在基因克隆中起着重要作用。

限制酶还有一个重要功能，就是它切割的 DNA 分子中的靶位点可作为（染色体上）基因定位的标记。这是因为，尽管这些位点是随机分布的，但一般来说，它们在同源染色体上的位置是固定的。如果把一条染色体上的 DNA 分子比作一条铁路，那么 DNA 分子中各限制酶的靶位点就相当于铁路中的各车站，各车站确定了铁路的位置，而各靶位点确定了染色体或 DNA 分子的位置。因此，限制酶切图或**限制图**（restriction map），即确定染色体（DNA）上一种或多种限制酶的靶位点位置图，对基因组分析是很有用的。

作限制图的一种方法，我们姑且称为双酶法，是把两单酶单独的酶切产物，与这两单酶（双酶）共同的酶切产物进行比较而确定靶位点位置的方法。如图 13-22 所示，用限制酶①、限制酶②和双酶（①+②）分别切割被研 DNA 分子的一个大片段，并用电泳法分离以确定切割片段的大小（图中左侧的“标准”是已知大小的 DNA 片段）。

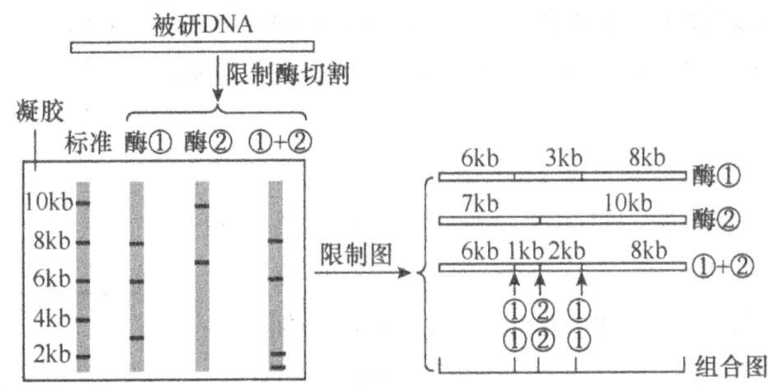

图 13-22 限制酶作图——双酶法

单酶①的三个切割片段（8kb、6kb、3kb），只表明被研 DNA 有酶①的两个靶位点，其中片段 3kb 位于被研 DNA 分子的中间，在图中是任意给定的。

这三个片段实际是哪一个片段位于被研 DNA（全长 17kb）的中间，就得依赖双酶（①+②）和单酶②的结果进行判断了。在双酶结果，原来单酶①的切割片段 8kb 和 6kb 依然存在，只是 3kb 片段被切割成两种片段——1kb 和 2kb，这表明酶②的靶位点在酶①这个 3kb 切割片段之内。如果 3kb 片段原来是在被研 DNA 的左端或右端，那么单酶②的两种切割片段应为 1kb 和 16kb 或 2kb 和 15kb，即

但事实上是 10kb 和 7kb。所以，由单酶①切割的 3kb 片段原来不是位于被研 DNA 的一端，而是在被研 DNA 的中间，而且酶②的靶位点更靠近 6kb（或更远离 8kb）片段方能得到单酶②的实际结果。

根据上述分析，就得到了如图 13-22 右方所示的被研 DNA（染色体）的限制图。这一方法相当于经典遗传学中基因定位的三点测交法（第五章）。

同理，根据经典遗传学中一群连锁基因座定位在一染色体上的方法，可把一群连锁限制酶位点定位在一 DNA 上。

（二）限制性片段长度多态性

前面说过，如果用一限制酶切割某物种的基因组 DNA，并用其一克隆片段作探针检测同一物种的不同个体并经同一限制酶切割的 DNA，由于同一物种同一染色体中 DNA 分子的同源性，这一探针在不同个体中结合的 DNA 片段的长度，在理论上似应完全相同。但实际上，在同一物种的不同个体，对于同一染色体经特定探针结合的 DNA 片段长度往往稍有不同（由于基因突变或碱基替换，一些个体原来的限制酶位点消失了，但在其附近出现了该限制酶的新切割位点）。比方说，同一探针可分别与单倍体物种个体 A 的 2.0kb 和突变个体 B 的 2.3kb 片段结合，即

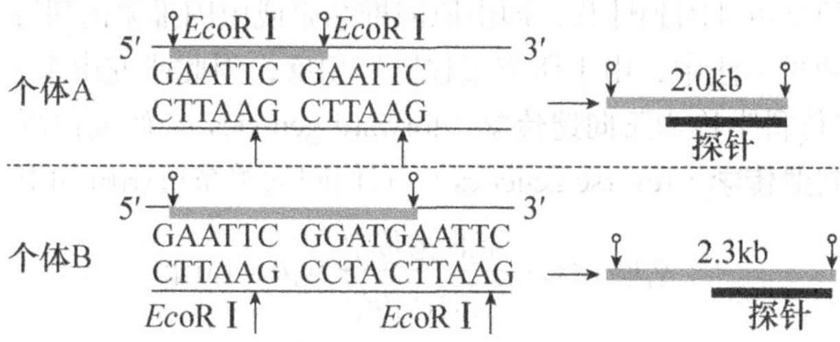

为什么会有这样的差异？原来个体 A 的 2.0kb 的一个识别位点，如右侧的识别位点在个体 B 丧失了（一般是一对核苷酸的变异，这里由个体 A 的 **AT** 突变成个体 B 的 **GC**），而个体 B 在远离此处 0.3kb 处出现了同一限制酶的下一个识别位点，从而成为 2.3kb 片段。个体间同一限制酶识别位点的差异（如个体 A 的 2.0kb 和个体 B 的 2.3kb）可看作一个基因座的两种等位基因“+”和“−”的差异。在一个群体中，对于同一限制酶来说，一些个体存在“+”等位基因（如 2.0kb 片段），而另一些个体存在“−”等位基因（如 2.3kb 片段），受到同一限制酶切割时，就会出现长度不同的同源 DNA 片段（为共显性），即出现所谓的**限制性片段长度多态性**（restriction fragment length polymorphism，**RFLP**）。该例为限制性片段长度二态性，即出现一种长片段和一种短片段；多于两种片段就相当于经典遗传学中的复等位基因。

传统的染色体作图（基因定位）依赖于具有明显表型差异的基因作为遗传标记。例如，控制豌豆籽粒形状的等位基因所在的基因座之所以能定位在特定染色体的特定位置上，是因为其内的不同等位基因控制的（相对）性状，如圆和皱具有明显的表型差异，可作为该基因座的遗传标记。遗憾的是，由于多数性状的差异受多基因控制和易受环境影响（第二十章），有关基因座内的等位基因具有明显表型差异的很有限，因此满足传统染色体作图的基因座的数量也很有限。

对 RFLP 来说，如果其两“等位基因”是杂合的，则该杂合“基因座”即使不具明显的表型差异，也可通过电泳加以识别而作为基因座的（共显性）遗传标记，且这样的标记是大量的。因此，RFLP 的发现具有重要意义：比方说，为染色体作图提供了大量的限制酶识别位点，使基因定位的精细程度大为提高；也为研究生物进化提供了有力的工具，因为限制酶识别位点的差异有效地反映了 DNA 的差异——RFLP 差异数越大，遗传差异也就越大。

在限制性片段长度多态性中，还存在所谓的**单核苷酸多态性**（single-nucleotide polymorphism，SNP），即在一个物种的两个体间存在一对碱基的差异。当通过突变产生一对碱基差异时，SNP 就会像具有表型效应的突变等位基因那样遗传下去，尽管它不具有表型效应。单核苷酸多态性是

一个普遍现象，并遍布整个基因组。对同一物种两个体的同一染色体进行比较时，每一染色体接近有 1000 个单核苷酸多态性。

由于单核苷酸多态性在基因组中的多发性和遍布性，在连锁分析中作为遗传标记是很有价值的。例如，在人类，当一个 SNP 在物理上与某致病基因紧密连锁时，就会与致病基因一起传给子代；于是，这个 SNP 就标记了这一致病基因（例子见本书下述的遗传性舞蹈病）。

五、确定基因功能——反向遗传学法

我们以前讲的遗传学，是通过杂交等方法观测特定性状的变化推知特定基因的功能，采用的是由性状到基因的研究方法，即由结果推原因或由果推因的研究方法。

由于分子遗传学理论和技术的发展，已经获得一些基因序列甚至整个基因组序列，这样就可通过对特定基因的加工（如定点突变或插入转座子抑制表达）所得到的特定性状的变化，推知特定基因的功能，采用的是由基因到性状，即由原因推结果或由因推果的研究方法。

在遗传研究的这两种方法中，由于研究过程恰好相反，因此研究由果（性状或表现型）推因（基因或基因型）的遗传科学称为**正向遗传学**（forward genetics），研究由因（基因）推果（性状）的遗传科学就称为**反向遗传学**（reverse genetics）。它们间的关系可图解如下：

$$\text{（结果）性状} \underset{\text{反向遗传学}}{\overset{\text{正向遗传学}}{\rightleftarrows}} \text{基因（原因）}$$

下面介绍反向遗传学研究基因功能的三种方法。

（一）前核注射法

把欲转基因通过显微注射进入受精卵，如小鼠受精卵的方法可得到**转基因小鼠**（transgenic mouse）。在小鼠精子进入小鼠卵的一段时间内，受精卵有两个前核，即成熟的卵核和精核，处于双核期；随后这两前核融合而形成胚核。受精卵处于双核期时，把有关克隆 DNA 片段（如含有特定基因的液体）直接注射到受精卵的一个前核内（图 13-23），称为**前核注射**（pronuclear injection）。一般而言，这样的克隆 DNA 片段注射到数百个受精卵的一个前核内时，只有少数受精卵通过非同源重组把这一外源 DNA 片段整合到一条染色体上。注射后，受精卵移植到假孕雌性小鼠（与切除输精管的雄性小鼠交配后已在生理上做好了受孕准备的代孕母鼠）的子宫中。

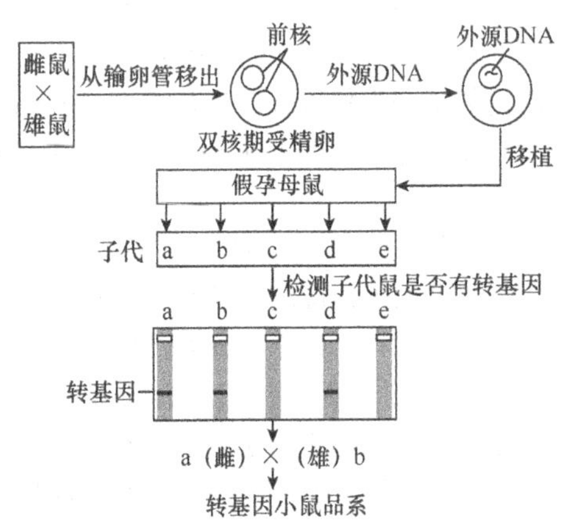

图 13-23 通过重组 DNA 技术得到的转基因生物

经过这样处理后只有 10%～30% 的受精卵能成活，而在这些成活的受精卵中又只有少数的克隆 DNA 片段能稳定地随机整合到染色体上。然而，如果有数百个受精卵经过这样的注射和移植处理，出现数个小鼠同时能把克隆 DNA 片段整合到染色体的概率还是不小的。而且，由于克隆 DNA 片段是在受精卵两前核融合前注射的，因此这些片段整合成功的小鼠的每个细胞，其中包括其成熟后的种系细胞，都含有这些片段，因而注射的外源 DNA 片段中的转基因可世代相传。在图 13-23 中，子代个体 a、b 和 d 都含有转基因（如通过上述的 DNA 印迹杂交判断），这些雌、雄鼠相互交配和经适当选择，就可创造出克隆 DNA（基因）为同型合子的转基因小鼠。

这种转基因生物可用来研究基因功能。例如，把 Y 染色体上的性别决定区（sex-determing region Y）的睾丸决定基因 *SRY*，克隆后注射到 XX 的小鼠受精卵中，结果这样的转基因小鼠都发育成雄性小鼠，从而说明 *SRY* 是决定雄性的基因。此外，用同样的方法，把克隆的人类遗传病基因整合到小鼠染色体上作为实验动物模型，以研究人类遗传病产生的机理。

这种转基因动物，除用于理论研究外，也有很好的实际应用前景。例如，携有人类生长激素基因的转基因小鼠的体形，约为对照小鼠的 2 倍。这就意味着，如果把有关生长激素基因转入鱼、鸡、猪、牛的染色体上，就可增加其生长速率和大小；把有关提高肉、蛋、乳品质的基因转入有关动物，还可提高其产物的品质。

前核注射研究基因功能的突出优点在于，供体或外源 DNA 不需要与载体重组就可直接插入宿主细胞。

（二）农杆菌介导转化法

许多植物细胞的一个重要特点是具有**全能性**（totipotency），即业已分化的细胞可以较容易地去分化返回到胚状体状态，而后再分化形成各类细胞。这种全能性为遗传工程带来了极大方便，因通过遗传工程改造过的体细胞可较容易地再分化出一完整的转基因植株。

外源基因通过重组转移到植物细胞而成为转基因植物的一个常用的方法是**农杆菌介导转化法**（*Agrobacterium tumefaciens*-mediated transformation）。生活在土壤中的农杆菌可使双子叶植物患良性肿瘤——**冠瘿病**（crown gall disease）。之所以有这一病名，是因为树患该病的部位多在树冠和树根的连接部位，如受风吹可使树冠和土壤加大摩擦而使树冠受伤，受伤的树冠被农杆菌感染后患冠瘿病（“瘿”有“赘生物”之意，即良性肿瘤）。之所以有这一结果，是因为农杆菌感染树的部位会发生两个关键事件：一是使植物细胞激增而形成（良性）肿瘤；二是使这些植物细胞开始合成称为精氨酸衍生物的肉碱，而这些肉碱既可提高宿主对某些病菌的抵抗能力，又可作为农杆菌的食物，实现了植物细胞和农杆菌二者间的共生关系。

农杆菌具有诱导植物患冠瘿病的能力，是由于其内具有**诱导肿瘤质粒**（tumor-inducing plasmid），简称为 **Ti 质粒**（Ti plasmid），约有 200 000 对核苷酸。

农杆菌的 Ti 质粒之所以能转化植物细胞，是因为它具有两个基本成分区（图 13-24）：一是肽质粒-DNA 区（T-DNA 区），在该区的两侧翼（左翼和右翼）端之间有使植物形成肿瘤和产生肉碱等产物的基因，去掉该区这些基因后，不仅可使植物不形成肿瘤，还可在该区相应部位插入所需的外源基因（如目的基因和筛选出目的基因的抗性基因）；二是病毒（virus）区，即 *Vir* 区，含有转移 T-DNA 区基因至植物细胞中所需的病毒基因，从而可使植物成为转基因植物。

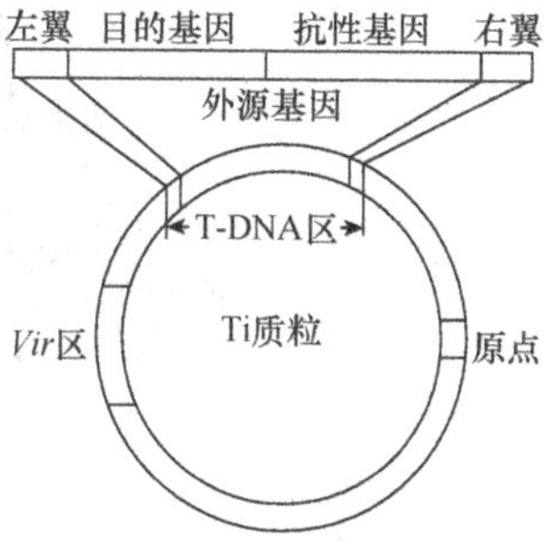

左翼 目的基因 抗性基因 右翼
外源基因
T-DNA区
*Vir*区 Ti质粒 原点

图 13-24 农杆菌 Ti 质粒结构和外源基因插入位置示意图

现在讲利用 Ti 质粒如何获得转基因马铃薯的大致过程（图 13-25）：①用改造过的、含有外源基因（如目的基因和抗链霉素基因）Ti 质粒的农杆菌，去感染含链霉素培养基中的马铃薯叶片，经一定时间感染后，这样的 Ti 质粒就会插入部分叶细胞中的染色体内；②只有被 Ti 质粒转化的马铃薯细胞能进行分裂而依次长成愈伤组织和长成具根、芽的小植株，未被 Ti 质粒转化的细胞（对链霉素敏感）不能进行分裂，把小植株移植到土壤就可发育成转基因马铃薯。

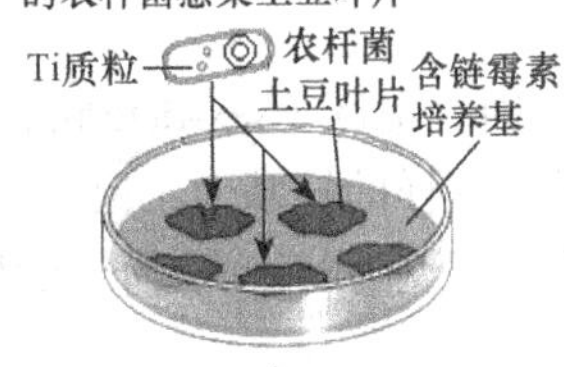

图 13-25 利用 Ti 质粒获得转基因马铃薯

一般来说，具有外源基因的 Ti 质粒只能插入植物细胞两同源染色体中的一条，要把转基因植株进行自交纯化才能选出遗传稳定的转基因土豆（图 13-26）。显然，在自交一代的群体中，选到转基因纯合体的概率为 1/4。

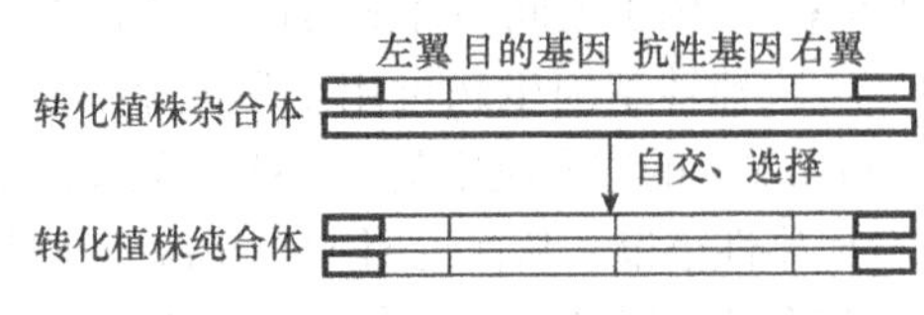

图 13-26 转基因马铃薯的自交纯化

（三）*CRISPR-Cas9* 靶向基因组编辑技术

这一基因组编辑技术与原核生物中具有特定的同向重复序列有关。该序列的特点是具有呈簇（几个至几百个）存在的称为 repeat 的同向重复序列（具有短回文结构和同一菌株中的这类同向重复序列通常相同），但原核生物（如细菌）每两同向重复序列 repeat 之间具有长度基本相同而序列不同的称为 spacer 的噬菌体间隔重复序列——这种呈簇存在的、具有规律性的由噬菌体间隔重复序列 spacer 隔开的同向重复序列 repeat，其全名就称为**呈簇的、具有规律间隔重复的短回文同向重复序列**（clustered regularly interspaced short palindromic repeat），而这一序列用其英语首字母组成的缩写序列表示就称为 *CRISPR* 序列，而其有关基因就称为 *CRISPR* 基因座［图 13-27（a）］；在该基因座 *Cas* 操纵子中 *Cas9* 的全称是 *CRISPR associated cas9* 操纵子（与 *CRISPR* 相关的操纵子），其经转录和翻译成具内切酶活性的 Cas9 蛋白。在这一基因座内的 *CRISPR* 序列和其他有关序列，就成了 *CRISPR-Cas9* 靶向基因组编辑的基础。与其他基因组编辑技术比较，*CRISPR-Cas9* 靶向基因组编辑最为便捷、经济和高效，是当今利用基因靶向编辑技术研究各种生物基因功能和建立人类疾病模型最常用的方法。

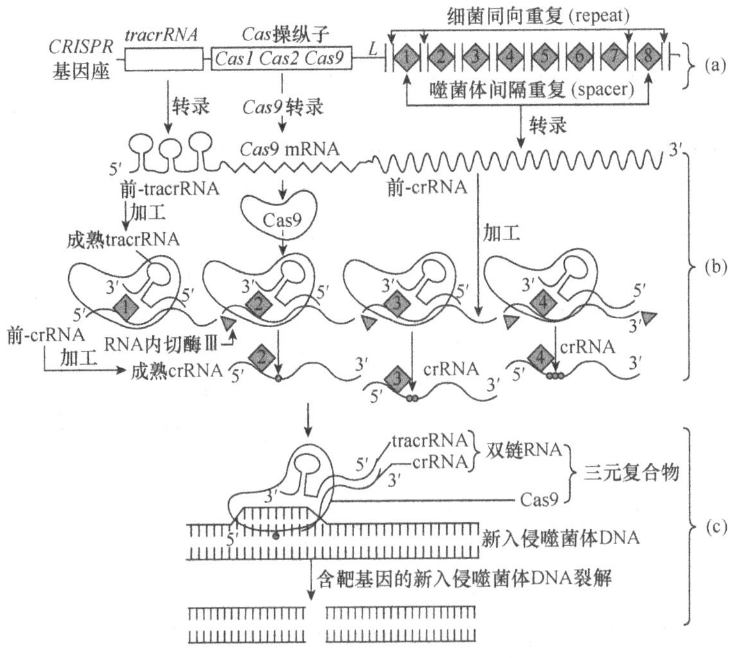

图 13-27 细菌的 *CRISPR-Cas9* 基因座对噬菌体的免疫作用
（仿自 Hartwell et al.，2018）

为说明 *CRISPR-Cas9* 靶向基因组编辑法的原理，需要先说明细菌是如何利用 *CRISPR-Cas9* 实现免疫的。1987 年，研究者发现了细菌基因组的 *CRISPR* 基因（座），随后又发现 40% 以上的细菌和 90% 以上的古菌都存在不同类型的 *CRISPR-Cas* 基因簇；但不知它们的功能。2005 年发现了 *CRISPR* 结构中的间隔重复序列（spacer）来自噬菌体时，一些科学家就推测 *CRISPR-Cas* 系统可能与细菌和古菌对其病毒——噬菌体的免疫有关，且后来证明这一推测是正确的。

现以细菌中的 *CRISPR-Cas9* 为例，介绍这一免疫系统实现细菌对其病毒免疫的三个阶段。

阶段一，“噬菌体间隔重复序列 spacer”的获取［图 13-27（a）］。当一类噬菌体 DNA 进入含有“*CRISPR-Cas*”的宿主——细菌内时，在宿主编码的两种 Cas 蛋白（Cas1 和 Cas2，图 13-27 中未显示）就会从噬菌体上切取一段特定长度的 DNA 序列，即间隔重复序列 spacer（30～40bp），优先整合到宿主 *CRISPR* 基因座结构中紧靠其前导序列 *L*（leader）的位置。由于整合后细菌的同向重复序列会复制一次，因此最新获取的间隔序列 spacer 总是插入紧靠 leader 的细菌前两个同向重复之间——如图 13-27 所示，最早插入的最远离前导序列的为噬菌体间隔重复 8，而最晚或最新插入的最靠近前导序列的为噬菌体间隔重复 1。这些不同类型噬菌体间隔重复的遗传信息，就是以后供其宿主识别不同类型噬菌体的“DNA 指纹”序列或记忆序列。其结果是：当噬菌体感染把其 DNA 片段整合到古菌或细菌 *CRISPR* 基因内时，就决定了古菌或细菌对其病毒噬菌体免疫的专一性和记忆性；*CRISPR* 基因内同向重复间的“噬菌体间隔重复数”越多，细菌或古菌对其病毒的免疫谱就越宽。

阶段二，*CRISPR* 基因座的表达，包括有关产物的生物合成和加工［图 13-27（b）］。*CRISPR* 基因座中处于“DNA 指纹”序列上游的 *tracrRNA*、*Cas* 操纵子中的 *Cas9* 和细菌同向重复转录成 1 条 RNA 链，依次为前-tracrRNA（其中 tracrRNA 为 transactivating CRISPR RNA，即反式激活 CRISPR RNA）、*Cas9* mRNA 和前-crRNA；随后，依次加工成一些成熟 tracrRNA、翻译成 Cas9 蛋白和加工成一些成熟 crRNA（CRISPR RNA 的缩写）。这些成熟 tracrRNA 和成熟 crRNA 有部分互补而能结合在一起成为双链 RNA。

阶段三，免疫的实现［图 13-27（c）］。当新入侵噬菌体注射其 DNA 进入宿主菌时，特定的 crRNA（与新入侵噬菌体为同一类型的那一原入侵噬菌体间隔重复 spacer 转录加工生成的 crRNA）通过与入侵病毒同源 DNA 的碱基互补进行准确识别，激活 Cas9 蛋白的核酸内切酶活性从而裂解新入侵噬菌体的 DNA。这里的成熟 crRNA、成熟 tracrRNA 和 Cas9 蛋白是作为一个“三元复合物”整体与新入侵噬菌体基因组的靶序列结合后，通过 crRNA 识别有关病毒 DNA 和 Cas9 裂解有关病毒而实现宿主菌免遭有关病毒的感染。

再讲 CRISPR-Cas9 靶向编辑法。

经遗传工程改造过的 CRISPR-Cas9 系统有两个分量（图 13-28）：一个分量是研究者设计的**单链指导 RNA**（single guide RNA，sgRNA），其 5′ 端有 22 个碱基的序列与欲编辑的（靶基因的）靶位点 DNA 互补（sgRNA 的 3′ 端和 5′ 端区分别对应于图 13-27 的 crRNA 5′ 端和 tracrRNA 3′ 端）——指导 CRISPR-Cas9 系统进入基因组 DNA 靶基因的靶位点；另一分量是经过改造的称为 Cas9 多肽的内切酶。如此的 CRISPR-Cas9 系统，sgRNA 指导 Cas9 多肽同时进入细胞核靶基因的靶位点后，具有内切酶活性的 Cas9 多肽就可把靶基因靶位点双链 DNA 切断而产生双链缺口。如果设计的 sgRNA 的 22 个碱基的序列使其与人的特定基因（靶基因）的碱基配对，如此构成的 Cas9/sgRNA 系统转移到人类细胞内，就可对其靶基因进行双链切割。

DNA 双链缺口的修复有两种方式：**非同源末端连接**（nonhomologous end joining，NHEJ）和**同源重组**（homologous recombination）。

非同源末端连接是通过 DNA 连接酶将两段 DNA 直接连接的修复。其修复不依赖其同源的

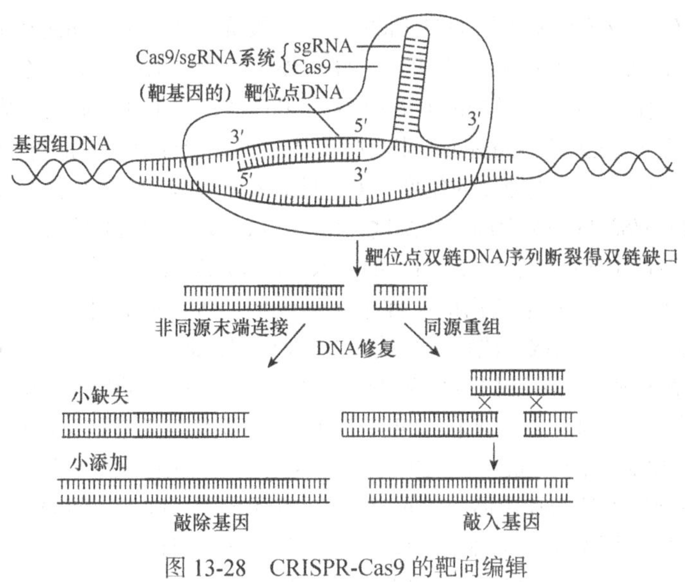

图 13-28　CRISPR-Cas9 的靶向编辑
（仿自 Hartwell et al.，2018）

DNA 序列，只需一种蛋白复合物结合到 DNA 双链断裂处，将有关酶激活而使断裂的 DNA 连接起来得到修复。这种修复不够精确，会出现小缺失或小添加。

同源重组需要以未受损的姐妹染色单体的同源序列为其修复的模板。重组时，首先是同源染色体中受损的和未受损的非姐妹 DNA 分子极性相同的两条单链相互交换（第十二章），然后进行修复就可敲入基因。

显然，该编辑法的优点是，只要把任一特定基因的位点序列——靶基因的靶位点 DNA 序列转换成相应的 sgRNA 序列，其 Cas9/sgRNA 系统引入细胞后，就会自动寻找由研究者设计好的靶基因的靶位点 DNA 序列；找到后，在 Cas9/sgRNA 系统内的 Cas9 蛋白核酸内切酶使靶位点双链 DNA 序列断裂，就可方便地敲除或敲入基因。也就是说，该编辑法可编辑从而改良任何基因组。

把 Cas9 和 sgRNA 构成的 Cas9/sgRNA 引入细胞或个体内有诸多方法。例如，可把 *Cas9* 基因和 *sgRNA* 基因注入受精卵中，如此成长的个体就是转基因个体。

当然，RNA 干扰法和 RNA 编辑法（第十一章）也是反向遗传学研究基因功能的方法。

在基因组时代的今天，反向遗传学研究中迅速发展出一个新领域——**生物信息学**（bioinformatics），其任务是把生物学（如基因组序列）、数学和计算机科学结合起来，在数据库中寻找序列中基因间的相似程度，以推知基因产物的结构、功能和各序列在系统发育过程中的关系（第十四章）。

六、农业

在 DNA 重组技术问世之前，人们是以个体为单位，靠自然、人工诱导和杂交提供的遗传变异，选育出了动植物高产、优质、抗病新品种。DNA 重组技术问世之后，人们以基因为单位进行操作培育的动植物新品种，为农业带来了革命性变化。进入 21 世纪后，仅以玉米为例，为了高产、稳产和提高品质，在美国种植的转基因玉米占 95%，其中大部分销往美国国外。以下仅举数例，说明 DNA 重组技术在农业上的应用。

(一)抗作物病虫害

病毒病是作物的主要病害，严重发生时可以造成颗粒无收。植物病毒学家早就知道：温和病毒感染植物后，对烈性病毒的感染具有抵抗作用。后来进一步的研究表明，温和病毒的外壳蛋白是这种抵抗作用的关键因子。于是，研究者从植物中把温和病毒编码外壳蛋白基因转录的 mRNA 分离出来后，依次反转录成 cDNA、合成双链 DNA 和插入 Ti 质粒载体构成重组 DNA，最后随载体一道导入植物细胞。用这一方法已成功获得抗有关病毒的转基因烟草、大豆、番茄、马铃薯和南瓜等作物。大田试验表明：接种有关病毒后，转基因番茄和非转基因番茄的发病率分别为 5% 和 99%；与对照（未接种的非转基因番茄）产量比较，转基因番茄未减产，而接种的非转基因番茄却减产约 30%。

除病害外，作物的另一大敌害是虫害。重组 DNA 技术的问世，也为防治虫害开辟了一条崭新的途径，减少了对化学杀虫剂的依赖。人们发现，在昆虫病原的细菌中，苏云金芽孢杆菌（*Bacillus thuringiensis*）是鳞翅目、双翅目和翘翅目等虫害的主要天敌或生物杀虫剂。该细菌的生活史包括营养期和芽孢期，其杀虫能力来自芽孢期产生的一种蛋白，能把昆虫中的一种胃酶转化成对昆虫有害的毒性物质而导致昆虫死亡。从该细菌分离出编码这种蛋白的基因，转移到玉米、棉花、番茄和马铃薯等作物细胞中而得到表达，即产生这种蛋白，因此害虫吃了这些转基因作物后就会中毒死亡；但对其他生物（其中包括人类）无害，因为其他生物不存在昆虫中的胃酶，所以人吃了诸如这样的转基因番茄，也不会像昆虫那样产生毒性物质。

(二)消灭田间杂草

杂草也是农业一大害。杂草对环境的适应能力和繁殖能力都比作物强，在与作物争夺肥料、水分和阳光中占优势地位；杂草也是病原体和害虫的栖息场所与病虫害的传播媒介。在世界农业生产中，杂草的危害每年使粮食减产 10% 左右。因此，防除杂草在耕作中占有重要分量。

在我国，20 世纪 50 年代以前都是手工除草。之后，为了使农民从繁重的手工除草中解放出来，发明了各种除草剂。例如，一种叫草甘膦的除草剂，确能杀死田间大多数杂草，但不幸的是也能杀死许多作物（主要是宽叶作物，如棉花）。研究表明，它之所以能杀死这些杂草和作物，是因为它能阻断这些植物叶绿体中合成各芳香族氨基酸的一种酶——丙酮莽草酸磷酸合成酶的形成，进而依次导致不能合成各芳香氨基酸和生命必需的一些蛋白质而死亡。

基于以上认识，产生抗草甘膦作物的操作步骤是（图 13-29）：①获得融合基因，即从大肠杆菌抗草甘膦菌株中分离出丙酮莽草酸磷酸合成酶基因 E，其两端分别接上病毒启动子和（来自植物基因的）转录终止区构成的基因；②获得重组质粒，即把融合基因整合到来自农杆菌的 Ti 质粒中；③获得转化农杆菌，即将重组 Ti 质粒导入农杆菌；④用转化农杆菌感染作物叶细胞；⑤检测抗草甘膦转基因作物，即检测用转化农杆菌感染叶细胞后形成的愈伤组织，在有草甘膦的环境下是否具有长出植株的能力，如此环境长出的植株就是抗草甘膦转基因作物。一旦选出了这样的转基因作物，待田间出现杂草时，喷上草甘膦就只杀死杂草了。

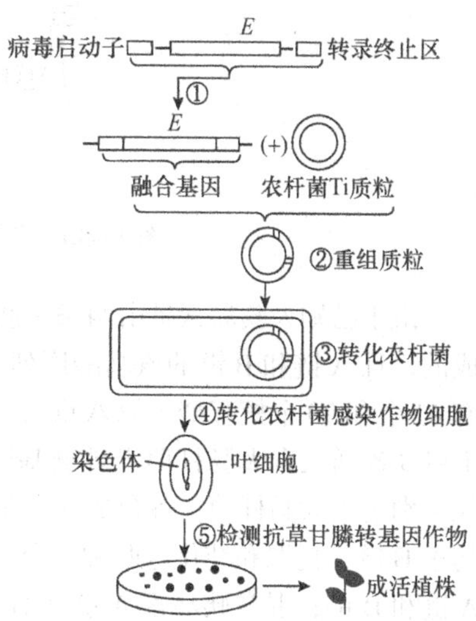

图 13-29 抗杀草剂草甘膦的转基因作物

现在选育的抗除草剂的转基因作物有番茄、玉米、大豆、棉花、油菜等。由于人类本来就不能合成芳香族氨基酸，建造自身蛋白质芳香族氨基酸必须从食物中获得，所以除草剂对人类无害。

七、医学

（一）医药生产

在重组 DNA 技术问世之前，胰岛素、生长激素、干扰素和尿激酶等是从人和动物有关脏器、组织、血液或尿中提取的生物制剂。由于这些制剂在生物体内含量甚微或提取困难，不能满足社会需要。但是在重组 DNA 技术问世之后，应用重组 DNA 技术生产它们，可成百倍、千倍地提高产量。下面是几个例子。

1. 胰岛素生产 胰岛素是治疗糖尿病的良药。过去用传统工艺生产 10g 胰岛素，需要用 500kg 的家畜胰脏。现在把人的胰岛素基因重组到质粒载体后再导入细菌中，从 200L 转化细菌的培养液中就可提取 10g 人胰岛素。这不仅大大降低了生产成本，还避免了少数患者对家畜胰岛素这种异源蛋白的不良反应。

通过重组 DNA 技术生产的第一个人类转基因产物——人胰岛素，是 1982 年得到的，其过程如图 13-30 所示。

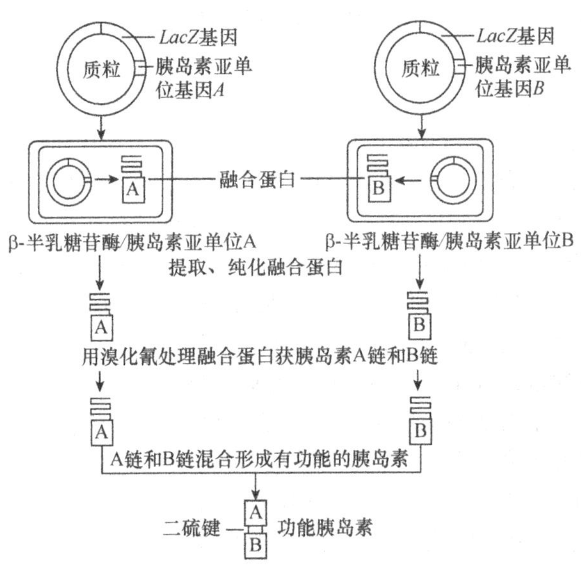

图 13-30 利用重组 DNA 技术在细菌内合成人胰岛素

由于已知人胰岛素是由两条多肽链——A 链（含 21 个氨基酸）和 B 链（含 30 个氨基酸）组成的，且 A 链和 B 链的氨基酸序列也已知，因此人工合成的编码胰岛素 A 链和 B 链的两个基因有 63 个和 90 个核苷酸（第八章），分别称为胰岛素亚单位基因 *A* 和胰岛素亚单位基因 *B*；基因 *A* 和 *B* 各插入含大肠杆菌半乳糖基因 *LacZ* 的两质粒中，得到两重组质粒；经转化，这两重组质粒分别进入大肠杆菌，各合成融合蛋白 β-半乳糖苷酶 / 胰岛素 A 链和融合蛋白 β-半乳糖苷酶 / 胰岛素 B 链；提取和纯化这两种融合蛋白；用溴化氰处理这两种纯化的融合蛋白，以分裂出胰岛素 A 链和 B 链；混合胰岛素 A 链和 B 链，通过二硫键把这两链连接起来，就形成了具有功能的胰岛素。

2. 人生长激素抑制素生产　人生长激素抑制素可治疗巨人症。用传统方法从羊的下丘脑提取 1mg 生长激素抑制素，需要 10 万只羊的下丘脑，所需资金约等于用人造卫星从月球运 1kg 石头到地球的费用。1977 年，美国首先用化学方法合成了人的生长激素抑制基因，经 DNA 重组技术引入大肠杆菌以生产人的生长激素抑制素，只需 10kg 菌液就可生产 1mg 生长激素抑制素，其成本约 0.3 美元 /mg。

（二）基因诊断

人类遗传疾病现已发现的就有近万种。有明显染色体异常（如 21-三体先天愚型）的遗传病可在显微镜下检查诊断，用普通生物化学技术（如蛋白质电泳和酶活性测定）也能在产前或发病前检测某些遗传病，但这些只是其中的很少一部分。许多基因的表达有个体发育的阶段性（如在胎儿期不表达）和组织的特异性（如苯丙氨酸羟化酶只在肝中表达）；所以用常规方法不是在个体任何发育阶段或任何组织都能检出患病基因的差异。可是，个体细胞中的基因组成是相同的，所以采用基因分析方法，不管来自什么组织和处于什么发育阶段，都可检出缺陷基因。

关于 DNA 重组技术在基因诊断中的应用，现以 RFLP 诊断苯丙酮尿症为例加以说明。

1. 诊断原理　如果基因的碱基变化（突变）发生在某限制酶的识别位点或与该基因紧密连锁的位点，就可用该酶剪切的不同长度的 DNA 片段（RFLP）作为遗传标记，结合家系分析进行基因诊断。在正常人，苯丙氨酸代谢有两条途径：一条是在苯丙氨酸羟化酶的作用下形成酪氨酸再形成其他产物，另一条是形成苯丙酮酸，即

$$\begin{array}{ccc}\text{苯丙氨酸} & \xrightarrow{\text{苯丙氨酸羟化酶}} & \text{酪氨酸} \\ \downarrow & & \\ \text{苯丙酮酸} & & \end{array}$$

但是，若控制形成苯丙氨酸羟化酶的基因发生了突变，不能产生苯丙氨酸羟化酶而使由苯丙氨酸到酪氨酸这条代谢途径受阻，则患者体内苯丙酮酸过量就会导致脑损伤而智力迟钝和最后随尿排除，这就是苯丙酮尿症。

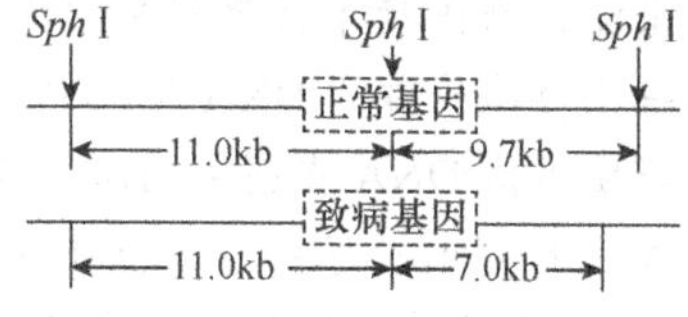

图 13-31　苯丙氨酸羟化酶正常基因和致病基因的剪切点

图 13-31 所示为苯丙氨酸羟化酶的正常基因和致病基因，在限制酶 *Sph* Ⅰ的切割下，与正常基因和致病基因紧密连锁的，除 11.0kb 片段为共有外，非共有的分别为 9.7kb 片段和 7.0kb 片段。所以，9.7kb 和 7.0kb 这两个片段，就成了苯丙氨酸羟化酶正常基因和致病基因的标记片段。

2. 诊断方法　假定一个家系各成员（有的成员患苯丙酮尿症）的外周血 DNA，经限制酶 *Sph* Ⅰ消化后，用编码苯丙氨酸羟化酶的正常基因和致病基因的 cDNA 探针杂交，结果如图 13-32 所示：限制性片段长度 11.0kb 是家系所有成员共有的，对诊断没有帮助；但凡正常个体中都有 9.7kb 片段，而患者却没有。所以，对苯丙酮尿症来说，仅根据后一信息就可判断家系成员的遗传素质：患者（Ⅱ-1）为纯合体 7.0/7.0；其弟（Ⅱ-2）为正常纯合体（9.7/9.7），有关的两个等位基因完全正常；其双亲（Ⅰ-1 和Ⅰ-2）均为杂合体 9.7/7.0。

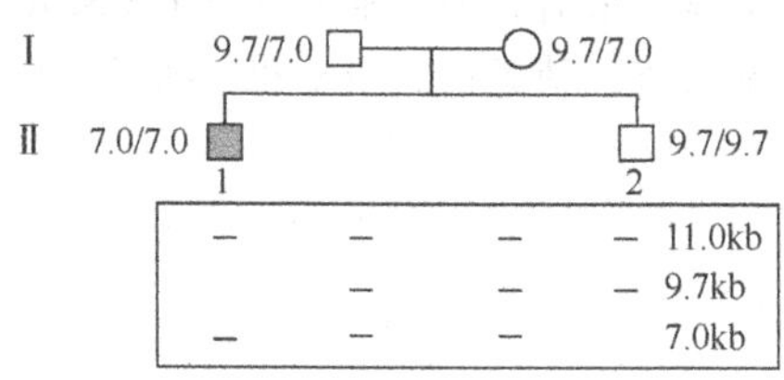

图 13-32　苯丙酮尿症家系（上）和限制性片段长度多态生（RFLP，下）

这对夫妇，若再生孩子应进行产前基因诊断，RFLP 基因型为同型合子（7.0/7.0）的应实施人工流产，基因型为 9.7/9.7 和 9.7/7.0 的都可放心生下。

“水能载舟，亦能覆舟。”重组 DNA 技术给人类带来了福；若运用不当，也会给人类带来祸。例如，在 20 世纪 50 年代，以美国为首发动侵朝战争使用的细菌战，造成了战区传染病的流行。如果利用重组 DNA 技术，把繁殖力和致病力均强的基因移植到细菌或病毒内，就可能重组成繁殖力和致病力均强的细菌或病毒的所谓基因武器，就会给人类带来灾难性后果！

基因武器与其他武器相比，杀伤面积最大。据世界卫生组织测算，一架轰炸机对无防护人群进行袭击，其杀伤面积是：扔一枚 100 万 t 级当量的核武器为 $300km^2$；扔一枚 15t 级神经性化学毒剂为 $600km^2$；扔一枚 10t 级生物战剂为 $100\ 000km^2$！

基因武器不仅杀伤面积最大，还最经济。研究表明，欲造成 $1km^2$ 内有 50% 的人死亡，使用常规武器、核武器、化学武器和生物武器分别花费 2000 美元、800 美元、600 美元和 1 美元。

任何事物都有双重性，重组 DNA 技术也不例外。人类利用重组 DNA 技术有能力创造新生物，也一定有能力使这些新生物向着对人类有利的方向转化而最大限度地满足人类的需要。

本章小结

基因工程中说的重组 DNA 技术一般是指不同物种间的非同源重组，是人工完成的，有别于以前说的自然完成的物种内的同源重组。重组 DNA 技术的出现，为遗传学的理论和应用研究带来了革命性的变化。

关于重组 DNA 技术的操作和原理——第一步是供体和载体 DNA 的分离与切割。从供体基因组中分离特定的 DNA 序列和把环形封闭的载体切割成线形开放的载体（它们一般都具有黏性末端，都依赖于特定类型的限制酶）。第二步是重组 DNA 的构建和引入宿主细胞。这一般是把一个供体物种的 DNA 插入另一物种的载体在体外进行重组，然后把重组载体引入宿主细胞，才能使供体 DNA 在宿主细胞内随载体的复制而复制。载体的基本成分有复制原点、显性标记基因和限制酶识别序列。第三步是建立 DNA 文库，其中包括基因组文库和 cDNA 文库。第四步是从 DNA 文库中筛选出特定的重组 DNA 或克隆，其方法有探针法（如 DNA 探针和蛋白质探针）和功能互补法。

关于重组 DNA 技术的应用——筛选出特定的重组 DNA 或克隆后的应用，一是在分子遗传研究中作为探针以检测和分离特定的生物大分子，用 Southern DNA 印迹杂交可识别分离特定的 DNA 序列，用 Northern RNA 印迹杂交和 Western 蛋白质印迹杂交可检测某基因在特定的组织器官是否转录和表达。二是对 DNA 进行序列测定，如双脱氧测序法和焦磷酸测序法。三是利用 PCR 法检测和扩增未克隆的 DNA 片段，使分子克隆大为简化。四是利用限制图和 RLFP 可更精细地确定基因位置。五是通过反向遗传学法，如利用前核注射法、农杆菌介导转化法和 *CRISPR-Cas9* 靶向编辑等方法可确定基因功能。六是农业上的抗作物病虫害、消灭田间杂草和转基因作物的选育。七是医学上的医药生产、基因治疗、基因诊断和法医判断。

范例分析

1. 限制酶 *Hind*Ⅲ 和 *Hpa*Ⅱ 分别在识别序列 AAGCTT 和 CCGG 切割。每种酶切割双链 DNA 时的平均长度为多少？

2. 在下列双链 DNA：

5′-TAGACGTCGAAGGATCCAAAGGG-3′

3′-ATCT GCAGCTT CCTAGGTTT CCC-5′

假定存在 6 对核苷酸序列的位点可供限制酶识别，试问这一双链 DNA 有多少个这样的识别位点？

3. 如图解所示：一个载体具有一个“多克隆位点”，而与该多克隆位点连接的载体序列用 X 和 Y 表示；一个供体靶序列的两端（用 A 和 B 表示）外侧具有多种限制酶的酶切位点。限制酶 *Sac* Ⅰ、*Bam* HⅠ、*Bgl* Ⅱ和 *Eco*RⅠ都产生黏性末端，而 *Sma* Ⅰ产生平截末端。

1=*Sac*Ⅰ　2=*Bam*HⅠ　3=*Sma*Ⅰ　4=*Eco*RⅠ　5=*Bgl*Ⅱ

X　1 2 3　4 5　Y　　　　5　　3 2　A　　　B 3　　4 1

载体　　　　　　　　　　靶序列（供体）

（1）如果载体和供体靶序列都用限制酶 *Sma* Ⅰ消化，并且一个载体只能与一个靶序列 A-B 片段连接，那么 A-B 片段与多克隆位点连接的取向如何？

（2）如果载体和靶序列连接只能是 X-A-B-Y，那么该用上述哪些限制酶消化载体和供体靶序列？

（3）如果载体和靶序列连接只能是 X-B-A-Y，那么该用上述哪些限制酶消化载体和供体靶序列？

4. 下列对 cDNA 文库的定义是否正确？ cDNA 文库是指：

（1）含有特定组织全部 mRNA 分子的各重组质粒。

（2）含有特定组织同一 DNA 片段的各重组质粒。

（3）其重组质粒要比同一个体基因组文库中的重组质粒多得多。

（4）含有特定组织各 mRNA 的互补（单链）DNA 分子的各重组质粒。

（5）一个生物体特定组织全部 mRNA 信息的双链 cDNA 的克隆。

5. 人类蛋白质现可由细菌（如大肠杆菌）产生，但不能把人类有关基因原封不动地引入细菌内而得到表达。欲使细菌产生人类蛋白质（如生长激素）应如何操作？

6. 假定你在大学系统地学过遗传学并进入一家生物技术公司工作。在公司你接受的第一个任务是克隆猪的催乳素基因。假定这一基因还没有分离出来，但已克隆出小鼠的催乳素基因和已知其催乳素的氨基酸序列。在此基础上，请提出如何发现和克隆猪催乳素基因的两个方案。

7. 如下图解表示人类一常染色体一基因座两等位基因 A_1 和 A_2，其中 A_1 内有一限制酶的酶切位点，有一探针可与两等位基因的相应部位（用小矩形表示）结合：

A_1　3kb　　9kb

酶切位点

A_2　　12kb

有 5 个人的这一常染色体经酶切和 Southern DNA 印迹杂交，得如下电泳图：

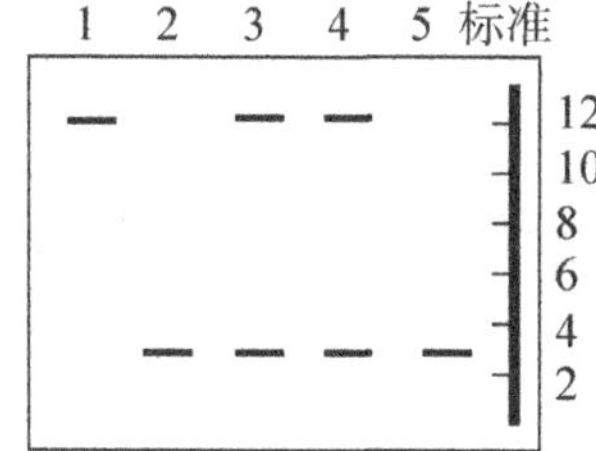

试指出各个体的基因型和表现型。

8. 下列两质粒用限制酶切割，其片段混合并添加 DNA 连接酶：

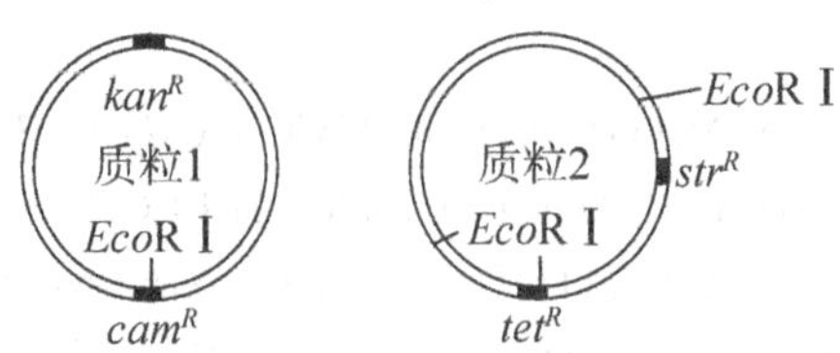

其中 *kan*、*cam*、*tet* 和 *str* 分别代表卡那霉素、氯霉素、四环素和链霉素基因，其上标 *R* 表示有关基因对有关抗生素具有抗性；限制酶 *EcoR* Ⅰ 截取质粒的线段处表示该酶切割质粒的位点。试利用上图限制酶提供的信息，在转化细菌中，请判断下面哪一组［（1）～（5）］对抗生素有关抗性的表现型是不可能实现的：

（1）$kan^R\ cam^S\ tet^S\ str^S$；

（2）$kan^R\ cam^S\ tet^R\ str^R$；

（3）$kan^R\ cam^R\ tet^S\ str^S$；

（4）$kan^S\ cam^S\ tet^R\ str^R$；

（5）$kan^R\ cam^R\ tet^R\ str^R$。

9. 利用桑格发明的双脱氧链末端终止法，测得一 DNA 片段碱基序列的凝胶电泳图如下：

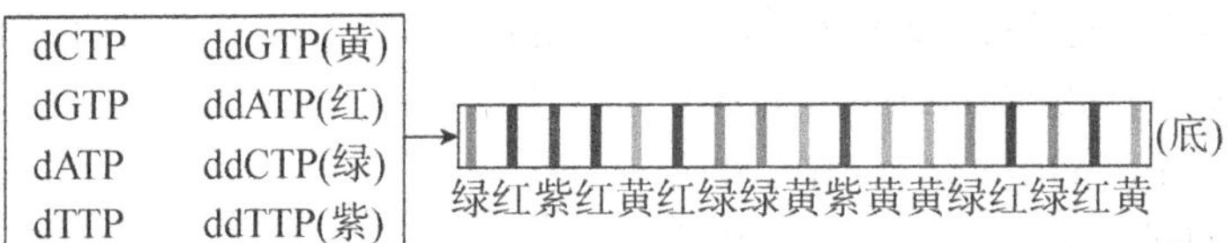

试根据电泳图求出该 DNA 片段的模板链 3′→5′ 的碱基序列。

第十四章　基因组学

某种生物的**基因组**（genome），是指该生物具有的全部遗传信息。以人类基因组为例，应包括两相对独立和相互关联的核基因组与线粒体基因组；但现在说的人类基因组，若无特殊说明，仅指核基因组。由于人是异配性别，其（核）基因组应包含单倍体卵子（1～22 号常染色体+X 染色体）和单倍体精子中 Y 染色体的全部遗传信息，即这 24 条染色体的全部遗传信息。这是因为 X 和 Y 染色体只有很少部分同源，而不像任两常同源染色体那样完全同源，所以人类基因组除单倍体卵子中的染色体外，还要加上 Y 染色体。对于同配性别，如玉米基因组是指单倍体中的全部遗传信息。当然，若涉及某类生物线粒体的全部遗传信息，就称其为该生物的**线粒体基因组**（mitochondrial genome）；若涉及植物某类生物的叶绿体的全部遗传信息，就称其为该生物的**叶绿体基因组**（chloroplast genome）。原核生物中的基因组，如大肠杆菌包括其主染色体 DNA 和质粒 DNA。对于真核生物病毒和原核生物病毒（噬菌体）的基因组：若为 DNA 病毒，则为 DNA 基因组；若为 RNA 病毒，则为 RNA 基因组。

基因组学（genomics）是研究各物种基因组（而不是个别基因）的所有遗传信息。因此，其任务是研究各物种基因组的结构和功能以及各物种间基因组的进化关系，其是重组 DNA 技术兴起后发展起来的一个遗传学分支学科。基因组学的研究涉及如下三大领域：**结构基因组学**（structural genomics），确定基因组中遗传信息的含量和排序，即基因组学中遗传信息的“总词汇”部分；**功能基因组学**（functional genomics），是在结构基因组学之后，确定基因组中遗传信息的功能，即基因组学中的遗传信息在个体发育过程中如何表达的“总程序”部分；**比较基因组学**（comparative genomics），是在结构基因组学和功能基因组学后，比较不同物种基因组在遗传信息含量、排序和功能方面的异同，说明不同物种间基因组的进化关系，即基因组学中的遗传信息在不同物种间是如何进化的“总系谱”部分。

第一节　结构基因组学

要确定基因在基因组中的位置，需要不同类型或尺度的遗传图和物理图。

一、遗传图

用（基因）重组百分数表示两基因间相对距离的**遗传图**（genetic map）或**连锁图**（linkage map），为我们提供了各基因在染色体上的大致位置。

在分子技术出现以前，通过上述方法作遗传图，其突变基因一定要具有（一般用肉眼或显微镜）可易观测到的表现型，而且这一表现型还是受单个基因座的差异控制的。满足这些条件的基因座或基因毕竟很少，所以如此构建的遗传图不够详细。在分子技术出现以后，分子水平上的多态性，如前面讨论的 RFLP，后面要讨论的小卫星 DNA、微卫星 DNA 和单核苷酸多态性（SNP）作为遗传标记的应用，可有更多的识别位点或标记可供利用，因此可构建一些更为精细的遗传图。

在结构基因组学中，遗传图很重要，是基因组物理作图和序列分析的基础——有了一个物种的遗传图就构筑了该物种基因组结构的框架，因为遗传图中两基因间重组率的大小基本反映了这两基因间物理距离的远近。

但是，遗传图也有固有缺点（图 14-1）。一是分辨率不高。例如，人类基因组约有 30 亿对 DNA 碱基，总遗传距离约有 4000 个图距，即每图距平均有 75 万对碱基。纵使每一图距内可有一个遗传标记（实际达不到），对于 DNA 物理结构的分辨率来说仍然是很低的，还有很多结构信息不能反映出来。

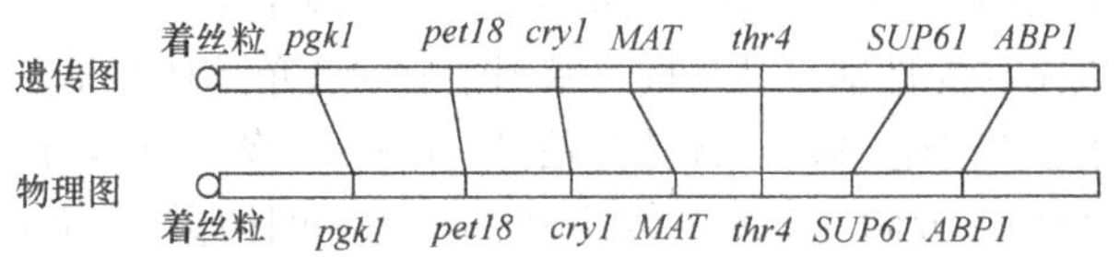

图 14-1　酵母染色体Ⅲ长臂的物理图和遗传图的比较

二是两基因间的遗传距离并非总能正确反映两连锁基因座间的物理距离。构建遗传图的依据是两基因座间非姐妹染色单体的互换率，而互换率的大小在染色体的不同部分稍有不同，所以遗传图上两基因座间的距离只是相应实际物理距离的近似值。

二、物理图

用碱基对（bp）表示一个 DNA 分子两基因间距离的**物理图**（physical map）是基于对 DNA 的直接分析构建的。前面讲的缺失图、限制图和用双脱氧链末端终止法或焦磷酸测序法测定得到的 DNA 序列图都是物理图。与遗传图相比，物理图有高的分辨率，比遗传图更精确。遗传图和物理图的关系相当于略图和精图的关系。

结构基因组学的终极目标是确定生物整个基因组的 DNA 序列。目前还不可能对染色体中一完整 DNA 分子从一端到另一端连续地进行序列分析，一次只能对一小 DNA 片段进行测序。所以，要确定整个基因组序列，目前须经如下步骤方能完成：首先，需要把一完整的 DNA 分子切割一些小片段；然后，按前述方法构建基因组文库，并对文库中的各重组 DNA 克隆片段分别进行遗传作图或物理作图；最后，把各小序列以正确的顺序组装成原来完整的 DNA 分子。

对人类基因组而言，要知 24 条染色体中的 24 条 DNA 分子这一基因组的序列，必须依次经过如下步骤：①对每一 DNA 分子用限制酶进行切割成不同片段、装入不同的载体和进入不同的宿主（如细菌）以克隆不同的片段；②对每一 DNA 分子各克隆片段进行遗传或物理作图以确定各克隆片段的 DNA 序列；③把这一 DNA 分子各克隆片段的 DNA 序列整合成原来一完整的 DNA 序列。也就是说，确定一个物种基因组的 DNA 序列是一个从分析（化整为零）到综合（化零为整）的过程。

如何正确拆分和组装成原来完整的 DNA 分子，有下述的三种方法。

（一）基于作图的测序法

基于作图的测序法（map-based sequencing），是借助基因组各 DNA 片段的遗传图和物理图完成的基因组序列分析。该方法主要步骤如下。

首先，如果基因组分散在多条染色体上，分离染色体。例如，可用流式细胞仪按染色体（DNA）大小进行分离（图 14-2）：击破处于有丝分裂中的细胞以释放出染色体；用荧光染料在漏斗状容器内对染色体染色；各“染色体滴”（1滴1条染色体）流出容器经过激光器时，发出的荧光强度与染色体大小成正比，经荧光检测器可对染色体按大小进行分类分离。

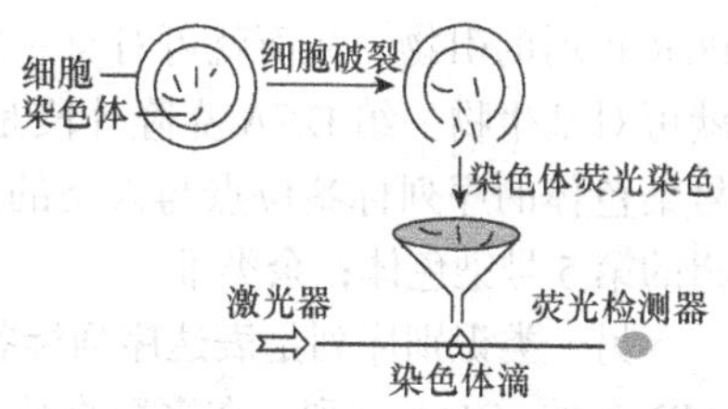

图 14-2 流式细胞仪分离染色体的原理

其次，按第十三章所述方法，依次对每一染色体经限制酶切割等步骤构建重组DNA克隆片段、对每一重组DNA克隆片段进行遗传作图（如细菌重组作图）和（或）物理作图，使得每一染色体的各克隆片段都有遗传图和（或）物理图。

最后，对每一染色体的各克隆片段（如存在于转化细菌中）以正确顺序组装成原来的DNA分子。这可通过若干方式完成，这里介绍的一种方式要依靠有高密度遗传标记的遗传图和（或）物理图。在这一方式中，对某一染色体各DNA克隆片段的每一遗传标记制备探针（即与遗传标记互补的单链DNA）——显然，它必能与具有这一标记的任何克隆片段杂交。由于这些克隆片段要比单一标记的探针大得多（因用限制酶切割DNA时为不完全切割），因此某些克隆片段不止一个遗传标记（当然有些也可能只有一个遗传标记）。如图14-3所示，根据遗传图和（或）物理图，某染色体的克隆A有遗传标记M1和M2，克隆B有M2、M3和M4，克隆C有M4和M5，克隆D有M5。这些具有重叠遗传标记的各片段称为**叠连片段**（contiguous fragment）。于是，根据杂交结果就可知道各克隆片段的重叠区，把重叠区重合而将各克隆序列的叠连片段连接起来的长克隆片段称为**叠连群**（contig）。把一DNA分子（染色体）所有的克隆片段连成一个叠连群时，就完成了该染色体DNA分子的测序。

克隆A M1 M2　M4 M5 克隆C
克隆B M2 M3 M4
M5 克隆D
叠连群 M1 M2 M3 M4 M5

图 14-3 基于作图的测序法

根据一条染色体上各DNA片段的重叠区构成的一个叠连群就称为该染色体的**染色体文库**（chromosome library），如人类染色体1文库。对其他染色体各DNA克隆片段都可作同样的分析，从而完成了整个基因组的序列分析。显然，人类基因组文库是由其24个染色体文库组成的。

（二）全基因组鸟枪测序法

全基因组鸟枪测序法（whole-genome shotgun sequencing）并不依靠遗传图和物理图，而是利用重组DNA技术中所述方法（图14-4），把一完整的DNA分子切割成具有重叠部分的诸片段，并把各片段通过载体分别引入各细菌中进行克隆；对每一克隆片段进行测序和用电脑程序搜出各片段的重叠部分；对重叠部分进行“叠连”（连接）以还原成一完整DNA分子的**叠连图**（contig map）。

由于该方法简单高效，因此当今几乎都是用该方法进行基因组测序。

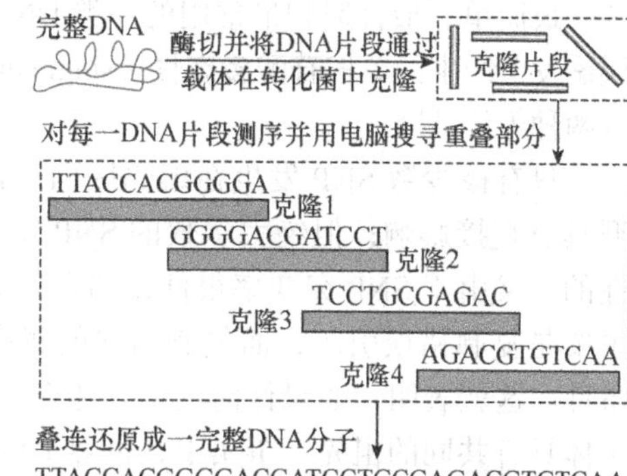

图 14-4 全基因组鸟枪测序法的叠连图

（三）序列标签位点法和表达序列标签法

某生物一特定的**序列标签位点**（sequence-tagged site，STS）是该生物基因组中一特定染色体上的一小段（200～500bp）特定的DNA序列，即该生物基因组中某一特定的序列标签位点都是在某一特定染色体上。若研究者对某生物每一特定染色体的特定“序列标签位点”都制备了进行

PCR 扩增的引物，从而就可对每一序列标签位点进行扩增。一特定的“序列标签位点”扩增后，就可对某生物一组 DNA 克隆片段是否存在这一特定的“序列标签位点”进行检测：若人类第 5 号染色体的序列标签位点与人类的某一 DNA 分子结合了，则可知这一 DNA 分子来自人类基因组的第 5 号染色体；余类推。

另一类识别序列是**表达序列标签**（expressed sequence tag，EST）——这些标签对应于转录成 mRNA 的 cDNA 序列。在多数真核生物，编码多肽的 DNA 只是少数，如人类只有 1.5% 的 DNA 编码多肽。如果我们研究的只是编码多肽的基因，简便的方法就只检测 mRNA 的 cDNA 序列而非整个的 DNA 基因组。方法是通过对某类细胞的一组 mRNA 进行分离、反转录而产生与该组 mRNA 相对应的一组 cDNA。然后，在扩增仪中加入某特定基因的引物，若这一特定基因得到了扩增，则说明这一特定基因在某类细胞得到了表达；若没得到扩增，则说明这一特定基因在某类细胞未得到表达。如此就获得了这类细胞的一特定染色体在一特定组织的一特定发育阶段编码多肽基因的表达情况。

三、基因组 DNA 多态性的类型和鉴别

在 DNA 水平上，表现型相同的两个体，基因型很可能不同，如基因编码区可直接“看到”的同义突变和非编码区的突变（后者包括基因内的内含子突变和其他非编码区的突变位置，都可看作构成新等位基因的基因座）都不能改变个体的表现型。因此，在 DNA 水平上，无论是基因座的类型数还是基因座内的等位基因类型数，都要比经典遗传学中所期望的多很多。

在 DNA 水平上，基因座内有两种或多于两种可识别的核苷酸序列（或等位基因）称为 **DNA 多态性**（DNA polymorphism），这样的基因座就称为 DNA 多态基因座。DNA 多态基因座在染色体上的位置已知时，就成了 **DNA 标记**（DNA marker）；它犹如一个路标，指出了它在基因组中特定染色体上的特定位置。

在多细胞真核生物基因组中，普遍存在如下两类 DNA 多态性。

（一）单核苷酸多态性及其基因型鉴别法

最简单、最普遍和最常用的一类 DNA 多态性，是由一对核苷酸替换（可由突变剂和复制错误诱发）产生的**单核苷酸多态性**（single nucleotide polymorphism，SNP）。几乎所有的 SNP 都只具有两种等位基因。

只有极少数 SNP 发生在编码区内，这些 SNP 有的可改变基因产物的氨基酸序列和对表现型具有直接影响；但绝大多数的 SNP 发生在无名基因座内，这些 SNP 突变在选择上基本是中性的。又由于 SNP 突变率很低，如在人类基因组中这一突变率每代可低至 1×10^{-9}（SNP 突变主要是复制错误引起，而复制错误的概率极低），因此每一无名基因座内的突变代表的是单一事件。这就表明，如果任何两个个体在一个无名 SNP 基因座内有一相同的等位基因，则这两个个体具有共同的祖先。事实上，世界上的人，任两随机个体具有相同 SNP 等位基因的概率约占 99.9%，这就决定了我们同属于一个物种——智人而区别于其他物种；人类任两随机个体中，剩下的具有不相同 SNP 等位基因的那 0.1% 的差异尽管很小，但由于其基因组约有 30 亿 bp，就有约 300 万 bp 的差异而足以引起任何两人在有关性状（如身高、健康状况，甚至智力和个性）的差异。

这里介绍鉴别 SNP 基因型的两种方法。

1. Southern DNA 印迹分析　**Southern DNA 印迹分析**（Southern DNA blot analysis）的基

本步骤是［图 14-5（a）］：对试样［同源染色体（1）和（2）］的 DNA 用限制酶，如 *Eco*R Ⅰ 处理；用凝胶电泳分离限制性片段后，转移到吸收膜上；吸收膜上得到的印迹与 DNA 探针（由多态限制位点和邻近的非多态限制位点间的 DNA 区制得）杂交。杂交时，如果在试样 DNA 的两同源染色体中，其中一条的一限制性酶切位点（如 *Eco*R Ⅰ 酶切位点）的一对碱基发生了变化，如由 **AT**［图 14-5（a）（1）］变化至 **GC**［图 14-5（a）（2）］，即由等位基因 *A* 变化至等位基因 *a*，用有关酶（如 *Eco*R Ⅰ）切割的 DNA 片段大小就有所不同（这里含 *A* 片段短于含 *a* 片段），从而就可直接鉴别 SNP 基因座内的等位基因差异或个体的基因型差异。这与我们前述的用 RFLP 检测基因组中基因座内的等位基因差异或个体的基因型差异的原理相同；但在基因组中，SNP（单核苷酸多态性）要比 RFLP（限制性片段长度多态性）多得多，所以在遗传作图和基因诊断方面，SNP 比 RFLP 更为有效。

图 14-5（b）表示的是，由图 14-5（a）单核苷酸多态基因座 *A-a* 所构成的 3 种基因型，用 Southern DNA 印迹分析的识别方法：由于等位基因 *A* 片段短于等位基因 *a* 片段，电泳凝胶泳道中只有 3kb 带或 5kb 带的分别为基因型 *AA* 或 *aa*，而泳道中同时有 3kb 带和 5kb 带的基因型为 *Aa*。

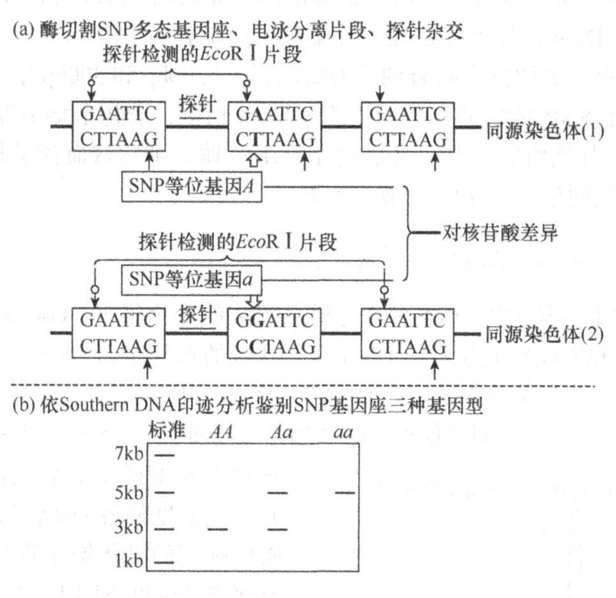

图 14-5　Southern DNA 印迹分析法直接鉴别 SNP 基因型

无名基因座 SNP 对个体表现型虽无影响，但如果它与患病基因或其他影响个体表现型的基因紧密连锁，则可用它作为标记而鉴别有关基因的遗传。

2. PCR 分析　一旦知道限制性多态位点两侧的 DNA 序列，用 **PCR 分析**（PCR analysis）直接鉴别 SNP 基因座内的等位基因差异或个体的基因型差异，要比 Southern DNA 印迹分析法用料少、便宜和快速。现用一实例说明这一鉴别方法。

镰状细胞贫血是常染色体隐性遗传病（假定正常和镰状细胞贫血等位基因分别为 *A* 和 *a*），是 DNA 分子中一对碱基 **AT** 被 **TA** 替换，从而相应编码的谷氨酸被缬氨酸替换［图 14-6（a）］。由于由野生型基因突变成突变基因时，恰好破坏了限制酶 *Mst* Ⅱ 的识别位点，因此用 PCR 扩增个体 DNA 和用限制酶 *Mst* Ⅱ 切割 DNA 可鉴别正常基因 *A* 和突变基因 *a*。

一对表现型正常的夫妇，生了一个患镰状细胞贫血的孩子（推知这对夫妇的基因型都为 *Aa*，孩子基因型为 *aa*）后又受孕了。这对夫妇询问医生，现在孕育中的胎儿［图 14-6（b）的Ⅱ，？］

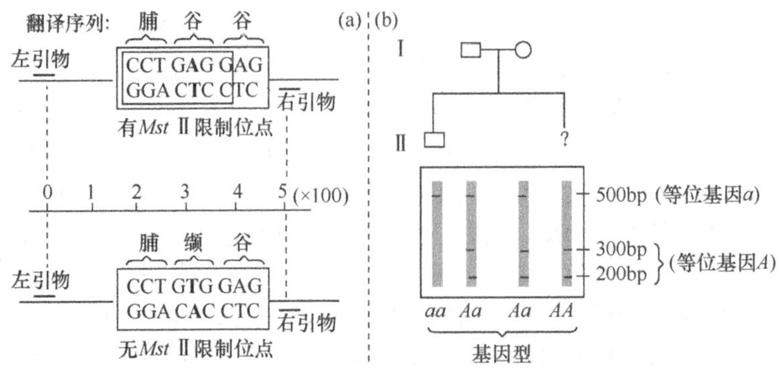

图 14-6 PCR 分析法快速鉴别镰状细胞贫血（SNP 基因型）

是什么基因型。医生进行了如下操作：通过羊水诊断从孕妇子宫中取得胎儿细胞，也从双亲和其镰状细胞贫血孩子取得细胞；把这些个体 DNA 连同引物（与镰状细胞贫血基因两侧互补）分别放入 PCR 仪中进行 DNA 扩增；扩增后把限制酶 *Mst* Ⅱ放入 PCR 产物中以切割 DNA；切割产物通过凝胶电泳分离 DNA 片段和用溴化乙锭染色。结果表明［图 14-6（b）］：等位基因 *A* 中由于有一 *Mst* Ⅱ限制位点，其切割产物有两个 DNA 片段（200bp 和 300bp）；等位基因 *a* 中，由于 *Mst* Ⅱ限制位点发生了 SNP 突变而不能被限制酶 *Mst* Ⅱ切割，产物是整个等位基因的 DNA 片段（500bp）。从结果知：如期所料，双亲是杂型合子 *Aa*，镰状细胞贫血孩子是同型合子 *aa*；很幸运，胎儿（Ⅱ，？）是同型合子 *AA*，可放心生下。

（二）卫星 DNA 多态性及其基因型鉴别法

在原核生物，如细菌基因组 DNA 各部分碱基组成的变化很小，G-C 和 A-T 大致各占 50%。但在真核生物，集中在着丝粒和端粒的 DNA 有一些短的重复序列 DNA——**卫星 DNA**（satellite DNA），与基因组大部分的 DNA（主序列 DNA）的组成有所不同：主序列 G-C 和 A-T 大致各占 50%；卫星 DNA 重复序列 G-C 明显偏离 50%（当然 A-T 亦然）。所以，将基因组切割成片段后，在具有密度梯度的氯化铯介质中离心时，具有一定密度的各 DNA 片段，就会停留在相应密度梯度的氯化铯介质中。由于卫星 DNA 重复序列的密度不同于主序列密度，就会在主序列带的左侧（卫星 DNA 重复序列密度低或其 C-G 含量比例小于 50% 时）或右侧形成一个峰值带（图 14-7）——**卫星带**（**satellite band**，即副序列形成的带，意为主序列带的附属带）。真核生物的结构基因一般由一个不重复的主序列构成。

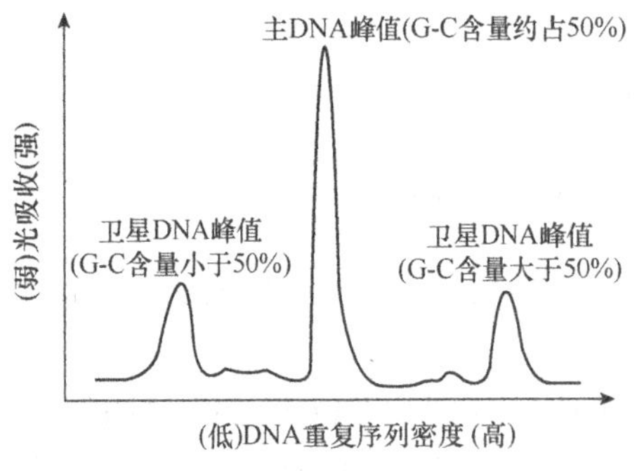

图 14-7 主 DNA 和卫星 DNA 的 CsCl 密度梯度离心

依“碱基重复单位”中碱基数的不同，卫星 DNA 可分为小卫星 DNA 和微卫星 DNA。

1. 小卫星 DNA **小卫星 DNA**（minisatellite DNA）是由同一碱基重复单位组成的 DNA 序列，其碱基重复单位的长度为 20～30 个碱基（单链），而在一个基因座内每一单位的重复数少于下述的微卫星 DNA。

（1）小卫星 DNA 的产生 小卫星 DNA 是随机产生的，是有关两同源染色体的小卫星 DNA 基因座没有按原样对齐而错排，在减数分裂时的不等互换产生的两同源染色体，要比亲本染色体分别多出或少出一到数个重复单位。因此，如图 14-8 所示，不仅所产生的新等位基因（等位基因 A_2 和等位基因 A_3）彼此不同，与亲本的等位基因（等位基因 A_1）也不同。

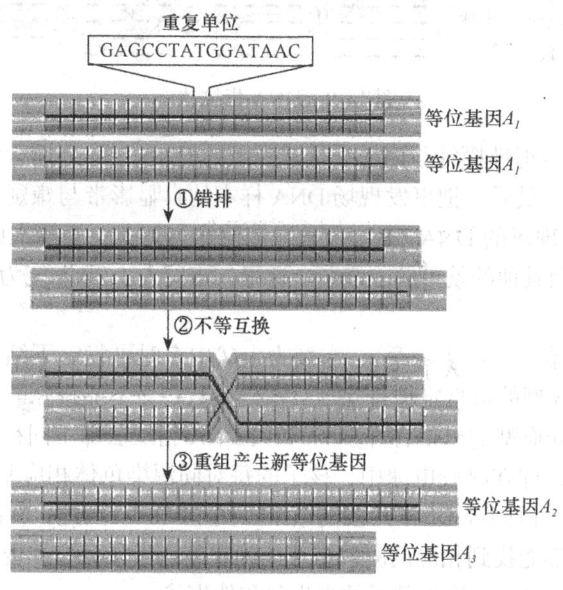

图 14-8 小卫星 DNA 的多态性

小卫星 DNA 的特点是：①具有特定小卫星 DNA 序列的基因座（集中在染色体的端粒和着丝粒内）不超过 24 个，检测这些基因座的遗传变异可代表整个基因组的遗传变异；②具有高度的遗传多态性，即一个基因座内具有多种复等位基因，足以使非同卵双生的两个体具有相同 DNA 基因型的概率很小，实际认为可等于 0；③具有稳定的遗传一致性，即一方面遗传服从孟德尔式遗传规律（选择位于不同的染色体上的基因座），另一方面同一个体不同体细胞（血液、毛发和精液等）具有相同的基因型。小卫星 DNA 基因型在不同的个体（同卵双生例外）几乎具有独一无二性，犹如不同个体的指纹具有独一无二性一样，所以鉴定个体小卫星 DNA 基因型的方法就称为 DNA 指纹法。

（2）DNA 指纹法　小卫星 DNA 多态性，是通过有关基因座 DNA 序列长度的变异鉴定的：为鉴定某特定个体某小卫星特定基因座的多态性，用与该基因座两侧翼互补的一对引物，对该基因座 DNA 通过 PCR 方法进行扩增；把 PCR 产物进行电泳以分离该基因座内大小不同的 DNA 片段；用溴化乙锭对这些片段染色后，该基因座特定的等位基因就会出现在凝胶的特定位置上，如此即可鉴定个体特定的等位基因，从而可鉴定特定个体的基因型。以图 14-8 小卫星 DNA 的多态性为例，设在该基因座两个个体的 PCR 的凝胶产物中，个体 1 最远离电泳槽出现 1 条带和个体 2 在最近和最远离电泳槽各出现 1 条带，则可推知个体 1 和 2 的基因型分别为 A_3A_3 和 A_2A_3；若还有个体 3 离电泳槽出现 1 条带，位于 A_3A_3 带的上方，则可推知个体 3 的基因型为 A_1A_1。

DNA 指纹法可成为法医判断的一有力工具。图 14-9 所示为从“事发现场”取得的血液、精液、毛发或身体其他组织的 DNA 样本。如果样本过小，用 PCR 技术进行扩增以满足分析时对 DNA 的需要。其他的 DNA 样本来自一个或多个嫌疑人。

每一 DNA 样本用相同的一种或多种限制酶切割，产生的 DNA 片段用凝胶电泳分离（图 14-9 中 A、B、C、D 分别是嫌疑人 1、现场证据、被害者、嫌疑人 2 的样本）。凝胶上分离的各 DNA 变性（DNA 互补双链的分离）后，通过 Southern DNA 印迹杂交转移到硝酸纤维素膜上

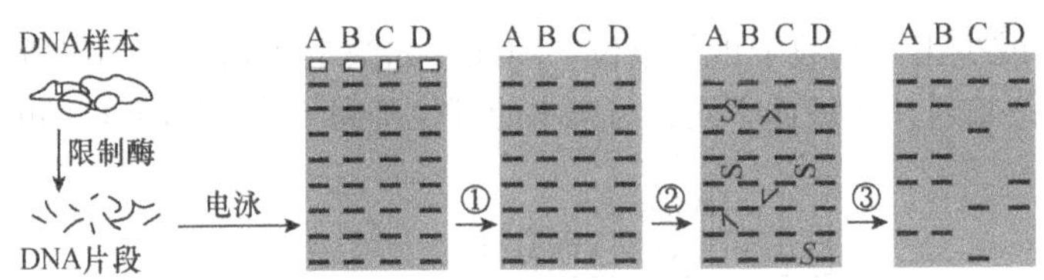

图 14-9 DNA 指纹法

（图 14-9 ①）。然后，用放射性探针与硝酸纤维素膜上的 DNA 杂交，以检测是否有与探针互补的 DNA 片段（图 14-9 ②）。最后，把事发现场 DNA 样本的自显影带与嫌疑人的自显影带逐一比较（图 14-9 ③）。如果事发现场的 DNA（B）自显影带模式与其中一嫌疑人的完全相同，就成了该嫌疑人为罪犯的证据，而其他的就可解除嫌疑。这里，嫌疑人 1（A）定为罪犯，而嫌疑人 2（D）可解除嫌疑。

利用血型进行亲子鉴定（第十六章），在疑为生父中有时可肯定下结论的（如母和子都为 O 型血，但疑为生父为 AB 型的可肯定地排除）只占极少数；对不能排除的生父中，也难以给出肯定的答案（因为具有相同血型的男子有许多）。利用 DNA 指纹法却不同，孩子每对同源染色体各接受了父、母中的一条，即在凝胶电泳中，孩子的每对同源染色体相应基因座中的 DNA 带应是由父、母双方各提供了一段同源 DNA 片段的结果（图 14-10）。因此，在凝胶电泳中，只有疑为生父的凝胶带在孩子中都能找到相应的凝胶带才能确定其真生父身份，否则为伪生父。显然，疑为生父（2）和疑为生父（1）分别为孩子的真生父和伪生父。

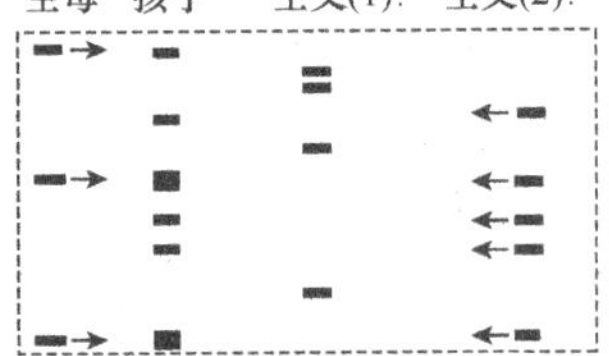

图 14-10 DNA 指纹法的生父识别（Snustat and Simmons，2012）

当然，在中央电视台“等着我”节目的“打拐”活动中，父母寻找亲生孩子或孩子寻找亲生父母，若孩子的每一凝胶带，都可分别或同时在寻找父、母的凝胶带找到，则这父、母就是这孩子的亲生父、母，如图 14-10 中的生父（2）和生母为孩子的亲生父、母。

利用 Y 染色体 DNA 的指纹法还可追踪男性系谱的祖先。Y 染色体 DNA 的遗传标记，与 Y 连锁性状（如毛耳）一样，是从父亲传给儿子而继代相传的，因此可用来研究男性系谱关系。

2. 微卫星 DNA

（1）微卫星 DNA 的产生　在碱基重复单位中，含有 1 个碱基重复（如 AAA…）、2 个碱基重复（如 CACA…）或 3 个碱基重复（如 GTCGTC…）的，且由数以百计的重复单位串联形成的 DNA 序列称为**微卫星 DNA**（microsatellite DNA），又称**短串联重复**（short tandem repeat，STR）或**简单序列重复**（simple sequence repeat，SSR）。

微卫星 DNA 的发生是一自发的随机事件。开始时随机产生具有 4 个或 5 个重复单位的短序列；但是这一短序列一旦产生，由于复制错误可产生许多重复单位数不同的微卫星 DNA，即微卫星 DNA 具有高度多态性。其产生过程如图 14-11 所

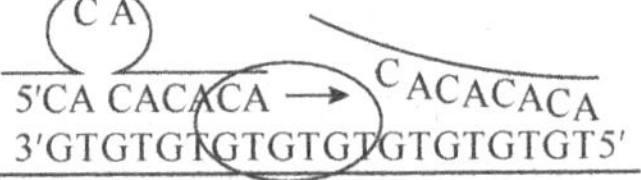

图 14-11 微卫星 DNA 的多态性

示：①是具有重复单位 CA 的由 10 个串联重复组成的微卫星 DNA。②复制期间，DNA 分子的两条链分离，DNA 聚合酶沿每条新链的 5′→3′（即模板链的 3′→5′）方向移动。③复制期间，如果所需碱基偶尔不能到达聚合酶附近，则复制暂停，暂停时新链 3′ 端可部分与模板链分离（“解拉链”），所需碱基到达聚合酶附近时，新链重新退火与模板链结合而继续复制。④新链重新退火后，可能未按原样对齐，使得复制完成的新链比模板链多出 1 个或多个重复单位。⑤ DNA 修复机制（第十二章）使模板链与新链具有相同的序列长度而成为新等位基因。

与 SNP 基因座（每个基因座只能有两种等位基因）不一样，微卫星 DNA 的每个基因座都可有复等位基因。研究表明，微卫星 DNA 突变主要源于上述的 DNA 复制错误。由于同一重复单位（如上述的 CA）可不断重复，因此同一微卫星 DNA 基因座每经一次重复就可产生一种等位基因，即具有同一重复单位的微卫星 DNA 基因座，可具有许多种等位基因或具有高度多态性。

（2）遗传病的诊断　**遗传性舞蹈病**（genetic chorea）或**亨廷顿舞蹈症**（Huntington chorea，以该病发现者 George Huntington 命名）是微卫星 DNA 重复过多引起的。前面说过，在人类系谱分析中，可把遗传性舞蹈病（显性）基因定位在常染色体上，但不能定位在特定的常染色体上。在 20 世纪 80 年代，有人发现，染色体 4 短臂上 DNA 的一个标记（称为 G8 的 RFLP 标记）与引起该病的显性基因紧密连锁，从而把该基因定位在染色体 4 的短臂上。

这一结论是在对一个大家系的系谱进行深入分析的基础上得出的（图 14-12）。由系谱可知：凡正常者与患者（一般为杂型合子，因该病罕见）结婚，总的来说，其子代男性和女性患病的可能性基本相同，说明该病为常染色体遗传；系谱中 102 个成员都有 G8 标记，但有的患病，有的不患病，说明 G8 标记不是患病基因；在患病的 46 个成员中，仅其中 1 个（Ⅳ-1）没有 G8 标记，说明 G8 标记与患病基因紧密连锁。由于 G8 标记在染色体 4 的短臂上，因此遗传性舞蹈病（显性）基因就可定位在靠近 G8 标记的染色体 4 的短臂上。

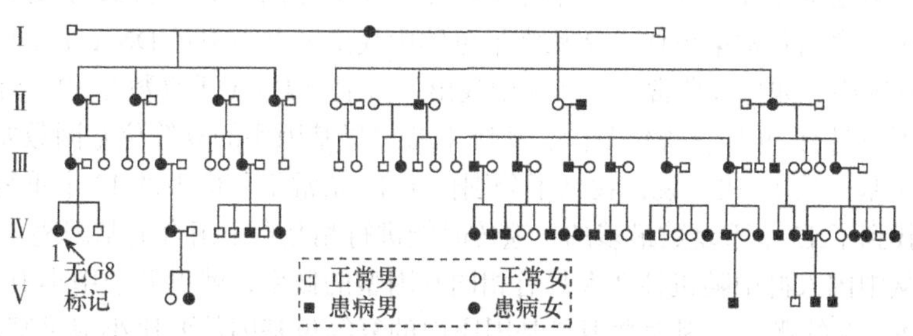

图 14-12　遗传性舞蹈病的一个系谱（Bazzett，2008）

在 1993 年克隆出遗传性舞蹈病显性基因 *HD* 后，才知道该病的发生是由于其野生型（隐性）等位基因的编码序列插入了过多的编码谷氨酰胺的三联体“GTC”（在 mRNA 为“CAG”）重复。野生型等位基因的微卫星 DNA 有 20～30 个 GTC 重复单位，而引起该病的各突变型等位基因有 50 或更多个 GTC 重复单位（图 14-13）。因为三联体重复单位包括三个碱基，所以不管这样的重复数有多少，都不会改变转录的阅读框，即正常人与亨廷顿舞蹈症患者，脑中普遍存在由这一基因座编码的一种蛋白质，只是前者比后者少了一些谷氨酰胺的重复数。一般来说，重复单位数越多，发病越早（一般发病年龄为 30～50 岁）。

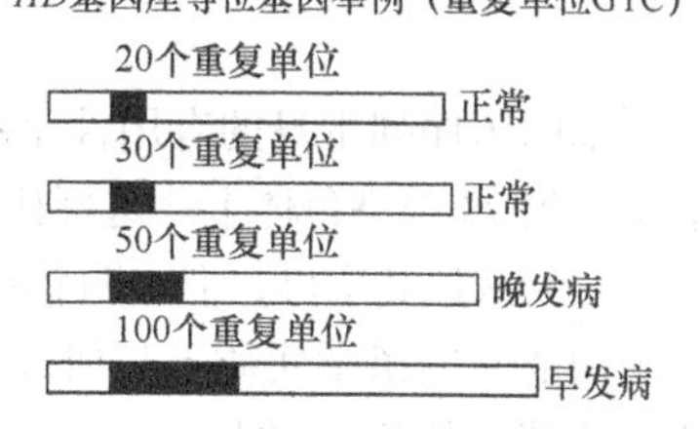

图 14-13　微卫星 DNA 三联体重复引发遗传性舞蹈病

由于该病现尚无有效的治疗方法和其患病是在成年后发生，因此对有患该病先例的家庭（在 30 岁以前表现型正常即

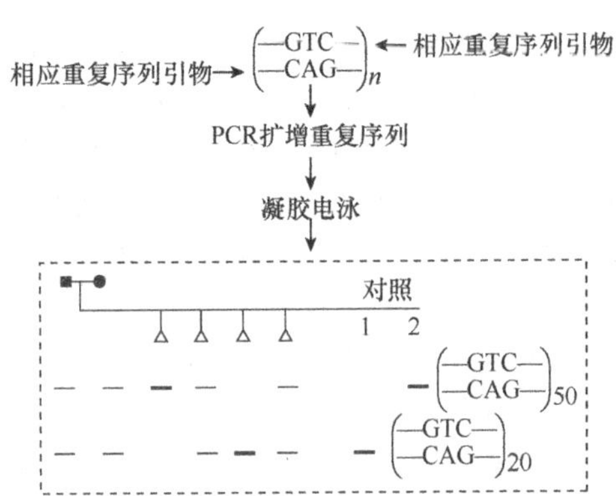

图 14-14 遗传性舞蹈病的孕期检查

未患该病）的夫妻，在孕期应做胎儿细胞的检查。基本方法是（图 14-14，图中的△表示胎儿不分性别）：人工合成双链（GTC//CAG）$_n$重复序列、取得双亲细胞和在孕期通过穿刺术取得胎儿细胞，合成（GTC//CAG）$_n$两端的寡核苷酸引物，都通过 PCR 扩增双亲和胎儿有关双链（GTC//CAG）$_n$重复序列；扩增的双链（GTC//CAG）$_n$重复序列，通过聚丙烯酰胺凝胶电泳可判断双亲和胎儿的 GTC 重复数。

试验结果是：双亲都为杂型合子，以后会患该病；在 4 次受孕中，只有第 3 个孩子为正常，其余 3 个都应终止妊娠。

在这里，无论是两亲本还是各子代基因组中，一般都会存在不同的重复序列，如除（GTC//CAG）$_n$外，还有（CA）$_n$和（CGG）$_n$等重复序列。要从中检测出一特定的重复序列，如该例的（GTC//CAG）$_n$，就只能把合成（GTC//CAG）$_n$两端的寡核苷酸引物（为 DNA）分别放入父、母、胎儿 DNA 的 PCR 仪中仅扩增这三者的（GTC//CAG）重复序列。

许多神经性疾病也是由微卫星 DNA 三联体过多重复引起的，如脆性 X 综合征是 X 染色体长臂（Xq27.3）的智力缺陷基因 1（fragile X mental retardation1，*FMR1*）由于三联体 CGG 过多重复引起的，野生型基因常有 50～200 个重复。

（3）指纹分析　最后需要指出的是，当初之所以未用微卫星 DNA（在基因组中为随机分布，而不是像小卫星那样位于端粒和着丝粒内）进行指纹分析，是因为其基因座数量在基因组中可数以千计而难以分析（在人类基因组中，小卫星基因座数量为 24）。

但是，这一问题实际可通过适当抽样得以解决。以我们中国人群为例，其方法是：①按前述方法从体细胞中分离出各常染色体；②从常染色体中找出人群微卫星 DNA 重复单位数变异最大的一些非连锁基因座，如从人群常染色体 4 中找出一微卫星 DNA 重复数在 12～51 变化的一个基因座（即该基因座具有 39 种复等位基因，实际上微卫星基因座的复等位基因数要远多于小卫星基因座的复等位基因数）。比方说，找到了分别位于 13 条常染色体上的 13 个重复数最多的微卫星基因座，即找到了 13 个重复数最多的、遗传时能进行相互自由组合的基因座。在这样的 DNA 指纹分析中，从中国人群中随机抽 2 人具有相同基因型的概率，就更低于用小卫星 DNA 随机抽 2 人具有相同基因型的概率（因为微卫星基因座内的复等位基因数要比小卫星基因内的多很多，第十九章），即利用微卫星 DNA 指纹分析的可信度要比利用小卫星的可信度更高。

因此，在 DNA 指纹分析中，最初用的是小卫星 DNA，现在多用微卫星 DNA。

第二节　功能基因组学

基因组序列本身的有用性是有限的。就人类基因组序列来说，现在我们已把约 30 亿对核苷酸落实到 24 条染色体上。这好比由 4 个字母（A、T、G、C）写成的、无标点符号的一部巨型天书——只认识其字母，但不明其意义。

功能基因组学实质上是研究基因组序列的含义，即鉴定基因以及弄清基因的组织结构和功能。功能基因组学的目标包括：鉴定由基因组转录的全部 RNA（如 mRNA、rRNA、tRNA 等）分子，即鉴定**转录组**（transcriptome），而鉴定转录组的学科称为**转录组学**（transcriptomics）；鉴定由转录组编码的全部蛋白质分子，即鉴定**蛋白质组**（proteome），而鉴定蛋白质组的学科称为**蛋白质组学**（proteomics）。显然，基因组、转录组和蛋白质组具有依次的决定关系。

在第十三章我们讨论了鉴定基因及其功能的几种方法，如DNA印迹杂交、RNA印迹杂交、蛋白质印迹杂交和转基因生物法等。这些方法对研究各单个基因的定位和功能很有价值。这里要讨论的，主要是依靠一些已知序列和已知功能的基因更为高效地预测另一些基因功能的方法，或者主要是依靠一些已知序列和已知功能的基因同时预测多个基因功能的方法。

一、根据DNA序列预测基因功能

研究基因功能，传统上是利用生物化学方法，首先根据一基因的核苷酸序列推测其编码的蛋白质，然后研究这一蛋白质（人工合成或从生物体中提取）的功能而确定基因的功能。但是，这种研究基因功能的方法既费时又费财。功能基因组学的一个主要目标是建立一些计算机分析方法，只要根据DNA的序列就可预测基因的功能，这样就可绕过合成或分离该基因编码的蛋白质以及研究相应蛋白质特性的烦琐过程。现讨论如下两种根据DNA序列预测基因功能的方法。

（一）同源性搜寻法

预测基因功能的**同源性搜寻法**（homology search），是用计算机搜寻同一物种或不同物种DNA序列或蛋白质序列的同源性而推测基因功能的方法。在进化上，来自一个共同祖先物种的基因称为**同源基因**（homologous gene）。

一个物种内的各同源基因称为**种内同源基因**（paralogous gene）。在进化过程中，种内同源基因是由祖先物种的单个基因A首先通过重复然后通过变异或进化产生的——在人类基因组，编码血红蛋白α亚单位和β亚单位的两个基因是种内同源基因，因为它们是由同一祖先基因A（原初血红蛋白基因）依次经过重复和基因突变进化而来的，即相当于图14-15物种1的A_1和A_2。

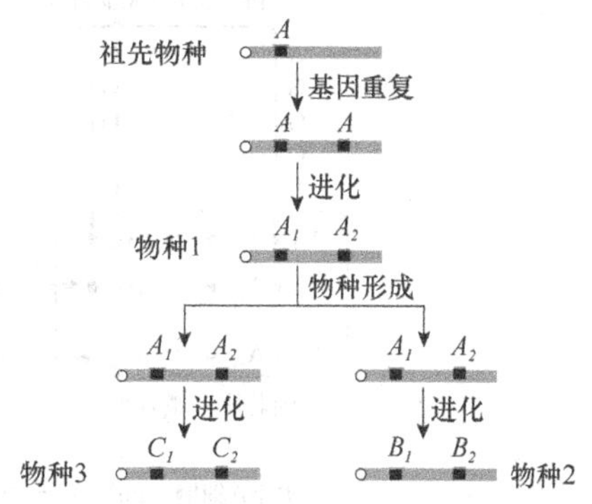

图14-15 同源基因的进化关系

基因A_1和A_2、B_1和B_2、C_1和C_2是种内同源基因；A_1和B_1、A_2和B_2、A_1和C_1、A_2和C_2是种间同源基因

在不同物种中，由共同祖先的同一基因进化来的同源基因称为**种间同源基因**（orthologous gene）。例如，小鼠和人类基因组中都含有编码血红蛋白α亚单位的基因，这个α亚单位的基因是种间同源基因，因为这两基因来自这两物种的共同祖先（也属于哺乳动物）。这相当于图14-15的A_1和B_1、A_2和B_2、A_1和C_1以及A_2和C_2，因为它们来自共同祖先（祖先物种）的基因A。

无论是种内还是种间的同源基因，往往具有相同或相关的功能。因此，一旦确定了一个基因的功能，就为其他未知功能的同源基因提供了线索。

不同物种的基因数据库和蛋白质数据库，都可用来进行同源性搜寻。

现已开发出一些高效的计算机软件，可从数据库中搜寻到种间同源基因。假定我们完成了一个基因组的测序和一个基因的定位，并且确定该基因能编码一种新的蛋白质，但不知其功能。为了确定这一蛋白质的功能，在数据库中对其他物种的DNA或蛋白质进行同源性搜寻，就可能找到一个或多个同源基因。如果其中一个基因序列编码的蛋白质功能为已知，就为这一新蛋白质的功能提供了线索。

类似地，一些高效的计算机软件也能搜寻种内同源基因。真核生物的基因往往以家系形式存在，种内一个基因家系的各同源基因是由一个基因通过重复形成的。如果已知种内一个同源基因和其功能，那么这一功能也为种内其他同源基因的可能功能提供了线索——知道了物种 1 的基因 A_1 的功能，就可推知该物种其同源基因 A_2 的功能，余类推。

（二）单链 DNA 片段微阵列法

基因芯片（gene chip）或**微阵列**（microarray），是在硅片或尼龙膜等支持物上有许多已知的单链 DNA 片段（通常是已知的基因）以有序的二维阵列模式排列的模块（图 14-16）。这一数平方厘米大小的模块或基因芯片可含有数以万计的已知的单链 DNA 片段（A_{11}，$A_{12} \cdots A_{mn}$）；这就表明，一块小小的基因芯片可用来同时研究数以万计的基因表达情况。因此，基因芯片与计算机芯片类似，不同的只是前者集成的是已知的单链 DNA 片段，后者集成的是已知的半导体管。基因芯片与前节讨论的 Southern DNA 印迹杂交和 Northern RNA 印迹杂交也类似，都是基于标靶与探针互补的杂交原理设计的；但不同的是，基因芯片中的探针是荧光标记的、未知的单链 DNA，而标靶是固定在芯片上的、已知的单链 DNA 序列，恰好与印迹杂交的相反。基因芯片又称 **DNA 芯片**（DNA chip）或**生物芯片**（bio chip）。这种利用基因芯片、微阵列或生物芯片研究基因表达的方法，又称为**斑点杂交法**（dot blot hybridization），因固定在基因芯片上的各标靶呈斑点状；因固定在基因芯片上的各标靶是以阵列形式与未知 cDNA 进行杂交的，也称**阵列杂交法**（array hybridization）。

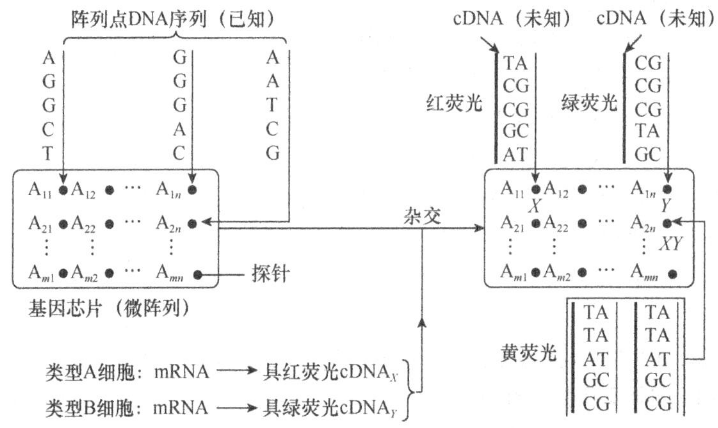

图 14-16　用来检测不同类型细胞基因表达与否及表达水平的基因芯片

如图 14-16 所示，构建基因芯片后，对某生物类型 A 细胞的 mRNA 和另一类型 B 细胞的 mRNA 都转换成（单链）cDNA，并分别用具红荧光（$cDNA_X$）和具绿荧光（$cDNA_Y$）的核苷酸标记以作探针。这两类标记的 cDNA 在溶液中混合并与基因芯片（微阵列）杂交——红、绿 cDNA 探针与微阵列标靶的杂交量，与样本中相应 mRNA 的量成正比。一阵列点（如 A_{11}）的红杂交量 X，表示类型 A 细胞中具有与该阵列点相同基因的表达；一阵列点（如 A_{1n}）的绿杂交量 Y，表示类型 B 细胞中具有与该阵列点相同基因的表达；一阵列点（如 A_{2n}）的黄杂交量（红与绿的混合色）XY，表示类型 A 和 B 的细胞中都具有与该阵列点相同基因的均等表达（一阵列点虽只有一种已知的单链 DNA 序列，但数量很多）；其他无颜色的阵列点，表示类型 A 和 B 的细胞中没有与相应阵列点相同的基因表达。因阵列中的各标靶基因已知，故各细胞类型中表达的基因现也就成为已知，并且根据颜色的深浅，还可知表达的水平。

由于基因芯片可同时检测数以万计的基因表达情况，从而使我们可研究一些特定组织在特定发育阶段的基因哪些处于活化或失活状态，如我们可通过转录组研究生物在发育或患病过程中的基因表达情况。当然，各基因表达的情况（是否表达和表达强度）是通过荧光检测器与适当的计算机软件得知的。

二、根据蛋白质序列预测基因功能

根据蛋白质序列预测基因功能也介绍如下两种方法。

（一）蛋白质结构域法

一些复杂的蛋白质往往具有一些特定形状或功能的区域——**蛋白质结构域**（protein domain，第十一章）。某些蛋白质具有氨基酸序列相同的蛋白质结构域，而结构域相同的蛋白质往往具有相同的功能。

许多蛋白质结构域的结构和功能业已确定。如果检测到一新基因能编码某一蛋白质的结构域，就可通过计算机搜索一些已知蛋白质功能的蛋白质结构域的数据库——如果搜索到了已知功能的具有相同蛋白质结构域的基因，那么检测到的这一新基因也可能具有这一功能。

（二）系统发育系谱法

预测基因或蛋白质功能的第二个计算机分析方法是系统发育系谱法。在这一方法中，有完成了序列分析的一组物种，并对这组物种的一些特定蛋白质的有、无进行检测。如果在检测的物种中，两种蛋白质要么同时“有”，要么同时“无”，那么这两种蛋白质就可能在功能上有关。例如，这两种蛋白质可能在一条生化途径的两相邻步骤上执行各自的相关功能，从而可得到同时进化——缺少其中任何一种，都不可能使剩下的一种发挥其相关功能。在不同物种中，根据基因产物的“有-无模式”预测基因功能的方法称为**系统发育系谱法**（phylogenetic profile）。

考虑细菌 4 个物种分别具有如下的各蛋白质：

大肠杆菌	蛋白质 1，2，3，4，5，6
物种 A	蛋白质 1，2，3，6
物种 B	蛋白质 1，3，4，6
物种 C	蛋白质 2，4，5

如果一个物种有、无某种蛋白质分别用+、－表示，则上面结果可如表 14-1 所示。

表 14-1 系统发育系谱法预测基因功能

蛋白质	物种			
	大肠杆菌	A	B	C
1→	+	+	+	−
2	+	+	−	+
3→	+	+	+	−
4	+	−	+	+
5	+	−	−	+
6→	+	+	+	−

由表 14-1 可知：蛋白质 1、3、6 在被研有关物种中要么全有，要么全无，所以这些蛋白质在有关物种中可能具有相关的功能；如果蛋白质 1 在大肠杆菌的功能已知，则可推知它在物种 A 和 B 也应具有类似功能。

第三节　比较基因组学

通过基因组的序列分析，可知不同物种甚至同一物种不同成员间有关基因含量和基因组织的大量信息。比较这些信息，不仅可推知基因具有什么功能，还可推知基因组是如何进化的。

一、基因组概观

（一）C-值和 N-值

一个物种基因组的 DNA 含量（DNA content）和基因数目（gene number）分别称为 **C-值**（C-value）和 **N-值**（N-value）。

分析结果表明，从总体上看，原核生物的 C-值和 N-值低于真核生物的 C-值和 N-值，单细胞真核生物的 C-值和 N-值又低于多细胞真核生物的 C-值和 N-值。也就是说，从总体上看，随着生物的进化，其 C-值和 N-值是增加的（表 14-2）。

表 14-2　物种基因组的 C-值（$\times 10^6$bp）和 N-值

物种	C-值	N-值
发光细菌（*Photorhabdus temperata*）	2.18	2 407
大肠杆菌（*Escherichia coli*）	4.21	4 100
面包酵母（*Saccharomyces cerevisiae*）	12	6 144
拟南芥（*Arabidopsis thaliana*）	125	25 706
秀丽隐杆线虫（*Caenorhabditis elegans*）	100	18 266
果蝇（*Drosophila melanogaster*）	180	13 338
肺鱼（*Neoceratodus forsteri*）	120 000	—
人（*Homo sapiens*）	3 400	约 32 000

这是因为，随着生物的进化，生物的结构和功能逐渐趋于复杂和完善，而这一复杂和完善有赖于更大的 C-值和 N-值作保证。所以，从总体看，随着生物的进化，其 C-值和 N-值就增加了。

（二）C-值悖理和 N-值悖理

但是，也偶有相反的情况，即生物进化程度高的物种的 C-值和 N-值反比进化程度低的小。最明显的例子是（表 14-2），肺鱼的 C-值约为人的 35 倍！这种 C-值的大小与生物进化程度的高低相背离的现象称为 **C-值悖理**（C-value paradox）。在进化上，果蝇比线虫高级，但其基因数目竟比线虫还少约 5000 个，约少 37%。这种 N-值的大小与生物进化程度的高低相背离的现象就称为 **N-值悖理**（N-value paradox）。

解释C-值悖理的观点认为，有关物种基因组大小的不同，主要是对长期累积的、过量的所谓“无功能的垃圾DNA”的清除速率不同所致。其根据是，这类物种C-值大的，“垃圾DNA”也多。自然，生物C-值大小并不总能反映生物进化程度的高低。

解释N-值悖理的观点认为，生物结构和功能的复杂、完善程度，除依赖基因数目的多少之外，还依赖基因的结构和基因的组合。结构和功能较复杂、完善的生物，其基因结构也较复杂，一种基因的前-mRNA可通过不同的剪接而产生多种多肽，不是只产生一种多肽（第十一章）；位于一条染色体上的少数几个基因，可构成类型繁多的组合，从而可产生类型繁多的mRNA和多肽（第十三章）。自然，生物N-值大小也并不总能反映生物进化程度的高低。

二、各类生物基因组的特点

病毒、原核生物和真核生物基因组的特点，在前面我们分散讨论过，现小结如下。

（一）病毒基因组

病毒有两大类：原核生物病毒（噬菌体）和真核生物病毒。完整的病毒颗粒由蛋白质外壳和由外壳包裹在内的核酸组成。蛋白质外壳对核酸起保护作用，并协助核酸侵入宿主细胞内。核酸进入宿主细胞后，就利用宿主的代谢系统进行复制以繁殖新的病毒颗粒。

与原核生物和真核生物的基因组相比，病毒基因组最小，且具有如下特征。

一是基因组的核酸可以是DNA或RNA，是单链或双链分子，是线状或环状分子。

二是基因组所含核酸的分子数不同。DNA病毒基因组都只有一个DNA分子；RNA病毒基因组多数为一个RNA分子，少数的有多个不同的RNA分子（如H1N1流感病毒有8个单链RNA分子）。

三是基因组小。

（二）原核生物基因组

在已测序的原核生物基因组中，大多数物种是由一个环状染色体组成的。但也有例外，如引起人类患霍乱的霍乱弧菌（*Vibrio cholerae*）和大肠杆菌有两个环状染色体，而博氏疏螺旋体（*Borrelia burgdorferi*）却有1条大的和21条小的线状染色体。

1. 基因组大小和基因数目 在古菌，如嗜热古菌（*Archaeoglobus fulgidus*）的基因组可高达200万bp以上，基因可达2400余种；而骑行纳古菌（*Nanoarchaeum equitans*）的基因组可低至不足50万bp，基因低至500余种。

在细菌，如大豆根瘤菌（*Bradyrhizobium japonicum*）的基因组可高达900万bp以上，基因可达8300余种；而生殖支原体（*Mycoplasma genitalium*）的基因组可低至50万bp，基因低至不足500种。

总体而言，原核生物的基因种数一般为1000～2000；基因密度也相当恒定，约每1000bp为一个基因，因此具有较大基因组的细菌一般具有较多基因，且其中的种内同源基因是通过重复形成的。

此外，原核生物的细菌和古菌基因组分别有一个和多个复制原点，主要是编码序列，所含基因多于病毒基因组但少于真核生物基因组。

2. 基因水平转移 真核生物，一般是物种内亲代的基因传给子代的过程，这种传递方式称为**基因垂直转移**（vertical gene transfer）。除此之外，原核生物还可在遗传关系较远，甚至在不同物种细菌间通过转化和转导（第九章）等方式进行**基因水平转移**（horizontal gene transfer）或**基因侧向转移**（lateral gene transfer）传给子代。目前的研究表明，原核生物的基因水平转移是一重要现象。

在原核生物进化过程中，基因水平转移起着重要作用。对原核生物基因组的研究结果，再次证明了古菌和细菌为独立进化的结论（第二十一章）。

（三）真核生物基因组——核基因组

1. 一般特征 根据对真核生物进行完全的序列分析结果，已能推出其核基因组具有如下一般特征。

一是核基因组为多个线性分子。每一线性分子具有着丝粒（功能是将遗传物质均等地传给子细胞）、端粒（维持基因的稳定性）和具有多个复制原点（加速基因组的复制）。

二是多细胞真核生物的核基因组存在中度和高度重复序列。它们在基因组中所占百分数一般是随基因组的增大而增大，且多数是通过转座（第十章）产生的。在人类，通过转座子产生的分散重复就占基因组的45%，其中许多具有缺陷而不能再转座。原核生物基因组一般由单一序列组成。

三是多细胞真核生物核基因组的大多数DNA为非编码序列，且多数基因被内含子间断——在更复杂的真核生物，内含子的数目更多，长度更长。这样，与上述两类基因组相比，一个基因通过转录形成的原初产物，经加工就可形成更多类型的产物。基于同一原因，纵使在真核生物，在进化上要比无脊椎动物高级的脊椎动物，其基因数目虽增加不多，但蛋白质的多样性却增加不少。与果蝇相比，人类核基因组并未编码许多新的（蛋白质）结构域，分别为1035个和1262个（第十一章）；但人类（蛋白质）结构域可组装更多的组合，从而可形成更多类型的蛋白质。例如，人类蛋白质结构域的组合数约为果蝇和秀丽隐杆线虫的2倍，约为酵母的6倍。

2. 代表生物核基因组

（1）酵母核基因组 面包酵母菌（*Saccharomyces cerevisiae*）是第一个完成序列分析的真核生物。核基因组有8条线性染色体，共有1200万bp、6144种基因（其中5900种编码蛋白质），含有不少的丰余序列（重复序列）区，G+C占38%。

（2）秀丽隐杆线虫核基因组 核基因组有6条线性染色体，共有9700万bp、20 443种基因（其中1270种不编码多肽，如编码tRNA），编码多肽的基因有40%在其他生物发现了其同源基因。

（3）拟南芥核基因组 核基因组有5条线性染色体，共有12 500万bp、25 706种基因，重复序列占60%，因此基因重复在拟南芥进化中起着重要作用。

在拟南芥核基因组中转座因子较常见，约占基因组的10%；但比人类基因组和其他某些植物基因组少得多。多数转座因子不能转录，集中在着丝粒区附近。

（4）果蝇核基因组 核基因组有5条线性染色体，有1800万bp、13 000多种基因。

其核基因组的1/3是由几乎不含基因的异染色质组成的。由于果蝇有13 000多种核基因，而由这些基因产生的RNA转录本却有14 000多种，因此其中一些基因的一种基因一定是通过对前RNA的不同剪接形成了多种RNA转录本。果蝇每种基因平均有4个内含子（可能低估），基因转录RNA的平均长度为3058个核苷酸。

（5）人类核基因组 核基因组有24条线性染色体，DNA有约30亿bp（其精度大于99.99%，即平均每10 000bp少于1bp的错误）。编码多肽的基因约有20 067种（远低于测序前估计的30 000～40 000种）；编码非翻译的RNA基因（其中包括tRNA等）4800种。也就是说，我们人类编码多肽的核基因和秀丽隐杆线虫的几乎相等。这说明多肽的类型数并非依赖于编码多肽的基因类型数。

仅约有25%的DNA转录成RNA，不到2%翻译成蛋白质。活化基因实际上由许多非编码序列间断，这些非编码序列多由转座子衍生的重复序列组成。各串联重复主要集中在着丝粒和端粒。

核基因平均长度约为27 000bp，具有9个外显子；人类核基因内含子，与其他生物基因相比，在长度上要长得多，在数目上也更多。如前所述，人类基因组实质上并不编码更多的蛋白质结构域，但这些蛋白质结构域可有更多方式组合成更多类型的蛋白质。人类的单个基因，通过不同的剪接往往编码多种蛋白质；平均来说，每个基因可编码2种或3种mRNA，这就意味着约20 000种基因的人类基因组，可期望编码多达60 000种蛋白质，而实际上业已发现的超过了这一期望数，达到了200 000种。

核基因密度随染色体而异，染色体17、19和22的基因密度最高，而染色体X、4、18、13和Y最低。

人类核基因组的DNA序列，任两个体间有约99.9%相同——这是我们作为一个物种区别于其他物种的进化产物，其内含有区别于其他物种的遗传信息。我们人类任两个体间那0.1%的DNA序列差异：有的与是否会患遗传病有关；有的与身高、体重、智力等性状有关；有的与性状表现毫无关系（表现为中性），但可作为遗传标记。

（四）真核生物基因组——质基因组

质基因组（plasmon genome）或**细胞器基因组**（organelle genome），包括**线粒体基因组**（mitochondrial genome）和**叶绿体基因组**（chloroplast genome）。

1. 线粒体基因组 先谈其结构特点。

人类和其他真核生物的细胞质内一个线粒体只有一种染色体，但可有不超过10个的拷贝数，是产能的细胞器（第七章）。生化和作图分析表明，人类和其他真核动物的线粒体DNA呈环状，而多数真菌和植物的呈线状。

人类线粒体基因组为16.5kb，其长度仅约为人类核基因组的1/100 000。这一环状DNA分子携有37种基因：13种与氧化-磷酸化的产能有关；22种与编码tRNA有关；剩下2种与编码rRNA有关。

人类线粒体基因组的一个显著特点是其基因排列很紧密。基因间无间隔（有的甚至还稍有重叠）和基因内无内含子。但酵母线粒体基因组中，有的基因内存在内含子和基因间有间隔区。

再谈其表达特点。

由线粒体基因编码的前-mRNA，要经过RNA编辑（第十一章）方能成为具有功能的成熟mRNA，否则不能编码多肽。这是因为某些前-mRNA没有起始翻译的起始密码子，而另一些前-mRNA没有终止翻译的终止密码子；而RNA编辑的任务就是在指导RNA的指导下，为这样的前-mRNA分别提供起始和终止密码子位点。

2. 叶绿体基因组 植物和藻类中含有叶绿体，是进行光合作用的场所（第七章）。**叶绿体基因组**（chloroplast genome）在大小上要比线粒体基因组更为一致，一般为120～217kb。与细菌和人类线粒体基因一样，两相邻的编码序列间排列很紧密；与酵母（而不像人类）线粒体一样，含有内含子；其基因组多为线状；与线粒体一样，其基因组通常有15～20个拷贝。

最后，简要小结基因组学上述三个领域的相互关系和基因组学的展望。

关于基因组学三个领域的关系。由于结构基因组学是基础或前提，因此将功能基因组学和比较基因组学研究的学科，有时称为**后基因组学**（post-genomics）。又由于结构基因组学的基因组序列中含有的是控制生物功能和生物进化的密码信息，因此将破译结构基因组学这些密码信息在控制生物功能和控制生物进化中所起作用的学科，有时又称为**生物信息学**（bioinformatics）。

关于基因组学的展望，仅以它如何影响我们人类的生活做简要说明。

前面讲了利用卫星DNA可识别个人身份，常用于司法鉴定；也讲了利用一些常见遗传病的基因识别，常用于遗传病的诊断和治疗。

基因组测序完成后，就可对一个人的整个基因组进行基因型分析，其分析结果就成了一个人的基因组档案或基因组身份证——其揭示的是该个体的全部遗传信息，而不是只揭示该个体与司法鉴定或与遗传疾病鉴定有关的部分遗传信息。基因组测序完成后不久，由于检测费用高昂，如2001年，测序一个人类基因组的成本高达1亿美元，被测序的人很少，DNA模型构建者沃森是其中之一。但随着测序的改进和成本的降低，如2007年、2011年、2014年和2019年，测序一个人类基因组的费用就分别降至1000万美元、1万美元、1000美元和500美元。

在将来，很可能每个人出生后会给一个“基因组身份证”光盘，记录着每个人的全部遗传信息：出生后，可推知大概能长多高、是否会秃顶和发胖、聪明程度、不可与什么样的异性结婚、可能会发生什么样的疾病等。如果从“基因组身份证”光盘中发现，一个人的基因型是遗传病——蚕豆病的纯合体（遗传因素），为了避免该病的发生，就应避免发生该病的包括吃蚕豆在内的环境因素。如果从一个人的“基因组身份证”光盘中发现含有肥胖基因，就应适当节食和少吃高脂肪或高糖类食物，否则会变得大腹便便和易患高血压或糖尿病；不含肥胖基因的人，即使食量有些过人和多吃一些高脂肪或高糖类食物，身材却依然苗条和不易患这类疾病。

当然，个人“基因组身份证”的出现，也会出现一些在伦理学和法学上必须解决的问题：个人携有的遗传病基因，不管患病否，是否应让公众知道，这就涉及隐私权问题；如果用人单位要检查个人“基因组身份证”，当时未患病但可能在工作期间易患病（如糖尿病、高血压和遗传性舞蹈病）的，是否会影响录用；保险公司对于易患病者（尤其是医疗费用昂贵的患者）或是长寿者，是否会拒收或提高保险费用。诸如此类的问题，都是事先要解决的。

本章小结

基因组学是在重组DNA技术的基础上发展起来的，目标是研究各物种基因组遗传信息的序列、功能和进化。因此，对应的三个研究领域依次是：

一是结构基因组学，确定基因组的DNA序列。这可根据作图（遗传作图和物理作图）的序列分析法、全基因组鸟枪测序法、序列标签位点法或表达序列标签法完成。真核生物中一个物种内DNA具有多态性，单核苷酸、微卫星DNA和小卫星DNA多态性的发现，为直接鉴别个体基因型提供了极大方便。

二是功能基因组学，确定基因功能，即根据基因组确定转录组和蛋白质组。功能基因组学的主要目标是提高确定基因功能的分析效率：一是建立一些计算机分析方法，如同源性搜寻法和系统发育系谱法，只要根据DNA序列就可预测基因功能；二是利用微阵列（基因芯片）可同时检测数以千计的基因表达情况以研究基因功能。

三是比较基因组学，比较不同物种的基因组推知生物进化关系。原核生物的基因组小，DNA一般长100万～300万bp，具有数千个基因。真核生物基因组的大小——DNA的含量或基因的数量与真核生物结构和功能的复杂性没有正比关系，存在C-值悖理和N-值悖理。

病毒基因组、原核生物基因组以及真核生物的核基因组和细胞器基因组各有其特点。

基因组学的发展具有重要的理论和实践意义。

范例分析

1. 遗传图和物理图有何不同？其中哪一图的精确度和分辨率更高？

2. 假定你有一纯化 DNA 分子，要对其作限制图。用 *EcoR* Ⅰ 消化后，得 4 个片段：1、2、3、4。用 *Hind* Ⅱ 消化其中的每一片段结果为：片段 3 产生亚片段 3_1 和 3_2；片段 2 产生亚片段 2_1、2_2 和 2_3。用 *Hind* Ⅱ 消化该完整 DNA 分子后，得 4 个片段：A、B、C、D。当用 *EcoR* Ⅰ 消化其中的每一片段结果为：片段 D 产生亚片段 1 和 3_1；A 产生 3_2 和 2_1；B 产生 2_3 和 4；C 与 2_2 相同。试对这一 DNA 分子作限制图。

3. 假定已分离和克隆某基因组一独有 DNA 序列，位于 X 染色体顶端，长约 10kb。用 ^{32}P 标记序列的 5′ 端后，用 *Eco*R Ⅰ 切割得两个片段：8.5kb 和 1.5kb。把 8.5kb 片段分成两个样本，分别用限制酶 *Hae* Ⅲ 和 *Hind* Ⅱ 进行部分消化。然后，每个样本在琼脂糖凝胶上进行电泳分离。通过放射性自显影，结果如下：

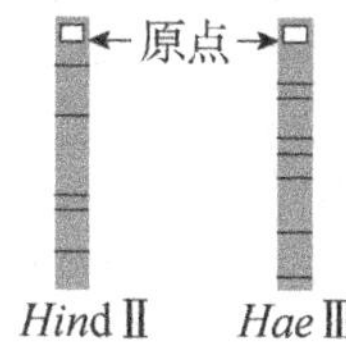

试对这 10kb 的独有 DNA 序列作限制图。

4. 在基因组序列分析中，基于作图的序列分析法和全基因组鸟枪测序法有何不同？

5. 噬菌体线状双链 DNA 的两 5′ 端用 ^{32}P 标记。用 *Eco*R Ⅰ 切割产生 5 个片段：2.9kb、4.5kb、6.2kb、7.4kb 和 8.0kb；通过自显影表明 6.2kb 和 8.0kb 片段具有放射性。用 *Bam*H Ⅰ 切割同一 DNA 产生 3 个片段：6.0kb、10.1kb 和 12.9kb；自显影表明前两片段具有放射性。用这两限制酶同时切割这一 DNA 时，产生 7 个片段：1.0kb、2.0kb、2.9kb、3.5kb、6.0kb、6.2kb 和 7.4kb。

（1）作限制图。

（2）由克隆的噬菌体基因 *X* 做的放射性探针，放入以上单酶切割的混合物中进行 Southern DNA 印迹杂交。自显影表明，探针已与 4.5kb、10.1kb 和 12.9kb 片段杂交。试在限制图上确定基因 *X* 的大致位置。

6. 何谓叠连图、微卫星 DNA、小卫星 DNA、序列标签位点和表达序列标签位点？

7. 叠连图的下列说法哪一个是正确的：

（1）在遗传作图中利用的一组分子标记；

（2）构成一 DNA 分子的一组相互重叠的 DNA 片段；

（3）由限制酶产生的一组 DNA 片段；

（4）在序列分析中利用的一 DNA 片段。

8. 人类基因组 5 个 DNA 克隆片段分别存在于一染色体的 5 个克隆载体（A、B、C、D、E）。通过杂交测这 5 个克隆载体的 6 个序列标签位点（1、2…5、6）在该染色体上，结果如下（其中“+”和“−”分别表示序列标签位点的有和无）：

克隆载体	序列标签位点 1	2	3	4	5	6
A	−	−	−	+	+	+
B	+	−	−	−	+	−
C	−	+	−	+	−	+
D	+	−	+	−	−	−
E	−	+	−	−	−	+

（1）确定 6 个序列标签位点在该染色体上的顺序；

（2）根据试验结果画出该染色体的叠连图。

9. 何谓同源序列？种间同源序列和种内同源序列间有何不同？

10. 基因组已完成序列分析的 5 个物种中，发现了合成下列各蛋白质的基因：

蛋白质	物种 A	物种 B	物种 C	物种 D	物种 E
P1	+	+	−	−	−
P2	+	+	+	−	−
P3	+	+	−	+	+
P4	+	−	+	−	+
P5	+	+	−	+	+

根据这些物种的基因产物——蛋白质的有-无模式，其中哪些蛋白质最可能在功能上相关？

第十五章 发育遗传

在本章，首先讨论发育的遗传基础，然后依次讨论动物（秀丽隐杆线虫和果蝇）、人的性别和植物（拟南芥）的发育遗传。

第一节　发育的遗传基础

发育的遗传基础是细胞具有全能性和分化能力。

一、细胞全能性

由于一个受精卵细胞通过有丝分裂产生的所有细胞都具有相同或基本相同的遗传物质，因此不管细胞分化与否，其内应含有发育成完整个体或分化出任何类型细胞的全部基因。只要条件适宜，其中每个细胞，就会像受精卵细胞那样都可分化出其他类型细胞或发育成一完整个体。细胞具有分化出其他类型细胞或发育成一完整个体的潜在能力，称为**细胞全能性**（cell totipotency）。

纵使分化了的细胞也具有全能性的观点，无论在低等动物（如两栖动物）还是在高等动物（如哺乳动物），通过核移植试验都得到了证明。

（一）非洲爪蟾的核移植试验

在自然条件下，**非洲爪蟾**（*Xenopus laevis*）的受精卵，通过胚胎发育成为蝌蚪，再经变态发育成为（自然）爪蟾［图 15-1（a）］。

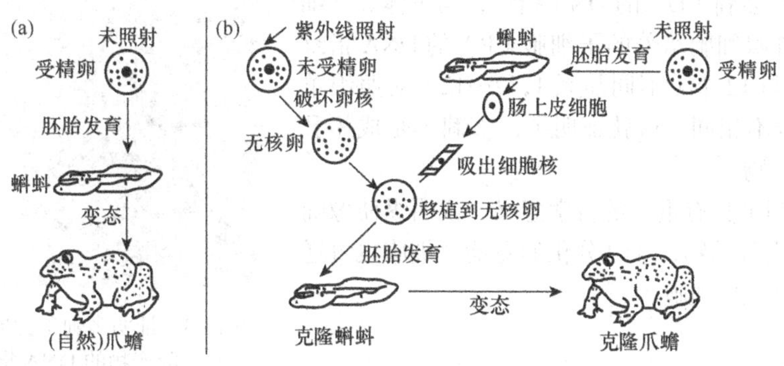

图 15-1　非洲爪蟾的核移植试验

20 世纪 70 年代，研究者用非洲爪蟾的蝌蚪肠上皮细胞核（业已分化），移植到爪蟾一个去核（用紫外线照射破坏细胞核）的未受精卵中，即组装的细胞含有已分化细胞的核和卵细胞的质（后者提供了细胞分裂和分化的酶系统等），结果发育成了一个成体爪蟾——克隆爪蟾［图 15-1（b）］。

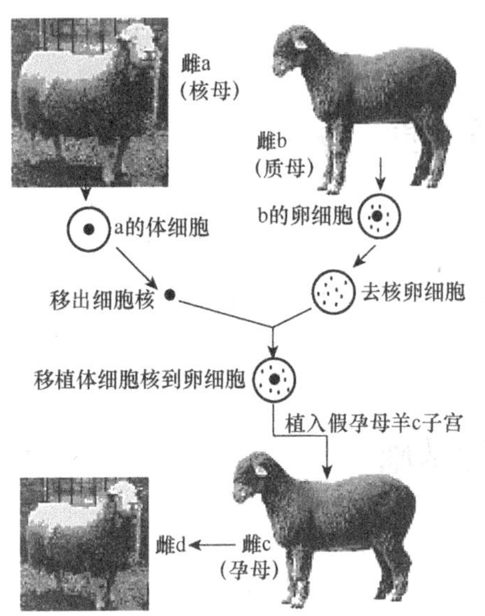

图 15-2 绵羊乳腺体细胞的核移植和多莉羊

这说明尚未分化的受精卵的核（如卵受精后不久的核）与受精卵产生的、业已分化的细胞核（如这里的蝌蚪肠上皮细胞的核），它们的遗传潜能或遗传物质都是相同的，都具有发育成一个成体的可能性，即具有全能性，至少对于低等生物是这样。

（二）绵羊的核移植试验

1997 年，英国科学家威尔穆特（I. Wilmut）等，利用核移植试验把绵羊“成体”的“乳腺体细胞核”移植到去核的、未受精的绵羊卵细胞中，也获得了克隆绵羊——多莉（Dolly）羊。

移植的主要过程如图 15-2 所示：将从一只 6 岁的白毛母绵羊（供体羊，雌 a 作为提供细胞核的核基因母亲，又称遗传母亲或核母）的乳腺体细胞中取出的核，移植到一只黑毛母绵羊（雌 b 作为提供卵细胞质的母亲，又称卵细胞质母亲或质母）的去核卵细胞中；把经过核移植的卵细胞移植到假孕受体羊雌 c(与雌 b 为同一品系，提供子宫环境供具有“体细胞核的卵细胞”胚胎发育的代孕母羊或孕母）的子宫内，经体内发育分娩出小雌羊（雌 d）——多莉羊。所以，多莉羊有三个母亲——核母、质母和孕母。

观察结果表明，多莉羊表现的性状完全与核母的相同，而与质母和孕母的不同，如都为白毛而非黑毛。

对多莉羊也做了 DNA 指纹分析。其过程是（图 15-3）：用供体乳腺细胞（udder cell，U）、供体乳腺细胞培养的子代细胞（progeny cell，P）、多莉羊血细胞（D）和（不同品系）对照绵羊（1～12）血细胞分别制备基因组 DNA 样本；用限制酶 *Mbo* I 消化这些 DNA、进行电泳和用 4 个小卫星 DNA 基因座探针进行 Southern 印迹分析。

其结果是：多莉（D）的 DNA 指纹，与供体乳腺细胞（U）和其乳腺细胞培养的子细胞（P）的 DNA 指纹完全相同；而与 12 个（不同品系 1，2…12）对照绵羊的 DNA 指纹全不相同。这就证明了，多莉羊是成体乳腺细胞的克隆产物。

多莉羊的问世具有重要的科学意义，说明纵使像哺乳动物这样的高等动物，业已分化的专能性细胞也可逆转成未分化的全能性细胞。

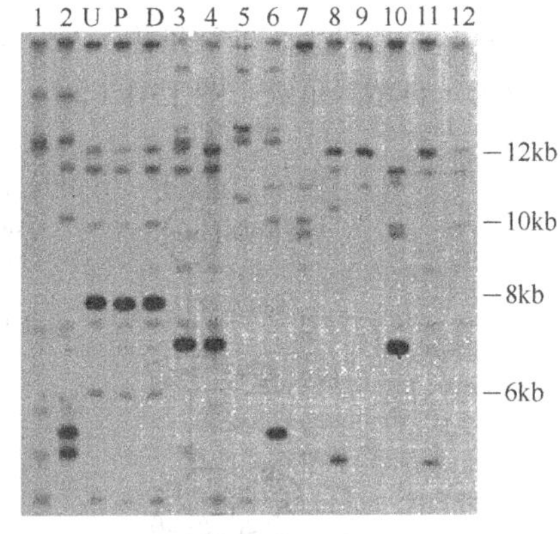

图 15-3 证明多莉羊为成体乳腺细胞克隆产物的 DNA 指纹分析

二、细胞分化

在个体发育中，当一个细胞（如受精卵）经有丝分裂使细胞增到一定数量后，这些细胞的形态结构和功能产生差异的过程称为**细胞分化**（cell differentiation）。

还以人类为例，我们都是由一个细胞——受精卵发育成的。受精卵在母体的 3 个月内通过细胞有丝分裂产生数以万计的、在遗传上相同的细胞，这些细胞在胚胎发育期间的不同部位的基因具有不同的表达，就可依次分化成不同类型的细胞（如视觉细胞和肌肉细胞）、组织、器官和系统而依次进入胎儿期。胎儿期后，不同部位细胞继续进行分裂和不同部位的基因继续进行不同的表达，母体怀胎9个月后出生就依次进入婴儿期、幼儿期、少年期、青年期、壮年期和老年期，最终死亡而完成个体发育周期。

下面，就以一些生物为例，说明它们在个体发育过程中，基因是如何具体地按一定的发育程序依次进行表达的。

第二节 线虫的发育遗传

来自同一细胞的两个细胞发育到一定阶段后，要形成不同的组织和器官，必须进行分化。要对哺乳动物一个个体的数以亿计的细胞（成年人约有60万亿细胞）逐一地进行跟踪研究，实际上是不可能的。但是，生活在土壤中的一种蠕虫——**秀丽隐杆线虫**（*Caenorbabditis elegans*，以下简称线虫），已经实现了这样的跟踪，加上其他优点，成了研究动物发育遗传的好材料。

一、作为发育遗传研究材料的优点

线虫作为动物发育遗传研究材料，有以下优点。

一是生活周期短。在25℃条件下，线虫由合子（受精卵）发育到成体约需51h，其间经历4个幼虫（larval）期，即幼虫期1、2、3和4（每一期末进行蜕皮以获得新表皮），分别记作L1、L2、L3和L4。L4蜕皮后进入成虫期。

二是个体小和易于培养。成虫（图15-4）大小约1mm，相当于果蝇卵的大小。可像大肠杆菌那样在培养皿的琼脂培养基（一个培养皿的培养基可容纳10^5条线虫）上进行培养，甚为方便。

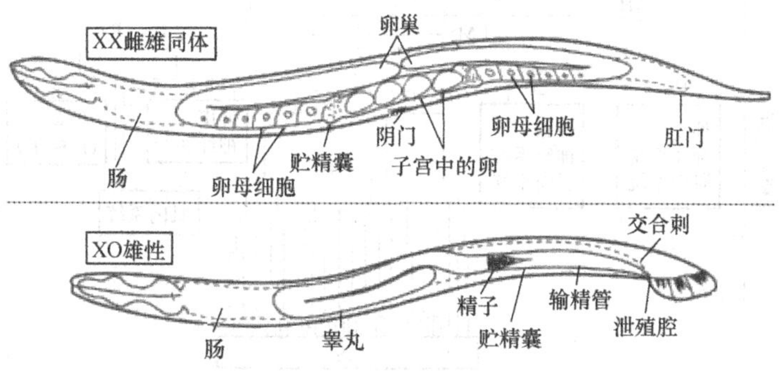

图15-4 线虫成体（Micklos et al.，2013）

三是子代多。如前所述，这种线虫有两种性别：具有XO染色体组成的雄性个体（具有精巢）；具有XX染色体组成的雌雄同体（具有精巢和卵巢）的两性个体，成熟时在数天内可产300余个卵，从而受精后可产生300余个子代。有趣的是，雌雄同体个体（XX）自交时，子代个体绝大多数仍为雌雄同体，而极少数为雄性（XO）；但两性个体和雄性个体异交时，子代两性个体数和雄性个体数之比为1∶1，即

$$\xrightarrow[\text{XX}]{\text{自交}}\left\{\begin{matrix}\text{XX}(>99\%)\\ \text{XO}(<1\%)\end{matrix}\right\}\xrightarrow[\text{XX}\times\text{XO}]{\text{异交}}\left\{\begin{matrix}\text{XX}(50\%)\\ \text{XO}(50\%)\end{matrix}\right.$$

四是身体透明，可在显微镜下观察发育时每个细胞的行踪。线虫细胞分裂时传递的细胞世代数不相同（有些细胞传递的世代多，有些细胞传递的世代少），而有些细胞在发育的特定阶段注定会死亡。

二、受精卵发育的细胞命运

从受精卵开始，线虫每个细胞有丝分裂的传递关系或系谱现都已查明（即每个细胞都可通过系谱往上逐代追溯到受精卵）。线虫细胞进行有丝分裂时，跟踪其细胞传递路径的原理如图 15-5 所示。

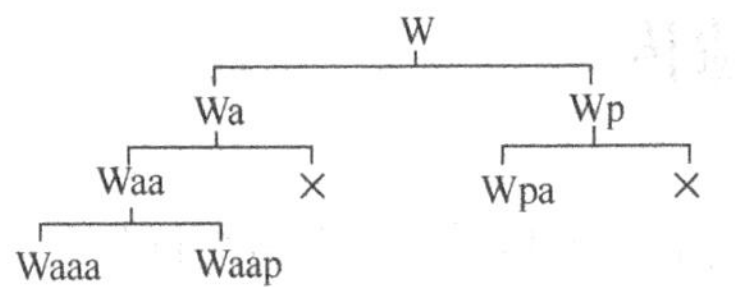

图 15-5 秀丽隐杆线虫核的有丝分裂系谱

其中，W 表示一个细胞在前-后平面（anterior-posterior plane）上进行一次有丝分裂，其前端和后端的子细胞分别用 Wa 和 Wp（可用不同颜色的永久性标记物质，如荧光染料进行标记跟踪）表示；这两个子细胞在前-后平面上分别再进行一次有丝分裂，但这次相应的两后端细胞 Wap 和 Wpp 都已死亡，图中都用 × 表示；细胞 Waa 在前-后平面上再进行一次有丝分裂，其子细胞用 Waaa 和 Waap 表示。

线虫任何一个细胞的有丝分裂系谱都可用这一方式建立，尽管所用符号可有不同。

线虫所有细胞的有丝分裂系谱都仿上一方式建立起来了。图 15-6 较详细地表示了线虫从受精卵开始，逐一跟踪每个细胞有丝分裂的位置和以后细胞分化的类型或命运，这样的图称为**细胞命运图**（cell fate map）。如图 15-6 所示，受精卵分裂成两个细胞 AB 和 P_1。然后 AB 细胞分裂成两个细胞 AB_a 和 AB_p；P_1 细胞分裂成两个细胞 EMS 和 P_2。EMS 再分裂成两个细胞 MS 和 E。E 及其子细胞分裂产生的细胞群最终分化成肠细胞。

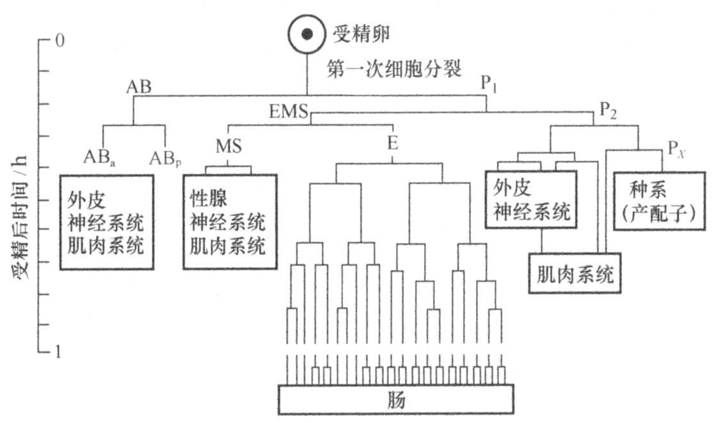

图 15-6 线虫受精卵发育的细胞命运

这种从一个祖细胞开始，表示分裂、分化关系连接起来的细胞图就称为**细胞系谱**（cell lineage）。若祖细胞是受精卵细胞，则为受精卵细胞系谱；若祖细胞是 P_1 细胞，则为 P_1 细胞系谱；余类推。显然，P_1 细胞系谱是由 EMS 细胞系谱和 P_2 细胞系谱组成的，受精卵细胞系谱由 AB 细胞系谱和 P_1 细胞系谱组成，E 细胞和各肠细胞都是同一细胞系谱（EMS）的一部分，余类推。

从图 15-6 还可知：受精卵第一次分裂产生的两个细胞 AB 和 P_1，可分别称为**奠基细胞**（founder cell）和**干细胞**（stem cell）；由奠基细胞 AB 经有丝分裂产生的各子细胞都分化成具有不同功能的体细胞；由干细胞 P_1 经有丝分裂产生的子细胞，每次分裂都产生一个奠基细胞和一个干细胞（如 EMS 和 P_2），照例各奠基细胞分化成具有不同功能的体细胞，各干细胞继续分裂成奠基细胞和干细胞；最终由干细胞 P_X 的分裂和分化，形成可产生配子的种系细胞。因此，线虫受精卵发育的细胞命运图，证明了魏斯曼种质说（第一章）的正确性。显然，受精卵可认为是“全能”干细胞，因为个体内任何类型的细胞都源于它。

三、发育的遗传控制

生物个体发育的遗传控制具有时间性、空间性和程序性细胞死亡：时间性体现在细胞分化成一定类型细胞的时间是适时的，过早或过晚（与正常的比较）都会导致发育不正常；空间（或位置）性体现在一定部位的细胞分化成具有一定功能的组织、器官，如线虫由 E 细胞及其子细胞分裂所占的空间发育成肠组织，P_X 细胞分裂成种系细胞（图 15-6）；程序性细胞死亡是指在一定的正常发育阶段的某些细胞要死亡，否则会引起非正常发育。

（一）发育时间的控制

在雌雄同体线虫中，研究者发现一种具有产卵缺陷的表现型（突变型），大量的受精卵不能排出体外，迫使在体内孵化而引起母体死亡（野生型受精卵排出体外进行孵化，母体不会死亡）。究其原因，是 AB_p 细胞（图 15-6）系谱中的一个系谱——T 细胞系谱（图 15-7）中的细胞分裂、分化时间过早或过晚（与野生型比较）所致。

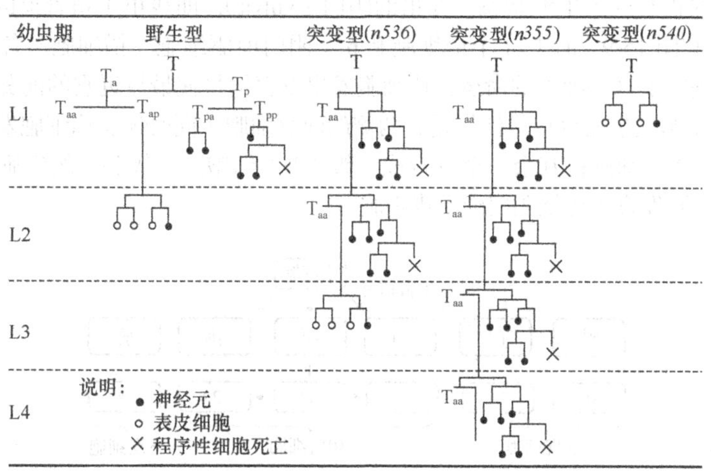

图 15-7 线虫发育的 T 细胞系谱的异时突变

现观察野生型和产卵缺陷表现型（突变型）的 T 细胞系谱有何不同。

野生型（正常）品系的 T 细胞分裂有一特定模式。在 L1，T 细胞分裂成 T_a 和 T_p，T_a 继续分裂成 T_{aa} 和 T_{ap}；T_p 继续分裂成 T_{pa} 和 T_{pp} 并进而分化成 5 个神经元细胞，其中 1 个细胞进入程序性死亡。在 L2，T_{ap} 分化成 3 个表皮细胞和 1 个神经元细胞。

突变型 *n536* 的 T 细胞，在 L1 和 L2 的分裂模式与野生型 T 细胞的 L1 一样，在 L3 的分裂模式与野生型的 L2 相同。

突变型 *n355* 的 T 细胞发生更多次的重复分裂，即在 L2、L3 和 L4 幼虫阶段都重复野生型 L1 的分裂模式。

突变型 *n540* 对 T 细胞系谱具有与突变型 *n355* 相反的效应，即在 L1 幼虫阶段，其 T 细胞相当于野生型 L2 阶段的 T_{ap} 细胞，它跳过了 L1 阶段的分裂和命运，直接进入 L2 阶段的细胞分裂和分化。

现解释野生型和产卵缺陷表现型（突变型）的 T 细胞系谱为何不同。

分子遗传的研究表明，在野生型，作为 T 细胞的称为“*lin-14*”的一个**时序基因**（chronogene）在 L1 表达（编码 Lin-14 蛋白）和在 L2 不表达（不编码 Lin-14 蛋白），于是促成了如图 15-7 所示的野生型 T 细胞分裂分化模式。

但是，这一时序基因在不同位点发生了突变，就产生了如下各突变型：①突变型 *n536*（野生型时序基因 *lin-14* 的突变等位基因 *n536*），该突变等位基因不仅在 L1 也在 L2 表达，因此 T 细胞重复野生型 L1 分裂分化模式；②突变型 *n355*（野生型时序基因 *lin-14* 的突变等位基因 *n355*），该突变等位基因在这 4 个幼虫阶段都表达，因此 T 细胞在所有幼虫阶段都重复野生型 L1 分裂分化模式；③突变型 *n540*（野生型时序基因 *lin-14* 的突变等位基因 *n540*），其 T 细胞相当于野生型细胞 T_{ap}，在 L1 仿野生型 L2 进行分裂分化。

这类在个体发育中改变基因表达时间并因此改变细胞分化时间的突变，称为**异时突变**（heterochronic mutation）。

在个体发育中，时序基因突变带来的非正常表达可导致非正常表型，如不能把受精卵排出体外和导致母体死亡。

（二）发育空间的控制

研究表明，在正常或野生型状态，线虫的阴门（vulva），即线虫生殖管道的向外开口来自 7 个细胞［图 15-8 和图 15-9（a）］：1 个锚细胞和 6 个阴门前驱细胞。锚细胞与各阴门前驱细胞间的距离或位置，决定了这些细胞的命运：锚细胞发出发育信号使最靠近它的前驱细胞发育成一级（1º）细胞；一级细胞发出发育信号使靠近它两侧的前驱细胞（同时还受锚细胞发出发育信号的调控）发育成二级（2º）细胞；其余三个发育成三级（3º）细胞。一级和二级细胞发育（分化）成阴门细胞，三级细胞发育成环绕阴门的下皮细胞。

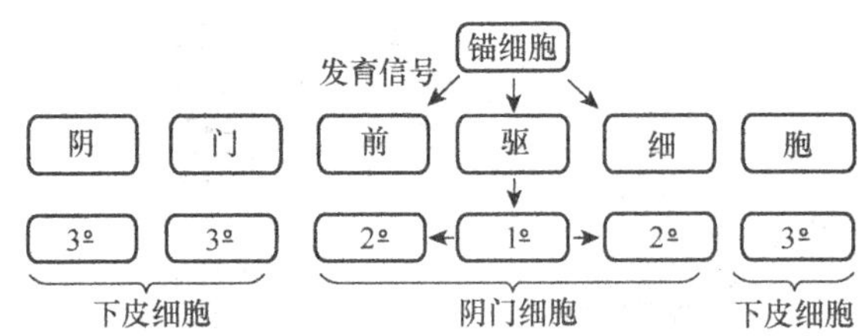

图 15-8 秀丽隐杆线虫 1 个锚细胞和 6 个阴门前驱细胞中的胞间信号模式

如果用激光杀死一个二级（2º）细胞［图 15-9（b）］，则最靠近一级细胞的那个三级细胞就会发育成二级细胞［图 15-9（c）］。

一个细胞的发育方向，依赖位于其附近细胞的调控称为**位置发育调控**（positional developmental regulation）。

研究者已利用扰乱阴门细胞正常发育的突变来识别其发育途径和有关调控基因。这些基因依次分 4 个阶段调控阴门细胞的发育：①产生锚细胞和阴门前驱细胞；②特化，即阴门前驱细胞特化或发育成三类细胞，也就是发育成一级（1º）、二级（2º）和三级（3º）细胞；③增加特化细胞

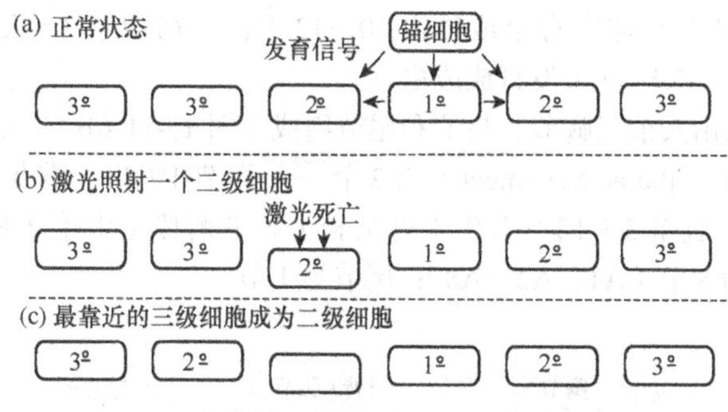

图 15-9　阴门细胞发育受位置调控的证据

数目，即这三类细胞进行有丝分裂，产生各自的子细胞；④形态建成，即通过这三类细胞的互作和与神经、肌肉相连而形成阴门结构。其中任一阶段的基因突变，都会影响阴门以后各阶段的正常发育。

（三）程序性细胞死亡

程序性细胞死亡（programmed cell death）是指一个细胞的命运由其内的遗传编程或基因决定，并且死亡后不会向周围环境释放有害物质的细胞死亡形式，又称**细胞凋亡**（apoptosis）或**细胞自杀**（cell suicide）。程序性细胞死亡是一种**自主发育调控**（autonomous developmental regulation）。

程序性细胞死亡对于维持个体的正常发育非常重要。以性别发育为例，在雌雄同体线虫（XX）的发育中，“*egl-1*”基因要处于活化状态，方能依次使雌雄同体的一个特定神经元细胞免受程序性死亡和发育成正常的雌雄同体个体；但在雄性线虫（XO）的发育中，“*egl-1*”基因要处于失活状态，方能依次使这一个特定神经元细胞遭到程序性死亡和发育成正常的雄性个体。

线虫发育中的上述所有的遗传调控机制（发育的时空控制和程序性细胞死亡），在其他生物都存在。例如，我们人体以每秒 100 万计的衰老细胞和正常细胞在进行程序性死亡和更新。细胞死亡的程序不能正确执行时，可能有致命危险：应该死亡的细胞不能启动程序性细胞死亡程序，就可能成为永生的癌细胞而导致癌症；过早启动神经细胞死亡程序，就可能过早、过多地杀死神经细胞而使相应的组织受损，也就可能患阿尔茨海默病和亨廷顿舞蹈症这类神经组织退化病。

第三节　果蝇的发育遗传

和其他昆虫一样，果蝇也是一种**变态**（metamorphosis）生物，即其生活史从受精卵（长约 1mm，前端伸出一对触丝）开始，要经过幼虫（卵孵化发育成一龄幼虫，后经两次蜕皮分别发育成二龄幼虫和三龄幼虫）、蛹化成蛹和变态才进入成虫期（图 15-10）。

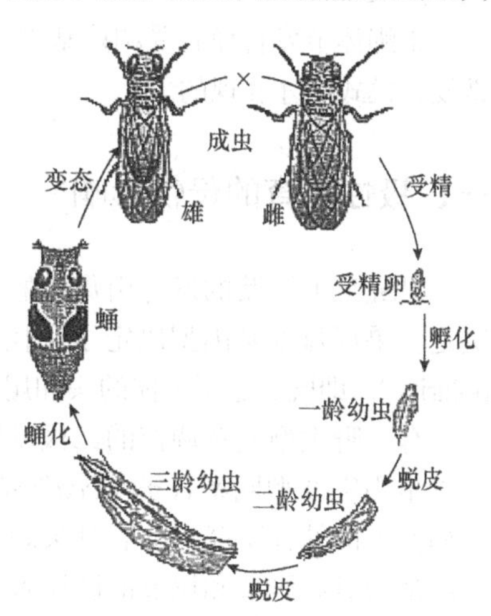

图 15-10　果蝇从受精卵到成虫的发育

在 25℃条件下，从受精卵发育至成体需 10～12 天：受精卵经 3.5 天发育成幼虫，幼虫经 3～3.5 天发育成蛹，蛹经 3.5～5 天发育成成虫。

成虫从头至尾分别由头节、胸节、腹节和尾节组成［图 15-11（b）]：头节为 1 节，着生 1 对复眼和 1 对触角；胸节（thoracic segment）为 3 节——胸节 1（T1）着生 1 对足，胸节 2（T2）着生 1 对足和 1 对翅，胸节 3（T3）着生 1 对足和 1 对平衡棒（由第 2 对翅退化而来）；腹节（abdominal segment）为 8 节（A1，A2…A8）；尾节为 1 节。

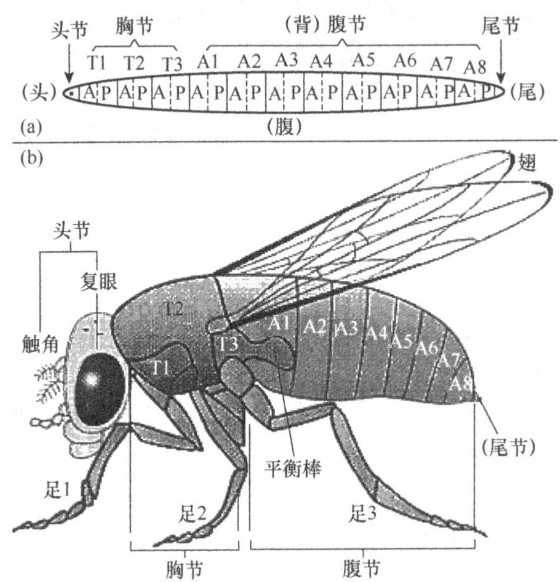

图 15-11 果蝇幼虫［(a)］和成虫［(b)］的体节数

对果蝇发育遗传的研究，多集中在决定胚胎期和幼虫期的体节发育上。为了跟踪体节发育过程，各体节已编号［图 15-11（a）]，其中每一胸节 T 和每一腹节 A 又分前区（anterior，A）和后区（posterior，P）。

果蝇体节发育模式受调控基因控制，与线虫一样，也是根据有关基因的突变而改变了体节正常发育模式后才发现的。

一、极性发育的母性影响

果蝇早期胚胎的发育由母性影响（第七章）决定，即由亲代母本基因型而不由子代基因型决定。果蝇母本基因型决定了子代开始的发育模式，特别是决定了最早期的**胚胎极性**（embryo polarity），即既决定了个体的头和尾或头-尾轴，也决定了个体的背和腹或背-腹轴（图 15-11）。

有一野生型发育调控的二极基因或头-尾轴基因 *BICOID*（*BCD*）突变成 *bicoid*（*bcd*）基因，且母本为突变型同型合子（*bcd/bcd*）时，对母本自身没有影响，但其所有子代胚胎（不管基因型如何）都具有发育调控基因 *bcd* 的突变表型，即子代胚胎没有前端（没有头和胸节），而是前、后端都为具有腹节和尾节的胚胎致死表型。这一事实表明，是母本的基因型决定了子代头-尾轴的发育，即头-尾轴的发育属母性影响遗传：母本的野生型基因型（*BCD*___）决定了子代具正常的表现型；母本的突变型基因型（*bcd bcd*）决定了子代胚胎没有前端，而是前、后端都为具有腹节和尾节的胚胎致死表型。

这一母性影响从其他一些试验也得到了证实：从野生型胚的前端细胞中抽取细胞质但核仍保留时，则胚胎不能形成前端结构；从野生型胚的前端细胞中抽取细胞质，加到 *bcd* 突变等位基因的同型合子胚中，则胚发育正常。

所有这些都表明，是母本产生的物质在受精卵中决定了子代胚胎的前（头）-后（尾）轴的发育。这种影响个体形态发育的物质统称为**成形素**（morphogen）。在该例，是母本的成形素决定了子代胚胎发育的极性。

进一步的研究表明，成形素是一种蛋白质。这种蛋白质是由野生型（*BCD*___）母本的基因（*BCD*）经转录产生的 mRNA，经卵细胞质传递给子代后，在早期胚胎的前端翻译成发育调控蛋白——BCD 蛋白（成形素），并由前端扩散到中部而形成密度梯度，正是 BCD 蛋白的密度梯度确立了头-尾轴（图 15-12）。

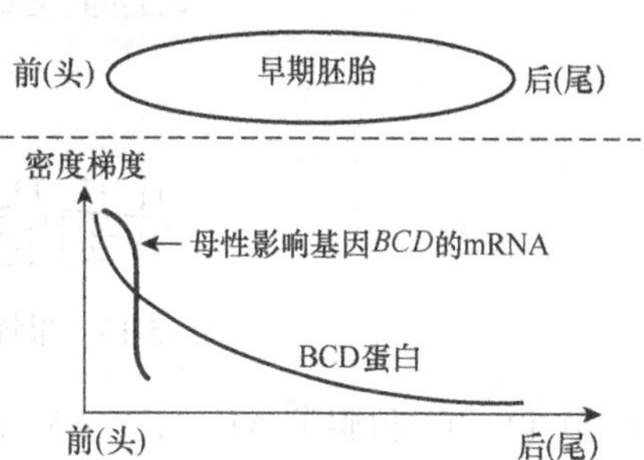

图 15-12　*BCD* 的 mRNA 和 BCD 蛋白在胚中的密度梯度

有 30 多种母性影响基因调控果蝇的早期胚胎发育。除头-尾轴基因 *BCD* 调控果蝇的头-尾轴发育外，还有背-腹轴基因 *DORSAL* 调控果蝇的背-腹轴发育等。

因此，这些母性影响基因，通过其产物（如 mRNA）传给子代，并对子代早期胚胎的头-尾轴和背-腹轴等的发育进行调控。

二、分节发育的分节基因表达

亲代基因——母性影响基因确定子代胚胎极性（头-尾轴和背-腹轴等）后，子代基因才开始对其以后发育过程的体节分化进行调控。业已鉴定的影响胚胎体节分化的**分节基因**（segmentation gene）有三类：裂隙基因、成对-规则基因和体节极性基因。这些分节基因的正常功能，与刚才推知头-尾轴极性基因的正常功能一样，也是根据具突变基因的幼虫的异常分节推知的。

（一）裂隙基因

第一批表达的分节基因统称**裂隙基因**（gap gene），因为它们的隐性突变基因为同型合子时，会丧失一些体节。研究得比较清楚的一些裂隙基因有 *knirps* 和 *krüppel*。

突变基因 *knirps*（德语意为缩短）的表现型是前 7 个腹节［图 15-13（1）］融合后而剩一节使幼虫缩短，从而推知该野生型基因（*KNIRPS*）是负责腹部分节的。突变基因 *krüppel*（德语意为残损）的表现型使幼虫的 3 个胸节和前 5 个腹节融合成一节而使幼虫残损（图 15-13 中未显示），从而推知该野生型基因（*KRÜPPEL*）是负责这些体节分节的。

因此，诸裂隙基因是负责果蝇大体分节的，大体确定了果蝇胸节和腹节的位置。

（二）成对-规则基因

第二批表达的分节基因统称**成对-规则基因**（pair-rule gene），因为这些基因在胚胎发育中基本上是负责相邻成对体节之一的分节。例如，偶数节缺失突变基因 *even-skipped* 会引起偶数节缺失，即胸节 T2 和腹节 A2、A4、A6、A8 缺失［图 15-13（2）］。也就是说，其野生型基因 *EVEN-SKIPPED* 负责偶数节的形成。类似地，奇数节缺失突变基因 *fushi tarazu* 会引起奇数节缺失，即

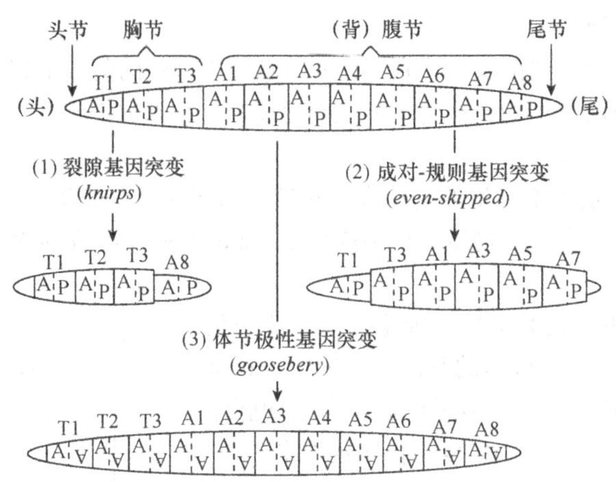

图 15-13 果蝇分节基因突变对幼虫发育的表现型效应

胸节 T1、T3 和腹节 A1、A3、A5、A7 缺失（图 15-13 中未显示）。也就是说，其野生型基因 *FUSHI TARAZU* 负责奇数节的形成。

（三）体节极性基因

第三批表达的分节基因统称**体节极性基因**（segment-polarity gene）。如图 15-13（3）所示，每体节由两区组成：前区（A）和后区（P）。体节极性基因就是影响体节内前、后区结构的基因。体节极性基因突变，会引起体节内一个区的缺失和用剩下的那个区的镜像结构顶替。例如，突变基因 *goosebery* 使每体节的后区缺失，而用剩下前区的镜像结构顶替，即这时的后区是其前区的镜像结构。因此，其野生型基因 *GOOSEBERY* 负责每体节后区的形成。

三、体节个性发育的同形异位复合体基因表达

如上所述，果蝇亲代母性影响基因的产物决定了子代的（胚胎）极性，子代的分节基因确定了其体节的位置和数目。而随后子代各体节内发育的个性或特性（identity），如头节长触角和胸节长足，则是由下面讲的“同形异位复合体基因”确定的。

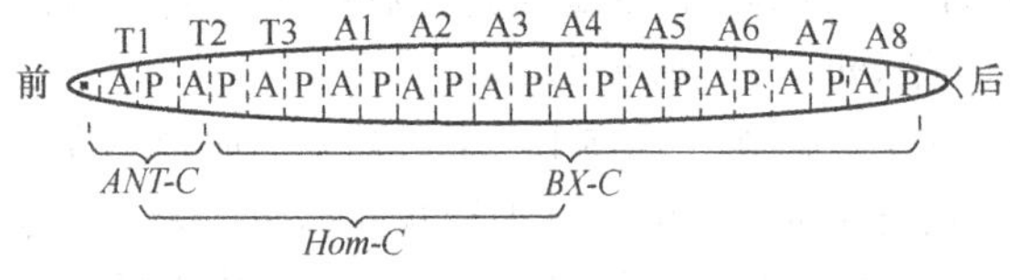

图 15-14 同形异位复合体基因对体节特性发育的调控

果蝇中的同形异位复合体基因是由位于第 3 号染色体上的两套复合体基因组成的（图 15-14），分别是**触角足复合体基因**（antennapedia complex gene，*ANT-C*）和**双胸复合体基因**（bithorax complex gene，*BX-C*），统称为**同形异位复合体基因**（homeotic complex gene，*Hom-C*）。

触角足复合体基因（*ANT-C*）中的有关基因调控头部、第一胸节（T1）和第二胸节前区（T2A）的结构发育；双胸复合体基因（*BX-C*）的有关基因调控其余体节，即从第二胸节的后区（T2P）开始一直延续到最后腹节和尾节的结构发育。

这些基因正常时，能使身体有关部分正常地长在一定的体节上，如触角只长在头节上，而足只长在胸节上。

这些基因突变时，如触角足复合体中的一个（野生型）基因发生突变时，足不是长在胸节

上，而是长在正常时应长触角的头节上——长在头节上的足特称为**触角足**（antennapedia），该突变基因就称为触角足基因 *antp*，由此推知其野生型（正常）基因 *ANTP* 负责胸节长足，即负责长胸足；或者说基因座（*ANTP-antp*）有两种等位基因，基因型 *ANTP*____ 和（隐性纯合体）基因型 *antp antp* 分别使足长在胸节和头节上。这种同一形状的结构（如昆虫的足）非正常地长在异位（本应长在胸节的足——胸节足，却长在头节本应长触角位置上的足——触角足）的现象称为**同形异位**（homeosis）。控制同形异位的基因称为**同形异位复合体基因**（homeotic complex gene）。显然，同形异位复合体基因与分节基因一样，是以其突变表现型（如触角足）命名的，其他的同形异位野生型基因也都是以相应突变表现型命名的，即都是采用一般的遗传符号系统（第三章）命名的。

正是同形异位复合体基因决定了果蝇各体节发育的个性，有关基因的突变就会使有关体节的个性或特性发生变化。

位于果蝇第三染色体上的这两大复合体基因，有关基因组成和在染色体上的排列顺序如图 15-15 所示。

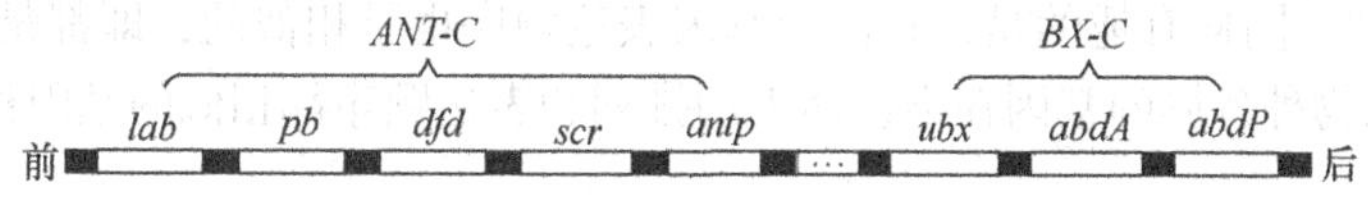

图 15-15　同形异位复合体基因对体节发育特性的调控

触角足复合体基因（*ANT-C*）有 5 个同形异位复合体基因（座）——头节的唇基因（labial, *lab*，使长触角位置长唇）、吻足基因（proboscipedia，*pb*，使长触角位置长吻足）、畸形基因（deformed，*dfd*）、胸节的性梳减少基因（sex comb reduced，*scr*）和触角足基因 *antp*。

双胸复合体基因（*BX-C*）有 3 个同形异位复合体基因（座）：超双胸基因（ultrabithorax, *ubx*）的野生型基因 *UBX*，负责第二胸节后区和第三胸节特性的发育；腹节 A 基因（abdominal A，*abdA*）和腹节 P 基因（abdominal P，*abdP*）的野生型基因 *ABDA* 和 *ABDP* 负责各腹节特性的发育。

这些同形异位复合体基因中的基因都含有一个称为**同形异位框**（homeobox）的保守序列。这一保守序列（有 180 对核苷酸，编码 60 个氨基酸）是这些同形异位复合体基因各编码蛋白的**同形异位结构域**（homeodomain），属于转录调控蛋白中的螺旋-转角-螺旋结构（第十一章）。正是这一螺旋-转角-螺旋结构与其调控的有关基因结合后，活化或抑制有关基因的转录而调控各体节结构发育的特性。

四、与其他生物同形异位复合体基因的比较

从果蝇中分离和克隆出同形异位复合体基因之后，研究者又着手研究在其他动物是否也存在类似的基因。他们用探针（与果蝇同形异位复合体基因互补）搜寻其他生物中可能存在的、负责发育的同形异位复合体基因。

结果发现：在所有被研动物中，其中包括线虫、甲虫、海胆、两栖动物、鸟类和哺乳动物，都含有负责发育的同形异位复合体基因（*Hox*），且其内含有与果蝇类似的同形异位框（homeobox）；在真菌和植物中也有类似发现。

果蝇有一套或一簇同形异位复合体基因座（*Hom loci*）；哺乳动物（其中包括人类），共有 4 套或 4 簇同形异位复合体基因座（*Hox loci*）——*Hox-A*、*Hox-B*、*Hox-C* 和 *Hox-D*，分别位于 4 条染色体上（小鼠分别位于第 6、11、15 和 2 号染色体上，人类分别位于第 7、17、12 和 2 号染色

体上）；其中每簇含 9 个或 11 个基因（座）。有趣的是，在被研的哺乳动物中，每簇各基因座在染色体上排列的顺序都与果蝇中的同形异位复合体基因座（*Hom loci*）中的基因具有相似的关系，或者说哺乳动物每簇的基因和果蝇同形异位复合体的基因都具有相似的序列（图 15-16）。

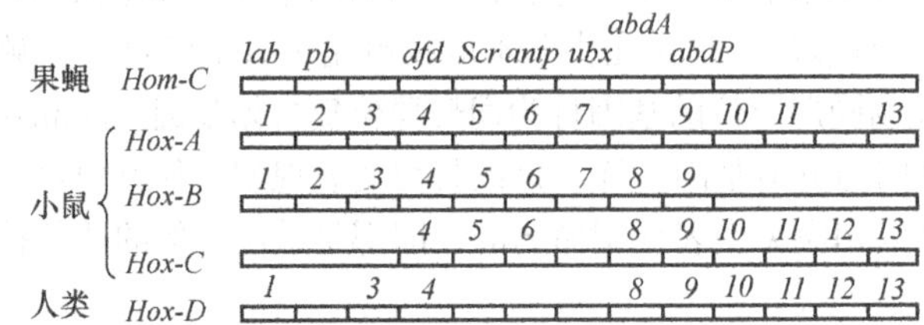

图 15-16 果蝇和哺乳动物同形异位复合体基因相似性的比较

例如，小鼠 *Hox-A*、*Hox-B* 和 *Hox-C* 的同形异位框与果蝇 *Hom-C* 的同形异位框具有 70% 的同源性；人类 *Hox-D* 簇的基因 *4* 编码的蛋白质（共有 60 个氨基酸）与果蝇基因 *dfd* 编码的蛋白质有 40% 的同源性。同样有趣的是，它们的基因表达顺序也是相似的，即都是负责胚胎头-尾轴躯体的发育。不同物种各簇的基因在染色体上的排列和表达顺序都相似的基因称为**平行进化基因**（paralogous gene）。

进入基因组时代后，对许多物种的全基因组序列进行比较后发现，**染色体重排**（chromosome rearrangement）是生物进化的主要方式。例如，小鼠每条染色体是由人类若干不同染色体的一些片段组成的，如小鼠的染色体 1 含有人类染色体 1、2、5、6、8、13 和 18 的 DNA 的长序列节段，而这些节段所含基因的功能在两物种几乎完全相同；同样，人类的某一染色体含有小鼠不同的 DNA 长序列节段，这些节段所含基因的功能在两物种中也几乎完全相同。

同形异位复合体基因在不同生物 DNA 序列上的同源性和基因表达上的相似性，都说明同形异位复合体基因具有共同的起源。在真核生物进化早期，*Hox* 基因就已出现，在生物进化过程中，染色体重排形成了不同生物的同形异位复合体基因。

第四节 性别的发育遗传

这里仅以果蝇和人为例，说明性别的发育遗传。

一、果蝇性别的发育遗传

第四章讨论过，果蝇是性指数决定性别，即由种系细胞或体细胞中的 X 染色体数与常染色体组数之比值决定性别。这里要讲的是，果蝇性别发育过程的一个主要调控基因是 X-连锁的有 8 个外显子的**"性致死基因"**（sex-lethal gene，*Sxl*）（图 15-17）。

在胚胎发育期，性致死基因（*Sxl*）转录成的前-mRNA 进行选择剪接（第十一章）时，解读的首先是性指数（第四章）：若性指数＝1（如 AAXX，AAXXY），则对性致死基因（*Sxl*）转录成的前-mRNA 进行剪接时，删除外显子 3 后，其成熟 mRNA 翻译成有功能的 Sxl 蛋白，这种蛋白再引发其他基因以某种形式表达，最终发育成雌性；若性指数=0.5（如 AAXY），则对性致死基因（*Sxl*）转录成的前-mRNA 进行剪接时，保留全部外显子——由于外显子 3 中有一终止密码子，其 mRNA 翻译成无功能的 Sxl 蛋白，这种蛋白再引发其他相应基因以另种形式表达，最终发育成雄性。

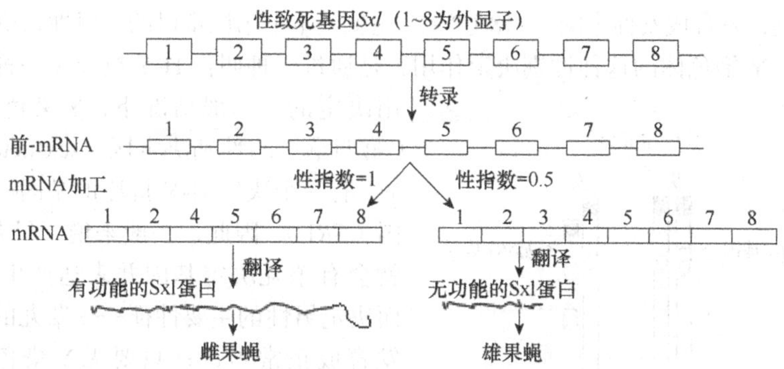

图 15-17 果蝇性致死基因（*Sxl*）的前-mRNA 依性指数进行剪接

二、人性别的发育遗传

就人性别而言，在本书第四章讲的一般性结论是：当性染色体组成是 XX 时，为正常女性；是 XY 时，为正常男性。

然而也偶有例外，确有 XX 男性和 XY 女性！究其原因，就要涉及人的性别发育和与性别发育有关基因的问题了。

人胚胎发育第一个月的性别未分化，有发育成男性或女性的潜力［图 15-18（1）］。这时的胚胎：性腺内有原始睾丸和原始卵巢，以后可能分别发育成睾丸和卵巢；生殖管有**沃尔夫管**（Wolffian duct）和**米勒管**（Müllerian duct），以后可能分别发育成输精管和输卵管。

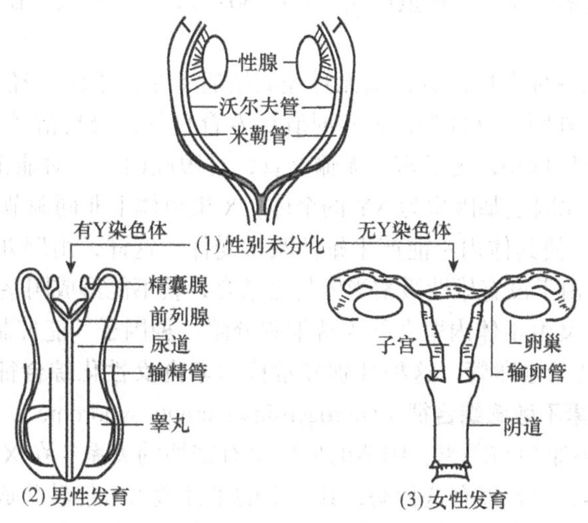

图 15-18 人的性别发育

在一般或正常情况下，如果原始睾丸以后发育成睾丸和沃尔夫管发育成输精管，则原始卵巢和米勒管退化，发育成男性；如果原始卵巢以后发育成卵巢和米勒管发育成输卵管，则原始睾丸和沃尔夫管退化，发育成女性。

究竟是发育成男性还是女性，一般由细胞内的性染色体组成决定，特别是由 Y 染色体的有无决定：有 Y 染色体（无论 X 染色体有多少条），形成睾丸，发育成男性［图 15-18（2）］；无 Y 染色体，形成卵巢，发育成女性［图 15-18（3）］。这就是本书第四章讲的一般性结论。

后来发现，Y 染色体的这种性别决定作用，是通过一种叫作 H-Y 抗原（一种糖蛋白）的作用决定的。一般情况下，Y 染色体非同源节段（第四章）的性别决定区（sex-determining region Y）有一个决定 H-Y 抗原的基因——睾丸决定基因（*SRY*）。因此，一般来说，只要有 Y 染色体，就会有睾丸决定基因并表达产生 H-Y 抗原，从而决定男性的主要性征——睾丸的形成，使个体发育成正常男性；只要无 Y 染色体，如 XX 个体，由于 X 染色体上无睾丸决定基因，就不能产生 H-Y 抗原，从而不能使生殖腺分化成睾丸，只能产生女性的主要性征——卵巢，使个体发育成正常女性［图 15-19（a）］。

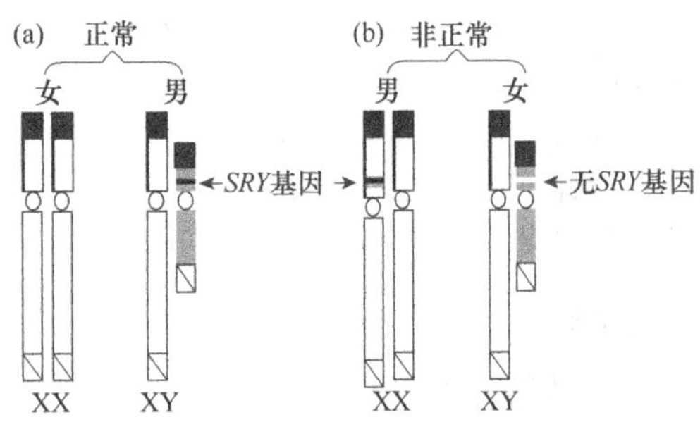

图 15-19　XX 男性和 XY 女性产生的原因

但偶尔，正常男性在减数分裂形成配子的过程中，Y 染色体非同源节段携有睾丸决定基因的片段，通过“非法”重组或易位可转移到 X 染色体或常染色体上，这样就可能使不含 Y 染色体但因其片段转移而具有睾丸决定基因的 XX 个体发育成非正常男性；又可能使含有 Y 染色体，但因其片段转移而不含睾丸决定基因的 XY 个体发育成非正常女性［图 15-19（b）］。具有男性主要性征——睾丸的 XX 男性和具有女性主要性征——卵巢的 XY 女性就是这样形成的。

在性别发育或分化中，男性的次要性征——阴囊、阴茎又是如何形成的呢？研究证明：睾丸决定基因 *SRY* 还能产生以 5α-二氢睾酮形式存在的雄性激素，如果 Y 上有睾丸决定基因的 XY 个体，其 X 染色体的非同源节段上还存在雄性激素受体基因 *Tfm*（凡正常男人都是这种情况），在其控制下产生的雄性激素受体（一种蛋白质）与以 5α-二氢睾酮形式存在的雄性激素结合后，就可形成阴囊、阴茎。

但是，临床上可见一种女性患者，以无月经或婚后不孕而求医。经体检发现，患者的皮下脂肪丰满，乳房增大，外阴呈女性型，成年时乳房发育良好，身材苗条，两腿修长，常为女模特入选对象；但阴道短呈盲端，无子宫，无输卵管，且腹腔内有一对能正常产生雄性激素（5α-二氢睾酮）的睾丸。其原因是基因型为 XY 的个体，X 染色体上非同源节段上的雄性激素受体基因（*Tfm*）发生了突变，使其体内不能产生雄性激素受体。这样，由睾丸产生的以 5α-二氢睾酮形式存在的雄性激素，由于没有雄性激素受体与之结合，就不能形成阴茎、阴囊，外生殖器就自然地向女性方向发育。又由于体内睾丸的支持细胞分泌一种因子，能抑制女性生殖管道的形成，所以这种人既无子宫又无输卵管。这种性别异常称为**睾丸女性化综合征**（testicular feminization syndrome）或称**雄性激素不敏感综合征**（androgen-insensitivity syndrome）。

后来还发现，5α-还原酶与阴囊、阴茎的形成也有密切的关系。在 XY 个体，尽管能产生雄性激素和雄性激素受体，但若没有这种酶，其产生的雄性激素不能转化成 5α-二氢睾酮，于是不能形成男性的阴茎、阴囊。这种人在青春期后，喉结增大，声音变低，体毛和肌肉皆呈男性，唯外生殖器呈女性。控制这种酶产生的基因——5α-还原酶基因，位于一常染色体上，该基因突变就不能产生 5α-还原酶。

因此，人的性别分化或发育是由 Y 染色体非同源节段上的睾丸决定基因、X 染色体非同源节段上的雄性激素受体基因和常染色体上的 5α-还原酶基因共同决定的。只有这三个基因都正常且位于染色体的正确位置时，XY 和 XX 个体才能分别发育成正常男性和正常女性。

第五节 拟南芥的发育遗传

对植物的发育遗传研究，一直就没有像动物那样深入广泛。可喜的是，近年来对植物的发育遗传研究已加快了步伐，其中取得的进展多得益于对模式植物——**拟南芥**（*Arabidopsis thaliana*）的研究。拟南芥为一年生有花植物，顶端有自花授粉的总状花序，基部有靠近地面的丛生叶。拟南芥作为遗传研究材料，与其他有花植物相比的优点是：生活周期短（约 6 周）、基因组相对小（1 亿 bp，25 000 个编码基因，仅为水稻基因组的 25%）和容易栽培（株高约 20cm，可在培养皿中培养）等，是研究植物遗传，特别是研究植物发育遗传的好材料，被誉为植物遗传研究中的果蝇。

下面依次讨论拟南芥的生活周期、发育的遗传控制以及与动物发育遗传的比较。

一、生活周期

如图 15-20 所示：受精卵第一次分裂形成大小不等的两个细胞——小细胞和大细胞；以后小细胞分裂形成（真正意义上的）胚，大细胞分裂形成胚柄，这时的胚胎发育进入球形期；当胚形成两个隆突而成心脏形时，进入心形期；两隆突扩展、分化成两片子叶时，进入鱼雷期；鱼雷期后，已分化出将来为营养体发育的主要组织而成为成熟胚——经脱水干化进入休眠期，几乎停止全部的代谢活动，借此成熟胚可抵御不良环境（如寒冷）。

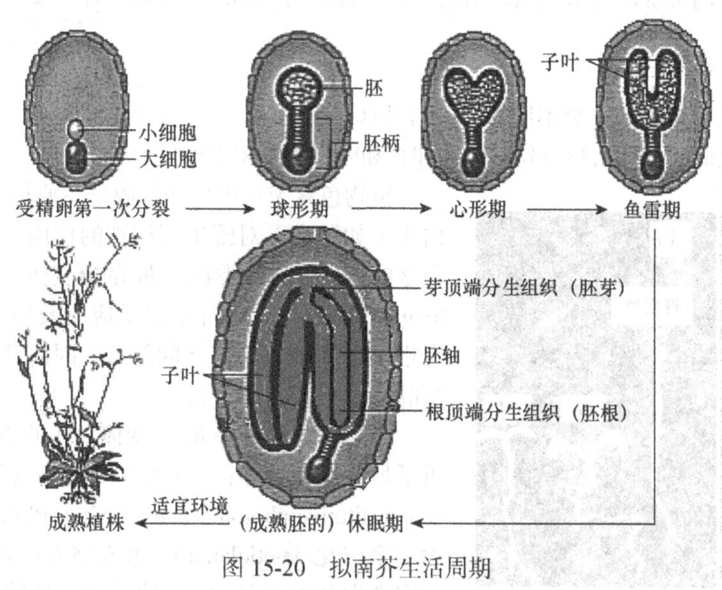

图 15-20 拟南芥生活周期

在适宜环境下，休眠期的成熟胚，吸收水分后重新进行生长发育。阳光提供了生长的信息：如果种子在暗处（如地表之下）萌发，则胚轴快速伸长；但子叶和胚芽的生长受到抑制。伸长的胚轴在其顶端呈钩状体（一种适应现象，当幼苗破土而出时可保护脆弱的胚芽顶端分生组织）。伸长的胚轴出土见光后停止生长，其顶端的钩状体伸直，子叶生长变绿（形成叶绿体），通过光合作用可自我提供营养。这一光调节的生长发育程序称为**光形态发生**（photomorphogenesis）。

经一定的营养生长后，芽顶端分生组织增大，从只能分化产生叶的细胞转入能产生花的分生组织——这时的芽顶端分生组织就成了花序分生组织，进而发育出花的各组成部分。

二、发育的遗传控制

在这里，简要说明拟南芥胚发育、光形态发生和花器发育的遗传控制。

（一）胚发育

子叶与成熟叶片的一个区别是：前者表皮没有毛状突起，后者表皮具有毛状突起。有一类称为叶状子叶（leafy cotyledon）的突变基因 *lec2*，使胚中的子叶类似成熟叶片（表皮具有毛状突起），而不像野生型成熟子叶（表皮不具毛状突起）。此外，该突变体的种子不能萌发，因为这些种子在成熟过程中经不住脱水干化而死亡。如前所述，子叶是在球形期产生的胚结构；相反，叶是在种子萌发后的顶端分生组织的产物。因此，突变基因 *lec2* 是使球形期的胚发育命运发生改变——由发育成子叶改变发育成叶，也使其种子不能萌发。研究表明，其野生型基因 *LEC2*（已被克隆）编码的是转录因子，对细胞分化成胚和种子的正常成熟都具有重要作用。

还有一类称为双生（twin）的突变基因 *twin*，揭示了其野生型基因在胚发育过程中存在负调控。这是因为，有该突变的胚，胚柄中的一些细胞改变其发育命运，结果在种子内还形成第二个胚而使种子具有两个胚——双生胚。由此推测，在胚柄细胞中，相应的野生型基因 *TWIN* 编码的分子，形成一个胚后有抑制第二个胚形成、发育的作用（负调控）。

这些和其他的突变研究都表明，植物的胚发育，与动物的胚发育一样，要受到遗传控制。

（二）光形态发生

植物在生长发育期间，对不同的环境信号具有不同的反应。最明显的一个反应是光形态发生中的幼苗钻出土面时，幼苗顶端钩状体的伸直和叶绿体对阳光的反应。

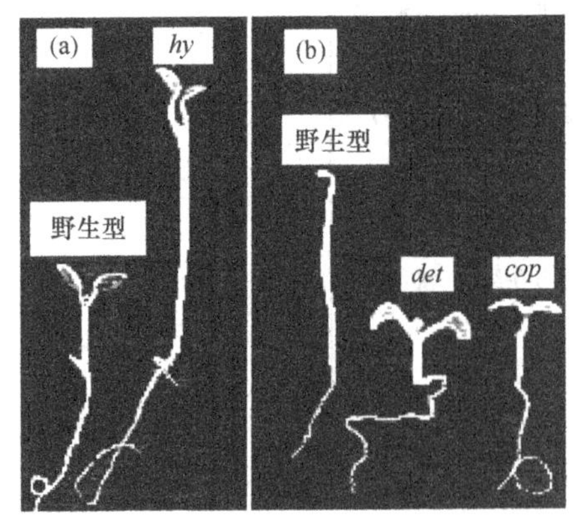

图 15-21　拟南芥的野生型和突变体生长对光反应的比较

（a）在光处；（b）在暗处

植物色素家系中的光接收器主要接收红光和红外光。白光（如阳光）对野生型植株的作用是抑制下胚轴和幼苗茎的伸长。有一类称为 *hy* 的突变体（*hy* 意为长下胚轴 long hypocotyl），对白光的反应不及野生型 *HY* 的敏感，促进了下胚轴或幼苗茎的伸长，因此其幼苗长得比野生型的高［图 15-21（a）］。

研究者在分析各 *hy* 突变体对光的不同反应时，还分析了另两组突变体：*cop* 突变体（*cop* 意为组成型光形态发 constitutive photomorphogenesis）和 *det* 突变体（*det* 意为完全白化 de-etiolated）。组成型光形态发育突变体 *cop* 和完全白化突变体 *det* 的幼苗在暗处的表现，就好像野生型植株接受了光信号的表现［图 15-21（b）］——幼苗顶端钩状体伸直，子叶张开，光调控基因失去了“抑制光形态发生”的作用；然而，用来作为对照的野生型，有关光调控基因却具有“抑制光形态发生”的作用，从而使下胚轴或幼苗茎伸长。因此，野生型（正常）基因 *COP* 和 *DET* 的产物，在接受光信号前都是抑制光形态发生的。

（三）花器发育

有花植物发育中的一个生死攸关的事件，是由营养生长转向生殖（繁殖）生长。在这一转向期间，芽内一些营养分生组织会分化成花序分生组织，即分化成具有许多较小的茎生叶和具有一些侧芽的延长茎。延长茎的每一侧芽发育成具有一定花程式的一朵花（图 15-22）：（野生型）拟南芥花的花程式有 4 轮，从外轮向内轮依次是 4 个萼片、4 个花瓣、6 个雄蕊和 1 个融合心皮（由 2 个心皮融合而成），即（野生型）花程式由外向内的 4 轮是“萼片-花瓣-雄蕊-心皮”。

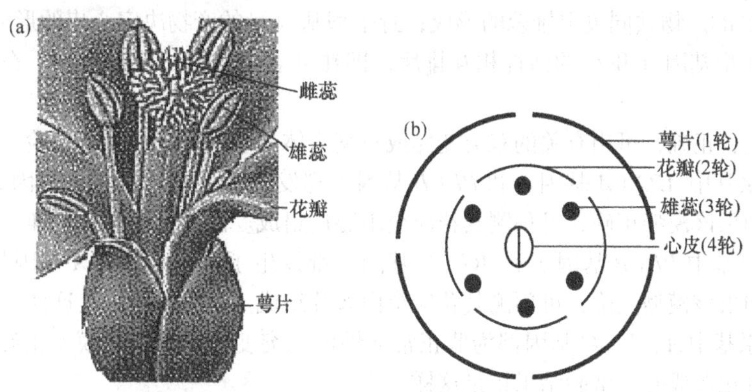

图 15-22　野生型拟南芥花［(a)］和花程式［(b)］

1. 决定花程式的三类基因　突变的遗传试验表明，引起野生型拟南芥花程式变化的有三类突变：*A* 类突变、*B* 类突变和 *C* 类突变（图 15-23）。

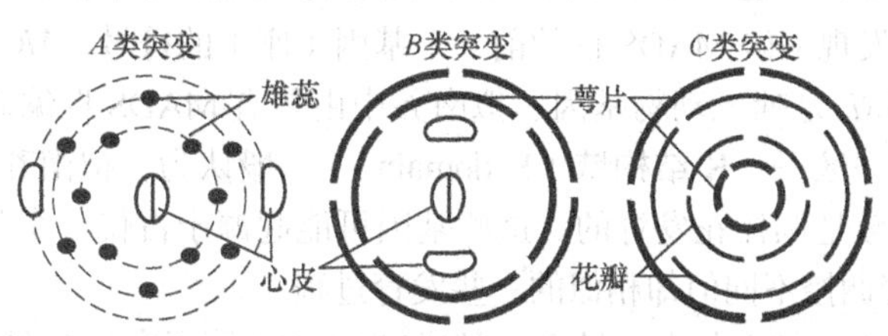

图 15-23　花程式的三类突变

A 类突变的花程式为：心皮-雄蕊-雄蕊-心皮。也就是说，相对于野生型花程式而言，这类突变是第 1 轮由心皮替换了萼片，第 2 轮由雄蕊替换了花瓣。一定杂交试验的分离比（正常表型与非正常表型之比）表明，这是由一个基因的突变引起的，定名为 *ap2*（*ap* 在这里意为无花被 apetal，即既无萼片又无花瓣），由此可推出其野生型基因 *AP2* 的产物负责花被（萼片和花瓣）的产生。

B 类突变的花程式为：萼片-萼片-心皮-心皮。由定名为 *pi*（*pi* 意为具雌蕊 pistillata，即具心皮，在植物学意为只具雌蕊而无雄蕊）的突变引起，由此可推出其野生型基因 *PI* 的产物负责花瓣和雄蕊的产生。

C 类突变的花程式为：萼片-花瓣-花瓣-萼片。由定名为 *ag*（*ag* 意为无配子 agamous）的突变引起，由此可推出其野生型基因 *AG* 负责雄蕊和雌蕊的产生。

由于引起花程式的变化是上述三类突变的结果，因此可推知由下述三类野生型基因决定花程式。

2. 决定花器发育的 *ABC* 花程式模型 为把问题简化，令上述 *A*、*B* 和 *C* 三类突变是分别使三类野生型基因 *A*、*B* 和 *C* 产生非正常活性的结果。这三类野生型基因 *A*、*B* 和 *C* 是如何决定花程式的，有人提出了如下的花器发育的 *ABC* 花程式模型。

第一，野生型基因 *A* 在花器形成第 1 和第 2 轮时存在活性（由于 *A* 类突变的第 1 和第 2 轮为非野生型花程式）；野生型基因 *B* 在形成第 2 和第 3 轮时存在活性（由于 *B* 类突变的第 2 和第 3 轮为非野生型花程式）；同理，野生型基因 *C* 在形成第 3 和第 4 轮时存在活性。

第二，当花器从花原基发育时，这三类野生型基因产物，以独立或互作方式决定花器的性质：野生型基因 *A* 的产物决定萼片的形成；野生型基因 *A* 和 *B* 的产物共同决定花瓣的形成；野生型基因 *B* 和 *C* 的产物共同决定雄蕊的形成；野生型基因 *C* 的产物决定心皮的形成。

第三，野生型基因 *A* 和 *C* 的活性相互排斥，即在 *A* 表达的部位 *C* 不表达，在 *C* 表达的部位 *A* 不表达。

这一模型是否正确，可用有关的双突变体或三突变体品系试验进行如下检验。

对于在花原基中 *AP2*（*A* 基因）和 *PI*（*B* 基因）都发生了突变（只有 *C* 基因具有正常活性）的双突变体，如果该模型正确，可预测其花应全由心皮组成。试验结果正是这样。

对于在花原基中 *PI*（*B* 基因）和 *AG*（*C* 基因）都发生了突变（只有 *A* 基因具有正常活性）的双突变体，如果该模型正确，可预测其花应全由萼片组成。试验结果正是这样。

对于在花原基中 *A*、*B*、*C* 基因都为非正常活性的三突变体，如果该模型正确，可预测其花器各部分都应分化形成叶。试验结果正是这样。

因此，根据上述检测结果，花器发育的 *ABC* 花程式模型是正确的。

显然，这三类基因属于同形异位复合体基因，因为它们的突变照例形成正常（野生型）花器，只是发生了异位。这些同形异位复合体基因编码的蛋白质，由于都共有一段含有 56 个氨基酸的高度保守区——**MADS 框**（MADS box），所以统称 MADS 框蛋白；而 MADS 代表 *MCM1-AG-DEF-SRF*，即代表发现编码 MADS 框的前 4 个基因（座）的符号。*MCM1* 是酵母基因，*AG* 和 *DEF* 是拟南芥基因，*SRF* 是哺乳动物基因。拟南芥中由具有 MADS 框编码的蛋白质还共有一段含有 67 个氨基酸的保守区——**K 结构域**（K domain）。一般认为，拟南芥中有超过 20 个 MADS 框基因（座），其中多数是调控花发育的。这些基因可能起源于古代一个基因，在进化期间经重复、歧化多次后，负责调控不同但却相似的一些发育过程。

MADS 框蛋白与 DNA 结合位点的结合，是通过 MADS 框蛋白的 K 结构域形成的螺旋-转角-螺旋结构（第十一章）与 DNA 结合位点相结合，活化或抑制有关基因的转录而调控各花器的发育。因此，MADS 框基因所起的作用与动物中的同形异位框基因类似，尽管这二者间没有相似的核苷酸序列。此外，MADS 框基因是分散在拟南芥的整个染色体组中，而同形异位复合体基因是以簇的形式集中在动物的一些特定染色体上。

三、与动物发育遗传的比较

昆虫和哺乳动物在发育上的相似性证明，动物的发育模式在生物进化的早期业已确定。这种动物发育的相似性也能扩展到植物发育吗？证据表明，在动植物的发育中都有相同类型的基因，但其功能在动植物中很不相同。

这方面一个极好的例子，是动植物的同形异位框基因和 MADS 框基因的功能比较。

动植物都有同形异位框基因（前者较多，后者较少）：在动物中，这些基因决定器官的特性或个性；在植物中，这些基因的产物是调控细胞分裂的普通激活因子。

动植物也都有 MADS 框基因（前者较少，后者较多）：在动物中，这些基因与植物的同形异位框基因的作用类似，是调控细胞分裂的普通激活因子；在植物中，这些基因与动物的同型异位框的作用相似，决定器官的特性或个性。

在生物进化早期，动植物的祖先仍处于单细胞的真核阶段时，就可能发生歧化分别向动植物两个方向进化。调控多细胞动植物细胞分化和发育的基因，似乎是通过基因的重复和歧化完成的。这些基因存在于单细胞祖先的证据来自单细胞真核生物——面包酵母（*Saccharomyces cerevisiae*），它既有同形异位框基因，又有 MADS 框基因。当这些基因在进化中经重复和歧化时，就成为一些特定的具有相似结构的基因类型，调控特定的发育过程。

从以上讨论可知，每个物种之所以能在一定的时间发育成一定的空间结构，乃是其基因在一定的时间和一定的空间进行选择性表达的结果。

最后需要指出的是，上面讲的个体发育的遗传决定，说的是在一般或正常的环境条件下，个体发育是由其基因型决定的。但若是在非正常环境下，个体发育并非由基因型决定，如第三章所述的反应停综合征，纵使胎儿的基因型具有发育成正常表现型的潜力，但如果其母在受孕早期服用“反应停”药物就会患“海豹病”。所以，个体发育的表现型，仍然是基因型和环境相互作用的结果。

本章小结

细胞具有发育成一个完整个体或分化成其他细胞类型的能力称为细胞全能性。在发育中，细胞的结构和功能产生差异的过程称为细胞分化。细胞全能性和细胞分化是发育的遗传基础。

秀丽隐杆线虫和果蝇是研究动物发育遗传的好材料，拟南芥是研究植物遗传的好材料。

在秀丽隐杆线虫，每个细胞的发育命运，即每个细胞的发育系谱都已确定。通过对突变基因的效应分析，已经确定了许多相应野生型基因对发育的调控作用，且发现基因对发育的调控分时间、空间和程序性细胞死亡（自主发育）的调控。线虫的发育是有关基因依次表达的结果。

在果蝇，发育也是有关基因依次表达的结果。在胚胎发育早期，首先是母性影响基因的产物分布在受精卵的一些特定部位，决定了胚胎的前-后极和背-腹取向。随后是子代分节基因对发育的调控：第一批是裂隙基因，确定胸节和腹节的大体位置；第二批是成对-规则基因，确定胸节和腹节的分节节数；第三批是体节极性基因，确定每节的极性，即每节的前区和后区；再后是同形异位复合体基因决定各体节的个性或特性。果蝇同形异位复合体基因位于第 3 号染色体上，分为两大复合体或两大簇：触角足簇，调控头部、第 1 胸节和第 2 胸节前区的结构发育；双胸簇，调控其余体节，即从第 2 胸节后区开始一直延续到最后腹节的结构发育。

果蝇和哺乳动物的同形异位复合体基因在序列上的同源性和基因表达上的相似性，说明这些基因有共同起源。

果蝇的性别发育是由其性指数的不同，对性致死基因的前-mRNA 具有不同选择剪接的结果。人的性别发育是由 Y 染色体上的睾丸决定基因、X 染色体上的雄性激素受体基因和常染色体上的 5α-还原酶基因共同决定的。这些基因发生非法重组、突变，就会引起性别分化或发育的异常。

在拟南芥，胚发育、光形态发生和花器发育都受到遗传调控。研究得最为清楚的调控植物发育的是 MADS 框基因，其功能与动物中的同形异位框基因类似。

由于单细胞真核生物的面包酵母，既有 MADS 框基因又有同形异位框基因，说明可能调控动植物发育的基因具有共同祖先（一种单细胞真核生物）。

个体发育是其基因按一定的时空顺序进行选择性表达的结果。

范 例 分 析

1. 什么试验可以证明：分化细胞中的基因不是永远丧失或改变，而是选择性表达的结果？

2. 程序性细胞死亡的细胞若不能适时死亡的基本后果是什么？

3. 对于果蝇发育调节蛋白基因（*bicoid*）来说，将从其野生型个体提取的 mRNA 注入其突变型胚胎的不同部位。结果沿着头-尾轴方向，凡在注入 mRNA 的部位都发育成前端（头、胸）结构。这一结果说明了什么？

4. 试述母性影响隐性致死基因（*d*）的下述杂交产生同型合子 *dd* 的结果：

（1）*Dd*×*Dd*→*dd*；

（2）*dd*×*Dd*→*dd*。

5. 对于花色由如下通路调控：物质 A 是物质 B 的增强剂，而 B 是抑制花色形成的，只有在 A 存在时的花为白色。如果物质 A 是基因 *A* 的产物，那么基因 *A* 的丧失功能突变可期望有什么样的花色？如果基因 *A* 的获得功能突变又可期望有什么样的花色？

6. 一种有花植物，假定野生型花为淡红色，但其突变体的花，有的为红色，有的为白色。假定物质 B 是野生型基因 *B* 的产物：

（1）在基因 *B* 突变丧失其功能的条件下，突变体的花色是什么？

（2）在基因 *B* 突变增加其功能的条件下，突变体的花色是什么？

（3）在这一例子中，说明了发育遗传的什么原理？

7. 小鼠胚胎干细胞在培养基中培养时，若想办法阻止其分化，则这些干细胞可进行生长、分裂至无穷个世代。但是，若促使它们在培养基中分化，则在经过可预期的有限世代后，它们就终止分裂而最终死亡。这对哺乳动物衰老、死亡的发育遗传机制有什么启示？

第十六章 免疫遗传

免疫（immune）是指个体识别自我（自身物质）和非我（外源物质），并把非我消除而使自我免受损伤的过程。这里的“非我”包括病原微生物，异体移植的组织、器官和改变了性质的自身细胞（如肿瘤细胞）等。

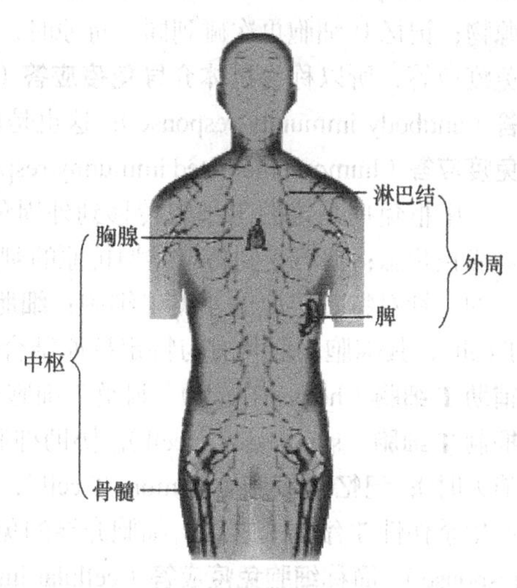

图 16-1 人的免疫系统

免疫系统（immune system）是由个体执行免疫功能的分子、细胞、组织和器官构成的系统。以人为例，免疫系统可分两部分：中枢免疫系统和外周免疫系统（图 16-1）。

中枢免疫系统是免疫细胞发生、分化和成熟的部位，包括骨髓和胸腺。**骨髓**（bone marrow）是最重要的造血系统（通过产生的髓样前体细胞），也是所有淋巴细胞和免疫细胞的发生地（通过产生的淋巴样前体细胞）。如图 16-2 所示，骨髓**干细胞**（stem cell）首先分化成**髓样前体细胞**（myeloid progenitor）和**淋巴样前体细胞**（lymphoid progenitor）。髓样前体细胞进而分化成红细胞、白细胞中的（嗜碱性、嗜酸性、中性）粒细胞和血小板。淋巴样前体细胞进一步分化成三类细胞的前体细胞，即 B 细胞、T 细胞和吞噬细胞的前体细胞。B 细胞的前体细胞中的有关基因，在骨髓中经稍后要讲的重组等过程分化成类型繁多的**处女 B 细胞**（virgin B cell），但通常称为**骨髓淋巴细胞**（bone marrow lymphocyte）、**B 淋巴细胞**（B lymphocyte）或简称 **B 细胞**（B cell）。T 细胞的前体细胞，由骨髓随血液循环到达胸腺后，有关基因也经稍后要讲的重组等过程分化成类型繁多的**处女 T 细胞**（virgin T cell），但通常称为**胸腺淋巴细胞**（thymus lymphocyte）、**T 淋巴细胞**（T lymphocyte）或 **T 细胞**（T cell）。吞噬细胞的前体细胞，有关基因经稍后要讲的重组等过程分化出种类繁多的**吞噬细胞**（phagocyte），其中包括**巨噬细胞**（macrophage）。

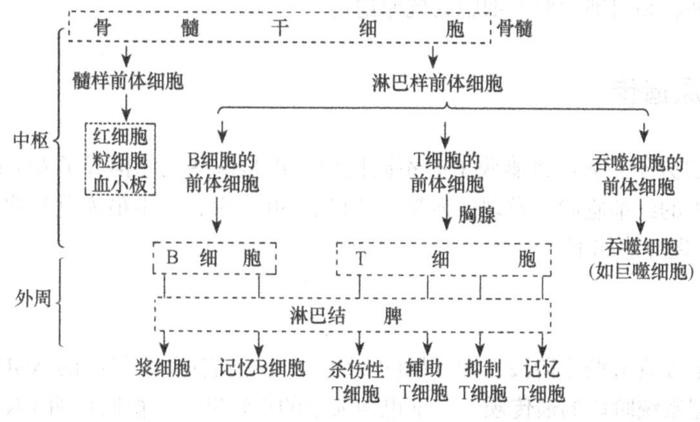

图 16-2 由骨髓和胸腺分化出的免疫细胞

外周免疫系统是免疫细胞聚集和免疫应答的场所，包括淋巴结和脾。

中枢和外周两免疫系统通过血液和淋巴两循环系统联系起来。

中枢免疫系统中类型繁多的 B 细胞（下详）转移到外周免疫系统的脾、淋巴结等处，在接触抗原刺激前都处于相对的静止状态；但若受到特定类型抗原的刺激，相应特定类型的 B 细胞就会与这一特定类型的抗原结合而产生众多的、能产生特定抗体的**浆细胞**（plasma cell）和**记忆 B 细胞**（memory B cell，图 16-2）。浆细胞分泌的特定抗体随体液循环系统与特定的抗原结合以消除异源物；记忆 B 细胞再次碰到同一抗原时，促使浆细胞分泌与抗原结合的抗体。这是由抗体介导的免疫应答，所以称为**抗体介导免疫应答**（antibody mediated immunity response），简称**抗体免疫应答**（antibody immunity response）；这也是由抗体经体液循环介导的免疫应答，所以也称**体液介导免疫应答**（humoral mediated immunity response），简称**体液免疫应答**（humoral immune response）。

中枢免疫系统的 T 细胞转移到外周免疫系统的淋巴结等处，在接触抗原刺激前也都处于相对静止状态；但若受到特定类型抗原的刺激，也会将与之相应的特定类型的 T 细胞结合而产生众多的、针对特定抗原的 4 类 T 细胞：**细胞毒素 T 细胞**（cytotoxic T cell）或**杀伤性 T 细胞**（killer T cell），其细胞表面具有与特定抗原结合的受体——T 细胞受体，可杀死带有特定抗原的细胞；**辅助 T 细胞**（helper T cell），刺激 T 细胞和 B 细胞分别成为杀伤性 T 细胞和产生抗体的浆细胞；**抑制 T 细胞**（suppressor T cell），协助抑制杀伤性 T 细胞和浆细胞的活性（当特定的抗原基本被消灭时）；**记忆 T 细胞**（memory T cell），记忆感染过的特定抗原，当该抗原重新感染时，会快速产生杀伤性 T 细胞。这是由细胞介导的免疫应答，故称**细胞介导免疫应答**（cell-mediated immune response），简称**细胞免疫应答**（cellular immune response）。

中枢免疫系统的吞噬细胞经血液、淋巴系统，遇到外源物质具有吞噬作用。

第一节　细胞抗原遗传

引入宿主内能刺激宿主产生抗体的物质称为**抗原**（antigen）。根据抗原与宿主在血缘上的相关性，可把抗原分为三类：**异种抗原**（xenoantigen），即来自与宿主不是同一物种的抗原，如引起人类疾病的细菌和病毒；**同种抗原**（alloantigen），即来自与宿主同一物种的不同个体的抗原，如下面即将讨论的人类 ABH 和 Rh 血型抗原及主要组织相容性抗原；**自身抗原**（autoantigen），即来自同一个体的能使自身产生抗体的抗原，如当正常细胞变成癌细胞时产生的新抗原，糖尿病患者 β 细胞产生的抗原。

我们讨论红细胞和白细胞两类细胞的抗原遗传。

一、红细胞抗原遗传

抗原是糖蛋白分子。人红细胞膜上有不同抗原，正是这些抗原构成了人类的多个血型系统。到目前为止，在人的红细胞膜上发现的血型系统已有 30 多个，其中最为重要的是 ABH 血型系统和 Rh 血型系统，现分述如下。

（一）ABH 血型系统

该血型系统的发现分两个阶段，即开始的 ABO 血型系统阶段和最终的 ABH 血型系统阶段。

1. ABO 血型系统阶段的遗传观　维也纳大学的年轻助教兰德斯坦纳（K. Landsteiner），针对治病时人类个体间输血并非全都成功的问题进行了研究。1900 年，他将其 22 位同事每人的血液分离成红细胞和血清两部分，发现一特定人的血清会使一些人的红细胞发生凝集，但不会使另一些人的红细胞发生凝集。

为什么会有这些现象？经他和其他学者进一步研究发现：这是由一些个体的红细胞膜上存在一定的抗原和血清中存在一定的抗体引起的，并且根据一定的抗原和一定的抗体混在一起是否引起红细胞的凝集，可把人类**血型**（blood type）分为 4 型：A 型、B 型、O 型和 AB 型。这是发现的第一个我们人类自身的血型系统——**ABO 血型系统**（ABO blood type system）。

研究表明，人类 ABO 血型系统的抗原，是由位于第 9 号染色体上的 *AB* 基因座内的复等位基因（I^A、I^B 和 i）控制产生的。

一般来说，在人的红细胞膜上都存在抗原 H，这是抗原 A 和抗原 B 的前体抗原。这种前体抗原 H 是否能转化成抗原 A 或抗原 B，就要依个体的 *AB* 基因座内的等位基因类型（等位基因 I^A 和 I^B 为共显性，而它们对 i 都呈显性）而定。

若个体基因型为 ii，则该个体不能把抗原 H 转化成其他抗原（如抗原 A 和抗原 B），这样个体的血型为 O 型（具有 H 抗原）。

若个体具有等位基因 I^A，即基因型为 $I^A\_$，则可编码半乳糖胺转移酶，把半乳糖胺与部分抗原 H 结合而成为抗原 A，即

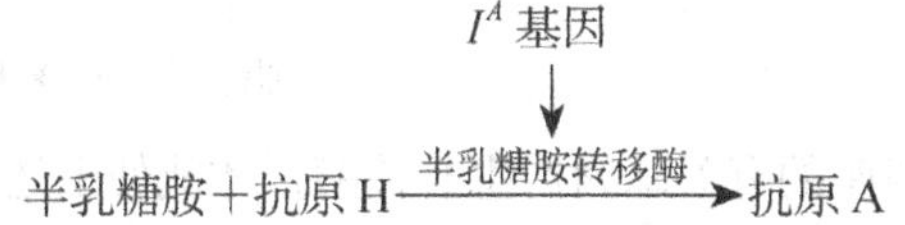

这样个体的血型为 A 型（具有抗原 H 和抗原 A）。

若个体具有等位基因 I^B，即基因型为 $I^B\_$，可编码半乳糖转移酶把半乳糖与部分 H 抗原结合而成为抗原 B，即

I^B 基因

↓

半乳糖＋抗原 H —半乳糖转移酶→ 抗原 B

这样个体的血型称为 B 型（具有抗原 H 和抗原 B）。

若个体基因型为 I^AI^B，由于可编码上述两种酶，半乳糖胺转移酶可把半乳糖胺与部分抗原 H 结合成抗原 A，半乳糖转移酶可把半乳糖与部分抗原 H 结合成抗原 B。这样个体的血型称为 AB 型（具有抗原 H、抗原 A 和抗原 B）。

母、婴 ABO 血型系统中的血型不合可能引起**新生儿溶血病**（hemolytic disease of newborn），轻者表现为黄疸，使脑神经核受损，出现抽风、智力障碍等症状，重者在母体内死亡。这多发生于 O 型血的母亲所生的 A 型或 B 型血的婴儿。

在正常情况下，胎盘是母体和胎儿的天然屏障，不让二者的血细胞相互交换，但可让母体的营养物进入胎儿和胎儿的代谢废物进入母体而排出体外。但是，由于分娩前或分娩时的某种原因，伸入胎盘中的绒毛有少量破损，这就可导致胎儿的红细胞进入母体的血液，即相当于胎儿给母亲输血。如果母亲为 O 型血，其抗体 A 或抗体 B 就会与非 O 型，如 A 型或 B 型胎儿的红细胞结合而产生更多的抗体 A 或抗体 B。这些更多的抗体通过胎盘进入胎儿体内时，就会破坏胎儿或新生儿红细胞而溶血，使其患新生儿溶血病。

分娩次数愈多，抗原进入母体的量也愈多，产生的抗体也愈多，胎儿及新生儿患溶血病的可

能性也愈大，病情也愈严重。好在抗原 A 和抗原 B 为弱性抗原，抗体 A(或 B）进入胎儿体内后，部分会被胎儿其他组织细胞吸附破坏，故发病者仅为母婴 ABO 血型不合的少数。

2. ABH 血型系统阶段的遗传观 根据 ABO 血型遗传，血型 A 和血型 O 的人结婚，其后代不可能有 AB 型；但在 1952 年，在印度孟买的一个家系确实发生了这一情况。

人们用植物凝集素（从植物种子中提取的一种蛋白质，后证明，这种蛋白质实为抗体 H）与人的血液混合后，绝大多数人的红细胞起抗原抗体反应而发生凝聚现象，说明这些个体的红细胞膜上有抗原 H；但有极少数个体的血液不会发生凝集现象，说明这些个体的红细胞膜上不存在抗原 H，而这极少数个体的血型称为**孟买型**（Bombay type）（因为首先是在印度孟买发现的）。对孟买型的血液用抗体 A 和 B 检查，都表现为 O 型，乃是因为该型的个体没有抗原 H（抗原 A 和抗原 B 的原材料或前体），不管 *AB* 基因座的基因型如何，都不能产生相应的抗原。

研究表明，人类红细胞膜上的抗原 H 是由第 19 号染色体基因座 *H* 的等位基因 *H*（有等位基因 *H* 和 *h*）控制合成的：若基因座 *H* 存在等位基因 *H*（*H* 对 *h* 呈显性），则其编码的酶能把果糖与二糖（葡糖胺-半乳糖）结合而成为三糖，这个三糖进而与红细胞膜上的脂蛋白结合成抗原 H，即

$$
\begin{array}{r}
H\text{基因}\\
\downarrow\\
\text{二糖（葡糖胺-半乳糖）}+\text{果糖}\xrightarrow{\text{H 酶}}\text{三糖}\\
+\\
\text{脂蛋白}\longrightarrow\text{抗原 H}
\end{array}
$$

存在 H 抗原时，*AB* 基因座的有关基因产生有关酶，才能使上述有关物质产生抗原 A 和抗原 B。但如果基因座 *H* 的基因型为 *hh* 时，由于不能产生抗原 H，不管 *AB* 基因座是什么基因型，就只能形成血型 O。

于是，血型为 O 的个体可通过两种方式产生：一种是由基因型为 *H_ii* 的个体产生，这是常见的 O 型；另一种是由基因型为 *hh_ _*（其中“_ _”表示 *AB* 基因座可为任何基因型）的个体产生，这是罕见的 O 型。

因此，通常对 ABH 血型遗传的如下一些绝对化说法都是不全面的，诸如：夫妇为 O 型的子代必为 O 型，O 型人与 A 型人婚配不可能有 AB 型子代，等等。因为：

$$hhI^AI^B\text{（O）}\times HHI^AI^A\text{（A）}\longrightarrow HhI^AI^A\text{（A）}+HhI^AI^B\text{（AB）}$$

由于 ABO 血型系统遗传所涉及的基因座差异，除通常说的基因座 *AB* 外还有基因座 *H*，或者说，所涉及的抗原差异除通常说的抗原 A 和 B 外，还有抗原 H（有和无）的差异，因此原来的 ABO 血型系统改称 ABH 血型系统就全面了。

上述的 hhI^AI^B 表现为 O 型，在遗传上实际属于隐性上位遗传（第三章），是基因座 *H* 的隐性基因型 *hh* 阻止了基因座 *AB* 的等位基因 I^A 和 I^B 的表达。前面讲的隐性上位遗传，只是根据试验结果进行逻辑推理所得到的结论，但未揭示具体的遗传机制；而这里具体依次揭示了基因决定酶、酶决定生化通路和最终生化通路产物决定性状的遗传机制。

为了鉴定上述 O 型血到底是属于常见型还是属于罕见的孟买型，可用能与 H 抗原起凝集反应的植物凝集素（H 抗体）与 O 型受试者的血液混合：若发生红细胞凝集现象，则为常见型，即其基因型为 *H_ii*；若无凝集现象，则为罕见的孟买型，其基因型为 *hh_ _*。

未受抗原刺激而在正常的天然条件下产生的抗体称为**天然抗体**（natural antibody），因此人类 ABH 血型中的抗体 A、抗体 B 和抗体 H 属于天然抗体。

到目前为止，中国人基因座 *H* 的基因型全为 *HH*，所以 ABH 血型遗传规律可按 ABO 血型遗传规律处理。

（二）Rh 血型系统

1. Rh 血型系统的发现 根据 ABH 血型系统，相同血型的个体间相互输血是安全的，不会发生溶血现象。但是，在 1939 年的一例研究表明，一个 O 型血妇女接受其 O 型血丈夫的输血后，却发生了溶血（红细胞破裂）！随后用该妇女的血清与其丈夫的红细胞混合时，果真发生了溶血。这一溶血是不符合 ABH 血型遗传的“例外”现象，当时没有现成的理论可以解释。该妇女还怀有一个具有 O 型血的死胎，胎儿的死亡也可能是由不符合 ABH 遗传的未知原因引起的。

研究者对这些“例外”现象进行了推测性解释：这个妇女，通过输血，可能从其丈夫那里获得了其所没有的一种未知抗原而产生了一种未知抗体，这一未知抗体与未知抗原结合就产生了溶血现象。

如果这一推测正确，那么这种未知抗原和未知抗体又是什么呢？有人将猕猴血液注射给家兔，可得到一种能使猕猴血细胞溶血的抗体。用这种抗体检查人的血细胞也可发生溶血反应：在白种人，约有 15% 的人发生；在我国，只有约 1.5% 的人发生。

后来证实，原来研究者推想人体中的那种未知抗体，与将猕猴血液注射到家兔中所获得的抗体为同一物质。猕猴又称恒河猴，英文名叫 Rhesus monkey，于是将这种存在于恒河猴红细胞膜上的、能使家兔产生抗体的抗原叫 **Rh 抗原**（Rh antigen），而家兔接受 Rh 抗原后产生的抗体叫 **Rh 抗体**（Rh antibody）。

根据人类红细胞表面 Rh 抗原的有和无，可把人类 Rh 血型分为两类：具有 Rh 抗原和不具有 Rh 抗原的，分别叫 Rh 正（Rh^+）和 Rh 负（Rh^-）。于是，除 ABH 血型系统外，人类又发现了自己的另一个血型系统——**Rh 血型系统**（Rh blood type system）。

2. Rh 血型遗传和新生儿溶血病

现在已知，血型 Rh^+ 对 Rh^- 呈显性，是一相对性状。这一相对性状，从临床的观点，可认为是受一对等位基因 R 和 r 控制，所以 Rh 血型（表现型）和基因型有如下关系：血型 Rh^+ 的基因型为 RR 或 Rr，血型 Rh^- 的基因型为 rr。在分娩前，对于一些小分子，如胎儿从母体得到的营养物质和胎儿产生的废物从母体排除，都是通过胎盘实现的；但对于胎儿和母体血液中的血细胞来说，并不能通过胎盘相互交换，即胎盘是阻碍胎儿和母体血液中血细胞相互交换的一道屏障——“胎-母屏障”。

对于 Rh 血型来说，如果父亲为 Rh^+［图 16-3（a），为简便，设基因型为 RR］，母亲为 Rh^-［图 16-3（b），基因型为 rr］，那么胎儿为 Rh^+（基因型为 Rr）和胎儿红细胞膜上带有 Rh 抗

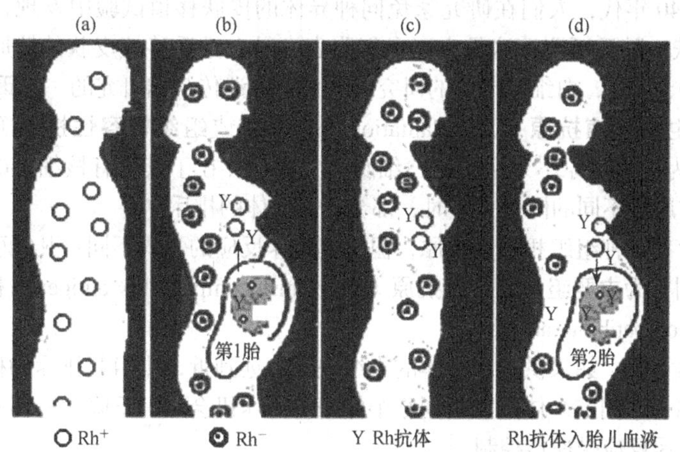

图 16-3 新生儿溶血病的产生过程

原。分娩时由于胎盘受损，少量的胎儿红细胞可进入母体血液循环而刺激母体产生 Rh 抗体 Y［图 16-3（c）］。由于 Rh^-的母体分娩在先，产生 Rh 抗体在后，所以这一抗体对这一 Rh^+的第一胎新生儿没有影响。

如果这妇女再怀小孩，显然小孩基因型仍为 *Rr*，即仍为 Rh^+。第一胎生小孩产生的、留在母体血液中的红细胞产生的 Rh 抗体，就会通过胎盘进入胎儿血液中，与胎儿红细胞膜上的 Rh 抗原反应而使新生儿溶血，同时出现溶血性黄疸，即患新生儿溶血病［图 16-3（d）］。

这对夫妇如果以后还生小孩，由于母体血液中含有的 Rh 抗体越来越多，新生儿溶血病会越来越重，甚至引起胎内死亡。

这就告诉我们，结婚还得考虑血型匹配。对于 Rh 血型系统来说，Rh^+的男人和 Rh^-的女人结婚，就可能产生患新生儿溶血病的后代。好在中国女性是 Rh^-的很少，约占 1.5%，即中国人之间的婚配几乎全是在 Rh^+（且基因型几乎全是 *RR*）之间进行；因此，后代患新生儿溶血病的机会极少，婚配时可以不考虑 Rh 血型系统的匹配问题。但是，在白种人，女性 Rh^-约占 15%，与她们结婚时，就应考虑 Rh 血型系统的匹配问题了。

由于新生儿溶血病产生的根本原因，在于胎儿体内同时存在 Rh 抗原和 Rh 抗体，因此治疗的一个有效方法就是换血。用既无 Rh 抗原，又无 Rh 抗体，同时还要求 ABH 血型与婴孩相配的血液，分阶段输给婴孩，即输一部分又换出一部分，最后使婴孩原有的血液基本被换出为止，这样孩子就得救了。当然，在中国人中，要找到这样的输血者是很困难的，因为表现为 Rh^-的中国人，为数本来就很少，还要在 ABH 血型系统的血型上必须与被输血者的匹配，就更是少之又少了。

庆幸的是，Rh 溶血病可以预防。仍以上一对夫妇为例，只要生了第一胎后，随即给母亲注射 Rh 抗体——抗 Rh 免疫球蛋白（RhoGAM，有现成产品），这样就可把流入母体的胎儿 Rh^+红细胞破坏而不会使母体产生 Rh 抗体，生第二胎就不会患新生儿溶血病了。

个体受外来抗原（如通过输血或妊娠获得）刺激产生的**抗体**（antibody）称为**免疫抗体**（immune antibody），因此人类 Rh 血型系统中的 Rh 抗体属免疫抗体。

最后，把 ABH 血型不匹配和 Rh 血型不匹配导致的新生儿溶血病做比较：对于 ABH 血型，若父为非 O 型、母为 O 型和子代为 A 或 B 型，则子代病症多为较轻（表现贫血或黄疸）；对于 Rh 血型，若父为 Rh^+、母为 Rh^-和子代为 Rh^+，则子代病症较重（常死亡）。

二、白细胞抗原遗传

早在 20 世纪 40 年代，人们在研究家兔同种异体的皮肤移植试验中发现，受体的白细胞可排斥被移植的皮肤。随后证明，这是由于白细胞表面具有排斥移植皮肤的抗原——**白细胞抗原**（leucocyte antigen）。现在，白细胞抗原的研究已成为免疫遗传基础研究的一个重要组成部分。

白细胞抗原也称**移植抗原**（transplantation antigen）或**组织相容性抗原**（histocompatibility antigen），这是因为这类抗原不只存在于白细胞膜上，也存在于其他有核细胞的细胞膜上，且当供体组织移植到抗原性不同的同种受体时，都会受到受体的排斥。

动物和人体含有多种组织相容性抗原，但引起排斥反应的强弱不同：凡能引起强烈或微弱排斥反应的抗原分别称为**主要组织相容性抗原**（major histocompatibility antigen）和**次要组织相容性抗原**（minor histocompatibility antigen）。

移植组织、器官时，如果供体和受体的亲缘关系由远到近，则引起排斥的机会也由多到少：无血缘关系个体间、半同胞个体间、全同胞个体间的排斥机会逐一下降；一卵双生间，无排斥反应。因此，移植排斥反应受遗传控制。

人的主要组织相容性抗原首先是在人的白细胞上发现的，特称**人类白细胞抗原**（human leucocyte antigen），记作HLA，而编码这组抗原的基因是**人类白细胞抗原基因**（human leucocyte antigen gene），记作*HLA*。它位于6号染色体上，全长超过2×10^6bp，确定的基因座已超过100个（图16-4）。

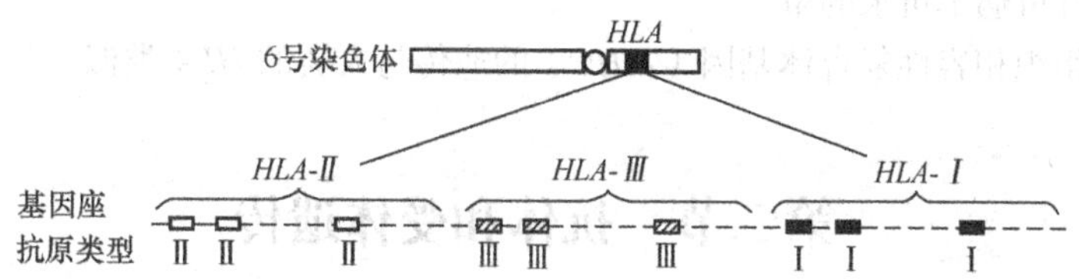

图16-4 人类白细胞抗原基因（*HLA*）的结构和编码的抗原类型

（一）主要功能

人类白细胞抗原基因（*HLA*）有3类：*HLA-Ⅰ*、*HLA-Ⅱ*和*HLA-Ⅲ*，分别编码如下3类MHC（HLA）蛋白：*HLA-Ⅰ*编码移植抗原蛋白（抗原类型Ⅰ）——与组织、器官移植时的排斥作用有关，也为细胞（如杀伤性T细胞）提供了识别“自我”和“非我”的能力；*HLA-Ⅱ*编码免疫抗原蛋白（抗原类型Ⅱ），与首先接触外来抗原的那些细胞（如B细胞、巨噬细胞和辅助T细胞）的表面结合而发动免疫反应；*HLA-Ⅲ*编码的**补体蛋白**（complement protein）即抗原类型Ⅲ，通过破坏被感染细胞的膜而杀死被感染细胞。

（二）遗传特点

人类白细胞抗原基因（*HLA*）或广义地说主要组织相容性复合体基因（*MHC*）的第一个遗传特点是单体型遗传。紧密连锁在染色体上的、通常作为一个单位进行遗传的一组基因称为**单体型**（haplotype），如*MHC*（在人是*HLA*）。由于这种单体型基因紧密连锁，很少发生互换，因此几乎总是以单体型为单位进行遗传。在二倍体生物，种系细胞和体细胞中的同源染色体成对存在，即每一“个体”应有两个*MHC*单体型（一个来自父亲，一个来自母亲）。图16-5为*MHC*单体型遗传示意图，表示了3个可识别的基因座*A*、*B*和*C*；①、②、③和④代表不同的单体型。因为子代（显然这里为全同胞）中每一基因型发生的概（频）率为1/4，所以两全同胞具有相同基因型的概率为1/16［=（1/4）（1/4）］；同理，对于其中任一特定个体来说，该个体与其全同胞具有相同基因型的概率为1/4（=1×1/4）。

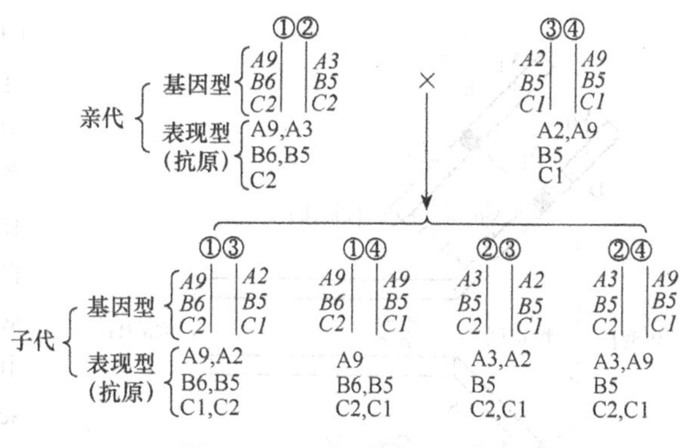

图16-5 *MHC*单体型遗传

如果减数分裂期间在*MHC*内发生了互换，则除两亲本单体型外，还形成两新的单体型——重组单体型。当然，这种情况罕见，实际可把*MHC*单体型作为一个遗传单位进行传递。

*MHC*的第二个遗传特点是具有高度**多态性**（polymorphism）。以*HLA*为例，如前所述，已确定的基因座数超过100，且多数基因座存在众多的复等位基因——如*HLA-Ⅰ*类基因的基因座*HLA-B*有186种等位基因，*HLA-Ⅱ*类基因的基因座*DRB1*有184种等位基因。仅对基因座*HLA-B*

而言，就可构成 186 种同型合子和 17 205=[(186×185)/2] 种杂型合子（第十九章），即可构成 17 391 种基因型。考虑到所有基因座，构成的基因型类型数实际上可看作无限。由于这里的复等位基因间一般呈共显性关系，因此其表现型（抗原）类型数实际上也可看作无限。也就是说，由于 *HLA* 的高度多态性，在无血缘关系的人群中，进行器官移植时要找到单体型完全相同的两个人相当困难，是件可遇不可求的事。

动物的主要组织相容性复合体基因（*MHC*）的遗传与人类的 *HLA* 类似。

第二节　抗体和受体遗传

脊椎动物免疫系统利用由浆细胞产生的抗体和由杀伤性 T 细胞产生的受体，能识别和结合"数以百万种"的潜在"非我"抗原，这意味着免疫系统的细胞要合成"数以百万种"的抗体分子和受体分子。

抗体和受体都是蛋白质，是由基因编码的，从而要合成这"数以百万种"的抗体和受体分子，似乎各需要"数以百万种"的基因。然而，即使哺乳动物，如我们人类基因组也只有近 2 万种基因，并且只有其中的很小一部分能编码蛋白质。如此少的基因到底是如何编码如此多的抗体和受体的呢？下面就有关问题进行讨论。

一、抗体遗传

（一）免疫球蛋白的分子结构

抗体属于一类称为**免疫球蛋白**（immunoglobulin）的蛋白质分子，一般是由 4 条多肽链——两条相同的**轻链**（light chain，L）和两条相同的**重链**（heavy chain，H）通过二硫键（—S-S—）结合的四聚体（图 16-6）。

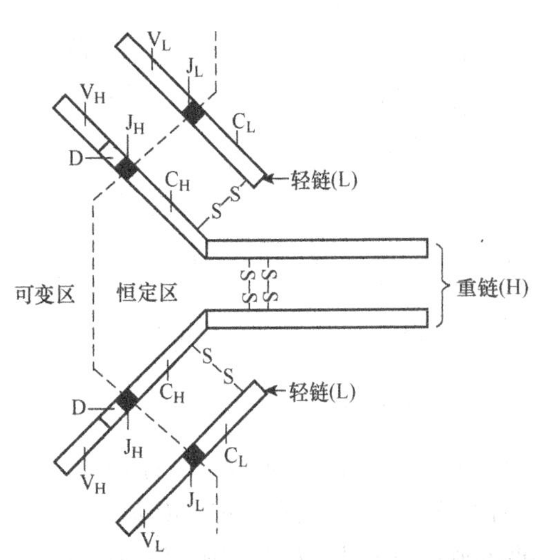

图 16-6　抗体分子——免疫球蛋白分子结构

轻链（L）长约 220 个氨基酸单位，重链（H）长 450～700 个氨基酸单位。如图 16-6 所示，每条链都由一可变区（variable region，V）和一恒定区（constant region，C）组成。不同类型抗体的恒定区通常相同，抗体的类型是由可变区的变化决定的。在 L 链，可变区由两片段——可变片段 V_L 和结合片段（joining segment，J_L）组成。在 H 链，除可变片段 V_H 和结合片段 J_H 外，还有多样性片段（diversity segment，D）。

（二）抗体形成的遗传控制

由于抗体是由多肽组成的，因此其是结构基因的产物。事实上，抗体的轻链和重链分别由不同染色体上的一组基因（基因簇）经重组或组装后编码。

1. 轻链组装 轻链（L）实际上有 κ（kappa）和 λ（lambda）两种类型，在人类分别由位于第 2 和第 22 号染色体上的一组基因编码。这两组基因极为相似，认为是由同一组的祖先基因经重复后通过易位产生的。由于这两组基因编码轻链的机制相同，且 κ 链是最普遍的形式，因此这里只对 κ 链形成的遗传控制进行讨论。

在配子或未分化的胚细胞中，编码 κ 链的一组基因是由一条染色体上的 3 个片段（基因簇）组成的，即由数百个 V 基因（V_1，$V_2 \cdots V_n$）片段、4 个 J 基因（J_1，J_2，J_3，J_4）片段和 1 个 C 基因片段组成，基因间由 DNA 插入序列隔开（图 16-7 左上）。

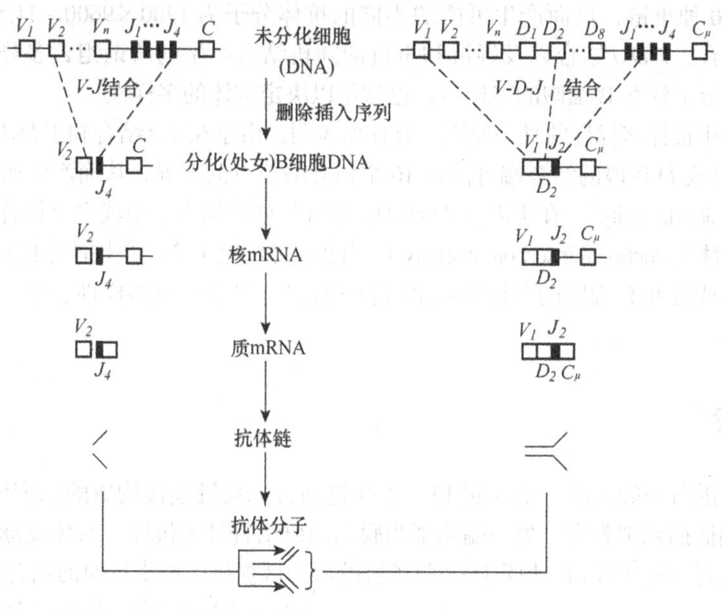

图 16-7 抗体分子组装的遗传控制

在胚胎 B 细胞（B 细胞的前体细胞）分化成能产生抗体的（成熟）B 细胞期间，通过称为 V-J 结合的过程，可把特定的 V 基因（如 V_2）之前的片段，以及 V_2 和 J 基因（如 J_4）之间的全部 DNA 片段从基因簇中删除。由此产生的 DNA 模板链是由彼此相邻的 V 基因和 J 基因（如 V_2J_4）组成，但 J 和 C 基因间仍由插入序列隔开。这样的（成熟）B 细胞的 DNA（如 V_2J_4-C）显然与胚胎 B 细胞的不同。成熟 B 细胞的核 DNA 在核内转录成核 mRNA；但在到达细胞质前，通过 RNA 剪接过程，在 J_4 和 C 间的插入序列也被删除了而成为质 mRNA，后者翻译成由 3 个特定相邻基因（该例为 V_2J_4C）编码的一特定的抗体轻链。

2. 重链组装 在配子或未分化的胚细胞（B 细胞的前体细胞）中，编码重链（H）的一条染色体（在人类为第 14 号染色体）上的一组基因（基因簇）由 4 个片段组成，即由数百个 V 基因（V_1，$V_2 \cdots V_n$）片段、8 个 D 基因片段、4 个 J 基因片段和 5 个 C 基因片段组成，基因间由 DNA 插入序列隔开（图 16-7 右上）。在 5 个 C 基因中，只有 1 个 C_μ 基因与这里的讨论有关，所以其他 4 个 C 基因图中未给出。

在分化成能产生抗体的 B 细胞期间，与轻链的基因簇相似，通过称为 V-D-J 结合的过程，重链基因簇在特定的 V 基因（如 V_1）和 D 基因（如 D_2）间、特定的 D 基因和 J 基因（如 J_2）间以及特定的 J 基因和基因 C_μ 间的全部 DNA 片段从基因簇中删除，但 J 和 C 间的插入序列仍保留，从而形成 $V_1D_2J_2$-C_μ。以后的过程与轻链的类似，删除 J_2 和 C_μ 间的全部 DNA 片段，最终由 4 个特定的基因（该例为 $V_1D_2J_2C_\mu$）编码一特定的抗体重链。

这样，由 3 个特定相邻基因（*V*, *J*, *C*）编码的两条轻链和由 4 个特定相邻基因（*V*, *D*, *J*, *C*）编码的两条重链，就可形成一个特定的抗体分子。在受到抗原攻击前，能编码和具有一特定抗体分子的 B 细胞，就是前述的处女 B 细胞（简称 B 细胞）。

3. 抗体多样性　如前所述，一个具有免疫能力的个体，在受到抗原侵袭前可产生数百万种的抗体（即免疫球蛋白）。现根据上述产生抗体的过程，解释抗体多样性的原因。

假定在轻链和重链基因簇中各有 300 个不同的 *V* 基因、4 个不同的 *J* 基因，而重链还有 8 个不同的 *D* 基因。因此，通过 *V-J* 结合可产生 300×4=1200 种轻链，通过 *V-D-J* 结合可产生 300×8×4=9600 种重链，进而产生可能的不同的抗体分子为 1200×9600=11.52×10^6。这样看来，通过 *V-J* 结合、*V-D-J* 结合以及轻链和重链的随机结合产生的所谓**组合多样性**（combination diversity），就决定了处女 B 细胞的多样性，也就足以决定抗体的多样性。

但这不是产生抗体多样性的唯一原因。有证据表明，由于在 *V-J* 结合和 *V-D-J* 结合时的不精确性，特定的 *V*、*J* 或 *D* 片段的结合端可涉及 10 个核苷酸位点的变异，从而产生所谓的**结合位点多样性**（junctional site diversity）。在 *V-J*、*V-D* 或 *D-J* 结合处偶尔插入一个或多个核苷酸，可产生所谓的**结合插入多样性**（junctional insertion diversity）。当然，体细胞突变也是抗体多样性的一个原因。

所以，抗体或处女 B 细胞的多样性是由组合多样性、结合位点多样性、结合插入多样性和体细胞突变引起的。

二、受体遗传

T 细胞受体蛋白一般是由一条 α 链和一条 β 链通过二硫键连接构成的二聚体（图 16-8）。这个二聚体的一端嵌插到细胞内，另一端从细胞膜凸出以结合外来抗原。与免疫球蛋白一样，受体蛋白的每条链也有一可变区和一恒定区，两条链的可变区提供了外来抗原的结合位点。

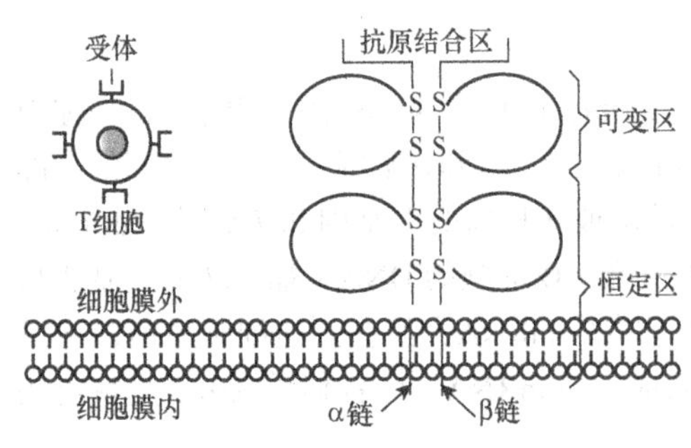

图 16-8　T 细胞受体蛋白

编码 T 细胞受体 α 链和 β 链的基因组织，很像编码免疫球蛋白轻链和重链的基因组织。例如在人类，其中的 *α* 基因，开始是由 44～46 个 *V* 基因片段、50 个 *J* 基因片段和 1 个 *C* 基因片段组成的；而 *β* 基因，除这三部分片段外，还有一些 *D* 基因片段。通过 *V-J* 结合、*V-D-J* 结合、α 链和 β 链的随机结合以及其他方式构成的受体，与免疫球蛋白一样，也具有多样性。在受到抗原攻击前，能编码一特定 T 细胞受体蛋白的 T 细胞，就是前述的处女 T 细胞（简称 T 细胞）。

从第十五章讨论可知，一个物种从受精卵或早期胚胎分化出的体细胞，在发育过程中的遗传物质是恒定的，不会丧失。但是，这一结论对于免疫系统不适用。因为免疫细胞，如 B 细胞和 T 细胞，在成熟过程中经体细胞基因的重组或组装等过程，会形成具有不同遗传物质的类型繁多的体细胞，这些体细胞与胚胎期的未分化的细胞和种系细胞相比，丧失了一些基因。

第三节　免疫应答

免疫应答（immune response）是个体对入侵抗原的一种抵御活动。这一抵御活动体现在如下三个方面。

一是物理障碍。例如，完好的皮肤、唾液和泪液可部分防止入侵抗原进入体内。

二是非专一性应答（为同一个物种所有个体具有的应答）。一旦入侵抗原进入个体内，个体就启动这一应答。启动时，个体往入侵抗原所在处增加血流量，从而增加了非专一性应答的小吞噬细胞（如粒细胞中的中性白细胞）和补体蛋白（简称补体）：前者非专一性地吞噬、消灭入侵抗原；后者非专一性地溶解入侵抗原和促进吞噬细胞的吞噬作用。在非专一性小吞噬细胞和补体与入侵抗原做斗争的部位也升高了局部体温，使该处红肿发炎（个体抵抗病原体的表现），这一局部体温的升高往往也可消灭入侵抗原。

三是专一性应答。如果非专一应答还未消灭入侵抗原，就启动专一性应答，即前面提到过的体液免疫应答和细胞免疫应答。现重点讨论如下。

一、体液免疫应答

当吞噬细胞接触、吞噬和破坏入侵抗原时，就启动了**体液免疫应答**（humoral immune response）。

如果一特定的入侵抗原与具有能产生这一特定抗体的处女 B 细胞结合（形成抗原-抗体复合物），就会使后者激活成为未成熟的活化 B 细胞；未成熟的活化 B 细胞进行增殖并分化成能产生这一特定抗体的浆细胞和记忆 B 细胞（以后碰到同样的抗原时会更快启动免疫应答，图 16-9 左）。

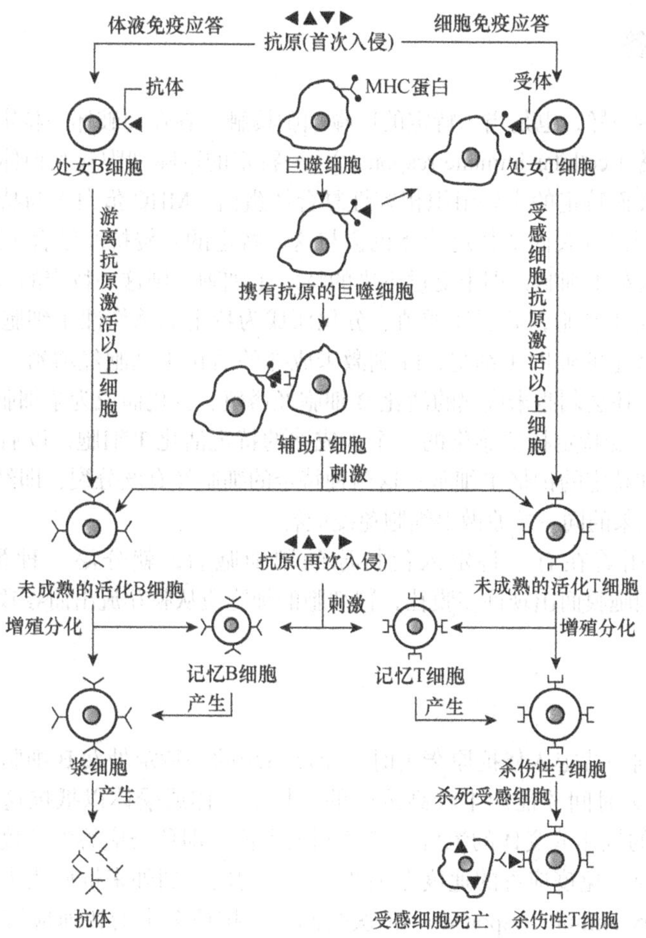

图 16-9 哺乳动物的体液和细胞免疫应答及其相互作用

如果一特定的入侵抗原被一特定的巨噬细胞识别和结合（通过巨噬细胞膜上特定的主要组织复合体——MHC 蛋白）后，又被一特定的辅助 T 细胞识别结合（通过辅助 T 细胞的特定受体），也可刺激一特定的未成熟的活化 B 细胞增殖、分化成浆细胞和记忆 B 细胞（图 16-9 中）。

抗原有一特定的结构——**表位**（epitope），也称**抗原决定簇**（antigenic determinant）。表位这一结构刺激抗体的形成，而这些抗体专门识别原来的抗原并与这一抗原的表位部分（对于蛋白质，表位可以仅是一条短的多肽，甚至可少到只有 6 个氨基酸）结合而形成抗原-抗体复合物。这一复合物可被巨噬细胞吞噬消化，也可被蛋白水解酶降解，借此消灭外来抗原。

前面说过，哺乳动物的循环系统内实际含有数以百万计的处女 B 细胞类型，因此个体内的整个 B 细胞群体应产生数以百万计的抗体类型。其特点是：每一特定处女 B 细胞类型产生的这一特定 B 细胞的数量很少。

当一特定抗原与一特定处女 B 细胞结合时，这一处女 B 细胞因受到这一特定抗原的刺激而进行有丝分裂，从而会克隆出一群数量众多的、能产生同样抗体的浆细胞。这种由一个处女 B 细胞克隆出能产生同样抗体的一群浆细胞的过程称为**克隆选择**（clonal selection）。由于一个浆细胞每秒可合成 2000～20 000 个抗体分子，因此一群克隆的浆细胞产生的抗体足以抵抗入侵的病原体。

体液免疫应答主要是使哺乳动物免受细菌和真菌这类抗原的感染，以及在病毒感染宿主细胞前把病毒清除。

二、细胞免疫应答

与体液免疫应答一样，也是当一特定的巨噬细胞接触、吞噬和破坏一特定的入侵抗原时，就启动了**细胞免疫应答**（cellular immune response）：一特定的巨噬细胞或其他体细胞被特定的入侵抗原感染，其细胞表面特定的主要组织相容性复合体蛋白（MHC 蛋白）与特定的入侵抗原结合后，特定的 T 细胞通过其表面的特定受体也会与这一特定的入侵抗原结合（图 16-9 右）——如果结合的是特定的处女 T 细胞，即未受过感染的特定 T 细胞，则这一特定的入侵抗原会激活它成为未成熟的特定活化 T 细胞，后者经增殖、分化而成为特定的杀伤性 T 细胞和特定的记忆 T 细胞；如果结合的是特定的辅助 T 细胞，除刺激未成熟的活化 T 细胞经增殖、分化成杀伤性 T 细胞和记忆 T 细胞外，还会刺激未成熟的活化 B 细胞经增殖、分化而成为浆细胞和记忆 B 细胞。

与 B 细胞一样，受特定抗原感染的一个未成熟的特定活化 T 细胞，以后会分化为成熟的特定的杀伤性 T 细胞和特定的记忆 T 细胞；这两种特定的细胞经有丝分裂，即经克隆选择得到众多的一群细胞，只对原来的同一抗原做出细胞免疫应答。

杀伤性 T 细胞附着在有一特定入侵抗原的靶细胞后，就分泌一种蛋白——**穿孔蛋白**（perforin），插入靶细胞膜而出现许多膜孔，靶细胞的细胞质从膜孔流出而导致靶细胞死亡。

三、免疫记忆

我们第一次受到一特定入侵抗原袭击时，免疫系统的一特定处女 B 细胞或一特定处女 T 细胞，要花 1 周到 10 天时间才能产生较高浓度的一特定抗体或受体以抵抗这一入侵抗原，要花 2～3 周时间，产生的抗体或受体的浓度才能达到最大值，即免疫应答的速度慢；但当我们再次受到同一抗原袭击时，免疫应答的速度会加快。个体初次受到外来抗原袭击的慢速应答称为**初次免疫应答**（primary immune response），再次受到同一抗原袭击的快速应答称为**再次免疫应答**（secondary immune response）。

之所以有再次免疫应答快于和强于初次免疫应答的现象，是因为免疫系统具有**免疫记忆**（immunological memory）——记住以前袭击过它的抗原。如前所述，一特定的处女B细胞和一特定的处女T细胞受到一特定的入侵抗原侵袭后，这些处女细胞分化成两类细胞：记忆细胞（B和T）和活化细胞（B和T）。当再次受到同一抗原入侵时，这些记忆细胞就会增殖、分化成能产生相应抗体的浆细胞或能产生相应受体的杀伤性T细胞，分别进行快速的体液和细胞免疫应答（图16-9下）。与短寿命的浆细胞和杀伤性T细胞（通常不超过一周）相反，记忆细胞的寿命很长（通常是数月或数年），而且是处在活化状态，所以能比处女细胞更快地增殖、分化成能产生抗体的浆细胞和能产生受体的杀伤性T细胞。

为防止传染病而接种或注射特定的疫苗（如减毒的病原体，或人工制备的病原体组分），就是人为地接种特定的病原体，使被接种者轻度感染而产生特定的记忆细胞B和T，一旦被接种者以后感染了这一特定病原体，有关记忆细胞就会作出快速应答而免除疾患。

本 章 小 结

免疫遗传研究的是免疫的遗传基础。

免疫是个体识别自我和非我，并把非我消除而使自我免受损伤的过程。中枢免疫系统有骨髓和胸腺，是免疫细胞来源、分化的场所；外周免疫系统主要包括脾和淋巴结，是免疫细胞定居和产生免疫应答的场所。骨髓内的干细胞含有B细胞、T细胞和吞噬细胞的前体细胞：B细胞的前体细胞最终分化成浆细胞和记忆B细胞，构成了体液免疫应答的成员；T细胞的前体细胞最终分化成杀伤性T细胞、记忆T细胞和抑制T细胞，构成了细胞免疫应答的成员；吞噬细胞的前体细胞分化成吞噬细胞，不仅对外源物质具有吞噬破坏作用，还可使体液和细胞免疫应答彼此协调，共同消除外来抗原。

红细胞膜上的不同抗原（糖蛋白分子）构成了不同的血型系统，人类中最重要的有以下两种。

一是ABH血型系统。其抗原由染色体9上*AB*基因座的复等位基因I^A、I^B、i和染色体19上*H*基因座的等位基因*H*、*h*控制。其抗原前体是一种二糖，即葡糖胺-半乳糖。若基因座*H*存在等位基因*H*，其编码的酶把果糖和抗原前体结合成三糖，三糖与红细胞膜上的脂蛋白结合成抗原H。在有抗原H条件下，基因座*AB*的基因型若为H_ii，则该个体不能把H抗原转化成其他抗原，这样的个体称为O型（含抗原H）；若为$H_I^A_$，则等位基因I^A可编码半乳糖胺转移酶，使半乳糖胺和部分抗原H结合形成抗原A，这样的个体为A型（含抗原H和A）；若为$H_I^B_$，则等位基因I^B可编码半乳糖胺转移酶，使半乳糖胺和部分抗原H结合形成抗原B，这样的个体为B型（含抗原H和B）；若为$H_I^AI^B$，由于可编码上述两种酶，可把部分抗原H分别合成抗原A和抗原B，这样的个体称为AB型（含抗原H、A、B）。含这些抗原的个体产生天然抗体：血型A的血清中有抗体B；血型B的血清中有抗体A；血型AB的血清中既无抗体A也无抗体B；血型O的血清中分两种情况——基因型为$H_$时有抗体A和B，为*hh*时无抗体A和B。在ABH血型中，有罕见的孟买型和罕见的顺式AB型。

二是Rh血型系统。其是在常染色体上由一对等位基因控制的血型系统，在医学上与新生儿溶血病有关。

白细胞抗原又称移植抗原和组织相容性抗原——依抗原引起排斥反应的强弱不同，分为主要组织相容性抗原和次要组织相容性抗原。由于前者是由一组抗原组成的，因此称为主要组织相容性复合体（MHC），由一染色体上的一组主要组织相容性复合体基因（*MHC*）控制。*MHC-Ⅰ*类、

*MHC-Ⅱ*类和 *MHC-Ⅲ*类基因分别编码调节免疫过程的移植抗原蛋白、免疫应答蛋白和补体蛋白。由于 *MHC* 基因的紧密连锁，表现为单体型遗传和具有高度多态性。组织相容性-Y 抗原（H-Y 抗原）是次要组织相容性抗原，它除有移植排斥现象外，还与动物的性别分化有关。

抗体是一类免疫球蛋白分子，一般由两条相同的轻链和两条相同的重链通过二硫键结合构成四聚体。轻链和重链由位于不同染色体上的一组基因编码的片段（基因簇）经组装后编码。在配子或未分化的胚细胞中，轻链由一条染色体上的一组基因编码的可变片段、结合片段和恒定片段组成，重链由一条染色体上的一组基因编码的可变片段、多样性片段、结合片段和恒定片段组成。在胚胎 B 细胞分化成能产生抗体的 B 细胞期间，通过组合多样性、结合位点多样性、结合插入多样性和体细胞突变构成了抗体的多样性。（T 细胞）受体是由 α 链和 β 链构成的二聚体蛋白，其基因组织与抗体的类似。

在免疫应答中，通过体液免疫应答和细胞免疫应答两条途径完成了免疫作用。在免疫过程中产生的寿命长的记忆细胞，当再次碰到有关外来抗原侵袭时会加快、加强免疫应答效应。免疫应答主要受免疫应答基因，即编码组织相容性Ⅱ类抗原的那组基因调控。

范 例 分 析

1. 我国有一男子，怀疑孩子并非他亲生，告到了法院。法医为夫妻和孩子检查了 ABH 系统，结果为：*H* 基因座为野生型同型合子 *HH*，夫为 AB 型（I^AI^B），妻为 A 型（I^AI^A 或 I^Ai），孩为 O 型（ii）。根据这些结果你如何断案？

2. （1）一男子与一女子结婚，其血型都为 O 型，结果生了一 A 型孩子。男子怀疑女子有外遇，女子矢口否认。

（2）一血型 O 的女子与一血型 AB 的男子结婚，结果生了一 AB 型孩子。

在这两种情况下，你如何能下肯定性的结论？

3. MN 血型为共显性，下列各婚配所生的孩子是否可能？

（1）A，M × B，MN → O，M；

（2）O × AB → O；

（3）O，N，Rh^- × AB，M，Rh^+ → A，MN，Rh^-。

4. 什么是抗体和杀伤性 T 细胞？它们如何保护我们免受病毒、细菌和其他病原体的侵袭？

5. 如果某灵长类动物的基因组内编码 κ 链的基因有片段 300*V*，5*J*，1*C*；编码 λ 链的基因有片段 150*V*，5*J*，1*C*；编码 H 链的基因有片段 300*V*，4*J*，50*D*，10*C*。那么，在 B 细胞分化过程中，可产生多少不同的抗体？

6. 对于人类白细胞抗原基因（*HLA*），下图给出了母亲、孩子和两个可能为孩子生父的单体型。试指出可能生父为谁？

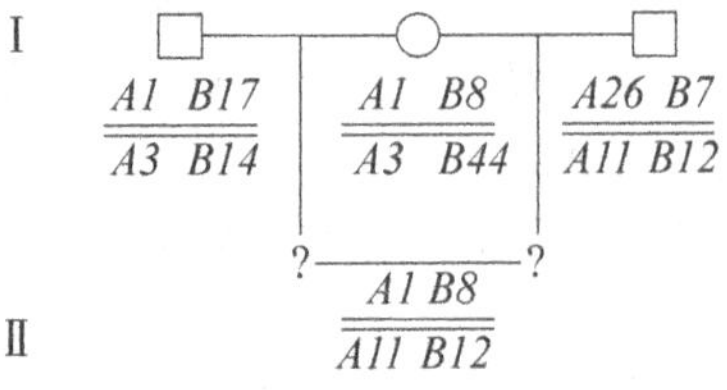

7. 病原体感染哺乳动物能引发不同的应答，对于入侵的病原体来说，一些是非专一性的，一些是专一性的。非专一性的和专一性的免疫应答分别有哪些？

第十七章 癌 遗 传

据美国权威癌症协会在2018年发表的报告，我国的癌症发病率和死亡率在全球居第一位。在全球1800万癌症的病例和960万癌症的死亡病例中，我国分别占380万和230万，即我国每天分别有上万人诊断为癌症和约有6000人死于癌症。在我国，无论男女，肺癌占第一位；其后，男性依次是胃癌、肝癌和结直肠癌，女性依次是乳腺癌、结直肠癌和甲状腺癌。

什么是癌？

这得从肿瘤说起。所谓**肿瘤**（tumor），是指分裂失控的一群非正常细胞构成的赘状物。

肿瘤，按危害程度，有良性和恶性之分。**良性肿瘤**（benign tumor）为只限制在发生的组织内而不会浸润到其他组织的肿瘤，如皮肤上长的黑痣、皮下脂肪瘤和乳房脂肪瘤。一般情况下，良性肿瘤是无害的，除非它的长大（少数的直径可达20cm）挤压到其他组织或器官而引起疼痛或其他症状时，可手术摘除。**恶性肿瘤**（malignant tumor）又称**癌**（cancer），是不只限制在发生的组织内，而会以单个游离细胞的形式，经淋巴管或血管转移到淋巴结和其他组织、器官进行无控生长和分裂的肿瘤。其危害是使受浸润组织、器官的功能受损，还往往是致命的。癌按其发生的细胞和组织可分为三类：最常见的是发生在上皮细胞的**上皮癌**（carcinoma），如皮肤癌、胃癌、肝癌和肺癌，约占癌的90%；其次是发生在血液和淋巴系统中的**白血病**（leukemia）和**淋巴瘤**（lymphoma），约占癌的8%；最后是发生在结缔组织（如肌肉和骨骼）的**肉瘤**（sarcoma），约占癌的2%。

癌有何特性？

研究表明，正常细胞转变成癌细胞的特征是：具有持续的增殖信号、逃避生长抑制、无限复制潜能、抵抗细胞死亡、避免免疫破坏、易突变和易转移等。

由于这些特征，癌细胞不能正确执行其功能而具有破坏性，也使癌细胞不能进入程序性细胞死亡或细胞凋亡（第十五章）而具有永生性（能进行无限的细胞分裂）的潜力。例如，HeLa细胞（从患子宫颈癌的、名叫Henrietta Lacks的一个美国妇女体中取出的癌细胞，该妇女患癌症8个月后去世，时年31岁），从1951起，在全球有关研究室，为研究目的经细胞培养一直延续至今仍无衰老迹象。正常细胞，如前所述，由于端粒酶的失活会逐渐出现衰老现象，约分裂50个细胞世代就会死亡。

本章就与癌遗传有关的问题进行讨论。

第一节 癌基因、端粒酶活性与癌的关系

这节讲两方面的关系：癌基因与癌的关系，端粒酶活性与癌的关系。

一、癌基因与癌的关系

癌基因（oncogene）是把正常细胞转化成癌细胞的基因。

正常细胞中主要有两类功能正常的基因突变，即原癌基因和抑癌基因（肿瘤抑制基因）的突变往往与癌变有关：原癌基因的活性适度，刺激细胞正常增殖，其突变基因——癌基因比原癌基因更具有活性，刺激细胞过度增殖而成为癌细胞；抑癌基因的产物抑制细胞过度增殖，其突变基因——癌基因不能抑制细胞过度增殖而成为癌细胞。现依次讨论如下。

（一）原癌基因突变成癌基因

原癌基因突变成癌基因，既可由反转录病毒诱发，也可由非病毒因素（如致癌的物理和化学因素）诱发。

1. 由反转录病毒诱发　原癌基因突变成癌基因与反转录病毒（第八章）有关。生物受到病毒感染时，如果病毒可使宿主的正常细胞进行无控增殖而产生肿瘤或癌，则这种病毒就称为**肿瘤病毒**（tumor virus）。动物中发现的肿瘤病毒，其基因组是 RNA，属 RNA 肿瘤病毒，且全是**反转录病毒**（retrovirus）。反转录病毒诱发宿主细胞癌变有两种情况：有的携有癌基因，有的未携有癌基因。

（1）反转录病毒携有癌基因　属于 RNA 肿瘤病毒的反转录病毒，之所以可把正常细胞转化成癌细胞，是因为其基因组中含有癌基因。

以前讲的人类免疫缺陷病毒（HIV，第九章）是反转录病毒。所有反转录病毒的结构都与 HIV 的结构相似，如有一条正（＋）链 RNA，即有一条可直接进行翻译的 RNA（第八章）。

1910 年，劳斯（F. P. Rous）将长在鸡腿部的肿状物——肉瘤（癌）的细胞移植到正常鸡时，正常鸡就会长出肉瘤；然后将用不让细胞通过但可让病毒通过的滤器过滤所得的肉瘤细胞滤液，注射到正常鸡也可产生肉瘤。该试验指出，癌可以通过病毒感染产生。

现已证明，鸡的肉瘤是由一种反转录病毒——**劳斯肉瘤病毒**（Rous sarcoma virus，RSV）产生的，其 RNA 基因组的结构如图 17-1（1）所示：有两末端，一末端由重复序列（第十章）R 和 U_5 组成，另一末端由重复序列 R 和 U_3 组成（其实所有反转录病毒的两末端都是由这样的重复序列组成的）；中间部分还夹有基因 *gag*、*pol*、*env*（第九章）和 *src*，后者就是使鸡患肉瘤的癌基因。

当反转录病毒，如劳斯肉瘤病毒感染细胞时，其 RNA 基因组进入宿主细胞，在反转录酶（由 *pol* 基因编码，与 RNA 同时进入）作用下，首先，以 RNA 为模板反转录成双链 DNA，即 RSV **原病毒 DNA**［provirus DNA，图 17-1（2）］。

然后，在反转录酶合成原病毒 DNA 期间，基因组的这两末端序列进行复制而产生长末端重复 U_3-R-U_5，即图 17-1（2）中的 LTR，其内含有调控病毒转录的序列（如有调控转录的启动子和增强子）；RSV 原病毒 DNA 的两末端连接，产生“两长末端重复相邻”的环状原病毒 DNA［图 17-1（3）］。

再后，在 U_3-U_5 处平截切割（第十三章）环状原病毒 DNA 和交错切割宿主细胞 DNA 靶位点后，二者整合开始［图 17-1（4）］；通过整合重组（第九章），病毒原 DNA 两端与（宿主）细胞 DNA 两端连接，且填补单链两空隙产生靶位点 DNA 的两同向重复，整合完成［图 17-1（5）］。

整合一旦完成，宿主 RNA 聚合酶Ⅱ 转录原病毒 DNA。如前所述，原病毒 DNA 的 *gag* 基因编码核心蛋白，*pol* 基因编码反转录酶和整合酶，*env* 基因编码病毒外壳糖蛋白。通过转录被整合的原病毒 DNA 而产生的子代 RNA 基因组，即原来病毒的 RNA 基因组。子代 RNA 基因组在宿主细胞内经包装成为子病毒，又可感染新细胞。

某些反转录病毒具有癌基因，可使被它感染的细胞发生癌变，因此称为**癌基因反转录病毒**（oncogenic retrovirus）。在劳斯肉瘤病毒（RSV），其癌基因称 *src*；与其他反转录病毒的癌基因一样，癌基因 *src* 在病毒生活周期中没有功能，但能使宿主患癌。有些反转录病毒没有癌基因，不

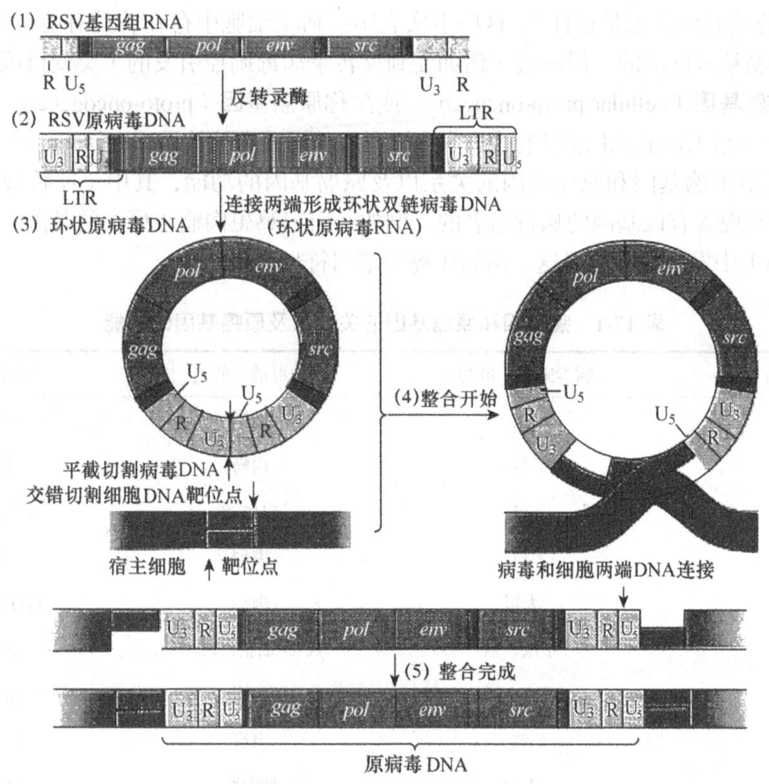

图 17-1　劳斯肉瘤病毒（RSV）和整合到宿主（鸡）细胞染色体的过程

能使其感染的细胞发生癌变，因此称为**非癌基因反转录病毒**（non-oncogenic retrovirus），如前述的 HIV。

除劳斯肉瘤病毒具有癌基因外，科学家还发现其他一些反转录病毒也具有癌基因——反转录病毒癌基因。

自然，科学家要问：这些反转录病毒癌基因从何而来？

一种可能是源于原癌基因。劳斯肉瘤病毒的癌基因 *src*，以及其他的反转录病毒的癌基因都有一个很重要的特点，就是只使宿主患癌症而没有其他功能。

病毒遗传学家以前的观念认为：病毒的基因组很小，在进化中必须最大化地利用其遗传信息（如出现重叠基因）才不会被自然选择淘汰。现在发现，反转录病毒中的癌基因在病毒生活周期中居然只是诱发宿主癌变而无其他功能的事实，与病毒必须最大化地利用遗传信息（第九章）的观念相矛盾。

为了解释这一矛盾现象，一些遗传学家提出假说：（反转录）病毒癌基因可能是近期的进化产物，也许是反转录病毒在与宿主细胞进行整合和去整合时，通过类似重组的机制把宿主基因组中的正常基因突变成了癌基因。

如果上述假说合理，一个合乎逻辑的结论应是：劳斯肉瘤病毒的癌基因 *src* 与该病毒宿主——鸡的正常基因应具有同源性。比舍普（J. M. Bishop）等对这一结论的合理性进行了检测。他们以鸡的劳斯肉瘤病毒癌基因 *src* 的 cDNA 为探针与其宿主——正常鸡基因组的杂交结果证明，正常鸡基因组中确实存在与癌基因 *src* 同源但功能正常的基因。后来又找到了其他的真核生物的正常细胞与反转录病毒癌基因的同源基因，也发现了人类的癌基因与反转录病毒癌基因非常相似

（不是由病毒诱发的癌症也是这样）。这些事实表明：宿主细胞中存在着具有能执行正常功能的、与反转录病毒癌基因同源的，但通过（诸如受到反转录病毒调控引发的）突变可成为癌基因的基因——**细胞原癌基因**（cellular proto-oncogene）或简称**原癌基因**（proto-oncogene），即人和其他真核生物的一些癌基因是有关正常细胞的基因——原癌基因突变的结果。

表 17-1 列出了癌基因和原癌基因的关系以及原癌基因的功能，其中（反转录）病毒癌基因符号是以首次发现含有该基因的病毒命名的。例如，引起鸡患肉瘤（癌）的基因，首次是在肉瘤病毒（sarcoma）中发现的，所以这一肉瘤（癌）基因符号为 *src*。

表 17-1　癌基因和原癌基因的关系以及原癌基因的功能

癌基因符号	病毒来源（最初）	病毒诱发的癌	原癌基因功能
src	鸡	肉瘤	酪氨酸激酶
sis	猴	肉瘤	生长因子
erbB	鸡	白血病	生长因子受体
fms	猫	肉瘤	生长因子受体
rac	大鼠	肉瘤	GTP-键合蛋白
abl	小鼠、猫	前-B-细胞白血病	酪氨酸激酶
rof	鸡、小鼠	肉瘤	丝氨酸 / 苏氨酸
myc	鸡	肉瘤	转录因子
fos	小鼠	骨肉瘤	转录因子
jun	鸡	纤维瘤	转录因子

如果癌基因由（反转录）病毒携带，则称**病毒癌基因**（virus oncogenes，*v-onc*）；如果癌基因由宿主细胞染色体携带，则称**细胞癌基因**（cellular oncogenes，*c-onc*）。携带癌基因的反转录病毒感染正常细胞时（一般不会引起细胞死亡），其基因组整合到细胞染色体上，病毒癌基因就成了细胞癌基因，可诱发有关细胞及其子细胞发生癌变。

当含有癌基因的反转录病毒感染个体时，通常要经 2～3 周的潜伏期方使个体患癌。

既然反转录病毒癌基因起源于（细胞）原癌基因，那么这两类基因有何差异？

一是基因表达调控方式上的差异。病毒癌基因的表达受反转录病毒启动子的调控，其表达的水平和模式可明显不同于其同源的原癌基因。例如，细胞原癌基因 *c-myc* 家系中的许多成员，在正常停止分裂的分化细胞中不表达或表达水平很低；但反转录病毒癌基因 *v-myc* 整合到细胞染色体上时，在反转录病毒基因组的强启动子调控下，在细胞中表达水平很高，从而导致了大量的细胞增殖，即导致了向癌变方向的发展。

二是编码蛋白质的差异。在某些情况下，这种蛋白质结构的差异足以使反转录病毒癌基因编码的蛋白质诱发细胞癌变。许多原癌基因编码的是信号蛋白，其作用是调控细胞在正常范围内增殖。例如，原癌基因 *ras* 就是这样的基因，其同源的癌基因 *H-ras*（可诱发甲状腺癌）和 *K-ras*（可诱发结肠癌、肺癌和胰腺癌），是分别从哈维大鼠肉瘤病毒（Harvey rat sarcoma virus）和柯斯滕大鼠肉瘤病毒（Kirsten rat sarcoma virus）中分离得到的。原癌基因 *ras* 编码的蛋白质（protein）共有 209 个氨基酸，相对分子质量为 21 000，称为 p21 蛋白；癌基因 *H-ras* 和 *K-ras* 编码的蛋白质，与其原癌基因只有一个氨基酸差异——p21 蛋白的第 12 位甘氨酸由缬氨酸替换就是 K-ras 蛋白，第 61 位谷氨酰胺由亮氨酸替换就是 H-ras 蛋白（图 17-2）。

三是有、无内含子的差异。反转录病毒癌基因没有内含子；原癌基因，与多数真核细胞基因一样，具有内含子。图17-3（a）中鸡原癌基因 *c-src*，有12个外显子（用内含子隔开），碱基对超过7kb；而在劳斯肉瘤病毒RNA基因组内，病毒癌基因 *v-src* 无内含子，全长1.7kb。由劳斯肉瘤病毒的原病毒DNA全长转录成基因组mRNA后，经不同剪接还可产生两种mRNA［图17-3（b）］。转录mRNA开始于左边U序列，终止于右边重复序列R［以添加多聚（A）尾为标志］。

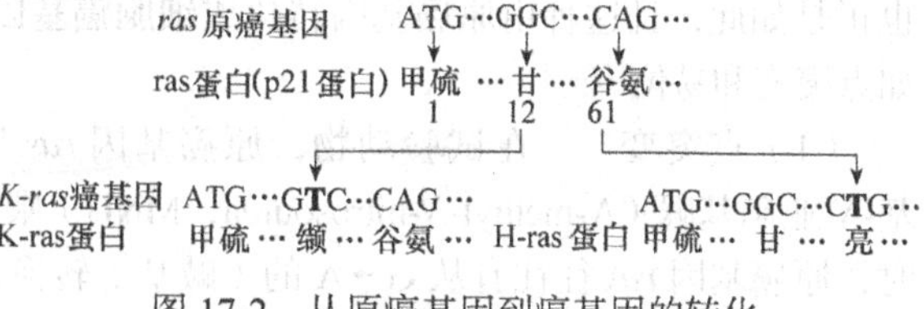

图17-2 从原癌基因到癌基因的转化

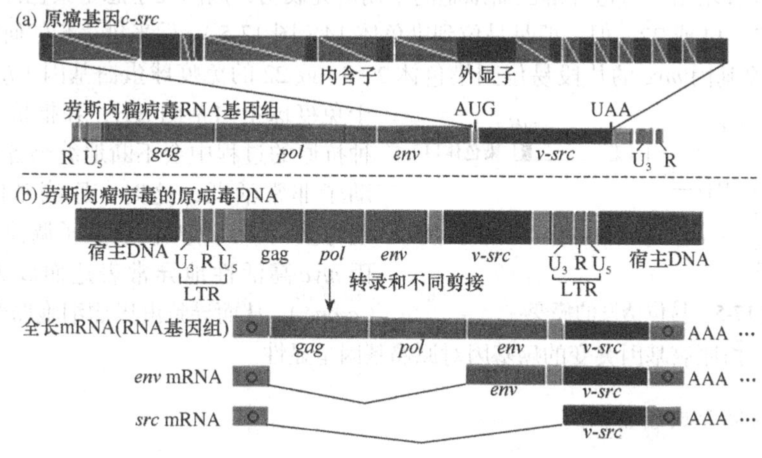

图17-3 鸡原癌基因 *c-src* 和劳斯肉瘤病毒癌基因 *v-src* 的比较

由于这些差异，反转录病毒癌基因和原癌基因在功能上总的差异是：前者诱发癌变，后者调控正常的生命活动。

（2）反转录病毒未携有癌基因 野生型反转录病毒，即未携有癌基因的反转录病毒RNA有关节段（以cDNA形式）插入宿主细胞基因组的适当位置，也可诱发原癌基因过度表达使细胞癌变。已知原癌基因 *myc* 的结构如图17-4所示，用不带癌基因的反转录病毒，如野生型鸟类白血病病毒（avian leukosis virus，ALV）插入宿主（如鸡或鼠）的原癌基因 *myc* 内的适当位置（如前两个外显子之间）时，使原癌基因启动子突变而激发原癌基因过度表达，即成为细胞癌基因（*c-onc*），最终导致细胞恶性转化——形成淋巴瘤。野生型反转录病毒插入原癌基因 *erbB* 和 *rof*（表17-1）时也有类似效应而诱发癌变。

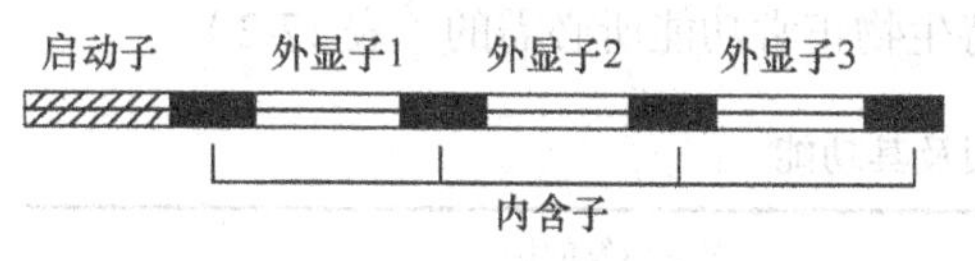

图17-4 原癌基因 *myc* 的结构

这些表明，野生型反转录病毒作为插入因子，也是原癌基因突变成细胞癌基因（*c-onc*）的重要来源。

RNA病毒中携带癌基因的全是反转录RNA病毒，目前研究得最多。

有的DNA病毒也携有癌基因，如肝癌病毒和乳头瘤病毒，分别引起人类和其他一些物种患肝癌和子宫颈癌。

2. 由非病毒因素诱发 原癌基因和病毒癌基因（*v-onc*）在结构上的高度同源性，说明许多由非病毒诱发的自发突变和致癌剂诱发的癌症，也可能涉及一个或多个原癌基因的突变。事实也正是如此，且这种由原癌基因转化成**细胞癌基因**（cellular oncogene，*c-onc*）的突变类型多样，如点突变和易位。

（1）点突变　在试验动物，原癌基因 *ras* 是致癌剂诱发的常见靶基因。用致癌剂 *N*-甲基-*N*-亚硝基脲（*N*-methyl-*N*-nitrosourea，MNU）喂饲小鼠时，则诱发乳腺癌的频率很高；与此同时，原癌基因 *ras* 往往有从 G→A 的（碱基）转换，也就能把具有正常功能的基因转化成细胞癌基因 *c-onc*。有趣的是，从 G→A 的转换恰好是由致癌剂 MNU 诱发的突变类型，其他的致癌剂对原癌基因 *ras* 也显示了类似的效应。这表明，该基因是不同致癌剂的靶基因。原癌基因 *ras* 点突变成细胞癌基因与人的许多癌症有关，如结肠癌和肺癌等。

（2）易位　由于易位诱发癌变的一个例子是人的**伯基特淋巴瘤**（Burkitt lymphoma），其病症是淋巴细胞无控增殖。对这种淋巴瘤细胞的早期研究表明，病因几乎总是染色体 8 的一个片段易位到染色体 2、14 或 22，但一般是易位到染色体 14（图 17-5）。后来进一步的研究表明，是染色体 8 带有原癌基因 *myc* 的片段易位到染色体 2、14 或 22 的免疫球蛋白基因（*IgH*）附近。由于免疫球蛋白基因 *IgH*，在抵抗侵入人体的各种抗原的过程中会不断地编码各种抗体，其启动子非常活跃；这时，原癌基因 *myc* 受到免疫球蛋白基因 *IgH* 的启动子调控，使得原癌基因 *myc* 高活性地异常表达而成为细胞癌基因（*c-onc*），从而导致淋巴瘤细胞癌变。

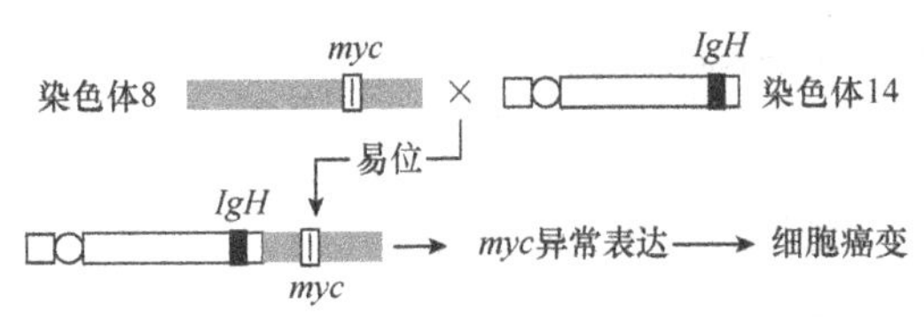

图 17-5　易位诱发的癌变

试验表明，由原癌基因突变的癌基因对原癌基因呈显性。

（二）抑癌基因突变成癌基因

1. 抑癌基因的发现　在 20 世纪 60 年代末，哈里斯（H. Harris）把小鼠的正常细胞与小鼠的癌细胞融合，发现形成的四倍体杂种细胞并无癌变表现型。由于四倍体细胞不稳定，在传代过程中来自小鼠正常细胞的染色体丢失后，杂种细胞的致癌能力又恢复了。所以，哈里斯推测：小鼠正常细胞中应有一种抑癌基因能抑制癌细胞的癌变表现；且这里的癌变应是一隐性性状，如此杂种细胞才能正常分裂而不会形成肿瘤或发生癌变。由此他假定：在这些正常杂种细胞中的一些基因产物，具有抑制癌细胞无控增殖的能力；而在正常细胞中，能编码抑制癌细胞无控增殖产物的基因就称为**抑癌基因**（carcinoma suppressor gene）、**肿瘤抑制基因**（tumor-suppressor gene）或**抗癌基因**（carcinoma resistance gene）。

研究表明，抑癌基因，与原癌基因一样，也是维持生物正常功能所必需的（表 17-2）。

表 17-2　某些抑癌基因及其功能

抑癌基因	细胞功能	癌变诱发的癌
DCC	细胞黏附	结肠、直肠癌
DPC4	信号转导	胰腺癌
NF1	细胞内信号转导	神经纤维肉瘤
MST1	细胞分裂中断者	范围广泛的癌变
P53	转录调节，诱发非正常细胞的凋亡	脑癌、乳腺癌、结/直肠癌、肺癌、骨肉瘤、宫颈瘤、白血病和淋巴瘤
RB	细胞周期中的主要中断者	视网膜母细胞瘤、骨肉瘤、膀胱癌、乳腺癌、肺癌和肝癌
WT1	转录调节	肾癌

2. 抑癌基因突变成癌基因的机制 抑癌基因突变成癌基因的机制基本上与原癌基因的相同，但在遗传表现上，抑癌基因突变成的癌基因表现为隐性，而原癌基因突变成的癌基因表现为显性。抑癌基因的突变或失活与人类许多癌变有关（表 17-2）。现举两例说明。

例 1 是视网膜母细胞瘤抑癌基因的突变。**视网膜母细胞瘤**（retinoblastoma）是来源于视网膜母细胞突变的一种视网膜癌，多见于一岁半前的儿童。早期患者眼底有灰白色肿块，随着病情的发展，癌长入玻璃体，使瞳孔出现黄色的光反射而呈“猫眼”状，严重时肿块可长出眼眶。如果发现较早和实施手术治疗，可以不致死，并可有自己的后代，从而有利于对该病进行遗传模式的分析。

遗传分析表明，视网膜母细胞瘤是染色体 13 的 *Rb-rb* 基因座隐性突变的结果，因患者的视网膜母细胞瘤细胞的基因型都为 *rbrb*。但在不同患者的正常体细胞（如白细胞）中可分为两类：一类（图 17-6，模式Ⅰ）为杂型合子 *Rbrb*，另一类（图 17-7，模式Ⅱ）为同型合子 *RbRb*，分别占 40% 和 60%。

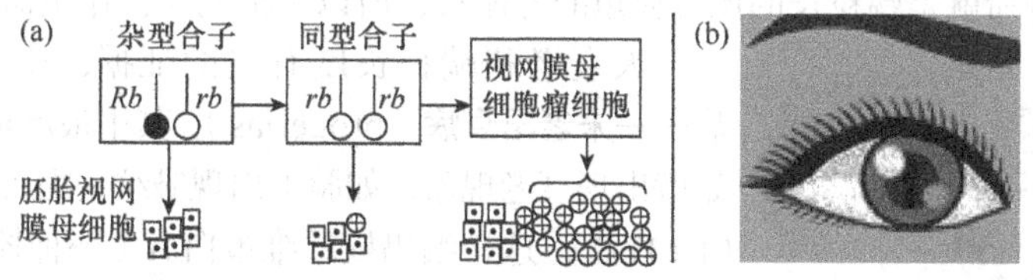

图 17-6 视网膜母细胞瘤遗传模式Ⅰ［(a)］和照片［(b)］

这说明前一类（模式Ⅰ）患者的一个隐性突变源于亲代的一个配子，另一个隐性突变源于患者一个视网膜母细胞的隐性突变，就使该细胞成为同型合子 *rbrb*，这一同型合子经有丝分裂形成的细胞块就导致了视网膜母细胞瘤的发生。

后一类（模式Ⅱ）患者的正常体细胞为显性同型合子 *RbRb* 的个体，又是如何使视网膜母细胞成为隐性同型合子 *rbrb* 而患视网膜母细胞瘤的呢？这需经两步（图 17-7）：步 1 是一个视网膜母细胞（*RbRb*）的一个 *Rb* 基因突变成 *rb* 使其基因型为 *Rbrb*；步 2 是 *Rbrb* 通过有丝分裂重组（第五章），在该基因与着丝粒之间的非姐妹染色单体间发生互换而产生隐性同型合子 *rbrb*，这一隐性同型合子经有丝分裂形成的细胞块就导致了视网膜母细胞瘤的发生。

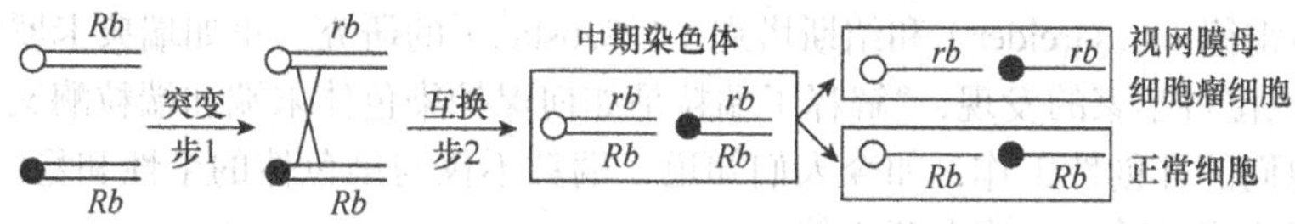

图 17-7 视网膜母细胞瘤遗传模式Ⅱ

例 2 是抑癌基因 *P53* 的突变。抑癌基因 *P53* 的产物——P53 蛋白（其相对分子质量为 53 000，故名）是核内一种调控蛋白，作为转录因子可与一定的 DNA 序列结合。细胞正常时，P53 蛋白含量很低。细胞异常，即其内 DNA 受损时，抑癌基因 *P53* 的产物——P53 蛋白含量会明显升高：如果细胞 DNA 受损不严重，则 P53 蛋白会激活一些基因进行转录，使细胞停留在 G_1 期，由细胞内的 DNA 修复系统进行修复，以防受损细胞进入 S 期进行受损 DNA 的复制；当细胞 DNA 受损严重而不能修复时，则 P53 蛋白会激活一些基因的转录，使细胞自毁，即**细胞凋亡**（apoptosis）。这两种情况都能避免 DNA 受损的细胞发生癌变。

但是，要是抑癌基因 *P53* 突变成细胞癌基因 *p53*，且为同型合子 *p53 p53* 时（癌变机理与视网膜母细胞瘤的相同，为隐性突变致癌），就不能形成 P53 蛋白，细胞内的受损 DNA 也就不能修复或不能使有关细胞自毁而发生癌变。事实上，抑癌基因 *P53* 可能是至今检测的最为重要的抑癌基因。在已发现的各类癌中，60% 以上的癌与细胞癌基因 *p53* 有关，如会诱发白血病、膀胱癌和乳腺癌等。

二、端粒酶活性与癌的关系

如第八章所述，端粒酶活性或端粒长度与人衰老有关。人类体细胞丧失了端粒酶活性，细胞每分裂一次，端粒就会丢失一部分，即体细胞染色体中的端粒总是在不断地缩短，当缩短到引起基因功能异常甚至端粒丢失时，人就会衰老死亡（但种系细胞和体细胞中的干细胞具有端粒酶活性）。用人的端粒 DNA 作探针，检测胎儿、新生儿、青年和老年人的成纤维细胞的端粒长度也发现：端粒长度随着年龄的增加而缩短——年近八旬的老人，其端粒长度约为刚出生小孩的 1/2。进行体细胞培养时，平均约分裂 50 次就衰老死亡；由于人的体细胞平均每 2.4 年分裂 1 次，因此有人推算人的期望（生理）寿命约为 120 岁。端粒长的细胞比端粒短的寿命更长和分裂次数更多，反映到人的寿命就是端粒长的比端粒短的寿命长，所以常把端粒比作生命时钟。

图 17-8 严重型未老早衰病（9 岁）

人衰老和端粒长度有关的证据，还来自人类的遗传疾病——**未老早衰病**（progerias）。其中最严重的一种是从出生开始就出现衰老现象，如脸上出现皱纹、秃头，通常 10 余岁死亡（图 17-8）；这是编码核纤维蛋白 A（一种控制细胞核形状的蛋白质）的一基因发生显性突变引起的。另一种较轻的未老早衰病，通常从 10 余岁发现老态，50 岁左右死亡；这是编码修复 DNA 的一种蛋白质的一基因发生隐性突变的结果。但这两种病发生的机制尚不清楚。经观察发现，对于同龄人来说，这两类患者体细胞的端粒都明显地比正常人的短，而严重型患者体细胞的端粒又明显地比非严重型的短。

端粒酶活性还与癌的发生有关。在体细胞培养中，偶尔见到的可无限分裂的细胞，其内总是伴有具活性的端粒酶。因为所有癌细胞有一个共同的特点，即其内的端粒酶具有活性而能无限地分裂，所以科学家提出，可通过抑制癌细胞端粒酶的活性战胜癌症。在一些癌变动物的试验也表明，抑制癌细胞端粒酶的活性，能导致端粒缩短而使细胞死亡——这就为癌症的治疗提供了一个新思路。

以上成果，得益于 2009 年诺贝尔生理学或医学奖获得者——美国三位科学家布莱克本（E. Blackburn）、格雷德（C. Greider）和绍斯塔克（J. Szostak）的研究。正如瑞典卡罗林斯卡医学院所宣布的，这三位科学家的发现，"解释了端粒是如何保护染色体末端和端粒酶又是如何合成端粒的。"借助他们的开创性工作，如今人们知道，端粒不仅与染色体的个性和稳定性密切相关，还涉及细胞或个体的寿命、衰老与死亡等。

第二节　癌变的遗传学说

人们根据一定的试验结果，提出了癌变或癌发生的一些遗传学说，其中主要的有单克隆起源学说和多步骤癌变学说。

一、单克隆起源学说

单克隆起源学说（theory of single clone origin）认为，癌是在致癌因素作用下，由单个细胞突变成癌细胞后的无控增殖引起的。有些证据可说明癌细胞的单克隆起源。

在分子水平上对白血病和淋巴瘤的分析表明，它们都具有相同的免疫球蛋白基因或相同的T细胞受体基因的重排方式（第十六章），即说明这些癌细胞起源于体细胞的单个（处女）B细胞或单个（处女）T细胞。

对于女性某些癌症的研究表明，其所有的癌细胞具有相同的失活X染色体或相同的活化X染色体（第十八章），这也说明这些癌症起源于单个的体细胞。

前面所述的视网膜母细胞瘤的形成，本质上也要在受精卵为杂合体的基础上，经视网膜一个体细胞的一次隐性突变后产生的无性系或单克隆（clone）所致；或者是视网膜一个体细胞发生一次隐性突变经有丝分裂重组后产生的无性系或单克隆所致。

根据这一学说，多数癌是由单个体细胞突变后经有丝分裂产生的无性系产生的，而不是直接由种系细胞突变或配子突变直接产生的，所以多数癌属于体细胞遗传变异产生的疾病。

二、多步骤癌变学说

多步骤癌变学说（mutli-step carcinogenesis theory）认为，癌变是多种癌基因分步骤依次承接的结果。

人类**结肠癌**（colonic carcinoma）的发生也许是证明该学说正确性的最好例子。人类正常的结肠上皮依次受到抑癌基因——腺瘤样结肠息肉基因（adenomatosis polyposis coli，*APC*）的突变诱发成早期腺瘤（adenoma）、受到原癌基因*K-ras*的突变诱发成中期腺瘤、受到抑癌基因*DCC*的突变诱发成晚期腺瘤（它们都为良性结肠腺瘤）；最后受到抑癌基因*P53*的突变诱发成恶性腺瘤——结肠癌（图17-9）。

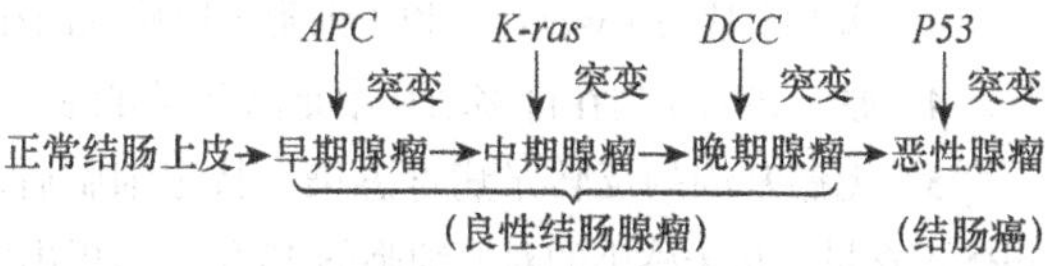

APC ↓突变　*K-ras* ↓突变　*DCC* ↓突变　*P53* ↓突变

正常结肠上皮→早期腺瘤→中期腺瘤→晚期腺瘤→恶性腺瘤

（良性结肠腺瘤）　（结肠癌）

图17-9　结肠癌诱发的多步骤突变

这种由原癌基因和抑癌基因的突变，进行多步骤诱发癌变的模式还见于人类的乳腺癌、成神经细胞瘤和神经肉瘤。

综上所述，关于癌变的发生可总结如下两点。其一，癌变具有遗传基础，涉及遗传物质的变化，如原癌基因和抑癌基因的突变都可诱发癌。这种遗传物质的变化，如果发生在体细胞，属体细胞遗传，其遗传不具家族性，即这种遗传物质的变化不能由亲代个体向子代个体传递，只能在个体内由特定组织或器官的亲代体细胞向其相应的子代体细胞传递，从而可引起各种癌症，诸如肺癌和乳腺癌的发生；如果发生在种系细胞（如视网膜母细胞瘤遗传模式Ⅰ的两异性杂型合子婚配），其遗传具有家族性，即这种遗传物质的变化，既能在个体内的亲代细胞向子代细胞传递，又能由亲代个体向子代个体传递。其二，引发癌变的遗传物质变化，还与环境因素，如各种致癌剂（多属基因诱变剂）和反转录病毒等有关。所以，癌变这一表现型的发生，与其他表现型的发生一样，是基因型和环境相互作用的结果，即表现型（癌变）=基因型+环境。

本章小结

由于医学的进步，由传染性疾病导致死亡的人数明显减少，而由癌症导致死亡的人数却上升了。

肿瘤是指生长和分裂失去控制的一群非正常细胞，可分为良性肿瘤和恶性肿瘤，后者常称癌。癌的特性是不受调控进行无限分裂而不分化、丧失了细胞间接触的生长抑制和减少或摆脱了细胞分裂对生长因子的需求。

原癌基因突变成癌基因，既可由反转录病毒诱发，也可由非病毒因素诱发。由反转录病毒诱发，一种情况是病毒携有癌基因，感染宿主时癌基因整合到宿主染色体上而使宿主致癌；另一种情况是病毒本身没有癌基因，只是其双链cDNA整合到宿主基因组适当位置诱发原癌基因发生癌变。原癌基因由非病毒因素，即物理的和化学的因素，通过点突变、易位和基因扩增可转化成癌基因。

抑癌基因，与原癌基因一样，也与细胞增殖的调控有关。抑癌基因的产物对细胞增殖有抑制作用。当抑癌基因发生（隐性）突变且为同型合子时，对细胞增殖的抑制作用就丧失，即细胞进入无控增殖而成为癌基因。抑癌基因突变成癌基因的机制与原癌基因的相同。

端粒酶在人类体细胞中无活性，但在人类所有类型的癌变细胞中都具有高活性，从而能维持细胞无控增殖的能力。

癌发生的遗传学说有单克隆起源学说、多步骤癌变学说等，且都有支持证据。

范例分析

1. 在癌的早期研究中，有哪些证据表明癌具有遗传基础？

2. 具有癌基因的病毒——癌基因病毒是如何被发现的？

3. 病毒癌基因（*v-oncs*）和（细胞）原癌基因在结构和功能上有哪些不同？

4. 原癌基因序列在许多动物中是高度保守的。基于这一事实，你认为原癌基因的功能是什么？

5. 无癌基因的反转录病毒感染一特定细胞后，RNA印迹杂交试验表明，由一特定原癌基因转录的mRNA含量，是未感染的对照细胞的13倍。试提出解释这一结果的假说。

6. 第一个抑癌基因是如何被发现的？

7. 今有一正常细胞系培养液和一无控增殖细胞系培养液。请设计一试验，确定细胞的无控增殖是原癌基因还是抑癌基因突变的结果？

8. 家族型和非家族型（散发型）视网膜母细胞瘤患者为什么分别倾向于两眼和单眼患该病？

9. 端粒和端粒酶与癌变有什么关系？

10. 癌细胞中的基因突变使得端粒酶具有活性，从而使癌细胞得以“永生”。你如何利用这一信息研发抗癌药物？

11. 下图显示的是一个家系患早期腺瘤的系谱图，其中的凝胶电泳为抑癌基因——腺瘤样结肠息肉基因（*APC*）突变成早期腺瘤的各等位基因受一限制酶切割的各片段（这一基因突变后可能进一步诱发结肠癌）。电泳显示有4个大小不同的限制片段（a，b，c，d）。在世代Ⅰ和Ⅱ，由于年龄足够大，携带*APC*突变等位基因的个体已患晚期腺瘤（结肠癌，如Ⅰ-1即个体9，Ⅱ-2即个体5，Ⅱ-3即个体11）。但在世代Ⅲ，由于还过于年轻，携带*APC*突变等位基因的个体还未患结肠癌。在世代Ⅲ，试识别患该癌症高风险和无风险的个体。

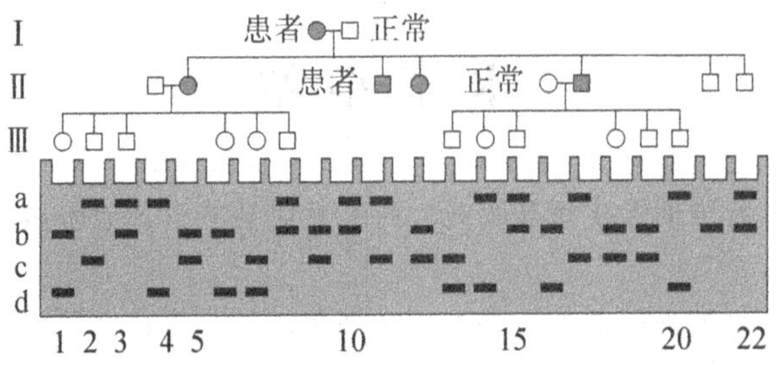

第十八章 表观遗传

当前的遗传学主要是研究基因组中的两类遗传信息：一类是，如我们前面讨论的，基因组中的核酸序列变化（如基因突变）对个体表现型影响的遗传；另一类是，如我们下面讨论的，基因组中的核酸非序列变化（如下面讨论的DNA甲基化和组蛋白修饰）对个体表现型影响的遗传，特称为**表观遗传**（epi-inheritance）。

研究表观遗传规律或机制的科学称为**表观遗传学**（epigenetics）。这一科学术语是由英国发育生物学家沃丁顿（C. Waddington）根据个体发育的后成说（epigenesis，第一章）和遗传学（genetics）这两个专业术语缩合而成的，目的是在承认后成说的基础上，研究生物在个体发育过程中有关基因是如何逐渐决定个体有关表现型的——显然，根据构成表观遗传学的上述两个科学术语，表观遗传学似也可称为后成遗传学。比方说，我们每个人的所有细胞都源于一个基因型相同的受精卵细胞，为什么之后处在不同发育阶段和不同部位的同一基因型会逐渐具有不同的表达（抑制或强化）或具有不同的表现型，这就是后成遗传学或表观遗传学涉及的内容，但下面都采用当今已普遍采用的后一科学术语。表观遗传学是在分子遗传学的基础上发展起来的，是分子遗传学深入发展的必然产物。

第一节 分子基础

多数证据表明，表观遗传效应一般是由染色质结构的物理变化引起的，如染色质的凝缩态和松散态分别使其基因不表达和表达，RNA也能使有关基因不表达（第十一章），且这种效应还可通过细胞有丝分裂在世代内的细胞间进行传递或遗传，有时还可通过细胞减数分裂（下详）进行有限世代间的传递或遗传。那么，引起表观遗传的分子基础是什么？

一、DNA甲基化

（一）DNA甲基化的产生和功能

DNA甲基化（DNA methylation）是在DNA序列不发生变化的情况下，通过DNA甲基转移酶把腺苷甲硫氨酸中的甲基（**—CH_3**）转移到DNA中胞嘧啶（cytosine，C）第5个碳原子（C）后，甲基替换该碳原子原来配有的氢（**H**），就把原来的胞嘧啶转换成5-甲基胞嘧啶（这种转换并未影响其与鸟嘌呤配对，即未影响有关密码子编码的氨基酸）（见下页）。

以前我们讲过的DNA甲基化的功能，如大肠杆菌DNA胞嘧啶经甲基化后可免受外来抗原的侵害，就是因这样的大肠杆菌可把未经甲基化的胞嘧啶的外来抗原DNA加以识别、切割和清除（第十二章），而自身的DNA由于胞嘧啶的甲基化而不会自毁；生物在DNA复制时，刚合成DNA的胞嘧啶应该甲基化但还未甲基化时，如果发生了复制错误，错配修复就能通过DNA链是否已甲基化而识别母链和子链，如此就可准确地修复新链中的错配碱基（第十二章）。DNA甲基化的上述两种功能，实际上是一种表观遗传机制。

胞嘧啶 (C) (+) $CH_3-CH_2-CH_2-S-CH_2$ 腺苷甲硫氨酸 → 5-甲基胞嘧啶

这里讲的 DNA 甲基化的功能——抑制基因表达，是至今研究得最为清楚的一种表观遗传机制。

两条链紧邻鸟嘌呤（G）的胞嘧啶（C）产生 5-甲基胞嘧啶是较常见的 DNA 甲基化。如此形成的二核苷酸称为 CpG 二核苷酸（其中 p 表示连接核苷酸 C 和 G 的磷酸基团，第八章）。在双链 DNA 中，两条链 CpG 二核苷酸中的胞嘧啶呈对角排列，且两胞嘧啶都甲基化，即甲基化发生在 DNA 的两条链形成所谓的 **CpG 岛**（CpG island）：

$$\begin{matrix}5'\text{-C G-}3'\\3'\text{-G C-}5'\end{matrix}\longrightarrow\begin{matrix}5'\text{-C}^{m}\text{ G-}3'\\3'\text{-G C}^{m}\text{-}5'\end{matrix}=\text{CpG岛}$$

胞嘧啶甲基化的程度随物种而异。例如，酵母和果蝇中 DNA 的胞嘧啶基本无甲基化，哺乳动物 DNA 中的胞嘧啶近 2%～7% 要甲基化。细胞就是通过胞嘧啶的甲基化和去甲基化分别使有关基因受到抑制和得到表达。组成型基因（第十一章）的 CpG 岛的胞嘧啶为非甲基化而得到表达；相反，其他基因，如处于不同组织中细胞的基因，其 CpG 岛的胞嘧啶都得到了不同程度的甲基化而使有关基因的表达受到不同程度的抑制。因此，DNA 甲基化是调控基因表达的一个重要机制。

胞嘧啶甲基化影响基因的转录有两种方式：一是，基因启动子区的已甲基化的 CpG 岛可以阻止转录因子与该区结合，如甲基伸入 DNA 大沟（第八章）后，CpG 岛就会阻止激活蛋白与增强子结合，从而可抑制有关基因转录；二是，已甲基化的 CpG 岛与**甲基-CpG-结合蛋白**（methyl-CpG-binding protein）结合而抑制有关基因转录。

（二）DNA 甲基化的遗传

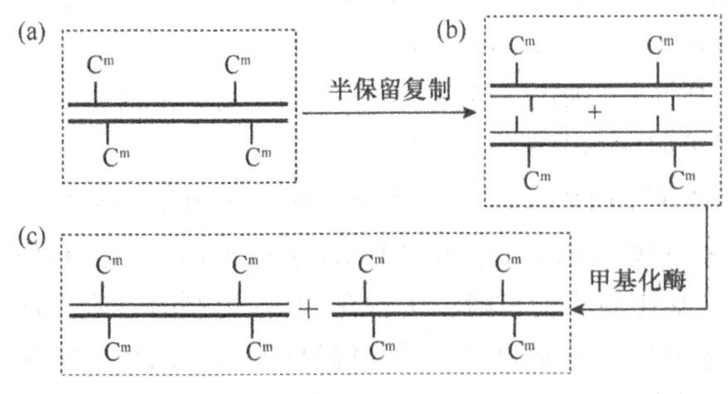

图 18-1　DNA 甲基化的遗传机制

甲基化和非甲基化的 DNA 序列分别被引入动植物细胞时，其产生的子细胞仍分别为甲基化和非甲基化 DNA。这表明，甲基化 DNA 通过复制可传给子细胞。这种表观遗传的变化在细胞分裂时是如何得以保持的呢?

假定复制前，DNA 双链的 CpG 岛序列的胞嘧啶都已甲基化［图 18-1（a）］；经半保留复制（第八章）后，两 DNA 分子母链的 CpG 岛序列的胞嘧啶仍保持甲基化，子链的 CpG 岛序列的胞嘧啶没有甲基化

[图 18-1（b）]；随后，母链中甲基化的胞嘧啶吸引甲基化酶把子链 CpG 岛序列的胞嘧啶甲基化，从而使母 DNA 的甲基化在子 DNA 中得以保持或遗传 [图 18-1（c）]。

（三）DNA 基因组甲基化的检测

各物种 DNA 测序工作的完成，为破译基因组内的遗传信息提供了 DNA 的碱基序列基础。然而，DNA 的碱基序列仅仅是遗传信息的部分记录，如我们前述的染色质构型（而非 DNA 的碱基序列）的变化也可影响碱基序列的表达。个体具有的染色质构型的各种变化或修饰（其中包括 DNA 甲基化）而影响碱基序列表达的总模式就称为**表观基因组**（epigenome）。在个体发育过程中，基因组中的表观基因组呈现多样性，能分化出多少类型的细胞就有多少类型的表观基因组。对于基因组中给定的细胞类型来说，基因组进行了特定的表观修饰就使这一细胞类型具有其特定的结构和功能。

当今研究得最为清楚的表观遗传机制是 DNA 的甲基化。下面介绍检测 DNA 基因组甲基化的**亚硫酸氢盐测序法**（bisulfite sequencing）。

其检测原理是（图 18-2）：基因组 DNA 用亚硫酸氢钠处理使非甲基化的胞嘧啶（C）转换成尿嘧啶（U），序列分析时，就用胸腺嘧啶（T）检测到的尿嘧啶而间接地推知或检测到非甲基化的胞嘧啶（C）；但同一基因组 DNA 未用亚硫酸氢钠处理进行序列分析时，5-甲基胞嘧啶在化学上没有改变，检测出的仍是胞嘧啶。如此对通过用和不用亚硫酸氢盐处理的同一 DNA 序列进行测序，并对这两测序结果进行比较，就可得出某一染色体 DNA 片段胞嘧啶中的甲基化程度。由图 18-2 的测序结果可知，从模板链 3′ 端开始，第三个胞嘧啶 C 未甲基化，而其余的胞嘧啶都已甲基化，即这一 DNA 片段中的 3 个胞嘧啶有 2 个已甲基化。

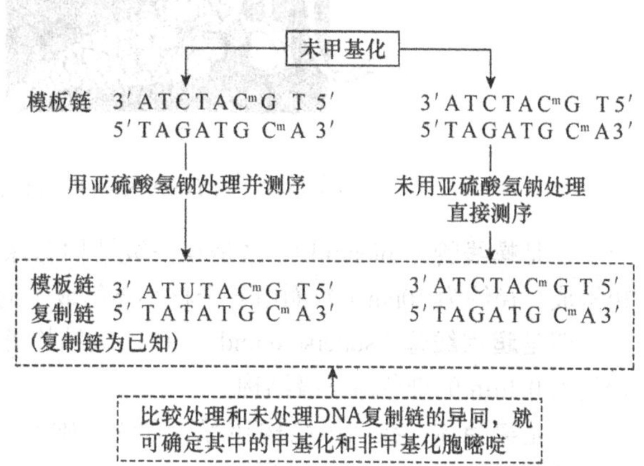

图 18-2 5-甲基胞嘧啶定位的亚硫酸氢盐测序法

利用这一方法，可测定不同组织细胞 DNA 的甲基化程度，以探讨不同组织具有不同功能的原因。

二、染色质重塑

为此，先详述真核生物染色质（染色体）的 5 种结构。染色质（体）是由一条带负电荷的遗传物质——双链 DNA 和带正电荷的组蛋白结合后，经多次螺旋化构成的、易被染料染色的线状体。真核生物的染色体有如下 5 种结构（图 18-3）。

一是**核小体**（nucleosome）。这是以 4 种组蛋白 H2A、H2B、H3 和 H4 构成的“组蛋白八聚体”$(H2A\text{-}H2B\text{-}H3\text{-}H4)_2$ 为核心，用一条双链 DNA 缠绕八聚体近两圈，再用组蛋白 H1 把进、出八聚体的 DNA 两端封住所构成的染色体的基本单位。这些组蛋白都有高比例的带正电荷的精氨酸和赖氨酸，这样组蛋白就可与 DNA 中带负电荷的磷酸基团结合而使 DNA 和组蛋白维系在一起。

二是**念珠体**（string-beads-form）。由上述双链 DNA 分子（直径约 2nm）串联起来的、由众多核小体构成直径约为 10nm 的染色体一级结构。

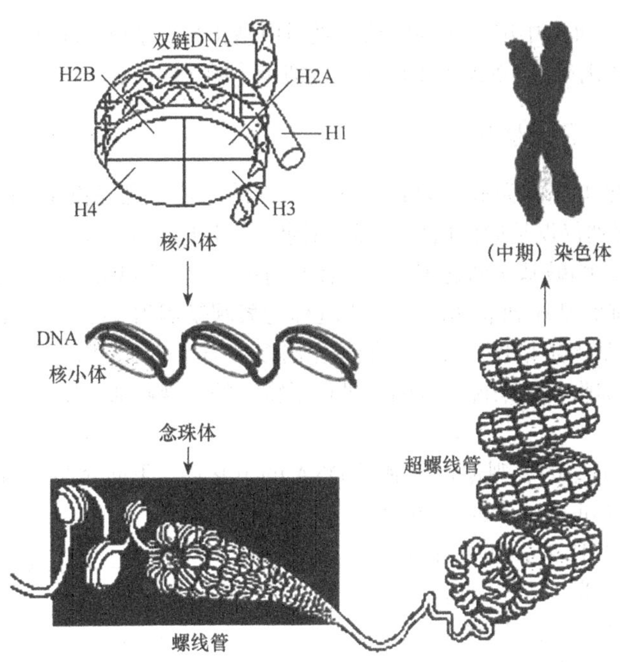

图 18-3 由 DNA 和组蛋白装成染色体的四级结构模型

三是**螺线管**（solenoid）。这是在一级结构念珠体的基础上，双链 DNA 继续螺旋化缩短、加粗构成直径约为 30nm（每圈由 6 个核小体组成）的染色体二级结构。

四是**超螺线管**（supersolenoid）。在二级结构螺线管的基础上，DNA 继续缩短、加粗构成直径约为 0.4μm 的染色体三级结构。

五是**染色体**。在三级结构超螺线管的基础上，继续缩短、加粗构成直径为 2～10μm 的、在显微镜下可见的染色体四级结构。

染色体处于哪一级结构水平与细胞存在的状态有关。细胞在分裂状态，如在有丝分裂和减数分裂中期，由于染色体不断螺旋化地缩短、加粗，经染色后在显微镜下可见而称为染色体；相反，细胞在分裂间期，由于染色体不断去螺旋化而伸长、变细，当伸长到最大长度，即由双链 DNA 分子串联起来的、由众多核小体构成的、经染色后在显微镜下呈不规则的丝状或网状结构时，就称为**染色质**（chromatin）。也就是说，染色体和染色质是同一物质在细胞分裂周期中的不同时期所存在的不同形式或状态。

现讲**染色质重塑**（chromatin-remodeling）。这是指染色质中的各核小体，在依赖于 ATP 的染色质重塑复合体的作用下，利用 ATP 水解释放出的能量，通过改变核小体间的相对位置或除去一些组蛋白八聚体等过程，而使染色质构型或结构得到重塑（图 18-4）。

通过染色质重塑也可影响基因表达：如果通过染色质重塑使其成为紧密状态的**封闭构型**（closed conformation），则转录因子和 RNA 聚合酶不能接近基因的启动子而不能启动基因转录；如果通过染色质重塑使其成为松散状态的**开放构型**（opened conformation），则转录因子和 RNA 聚合酶能够接近基因的启动子而能启动基因转录。

下面讲的表观遗传中的“剂量补偿”是染色质重塑影响基因表达的例子。

三、组蛋白修饰和蛋白感染子

DNA 并非裸露，而是以与蛋白质，尤其是与组蛋白结合的形式存在。**组蛋白修饰**（histone

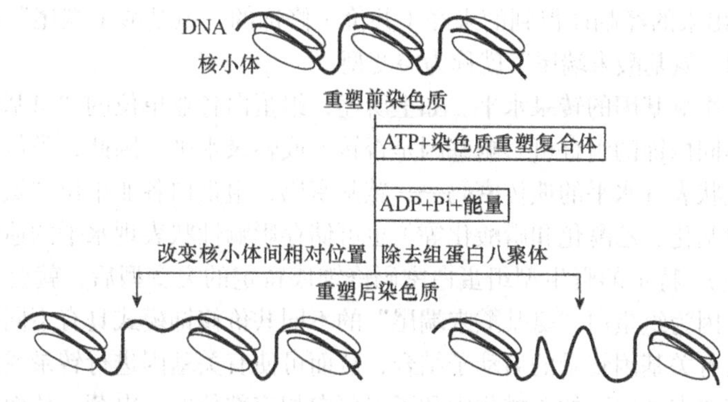

图 18-4　染色质重塑

modification）是指构成染色质组蛋白的有关氨基酸，在相关酶的作用下发生甲基化、乙酰化和磷酸化等的修饰过程。

（一）发生部位

为具体化，现较详细介绍染色质中组蛋白（具有高比例的带正电荷的精氨酸和赖氨酸，所以使其能和 DNA 中带负电荷的磷酸基团结合在一起）的重复单位——核小体 4 个亚单位（H2A、H2B、H3、H4）的组成部分。这 4 个亚单位都有一个在进化上保守的由 20 个氨基酸组成的"氨基酸末端尾"（1～20）伸出核小体外［图 18-5（a）］。"氨基酸末端尾"有不同类型的共价修饰［图 18-5（b）］，其中包括甲基化、乙酰化和磷酸化修饰。乙酰化修饰大多发生在组蛋白 H3 的赖氨酸 9、14、18 和组蛋白 H4 的赖氨酸 5、9、12、16 等位点。对这两种修饰结果的研究显示，它们既能激活也能沉默基因。甲基化修饰主要在组蛋白 H3 和 H4 的赖氨酸和精氨酸两类残基上。

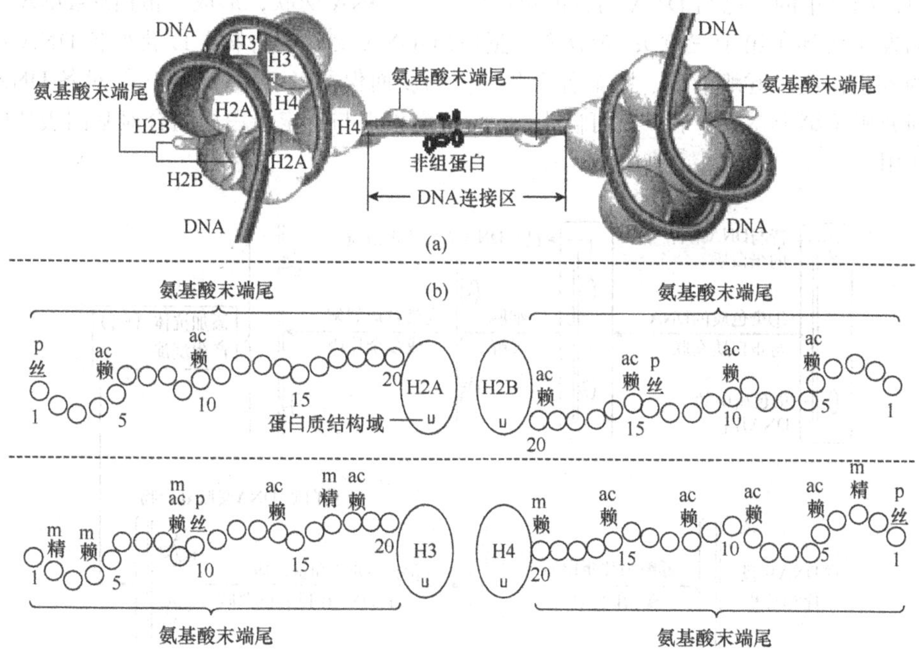

图 18-5　组蛋白核小体间的连接［（a）］和各组蛋白氨基酸末端尾的各种修饰［（b）］

p，m，ac 分别表示磷酸化、甲基化和乙酰化如果把 DNA 转录出来的经翻译得到的未经（共价）修饰的“氨基酸末端尾”称为野生型，那么经修饰后所得到的“氨基酸末端尾”就称为突变型。

组蛋白修饰可影响基因的转录水平。如上所述，组蛋白各亚单位的“氨基酸末端尾”的修饰有一定的规律，不同修饰的组合可影响基因是否转录或转录水平。因此，类似于核基因组的碱基序列可储存影响性状表现水平的遗传密码——碱基密码，组蛋白各亚单位“氨基酸末端尾”的氨基酸序列修饰（甲基化、乙酰化和磷酸化等）也可储存影响性状表现水平的遗传密码——**组蛋白密码**（histone code）。特定的野生型组蛋白密码修饰成特定的突变型后，就会影响有关基因特定的表达水平。这是因为组蛋白“氨基酸末端尾”的不同共价修饰模式具有不同的电荷，可吸引或排斥转录蛋白质与有关基因转录的启动子结合，从而可使有关基因进行转录或保持沉默。总体来说，组蛋白“氨基酸末端尾”的乙酰化中和了组蛋白相应部位的正电荷，从而依次降低了组蛋白相应部位与有关 DNA（带负电荷）的结合能力，有关染色质区的构型变得松散就增加或起始有关基因的表达；组蛋白“氨基酸末端尾”的甲基化增加了组蛋白相应部位的正电荷，从而依次增强了组蛋白相应部位与有关 DNA 的结合能力，有关染色质区的构型变得紧密就减少或关闭有关基因的表达。

（二）检测方法

这里介绍**染色质免疫沉淀法**（chromatin immunoprecipitation，ChIP）中的一种方法——**交联染色质免疫沉淀法**（crosslinked ChIP，XChIP），目的是检测特定转录因子或特定其他蛋白（如染色质的组蛋白）是否与 DNA 某特定位点结合。其原理和步骤是（图 18-6）：①用甲醛或紫外线等处理一定的“待与 DNA 结合的蛋白质”与一定的“染色质中的 DNA 片段”暂时交联在一起，以形成“已与 DNA 结合的蛋白质”而沉默或强化了特定基因的表达；②细胞裂解；③用酶或机械方法使染色质裂解成多个片段；④添加若干特定抗体与特定蛋白质（即特定抗原，如这里的“已与 DNA 结合的蛋白质”）与 DNA 交联，形成“蛋白质-DNA 交联复合物”而发生沉淀（第十三章）；⑤分离“蛋白质-DNA 交联复合物”以获得各 DNA 片段和其交联的各蛋白质；⑥酶消化、降解各交联的蛋白质而保留各 DNA 片段；⑦对各 DNA 片段进行序列分析（第十三章）后，就可确定 DNA 特定位点与特定蛋白质结合对基因表达的沉默或强化作用。

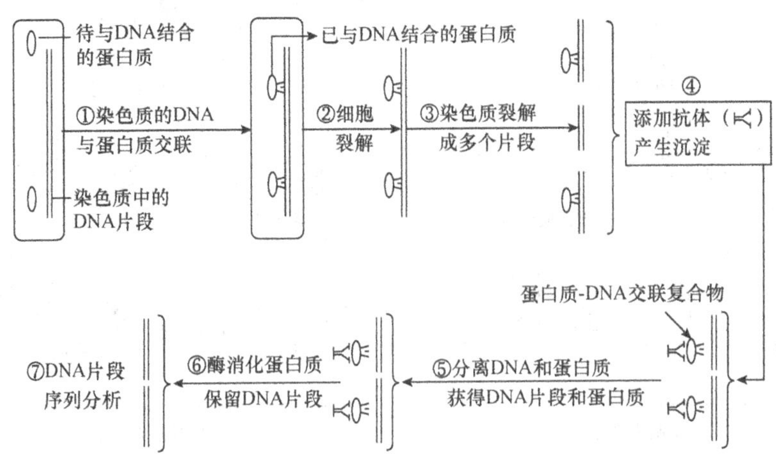

图 18-6 交联染色质免疫沉淀法

与交联染色质免疫沉淀法相对应的是**天然染色质免疫沉淀法**（native ChIP，nChIP）。在这一方法中，因为DNA和组蛋白通过核小体结构已天然地结合在一起，而无须交联了。首先，与交联染色质免疫沉淀法一样，将染色质从细胞中分离出来、裂成片段和加入特定抗体（一般是特定的修饰组蛋白）以沉淀出有关的蛋白质-DNA复合物；其次，对复合物进行蛋白质和DNA的分离；再次，消化蛋白质而留下各DNA片段；最后，测定各DNA片段序列以确定DNA特定位点与特定蛋白质结合对基因表达的沉默或强化作用。

这一检测方法可以检测组蛋白修饰对基因在不同组织表达情况的影响，是研究基因表达调控机制的有效工具。

与染色质无关的蛋白质修饰，即蛋白感染子引起的表观遗传机制，将在下面专立一节讨论。

四、非编码RNA

现在越来越多的证据表明，在生命之初的原始地球是一个“RNA世界”。在生命活动初期，RNA起着储存、传递遗传信息和催化代谢过程的双重作用，或者说起着遗传物质和蛋白酶的双重作用。只是后来出现了更为稳定的遗传物质DNA和更为有效的蛋白酶后，RNA的许多功能才让位于DNA。

但是，近20年来的研究表明，许多小RNA分子（多数长为20～30个碱基）对许多基本的生物学过程，其中包括染色质结构的形成、遗传物质的转录和翻译以及遗传性疾病的发生和防治等方面都具有重要作用。通过前面的学习，我们知道，在生命活动中除编码多肽的编码RNA（mRNA）外，还需要众多的非编码RNA。在这些众多的非编码RNA中，诸如有：在核内剪接体上剪除前-mRNA中内含子和依次连接外显子的**小核RNA**（snRNA，第八章）；构成多肽合成场所——核糖体组成部分的**核糖体RNA**（rRNA）；合成多肽时携带和转移氨基酸的**转移RNA**（tRNA）；稳定染色体结构的**端粒酶RNA**（telomerase RNA，trRNA）；分别干扰转录和非转录基因mRNA沉默的**小干扰RNA**（small interfering RNA，siRNA）和**微RNA**（microRNA，miRNA）（第十一章）；进行RNA编辑的**指导RNA**（gRNA）。

所以，当今的我们不只是生活在一个“DNA世界”，而是生活在一个“DNA和RNA共存的世界”。

非编码RNA的表观遗传效应，在下面讲的X染色体的“剂量补偿”和玉米的“副突变”中会详细讨论。

现在，在上面讨论的基础上，就染色质的两种序列——DNA的碱基序列和多肽的氨基酸序列的非序列变异所显示表观遗传变异的分子机制汇总于图18-7：①DNA胞嘧啶甲基化；②染色

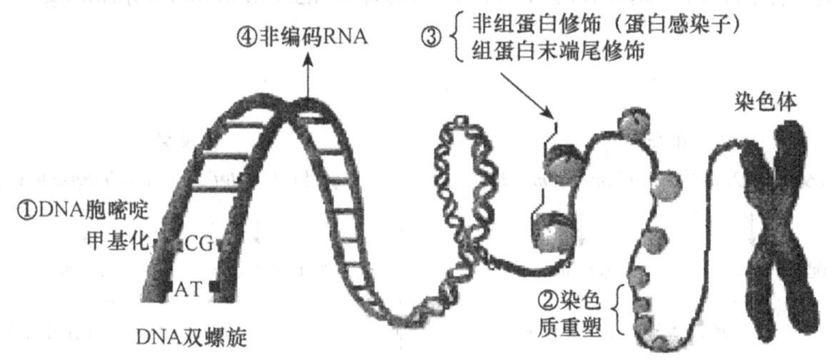

图18-7 染色质各组成部分变异导致的表观遗传（改自Moore，2015）

质重塑；③（多肽氨基酸序列的）组蛋白末端尾修饰和非组蛋白修饰（蛋白感染子）；④（DNA 转录后产生的）非编码 RNA 即非编码多肽的 RNA。

下面就用上述的表观遗传的分子基础，讨论有关的表观遗传。

第二节 基因组印记

根据孟德尔式遗传，核基因是杂型合子 *Aa* 的表现型，不管等位基因 *A* 或 *a* 是来自父本还是母本，都是相同的（第三章）。根据非孟德尔式遗传的母性影响，核基因是杂型合子 *Aa* 的表现型，是由其母本基因型决定的（第七章）。这里说的**基因组印记**（genomic imprinting），指的是核基因是杂型合子 *Aa* 的表现型，取决于有关等位基因是来自哪个亲本（有的是母本，有的是父本）而有别于母性影响的另一种非孟德尔式遗传——表观遗传。

一、基因组印记和亲本性别

研究表明：基因组印记是亲本在形成配子时，由于亲本一方（如母方）有关等位基因的甲基化被印记失活，而另一方（如父方）的相应等位基因由于未甲基化（未被印记）而具有活性的结果；反之亦然。基因组印记又称**遗传印记**（genetic imprinting）、**基因印记**（gene imprinting）、**亲本印记**（parental imprinting）或**表观遗传印记**（epigenetic imprinting）。显然，这里的“印记”是“失活”“沉默”或“不表达”的同义语。

为具体化，先看基因组印记的一个例子。小鼠的 *Igf-2* 基因座涉及编码一种功能类似于胰岛素的生长激素——**类胰岛素生长因子 2**（insulin-like growth factor 2）。为使小鼠正常生长，需要有正常功能的等位基因 *Igf-2*；其突变等位基因 *Igf-2m* 产生有缺陷的类胰岛素生长因子 2，使小鼠非正常生长而成为侏儒小鼠——但实际是否成为侏儒小鼠，还取决于该突变基因是来自父本还是母本。在图 18-8 中，“*”表示母本在卵子发生期间有关等位基因被印记失活，只有来自父本的精子中的等位基因表达：在正交，子代从父本和母本分别接受了等位基因 *Igf-2* 和 *Igf-2m*，由于来自母本的等位基因在卵子发生期间被印记（*Igf-2m**）失活，只有来自父本的等位基因 *Igf-2* 表达，因此子代生长成正常小鼠；在反交，子代从父本和母本分别接受了等位基因 *Igf-2m* 和 *Igf-2**，同样是由于来自母本的等位基因在卵子发生期间被印记失活，只有来自父本的等位基因 *Igf-2m* 表达，因此子代小鼠生长成侏儒小鼠。也就是说，正、反交子代的基因型（*Igf-2Igf-2m*）虽然完全相同（即 DNA 的编码序列完全相同），但究竟哪个等位基因被印记失活，完全取决于是来自哪个亲本。在这里，被印记失活的等位基因来自母本，称为**母本印记**（maternal imprinting），表达的等位基因来自父本。

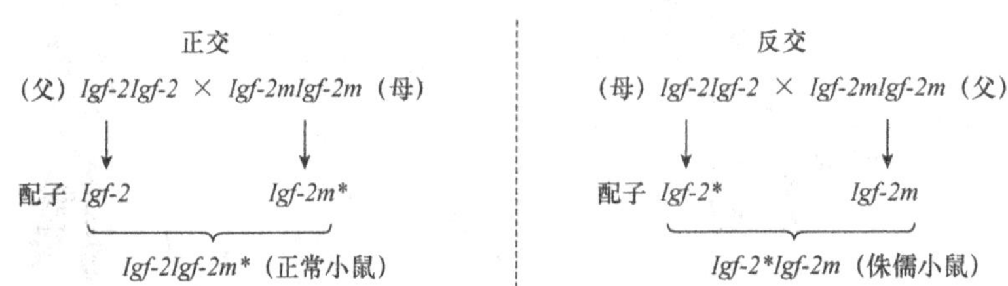

图 18-8 基因组印记

在细胞水平，基因组印记的过程可分为三个阶段（图 18-9）：配子发生期间的印记建立阶段；胚胎发生和成体期间的印记保持阶段；配子发生期间的印记消除和印记重建阶段。

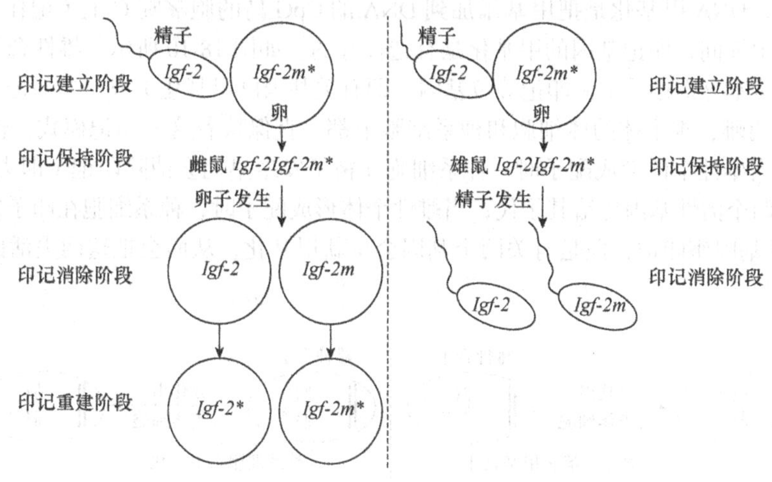

图 18-9　配子发生期间的基因组印记

这一过程的三个阶段，还以小鼠 *Igf-2* 基因座的上述正交为例说明。作为母本的雌鼠，在卵子发生期间，等位基因 *Igf-2m* 被印记（记作 *Igf-2m**）失活，即所谓的印记建立阶段；但作为父本的雄鼠，在精子发生期间，等位基因 *Igf-2* 没有被印记，具有活性。这样的精、卵细胞受精后产生的无论是雌鼠还是雄鼠，来自母本被印记失活的等位基因 *Igf-2m** 一直保持到整个个体发育中，即所谓的印记保持阶段，表达的只是来自父本的等位基因 *Igf-2*，所以无论雌、雄鼠都发育成正常小鼠。这些鼠，无论雌、雄，在配子发生期间，都要把印记消除，进入印记消除阶段。之后，雌性进入印记重建阶段，两等位基因重新印记失活（记作 *Igf-2m**，*Igf-2**）；但是在雄性，印记消除后不再重新印记，而使两等位基因都具有活性。

正如图 18-8 所示，基因组印记在一个个体的种系细胞和体细胞中是不会消除的；但这样的个体（无论雌性或雄性）在配子发生期间的印记都要消除，消除后在雌性或雄性还要重建印记，所以等位基因的印记或失活可随世代而变。例如，左边的雌鼠有一活性等位基因 *Igf-2*，但该鼠在配子发生期间可把这一等位基因印记失活而传给子代；右边的雄鼠有一印记等位基因 *Igf-2m**，但该鼠在配子发生期间可把这一等位基因消除印记而成为活性基因传给子代。

关于基因组印记失活，有的是来自母本的等位基因印记失活，如上例；有的是来自父本的等位基因印记失活，如小鼠 *Igf-2r* 基因座（功能涉及产生类胰岛素生长因子 2 的受体），表达的是来自母本的基因，印记失活的是来自父本的基因，称为**父本印记**（paternal imprinting）。所以，为与孟德尔式显、隐性等位基因的表达（一种等位基因是否表达只与其 DNA 序列有关，而与来自亲代的父方或母方无关）相区别，基因组印记的基因表达又称**单亲等位基因表达**（monoallelic expression）—— 一种等位基因在子代是否表达与其 DNA 序列无关，只与来自亲代的单亲，即雄亲或雌亲有关。

在许多昆虫、植物和哺乳动物中都发现了基因组印记的例子。

二、基因组印记与亲本 DNA 甲基化

如我们所知，在卵子发生和精子发生期间，一些特定的基因要涉及基因组印记或标记。受精

后，这种印记影响到这些特定基因的表达或失活。一般认为，DNA 甲基化是哺乳动物基因标记或基因组印记失活的普遍方法。

如上所述，DNA 甲基化是把甲基添加到 DNA 的 CpG 岛的胞嘧啶 C 上（记作 C^m）。在卵子发生和精子发生期间，印记基因的甲基化是有选择性的。如图 18-10 所示，雄性合子和雌性合子都从其母本或父本分别接受了一印记等位基因（即有关基因已甲基化）或一非印记等位基因。合子发育时，这两雌、雄个体的体细胞和种系细胞中都一直保持着这一印记模式。仍以小鼠 *Igf-2* 基因座为例，当雄性个体形成配子时，种系细胞在精子发生早期会消除印记（即去甲基化），从而会把有关的两个活性基因传给其子代；当雌性个体形成配子时，种系细胞在卵子发生早期也会消除小鼠 *Igf-2* 基因座印记，但是有关两个基因会重新甲基化，从而会把这两失活的基因传给其子代。

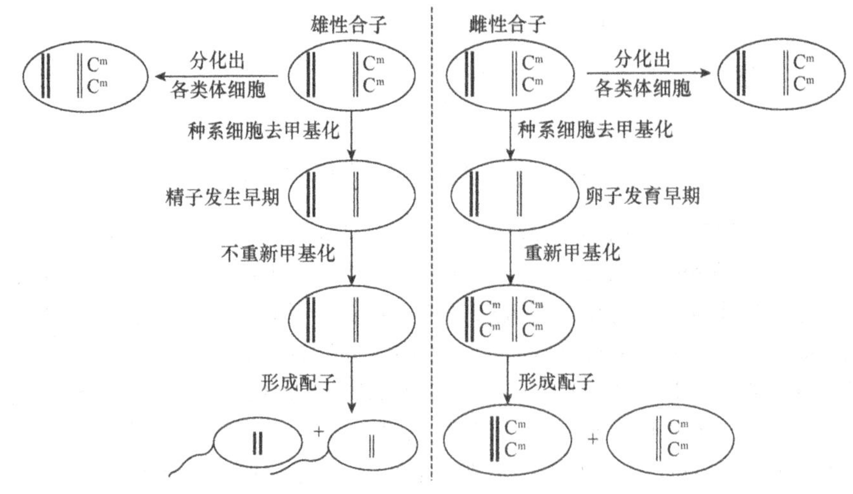

图 18-10 基因组印记的 DNA 甲基化过程

由此可知：这种表观遗传变化可从个体世代内的母细胞（如受精卵）所分化出的各类体细胞（如有的甲基化、有的染色质重塑或其他的表观遗传标记），通过细胞有丝分裂在个体世代内的细胞世代间传递或遗传而分化出各类组织器官，称为**代内表观遗传**（within-generational epigenetic inheritance）——因为个体形成种系细胞时，原有的所有表观遗传标记都得消除，如这里雄鼠的表观遗传；有时表观遗传也可从亲代个体的种系细胞产生的初级性母细胞，通过减数分裂（如这里的雌性个体）和受精作用传到子代个体，称为**跨代表观遗传**（transgenerational epigenetic inheritance）。

由表观遗传标记的跨代表观遗传与由基因突变标记的遗传（如孟德尔式遗传）的区别在于：前者延续的世代数很少，后者延续的世代很多（两者的延续，前者可忽略不计）。例如，这里小鼠 *Igf-2* 基因座的印记基因，如果发生在父本就不能传代了；而孟德尔式核基因，通过父、母本都可以传代。

三、基因组印记与人类遗传病

基因组印记与人类某些遗传病有关，其中一个例子涉及两种不同的遗传病（图 18-11）：一是**普拉德-威利综合征**（Prader-Willi syndrome，PWS），病症是过度肥胖（由于不能节制饭量和运动功能减退)、身材矮(与其他部位相比，一般四肢短)、智力低下和性发育不良；二是**安格尔曼综合征**(Angelman syndrome，AS)，病症有特殊面容——大嘴巴、呆笑样、舌常伸出、红面颊、活动过于亢奋而不协调和智力低下。这两种遗传病都是以有关疾病的发现者命名的。

(a)

(b)

图 18-11 普拉德-威利综合征[(a)]和安格尔曼综合征[(b)]

这两种遗传病涉及第 15 号染色体长臂上的一小段缺失(图 18-12)。在这一小段染色体中，有维持个体正常生长发育所需要的 *PW* 基因和 *AS* 基因，即这两基因是维持个体正常功能所必需的。但是，这两基因都可通过甲基化受到印记失活，并且 *PW* 和 *AS* 基因是分别在卵子发生和精子发生时被印记失活的，分别记作 *PW** 和 *AS**。

因此，如果缺失来自父本[图 18-12(b)]，由于来自母本的是未缺失的具有失活的、功能不正常的 *PW** 基因，因此子代患普拉德-威利综合征；如果这一小段缺失来自母本[图 18-12(a)]，由于来自父本的是未缺失的具有失活的、功能不正常的 *AS** 基因，因此子代患安格尔曼综合征。

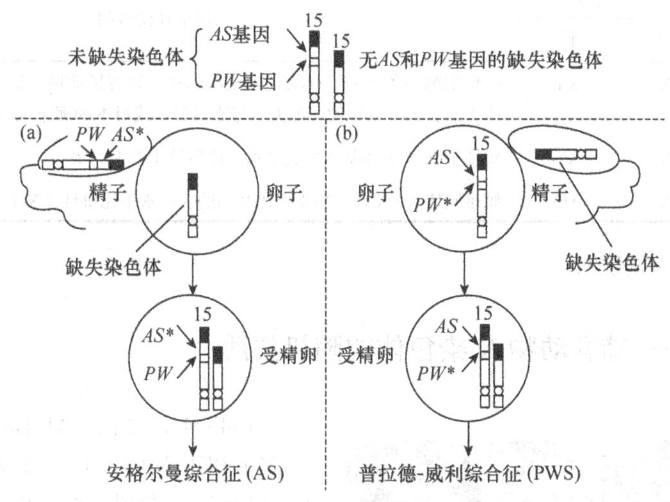

图 18-12 人类两种遗传病与基因组印记的关系

第三节 剂量补偿

一个细胞中特定基因的数量称为**基因剂量**(gene dosage)。**剂量补偿**(dosage compensation)是指，在具有 X 连锁基因的物种中，虽然雌、雄个体的 X 染色体对于特定基因的剂量不同(如女性和男性分别为两个和一个基因)，但两性中这一特定基因的表达却基本维持在同一表现型水平的现象。

这一现象，是在 1932 年由马勒(H. Muller)发现的：对于 X-连锁的、位于非同源节段上控制眼色的同型合子雌果蝇，与相应的半合子雄果蝇具有极为相似的表现型。例如，对于 X-连锁的杏红色眼等位基因 X^a，同型合子雌性(X^aX^a)与半合子雄性(X^aY)呈现极为相似的杏红色眼；相反，一条 X 染色体非同源节段上具有杏红色眼等位基因，而另一条 X 染色体相应节段已经缺失的雌果蝇，眼色却呈现灰白色。在该例，雄果蝇中一个等位基因剂量产生的效应，与雌果蝇中两个相应等位基因剂量产生的效应大体相等。也就是说，在X染色体的非同源节段中，雄果蝇一个等位基因剂量的效应，大体上等于雌果蝇两个等位基因剂量的效应，补偿了雄果蝇只有一个等位基因剂量的不足，因此称剂量补偿。

在哺乳动物，其中包括人类，在雌性或雄性个体的细胞中，无论多一条或少一条大型的常染色体都会引起个体死亡，纵使多一条或少一条小型的常染色体也会引起个体极度不正常（第六章）。但是，对于大型的性染色体X来说，如我们人类女性的细胞中要比男性的多1条（Y染色体上的基因要比X少许多），而我们无论男女的表现都为正常，就可用剂量补偿加以解释。

那么，剂量补偿的机制是什么？依逻辑推理，剂量补偿应有如下三种可能机制：①雌性X染色体有一条失活；②雄性中X染色体基因的表达水平比雌性中的大一倍；③雌性中X染色体基因的表达水平为雄性中的50%。研究也表明，在生物界的不同物种中，剂量补偿的这三种可能机制实际都存在（表18-1）。

表18-1 不同物种剂量补偿的三种机制

物种	性染色体		剂量补偿机制
	雌性	雄性	
哺乳动物	XX	XY	雌性细胞一条X染色体失活；某些物种（如有袋动物）是来自父本的那条X染色体失活；另一些物种（如人）是来自父本或母本的那条X染色体随机失活
果蝇	XX	XY	雄性中X染色体基因的表达水平比雌性中的大一倍
秀丽隐杆线虫	XX	XO	雌雄同体（XX）中X染色体基因的表达水平比雄性（XO）中的少50%

现以哺乳动物为例说明。

一、莱昂假说——哺乳动物X染色体的随机失活

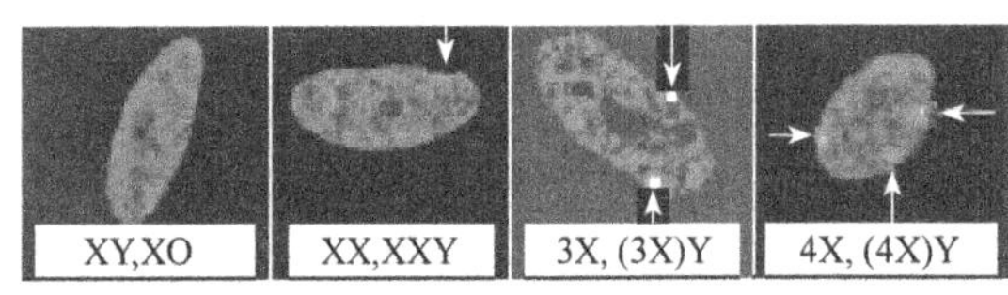

图18-13 人类不同性染色体组成的巴氏小体（箭头所示）数目

1949年，巴氏（M. Barr）检查正常男性（XY）和正常女性（XX）处于间期的体细胞（经染色后）发现：在女性中细胞核膜的内侧有一深度着色的染色质小体，但在男性中没有（图18-13）。细胞学家把这种染色质小体称为**巴氏小体**（Barr body）。通过放射性自显影技术证明，在间期的这个巴氏小体，实际上是一条X染色体经过染色质重塑而形成的封闭型的、失去基因活性的一团状染色质——**异染色质**（heterochromatin）；另一条X染色体是未经过染色质重塑而形成的开放型的、具有基因活性的一线状染色质——**常染色质**（euchromatin）。

后来的研究表明，人类细胞巴氏小体的数目与其性染色体的数目有关：若细胞中的X染色体数为n，则巴氏小体数为$n-1$。例如，性染色体组成为XY和XO的，没有巴氏小体；性染色体组成为XX和XXY的，各有1个巴氏小体；余类推（图18-13）。

巴氏小体的发现，以及巴氏小体数目与哺乳动物细胞中X染色体数目的关系，为雌性和雄性个体的X染色体数目不同，但表现型却几乎相同的事实提供了理论解释的线索。为解释这一事实，英国遗传学者莱昂（M. F. Lyon）于1961年提出了如下的**莱昂假说**（Lyon hypothesis）：

第一，巴氏小体是失活的 X 染色体。由于哺乳动物雌性比雄性多余的 X 染色体要失活，雌性和雄性个体的活性基因剂量及产生的效应接近相等，因此雌、雄性个体在表型上没有明显不同。第二，X 染色体的失活发生在胚胎发育早期（人类胚胎发育的第 16 天即可观察到巴氏小体）。第三，在人类，来自父、母本的 X 染色体的失活是随机的（来自父本还是母本的 X 染色体失活，完全由机会决定）和不可逆的（已失活的 X 染色体在其一个细胞产生的无性繁殖系中不会重新活化）。

二、X 染色体随机失活的机制

研究表明，哺乳动物细胞之所以对 X 染色体具有计数能力，是因为其长臂上有一特定部位——**X-染色体失活中心**（X-inactivation center）。如果其细胞有两条 X 染色体，而其中一条缺失了 X-染色体失活中心这一片段，那么两条 X 染色体都不会失活——由于遗传不平衡，这样的非正常女性在胚胎期死亡。

X 染色体失活过程分为三个阶段：起始、扩散和保持阶段（图 18-14）。在起始阶段［图 18-14（a）］，胚胎细胞数出“X-染色体失活中心”数，且随机地留下一条使之活化，其他的都待失活。

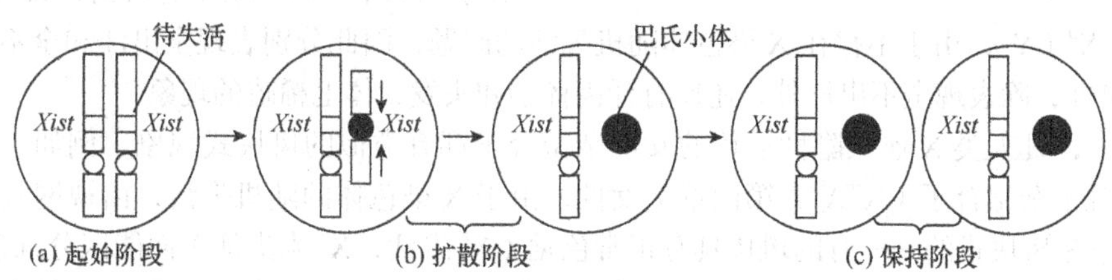

图 18-14 X 染色体失活过程

确定待失活的染色体后，在胚胎发育期就进入 X 染色体失活的扩散阶段［图 18-14（b）］。**X-染色体失活中心**（X-inactivation center）的 DNA 由 100 000～500 000bp 组成，其内有一关键基因 *Xist*（for X-inactivation-specific transcript，意即转录出使 X-染色体失活的特定转录本的基因）与 X 染色体失活的扩散有关。这一特定转录本基因（*Xist*）编码的**长非编码 RNA**（long noncoding RNA，lncRNA），有 17 000 个碱基。lncRNA 的作用是覆盖转录出它的那条要失活的 X 染色体，使其两端向基因 *Xist* 处凝缩，并使转录出它的那条 X 染色体 DNA 中的 CpG 岛二核苷酸中的胞嘧啶甲基化，从而导致了该染色体的失活。当然，X 和 Y 染色体的同源节段（第四章）不会失活，因这段的两染色体存在相应的同源基因而不存在剂量补偿的问题。

在胚胎期完成 X 染色体失活的扩散阶段后，在以后的细胞有丝分裂中就进入 X 染色体失活的保持阶段［图 18-14（c）］。在胚胎期失活的 X 染色体，在以后的细胞分裂中一直保持这种状态。

与基因组印记类似，剂量补偿中失活的 X 染色体，在配子发生期间形成卵子时会重新活化。也就是说，一条 X 染色体上基因的失活，与基因组印记基因的失活一样，可因世代而变。

三、莱昂假说的应用举例

莱昂假说可很好地说明一些遗传现象，以下是两个例子。

（一）女人斑块式无汗性外胚层发育不良症

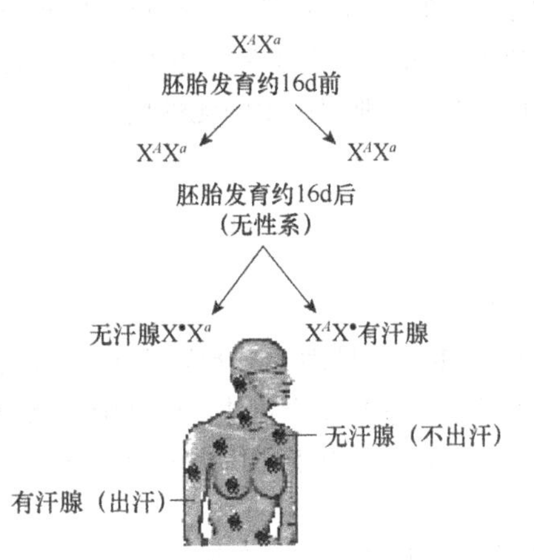

图 18-15 女人斑块式无汗性外胚层发育不良症
•表示失活

X染色体的随机失活可解释女人的斑块式**无汗性外胚层发育不良症**（anhidrotic ectodermal dysplasia），俗称**无汗症**（anhidrosis）。这是外胚层起源的以汗腺发育不良的X连锁隐性遗传病：在女性为杂型合子（X^AX^a）的情况下，当一细胞的显性等位基因随机失活时，其内的隐性等位基因就得到表达，由该细胞及其无性系衍生的一块皮肤就无汗腺，也就不能出汗；当一细胞的隐性等位基因随机失活时，其内的显性等位基因依然表达，由该细胞及其无性系衍生的一块皮肤就有汗腺，也就能出汗（图 18-15）。

显然，对于女性，同型合子X^AX^A和X^aX^a的皮肤分别表现全出汗和全不出汗，而没有斑块现象。对于男性，不管基因型如何，即不管是X^A（Y）还是X^a（Y），由于不存在X染色体随机失活的问题，因此分别表现全出汗和全不出汗；但X^a（Y）男性，除表现全不出汗外，还伴有牙齿稀小和头发、体毛稀疏的现象。

实际上，凡人类X连锁隐性遗传的女性杂型合子都有类似的斑块式现象。例如，前述的红绿色盲，对于杂型合子（X^+X^b，第四章）女性，由于X染色体的随机失活，由视网膜细胞构成的视网膜应是斑块式的——有的斑块具有正常色觉（X^b失活，X^+未失活）而能区分红色和绿色，有的斑块具有非正常色觉（X^+失活，X^b未失活）而不能区分红色和绿色；但从总体来说，还是能区分红色和绿色的。对于红绿色盲，以前说的杂型合子女性具有正常视力，正是从总体上说的。当然，这个正常视力，应不及显性同型合子的女性，因为后者所有的视网膜细胞都具有未失活的X^+染色体。

（二）花斑猫

“几乎所有花斑猫都为雌猫”的事实，也可用莱昂假说解释。花斑猫是性连锁杂型合子（X^BX^b，即X染色体上分别带有黑色和橙色等位基因X^B和X^b，简记为B和b）的雌猫。如图 18-16 所示，在受精卵发育约16天内，两条X染色体都具有活性。但是，在其后的发育中每一细胞的两条X染色体有一条要随机失活。例如，一个胚胎细胞可能是携带B基因的X染色体失活，当胚胎继续发育时，这一细胞到成体时经有丝分裂就会有数以百万计的细胞——由这一胚胎细胞衍生出的皮肤细胞就会产生一片橙色毛皮（因为基因B已失活）；另一个胚胎细胞也可能是携带基因b的X染色体失活，由这一胚胎细胞衍生出的皮肤细胞就会产生一片黑色毛皮。由于胚胎早期的X染色体的失活是随机的，因此个体的橙色和黑色毛皮的斑块分布也是随机的。

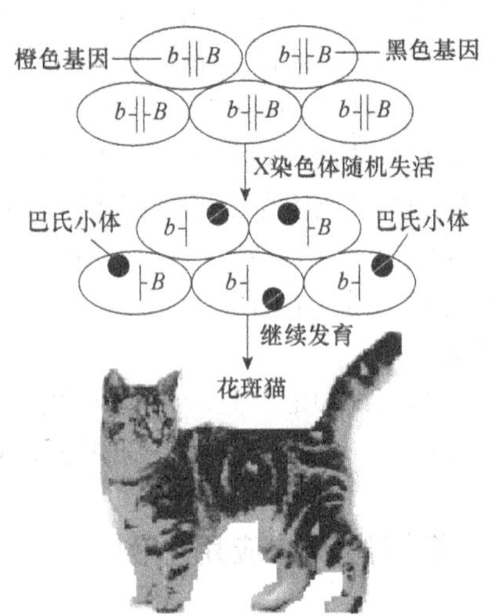

图 18-16 X染色体的随机失活（上）与花斑猫（下）

从以上两例可知，在哺乳动物，其中包括人类的 X 染色体杂型合子女性，由于 X 染色体的随机失活而产生两个无性细胞系，即来自父系和母系的基因，平均来说，各只有半数基因得到表达而显示两种表现型（如人类女性 X^AX^a 的出汗和不出汗），这样的雌性就称**遗传嵌合体**（genetic mosaic）。

但也偶有花斑雄猫的情况，这是其基因型为 X^BX^bY 的缘故。

由此引发一个问题：根据莱昂假说，哺乳动物中 X 染色体数目的多少应不会影响个体的正常发育，因为只有其中的一条 X 染色体具有活性（多余的都失活了），又如何解释如人类 XO 和 XXY 个体等（第六章）的非正常性呢？

其可能原因是：在受精卵的胚胎发育早期，所有 X 染色体上的基因都具有活性；如果个体的 X 染色体数目为非正常，在胚胎发育早期就产生了非正常水平的基因产物而影响了个体的正常发育。

第四节　副　突　变

何谓副突变，副突变的机制是什么？下面以玉米和小鼠为例说明。

一、玉米中的副突变

在 20 世纪 50 年代，布瑞克（A. Brink）研究了决定玉米籽粒颜色的 *r1* 基因座：等位基因 R^{st} 和 R^r 分别使籽粒呈斑色（spot）和紫色（purple）。试验结果是，当两纯系 $R^{st}R^{st}$（斑色）和 R^rR^r（紫色）杂交得到子一代基因型 $R^{st}R^r$ 时，籽粒为斑色——根据孟德尔式遗传原理，斑色是显性。

如果斑色是显性，子一代 $R^{st}R^r$ 自交得到的子二代 R^rR^r 籽粒应为紫色，但实际为斑色——这似乎在子一代 $R^{st}R^r$ 中，等位基因 R^{st} 诱发等位基因 R^r 发生了突变，使其表达由紫色变为斑色，而不是按孟德尔式遗传的紫色。

如果等位基因 R^{st} 诱发等位基因 R^r 发生了涉及基因序列的变异——突变，那么其后（几乎是无限）各自交世代的 R^rR^r 的表现型都应为斑色；但实际上是，经有限的自交世代后，其子代表现型又恢复到原来的紫色，这说明 R^{st} 诱发 R^r 的变异并非其基因序列的变异（因基因序列变异，即基因突变的传代几乎是无限的）。布瑞克把一个基因座内的一基因影响其等位基因非序列变化的、历经有限世代的突变（如 R^{st} 诱发 R^r 的突变）称为**副突变**（paramutation）。

在布瑞克发现玉米 *r1* 基因座对籽粒颜色（粒色）具有副突变效应后，其他研究者又在玉米 *B-I* 基因座内发现了对其植株颜色（株色）的副突变效应。由于 *B-I* 基因座显现的对玉米株色的副突变要比 *r1* 基因座对玉米粒色的副突变在表型上更为明显可辨，因此下面以 *B-I* 基因座的副突变为例说明副突变发生的过程和机制（图 18-17）。

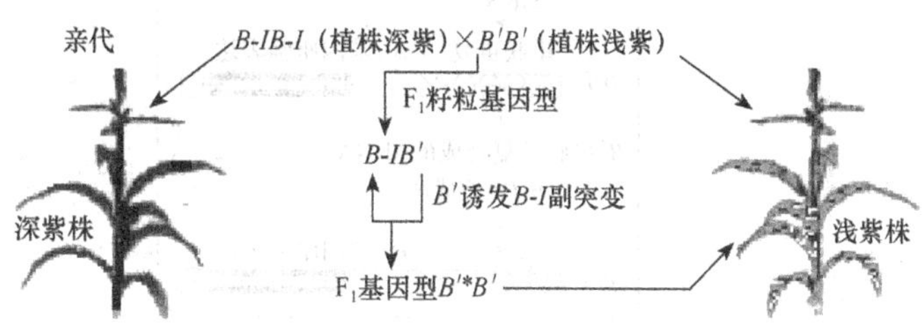

图 18-17　玉米植株颜色的副突变过程和机制

B-I 基因座决定玉米整个植株紫花青素的含量。该基因座实际上编码一转录因子（第八章）以调控有关基因是否表达：同型合子 *B-IB-I* 编码的转录因子使 *B-IB-I* 高度表达而使植株呈深紫色，同型合子 *B′B′* 编码的转录因子使 *B′B′* 低度表达而使植株呈浅紫色，但等位基因 *B-I* 和 *B′* 的 DNA 序列相同！这种在遗传上相同（DNA 序列相同）但（通过表观遗传产生的）具有可遗传性表型差异的等位基因就称为**表观等位基因**（epiallele），如等位基因 *B-I* 和 *B′*。

与孟德尔式遗传不同，在杂型合子 *B-IB′* 的玉米植株，是等位基因 *B′* 诱发等位基因 *B-I* 转换成 *B′**，其结果是杂型合子植株 *B-IB′* 与同型合子植株 *B′B′* 一样，都具有浅紫色。这一新的被转换的等位基因通常记作 *B′**，意为 *B-I* 的这一转换与 *B′* 有关。尤其重要的是，*B′* 和 *B′** 在功能上无任何差异（都使植株呈浅紫色）——在随后的数个世代中，*B′** 等位基因（与 *B′* 等位基因一样）也完全可把 *B-I* 等位基因转换成 *B′** 等位基因；但这种转换不稳定，经数代后 *B′** 会回复到 *B-I* 而使植株呈深紫色。

在这里，由于基因 *B-I* 可发生副突变，因此称为**可副突变基因**（paramutable gene）；由于 *B′* 可诱导别的基因发生副突变，因此称为**诱副突变基因**（paramutate gene）；由于 *B′** 是已发生的副突变基因，因此称为**已副突变基因**（paramutated gene）。

那么，引发副突变的机制是什么？研究证明，*B-I* 基因座发生副突变的一个特点是，在其编码序列的上游有许多不编码多肽的 DNA 串联重复序列（第十四章）。该基因座的两等位基因 *B-I* 和 *B′* 的上游都有这些重复序列，但这些重复序列的染色质结构的状态不同，分别处于开放态（open state）和闭合态（closed state），如图 18-18 的（a）和（b）所示。一般认为，这些重复序列如同增强子（第十一章），能刺激 *B-I* 基因座的转录。但条件是，如同等位基因 *B-I* 那样，串联重复要处于开放态方能刺激 *B-I* 基因座强转录而使植株呈深紫色；若串联重复处于闭合态，如同等位基因 *B′* 那样，则只能刺激 *B-I* 基因座的弱转录而使植株呈浅紫色。

等位基因 *B-I* 和 *B′* 上游的重复序列的状态不同，可解释它们具有不同的表达水平。但是，在 *B-IB′* 中，等位基因 *B′* 又是如何把等位基因 *B-I*（通过副突变）转换成等位基因 *B′** 的呢？研究表明，这一转换是通过小干扰 RNA（siRNA，第十四章）实现的。为实现这一副突变的转换，等位基因 *B′* 上游的重复序列要编码长为 25 个碱基的 siRNA [图 18-18（c）]，正是这一 siRNA 才把等位基因 *B-I* 上游的染色质由开放态转换到闭合态，从而导致 *B-I* 等位基因的弱表达。

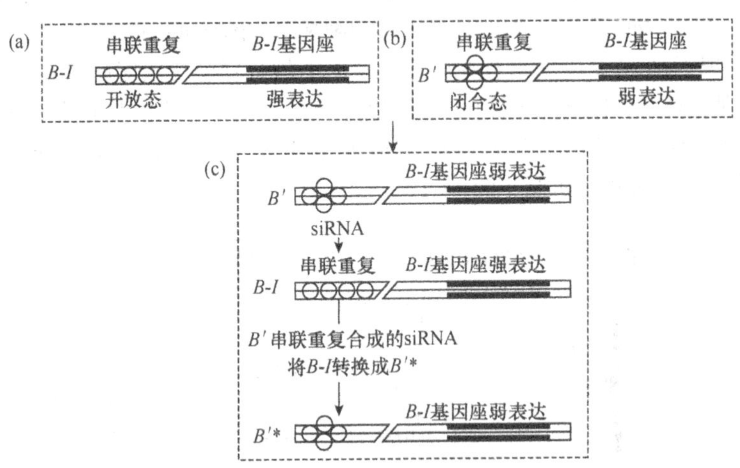

图 18-18　引发副突变的机制

二、小鼠中的副突变

在小鼠中也观察到了若干副突变现象，其中之一是 *Kit* 基因座的副突变。如图 18-19 所示：具有野生型等位基因的同型合子小鼠（$Kit^{+}Kit^{+}$）具有正常色素（除白足尖外，其余部分全为黑色），简称白足尖。杂型合子小鼠（$Kit^{+}Kit^{t}$）具有整个白足和白尾尖，简称为白足、白尾尖。当野生型同型合子小鼠 $Kit^{+}Kit^{+}$ 与这样的杂型合子小鼠杂交（即 $Kit^{+}Kit^{+}\times Kit^{+}Kit^{t}$）时，若遵守孟德尔式遗传，其子代的表现型应有两种——白足尖和白足、白尾尖，各占 1/2；但实际上其子代为白足、白尾尖，出现了与上述玉米副突变的类似结果（其子代还出现了图 18-19 中未显示的极少数白足尖表型，其可能原因后述）。显然，类比于玉米中的副突变，这里的基因 Kit^{+} 可发生副突变而为可副突变基因，而基因 Kit^{t} 和 Kit^{*} 分别为诱副突变基因和已副突变基因。如图 18-19 所示，亲代杂型合子 $Kit^{+}Kit^{t}$，由于 Kit^{t} 是诱副突变基因可使 Kit^{+} 发生副突变而成为已副突变基因 Kit^{*}，因此杂交 $Kit^{+}Kit^{+}\times Kit^{+}Kit^{t}$ 实为 $Kit^{+}Kit^{+}\times Kit^{*}Kit^{t}$，其子代为白足、白尾尖。

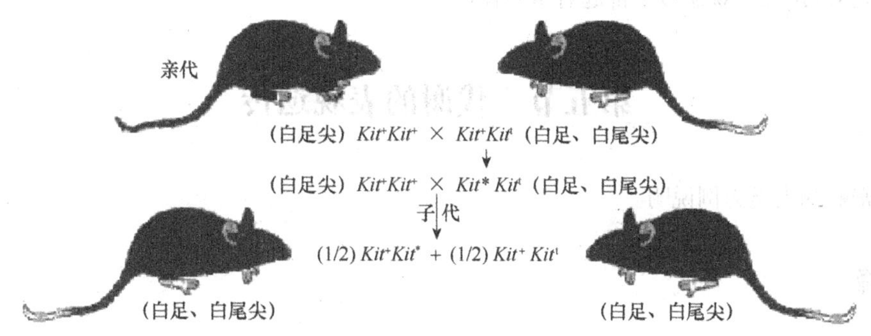

图 18-19　小鼠 *Kit* 基因座的副突变

业已证明，这里的小鼠副突变，与玉米的副突变一样，也是由 RNA 分子调控的。在小鼠，Kit^{t} 等位基因使小鼠呈白足、白尾尖是由**微 RNA**（miRNA，第十一章）引起的；这些微 RNA 降解 Kit^{+} 基因的 mRNA，而降解得到的 miRNA 可通过配子传给子代。研究表明，在杂型合子小鼠（$Kit^{+}Kit^{t}$=$Kit^{*}Kit^{t}$）和 $Kit^{t}Kit^{t}$ 小鼠中的 *Kit* mRNA 比 $Kit^{+}Kit^{+}$ 中的少了一半，从而说明杂型合子的白足、白尾尖是 *Kit* mRNA 的含量减少所致。为证实这点，研究者将来自同型合子 $Kit^{+}Kit^{+}$ 的 RNA 注射到一些野生型胚内，又将来自杂型合子 $Kit^{+}Kit^{t}$=$Kit^{*}Kit^{t}$ 的 RNA 注射到另一些野生型胚内，结果在完全发育的小鼠中观察到，注射来自杂型合子 RNA 的小鼠（更多地）具有白足、白尾尖。这说明来自杂型合子的 RNA 能够改变野生型小鼠的等位基因 Kit^{+} 的表达（表 18-2 ①和②）。然后，研究者用能降解 *Kit* mRNA 的 miRNA 注射到野生型胚（$Kit^{+}Kit^{+}$）内，结果与注射不能降解 *Kit* mRNA 的 miRNA 到胚内的相比，前者产生了更多的白足、白尾尖小鼠（表 18-2 ③和④）。

表 18-2　注射各类 RNA 到野生型鼠（$Kit^{+}Kit^{+}$）的效应

注射的 mRNA 来源	具白足、白尾尖
① $Kit^{+}Kit^{+}$mRNA	罕见
② $Kit^{+}Kit^{t}$mRNA	常见
③ 注射能降解 *Kit* mRNA 的 miRNA	常见
④ 注射不能降解 *Kit* mRNA 的 miRNA	罕见

注射特定的 miRNA 到具有 $Kit^{+}Kit^{t}$ 基因型的胚内后，其胚胎能产生白足、白尾尖小鼠的事实表明，副突变与 miRNA 有关，而这些 miRNA 是通过卵和精子传递给子代的。而图 18-19 未显示的子代中出现的少数白足尖小鼠，很可能是有关的 miRNA 未通过卵和精子传递给子代。

在孟德尔式遗传，一基因座杂型合子的两等位基因形成配子分离后相互独立，不受另一等位基因的影响（第三章）。例如，在 *A-a* 基因座两纯系的杂交中，子一代 *Aa* 中的两等位基因，形成配子时互不影响，其子二代中的 *AA* 与亲代的表现型相同。

但在非孟德尔式遗传的副突变中，一基因座杂型合子的两等位基因形成配子分离后的一等位基因，要受到另一等位基因的影响而不能独立。例如，*B-I* 基因座决定玉米植株紫花青素的含量，同型合子 *B-IB-I* 和 *B'B'* 分别使植株呈深紫色和浅紫色，但杂型合子 *B-IB'* 自交子代的同型合子 *B-IB-I* 的表现型却与 *B'B'* 的相同，即等位基因 *B-I* 在杂型合子中受到了等位基因 *B'* 的影响产生了 *B'B'* 的表现型。

小干扰 RNA（siRNA）和微 RNA（miRNA）统称小 RNA（sRNA），它们都是**短非编码 RNA**（short noncoding RNA）；而剂量补偿中由 *Xist* 基因编码的 RNA 是长非编码 RNA。短非编码 RNA 和长非编码 RNA 在表观遗传中都起着重要作用。

第五节　代谢的表观遗传

现以蜜蜂和人类为例说明。

一、蜜蜂

蜜蜂中的蜂后和工蜂在遗传上都是由二倍体的受精卵发育成的雌蜂。但是，它们在形态和功能或行为上都有诸多明显差异：在形态和育性上，蜂后体大、可育，工蜂体小、不可育；在社会分工上，蜂后一生（与雄蜂一道）负责繁殖以保证世代延续，工蜂一生负责劳作以满足蜂群生活所需。

产生这些差异的原因在于食物——雌蜂的幼虫阶段被工蜂喂饲较多和较少的蜂王浆分别发育成蜂后和工蜂（第四章）。

长期以来，蜂王浆能如此大地影响雌性蜜蜂的基因表达一直是谜。直到 2008 年，库哈尔斯基（R. Kucharski）及其同事才证明：雌蜂中有一关键基因，即编码 DNA 甲基转移酶 3 的 *Dnmt3* 基因，该基因 DNA 的甲基化水平高和低使雌蜂分别发育成工蜂和蜂后。而蜂王浆能使 *Dnmt3* 基因中 CpG 岛的胞嘧啶甲基化水平大为降低，所以雌蜂在幼虫阶段分别吃较少和较多蜂王浆就导致了雌蜂分别向工蜂和蜂后方向发育。

库卡斯基及其同事也用试验证明了，编码 DNA 甲基转移酶 3 的 *Dnmt3* 基因的 DNA 甲基化水平对雌蜂发育的重要性。他们用小干扰 RNA（siRNA）注射到雌蜂幼虫以抑制编码 DNA 甲基转移酶 3 的 *Dnmt3* 基因表达，这些幼虫的 DNA 甲基化水平降低后，其中的许多幼虫都发育成有正常生育能力的蜂后。这一试验证明，蜂王浆能引起 DNA 的表观遗传变化（即降低 DNA 甲基化水平），而这一变化可通过细胞有丝分裂进行传递和改变发育方向，最终导致雌蜂发育成具有生育能力的蜂后，而不是发育成没有生育能力的工蜂。

二、人类

瑞典北部奥佛卡利克斯教区的气候特点是寒冬长、炎夏短。该区的人群少于4000人（2～4人/km^2）。从19世纪初到20世纪20年代，没有什么道路，只在冬天依靠冰雪通道运输。由于气候恶劣，粮食短缺使人们挨饿（“饥荒”）是常事，但也偶有作物丰收（“盛宴”）的年份。

在20世纪80年代，研究者研究这种“饥荒与盛宴”对上述人群的长期健康有何影响，其课题是：在儿童期遭受食物短缺的人是否会影响其后代的健康。通过粮食收获统计、粮食价格和有关历史资料，研究者可以确定：从19世纪初到20世纪20年代这段时间，上述人群在食物供应状况和健康状况之间的相关关系。

首先，研究者重点研究了出生于1890年、1905年和1920年这三类人群（三个连续世代）的健康状况、寿命长短以及死于心血管病和糖尿病的情况；然后，追溯这三类人群的父亲和祖父以及母亲和外祖母在儿童期的食物供应情况；最后，寻找父亲和祖父以及母亲和外祖母的食物供应情况与其后辈健康状况的相关关系。

研究者对上述研究所得的结果是吃惊的：①祖父和父亲在童年都为“饥荒”的子代个体，要比祖父和父亲在童年都为“盛宴”的子代个体寿命更长（但如此经历的外祖母和母亲对子代个体寿命的影响不显著）；②祖父和父亲在童年“盛宴”的子代个体更多地死于心血管病和糖尿病。例如，如果祖父在童年时分别享有“盛宴”和遭受“饥荒”，则其孙辈死于糖尿病的，前者是后者的4倍（但如此经历的外祖母和母亲对子代死于这类疾病的情况无显著影响）。

产生上述结果的原因是什么？

由于祖母、母亲为其子代提供了卵的子宫环境、细胞质、质基因组和核基因组，而祖父、父亲通过精子为其子代只提供了核基因组，因此根据因果关系的求同法，出现上述结果的原因在于男性的核基因组。

男性的核基因组又是如何决定子代健康的呢？

现代遗传学的一条基本原理是，我们的基因是稳定的（纵使有突变也是稀有的），一般环境（如食物丰盛与否）不会引起基因突变，即不会引起基因序列变化。所以其结论是：这里的男性基因组应是通过跨代的表观遗传机制决定子代健康状况的。

这一结论得到了下述小鼠试验的验证。

研究者将一近交系的雄性小鼠分成两组，分别喂饲正常食物（“盛宴”）和低蛋白食物（“饥荒”），而同一近交系的雌性鼠喂饲正常食物（“盛宴”）。然后，用上述同一近交系的两组雄鼠（“盛宴”雄鼠和“饥荒”雄鼠）分别与同一近交系的两组喂饲正常食物（“盛宴”）雌鼠交配，交配后让雄鼠离开雌鼠，并以后不让雄鼠接触其子代，即雄性亲本对子代的贡献只是通过精子提供了一个核基因组。

用正常食物（“盛宴”）饲养上述两组子代并测定这两组子代的脂肪和胆固醇含量。其结果是：与亲代喂饲正常食物（“盛宴”）的雄性小鼠子代相比，亲代喂饲低蛋白食物（“饥荒”）的雄性小鼠子代在涉及脂肪和胆固醇代谢方面的基因表达都有所增强，而胆固醇水平相应地有所下降。研究者在两组雄亲的子代中也观察到了DNA甲基化的许多差异，尽管在两组雄亲中没有观察到这些差异。

上述小鼠试验结果表明：这是亲代雄鼠基因组在精子形成过程中通过跨代的表观遗传机制实现的，而且是通过表观遗传变异中的DNA甲基化实现的。

第六节　蛋白感染子

普鲁西纳（S. B. Prusiner）因发现了没有核酸只有蛋白质的一类蛋白病原体——**蛋白感染子**（prion，由 protien infect agent 缩写而来）也具有繁殖或复制能力，能使家畜和人患严重的神经退化性疾病，于 1997 年获得了诺贝尔生理学或医学奖。在这一发现之初，科学家一般持怀疑态度。因为现代生物学的基础之一是，所有生命的遗传信息都储存在核酸（DNA 或 RNA）序列中，如病原体的细菌和病毒在其宿主细胞内是凭借它们核酸中的信息得以繁殖或复制而使宿主染病的。所以，无核酸的蛋白感染子又怎能进行繁殖或复制而使宿主染病呢?

一、感病原因

原来，早在 1982 年，普鲁西纳及其同事就从患瘙痒病的羊体中分离、纯化出引起瘙痒病的上述蛋白感染子。他们后来证明：①这一蛋白质的序列是由真核生物细胞中普遍存在的一个正常或野生型基因（*PrP*）编码的；②这一蛋白质可形成两种同分异构体［图 18-20（a）］——既可折叠成 α 螺旋状的二级结构，成为正常（不致病）的**细胞感染子蛋白**（prion protien，记作 PrP^C，其中 C 表示细胞 cell 的意思）；在一定条件下（如在其周围有该蛋白的 β 片层状存在时），又可由 α 螺旋状折叠成 β 片层状的二级结构而成为引起羊神经退化和患**瘙痒病**（scrapie）的蛋白感染子（记作 PrP^{Sc}）。

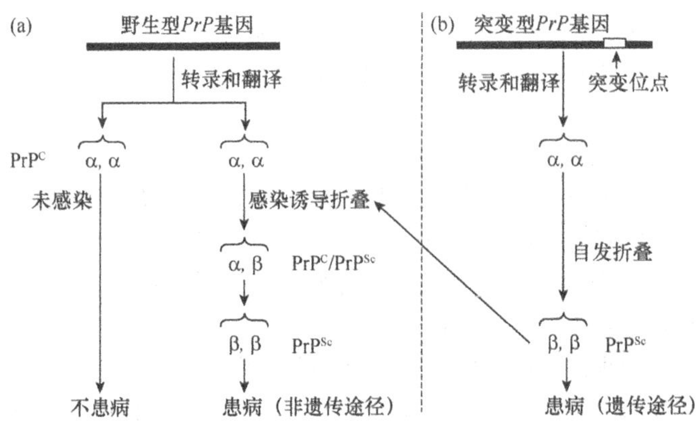

图 18-20　感染子繁殖（复制）的唯蛋白质假说

蛋白感染子 PrP^{Sc} 对热稳定、不溶于去垢剂和能抵抗蛋白酶消化。当哺乳动物吃了蛋白感染子 PrP^{Sc}（如误拌入饲料中），就会从肠道进入血液循环、穿越血-脑屏障而感染神经细胞。PrP^{Sc} 与神经细胞中的 PrP^C 形成杂二聚体 PrP^{Sc}/PrP^C 而使 PrP^C 转换成 PrP^{Sc}，即以 PrP^{Sc} 为模板指导 PrP^C 转换成 PrP^{Sc}，且这一转换不可逆；过量的 PrP^{Sc} 聚积成无定形的细胞内沉淀物，最终神经细胞产生许多液泡、丧失功能和引起卒中死亡［图 18-20（a）的非遗传途径］。在英国，20 世纪 80 年代末在牛中暴发的传染病——**疯牛病**（mad cow disease），最终证明是把患瘙痒病（scrapie disease）的羊肉（含有 PrP^{Sc}）作饲料喂了这些牛，通过非遗传途径使牛患病的。

人的**库鲁病**（Kuru disease）是发现于大洋洲的巴布亚新几内亚（Papua New Guinea）土著族的一种中枢神经系统退化病，也是感染了上述蛋白感染子 PrP^{Sc} 引起的。该病开始于走路两腿晃动，随后波及两手和全身颤动（在该土著族的语言中，“库鲁”有“震颤、恐惧”之意，所以库鲁病称震颤病更恰当），说话含糊不清，反应迟钝。数月后，患者丧失说话和饮食能力，一般在发病的一年内死亡。这一土著族有仪式化同类相食的习俗（属于文化范畴），即在亲人死后的祭祀仪式中分食尸肉，正常人吃了库鲁病患者尸肉后使该病得以传递。该土著族原有160个村庄，3.5万多人，疾病流行时有80%的人患库鲁病，陷于灭亡之灾。自20世纪60年代，在世界卫生组织和澳大利亚政府的教育下，土著族改了这一陋习后，该病就明显减少了。

二、表观遗传现象

人的某些神经性退化病，如**克罗伊茨费尔特-雅各布病**（Creutzfeldt-Jakob disease），约有10%的病例是家族性的，属常染色体（孟德尔式）显性遗传，是野生型（正常）*PrP* 基因［位于20号染色体短臂上，全长759bp，编码253个氨基酸，图18-20（a）］突变成突变型致病 *PrP* 基因［图18-20（b）］的结果。突变基因编码多肽的第178个氨基酸是天冬酰胺，取代了野生型基因编码的天冬氨酸；突变型多肽能从正常的α螺旋状自发地转换成β片层状，即由蛋白感染子 PrP^{C} 转换成蛋白感染子 PrP^{Sc} 而患（表观遗传的）神经性退化病。

当注入蛋白感染子 PrP^{Sc}（如移植患者角膜或神经组织，或注射患者脑垂体）给只具有蛋白感染子 PrP^{C} 的正常人时，通过蛋白感染子 $PrP^{C}/PrP^{Sc} \rightarrow PrP^{Sc}/PrP^{Sc}$ 的感染诱导，能使该病得以传递，即能使正常人患上克罗伊茨费尔特-雅各布病；人吃了患瘙痒病的羊肉或疯牛病的牛肉，由于携有蛋白感染子 PrP^{Sc}，也可引起该病（因这种蛋白能抵抗蛋白酶消化而进入神经细胞，促使 PrP^{C} 向同分异构体 PrP^{Sc} 进行不可逆转换）。因此，也可通过表观遗传途径，而且是主要途径感染正常人而患克罗伊茨费尔特-雅各布病。

在第178个氨基酸位置的同一取代也可引起另一严重的感染子疾病——家族性失眠症。该病初起为贪睡和自主神经系统混乱，随后是严重失眠和痴呆。

同一突变或同一取代到底发生上述的哪一感染子病，是克罗伊茨费尔特-雅各布病还是家族性失眠症，由野生型 *PrP* 基因第129个密码子的突变决定：若编码甲硫氨酸，则发生家族性失眠症；若编码缬氨酸，则发生家族性克罗伊茨费尔特-雅各布病。当然，若第178个密码子未突变，编码的是天冬氨酸，纵使第129个密码子发生了上述突变，也只能形成 PrP^{C} 多肽而不会患有关的感染子病（除非误吃了有关的蛋白感染子）。

据统计，在蛋白感染子引起的病例中，只有约10%是通过孟德尔式遗传传递的，其余都是通过表观遗传传递的。

根据以上事实，普鲁西纳等提出了“唯蛋白质”的蛋白感染子假说，该假说认为：蛋白感染子有两种类型同分异构体，α型的正常 PrP^{C} 和β型的致病 PrP^{Sc}；基因突变可导致其产物 PrP^{C} 自发地折叠成 PrP^{Sc}；PrP^{Sc} 可胁迫 PrP^{C} 变成 PrP^{Sc}，以增加 PrP^{Sc} 而致病。也就是说，该假说也承认遗传信息是从核酸流向蛋白质（*PrP* 基因的信息决定了蛋白感染子的氨基酸序列），而不能从蛋白质流向核酸，所以遗传信息流动的中心法则依然有效；但该假说也指出，PrP^{Sc} 可胁迫 PrP^{C} 变成 PrP^{Sc}，即遗传信息（感染子）也可从蛋白质流向蛋白质（从 PrP^{Sc} 流向 PrP^{C}），所以蛋白感染子的表观遗传是对遗传信息流动的中心法则的又一发展（第八章）。

表观遗传标记基因，如小鼠 *Igf-2* 基因座印记基因，通过母鼠随机地一般至多可传递若干世代，比起突变基因传递数以千万个世代相比，可以忽略不计。所以，就现今的研究判定，只有引起基因的突变或核酸序列的恒定变化才能作为进化的原始材料（第二十一章），核酸序列没有变化的表观遗传变化不能作为进化的原始材料。因为只有核酸序列发生变化的突变基因，若对生存有利的话，经过自然选择才可能固定而得以世代相传。

通过本章所述，表观遗传调控主要涉及两大类：①转录前调控，如基因组印记、DNA 甲基化、染色质重塑和组蛋白修饰等；②转录后调控，如小干扰 RNA 和微干扰 RNA 调控等。

到目前为止，通过本书的学习使我们认识到，在基因组中为实现基因表达的遗传信息有三类：一是核酸中编码多肽的信息（三联体密码）；二是核酸中非编码多肽的信息（如负责编码 tRNA 和 rRNA 的基因，负责结构基因是否表达的各调控基因）；三是本章讨论的不涉及核酸序列变化，但可引起表现型变化的表观遗传信息。正是这三类信息的相互作用才构成了个体的表现型：前两类核酸的遗传信息提供了包括合成表观遗传修饰在内的各种多肽的蓝图；后一类表观遗传信息提供了在个体发育过程中何时、何组织利用何遗传信息的指令。

本章小结

表观遗传乃指在个体发育中，有关基因的 DNA 序列没有变化但其控制的表型发生了变化的现象。

研究表观遗传机制的科学称表观遗传学。表观遗传的分子基础涉及 DNA 甲基化、染色质重塑、蛋白感染子和非编码 RNA。

基因组印记或遗传印记，是指子代某基因是否表达或失活取决于传递该基因的亲本是什么性别的遗传现象。在细胞水平，基因组印记的表达分三个阶段：配子发生的印记失活阶段；受精后到个体发育中各细胞的印记保持阶段；配子发生的印记消除和重建阶段。基因组印记与亲本有关基因 DNA 的甲基化有关。被印记的基因可在世代内或若干世代间传递，分别称为代内表观遗传和跨代表观遗传。人类的一些遗传病与基因组印记有关。

剂量补偿是指在具有“性染色体”的物种中，两性虽具有不同的性染色体组成，但两性的基因表达基本维持在同一水平的现象。哺乳动物剂量补偿可用莱昂学说的 X 染色体随机失活解释。X 染色体失活机制，在于 X 染色体长臂上有一失活中心，体细胞通过计数失活中心数以计数 X 染色体数，并随机使一条 X 染色体活化，其余的都失活。失活过程是其内的 *Xist* 基因编码的长非编码 RNA，覆盖着转录它的 X 染色体失活。失活分起始、扩张和保持三个阶段。X 染色体随机失活可解释人的斑块式无汗性外胚层发育不良症，花斑猫一般为雌猫等现象。

副突变是指两种等位基因处于杂合状态的互作，而使其中一等位基因的表达发生了可遗传性变化，但其 DNA 序列并未发生改变的现象。在玉米和小鼠的副突变中，可发生副突变的基因、可诱导别的基因发生副突变的基因和已发生副突变的基因分别称为可副突变基因、诱副突变基因和已副突变基因。玉米和小鼠中的副突变分别由小干扰 RNA 和微干扰 RNA 调控。

代谢水平也可引起表观遗传。蜜蜂中的雌蜂，依在幼虫期饲喂蜂王浆持续时间长短的不同，可分别发育成可育的蜂后和不育的工蜂。这是由于所吃蜂王浆的多少能影响有关基因的甲基化水平，从而可改变个体的发育方向。人类雄亲（祖父、父亲）的“盛宴”和“饥荒”对后代健康的影响，通过动物模拟试验，也证明是这两类雄亲有关基因的不同甲基化传给其子代所致。

称为蛋白感染子的病原体由蛋白质组成。蛋白感染子通过感染使宿主基因组编码的蛋白质构型改变，但编码该蛋白的 DNA 序列并未改变而导致宿主致病。

个体的表现型变异是核酸序列变异和非序列变异相互作用的结果。

范 例 分 析

1. 就 CpG 岛而言，下面哪一说法是正确的？

（1）CpG 岛的乙酰化导致 DNA 转录的抑制。

（2）CpG 岛编码激活转录的 RNA 分子。

（3）CpG 岛的甲基化水平降低而促进靠近它的基因转录。

2. 删除蜜蜂中的 *Dnmt3* 基因对蜜蜂的发育有何影响？

3. 以下哪项不是表观遗传的机制？

（1）DNA 甲基化。

（2）启动子 DNA 序列的变化。

（3）小 RNA 分子的作用。

4. 试述在分子水平上引起的表观遗传。

5. 假定你在小鼠群中发现一卷耳鼠，并用该鼠进行繁殖发现，卷耳是一遗传性状，且野生型耳（竖耳）对卷耳呈完全显性。用纯系卷耳雄鼠与纯系野生型耳（即竖耳，也称常耳）雌鼠杂交时，其正、反交结果不同。你如何根据这些结果决定该性状符合什么遗传模式：X-连锁遗传，母性影响遗传，性影响遗传，细胞质遗传或基因组印记遗传？

6. 在人类，一个安格尔曼综合征（AS）患者生有一个患普拉德-威利综合征（PWS）的子代。为什么会发生这一情况？这两患者是什么性别？

7. 母性影响和基因组印记间的区别是什么？

8. 什么是基因组印记？

9. 性影响基因和基因组印记间的区别是什么？

10. 什么是巴氏小体？它与莱昂假说有何关系？

11. 根据莱昂假说，如下哪一说法正确：

（1）在雌性哺乳动物的体细胞内有 1 条 X 染色体转换成巴氏小体。

（2）在雌性哺乳动物的所有细胞内都有 1 条 X 染色体转换成巴氏小体。

（3）在雌性哺乳动物的体细胞内的 2 条 X 染色体都转换成巴氏小体。

（4）在雌性哺乳动物的所有细胞内的 2 条 X 染色体都转换成巴氏小体。

12. 指出不同物种进行剂量补偿的三种方式。

13. 已知猫的毛色是受 X 染色体的一个基因座控制，显性基因 *B* 和隐性基因 *b* 分别使毛呈黑色和黄色。有杂交：

$$X^BX^B（黑色）\times X^bY（黄色）$$
$$\downarrow$$
$$1/2X^BX^b（花斑）+1/2X^bY（黑色）$$

你如何解释子代结果。

14. 花斑雌猫分别与黑雄猫和黄雄猫杂交，杂交一代的期望基因型和表现型如何？

15. 如下表述哪项是副突变性状？

（1）两等位基因处于杂型合子状态时，一等位基因能改变另一等位基因的表现型。

（2）改变的等位基因能传递给子代。

（3）改变的等位基因在后期世代能改变其他等位基因的表达。

（4）以上各表述全对。

16. F_1 玉米植株 *B'*B'* 与其一个亲本 *B-IB-I* 进行回交，其子代表现型如何？

第三部分

群体和进化遗传学原理

前两部分，我们主要是在个体水平上研究亲子代间遗传和变异间的关系。然而，任何一个物种，其中包括我们人类，都是以群体的形式存在。那么，在群体水平上，基因又是如何在世代间进行遗传和变异并进而形成新物种的呢？这就是群体和进化遗传学要讨论的问题。

又由于与遗传育种和进化有关的数量遗传理论需要群体遗传理论作为基础，因此在群体遗传和进化遗传两章间插入了“第二十章数量性状遗传”。

第十九章 群体遗传

以前我们讨论的（性状）遗传往往具有特定的表型比，如 1∶1 或 9∶3∶3∶1 等。之所以有这些表型比，是有关个体有一个或少数几个基因座的差异进行基因分离、重组和表达的结果。

这些特定表型比出现的前提是需要特定的交配类型：如第三章所述，豌豆花色遗传出现 1∶1 的交配类型为杂型合子（*Ww*）× 同型合子（*ww*）。类似这样的交配可以人为地通过动物、植物或微生物的遗传试验实现。在这些遗传试验中，研究者必须仔细记录各世代个体间的系谱或家系关系，因为这种关系是正确解释和预测有关世代表现型比的基础。在对人类遗传的研究中，婚配尽管不能由研究者安排，但是各世代个体间的遗传关系仍可通过对已发生的婚配进行上、下诸世代跟踪和用系谱记录下来。

然而，在自然界生存的动物、植物和微生物群体，个体间的交配类型不能由研究者控制和不能跟踪记录，因此不可能知道各世代个体间的系谱关系。也就是说，自然界是以一些不知遗传关系的个体所构成的群体存在。群体遗传学就是在群体水平上研究基因在世代间的传递和变异规律的科学。

本章的主要内容涉及群体遗传结构以及在随机交配和近亲交配下的群体遗传。

第一节 群体遗传结构

在遗传学，**群体**（population）是指在自然条件下，彼此间能进行有性繁殖的一群个体，特称**孟德尔式群体**（Mendelian population）。因此，遗传上使用这一概念时，不能超出物种的范围。一般来说，一个地区内的一个物种的个体间可进行有性繁殖，属于一个孟德尔式群体；但如果一个地区内的一个物种的个体间，如人类两个民族的个体间，由于宗教等原因而不能相互通婚，则这两民族应分属两个孟德尔式群体。以后讲的群体指的是孟德尔式群体。

一个群体全部个体携带的基因称为**基因库**（gene pool）。对于一给定基因座，一个群体的基因库就是指其全部个体中在该基因座携带的全部等位基因。

为了说明什么是群体遗传结构，需要明确等位基因频率和基因型频率及其有关概念。

一、等位基因频率

等位基因频率（allele frequency）是指在给定群体内，某类等位基因的数目占该基因座全部等位基因数目的比率。在二倍体生物，若常染色体上某基因座只具有两种等位基因 A_1 和 A_2，则对该基因座来说，群体中应有三种可能的基因型 A_1A_1、A_1A_2 和 A_2A_2；若从该群体随机抽样得到由 N 个个体组成的一个随机样本，且这三种基因型个体数分别为 N_{11}、N_{12} 和 N_{22}，则依定义，等位基因 A_1（p）和 A_2（q）的频率分别为

$$p=\frac{2N_{11}+N_{12}}{2N}=\frac{N_{11}}{N}+\frac{1}{2}\frac{N_{12}}{N}$$

$$q=\frac{2N_{22}+N_{12}}{2N}=\frac{N_{22}}{N}+\frac{1}{2}\frac{N_{12}}{N}$$

二、基因型频率

基因型频率（genotypic frequency）是指在给定群体内，某类基因型个体数与该群体内全部个体数的比率。仍以上述群体的随机样本为例，令 $P=N_{11}/N$、$H=N_{12}/N$ 和 $Q=N_{22}/N$，则 P、H 和 Q 分别是基因型 A_1A_1、A_1A_2 和 A_2A_2 的频率。

于是，等位基因频率和基因型频率有如下关系：

$$p=P+\frac{1}{2}H \qquad (19\text{-}1)$$

$$q=Q+\frac{1}{2}H \qquad (19\text{-}2)$$

群体遗传结构（genetic structure of population），就是用等位基因频率和基因型频率定量地表示给定群体的遗传变异或组成。借助群体遗传结构，可以研究一个群体世代间或多个群体间的遗传差异。

第二节　随机交配群体遗传

随机交配（random mating）是指对特定性状来说，在一个群体中的一性别个体与异性别的任何个体都有相等机会的交配。下面讨论，在随机交配群体中，等位基因频率和基因型频率在世代间是如何变化的。

一、哈迪-温伯格法则

若一个群体无限大、个体间进行随机交配和不存在改变等位基因频率的因素（如下面即将讨论的突变、选择、迁移和遗传漂变），则称为理想群体。

在理想群体中，对于常染色体中的等位基因频率和基因型频率，在世代相传中的法则是：①如果两性中某基因座的等位基因（配子）A_1 和 A_2 的频率分别为 p 和 q（$p+q=1.0$），那么这两等位基因的频率从初始群体起就是恒定的，而基因型 A_1A_1、A_1A_2 和 A_2A_2 的频率经随机交配一代后也是恒定的（分别为 p^2、$2pq$ 和 q^2）；②如果两性中位于常染色体上某基因座的等位基因（配子）频率不同，那么群体中的等位基因频率从随机交配一代后就是恒定的，而基因型频率从随机交配二代后也是恒定的。

以上法则，是首先由英国数学家哈迪（Q. H. Hardy）和德国医生温伯格（W. Weinberg）于1908 年独立发现的，称为**哈迪-温伯格法则**（Hardy-Weinberg law）。凡等位基因频率和基因型频率满足哈迪-温伯格法则的群体均称为**遗传平衡群体**（genetic equilibrium population）。

（一）哈迪-温伯格法则的证明

分两种情况，即分初始群体两性中的等位基因频率相等和不相等时的情况加以证明。

1. 两性中的等位基因频率相等

为具体化，假定有如下初始群体：

基因型	A_1A_1	A_1A_2	A_2A_2
基因型频率	$P_0=0.12$	$H_0=0.56$	$Q_0=0.32$

根据式（19-1）和式（19-2），初始群体等位基因 A_1 和 A_2 的频率分别为

$$p=P_0+\frac{1}{2}H_0=0.12+\frac{1}{2}\times 0.56=0.4$$

$$q=Q_0+\frac{1}{2}H_0=0.32+\frac{1}{2}\times 0.56=0.6$$

因为是常染色体遗传，群体中每一基因型个体数在两性中应相等，即

$$P_0A_1A_1\begin{cases}♀\,(1/2)\,P_0\\ ♂\,(1/2)\,P_0\end{cases}\qquad H_0A_1A_2\begin{cases}♀\,(1/2)\,H_0\\ ♂\,(1/2)\,H_0\end{cases}\qquad Q_0A_2A_2\begin{cases}♀\,(1/2)\,Q_0\\ ♂\,(1/2)\,Q_0\end{cases}$$

依等位基因频率定义，雌性中的等位基因频率：

$$A_1\text{ 频率}=\frac{2(1/2)P_0+(1/2)H_0}{2[(1/2)P_0+(1/2)H_0+(1/2)Q_0]}P_0+(1/2)H_0=p$$

$$A_2\text{ 频率}=\frac{2(1/2)Q_0+(1/2)H_0}{2[(1/2)P_0+(1/2)H_0+(1/2)Q_0]}Q_0+(1/2)H_0=q$$

同理，雄性中的等位基因 A_1 和 A_2 的频率也分别等于 p 和 q。所以，两性中的等位基因（配子）频率都与群体的等位基因频率 p 和 q 相等。

因为群体为随机交配，即群体中的雌、雄配子随机结合，所以初始群体随机交配产生随机一代的基因型及其频率的过程如下：

雌配子	雄配子		随机交配一代基因型及频率
p	p →	A_1A_1	$p^2=0.16=P_1$
p	q →	A_1A_2	$2pq=0.48=H_1$
q	p →	A_1A_2	
q	q →	A_2A_2	$q^2=0.36=Q_1$

于是，随机交配一代的等位基因 A_1 和 A_2 的频率，依式（19-1）和式（19-2）分别为

$$P_1+(1/2)\,H_1=0.16+(1/2)0.48=0.4=p$$

$$Q_1+(1/2)\,H_1=0.36+(1/2)0.48=0.6=q$$

把初始群体和随机交配一代群体进行比较可知：两群体的等位基因频率相等，但基因型频率不等，即这两群体的遗传结构不同。

但是，如果让随机交配一代群体继续进行随机交配，因随机交配一代群体提供的雌、雄配子的类型（A_1，A_2）和频率（p，q）与开始群体提供的完全一样，所以随机交配二代的等位基因频率和基因型频率都应与随机交配一代的相同；同理，随机交配 n 代（$n\geqslant 2$ 的整数）的也与随机交配 $n-1$ 代或随机交配一代的相同。这样，我们就证明了初始群体两性中的等位基因频率相等情况下的哈迪-温伯格法则：两性中位于常染色体上基因座的等位基因频率相同时，这两等位基因的频率，从初始群体起就是恒定的；基因型频率，从随机交配一代起也是恒定的。

2. 两性中的等位基因频率不相等 在这一情况下（如引种时往往是雌性多于雄性个体时可出现这一情况），就要经过随机交配二代方能达到平衡。现证明如下。

令初始群体等位基因 A_1 和 A_2 的频率在雌性（female）分别为 p_f 和 q_f，在雄性（male）分别为 p_m 和 q_m；于是，随机交配一代的基因型频率为

$$(p_f+q_f)(p_m+q_m)=p_fp_m(A_1A_1)+(p_fq_m+p_mq_f)(A_1A_2)+q_fq_m(A_2A_2)$$

由于是常染色体遗传，因此这些后代的性别独立于基因型，即每一基因型个体成为雌性或雄性的可能性相同。也就是说，在两性中"等位基因频率"不同的群体，经随机交配一代后，两性中的等位基因频率必然相等，都等于群体的等位基因 A_1 和 A_2 的频率：

$$p=p_fp_m+(1/2)(p_fq_m+p_mq_f)=(1/2)(p_m+p_f)$$

$$q=q_fq_m+(1/2)(p_fq_m+p_mq_f)=(1/2)(q_m+q_f)$$

所以，对于常染色体遗传的两性中"等位基因频率"不等的群体，经随机交配一代可使两性中的等位基因频率相等，经随机交配二代，群体即可达平衡。

从上述讨论，我们可得两个重要结论。

第一，对于常染色体基因来说，任何群体只需经一代或二代随机交配即可达到平衡。所以，在自然随机交配群体内的等位基因频率和基因型频率可期望是恒定的，即可期望群体处在平衡状态。这也可说明一异花授粉作物或一地方动植物品种的生产性能可保持相对稳定的事实。

第二，在随机交配群体，子代的基因型频率只由亲代的等位基因（或配子）频率决定，与亲代的基因型无关。平衡群体各世代的基因型频率由群体的等位基因（或配子）频率决定，即

$$[p(A_1)+q(A_2)]^2=p^2(A_1A_1)+2pq(A_1A_2)+q^2(A_2A_2) \qquad (19\text{-}3)$$

式（19-3）左边的 p 和 q 分别表示等位基因（配子）的频率，统称配子数组；配子数组之所以平方，乃因为交配是随机的，即雌、雄配子的结合是随机的。式（19-3）右边表示雌、雄配子随机结合后产生的子代基因型及其频率，统称合子数组。因此也可以说，一个随机交配群体的合子数组若等于配子数组的平方，则该群体处在平衡状态。

（二）哈迪-温伯格平衡群体的性质

群体处于哈迪-温伯格平衡时，令等位基因 A_1 和 A_2 的频率分别为 p 和 q，则基因型 A_1A_1、A_1A_2 和 A_2A_2 的频率分别为 p^2、$2pq$ 和 q^2。因此，等位基因 A_2 的频率 q 取不同值时，可以得到不同的平衡群体（图 19-1）。

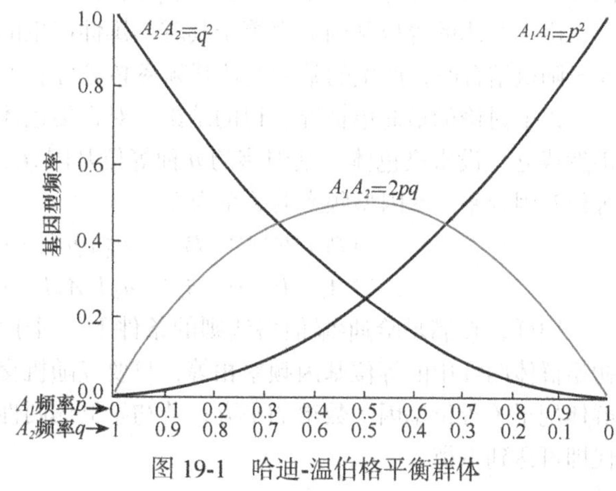

图 19-1 哈迪-温伯格平衡群体

由图 19-1 的基因型曲线可看出平衡群体有如下三个性质。

第一，杂型合子最大频率发生在等位基因频率 $p=q=1/2$ 时，这时 $H=2pq=0.5$。这是因为

$$\frac{dH}{dq}=\frac{d}{dq}2(1-q)q=2-4q \qquad (19\text{-}4)$$

欲使 H 最大，令 $dH/dq=0$，得 $q=0.5$。

第二，等位基因频率逐渐偏离 $p=q=1/2$ 时，杂型合子会逐渐减小：当 q 往大于 0.5 方向偏离，偏离到 $2(1-q)q=q^2$ 时，解得 $q=2/3$，而 $q>2/3$ 时，各基因型频率有关系 $q^2>2pq>p^2$；当 q 往小于 0.5 方向偏离，偏离到 $2(1-q)q=(1-q)^2$ 时，解得 $q=1/3$（或 $p=2/3$），而 $q<1/3$ 时，各基因频率有关系 $p^2>2pq>q^2$。

第三，杂型合子频率是两同型合子频率几何平均值的 2 倍，即 $H=2(PQ)^{1/2}$。这是显然的，因为群体平衡时，$H=2pq=2(p^2q^2)^{1/2}=2(PQ)^{1/2}$。

二、哈迪-温伯格法则的扩展（Ⅰ）——复等位基因

上面我们讨论的常染色体上一对等位基因情况下的哈迪-温伯格法则，同样可扩展到常染色体上的复等位基因。

（一）复等位基因的遗传平衡条件

先考虑最简单的有 3 种等位基因情况。设常染色体一个基因座有 3 种等位基因 A_1、A_2 和 A_3，其频率为 p_1、p_2 和 p_3。与常染色体上一基因座有 2 种等位基因的情况相同，如果群体合子数组等于群体配子（等位基因）数组的平方，即

$$(p_1+p_2+p_3)^2=p_1^2+p_2^2+p_3^2+2p_1p_2+2p_1p_3+2p_2p_3$$

$$A_1 \quad A_2 \quad A_3 \quad A_1A_1 \; A_2A_2 \; A_3A_3 \; A_1A_2 \quad A_1A_3 \quad A_2A_3$$

则群体达到平衡，现证明如下。

以上群体等位基因 A_1 的频率，依定义为

$$\frac{2p_1^2+2p_1p_2+2p_1p_3}{2(p_1^2+p_2^2+\cdots+2p_1p_3)}=p_1^2+p_1p_2+p_1p_3=p_1$$

同理，等位基因 A_2 和 A_3 的频率分别为 p_2 和 p_3。

由于群体的等位基因频率等于其雌、雄性产生的配子频率，因此该群体随机交配，即雌、雄配子随机结合时，产生的基因型及其频率必然与上述的合子数组的相同，即群体达到平衡。

以上讨论的最简单情况所得的结论，对常染色体上一基因座存在 n 种复等位基因的一般情况仍然成立。设常染色体一基因座的 n 种等位基因 A_1，$A_2\cdots A_n$ 的频率分别为 p_1，$p_2\cdots p_n$，则平衡时等位基因频率与基因型频率的关系为

$$(p_1+p_2+\cdots+p_n)^2=p_1^2+p_2^2+\cdots+2p_1p_2+\cdots+2p_{n-1}p_n \tag{19-5}$$

$$A_1 \quad A_2 \quad \cdots \quad A_n \quad A_1A_1 \; A_2A_2 \cdots \quad A_1A_2 \quad \cdots \quad A_{n-1}A_n$$

同样，在满足哈迪-温伯格法则的条件下，对于常染色体上存在复等位基因的任何群体，若初始群体两性中的等位基因频率相等，只要经随机交配一代即可达到平衡，即群体合子数组等于群体配子（等位基因）数组的平方；若初始群体两性中的等位基因频率不相等，则经随机交配二代即可达到平衡。

（二）复等位基因遗传平衡群体的性质

具有复等位基因的群体达到平衡时，具有如下两个性质。

性质 1：

可能的同型合子类型数＝复等位基因类型数（n）

可能的杂型合子类型数$=C_n^2=\frac{1}{2}n(n-1)$

这是因为，由式（19-5）有

$$\left(\sum_{i=1}^{n} p_i A_i\right)^2=\sum_{i=1}^{n} p_i^2 A_i A_i+\sum_{i=1}^{n-1}\sum_{j=i+1}^{n} p_i p_j A_i A_j$$

显然，上式右边第一项有 n 种同型合子，第二项有 $C_n^2=n(n-1)/2$ 种杂型合子。

性质 2：平衡群体等位基因频率相等时的总杂型合子频率最大，且可以大于 0.5。

业已证明，常染色体一基因座存在两种等位基因（$n=2$）且这两等位基因频率相等（$p=q=1/n=1/2$）时，平衡群体的杂型合子频率最大。可以证明，存在 n 种复等位基因和各等位基因频率相等时，即 $n_1=n_2=1/n$ 时，平衡群体的杂型合子频率也最大；这个最大值，由式（19-5）有

$$\begin{aligned}&2\,(p_1p_2A_1A_2+p_1p_3A_1A_3+\cdots+p_{n-1}p_nA_{n-1}A_n)\\&=2\left(\frac{1}{n^2}A_1A_2+\frac{1}{n^2}A_1A_3+\cdots+\frac{1}{n^2}A_nA_{n-1}A_n\right)\\&=\frac{2}{n^2}(A_1A_2+A_1A_3+\cdots+A_nA_{n-1}A_n)\\&=\frac{2}{n^2}\left[\frac{1}{2}n(n-1)/2\right]=\frac{n-1}{n}\end{aligned}$$

也就是说，随着等位基因类型的增加，群体的杂型合子总频率会增加；当各等位基因频率相等时，杂型合子总频率可接近 100%。所以，复等位基因的存在大大地丰富了群体的遗传变异。

三、哈迪-温伯格法则的扩展（Ⅱ）——性连锁基因

性染色体上非同源节段上的基因（第四章）——**性连锁基因**（sex-linked gene）要比常染色体基因的遗传复杂。现以雌性为同配性别（XX）和雄性为异配性别（XY）的性连锁——X 连锁为例，说明性连锁基因遗传的特点。假定 X 染色体非同源节段上一基因座有两种等位基因 A_1 和 A_2，则群体中雌性的可能基因型有 3 种——A_1A_1、A_1A_2 和 A_2A_2，雄性的可能基因型为 2 种——A_1（Y）和 A_2（Y）。因此，对于性连锁基因座来说，一基因座存在 2 种等位基因的群体，可有 5 种基因型；而不像常染色体那样，一个基因座存在 2 种等位基因的群体，只有 3 种基因型。

（一）性连锁基因的遗传平衡

分如下两种情况讨论。

1. 两性的等位基因频率相等 对于性连锁基因，如果满足哈迪-温伯格法则成立的所有条件，其中包括两性中相应的等位基因频率相等，那么这样的性连锁基因群体要经多少代的随机交配方能平衡呢?

假定初始群体两性中的基因型频率，如表 19-1 所示。对于性连锁基因来说，由于雄性是**半合子**（hemizygote）或单倍体，因此在雄性，表现型频率＝基因型频率＝等位基因频率＝配子频率；而雌性是二倍体，所以其等位基因或配子 A_1 和 A_2 的频率分别为 $p=P_0+(1/2)H_0=0.93$ 和 $q=Q_0+(1/2)H_0=0.07$。也就是说，该初始群体两性中的等位基因频率（或配子频率）相等。

表 19-1 性连锁基因初始群体

基因型	雌性			雄性	
	A_1A_1	A_1A_2	A_2A_2	A_1（Y）	A_2（Y）
频率	$P_0=0.88$	$H_0=0.10$	$Q_0=0.02$	$R_0=0.93$	$S_0=0.07$

该初始群体两性中的等位基因频率（或配子频率）相等时，雌、雄配子随机结合，产生随机交配一代：雌性是（$p+q$）♀（$p+q$）♂$=(p+q)^2$，而雄性是（$p+q$）♀（Y）♂$=p+q$，结果见表 19-2。

表 19-2　性连锁基因随机交配一代群体

基因型	雌性			雄性	
	A_1A_1	A_1A_2	A_2A_2	A_1（Y）	A_2（Y）
频率	$P_1=p^2=0.8649$	$H_1=2pq=0.1302$	$Q_1=q^2=0.0049$	$R_1=0.93$	$S_1=0.07$

由表 19-2 可知，对性连锁基因来说，随机交配一代雌性中的等位基因 A_1 和 A_2 的频率分别为 $P_1+(1/2)H_1=0.93=p$ 和 $Q_1+(1/2)H_1=0.07=q$，雄性中的等位基因 A_1 和 A_2 的频率也分别等于 p 和 q，即与初始群体的相等。

若以后各代均进行随机交配，则随后各代的基因型频率应等于随机交配一代的基因型频率。所以在上述条件下，与常染色体一样，经随机交配一代群体即可达平衡。平衡时，等位基因 A_1 和 A_2 的频率 p 和 q，与基因型频率有如下关系：

雌性			雄性	
A_1A_1	A_1A_2	A_2A_2	A_1（Y）	A_2（Y）
p^2	$2pq$	q^2	p	q

2. 两性的等位基因频率不相等　如上所述，对一个基因座而言，在常染色体，若两性中的等位基因频率不相等，则经随机交配一代，其两性中的等位基因就可相等。但在性染色体，若两性中的等位基因频率不相等，则经随机交配一代，其两性中的等位基因不会相等，理由如下。

考虑随机交配群体的一个性连锁基因座有两种等位基因 A_1 和 A_2。令雌性（female）亲本中第 n 代的等位基因 A_1 和 A_2 的频率分别为 $p_{f(n)}$ 和 $q_{f(n)}$，雄性（male）亲本中相应世代的等位基因频率为 $p_{m(n)}$ 和 $q_{m(n)}$。

所以，经随机交配，即雌、雄配子随机结合后，雌性中第（$n+1$）代的基因型及其频率为

A_1A_1	A_1A_2	A_2A_2
$P_{f(n+1)}=p_{m(n)}p_{f(n)}$	$H_{f(n+1)}=[p_{m(n)}q_{f(n)}+q_{m(n)}p_{f(n)}]$	$Q_{f(n+1)}=q_{m(n)}q_{f(n)}$

从而（$n+1$）代雌性等位基因 A_1 的频率

$$p_{f(n+1)}=P_{f(n+1)}+(1/2)H_{f(n+1)}=(1/2)[p_{m(n)}+p_{f(n)}] \quad (19\text{-}6)$$

即子代雌性中的等位基因频率是其雌亲和雄亲中有关等位基因频率的平均值。

类似地，雄性中第（$n+1$）代的基因型及其频率为

$$A_1(\mathrm{Y})=P_{m(n+1)}=p_{f(n)} \text{ 和 } A_2(\mathrm{Y})=Q_{m(n+1)}=q_{f(n)}$$

而（$n+1$）代雄性中等位基因 A_1 的频率为

$$p_{m(n+1)}=p_{f(n)} \quad (19\text{-}7)$$

即子代雄性中的等位基因频率与其亲代雌亲中相应的等位基因频率相等。

两性中第 n 代 A_1 等位基因频率之差，根据式（19-7）和式（19-8）有

$$\begin{aligned} p_{f(n)}-p_{m(n)} &= \left(-\frac{1}{2}\right)[p_{f(n-1)}+p_{m(n-1)}] \\ &= \left(-\frac{1}{2}\right)^2[p_{f(n-2)}-p_{m(n-2)}] \\ &= \left(-\frac{1}{2}\right)^n[p_{f(0)}-p_{m(0)}] \end{aligned} \quad (19\text{-}8)$$

式中，$p_{f(i)}$ 和 $p_{m(i)}$ 分别是第 i 代雌性和雄性的 A_1 等位基因频率，如 $p_{f(0)}$ 和 $p_{m(0)}$ 是指初始世代（随机交配 0 代）雌性和雄性的 A_1 等位基因频率。

由式（19-8）可知：两性间第 n 代等位基因频率之差，是由初始世代（0）相应等位基因频率之差和世代数 n 决定的；世代数 n 增加时，这个差的绝对值每经一代减半，但两性中相应等位基因频率大小随世代交替改变，即若 $p_{f(n)}>p_{m(n)}$，则 $p_{f(n+1)}<p_{m(n+1)}$，而最终它们会相等。也就是说，如果开始群体两性中的相应等位基因频率不等时，随机交配一代后，相应的等位基因频率不可能相等，须经一定世代后方能使 $p_{f(n)}-p_{m(n)}=0$，即方能使两性中的等位基因频率相等。只有两性中的等位基因频率相等后，再经一次随机交配，群体即达平衡。

（二）性连锁基因遗传平衡时的等位基因频率

那么，在开始群体两性中的等位基因频率不等的情况下，两性中的相应等位基因取何值后才不会随世代而改变呢？

根据式（19-7）和式（19-8）可改写成

$$p_{m(n+1)}-p_{m(n)}=\left(-\frac{1}{2}\right)^n\left[p_{m(1)}-p_{m(0)}\right]=\left(-\frac{1}{2}\right)^n\Delta p_{m(1)} \tag{19-9}$$

式中

$$\Delta p_{m(1)}=p_{m(1)}-p_{m(0)}$$

是随机交配一代雄性等位基因 A_1 频率的增量。

由式（19-9）

$$p_{m(n+1)}=p_{m(n)}+\left(-\frac{1}{2}\right)^n\Delta p_{m(1)} \tag{19-10}$$

即

$$p_{m(1)}=p_{m(0)}+\left(-\frac{1}{2}\right)^n\Delta p_{m(1)}=p_{m(0)}+\Delta p_{m(1)}$$

$$p_{m(2)}=p_{m(1)}+\left(-\frac{1}{2}\right)\Delta p_{m(1)}$$

$$=p_{m(0)}+\Delta p_{m(1)}+\left(-\frac{1}{2}\right)\Delta p_{m(1)}$$

$$p_{m(3)}=p_{m(2)}+\left(-\frac{1}{2}\right)^2\Delta p_{m(1)}$$

$$=p_{m(0)}+\Delta p_{m(1)}+\left(-\frac{1}{2}\right)\Delta p_{m(1)}+\left(-\frac{1}{2}\right)^2\Delta p_{m(1)}$$

$$p_{m(n)}=p_{m(0)}+\Delta p_{m(1)}+\left(-\frac{1}{2}\right)\Delta p_{m(1)}+\left(-\frac{1}{2}\right)^2\Delta p_{m(1)}+\cdots+\left(-\frac{1}{2}\right)^{n-1}\Delta p_{m(1)}$$

$$=p_{m(0)}+\left[1-\frac{1}{2}+\frac{1}{4}-\frac{1}{8}+\cdots+\left(-\frac{1}{2}\right)^{n-1}\right]\Delta p_{m(1)}$$

上式中括号（[ ]）内为等比级数，其首项 $a=1$，公比 $r=-1/2$；当 n 足够大（$n\to\infty$）时，其数列之和为 $a/(1-r)$，故上式为

$$p_{m(n)}=p_{m(0)}+\frac{a}{1-r}\Delta p_{m(1)}=\frac{2}{3}p_{f(0)}+\frac{1}{3}p_{m(0)} \tag{19-11}$$

因此，只要已知开始群体的等位基因频率，就可求得任一世代 n 的等位基因频率。

当 n 足够大或 $n\to\infty$ 时，式（19-11）成为

$$p_{m(n)}=\frac{2}{3}p_{f(0)}+\frac{1}{3}p_{m(0)}=常数=p \quad (19\text{-}12)$$

同理，

$$q_{m(n)}=\frac{2}{3}q_{f(0)}+\frac{1}{3}p_{m(0)}=常数=q \quad (19\text{-}13)$$

也就是说，当 n 足够大时，式（19-9）有

$$p_{m(n+1)}-p_{m(n)}=0$$

或

$$p_{f(n)}-p_{m(n)}=0$$

$$p_{m(n)}=p_{f(n)}=p \quad (19\text{-}14)$$

$$q_{m(n)}=q_{f(n)}=q \quad (19\text{-}15)$$

这就是性连锁基因在群体平衡时的等位基因频率（全群、雌性和雄性中相应的等位基因频率都相等）。

式（19-12）和式（19-13）的遗传含义是显然的：平衡时性连锁基因座全群（雌性个体+雄性个体）的等位基因频率，与常染色体基因座的一样，是由初始群体的雌性和雄性中的等位基因频率决定的，且平衡时两性中的等位基因（配子）频率等于其全群等位基因频率；性连锁基因座，由于同配性别的个体含 2 个等位基因，异配性别的个体只含 1 个等位基因，即群体中的性连锁基因座上应有 2/3 的等位基因为雌性个体携带，1/3 的为雄性个体携带，所以全群的等位基因频率（p 和 q）应是初始群体两性中相应等位基因频率的加权平均。

例子分析：设初始群体由 1 种雌性（全为 A_1A_1）和 1 种雄性（全为 A_2Y）组成，让其随机交配，试对等位基因 A_1 的频率在两性中随世代的波动情况进行作图。

依题意，该群体各随机交配世代 A_1 等位基因频率如表 19-3 和图 19-2 所示。

表 19-3　初始群体为 $A_1A_1\times A_2$（Y）的各随机世代 A_1 频率

随机交配世代	雌性 A_1 频率	雄性 A_1 频率
0	1.0	0.0
1	0.5	1.0
2	0.75	0.5
3	0.625	0.75
4	0.6875	0.625
5	0.6563	0.6875
⋮	⋮	⋮
∞	0.67	0.67

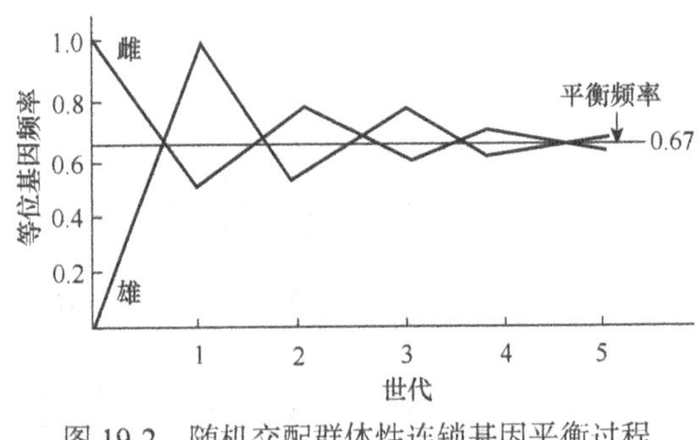

图 19-2　随机交配群体性连锁基因平衡过程

从表 19-3 和图 19-2 可看出，纵使初始群体两性中的等位基因频率相差最大，实际上经 5 个世代的随机交配，两性中的等位基因实际上就迅速地趋近到平衡频率，即趋近到 $P_{m(n)}=(2/3)P_{f(0)}+(1/3)P_{m(0)}=2/3=0.67$ 的全群频率。

第三节　近亲交配群体遗传

在群体中，除随机交配外，还有另一重要的交配方式——近亲交配。

一、近亲交配的概念

为了理解什么是近亲交配或近交，须先理解什么是同合子和异合子以及两个个体是否具有血缘关系的判断标准。现说明如下。

假定有一常异花授粉植物（如高粱）的初始群体，常染色体上某基因座含两种等位基因 A_1 和 A_2，则该群体的可能基因型为 A_1A_1、A_1A_2 和 A_2A_2。

这一初始群体（亲代）产生的子代同型合子（homozygote）A_1A_1 个体，可通过两种交配方式实现：①自交，如 $A_1A_2 \rightarrow A_1A_1$，即子代个体的两个基因是其亲代一个个体 A_1A_2（为一般化可称子代共同祖先）一个基因 A_1 的复制品或拷贝——这种由一个祖先（这里是亲代一个个体）的一个等位基因复制出的两个等位基因称为血缘上相同的基因，而由它们构成的合子 A_1A_1（通过雌、雄配子的结合）称为**同合子**（autozygote）；②异交，如 $A_1A_1 \times A_1A_2 \rightarrow A_1A_1$，即子代个体的两个基因，是由不同祖先（这里是亲代两个个体）的等位基因产生的、在结构上相同的基因——这种由不同祖先复制出的、在结构上相同的等位基因称为血缘上不同的基因，而由它们构成的合子 A_1A_1 称为**异合子**（allozygote）。

亲代通过自交或异交产生的子代杂型合子个体 A_1A_2 一定为异合子，因为结构上不同的等位基因不可能由一个等位基因复制而来，所以 A_1 和 A_2 在血缘上一定不同。

具有血缘上相同基因的各个体具有血缘关系，否则这些个体没有血缘关系。如上述自交中，亲代个体 A_1A_2 与其子代个体 A_1A_1 共有血缘上相同的一个基因 A_1，因此这些个体具有血缘关系。又如，在上述初始群体 A_1A_1、A_1A_2 和 A_2A_2 中，若 A_1A_2 中的 A_1 与 A_1A_1 中任一个 A_1 在血缘上都不同（即不是其亲代一个等位基因 A_1 的复制品），A_1A_2 中的 A_2 与 A_2A_2 中任一个 A_2 在血缘上都不相同，则初始群体的这些个体间都无血缘关系。

近亲交配（inbreed mating）或**近交**（inbreeding），是指有血缘关系个体间的交配。由于自交个体间、全同胞个体间、半同胞个体间以及表兄妹个体间都共有血缘上相同的基因，因此它们间的交配都属于近亲交配（近交）。

二、近亲交配的遗传效应

近亲交配的遗传效应主要有以下几个方面。

（一）减少群体杂型合子频率（或增加群体同型合子频率）

与随机交配比较，近亲交配或近交的主要遗传效应是使群体的杂型合子频率减少（或同型合子频率增加）。

设有一个大群体，某基因座存在两种等位基因 A_1 和 A_2，其频率为 p 和 q，初始群体的基因型频率为

$$P_0\ (A_1A_1) + H_0\ (A_1A_2) + Q_0\ (A_2A_2)$$

为说明近亲交配的这一遗传效应，下面讨论该群体在随机交配和近交的条件下，最终群体的杂型合子频率有什么不同。

该群体在随机交配的条件下，经随机交配一代或二代即可达到如下平衡：

$$p^2\ (A_1A_1) + 2pq\ (A_1A_2) + q^2\ (A_2A_2)$$

或者说，随机交配的最终群体，即平衡群体的杂型合子的频率为 $2pq$。

该群体在一种近交——自交的条件下，各世代的基因型频率依次有如下的变化。
自交一代，

$$P_0(A_1A_1)+H_0\left(\frac{1}{4}A_1A_1+\frac{1}{2}A_1A_2+\frac{1}{4}A_1A_2\right)+Q_0(A_2A_2)$$
$$=\left(P_0+\frac{1}{2}\cdot\frac{H_0}{2}\right)A_1A_1+\frac{H_0}{2}A_1A_2+\left(Q_0+\frac{1}{2}\cdot\frac{H_0}{2}\right)A_2A_2$$

自交二代，

$$\left(P_0+\frac{1}{2}\cdot\frac{H_0}{2}+\frac{1}{2}\cdot\frac{1}{2}\frac{H_0}{2}\right)A_1A_1+\frac{1}{2}\cdot\frac{H_0}{2}A_1A_2+\left(Q_0+\frac{1}{2}\cdot\frac{H_0}{2}+\frac{1}{2}\cdot\frac{1}{2}\frac{H_0}{2}\right)A_2A_2$$
$$=\left\{P_0+\left[\frac{1}{2}+\left(\frac{1}{2}\right)^2\frac{H_0}{2}\right]\right\}A_1A_1+\frac{1}{2}\cdot\frac{H_0}{2}A_1A_2+\left\{Q_0+\left[\frac{1}{2}+\left(\frac{1}{2}\right)^2\frac{H_0}{2}\right]A_2A_2\right\}$$

依次可推出自交 n 代，

$$\left\{P_0+\left[\frac{1}{2}+\left(\frac{1}{2}\right)^2+\cdots+\left(\frac{1}{2}\right)^n\right]\frac{H_0}{2}\right\}A_1A_1+\left(\frac{1}{2}\right)^n\frac{H_0}{2}A_1A_2$$
$$+\left\{Q_0+\left[\frac{1}{2}+\left(\frac{1}{2}\right)^2+\cdots+\left(\frac{1}{2}\right)^n\right]\frac{H_0}{2}\right\}A_2A_2$$

当 $n\to\infty$ 时，等比级数 $[1/2+(1/2)^2+\cdots+(1/2)^n]$ 的和等于 1，所以最终自交群体的基因型频率为

$$\left(P_0+\frac{H_0}{2}\right)A_1A_1+(0)\ A_1A_2+\left(Q_0+\frac{H_0}{2}\right)A_2A_2=pA_1A_1+qA_2A_2 \tag{19-16}$$

也就是说，自交（或其他形式的近交）的最终后果，是使杂型合子消失，剩下的两种同型合子的频率等于相应的等位基因频率。

由此也可看出：交配方式，无论是随机交配还是近亲交配，不会改变群体的等位基因频率（这里两群体各世代的等位基因频率都为 p 和 q），改变的只是基因型频率。对于随机交配群体，同型合子和杂型合子频率经一代或二代的变化，最终稳定在平衡群体频率；对于近亲交配群体，经逐代近交使杂型合子逐代减少，最终使杂型合子消失，而同型合子频率与相应的等位基因频率相等。

（二）加速遗传性状的固定或稳定

杂型合子表现出的显性性状是不稳定的，随着等位基因的分离和重新组合，后代会出现性状分离。近交可导致同型合子的增加，通过人工选择可较快地获得遗传上稳定的显性性状和隐性性状。在农业或遗传研究中，近交是获得遗传上稳定的新品种或新品系的有效方法。

（三）加速有害隐性基因的表达

平时我们说的近交往往有害，指的就是近交可导致同型合子（其中包括隐性同型合子）频率的增加，从而使稀有的有害基因表达的机会增多（在随机交配群体，稀有的有害基因主要存在于杂型合子中而得不到表达）。

以前我们讨论过的白化病，属于常染色体遗传的隐性疾病。在人类一般或普通群体中，白化病患者约为 1/20 000。但是，在美国亚利桑那州东南部的印第安村居民，患者却高达 1/200，比

一般群体高出100倍。这是因为，该村居民群体本来就小，加上在其习俗中认为白化病患者的肤色和眼色漂亮、清纯，且还认为白化病患者比非白化病者聪明，所以一般的印第安村居民都愿意与白化病患者结婚。由于这样的非随机婚配的近交效应，该群体的白化病患者远远多于一般群体（随机婚配群体）的该病患者。

19世纪以来发生在欧洲的皇室病——血友病（第四章），也是近交有害的例子。

三、自然近交群体的遗传结构

从上述讨论可知，近交群体杂型合子频率的下降是相对于随机交配群体而言的。而杂型合子频率下降程度或近交程度的大小可用近交系数表示。

仍然假定某基因座有A_1和A_2两种等位基因，其频率为p和q，在随机交配下有群体$[p^2(A_1A_1)+2pq(A_1A_2)+q^2(A_2A_2)]$。该群体近交时，某近交世代的杂型合子频率为$H_1$，则相对于随机交配群体而言，近交群体杂型合子频率的下降率即**近交系数**（inbreeding coefficient，F）

$$F=(2pq-H_1)/2pq \tag{19-17}$$

根据近交系数的这一定义，依F值的大小可以判别交配群体的性质：若$F=0$，则该群体相对于随机交配来说的杂型合子频率未减少，表示为非近交群体，即随机交配群体；若$F\neq 0$，表示为近交群体。在近交群体，若$F=1$，则为完全近交群体（如连续自交的最终群体）；若$0<F<1$，则为不完全近交群体。

根据近交系数的这一定义，还可推出交配群体的三种基因型及其频率的一般表达式。由式（19-18），近交群体的杂型合子频率为

$$H_1=2pq-2pqF \tag{19-18}$$

即近交群体的杂型合子频率（H_1）要比随机交配群体杂型合子频率（$2pq$）小$2pqF$。或者说，近交群体的同型合子频率要比随机交配群体同型合子频率大$2pqF$（因为群体总基因型频率等于1.0）。因此，交配群体的三种基因型及其频率为

$$A_1A_1 \quad p^2+pqF=p^2(1-F)+pF \tag{19-19-1}$$

$$A_1A_2 \quad 2pq-2pqF=2pq(1-F) \tag{19-19-2}$$

$$A_2A_2 \quad q^2+pqF=q^2(1-F)+qF \tag{19-19-3}$$

这就是交配群体的哈迪-温伯格法则的一般表达式。显然，若$F=0$，即无近交，为随机交配群体的平衡频率；若$F\neq 0$，即有近交，为近交群体的平衡频率；若$F=1$，即完全近交（自交），为自交群体的平衡频率。

四、系谱近交群体的遗传结构

以上我们讨论了自然近交群体，其特点是，个体间虽存在近交，但不知道它们的系谱关系。还有一类非自然近交群体，如人类遗传和动植物遗传育种中的一些近交群体是有系谱可查的。对于有系谱关系的近交群体，人们往往需要计算系谱中某特定个体的近交系数和血缘个体间的血缘相关系数。

（一）近交系数

如前所述，相对于随机交配，近交可导致杂型合子频率下降和同型合子频率增加。在群体水平上，我们已用杂型合子频率的下降率定义了近交系数；在个体水平上，下面我们要用同型合

子频率的增加率，即一个个体成为同合子的概率定义**近交系数**（inbreeding coefficient）——这个同合子，是近交使两血缘上相同的等位基因（通过雌雄配子结合）形成的个体。这两个定义，在实质上是相同的，因为一个群体或个体的杂型合子下降的相对量，必等于同型合子上升的相对量——同合子的概率。但是，根据后一定义，却容易求出系谱群体内个体的近交系数。

1. 近交系数的计算 图 19-3（a）的个体 D 和 E 是半同胞（因为这两个体有一共同亲本 A），个体 I 是半同胞婚配的后代，所以这是半同胞婚配系谱。

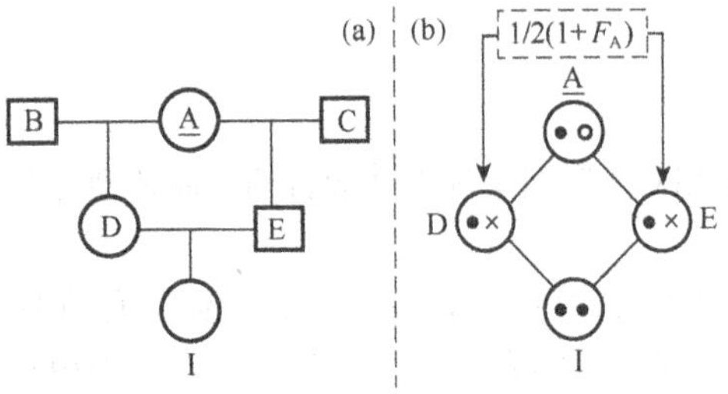

(a) (b) $1/2(1+F_A)$ A B C D E I

图 19-3 半同胞婚配系谱

现在要问：个体 I 的近交系数（F_I）是多少？也即个体 I 为同合子的概率是多少？

从图 19-3（a）看，个体 I 的祖亲（祖先）B 和 C 不可能使 I 成为同合子（因为 B 和 C 中的任何一个个体都不可能把其两个等位基因传给 I），只有共同祖先 A 才有可能把其两个等位基因传给 I 而使 I 成为同合子，所以求个体 I 的近交系数时，不考虑祖亲 B 和 C 而简化成图 19-3（b）的形式。

共同祖先 A 使 I 成为同合子须经两步：第一步，把血缘上相同的两基因（如•，以配子形式传递）分别传给其子代 D 和 E；第二步，把这两血缘上相同的基因通过其子代 D 和 E 传给其孙代个体 I。这两步就是共同祖先 A 使个体 I 成为同合子的途径或通径（path），记作 DAE，即从个体 I 的一个亲本（D）出发，追溯到共同祖先 A，再回到个体 I 的另一亲本（E）。

现计算实现这两步的概率。

为计算实现第一步的概率，把共同祖先 A 的两种等位基因分别标记为 a_1 和 a_2。于是，从个体 A 把成对等位基因（以配子形式）一个传至 D 和一个传至 E 有如下 4 种（①、②、③、④）等可能的方式，每一可能方式的概率各为 1/4，即

①	②	③	④
a_1, a_1	a_2, a_2	a_1, a_2	a_2, a_1
$\frac{1}{4}$	$\frac{1}{4}$	$\frac{1}{4}$	$\frac{1}{4}$

显然，在第①和第②种方式，D 和 E 接受的是血缘上相同的基因（是个体 A 一个基因的复制品）。对于第③和④种方式，只有个体 A 为同合子，a_1 和 a_2 才能在血缘上相同；而 A 为同合子的概率，根据定义，正是个体 A 的近交系数 F_A。考虑到这 4 种方式（为互斥事件，第三章），从个体 A 把血缘上两相同的基因分别传至 D 和 E 的概率依次应为

$$\frac{1}{4}+\frac{1}{4}+\frac{1}{4}F_A+\frac{1}{4}F_A=\frac{1}{2}(1+F_A)$$

为计算实现第二步的概率，就是求血缘上相同的两等位基因从 D 和 E 同时到 I 的概率。显然，从 D 到 I 的概率为 1/2，从 E 到 I 的概率也为 1/2，所以血缘上相同的两等位基因从 D 和 E 同时到 I 的概率为 1/2（1/2）。

参考图 19-3（b），只有以上两步同时都能得到血缘上相同的基因时才能使个体 I 成为同合子，所以最终使个体 I 成为同合子的概率，即个体 I 的近交系数

$$F_I=\frac{1}{2}(1+F_A)\left(\frac{1}{2}\times\frac{1}{2}\right)=\left(\frac{1}{2}\right)^3(1+F_A)$$

式中，F_A 为共同祖先 A 的近交系数，幂 3 是使个体 I 成为同合子的途径上的个体数。

若在途径上，个体I与共同祖先$\underline{A}$的距离更远，如途径上的个体数为n，则个体I的近交系数为

$$F_I=\left(\frac{1}{2}\right)^n(1+F_A)$$

多数实际系谱都要比图19-3的复杂，往往有多条途径（如m条）可使个体I成为同合子。在该情况下，个体I的近交系数就是各途径使个体I成为同合子的概率之和，即

$$F_I=\sum_{i=1}^{m}\left(\frac{1}{2}\right)^{n_i}(1+F_{A_i})$$

式中，n_i和F_{A_i}分别是第i条途径上的个体数和共同祖先的近交系数。

2. 常见近交一代的近交系数 为简便，假定下面列举的常见近交一代各系谱（图19-4～图19-7）中的$F_A=F_B=0$，则有关近交一代的近交系数求法如下。

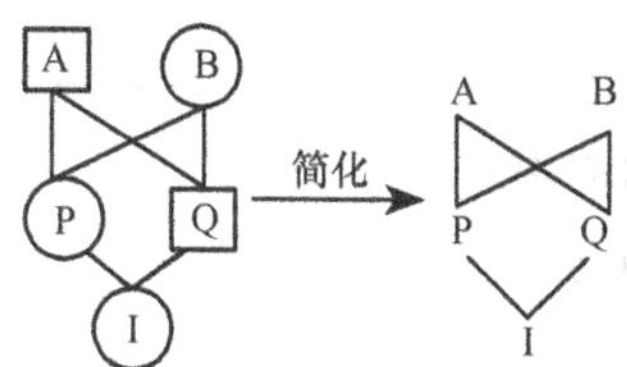

图19-4 全同胞交配系谱

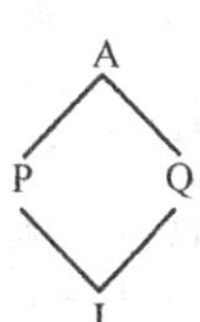

图19-5 半同胞交配系谱

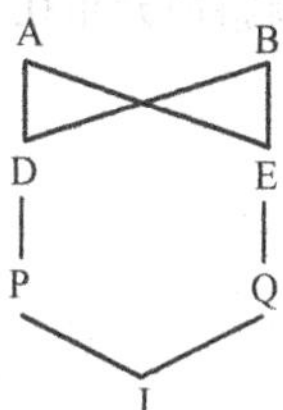

图19-6 单重第一表兄妹婚配系谱

（1）全同胞交配一代的近交系数 全同胞交配系谱见图19-4。

使全同胞交配一代个体I成为同合子的途径有两条，即P$\underline{A}$Q和P$\underline{B}$Q，所以全同胞交配一代个体I的近交系数为

$$F_I=\left(\frac{1}{2}\right)^3+\left(\frac{1}{2}\right)^3=\frac{1}{4}$$

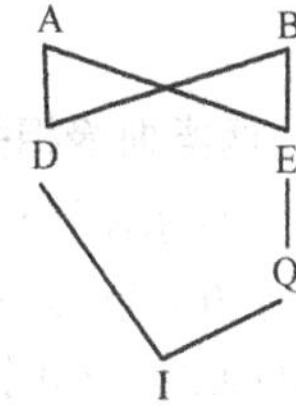

图19-7 叔叔侄女婚配系谱

（2）半同胞交配一代的近交系数 半同胞交配系谱见图19-5。

使半同胞交配一代个体I成为同合子的途径只有一条，即P$\underline{A}$Q，所以半同胞交配一代个体I的近交系数为

$$F_I=\left(\frac{1}{2}\right)^3=\frac{1}{8}$$

（3）单重第一表兄妹婚配一代的近交系数 单重第一表兄妹婚配系谱见图19-6。

图19-6中的个体P和Q为表兄妹，且在系谱中为第一次出现这种关系，所以称第一表兄妹。这对表兄妹共有一对共同祖亲（A和B），特称**单重第一表兄妹**（single first cousins）。使单重第一表兄妹婚配一代个体I成为同合子的途径有：PD$\underline{A}$EQ和PD$\underline{B}$EQ，所以个体I的近交系数为

$$F_I=\left(\frac{1}{2}\right)^5+\left(\frac{1}{2}\right)^5=\frac{1}{16}$$

（4）叔叔侄女婚配一代的近交系数 叔叔侄女婚配系谱见图19-7。

使叔叔侄女婚配一代个体I成为同合子的途径有D$\underline{A}$EQ和D$\underline{B}$EQ，所以个体I的近交系数为

$$F_I=\left(\frac{1}{2}\right)^4+\left(\frac{1}{2}\right)^4=\frac{1}{8}$$

（二）血缘相关系数

与近交系数类似的一个系数是美国群体遗传学家怀特（S. Wright）定义的**相关系数**（correlation coefficient），即一个体含有某特定等位基因时，其血缘个体也含有这一（在血缘上相同的）基因的概率，实际上应称为**血缘相关系数**（coefficient of consanguinity relationship）。

两个"个体"可通过直系血缘或旁系血缘（图 19-8）而具有血缘关系（即两个体具有血缘上相同的基因）。直系血缘是指和自己有直接血缘关系的成员，包括自己的长辈（父母、祖父母、外祖父母以及更高的直接长辈）和自己的晚辈（子女、孙子女、外孙子女以及更低的直接晚辈）。因为在家谱图中，这些成员构成一代接着一代的垂直系列，所以称为直系血缘。旁系血缘是指直系血缘以外的和自己具有共同祖辈的成员，如兄弟姐妹（共父母）、堂（表）兄弟姐妹（共祖父母或外祖父母）。因为在这些成员的家谱图中，或水平地分布在同一代（兄弟姐妹和堂兄弟姐妹），或倾斜地分布在上下代（叔侄女等），所以称为旁系血缘。

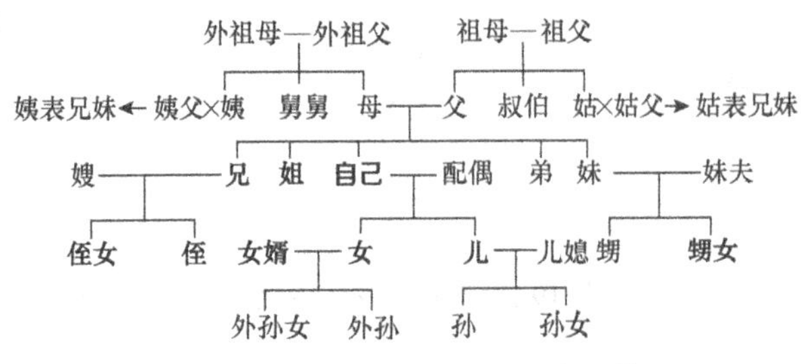

图 19-8　以自己为中心的血缘系谱

1. 两类血缘相关系数的计算和区别

（1）直系血缘相关系数的计算　　设一个亲本（为简便，设基因型 a_1a_2 为异合子，即其近交系数等于 0）与其一个子代的血缘相关系数为 R，则依定义，显然有 $R=1/2$，因任一个子代个体有 1/2 的血缘上相同的基因来自一个亲本。为了计算一个孙代个体与其一个祖亲（同样，为简便，设基因型 a_1a_2 为异合子）的血缘相关系数，需跟踪祖亲其特定基因（如 a_1）传到亲本再传到孙代个体的情况。显然，基因 a_1 从一个祖亲传到一个亲本的概率为 1/2，再从该亲本传到一个孙代个体的概率也为 1/2。所以，基因 a_1 由一祖亲经一亲本传给一个孙代个体的概率，即一孙代个体与其一个祖亲的血缘相关系数为 $(1/2)(1/2)=(1/2)^2=1/4$。同理，一曾孙代个体与一个曾祖亲间的血缘相关系数为 $(1/2)^3=1/8$。推而广之，一个体与一祖先间的血缘系数，每经一代减少 1/2；如果经过 n 代，则它们间的血缘相关系数为 $(1/2)^n$。

（2）旁系血缘相关系数的计算　　最简单的情况是半同胞（P 和 Q），它们有一共同亲本 $\underline{A}$（参考图 19-5）。显然，共同亲本 $\underline{A}$ 的一特定基因传给 P 和 Q 的概率各为 1/2。所以，半同胞间的血缘相关系数为 $(1/2)(1/2)=(1/2)^2=1/4$。类似地，全同胞个体间的亲缘相关系数为 $(1/2)^2+(1/2)^2=1/2$。

（3）两类血缘相关系数的区别　　要正确理解直系和旁系这两类血缘相关系数。一个亲代个体与一个子代个体间具有血缘上相同基因的实际比率和上述推出的期望比率（概率）是完全吻合的，都为 1/2，因为任何一个子代从其一个亲代接受的基因（也是血缘上相同的基因）必为 1/2。

但是，孙代个体与祖亲代个体间具有血缘上相同基因的实际比率，可与上述推出的期望比率（概率）不同。例如，孙代一个体与一祖亲的血缘相关系数实际可以大于或小于 1/4——实际比率最高可达 1/2（如果来自一个亲本的配子恰好含有一个祖亲的全部基因），最低可至 0（如果来自一个亲本的配子恰好含有另一个祖亲的全部基因）。也就是说，对于这一血缘相关系数1/4，应理解成所有孙代个体与一祖亲的血缘相关系数的平均值。

2. 血缘相关系数与近交系数的关系 令两个体为X和Y，这两个体交配一代的个体为I，则有关系：亲子血缘相关系数$R_{XY}=1/2$，亲子交配一代个体I的近交系数$F_I=1/4$；半同胞血缘相关系数$R_{XY}=1/4$，半同胞交配一代个体I的近交系数$F_I=1/8$。由此可推出，

$$R_{XY}=2F_I$$

即任两个体X和Y间的血缘相关系数等于它们交配一代个体I近交系数的2倍。

最后，在讲了非自交的各近交系数后，现可更深入地分析近交效应。

如前所述，全同胞交配一代和半同胞交配一代的近交系数分别为1/4和1/8。这就表明：与随机交配（一代）相比较，全同胞交配一代和半同胞交配一代的杂型合子频率的下降率分别为1/4和1/8；相应地，这两类交配一代的同型合子频率的上升率分别为1/4和1/8。对于其他形式的近交都有类似效应，只是在大小程度上有所不同罢了。这就是最本质的近交效应。

例如，人类白化病是常染色体隐性遗传疾病。经调查，在随机婚配后代中，白化病患者频率约为1/20 000；但在单重第一表兄妹婚配后代中，白化病患者频率约为1/2000。如果把近交的**相对风险率** R（relative risk）定义为近交后代患病频率与随机交配近代患病频率之比，则该近交的风险率等于10，即该近交后代患病的机会为随机交配后代的10倍！

上述近交的有害性，可得到理论的证实。在随机婚配下，群体平衡时，白化病患者频率$q^2=(1/20\ 000)$，得白化病基因频率$q=(1/20\ 000)^{1/2}=0.0071$。单重第一表兄妹婚配后代的近交系数，为前述，$F_I=\frac{1}{16}=0.0625$；所以，根据式（19-19），该婚配后代白化病患者频率为

$$q^2(1-F)+qF=q^2(1-0.0625)+q(0.0625)$$

所以，该近交的相对风险率

$$R=0.938+0.0625/q$$

这里$q=0.0071$，所以

$$R=0.938+0.0625/0.0071\approx 10$$

期望风险率与观测风险率极相符。

显然，在同一近交水平上，有害隐性等位基因频率q愈低，相对风险率就愈高。若某有害隐性等位基因频率$q=0.001$，则在单重第一表兄妹婚配后代的相对风险率$R=63.4$，即该婚配后代的患病机会为随机交配后代的63.4倍。

我国婚姻法规定，三代以内的直系或旁系血亲（血缘）者不能结婚。三代以内的直系是指父母与子女，祖父母与孙子女。三代以内的旁系是指兄弟姐妹、堂表兄弟姐妹，以及叔、伯、舅、姑、姨、甥、侄等。由于三代以内的直系或旁系亲缘个体间婚配，其子代的近交系数较大，从而容易使有害隐性基因纯合化而致病。

本章小结

群体遗传学是在群体水平上研究基因传递和变异规律的遗传学分支学科。这里涉及三大内容。

1）群体遗传结构——一个群体的等位基因频率和基因型频率。等位基因频率是一个群体内某类等位基因数占该基因座全部基因数的比率，基因型频率是相应群体内某类基因型个体数占该群体所有个体数的比率。对一个基因座而言，由群体产生的各类配子频率等于相应各类等位基因频率。

研究蛋白质水平的群体遗传结构，是根据抽样个体的表现型（个体在电泳凝胶上的蛋白质带或酶带）推知个体基因型的过程。由一个基因座的不同类等位基因编码蛋白质的遗传解释可用二项式 $[(1/2a+(1/2)a')]^n$ 展开表达。研究表明，自然群体编码蛋白质的基因座一般为多态，说明在蛋白质水平的遗传变异是丰富的。

2）随机交配群体遗传——随机交配是指群体中异性个体间具有相等机会的交配。讨论的问题有三个。

一是阐明遗传平衡群体的哈迪-温伯格法则：在满足一定条件的情况下，若群体常染色体上一基因座的两等位基因 A_1 和 A_2 的频率分别为 p 和 q，则初始群体两性中的等位基因频率相等或不相等时，经随机交配一代或二代，群体即可达平衡，即等位基因频率和基因型频率可用关系式 $[p(A_1)+q(A_2)]^2=p^2(A_1A_1)+2pq(A_1A_2)+q^2(A_2A_2)$ 表达。平衡群体具有性质：当 $p=q=1/2$ 时，杂型合子频率等于最大值0.5；p 和 q 偏离1/2时，杂型合子频率逐渐减小；杂型合子频率为两同型合子频率几何平均值的2倍。应用该法则可求隐性等位基因及其携带者频率，检验群体是否平衡。

二是把哈迪-温伯格法则扩展到常染色体的复等位基因。令常染色体上一基因座有 n 种等位基因 A_1，$A_2 \cdots A_n$ 的频率分别为

$$(p_1,\ p_2 \cdots p_n)$$

则平衡时的等位基因频率和基因型频率的关系为

$$(p_1+p_2+\cdots+p_n)^2=p_1^2+p_2^2+\cdots+2p_1p_2+\cdots+2p_{n-1}p_n$$

平衡群体的性质：可能的同型合子类型数＝复等位基因类型数（n），

$$\text{杂型合子类型数}=C_n^2=n(n-1)/2$$

平衡群体等位基因频率相等时的总杂型合子频率最大，且随着等位基因类型数的增加，群体杂型合子总频率也随着增加，即复等位基因的出现增加了群体的遗传变异。

三是哈迪-温伯格法则扩展到性连锁基因。由于性连锁基因的遗传特点，纵使两性中的等位基因频率相等，也要经多代随机交配后方能使群体平衡。若初始群体某等位基因频率在雌性和雄性中的等位基因频率分别为 $p_{f(0)}$ 和 $p_{m(0)}$，则平衡群体该等位基因频率为

$$P_{m(n)}=(2/3)P_{f(0)}+(1/3)P_{m(0)}=2/3=0.67$$

3）近亲交配群体遗传——近亲交配是指有血缘关系个体间的交配。其本质效应是（相对随机交配）减少杂型合子频率或增加同型合子频率，与此相伴的派生效应是加速遗传性状的固定和加速隐性基因的表达。

在自然近交群体，若某世代杂型合子频率为 H_1，则相对随机交配的杂型合子频率下降率，即近交系数 $F=(2pq-H_1)/2pq$。由此可推出交配群体的哈迪-温伯格法则的一般表达式。

在系谱近交群体（可知个体间系谱关系），往往要计算系谱中某特定个体的近交系数，且是相对随机交配的同型合子频率的上升率定义的，而这个上升率就是该个体成为同合子的概率。

在系谱近交群体，与近交系数类似的是血缘相关系数 R_{XY}，即两个体X和Y含有在血缘上相同基因的概率。R_{XY} 与这两个体交配一代个体I的近交系数 F_I 间的关系为 $R_{XY}=2F_I$。

范 例 分 析

1. 何谓孟德尔式群体？
2. 何谓随机交配？哈迪-温伯格平衡群体需满足什么条件？

3. 假定一群体的等位基因 A 和 a 的频率分别为 p 和 q，试证明：随机交配群体只要处于哈迪-温伯格平衡状态，等位基因频率和基因型频率都不会随世代而变。

4. 处于哈迪-温伯格平衡状态的随机交配群体 $p^2(AA)+2pq(Aa)+q^2(aa)=1$：

（1）列出所有可能的交配类型和相应交配类型的频率；

（2）试证明交配后的子代仍为平衡群体。

5. 在哈迪-温伯格平衡群体中，隐性等位基因的频率为多少方能使隐性基因型 aa 的频率是基因型 Aa 频率的 2 倍？

6. 在一牛群，基因型 C^RC^R、C^RC^W 和 C^WC^W 的毛色表现型分别为红毛、杂毛（红白毛相间）和白毛：

（1）如果在一随机样本的 300 头中有 108 头红毛、144 头杂毛和 48 头白毛，试计算该群体基因库中的等位基因 C^R 和 C^W 的频率。

（2）如果该群体为随机交配的遗传平衡群体，下代的期望基因型频率为多少？

（3）把（1）和（2）结果进行比较后，你认为样本（1）处在遗传平衡状态下吗？

7. 在人群中，食指是否短于无名指是一常染色体的性影响性状，即在杂型合子中，男性为食指短于无名指，而女性为食指长于无名指（以下用的等位基因和基因型含义与第四章的这一性状的遗传相同）；换言之，食指短于无名指的等位基因 s 在男性为显性，在女性为隐性（也就是在女性 s' 为显性）。在人群中抽得的男性样本中，120 人（$s's'$）的食指长于无名指，210 人的食指短于无名指。试计算这一群体女性中，食指长于无名指和食指短于无名指的期望频率。

8. 试给出如下随机交配群体的哈迪-温伯格平衡的基因型频率：

（1）常染色体一基因座具有两种等位基因 A_1 和 A_2，其频率分别为 p 和 q，且 $p+q=1$。

（2）常染色体一基因座具有三种等位基因 A_1、A_2 和 A_3，其频率分别为 p、q 和 r，且 $p+q+r=1$。

（3）性染色体 X 一基因座具有两种等位基因 X_1 和 X_2，其频率分别为 p 和 q，且 $p+q=1$。

9. 何谓近交？简述近交对群体的主要效应。

10. 下面是人类某群体 M-N 血型的一个随机样本的观察数（O）：

M，1787 人　MN，3039 人　N，1303 人（总数，6129 人）

试问：（1）该样本的基因型频率和等位基因频率分别是多少？

（2）该群体是否处于哈迪-温伯格平衡状态？

11. 一群体有 3 种等位基因 A_1、A_2 和 A_3，频率分别为 $p=2/3$、$q=1/6$ 和 $r=1/6$。如果进行随机交配，期望同型合子总频率和期望杂型合子总频率各为多少？

12. 如果一基因座有 4 种、6 种和 10 种等位基因，在这三种情况下群体中可能的杂型合子类型数和总频率各为多少？

13. 人类红绿色盲属 X 连锁隐性遗传，男患者约占 7%。假定群体处于哈迪-温伯格平衡状态，女人中下列期望频率各为多少？①携带者；②红绿色盲；③夫妻双方均为红绿色盲。

14. 一随机交配群体 X-连锁基因座 A_1-A_2 的开始频率 $p_m^0(A_1)=0.2$，$p_f^0(A_1)=0.8$：

（1）当 $i=1$，2，3，4 时，计算 $p_m^i(A_1)$ 和 $p_f^i(A_1)$；

（2）计算两性中最终等位基因频率和最终雌、雄性基因型频率。

15. 假定世界人口有 60 亿（6×10^9），两个无血缘关系的人往前追溯其系谱：

（1）多少代前这两人必定有一共同祖先？

（2）若平均世代时间为 20 年，多少年前这两人必定有一共同祖先？

第二十章　数量性状遗传

在一个群体内，若个体间某性状的各表现型（即各相对性状的表现型）呈现非连续的或性质上的差异，从而根据这些差异总可明确地把一个群体内的各个体分成少数几个类型，则该性状称为**简单性状**（simple trait）、**非连续性状**（noncontinuous trait）或**质量性状**（qualitative trait）。如前面讲的豌豆花色和人的性别等，都属质量性状。

在一个群体内，从本质上说，若个体间某性状的各表现型变异，呈现连续的或只有程度上的差异，从而根据这些程度上的差异不能明确地把一个群体内的各个体分成少数几个类型，则该性状称为**复杂性状**（complex trait）或**连续性状**（continuous trait）。可将连续性状细分为三类性状：一是可测量的**数量性状**（quantitative trait），如人的身高或谷物产量是可测量或可称重的；二是可计数的**计数性状**（meristic trait），如小麦每株穗数和猪一窝产仔数；三是具有一定临界值的**阈值性状**（threshold trait），如人的高血压。数量性状之所以称为连续性状，是因为像人的身高，如一个学校学生的身高（以厘米为单位测量），从最矮到最高呈现连续分布，不能按身高对个体明确分类。计数性状和阈值性状之所以也为连续性状，是因为像家禽的年产卵数从最少到最多，像高血压病情从最轻（不易查出）到最重，也呈现连续分布，不能按照这些性状的差异对个体明确分类。有时还把连续性状的这三类性状统称为数量性状，本书也用这一统称说法。

研究数量性状的遗传规律，无论在实践上和理论上都具有重要意义：动植物多数经济性状（如作物产量、家禽蛋产量、家畜奶产量）都属于数量性状，动植物品种改良主要是对这些性状的改良；人的一些遗传病（如高血压）和人的智商等均属数量性状，对其防治和开发有待于对数量性状遗传规律的了解；生物进化多是由微小的连续变异，即数量性状变异累积的结果，对生物进化规律的认识也有待于对数量性状遗传规律的了解。

第一节　数量性状的遗传基础和基本研究方法

孟德尔的颗粒（基因）遗传理论，是在研究非连续变异的质量性状遗传的基础上提出的。在承认基因遗传理论的基础上，为解释数量性状的连续变异，提出了微效多基因学说。

一、微效多基因学说

微效多基因学说（polygene theory）有如下两个主要论点。

一是数量性状由许多效应小但各效应是可加的基因座——微效多基因座控制。例如，在基因座 *A* 和 *B* 的基因型 *AABB* 中，其中基因 *A* 和 *B* 对表现型的贡献值，就是它们的效应值；如果基因 *A* 和 *B* 的效应值分别为 1 和 2 且可加，则基因型 *AABB* 效应值为 $1+1+2+2=6$。二是数量性状对环境变异很敏感，即环境条件的微小变化都会引起性状相应的变化。因此，数量性状在这样众多的微效多基因座的控制和对环境变异反应敏感的综合作用下，表现为连续变异。

现以数量性状——玉米穗长的变异为例，具体说明微效多基因学说这两个主要论点。为此，分如下两种情况的变化对数量性状的影响进行论述。

（一）环境固定时的遗传变化对数量性状的影响

为具体化，设玉米两同型合子的穗长分别为14cm和8cm，即这两同型合子间的穗长差异或变异范围为6cm（=14－8）。在环境固定的条件下，这一特定的6cm差异，随着遗传基础的变化——基因座差异数的增加和单个基因效应值的减小，不同基因型间的穗长应发生如下变化。

第一，如图20-1（a）所示，若这两同型合子穗长的特定差异（6cm）由1个基因座（A_1-a_1）的差异控制，则由该基因座的差异构成的两纯合基因型和相应穗长（表现型）分别是

$$(A_2A_2a_3a_3\cdots)\ A_1A_1 \qquad (A_2A_2a_3a_3\cdots)\ a_1a_1$$

14cm　　　　8cm

其中每种基因型的表现型，都是由于一个基因座差异和共同遗传背景（小括号内部分）贡献的结果，尽管实际上这个共同遗传背景不能具体给出。所以，上述基因型可简化成

$$A_1A_1 \qquad a_1a_1$$

显然，这种简化了的基因型下的表现型，如14cm或8cm，不能误解全由一个基因座的基因型A_1A_1或a_1a_1决定（应还有一部分由共同遗传背景决定）。

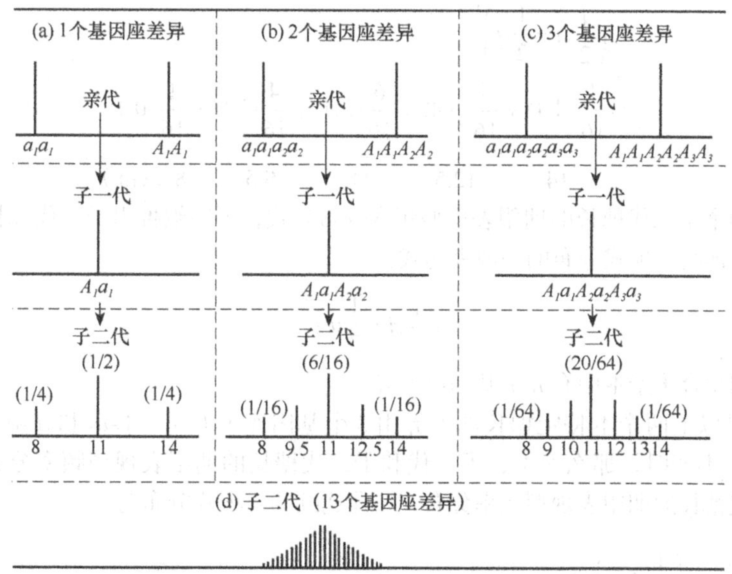

图20-1 环境固定时玉米穗长的期望表现型频率分布（频率未按比例）

假设基因型A_1A_1和a_1a_1是两杂交亲本。它们的穗长分别为14cm和8cm，而其差值=14－8=6cm，就是具有1个基因座差异的这两同型合子亲本引起的穗长差异，因为这个差值把这两基因型的共同遗传背景对穗长的贡献或效应扣除了。所以，在无显性条件下，每个增效基因（使表现型增加的基因，这里为A_1）对穗长的效应值=（14－8）/2=3cm。这两亲本杂交，由于基因型内的基因效应可加，所以其杂交一代（子一代）

$$A_1a_1\text{表现型}=A_1A_1\text{表现型}-\text{增效基因}A_1\text{效应值}=14-3=11\text{cm}$$

或

$$A_1a_1\text{表现型}=a_1a_1\text{表现型}+\text{增效基因}A_1\text{效应值}=8+3=11\text{cm}$$

由于子一代（A_1a_1）形成雌、雄配子的类型和概率各为$\left(\frac{1}{2}A_1+\frac{1}{2}a_1\right)$，因此子二代穗长的期望

表现型频率分布为非连续的二项式分布［图 20-1（a）］:

$$\left(\frac{1}{2}A_l+\frac{1}{2}a_l\right)^2=\frac{1}{4}A_lA_l+\frac{1}{2}A_la_l+\frac{1}{4}a_la_l$$

14　　11　8（cm）

第二，如图 20-1（b）所示，如果特定穗长的差异由 2 个基因座（A_l-a_l 和 A_2-a_2）的差异控制，在基因型为 $A_lA_lA_2A_2$ 和 $a_la_la_2a_2$ 的两亲本穗长仍分别为 14cm 和 8cm、等位基因间无互作（无显性）、非等位基因间无互作（无上位，第三章）、两个基因座不连锁、基因效应相等且可加的条件下，每个增效基因的效应值应为 1.5cm（= 6/4），而子一代（$A_la_lA_2a_2$）的表现型仍为 11cm（=14−1.5−1.5）。子一代形成雌、雄配子的类型和频率显然都为

$$\frac{1}{4}A_lA_2+\frac{1}{4}a_lA_2+\frac{1}{4}A_la_2+\frac{1}{4}a_la_2$$
$$=\left(\frac{1}{2}A_l+\frac{1}{2}a_l\right)\left(\frac{1}{2}A_2+\frac{1}{2}a_2\right)=\left(\frac{1}{2}A+\frac{1}{2}a\right)^2$$

上式的两项之所以可以合并，是因为已假定不同基因座的基因效应相等。于是，子二代穗长的期望表现型频率分布为非连续的二项式分布：

$$\left(\frac{1}{2}A+\frac{1}{2}a\right)^4$$
$$=\frac{1}{16}(4A)+\frac{4}{16}(3A)+\frac{6}{16}(2A)+\frac{4}{16}(1A)+\frac{1}{16}(0A)$$

14　　12.5　　11　　9.5　　8（cm）

根据以上两个子二代穗长的期望表现型频率分布公式，可归纳推出子二代穗长的期望表现型频率分布——非连续二项式分布的一般表达式：

$$\left(\frac{1}{2}A+\frac{1}{2}a\right)^{2n}$$

其中 n 代表两同型合子亲本中有 n 个基因座差异。

第三，如果以上两亲本特定穗长的差异由 3 个基因座（A_l-a_l、A_2-a_2 和 A_3-a_3）的差异控制，且其他假设条件不变时，那么亲本、子一代和子二代穗长的期望表现型频率分布如图 20-1（c）所示，如子二代穗长的期望表现型频率分布——非连续的二项式分布为

$$\left(\frac{1}{2}A+\frac{1}{2}a\right)^{2n}=\left(\frac{1}{2}A+\frac{1}{2}a\right)^6$$
$$=\frac{1}{64}(6A)+\frac{6}{64}(5A)+\frac{15}{64}(4A)+\frac{20}{64}(3A)+\frac{15}{64}(2A)+\frac{6}{64}(1A)+\frac{1}{64}(0A)$$

14　　13　　12　　11　　10　　9　　8（cm）

综上所述，在环境固定的条件下，当性状值的变异范围一定时（该例为 6cm），随着基因座差异数 n 的增加（该例从 1→2→3）和每一基因效应值的减小（该例从 3→1.5→1），群体中表现型类型数 $2n+1$ 就随着增加（该例从 3→5→7），而相邻类型间的差异也随着减小（该例从 3→1.5→1）。因此，当 n 增加到一定程度时，相邻类型间的差异实际无法区分，即变异可看作接近连续。

统计学理论也可证明，随着 n 的增加，非连续的二项式分布会逐渐逼近连续的正态分布，即处于中间值附近的个体数较多，而趋向两极端值的个体数逐渐减少［图 20-1（d）是 13 个基因座差异的 F_2 表现型频率分布图，已逼近正态］。

（二）遗传固定时的环境变化对数量性状的影响

实际上，生物个体间所处的环境总是有差异的。由于数量性状对环境变化的反应很敏感，纵使同一基因型的不同个体也可有不同的表现型。这样，在上述遗传分离的基础上，再加上环境变异的影响，在每一遗传类型的不同个体间又会增加一些新类型，或每相邻类型间又可增加一些新类型。

因此，由于数量性状受众多微效多基因座（每个基因座的效应小但其效应可加）控制和对环境变异敏感，实际呈现连续变异。

显然，由于环境差异的影响，在不分离世代（如上述的两亲本和子一代），数量性状的变异实际上也应是连续的，呈正态分布，只不过由于没有遗传分离，比分离世代的变异范围小些罢了。

由上述可知，一个群体中任何个体某一性状的表现型值（P），等于其基因型决定的基因型值（G）加上其所处环境的环境效应值（E），即

$$P=G+E$$

（三）数量性状和质量性状的同异点

相同点是：都受基因控制，其遗传都服从遗传学的三大规律。

相异点是：一是控制性状差异的基因座的数量和单个基因的效应不同——控制数量性状差异的基因座多，但单个基因的效应小，其中每个基因（在数量性状遗传中）称为**微效多基因**（polygene）；控制质量性状差异的基因座少，但单个基因的效应大，其中每个基因（在质量性状遗传中）称为**主效基因**（major gene）或**寡基因**（oligogene）。二是对环境变化反应的敏感程度不同——数量性状和质量性状对环境变化的反应分别为敏感和迟钝。例如，开白花的某果树品种分别种在肥力贫瘠、中等和肥沃的环境，对于数量性状（如株高、结果量）会有较大幅度的变化；但对于质量性状（如花色）在这些不同环境不会有什么变化。由于某种基因型对不同环境反应的程度或其表现型的可能变化范围称为**反应规范**（reaction norm），因此又可以说，数量性状对环境变化的反应规范大，质量性状对环境变化的反应规范小。

由于这两个区别，数量性状和质量性状分别呈现连续变异和非连续变异。

二、基本研究方法

数量性状和质量性状的遗传原理虽然相同，都是由基因控制的，但由于它们具有不同的遗传特点，研究它们的方法也有所不同。

质量性状的差异是由一个或少数几个主效基因座的差异控制的，受环境的影响小，表现为非连续或离散型变异，因此对质量性状差异的遗传分析是采用离散型变量分析法。例如，对一定杂交组合的个体可按一定的标准正确地分成若干类型，并检验这些类型的分离比是否同孟德尔式分离的期望比符合。在质量性状遗传分析中，最常用的是离散型变量分析法，如我们前面讨论过的二项式分析法和 χ^2 检验法。

数量性状的差异是由许多微效多基因座的差异控制的，受环境的影响大，表现为连续且一般为正态分布，因此对数量性状差异的遗传分析一般采用正态分布分析法。正态分布的性质可用两个参数（对于样本称统计数）——平均数和方差加以描述或代表。

如何利用正态分布的这两参数进行数量性状遗传分析，这里仅以上述的玉米穗长遗传为例作简要说明。在两个纯合亲本及其杂交一代的三个群体中，它们的方差（变异程度）大小接近（因都只有环境差异而无遗传差异），但平均数不同，因此可推知它们分属三个遗传性质不同的

群体。杂种一代和杂种二代有相近的平均数，但有相异的方差，因此它们分属遗传性质不同的两个群体。

我们正是利用数量性状分布的正态性，对有关群体的个体观测值进行统计分析，求出群体平均数、方差等参数，或对有关群体的个体观测值进行相关和回归分析，以研究数量性状的遗传规律。这些是我们下面要详细讨论的内容。

为了以后便于学习，这里简要复习一下计算平均数和方差的几种形式。

（一）平均数

这是表示一个群体或一个样本中某性状（变数）各个体值（变量）的集中位置或平均大小，常用的是**算术平均数**（arithmetic mean，简称平均数），即群体或样本中各个体值（x_1，$x_2 \cdots x_n$）之和除以个体数（n）所得的商（$\bar{x}$）：

$$\bar{x}=\frac{1}{n}(x_1+x_2+\cdots+x_n)=\frac{1}{n}\sum_{i=1}^{n}x_i=\frac{1}{n}\sum x_i$$

若样本含量（n）过大，由上式可引出如下两种运算：

$$\bar{x}=\frac{1}{n}\sum_{i=1}^{n}F_i x_i \text{或} \bar{x}=\sum f_i x_i$$

式中，F_i 和 f_i 分别为第 i 个个体值出现的频数和频率，称为变量 x_i 的权重。

（二）方差

方差（variance）是总体或样本内某性状各个体值 x 的离均差平方之和（简称平方和）的平均值。如果 n 是构成总体的个体数，则总体方差（V_T）为

$$V_T=\frac{1}{n}\sum(x-\bar{x})^2$$

如果 n 是构成样本（总体的代表）的个体数，为了利用样本估算总体方差，则样本方差（V_S）为

$$V_S=\frac{1}{n-1}\sum(x-\bar{x})^2$$

显然，总体或样本内各个体值越偏离平均数，则方差越大；越接近平均数，则方差越小。因此，方差的大小可度量总体或样本内各个体值偏离其平均数程度的大小。

根据上述方差定义计算平方和时有两个缺点：一是计算烦琐；二是 $\bar{x}$ 为约数时，有计算误差。为克服这两个缺点，可把平方和转换成

$$\sum(x-\bar{x})^2=\sum x^2-\frac{(\sum x)^2}{n}$$

于是，方差的计算公式为

$$V_T=\frac{\sum x^2-\frac{(\sum x)^2}{n}}{n}=\frac{\sum Fx^2}{n}-\left(\frac{\sum Fx}{n}\right)^2$$

$$=\sum fx^2-(\sum fx)^2$$

$$V_S=\left(\sum x^2-\frac{(\sum x)^2}{n}\right)/(n-1)$$

第二节　加性-显性效应遗传模型

以后对数量性状的遗传分析，就是首先依基因的不同效应建立遗传模型，然后用统计方法决定基因的不同效应在控制性状表达中的重要程度，以研究有关性状的遗传规律。

这里介绍数量性状分析中的“加性-显性效应遗传模型”。为便于理解，分如下两种情况——具有一个基因座差异和具有多个基因座差异进行讨论。

一、具有一个基因座差异

对于二倍体生物，若只有一个基因座（*A-a*）的差异，且只有两种等位基因 *A* 和 *a* 时，有 *AA*、*Aa* 和 *aa* 三种可能的基因型。所以，在含有这一基因座差异的群体中，其中任一个体的基因型只能是这三者之一。

为了比较这三种基因型值的差异，一是需要有个比较标准或原点。我们取这两种同型合子 *AA* 和 *aa* 的基因型值 $\overline{P}_1$ 和 $\overline{P}_2$ 的平均值——**中亲值**（midparent value，*m*）

$$m=(\overline{P}_1+\overline{P}_2)/2$$

为原点作为比较标准，是因为该平均值的大小只取决于各基因型的共同遗传背景和它们所处的共同环境，而与这三种基因型之间的差异无关。现作如下解释。

第一，定量表示各基因型的表型值之间的关系时，如前所述，能度量的只是它们间的差异。一般情况是有许多基因（座）控制一个性状，其中一些基因（座）在不同个体中处于相同状态，即处于相同遗传背景下。这些相同的背景基因对不同基因型的贡献相等，所以对不同基因型的表型值差异没有影响。例如，有如下三种基因型：

（*BBCCDDee*）*AA*

（*BBCCDDee*）*Aa*

（*BBCCDDee*）*aa*

其中任两基因型表型值间的差异，若它们处于同一环境，必然是由基因座 *A-a* 的差异引起的，而它们的背景基因（*BBCCDDee*）对不同基因型表型值的贡献相同。如上节所述，因等位基因 *A* 和 *a* 的效应值相等和方向相反，故同型合子 *AA* 和 *aa* 的平均值——中亲值 *m*（原点）是这两基因型的共同遗传背景和共同环境背景对表型值的贡献。即 *m* 值的大小只取决于相互比较基因型的共同遗传背景和共同环境背景，而与基因座 *A-a* 无关，是基因座 *A-a* 不同基因型相互比较的共同基础、共同标准或共同原点。

第二，比较这三种基因型值的差异，无论是非分离群体还是分离群体的表现平均值都等于其有关基因型平均值，即

$$\overline{P}=(\sum P)/n=(\sum G)/n+(\sum E)/n=\overline{G}\quad 或\quad \overline{P}=\overline{G}$$

因根据统计学，环境效应值 *E* 属于期望值为 0 和方差为 σ^2 的正态分布，即属于 $N(0,\sigma^2)$ 的随机变量，故当 *n* 足够大时，$(\sum E)=0$ 和表现型平均值等于基因型平均值，即$\overline{P}=\overline{G}$。

现以 *m* 为基础比较这三种基因型值的差异。由上述可知，一基因型的表现型平均值即该基因型值；某基因型值，如（*BBCCDDee*）*AA* 基因型（实际只能简写成 *AA*）值与中亲值 *m* 之差，应等于（基因座 *A-a*）处在 *AA* 时的效应值 *a*，即

$$\overline{P}_1-m=a$$

由于（*BBCCDDee*）*AA* 和（*BBCCDDee*）*aa* 的效应值大小相等、方向相反，因此有

$$\overline{P}_2-m=-a$$

至于（*BBCCDDee*）*Aa*（F_1）与中亲值 m 的差值大小（即基因座 *A-a* 处于杂型合子时的效应），要看等位基因 *A* 和 *a* 间的显性关系：若 *A* 为显性，则 $\overline{F}_1-m>0$；若无显性，则 $\overline{F}_1-m=0$；若 *a* 为显性，则 $\overline{F}_1-m<0$。这三种显性关系可用下式表示（其中 d 可以大于、等于或小于 0），即

$$\overline{F}_1-m=d$$

基于上述，对于一个基因座差异 *A-a* 来说，同型合子（如 *AA*）与中亲值 m 之差称为加性效应值，杂型合子（*Aa*）与中亲值 m 之差称为显性效应值。所以，对于一个基因座差异 *A-a* 来说，其三种基因型值的关系可用中亲值和基因型效应值表达，或这三种基因型效应值的关系可用加性效应值和显性效应值表达（表 20-1）。

这种关系也可用数轴表达。如果这三种基因型效应值的关系用数轴表达，即图 20-2 所示。这是以两种同型合子 *AA* 和 *aa* 的基因型效应值的平均（显然为 0），即原点（各基因型值减去共同部分 m）作为比较标准的。

表 20-1　一个基因座差异的三种基因型值和基因型效应值

基因型	基因型值	基因型效应值
AA	$\overline{P}_1=m+a$	a
Aa	$\overline{F}_1=m+d$	d
aa	$\overline{P}_2=m-a$	$-a$

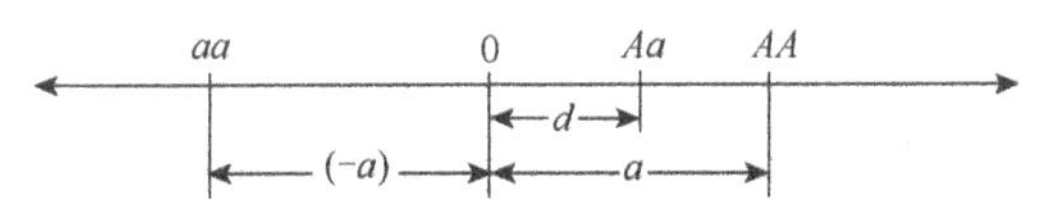

图 20-2　一个基因座（*A-a*）差异的各基因型效应值（基因座 *A-a* 的加性-显性效应遗传模型）

对于一个基因座差异的 *A-a* 来说，凡用基因型加性效应值和显性效应值表达各基因型效应值关系的，称为该基因座的**加性-显性效应遗传模型**（genetic model of additive-dominance effects）。

具有一个基因座差异的等位基因间的显性关系可用**显性度**（degree of dominance）$=d/a$ 判断。若显性度等于 0，即 $d=0$，则无显性；若显性度大于或小于 0，则 *A* 或 *a* 呈显性——显性度小于 1（绝对值）为不完全显性，等于 1（绝对值）为完全显性，大于 1（绝对值）为超显性。

需要指出的是，在数量遗传中用大、小写字母（如 *A*、*a*）表示的等位基因，只意味着前者和后者分别是使性状值增加和减少的基因，分别称为**增效基因**（increasing-effect gene）和**减效基因**（decreasing-effect gene）。至于它们有什么样的显性关系，就要依其杂型合子的效应值而定：若 $d>0$，则 *A* 为显性；若 $d<0$，则 *a* 为显性；若 $d=0$，则无显性。因此，增效基因和显性基因以及减效基因和隐性基因是两个截然不同的概念。

以上是根据加性-显性效应遗传模型对基因座 *A-a* 的三种基因型效应值的分析。同理，根据加性-显性效应遗传模型，对其他各基因座都可作类似的分析，如基因座 *B-b*，其三种基因型及效应是

$$bb,\ -a;\ Bb,\ d;\ BB,\ a$$

二、具有多个基因座差异

如前所述，数量性状的差异是由多个基因座的差异控制的。根据加性-显性效应遗传模型，

如何表示具有多个基因座差异的基因型加性效应值和显性效应值呢？请看如下具有 5 个基因座差异的三种基因型：

P_1　*AABBCCddee*

F_1　*AaBbCcDdEe*

P_2　*aabbccDDEE*

根据微效多基因学说，各基因座的加性效应是可加的，所以 P_1 的加性效应值为

$$[a]=(a_a+a_b+a_c)+(a_d+a_e)=\sum_{i=1}^{3}a_+ +\sum_{i=1}^{2}a_-$$

即 P_1 的加性效应值［a］是有关基因座加性效应值的代数和，这里的 a_+ 和 a_- 分别表示有关基因座的加性效应值为正和负。

同理，P_2 的加性效应值为

$$(a_a+a_b+a_c)+(a_d+a_e)=\sum_{i=1}^{3}a_- +\sum_{i=1}^{2}a_+$$

如果各基因座的加性效应值相等，则有如下关系：

$$\sum_{i=1}^{3}a_+=-\sum_{i=1}^{3}a_- \text{ 和 } -\sum_{i=1}^{2}a_-=\sum_{i=1}^{2}a_+$$

所以，P_2 的加性效应值又可写成

$$\sum_{i=1}^{3}a_-+\sum_{i=1}^{2}a_+=-\sum_{i=1}^{3}a_+-\sum_{i=1}^{2}a_-$$
$$=-(\sum_{i=1}^{3}a_++\sum_{i=1}^{2}a_-)=-[a]$$

两同型合子亲本 P_1 和 P_2 杂交，其杂种一代 F_1 的有关基因座（这里为 5 个）必然是杂合的。假定每个基因座的各等位基因都有显性关系，其中有 k 个的 $d>0$，则有（$5-k$）个的 $d<0$。又因各显性效应值可加，所以 F_1 的显性效应值是各显性效应值的代数和：

$$[d]=\sum_{i=1}^{k}d_+ +\sum_{i=1}^{5-k}d_-$$

显然，在具有多个基因座差异时，这三种基因型的共同遗传背景和共同环境决定的中亲值仍为 m。

上述的加性-显性效应遗传模型，是研究数量性状遗传的基础模型。下面的分析都是在这一模型下进行的。

第三节　数量性状的世代平均数和世代方差

研究数量性状的遗传，通常是以世代平均数为基础求出世代方差或协方差，进而推出数量性状的遗传规律。因此，方差和协方差分析就成了数量性状遗传分析的基本方法。下面根据加性-显性效应遗传模型，求出数量遗传分析中几个常用世代的平均数和方差。

一、非分离世代的平均数和方差

在以后分析中的纯合亲本类型，具有较大和较小表型值的分别记作 P_1 和 P_2。

所谓非分离世代是只有一种基因型的世代。因此，两纯合亲本 P_1 和 P_2 以及其 F_1 都属于非分离世代。

先说非分离世代平均数。如前所述，在一个基因座差异和多个基因座差异的条件下，亲本 P_1 和 P_2 以及其 F_1 的世代平均数可表示如下：

一个基因座差异⟶多个基因座差异

$$\bar{P}_1=m+a \longrightarrow \bar{P}_1=m+[a]$$

$$\bar{P}_2=m-a \longrightarrow \bar{P}_2=m-[a]$$

$$\bar{F}_1=m+d \longrightarrow \bar{F}_1=m+[d]$$

再说非分离世代方差。群体中任一个体的表型值（P）是其基因型值（G）和环境效应值（E）之和；而 $G=m+g$，其中 m 和 g 分别是群体平均数和给定个体的基因型效应值。也就是说，

$$P=G+E=m+g+E$$

对于给定的非分离世代，由于群体中所有个体的基因型相同，即 $g=0$，于是上式变为

$$P=m+E$$

从而对上式非分离世代求得表型方差

$$V(P)=V(m+E)=V(m)+V(E)$$

由于 m 是常数，因此

$$V(P)=V(E)$$

即任一非分离世代的表型方差 $V(P)$ 等于其环境方差 $V(E)$。

在非分离世代中，由于表型变异（由表型方差度量）全由环境变异（由环境方差度量）提供，而无遗传变异，因此选择无效。

下面会说明，在实际工作中可把非分离世代的表型方差作为分离世代中环境方差的估值。

二、分离世代的平均数和方差

下面我们讨论的分离世代，有自交系列世代和回交世代。

（一）自交系列世代的平均数和方差

F_1（子一代）自交得子二代，简称 F_2。

1. F_2 的平均数和方差 先求 F_2 的平均数。在一个基因座差异（如 A-a）的群体里，F_2 的遗传组成是

$$\frac{1}{4}AA \quad \frac{1}{2}Aa \quad \frac{1}{4}aa$$

扩展到多个基因座差异，F_2 世代平均数（$\bar{F}_2$）为

$$\bar{F}_2=m+\frac{1}{4}\sum a+\frac{1}{2}\sum d+\frac{1}{4}\sum(-a)=m+\frac{1}{2}[d]$$

再求 F_2 的基因型方差。根据一个基因座差异（如 A-a）的遗传组成，显然 F_2 群体平均效应值（$\bar{X}$）为

$$\bar{X}=\sum fx=\frac{1}{4}a+\frac{1}{2}d+\frac{1}{4}(-a)=\frac{1}{2}[d]$$

所以，一个基因座差异对 F_2 群体提供的基因型方差（注意，群体中各个体同减去一个常数 m 时，方差值不变）：

$$V_{GF_2}=\sum fx^2-(\sum fx)^2$$
$$=\frac{1}{4}a^2+\frac{1}{2}d^2+\frac{1}{4}(-a)^2-\left(\frac{1}{2}d\right)^2=\frac{1}{2}a^2+\frac{1}{4}d^2$$

扩展到多个基因座差异，F_2 基因型方差（仍用上述符号表示）为

$$V_{GF_2}=\sum\left(\frac{1}{2}a^2+\frac{1}{4}d^2\right)=\frac{1}{2}\sum a^2+\frac{1}{4}\sum d^2=\frac{1}{2}A+\frac{1}{4}D$$

因此，F_2 的遗传变异或基因型方差可分成两部分：加性方差 $V_A=(1/2)A$ 和显性方差 $V_D=(1/4)D$。由于 V_A 只取决于加性效应 a_i（群体内各同型合子个体的基因型值与中亲值之差），因此可通过选择真实遗传品种而用于生产；由于 V_D 只取决于显性效应 d_i（群体内各杂型合子个体的基因型值与中亲值之差），因此通过选择杂种优势组合而用于生产。

F_2 表型方差的组成，除上述的基因型方差之外，还应包括由环境变异引起的方差——环境方差（V_{E_2}），所以 F_2 表型方差（V_{F_2}）

$$V_{F_2}=\text{基因型方差}+\text{环境方差}=\left(\frac{1}{2}A+\frac{1}{4}D\right)+V_{E_2}$$

如何求 V_{E_2} 稍后详述。

子二代（F_2）自交得子三代（F_3）。

2. F_3 的平均数和方差 显然，根据 F_2 的一个基因座差异的遗传组成，可推出 F_3 群体（如植物混合种植）的相应遗传组成如下：

$$F_2\left(\frac{1}{4}AA+\frac{1}{2}Aa+\frac{1}{4}aa\right)\rightarrow F_3\left(\frac{3}{8}AA+\frac{1}{4}Aa+\frac{3}{8}aa\right)$$

根据 F_3 的一个基因座差异的遗传组成，求得 F_3 群体的平均数和基因型方差分别为

$$\overline{F}_3=m+\sum fx=m+\left[\frac{3}{8}a+\frac{1}{4}d+\frac{3}{8}(-a)\right]=m+\frac{1}{4}d$$

$$V_{GF_3}=\sum fx^2-(\sum fx)^2=\frac{3}{8}a^2+\frac{1}{4}d^2+\frac{3}{8}(-a)^2-\left(\frac{1}{4}d\right)^2=\frac{3}{4}a^2+\frac{3}{16}d^2$$

扩展到多个基因座差异，F_3 群体的基因型方差（为简便，仍用一个基因座相应的符号，V_{GF_3}）和表型方差（V_{F_3}）分别为

$$V_{GF_3}=\sum\left(\frac{3}{4}a^2+\frac{3}{16}d^2\right)=\frac{3}{4}\sum a^2+\frac{3}{16}\sum d^2=\frac{3}{4}A+\frac{3}{16}D$$

$$V_{F_3}=\frac{3}{4}A+\frac{3}{16}D+V_{E_3}$$

式中，V_{E_3} 为 F_3 群体的环境方差。

由以上结果可以推知，随着自交代数的增加，世代平均数中的（由杂型合子引起的）显性分量会逐渐减少，而世代方差中的（由同型合子引起的）加性分量会逐渐增加。

这个结果是显然的。因为随着自交代数的增加，群体中的同型合子频率逐渐增加，杂型合子频率逐渐下降（第十九章）。可以预测，当自交世代足够多，导致群体的同型合子频率趋近于 1 时，群体的显性方差分量趋近于 0，基因型方差基本上是加性方差，即基因型方差基本上是由同型合子间的差异提供的。所以，杂交一代（子一代）随着自交代数的增加，选择真实遗传品系的有效性也随之增加。

（二）回交世代的平均数和方差

对于一个基因座差异（如 A-a）来说，子一代分别与两个亲本进行回交，有两个回交一代：

$$回交一代\ B_1=F_1\times P_1=Aa\times AA\rightarrow\frac{1}{2}(AA+Aa)$$

$$回交一代\ B_2=F_1\times P_2=Aa\times aa\rightarrow\frac{1}{2}(aa+Aa)$$

只有一个基因座差异的这两个回交一代的世代平均数和基因型方差为

$$\overline{B}_1=m+\frac{1}{2}(a+d)$$

$$\overline{B}_2=m+\frac{1}{2}(-a+d)$$

$$V_{GB_1}=\frac{1}{2}a^2+\frac{1}{2}d^2-\left[\frac{1}{2}(a+d)\right]^2=\frac{1}{4}a^2+\frac{1}{4}d^2-\frac{1}{2}ad$$

$$V_{GB_2}=\frac{1}{2}(-a)^2+\frac{1}{2}d^2-\left[\frac{1}{2}(d-a)\right]^2=\frac{1}{4}a^2+\frac{1}{4}d^2+\frac{1}{2}ad$$

这两方差单独存在时虽不能把加性和显性效应分离，但二者相加却可以分离，即

$$V_{GB_1}+V_{GB_2}=\frac{1}{2}a^2+\frac{1}{2}d^2$$

扩展到多个基因座差异，两个回交一代基因型方差之和（为简便，仍用一个基因座相应的符号）为

$$V_{GB_1}+V_{GB_2}=\frac{1}{2}\sum a^2+\frac{1}{2}\sum d^2=\frac{1}{2}A+\frac{1}{2}D$$

第四节　加性-显性效应遗传模型的应用

上节根据数量性状的加性-显性效应遗传模型，推出了一些世代平均数和世代方差等统计参数。本节要利用这些和其他一些统计参数，讨论如下三方面的问题：数量性状遗传率的定义和估算，遗传率的应用，引起数量性状差异的基因座数目、定位和效应值的估算。

一、遗传率的定义和估算

遗传率有两种，即广义遗传率和狭义遗传率。

（一）广义遗传率的定义和估算

如前所述，对于遗传上是异质（具有一个或多个基因座差异）的群体来说，数量性状的表型方差（V_P）是基因型方差（V_G）和环境方差（V_E）之和，即

$$V_P=V_G+V_E$$

基因型方差和表型方差之比称为**广义遗传率**（broad-sense heritability），即

$$h_B^2=\frac{V_G}{V_G+V_E}$$

这里的广义遗传率之所以写成平方，是因为式中的方差都是以平方单位进行估量的。

显然，广义遗传率的含义是，在一个群体的数量性状的表型变异中，遗传变异和环境变异各占多少分量：若广义遗传率=0，表明为非分离群体，没有遗传变异而全为环境变异，因此选择无效；若广义遗传率=1，不仅表明为分离群体，还表明性状变异完全由遗传变异引起，不受环境影响，这时根据亲代表型预测子代表型的可靠性大。

下面介绍估算广义遗传率的两种方法。

1. F_2-非分离世代法　估算某分离群体（如 F_2 群体）性状广义遗传率的一个简便方法，是用非分离世代（如同型合子亲本 P_1 和 P_2 及其杂种一代 F_1）作为分离群体的环境方差。

（1）估算原理　为简便起见，设亲本 P_1 和 P_2 的基因型分别为 AA 和 aa，则有

P　　$AA\times aa$

↓

F_1　　Aa

↓

F_2　　$(1/4)AA+(1/2)Aa+(1/4)aa$

由上可知，分离世代 F_2 的性状变异既有遗传原因（群体内有不同的基因型个体），也有环境原因（群体内各个体的同一基因型的不同个体，所处的环境不可能完全相同）。因此，F_2 的表型方差（V_{F_2}），应是其基因型方差（V_{GF_2}）和其环境方差（V_{E_2}）之和：

$$V_{F_2}=V_{GF_2}+V_{E_2}$$

如何估算 V_{E_2}？观察 F_2 的遗传组成，相同基因型个体间的差异一定是由环境差异引起的。由于 F_2 的遗传组成是 $(1/4)P_1+(1/2)F_1+(1/4)P_2$，因此可用这些非分离世代的表型方差的加权平均作为 F_2 环境方差的估值，即

$$V_{E_2}=\frac{1}{4}V_{P_1}+\frac{1}{2}V_{F_1}+\frac{1}{4}V_{P_2}$$

于是，F_2 的性状广义遗传率

$$h_B^2=\frac{V_{GF_2}}{V_{F_2}}=\frac{V_{F_2}-V_{E_2}}{V_{F_2}}=\frac{V_{F_2}-\left(\frac{1}{4}V_{P_1}+\frac{1}{2}V_{F_1}+\frac{1}{4}V_{P_2}\right)}{V_{F_2}}$$

（2）估算方法　由上式知，用这一方法估算广义遗传率，为获得有关统计数据，以植物为例，应种植亲本（P_1、P_2）、子一代（F_1）和子二代（F_2）4块实验地（环境条件尽量相似）。测得这些世代有关性状值（如冬小麦抽穗期）并计算这些世代的表现型方差，就可根据上式估算有关性状的广义遗传率。

2. 双生法　如图20-3所示，在哺乳动物的灵长类，其中包括人类，雌性一次一般只排出一个卵子，受孕时与一个精子结合的受精卵发育成一个单胚，所以一次只生

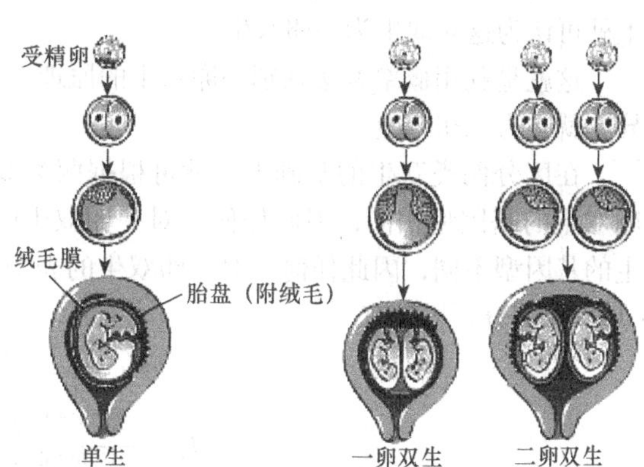

图20-3　单生和双生

出一个子代个体而称为**单生**（singleton）。有时，一次受孕可同时生出两个子代个体而称为**双生**（twins）：如果由一个受精卵发育的胚胎在早期（发育的前两周）一分为二，分别发育成的两个子代个体称为**一卵双生**（monozygotic twins）；如果一次排出两个卵子，由两个精子分别受精产生的两个子代个体称为**二卵双生**（dizygotic twins）。

显然，二卵双生间的遗传关系与常见的全同胞间的遗传关系相同，因为是由同一母亲的两个卵子和同一父亲的两个精子结合后形成的，区别在于：前者为同时出生，后者为异时出生（以人为例，间隔时间一般多于一年）。一卵双生的两个个体，在遗传上完全相同，相当于一个个体。

因适用于动植物的遗传试验设计不能用于人类自身，但我们人类确实有基因型相同的个体，那就是一卵双生，故双生在人类遗传研究中占有重要位置。例如，可揭示数量性状遗传中的基因型和环境的相对重要性，利用双生估算人类性状的广义遗传率就是一例。

为了利用双生估算人类性状的广义遗传率，在双生中必须先判别是二卵双生还是一卵双生。

二卵双生的判别——这一判别很简单，双生中的任何一个遗传性状的差异（性别和血型等的差异）都可确定地判为二卵双生（因在双生中任一性状的差异都是二卵双生的充要条件）。

一卵双生的判别——这一判别较复杂，因为一卵双生两个体的遗传性状虽然一定相同，但性状相同的双生不一定是一卵双生，也可能是二卵双生（即性状相同只是一卵双生的必要条件，而非充要条件）。在这一情况下，一般要同时检测双亲和双生的多个相应的遗传性状方能判断。

例如，检测一对双生之双亲的第一个遗传性状 MN 血型时，父亲有血型 M（基因型为 *MM*），母亲有血型 MN（基因型为 *MN*），那么二卵双生的血型和频率可为：1/4（M，M）、1/4（MN，MN）和 1/2（M，MN）。也就是说，在以上双亲血型的条件下，出生的实为二卵双生，只因为他（或她）们的血型相同，同为 M 或 MN，就可能误判为一卵双生。这种误判概率为 $1/4+1/4=1/2=0.5$。

若检测这对双生双亲的第二个遗传性状，如 ABO 血型时，父亲为 O 型，母亲为 AB 型，则对该血型来说，出生的实为二卵双生，只因为他（或她）们的血型相同，同为 A 或 B，就可能误判为一卵双生；这种误判概率也为 1/2。

如果同时检测上述两个性状，则这两性状完全相同但实为二卵双生的概率降至 $(1/2)(1/2)=1/4=0.25$，即这时错判为一卵双生的概率降至 0.25。

当检测双亲具有遗传差异的性状足够多，如共 n 个，而又从未发生过双生的性状差异时，则实为二卵双生而可能错判为一卵双生的概率就降至足够小（如错判概率 <0.01 或更低时），实际上就可认为这对双生为一卵双生。

这就是利用概率方法判别一卵双生的原理（当然，在该判别过程中，一旦发生双生有性状差异，就必为二卵双生）。

在区分两类双生的基础上，就可根据两类双生的资料按如下方法估算广义遗传率：由于一卵双生的基因型相同，因此任何一对一卵双生的表型方差（V_m）都应为环境方差；由于二卵双生的基因型不同，因此任何一对二卵双生的表型方差（V_d）应包含基因型方差（V_G）和环境方差（V_E）两部分。于是有

$$V_d=V_G+V_E=V_G+V_m$$

$$h_B^2=\frac{\text{基因型方差}}{\text{表现型方差}}=\frac{V_d-V_m}{V_d}$$

例 20-1：测定 20 对男性双生（一卵双生和二卵双生各 10 对）的智商（IQ）及差值（高－低），见表 20-2，试估算 IQ 的广义遗传率。

表 20-2　各对双生的智商及其差值

双生对	1	2	3	4	5	6	7	8	9	10
一卵双生	122	127	122	130	136	125	125	123	132	113
	118	120	117	127	130	124	116	116	129	120
差值	4	7	5	3	6	1	9	7	3	7
二卵双生	122	130	129	126	120	130	120	125	126	119
	110	126	120	119	113	119	107	115	117	110
差值	12	4	9	7	7	11	13	10	9	9

解：

智商是人们在认识客观世界中的各种能力，诸如数学能力、语文能力、空间想象能力以及形成概念、判断和推理的能力。测定这些能力的综合水平的试验称为智商试验。为此，下面讲如何通过智商试验测定智商。

这是根据上述能力范畴，从年龄由小到大（智力年龄即智龄）编制出从易到难的若干套试题对人的认知能力进行测试。诸如：测定数学能力，

13＋12＝14、24、26、59 或 25（从右式选出正确答案为 25）

测定语文能力（正确选择搭配成对的 X-Y），

X 水是因为吃了 Y：X-Y＝A，继续-干活；B，喝-西瓜；C，姑娘-漂亮；D，喝-咸菜（正确答案为 D）。

测定空间想象能力

图 20-4 有 5 个图形，右侧 4 个是折叠图，试说出其中哪个是由左图折叠成的？［正确答案为（c）］。

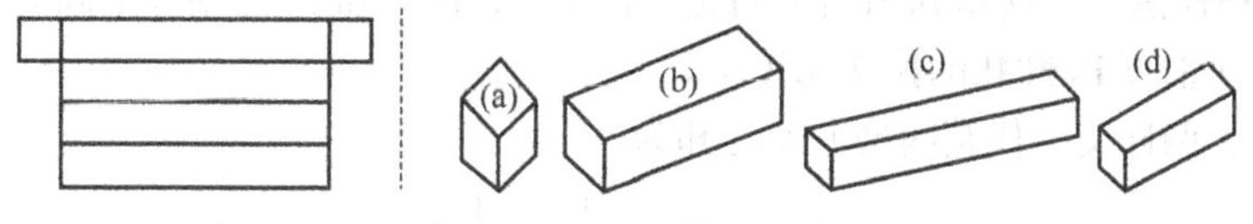

图 20-4　测定空间想象能力——图形

假定两个出生年龄即生龄为 6 岁的儿童，前一个通过了智力年龄即智龄为 6 岁的全部试题，但智龄为 7 岁的试题全没有通过，后一个不但通过了智龄为 6 岁和 7 岁的全部试题，还通过了智龄 8 岁一半的试题，则：

前一个儿童的智商（IQ）=（智力年龄 / 实际年龄）×100=（6/6）100=100

后一个儿童的智商（IQ）=（智力年龄 / 实际年龄）×100=（8.5/6）100=142

不同年龄段有不同的智商检测题。智商得分为 200 分制。一般正常人智商得分为 85～115 分，平均值为 100，120～140 为聪明，140～200 为“天才”。如果一个儿童的智力年龄与其实际年龄（自然年龄）相同，其智商即 100，说明其智商达到了正常 6 岁儿童的平均水平。显然，通过前面的智商测定，前一个儿童的智力平平，后一个儿童的智力很高而可称为“天才”。

现根据表 20-2 计算智商。

对于一卵双生，如一卵双生第 1 对，其间智商的差异（122－118＝4）是由二者所处环境的差异引起的。其表型方差（各变量同减一常数，方差值不变）

$$V_{11}=\frac{1}{n-1}\left[\sum x^2-\frac{(\sum x)^2}{n}\right]=4^2-\frac{4^2}{2}=\frac{4^2}{2}$$

同理，可算得其他各对一卵双生的表型方差，如一卵双生第 2 对的表型方差 $V_{12}=7^2/2$。所以，10 对一卵双生的表型方差（平均）

$$V_m=\left(\frac{4^2+7^2+\cdots+7^2}{2}\right)/10=16.2$$

类似地，10 对二卵双生的表型方差（平均）

$$V_d=\left(\frac{12^2+4^2+\cdots+9^2}{2}\right)/10=44.55$$

于是，IQ 的广义遗传率

$$h_B^2=\frac{V_d-V_m}{V_d}=\frac{44.55-16.2}{44.55}=0.64$$

根据双生法估得人类的出生体重和成体身高的广义遗传率分别约为 0.74 和 0.80。

（二）狭义遗传率的定义和估算

由前节知，一定世代的表型方差（V_P）可分解成基因型方差（V_G）和环境方差（V_E），而基因型方差（V_G）可分解成加性方差（V_A）和显性方差（V_D），即

$$V_P=V_G+V_E$$

$$V_G=V_A+V_D$$

一定世代的加性方差与表型方差之比称为**狭义遗传率**（narrow sense heritability，h_N^2），即

$$h_N^2=\frac{V_A}{V_P}=\frac{V_G-V_D}{V_A+V_D+V_E}$$

下面介绍估算狭义遗传率的两个方法。

1. F_2-回交一代法　这是利用两个回交一代（B_1，B_2）和 F_2 方差分量间的关系，分离出 F_2 的加性方差，从而估算 F_2 性状的狭义遗传率。

由前节可知，两回交一代基因型方差之和为

$$V_{GB_1}+V_{GB_2}=\frac{1}{2}A+\frac{1}{2}D$$

当然，这两回交一代的表型变异，除有遗传变异外还应有环境变异。由于 B_1 和 B_2 的遗传组成分别是（P_1+F_1）/2 和（P_2+F_1）/2，即它们的环境方差分别为（$V_{P_1}+V_{F_1}$）/2 和（$V_{P_2}+V_{F_1}$）/2，所以它们的环境方差之和为

$$2\left(\frac{1}{4}V_{P_1}+\frac{1}{2}V_{F_1}+\frac{1}{4}V_{P_2}\right)=2V_{E_2}$$

于是，这两回交一代表型方差之和以及 F_2 表型方差可建立联立方程为

$$\begin{cases}V_{B_1}+V_{B_2}=\frac{1}{2}A+\frac{1}{2}D+2V_{E_2}\\ V_{F_2}=\frac{1}{2}A+\frac{1}{2}D+V_{E_2}\end{cases}$$

解这一联立方程，得

$$2V_{F_2}-(V_{B_1}+V_{B_2})=\frac{1}{2}A=F_2\text{加性方差}$$

所以，F_2 性状的狭义遗传率为

$$h_N^2=\frac{\frac{1}{2}A}{V_{F_2}}=\frac{2V_{F_2}-(V_{B_1}+V_{B_2})}{V_{F_2}}$$

例 20-2：从上式知，要估算狭义遗传率，需要 F_2、B_1 和 B_2 三个世代的群体。以冬小麦为例，这三个世代抽穗期的观察结果如表 20-3 所示，求 F_2 该性状的狭义遗传率。

表 20-3　冬小麦三个世代的抽穗期的频数（A = 抽穗期）

世代	A												株数（n）	方差（V）
	10	11	12	13	14	15	16	17	18	19	20	21		
F_2	1	1	13	16	9	17	10	6	16	9	6	4	108	7.48
B_1			5	9	8	6	10	5	13	4	0	2	58	6.46
B_2		6	11	14	13	1	6	3					54	2.74

由表 20-3 可知，冬小麦抽穗期在 F_2 的狭义遗传率为

$$h_N^2=\frac{2V_{F_2}-(V_{B_1}+V_{B_2})}{V_{F_2}}=\frac{2\times7.48-(6.46+2.74)}{7.48}=0.77$$

可以说该性状的遗传变异主要是由同型合子间的差异引起的。

2. 血缘个体间的回归或相关法　为此，先复习统计学上的有关参数。**协方差**（covariance）量度的是总体或样本内两个性状各个体值 x_i（$i=1, 2\cdots n$）和 y_i（$i=1, 2\cdots n$）的离均差乘积之和（简称乘积和）的平均值。与方差一样，如果 n 是构成总体或样本的成对个体数，则总体协方差和样本协方差（为简便都记作 COV_{xy}）分别为

$$COV_{xy}=\frac{\sum(x-\bar{x})(y-\bar{y})}{n}=\frac{\sum Fxy-\frac{\sum Fx\sum Fy}{n}}{n}$$
$$=\sum xy-\sum fx\sum fy$$

和

$$COV_{xy}=\frac{\sum(x-\bar{x})(y-\bar{y})}{n-1}=\frac{\sum Fxy-\frac{\sum Fx\sum Fy}{n}}{n-1}$$

回归系数（regression coefficient）、**相关系数**（correlation coefficient）和二者的关系表示如下：

$$b_{yx}=\frac{\sum(x-\bar{x})(y-\bar{y})}{\sum(x-\bar{x})^2}=\frac{COV_{xy}}{V_x}$$

$$r_{xy}=\frac{\sum(x-\bar{x})(y-\bar{y})}{\sqrt{\sum(x-\bar{x})^2(y-\bar{y})^2}}=\frac{COV_{xy}}{\sqrt{V_xV_y}}=b_{yx}\left(\frac{S_x}{S_y}\right)$$

式中，回归系数 b_{yx} 为依变数 y（如子代）对自变数 x（如亲代）变化的依赖程度，在回归方程 $y=a+bx$ 中，表示 x 每变动一个单位，y 将变动 b 个单位；相关系数 r_{xy} 为二变数变化的相关程度；S_x 和 S_y 分别为 x 和 y 的标准差。

现用两例说明如何用血缘个体间的回归或相关法求有关性状的狭义遗传率。

先说回归法。

为了研究亲代对子代的遗传决定程度，如果 F_3 不是混合种植或混合饲养，而是按家系分组（如在植物，以 F_2 单株为单位种成 F_3 家系，表 20-4），则在一个基因座差异的条件下，可求出 F_2 个体表型值 x 对 F_3 家系平均数 y 间的协方差为

$$\mathrm{COV}_{F_{23}}=\frac{1}{4}a^2+\frac{1}{2}\left[d\left(\frac{1}{2}d\right)\right]+\frac{1}{4}(-a)^2-\left(\frac{1}{2}d\right)\left(\frac{1}{4}d\right)=\frac{1}{2}a^2+\frac{1}{8}d^2$$

表 20-4　F_2 个体和 F_3 家系的关系

F_2 个体基因型和频率	（1/4）AA	（1/2）Aa	（1/4）aa
F_2 表型值（x）	a	d	$-a$
F_3 家系平均数（y）	a	（1/2）d	$-a$

扩展到多个基因座差异，就有

$$\mathrm{COV}_{F_{23}}=\frac{1}{2}A+\frac{1}{8}D$$

要注意的是，这里求协方差用的是有关基因型效应值，乃是因为：第一，亲子间种植或饲养为随机，使这些成对数值受到正、反两方面环境影响的概率相等，相互抵消，使协方差中无环境分量（这在植物容易满足，在动物由于子代受到亲代哺乳而不易满足）；第二，如前所述，求方差时，各个体值减去一常数，其值不变，求协方差亦然。因此，子代 F_3 家系平均数（y）对亲代 F_2 个体值（x）的回归系数为

$$b_{yx}=\frac{\mathrm{COV}_{F_{23}}}{V_{F_2}}=\frac{\frac{1}{2}A+\frac{1}{8}D}{\frac{1}{2}A+\frac{1}{4}D+V_{EF_2}}\approx h_N^2$$

即这一回归系数可近似等于 F_2 性状的狭义遗传率。

例 20-3：测得冬小麦某组合的 9 株的株高和其 F_3 家系株高平均数如表 20-5 所示，求株高的狭义遗传率。

表 20-5　F_2 单株株高和相应 F_3 家系株高平均数

F_2（x）	102	94	92	95	101	104	90	76	92
F_3（y）	88	74	79	80	82	91	81	69	80

解：令 n 为 F_2 单株数或 F_3 家系数，则有

$$\mathrm{COV}_{F_{23}}=\frac{\sum xy-\frac{\sum x\sum y}{n}}{n-1}=54.13$$

$$V_{F_2}=\frac{\sum x^2-\frac{(\sum x)^2}{n}}{n-1}=70.25$$

所以，冬小麦 F_2 株高的狭义遗传率

$$h_N^2\approx b_{yx}=\frac{\mathrm{COV}_{F_{23}}}{V_{F_2}}=0.77$$

再说相关法。

在说明用亲-子相关法估算狭义遗传率时，为简便，设随机交配平衡群体（第十九章）只有一个基因座 A-a 差异，且等位基因频率相等，则亲代（P，母或父）基因型效应值（x）和相应子代家系基因型平均效应值（y）如表 20-6 所示。

表 20-6　随机交配群体亲子代基因型效应值
（P=亲代）

子代	P		
	（1/4）AA	（1/2）Aa	（1/4）aa
	（X=）a	d	$-a$
AA	（1/2）a	（1/4）a	0
Aa	（1/2）d	（1/2）d	（1/2）d
aa	0	−（1/4）a	−（1/2）a
（y=）	（1/2）（$a+d$）	（1/2）d	（1/2）（$d-a$）

由于群体处于遗传平衡状态，亲代群体和子代群体的基因型平均效应值相等，即 $\bar{x}=\bar{y}=(1/2)d$。因此，由表 20-6 可知，亲代（母或父，P）和子代（O）的协方差为

$$
\begin{aligned}
\mathrm{COV_{PO}} &= \sum fxy-\sum fx\sum fy \\
&= \left[\frac{1}{4}a\frac{1}{2}(a+d)+\frac{1}{2}d\frac{1}{2}d+\frac{1}{4}(-a)\frac{1}{2}(d-a)\right]-\frac{1}{2}d\frac{1}{2}d \\
&= \frac{1}{4}a^2
\end{aligned}
$$

扩展到多个基因座差异，有

$$\mathrm{COV_{PO}}=\frac{1}{4}A=\frac{1}{2}V_{\mathrm{A}}$$

即一个亲代（母或父）和其子代的协方差，只有子代群体加性方差 V_{A} 的一半。

如果一个亲代（母或父）和子代群体处于遗传平衡状态（即亲代和子代群体具有相等的表现型方差—— 一般都是这一情况，尤其样本较大时），则两群体的表型方差相等，利用回归法的性状遗传率为

$$h_{\mathrm{N}}^2=\frac{\frac{1}{2}A}{\frac{1}{2}A+\frac{1}{2}D+V_{\mathrm{E}}}=\frac{2\mathrm{COV_{PO}}}{V_{\mathrm{P}}}=2b_{\mathrm{PO}}$$

式中，V_{E}、V_{P} 和 b_{PO} 分别为群体的环境方差、表型方差和子代对亲代（父或母）的回归系数。这一公式可作如下理解：通过子代女儿的一个性状，如年产卵数对其一个亲本性状（如母鸡的年产蛋数）的回归系数，只反映了接受一个亲本基因的回归关系的大小，所以这一回归系数 b_{PO} 只估算了年产卵数这一性状 1/2 的狭义遗传率；还考虑到另一亲本对这一性状狭义遗传率的等量贡献，就有

$$h_{\mathrm{N}}^2=2b_{\mathrm{PO}}$$

同理，可以推知子代对两亲本平均值（中亲值 m）的回归系数是狭义遗传率的估值，即

$$h_{\mathrm{N}}^2=b_{\mathrm{mo}}$$

例 20-4：在人群中随机抽取成对的父亲和其成年儿子构成一个样体，测得的身高（cm）见表 20-7，试求该性状的狭义遗传率。

表 20-7　父亲和儿子身高

配对数	1	2	3	4	5	6	7	8	9	10
父亲（x）	173	165	168	173	168	174	172	171	158	181
儿子（y）	165	166	171	170	166	176	163	175	172	180

解：

$$COV_{PO}=\frac{\sum xy-\frac{\sum x\sum y}{n}}{n-1}=12.31$$

$$V_P=\frac{\sum x^2-\frac{(\sum x)^2}{n}}{n-1}=37.34$$

$$V_O=\frac{\sum y^2-\frac{(\sum y)^2}{n}}{n-1}=30.04$$

$$h_N^2=\frac{2COV_{PO}}{\sqrt{V_PV_O}}=2r_{PO}=2(0.37)=0.74$$

二、遗传率的应用

（一）决定选择世代

狭义遗传率测定的是，某性状在某世代的表型方差中受基因加性效应决定的程度，而加性效应是同型合子间的差异引起的，即在以后的各世代是可固定的。所以，狭义遗传率较高的性状，对选育遗传上稳定的品种来说，可在杂交的较早期世代进行个体选择。

对于狭义遗传率较低的性状，在育种中如何处理呢？由于表型方差（V_P）、加性方差（V_A）、显性方差（V_D）和环境方差（V_E）有如下关系：

$$V_P=V_A+V_D+V_E \quad 或 \quad 1=h_N^2+h_B^2+V_E/V_P$$

在上式中，当狭义遗传率小时，还有两种情况：一是广义遗传率大，对选育遗传上稳定的品种来说，可在杂交的较晚期世代进行个体选择（因随近交世代的增加，群体同型合子化的程度上升，而杂型合子化的程度下降）；二是环境率大，说明表型方差主要由环境变异决定，对这类性状主要通过营造适当的环境或引入适当的基因加以改良。

（二）预测遗传进度

选择时，无论是育种中的人工选择还是进化中的自然选择，若把所有“中选个体”构成一个繁殖群体，那么这个繁殖群体后代的平均数 $\bar{y}_1$ 与其还未选择的亲代群体的平均数 $\bar{x}_0$ 之差，称为**遗传进度**（genetic advance），用 ΔG 表示，即

$$\Delta G=\bar{y}_1-\bar{x}_0$$

因为一个群体的平均数是其基因型平均值的估值，所以 ΔG 反映了子代从亲代获得的遗传增量，从而又称遗传获得量。

若上述繁殖群体的平均数为$\bar{x}_1$，则繁殖群体与亲代群体两平均数之差称为选择差 i，即

$$i=\bar{x}_1-\bar{x}_0$$

这说明单方向选留的最优个体数越少（即$\bar{x}_1$越大，如单株粒重），选择差 i 越大。

下面讨论选择差与遗传进度的关系。考虑一个平衡群体两个世代的资料，纵坐标 y 表示子代平均值，横坐标 x 表示亲代个体值或中亲值（图 20-5）。由于为平衡群体，不选择时这两个世代的群体平均数应相等（$\bar{x}_0=\bar{y}_0$）。这时，子代各家系平均值 y 对亲代个体值 x 的回归，其回归线应

通过（$\bar{x}_0$，$\bar{y}_0$）点。

现假定通过人工或自然选择，一些个体“中选”保留了（如某性状超过一定值的个体作为繁殖个体）。这一对对的被选的个体值和其对应的子代平均值的散布点，用小黑点也表示在图 20-5。同样令选择后的繁殖群体的平均值为$\bar{x}_1$，而其子代的平均值为$\bar{y}_1$，并注意到$\bar{x}_0$，$\bar{y}_0$，则有

$$\bar{y}_1-\bar{y}_0=b\ (\bar{x}_1-\bar{x}_0)\text{ 或 }\Delta G=bi$$

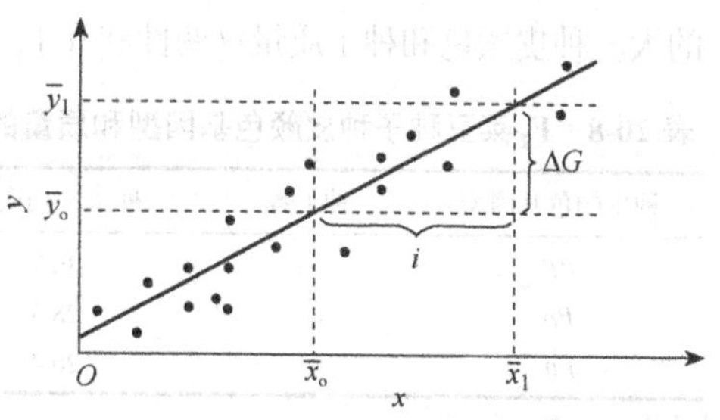

图 20-5　选择差与遗传进度的关系

由前节知，对于自交植物，某性状子代平均数对亲代个体值（可相当于异交生物的中亲值）的回归系数（b），等于该性状的狭义遗传率，从而有

$$\Delta G=h_N^2 i$$

也就是说，上代的选择差在下代实现的程度与狭义遗传率有关：若 $h_N^2=1$，则选择差 i 全可实现，即选择全部有效；若 $h_N^2=0$，则子代平均数仍等于亲代平均数，选择全部无效；若 $0<h_N^2<1$，则选择差 i 只能部分实现，即选择部分有效。

对某性状经过多代连续的单方向选择，群体会进入一个对选择无效的选择平稳期（selective plateau）。这是因为，选择后的群体，单方向的同型合子化已丧失了遗传变异。这样的群体，通过基因突变累积新的遗传变异后，又可通过人工选择选出新品种或通过自然选择促使生物进化。

三、数量性状差异的基因座数目、定位和效应值的估算

决定性状差异的基因座数目的估算，是遗传学研究的一个基本问题。以育种实践为例，它直接关系到种植或饲养杂种群体的适宜大小：为选出某类个体，若决定性状差异的基因座数目少，则杂种群体（如 F_2）可小；反之亦然。

在质量性状遗传研究中，一般是在两极端纯系亲本杂交的分离世代（主要是 F_2）计算其隐性亲本个体出现的频率，以确定影响质量性状差异的基因座数目。如果隐性亲本个体在 F_2 出现的频率高，则控制有关性状差异的基因座数目少；反之亦然。例如，若 F_2 中具有隐性亲本性状的个体分别占（1/4）=（1/4）^{1}、1/16=（1/4）^{2} 或（1/4）^{m}，则有关性状的差异分别由 1 个、2 个或 m 个基因座的差异控制。

控制数量性状差异的基因座称为**数量性状基因座**（quantitative trait loci，QTL）。估算控制质量性状差异的基因座数目的上述方法，一般不能用来估算控制数量性状差异的基因座数目或 QTL 数目。因为在分离群体中，数量性状个体的表型变异一般呈正态分布，对个体不能正确分类，就不能正确估算控制数量性状差异的基因座数目。

然而由于分子遗传学的发展，标记数量性状的遗传标记不仅可用控制质量性状的基因座作为标记（只占极少数），还可用分子标记（占大多数）控制数量性状的基因座的标记（如 RELP）。利用这些标记和数量性状基因座的相关关系就可给数量性状基因座进行定位和估算这一基因座对数量性状贡献的效应值。

早在 20 世纪 20 年代，萨克斯（K. Sax）首先证明了控制菜豆种皮颜色（质量性状）的基因和控制种子质量的基因（数量性状）间具有相关关系。他用菜豆种皮有色（最深）、大粒（最重）和白色、小粒（最轻）的两纯系亲本杂交，其 F_1 种皮颜色为有色，种子质量呈现连续（正态）分布；F_2 是有色（从深至浅）：白色=3∶1，种子质量仍呈现连续（正态）分布，但变化范围比 F_1

的大。种皮颜色和种子质量这两性状在 F_1 和 F_2 的表现，说明前者为质量性状，后者为数量性状。

为了鉴定出 F_2 有色种子中的杂型合子和同型合子，把它们种下长成 F_2 植株并自交，以观察其 F_3 种皮颜色是否有分离现象：若有分离，则可倒推出长成该植株的 F_2 种子为杂型合子；若无分离，则可倒推出长成该植株的 F_2 种子为同型合子（第三章）。鉴定结果如表 20-8 所示。

表 20-8　F_2 菜豆种子种皮颜色基因型和质量的关系

种皮颜色基因型	种子数	种子平均质量
PP	45	30.7
Pp	80	28.3
pp	41	26.4

经统计检验，这两同型合子间种子质量的差异是显著的，即这种差异主要是基因型的差异产生的。

产生这一差异的可能原因是：控制种皮颜色这个质量性状的一个主基因与控制种子质量这一数量性状的一个微效基因连锁在一起，从而使这两性状表现一定的相关关系。

到了 20 世纪 60 年代，索迪（J. M. Thoday）认为，可利用这一相关关系对数量性状基因座（QTL）定位。也就是说，对数量性状基因座定位的基本原理是，如果遍布基因组的许多标记基因座（如其中之一是控制菜豆种皮颜色的基因座）已定位，就可寻找这些标记基因型和一特定数量性状（如控制菜豆种子质量）间的相关关系——如果相关显著，如刚讲到的菜豆例子，则表明控制某数量性状（种子质量）的一个基因座位于标记基因（控制菜豆种皮颜色的基因座）附近（二者连锁较紧密），即可把控制该数量性状的一个基因座定位在这一特定标定基因座附近。

现仅以一特定标记基因座为例，说明一标记基因座与数量性状一基因座是否紧密连锁的方法。

第一，针对一特定数量性状（如菜豆种子质量）进行反向选择以建立两纯系亲本 P_1 和 P_2（如菜豆种子质量最重和最轻的两纯系亲本 P_1 和 P_2）。这两亲本的这一特定数量性状的差异由多个数量性状基因座的差异控制，两亲本的基因组中也遍布许多标记基因座。令 Q_1-Q_2 是控制这一特定数量性状（如菜豆种子质量）的一个基因座，M_1-M_2 是已定位的一个标记基因座（如控制菜豆种皮颜色的基因座），并令基因 Q_1 和标记基因 M_1 连锁，则涉及这两基因座的两纯系（P_1 和 P_2）的基因型和数量性状基因型值如表 20-9 所示。

表 20-9　两纯系基因型和基因型值间的关系
（Halliburton, 2004）

纯系	基因型	基因型值
P_1	Q_1M_1/Q_1M_1	$m+a$
P_2	Q_2M_2/Q_2M_2	$m-a$

第二，两纯系亲本 P_1 和 P_2 杂交，对数量性状基因座 Q_1-Q_2 和标记基因座 M_1-M_2 来说，F_1 基因型必为 Q_1M_1/Q_2M_2。以后正是对这一基因型进行跟踪分析。

第三，F_1 相互杂交，则 F_2 可能出现如下三种情况。

情况 1——如果数量性状基因座和标记基因座紧密连锁而无重组，或者标记基因座本身就是一数量性状基因座，则被研数量性状表现（以基因型值表示）如表 20-10 所示。

表 20-10　数量性状基因座和标记基因座间无重组
（Halliburton, 2004）

两基因座基因型和频率	标记基因型和频率	基因型值
（1/4）Q_1M_1/Q_1M_1	（1/4）M_1M_1	$m+a$
（1/2）Q_1M_1/Q_2M_2	（1/2）M_1M_2	$m+d$
（1/4）Q_2M_2/Q_2M_2	（1/4）M_2M_2	$m-a$

在该情况下，该标记基因座的各标记基因型的基因型值差异，完全反映了该数量性状基因座各基因型值的差异。也就是说，这时标记基因型 M_1M_1 和 M_2M_2 的期望值之差为

$$E(M_1M_1)-E(M_2M_2)=2a$$

情况 2——如果数量性状基因座和标记基因座不连锁，则 M_1-M_2 基因座的等位基因和 Q_1- Q_2 基因座的等位基因进行随机组合，即 F_2 基因型和频率如表 20-11 所示。

表 20-11　数量性状基因座和标记基因座不连锁（Halliburton, 2004）

(1/4) M_1M_1	(1/4) Q_1Q_1 ⟶ (1/16) M_1M_1, Q_1Q_1
	(1/2) Q_1Q_2 ⟶ (2/16) M_1M_1, Q_1Q_2
	(1/4) Q_2Q_2 ⟶ (1/16) M_1M_1, Q_2Q_2
(1/2) M_1M_2	(1/4) Q_1Q_1 ⟶ (2/16) M_1M_2, Q_1Q_1
	(1/2) Q_1Q_2 ⟶ (4/16) M_1M_2, Q_1Q_2
	(1/4) Q_2Q_2 ⟶ (2/16) M_1M_2, Q_2Q_2
(1/4) M_2M_2	(1/4) Q_1Q_1 ⟶ (1/16) M_2M_2, Q_1Q_1
	(1/2) Q_1Q_2 ⟶ (2/16) M_2M_2, Q_1Q_2
	(1/4) Q_2Q_2 ⟶ (1/16) M_2M_2, Q_2Q_2

在该情况下，标记基因型 M_1M_1 和 M_2M_2 的数量性状值相同，即这时标记基因型 M_1M_1 和 M_2M_2 的期望值之差为

$$E(M_1M_1)-E(M_2M_2)=d-d=0$$

情况 3——如果数量性状基因座和标记基因座连锁但不紧密，具有重组率 r，则依上述同样思路可证明，标记基因型 M_1M_1 和 M_2M_2 的期望值之差为

$$E(M_1M_1)-E(M_2M_2)=2a(1-2r)$$

这就是数量性状基因座和标记基因座的连锁关系对数量性状影响的一般表达式——当 $r=0$（紧密连锁）或 $r=0.5$（自由重组）时，就是前两表达式值 $2a$ 或 0；当 $0<r<0.5$ 时，表达式值介于 $2a$ 和 0 之间。

第四，根据 F_2 试验数据求表达式中"标记基因"两同型合子的期望值。对 F_2 一个随机样本（含量为 n）中的各个体，同时观测标记基因型（如质量性状菜豆种子颜色或分子标记基因型）和一特定数量性状值（如菜豆种子质量）。若标记基因型 M_1M_1、M_2M_2、M_1M_2 分别记为 $i=$（1）、（2）、（3）和一特定个体 j 的数量性状值记作 X_j（$j=1, 2\cdots n$），则样本中某个体的标记基因型和特定数量性状值的关系如表 20-12 所示。

表 20-12　个体标记基因型和特定个体基因数量性状值的关系

i	j				
	1	2	…	$n-1$	n
$M_1M_{1,(1)}$	$X_{(1)1}$	$X_{(1)2}$	…	$X_{(1)n-1}$	$X_{(1)n}$
$M_2M_{2,(2)}$	$X_{(2)1}$	$X_{(2)2}$	…	$X_{(2)n-1}$	$X_{(2)n}$
$M_1M_{2,(3)}$	$X_{(3)1}$	$X_{(3)2}$	…	$X_{(3)n-1}$	$X_{(3)n}$

根据这些观测数据求出的标记基因两同型合子的数量性状平均值，即有关期望基因型值的估值。进行统计检验（如 t 检验）时，如果这两基因型值之差与 0 差异不显著，即 $2a=0$ 或 $a=0$，则标记基因座与数量性状基因座间不存在连锁关系，即该标记基因座不能标记被研数量性状的基因座。如果这两基因型值之差显著不等于 0，即 $a>0$，则可把这个数量性状基因座定位在这个已知标记基因座（M_1-M_2）的附近；这样，就对这个数量性状的一个基因座进行了定位，也估算了这一数量性状基因座对这个数量性状贡献的加性效应值 a。

现以 F_2 菜豆种子种皮颜色基因型和质量的关系为例（表 20-8），说明加性效应值的估算。

标记基因两同型合子期望基因型值之差 $E(PP)-E(pp)$ 的估值$=30.7-26.4=4.3$，根据表 20-8 的显著性检验，这两差值显著大于 0，说明其种子质量间的差值，主要不是由随机误差而

是由基因型差异引起的。这样就可把控制种子色素的基因作为控制种子质量这一数量性状一个基因座（QTL）的标记基因。

如果这一 QTL 与种皮色素基因座紧密连锁（$r=0$），则该 QTL 对种子质量提供加性效应值 $a=2.15$；如果这一 QTL 与种皮色素基因座有一定重组，如 $r=0.1$，则根据 $E(PP)-E(pp)=2a(1-2r)$，即 $4.3=2a(1-2r)$，估得该 QTL 对种子质量提供的加性效应值 $a=2.7$。

类似地，根据数量性状加性-显性效应遗传模型，也可估算该 QTL 对种子质量提供的显性效应值。在该例，显性效应值 $d=\overline{F}_1-m=28.3-28.6=-0.3$。

再选定一标记基因座与这一特定数量性状的表型进行连锁分析。如果存在连锁关系，又可把控制该数量性状的一个基因座加以定位以及估算加性效应值和显性效应值。

如此反复，就可把控制这一特定数量性状的基因座与特定的标记基因座逐一定位以及逐一估算加性效应值和显性效应值。

最后要指出的是，这里指的一个数量性状基因座是控制数量性状的一个 DNA 片段，可能恰好是一个基因座，也可能不止一个基因座。

加性-显性效应遗传模型是研究数量性状的基本模型，大多数的数量性状遗传可用该模型解释。

本 章 小 结

遗传性状分质量性状和数量性状。数量性状的差异是由许多微效多基因座控制的，单个基因（微效多基因）效应小且各基因效应可加和，对环境变化反应敏感（即反应规范大），从而呈现连续变异的特点；与此相反，质量性状的差异是由一个或少数几个主效基因座控制的，单个基因效应大和反应规范小，从而呈现非连续变异的特点。

这两类性状的变异特点，决定了对它们进行遗传分析的方法。对于质量性状采用离散型变量分析法。对于数量性状采用连续型变量的正态分布分析法——用性状正态分布的平均数和方差等参数表征一个群体的遗传性质，常用的是“加性-显性效应遗传模型”分析法。

用该模型可求各非分离世代的平均数和方差。由于这些世代没有遗传变异，一则说明从中选择无效，二则说明其表现型方差全由环境方差提供，从而可作为分离世代中的环境方差的估值。用该模型也可求各分离世代的平均数和方差：如可求 F_1 自交系列的平均数和方差，且表明，随着自交世代数的增加，世代平均数的显性分量逐渐减小和世代方差的加性分量逐渐增加，所以杂交一代随着自交代数的增加，选择的优良品系为真实遗传品系的概率也随之增加；又如可求回交一代的平均数和方差。

用该模型求得的各世代平均数和方差等参数，在实际中有不同的应用：①估算广义遗传率。这是某世代一性状遗传方差与表型方差的比率，说明该性状的表型变异中，遗传变异和环境变异的相对重要性。依情况，可用 F_2-非分离世代法、双生法等估算。②估算狭义遗传率。这是某世代一性状加性（遗传）方差与表型方差的比率，说明该性状的表型变异中，由同型合子差异引起的加性变异和其他因素（如显性、环境效应）引起变异的相对重要性。依情况，可用 F_2-回交一代法、血缘个体间遗传相似性的回归法和相关法估算。③根据遗传率的性质和大小，可决定育种的选择程序和预测遗传进度。④估算影响数量性状变异的基因座数目、定位以及各 QTL 的加性、显性效应值。这是根据特定个体的标记基因座与控制特定数量性状基因座间的连锁关系确定的。

范例分析

1. 数量性状的连续变异是如何形成的？

2. 数量性状的两参数平均数和方差为其分布提供了什么信息？

3. 植物两品系的株高差异是由两独立基因座的差异引起的，且无显性，基因型 *AABB* 和 *aabb* 的株高分别为 50cm 和 30cm（假定环境恒定）：

（1）这两基因型杂交，F_1 株高为多少？

（2）F_2 中哪些基因型表现 40cm 株高？

（3）这些 40cm 株高在 F_2 中的频率为多少？

4. 有体重重和体重轻的两个家鸡品系杂交，其 F_1 为两亲本体重的中间值。F_2 的平均质量与 F_1 的近乎相等，但其变异幅度比 F_1 的要大得多，甚至有少数个体有的比重品系还要重，有的比轻品系还要轻，即所谓的**超亲变异**（transgressive variation）。如果所有增效基因和减效基因对体重的贡献在数值上相等但符号相反，且两品系都为纯系，你如何解释这些结果？

5. 小鼠两品系有一个基因座 *B-b* 的差异，有关 3 种基因型的体重为：*BB*=84g，*Bb*=60g，*bb*=16g。试求中亲值 *m*、加性效应值 *a*、显性效应值 *d* 和显性度。

6. 某物种有三个群体，从中各抽一随机样本，测量一数量性状如下：

群体	个体表型值										
1	105	102	96	98	99	100	104	102	101	95	98
2	103	102	99	101	98	98	102	104	96	97	100
3	100	104	98	100	98	102	99	99	101	99	100

其中群体 1 和 2 为分离群体，分别处在一般环境和恒定环境；群体 3 是非分离世代，处在一般环境。试计算这三个群体的表型方差，并说明这三个群体的变异来源。

7. 人的身高是一数量性状，假定你测量了三类人群成年男子，每类 5 人的身高：无血缘关系；全同胞；第一表亲。

（1）假定环境条件相似，哪类会具有最大的表现型方差？

（2）假定每类的环境方差大小相似，合理吗？

8. 什么是一卵双生和二卵双生及其产生的原因？它们在遗传上有何特点？

9. 求如下情况的广义遗传率：

（1）如果一性状的表现型变异全为遗传变异所致；

（2）如果一性状的表现型变异全为环境变异所致；

（3）如果一性状的表现型变异的 1/3 为环境变异所致。

10. 水稻两纯合亲本有关杂交世代的抽穗期结果如下：

指标	P_1	P_2	F_1	F_2	B_1	B_2
平均数	38.4	28.1	32.1	32.5	35.9	31.0
方差	4.68	5.68	4.84	8.96	9.17	5.38

如果其抽穗期符合加性-显性效应遗传模型：（1）求出其中亲值 *m*、加性效应值［*a*］和显性效应值［*d*］；（2）估算抽穗期的广义和狭义遗传率。

11. 根据下列母女身高（cm）数据估算身高性状狭义遗传率：

母	165	155	152.5	162.5	167.5	150	157.5	162.5	155
女	160	157.5	150	155	165	157.5	152.5	157.5	160

12. 从绵羊群体中随机抽得一样本以称重每只羊的未脱脂羊毛质量。如下所列数据 x 和 y 分别表示两亲本平均值（中亲值）和相应子代平均值。

x	11.8	8.4	9.5	10.0	10.9	7.6	10.8	8.5	11.8	10.5
y	7.7	5.7	5.8	7.2	7.3	5.4	7.2	5.6	8.4	7.0

（1）计算中亲取决于子代的回归系数（b_{mo}）和计算该群体未脱脂羊毛质量的狭义遗传率（h_N^2）。

（2）根据有关数据作出 x 取决于 y 的回归线。

（3）根据称重数据计算相关系数和根据相关系数计算该群体未脱脂羊毛质量的狭义遗传率。

13. 一个群体某数量性状的平均数为 140 个单位，选择 165 个单位的个体作繁殖后代用，而该性状狭义遗传率为 0.4：（1）子代的期望平均数为多少？（2）子代只选 160 个单位的个体作繁殖后代用，孙代的期望平均数又为多少？

14. 肉用牛肥育增重的遗传率为 0.6，群体的平均增重率是 1.7 磅①/天，为下代繁殖从群体中选择的一些个体的平均增重率是 2.8 磅/天。这些选择个体的子代的平均增重率为多少？

① 1 磅≈0.454kg

第二十一章 进化遗传

在遗传上，**进化**（evolution）往往是指等位基因频率的累积性变化，而最终由一个物种形成两个或更多个物种的过程。在本章，我们主要讨论：进化因素，即影响群体等位基因频率变化的因素；进化历程，即生物在界级和种级两个水平上的进化过程；进化机制，即有关生物进化的学说。

第一节 进化因素

打破群体旧的平衡或影响生物进化的主要因素有：突变、选择、遗传漂变和迁移。

一、突变

（一）正、逆突变下的群体平衡

假定有一个平衡群体，常染色体一基因座上的基因未发生突变时，等位基因 A 和 a 的频率分别为 p 和 q。发生突变时，由 A 突变成 a（为正突变）和由 a 突变成 A（为逆突变）的突变率分别为 u 和 v，即

$$A \underset{\text{逆突变，} v}{\overset{\text{正突变，} u}{\rightleftarrows}} a$$

即在突变一代有 pu 的等位基因 A 突变成 a，有 qv 的等位基因 a 突变成 A。若 $pu>qv$，则等位基因 a 的频率增加；反之，等位基因 A 的频率增加。

在正、逆突变率为常数的条件下（一般是这样），经一定世代，最终会使 a 增加的量和减少的量相等，即

$$\hat{p}u=\hat{q}v \tag{21-1}$$

也就是说，这时由原来的、旧的平衡群体成了现在的、新的平衡群体，式中 $\hat{p}$ 和 $\hat{q}$ 分别为新平衡群体的等位基因 A 和 a 的频率。由式（21-1），$\hat{p}u=(1-\hat{p})v$，得

$$\hat{p}=\frac{v}{u+v} \tag{21-2}$$

同理，由式（21-1）$(1-\hat{q})u=\hat{q}v$，得

$$\hat{q}=\frac{u}{u+v} \tag{21-3}$$

因此，在只存在突变因素的条件下，正、逆突变率的大小完全决定了群体平衡时的等位基因频率，与开始群体的等位基因频率无关。

在一些群体，如人类群体的一些“正常”变异（如血型、红绿色盲等）的有关等位基因都有一恒定频率，都可用正、逆突变使群体达到平衡加以解释。

（二）突变在进化中的作用

在上述群体，经突变一代后，等位基因 a 频率的增量（Δq）为

$$\Delta q=pu-qv \tag{21-4}$$

由式（21-3）有 $u=(u+v)\hat{q}$，从而式（21-4）有

$$\Delta q=-(u+v)(q-\hat{q}) \tag{21-5}$$

写成微分形式有

$$\frac{\mathrm{d}q}{\mathrm{d}t}=-(u+v)(q-\hat{q}) \text{ 即} \frac{\mathrm{d}q}{q-\hat{q}}=-(u+v)\mathrm{d}t$$

解该微分方程，即两边积分（时间以世代为单位，从 0 代至 n 代，等位基因 a 的频率相应地从 q 至 q_n）有

$$\int_q^{q_n}\frac{\mathrm{d}q}{(q-\hat{q})}=-(u+v)\int_0^n \mathrm{d}t \text{ 和} \ln(q-\hat{q})\Big|_q^{q_n}=-(u+v)t\Big|_0^n$$

解得

$$\ln\frac{q_n-\hat{q}}{q-\hat{q}}=-(u+v)n \text{ 即 } n=-\frac{1}{u+v}\ln\frac{q_n-\hat{q}}{q-\hat{q}} \tag{21-6}$$

例 21-1：设群体常染色体一基因座的等位基因 A 和 a 的频率分别为 $p=0.9$ 和 $q=0.1$，在突变率 $u=3\times10^{-5}$ 和 $v=1\times10^{-4}$ 的条件下，需经多少世代群体的等位基因 a 的频率才能达到 0.2。

解：设经 n 代方能使 $q_n=0.2$。又根据式（21-3），群体平衡时等位基因 a 的频率（$\hat{q}$）为

$$\hat{q}=\frac{u}{u+v}=0.23$$

所以由式（21-6），

$$n=-\frac{1}{3\times10^{-5}+1\times10^{-4}}\ln\left(\frac{0.2-0.23}{0.1-0.23}\right)=11\ 280 \text{（世代）}$$

这就表明，仅依靠基因突变要使群体等位基因频率有较大的变化，需要很多世代或很长时间。因此，虽然基因突变为生物进化提供了原始材料，是生物进化的一个因素，但不是生物进化的重要因素。

二、选择

在一定自然条件下，群体内某些基因型个体比另一些基因型个体会具有更高的成活繁殖力，因此群体中成活繁殖力高和低的基因型个体，会分别逐渐增加和减少。自然界使不同基因型个体具有不同成活繁殖率的过程，称为**自然选择**（nature selection）。

（一）度量选择强度的参数

用来度量自然选择强弱的参数是相对适合度或选择系数。

一种基因型个体的相对适合度的大小，涉及该基因型个体的成活率（成活到繁殖年龄的概率）和生育力（这种基因型成活个体所繁殖的子代个体平均数）。假定群体中基因型 AA 原有个体数为 40，到繁殖年龄的个体数为 30，共繁殖 60 个后代，则 AA 的绝对成活繁殖率定义为其成活率和生育力的乘积，即（30/40）（60/30）=1.5。同理，可求得 Aa 和 aa 的绝对成活繁殖率，假定分别为 1.2 和 0.6。

为数学上处理的方便，通常把基因型的最高绝对成活繁殖率定为1，即通常把一种基因型的最高绝对成活繁殖率除以每种基因型的绝对成活繁殖率，应用到上例，即

$$\frac{1.5}{1.5}:\frac{1.2}{1.5}:\frac{0.6}{1.5}=1.0:0.8:0.4$$

这些比值1.0、0.8和0.4就分别称为基因型 AA、Aa 和 aa 的相对成活繁殖率，分别用 W_{AA}、W_{Aa} 和 W_{aa} 代表；但特定基因型的相对成活繁殖率一般称为**相对适合度**（relative fitness）或简称**适合度**（fitness），用 W 代表。一种基因型的相对适合度越大，表示该基因型个体对环境的适应能力越强，反之亦然。

与相对适合度或适合度（W）有关的一个概念是**选择系数**（selective coefficient）或**选择压**（selection pressure），即特定基因型的相对淘汰率，用 s 表示。

显然，适合度与选择系数有如下关系：$s+W=1.0$ 或 $s=1.0-W$。在上例，基因型 AA、Aa 和 aa 的选择系数 s_{AA}、s_{Aa} 和 s_{aa} 分别为0.0、0.2和0.6。

（二）不利于隐性纯合体的选择

人类苯丙酮尿症的等位基因，其杂型合子的适合度与显性纯合体的相同，即 $W_{Aa}=W_{AA}=1.0$，而隐性纯合体（aa）的适合度（$W_{aa}=1-s$，$s>0$）大为减小，即发生了对隐性纯合体的选择。

1. 对群体等位基因频率的影响　假定原群体平衡时的基因型频率为（p 和 q 分别为等位基因 A 和 a 的频率）：

$$p^2\,(AA)\qquad 2pq\,(Aa)\qquad q^2\,(aa)$$

由于它们的适合度分别为 $W_{AA}=1.0$、$W_{Aa}=1.0$ 和 $W_{aa}=1-s$，因此经选择后，亲代对选择一代的相对贡献分别为

$$W_{AA}p^2\,(AA)\qquad W_{Aa}2pq\,(Aa)\qquad W_{aa}q^2\,(aa)$$

或

$$p^2\,(AA)\qquad 2pq\,(Aa)\qquad (1-s)\,q^2\,(aa)$$

显然，选择一代的总和（可理解为总个体数）为 $p^2+2pq+(1-s)\,q^2=1-sq^2$，不等于1.0。根据等位基因频率定义，选择一代 a 的频率（q_1）为

$$q_1=\frac{2pq+2\,(1-s)\,q^2}{2\,(1-sq^2)}=\frac{(1-sq)\,q}{1-sq^2}$$

选择一代后等位基因 a 频率的变化为

$$\Delta q=q_1-q=\frac{-sq^2(1-q)}{(1-sq^2)}\qquad(21\text{-}7)$$

式中，负号表示等位基因 a 经选择后下降。

现讨论一极端情况：隐性致死，即同型合子 aa 的适合度 $W=0$ 或 $s=1$ 的情况。令等位基因 a 的频率在开始和以后各世代分别用 q_0、q_1、$q_2\cdots q_n$ 表示，则有

$$q_1=\frac{(1-q_0)\,q_0}{1-q_0^2}=\frac{q_0}{1+q_0}\qquad q_2=\frac{q_1}{1+q_1}=\frac{q_0}{1+2q_0}\qquad q_t=\frac{q_0}{1+tq_0}$$

$$t=\frac{1}{q_t}-\frac{1}{q_0}\qquad(21\text{-}8)$$

由上式可知，纵使 $s=1$，要使 q 从0.1降至0.05需要10个世代，从0.01降至0.005需要100个世代，从0.001降至0.0005需要1000个世代。因此，对隐性有害等位基因，企图通过选择从群体中消除是很难奏效的。

2. 突变和选择的联合效应 对隐性纯合体的选择，从理论上说，隐性等位基因最终可从群体中消除，尽管速度极慢。但实际上群体中的隐性等位基因频率却大致保持在一恒定水平。这是什么原因呢?

其中一个可能是，每代通过突变产生新的隐性等位基因，补偿了由于自然选择而淘汰的相应隐性基因，在突变和选择的两个相反过程的作用下使隐性等位基因保持在一个恒定水平。

由式（21-4），考虑到隐性基因 a 的频率 q 一般较小和逆突变率 v 也较小（相对于正突变率 u）的情况，经一代突变后隐性基因 a 的频率增加量 $\Delta q_{(突)}=(1-q)u$；经一代选择后，如式（21-7），隐性基因 a 的频率减小量 $\Delta q_{(选)}=-sq^2(1-q)$。当这两个量相等时（这时的 q 记作 $\hat{q}$），以下关系式成立：

$$(1-\hat{q})u=s\hat{q}^2(1-\hat{q})$$

$$u=s\hat{q}^2 \tag{21-9}$$

也就是说，平衡时等位基因 a 的频率为

$$\hat{q}=\sqrt{\frac{u}{s}}$$

由于突变率 u 和选择系数 s 一般为常数，因此 $\hat{q}$ 是恒定的。

（三）不利于显性基因的选择

对显性等位基因的选择要比对隐性的有效，因凡有这种基因的个体，不管是纯合体（如 AA）还是杂合体（如 Aa），都要受到选择。

1. 对群体等位基因频率的影响 照例，假定原群体平衡时的基因型频率为（p 和 q 分别为等位基因 A 和 a 的频率）：

$$p^2(AA) \qquad 2pq(Aa) \qquad q^2(aa)$$

还假定 AA 和 Aa 的适合度相等，都为（$1-s$），则经选择后，亲代对选择一代的相对贡献分别为

$$(1-s)p^2(AA) \qquad (1-s)2pq(Aa) \qquad q^2(aa)$$

于是，选择一代的和（选择一代总个体数）为 $(1-s)p^2+(1-s)2pq+q^2=1-s(1-q^2)$，而选择一代等位基因 A 的频率，依定义，

$$p_1=\frac{2(1-s)p^2+(1-s)2pq}{2[1-s(1-q)^2]}=\frac{(1-s)p}{1-s+sq^2}$$

选择一代后等位基因 A 频率的变化为

$$\Delta p=p_1-p=\frac{-spq^2}{1-s+sq^2} \tag{21-10}$$

从上式知，只要群体中存在两种等位基因（$p>0$，$q>0$）和对显性等位基因有选择（$s>0$），一定有 Δp 小于 0，即等位基因 A 的频率会逐代减小，最终 A 从群体中消失或等位基因 a 被固定。

如果显性等位基因不育或致死，则选择前、后等位基因频率的变化，由式（21-10）有 $\Delta p=-p$，即经一代选择后，显性等位基因频率降为零。这个结果是显然的，因显性纯合体和杂合体都不会有后代。

2. 突变和选择的联合效应 实际上，受到不利于显性基因的自然选择时，群体中的显性等位基因的频率也是恒定的。这也可用每代通过突变产生新的显性等位基因，恰好补偿了由于自然选择被淘汰的相应等位基因加以解释。由式（21-10），经选择后任两相邻世代显性等位基因频率的增量为

$$\Delta p=p_n-p_{n-1}=\frac{-sp_{n-1}q_{n-1}^2}{1-s+sq_{n-1}^2}$$

这个减少的量，平衡时，必然被由 a 突变至 A，即由

$$A \xleftarrow[v]{} a$$

所增加的量（vq）补偿，以保证群体等位基因频率不随世代变化。在这里，由于等位基因 A 的频率 p_{n-1} 很小，因此由 $A \rightarrow a$ 的突变可忽略不计。若平衡时等位基因 A 和 a 的频率分别用$\hat{p}$和$\hat{q}$表示，则在选择和突变联合作用下，有关系式：

$$v=\frac{s\hat{p}\hat{q}}{1-s+s\hat{q}^2} \tag{21-11}$$

在显性选择（如显性遗传病）中，由于$\hat{p}$很小，$\hat{q}\approx 1$，显性个体应几乎全为杂合体，所以平衡时，杂合体频率 $\hat{H}=2\,\hat{p}\hat{q}\approx 2\,\hat{p}$或$\hat{p}=(1/2)\hat{H}$。把$\hat{p}=(1/2)\hat{H}$ 和 $q=1$ 代入式（21-11），有

$$v=\frac{1}{2}s\hat{H}$$

（四）有利于杂合体的选择

在随机交配群体中，若杂合体的适合度大于两种纯合体的适合度，即杂合体更适于生存，则选择结果如表 21-1 所示。表 21-1 中 s_1 和 s_2 分别是对 AA 和 aa 的选择系数。

表 21-1 有利于杂合体的选择

指标	基因型			和
	AA	Aa	aa	
适合度	$1-s_1$	1	$1-s_2$	
选择前频率	p^2	$2pq$	q^2	1
选择一代分量	$p^2(1-s_1)$	$2pq$	$q^2(1-s_2)$	$1-s_1p^2-s_2q^2$

选择一代等位基因 a 的频率，依定义，

$$q_1=\frac{2q^2(1-s_2)+2pq}{2(1-s_1p^2-s_2q^2)}=\frac{q(1-s_2q^2)}{1-s_1p^2-s_2q^2}$$

而等位基因 a 的频率变化，

$$\Delta q=q_1-q=\frac{pq(s_1p-s_2q)}{1-s_1p^2-s_2q^2}$$

由上式知，Δq 是大于还是小于零，取决于 s_1p 是大于还是小于 s_2q。当 $s_1p=s_2q$ 时，则等位基因频率不会因世代而变化，使群体处于平衡状态。平衡时等位基因 A 和 a 的频率分别用$\hat{p}$和$\hat{q}$表示，则有：$s_1\hat{p}=s_2\hat{q}$。因为 $s_1\hat{p}=s_2(1-\hat{p})$ 和 $s_1(1-\hat{q})=s_2\hat{q}$，所以有

$$\hat{p}=\frac{s_2}{s_1+s_2} \text{ 和 } \hat{q}=\frac{s_1}{s_1+s_2}$$

也就是说，有利于杂合体的选择时，平衡的等位基因频率完全由两纯合体的选择系数决定，与原来群体的等位基因频率无关。因 s_1 和 s_2 为常数，这个平衡是稳定的。

自然界普遍存在杂种优势现象和多态现象，可用有利于杂合体的选择解释。

三、遗传漂变

群体抽样不具代表性所引起的群体等位基因频率的变化，称为**遗传漂变**（genetic drift）或

随机遗传漂变（random genetic drift）。

遗传漂变主要发生在小群体。令在一足够大的群体中，某基因座两等位基因 A 和 a 的频率 p 和 q 都等于 1/2，则平衡时的基因型频率是

$$(1/4)\,AA \qquad (1/2)\,Aa \qquad (1/4)\,aa$$

等位基因 A 和 a 的频率仍各为 1/2，不因世代而变（第十九章）。

如果该群体遭受一场大灾难，只留下 2 个后代的小群体。这个小群体，是从等位基因 A 和 a 均为 1/2 的亲本雌、雄配子库中各抽 2 个（共 4 个）配子结合产生的。而含 4 个基因的这个小群体的基因组成可用如下二项式展开得到：

$$[(1/2)A+(1/2)a]^4=(1/16)(4A)+(4/16)(3A1a)+(6/16)(2A2a)+(4/16)(1A3a)+(1/16)(4a)$$

所以，在子代含 2 个个体的小群体中，能维持亲代等位基因频率的概率只有 6/16=37.5%=0.375，而 62.5% 的情况与亲代的等位基因频率不同。在与亲代等位基因频率不同的情况下，其中有 2/16=12.5% 的概率可使等位基因固定（展开式的首项和末项）；而等位基因一旦被固定，就不会恢复到亲本群体的等位基因频率（除非有新的突变）。可以想象，世代若以小群体延续，如上述的多态亲本群体，最终会成为单态群体（只含 A 基因或 a 基因）。也就是说，等位基因频率的变化与群体大小有关：群体愈大，等位基因频率变化的可能性愈小；群体愈小，由于抽样误差，等位基因频率变化的可能性愈大。

这个抽样误差引起等位基因频率变化的范围可用下式成数标准差（σ）计算，即

$$\sigma=\sqrt{pq/(2N)}$$

式中，p 和 q 分别为群体等位基因 A 和 a 的频率，N 为群体个体数，所以 $2N$ 为群体的基因数（对二倍体而言）。

如果一个群体的个体数很多，如 $N=100\ 000$ 和 $p=q=0.5$，则 $\sigma=\sqrt{0.5(0.5)/200\ 000}=0.001$。所以，该群体等位基因频率有 95% 的可能在 0.5 ± 0.002，即在 0.498 和 0.502 的范围内，几乎没有变化。

如果一个群体的个体数很少，如 $N=2$ 和 $p=q=0.5$，则 $\sigma=\sqrt{0.5(0.5)/4}=0.25$。所以，该群体等位基因频率有 95% 的可能在 0.5+0.5，即在 0 和 1 的范围内或在［0，1］区间，变化范围很大，等位基因极易固定。当然，这种固定是随机的，不是定向的。

遗传漂变也是使群体等位基因频率变化的一个重要因素。因为在群体中，任一世代产生的配子数要比参与繁殖下代的配子数多得多，这里就有个抽样误差问题，难以保证等位基因频率不变。

由于遗传漂变是群体等位基因频率变化的一个重要因素，容易引起**奠基者效应**（founder effect）或**瓶颈效应**（bottleneck effect），即由大群体衍生出小群体时，由于不具有代表性而使遗传结构发生改变的效应。例如，太平洋中的平格拉普岛（Pingelap）的居民，在 18 世纪末，由于台风袭击，大多数人死亡，只存活 30 人——在这 30 人中的视力都正常。现在的 1600 位居民中却有 5% 的人为全色盲（第三章）。这可能的原因是，在幸存者的 30 人的小群体中，有 1 至数人为全盲等位基因携带者，致使该小群体的全盲等位基因频率大于原大群体的全盲等位基因频率。

四、迁移

一个物种一般可以分成若干个彼此隔离的群体。若隔离完全，各个群体会有独立的进化路线和独有的等位基因频率；若隔离不完全，就会有一定数量的个体，如从一群体进入另一群体，并

与另一群体的个体交配，借此把一群体的基因补充到另一群体的基因库中，以改变另一群体的等位基因频率。在遗传上，个体由一群体（供给群体）移至另一群体（接受群体）而实现遗传信息转移的过程称为**迁移**（migration）或**基因流动**（gene flow）。现我们讨论迁移对群体等位基因频率的影响。

为讨论方便，假定供给群体为大群体，而接受群体为小群体。因此，从小群体迁移至大群体的个体数，与大群体的个体数相比较，可以忽略。

设初始（小）接受群体（接受群体0代）的等位基因A和a的频率为p_0和q_0，初始（大）供给群体的相应等位基因频率为p和q（图21-1）。

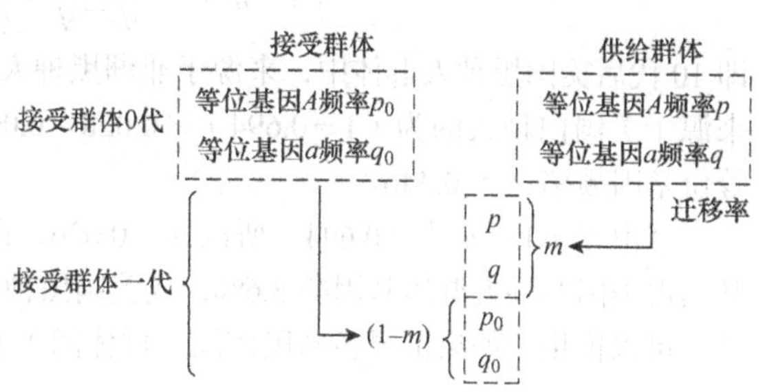

图 21-1 迁移对群体等位基因频率的影响

由于迁移是随机的（即迁移个体组成的样本是供给群体的代表），因此迁移样本的等位基因频率与供给群体的相等。

供给群体的迁移样本与初始接受群体（接受群体0代）混合后构成的群体称为接受群体一代。在接受群体一代中，如果供给群体的迁移样本的个体数或等位基因数所占比率（迁移率）为m，则初始接受群体的个体数或等位基因数所占比率就为（$1-m$）。于是，接受群体一代等位基因a的频率q_1，应是原来两个群体等位基因a的频率q_0和q的加权平均，即

$$q_1=mq+(1-m)q_0 \tag{21-12}$$

重排上式，得

$$\Delta q=q_1-q_0=m(q-q_0)$$

即等位基因频率不等的两个群体发生迁移（$m>0$）时，接受群体一代的等位基因必然与接受群体0代的不同：若$q>q_0$，则$q_1>q_0$；若$q<q_0$，则$q_1<q_0$。

下面讨论每代以相等的迁移率从供给群体迁入接受群体，这两群体的等位基因之差会呈现如何变化。迁移之前，两群体等位基因a的频率之差为q_1-q；迁移后，接受群体一代与供给群体等位基因a的频率之差为

$$q_1-q=mq+(1-m)q_0-q=(1-m)(q_0-q)$$

同理，接受群体二代、三代直至n代与供给群体等位基因a的频率之差为

$$q_2-q=(1-m)^2(q_0-q)$$

$$q_3-q=(1-m)^3(q_0-q)$$

$$\vdots$$

$$q_n-q=(1-m)^n(q_0-q) \tag{21-13}$$

所以，每经一代迁移，这两群体等位基因a的频率的差异就减少到其前代差异的（$1-m$）。由于当$n\to\infty$时，$(1-m)^n\to 0$，即随着迁移世代的增加，接受群体与供给群体等位基因频率的差值逐渐减小，最终接受群体的等位基因频率与供给群体的相等。

由上式得，接受群体世代n（n=0，1，2…）的等位基因频率为

$$q_n=(1-m)^n(q_0-q)+q \tag{21-14}$$

例 21-2：美国黑种人的祖先是300年前（相当于世代$n=10$）的东非黑种人的移民。这些移民可与美国白种人通婚，其后裔仍属黑种人群体。在人类基因座Rh的等位基因R^0，其频率在东非黑种人和美国白种人群体分别为$q_0=0.630$和$q=0.028$，而现在美国黑种人群体该等位基因频率$q_{10}=0.446$。试求：①在接受群体（即现在美国黑种人）10代中，仍保留东非黑种人祖先基因

的比率和美国白种人基因的比率；②迁移率 m。

解：①设美国黑种人的祖先是东非黑种人的随机样本，且忽略突变因素，则美国黑种人祖先的 R^0 等位基因频率也为 q_0。美国白种人是大群体（即供给群体），美国黑种人为小群体（即接受群体），而供给群体 $q=0.028$，接受群体 10 代该等位基因频率 $q_{10}=0.446$。于是，由式（21-14），在接受群体 10 代中仍保留东非黑种人祖先基因的比率为

$$(1-m)^{10}=\frac{q_{10}-q}{q_0-q}=\frac{0.446-0.028}{0.630-0.028}=0.694$$

即 10 代后美国黑种人群体中，来源于非洲黑种人祖先 R^0 等位基因的频率为 $0.694\times0.630=0.437$，来源于美国白种人的为 $(1-0.694)\times0.028=0.0086$；它们之和恰好等于现在美国黑种人群体该等位基因频率 $q_{10}=0.446$。

②由于 $(1-m)^{10}=0.694$，所以 $m=0.036$，即每代由美国白种人群体迁入美国黑种人群体的基因占美国黑种人群体基因的 3.6%，或美国黑种人的 1000 个基因中有 36 个来自美国白种人。

可以推想，如果世界各国民族间（群体间）通婚逐渐增多，民族间的遗传差异会逐渐减小。

第二节　进 化 历 程

生物是按“级”进行分类（或归类）的。首先，按生物最基本的区别，把它们分成不同的界，这是生物最大的一级分类单位；然后，按界内生物最基本的区别，把它们分成不同的门；依次往下，进行门内分纲、纲内分目、目内分科、科内分属和属内分（物）种，而种或物种是生物最小的一级分类单位或基本单位。

什么叫物种，在生物学中至今还没有统一的说法。但一般认为，**物种**（species）是指形态相似，在自然条件下可自由交配，且产生可育后代的一群个体。在自然条件下，如山羊个体间能自由交配且可产生可育后代，属一个物种；在自然条件下，牛和马不能交配，分属两个物种。马和驴，以及狮和虎，在自然条件下不能交配，在试验条件下虽可交配，但其后代不育：

马 × 驴→马骡（骡），不育

驴 × 马→驴骡，不育

狮 × 虎→狮虎，不育

虎 × 狮→虎狮，不育

所以，马和驴分属两个物种，狮和虎也分属两个物种。物种的科学命名，采用林奈的拉丁文双名法：属名＋种名。例如，遗传上常用的一个物种黑腹果蝇，其科学命名为 *Drosophila melanogaster*，表示该物种属于果蝇属（*Drosophila*）。

物种形成（speciation）是新物种形成的进化过程。

近年来，通过古生物学家、地质学家、分子遗传学家和系统分类学家的努力，在物种进化的研究方面，已取得了实质性进展。从原核生物的起源及其进化到高等生物的主要历程已基本清楚。这节主要根据古生物学、形态学和分子遗传学的研究成果，只对现存生物的两极分类单位，最大的分类单位——界的进化历程和最小的分类单位——种的进化历程进行较详细的讨论。

一、界级进化历程

现基于人们对生物界级分类系统由浅入深的认识过程，说明生物各界的进化历程。

（一）两界分类系统

瑞典生物学家林奈（C. V. Linné），注意到生物有固着不动的自养型植物和能自由行走的异养型动物，因此把生物分成相应的两界：**植物界**（Plantae）和**动物界**（Animalia），即所谓的两界分类系统。该系统把细菌类、藻类和真菌类归入植物界，把原生动物归入动物界。

（二）三界分类系统

在两界分类系统，对于原生动物，如草履虫和变形虫等，因能自由行动和属异养型，归入动物界；一些藻类，如裸藻和甲藻因不能自由行动和属自养型，归入植物界。但是，这些原生动物和藻类有一共同的基本特点，都是单细胞生物，在结构上远比多细胞的动植物简单。所以，德国生物学家海克尔（E. H. Haeckel）在1866年，依进化观点，在两界分类系统的基础上又增加了一个**原生生物界**（Protista），包括所有的单细胞生物，作为植物界和动物界的祖先。这个三界（原生生物界、植物界、动物界）分类系统，初步反映了生物的进化历程。

（三）四界分类系统

在三界分类系统，只因真菌类（如我们日常食用的蘑菇以及遗传上常用的实验材料粗糙脉孢菌和面包酵母）固着生活和细胞有壁而被归入植物界。但归入植物界的真菌类与其他植物的主要区别是，前者细胞壁的化学组成是几丁质、储存的多糖是糖原，而后者细胞壁的化学组成是纤维素、储存的多糖是淀粉。真菌与动物虽都为异养型，但前者主要为腐生或寄生，有别于动物的摄生或摄食；前者为细胞外消化，即把其消化酶分泌到食物上，在胞外把食物分解后再吸收到胞内利用，也有别于动物的细胞内消化。由于真菌与植物和动物的上述明显差异，美国生物学家惠特克（R. H. Whittaker）在1959年提出了在三界分类系统的原生生物界和植物界间，另立一个**真菌界**（Fungi）的四界分类系统，即原生生物界、真菌界、植物界和动物界。

（四）五界分类系统

由于显微技术的发展，细胞可被分成两大类：原核细胞和真核细胞。如前所述，这两类细胞的根本区别在于：原核细胞没有核膜把其遗传物质（染色体DNA）与细胞质隔开，真核细胞有核膜把其遗传物质与细胞质隔开，即后者具有典型的细胞核。这两大类细胞的明显差异，反映了生物进化的不同水平，原核细胞生物进化水平最低。所以，惠特克在1969年又首先把生物分为原核生物和真核生物两大类：原核生物类只包括一界，即原核生物界；真核生物类包括四界，即**原生生物界**（Monera，包括单细胞真核生物，如原生动物和多数藻类）、真菌界、植物界和动物界，构成了五界分类系统。

这一分类系统基本上反映了地球上细胞生物的进化历程：在结构上，从具有原核的单细胞原核生物界进化到具有真核的单细胞真核生物的原生生物界，再进化到具有真核的多细胞真核生物的真菌界、植物界和动物界；在营养上，从异养生物进化到自养和异养共存，构成了一个完善的物质和能量循环体系。

（五）三域或三总界分类系统

20世纪70年代，在原核生物中发现了**古菌**（archaea）。古菌和细菌虽都属于原核生物和在形态上很相似，但在分子水平上却有显著差异。在基因组复制方面，古菌的复制机器（包括解旋酶 MCM、滑夹蛋白 PCNA、引发酶等）都是真核类型，而与细菌明显不同。在基因转录方面，古菌的基础转录因子——TATA 盒结合蛋白（TATA box-binding protein，TBP）和 RNA 聚合酶等，也是真核生物中相应转录因子和 RNA 聚合酶的同源蛋白，而与细菌的转录机器相差甚远。在蛋白质翻译方面，古菌和真核生物翻译起始因子不仅在序列上具有较高的同源性，在数量上也接近 10 个，但细菌的蛋白质翻译起始因子只有 3 个（第八章）。翻译的起始氨基酸，古菌和真核生物都为甲硫氨酸，而细菌为甲酰硫氨酸。在核糖体 RNA（rRNA）的同源性上，在细胞膜和细胞壁的成分上，以及在转移 RNA（tRNA）稀有碱基的差别上，古菌和细菌都有显著不同，而这些不同甚至要超过它们各自与真核生物的不同，因此古菌与细菌在进化关系上是相距甚远的两大类生物。其中古菌细胞膜上的醚键和细胞壁上的假肽聚糖，在真核生物和细菌中都不存在，为古菌所特有。

由于原核生物古细菌和细菌的 16S 核糖体 RNA（16S rRNA）和真核生物 18S 核糖体 RNA（18S rRNA），在结构和功能上都具有高度保守性，从而在进化上具有良好的时钟性质。研究表明，这三者的 RNA 序列具有显著差异，所以美国伊利诺伊大学的沃斯（C. Woese）认为，这三类生物应是从地球上的原始生命（即现存生命的共同祖先）首先分别进化称为**域**（Domain）或**总界**（Superkingdom）的三域或三总界，即**细菌域**（Domain Bacteria）、**古菌域**（Domain Archaea）和**真核生物域**（Domain Eukarya）或**细菌总界**（Superkingdom Bacteria）、**古菌总界**（Superkingdom Archaea）和**真核生物总界**（Superkingdom Eukarya），依次进化成细菌界、古菌界和最简单的真核生物。由于真核生物的遗传机器（复制、转录和翻译机器）与古菌高度同源，推测最简单的真核生物起源于古菌——最近在一类新发现的阿斯加德古菌中，发现了一系列过去认为只在真核生物中存在的真核生物标签蛋白，为这种假说提供了新的证据。最简单的真核生物可能捕获原始紫细菌进化形成线粒体（第七章）后，在长期的自然选择过程中又进化成四界：原生生物界、植物界（又捕获了原始蓝细菌进化形成叶绿体）、真菌界和动物界（图 21-2）。

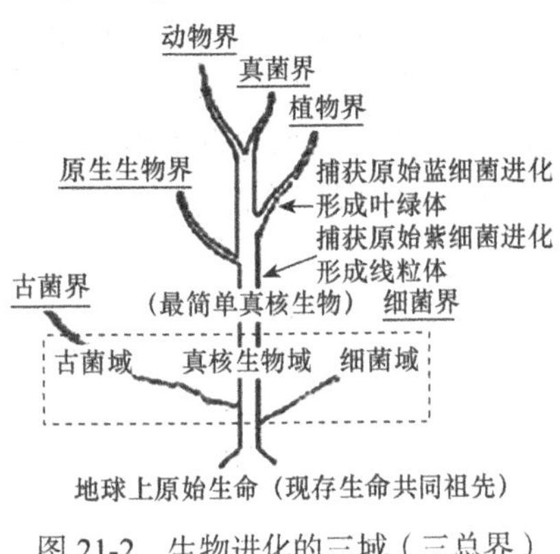

图 21-2　生物进化的三域（三总界）分类系统

古菌域（总界）有极端厌氧的甲烷古菌、极端嗜热菌、极端嗜盐古菌、数量巨大且分布广泛的奇古菌以及纳米级大小的纳米古菌等。细菌界有常见的细菌类型，如遗传研究的重要共生菌大肠杆菌，也有寄生和致病的沙门氏菌和葡萄球菌；还包括蓝绿藻（也俗称蓝细菌）。其他四界与五界系统的相同。

一般说的**微生物**（microorganism）包括所有古菌、细菌和一些小的真核生物，如真菌、原生动物和藻类。

病毒恰好位于生物和非生物之间的分界线上。这是因为，以前述的烟草花叶病毒（第八章）为例，它（由 RNA 和蛋白质组成）可以“非生命形式”的结晶状态存在——对外界刺激无反应，不能生长、发育和繁殖；也可以“生命形式”的寄生状态存在——当把结晶抹在烟草植株的叶片上时，就会感染叶细胞，其遗传物质 RNA 利用叶细胞的遗传系统合成其 RNA 和蛋白质并组装成新的病毒，成为结构上极为简单的非细胞生物。但其简单的结构，到底是地球上的最初生命形式，还是原核生物的退化类型，现尚无定论，还不能确定其进化地位。

在域、界级水平研究生物进化，使我们能从总体上把握生物进化的基本历程。

二、种级进化历程

在研究生物进化的历程时，一般把物种作为进化单位，从化石、胚胎发育、形态生理性状和生物大分子比较中，确定生物的进化系统发育树。

（一）地质钟与生物进化

说明生物进化的直接证据是化石。所谓**化石**（fossil），是指在过去地质年代的地层中存在的生物遗物，如动物的骨骼、植物的根茎叶甚至完整的古生物体，或生物遗迹如动物的足迹。

拉马克等科学家陆续发现在同一地点的不同地层里，所含的化石种类不同：地层越古老，生物的结构越低级和简单；而在不同地点的同一地层里，所含的生物种类又大体相同。这都证明，生物在地球上是从简单到复杂、从低级向高级发展的。

于是，人们根据地层沉积规律和地层中生物化石的系统进化规律，把地球的历史——地质年代划分成几个不同的代，如从远到近分为冥古代、太古代、元古代、古生代、中古代和新生代；代内又分若干纪，如新生代从远到近分为第三纪和第四纪；纪内还可分若干世，如第四纪从远到近又可分为更新世和全新世。

与上述地质年代的代、纪、世相对应的地层分别叫界、系、统。

这两套名称可平行并用，如古生代的地层称古生界，寒武纪的地层称寒武系。

那么，每个代、纪、世在地球上距今有多少年？或者说，如何测定化石的地质年代或年龄呢？

1. 测定化石地质年代的原理和方法

（1）原理　化石地质年代是根据地层中沉积岩、火山岩或化石内放射性同位素与其衰变产物所占的比率进行测定的。某放射性同位素经衰变（其衰变的速度是一常量，不受外界因素，如压力、温度或时间的影响）后，只剩下原来一半的原子数所需的时间称该元素的半衰期。所以，某放射性同位素经过一个半衰期的时间，就只有原来原子数的1/2 $[=(1/2)^1]$；剩下的一半，又经过一个半衰期，就只剩下原来原子数的1/4 $[=(1/2)^2]$；如此类推，经过n个半衰期，剩下的放射性同位素就只为原来原子数的$(1/2)^n$。确定一块岩石样本中（剩余的）某放射性同位素的含量及其衰变产物的含量后，可以算出现存的放射性同位素含量$(1/2)^n$与原来含量（100%=1）的比率P，即

$$P=(1/2)^n \tag{21-15}$$

两边取以10为底的对数，并加以适当整理，可算得经历的半衰期数：

$$n=(-\lg P)/\lg 2 \tag{21-16}$$

若已知某放射性同位素的半衰期时间为t，则所处地层中沉积岩、火山岩或化石的地质年代或年龄（T）为

$$T=nt \tag{21-17}$$

（2）方法　测定化石地质年代的方法分为直接测定法和间接测定法。

1）直接测定法——最常见的直接测定法是利用放射性碳14（C^{14}）的衰变。

在高空大气中，宇宙射线与大气中的氮（N^{14}）发生核反应产生中子，中子轰击非放射性C^{12}以恒定速度转变成放射性同位素——碳C^{14}（原子核中质子数相同但中子数不同的元素称为同位素，C^{12}和C^{14}核中都含6个质子，但分别含6个和8个中子）；C^{14}下渗到低空大气中与正常的、非放射性C^{12}相混被生物吸收（以CO_2形式首先被植物吸收合成有机物，再被动物吸收），因此生物体内C^{14}和C^{12}含量的比例与大气中的相同。因为大气中各物质的含量在不同时期是恒定的，

所以现存生物中 C^{14} 含量与以前生物成活时的 C^{14} 含量相等——假定为 C_1。

生物一旦死亡，新陈代谢就停止，就不能吸收外界物质，当然也就不再有新的碳源进入体内了。由于 C^{14} 随时间在进行 β 衰变（释放出 1 个电子，即核内增加 1 个质子，共 7 个质子）而成为 N^{14}，因此死亡个体的 C^{14} 含量——假定为 C_2，会随年代的增加而越来越少。因此，根据生物化石中的 C^{14} 含量占原来活体（也即现存活体）含量的比率 $P=C_2/C_1$，就可测定生物死亡后距今的年代。例如，如果一块木化石中 C^{14} 的含量只有新鲜木块中的一半（即 $P=1/2$），依式（21-17），半衰期 $n=-\lg P/\lg 2=1$；又 C^{14} 的半衰期是 5730 年，所以这块木化石距今年代，依式（21-18），$T=nt=5730$ 年。

C^{14} 直接测定法有两个缺点：一是生物某些组织，如骨组织中的 C^{14} 含量不多，为了测出骨化石中的一定的 C^{14} 含量，往往需要捣碎大量的骨化石，而骨化石是稀有的；二是 C^{14} 的半衰期只有 5000 多年，若一块骨化石是 5 万多年前的，距今相当于其 10 个半衰期，则 C^{14} 就只剩下原来的 $1/2^{10}=1/1024$，因此用该法测定 5 万年以上的化石年代难以准确。为了回避这两个缺点，就出现了下面的间接测定法。

2）间接测定法——这是测定一种化石或沉积岩的年代后，间接推测另一化石年代的方法。

为了避免 C^{14} 直接测定法的第一个缺点，可用出土的易得化石如木炭，用 C^{14} 直接测定法测定木炭的地质年代，以推知同时出土的难得化石，如骨骼的地质年代。

为了避免 C^{14} 直接测定法的第二个缺点，改用半衰期比 C^{14} 长的放射性同位素，如钾 40（K^{40}，衰变至惰性气体氩 A^{40} 的半衰期约为 12.6 亿年）测定。测定地质层岩石中 K^{40} 和 A^{40} 含量的比率，就可知道这一地质层的年代，从而也就可推知与这些岩石共存的生物化石的年代。假定岩石中 K^{40} 的含量只有 A^{40} 的 1/4，则半衰期 $n=-\lg P/\lg 2=-\lg(1/4)/\lg 2=2$，该岩石和与其共存的生物化石距今年代 $T=nt=2\times 12.6$ 亿年 $=25.2$ 亿年。

这种根据生物化石或地质层岩石中放射性元素的衰变情况来确定地质层年龄，从而确定相应地质层生物化石年龄的方法，为我们提供了一个准确的时钟——地质时钟或简称**地质钟**（geologic clock）。

显然，C^{14} 直接测定法适用于测定地质年代不太远（如 5 万年以下）的样品，钾-氩法适用于测定地质年代不太近（如 25 万年以上）的样品。

300 多年前，英国主教宣称上帝在 6000 多年前创造了地球和世上万物。实际上，根据放射性元素测定法测定岩石的最古老年龄，地球已有 46.6 亿年的历史。

2. 各地质年代生物的进化 根据放射性同位素测定的不同地层的年龄和生物化石在不同地层出现的顺序，就可以列出不同生物的进化年谱或相互关系。

任何一个物种都要经历发生、发展、灭亡或更替的过程。旧物种绝灭后，其个体以化石的形式保存下来。于是，地球上曾经有些什么生物，生活了多长时间，通过自然界就以化石为“文字”的形式记录下来了。现在我们根据表 21-2 来解读这些“文字”。

冥古代、太古代和元古代——这三个时期是地球的早期阶段，也是（生命起源中）化学进化的初期阶段。考虑到原核生物的微化石和其他有机物质的出现时期，有人认为，生命可能出现于 38 亿年前。截至 35 亿年前，出现古菌、细菌和简单真核生物；以后的约 20 亿年是原核生物的时代。动植物的歧化很可能发生在 10 亿年前。

古生代——动物方面，在古生代地层中，出现了大量的动物化石。古生代初期（寒武纪），水生无脊椎动物比较繁盛，尤其是三叶虫；中期，以鱼类最盛；晚期，水生脊椎动物开始登陆，出现了两栖类并达到极盛期，还出现了爬行类。植物方面，初期以藻类较繁盛，中期出现了蕨类，后期出现了裸子植物并得到迅速发展。

表 21-2 各地质年代与生物进化（改自李难，2005）

代（界）	纪（系）	距今年代 /$\times10^2$ 万年	地质现象和自然条件	生命的进化		
				出现	极盛	衰亡
新生代	第四纪	1.5±0.5	冰川广布，黄土形成，气温逐降		人类	
	第三纪	67±3	气候渐冷，有造山运动	节肢动物、哺乳动物，人类	现代被子植物和哺乳动物	原始哺乳动物
中生代	白垩纪	137±5	晚期有造山运动，气候变冷	被子植物	被子植物、现代昆虫类	爬行动物、古代裸子植物
	侏罗纪	195±5	气候温暖，有气候带分布	原始鸟类（始祖鸟）	被子植物、大爬行动物（恐龙）	
	三叠纪	230±10	气候温和，地壳较平静	原始哺乳动物	爬行动物	种子蕨
古生代	二叠纪	285±10	末期造山运动频繁，大陆性气候，干燥炎热			三叶草
	石炭纪	350±10	有造山运动，气候湿润温暖	原始爬行类、昆虫、原始裸子植物	种子蕨、两栖类	笔石
	泥盆纪	405±10	海陆变迁，出现广大陆地，气候干燥、炎热	原始两栖类、原始陆生植物（裸蕨）	裸蕨类、木本蕨、鱼类	无颌类
	志留纪	440±10	末期有造山运动，局部气候干燥，海面缩小	原始鱼类	水生无脊椎动物（苔藓虫、珊瑚）	
	奥陶纪	550±15	浅海广布，气候温暖	原始陆生动物（多毛类）	海藻、高等无脊椎动物	
	寒武纪	570±15	地壳静止，浅海广布	软体动物（腕足类）	三叶虫	
元古代		2500			古菌、细菌、简单真核生物	
太古代		3800				
冥古代		4600	地球初期阶段（原始地球）		非生命化学进化	

中生代——动物方面，是爬行动物，特别是恐龙类的极盛时期。距今 2 亿年前，又发现了鸟类和哺乳类的化石。植物方面，裸子植物占优势，并开始出现被子植物。由于植物的发展，地球上的动物食料增加，为鸟类和哺乳类的出现与发展提供了条件。

新生代——这是现代生物类型的出现和发展时期。动物方面，以昆虫和哺乳动物发展最盛。大约 300 万年前的地层中，已发现能制造简单工具的人类化石。从此，地球进入了人类时代。植物方面，是被子植物大发展时期。

新生代经历了近 7000 万年的历史，现仍在继续着。

最后，为使我们对地球起源、生命起源和生物进化（尤其与人类起源有关的生物进化）在时间关系上有一个相对概念，可把地球的历史（约 46.6 亿年）缩短至 1 天的 24h，即地球在零点诞生，那么在地球上的生命起源和各生物类型的起源应出现在 1 天中的如下时间（1s 和 1min 分别相当于 5 万年和 300 万年）：

地球起源　零点

生命起源　5点45分

生物进化：

脊椎动物起源	17点02分
哺乳动物起源	18点45分
灵长类起源	19点37分
人类起源	19点56分
始祖南猿	19点58分
智人	23点53分5秒

所以，相对于地球的历史来说，我们智人的历史是极短的，只是弹指一挥间。

3. 物种形成的条件和方式

（1）物种形成的条件——隔离　自然界物种的形成过程，实际上是具有一定遗传结构的群体，被隔离成生活在不同环境下的具有不同遗传结构的若干小群体；这些小群体，由于遗传结构和所处环境不同，有的基因型个体有更多繁殖和保留后代的机会，可使小群体间的遗传差异逐渐增大，进而形成新物种。隔离一般分为地理隔离和生殖隔离。

地理隔离（geographic isolation）是指地理上的障碍（如高山、大河等）而造成的隔离。假定由于地理隔离，一个群体分割成两个亚群（图21-3）。各亚群所处的环境不一，在自然选择和随机漂变等因素作用下，各亚群的遗传结构出现差异，并随时间推移使这种差异进一步扩大而形成不同的**亚种**（subspecies）——通常是分布在不同地域、形态差异较大但生殖上尚未隔离的、物种以下的分类单位。亚种间的遗传差异进一步扩大，最终两亚群个体纵使生活在同一地域，它们之间也不能交配或交配后产生不育后代而出现生殖隔离时，则形成了两个新物种（图21-3）。

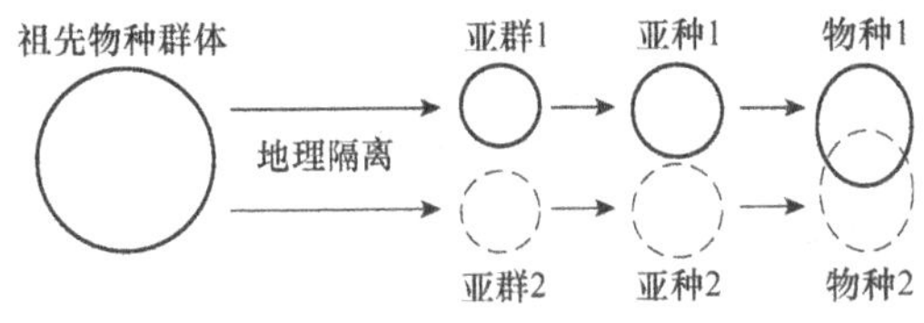

图21-3　由于地理隔离形成新物种的一个可能途径

生殖隔离（reproductive isolation）是指在自然条件下，群体间的个体不能交配或交配后不能产生可育后代的现象。对于有性繁殖生物来说，生殖隔离是形成新物种的决定阶段，也是划分物种的基本依据。导致生殖隔离的机制或原因大致有如下两类。

一是交配前隔离。交配前隔离是在自然条件下，群体间的个体没有机会交配的生殖隔离。交配前隔离大致可分为：①生态隔离——在自然条件下，生活在同一地域但由于具有不同生活习性的近缘群体引起的生殖隔离。例如，蟾蜍的两个近缘群体生活在同一地域，但分别在河流和浅湖泊中栖息而没有交配机会，所以分属两个物种 *Bufo fowleri* 和 *B.americanus*（当然，如果人为地把它们饲养在一起，还是可以产生可育后代的）。②时间（季节）隔离——在自然条件下，两近缘群体的交配期或开花期不同引起的生殖隔离。例如，松树的两个物种 *Pinus radiata* 和 *P. muricate* 分别在每年的2月和4月散粉，从而它们间不能进行基因交流；但若人为调节使它们的花期相遇，杂交后代是可育的。③行为隔离——雌、雄个体间由于性吸引的丧失或衰退引起的生殖隔离，又叫性隔离。例如，昆虫求偶是用"歌声"吸引异性的，而这种"歌声"具有物种特异性，即一定的物种只能辨别一定频率的"歌声"。许多蟋蟀尽管形态上很相似，但由于这种性隔离而分属不同的物种。

二是交配后隔离。交配后隔离是群体间的个体交配不能受精或受精后子代不育等的生殖隔离。交配后隔离大致可分为：①配子死亡——交配后雌、雄配子不能结合的生殖隔离。果蝇两个物种 *Drosophila virilis* 和 *D. americana* 虽能交配，但精子在雌性生殖管内丧失功能或死亡而不能与卵结合，这是因为雌性生殖管的生理环境只适宜同种精子的生存，而不适宜异种精子的生存。烟草许多物种的杂种不育也是这个原因。②杂种死亡——受精卵的胚胎发育受阻或在性成熟前死亡的生殖隔离。不同物种间交配，即使通过了交配和受精两个障碍，但胚胎发育时往往会发生流产或吸收死亡现象。这可能是异种染色体和基因在质与量上的遗传不平衡所造成的，也可能是母体环境不适于胚胎发育所致。某些烟草的种间杂种，由于形成肿瘤而在开花前死亡。③杂种不育——种间杂种不育引起的生殖隔离。例如，在马属动物中，马和驴、马和斑马、驴和斑马都能获得杂种后代，但其后代均无繁殖力。这是由于两个物种的染色体性质差异过大，减数分裂难以配对，从而不能形成正常配子。

（2）物种形成的方式 一个物种依次经过地理隔离和生殖隔离这两个阶段即可形成新物种，已如上述。而物种形成的方式有两种：渐变式和量子式。

渐变式物种形成（gradual speciation），是通过突变和自然选择，使微小的遗传差异得到累积而先形成亚种和后形成物种的方式。通过该方式形成新物种要经历相当长的时间，故名。其中又分两种情况：情况一是**单支进化**（phyletic evolution）——由一个物种（如 A）经长期的遗传变异而转化成另一个物种（如 B）的进化，也称**继承进化**（anagenesis）。其特点是不增加物种的数量，存在 B 时 A 已绝灭。单支进化的证据来自古生物学的化石记录，因为古代生存的大多数物种现都已灭绝。情况二是**分支进化**（cladogenesis）——由一个物种衍生出一个或多个新物种的进化。其特点是原物种与新物种并存。例如，15 世纪初，有人把一些欧洲野兔运至非洲西北部一个岛上留放；到 19 世纪，生活在该岛的欧洲野兔后裔与生活在欧洲的欧洲野兔后裔在形态上已有明显差异（如体形大小前者约为后者的 1/2），在生殖上已隔离（彼此杂交不育）。这说明生活在非洲的欧洲野兔已进化成一个新物种，与原物种共存于地球上的不同环境中。

与渐变式物种形成相反，**量子式物种形成**（quantum speciation）涉及的遗传变异大（非连续变异），形成新物种所需的时间很短（不经过亚种阶段），也称**跳跃式物种形成**（saltational speciation）。通过多倍体形成新物种（第六章），是量子式物种形成的一种形式。两个不同的物种杂交后，通过杂种一代的染色体加倍可产生多倍体新物种，因为它与其亲本物种在生殖上是隔离的。此外，在动植物中，通过染色体的结构变异，如通过重复、倒位和易位，都已发现了量子式物种形式的例子。

随着科学技术的发展，特别是分子遗传学理论和技术的发展，人们不仅可通过远缘杂交创造出性状优良的新物种（第六章），还可通过基因工程的方法实现体细胞杂交、细胞核移植和转基因，定向地创造人类所需要的新物种（第十三章），以满足人类的不同需要。

（二）分子钟与生物进化

1. 分子水平研究生物进化的优点 与在非分子或宏观水平上研究生物进化相比，在分子或微观水平上研究生物进化有许多优点。

第一，分子水平的序列变异全是遗传的。宏观性状的变异尽管有遗传基础，但由于遗传和环境的相互作用，有时使遗传变异难以从总变异中分离出来，尤其是数量性状。然而，蛋白质和核酸分子的序列变异，是显而易见的遗传变异。

第二，分子方法适用于所有生物。利用宏观性状研究血（亲）缘关系很远的生物间的进化关系往往很困难，因为它们很少有共同的宏观性状。例如，传统上通过比较花器的解剖结构等性状研究被子植物间的进化关系，通过比较营养等性状研究细菌间的进化关系。由于被子植物和细菌没有什么共同的宏观性状，所以在过去要研究这两类生物在进化上的关系是困难的。但是，所有生物有一些共同的分子性状，如都有核酸序列和一些基本的蛋白质。这些共同的分子性状就为研究所有生物的进化关系提供了物质基础。

2. 蛋白质的进化 一定的多肽是在一定的（结构）基因指导下合成的，所以多肽序列的变异可反映基因序列的变异。在蛋白质的进化部分，讨论如下三个问题。

（1）氨基酸替换率和氨基酸替换数 对多肽的进化研究，起始于对不同生物类型的给定多肽的氨基酸序列的比较。假定两物种某一多肽序列的氨基酸数都为 n，其中有 n_d 个不同，则两序列间不同氨基酸数与序列全部氨基酸数之比称为**氨基酸（平均）替换率** p，即

$$p=n_d/n \tag{21-18}$$

氨基酸替换率可用来测量这两（同源多肽）序列在进化过程中自**趋异**（divergence）以来经历时间的长短：替换率高，说明趋异时间早，即趋异以来经历的时间长；反之，说明趋异时间晚，即趋异以来经历的时间短。这里的“趋异”，是指由一祖先序列分化成不同序列的过程。

当 p 值较小时，可用氨基酸替换率近似等于每位点的氨基酸替换数；但当 p 值较大时，用它作为每位点的氨基酸替换数，就会低估实际的替换数，因为这时一个氨基酸位点可能发生了两个或两个以上的替换。

为了使 p 值能更正确地估算实际的每位点的氨基酸替换数，可采用一定的数学方法进行校正，其中一个方法就是泊松（Poisson）法。现介绍如下。

令 λ 是氨基酸位点每年的氨基酸替换率，则在 t 年时每位点的氨基酸替换数为 λt（假定每位点的替换率相等）。而在 t 年对于一个位点发生 r 次替换的概率 $P_r(t)$，从理论上可用泊松概率分布函数给出，即

$$P_r(t)=e^{-\lambda t}(\lambda t)^r/r!$$

所以有如下两结果：在 t 年间一个位点未发生替换（即 $r=0$）的概率为 $p_0(t)=e^{-\lambda t}$；对于氨基酸数为 n 的一条多肽，未发生替换的氨基酸（期望）数为 $ne^{-\lambda t}$。

有了上述基础，就可计算两条同源多肽（由一祖先多肽趋异后衍生出的两条多肽）自趋异以来的氨基酸替换数了。假定这两条多肽在 t 年前趋异，则一条多肽在 t 年间一位点未发生氨基酸替换的概率是 $e^{-\lambda t}$，而两条多肽在 t 年间该位点均未发生氨基酸替换的概率（q）是

$$q=e^{-2\lambda t} \tag{21-19}$$

这个概率可用 $q=1-p$ 求得，其中 p 是上述的氨基酸替换率。

在 t 年间内，由于两同源多肽每位点的氨基酸替换总数 $d=\lambda t+\lambda t=2\lambda t$，因此由式（21-19）得 $q=e^{-d}$，即

$$d=-\ln q=-\ln(1-p) \tag{21-20}$$

试验求得 d 后，根据 $d=2\lambda t$，在已知 t 或 λ 时，就可分别求得 λ 或 t，即

$$\begin{aligned}\lambda&=d/(2t)\\ t&=d/(2\lambda)\end{aligned} \tag{21-21}$$

（2）分子钟 为了明白什么是分子钟，先看一个例子。测定人、马、牛和鲤鱼的血红蛋白涉及 140 个氨基酸组成的 α 同源链的氨基酸序列，每两物种同源链间具有不同氨基酸的位点数（表 21-3 对角线右上方小括号外的数字），试求任两物种间每位点的氨基酸替换数。

表 21-3 4 种脊椎动物血红蛋白 α 链氨基酸替换比较

物种	人	马	牛	鲤
人	—	18（0.129）	16（0.110）	68（0.468）
马	0.138	—	17（0.121）	66（0.468）
牛	0.117	0.129	—	65（0.464）
鲤	0.666	0.637	0.624	—

现以人和马为例说明计算过程。两 α 同源链涉及 140 个氨基酸或氨基酸位点，即 $n=140$；其中有 18 个位点的氨基酸不同，即 $n_d=18$。由式（21-18），这两同源链氨基酸替换率为

$$p=n_d/n=18/140=0.129$$

由式（21-20），两同源链每位点氨基酸替换数为

$$d=-\ln(1-p)=-\ln(1-0.129)=0.138$$

其他任两物种间的 p 和 d 都可类似求得，所得结果分别列在表 21-3 的对角线上方（小括号内）和对角线下方。

由表 21-3 可知：在 3 种哺乳动物（人、马、牛），每两两同源链每位点氨基酸替换数接近相等，平均为 $d=(0.138+0.117+0.129)/3=0.128$；而鲤与这 3 种哺乳动物的差别都较大，平均为 $d=0.642$。

根据古生物学的研究：人、马、牛约在 75 007 万年前趋异，而鲤（真骨鱼）约在 4 亿年前趋异。也就是说，这 3 种哺乳动物自趋异以来的 7500 万年间，α 链每位点的氨基酸替换数为 0.128，而鲤自趋异以来的 4 亿年间 α 链每位点的氨基酸替换数为 0.642。这里，鲤和这 3 种哺乳动物相比，前者的每位点氨基酸替换数约为后者的 5 倍（≈0.642/0.128），前者的趋异时间也约为后者的 5 倍（≈400 000 000/75 000 000）。这就说明，多肽（氨基酸序列）中每位点的氨基酸替换数的多少与其趋异以来所经时间的长短成正比，或者说多肽中的氨基酸替换率（每位点每年的氨基酸替换数）为一常数。

根据这 3 种哺乳动物每位点平均氨基酸替换数 $d=0.128$ 和趋异时间 $t=7500$ 万年，利用式（21-21），血红蛋白 α 链的氨基酸替换率为

$$\lambda=d/(2t)=0.128/[2\times(75\times10^6)]\approx0.9\times10^{-9}$$

实际上，结合更多的试验数据，血红蛋白 α 链的氨基酸替换率 $\lambda=1.2\times10^{-9}$（这个值与实际的更接近）。

其他蛋白质中的氨基酸替换率（λ）见表 21-4。

表 21-4　氨基酸替换率（λ）

蛋白质	λ	蛋白质	λ
血纤维蛋白肽	9.0×10^{-9}	乳酸脱氢酶	0.34×10^{-9}
生长激素	3.7×10^{-9}	细胞色素 c	0.22×10^{-9}
血红蛋白 α 链	1.2×10^{-9}	组蛋白 H4	0.01×10^{-9}

由表 21-4 可知：对于不同的蛋白质（或核酸）来说，氨基酸（或核苷酸）替换率虽不同，但对于一特定蛋白质（或核酸）来说，其氨基酸（或核苷酸）替换率却为一常数。这就表明，不同生物的给定蛋白质（或核酸）的氨基酸序列（或核苷酸序列）仿佛是一个**分子钟**（molecular clock），氨基酸（或核苷酸）替换数的多少，反映了这些生物从其共同祖先趋异以来时间的长短：替换数多，说明从共同祖先趋异以来的时间长；替换数少，说明从共同祖先趋异以来的时间短。

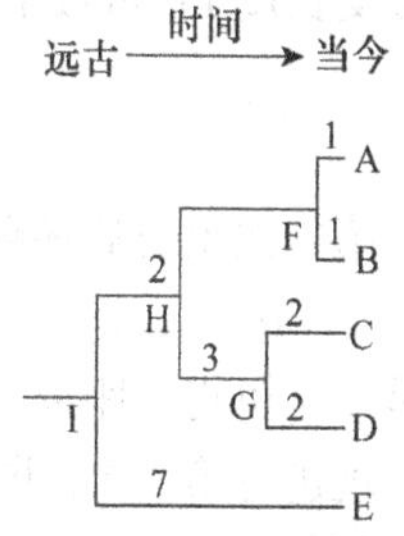

图 21-4　系统发育树表示法

（3）重建系统发育树的原理和方法　　系统发育树是表示生物进化关系的树状图（图 21-4）。图 21-4 中 A～E 是现存分类单位（如物种等），排在 1 条垂直（或水平）直线上；F、G、H 和 I 是现存分类单位的各祖先（如祖先物种）；两特定分类单位间连线（分支长度）表示它们间的进化关系，分支旁的数字大小表示该分支发生的

氨基酸（或核苷酸等）替换数。

由图 21-4 可知，物种 A 和 B 在地球上出现得最晚，它们最近的共同祖先为 F；现在物种（A～E）的共同祖先是 I，以物种 E 最为古老。

分子钟的信息，即不同物种特定蛋白质中的氨基酸替换数（或特定核酸的核苷酸替换数）与物种趋异时间成正比的信息，为在分子水平上研究生物的进化关系提供了一个有力工具。

现以表 21-3 的数据为例，说明重建系统发育树的原理和方法。

为方便，物种鲤、马、牛、人分别用 1、2、3、4 代表，任两物种 i 和 j 间的氨基酸替换数用 d_{ij} 表示（d_{ij} 又称物种 i 和 j 间的遗传距离或简称距离，因其大小反映了它们间遗传差异的大小），于是由表 21-3 可得表 21-5。

表 21-5　4 个物种的距离矩阵

物种	2（马）	3（牛）	4（人）
1（鲤）	$d_{12}=0.637$	$d_{13}=0.624$	$d_{14}=0.666$
2（马）		$d_{23}=0.129$	$d_{24}=0.138$
3（牛）			$d_{34}=0.117$

这里是采用聚类法重建系统发育树。我们知道，两个物种间的距离最小（这里为物种 3 和 4），表示它们最晚从其共同祖先趋异出来。所以，重建系统发育树时，应首先从物种 3 和 4 追溯到其最近的共同祖先 E（图 21-5）处聚成一类——复合分类单位 E（3，4）；由于 $d_{34}=0.117$，若从祖先 E（3，4）至这两物种分支上的氨基酸替换数相等（因为替换一般是随机的），则每分支长度为 $d_{34}/2=0.117/2=0.0585$。

经第一次聚类后，分类单位由 4 类变成三类：1、2、（3，4）；前两类为旧类，后类为新类（复合分类单位）。旧类与新类（复合分类单位）间的距离，定义为旧类的分类单位与复合分类单位中各分类单位间距离的算术平均值，即

$$d_{1(3,4)}=(d_{13}+d_{14})/2=(0.624+0.666)/2=0.645$$

$$d_{2(3,4)}=(d_{23}+d_{24})/2=0.134$$

如此定义旧类与新类间距离的方法叫**平均距离法**（average distance method）。于是经一次聚类后，各分类单位的距离矩阵如表 21-6 所示。

表 21-6　一次聚类后的 4 物种距离矩阵

物种	2	（3，4）
1	$d_{12}=0.637$	$d_{1(3,4)}=0.645$
2		$d_{2(3,4)}=0.134$

现进行第二次聚类。由表 21-6 可知，$d_{2(3,4)}$ 最小，应把 2 和（3，4）聚成一新的复合分类单位（2，3，4），即聚类在图 21-5 的 F 处。如果还令从其祖先（F 处）的两分支长度相等，则每分支长度为 $d_{2(3,4)}/2=0.067$。两祖先（F 和 E）间的分支长度 FE 可按下式求得：

$$FE+0.0585=0.067$$

$$FE=0.067-0.0585=0.0085$$

第二次聚类后还剩下两类：1 和（2，3，4）。与上类似，这两类间距离为

$$d_{1(2,3,4)}=(d_{12}+d_{13}+d_{14})/3=0.642$$

于是，又可得一距离矩阵（表 21-7）。

表 21-7　二次聚类后的 4 物种距离矩阵

物种	（2,3,4）
1	$d_{1(2,3,4)}=0.642$

现进行第三次，即最后一次聚类。在这两进化支的长度相等的条件下，这两物种 1 和（2，3，4）从其共

同祖先 G 的分支长度应为 $d_{1(2,3,4)}/2=0.321$（图 21-5），而祖先 G 和 F 的分支长度

$$GF=0.321-0.067=0.2540$$

到此，重建这 4 个物种的系统发育树的工作即告完成。

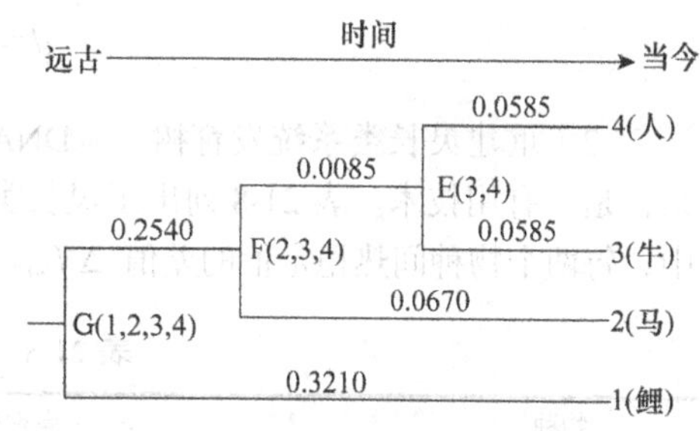

图 21-5 4 个物种的系统发育树

若重建系统发育树的分类单位（如物种）更多，则重复上述过程，直至所有分类单位聚成一类为止。在聚类中，若涉及求两复合分类单位间的距离，仍是一复合分类单位内的每一单位与另一复合单位内每一单位间的算术平均值，如两复合分类单位（i, j, k）和（m, n）间的距离

$$d_{(i,j,k)(m,n)}=(d_{im}+d_{in}+d_{jm}+d_{jn}+d_{km}+d_{kn})/6$$

显然，从图 21-5 可知，在蛋白质分子水平上重建的系统发育树，与传统的根据形态学和地质学资料重建的系统发育树非常一致。

前面讲过，为了准确测定化石的地质年代，应分别用半衰期长和短的放射性同位素测定地质年代远和近的化石。同理，为了使在蛋白质水平上重建的系统发育树更切合实际，应注意用氨基酸替换率低的蛋白质（如组蛋白 H4）研究在系统发育上相距甚远的物种进化，用氨基酸替换率高的蛋白质（如血纤维蛋白肽）研究在系统发育上相距较近的物种。

3. 核酸的进化 在进化研究中，遗传物质核酸变异所提供的信息，要比蛋白质变异所提供的信息多得多。这是因为：第一，大多数的核酸序列不编码蛋白质，如 DNA 非编码区（内含子等）的遗传差异只能通过检查 DNA 序列加以研究；第二，编码蛋白质的 DNA 序列变化，由于遗传密码的简并性（第八章），也不能通过检查蛋白质的序列变化完全反映出来。

与蛋白质的氨基酸序列分析一样，研究不同物种的进化关系，也可对这些物种相应的核酸作序列分析，以确定它们两两间的核苷酸替换数，进而重建这些物种的系统发育树。

在核酸水平上研究生物的进化，也常用核酸杂交法，如 DNA 杂交法。现就这一方法用于研究生物进化的原理作一简要介绍。

（1）热稳定值与核苷酸替换数间的关系 利用 DNA 杂交研究生物进化关系的基本过程和原理如下：①把来自两物种的一特定 DNA 片段加热变性使成单链；②把两物种的单链 DNA 杂交使成杂种 DNA；③测定双链 DNA 的热稳定值，即测定 50% 的双链 DNA 分解（熔化）成单链所需要的温度，以 T_{50} 表示——共测定两个热稳定值，一个是杂种 DNA 的 T_{50}（杂），另一个是其中一个物种的 T_{50}（同）。

显然，对于一特定双链 DNA 片段的同源性而言，来自一个物种的完全同源（碱基完全互补），其热稳定值 T_{50}（同）高；来自两个物种的两条链部分同源（碱基部分互补，即这两条链有部分核苷酸替换），其热稳定值 T_{50}（杂）低。因此，以上两热稳定值之差 $\Delta T_{50}=T_{50}$（同）$-T_{50}$（杂）>0。

试验表明，两物种自趋异以来核苷酸替换率（相当于前述的氨基酸替换率）p 与 T_{50} 有如下近似的线性关系：

$$p\approx 0.06(\Delta T_{50})$$

也就是说，T_{50} 每升高 1℃，每 100 个核苷酸约有 6 个被替换。

与氨基酸替换率类似，当 p 较高时，一个核苷酸位点有多次替换的可能。考虑到这一可能时，可以证明，两个物种在进化过程中的核苷酸替换数（相当于前述的氨基酸替换数）d 与核苷酸替换率 p 的关系为

$$d=-\frac{3}{4}\ln\left(1-\frac{3}{4}p\right)$$

（2）重建灵长类系统发育树　DNA 杂交，对于研究亲缘关系较为紧密的物种间的进化关系，是一有用技术。表 21-8 列出了灵长类 5 个物种（人、黑猩猩、大猩猩、马来猩猩和长臂猿）中，每两个物种间热稳定值的差值 ΔT_{50}。

表 21-8　灵长类 5 个物种的 ΔT_{50}

物种	人	黑猩猩	大猩猩	马来猩猩	长臂猿
人	—	1.8	2.4	3.6	5.2
黑猩猩		—	2.1	3.7	5.1
大猩猩			—	3.8	5.4
马来猩猩				—	5.1
长臂猿					—

仿照蛋白质进化中的聚类法（平均距离法），重建这 5 个物种的系统发育树，如图 21-6 所示。

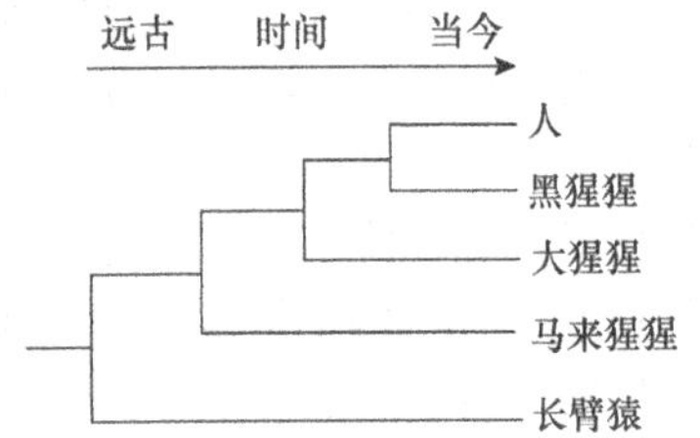

图 21-6　灵长类 5 个物种的系统发育树

由图 21-6 可知：利用 DNA 杂交技术比较这 5 个物种间进化上的关系，不仅验证了用非分子方法所得的结论（人与马来猩猩和长臂猿的关系较远，与黑猩猩和大猩猩的关系较近），还指出了人和黑猩猩的关系最近（非分子方法还未能指出黑猩猩和大猩猩中的哪个与人的关系最近）。根据核酸和蛋白质的序列分析、免疫分析以及染色体分带分析等，都得到了与上述一致的结论。

最后，在灵长类的进化上，需要指出的还有两点。第一，根据非分子生物学方法的研究，人与黑猩猩的趋异时间约在 2000 万年前，但根据分子生物学方法的研究，这一趋异时间应是近到 500 万年前。后来，古生物学家在对有关材料做更深入研究时，也认为人和黑猩猩的趋异时间确有可能近到 500 万年前。第二，利用 DNA 杂交技术对其他物种进行分类研究时，若两物种的热稳定值的差值 $\Delta T_{50}<2$，则这两物种一般属于同一属或同一科。人和黑猩猩的 $\Delta T_{50}=1.8$，似应分在同一属，或至少应分在同一科。然而在传统分类上，这两物种不但分在不同的属（分属于人属和黑猩猩属），而且分在不同的科（分属人科和大猿科）。如何解释这一矛盾，应做进一步的研究。

地球上在 38 亿年前自有生命以来，由于起源于共同祖先的各物种具有一套共同的核酸遗传系统和共同的遗传密码，因此进化生物学家、《自私的基因》的作者道金斯说，生命是一条 DNA 长河，追溯这一长河，就可把过去和现在的所有生命形式连接起来。即从本质上说，生物进化是不同类群间的核酸通过突变、传递和扩散的趋异过程，从而检测不同生物核酸序列的差异程度就成了研究生物进化历程的有效方法。

（三）人的进化

在达尔文时代之前，哲学界和宗教界人士往往把人类放在超自然界的地位，禁止对人类自身是如何进化而来的进行研究。达尔文在其《人的由来》著作中，以大量的事实证明：和其他生物一样，人也是自然进化的产物。因此，是达尔文把人类从超自然界的地位回归到原来的地位——自然界。

在这一部分，谈三个问题：非人类的生物如何进化成人类——人类起源；人类性染色体——

XY 染色体起源；人类如何进化成各种族——种族起源。

1. 人类起源 100 多年前，达尔文及其同代人，通过古生物学、比较解剖学和胚胎学的研究，探讨了灵长目各类生物（包括猴类、猿类和人类）的起源问题。研究表明：在新生代第三纪（距今约 7000 万年），猴和猿的共同祖先（一种原始的灵长类）首先进化成古猿（埃及古猿）和古猴两支，然后古猿（埃及古猿）进化成现代猿和人类，古猴进化成现代猴，即

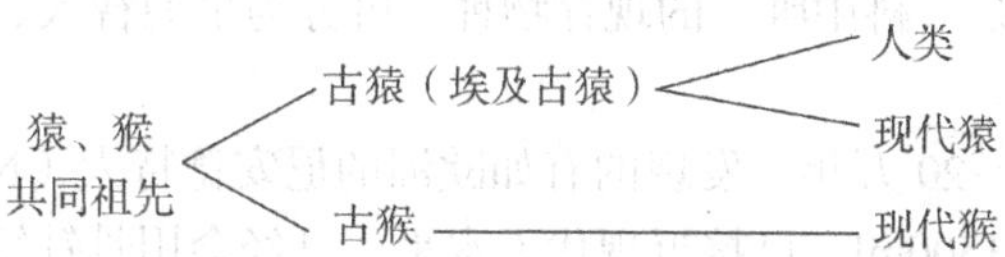

关于古猿（埃及古猿）进化到人类和现代猿的历程，现有了大致的轮廓（图 21-7）。

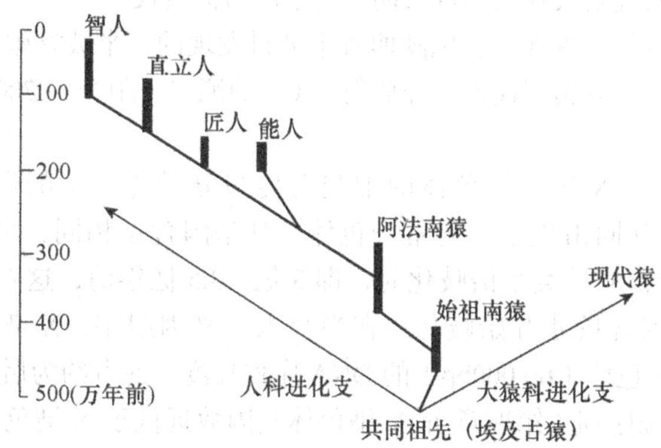

图 21-7 人科和大猿科两进化支及人科进化支各物种的进化关系和存在时间（Snustut and Simmons, 2010）

考古学家在埃及发现了距今 3000 万年的古猿——埃及古猿的化石。埃及古猿应是营树上生活，靠臂攀枝在树间行动。

距今约 1500 万年，非洲发生了一次大的造地运动，使西部和东部分别形成了山脉和平原。由于环境的剧烈变化，埃及古猿也相应分化成两支，即西部支和东部支。

西部支，继续过着树栖生活，埃及古猿沿着树栖的进化路线，进化成现代猿。

东部支，由树栖生活变为地栖生活，沿着地栖的进化路线进化，依次进化顺序如下。

始祖南猿（*Ardipithecus ramidus*），这是在东非发现的距今最早的人科动物化石，距今 400 万～500 万年。

阿法南猿（*Australopithecus afarensis*），这是在埃塞俄比亚的阿法（Afar）地区发现的又一人科动物化石，距今 300 万～400 万年。站立身高 1～1.5m，至少可短距离直立行走；脑量 400～500ml。

能人（*Homo habilis*），这是在东非发现的第一个可能属于人属（*Homo*）的人科动物，距今 150 万～180 万年。群居，能直立行走，脑量 600～700ml。

匠人（*Homo ergaster*），距今 150 万～190 万年，其体形和四肢比例，以及牙齿和上下颌的结构都颇像现代人；脑量 650～750ml。这是在东非发现的第一个能确定放在人属内的人科动物。从解剖结构推知，匠人是首先在亚洲发现的直立人的祖先（匠人在非洲进化成下面讲的直立人后，向亚洲和其他地区迁移）。

直立人（*Homo erectus*），以上的化石都是在非洲，且是在东非发现的。但直立人的化石首先

是在印度尼西亚的爪哇发现的，称爪哇直立人；然后在中国北京周口店发现的直立人称北京猿人；再后陆续在非洲和欧洲都有所发现，统称直立人，距今约100万年。这说明，这期间的直立人已从非洲分布到世界各地。直立人的特点是，脑量900～1200ml，已具有一定智慧，开始会用火取暖和熟食，也会用石块或木棍制造简单的工具。

智人（*Homo sapiens*），在拉丁文的*Homo*和*sapiens*分别有人和智慧之意，即我们是具有智慧的人。这是人属中，也是人科中唯一的现存物种，可分为早期智人、晚期智人和现代智人三个阶段。

早期智人，距今5万～20万年。发现的有如欧洲的尼安德特人（Neanderthal）和我国山西省发现的丁村人，脑量平均1500ml，已接近现代人水平，已经会用骨针缝制皮衣了。

晚期智人，距今1万～5万年。1万年前，地球上的动植物基本上与现在的相同，人类学会了种植、养殖和建筑。从直立人到晚期智人期间处于旧石器时代。

现代智人，距今1万年到现在。我国陕西省半坡村发现的“半坡姑娘”化石，在解剖结构上已与我们没有什么不同了，应属现代人。经放射性C^{14}的测定，距今约7000年，处于新石器时代中期。

2. 性染色体起源 X和Y染色体的细胞遗传与分子遗传学的研究表明，这两染色体在现代鸟类和哺乳类的共同祖先是一对常染色体，其基因含量相同，可以称为原-X染色体和原-Y染色体。自哺乳动物从鸟类系谱歧化时，即3亿～3.5亿年前，这对原-X染色体和原-Y染色体的DNA序列与基因含量才开始歧化。在当今人类基因组中，X染色体的DNA序列长度（165 000bp）远长于Y染色体（60 000bp）的DNA序列长度，前者约为后者的3倍；它们间除有同源序列外，还有非同源序列（第四章）；Y染色体基因数远低于X染色体基因数，且基因（如睾丸决定基因*SRY*，第十五章）多与性别决定有关。

3. 种族起源 什么是人类的种族？它是在物种——智人以下的分类单位，是具有某些共同特点或遗传性状（如肤色、发色、发型和血型等）的一类人群。根据这些性状（主要是肤色）可把智人分成4个种族：黄种人、白种人、黑种人和棕种人。

关于人的种族起源有两个学说，即单地区起源说和多地区起源说。前者认为，早期智人源于非洲直立人，其后裔迁移到世界各地后，适应着不同的环境而成为现代人的不同种族。后者认为，现在不同种族是由不同地区的土著人进化而来的。

以下的试验，强有力地支持了单地区起源说：1987年，美国加利福尼亚大学研究人员选择了祖辈为非洲人、欧洲人、亚洲人、澳大利亚人和新几内亚人的不同种族的妇女147人，分析她们生孩子后胎盘细胞的线粒体DNA（基因）的差异。

在研究人的种族起源时，分析线粒体基因而不分析核基因的原因有三。

一是人的线粒体基因为母性遗传（第七章），其基因只能通过母亲而不能通过父亲传给子女，这样可使分析中的遗传系谱关系大为简化。研究人的核基因遗传时，由于它既可通过父系又可通过母系传递给一特定子代个体，如果往上追溯到第1、2和*n*代，就分别涉及2（$=2^1$）、4（$=2^2$）和2^n个可能的祖先向这一特定个体提供这一基因。当世代数*n*足够大时，向这一特定子代个体提供这一基因的可能祖先个体数就可能多到难以研究。但是，研究人的线粒体基因时，由于是母性遗传，只有母亲的基因才能传递给特定的子代个体，如果往上追溯到第1、2和*n*代，就只分别涉及1、2和*n*个可能的祖先向这一特定个体提供这一基因；如我的（你的）线粒体基因来自我的（你的）母亲，我的（你的）母亲的线粒体基因来自我的（你的）外婆，我的（你的）外婆的线粒体基因来自我的（你的）曾外婆，这样类推下去，子代个体的基因到底来自哪个祖先，就容易追踪了。也就是说，如果我们绘制世界上所有人（当然只能是样本）的线粒体基因的系统发育树，这棵树根部的那个女人，就是我们全世界所有人的共同母亲。显然，一位母亲如果没有女孩，她的线粒体基因就永远失传了。

二是细胞核基因的变化，除基因突变外，在形成精子和卵子前，还有由于减数分裂时发生的基因分离和重组。而细胞质中的线粒体内只有一种环状染色体（第七章），在细胞分裂时没有基因的分离和重组，所以线粒体基因的变化只能来自基因突变。这样，根据基因突变率来研究生物间（如种族间）的进化关系时，用线粒体基因就比用细胞核基因简单和精确。

三是线粒体基因要比细胞核基因进化（变化）速度快 5～10 倍（因线粒体基因没有组蛋白的保护，也无 DNA 损伤的修复系统）。这样在不太长的时期（如人类种族发生）内，就可较精确地测出线粒体基因的变化情况。

现回到对这 147 个妇女的线粒体特定基因的差异（后来实际结果为 134 人），如可用前述的聚类法构建人类线粒体基因的系统发育树，以追溯人类种族的共同祖先（图 21-8，图中内侧的 1′ 和 2′ 等代表有关分支或有关祖先的编号，外侧的 10 和 20 等代表有关被研妇女的编号）。由该系统发育树可知，它首先分成两大支 1′ 支和 2′ 支——1′ 支只有非洲人；2′ 支却有非洲人、亚洲人、澳大利亚人、新几内亚人和欧洲人。这表明，现代人的各种族的共同祖先首先出现在非洲，后来这些祖先走出非洲进入其他洲；也就是说，这些被研妇女的共同祖先为一非洲妇女。由于线粒体特定基因的突变率为已知，因此根据其差异大小推算这一共同祖先存在于 15 万年前。研究者把这个非洲妇女称为“我们大家的母亲”。

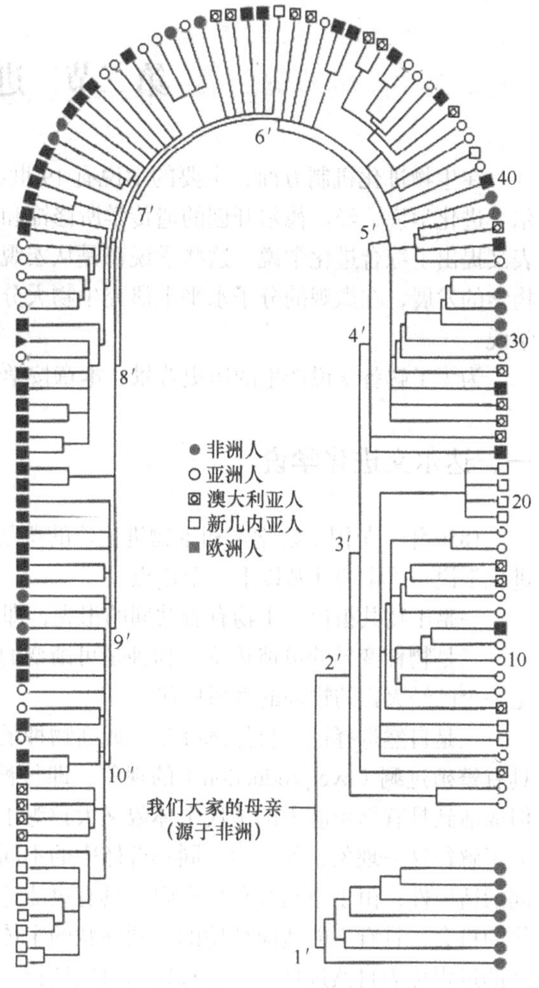

图 21-8　人类线粒体基因的系统发育树

后来，遗传学家又对 Y 染色体非同源节段（第四章）基因或 DNA 片段（为父性遗传）进行了研究，以寻找“我们大家的父亲”。结果表明，这个“我们大家的父亲”也存在于 15 万年前的非洲。

线粒体基因和 Y 染色体非同源节段基因的研究结果，为单地区起源说提供了有力的支持。

当然，这个“我们大家的母亲”被戏称为“夏娃”，是当时非洲千万个妇女中的一个；这个“我们大家的父亲”被戏称为“亚当”，也是当时非洲千万个男人中的一个。

后来人们在世界各大洲随机抽 51 个群体多于 900 余人的基因组，进行常染色体 DNA 单核苷酸遗传多样性（第十四章）的研究，也支持人类种族起源于非洲的结论。因为研究表明，生活在非洲的非洲人之间的遗传多态性高于其他种族的遗传多态性，也高于生活在其他洲的非洲人的遗传多态性，而澳大利亚原住民和美洲原住民的遗传多态性最低。这是因为，不是生活在非洲的人群，实际是由非洲人的一个样本繁殖起来的；而上述原住民，又不是从非洲而是从其他洲的非洲人移民繁殖起来的。

第三节 进 化 机 制

在生物进化机制方面，主要的学说有 19 世纪中期（1859 年）的达尔文进化学说；此后，达尔文进化学说，经孟德尔开创的遗传学所修饰和发展，以费希尔（R. A. Fisher，1930 年）等为代表又提出了综合进化学说。这些学说都是从宏观上研究生物表型进化时提出的学说。随着分子生物学的发展，在微观的分子水平上研究生物大分子的进化时，木村资生又提出了生物进化的中性学说。

为了了解各学说产生的历史背景，本章按学说提出的顺序，简要介绍这几种学说。

一、达尔文进化学说

1859 年，英国生物学家和生物进化论的奠基者达尔文，在其巨著《物种起源》中提出了生物进化学说。该学说涉及以下三个论点。

一是生物共祖论。生物有着共同的祖先，即生命起源是一元的，而不是多元的。

二是物种变异的可遗传论。物种是可渐变的并可世代相传；那些属于同一属的各物种，一般是一个已经灭亡的物种的直系后代。

三是自然选择论。自然选择是形成新物种最重要的因素。达尔文经过长期的观察发现，生物具有**繁殖过剩**（overproduction）的现象，即每种生物繁殖的子代个体数远远超过其亲代个体数，但成活到具有繁殖能力的子代个体数又大致等于亲代个体数的现象（即生育能力大于养育能力）。为了解释这一现象，他认为：同一群体中的不同个体具有性状差异，从而对其所处的环境具有不同的适应性；由于空间和食物有限，具有更能适应环境的有利性状的个体有更多的生存和繁殖后代的机会，具有不能适应环境的不利性状的个体生存机会少和最终被淘汰——自然界这种留优汰劣的过程称为自然选择；由于长期的自然选择（一般是定向的）作用，生物微小的性状差异得以累积而最终形成新物种。

由于达尔文进化学说的核心是自然选择——“适者生存，不适者淘汰”在生物进化中的作用，所以又称为**自然选择学说**（natural selection theory）。

达尔文在《物种起源》中提出的自然选择学说用来解释像蚂蚁、黄蜂和蜜蜂这样一些昆虫的利他或自我牺牲行为时，他承认遇到了“特殊的困难，这一困难首先对我来说似乎是不可克服的，并且实际上对我的整个理论是毁灭性的”。他问道，昆虫社会的工职职别（指工蚁、工蜂等）的个体专为其所在的集群劳作，成为不育而无后代，它们是如何进化而来的呢?

达尔文为了拯救其进化理论，在《物种起源》中引入了自然选择可作用于整个“集群”，而不是单一“个体”水平上的概念。他推测，如果集群的某些个体不育，而这不育对可育的、有血缘关系的个体的繁荣又是重要的话（就像昆虫集群那样），那么在集群水平上的选择不仅可能而且不可避免。为了生存和繁殖，以整个集群作为选择单位，为与其他集群展开搏斗而产生了不育，且这种不育对其血缘个体又是一种利他（无私）行为，那么在遗传进化中是有利的。达尔文就这样以粗浅、形象的方式定义的血缘选择原理，解释了利他或自我牺牲行为是如何通过自然选择产生的。也许说得更准确些，他的用意是，如何利用血缘选择原理的解释才能够消除像工蚁这类生物在其自然选择理论中所遇到的致命性问题。

以上就是他想解决这一问题提供的思路，但直至他去世也未能找到答案。

直到 1963 年，英国昆虫学家和遗传学家汉密尔顿（W. D. Hamilton）从遗传本质上重启了达尔文的血缘选择原理的研究。他说，简言之，包括蜜蜂、黄蜂和蚂蚁这些昆虫在内的膜翅目，由于它们的性别决定的遗传方式——单倍二倍性决定性别的遗传方式（第四章），在集群水平上就具有成为社会昆虫的倾向性，表现了一般难以理解的“利他行为”。

如前所述（第十九章），对于双亲都是二倍体（如人类）来说，亲子间以及全同胞个体间的血缘相关系数均为 1/2，祖孙个体间的血缘相关系数为 1/4。如果 1 个个体抚养 1 个子代、3 个全同胞或 1 个孙代，其基因就有 1/2、3/2 或 1/4 保存了下来。因此，从保存自己基因的角度来看，利他行为实际上可包含着利己，如这里抚养 1 个子代和 1 个孙代实为亏己（分别保存了自己 1/2 和 1/4 的基因），抚养 3 个全同胞的利他实为利己（保存了自己 3/2 的基因）。

由于蚂蚁和蜜蜂为单倍二倍性决定性别，这种利他行为的利己程度，比起双亲都是二倍体生物（如哺乳类）的利己程度更高。在这类社会昆虫中，蜂后或蚁后是二倍体，通过通常的减数分裂形成卵子；而蜂王或蚁王是单倍体（由非受精卵子直接发育而成），通过非通常的减数分裂方式形成精子。因此，受精后产生的（二倍体）全同胞姐妹个体，与母本和父本的血缘相关系数分别为 1/2 和 1（即 100%，第十九章），从而姐妹个体间血缘相关系数平均为（1/2＋1）/2＝3/4；如果这些雌性个体没有丧失生殖能力，即没有变成工蜂或工蚁，它们与其女儿的血缘相关系数只是 1/2，还不如与全同胞姐妹间的血缘相关系数（3/4）高。这样，对于工蜂或工蚁来说，借好好服务蜜蜂集群或蚂蚁集群（大量的是为全同胞妹妹服务）以保存自己的基因，要比自己生育后代更为高效。也就是说，表面上的利他行为，可用本质上的利己或自私的基因予以解释。

威尔逊在其巨著《社会生物学》中，论述为什么有利他行为（定义是降低个体的适合度）时说，“其答案是血缘关系：如果导致利他行为的基因由于共同的血缘关系而被两个个体共享，并且如果一个个体的利他举动能够增加这些基因对下代的共同贡献，那么利他行为的倾向将会传遍整个基因库。即使利他者因利他举动付出代价而对基因库的单独贡献有所减少时，也会出现这种现象。”

对工蜂或工蚁利他行为的解惑，为自然选择学说的核心——适者生存，不适者淘汰，提供了一个有力的证据。

达尔文进化学说的创立，成功地解释了生物进化是自然选择的结果——适者生存，不适者淘汰；或者说，成功地解释了生物进化是在自然选择条件下的“优胜劣汰”的过程。

达尔文进化学说也有不足。其一，达尔文的遗传观和进化观相互矛盾（第一章）。在遗传上，他提出的泛生子说的临时假说实为融合遗传说，与其进化上的自然选择学说格格不入。因为只要融合遗传说成立，则在进化过程中的性状微小差异就得不到累积，最终必将消失。后来，孟德尔的“颗粒遗传”理论的再发现，为达尔文进化学说奠定了坚实的遗传学基础。其二，否定生物进化的骤进性和非连续性。实际上，骤变，如量子式物种形成也是物种形成的重要方式。

二、综合进化学说

综合进化学说（synthetic theory of evolution），通常是指由英国学者费希尔（R. A. Fisher，1930 年）、霍尔登（J. B. S. Halden，1932 年）和美国学者赖特（S. Wright，1931 年），在综合了遗传学中的基因论和达尔文进化学说中的自然选择论的基础上提出的进化学说。该学说在承认生物共祖、物种可变和物种渐变的基础上，主要论点如下。

第一，生物进化的基本单位是群体，不是个体。生物进化实质上是群体等位基因频率的显著变化。

第二，生物进化的原始材料是遗传物质的变异——基因突变。但由于基因突变对等位基因频率变化的影响很小，因此突变在进化中的作用很小。

第三，生物进化的方向主要取决于自然选择方向。自然群体存在着大量的遗传变异，但群体的变异或进化方向，主要由自然选择决定，即自然选择比起其他进化因素（突变、随机漂变和迁移）更能显著地改变群体的等位基因频率——保留适应性变异的等位基因和淘汰非适应性变异的等位基因。

第四，生物进化的物种形成依赖于隔离。由于地理隔离，一个物种的群体处在不同环境下的有利基因分别被固定，最终可使不同环境下的生物出现生殖隔离而形成新物种。

三、中性学说

下面依次讲中性学说的试验依据、理论解释和与自然选择学说的关系。

（一）试验依据

综合进化学说及其以前的进化学说，是在分子生物学兴起前发展起来的。

当用分子生物学手段研究生物大分子进化时，生物分子进化的一些事实可用综合进化学说解释。第一，分子生物学的研究表明，所有生物的遗传密码几乎都具有相同的意义（第八章）。这一发现可用宏观水平上的进化观——所有生物具有共同的祖先进行解释；这一发现也从分子水平上验证了生物共祖观点的正确性。第二，分子生物学的研究表明，亲缘关系越近的生物，DNA或蛋白质一类大分子的差异越小，反之越大。一般来说，分别在分子水平和非分子水平重建的生物系统发育树很一致。这不仅相互验证了这两种方法所得结果的正确性，还提供了一个有效地利用生物大分子研究生物进化的方法。

但是，在利用不同的分子技术对生物大分子（蛋白质和核酸）进行比较分析时，也发现以前的进化学说（如综合进化学说）未曾料到的和难以解释的一些重要发现。

第一，对于特定的蛋白质或基因，只要功能不变，每年每氨基酸位点或每核苷酸位点的进化速率（用氨基酸或核苷酸替换率表示）为一常数，不随物种而变。例如，纤维蛋白肽和组蛋白Ⅳ的进化速率分别为 9.0×10^{-9} 和 0.996×10^{-9}（单位为每年每氨基酸残基），不随物种而变。按综合进化学说的自然选择理论，进化速率与物种的群体大小（N）、选择系数（s）和突变率（u）有关，不可能为常数。

第二，功能上次要的基因比功能上重要的基因的进化速率快。例如，血纤维蛋白基因发生突变使血纤维蛋白发生或多或少的氨基酸替换，对个体的适合度影响不大，是已知进化速率最快的基因（或蛋白质）；组蛋白Ⅳ是染色体的重要成分，对维持和延续生命至关重要，编码组蛋白Ⅳ基因（或组蛋白Ⅳ）的进化速率很慢——前者的进化速率约为后者的 10 倍 [$=9.0\times10^{-9}/(0.996\times10^{-9})$]。按照综合进化学说，进化速率快的应是那些行使重要功能、有利突变能得到累积而产生适应性进化的部分，而不是功能上不重要的基因部分。

第三，基因组中存在许多重复基因。按照综合进化学说，新基因的产生是原有基因突变的结果，不应有大量重复基因的存在。

（二）理论解释

木村资生在 1968 年，为了解释这些预料之外的发现，提出了分子进化的中性学说。后经许多学者的探讨和修正，修正后的分子进化的**中性学说**（neutral theory）的主要论点有如下几点。

1. 大多数基因突变成中性突变基因 **中性突变基因**（neutral mutation gene）是指不影响个体适合度的那些基因，即它们是同等适应的，或彼此是中性的。中性突变是中性学说的出发点或基石。

在分子水平上的中性突变，表现在如下三方面。一是同义突变——由于遗传密码的简并性（第八章），同义突变（占密码子突变中的1/4）不影响编码氨基酸的性质，从而不影响个体适合度。例如，密码子UUU突变成UUC，都是编码苯丙氨酸，它们相互突变都不会改变有关基因合成多肽（蛋白质或酶）的性质，不会影响个体的适合度，为中性突变。二是非功能性突变——有的基因中含有非翻译序列（如内含子），这些非翻译序列的突变不会改变有关基因合成多肽（蛋白质或酶）的性质，不会影响个体的适合度，也为中性突变。三是不改变功能的突变——结构基因的一些突变，虽然改变了由它编码的蛋白质分子的氨基酸组成，但不改变蛋白质原来的功能。例如，在人类血红蛋白分子中发现有一个氨基酸替换的就有200多种，但几乎所有这些替换对血红蛋白的生理功能并无影响（镰状细胞血红蛋白除外）。再如，控制某些酶的同工酶的那些基因，也都可看作中性的。

根据中性学说，同义突变的频率是很高的，加上非功能性的突变和不改变功能的突变，可以说，绝大多数突变都是中性突变。

2. 中性突变基因在群体中的固定主要由随机遗传漂变引起 由于中性突变基因对有关个体的适合度没有影响，因此这些基因在群体中的命运（固定或消失），不是通过自然选择，而是通过随机遗传漂变决定的。木村资生证明，遗传漂变并不限于我们以前讨论过的小群体，对于任何一个大小一定的群体，都能通过遗传漂变引起基因的固定或进化。

由于中性突变基因的固定或消失是由随机遗传漂变实现的，因此这些基因在一般群体（个体含量不是过小的群体）中就既不易消失（淘汰难）也不易固定（固定难），从而在分子水平上群体就具有高度的遗传多态性或具有高的替换率。

3. 中性基因的突变速率是恒定的 令N和μ分别代表二倍体的群体大小和一个基因每年的突变率，则在群体中每年产生的突变基因数为$2N\mu$；在中性突变条件下，突变基因对个体的适合度无影响，则任一突变基因在群体中固定的概率为$1/(2N)$。因此，中性突变基因每年（每位点）的替换率或进化速率$k=2N\mu[1/(2N)]=\mu$（常数）；这样的突变基因编码多肽时，每年每氨基酸的替换率或进化速率也为常数。

4. 功能上重要程度不同的基因对个体适合度的影响程度不同 功能上次要的基因，纵使有较大的变化，也不会影响个体的适合度；功能上重要的基因则相反。所以，前者比后者的进化速率快。

5. 新基因主要通过基因重复产生 现有的功能基因为生物必需，新基因不是靠原有基因的突变，而主要靠基因重复产生的。重复基因，有的维持个体生存，有的经核苷酸替换产生具有新功能的基因或成为遗传上非活化序列（如假基因）。

中性学说强调了中性突变和随机遗传漂变在分子进化中的作用，所以又称**中性突变-随机遗传漂变学说**（neutral mutation-random drift theory）。当然，该学说也不排除少量的有利突变的存在。

（三）中性学说与自然选择学说的关系

木村资生一再声明，中性学说并不否认自然选择在决定适应进化过程中的作用，但他认为在进化过程中只有极少部分的基因突变是适应性的，是通过自然选择固定的；而大多数表型上“无声”的基因突变是中性的，是通过随机漂变固定的。

中性学说只是说多数突变是中性的，而没有说全部突变都是中性的。对于蛋白质来说，只有不改变分子的三级结构和功能的那些氨基酸替换，才大致保持每年每位置上的恒定速度，否则就要受到自然选择的作用，血红蛋白分子就是一例。血红蛋白β链上的大多数氨基酸替换都是中性替换，这些替换的固定都是通过遗传漂变实现的；但如果其第6位的谷氨酸被缬氨酸所替换，则在人血中就会出现不能运氧的镰状红细胞。如果所有红细胞都是镰状细胞（纯合体），个体未到成年就会死去，这样的突变当然要受到自然选择的作用而最终被淘汰；而当基因处于杂合状态时，由于杂合体（只有部分红细胞为镰状细胞）提高了抗疟能力，因此在某些疟疾流行的地区这种杂合体就有明显的优势，以致此突变基因在该地区有非常高的频率且能保持稳定。此种情况完全可用自然选择而不能用遗传漂变解释。

由此可见，在研究生物进化机制的过程中，自然选择学说解释的是对个体适合度有影响的、有利基因的进化，中性学说解释的是对个体适合度没有影响的、中性基因的进化。

本章小结

进化是群体等位基因频率的累积性变化，是新物种的形成过程。

关于进化因素——①突变。这是一种等位基因突变成另一种等位基因的过程，是生物进化的原始材料。因仅依靠突变使群体等位基因频率发生较大的变化是一漫长过程，故它不是生物进化的重要因素。②选择。在自然界使不同基因型个体具有不同成活繁殖率的作用称为自然选择。度量选择强度的参数是适合度或选择系数。对不利于隐性纯合体的选择，其频率愈低则选择愈难奏效，所以企图通过选择从群体中消除隐性有害基因几乎不可能。相反，不利于显性基因的选择则相当有效，显性等位基因导致的不育或死亡，经一代选择就可从群体中消除；对有利于杂合体的选择，最终可使群体达到稳定平衡状态，这可解释自然界普遍存在的杂种优势和多态现象。根据Halden的自然选择代价概念，一个群体的新等位基因完全取代旧等位基因时，要死亡足够多的个体为代价，这么高的代价难以解释分子水平上观察到的等位基因高替换率的实验事实。③遗传漂变。这是由于抽样不具代表性引起的群体等位基因频率的变化，常发生在小群体。选择和遗传漂变构成了生物进化的两重要因素。④迁移。这是一个群体的基因，通过迁移个体而实现的基因转移的过程。只要迁移世代足够多，接受群体（小群体）的等位基因频率最终等于供给群体（大群体）的等位基因频率。

关于进化历程——生物最大和最小的分类单位分别是界和种（物种）。物种形成是由一个物种分裂成新物种的过程。①界级进化。在历史上，随着研究不断深入，人们把生物依次分成两界、三界、四界、五界和六界系统。其中的六界系统由低等到高等包括古细菌界、真细菌界、原生生物界、真菌界、植物界和动物界；其进化关系，根据分子水平上的差异，很可能是由地球上的原始生命逐渐进化成三种基本类型，即古细菌、真细菌和最简单的真核生物，然后由后者再进化成其余四界。②种级进化。这是以物种为进化单位来研究生物进化历程。主要是根据地质层生物或岩石中放射性元素的衰变情况确定地质的年龄，从而确定相应地层生物化石的年龄（地质钟法）。研究表明，地球约有46.6亿年的历史，原始生物约出现在38亿年前，35亿年前出现厌氧细菌和光合细菌，单细胞真核生物出现在15亿年前，动植物歧化很可能在10亿年前，约300万年前已发现能制造简单工具的人类化石。分子钟法为研究生物进化提供了新方法，其原理是，不同生物的特定蛋白质（或核酸）每年每氨基酸（或核苷酸）位点的替换数即替换率为一常数，说明不同生物特定蛋白质的氨基酸序列（或硫酸序列）如同一个分子钟——氨基酸（或核苷酸）替换数的多少，反映了这些生物从共同祖先趋异以来时间的长短。物种是通过（地理、生殖）隔离形成的，有渐变式和量子式两种方式形成新物种。化石证据表明，由人科和大猿科共同祖先分化出的人科进化支，在非洲可能经历从始祖南猿、阿法南猿、能人、匠人和直立人阶段而进化成智人，智人从非洲迁移到各大洲而进化成各种族。

关于进化机制——关于生物进化的学说，从宏观研究提出的主要有达尔文的自然选择学说以及建立在选择论和基因论基础上的综合进化学说；从微观研究提出的有中性突变-随机遗传漂变学说。

范例分析

1. 在由 500 万二倍体个体构成的群体中，某基因以 $u=1\times10^{-6}$ 的突变率正好突变一代。有多少突变基因可传到下一代（假定亲、子代的群体大小相等）？

2. 突变时，是什么决定了突变的平衡群体的等位基因频率？

3. 什么是自然选择、相对适合度和选择系数？

4. 已知一油菜品种的感病株（*rr*）和抗病株（*R_*）各占 9% 和 91%。感病株在幼苗期死亡，而抗病株可正常开花授粉。经三代随机交配后，感病幼苗占百分之几？

5. 在全为杂型合子（*Aa*）的隐性致死群体中：（1）在前 11 代中，对隐性致死等位基因频率作图；

（2）计算致死等位基因频率从 $q=0.5$ 减至 0.05 需要的世代数；

（3）对有害等位基因选择的有效性如何？

6. 胎儿溶血症发生在孩子为 Rh^+ 和母亲为 Rh^- 的情况。在该情况下，胎儿血液进入母体血循环，母体会产生抗体以抵抗胎儿红细胞上的 Rh 抗原，严重时可导致小孩死亡。Rh 抗原是由显性等位基因 *R* 编码的。如果父亲是 Rh^+（*RR* 或 *Rr*）和母亲是 Rh^-（*rr*），则其杂型合子 Rh^+（*Rr*）的胎儿可患溶血症。因此，选择并非针对所有子代杂型合子，而只是其母为 Rh^- 的那些杂型合子。试推出这类选择在世代间等位基因的变化（Δq）。

7. （1）如果一大的随机交配二倍体 *Aa* 群体有 $p_0=q_0=0.5$，从中随机抽取许多样本，每个样本含量为 10 个个体，那么这些样本 q 值的频率分布如何？

（2）如果每个样本含量为 50 个个体，那么 q 值在 0.45～0.55 的样本占多大比例？ q 值的 95% 置信区间是什么？

8. 一小岛群体被周围含量相等的 5 个群体包围。令小岛群体的等位基因频率 q_0 为 0.90，而另 5 个群体的等位基因频率 q_i 分别为 0.2、0.7、0.9、0.6、0.1。

（1）如果这 5 个群体每代向小岛的迁移率 $m=0.1$，然后同小岛定居群体杂交，迁移一代后小岛的等位基因频率 q_1 为多少？

（2）小岛最终等位基因频率 q 为多少？

（3）如果小岛群体没有个体迁出，而周围这 5 个群体继续迁入，那么变化到 $q_n=0.7$ 需要多少世代（n）？

9. 突变、自然选择、遗传漂变和迁移对群体内的遗传变异与群体间的遗传趋异有何效应？

10. 在一定程度上说，为什么蛋白质的变异最直接反映了基因的变异？

主要参考文献

曹晓风，许瑞明．2018．承续的魅力——令人着迷的表观遗传学．北京：科学出版社．

戴灼华，王亚馥．2016．遗传学．北京：高等教育出版社．

贺竹梅．2018．现代遗传学教程——从基因到表型的剖析．3 版．北京：高等教育出版社．

侯占铭．1997．真菌类遗传学分析教学概论．遗传，19（3）：30-33．

李奎．2017．动物基因组编辑．北京：科学出版社．

李难．2005．进化生物学基础．北京：高等教育出版社．

刘国瑞．1984．遗传学三百题解．北京：北京师范大学出版社．

刘来福，毛盛贤，黄远樟．1984．作物数量遗传．北京：农业出版社．

刘庆昌．2015．遗传学．北京：科学出版社．

刘祖洞．1991．遗传学．2 版．北京：高等教育出版社．

卢龙斗．2009．普通遗传学．北京：科学出版社．

迈尔 E．2010．生物学思想发展的历史．徐长晟，等译．成都：四川教育出版社．

毛盛贤，黄远樟．1991．群体遗传及其程序设计．北京：北京师范大学出版社．

毛盛贤，刘国瑞，冯新芹．1987．遗传学基本原理及解题指导．北京：北京师范大学出版社．

毛盛贤，向华．2000．同工酶遗传学引论．北京：首都师范大学出版社．

孟德尔．2012．遗传学经典文选．梁宏，王斌译．北京：北京大学出版社．

宋运淳，余先觉．1989．普通遗传学．武汉：武汉大学出版社．

谭华荣．2019．微生物遗传与分子生物学．北京：科学出版社．

威尔逊 E. O. 2008．社会生物学——新的综合．毛盛贤，孙港波，刘晓君，等译．北京：北京理工大学出版社．

吴常信．2015．动物遗传学．2 版．北京：科学出版社．

吴乃虎，黄美娟．2014．分子遗传学原理（上册）．北京：化学工业出版社．

吴乃虎，黄美娟．2020．分子遗传学原理（下册）．北京：化学工业出版社．

项伯衡．1995．现代病毒学导论．北京：中央广播电视大学出版社．

徐晋麟．2011．分子遗传学．北京：高等教育出版社．

杨焕明．2017．基因组学．北京：科学出版社．

赵寿元．2003．英汉遗传工程词典．3 版．上海：复旦大学出版社．

赵寿元，乔守怡．2008．现代遗传学．北京：高等教育出版社．

朱军．2018．遗传学．4 版．北京：中国农业出版社．

Atherly A. G., Girton J. R., McDonald J. F. 1999. The Science of Genetics. Fort Worth: Saunders College Publishing.

Bazzett T. J. 2008. An Introduction To Behavior Genetics. Massachusetts: Sinauer Associates, Inc. Publishers.

Botstein D. 2015. Decoding the Language of Genetics. New York: Cold Spring Harbor Laboratory Press.

Brooker R. J. 2015. Genetics: Analysis & Principles. 5th ed. New york: McGraw-Hill Education.

Dale J. W., Schantz M. V., Plant N. 2012. From Genes to Genomes: Concepts and Applications of DNA Technology. 3rd ed. Chichester: John Wiley & Sons Ltd.

Elrod S. L., Stansfield W. D. 2010. Schaum's Outline of Genetics. 5th ed. New York: Mc Graw Hill.

Griffiths A. J. F., Wessler S. R., Carroll S. B., et al. 2015. Introduction to Genetic Analysis. 10th ed. New York: W. H. Freeman & Company.

Griffiths P., Stotz K. 2013. Genetics and Philosophy. Edinburgh: Cambridge University Press.

Halliburton R. 2004. Introduction to Population Genetics. London: Pearson Prentice Hall.

Hanahan D., Weinberg R. A. 2011. Hallmarks of cancer: the next generation. Cell, 144 (5): 646-674.

Hartl D. L. 1980. Principles of Population Genetics. Sunderland: Sinauer Associates Inc.

Hartl D. L., Ruvolo M. 2012. Genetics: Analysis of Genes and Genomes. 8th ed. London: Jones & Bartlett Learning.

Hartwell L. H., Goldberg M. L., Fischer J. A., et al. 2018. Genetics: Analysis of Genes to Genomes. 6th ed. New York: McGraw-Hill Education.

Klug W. S., Cumming M. R., Spencer C. A., et al. 2010. Essentials of Genetics. 7th ed. Hong Kong & Macau: Pearson Education Press.

Lewis R. 2003. Human Genetics: Concept and Application. 5th ed. New York: McGraw-Hill Higher Education.

Mather K., Jinks J. L. 1982. Biometrical Genetics. 3th ed. London: Chapman & Hall.

Micklos D. A., Nash B., Hilgert U. 2013. Genome Science——A Practical and Conceptual Introduction to Molecular Genetic Analysis in Eukaryotes. New York: Cold Spring Harbor Laboratory Press.

Moore D. S. 2015. The Developing Genome. New York: Oxford University Press.

Pai A. C., Marcus R. 1981. Genetics, Its Concepts and Implication. Englewood: NewJerseyPrentice-Hall, Inc.

Pierce B. A. 2008. Genetics: A Conceptual Approach. 3rd ed. New York: W. H. Freeman & Company.

Pierce B. A. 2014. Genetics: A Conceptual Approach. 5th ed. New York: W. H. Freeman & Company.

Pierce B. A. 2017. Genetics: A Conceptual Approach. 6th ed. New York: W. H. Freeman &Company.

Russell P. J. 2012. iGenetics: A Molecular Approach. 3rd ed. New York: Benjamin Cummings.

Snustat D. P., Simmons M. J. 2010. Principles of Genetics. 5th ed. New York: John Wiley & Sons Inc.

Snustat D. P., Simmons M. J. 2012. Genetics (International Student Version). 6th ed. New York: John Wiley & Sons Singapore Pte Ltd.

范例分析答案

（每章只给出题号为 5、10 和 15 的分析答案。如下的 1-5 表示第一章题 5 的范例分析答案，余类推。）

1-5. 儿子或女儿的某一性状，一般来说，更像双亲之一，而不是介于双亲表型之间。例如，双亲分别为有耳垂和无耳垂，则子女中是有耳垂或无耳垂，像双亲之一，而不在双亲之间；双亲分别为单眼皮和双眼皮，则子女为单眼皮或双眼皮，也是像双亲之一，而非在双亲之间；双亲脸上分别有酒窝和无酒窝，则子女脸上也有同样大小的酒窝或无酒窝，而非在双亲之间。

2-5. ①假定 *A* 和 *B* 是"黑"染色体，*a* 和 *b* 是"白"染色体，则对于一个特定的二倍体初级性母细胞来说，减数分裂中期 I 的染色体可能取向如下图所示（未表示染色体复制）：

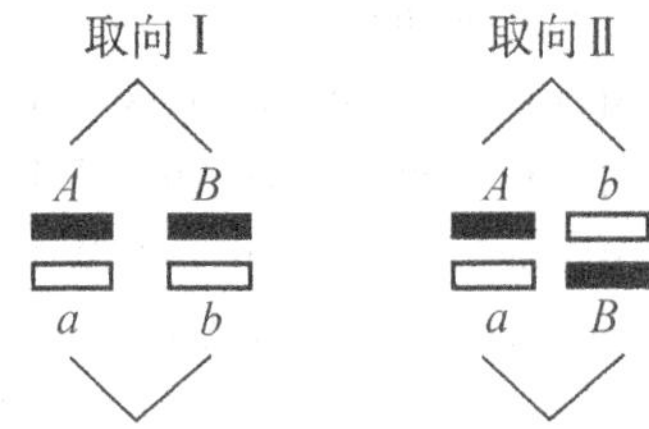

取向 I 时，导致配子 *AB* 和 *ab* 的形成；取向 II 时，导致配子 *Ab* 和 *aB* 的形成。对于数量足够多的初级性母细胞来说，减数分裂时取向 I 和取向 II 的机会相等，所以含 *A*/*a* 和 *B*/*b* 的个体可期望产生数量相等的 4 种配子：*AB*、*ab*、*Ab*、*aB*。

② 仿照解①的思路，对于一个特定的二倍体初级性母细胞来说，减数分裂中期 I 的染色体是如下 4 种可能随机取向中的一种：

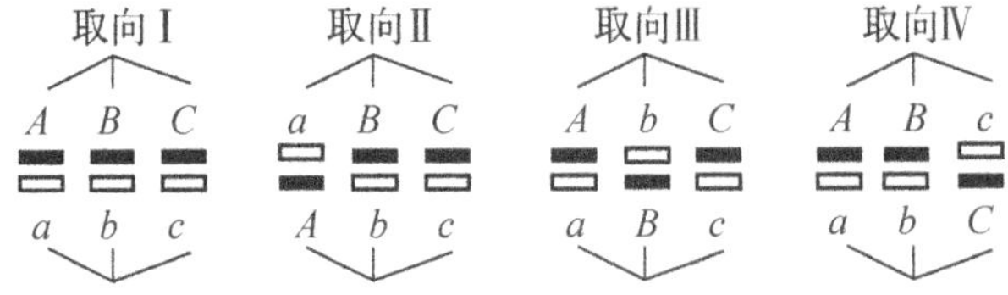

显然，对于数量足够多的初级性母细胞来说，这 4 种取向的机会相等，所以含 *A*/*a*、*B*/*b* 和 *C*/*c* 的个体可期望产生数量上相等的 8 种配子：*ABC*、*abc*、*aBC*、*Abc*、*AbC*、*aBc*、*ABc*、*abC*。

3-5.（1）由于遗传性舞蹈病是罕见的遗传病，因此有理由认为，该青年男子的父亲是杂型合子 *Hh*。在这一情况下，该青年男子接受父亲的遗传性舞蹈病显性等位基因并因此随后患病的概率为 1/2。

（2）我们不知道该青年男子是否是杂型合子 *Hh*，但确实知道他是杂型合子 *Hh* 的概率为 1/2；所以其孩子携带该病显性等位基因的概率为（1/2）（1/2）＝1/4。

3-10. 假定该人群符合期望性比 1∶1，即生女的概率 $p=1/2$，生男的概率 $q=1/2$。在该条件下，4 个孩子家庭组合各类型的概率可用如下二项式概率分布求得：

$$(p+q)^4 = p^4 + 4p^3q + 6p^2q^2 + 4pq^3 + q^4$$

1/16	4/16	6/16	4/16	1/16
4女	3女1男	2女2男	1女3男	4男

所以，有关性别组合的期望数分别是有关性别组合概率乘以家庭总数，得

4女0男=10　3女1男=40　2女2男=60　1女3男=40　0女4男=10

于是，

$$\chi^2=\sum_{i=1}^{5}\frac{(O_i-E_i)^2}{E_i}=\frac{(7-10)^2}{10}+\frac{(50-40)^2}{40}+\cdots+\frac{(16-10)^2}{10}=9.02$$

当 $df=n-1=5-1=4$ 和 $\chi^2=9.02$ 时，查表 3-8，随机抽样误差概率 $0.05<p<0.10$。由于 $p>0.05$，故符合期望性比 1∶1。

4-5.（1）母亲是杂型合子——携带者，所以其一个女孩是携带者的概率为 1/2，而两个女孩都是携带者的概率为（1/2）（1/2）=1/4。

（2）如果结婚的女孩不是杂型合子，那么其儿子患血友病的概率为 0，如果结婚的女孩是杂型合子，那么其儿子患血友病的概率为 1/2；所以其儿子患血友病的总概率是（1/2）（1/2）=1/4——前 1/2 是女孩为携带者的概率，后 1/2 是女孩为携带者时其儿子患血友病的概率。

5-5. 首先，将这三个遗传图的相应基因座安置在同一垂线上：

```
                  a        b         c
                  |   8    |   10    | ①
d                          b         c
|         22               |   10    | ②
d    e                               c
| 2  |          30         |         | ③
```

然后，根据连锁基因在染色体上呈线性排列原理，求有关基因座间的距离：

a 和 d 间距离=（d 和 b 间）－（a 和 b 间）=22－8=14（cM）

a 和 e 间距离=（a 和 d 间）－（d 和 e 间）=14－2=12（cM）

最后，将这三个遗传图合并成 1 个连锁图：

```
d    e              a         b          c
| 2  |      12      |    8    |    10    |
|<-------------- 32cM ------------------>|
```

由此可知，把属于一个连锁群的其他遗传图依次合并下去，两连锁基因座间的距离可超过 50cM。即两连锁基因座相距足够远时，其行为仿佛和不连锁的两基因座一样（因为两连锁基因座间的最大重组百分数为 50%，与非连锁基因间的相等）。

6-5. 夫的家庭具有高的唐氏综合征发病率，与夫具有紧密亲缘关系的弟弟的孩子患该症，妹妹的两孩子也患该症。这说明，这里的唐氏综合征的发生与家族性唐氏综合征的发生具有很高的一致性，即病源涉及第 21 号染色体的家族性唐氏综合征。由此可以推测，夫和其妹，尽管表现型正常，却是罗伯逊易位的携带者，即具有 45 条染色体；夫的孩子、夫妹的孩子和夫弟的孩子都患有家族性唐氏综合征，其染色体虽然都有 46 条，但其中 1 条还含有第 21 号染色体的长臂。从该病发生的家族性可知，没有任何理由怀疑妻是孩子该病的病源，孩子该病的病源应是夫——罗伯逊易位的携带者。因此，在上述各说法中，（4）是最可能的。

7-5. 该母亲的基因型必为杂型合子；她的表现型非正常，乃是因为她的母亲必为非正常隐性基因的同型合子。但是，由于她生育的子代全为表现型正常，因此她一定从其父那里接受了一正常的显性基因；并且这正常的显性基因产物通过她的卵子传递给其子代而使子代的表现型正常。

8-5.（1）依题意，被复制 DNA 的第一个碱基是黑体 **T**，所以在引物 RNA 中的第一个碱基是 A。引物 RNA，通过在其 3′-OH 端添加碱基延长，而其 5′-P 端仍保持游离。所以，RNA 引物 8 个碱基的序列是

5′-AGUCAUGC-3′

（2）在完整的 RNA 引物中，3′ 端的 C 具有游离羟基（—OH）；5′ 端的 A 具有游离三磷酸。

（3）复制叉是由右到左移动，因为以双链 DNA 的另一条链为模板的复制为连续复制，所以以双链 DNA 现在讨论的这条链为模板的复制就为非连续复制。

8-10.（4）正确。rRNA 与核糖体蛋白结合而形成核糖体——蛋白质合成场所；mRNA 携带编码多肽组成的氨基酸序列；特定的 tRNA 携带特定的氨基酸，通过其反密码子运输到 mRNA 编码的特定氨基酸密码子上。

9-5.（1）完全培养基中菌落基因型：$a^+b^+str^r$，$a^+b^-str^r$，$a^-b^+str^r$。

选择培养基（A）菌落基因型：$a^-b^+str^r$，$a^+b^+str^r$。

选择培养基（B）菌落基因型：$a^+b^-str^r$，$a^+b^+str^r$。

选择培养基（C）菌落基因型：$a^+b^+str^r$。

（2）a^-b^+菌落数$=235-200=35$

a^+b^-菌落数$=225-200=25$

a^+b^+菌落数$=200$

所以，基因座 a 和 b 间的距离为

$$R_{(a-b)}=\frac{a^-b^++a^+b^-}{(a^-b^++a^+b^-)+a^+b^+}\times100\%=\frac{35+25}{(35+25)+200}\times100\%=23\,(\text{cM})$$

9-10. 解答这一问题需要明了噬菌体 T4 的“头部机制”。其头部容纳的基因数应为 29，如野生型的为 1 个完整基因组（*abcdef...xyz*）+1 个末端冗余（*abc*）=26+3=29。所以，（1）期望不可能发生，因线性序列只有 27 个基因；（2）可期望发生，因线性序列有 29 个基因；（3）期望不可能发生，因线性序列只有 25 个基因。

10-5. 这是由于一菌株对某一抗生素具有抗性的质粒与另一菌株对另一抗生素具有抗性的质粒都含有转座子 *IS*，通过抗性转移因子（见正文）使两菌株 *IS* 间发生位点专一重组，就可获得一菌株对多种抗生素具有抗性的质粒。在该例，两菌株质粒分别具有抗链霉素基因（str^r）和抗青霉素基因（pen^r），两菌株在液态培养基中培养时，质粒间可发生如下重组：

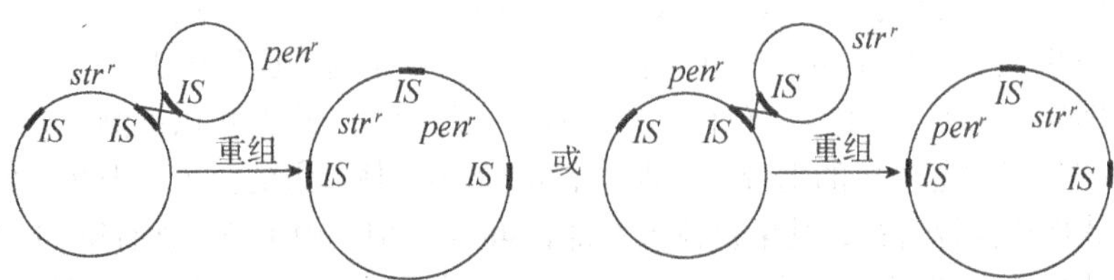

就可获得对这两种抗生素具有抗性的菌株。

11-5. 选择剪接的本质是由一个结构基因可合成多种多肽，所以（3）正确地表达了选择剪接的含义。（1）和（2）都不正确，是因为都涉及了多种基因。（4）是涉及一种基因转录出的一条 mRNA 上有多个核糖体在先后依次合成同一多肽，也不符合选择剪接的含义。

12-5.（1）BU 的常见和罕见形式分别是 T 和 C 的类似物，因此分别与 A 和 G 配对。用 BU 诱发的突变是 A∶T→G∶C 的转换突变：

A∶T→A∶BU（常见）→G∶BU（罕见）→G∶C

（2）亚硝酸使 C 脱氨变成尿嘧啶 U，而 U 是 T 的类似物，可与 A 配对。因此，回复突变是：

G∶C→G∶U→A∶U→A∶T

13-5. 真核生物的转录起始、转录终止和翻译起始的各信号都不同于原核生物。所以，为了在大肠杆菌中产生人类蛋白质，人类基因的编码序列必须装配合适的大肠杆菌的调控元件——转录启动子、转录终止子和翻译启动序列。而且，如果人类基因含有内含子，必须除去之；或者利用其 cDNA 的编码序列——因为大肠杆菌没有消除核基因转录本中内含子所需要的剪接体。此外，真核生物的许多蛋白质还要经翻译后的加工，这在原核生物中是不能实现的；不过，这样一些蛋白质在体外培养基的转基因真核细胞中容易成功。

14-5.（1）根据 *Eco*R Ⅰ的结果，由于 8.0kb 和 6.2kb 具有放射性，因此分别位于 DNA 分子的两端；同理，根据 *Bam*H Ⅰ的结果，6.0kb 和 10.1kb 分别与 8.0kb 和 6.2kb 位于同一端，而剩下的 12.9kb 显然在中间（下图）。至于 *Eco*R Ⅰ剩下的 3 个片段在原 DNA 的顺序如何，就要看什么样的顺序可产生由 *Bam*H Ⅰ和（*Eco*R Ⅰ＋*Bam*H Ⅰ）切割片段的实际结果而定。

假定 *Eco*R Ⅰ剩下的 3 个片段的顺序由下图所示，即靠近 8.0kb 片段依次是（7.4，4.5，2.9）。在这一顺序下，DNA 受到这两酶的同时切割，单酶 *Eco*R Ⅰ的 8.0kb 消失了，因此在该片段内有 *Bam*H Ⅰ的一个靶点，把该片段切割成 6.0kb 和 2.0kb；单酶 *Bam*H Ⅰ的 12.9kb 消失了，因此在该片段内有 *Eco*R Ⅰ的靶位点，且有两个（因为 12.9＝2.0＋7.4＋3.5）；单酶 *Bam*H Ⅰ的 10.1kb 也消失了，因此在该片段内有 *Eco*R Ⅰ的靶位点，且也有两个（因为 10.1＝1.0＋2.9＋6.2）。在这一顺序下能解释所有试验结果，即如下的限制图和基因 *X* 的位置是正确的。

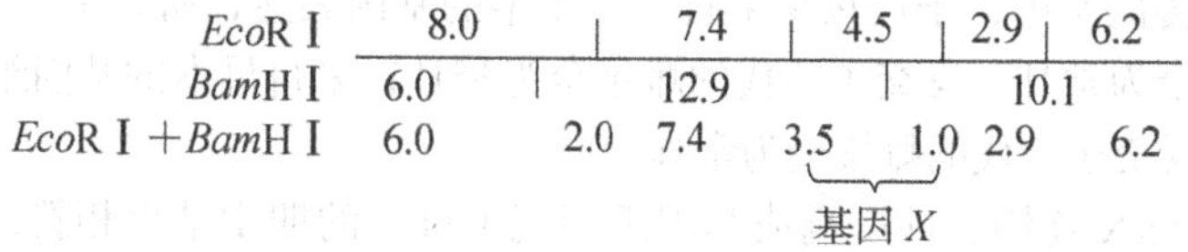

*Eco*R Ⅰ	8.0		7.4	4.5		2.9	6.2
*Bam*H Ⅰ	6.0		12.9			10.1	
*Eco*R Ⅰ＋*Bam*H Ⅰ	6.0	2.0	7.4	3.5	1.0	2.9	6.2

基因 *X*（3.5＋1.0）

（2）因为基因 *X* 探针能与 4.5kb、10.1kb 和 12.9kb 片段杂交，所以基因 *X* 在这 3 片段的重叠区，即大致在上图的（3.5＋1.0）的区域。

15-5. 因为物质 A 是物质 B 的增强剂，而基因 *A* 的丧失功能突变不产生物质 A 和减少了物质 B 的抑制水平，所以花色为红。相反，基因 *A* 的获得功能突变会增加物质 B 的效应，即增加对花色形成的抑制，所以花色为白。

16-5. 不同的 κ 轻链数＝300×5×1＝1500，不同的 λ 轻链数＝150×5×1＝750，不同的 H 重链数＝300×4×50×10＝600 000。所以不同的抗体数＝(1500＋750)×600 000＝1 350 000 000，即超过 13 亿。

17-5. 一个假说是：有关原病毒 DNA 已整合到原癌基因附近，并且原癌基因的表达受到了反转录病毒 LTR 内的启动子和增强子的调控。这一假说是否正确，可进行全基因组 DNA 印迹杂交试验，以确定在原癌基因附近的基因组 DNA 序列是否有变化。如果没有变化，得另找原因；如果有变化，则为该假说提供了依据。

17-10. 寻找哪一种或哪些药物可抑制端粒酶活性。

18-5. 对于小鼠同一性状，这些遗传模式的纯系正、反交的期望结果为

遗传模式	杂交和子代			
	正交（竖耳，雄 × 常耳，雌）		反交（常耳，雄 × 竖耳，雌）	
	F_1，雄	F_1，雌	F_1，雄	F_1，雌
X-连锁	常耳	显性	竖耳	显性
母性影响	常耳	常耳	竖耳	竖耳
性影响	杂种雄	杂种雌	杂种雄	杂种雌
细胞质	常耳	常耳	竖耳	竖耳
基因组印记，父	常耳	常耳	竖耳	竖耳
基因组印记，母	竖耳	竖耳	常耳	常耳

X-连锁遗传有关基因是从母传到子，从父传到女，因此正交子一代雄性表现型与母本的相同，雌性与显性亲本的相同（这里为常耳）；反交子一代雄性表现型与母本的相同，雌性与显性亲本的相同。

母性影响遗传子代表现型只依赖于母的基因型，因此正交子一代雄性和雌性表现型都为常耳，反交子一代雄性和雌性表现型都为竖耳。

一个性影响基因在不同性别有不同的表现型，且这里为常染色体遗传，所以无论正、反交，子一代的雄性和雌性杂型合子具有不同的表现型，分别用杂种雄和杂种雌表示（但正反交的两杂种雄表现型相同，两杂种雌表现型也相同）。

细胞质遗传是其基因从母传到其所有子代个体，所以正交子一代无论雌雄全为常耳，反交子一代无论雌雄全为竖耳。

基因组印记遗传的基因，子代只是来自一个亲本的基因表达，所以来自父本的基因组印记，正交子一代的雌雄全为常耳，反交子一代的雌雄全为竖耳；来自母本的基因组印记，正交子一代的雌雄全为竖耳，反交子一代的雌雄全为常耳。

如果试验结果与 X-连锁、性影响或基因组印记（母）的期望结果相符，则为 X-连锁遗传、性影响遗传或基因组印记（母）遗传。

如果正交子一代和反交子一代分别出现常耳和竖耳，就可能是母性影响、细胞质遗传或基因组印记（父）。这三种遗传模式可用正常耳，即竖耳为雄亲分别与正交 F_1 和反交 F_1 进行杂交，依杂交子代的如下表现型：

遗传模式	杂交和子代	
	竖耳，雄 × 正交 F_1，雌	竖耳，雄 × 反交 F_1，雌
母性影响	显性（常耳）	显性（常耳）
细胞质	常耳	竖耳
基因组印记，父	常耳：竖耳=1∶1	常耳：竖耳=1∶1

就可区分这三种遗传模式。

18-10. 雌性哺乳动物中细胞核膜的内侧具有深度着色的染色质小体称巴氏小体。莱昂假说认为，巴氏小体是（浓缩化的）失活的X染色体，是雌性哺乳动物比雄性多余的X染色体失活后，使雌性和雄性个体的活性基因剂量及产生的效应接近相等，因此雌、雄性个体在表型上没有明显不同。但对于常染色体却没有这一失活机制，如人类即使是增加一条比X染色体小的常染色体，如21号染色体，后果也是严重的（第六章）。

18-15.（4）正确。

19-5. 令显性和隐性等位基因频率分别为p和q，依题意则有：$q^2=2(2pq)=4pq=4(1-q)q=4q-4q^2$，即$4q-5q^2=0$，依次有$q(4-5q)=0$。最后一方程解得：$q=0$（不合题意）；$q=4/5=0.8$。

所以，隐性等位基因的频率$q=0.8$时，才能使隐性基因型aa的频率是基因型Aa频率的2倍，因为这时才有$q^2=2(2pq)$，即$(0.8)^2=4(0.2)(0.8)$或$0.64=0.64$。

19-10.（1）基因型频率：

$$\text{MM}，P=1787/6129=0.291\,56$$
$$\text{MN}，H=3039/6129=0.495\,84$$
$$\text{NN}，Q=1303/6129=0.212\,60$$

等位基因频率：

$$\text{M}，p=P+\frac{1}{2}H=0.539\,48$$

或

$$p=(2\times1787+3039)/[2(6129)]=0.539\,48$$

$$\text{N}，q=Q+\frac{1}{2}H=1-p=0.460\,52$$

（2）首先，求遗传平衡时的各期望基因型频率：

$$\text{MM}，p^2=(0.539\,48)^2=0.291\,04$$
$$\text{MN}，2pq=0.496\,88$$
$$\text{NN}，q^2=0.212\,08$$

然后，求遗传平衡时的各期望基因型（这里也为各期望表现型）数（E）：

MM，0.291 04×6129=1783.8人　MN，3045.4人　NN，1299.8人

最后，进行χ^2检验：

$$\chi^2_{[1]}=\sum_{i=1}^{3}\frac{(O_i-E_i)}{E_i}=0.027$$

所以，该群体处于哈迪-温伯格平衡状态。

19-15.（1）任何一个人往前推一代有2（$=2^1$）个亲本，往前推两代有4（$=2^2$）个祖亲，往前推三代有8（$=2^3$）个曾祖亲，往前推n代有2^n个祖先。一旦2^n值等于60亿，这个n就是两无血缘关系的人必定（至少）有一共同祖先的往前推的世代数，即$2^n=6\times10^9$，$n\approx32$代。

（2）32×20=640年前这两人必定有一共同祖先。

20-5. $m=\dfrac{BB+bb}{2}=50\text{g}$　　$a=BB-m=34$　　$d=Bb-m=10$

$$显性度=\frac{d}{a}=0.29$$（增效基因 B 对减效基因 b 呈部分显性）

20-10.（1）$m=\dfrac{\overline{P}_1+\overline{P}_2}{2}=33.3$　$[a]=\dfrac{\overline{P}_1-\overline{P}_2}{2}=5.2$　$[d]=\overline{F}_1-m=-1.2$（说明抽穗期偏早亲）

（2）$V_E=\frac{1}{4}V_{P_1}+\frac{1}{2}V_{F_1}+\frac{1}{4}V_{P_2}=5.01$

$$h_B^2=\frac{V_{F_2}-V_E}{V_{F_2}}=0.44\qquad h_N^2=\frac{2V_{F_2}-(V_{B_1}+V_{B_2})}{V_{F_2}}=0.38$$

21-5.（1）根据 $q_t=\dfrac{q_0}{1+tq_0}$，$t=0$，1，2…10 和 $q_0=0.5$，可得如下表：

世代 t	q_t	世代 t	q_t
0	$q_0=0.5$	6	$q_6=0.13$
1	$q_1=\frac{q_0}{1+q_0}=0.33$	7	$q_7=0.11$
2	$q_2=\frac{q_0}{1+2q_0}=0.25$	8	$q_8=0.10$
3	$q_3=0.20$	9	$q_9=0.09$
4	$q_4=0.17$	10	$q_{10}=0.08$
5	$q_5=0.14$		

根据上表用世代 t 对 q_t 作图（略）。

（2）$\because q_0=0.5$，$q_t=0.025$，$\therefore t=\dfrac{1}{q_t}-\dfrac{1}{q_0}=38$（世代）

（3）当隐性致死基因频率愈来愈小时，选择的有效性就愈来愈差，即利用选择很难从群体中消除有害隐性基因。

21-10. 蛋白质是基因的原初产物。给定蛋白质的氨基酸顺序取决于给定基因的碱基顺序，所以蛋白质中氨基酸顺序的改变，反映了有关基因碱基顺序的改变。

中英文索引

A

ABO 血型系统，ABO blood type system 323
Ames 检测法，Ames test 234
阿法南猿，Australopithecus afarensis 433
癌，cancer 335
癌基因，oncogene 335
癌基因反转录病毒，oncogenic retrovirus 336
安格尔曼综合征，Angelman syndrome，AS 355
氨酰基位，amino-acyl site 154

B

B 淋巴细胞，B lymphocyte 321
B 细胞，B cell 321
巴氏小体，Barr body 356
靶位点，target site 189
靶位点重复，target site duplication 191
白细胞抗原，leucocyte antigen 326
白血病，leukemia 335
斑点杂交法，dot blot hybridization 292
半保留复制，semiconservative replication 135
半合子，hemizygote 375
半连续复制，semicontinuous replication 137
半乳糖上游激活序列，upstream activator sequence-galactose，UAS_G 215
孢子体，sporophyte 20
胞嘧啶，cytosine，C 131
保持系，maintainer line 124
保留复制，conservative replication 135
倍性，ploidy 104
苯丙酮尿症，phenylketonuria 32, 240
比较基因组学，comparative genomics 281
臂间倒位，pericentric inversion 101
臂内倒位，paracentric inversion 101
编码 RNA，coding RNA 218
编码链，coding strand 143
变态，metamorphosis 307
变性，denaturation 267
变异，variation 1
表达序列标签，expressed sequence tag，EST 284
表观等位基因，epiallele 360
表观基因组，epigenome 347
表观遗传，epi-inheritance 345
表观遗传学，epigenetics 345
表观遗传印记，epigenetic imprinting 352
表位，epitope 332
表现度，expressivity 33
表现型，phenotype 27
表型模仿，phenocopy 32
并连 X 染色体，attached X chromosome 63, 232
病毒癌基因，virus oncogenes，记作 v-onc 338
波动试验，fluctuation test 223
伯基特淋巴瘤，Burkitt lymphoma 340
补充培养基，supplemental medium 230
补接双链 DNA，patched duplex DNA 239
补体蛋白，complement protein 327
不完全连锁，incomplete linkage 70
不完全显性，incomplete dominance 29
不育系，sterility line 124
部分二倍体，partial diploid 170

C

cDNA 文库，cDNA library 259
ClB 法，*ClB* method 232
CpG 岛，CpG island 346
C- 值，C-value 294
C- 值悖理，C-value paradox 294
侧翼同向重复，flanking direct repeat 188
测交，test cross 27
插入序列，insertion sequence 190
长非编码 RNA，long noncoding RNA，lncRNA 357
长散布核转座子，long interspersed nuclear element，*LINE* 197
常染色体，autosome 14
常染色质，euchromatin 356
超螺线管，supersolenoid 348
超亲变异，transgressive variation 411
沉默突变，silent mutation 227
成对-规则基因，pair-rule gene 309
成熟 mRNA，mature mRNA 215

成形素，morphogen 309
呈簇的、具有规律间隔重复的短回文同向重复序列，clustered regularly interspaced short palindromic repeat 272
程序性细胞死亡，programmed cell death 307
重叠基因，overlapping gene 182
重复，duplication 100
重复互作，duplicate interaction 39
重复显性上位，duplicate dominant epistasis 40
重复隐性上位，duplicate recessive epistasis 41
重组 DNA 技术，recombinant DNA technology 250
重组修复，recombination repair 236
重组子，recon 245
初次免疫应答，primary immune response 332
初级极体，primary polar body 18
初级精母细胞，primary spermatocyte 17
初级卵母细胞，primary oocyte 18
处女 B 细胞，virgin B cell 321
处女 T 细胞，virgin T cell 321
触角足，antennapedia 311
触角足复合体基因，anten-napedia complex gene，*ANT-C* 310
穿孔蛋白，perforin 332
串联重复，tandem duplication 100
纯合基因（转导）体，homogenote 177
纯系，pure line 22, 27
雌配子体，female gametophyte 20
次级极体，secondary polar body 18
次级精母细胞，secondary spermatocyte 17
次级卵母细胞，secondary oocyte 18
次要组织相容性抗原，minor histocompatibility antigen 326
粗糙脉孢菌，*Neurospora crassa* 80
错配修复，mismatch repair 235
错义突变，missense mutation 227

D

DNA 标记，DNA marker 284
DNA 多联体，DNA concatermer 181
DNA 多态性，DNA polymorphism 284
DNA 甲基化，DNA methylation 236, 345
DNA 结合结构域，DNA-binding domain 213
DNA 解旋酶，DNA helicase 136
DNA 聚合酶，DNA polymerase 134
DNA 克隆，DNA cloning 250
DNA 文库，DNA library 259
DNA 芯片，DNA chip 292
DNA 序列测定，DNA sequencing 264
DNA 印迹杂交，DNA blotting hybridization 263
DNA 转座子，DNA transponson 189
大孢子，megaspore 19
大孢子母细胞，megasporocyte 19
大沟，major groove 134
代内表观遗传，within-generational epigenetic inheritance 354
单倍二倍性的性别决定，sex determination of haplodiploidy 56
单倍体，haploid 14, 104
单倍体同形配子，haploid isogamete 120
单核苷酸，nucleotide 131
单核苷酸多态性，single-nucleotide polymorphism，SNP 269, 284
单极纺锤体，monopolar spindle body 56
单克隆起源学说，theory of single clone origin 342
单克隆位点，single cloning site 254
单链指导 RNA，single guide RNA，sgRNA 273
单亲等位基因表达，monoallelic expression 353
单亲遗传，uniparental inheritance 122
单生，singleton 400
单体，monosomy 108
单体型，haplotype 327
单隐性上位，single recessive epistasis 40
单支进化，phyletic evolution 427
单重第一表兄妹，single first cousins 383
蛋白感染子，prion 364
蛋白质结构域，protein domain 213, 293
蛋白质因子，protein factor 152
蛋白质组，proteome 291
蛋白质组学，proteomics 291
倒位，inversion 101
倒位纯合体，inversion homozygote 101
倒位杂合体，inversion heterozygote 101
等位基因，allele 27
等位基因互作，alleles interaction 29
等位基因频率，allele frequency 370
低血钙佝偻病，hypocalcemia rickets 60
地理隔离，geographic isolation 426
地质钟，geologic clock 424
第二次分裂分离，second division segregation 83
第一次分裂分离，first division segregation 82
颠换，transversion 227
奠基细胞，founder cell 304
奠基者效应，founder effect 418
叠连片段，contiguous fragment 283

叠连群，contig 283
叠连图，contig map 283
动粒，kinetochore 13
动物界，Animalia 421
独立事件，independent event 45
端粒，telomere 13
端粒酶，telomerase 140
端粒酶 RNA，telomerase RNA，trRNA 351
短串联重复，short tandem repeat，STR 288
短非编码 RNA，short noncoding RNA 362
多倍体，polyploid 105
多步骤癌变学说，mutli-step carcinogenesis theory 343
多核苷酸链，polynucleotide chain 132
多核糖体，polyribosome 或 polysome 155
多基因 mRNA，polygenic mRNA 202
多接头位点，polylinker site 254
多聚（A）尾，poly（A）tail 147
多聚腺苷酸尾，poly-adenine nucleotide tail 147
多克隆位点，polycloning site 254
多态性，polymorphism 327
多因一效，multigenic effect 41
多指（趾），polydactyly 33

E

恶性肿瘤，malignant tumor 335
二倍体，diploid 14, 104
二级结构，secondary structure 133
二价体，bivalent 16
二裂殖，binary fission 163
二卵双生，dizygotic twins 400
二项式概率分布，binomial probability distribution 46

F

F′ 因子，F-prime factor 177
F′ 质粒，F-prime plasmid 177
F^+菌，F^+bacterium 166
F^-菌，F^-bacterium 166
F 因子，F factor 166
翻译，translation 152
繁殖过剩，overproduction 436
反交，reciprocal cross 24
反馈抑制，feedback inhibition 210
反密码子，anticodon 152
反式检验，*trans* test 246
反式双杂型合子，*trans* double heterozygote 92, 246
反式显性，*trans*-dominant 205
反式应答因子，*trans*-response factor 213
反式作用因子，*trans*-acting factor 213
反向串联重复，reverse tandem duplication 100
反向遗传学，reverse genetics 270
反义 RNA，antisense RNA 217
反义链，antisense strand 143
反应规范，reaction norm 391
反终止子，antiterminator 209
反转录，reverse transcription 156
反转录病毒，retrovirus 156, 336
反转录转座子，retrotransposon 189
反转录子，retroposon 189
反足核，antipodal nucleus 20
泛生子，pangene 3
泛生子说，pangensis 3
泛生子说的临时假说，provisional hypothesis on pangenesis 4
方差，variance 392
纺锤体，spindle 15
纺锤体微管，spindle microtubule 13
非癌基因反转录病毒，non-oncogenic retrovirus 337
非编码 RNA，non-coding RNA 218
非编码链，non-coding strand 143
非等位基因互作，non-alleles interaction 38
非法重组，illegitimate recombination 176
非复制型转座子，nonreplicative transposon 189
非割裂基因，no split gene 146
非互换型，non-crossover type 83
非家族性唐氏综合征，non-family Down syndrome 110
非姐妹染色单体，nonsister chromatid 16
非离子辐射，nonionizing radiation 229
非连续性状，noncontinuous trait 388
非邻近分离，alternative segregation 103
非孟德尔式双亲遗传，non-Mendelian biparental inheritance 118
非孟德尔式遗传，non-Mendelian inheritance 114
非模板链，nontemplate strand 143
非亲二型，non-parental ditype，NPD 86
非顺序四分子，unordered tetrad 80
非同源末端连接，nonhomologous end joining，NHEJ 273
非同源染色体，nonhomologous chromosome 14
非同源重组，non-homologous recombination 175
非秃顶，no-baldness 65
非相互易位，non-reciprocal translocation 103
非选择培养基，nonselective medium 161
非洲爪蟾，*Xenopus laevis* 301
非自然发生说，non-spontaneous generation 2

非自主转座子，nonautonomous transposon 194
肺炎链球菌，*Streptococcus pneumoniae* 128
分节基因，segmentation gene 309
分解代谢通路，catabolic pathway 201
分离型小菌落，segregational petite 119
分散复制，dispersive replication 135
分支进化，cladogenesis 427
分子克隆，molecular cloning 250
分子生物学中心法则，central dogma of molecular biology 156
分子钟，molecular clock 429
封闭构型，closed conformation 348
疯牛病，mad cow disease 364
辅助 T 细胞，helper T cell 322
父本，paternal parent 13
父本品系，paternal strain 195
父本印记，paternal imprinting 353
父性渗漏，paternal leakage 122
父性遗传，paternal inheritance 61, 122
负链 RNA 病毒，negative-strand RNA virus 141
附加体，episome 166
附着耳垂，adherent ear lobe 34
复等位基因，multiple allele 29
复合转座子，composite transposon，*Tn* 191
复性，renaturation 267
复杂性状，complex trait 388
复制，replication 134
复制叉，replication fork 136
复制后修复，post-replication repair 236
复制原点，origin of replication 136
复制子，replicon 138
副突变，paramutation 359

G

概率，probability，$p(x)$ 44
概率乘法定理，multiplicative rule of probability 45
概率加法定理，additive rule of probability 44
干细胞，stem cell 304, 321
冈崎片段，Okazaki fragment 137
高频重组菌株，high frequency of recombination strain 166
睾丸女性化综合征，testicular feminization syndrome 314
割裂基因，split gene 146
隔代遗传，skipped generation inheritance 59
功能互补法，functional complementation method 262
功能基因组学，functional genomics 281
共生，symbiosis 122
共生体，symbiont 122
共同序列，consensus sequence 144
共显性，codominance 29
共转导体，co-transductant 176
供体，donor 251
供体 DNA 位点，donor DNA site 189
孤雌生殖，*parthenogenesis* 55
古菌，archaea 12, 421
古菌域，Domain Archaea 422
古菌总界，Superkingdom Archaea 422
骨髓，bone marrow 321
骨髓淋巴细胞，bone marrow lymphocyte 321
寡基因，oligogene 391
管核，tube nucleus 19
冠瘿病，crown gall disease 271
光复活修复，photoreactivation repair 234
光解酶，photolyase 235
光形态发生，photomorphogenesis 315
光修复，light repair 234
广义遗传率，broad-sense heritability 398
滚环复制，rolling-circle replication 163

H

Holliday 连接体，Holliday junction 238
Holliday 连接体模型，Holliday junction model 237
Holliday 中间体，Holliday intermediate 238
哈迪-温伯格法则，Hardy-Weinberg law 371
合成代谢通路，anabolic pathway 207
合成期，synthesis 15
合子，zygote 14, 18
合子说，zygote theory 3
核分裂，karyokinesis 19
核苷，nucleoside 131
核酶，ribozyme 147
核酸，nucleic acid 130
核酸酶，nuclease 136
核酸内切酶，endonuclease 136
核酸外切酶，exonuclease 136
核糖，ribose 131
核糖核蛋白，ribonucleoprotein 140
核糖体，ribosome 152
核糖体 RNA，ribosomal RNA，rRNA 145, 152
核糖体大亚单位，ribosomal large subunit 153
核糖体结合位点，ribosome-binding site 153
核糖体小亚单位，ribosomal small subunit 153
核外遗传，extranuclear inheritance 117

核小体，nucleosome 347
核心酶，core enzyme 144
亨廷顿舞蹈症，Huntington chorea 289
红绿色盲，red-green color blindness 59
后成说，epigenesis 4
后基因组学，post-genomics 297
后期，anaphase 15
后期Ⅰ，anaphase Ⅰ 17
后期Ⅱ，anaphase Ⅱ 17
后随链，lagging strand 137
互变异构移位，tautomeric shift 225
互补 DNA，complementary DNA，cDNA 156
互补检验，complementation test 246
互补链，complementary strand 134
互斥事件，mutually exclusive event 44
互换，crossing over 16
互换型，crossover type 83
花粉粒，pollen grain 19
化石，fossil 423
环境变异，environmental variation 1
环境的性别决定，sex determination of environment 57
恢复基因，restorer gene 123
恢复系，restorer line 124
回归系数，regression coefficient 403
回交，backcross 27
回文结构，palindrome 252
混合感染，mixed infection 179
获得性免疫缺陷综合征，acquired immune deficiency syndrome，AIDS 182
获得性遗传，acquired characteristic- inheritance 4

I

IS 转座子，*IS* transposon 190

J

基本培养基，minimal medium 161
基本染色体组，basic chromosome set 104
基因，gene 27
基因编辑，gene editing 250
基因表达，gene expression 201
基因表达的中心法则，central dogma of gene expression 156
基因操作，genetic manipulation 250
基因侧向转移，lateral gene transfer 296
基因垂直转移，vertical gene transfer 295
基因的性别决定，genic sex determination 56
基因等位性，allelism 30
基因对着丝粒作图，gene-to-centromere mapping 83
基因工程，gene engineering 250
基因剂量，gene dosage 355
基因克隆，gene cloning 250
基因库，gene pool 370
基因流动，gene flow 419
基因平衡学说，genic balance theory 55
基因水平转移，horizontal gene transfer 296
基因突变，gene mutation 222
基因芯片，gene chip 292
基因型，genotype 27
基因型频率，genotypic frequency 371
基因印记，gene imprinting 352
基因转换，gene conversion 237
基因组，genome 281
基因组文库，genomic library 257
基因组学，genomics 281
基因组印记，genomic imprinting 352
基因作图，gene mapping 71
基因座，locus 27, 243
基于作图的测序法，map-based sequencing 282
激活转座子，activator，*Ac* 194
极核，polar nucleus 20
极性突变，polarity mutation 202
极性效应，polar effect 202
集群，colony 56
计数性状，meristic trait 388
记忆 B 细胞，memory B cell 322
记忆 T 细胞，memory T cell 322
剂量补偿，dosage compensation 355
继承进化，anagenesis 427
寄主（宿主）范围，host range 178
加性互作，additive interaction 39
加性-显性效应遗传模型，genetic model of additive-dominance effects 394
家族性唐氏综合征，family Down syndrome 103
甲基-CpG- 结合蛋白，methyl-CpG-binding protein 346
甲基化，methylation 252
假减数分裂，pseudomeiosis 56
假说检验，hypothesis test 7
假显性，pseudodominance 98
间期Ⅰ，interphase Ⅰ 16
间期Ⅱ，interphase Ⅱ 17
间隙期 1，gap 1 15
间隙期 2，gap 2 15

减数分裂，meiosis 16
减数分裂Ⅰ，meiosis Ⅰ 16
减数分裂Ⅱ，meiosis Ⅱ 17
减效基因，decreasing-effect gene 394
减效启动子突变，down promoter mutation 228
剪接，splicing 215
剪接体，spliceosome 147, 215
简并密码子，degenerate codon 151
简并性，degeneracy 151
简单性状，simple trait 388
简单序列重复，simple sequence repeat，SSR 288
简单转座子，simple transposon 190
碱基，base 131
碱基类似物，base analog 228
碱基饰变剂，base-modifying agent 228
碱基替换突变，base substitution mutation 227
渐变式物种形成，gradual speciation 427
渐成说，epigenesis 4
浆细胞，plasma cell 322
匠人，*Homo ergaster* 433
交叉遗传，criss-cross inheritance 59
交联染色质免疫沉淀法，crosslinked ChIP，XChIP 350
交配型，mating type 56, 120
焦磷酸测序法，pyrosequencing 266
校对修复，correction repair 235
接合，conjugation 165
接合管，conjugation tube 166
接合型R质粒，conjugative R plasmid 193
结肠癌，colonic carcinoma 343
结构基因，structural gene 202
结构基因组学，structural genomics 281
结合插入多样性，junctional insertion diversity 330
结合位点多样性，junctional site diversity 330
姐妹染色单体，sister chromatid 13, 15
姐妹染色体，sister chromosome 15
解离转座子，dissociation，*Ds* 194
进化，evolution 413
近交，inbreeding 379
近交系数，inbreeding coefficient，F 381, 382
近亲交配，inbreed mating 379
精核，sperm nucleus 19
精细胞，spermatid 18
精原细胞，spermatogonium 17
精源说，spermalist 3
精子，sperm 18
精子发生，spermatogenesis 17
巨噬细胞，macrophage 321
聚合酶链式反应，polymerase chain reaction，PCR 267
菌落，bacterial colony 160
菌苔，bacterial lawn 178
菌株，strain 128, 160

K

K结构域，K domain 318
开放构型，opened conformation 348
抗癌基因，carcinoma resistance gene 340
抗抗生素突变体，antibiotic-resistant mutant 160
抗体，antibody 326
抗体介导免疫应答，antibody mediated immunity response 322
抗体免疫应答，antibody immunity response 322
抗维生素D佝偻病，vitamin D-resistant rickets 60
抗性转移因子，resistance transfer factor，RTF 192
抗原，antigen 322
抗原决定簇，antigenic determinant 332
柯斯质粒，cosmid 256
颗粒遗传理论，particular inheritance theory 42
颗粒遗传说，particulate inheritance theory 6
可读框，open reading frame，ORF 151, 155
可副突变基因，paramutable gene 360
可调控基因，regulated gene 201
可诱导操纵子，inducible operon 207
可诱导基因，inducible gene 201
可阻遏操纵子，repressible operon 207
克兰费尔特综合征，Klinefelter syndrome 111
克隆，clone 250
克隆选择，clonal selection 332
克隆载体，cloning vector 258
克罗伊茨费尔特-雅各布病，Creutzfeldt-Jakob disease 365
库鲁病，Kuru disease 364
跨代表观遗传，transgenerational epigenetic inheritance 354

L

L1反转录子，*L1* retroposon 197
莱昂假说，Lyon hypothesis 356
莱茵衣藻，*Chlamydomonas reinhardi* 120
蓝-白菌落筛选法，blue-white colony screening 256
蓝细菌，cyanobacteria 122
劳斯肉瘤病毒，Rous sarcoma virus，RSV 336
类胰岛素生长因子2，insulin-like growth factor 2 352

离子辐射，ionizing radiation 229
连锁基因，linkage gene 68
连锁基因互换规律，linked genes-crossing over rule 70
连锁群，linkage group 80
连锁图，linkage map 281
连续性状，continuous trait 388
联会，synapsis 16
链末端密码子，chain-terminating codon 151
良性肿瘤，benign tumor 335
两点测交，two-point testcross 74
量子式物种形成，quantum speciation 427
烈性噬菌体，virulent phage 174
裂解周期，lytic cycle 174
裂隙基因，gap gene 309
裂殖，fission 163
邻近分离，adjacent segregation 103
淋巴瘤，lymphoma 335
淋巴样前体细胞，lymphoid progenitor 321
磷酸二酯键，phosphodiester bond 132
六倍体，hexaploid 104
孪生斑，twin spot 71
卵巢发育不全，ovarian dysgenesis 108
卵核，egg nucleus 20
卵细胞，ootid 18
卵原细胞，oogonium 18
卵源说，ovarist 3
卵子，ovum 18
卵子发生，oogenesis 18
螺线管，solenoid 348
螺旋-转角-螺旋，helix-turn-helix 213

M

MADS 框，MADS box 318
mRNA 编辑，mRNA editing 157
M 品系，M strain 195
猫叫综合征，cri du chat syndrome 98
孟德尔式群体，Mendelian population 370
孟德尔式双亲遗传，Mendelian biparental inheritance 118
孟德尔式遗传，Mendelian inheritance 114
孟买型，Bombay type 324
米勒管，Müllerian duct 313
密码子，codon 149, 150
嘧啶，pyrimidine 131
免疫，immune 321
免疫记忆，immunological memory 333
免疫抗体，immune antibody 326
免疫球蛋白，immunoglobulin 328
免疫系统，immune system 321
免疫应答，immune response 330
面包酵母菌，*Saccharomyces cerevisiae* 80, 89, 119
模板链，template strand 143
末端产物抑制，end-product inhibition 210
末端反向重复，terminal inverted repeat 188
末端缺失，terminal deletion 98
末端冗余，terminal redundancy 180
末期，telephase 15
末期Ⅰ，telophase Ⅰ 17
末期Ⅱ，telophase 17
母本，maternal parent 13
母本品系，maternal strain 195
母本印记，maternal imprinting 352
母性效应，maternal effect 115
母性遗传，maternal inheritance 118, 122
母性影响，maternal influence 115

N

Northern RNA 印迹杂交，Northern RNA blotting hybridization 264
N- 值，N-value 294
N- 值悖理，N-value paradox 294
内共生，endosymbiosis 122
内共生体，endosymbiont 122
内共生学说，endosymbiosis theory 122
内含子，intron 146
内基因子，endogenote 170
能人，Homo habilis 433
拟南芥，*Arabidopsis thaliana* 140, 315
黏性末端，cohesive end，sticky end 252
黏性末端位点，cohesive-end site 256
黏性质粒，cohesive plasmid 256
念珠体，string-beads-form 347
鸟嘌呤，guanine，G 131
尿嘧啶，uracil，U 131
凝胶电泳法，gel electrophoresis method 263
农杆菌介导转化法，*Agrobacterium tumefaciens*-mediated transformation 271

P

PCR 分析，PCR analysis 285
PCR 扩增，PCR amplification 267
P 品系，P strain 195
P 转座子，*P* transposon 195
胚，embryo 20

胚囊，embryo sac 20
胚乳，endosperm 20
胚胎极性，embryo polarity 308
配对区，pairing region 166
配子发生，gametogenesis 17
配子体，gametophyte 20
嘌呤，purine 131
拼接双链 DNA，spliced duplex DNA 239
平板复制法，replica plating method 161
平行进化基因，paralogous gene 312
平衡密度梯度离心法，equilibrium density gradient centrifugation 135
平衡致死系统，balanced lethal system 102
平截末端，blunt end 252
平均距离法 430
瓶颈效应，bottleneck effect 418
普遍性转导，generalized transduction 176
普拉德-威利综合征，Prader-Willi syndrome，PWS 354

Q

启动子，promoter 144, 213
起始密码子，initiation codon 151
起始因子，initiation factor，IF 152
迁移，migration 419
前-mRNA，pre-mRNA 146, 215
前-rRNA，pre-rRNA 147, 148
前导链，leading strand 137
前定遗传，predetermination inheritance 116
前-核糖体 RNA，pre-ribosomal RNA 147
前核注射，pronuclear injection 270
前期，prophase 15
前期Ⅰ，prophase Ⅰ 16
前期Ⅱ，prophase Ⅱ 17
前-信使 RNA，pre-messenger RNA 146
前-转移 RNA，pre-transfer RNA 148
切割-粘贴型转座子，cut-and-paste transposon 189
亲本型，parental type 83
亲本印记，parental imprinting 352
亲代，parental generation，P 23
亲二型，parental ditype，PD 86
禽流感病毒，avian influenza virus 184
轻链，light chain，L 328
趋异，divergence 428
全基因组鸟枪测序法，whole-genome shotgun sequencing 283
全酶，holoenzyme 144
全能性，totipotency 271
缺失，deletion 98
缺失作图，deletion mapping 99
缺体，nullisomy 109
缺陷型噬菌体，defective phage 176
缺陷型细菌，defective bacterium 176
群体，population 370
群体和进化遗传学，population and evolutionary genetics 6
群体遗传结构，genetic structure of population 371

R

Rh 抗体，Rh antibody 325
Rh 抗原，Rh antigen 325
Rh 血型系统，Rh blood type system 325
RNA-cDNA 杂化双链，RNA-cDNA duplex 156
RNA 编辑，RNA editing 216
RNA 复制，RNA replication 141
RNA 干扰，RNA interference，RNAi 217
RNA 剪接，RNA splice 147
RNA 聚合酶，RNA polymerase 142, 144
RNA 酶，RNA enzyme 147
RNA 印迹杂交，RNA blotting hybridization 263
RNA 诱导沉默复合体，RNA-induced silencing complex，RISC 217
R-决定子，R-determinant 193
染色体臂，chromosome arm 13
染色体间异位交换，ectopic inter-chromosomal exchange 198
染色体内异位交换，ectopic intrachromosomal exchange 198
染色体内异位重组，ectopic intra-chromosomal recombination 198
染色体文库，chromosome library 283
染色体遗传作图，genetic mapping of chromosome 71
染色体重排，chromosome rearrangement 312
染色体组，chromosome set 104
染色质，chromatin 348
染色质免疫沉淀法，chromatin immunoprecipitation，ChIP 350
染色质重塑，chromatin-remodeling 348
人类白细胞抗原，human leucocyte antigen 327
人类白细胞抗原基因，human leucocyte antigen gene 327
人类免疫缺陷病毒，human immunodeficiency virus，HIV 182
溶源细菌，lysogenic bacterium 174

溶源周期，lysogenic cycle 174
融合核，fusion nucleus 20
融合遗传，blending inheritance 4
肉瘤，sarcoma 335
乳糖操纵位点，lactose operator，*lacO* 203
乳糖操纵子，lactose operon 205
乳糖操纵子模型，lactose operon model 205
乳糖启动子，lactose promotor，*lacP* 203
乳糖调节基因，lactose regulatory gene 203
乳糖阻遏基因，lactose impression gene，*lacI* 203

S

SD 序列，SD sequence 153
Shine-Dalgarno 序列，Shine-Dalgarno sequence 153
Southern DNA 印迹分析，Southern DNA blot analysis 284
Southern DNA 印迹杂交，Southern DNA blotting hybridization 263
三倍体，triploid 104
三点测交，three-point testcross 75
三联体，triplet 150
三联体密码，triplet code 149, 150
三是亮氨酸拉链，leucine zipper 213
三体，trisomy 110
桑格测序法，Sanger sequencing 264
瘙痒病，scrapie 364
色氨酸操纵子，tryptophan operon，*trp* operon 207
杀伤性 T 细胞，killer T cell 322
上皮癌，carcinoma 335
上位，epistasis 39
上位基因，epistatic gene 40
上游，upstream 144
生活周期，life cycle 20
生物芯片，bio chip 292
生物信息学，bioinformatics 274, 298
生殖隔离，reproductive isolation 426
生殖核，generative nucleus 19
时序基因，chrono-gene 306
识别序列，recognition sequence 251
始祖南猿，*Ardipithecus ramidus* 433
视网膜母细胞瘤，retinoblastoma 341
适合度，fitness 415
适配子，adaptor 152
释放因子，release factor，RF 153
噬菌斑，plaque 178
噬菌体，bacteria phage，phage 173
噬菌体颗粒，phage particle 173
噬菌体连接位点，phage attachment site 175
受精，fertilization 15, 18
受体 DNA 位点，recipient DNA site 189
数量性状，quantitative trait 388
数量性状基因座，quantitative trait loci，QTL 407
衰减子，attenuator，*att* 207, 209
双二倍体，double diploid 108
双生，twins 400
双生斑，twin spot 71
双受精，double fertilization 20
双脱氧测序法，dideoxy sequencing 264
双脱氧核苷三磷酸，dideoxynucleotide，ddNTP 264
双脱氧核苷酸链末端终止法，dideoxynucleotide chain-terminator method 264
双显性上位，double dominant epistasis 40
双胸复合体基因，bithorax complex gene，*BX-C* 310
双隐性上位，double recessive epistasis 41
双重感染，double infection 179
顺反子，cistron 246
顺式-反式检验，*cis-trans* test 246
顺式检验，*cis* test 246
顺式双杂型合子，*cis* double heterozygote 92, 246
顺式显性，*cis*-dominance 204
顺式应答元件，*cis*-response element 212
顺式作用元件，*cis*-acting element 212
顺向串联重复，forward tandem duplication 100
顺序四分子，ordered tetrad 80
四倍体，tetraploid 104
四分子，tetrad 80
四核苷酸说，tetranucleotide theory 128
四联体，tetrad 16
四膜虫，*Tetrahymena thermophila* 140
四型，tetratype，T 86
四肢畸形，phocomedia 32
宿主，host 122
算术平均数，arithmetic mean，简称平均数 392
随机交配，random mating 371
随机事件，random event 43
随机遗传漂变，random genetic drift 418
髓样前体细胞，myeloid progenitor 321

T

T_i 质粒，T_i plasmid 257, 271
T 淋巴细胞，T lymphocyte 321
T 细胞，T cell 321
肽基位，peptidyl site 154
肽基转移酶，peptidyl transferase 154

酞胺哌啶酮综合征，thalidomide syndrome 32
探针法，probe method 259
碳源突变体，carbon-source mutant 161
特定性转导，specialized transduction 176
特纳综合征，Turner syndrome 108
体节极性基因，segment-polarity gene 310
体内法，*in vivo* 267
体外法，*in vitro* 267
体细胞，somatic cell 5
体细胞互换，somatic crossing over 71
体细胞嵌合体，somatic mosaic 109
体细胞融合，somatic-cell fusion 93
体细胞突变，somatic mutation 222
体细胞杂交，somatic-cell hybridization 93
体液介导免疫应答，humoral mediated immunity response 322
体液免疫应答，humoral immune response 322, 331
体质，somatoplasm 5
体质细胞，somaplasm cell 5
天然抗体，natural antibody 324
天然染色质免疫沉淀法，native ChIP，nChIP 351
条件突变，conditional mutation 224
条件致死突变，conditional lethal mutation 231, 262
跳跃式物种形成，saltational speciation 427
铁应答元件，iron response element，IRE 219
同分异构体，isomer 225
同合子，autozygote 379
同配性别，homogametic sex 53
同线基因，syntenic gene 94
同形异位，homeosis 311
同形异位复合体基因，homeotic complex gene，*Hom-C* 310, 311
同形异位结构域，homeodomain 311
同形异位框，homeobox 311
同型合子，homozygote 27
同义密码子，synonymous codon 151
同义突变，samesense mutation 227
同义性，synonymity 151
同源多倍体，autopolyploid 106
同源基因，homologous gene 291
同源染色体，homologous chromosome 14
同源性搜寻法，homology search 291
同源重组，homologous recombination 237, 273
同种抗原，alloantigen 322
头部机制，headful mechanism 181
秃顶，baldness 65
突变体，mutant 222
突变型，mutant type 28
突变子，muton 245
吞噬细胞，phagocyte 321
脱氨剂，deaminase agent 229
脱氧核糖，deoxyribose 131
脱氧核糖核酸，deoxyribonucleic acid 129

W

Western 蛋白质印迹杂交，Western protein blotting hybridization 264
W 连锁遗传，W linkage inheritance 58
外共生，exosymbiosis 122
外基因子，exogenote 170
外显率，penetrance 32
外显子，exon 146
外祖父法，grandfather method 93
豌豆，*Pisum sativum* 22
完全连锁，complete linkage 69
完全培养基，complete medium 161
完全显性基因，complete dominant gene 29
完全显性性状，complete dominant trait 29
完全隐性基因，complete recessive gene 29
完全隐性性状，complete recessive trait 29
微 RNA，microRNA，miRNA 218, 351
微生物，microorganism 422
微卫星 DNA，microsatellite DNA 288
微效多基因，polygene 391
微效多基因学说，polygene theory 388
微阵列，microarray 292
伪常染色体基因，pseudoautosomal gene 62
卫星 DNA，satellite DNA 286
卫星带，satellite band 286
未老早衰病，progerias 342
位点，site 243
位点专一重组，site-specific recombination 175
位置发育调控，positional develop-mental regulation 306
温度敏感型突变，temperature-sensitive mutation 231
温和噬菌体，temperate phage 176
沃尔夫管，Wolffian duct 313
无汗性外胚层发育不良症，anhidrotic ectodermal dysplasia 358
无汗症，anhidrosis 358
无生源说，abiogenesis 2
无丝分裂，amitosis 164
无义密码子，nonsense codon 151
无义突变，nonsense mutation 227

物理距离，physical distance 100
物理图，physical map 100, 282
物种，species 420
物种形成，speciation 420

X

XXY 三体综合征，XXY trisomy syndrome 111
X 连锁遗传，X linkage inheritance 58
X 染色体-常染色体平衡系统，X chromosome-autosome balance system 55
X- 染色体失活中心，X-inactivation center 357
系谱法，pedigree method 33
系统发育系谱法，phylogenetic profile 293
细胞癌基因，cellular oncogene，c-onc 338, 340
细胞凋亡，apoptosis 307, 341
细胞毒素 T 细胞，cytotoxic T cell 322
细胞分化，cell differentiation 302
细胞感染子蛋白，prion protien 364
细胞介导免疫应答，cell-mediated immune response 322
细胞免疫应答，cellular immune response 322, 332
细胞命运图，cell fate map 304
细胞器，organelle 12
细胞器基因组，organelle genome 297
细胞全能性，cell totipotency 301
细胞系谱，cell lineage 304
细胞原癌基因，cellular proto-oncogene 338
细胞质分裂，cytokinesis 15
细胞质遗传，cytoplasmic inheritance 117
细胞自杀，cell suicide 307
细菌，bacteria 12
细菌连接位点，bacterial *att*achment site 175
细菌人工染色体，bacterial artificial chromosome，BAC 257
细菌域，Domain Bacteria 422
细菌总界，Superkingdom Bacteria 422
狭义遗传率，narrow sense heritability 402
下位基因，hypostatic gene 40
下游，downstream 144
先成说，preformation 4
先导区，leader region，*trpL* 207
先天性代谢错误假说，inborn metabolism error hypothesis 240
先天愚型，mongolian idiocy 110
先证者，propositus 34
纤毛，pilus 166
显性度，degree of dominance 394
显性性状，dominant trait 24
显著性检验，chi-square significance test，significance test 46, 48
显著性水平，significance level 48
限男性早熟，male-limited precocious puberty 65
限性基因，sex-limited gene 65
限性遗传，sex-limited inheritance 64
限雄遗传，holandric inheritance 61
限制环境，restrictive condition 224
限制酶，restriction enzyme 251
限制图，restriction map 268
限制性内切酶，restriction endonuclease 251
限制性片段长度多态性，restriction fragment length polymorphism，RFLP 269
限制性转导，restricted transduction 176
线粒体基因组，mitochondrial genome 281, 297
线粒体遗传，mitochondrial inheritance 119
腺嘌呤，adenine，A 131
相斥双杂型合子，repulsion double heterozygote 92
相对风险率 R，relative risk 385
相对适合度，relative fitness 415
相对性状，contrasting trait 1
相关系数，correlation coefficient 384, 403
相互显性上位，reciprocal dominant epistasis 40
相互隐性上位，reciprocal recessive epistasis 41
相引双杂型合子，coupling double heterozygote 92
小孢子，microspore 19
小孢子母细胞，microsporocyte 18
小干扰 RNA，small interfering RNA，siRNA 217, 351
小沟，minor groove 134
小核 RNA，small nuclear RNA，snRNA 147, 351
小卫星 DNA，minisatellite DNA 286
协方差，covariance 403
协同诱导，coordinate induction 202
协作互作，cooperative interaction 39
锌指，zine finger 213
新生儿溶血病，hemolytic disease of newborn 323
信使 RNA，messenger RNA，mRNA 146
性导，sexduction 177
性控制遗传，sex-controlled inheritance 65
性连锁基因，sex-linked gene 375
性连锁遗传，sex-linkage inheritance 58
性染色体，sex chromosome 14
性影响遗传，sex-influenced inheritance 65
性指数，sex index 55
性指数学说，sex index theory 55
性致死基因，sex-lethal gene，*Sxl* 312

性转导，sex transduction 177
性状，trait 1
性状分离，trait segregation 24
胸腺淋巴细胞，thymus lymphocyte 321
胸腺嘧啶，thymine，T 131
雄配子体，male gametophyte 19
雄性不育保持系，male sterility-maintainer line 124
雄性不育恢复系，male sterility-restorer line 124
雄性不育系，male sterility line 124
雄性激素不敏感综合征，androgen-insensitivity syndrome 314
秀丽隐杆线虫，*Caenorbabditis elegans* 303
虚无假说，null hypothesis 46
序列标签位点，sequence-tagged site，STS 283
选择培养基，selective medium 161
选择系数，selective coefficient 415
选择压，selection pressure 415
血型，blood type 323
血友病，hemophilia 59
血缘相关系数，coefficient of consanguinity relationship 384
循环排列，circular permutation 180

Y

Y 连锁遗传，Y linkage inheritance 58, 61
亚硫酸氢盐测序法，bisulfite sequencing 347
亚种，subspecies 426
延迟遗传，delayed inheritance 115
延伸，extension or elongation 267
延伸因子，elongation factor，EF 152
野生型，wild type 28
叶绿体基因组，chloroplast genome 281, 297
叶绿体遗传，chloroplast inheritance 120
一倍体，monoploid 104
一级结构，primary structure 132
一卵双生，monozygotic twins 400
一因多效，pleiotropy 31
一种基因一种蛋白质假说，one gene-one protien hypothesis 243
一种基因一种多肽假说，one gene-one polypeptide hypothesis 243
一种基因一种酶假说，one gene-one enzyme hypothesis 241
一种基因一种性状假说，one gene-one trait hypothesis 240
一种突变基因一种代谢缺陷假说，one mutant gene-one metabolic block hypothesis 240
移动因子，mobile element 188
移码突变，frameshift mutation 227
移植抗原，transplantation antigen 326
遗传，heredity，inheritance 1
遗传变异，genetic variation 1
遗传的染色体学说，chromosome theory of inheritance 64
遗传进度，genetic advance 406
遗传密码，genetic code 150
遗传漂变，genetic drift 417
遗传平衡群体，genetic equilibrium population 371
遗传嵌合体，genetic mosaic 223, 359
遗传图，genetic map 74, 100, 281
遗传镶嵌，genetic mosaics 71
遗传性舞蹈病，genetic chorea 289
遗传学中心法则，central dogma of genetics 156
遗传印记，genetic imprinting 352
遗传作图，genetic mapping 71
已副突变基因，paramutated gene 360
异合子，allozygote 379
异配性别，heterogametic sex 53
异染色质，heterochromatin 356
异时突变，heterochronic mutation 306
异源多倍体，allopolyploid 106
异源六倍体，allohexaploid 105
异种抗原，xenoantigen 322
抑癌基因，carcinoma suppressor gene 340
抑制 T 细胞，suppressor T cell 322
抑制小菌落，suppressive petite 120
易位，translocation 103
易位唐氏综合征，translocation Down syndrome 103
引物 RNA，primer RNA 137
隐性上位，recessive epistasis 40
隐性性状，recessive trait 24
营养缺陷型，auxotroph 161
营养突变体，nutritional mutant 161
营养型小菌落，vegetative petite 119
影印平板复制法，photocopying plate plating 161
永久杂种，permanent hybrid 102
游离耳垂，free ear lobe 34
游离态或自主态，autonomous state 166
有生源说，biogenesis 2
有丝分裂，mitosis 15
有丝分裂互换，mitotic crossing over 71
有丝分裂间期，mitotic interphase 15
有丝分裂期，mitotic phase 15
有丝分裂重组，mitotic recombination 71

有义链，sense strand 143
诱导物，inducer 201
诱导肿瘤质粒，tumor-inducing plasmid 271
诱副突变基因，paramutate gene 360
预成说，preformation 4
域，Domain 422
阈值性状，threshold trait 388
原癌基因，proto-oncogene 338
原病毒，provirus 156
原病毒 DNA，provirus DNA 336
原初微 RNA，primary miRNA，pri-miRNA 218
原核生物，prokaryote 12
原生生物界，Monera，Protista 421
原噬菌体，prophage 174
原位杂交，*in situ* hybridization 260
原养型，prototroph 161
阅读框，reading frame 182
允许环境，permissive condition 224

Z

Z 连锁遗传，Z linkage inheritance 58
杂合基因（转导）体，heterogenote 177
杂型合子，heterozygote 27
杂种 DNA 模型，hybrid DNA model 237
杂种败育，hybrid dysgenesis 195
杂种优势，hybrid vigor，heterosis 125
载体，vector 251
再次免疫应答，secondary immune response 332
增变基因，mutator gene 235
增变突变，mutator mutation 235
增强子，enhancer 213
增效基因，increasing-effect gene 394
增效启动子突变，up promoter mutation 228
着色性干皮病，xeroderma pigmentosum 237
着丝粒，centromere 13
真核，eukaryon 12
真核生物，eukaryote 12
真核生物域，Domain Eukarya 422
真核生物总界，Superkingdom Eukarya 422
真菌界，Fungi 421
阵列杂交法，array hybridization 292
整倍体，euploid 105
整合态，integrated state 166
整合重组，integrative recombination 175
正链 RNA 病毒，positive-strand RNA virus 141
正向遗传学，forward genetics 270
蜘蛛样指（趾），arachnodactyly 31
直立人，Homo erectus 433
植物界，Plantae 421
指导 RNA，guide RNA，gRNA 216, 351
质-核互作雄性不育，male sterility of cytoplasmic-nuclear interaction 123
质基因组，plasmon genome 297
质粒，plasmid 162, 254
质量性状，qualitative trait 388
致癌剂，carcinogen 233
致育区，fertility region 166
致育因子，fertility factor 166
智人，*Home sapiens* 13, 140, 434
中断交配试验作图，interrupted mating experiment mapping 168
中间缺失，internal deletion 98
中期，metaphase 15
中期Ⅰ，metaphase Ⅰ 17
中期Ⅱ，metaphase Ⅱ 17
中亲值，midparent value，m 393
中心粒，centriole 15
中性突变基因，neutral mutation gene 439
中性突变-随机遗传漂变学说，neutral mutation-random drift theory 439
中性小菌落，neutral petite 120
中性学说，neutral theory 438
终止密码子，termination codon 151
终止因子，termination factor，TF 152
终止子，terminator 145
肿瘤，tumor 335
肿瘤病毒，tumor virus 336
肿瘤抑制基因，tumor-suppressor gene 340
种间同源基因，orthologous gene 291
种内同源基因，paralogous gene 291
种系细胞，germ-line cell 5
种系细胞突变，germinal-line cell mutation 222
种质，germplasm 5
种质说，germplasm theory 5
种质细胞，germplasm cell 5
重链，heavy chain，H 328
主染色体，main chromosome 162
主效基因，major gene 391
主要组织相容性抗原，major histocompatibility antigen 326
转导，transduction 176
转导噬菌体，transducing phage 176
转导体，transductant 176, 177
转化，transformation 172

转化体，transformant 172
转化因子，transforming factor 129
转换，transition 227
转基因小鼠，transgenic mouse 270
转录，transcription 142, 152
转录本，transcript 143
转录后基因沉默，post-transcriptional gene silencing，PTGS 217
转录活化结构域，transcription-activating domain 213
转录泡，transcription bubble 144
转录调控，transcriptional regulation 212
转录组，transcriptome 290
转录组学，transcriptomics 290
转移 RNA，transfer RNA，tRNA 146, 148, 351
转移原点区，origin region of transfer 166
转座，transposition 188
转座酶，transposase 190
转座遗传因子，transposable genetic element 188
转座因子，transposable element 188
转座子，transposon 188
转座子标签法，transposon tagging 196
椎实螺，*Limnaea peregra* 114
子房，ovary 19
子囊，ascus 80
子囊孢子，ascospore 80
子细胞，daughter cell 15
子一代，first filial generation，F_1 23
紫茉莉，*Mirabilis jalapa* 117
紫外线，ultraviolet light，UV 230
自然发生说，spontaneous generation 2
自然选择，nature selection 414
自然选择学说，natural selection theory 436
自身抗原，autoantigen 322
自我剪接，self-splicing 147
自由度，degree of freedom，df 48
自主发育调控，autonomous developmental regulation 307
自主转座子，autonomous transposon 194
综合进化学说，synthetic theory of evolution 437
总界，Superkingdom 422
阻遏机制，repression mechanism 208
组成型基因，constitutive gene 201
组成型突变体，constitutive mutant 203
组蛋白密码，histone code 350
组蛋白修饰，histone modification 348
组合多样性，combination diversity 330
组织相容性抗原，histocompatibility antigen 326

其他

13 三体综合征，trisomy 13 syndrome 111
18 三体综合征，trisomy 18 syndrome 111
21 三体综合征，trisomy 21 syndrome 110
5- 溴尿嘧啶，5-bromouracil，BU 228
7- 甲基鸟苷帽，7-methylguanosine cap 146
θ 复制，theta replication 162